# 中国城市建设统计年鉴

中华人民共和国住房和城乡建设部 编

Ministry of Housing and Urban-Rural Development, P.R.CHINA

# 2022

# China Urban Construction Statistical Yearbook

中国统计出版社

China Statistics Press

图书在版编目（CIP）数据

中国城市建设统计年鉴. 2022 = China Urban Construction Statistical Yearbook 2022：汉英对照 / 中华人民共和国住房和城乡建设部编. -- 北京 ：中国统计出版社, 2023.9
ISBN 978-7-5230-0170-7

Ⅰ. ①中… Ⅱ. ①中… Ⅲ. ①城市建设－统计资料－中国－2022－年鉴－汉、英 Ⅳ. ①TU984.2-66

中国国家版本馆 CIP 数据核字(2023)第 138457 号

中国城市建设统计年鉴—2022

作　　者/ 中华人民共和国住房和城乡建设部
责任编辑/ 李　冲
封面设计/ 李　静
出版发行/ 中国统计出版社有限公司
地　　址/ 北京市丰台区西三环南路甲 6 号　邮政编码/100073
电　　话/ 邮购（010）63376909　书店（010）68783171
网　　址/ http://www.zgtjcbs.com
印　　刷/ 河北鑫兆源印刷有限公司
经　　销/ 新华书店
开　　本/ 890mm×1240mm　1/16
字　　数/ 1285 千字
印　　张/ 41
版　　别/ 2023 年 9 月第 1 版
版　　次/ 2023 年 9 月第 1 次印刷
定　　价/ 528.00 元

如有印装错误，本社发行部负责调换。

# 《中国城市建设统计年鉴—2022》

## 编委会和编辑工作人员

### 一、编委会



### 二、编辑工作人员

# China Urban Construction Statistical Yearbook—2022

Editorial Board and Editorial Staff

# 编辑说明

一、为全面反映我国城乡市政公用设施建设与发展状况，方便国内外各界了解中国城乡建设全貌，我们编辑了《中国城乡建设统计年鉴》、《中国城市建设统计年鉴》和《中国县城建设统计年鉴》中英文对照本，每年公布一次，供社会广大读者作为资料性书籍使用。

二、《中国城市建设统计年鉴—2022》根据各省、自治区和直辖市建设行政主管部门上报的2022年及历年城市建设统计数据编辑。全书共分13个部分，包括城市市政公用设施水平、城市人口和建设用地、城市维护建设财政性资金收支、城市市政公用设施固定资产投资、城市供水、城市节约用水、城市燃气、城市集中供热、城市轨道交通、城市道路和桥梁、城市排水和污水处理、城市市容环境卫生、城市园林绿化。

三、本年鉴统计范围为设市的城市的城区：（1）街道办事处所辖地域；（2）城市公共设施、居住设施和市政公用设施等连接到的其他镇（乡）地域；（3）常住人口在3000人以上独立的工矿区、开发区、科研单位、大专院校等特殊区域。

四、2022年底全国31个省、自治区、直辖市（不含台湾省），共有设市城市691个。本年鉴统计了690个城市、5个特殊区域。5个特殊区域包括辽宁省沈抚改革创新示范区、吉林省长白山保护开发区管理委员会、河南省郑州航空港经济综合实验区、陕西省杨凌区和宁夏回族自治区宁东。

五、全国7个县（河北省邢台县、沧县，山西省泽州县，辽宁省抚顺县、铁岭县，新疆维吾尔自治区乌鲁木齐县、和田县）因为和所在城市市县同城，因此县城的统计数据含在本城市年鉴中。

六、本年鉴数据不包括香港特别行政区、澳门特别行政区以及台湾省。

七、本年鉴中“空格”表示该项统计指标数据不足本表最小单位数、数据不祥或无该项数据。

八、本年鉴中部分数据合计数或相对数由于单位取舍不同而产生的计算误差，均没有进行机械调整。

九、为促进中国城乡建设行业统计信息工作的发展，欢迎广大读者提出改进意见。

# EDITOR'S NOTES

1.*China Urban-Rural Construction Statistical Yearbook, China Urban Construction Statistical Yearbook* and *China County Seat Construction Statistical Yearbook* are published annually in both Chinese and English languages to provide comprehensive information on urban and rural service facilities development in China. Being the source of facts, the yearbooks help to facilitate the understanding of people from all walks of life at home and abroad on China's urban and rural development.

2.*China Urban Construction Statistical Yearbook—2022* is compiled based on statistical data on urban construction in year 2022 and past years that were reported by construction authorities of provinces, autonomous regions and municipalities directly under the central government. This yearbook is composed of 13 parts, including 1.Level of Urban Service Facilities, 2.Urban Population and Construction Land, 3.Revenue and Expenditure of Urban Maintenance and Construction Fund, 4. Fixed Assets Investment in Urban Service Facilities, 5.Urban Water Supply, 6.Urban Water Conservation, 7.Urban Gas, 8.Urban Central Heating, 9.Urban Rail Transit System, 10. Urban Roads and Bridges, 11.Urban drainage and Waste Water Treatment, 12.Urban Environmental Sanitation, 13.Urban landscaping .

3.Scope of the data collected from the survey covers urban area of cities, including (1) areas under the jurisdiction of neighborhood administration; (2) other towns (townships) connected to city public facilities, residential facilities and municipal utilities; (3) special areas like independent industrial and mining districts, development zones, research institutes, and universities and colleges with permanent residents of 3000 and above.

4. There were a total of 691cities in all the 31 provinces, autonomous regions and municipalities (excluding Taiwan Province) across China by the end of 2022. In the Yearbook, data are from 690 cities, 5 special zones. Shenfu Reform and Innovation Demonstration Zone in Liaoning Province, Changbai Mountain Protection Development Management Committee in Jilin Province, Zhengzhou Airport Economy Zone in Henan Province, Yangling District in Shanxi Province and Ningdong in Ningxia Autonomous Region are classified as city.

5.Data from the county seats of 7 counties including Xingtai and Cangxian County in Hebei Province, Zezhou County in Shanxi Province, Fushun and Tieling County in Liaoning Province, and Urumqi and Hetian County in Xinjiang Autonomous Region are included in the Urban Construction Yearbook due to the identity of the location between the county seats and the cities administering the above 7 counties respectively.

6.This Yearbook does not include data of Hong Kong Special Administrative Region, Macao Special Administrative Region as well as Taiwan Province.

7.In this yearbook, "blank space" indicates that the figure is not large enough to be measured with the smallest unit in the table, or data are unknown or are not available.

8.The calculation errors of the total or relative value of some data in this Yearbook arising from the use of different measurement units have not been mechanically aligned.

9.Any comments to improve the quality of the yearbook are welcomed to promote the advancement in statistics in China's construction industry.

# 目　录

# Contents

## 综合数据

## General Data

## 居民生活数据

## Data by Residents Living

# 居民出行数据
# Data by Residents Travel



# 环境卫生数据
# Data by Environmental Health

## 绿色生态数据

## Data by Green Ecology

## 绿色生态数据

## Data by Green Ecology

# 综 合 数 据

# General Data

# 一、城市市政公用设施水平
# 1. Level of Urban Service Facilities

## 简要说明

本部分反映城市市政公用设施水平，均为相对指标。主要包括人口密度、供水普及率、燃气普及率、人均拥有道路面积、污水处理率、人均公园绿地面积、建成区绿地率、建成区绿化覆盖率、每万人拥有公厕等内容。

从 2006 年起，人均水平（除人均日生活用水量）和普及率水平均以城区人口和城区暂住人口合计数为分母计算。

## Brief Introduction

This section demonstrates the level of urban service facilities in a comparative way. Main indicators include population density, water coverage rate, gas coverage rate, surface area of roads per capita, wastewater treatment rate, public green space per capita, green space rate of built-up areas, green coverage rate of built-up area, number of latrines owned by every 10,000 people etc.

Since 2006, figure in terms of per capita and coverage rate, excluding domestic water use per capita have been calculated based on denominator which combines both permanent and temporary residents in urban areas.

# 1 全国历年城市市政公用设施水平(1981-2022)
# Level of National Urban Service Facilities in Past Years(1981-2022)

| 年份 Year | 供水普及率 (%) Water Coverage Rate (%) | 燃气普及率 (%) Gas Coverage Rate (%) | 每万人拥有公共交通车辆 (标台) Motor Vehicle for Public Transport Per 10,000 Persons (standard unit) | 人均道路面积 (平方米) Road Surface Area Per Capita ($m^2$) | 污水处理率 (%) Wastewater Treatment Rate (%) | 园林绿化 Landscaping | | | 每万人拥有公厕 (座) Number of Public Lavatories Per 10,000 Persons (unit) |
|---|---|---|---|---|---|---|---|---|---|
| | | | | | | 人均公园绿地面积 (平方米) Public Recreational Green Space Per Capita ($m^2$) | 建成区绿化覆盖率 (%) Green Coverage Rate of Built District (%) | 建成区绿地率 (%) Green Space Rate of Built District (%) | |
| 1981 | 53.7 | 11.6 | | 1.8 | | 1.50 | | | 3.77 |
| 1982 | 56.7 | 12.6 | | 2.0 | | 1.65 | | | 3.99 |
| 1983 | 52.5 | 12.3 | | 1.9 | | 1.71 | | | 3.95 |
| 1984 | 49.5 | 13.0 | | 1.8 | | 1.62 | | | 3.57 |
| 1985 | 45.1 | 13.0 | | 1.7 | | 1.57 | | | 3.28 |
| 1986 | 51.3 | 15.2 | 2.5 | 3.1 | | 1.84 | 16.90 | | 3.61 |
| 1987 | 50.4 | 16.7 | 2.4 | 3.1 | | 1.90 | 17.10 | | 3.54 |
| 1988 | 47.6 | 16.5 | 2.2 | 3.1 | | 1.76 | 17.00 | | 3.14 |
| 1989 | 47.4 | 17.8 | 2.1 | 3.2 | | 1.69 | 17.80 | | 3.09 |
| 1990 | 48.0 | 19.1 | 2.2 | 3.1 | | 1.78 | 19.20 | | 2.97 |
| 1991 | 54.8 | 23.7 | 2.7 | 3.4 | 14.86 | 2.07 | 20.10 | | 3.38 |
| 1992 | 56.2 | 26.3 | 3.0 | 3.6 | 17.29 | 2.13 | 21.00 | | 3.09 |
| 1993 | 55.2 | 27.9 | 3.0 | 3.7 | 20.02 | 2.16 | 21.30 | | 2.89 |
| 1994 | 56.0 | 30.4 | 3.0 | 3.8 | 17.10 | 2.29 | 22.10 | | 2.69 |
| 1995 | 58.7 | 34.3 | 3.6 | 4.4 | 19.69 | 2.49 | 23.90 | | 3.00 |
| 1996 | 60.7 | 38.2 | 3.8 | 5.0 | 23.62 | 2.76 | 24.43 | 19.05 | 3.02 |
| 1997 | 61.2 | 40.0 | 4.5 | 5.2 | 25.84 | 2.93 | 25.53 | 20.57 | 2.95 |
| 1998 | 61.9 | 41.8 | 4.6 | 5.5 | 29.56 | 3.22 | 26.56 | 21.81 | 2.89 |
| 1999 | 63.5 | 43.8 | 5.0 | 5.9 | 31.93 | 3.51 | 27.58 | 23.03 | 2.85 |
| 2000 | 63.9 | 45.4 | 5.3 | 6.1 | 34.25 | 3.69 | 28.15 | 23.67 | 2.74 |
| 2001 | 72.26 | 60.42 | 6.10 | 6.98 | 36.43 | 4.56 | 28.38 | 24.26 | 3.01 |
| 2002 | 77.85 | 67.17 | 6.73 | 7.87 | 39.97 | 5.36 | 29.75 | 25.80 | 3.15 |
| 2003 | 86.15 | 76.74 | 7.66 | 9.34 | 42.39 | 6.49 | 31.15 | 27.26 | 3.18 |
| 2004 | 88.85 | 81.53 | 8.41 | 10.34 | 45.67 | 7.39 | 31.66 | 27.72 | 3.21 |
| 2005 | 91.09 | 82.08 | 8.62 | 10.92 | 51.95 | 7.89 | 32.54 | 28.51 | 3.20 |
| 2006 | 86.07 | 79.11 | 9.05 | 11.04 | 55.67 | 8.30 | 35.11 | 30.92 | 2.88 |
| | (97.04) | (88.58) | (10.13) | (12.36) | | (9.30) | | | (3.22) |
| 2007 | 93.83 | 87.40 | 10.23 | 11.43 | 62.87 | 8.98 | 35.29 | 31.30 | 3.04 |
| 2008 | 94.73 | 89.55 | 11.13 | 12.21 | 70.16 | 9.71 | 37.37 | 33.29 | 3.12 |
| 2009 | 96.12 | 91.41 | | 12.79 | 75.25 | 10.66 | 38.22 | 34.17 | 3.15 |
| 2010 | 96.68 | 92.04 | | 13.21 | 82.31 | 11.18 | 38.62 | 34.47 | 3.02 |
| 2011 | 97.04 | 92.41 | | 13.75 | 83.63 | 11.80 | 39.22 | 35.27 | 2.95 |
| 2012 | 97.16 | 93.15 | | 14.39 | 87.30 | 12.26 | 39.59 | 35.72 | 2.89 |
| 2013 | 97.56 | 94.25 | | 14.87 | 89.34 | 12.64 | 39.70 | 35.78 | 2.83 |
| 2014 | 97.64 | 94.57 | | 15.34 | 90.18 | 13.08 | 40.22 | 36.29 | 2.79 |
| 2015 | 98.07 | 95.30 | | 15.60 | 91.90 | 13.35 | 40.12 | 36.36 | 2.75 |
| 2016 | 98.42 | 95.75 | | 15.80 | 93.44 | 13.70 | 40.30 | 36.43 | 2.72 |
| 2017 | 98.30 | 96.26 | | 16.05 | 94.54 | 14.01 | 40.91 | 37.11 | 2.77 |
| 2018 | 98.36 | 96.70 | | 16.70 | 95.49 | 14.11 | 41.11 | 37.34 | 2.88 |
| 2019 | 98.78 | 97.29 | | 17.36 | 96.81 | 14.36 | 41.51 | 37.63 | 2.93 |
| 2020 | 98.99 | 97.87 | | 18.04 | 97.53 | 14.78 | 42.06 | 38.24 | 3.07 |
| 2021 | 99.38 | 98.04 | | 18.84 | 97.89 | 14.87 | 42.42 | 38.70 | 3.29 |
| 2022 | 99.39 | 98.06 | | 19.28 | 98.11 | 15.29 | 42.96 | 39.29 | 3.43 |

注：1.自2006年起，人均和普及率指标按城区人口和城区暂住人口合计为分母计算，以公安部门的户籍统计和暂住人口统计为准。括号中的数据为与往年同口径数据。

2.“人均公园绿地面积”指标2005年及以前年份为“人均公共绿地面积”。

3.自2009年起，城市公共交通内容不再统计，增加城市轨道交通建设情况内容。

Notes: 1.Since 2006, figure in terms of per capita and coverage rate have been calculated based on denominator which combines both permanent and temporary residents in urban areas. And the population should come from statistics of police. The data in brackets are same index calculated by the method of past years.

2.Since 2005, Public Green Space Per Capita is changed to Public Recreational Green Space Per Capita.

3.Since 2009, statistics on urban public transport have been removed, and relevant information on the construction of rail transit system has been added.

# 1-1 2022年全国城市市政公用设施水平(按省分列)

| 地区名称 Name of Regions | 人口密度 (人/平方公里) Population Density (person/square kilometer) | 人均日生活用水量 (升) Daily Water Consumption Per Capita (liter) | 供水普及率 (%) Water Coverage Rate (%) | 公共供水普及率 Public Water Coverage Rate | 燃气普及率 (%) Gas Coverage Rate (%) | 建成区供水管道密度 (公里/平方公里) Density of Water Supply Pipelines in Built District (kilometer/square kilometer) | 人均道路面积 (平方米) Road Surface Area Per Capita ($m^2$) | 建成区路网密度 (公里/平方公里) Density of Road Network in Built District (kilometer/square kilometer) |
|---|---|---|---|---|---|---|---|---|
| **全　国** | **2854** | **184.73** | **99.39** | **98.73** | **98.06** | **14.87** | **19.28** | **7.66** |
| 北　京 | | 163.22 | 99.81 | 96.15 | 100.00 | | 8.04 | |
| 天　津 | 4372 | 122.81 | 100.00 | 100.00 | 100.00 | 16.92 | 16.11 | 6.58 |
| 河　北 | 3150 | 123.31 | 100.00 | 99.61 | 99.55 | 10.03 | 21.20 | 8.39 |
| 山　西 | 3855 | 136.52 | 98.66 | 97.49 | 97.56 | 10.87 | 18.71 | 7.41 |
| 内蒙古 | 2002 | 119.25 | 99.70 | 99.32 | 97.96 | 10.00 | 24.57 | 7.60 |
| 辽　宁 | 1792 | 155.81 | 98.99 | 97.69 | 97.73 | 13.51 | 19.37 | 7.80 |
| 吉　林 | 2097 | 121.83 | 96.46 | 95.33 | 96.54 | 10.22 | 17.15 | 6.50 |
| 黑龙江 | 5361 | 127.28 | 99.10 | 98.28 | 93.22 | 13.56 | 16.63 | 7.48 |
| 上　海 | 3905 | 207.04 | 100.00 | 100.00 | 100.00 | 32.22 | 5.00 | 4.82 |
| 江　苏 | 2156 | 211.54 | 100.00 | 99.95 | 99.92 | 18.93 | 25.66 | 9.33 |
| 浙　江 | 2344 | 215.05 | 100.00 | 99.70 | 99.97 | 21.90 | 19.60 | 8.13 |
| 安　徽 | 2744 | 194.31 | 99.76 | 99.10 | 99.42 | 13.94 | 24.57 | 7.91 |
| 福　建 | 3492 | 228.88 | 99.97 | 99.96 | 99.67 | 17.62 | 21.96 | 8.21 |
| 江　西 | 3647 | 222.48 | 99.37 | 99.18 | 98.82 | 16.78 | 25.92 | 8.05 |
| 山　东 | 1724 | 126.22 | 99.92 | 99.01 | 99.47 | 10.16 | 26.45 | 8.20 |
| 河　南 | 4480 | 139.89 | 99.30 | 97.23 | 98.21 | 8.74 | 16.86 | 5.30 |
| 湖　北 | 3056 | 199.93 | 99.93 | 99.47 | 99.50 | 18.98 | 19.67 | 8.22 |
| 湖　南 | 4717 | 217.07 | 99.01 | 98.75 | 97.70 | 18.05 | 20.35 | 8.21 |
| 广　东 | 3856 | 241.53 | 99.74 | 99.70 | 98.61 | 18.33 | 15.02 | 7.60 |
| 广　西 | 2473 | 273.73 | 99.91 | 99.49 | 99.44 | 14.26 | 24.40 | 8.51 |
| 海　南 | 2487 | 287.04 | 99.95 | 98.19 | 99.53 | 9.30 | 25.27 | 11.69 |
| 重　庆 | 2079 | 180.77 | 98.57 | 97.78 | 98.82 | 14.83 | 16.64 | 7.38 |
| 四　川 | 3670 | 195.31 | 97.18 | 97.11 | 96.55 | 16.42 | 18.28 | 8.07 |
| 贵　州 | 2092 | 175.80 | 98.88 | 98.87 | 93.26 | 18.31 | 26.69 | 8.15 |
| 云　南 | 3290 | 186.59 | 99.01 | 98.70 | 71.75 | 13.23 | 17.40 | 7.11 |
| 西　藏 | 1516 | 245.66 | 99.70 | 99.70 | 74.26 | 10.90 | 22.03 | 4.49 |
| 陕　西 | 5321 | 162.50 | 98.25 | 95.65 | 99.03 | 7.93 | 18.11 | 5.70 |
| 甘　肃 | 3223 | 138.88 | 99.50 | 98.88 | 96.93 | 6.37 | 22.21 | 7.24 |
| 青　海 | 2893 | 174.90 | 99.57 | 98.39 | 94.72 | 12.99 | 19.58 | 5.81 |
| 宁　夏 | 3103 | 165.80 | 99.99 | 99.91 | 98.48 | 6.90 | 28.00 | 5.88 |
| 新　疆 | 3915 | 158.89 | 99.70 | 99.41 | 98.97 | 8.20 | 22.51 | 6.04 |
| 新疆兵团 | 1456 | 207.81 | 97.88 | 97.88 | 95.96 | 8.60 | 34.37 | 6.93 |

注：本表中北京市的人均公园绿地面积、建成区绿化覆盖率和建成区绿地率均为该市调查面积内数据，全国城市人均公园绿地面积、建成区绿化覆盖率和建成区绿地率作适当修正。

# Level of National Urban Service Facilities by Province(2022)

| 建成区道路面积率(%) Surface Area of Roads Rate of Built District (%) | 建成区排水管道密度(公里/平方公里) Density of Sewers in Built District (kilometer/square kilometer) | 污水处理率(%) Wastewater Treatment Rate (%) | 污水处理厂集中处理率 Centralized Treatment Rate of Wastewater Treatment Plants | 城市生活污水集中收集率(%) Centralized collection rate of urban domestic sewage (%) | 人均公园绿地面积(平方米) Public Recreational Green Space Per Capita ($m^2$) | 建成区绿化覆盖率(%) Green Coverage Rate of Built District (%) | 建成区绿地率(%) Green Space Rate of Built District (%) | 生活垃圾处理率(%) Domestic Garbage Treatment Rate (%) | 生活垃圾无害化处理率 Domestic Garbage Harmless Treatment Rate | 地区名称 Name of Regions |
|---|---|---|---|---|---|---|---|---|---|---|
| **15.41** | **12.34** | **98.11** | **96.50** | **70.06** | **15.29** | **42.96** | **39.29** | **99.98** | **99.90** | **全国** |
| | | 98.07 | 96.18 | 88.68 | 16.63 | 49.77 | 47.05 | 100.00 | 100.00 | 北京 |
| 12.39 | 18.56 | 98.45 | 97.35 | 82.44 | 9.98 | 38.41 | 35.49 | 100.00 | 100.00 | 天津 |
| 17.67 | 9.78 | 99.08 | 99.08 | 81.72 | 15.35 | 43.78 | 40.01 | 100.00 | 100.00 | 河北 |
| 17.57 | 10.55 | 98.48 | 97.58 | 71.07 | 13.72 | 44.02 | 40.14 | 100.00 | 100.00 | 山西 |
| 17.25 | 11.15 | 97.56 | 97.56 | 76.45 | 19.47 | 41.94 | 38.96 | 99.99 | 99.99 | 内蒙古 |
| 14.74 | 7.37 | 98.03 | 97.28 | 63.18 | 13.39 | 40.88 | 38.63 | 99.58 | 99.58 | 辽宁 |
| 11.92 | 7.67 | 97.84 | 97.84 | 72.98 | 14.45 | 42.68 | 38.92 | 100.00 | 100.00 | 吉林 |
| 12.34 | 7.06 | 96.95 | 94.13 | 67.80 | 14.04 | 37.97 | 34.68 | 100.00 | 100.00 | 黑龙江 |
| 9.96 | 17.95 | 98.04 | 98.04 | 90.84 | 9.28 | 38.10 | 36.86 | 100.00 | 98.44 | 上海 |
| 16.49 | 15.49 | 97.42 | 93.13 | 75.37 | 16.02 | 44.07 | 40.65 | 100.00 | 100.00 | 江苏 |
| 15.97 | 14.78 | 98.14 | 96.76 | 74.44 | 13.79 | 42.13 | 38.24 | 100.00 | 100.00 | 浙江 |
| 18.55 | 13.98 | 98.07 | 96.27 | 61.85 | 16.98 | 45.32 | 41.15 | 100.00 | 100.00 | 安徽 |
| 16.60 | 11.47 | 98.57 | 93.46 | 60.87 | 15.28 | 44.07 | 40.68 | 100.00 | 100.00 | 福建 |
| 16.91 | 12.67 | 97.61 | 96.91 | 49.93 | 17.01 | 46.63 | 43.28 | 100.00 | 100.00 | 江西 |
| 16.77 | 12.00 | 98.53 | 98.39 | 72.27 | 18.18 | 43.75 | 39.72 | 100.00 | 100.00 | 山东 |
| 12.63 | 8.96 | 99.53 | 99.53 | 77.12 | 15.60 | 40.30 | 35.52 | 99.99 | 99.68 | 河南 |
| 16.54 | 13.27 | 97.57 | 92.13 | 55.62 | 15.38 | 42.92 | 39.42 | 100.00 | 100.00 | 湖北 |
| 17.56 | 11.98 | 98.17 | 98.10 | 59.22 | 13.06 | 42.32 | 38.72 | 100.00 | 100.00 | 湖南 |
| 13.48 | 16.40 | 98.54 | 98.06 | 72.41 | 17.95 | 44.56 | 40.25 | 100.00 | 99.95 | 广东 |
| 16.03 | 12.28 | 98.78 | 92.93 | 54.54 | 11.67 | 42.21 | 36.86 | 100.00 | 100.00 | 广西 |
| 18.58 | 13.53 | 99.15 | 98.89 | 55.94 | 12.23 | 42.39 | 39.43 | 100.00 | 100.00 | 海南 |
| 15.99 | 15.16 | 98.36 | 98.06 | 63.25 | 17.63 | 44.56 | 41.33 | 100.00 | 100.00 | 重庆 |
| 16.20 | 13.66 | 96.23 | 92.12 | 53.35 | 13.99 | 43.54 | 38.61 | 99.98 | 99.98 | 四川 |
| 16.51 | 10.77 | 98.89 | 98.51 | 54.62 | 16.41 | 42.14 | 40.16 | 99.89 | 99.88 | 贵州 |
| 14.71 | 12.50 | 99.02 | 97.48 | 65.26 | 13.94 | 43.14 | 39.52 | 100.00 | 99.87 | 云南 |
| 9.97 | 3.23 | 96.57 | 96.57 | 27.18 | 16.23 | 40.80 | 38.60 | 99.81 | 99.81 | 西藏 |
| 14.69 | 8.23 | 97.14 | 97.14 | 80.98 | 13.15 | 42.62 | 38.42 | 100.00 | 100.00 | 陕西 |
| 15.23 | 8.84 | 97.79 | 97.79 | 74.52 | 16.36 | 36.20 | 33.08 | 100.00 | 100.00 | 甘肃 |
| 15.48 | 14.33 | 95.89 | 95.89 | 64.16 | 13.24 | 36.53 | 34.22 | 99.46 | 99.46 | 青海 |
| 15.78 | 4.49 | 99.04 | 99.04 | 76.49 | 22.84 | 42.15 | 40.40 | 100.00 | 100.00 | 宁夏 |
| 12.57 | 6.72 | 97.79 | 97.78 | 82.02 | 14.93 | 41.17 | 38.01 | 100.00 | 100.00 | 新疆 |
| 13.57 | 8.08 | 100.15 | 99.87 | 64.59 | 26.36 | 42.78 | 41.24 | 100.00 | 100.00 | 新疆兵团 |

Note: All of the public recreational green space per capita, green coverage rate and green space rate for the built-up areas of Beijing Municipality in the table refer to the data for the areas surveyed in the city. The public recreational green space per capita, green coverage rate and green space rate for the nationwide urban built-up areas have been revised appropriately.

# 1-2 2022年全国城市市政公用设施水平(按城市分列)

| 城市名称 Name of Cities | 人口密度（人/平方公里） Population Density (person/square kilometer) | 人均日生活用水量（升） Daily Water Consumption Per Capita (liter) | 供水普及率（%） Water Coverage Rate (%) | 公共供水普及率 Public Water Coverage Rate | 燃气普及率（%） Gas Coverage Rate (%) | 建成区供水管道密度（公里/平方公里） Density of Water Supply Pipelines in Built District (kilometer/square kilometer) | 人均道路面积（平方米） Road Surface Area Per Capita ($m^2$) | 建成区路网密度（公里/平方公里） Density of Road Network in Built District (kilometer/square kilometer) |
|---|---|---|---|---|---|---|---|---|
| **全 国** | **2854** | **184.73** | **99.39** | **98.73** | **98.06** | **14.87** | **19.28** | **7.66** |
| **北 京** | | **163.22** | **99.81** | **96.15** | **100.00** | | **8.04** | |
| **天 津** | **4372** | **122.81** | **100.00** | **100.00** | **100.00** | **16.92** | **16.11** | **6.58** |
| **河 北** | **3150** | **123.31** | **100.00** | **99.61** | **99.55** | **10.03** | **21.20** | **8.39** |
| 石家庄 | 6380 | 134.28 | 100.00 | 99.61 | 100.00 | 9.01 | 17.06 | 8.16 |
| 晋 州 | 1538 | 151.90 | 100.00 | 100.00 | 100.00 | 9.10 | 23.01 | 10.23 |
| 新 乐 | 2088 | 139.13 | 100.00 | 100.00 | 100.00 | 19.97 | 28.88 | 10.20 |
| 唐 山 | 7006 | 137.98 | 100.00 | 99.21 | 100.00 | 10.54 | 20.76 | 8.68 |
| 滦 州 | 1963 | 81.03 | 100.00 | 100.00 | 100.00 | 11.68 | 17.04 | 9.02 |
| 遵 化 | 3132 | 95.99 | 100.00 | 100.00 | 100.00 | 6.34 | 20.10 | 8.30 |
| 迁 安 | 2810 | 83.33 | 100.00 | 100.00 | 100.00 | 8.38 | 21.25 | 8.50 |
| 秦皇岛 | 4783 | 134.72 | 100.00 | 100.00 | 100.00 | 8.57 | 18.16 | 8.02 |
| 邯 郸 | 3834 | 95.80 | 100.00 | 100.00 | 100.00 | 10.47 | 20.04 | 8.81 |
| 武 安 | 2672 | 120.85 | 100.00 | 92.20 | 100.00 | 14.55 | 26.20 | 8.60 |
| 邢 台 | 3901 | 177.79 | 100.00 | 100.00 | 99.37 | 21.85 | 33.87 | 7.53 |
| 南 宫 | 4795 | 83.97 | 100.00 | 100.00 | 100.00 | 7.33 | 25.57 | 8.00 |
| 沙 河 | 5071 | 139.01 | 100.00 | 100.00 | 99.46 | 11.94 | 28.68 | 7.20 |
| 保 定 | 5487 | 118.18 | 100.00 | 99.55 | 97.43 | 5.21 | 22.84 | 8.22 |
| 涿 州 | 1558 | 140.00 | 100.00 | 100.00 | 100.00 | 7.20 | 24.47 | 8.31 |
| 安 国 | 3948 | 83.99 | 100.00 | 98.48 | 97.04 | 9.13 | 23.66 | 9.10 |
| 高碑店 | 4166 | 138.68 | 100.00 | 100.00 | 98.04 | 14.69 | 28.31 | 8.00 |
| 张家口 | 2515 | 108.77 | 100.00 | 100.00 | 97.43 | 9.50 | 20.00 | 8.59 |
| 承 德 | 807 | 130.86 | 100.00 | 100.00 | 99.98 | 6.92 | 22.05 | 8.07 |
| 平 泉 | 7381 | 86.32 | 100.00 | 99.01 | 99.84 | 12.41 | 19.15 | 8.50 |
| 沧 州 | 2306 | 120.33 | 100.00 | 100.00 | 100.00 | 6.76 | 21.71 | 8.76 |
| 泊 头 | 7732 | 123.59 | 100.00 | 100.00 | 99.47 | 8.54 | 17.95 | 8.51 |
| 任 丘 | 4417 | 92.55 | 100.00 | 100.00 | 100.00 | 13.17 | 23.89 | 9.11 |
| 黄 骅 | 1271 | 115.71 | 100.00 | 100.00 | 100.00 | 17.36 | 33.40 | 8.67 |
| 河 间 | 2176 | 121.91 | 100.00 | 100.00 | 100.00 | 18.03 | 26.94 | 8.59 |
| 廊 坊 | 2253 | 136.59 | 100.00 | 100.00 | 100.00 | 10.54 | 23.15 | 8.54 |
| 霸 州 | 1835 | 80.87 | 100.00 | 100.00 | 100.00 | 17.43 | 18.49 | 8.06 |
| 三 河 | 1354 | 134.41 | 100.00 | 100.00 | 100.00 | 11.37 | 21.37 | 9.88 |
| 衡 水 | 1617 | 127.11 | 100.00 | 97.54 | 100.00 | 6.54 | 19.33 | 8.19 |
| 深 州 | 2322 | 134.88 | 100.00 | 100.00 | 100.00 | 5.90 | 18.92 | 12.62 |
| 辛 集 | 1666 | 139.27 | 100.00 | 100.00 | 100.00 | 5.42 | 27.21 | 7.85 |
| 定 州 | 1948 | 92.67 | 100.00 | 100.00 | 100.00 | 7.93 | 20.13 | 6.12 |

# Level of National Urban Service Facilities by City(2022)

| 建成区道路面积率(%) Surface Area of Roads Rate of Built District (%) | 建成区排水管道密度(公里/平方公里) Density of Sewers in Built District (kilometer/square kilometer) | 污水处理率(%) Wastewater Treatment Rate (%) | 污水处理厂集中处理率 Centralized Treatment Rate of Wastewater Treatment Plants | 人均公园绿地面积(平方米) Public Recreational Green Space Per Capita ($m^2$) | 建成区绿化覆盖率(%) Green Coverage Rate of Built District (%) | 建成区绿地率(%) Green Space Rate of Built District (%) | 生活垃圾处理率(%) Domestic Garbage Treatment Rate (%) | 生活垃圾无害化处理率 Domestic Garbage Harmless Treatment Rate | 城市名称 Name of Cities |
|---|---|---|---|---|---|---|---|---|---|
| **15.41** | **12.34** | **98.11** | **96.50** | **15.29** | **42.96** | **39.29** | **99.98** | **99.90** | **全国** |
| | | **98.07** | **96.18** | **16.63** | **49.77** | **47.05** | **100.00** | **100.00** | **北京** |
| **12.39** | **18.56** | **98.45** | **97.35** | **9.98** | **38.41** | **35.49** | **100.00** | **100.00** | **天津** |
| **17.67** | **9.78** | **99.08** | **99.08** | **15.35** | **43.78** | **40.01** | **100.00** | **100.00** | **河北** |
| 17.67 | 8.38 | 99.76 | 99.76 | 14.59 | 41.33 | 37.77 | 100.00 | 100.00 | 石家庄 |
| 21.66 | 16.65 | 98.60 | 98.60 | 13.29 | 43.82 | 39.23 | 100.00 | 100.00 | 晋州 |
| 18.69 | 11.35 | 99.28 | 99.28 | 19.57 | 43.64 | 39.34 | 100.00 | 100.00 | 新乐 |
| 17.12 | 12.30 | 99.27 | 99.27 | 16.69 | 43.86 | 40.43 | 100.00 | 100.00 | 唐山 |
| 15.49 | 5.17 | 99.99 | 99.99 | 12.63 | 45.26 | 40.45 | 100.00 | 100.00 | 滦州 |
| 20.23 | 7.48 | 99.95 | 99.95 | 14.64 | 42.49 | 38.93 | 100.00 | 100.00 | 遵化 |
| 16.95 | 7.08 | 99.88 | 99.88 | 15.84 | 44.30 | 40.59 | 100.00 | 100.00 | 迁安 |
| 16.41 | 12.58 | 97.10 | 97.10 | 17.25 | 40.75 | 37.55 | 100.00 | 100.00 | 秦皇岛 |
| 20.88 | 11.95 | 99.97 | 99.97 | 16.79 | 48.15 | 42.93 | 100.00 | 100.00 | 邯郸 |
| 16.79 | 14.80 | 99.53 | 99.53 | 15.22 | 47.26 | 42.77 | 100.00 | 100.00 | 武安 |
| 19.19 | 8.24 | 98.98 | 98.98 | 16.05 | 43.39 | 40.25 | 100.00 | 100.00 | 邢台 |
| 21.10 | 15.45 | 95.96 | 95.96 | 13.86 | 40.78 | 36.87 | 100.00 | 100.00 | 南宫 |
| 16.22 | 8.20 | 96.90 | 96.90 | 15.08 | 42.67 | 38.08 | 100.00 | 100.00 | 沙河 |
| 15.54 | 8.45 | 99.47 | 99.47 | 13.21 | 44.25 | 41.10 | 100.00 | 100.00 | 保定 |
| 15.80 | 8.06 | 99.00 | 99.00 | 14.93 | 43.01 | 39.35 | 100.00 | 100.00 | 涿州 |
| 18.65 | 10.79 | 99.24 | 99.24 | 14.60 | 44.40 | 40.33 | 100.00 | 100.00 | 安国 |
| 17.66 | 11.11 | 99.90 | 99.90 | 12.21 | 43.47 | 41.47 | 100.00 | 100.00 | 高碑店 |
| 20.14 | 4.02 | 96.90 | 96.90 | 14.27 | 42.52 | 38.52 | 100.00 | 100.00 | 张家口 |
| 15.01 | 8.61 | 97.69 | 97.69 | 19.96 | 43.18 | 38.88 | 100.00 | 100.00 | 承德 |
| 20.36 | 9.48 | 96.80 | 96.80 | 12.61 | 49.07 | 45.31 | 100.00 | 100.00 | 平泉 |
| 17.86 | 9.63 | 99.98 | 99.98 | 13.90 | 44.87 | 40.13 | 100.00 | 100.00 | 沧州 |
| 15.15 | 8.66 | 98.00 | 98.00 | 13.63 | 41.40 | 37.44 | 100.00 | 100.00 | 泊头 |
| 14.95 | 7.13 | 99.95 | 99.95 | 16.13 | 43.04 | 38.51 | 100.00 | 100.00 | 任丘 |
| 19.12 | 8.15 | 99.99 | 99.99 | 19.72 | 43.54 | 41.09 | 100.00 | 100.00 | 黄骅 |
| 19.47 | 14.61 | 99.92 | 99.92 | 16.34 | 42.73 | 38.74 | 100.00 | 100.00 | 河间 |
| 18.47 | 13.66 | 99.30 | 99.30 | 15.20 | 47.59 | 44.25 | 100.00 | 100.00 | 廊坊 |
| 15.24 | 9.41 | 97.03 | 97.03 | 13.97 | 42.26 | 37.88 | 100.00 | 100.00 | 霸州 |
| 25.34 | 8.40 | 99.96 | 99.96 | 14.14 | 41.76 | 38.59 | 100.00 | 100.00 | 三河 |
| 16.16 | 10.27 | 99.96 | 99.96 | 15.78 | 44.56 | 41.39 | 100.00 | 100.00 | 衡水 |
| 17.22 | 12.31 | 98.87 | 98.87 | 12.75 | 43.82 | 40.13 | 100.00 | 100.00 | 深州 |
| 17.73 | 9.81 | 99.84 | 99.84 | 12.98 | 45.05 | 40.79 | 100.00 | 100.00 | 辛集 |
| 15.99 | 7.80 | 98.57 | 98.57 | 14.12 | 44.91 | 40.25 | 100.00 | 100.00 | 定州 |

## 1-2 续表 1

| 城市名称 Name of Cities | 人口密度（人/平方公里）Population Density (person/square kilometer) | 人均日生活用水量（升）Daily Water Consumption Per Capita (liter) | 供水普及率(%) Water Coverage Rate (%) | 公共供水普及率 Public Water Coverage Rate | 燃气普及率(%) Gas Coverage Rate (%) | 建成区供水管道密度（公里/平方公里）Density of Water Supply Pipelines in Built District (kilometer/square kilometer) | 人均道路面积（平方米）Road Surface Area Per Capita ($m^2$) | 建成区路网密度（公里/平方公里）Density of Road Network in Built District (kilometer/square kilometer) |
|---|---|---|---|---|---|---|---|---|
| **山　西** | **3855** | **136.52** | **98.66** | **97.49** | **97.56** | **10.87** | **18.71** | **7.41** |
| 太　原 | 2860 | 158.40 | 96.58 | 96.58 | 99.75 | 12.46 | 17.58 | 8.00 |
| 古　交 | 6268 | 93.54 | 100.00 | 89.84 | 99.69 | 10.97 | 18.19 | 7.75 |
| 大　同 | 9186 | 138.17 | 100.00 | 99.18 | 98.90 | 7.18 | 18.85 | 6.84 |
| 阳　泉 | 10059 | 125.05 | 100.00 | 95.00 | 94.28 | 10.16 | 16.72 | 11.51 |
| 长　治 | 3898 | 174.94 | 100.00 | 99.25 | 99.60 | 13.60 | 16.82 | 8.68 |
| 晋　城 | 5339 | 174.42 | 99.95 | 99.95 | 99.71 | 14.72 | 17.27 | 8.30 |
| 高　平 | 2132 | 126.20 | 100.00 | 100.00 | 97.32 | 22.62 | 19.96 | 8.57 |
| 朔　州 | 2714 | 149.87 | 97.57 | 93.38 | 83.12 | 2.29 | 29.10 | 10.30 |
| 怀　仁 | 3014 | 56.19 | 98.71 | 98.71 | 87.10 | 25.77 | 22.65 | 6.91 |
| 晋　中 | 5855 | 94.64 | 100.00 | 99.88 | 99.11 | 5.47 | 25.21 | 5.77 |
| 介　休 | 4686 | 90.47 | 100.00 | 79.27 | 96.54 | 7.95 | 12.75 | 7.55 |
| 运　城 | 6412 | 161.01 | 100.00 | 100.00 | 100.00 | 14.15 | 19.06 | 8.19 |
| 永　济 | 5651 | 87.19 | 99.42 | 99.42 | 99.12 | 3.61 | 17.19 | 4.94 |
| 河　津 | 1970 | 109.47 | 100.00 | 100.00 | 95.01 | 12.14 | 25.47 | 3.77 |
| 忻　州 | 1931 | 91.65 | 100.00 | 99.24 | 93.01 | 13.94 | 26.38 | 9.32 |
| 原　平 | 1310 | 69.86 | 100.00 | 95.10 | 99.17 | 9.15 | 11.28 | 4.25 |
| 临　汾 | 7803 | 101.35 | 99.43 | 99.43 | 98.48 | 10.49 | 12.53 | 3.90 |
| 侯　马 | 7549 | 142.84 | 100.00 | 100.00 | 99.50 | 8.41 | 20.27 | 5.05 |
| 霍　州 | 7697 | 137.72 | 100.00 | 100.00 | 91.01 | 19.87 | 11.09 | 6.37 |
| 吕　梁 | 6679 | 105.05 | 100.00 | 100.00 | 85.00 | 7.92 | 13.13 | 5.46 |
| 孝　义 | 5695 | 110.59 | 96.65 | 96.65 | 98.61 | 9.55 | 19.94 | 4.83 |
| 汾　阳 | 3943 | 103.18 | 97.11 | 89.09 | 99.52 | 8.93 | 29.28 | 7.63 |
| **内蒙古** | **2002** | **119.25** | **99.70** | **99.32** | **97.96** | **10.00** | **24.57** | **7.60** |
| 呼和浩特 | 7655 | 117.73 | 100.00 | 100.00 | 98.13 | 8.06 | 12.89 | 4.00 |
| 包　头 | 2157 | 87.51 | 100.00 | 100.00 | 100.00 | 9.46 | 18.04 | 8.14 |
| 乌　海 | 7719 | 123.70 | 99.14 | 99.14 | 99.52 | 19.20 | 46.01 | 5.36 |
| 赤　峰 | 2181 | 144.64 | 99.33 | 97.98 | 98.73 | 9.85 | 23.93 | 6.53 |
| 通　辽 | 6143 | 160.87 | 99.78 | 99.57 | 98.62 | 6.17 | 26.92 | 8.84 |
| 霍林郭勒 | 3638 | 246.96 | 99.92 | 98.40 | 99.62 | 17.84 | 32.06 | 9.77 |
| 鄂尔多斯 | 2695 | 113.32 | 100.00 | 100.00 | 100.00 | 14.41 | 55.34 | 9.85 |
| 呼伦贝尔 | 2418 | 241.65 | 100.00 | 94.32 | 99.88 | 12.35 | 22.66 | 8.83 |
| 满洲里 | 316 | 111.50 | 100.00 | 100.00 | 99.83 | 19.06 | 34.47 | 17.47 |
| 牙克石 | 3372 | 138.34 | 100.00 | 98.71 | 96.65 | 8.11 | 27.38 | 4.00 |
| 扎兰屯 | 349 | 117.64 | 97.62 | 97.62 | 93.68 | 7.55 | 30.57 | 9.54 |
| 额尔古纳 | 132 | 82.21 | 96.74 | 96.74 | 95.74 | 9.83 | 32.23 | 12.92 |
| 根　河 | 109 | 118.56 | 100.00 | 99.74 | 96.05 | 3.91 | 33.78 | 6.20 |
| 巴彦淖尔 | 5229 | 76.79 | 98.76 | 98.76 | 97.98 | 7.44 | 27.49 | 14.20 |
| 乌兰察布 | 3873 | 126.89 | 98.39 | 98.39 | 90.00 | 6.26 | 38.77 | 8.03 |
| 丰　镇 | 4508 | 138.65 | 99.91 | 99.91 | 94.50 | 15.12 | 37.18 | 10.83 |

continued 1

| 建成区道路面积率(%) Surface Area of Roads Rate of Built District (%) | 建成区排水管道密度(公里/平方公里) Density of Sewers in Built District (kilometer/square kilometer) | 污水处理率(%) Wastewater Treatment Rate (%) | 污水处理厂集中处理率 Centralized Treatment Rate of Wastewater Treatment Plants | 人均公园绿地面积(平方米) Public Recreational Green Space Per Capita ($m^2$) | 建成区绿化覆盖率(%) Green Coverage Rate of Built District (%) | 建成区绿地率(%) Green Space Rate of Built District (%) | 生活垃圾处理率(%) Domestic Garbage Treatment Rate (%) | 生活垃圾无害化处理率 Domestic Garbage Harmless Treatment Rate | 城市名称 Name of Cities |
|---|---|---|---|---|---|---|---|---|---|
| **17.57** | **10.55** | **98.48** | **97.58** | **13.72** | **44.02** | **40.14** | **100.00** | **100.00** | **山西** |
| 19.77 | 13.48 | 100.00 | 100.00 | 12.85 | 45.08 | 39.94 | 100.00 | 100.00 | 太原 |
| 10.05 | 4.71 | 99.95 | 99.95 | 12.01 | 42.97 | 39.14 | 100.00 | 100.00 | 古交 |
| 17.32 | 10.13 | 98.29 | 98.29 | 15.35 | 43.76 | 40.31 | 100.00 | 100.00 | 大同 |
| 15.54 | 0.68 | 100.00 | 83.23 | 12.32 | 44.70 | 41.48 | 100.00 | 100.00 | 阳泉 |
| 18.63 | 7.24 | 95.82 | 95.82 | 14.41 | 46.06 | 42.02 | 100.00 | 100.00 | 长治 |
| 18.55 | 12.10 | 100.00 | 100.00 | 18.81 | 47.14 | 43.87 | 100.00 | 100.00 | 晋城 |
| 15.06 | 8.07 | 98.64 | 98.64 | 14.62 | 41.50 | 40.70 | 100.00 | 100.00 | 高平 |
| 21.32 | 2.76 | 93.85 | 93.85 | 14.92 | 43.98 | 39.94 | 100.00 | 100.00 | 朔州 |
| 19.51 | 12.52 | 100.00 | 100.00 | 14.71 | 42.08 | 39.12 | 100.00 | 100.00 | 怀仁 |
| 17.48 | 13.73 | 98.27 | 98.27 | 12.86 | 43.00 | 39.95 | 100.00 | 100.00 | 晋中 |
| 12.53 | 8.52 | 98.00 | 98.00 | 13.33 | 45.59 | 40.17 | 100.00 | 100.00 | 介休 |
| 16.46 | 9.95 | 96.09 | 96.09 | 14.05 | 45.38 | 41.38 | 100.00 | 100.00 | 运城 |
| 11.38 | 6.34 | 92.50 | 92.50 | 14.74 | 43.25 | 40.07 | 100.00 | 100.00 | 永济 |
| 13.53 | 5.61 | 95.00 | 95.00 | 15.54 | 39.91 | 38.77 | 100.00 | 100.00 | 河津 |
| 24.88 | 21.99 | 97.00 | 97.00 | 14.37 | 44.25 | 40.12 | 100.00 | 100.00 | 忻州 |
| 10.76 | 6.88 | 96.20 | 96.20 | 10.50 | 35.31 | 34.34 | 100.00 | 100.00 | 原平 |
| 12.16 | 7.45 | 100.00 | 100.00 | 14.41 | 42.18 | 38.86 | 100.00 | 100.00 | 临汾 |
| 15.30 | 8.07 | 100.00 | 100.00 | 11.28 | 42.77 | 39.47 | 100.00 | 100.00 | 侯马 |
| 10.81 | 6.00 | 96.00 | 96.00 | 9.96 | 36.74 | 33.37 | 100.00 | 100.00 | 霍州 |
| 13.00 | 12.66 | 97.40 | 97.40 | 13.94 | 43.11 | 40.18 | 100.00 | 100.00 | 吕梁 |
| 18.62 | 14.76 | 96.10 | 96.10 | 11.44 | 42.59 | 38.74 | 100.00 | 100.00 | 孝义 |
| 20.73 | 11.54 | 100.00 | 100.00 | 10.60 | 43.95 | 39.11 | 100.00 | 100.00 | 汾阳 |
| **17.25** | **11.15** | **97.56** | **97.56** | **19.47** | **41.94** | **38.96** | **99.99** | **99.99** | **内蒙古** |
| 10.87 | 12.03 | 97.02 | 97.02 | 17.26 | 43.77 | 40.91 | 100.00 | 100.00 | 呼和浩特 |
| 15.77 | 12.23 | 96.35 | 96.35 | 15.62 | 44.71 | 40.12 | 100.00 | 100.00 | 包头 |
| 33.62 | 5.00 | 94.28 | 94.28 | 22.82 | 43.00 | 41.20 | 100.00 | 100.00 | 乌海 |
| 18.18 | 7.24 | 96.97 | 96.97 | 21.80 | 40.80 | 38.81 | 100.00 | 100.00 | 赤峰 |
| 20.01 | 12.70 | 99.16 | 99.16 | 21.21 | 43.13 | 39.18 | 100.00 | 100.00 | 通辽 |
| 24.58 | 23.99 | 98.90 | 98.90 | 15.90 | 36.32 | 34.18 | 100.00 | 100.00 | 霍林郭勒 |
| 23.47 | 15.65 | 99.34 | 99.34 | 36.54 | 43.27 | 39.73 | 100.00 | 100.00 | 鄂尔多斯 |
| 23.57 | 11.19 | 100.00 | 100.00 | 15.70 | 38.19 | 36.06 | 100.00 | 100.00 | 呼伦贝尔 |
| 29.53 | 11.08 | 99.03 | 99.03 | 17.30 | 40.78 | 38.02 | 100.00 | 100.00 | 满洲里 |
| 12.75 | 4.65 | 95.29 | 95.29 | 19.18 | 37.52 | 35.47 | 100.00 | 100.00 | 牙克石 |
| 21.40 | 6.43 | 100.00 | 100.00 | 14.80 | 40.89 | 38.00 | 100.00 | 100.00 | 扎兰屯 |
| 12.27 | 9.46 | 96.02 | 96.02 | 12.37 | 35.97 | 33.55 | 100.00 | 100.00 | 额尔古纳 |
| 14.76 | 9.62 | 97.56 | 97.56 | 17.16 | 36.44 | 33.36 | 99.30 | 99.30 | 根河 |
| 22.69 | 13.53 | 98.90 | 98.90 | 11.10 | 37.09 | 33.09 | 100.00 | 100.00 | 巴彦淖尔 |
| 15.01 | 9.98 | 100.00 | 100.00 | 34.62 | 40.75 | 38.24 | 100.00 | 100.00 | 乌兰察布 |
| 16.76 | 15.55 | 100.00 | 100.00 | 20.83 | 36.73 | 33.86 | 100.00 | 100.00 | 丰镇 |

## 1-2 续表 2

| 城市名称<br>Name of Cities | 人口密度<br>(人/平方公里)<br>Population Density<br>(person/square kilometer) | 人均日生活用水量<br>(升)<br>Daily Water Consumption Per Capita<br>(liter) | 供水普及率<br>(%)<br>Water Coverage Rate<br>(%) | 公共供水普及率<br>Public Water Coverage Rate | 燃气普及率<br>(%)<br>Gas Coverage Rate<br>(%) | 建成区供水管道密度<br>(公里/平方公里)<br>Density of Water Supply Pipelines in Built District<br>(kilometer/square kilometer) | 人均道路面积<br>(平方米)<br>Road Surface Area Per Capita<br>($m^2$) | 建成区路网密度<br>(公里/平方公里)<br>Density of Road Network in Built District<br>(kilometer/square kilometer) |
|---|---|---|---|---|---|---|---|---|
| 锡林浩特 | 2938 | 94.95 | 99.34 | 99.34 | 97.90 | 11.83 | 24.25 | 7.36 |
| 二连浩特 | 705 | 81.75 | 100.00 | 100.00 | 90.18 | 9.77 | 49.93 | 5.85 |
| 乌兰浩特 | 1259 | 89.64 | 100.00 | 100.00 | 91.87 | 7.50 | 23.38 | 10.52 |
| 阿尔山 | 278 | 111.92 | 99.04 | 99.04 | 17.89 | 3.59 | 38.97 | 4.12 |
| **辽宁** | **1792** | **155.81** | **98.99** | **97.69** | **97.73** | **13.51** | **19.37** | **7.80** |
| 沈阳 | 3727 | 204.11 | 100.00 | 95.72 | 100.00 | 5.74 | 17.55 | 8.20 |
| 新民 | 4947 | 314.87 | 93.89 | 93.89 | 93.89 | 11.78 | 17.44 | 3.67 |
| 大连 | 2585 | 157.19 | 100.00 | 100.00 | 99.34 | 14.54 | 18.83 | 8.36 |
| 庄河 | 1339 | 91.21 | 90.63 | 90.63 | 94.13 | 11.20 | 17.23 | 6.47 |
| 瓦房店 | 602 | 100.61 | 89.15 | 89.15 | 74.06 | 16.87 | 29.34 | 8.59 |
| 鞍山 | 2258 | 117.82 | 100.00 | 100.00 | 100.00 | 18.25 | 22.71 | 8.78 |
| 海城 | 2221 | 195.69 | 100.00 | 100.00 | 100.00 | 13.27 | 25.39 | 4.86 |
| 抚顺 | 2449 | 140.61 | 100.00 | 100.00 | 98.25 | 19.83 | 15.40 | 10.25 |
| 本溪 | 609 | 93.36 | 99.50 | 97.34 | 96.38 | 11.99 | 23.98 | 9.23 |
| 丹东 | 3039 | 110.85 | 100.00 | 99.01 | 100.00 | 13.08 | 17.89 | 8.02 |
| 东港 | 1318 | 147.75 | 100.00 | 100.00 | 95.24 | 14.53 | 25.17 | 7.32 |
| 凤城 | 563 | 110.09 | 99.46 | 98.92 | 99.95 | 18.19 | 15.38 | 0.76 |
| 锦州 | 2398 | 127.21 | 100.00 | 100.00 | 100.00 | 27.64 | 9.88 | 8.04 |
| 凌海 | 869 | 77.38 | 100.00 | 100.00 | 100.00 | 8.70 | 17.78 | 5.81 |
| 北镇 | 1830 | 110.94 | 83.22 | 83.22 | 100.00 | 7.10 | 9.15 | 6.50 |
| 营口 | 1709 | 144.73 | 100.00 | 100.00 | 99.83 | 17.53 | 34.99 | 8.07 |
| 盖州 | 1212 | 118.77 | 98.57 | 98.57 | 97.91 | 9.19 | 20.84 | 18.43 |
| 大石桥 | 1744 | 114.72 | 100.00 | 100.00 | 99.04 | 33.27 | 11.72 | 2.99 |
| 阜新 | 1621 | 88.23 | 100.00 | 100.00 | 76.00 | 21.43 | 12.90 | 5.56 |
| 辽阳 | 1041 | 171.52 | 100.00 | 100.00 | 100.00 | 11.16 | 20.65 | 11.05 |
| 灯塔 | 848 | 160.69 | 100.00 | 84.22 | 100.00 | 6.52 | 21.10 | 5.29 |
| 盘锦 | 3248 | 174.62 | 100.00 | 100.00 | 100.00 | 27.38 | 21.97 | 8.12 |
| 铁岭 | 2035 | 133.32 | 100.00 | 100.00 | 88.28 | 13.86 | 13.12 | 3.99 |
| 调兵山 | 7764 | 138.84 | 96.13 | 96.13 | 98.17 | 28.39 | 11.19 | 7.57 |
| 开原 | 1323 | 101.39 | 100.00 | 100.00 | 100.00 | 7.21 | 13.15 | 4.35 |
| 朝阳 | 969 | 149.58 | 100.00 | 99.13 | 99.78 | 9.86 | 13.00 | 4.44 |
| 北票 | 787 | 226.44 | 98.40 | 98.40 | 94.17 | 14.19 | 27.29 | 6.08 |
| 凌源 | 489 | 123.84 | 99.56 | 99.56 | 94.25 | 10.80 | 19.04 | 3.41 |
| 葫芦岛 | 1405 | 149.95 | 100.00 | 100.00 | 98.15 | 9.98 | 35.28 | 8.18 |
| 兴城 | 561 | 152.42 | 99.27 | 99.27 | 93.71 | 14.19 | 29.87 | 5.71 |
| 沈抚改革创新示范区 | 1024 | 560.10 | 21.05 | 21.05 | 90.23 | 1.30 | 39.25 | 4.64 |

continued 2

| 建成区道路面积率 (%) Surface Area of Roads Rate of Built District (%) | 建成区排水管道密度 (公里/平方公里) Density of Sewers in Built District (kilometer/square kilometer) | 污水处理率 (%) Wastewater Treatment Rate (%) | 污水处理厂集中处理率 Centralized Treatment Rate of Wastewater Treatment Plants | 人均公园绿地面积 (平方米) Public Recreational Green Space Per Capita ($m^2$) | 建成区绿化覆盖率 (%) Green Coverage Rate of Built District (%) | 建成区绿地率 (%) Green Space Rate of Built District (%) | 生活垃圾处理率 (%) Domestic Garbage Treatment Rate (%) | 生活垃圾无害化处理率 Domestic Garbage Harmless Treatment Rate | 城市名称 Name of Cities |
|---|---|---|---|---|---|---|---|---|---|
| 15.48 | 11.17 | 98.99 | 98.99 | 16.94 | 40.20 | 37.77 | 100.00 | 100.00 | 锡林浩特 |
| 10.36 | 6.98 | 98.13 | 98.13 | 32.02 | 38.74 | 37.44 | 100.00 | 100.00 | 二连浩特 |
| 16.74 | 9.22 | 96.15 | 96.15 | 20.18 | 41.42 | 40.36 | 100.00 | 100.00 | 乌兰浩特 |
| 5.61 | 4.58 | 95.10 | 95.10 | 48.39 | 38.30 | 36.50 | 100.00 | 100.00 | 阿尔山 |
| **14.74** | **7.37** | **98.03** | **97.28** | **13.39** | **40.88** | **38.63** | **99.58** | **99.58** | **辽宁** |
| 15.71 | 10.04 | 99.50 | 99.50 | 14.26 | 41.96 | 40.08 | 100.00 | 100.00 | 沈阳 |
| 8.63 | 4.83 | 100.00 | 100.00 | 6.01 | 9.63 | 9.49 | 100.00 | 100.00 | 新民 |
| 16.64 | 7.59 | 96.91 | 96.91 | 13.81 | 45.88 | 44.57 | 100.00 | 100.00 | 大连 |
| 12.30 | 6.51 | 96.03 | 96.03 | 15.48 | 41.73 | 37.76 | 100.00 | 100.00 | 庄河 |
| 21.85 | 5.28 | 90.54 | 90.54 | 11.51 | 33.43 | 29.84 | 100.00 | 100.00 | 瓦房店 |
| 17.26 | 6.14 | 95.80 | 95.80 | 13.84 | 41.31 | 39.88 | 100.00 | 100.00 | 鞍山 |
| 8.12 | 2.73 | 100.00 | 94.79 | 16.01 | 36.35 | 36.19 | 100.00 | 100.00 | 海城 |
| 15.00 | 8.20 | 98.24 | 88.67 | 11.02 | 43.97 | 39.00 | 100.00 | 100.00 | 抚顺 |
| 16.28 | 2.03 | 99.00 | 99.00 | 10.99 | 49.94 | 48.08 | 100.00 | 100.00 | 本溪 |
| 15.76 | 5.33 | 94.21 | 92.96 | 12.54 | 40.42 | 39.12 | 100.00 | 100.00 | 丹东 |
| 17.47 | 9.19 | 88.45 | 88.45 | 13.67 | 39.61 | 36.00 | 100.00 | 100.00 | 东港 |
| 1.59 | 2.87 | 86.91 | 85.17 | 14.56 | 42.57 | 36.60 | 100.00 | 100.00 | 凤城 |
| 13.39 | 9.70 | 100.00 | 100.00 | 13.56 | 39.56 | 39.54 | 100.00 | 100.00 | 锦州 |
| 10.81 | 3.88 | 100.00 | 100.00 | 15.39 | 42.62 | 38.54 | 100.00 | 100.00 | 凌海 |
| 8.13 | 4.22 | 100.00 | 100.00 | 8.19 | 34.50 | 31.44 | 100.00 | 100.00 | 北镇 |
| 17.87 | 7.14 | 94.30 | 94.30 | 12.87 | 41.20 | 38.45 | 100.00 | 100.00 | 营口 |
| 12.53 | 6.60 | 90.12 | 90.12 | 11.17 | 29.26 | 27.08 | 100.00 | 100.00 | 盖州 |
| 6.74 | 4.58 | 86.00 | 86.00 | 9.23 | 28.46 | 25.88 | 100.00 | 100.00 | 大石桥 |
| 11.06 | 6.76 | 100.00 | 100.00 | 12.74 | 44.44 | 40.04 | 100.00 | 100.00 | 阜新 |
| 15.20 | 9.99 | 100.00 | 100.00 | 12.52 | 44.82 | 42.53 | 100.00 | 100.00 | 辽阳 |
| 8.28 | 6.20 | 100.00 | 100.00 | 15.74 | 37.83 | 34.48 | 100.00 | 100.00 | 灯塔 |
| 18.48 | 11.48 | 100.00 | 100.00 | 13.63 | 43.94 | 40.08 | 100.00 | 100.00 | 盘锦 |
| 8.60 | 5.70 | 100.00 | 100.00 | 12.98 | 39.61 | 37.12 | 100.00 | 100.00 | 铁岭 |
| 10.99 | 10.08 | 98.02 | 98.02 | 9.20 | 42.50 | 39.66 | 100.00 | 100.00 | 调兵山 |
| 9.35 | 6.70 | 100.00 | 100.00 | 13.12 | 37.77 | 32.50 | 100.00 | 100.00 | 开原 |
| 11.67 | 8.79 | 100.00 | 100.00 | 13.73 | 34.62 | 32.71 | 100.00 | 100.00 | 朝阳 |
| 14.09 | 4.78 | 100.00 | 100.00 | 13.28 | 43.12 | 38.19 | 100.00 | 100.00 | 北票 |
| 6.44 | 5.90 | 100.00 | 100.00 | 8.39 | 23.21 | 22.19 | 100.00 | 100.00 | 凌源 |
| 15.25 | 7.23 | 98.09 | 98.09 | 16.75 | 41.53 | 40.21 | 100.00 | 100.00 | 葫芦岛 |
| 8.59 | 0.35 | 100.00 | 100.00 | 18.25 | 45.11 | 40.25 | 100.00 | 100.00 | 兴城 |
| 7.36 | | | | 18.11 | 9.39 | 7.91 | | | 沈抚改革创新示范区 |

## 1-2 续表 3

| 城市名称 Name of Cities | 人口密度 (人/平方公里) Population Density (person/square kilometer) | 人均日生活用水量 (升) Daily Water Consumption Per Capita (liter) | 供水普及率 (%) Water Coverage Rate (%) | 公共供水普及率 Public Water Coverage Rate | 燃气普及率 (%) Gas Coverage Rate (%) | 建成区供水管道密度 (公里/平方公里) Density of Water Supply Pipelines in Built District (kilometer/square kilometer) | 人均道路面积 (平方米) Road Surface Area Per Capita ($m^2$) | 建成区路网密度 (公里/平方公里) Density of Road Network in Built District (kilometer/square kilometer) |
|---|---|---|---|---|---|---|---|---|
| **吉　林** | **2097** | **121.83** | **96.46** | **95.33** | **96.54** | **10.22** | **17.15** | **6.50** |
| 长　春 | 1580 | 145.65 | 94.35 | 94.05 | 99.48 | 11.50 | 16.96 | 5.79 |
| 榆　树 | 2640 | 82.34 | 95.38 | 90.34 | 94.89 | 8.77 | 8.97 | 5.63 |
| 德　惠 | 4526 | 91.81 | 98.05 | 98.05 | 92.15 | 15.64 | 12.26 | 6.53 |
| 公主岭 | 1495 | 150.13 | 96.78 | 68.02 | 92.07 | 8.98 | 22.51 | 5.39 |
| 吉　林 | 2546 | 112.72 | 99.50 | 98.72 | 100.00 | 7.45 | 23.34 | 10.71 |
| 蛟　河 | 5109 | 66.30 | 100.00 | 100.00 | 77.72 | 25.25 | 14.86 | 4.75 |
| 桦　甸 | 630 | 108.83 | 98.84 | 97.52 | 88.43 | 10.15 | 15.99 | 8.26 |
| 舒　兰 | 5795 | 146.79 | 100.00 | 100.00 | 100.00 | 13.57 | 15.73 | 6.12 |
| 磐　石 | 4920 | 151.05 | 98.29 | 98.29 | 93.98 | 6.78 | 23.69 | 4.46 |
| 四　平 | 4531 | 110.36 | 100.00 | 100.00 | 98.50 | 9.84 | 13.93 | 6.90 |
| 双　辽 | 2617 | 121.50 | 99.32 | 97.39 | 95.85 | 6.35 | 10.41 | 3.86 |
| 辽　源 | 7757 | 66.86 | 98.99 | 98.99 | 97.21 | 10.50 | 17.58 | 8.30 |
| 通　化 | 4151 | 68.49 | 97.11 | 97.11 | 98.30 | 9.91 | 7.56 | 3.82 |
| 集　安 | 1662 | 106.42 | 96.11 | 96.11 | 97.72 | 19.30 | 16.84 | 5.60 |
| 白　山 | 1801 | 92.37 | 96.12 | 96.12 | 96.10 | 11.62 | 12.50 | 5.82 |
| 临　江 | 551 | 72.75 | 95.54 | 95.54 | 46.28 | 10.95 | 11.94 | 4.91 |
| 松　原 | 5933 | 135.08 | 96.25 | 96.25 | 97.38 | 7.07 | 20.00 | 8.99 |
| 扶　余 | 3279 | 156.66 | 98.76 | 94.33 | 89.72 | 4.82 | 32.91 | 6.06 |
| 白　城 | 3840 | 127.99 | 96.45 | 82.95 | 90.28 | 11.36 | 31.13 | 8.02 |
| 洮　南 | 3490 | 65.21 | 85.96 | 85.96 | 64.47 | 6.21 | 13.68 | 3.03 |
| 大　安 | 5328 | 86.96 | 98.65 | 98.17 | 95.86 | 7.22 | 25.72 | 7.56 |
| 延　吉 | 7841 | 116.73 | 99.59 | 99.59 | 99.59 | 8.95 | 11.80 | 3.91 |
| 图　们 | 3000 | 144.99 | 98.89 | 98.89 | 98.22 | 17.61 | 22.90 | 4.55 |
| 敦　化 | 1728 | 102.43 | 99.30 | 99.30 | 94.06 | 4.26 | 18.73 | 7.24 |
| 珲　春 | 1465 | 107.37 | 100.00 | 100.00 | 91.34 | 12.34 | 17.54 | 8.92 |
| 龙　井 | 2116 | 176.70 | 99.24 | 97.56 | 93.30 | 8.56 | 16.67 | 6.54 |
| 和　龙 | 550 | 83.25 | 97.87 | 97.87 | 97.49 | 15.67 | 11.31 | 4.60 |
| 梅河口 | 4738 | 74.66 | 94.99 | 94.99 | 86.81 | 6.14 | 16.01 | 5.39 |
| 长白山保护开发区管理委员会 | 1213 | 327.60 | 94.72 | 94.72 | 93.95 | 13.47 | 34.68 | 3.14 |
| **黑龙江** | **5361** | **127.28** | **99.10** | **98.28** | **93.22** | **13.56** | **16.63** | **7.48** |
| 哈尔滨 | 9966 | 141.78 | 100.00 | 99.76 | 100.00 | 15.23 | 16.72 | 8.24 |
| 尚　志 | 853 | 231.06 | 98.07 | 98.07 | 92.90 | 10.84 | 15.88 | 6.89 |
| 五　常 | 1895 | 149.59 | 98.16 | 98.16 | 98.43 | 8.25 | 8.73 | 4.49 |
| 齐齐哈尔 | 8086 | 129.47 | 99.54 | 92.81 | 98.46 | 5.86 | 12.00 | 4.21 |
| 讷　河 | 3741 | 99.05 | 100.00 | 96.84 | 96.73 | 7.27 | 11.96 | 5.98 |
| 鸡　西 | 12677 | 115.91 | 96.70 | 96.51 | 83.93 | 29.16 | 13.39 | 9.16 |
| 虎　林 | 1354 | 117.29 | 100.00 | 100.00 | 96.96 | 21.36 | 17.49 | 6.96 |
| 密　山 | 956 | 145.03 | 100.00 | 100.00 | 74.97 | 7.13 | 19.47 | 6.09 |
| 鹤　岗 | 5852 | 97.30 | 98.01 | 98.01 | 72.80 | 11.24 | 11.46 | 8.24 |

continued 3

| 建成区道路面积率 (%) Surface Area of Roads Rate of Built District (%) | 建成区排水管道密度 (公里/平方公里) Density of Sewers in Built District (kilometer/square kilometer) | 污水处理率 (%) Wastewater Treatment Rate (%) | 污水处理厂集中处理率 Centralized Treatment Rate of Wastewater Treatment Plants | 人均公园绿地面积 (平方米) Public Recreational Green Space Per Capita ($m^2$) | 建成区绿化覆盖率 (%) Green Coverage Rate of Built District (%) | 建成区绿地率 (%) Green Space Rate of Built District (%) | 生活垃圾处理率 (%) Domestic Garbage Treatment Rate (%) | 生活垃圾无害化处理率 Domestic Garbage Harmless Treatment Rate | 城市名称 Name of Cities |
|---|---|---|---|---|---|---|---|---|---|
| **11.92** | **7.67** | **97.84** | **97.84** | **14.45** | **42.68** | **38.92** | **100.00** | **100.00** | **吉林** |
| 12.26 | 8.14 | 96.46 | 96.46 | 14.17 | 43.70 | 40.70 | 100.00 | 100.00 | 长春 |
| 10.99 | 7.44 | 100.00 | 100.00 | 4.74 | 28.67 | 25.73 | 100.00 | 100.00 | 榆树 |
| 9.12 | 5.80 | 100.00 | 100.00 | 9.71 | 35.97 | 30.85 | 100.00 | 100.00 | 德惠 |
| 10.58 | 10.50 | 100.00 | 100.00 | 4.30 | 21.33 | 19.01 | 100.00 | 100.00 | 公主岭 |
| 15.13 | 5.79 | 100.00 | 100.00 | 14.06 | 43.37 | 38.36 | 100.00 | 100.00 | 吉林 |
| 11.29 | 8.71 | 100.00 | 100.00 | 7.71 | 34.17 | 31.27 | 100.00 | 100.00 | 蛟河 |
| 9.92 | 8.56 | 95.88 | 95.88 | 28.25 | 43.79 | 39.08 | 100.00 | 100.00 | 桦甸 |
| 14.26 | 10.11 | 100.00 | 100.00 | 20.88 | 43.88 | 38.20 | 100.00 | 100.00 | 舒兰 |
| 11.90 | 7.05 | 100.00 | 100.00 | 14.80 | 43.15 | 38.10 | 100.00 | 100.00 | 磐石 |
| 10.79 | 5.41 | 99.37 | 99.37 | 12.12 | 43.09 | 40.07 | 100.00 | 100.00 | 四平 |
| 4.37 | 6.30 | 96.00 | 96.00 | 18.31 | 41.38 | 38.31 | 100.00 | 100.00 | 双辽 |
| 15.20 | 7.70 | 96.55 | 96.55 | 13.63 | 43.89 | 40.69 | 100.00 | 100.00 | 辽源 |
| 5.37 | 1.78 | 99.31 | 99.31 | 17.78 | 44.77 | 40.05 | 100.00 | 100.00 | 通化 |
| 12.02 | 8.75 | 99.96 | 99.96 | 18.36 | 45.88 | 39.94 | 100.00 | 100.00 | 集安 |
| 10.15 | 6.31 | 96.22 | 96.22 | 12.56 | 40.49 | 36.68 | 100.00 | 100.00 | 白山 |
| 7.97 | 6.89 | 95.78 | 95.78 | 24.79 | 40.35 | 35.17 | 100.00 | 100.00 | 临江 |
| 17.88 | 11.43 | 100.00 | 100.00 | 12.56 | 45.63 | 40.03 | 100.00 | 100.00 | 松原 |
| 11.25 | 8.01 | 100.00 | 100.00 | 28.62 | 41.06 | 38.06 | 100.00 | 100.00 | 扶余 |
| 16.94 | 8.70 | 97.43 | 97.43 | 14.23 | 42.39 | 41.18 | 100.00 | 100.00 | 白城 |
| 7.19 | 7.62 | 97.71 | 97.71 | 12.20 | 43.26 | 38.22 | 100.00 | 100.00 | 洮南 |
| 13.77 | 9.65 | 95.36 | 95.36 | 27.64 | 43.43 | 39.96 | 100.00 | 100.00 | 大安 |
| 10.71 | 14.55 | 100.00 | 100.00 | 13.23 | 41.74 | 38.72 | 100.00 | 100.00 | 延吉 |
| 8.72 | 6.40 | 100.00 | 100.00 | 21.71 | 35.91 | 32.50 | 100.00 | 100.00 | 图们 |
| 9.84 | 7.37 | 95.20 | 95.20 | 17.87 | 43.64 | 40.00 | 100.00 | 100.00 | 敦化 |
| 11.04 | 9.49 | 100.00 | 100.00 | 17.29 | 42.39 | 39.38 | 100.00 | 100.00 | 珲春 |
| 7.56 | 7.71 | 100.00 | 100.00 | 17.79 | 41.38 | 37.58 | 100.00 | 100.00 | 龙井 |
| 6.86 | 9.04 | 100.00 | 100.00 | 12.66 | 41.56 | 38.02 | 100.00 | 100.00 | 和龙 |
| 13.73 | 7.17 | 100.00 | 100.00 | 16.78 | 45.15 | 40.23 | 100.00 | 100.00 | 梅河口 |
| 6.66 | 5.02 | 95.12 | 95.12 | 49.27 | 56.25 | 47.73 | 100.00 | 100.00 | 长白山保护开发区管理委员会 |
| **12.34** | **7.06** | **96.95** | **94.13** | **14.04** | **37.97** | **34.68** | **100.00** | **100.00** | **黑龙江** |
| 16.03 | 8.00 | 95.59 | 95.59 | 10.37 | 33.15 | 29.88 | 100.00 | 100.00 | 哈尔滨 |
| 9.65 | 5.18 | 95.04 | 95.04 | 14.77 | 17.27 | 14.25 | 100.00 | 100.00 | 尚志 |
| 6.86 | 4.78 | 100.00 | 100.00 | 10.47 | 18.94 | 15.90 | 100.00 | 100.00 | 五常 |
| 9.70 | 6.13 | 97.00 | 93.00 | 16.42 | 43.31 | 40.29 | 100.00 | 100.00 | 齐齐哈尔 |
| 7.42 | 7.65 | 95.43 | 95.43 | 18.51 | 35.79 | 30.85 | 100.00 | 100.00 | 讷河 |
| 15.46 | 5.83 | 98.97 | 98.97 | 16.95 | 40.13 | 38.27 | 100.00 | 100.00 | 鸡西 |
| 9.83 | 5.48 | 97.14 | 97.14 | 13.63 | 38.68 | 29.03 | 100.00 | 100.00 | 虎林 |
| 8.40 | 6.96 | 96.89 | 96.89 | 13.25 | 25.27 | 22.12 | 100.00 | 100.00 | 密山 |
| 10.13 | 5.44 | 99.52 | 99.52 | 15.59 | 43.26 | 39.56 | 100.00 | 100.00 | 鹤岗 |

# 1-2 续表 4

| 城市名称 Name of Cities | 人口密度 (人/平方公里) Population Density (person/square kilometer) | 人均日生活用水量 (升) Daily Water Consumption Per Capita (liter) | 供水普及率 (%) Water Coverage Rate (%) | 公共供水普及率 Public Water Coverage Rate | 燃气普及率 (%) Gas Coverage Rate (%) | 建成区供水管道密度 (公里/平方公里) Density of Water Supply Pipelines in Built District (kilometer/square kilometer) | 人均道路面积 (平方米) Road Surface Area Per Capita ($m^2$) | 建成区路网密度 (公里/平方公里) Density of Road Network in Built District (kilometer/square kilometer) |
|---|---|---|---|---|---|---|---|---|
| 双鸭山 | 3737 | 162.64 | 100.00 | 100.00 | 78.59 | 19.03 | 11.91 | 6.70 |
| 大庆 | 4389 | 106.00 | 99.68 | 99.68 | 94.66 | 23.14 | 27.07 | 8.83 |
| 伊春 | 3441 | 87.81 | 98.38 | 96.47 | 93.73 | 7.34 | 21.04 | 8.13 |
| 铁力 | 5472 | 107.86 | 94.79 | 94.79 | 35.87 | 14.30 | 17.03 | 14.08 |
| 佳木斯 | 3009 | 131.03 | 93.69 | 93.69 | 96.23 | 6.02 | 12.31 | 3.69 |
| 同江 | 5704 | 85.56 | 100.00 | 100.00 | 40.58 | 27.61 | 24.45 | 7.32 |
| 抚远 | 2897 | 150.68 | 98.63 | 98.63 | 82.19 | 10.95 | 16.44 | 10.18 |
| 富锦 | 7011 | 123.50 | 100.00 | 100.00 | 95.54 | 6.10 | 15.56 | 6.95 |
| 七台河 | 6370 | 86.13 | 98.12 | 97.47 | 99.75 | 16.70 | 12.37 | 10.44 |
| 牡丹江 | 7338 | 130.68 | 100.00 | 100.00 | 99.01 | 12.63 | 17.25 | 11.08 |
| 海林 | 3505 | 124.42 | 100.00 | 97.65 | 96.82 | 5.15 | 26.45 | 11.07 |
| 宁安 | 5541 | 111.71 | 100.00 | 100.00 | 99.60 | 11.84 | 14.70 | 7.87 |
| 穆棱 | 7529 | 106.99 | 98.35 | 94.27 | 97.33 | 13.88 | 15.50 | 14.23 |
| 绥芬河 | 2477 | 146.73 | 99.88 | 99.88 | 97.06 | 4.47 | 22.56 | 4.10 |
| 东宁 | 3862 | 117.18 | 97.85 | 97.85 | 96.78 | 5.91 | 21.59 | 8.53 |
| 黑河 | 5308 | 107.35 | 98.24 | 98.24 | 97.30 | 8.07 | 16.31 | 4.63 |
| 北安 | 2268 | 94.48 | 99.08 | 99.08 | 40.00 | 6.04 | 23.25 | 5.69 |
| 五大连池 | 6800 | 115.72 | 100.00 | 100.00 | 38.82 | 20.37 | 11.63 | 11.21 |
| 嫩江 | 4772 | 92.10 | 95.59 | 95.59 | 79.41 | 13.63 | 20.04 | 7.30 |
| 绥化 | 3471 | 107.91 | 97.98 | 94.72 | 95.19 | 7.60 | 11.96 | 3.20 |
| 安达 | 5961 | 114.57 | 99.55 | 99.55 | 100.00 | 3.65 | 14.18 | 2.68 |
| 肇东 | 4351 | 187.36 | 100.00 | 100.00 | 99.72 | 3.35 | 14.48 | 5.00 |
| 海伦 | 9316 | 69.86 | 100.00 | 100.00 | 31.57 | 16.77 | 9.99 | 5.83 |
| 漠河 | 3678 | 55.12 | 97.42 | 97.42 | 91.69 | 14.62 | 27.09 | 10.09 |
| **上海** | **3905** | **207.04** | **100.00** | **100.00** | **100.00** | **32.22** | **5.00** | **4.82** |
| **江苏** | **2156** | **211.54** | **100.00** | **99.95** | **99.92** | **18.93** | **25.66** | **9.33** |
| 南京 | 1349 | 225.26 | 100.00 | 99.73 | 99.70 | 22.69 | 26.40 | 9.85 |
| 无锡 | 2326 | 200.98 | 100.00 | 100.00 | 100.00 | 17.23 | 26.28 | 8.06 |
| 江阴 | 2048 | 199.52 | 100.00 | 100.00 | 100.00 | 15.48 | 31.83 | 8.04 |
| 宜兴 | 916 | 238.54 | 100.00 | 100.00 | 100.00 | 23.54 | 30.17 | 8.13 |
| 徐州 | 3506 | 132.79 | 100.00 | 100.00 | 100.00 | 10.33 | 22.51 | 9.10 |
| 新沂 | 2588 | 212.51 | 100.00 | 100.00 | 100.00 | 15.87 | 23.77 | 7.24 |
| 邳州 | 3448 | 111.52 | 100.00 | 100.00 | 100.00 | 17.02 | 16.06 | 3.13 |
| 常州 | 2282 | 255.34 | 100.00 | 100.00 | 100.00 | 15.19 | 24.45 | 8.00 |
| 溧阳 | 1226 | 300.75 | 100.00 | 100.00 | 99.82 | 25.64 | 22.42 | 8.24 |
| 苏州 | 3282 | 227.62 | 100.00 | 100.00 | 100.00 | 20.31 | 23.31 | 14.77 |
| 常熟 | 1670 | 228.83 | 100.00 | 100.00 | 100.00 | 18.92 | 29.63 | 7.75 |
| 张家港 | 2288 | 197.43 | 100.00 | 100.00 | 100.00 | 16.80 | 31.18 | 8.21 |
| 昆山 | 3058 | 258.63 | 100.00 | 100.00 | 100.00 | 22.92 | 19.81 | 6.56 |

continued 4

| 建成区道路面积率 (%) Surface Area of Roads Rate of Built District (%) | 建成区排水管道密度 (公里/平方公里) Density of Sewers in Built District (kilometer/square kilometer) | 污水处理率 (%) Wastewater Treatment Rate (%) | 污水处理厂集中处理率 Centralized Treatment Rate of Wastewater Treatment Plants | 人均公园绿地面积 (平方米) Public Recreational Green Space Per Capita ($m^2$) | 建成区绿化覆盖率 (%) Green Coverage Rate of Built District (%) | 建成区绿地率 (%) Green Space Rate of Built District (%) | 生活垃圾处理率 (%) Domestic Garbage Treatment Rate (%) | 生活垃圾无害化处理率 Domestic Garbage Harmless Treatment Rate | 城市名称 Name of Cities |
|---|---|---|---|---|---|---|---|---|---|
| 7.78 | 6.70 | 96.03 | 96.03 | 18.56 | 47.26 | 40.70 | 100.00 | 100.00 | 双鸭山 |
| 15.16 | 7.43 | 96.54 | 79.04 | 15.36 | 43.98 | 41.21 | 100.00 | 100.00 | 大庆 |
| 9.08 | 4.35 | 99.37 | 99.37 | 40.84 | 43.19 | 41.07 | 100.00 | 100.00 | 伊春 |
| 12.09 | 7.57 | 97.02 | 97.02 | 16.99 | 44.78 | 40.47 | 100.00 | 100.00 | 铁力 |
| 7.40 | 5.32 | 98.85 | 98.85 | 15.23 | 42.65 | 40.01 | 100.00 | 100.00 | 佳木斯 |
| 13.95 | 11.62 | 97.00 | 97.00 | 18.37 | 43.00 | 40.02 | 100.00 | 100.00 | 同江 |
| 13.60 | 7.76 | 95.00 | 95.00 | 40.76 | 35.46 | 32.62 | 100.00 | 100.00 | 抚远 |
| 12.05 | 6.97 | 95.07 | 95.07 | 9.35 | 31.31 | 28.31 | 100.00 | 100.00 | 富锦 |
| 9.43 | 7.09 | 95.29 | 95.29 | 15.34 | 46.17 | 41.30 | 100.00 | 100.00 | 七台河 |
| 16.20 | 10.65 | 100.00 | 93.76 | 11.52 | 33.61 | 31.14 | 100.00 | 100.00 | 牡丹江 |
| 12.70 | 7.82 | 98.00 | 98.00 | 20.88 | 45.71 | 41.33 | 100.00 | 100.00 | 海林 |
| 9.43 | 7.79 | 99.87 | 99.87 | 14.99 | 37.32 | 32.81 | 100.00 | 100.00 | 宁安 |
| 11.67 | 7.22 | 98.86 | 98.86 | 17.53 | 38.61 | 34.52 | 100.00 | 100.00 | 穆棱 |
| 6.51 | 6.04 | 98.66 | 98.66 | 15.96 | 42.14 | 38.31 | 100.00 | 100.00 | 绥芬河 |
| 10.86 | 7.02 | 99.91 | 99.91 | 15.82 | 43.55 | 42.67 | 100.00 | 100.00 | 东宁 |
| 12.07 | 8.36 | 96.10 | 96.10 | 14.87 | 44.83 | 40.95 | 100.00 | 100.00 | 黑河 |
| 13.05 | 6.13 | 98.50 | 98.50 | 12.24 | 34.99 | 34.09 | 100.00 | 100.00 | 北安 |
| 14.07 | 13.75 | 94.21 | 94.21 | 9.03 | 35.12 | 32.27 | 100.00 | 100.00 | 五大连池 |
| 13.85 | 5.43 | 95.91 | 95.91 | 15.29 | 38.10 | 33.96 | 100.00 | 100.00 | 嫩江 |
| 6.26 | 8.69 | 99.83 | 99.83 | 11.18 | 33.62 | 30.07 | 100.00 | 100.00 | 绥化 |
| 3.95 | 3.81 | 99.64 | 99.64 | 6.05 | 20.93 | 17.41 | 100.00 | 100.00 | 安达 |
| 6.87 | 5.25 | 100.00 | 100.00 | 19.47 | 26.86 | 21.86 | 100.00 | 100.00 | 肇东 |
| 9.72 | 10.22 | 99.72 | 99.72 | 1.37 | 28.06 | 23.62 | 100.00 | 100.00 | 海伦 |
| 9.96 | 5.23 | 97.53 | 97.53 | 16.37 | 64.36 | 58.51 | 100.00 | 100.00 | 漠河 |
| **9.96** | **17.95** | **98.04** | **98.04** | **9.28** | **38.10** | **36.86** | **100.00** | **98.44** | **上海** |
| **16.49** | **15.49** | **97.42** | **93.13** | **16.02** | **44.07** | **40.65** | **100.00** | **100.00** | **江苏** |
| 16.44 | 12.26 | 98.43 | 87.32 | 16.20 | 44.96 | 40.82 | 100.00 | 100.00 | 南京 |
| 15.11 | 23.91 | 98.95 | 97.71 | 15.20 | 43.96 | 40.92 | 100.00 | 100.00 | 无锡 |
| 10.15 | 9.09 | 98.82 | 98.53 | 15.51 | 43.88 | 40.63 | 100.00 | 100.00 | 江阴 |
| 15.05 | 18.19 | 97.57 | 97.57 | 15.63 | 43.45 | 40.45 | 100.00 | 100.00 | 宜兴 |
| 16.07 | 12.33 | 93.98 | 93.98 | 17.57 | 44.59 | 41.93 | 100.00 | 100.00 | 徐州 |
| 14.47 | 14.91 | 97.03 | 97.03 | 14.94 | 43.77 | 40.72 | 100.00 | 100.00 | 新沂 |
| 6.39 | 12.94 | 95.00 | 95.00 | 15.71 | 43.09 | 39.11 | 100.00 | 100.00 | 邳州 |
| 15.04 | 24.67 | 98.32 | 92.44 | 15.58 | 44.77 | 40.82 | 100.00 | 100.00 | 常州 |
| 16.04 | 11.67 | 98.61 | 98.61 | 14.86 | 42.91 | 39.59 | 100.00 | 100.00 | 溧阳 |
| 22.19 | 19.43 | 97.00 | 95.63 | 14.83 | 43.80 | 39.34 | 100.00 | 100.00 | 苏州 |
| 14.97 | 18.15 | 97.40 | 93.05 | 15.20 | 44.83 | 41.81 | 100.00 | 100.00 | 常熟 |
| 15.70 | 12.34 | 99.99 | 99.99 | 15.22 | 43.11 | 38.27 | 100.00 | 100.00 | 张家港 |
| 14.17 | 13.07 | 97.20 | 84.48 | 14.99 | 44.98 | 41.78 | 100.00 | 100.00 | 昆山 |

## 1-2 续表 5

| 城市名称 Name of Cities | 人口密度 (人/平方公里) Population Density (person/square kilometer) | 人均日生活用水量 (升) Daily Water Consumption Per Capita (liter) | 供水普及率 (%) Water Coverage Rate (%) | 公共供水普及率 Public Water Coverage Rate | 燃气普及率 (%) Gas Coverage Rate (%) | 建成区供水管道密度 (公里/平方公里) Density of Water Supply Pipelines in Built District (kilometer/square kilometer) | 人均道路面积 (平方米) Road Surface Area Per Capita ($m^2$) | 建成区路网密度 (公里/平方公里) Density of Road Network in Built District (kilometer/square kilometer) |
|---|---|---|---|---|---|---|---|---|
| 太仓 | 1819 | 184.74 | 100.00 | 100.00 | 100.00 | 8.04 | 29.83 | 8.73 |
| 南通 | 4824 | 228.42 | 100.00 | 100.00 | 100.00 | 9.85 | 28.16 | 8.76 |
| 海安 | 1712 | 283.35 | 100.00 | 100.00 | 100.00 | 12.64 | 25.43 | 12.28 |
| 启东 | 5300 | 174.93 | 100.00 | 100.00 | 100.00 | 30.10 | 22.69 | 7.30 |
| 如皋 | 3245 | 201.77 | 100.00 | 100.00 | 100.00 | 23.88 | 22.88 | 9.28 |
| 连云港 | 1469 | 249.61 | 100.00 | 100.00 | 100.00 | 12.73 | 26.60 | 6.98 |
| 淮安 | 5309 | 229.51 | 100.00 | 99.99 | 100.00 | 26.04 | 25.69 | 8.11 |
| 盐城 | 2398 | 163.82 | 100.00 | 100.00 | 100.00 | 33.69 | 26.50 | 9.01 |
| 东台 | 2887 | 122.59 | 100.00 | 100.00 | 100.00 | 19.77 | 20.26 | 9.20 |
| 扬州 | 3094 | 202.67 | 100.00 | 100.00 | 99.45 | 22.52 | 26.60 | 9.39 |
| 仪征 | 3131 | 137.80 | 100.00 | 100.00 | 99.91 | 14.42 | 30.18 | 9.54 |
| 高邮 | 1779 | 264.94 | 100.00 | 100.00 | 100.00 | 19.34 | 18.39 | 10.32 |
| 镇江 | 1606 | 224.98 | 100.00 | 100.00 | 100.00 | 10.97 | 29.87 | 10.00 |
| 丹阳 | 2205 | 173.09 | 100.00 | 100.00 | 100.00 | 12.45 | 26.48 | 12.74 |
| 扬中 | 1574 | 389.97 | 100.00 | 100.00 | 100.00 | 16.17 | 25.52 | 5.23 |
| 句容 | 1981 | 199.29 | 100.00 | 100.00 | 100.00 | 31.71 | 28.77 | 9.35 |
| 泰州 | 2271 | 199.05 | 100.00 | 100.00 | 100.00 | 19.25 | 31.78 | 9.52 |
| 兴化 | 3492 | 171.86 | 100.00 | 100.00 | 100.00 | 14.77 | 27.68 | 9.30 |
| 靖江 | 1787 | 186.63 | 100.00 | 100.00 | 100.00 | 27.31 | 24.14 | 8.31 |
| 泰兴 | 3853 | 163.85 | 100.00 | 100.00 | 100.00 | 25.29 | 23.03 | 7.69 |
| 宿迁 | 1655 | 139.79 | 100.00 | 100.00 | 100.00 | 21.01 | 24.72 | 8.17 |
| **浙江** | **2344** | **215.05** | **100.00** | **99.70** | **99.97** | **21.90** | **19.60** | **8.13** |
| 杭州 | 4392 | 217.29 | 100.00 | 100.00 | 100.00 | 31.72 | 13.81 | 8.02 |
| 建德 | 561 | 201.69 | 100.00 | 100.00 | 100.00 | 18.68 | 14.27 | 9.97 |
| 宁波 | 2663 | 254.48 | 100.00 | 100.00 | 100.00 | 10.93 | 18.00 | 6.64 |
| 余姚 | 1322 | 187.84 | 100.00 | 100.00 | 100.00 | 26.81 | 25.25 | 9.55 |
| 慈溪 | 2038 | 172.58 | 100.00 | 82.02 | 100.00 | 15.81 | 31.50 | 6.91 |
| 温州 | 2682 | 214.43 | 100.00 | 100.00 | 100.00 | 12.00 | 15.69 | 8.60 |
| 瑞安 | 3005 | 119.17 | 100.00 | 100.00 | 100.00 | 22.14 | 11.21 | 8.01 |
| 乐清 | 1619 | 160.90 | 100.00 | 100.00 | 100.00 | 14.46 | 18.82 | 7.84 |
| 龙港 | 10205 | 266.38 | 100.00 | 100.00 | 100.00 | 17.03 | 16.36 | 6.36 |
| 嘉兴 | 3194 | 212.67 | 100.00 | 100.00 | 100.00 | 7.97 | 28.28 | 7.66 |
| 海宁 | 2256 | 207.53 | 100.00 | 100.00 | 100.00 | 17.19 | 29.89 | 9.25 |
| 平湖 | 2260 | 135.06 | 100.00 | 100.00 | 100.00 | 9.06 | 31.70 | 8.06 |
| 桐乡 | 1793 | 154.61 | 100.00 | 100.00 | 100.00 | 23.63 | 19.55 | 9.28 |
| 湖州 | 1556 | 238.12 | 100.00 | 100.00 | 100.00 | 33.56 | 30.30 | 8.14 |
| 绍兴 | 2432 | 240.18 | 100.00 | 100.00 | 99.50 | 12.72 | 30.29 | 6.66 |
| 诸暨 | 1284 | 148.63 | 100.00 | 100.00 | 100.00 | 38.39 | 22.18 | 8.10 |
| 嵊州 | 1584 | 143.58 | 100.00 | 100.00 | 100.00 | 34.73 | 19.32 | 9.58 |

continued 5

| 建成区道路面积率 (%) Surface Area of Roads Rate of Built District (%) | 建成区排水管道密度 (公里/平方公里) Density of Sewers in Built District (kilometer/square kilometer) | 污水处理率 (%) Wastewater Treatment Rate (%) | 污水处理厂集中处理率 Centralized Treatment Rate of Wastewater Treatment Plants | 人均公园绿地面积 (平方米) Public Recreational Green Space Per Capita ($m^2$) | 建成区绿化覆盖率 (%) Green Coverage Rate of Built District (%) | 建成区绿地率 (%) Green Space Rate of Built District (%) | 生活垃圾处理率 (%) Domestic Garbage Treatment Rate (%) | 生活垃圾无害化处理率 Domestic Garbage Harmless Treatment Rate | 城市名称 Name of Cities |
|---|---|---|---|---|---|---|---|---|---|
| 17.19 | 16.66 | 99.10 | 99.10 | 15.16 | 41.72 | 39.38 | 100.00 | 100.00 | 太仓 |
| 16.44 | 12.57 | 96.39 | 96.39 | 18.59 | 43.66 | 40.99 | 100.00 | 100.00 | 南通 |
| 19.63 | 20.65 | 91.06 | 91.06 | 15.66 | 45.10 | 42.23 | 100.00 | 100.00 | 海安 |
| 15.59 | 19.56 | 97.44 | 94.74 | 16.27 | 43.90 | 41.03 | 100.00 | 100.00 | 启东 |
| 18.72 | 18.94 | 97.50 | 97.50 | 15.47 | 43.01 | 40.83 | 100.00 | 100.00 | 如皋 |
| 13.30 | 13.77 | 98.00 | 98.00 | 15.80 | 42.55 | 38.57 | 100.00 | 100.00 | 连云港 |
| 18.87 | 15.59 | 97.59 | 91.56 | 16.35 | 43.96 | 40.69 | 100.00 | 100.00 | 淮安 |
| 18.17 | 7.08 | 96.85 | 92.65 | 15.75 | 44.10 | 41.16 | 100.00 | 100.00 | 盐城 |
| 19.03 | 13.15 | 94.32 | 94.32 | 14.21 | 42.19 | 39.97 | 100.00 | 100.00 | 东台 |
| 16.65 | 18.72 | 95.79 | 92.14 | 19.79 | 44.92 | 42.08 | 100.00 | 100.00 | 扬州 |
| 16.29 | 6.34 | 92.75 | 92.75 | 12.21 | 45.67 | 42.65 | 100.00 | 100.00 | 仪征 |
| 13.66 | 13.24 | 93.00 | 93.00 | 12.39 | 42.92 | 39.10 | 100.00 | 100.00 | 高邮 |
| 15.82 | 10.60 | 99.27 | 96.88 | 18.13 | 43.52 | 40.94 | 100.00 | 100.00 | 镇江 |
| 17.47 | 16.42 | 95.23 | 95.23 | 12.58 | 41.82 | 39.51 | 100.00 | 100.00 | 丹阳 |
| 18.04 | 28.18 | 90.79 | 90.68 | 13.66 | 40.12 | 36.80 | 100.00 | 100.00 | 扬中 |
| 12.76 | 10.87 | 92.97 | 92.50 | 12.29 | 39.18 | 37.92 | 100.00 | 100.00 | 句容 |
| 19.67 | 14.47 | 97.78 | 97.65 | 18.12 | 44.63 | 41.33 | 100.00 | 100.00 | 泰州 |
| 14.38 | 17.52 | 92.73 | 82.90 | 14.93 | 42.21 | 38.82 | 100.00 | 100.00 | 兴化 |
| 12.93 | 23.48 | 97.35 | 91.22 | 15.65 | 44.40 | 40.67 | 100.00 | 100.00 | 靖江 |
| 14.94 | 11.56 | 97.75 | 97.75 | 15.53 | 41.85 | 39.59 | 100.00 | 100.00 | 泰兴 |
| 15.33 | 14.66 | 98.60 | 98.60 | 15.00 | 45.00 | 42.27 | 100.00 | 100.00 | 宿迁 |
| **15.97** | **14.78** | **98.14** | **96.76** | **13.79** | **42.13** | **38.24** | **100.00** | **100.00** | **浙江** |
| 16.68 | 13.92 | 97.68 | 97.68 | 12.70 | 40.96 | 37.61 | 100.00 | 100.00 | 杭州 |
| 16.23 | 19.98 | 97.54 | 97.54 | 17.84 | 47.83 | 43.46 | 100.00 | 100.00 | 建德 |
| 15.49 | 17.06 | 99.89 | 92.04 | 14.84 | 43.43 | 40.04 | 100.00 | 100.00 | 宁波 |
| 17.35 | 8.69 | 98.50 | 98.50 | 12.81 | 44.59 | 40.04 | 100.00 | 100.00 | 余姚 |
| 10.52 | 9.37 | 97.99 | 97.99 | 13.90 | 44.86 | 40.07 | 100.00 | 100.00 | 慈溪 |
| 13.30 | 11.80 | 98.44 | 98.44 | 13.03 | 39.79 | 35.09 | 100.00 | 100.00 | 温州 |
| 22.07 | 26.48 | 100.00 | 100.00 | 6.51 | 39.96 | 37.95 | 100.00 | 100.00 | 瑞安 |
| 16.79 | 19.05 | 97.75 | 97.02 | 15.25 | 42.74 | 39.68 | 100.00 | 100.00 | 乐清 |
| 9.98 | 12.31 | 78.62 | 78.62 | 11.08 | 31.02 | 30.92 | 100.00 | 100.00 | 龙港 |
| 12.85 | 12.25 | 99.01 | 99.01 | 16.45 | 40.21 | 37.13 | 100.00 | 100.00 | 嘉兴 |
| 17.01 | 15.68 | 98.49 | 98.49 | 15.79 | 43.02 | 39.02 | 100.00 | 100.00 | 海宁 |
| 13.23 | 11.52 | 97.10 | 97.10 | 16.07 | 41.26 | 37.33 | 100.00 | 100.00 | 平湖 |
| 11.03 | 9.81 | 97.45 | 97.45 | 15.03 | 42.71 | 38.10 | 100.00 | 100.00 | 桐乡 |
| 22.28 | 8.71 | 98.50 | 98.50 | 18.19 | 43.85 | 40.88 | 100.00 | 100.00 | 湖州 |
| 16.32 | 13.34 | 98.15 | 98.15 | 16.24 | 44.76 | 38.36 | 100.00 | 100.00 | 绍兴 |
| 13.43 | 8.74 | 96.00 | 96.00 | 15.12 | 41.53 | 38.21 | 100.00 | 100.00 | 诸暨 |
| 15.05 | 17.17 | 96.60 | 96.60 | 16.95 | 39.21 | 36.66 | 100.00 | 100.00 | 嵊州 |

# 1-2 续表 6

| 城市名称 Name of Cities | 人口密度（人/平方公里） Population Density (person/square kilometer) | 人均日生活用水量（升） Daily Water Consumption Per Capita (liter) | 供水普及率（%） Water Coverage Rate (%) | 公共供水普及率 Public Water Coverage Rate | 燃气普及率（%） Gas Coverage Rate (%) | 建成区供水管道密度（公里/平方公里） Density of Water Supply Pipelines in Built District (kilometer/square kilometer) | 人均道路面积（平方米） Road Surface Area Per Capita ($m^2$) | 建成区路网密度（公里/平方公里） Density of Road Network in Built District (kilometer/square kilometer) |
|---|---|---|---|---|---|---|---|---|
| 金　华 | 1738 | 292.45 | 100.00 | 100.00 | 100.00 | 15.35 | 26.44 | 8.96 |
| 兰　溪 | 1146 | 136.53 | 100.00 | 100.00 | 100.00 | 23.91 | 32.75 | 7.14 |
| 义　乌 | 2717 | 180.75 | 100.00 | 100.00 | 100.00 | 26.94 | 30.60 | 15.84 |
| 东　阳 | 1279 | 218.75 | 100.00 | 100.00 | 100.00 | 38.35 | 19.99 | 5.99 |
| 永　康 | 1899 | 255.44 | 100.00 | 100.00 | 100.00 | 38.57 | 30.78 | 9.78 |
| 衢　州 | 2408 | 289.88 | 100.00 | 100.00 | 100.00 | 16.05 | 37.17 | 8.08 |
| 江　山 | 581 | 171.48 | 100.00 | 100.00 | 100.00 | 29.76 | 28.00 | 9.99 |
| 舟　山 | 1204 | 151.26 | 100.00 | 100.00 | 100.00 | 36.20 | 23.53 | 8.19 |
| 台　州 | 1670 | 239.14 | 100.00 | 100.00 | 100.00 | 24.78 | 15.46 | 7.31 |
| 玉　环 | 1309 | 248.69 | 100.00 | 100.00 | 100.00 | 11.75 | 16.59 | 8.97 |
| 温　岭 | 2705 | 336.12 | 100.00 | 100.00 | 100.00 | 8.58 | 24.37 | 9.20 |
| 临　海 | 1131 | 156.99 | 100.00 | 100.00 | 100.00 | 18.50 | 18.39 | 9.37 |
| 丽　水 | 1527 | 231.46 | 100.00 | 100.00 | 100.00 | 23.93 | 19.73 | 6.23 |
| 龙　泉 | 501 | 205.17 | 100.00 | 100.00 | 100.00 | 29.89 | 26.82 | 8.03 |
| **安　徽** | **2744** | **194.31** | **99.76** | **99.10** | **99.42** | **13.94** | **24.57** | **7.91** |
| 合　肥 | 5081 | 200.61 | 99.99 | 99.99 | 100.00 | 7.30 | 14.91 | 6.51 |
| 巢　湖 | 2051 | 135.84 | 100.00 | 100.00 | 99.94 | 15.76 | 34.13 | 8.94 |
| 芜　湖 | 1758 | 174.41 | 100.00 | 100.00 | 98.89 | 13.63 | 25.91 | 7.85 |
| 无　为 | 1602 | 246.58 | 100.00 | 100.00 | 100.00 | 22.92 | 17.29 | 3.80 |
| 蚌　埠 | 2709 | 281.67 | 100.00 | 97.16 | 100.00 | 13.17 | 29.32 | 8.50 |
| 淮　南 | 2417 | 175.70 | 100.00 | 100.00 | 100.00 | 11.43 | 19.85 | 8.23 |
| 马鞍山 | 4477 | 185.38 | 100.00 | 100.00 | 100.00 | 20.97 | 26.74 | 8.07 |
| 淮　北 | 3443 | 156.94 | 100.00 | 93.42 | 100.00 | 15.61 | 22.89 | 8.14 |
| 铜　陵 | 1997 | 222.91 | 100.00 | 100.00 | 100.00 | 21.01 | 24.89 | 8.57 |
| 安　庆 | 2424 | 180.13 | 100.00 | 100.00 | 100.00 | 7.97 | 34.64 | 8.22 |
| 潜　山 | 1139 | 192.81 | 97.72 | 97.72 | 83.31 | 19.81 | 23.54 | 4.65 |
| 桐　城 | 1858 | 214.56 | 97.59 | 97.59 | 97.88 | 11.88 | 29.31 | 8.51 |
| 黄　山 | 767 | 199.38 | 100.00 | 100.00 | 95.00 | 16.36 | 33.61 | 8.51 |
| 滁　州 | 2453 | 166.97 | 100.00 | 100.00 | 100.00 | 10.47 | 41.65 | 8.14 |
| 天　长 | 2421 | 165.60 | 100.00 | 97.05 | 100.00 | 26.09 | 41.33 | 13.58 |
| 明　光 | 4565 | 196.26 | 93.10 | 93.10 | 95.67 | 27.04 | 40.91 | 10.15 |
| 阜　阳 | 3177 | 156.16 | 98.99 | 98.34 | 97.30 | 23.09 | 25.70 | 8.07 |
| 界　首 | 2445 | 144.63 | 96.48 | 88.46 | 96.48 | 14.07 | 25.56 | 6.78 |
| 宿　州 | 3750 | 169.21 | 100.00 | 96.13 | 100.00 | 10.38 | 31.33 | 9.44 |
| 六　安 | 3653 | 186.46 | 99.80 | 99.80 | 100.00 | 10.32 | 33.06 | 8.31 |
| 亳　州 | 4661 | 221.11 | 100.00 | 99.83 | 99.73 | 12.46 | 44.40 | 8.48 |
| 池　州 | 1230 | 276.61 | 99.81 | 99.81 | 99.52 | 14.76 | 27.53 | 9.60 |
| 宣　城 | 2726 | 252.28 | 97.94 | 97.94 | 99.19 | 28.67 | 37.24 | 8.04 |
| 广　德 | 4111 | 185.48 | 100.00 | 100.00 | 100.00 | 26.49 | 40.01 | 7.88 |
| 宁　国 | 542 | 202.05 | 99.88 | 99.88 | 98.91 | 20.39 | 36.49 | 7.14 |

continued 6

| 建成区道路面积率(%) Surface Area of Roads Rate of Built District (%) | 建成区排水管道密度(公里/平方公里) Density of Sewers in Built District (kilometer/square kilometer) | 污水处理率(%) Wastewater Treatment Rate (%) | 污水处理厂集中处理率 Centralized Treatment Rate of Wastewater Treatment Plants | 人均公园绿地面积(平方米) Public Recreational Green Space Per Capita ($m^2$) | 建成区绿化覆盖率(%) Green Coverage Rate of Built District (%) | 建成区绿地率(%) Green Space Rate of Built District (%) | 生活垃圾处理率(%) Domestic Garbage Treatment Rate (%) | 生活垃圾无害化处理率 Domestic Garbage Harmless Treatment Rate | 城市名称 Name of Cities |
|---|---|---|---|---|---|---|---|---|---|
| 18.68 | 18.02 | 98.00 | 98.00 | 13.89 | 42.23 | 39.22 | 100.00 | 100.00 | 金华 |
| 15.21 | 15.47 | 98.42 | 98.42 | 18.08 | 41.36 | 38.06 | 100.00 | 100.00 | 兰溪 |
| 27.82 | 19.76 | 97.80 | 97.80 | 12.11 | 41.90 | 38.49 | 100.00 | 100.00 | 义乌 |
| 12.72 | 22.14 | 97.54 | 97.54 | 13.60 | 43.94 | 38.88 | 100.00 | 100.00 | 东阳 |
| 18.34 | 22.26 | 98.15 | 98.15 | 14.42 | 45.30 | 39.28 | 100.00 | 100.00 | 永康 |
| 15.54 | 24.98 | 97.12 | 97.12 | 17.11 | 40.96 | 36.52 | 100.00 | 100.00 | 衢州 |
| 23.85 | 22.47 | 97.44 | 97.44 | 14.53 | 45.20 | 41.33 | 100.00 | 100.00 | 江山 |
| 15.70 | 16.14 | 97.83 | 92.29 | 16.12 | 44.54 | 39.09 | 100.00 | 100.00 | 舟山 |
| 11.92 | 12.12 | 98.02 | 98.02 | 14.46 | 44.01 | 39.85 | 100.00 | 100.00 | 台州 |
| 11.73 | 36.06 | 96.50 | 96.50 | 15.65 | 41.11 | 37.05 | 100.00 | 100.00 | 玉环 |
| 14.14 | 12.43 | 98.03 | 98.03 | 15.25 | 43.57 | 39.02 | 100.00 | 100.00 | 温岭 |
| 14.60 | 14.34 | 96.60 | 96.60 | 12.66 | 41.15 | 39.16 | 100.00 | 100.00 | 临海 |
| 15.43 | 18.62 | 98.95 | 98.26 | 13.16 | 42.84 | 38.90 | 100.00 | 100.00 | 丽水 |
| 15.77 | 28.06 | 98.90 | 98.90 | 14.67 | 42.27 | 37.87 | 100.00 | 100.00 | 龙泉 |
| **18.55** | **13.98** | **98.07** | **96.27** | **16.98** | **45.32** | **41.15** | **100.00** | **100.00** | **安徽** |
| 18.98 | 16.61 | 98.02 | 95.52 | 14.92 | 45.96 | 40.30 | 100.00 | 100.00 | 合肥 |
| 22.16 | 21.61 | 97.00 | 97.00 | 16.15 | 46.25 | 44.41 | 100.00 | 100.00 | 巢湖 |
| 18.19 | 13.87 | 98.07 | 96.00 | 16.45 | 45.84 | 40.98 | 100.00 | 100.00 | 芜湖 |
| 9.69 | 8.75 | 95.70 | 95.70 | 14.69 | 45.50 | 42.73 | 100.00 | 100.00 | 无为 |
| 18.50 | 9.17 | 98.02 | 95.04 | 16.33 | 44.42 | 40.36 | 100.00 | 100.00 | 蚌埠 |
| 16.54 | 8.97 | 98.42 | 95.93 | 19.99 | 46.71 | 44.00 | 100.00 | 100.00 | 淮南 |
| 16.17 | 16.71 | 98.35 | 95.50 | 14.85 | 44.73 | 42.77 | 100.00 | 100.00 | 马鞍山 |
| 18.43 | 12.75 | 98.49 | 98.49 | 18.95 | 44.66 | 43.25 | 100.00 | 100.00 | 淮北 |
| 16.75 | 20.39 | 98.80 | 98.80 | 16.45 | 43.95 | 40.89 | 100.00 | 100.00 | 铜陵 |
| 15.14 | 4.67 | 98.82 | 96.43 | 16.26 | 43.12 | 40.44 | 100.00 | 100.00 | 安庆 |
| 13.14 | 12.42 | 97.68 | 97.68 | 18.14 | 41.86 | 36.10 | 100.00 | 100.00 | 潜山 |
| 17.37 | 16.49 | 96.42 | 95.89 | 15.61 | 43.01 | 40.10 | 100.00 | 100.00 | 桐城 |
| 15.85 | 12.87 | 95.83 | 95.83 | 17.64 | 47.93 | 39.56 | 100.00 | 100.00 | 黄山 |
| 22.65 | 20.32 | 97.71 | 97.56 | 26.53 | 47.31 | 42.69 | 100.00 | 100.00 | 滁州 |
| 21.71 | 18.79 | 98.36 | 98.36 | 19.69 | 42.02 | 41.07 | 100.00 | 100.00 | 天长 |
| 24.06 | 18.53 | 97.67 | 97.00 | 18.83 | 44.76 | 40.12 | 100.00 | 100.00 | 明光 |
| 17.69 | 12.07 | 98.81 | 98.81 | 18.45 | 45.47 | 41.54 | 100.00 | 100.00 | 阜阳 |
| 18.10 | 10.75 | 97.58 | 97.58 | 17.67 | 42.80 | 41.25 | 100.00 | 100.00 | 界首 |
| 20.96 | 13.15 | 98.73 | 91.50 | 18.84 | 44.20 | 41.20 | 100.00 | 100.00 | 宿州 |
| 23.84 | 9.29 | 98.50 | 96.50 | 18.18 | 45.62 | 40.75 | 100.00 | 100.00 | 六安 |
| 23.66 | 13.04 | 98.01 | 98.01 | 16.24 | 43.98 | 40.76 | 100.00 | 100.00 | 亳州 |
| 17.39 | 16.63 | 97.99 | 97.99 | 20.12 | 47.71 | 40.46 | 100.00 | 100.00 | 池州 |
| 17.83 | 18.14 | 97.80 | 97.80 | 19.87 | 45.35 | 40.37 | 100.00 | 100.00 | 宣城 |
| 20.19 | 17.56 | 96.99 | 96.99 | 16.26 | 43.61 | 40.15 | 100.00 | 100.00 | 广德 |
| 16.63 | 13.42 | 95.80 | 95.80 | 20.47 | 46.62 | 42.00 | 100.00 | 100.00 | 宁国 |

## 1-2 续表 7

| 城市名称 Name of Cities | 人口密度（人/平方公里） Population Density (person/square kilometer) | 人均日生活用水量（升） Daily Water Consumption Per Capita (liter) | 供水普及率（%） Water Coverage Rate (%) | 公共供水普及率 Public Water Coverage Rate | 燃气普及率（%） Gas Coverage Rate (%) | 建成区供水管道密度（公里/平方公里） Density of Water Supply Pipelines in Built District (kilometer/square kilometer) | 人均道路面积（平方米） Road Surface Area Per Capita ($m^2$) | 建成区路网密度（公里/平方公里） Density of Road Network in Built District (kilometer/square kilometer) |
|---|---|---|---|---|---|---|---|---|
| **福　建** | **3492** | **228.88** | **99.97** | **99.96** | **99.67** | **17.62** | **21.96** | **8.21** |
| 福　州 | 7650 | 198.39 | 100.00 | 100.00 | 99.55 | 14.21 | 15.94 | 8.12 |
| 福　清 | 2004 | 227.24 | 99.96 | 99.96 | 99.02 | 34.33 | 20.31 | 8.35 |
| 厦　门 | 6554 | 199.50 | 100.00 | 100.00 | 100.00 | 11.72 | 21.66 | 8.03 |
| 莆　田 | 3371 | 211.66 | 100.00 | 100.00 | 99.99 | 11.54 | 22.84 | 8.36 |
| 三　明 | 1119 | 236.80 | 99.98 | 99.98 | 98.77 | 28.82 | 29.27 | 8.30 |
| 永　安 | 660 | 232.36 | 100.00 | 100.00 | 100.00 | 17.01 | 19.09 | 8.21 |
| 泉　州 | 2508 | 274.84 | 99.80 | 99.80 | 99.80 | 25.80 | 29.93 | 8.04 |
| 石　狮 | 7440 | 271.85 | 100.00 | 100.00 | 100.00 | 30.43 | 20.55 | 8.45 |
| 晋　江 | 3139 | 699.91 | 100.00 | 100.00 | 99.31 | 33.52 | 38.94 | 8.78 |
| 南　安 | 1704 | 114.10 | 100.00 | 100.00 | 97.54 | 9.67 | 25.77 | 8.12 |
| 漳　州 | 5901 | 255.44 | 100.00 | 100.00 | 99.46 | 14.80 | 29.78 | 8.91 |
| 南　平 | 1012 | 241.64 | 99.86 | 99.86 | 99.37 | 12.08 | 21.76 | 8.09 |
| 邵　武 | 1346 | 232.66 | 100.00 | 100.00 | 99.69 | 11.76 | 26.83 | 8.50 |
| 武夷山 | 2038 | 239.22 | 100.00 | 100.00 | 99.61 | 31.48 | 22.61 | 9.71 |
| 建　瓯 | 4269 | 132.40 | 100.00 | 100.00 | 99.80 | 11.01 | 13.25 | 9.39 |
| 龙　岩 | 2517 | 251.67 | 100.00 | 99.50 | 99.64 | 39.56 | 25.02 | 8.72 |
| 漳　平 | 1907 | 251.39 | 100.00 | 100.00 | 99.18 | 11.93 | 29.94 | 8.53 |
| 宁　德 | 3470 | 238.10 | 100.00 | 100.00 | 100.00 | 11.75 | 21.52 | 8.19 |
| 福　安 | 2779 | 250.66 | 100.00 | 100.00 | 99.94 | 7.32 | 14.98 | 7.60 |
| 福　鼎 | 1485 | 276.74 | 99.84 | 99.84 | 99.95 | 12.96 | 19.52 | 7.08 |
| **江　西** | **3647** | **222.48** | **99.37** | **99.18** | **98.82** | **16.78** | **25.92** | **8.05** |
| 南　昌 | 4807 | 254.55 | 99.59 | 99.59 | 99.29 | 21.06 | 19.38 | 7.23 |
| 景德镇 | 2331 | 286.87 | 99.29 | 99.29 | 99.59 | 10.27 | 32.90 | 9.09 |
| 乐　平 | 3543 | 156.89 | 97.25 | 93.63 | 97.88 | 12.26 | 13.22 | 7.92 |
| 萍　乡 | 3725 | 237.45 | 99.43 | 99.43 | 97.69 | 14.52 | 24.86 | 8.10 |
| 九　江 | 1375 | 260.67 | 100.00 | 100.00 | 99.76 | 14.86 | 33.67 | 8.22 |
| 瑞　昌 | 8475 | 181.08 | 96.81 | 96.81 | 96.41 | 18.78 | 23.93 | 13.89 |
| 共青城 | 5454 | 138.18 | 100.00 | 98.41 | 98.73 | 11.51 | 25.73 | 7.92 |
| 庐　山 | 2904 | 265.68 | 100.00 | 100.00 | 100.00 | 11.47 | 20.75 | 4.99 |
| 新　余 | 2196 | 223.90 | 100.00 | 100.00 | 99.76 | 17.88 | 26.65 | 6.54 |
| 鹰　潭 | 2904 | 236.19 | 99.97 | 99.97 | 99.97 | 12.41 | 33.23 | 8.30 |
| 贵　溪 | 1314 | 277.91 | 100.00 | 100.00 | 100.00 | 8.64 | 29.99 | 5.88 |
| 赣　州 | 4975 | 225.92 | 99.65 | 99.65 | 99.52 | 22.12 | 27.67 | 8.78 |
| 瑞　金 | 5002 | 144.03 | 95.09 | 95.09 | 99.16 | 9.62 | 17.25 | 9.20 |
| 龙　南 | 3110 | 128.80 | 98.01 | 95.00 | 99.52 | 5.31 | 28.55 | 10.69 |
| 吉　安 | 2174 | 151.20 | 98.88 | 98.88 | 89.24 | 22.81 | 26.44 | 8.49 |

continued 7

| 建成区道路面积率(%) Surface Area of Roads Rate of Built District (%) | 建成区排水管道密度(公里/平方公里) Density of Sewers in Built District (kilometer/square kilometer) | 污水处理率(%) Wastewater Treatment Rate (%) | 污水处理厂集中处理率 Centralized Treatment Rate of Wastewater Treatment Plants | 人均公园绿地面积(平方米) Public Recreational Green Space Per Capita ($m^2$) | 建成区绿化覆盖率(%) Green Coverage Rate of Built District (%) | 建成区绿地率(%) Green Space Rate of Built District (%) | 生活垃圾处理率(%) Domestic Garbage Treatment Rate (%) | 生活垃圾无害化处理率 Domestic Garbage Harmless Treatment Rate | 城市名称 Name of Cities |
|---|---|---|---|---|---|---|---|---|---|
| **16.60** | **11.47** | **98.57** | **93.46** | **15.28** | **44.07** | **40.68** | **100.00** | **100.00** | **福建** |
| 15.54 | 11.06 | 98.43 | 91.36 | 14.83 | 43.10 | 40.08 | 100.00 | 100.00 | 福州 |
| 16.31 | 12.26 | 95.71 | 95.71 | 15.05 | 46.37 | 43.37 | 100.00 | 100.00 | 福清 |
| 16.73 | 10.01 | 100.00 | 94.72 | 14.83 | 44.11 | 40.10 | 100.00 | 100.00 | 厦门 |
| 15.52 | 12.48 | 98.62 | 98.62 | 16.05 | 45.61 | 40.95 | 100.00 | 100.00 | 莆田 |
| 14.83 | 9.11 | 94.76 | 71.99 | 16.17 | 42.19 | 40.20 | 100.00 | 100.00 | 三明 |
| 14.91 | 8.92 | 97.00 | 76.85 | 13.31 | 45.50 | 42.02 | 100.00 | 100.00 | 永安 |
| 17.29 | 11.12 | 97.80 | 85.72 | 15.33 | 43.75 | 40.61 | 100.00 | 100.00 | 泉州 |
| 18.35 | 16.94 | 100.00 | 100.00 | 16.78 | 42.11 | 41.47 | 100.00 | 100.00 | 石狮 |
| 24.18 | 31.51 | 98.30 | 98.30 | 14.40 | 44.04 | 40.03 | 100.00 | 100.00 | 晋江 |
| 15.24 | 9.44 | 92.82 | 92.82 | 17.27 | 43.73 | 40.62 | 100.00 | 100.00 | 南安 |
| 25.56 | 16.21 | 98.28 | 98.28 | 16.71 | 46.27 | 43.44 | 100.00 | 100.00 | 漳州 |
| 15.06 | 9.78 | 98.43 | 98.43 | 15.34 | 43.88 | 40.21 | 100.00 | 100.00 | 南平 |
| 11.80 | 7.47 | 98.18 | 98.18 | 19.23 | 49.66 | 46.84 | 100.00 | 100.00 | 邵武 |
| 15.63 | 20.59 | 98.17 | 94.30 | 15.00 | 44.31 | 40.65 | 100.00 | 100.00 | 武夷山 |
| 12.30 | 8.51 | 97.04 | 97.04 | 14.52 | 41.24 | 40.70 | 100.00 | 100.00 | 建瓯 |
| 15.30 | 9.62 | 98.07 | 98.07 | 17.06 | 44.59 | 40.39 | 100.00 | 100.00 | 龙岩 |
| 16.11 | 12.10 | 97.25 | 93.89 | 19.97 | 46.33 | 41.60 | 100.00 | 100.00 | 漳平 |
| 17.22 | 10.12 | 97.11 | 83.02 | 15.49 | 43.04 | 40.80 | 100.00 | 100.00 | 宁德 |
| 9.24 | 10.00 | 97.30 | 97.30 | 15.53 | 44.70 | 40.03 | 100.00 | 100.00 | 福安 |
| 16.89 | 12.77 | 98.01 | 98.01 | 12.06 | 43.02 | 39.08 | | 100.00 | 福鼎 |
| **16.91** | **12.67** | **97.61** | **96.91** | **17.01** | **46.63** | **43.28** | **100.00** | **100.00** | **江西** |
| 16.84 | 10.51 | 96.30 | 96.30 | 13.18 | 43.15 | 40.20 | 100.00 | 100.00 | 南昌 |
| 15.07 | 10.51 | 97.70 | 96.67 | 17.07 | 51.90 | 51.57 | 100.00 | 100.00 | 景德镇 |
| 7.76 | 5.10 | 95.82 | 95.82 | 18.25 | 39.52 | 37.81 | 100.00 | 100.00 | 乐平 |
| 22.19 | 6.99 | 99.49 | 99.49 | 16.02 | 49.14 | 45.29 | 100.00 | 100.00 | 萍乡 |
| 15.18 | 14.04 | 99.35 | 99.35 | 17.96 | 49.22 | 45.25 | 100.00 | 100.00 | 九江 |
| 9.64 | 11.99 | 93.20 | 93.20 | 16.67 | 46.41 | 43.38 | 100.00 | 100.00 | 瑞昌 |
| 7.72 | 10.90 | 96.76 | 96.76 | 15.13 | 39.71 | 36.68 | 100.00 | 100.00 | 共青城 |
| 9.90 | 11.65 | 95.42 | 95.42 | 19.58 | 44.94 | 38.84 | 100.00 | 100.00 | 庐山 |
| 15.83 | 12.77 | 98.50 | 98.50 | 19.50 | 49.96 | 46.90 | 100.00 | 100.00 | 新余 |
| 16.92 | 15.49 | 99.26 | 99.26 | 20.66 | 47.57 | 41.71 | 100.00 | 100.00 | 鹰潭 |
| 7.23 | 8.61 | 95.20 | 95.20 | 24.19 | 41.18 | 38.15 | 100.00 | 100.00 | 贵溪 |
| 19.71 | 13.31 | 99.22 | 95.32 | 17.84 | 49.83 | 47.42 | 100.00 | 100.00 | 赣州 |
| 12.02 | 8.46 | 95.62 | 95.62 | 15.27 | 42.58 | 38.40 | 100.00 | 100.00 | 瑞金 |
| 19.38 | 19.04 | 96.00 | 96.00 | 21.01 | 44.28 | 41.25 | 100.00 | 100.00 | 龙南 |
| 19.06 | 13.99 | 98.72 | 93.77 | 20.25 | 47.37 | 42.80 | 100.00 | 100.00 | 吉安 |

# 1-2 续表 8

| 城市名称 Name of Cities | 人口密度 (人/平方公里) Population Density (person/square kilometer) | 人均日生活用水量 (升) Daily Water Consumption Per Capita (liter) | 供水普及率 (%) Water Coverage Rate (%) | 公共供水普及率 Public Water Coverage Rate | 燃气普及率 (%) Gas Coverage Rate (%) | 建成区供水管道密度 (公里/平方公里) Density of Water Supply Pipelines in Built District (kilometer/square kilometer) | 人均道路面积 (平方米) Road Surface Area Per Capita ($m^2$) | 建成区路网密度 (公里/平方公里) Density of Road Network in Built District (kilometer/square kilometer) |
|---|---|---|---|---|---|---|---|---|
| 井冈山 | 3494 | 138.73 | 100.00 | 100.00 | 100.00 | 4.52 | 34.32 | 7.63 |
| 宜春 | 5533 | 186.91 | 99.15 | 99.15 | 98.76 | 27.86 | 29.86 | 8.32 |
| 丰城 | 5947 | 141.73 | 99.38 | 99.38 | 100.00 | 22.66 | 19.14 | 5.59 |
| 樟树 | 4489 | 188.90 | 99.28 | 94.38 | 97.64 | 7.69 | 37.10 | 8.27 |
| 高安 | 4304 | 204.25 | 99.91 | 99.91 | 98.30 | 7.06 | 33.63 | 7.94 |
| 抚州 | 5679 | 189.96 | 99.26 | 99.26 | 99.12 | 8.83 | 30.81 | 8.35 |
| 上饶 | 6433 | 231.04 | 99.85 | 99.85 | 99.53 | 12.66 | 31.35 | 9.02 |
| 德兴 | 4019 | 148.36 | 97.63 | 97.63 | 99.76 | 19.24 | 19.42 | 6.09 |
| **山东** | **1724** | **126.22** | **99.92** | **99.01** | **99.47** | **10.16** | **26.45** | **8.20** |
| 济南 | 2740 | 145.11 | 100.00 | 98.82 | 100.00 | 8.74 | 21.41 | 8.14 |
| 青岛 | 1890 | 149.88 | 100.00 | 100.00 | 100.00 | 10.86 | 19.96 | 8.38 |
| 胶州 | 760 | 133.09 | 100.00 | 100.00 | 100.00 | 8.61 | 19.66 | 8.69 |
| 平度 | 691 | 90.77 | 100.00 | 100.00 | 100.00 | 9.53 | 27.96 | 10.56 |
| 莱西 | 769 | 119.44 | 100.00 | 100.00 | 100.00 | 13.07 | 24.53 | 12.21 |
| 淄博 | 2726 | 138.60 | 100.00 | 100.00 | 100.00 | 10.73 | 30.92 | 8.51 |
| 枣庄 | 2137 | 101.16 | 100.00 | 100.00 | 99.90 | 11.46 | 27.93 | 8.14 |
| 滕州 | 3325 | 138.61 | 100.00 | 100.00 | 100.00 | 16.41 | 21.69 | 8.62 |
| 东营 | 786 | 197.09 | 100.00 | 100.00 | 99.96 | 10.72 | 35.23 | 8.10 |
| 烟台 | 2309 | 117.73 | 99.86 | 98.24 | 98.79 | 12.36 | 29.57 | 8.06 |
| 龙口 | 2855 | 98.37 | 100.00 | 100.00 | 100.00 | 7.11 | 32.39 | 8.30 |
| 莱阳 | 1006 | 133.86 | 99.63 | 99.63 | 100.00 | 8.37 | 17.56 | 7.99 |
| 莱州 | 1086 | 101.02 | 100.00 | 100.00 | 99.95 | 5.52 | 20.07 | 6.05 |
| 招远 | 1497 | 146.54 | 100.00 | 100.00 | 98.79 | 12.72 | 22.84 | 8.32 |
| 栖霞 | 472 | 73.25 | 98.42 | 98.42 | 99.93 | 7.51 | 16.79 | 8.33 |
| 海阳 | 897 | 84.24 | 99.74 | 99.74 | 99.70 | 13.41 | 19.90 | 6.24 |
| 潍坊 | 1693 | 102.50 | 100.00 | 100.00 | 100.00 | 11.69 | 25.22 | 8.06 |
| 青州 | 1248 | 131.92 | 100.00 | 100.00 | 100.00 | 14.78 | 29.42 | 8.41 |
| 诸城 | 1564 | 131.57 | 100.00 | 99.02 | 100.00 | 6.74 | 24.31 | 8.89 |
| 寿光 | 1758 | 74.08 | 100.00 | 100.00 | 100.00 | 4.96 | 17.74 | 8.16 |
| 安丘 | 908 | 132.57 | 100.00 | 99.14 | 100.00 | 8.27 | 33.29 | 8.62 |
| 高密 | 1479 | 148.40 | 100.00 | 100.00 | 100.00 | 13.83 | 25.52 | 8.01 |
| 昌邑 | 1679 | 102.38 | 100.00 | 99.16 | 100.00 | 3.72 | 24.40 | 8.12 |
| 济宁 | 2019 | 108.67 | 100.00 | 98.26 | 99.21 | 4.30 | 34.74 | 8.37 |
| 曲阜 | 3327 | 94.72 | 100.00 | 100.00 | 99.54 | 15.30 | 26.75 | 9.69 |
| 邹城 | 3730 | 142.26 | 100.00 | 98.85 | 100.00 | 8.99 | 19.01 | 7.89 |
| 泰安 | 1916 | 105.16 | 100.00 | 98.21 | 100.00 | 9.91 | 28.17 | 8.78 |
| 新泰 | 1131 | 102.56 | 100.00 | 96.33 | 100.00 | 9.55 | 25.43 | 8.27 |
| 肥城 | 2284 | 114.92 | 100.00 | 100.00 | 100.00 | 6.01 | 24.83 | 6.50 |
| 威海 | 1659 | 116.78 | 100.00 | 100.00 | 100.00 | 17.21 | 41.16 | 8.06 |

# continued 8

| 建成区道路面积率(%) Surface Area of Roads Rate of Built District (%) | 建成区排水管道密度(公里/平方公里) Density of Sewers in Built District (kilometer/square kilometer) | 污水处理率(%) Wastewater Treatment Rate (%) | 污水处理厂集中处理率 Centralized Treatment Rate of Wastewater Treatment Plants | 人均公园绿地面积(平方米) Public Recreational Green Space Per Capita ($m^2$) | 建成区绿化覆盖率(%) Green Coverage Rate of Built District (%) | 建成区绿地率(%) Green Space Rate of Built District (%) | 生活垃圾处理率(%) Domestic Garbage Treatment Rate (%) | 生活垃圾无害化处理率 Domestic Garbage Harmless Treatment Rate | 城市名称 Name of Cities |
|---|---|---|---|---|---|---|---|---|---|
| 11.99 | 7.89 | 95.00 | 95.00 | 39.66 | 41.38 | 31.93 | 100.00 | 100.00 | 井冈山 |
| 20.91 | 18.22 | 99.13 | 99.13 | 19.01 | 48.59 | 45.40 | 100.00 | 100.00 | 宜春 |
| 10.32 | 6.78 | 96.50 | 96.50 | 13.69 | 42.83 | 38.46 | 100.00 | 100.00 | 丰城 |
| 20.33 | 14.62 | 99.20 | 99.20 | 13.22 | 39.50 | 35.79 | 100.00 | 100.00 | 樟树 |
| 17.17 | 14.69 | 99.45 | 99.45 | 13.62 | 33.01 | 29.22 | 100.00 | 100.00 | 高安 |
| 21.34 | 17.36 | 97.43 | 96.68 | 19.64 | 50.40 | 46.23 | 100.00 | 100.00 | 抚州 |
| 19.22 | 15.22 | 97.33 | 97.33 | 23.43 | 50.36 | 46.12 | 100.00 | 100.00 | 上饶 |
| 11.78 | 15.32 | 96.81 | 96.81 | 15.28 | 47.47 | 42.67 | 100.00 | 100.00 | 德兴 |
| **16.77** | **12.00** | **98.53** | **98.39** | **18.18** | **43.75** | **39.72** | **100.00** | **100.00** | **山东** |
| 15.44 | 11.67 | 99.23 | 98.22 | 12.94 | 41.91 | 37.46 | 100.00 | 100.00 | 济南 |
| 15.19 | 12.89 | 98.46 | 98.46 | 18.37 | 45.70 | 41.17 | 100.00 | 100.00 | 青岛 |
| 13.60 | 9.14 | 98.55 | 98.55 | 12.91 | 44.88 | 41.42 | 100.00 | 100.00 | 胶州 |
| 18.98 | 11.28 | 98.00 | 98.00 | 13.45 | 43.18 | 36.32 | 100.00 | 100.00 | 平度 |
| 19.91 | 17.95 | 98.25 | 98.25 | 14.68 | 44.56 | 39.15 | 100.00 | 100.00 | 莱西 |
| 20.01 | 13.00 | 98.49 | 98.49 | 18.86 | 45.67 | 40.97 | 100.00 | 100.00 | 淄博 |
| 15.97 | 9.33 | 98.51 | 98.51 | 15.03 | 43.13 | 40.12 | 100.00 | 100.00 | 枣庄 |
| 14.35 | 8.40 | 98.14 | 98.14 | 15.67 | 43.32 | 38.67 | 100.00 | 100.00 | 滕州 |
| 17.15 | 14.36 | 98.26 | 98.26 | 26.94 | 43.87 | 40.03 | 100.00 | 100.00 | 东营 |
| 17.06 | 10.09 | 98.30 | 98.30 | 18.65 | 44.18 | 40.10 | 100.00 | 100.00 | 烟台 |
| 18.09 | 11.28 | 97.42 | 97.42 | 18.80 | 44.75 | 40.12 | 100.00 | 100.00 | 龙口 |
| 12.00 | 8.58 | 97.86 | 97.86 | 17.51 | 41.29 | 38.23 | 100.00 | 100.00 | 莱阳 |
| 14.82 | 6.54 | 97.52 | 97.52 | 15.81 | 41.64 | 38.67 | 100.00 | 100.00 | 莱州 |
| 13.26 | 13.82 | 98.06 | 98.06 | 20.77 | 33.72 | 32.89 | 100.00 | 100.00 | 招远 |
| 14.93 | 6.08 | 97.98 | 97.98 | 14.36 | 36.74 | 33.52 | 100.00 | 100.00 | 栖霞 |
| 13.59 | 11.91 | 98.05 | 98.05 | 17.06 | 42.69 | 41.48 | 100.00 | 100.00 | 海阳 |
| 20.19 | 12.17 | 98.50 | 98.50 | 18.66 | 42.72 | 40.26 | 100.00 | 100.00 | 潍坊 |
| 16.75 | 11.49 | 98.52 | 98.52 | 16.65 | 43.81 | 40.10 | 100.00 | 100.00 | 青州 |
| 17.31 | 13.95 | 98.48 | 98.48 | 23.39 | 45.62 | 40.03 | 100.00 | 100.00 | 诸城 |
| 15.38 | 12.55 | 98.49 | 98.49 | 17.19 | 43.05 | 40.78 | 100.00 | 100.00 | 寿光 |
| 15.80 | 12.08 | 98.59 | 98.59 | 22.97 | 41.61 | 40.27 | 100.00 | 100.00 | 安丘 |
| 13.44 | 12.08 | 98.44 | 98.44 | 18.00 | 42.70 | 38.05 | 100.00 | 100.00 | 高密 |
| 14.91 | 10.24 | 98.49 | 98.49 | 22.30 | 44.07 | 40.12 | 100.00 | 100.00 | 昌邑 |
| 21.00 | 10.58 | 98.65 | 98.65 | 18.30 | 43.63 | 39.20 | 100.00 | 100.00 | 济宁 |
| 21.75 | 13.50 | 98.55 | 98.55 | 17.34 | 43.19 | 40.07 | 100.00 | 100.00 | 曲阜 |
| 14.12 | 7.74 | 98.27 | 98.27 | 14.55 | 41.45 | 36.54 | 100.00 | 100.00 | 邹城 |
| 18.18 | 9.18 | 98.54 | 98.40 | 23.37 | 45.80 | 40.45 | 100.00 | 100.00 | 泰安 |
| 20.44 | 9.04 | 98.00 | 98.00 | 18.48 | 44.93 | 41.88 | 100.00 | 100.00 | 新泰 |
| 15.52 | 6.75 | 98.50 | 98.50 | 18.12 | 45.43 | 40.52 | 100.00 | 100.00 | 肥城 |
| 18.49 | 15.44 | 98.50 | 98.50 | 25.59 | 46.05 | 43.63 | 100.00 | 100.00 | 威海 |

## 1-2 续表 9

| 城市名称 Name of Cities | 人口密度（人/平方公里） Population Density (person/square kilometer) | 人均日生活用水量（升） Daily Water Consumption Per Capita (liter) | 供水普及率（%） Water Coverage Rate (%) | 公共供水普及率 Public Water Coverage Rate | 燃气普及率（%） Gas Coverage Rate (%) | 建成区供水管道密度（公里/平方公里） Density of Water Supply Pipelines in Built District (kilometer/square kilometer) | 人均道路面积（平方米） Road Surface Area Per Capita ($m^2$) | 建成区路网密度（公里/平方公里） Density of Road Network in Built District (kilometer/square kilometer) |
|---|---|---|---|---|---|---|---|---|
| 荣成 | 899 | 92.32 | 100.00 | 100.00 | 100.00 | 13.41 | 31.18 | 8.10 |
| 乳山 | 1529 | 123.10 | 100.00 | 98.14 | 100.00 | 16.68 | 33.21 | 9.03 |
| 日照 | 2301 | 140.83 | 100.00 | 100.00 | 99.98 | 15.38 | 23.49 | 8.23 |
| 临沂 | 1915 | 107.80 | 100.00 | 93.93 | 96.68 | 9.48 | 28.73 | 8.44 |
| 德州 | 1559 | 115.97 | 98.04 | 98.04 | 100.00 | 10.76 | 28.63 | 8.32 |
| 乐陵 | 2621 | 64.02 | 100.00 | 97.06 | 100.00 | 3.27 | 31.25 | 6.94 |
| 禹城 | 3293 | 101.49 | 97.67 | 96.15 | 99.85 | 11.09 | 29.28 | 5.12 |
| 聊城 | 1921 | 97.42 | 100.00 | 100.00 | 100.00 | 10.06 | 24.68 | 8.01 |
| 临清 | 1249 | 64.52 | 100.00 | 100.00 | 100.00 | 6.50 | 33.35 | 7.75 |
| 滨州 | 988 | 134.91 | 100.00 | 100.00 | 100.00 | 7.36 | 34.60 | 8.01 |
| 邹平 | 1196 | 94.34 | 100.00 | 100.00 | 100.00 | 2.47 | 49.70 | 3.23 |
| 菏泽 | 2089 | 140.01 | 99.82 | 97.36 | 90.78 | 8.77 | 37.96 | 8.21 |
| **河南** | **4480** | **139.89** | **99.30** | **97.23** | **98.21** | **8.74** | **16.86** | **5.30** |
| 郑州 | 10057 | 137.31 | 100.00 | 95.43 | 100.00 | 8.87 | 10.28 | 3.48 |
| 巩义 | 6731 | 68.04 | 92.55 | 91.08 | 99.18 | 5.47 | 11.73 | 4.35 |
| 荥阳 | 2194 | 236.61 | 100.00 | 96.55 | 93.73 | 16.12 | 19.23 | 4.27 |
| 新密 | 2704 | 124.84 | 100.00 | 100.00 | 98.25 | 7.90 | 17.49 | 3.83 |
| 新郑 | 8551 | 178.73 | 89.33 | 89.33 | 90.76 | 10.62 | 15.79 | 4.31 |
| 登封 | 2721 | 160.29 | 93.68 | 91.62 | 97.01 | 4.97 | 28.34 | 5.93 |
| 开封 | 5351 | 168.56 | 98.34 | 95.27 | 99.51 | 16.19 | 22.26 | 5.69 |
| 洛阳 | 7226 | 155.81 | 100.00 | 99.94 | 95.74 | 8.74 | 13.95 | 4.19 |
| 平顶山 | 3586 | 152.75 | 100.00 | 100.00 | 98.36 | 15.36 | 14.90 | 8.07 |
| 舞钢 | 1820 | 150.67 | 99.68 | 97.74 | 97.90 | 7.76 | 20.64 | 7.88 |
| 汝州 | 2536 | 83.50 | 100.00 | 97.83 | 100.00 | 7.33 | 18.24 | 6.26 |
| 安阳 | 4504 | 199.26 | 100.00 | 96.92 | 100.00 | 9.11 | 20.43 | 7.98 |
| 林州 | 5966 | 149.98 | 100.00 | 100.00 | 99.60 | 9.38 | 14.95 | 5.37 |
| 鹤壁 | 3949 | 84.57 | 99.71 | 99.71 | 99.55 | 9.44 | 21.31 | 8.09 |
| 新乡 | 5669 | 164.04 | 100.00 | 100.00 | 99.28 | 7.87 | 16.78 | 4.75 |
| 长垣 | 7708 | 88.29 | 99.28 | 99.03 | 98.49 | 11.90 | 22.93 | 9.08 |
| 卫辉 | 3678 | 190.81 | 99.76 | 94.62 | 93.60 | 7.45 | 11.88 | 3.84 |
| 辉县 | 1966 | 167.62 | 99.78 | 94.32 | 99.96 | 16.33 | 13.11 | 5.70 |
| 焦作 | 5815 | 127.34 | 100.00 | 100.00 | 100.00 | 9.13 | 25.17 | 8.25 |
| 沁阳 | 4112 | 79.62 | 85.41 | 81.55 | 98.57 | 8.86 | 28.49 | 7.14 |
| 孟州 | 1245 | 157.57 | 99.22 | 99.22 | 98.44 | 12.36 | 29.94 | 6.32 |
| 濮阳 | 4170 | 175.82 | 100.00 | 100.00 | 100.00 | 14.33 | 18.90 | 7.42 |
| 许昌 | 1775 | 166.86 | 100.00 | 100.00 | 99.50 | 4.52 | 37.30 | 8.12 |
| 禹州 | 8083 | 96.01 | 98.22 | 91.15 | 100.00 | 7.26 | 17.90 | 7.74 |
| 长葛 | 2643 | 153.92 | 97.85 | 95.34 | 98.85 | 6.43 | 22.28 | 7.22 |
| 漯河 | 5819 | 143.72 | 98.62 | 98.62 | 98.62 | 10.34 | 19.17 | 7.71 |

continued 9

| 建成区道路面积率 (%) Surface Area of Roads Rate of Built District (%) | 建成区排水管道密度 (公里/平方公里) Density of Sewers in Built District (kilometer/square kilometer) | 污水处理率 (%) Wastewater Treatment Rate (%) | 污水处理厂集中处理率 Centralized Treatment Rate of Wastewater Treatment Plants | 人均公园绿地面积 (平方米) Public Recreational Green Space Per Capita ($m^2$) | 建成区绿化覆盖率 (%) Green Coverage Rate of Built District (%) | 建成区绿地率 (%) Green Space Rate of Built District (%) | 生活垃圾处理率 (%) Domestic Garbage Treatment Rate (%) | 生活垃圾无害化处理率 Domestic Garbage Harmless Treatment Rate | 城市名称 Name of Cities |
|---|---|---|---|---|---|---|---|---|---|
| 16.20 | 19.75 | 98.40 | 98.40 | 26.06 | 46.03 | 43.05 | 100.00 | 100.00 | 荣成 |
| 16.98 | 21.39 | 98.41 | 98.41 | 20.48 | 45.71 | 42.46 | 100.00 | 100.00 | 乳山 |
| 16.98 | 23.15 | 98.42 | 98.42 | 19.28 | 43.91 | 40.51 | 100.00 | 100.00 | 日照 |
| 17.91 | 14.25 | 98.59 | 98.59 | 21.18 | 43.91 | 39.11 | 100.00 | 100.00 | 临沂 |
| 15.96 | 8.98 | 98.50 | 98.50 | 25.58 | 45.12 | 40.11 | 100.00 | 100.00 | 德州 |
| 15.77 | 8.87 | 98.50 | 98.50 | 13.25 | 39.14 | 33.93 | 100.00 | 100.00 | 乐陵 |
| 15.07 | 6.53 | 98.60 | 98.60 | 14.07 | 40.12 | 32.89 | 100.00 | 100.00 | 禹城 |
| 17.62 | 12.48 | 98.54 | 98.54 | 15.29 | 42.71 | 40.37 | 100.00 | 100.00 | 聊城 |
| 14.25 | 14.19 | 98.24 | 98.24 | 13.80 | 37.09 | 32.72 | 100.00 | 100.00 | 临清 |
| 16.66 | 12.38 | 98.46 | 98.46 | 27.57 | 46.03 | 41.17 | 100.00 | 100.00 | 滨州 |
| 8.80 | 5.80 | 98.44 | 98.44 | 23.36 | 38.07 | 35.07 | 100.00 | 100.00 | 邹平 |
| 17.55 | 10.72 | 97.96 | 97.96 | 15.40 | 41.76 | 40.05 | 100.00 | 100.00 | 菏泽 |
| **12.63** | **8.96** | **99.53** | **99.53** | **15.60** | **40.30** | **35.52** | **99.99** | **99.68** | **河南** |
| 10.56 | 8.06 | 100.00 | 100.00 | 14.62 | 39.34 | 34.83 | 100.00 | 100.00 | 郑州 |
| 12.38 | 7.54 | 100.00 | 100.00 | 16.74 | 44.14 | 40.21 | 100.00 | 100.00 | 巩义 |
| 9.89 | 8.71 | 94.14 | 94.14 | 14.01 | 33.83 | 29.17 | 100.00 | 100.00 | 荥阳 |
| 10.83 | 4.81 | 100.00 | 100.00 | 14.28 | 38.96 | 34.48 | 100.00 | 100.00 | 新密 |
| 13.50 | 8.22 | 98.33 | 98.33 | 15.13 | 41.21 | 35.76 | 100.00 | 100.00 | 新郑 |
| 12.49 | 4.27 | 100.00 | 100.00 | 16.59 | 42.27 | 38.86 | 100.00 | 100.00 | 登封 |
| 15.86 | 8.61 | 97.86 | 97.86 | 15.79 | 46.28 | 39.98 | 100.00 | 100.00 | 开封 |
| 13.24 | 9.48 | 100.00 | 99.99 | 16.29 | 44.95 | 39.26 | 100.00 | 100.00 | 洛阳 |
| 16.19 | 8.99 | 99.88 | 99.88 | 12.29 | 44.43 | 37.82 | 100.00 | 100.00 | 平顶山 |
| 15.05 | 13.64 | 97.03 | 97.03 | 12.85 | 41.58 | 36.97 | 100.00 | 100.00 | 舞钢 |
| 14.92 | 8.23 | 100.00 | 100.00 | 17.76 | 42.22 | 36.35 | 100.00 | 100.00 | 汝州 |
| 17.87 | 15.71 | 100.00 | 100.00 | 13.41 | 42.45 | 37.29 | 100.00 | 100.00 | 安阳 |
| 10.49 | 8.48 | 99.59 | 99.59 | 12.01 | 44.51 | 40.13 | 100.00 | 100.00 | 林州 |
| 16.61 | 10.68 | 100.00 | 100.00 | 21.89 | 48.61 | 43.17 | 100.00 | 100.00 | 鹤壁 |
| 9.89 | 7.61 | 99.00 | 99.00 | 12.97 | 42.02 | 38.89 | 100.00 | 100.00 | 新乡 |
| 17.33 | 15.28 | 99.66 | 99.66 | 12.22 | 42.10 | 38.01 | 100.00 | 100.00 | 长垣 |
| 7.62 | 6.15 | 100.00 | 100.00 | 9.38 | 36.20 | 30.55 | 100.00 | 100.00 | 卫辉 |
| 13.04 | 13.40 | 100.00 | 100.00 | 9.49 | 37.84 | 33.41 | 100.00 | 100.00 | 辉县 |
| 16.25 | 10.94 | 100.00 | 100.00 | 17.28 | 45.81 | 40.74 | 100.00 | 100.00 | 焦作 |
| 18.76 | 12.44 | 100.00 | 100.00 | 8.29 | 36.73 | 31.02 | 100.00 | 100.00 | 沁阳 |
| 21.94 | 18.39 | 100.00 | 100.00 | 11.81 | 43.74 | 39.16 | 100.00 | 100.00 | 孟州 |
| 18.34 | 14.06 | 100.00 | 100.00 | 15.80 | 43.86 | 38.97 | 100.00 | 100.00 | 濮阳 |
| 15.31 | 6.92 | 100.00 | 100.00 | 16.40 | 42.27 | 37.24 | 100.00 | 100.00 | 许昌 |
| 14.20 | 9.24 | 99.79 | 99.79 | 13.21 | 43.22 | 35.69 | 100.00 | 100.00 | 禹州 |
| 15.72 | 10.46 | 96.89 | 96.89 | 15.20 | 41.19 | 36.85 | 100.00 | 100.00 | 长葛 |
| 17.40 | 15.12 | 99.99 | 99.99 | 19.01 | 43.47 | 38.51 | 99.78 | 99.78 | 漯河 |

# 1-2 续表 10

| 城市名称<br>Name of Cities | 人口密度<br>(人/平方公里)<br>Population Density<br>(person/square kilometer) | 人均日生活用水量<br>(升)<br>Daily Water Consumption Per Capita<br>(liter) | 供水普及率<br>(%)<br>Water Coverage Rate<br>(%) | 公共供水普及率<br>Public Water Coverage Rate | 燃气普及率<br>(%)<br>Gas Coverage Rate<br>(%) | 建成区供水管道密度<br>(公里/平方公里)<br>Density of Water Supply Pipelines in Built District<br>(kilometer/square kilometer) | 人均道路面积<br>(平方米)<br>Road Surface Area Per Capita<br>($m^2$) | 建成区路网密度<br>(公里/平方公里)<br>Density of Road Network in Built District<br>(kilometer/square kilometer) |
|---|---|---|---|---|---|---|---|---|
| 三门峡 | 7463 | 98.14 | 100.00 | 95.48 | 99.98 | 5.66 | 13.26 | 5.58 |
| 义马 | 1307 | 98.06 | 100.00 | 100.00 | 100.00 | 9.48 | 21.38 | 7.63 |
| 灵宝 | 6438 | 136.17 | 100.00 | 97.32 | 100.00 | 6.94 | 17.86 | 5.41 |
| 南阳 | 2599 | 90.30 | 100.00 | 97.99 | 100.00 | 8.49 | 15.89 | 8.27 |
| 邓州 | 9813 | 136.09 | 98.24 | 98.24 | 98.14 | 20.27 | 18.35 | 7.11 |
| 商丘 | 2837 | 126.30 | 95.25 | 95.25 | 95.83 | 4.35 | 14.51 | 3.49 |
| 永城 | 5966 | 117.96 | 99.75 | 96.39 | 97.40 | 7.34 | 18.21 | 7.25 |
| 信阳 | 2532 | 200.25 | 100.00 | 100.00 | 100.00 | 12.58 | 14.54 | 3.75 |
| 周口 | 5513 | 136.05 | 99.62 | 98.00 | 99.44 | 7.40 | 23.75 | 5.85 |
| 项城 | 5128 | 98.21 | 100.00 | 98.60 | 100.00 | 11.96 | 18.71 | 6.95 |
| 驻马店 | 3542 | 193.09 | 100.00 | 100.00 | 100.00 | 6.27 | 27.47 | 4.71 |
| 济源示范区 | 5103 | 113.82 | 99.97 | 99.97 | 100.00 | 10.10 | 15.84 | 3.63 |
| 郑州航空港经济综合实验区 | 1056 | 111.78 | 100.00 | 100.00 | 54.72 | 1.77 | 47.38 | 2.75 |
| **湖北** | **3056** | **199.93** | **99.93** | **99.47** | **99.50** | **18.98** | **19.67** | **8.22** |
| 武汉 | 7442 | 210.09 | 100.00 | 99.80 | 99.94 | 26.54 | 13.23 | 7.72 |
| 黄石 | 2668 | 271.87 | 100.00 | 94.69 | 99.39 | 15.87 | 33.45 | 11.27 |
| 大冶 | 1140 | 270.88 | 100.00 | 100.00 | 97.05 | 39.96 | 20.76 | 7.40 |
| 十堰 | 1873 | 225.90 | 100.00 | 100.00 | 99.99 | 13.47 | 24.63 | 8.35 |
| 丹江口 | 676 | 149.59 | 99.93 | 99.93 | 95.04 | 15.50 | 20.21 | 8.19 |
| 宜昌 | 1948 | 237.96 | 100.00 | 100.00 | 99.10 | 13.95 | 31.25 | 7.92 |
| 宜都 | 926 | 105.61 | 100.00 | 100.00 | 97.09 | 15.87 | 27.12 | 8.35 |
| 当阳 | 931 | 159.30 | 100.00 | 100.00 | 99.76 | 30.44 | 18.70 | 10.00 |
| 枝江 | 2067 | 137.97 | 100.00 | 100.00 | 100.00 | 10.75 | 23.40 | 9.50 |
| 襄阳 | 3788 | 127.05 | 100.00 | 100.00 | 100.00 | 10.39 | 21.80 | 8.34 |
| 老河口 | 3431 | 110.13 | 100.00 | 100.00 | 100.00 | 14.99 | 22.78 | 13.21 |
| 枣阳 | 634 | 138.25 | 100.00 | 100.00 | 100.00 | 7.35 | 31.09 | 5.24 |
| 宜城 | 3517 | 124.85 | 100.00 | 100.00 | 100.00 | 12.95 | 23.12 | 8.13 |
| 鄂州 | 6153 | 155.16 | 100.00 | 100.00 | 99.90 | 18.43 | 18.84 | 8.89 |
| 荆门 | 2298 | 159.84 | 100.00 | 100.00 | 100.00 | 9.21 | 25.46 | 9.28 |
| 京山 | 5688 | 145.34 | 100.00 | 100.00 | 100.00 | 12.81 | 39.62 | 8.24 |
| 钟祥 | 2014 | 211.09 | 100.00 | 100.00 | 100.00 | 13.82 | 25.60 | 8.60 |
| 孝感 | 4265 | 234.39 | 100.00 | 97.86 | 99.49 | 17.78 | 28.43 | 11.21 |
| 应城 | 983 | 183.98 | 100.00 | 99.00 | 100.00 | 13.42 | 15.88 | 11.59 |
| 安陆 | 2257 | 165.42 | 99.56 | 96.94 | 100.00 | 28.43 | 23.40 | 6.73 |
| 汉川 | 6871 | 213.27 | 100.00 | 100.00 | 100.00 | 30.18 | 20.53 | 9.87 |
| 荆州 | 9205 | 192.69 | 99.90 | 98.30 | 99.86 | 19.10 | 25.11 | 8.65 |
| 监利 | 2732 | 181.71 | 100.00 | 99.40 | 90.04 | 12.52 | 19.23 | 7.75 |

continued 10

| 建成区道路面积率 (%) Surface Area of Roads Rate of Built District (%) | 建成区排水管道密度 (公里/平方公里) Density of Sewers in Built District (kilometer/square kilometer) | 污水处理率 (%) Wastewater Treatment Rate (%) | 污水处理厂集中处理率 Centralized Treatment Rate of Wastewater Treatment Plants | 人均公园绿地面积 (平方米) Public Recreational Green Space Per Capita ($m^2$) | 建成区绿化覆盖率 (%) Green Coverage Rate of Built District (%) | 建成区绿地率 (%) Green Space Rate of Built District (%) | 生活垃圾处理率 (%) Domestic Garbage Treatment Rate (%) | 生活垃圾无害化处理率 Domestic Garbage Harmless Treatment Rate | 城市名称 Name of Cities |
|---|---|---|---|---|---|---|---|---|---|
| 11.67 | 5.37 | 99.17 | 99.17 | 13.65 | 44.98 | 40.35 | 100.00 | 100.00 | 三门峡 |
| 16.45 | 7.56 | 99.01 | 99.01 | 18.20 | 45.73 | 40.30 | 100.00 | 100.00 | 义马 |
| 14.27 | 9.23 | 99.72 | 99.72 | 12.95 | 40.56 | 36.21 | 100.00 | 100.00 | 灵宝 |
| 15.23 | 11.98 | 100.00 | 100.00 | 17.40 | 45.54 | 41.43 | 100.00 | 100.00 | 南阳 |
| 18.96 | 15.73 | 99.24 | 99.24 | 13.89 | 46.31 | 43.23 | 100.00 | 100.00 | 邓州 |
| 9.88 | 3.98 | 98.70 | 98.70 | 14.53 | 22.01 | 19.71 | 100.00 | 100.00 | 商丘 |
| 17.13 | 12.00 | 97.55 | 97.55 | 15.09 | 43.60 | 37.84 | 100.00 | 100.00 | 永城 |
| 6.30 | 11.26 | 100.00 | 100.00 | 15.25 | 46.07 | 37.62 | 100.00 | 100.00 | 信阳 |
| 15.28 | 12.86 | 99.92 | 99.92 | 14.84 | 39.41 | 32.26 | 100.00 | 100.00 | 周口 |
| 13.16 | 13.96 | 97.48 | 97.48 | 12.09 | 39.23 | 35.31 | 100.00 | 100.00 | 项城 |
| 15.78 | 9.84 | 100.00 | 100.00 | 18.56 | 46.12 | 40.70 | 100.00 | 100.00 | 驻马店 |
| 9.13 | 9.02 | 99.00 | 99.00 | 14.00 | 43.49 | 38.88 | 100.00 | 100.00 | 济源示范区 |
| 2.75 | | 100.00 | 100.00 | 43.95 | 18.96 | 17.02 | 99.73 | 75.80 | 郑州航空港经济综合实验区 |
| **16.54** | **13.27** | **97.57** | **92.13** | **15.38** | **42.92** | **39.42** | **100.00** | **100.00** | **湖北** |
| 15.44 | 14.72 | 97.40 | 87.22 | 15.17 | 43.09 | 40.05 | 100.00 | 100.00 | 武汉 |
| 24.43 | 21.53 | 98.29 | 95.12 | 15.72 | 41.46 | 38.19 | 100.00 | 100.00 | 黄石 |
| 19.43 | 16.12 | 87.99 | 87.99 | 13.57 | 43.40 | 38.46 | 100.00 | 100.00 | 大冶 |
| 16.47 | 10.99 | 96.81 | 96.81 | 15.37 | 43.81 | 42.13 | 100.00 | 100.00 | 十堰 |
| 10.03 | 7.49 | 99.00 | 99.00 | 19.12 | 44.52 | 41.07 | 100.00 | 100.00 | 丹江口 |
| 16.17 | 9.22 | 98.06 | 89.06 | 16.31 | 45.18 | 40.94 | 100.00 | 100.00 | 宜昌 |
| 17.06 | 9.75 | 96.80 | 96.80 | 14.32 | 46.19 | 40.19 | 100.00 | 100.00 | 宜都 |
| 14.74 | 10.41 | 98.10 | 98.10 | 14.78 | 46.24 | 41.46 | 100.00 | 100.00 | 当阳 |
| 14.77 | 9.75 | 96.83 | 96.83 | 15.06 | 46.48 | 41.50 | 100.00 | 100.00 | 枝江 |
| 15.01 | 10.70 | 98.55 | 98.55 | 16.79 | 44.40 | 39.66 | 100.00 | 100.00 | 襄阳 |
| 16.07 | 10.79 | 97.16 | 97.16 | 13.14 | 44.36 | 40.68 | 100.00 | 100.00 | 老河口 |
| 17.64 | 10.05 | 96.66 | 96.66 | 13.80 | 41.92 | 40.00 | 100.00 | 100.00 | 枣阳 |
| 13.98 | 11.65 | 97.41 | 97.41 | 14.34 | 42.77 | 40.05 | 100.00 | 100.00 | 宜城 |
| 16.50 | 14.09 | 99.81 | 99.81 | 17.16 | 45.19 | 40.06 | 100.00 | 100.00 | 鄂州 |
| 20.43 | 15.95 | 98.60 | 98.60 | 14.38 | 43.15 | 40.05 | 100.00 | 100.00 | 荆门 |
| 19.78 | 13.20 | 100.00 | 100.00 | 18.34 | 44.88 | 40.01 | 100.00 | 100.00 | 京山 |
| 19.77 | 11.49 | 95.50 | 95.50 | 14.75 | 38.12 | 34.31 | 100.00 | 100.00 | 钟祥 |
| 28.63 | 16.99 | 97.53 | 97.53 | 14.15 | 43.22 | 42.15 | 100.00 | 100.00 | 孝感 |
| 9.24 | 7.89 | 96.35 | 96.35 | 13.59 | 39.67 | 34.79 | 100.00 | 100.00 | 应城 |
| 17.96 | 8.59 | 99.98 | 99.98 | 13.59 | 45.31 | 40.68 | 100.00 | 100.00 | 安陆 |
| 14.11 | 9.54 | 100.00 | 100.00 | 12.03 | 41.18 | 40.30 | 100.00 | 100.00 | 汉川 |
| 23.11 | 13.71 | 96.14 | 96.14 | 16.95 | 43.30 | 40.10 | 100.00 | 100.00 | 荆州 |
| 17.18 | 11.48 | 97.38 | 97.38 | 12.09 | 43.57 | 41.81 | 100.00 | 100.00 | 监利 |

# 1-2 续表 11

| 城市名称 Name of Cities | 人口密度（人/平方公里）Population Density (person/square kilometer) | 人均日生活用水量（升）Daily Water Consumption Per Capita (liter) | 供水普及率（%）Water Coverage Rate (%) | 公共供水普及率 Public Water Coverage Rate | 燃气普及率（%）Gas Coverage Rate (%) | 建成区供水管道密度（公里/平方公里）Density of Water Supply Pipelines in Built District (kilometer/square kilometer) | 人均道路面积（平方米）Road Surface Area Per Capita ($m^2$) | 建成区路网密度（公里/平方公里）Density of Road Network in Built District (kilometer/square kilometer) |
|---|---|---|---|---|---|---|---|---|
| 石首 | 6826 | 153.55 | 98.70 | 98.70 | 95.78 | 7.45 | 17.92 | 5.84 |
| 洪湖 | 3587 | 227.02 | 99.33 | 99.33 | 93.60 | 20.63 | 25.82 | 8.21 |
| 松滋 | 1446 | 171.49 | 100.00 | 99.50 | 100.00 | 18.36 | 24.69 | 9.70 |
| 黄冈 | 9386 | 268.35 | 100.00 | 100.00 | 100.00 | 15.38 | 19.04 | 8.73 |
| 麻城 | 4081 | 149.74 | 99.65 | 99.65 | 99.37 | 15.83 | 26.37 | 14.64 |
| 武穴 | 8735 | 207.90 | 98.15 | 98.15 | 98.19 | 18.15 | 25.59 | 10.39 |
| 咸宁 | 2134 | 218.12 | 100.00 | 100.00 | 99.97 | 12.49 | 54.34 | 8.51 |
| 赤壁 | 5664 | 165.82 | 98.97 | 98.97 | 100.00 | 14.91 | 19.21 | 6.91 |
| 随州 | 1883 | 182.96 | 99.44 | 99.44 | 98.99 | 11.76 | 18.45 | 4.98 |
| 广水 | 4341 | 159.21 | 99.78 | 95.76 | 95.76 | 14.04 | 14.57 | 6.63 |
| 恩施 | 2138 | 302.57 | 100.00 | 100.00 | 100.00 | 19.41 | 14.08 | 5.03 |
| 利川 | 1748 | 169.69 | 100.00 | 100.00 | 98.32 | 21.97 | 9.29 | 7.41 |
| 仙桃 | 1683 | 215.50 | 100.00 | 98.27 | 100.00 | 16.40 | 23.36 | 10.87 |
| 潜江 | 465 | 147.32 | 100.00 | 100.00 | 99.93 | 18.46 | 25.67 | 5.91 |
| 天门 | 829 | 270.81 | 100.00 | 100.00 | 97.99 | 19.07 | 23.11 | 5.65 |
| **湖南** | **4717** | **217.07** | **99.01** | **98.75** | **97.70** | **18.05** | **20.35** | **8.21** |
| 长沙 | 4338 | 239.47 | 100.00 | 100.00 | 100.00 | 16.18 | 17.43 | 8.06 |
| 宁乡 | 1498 | 154.28 | 100.00 | 100.00 | 100.00 | 14.40 | 26.51 | 7.20 |
| 浏阳 | 2019 | 193.19 | 100.00 | 100.00 | 99.66 | 10.46 | 17.67 | 8.41 |
| 株洲 | 6828 | 222.67 | 95.95 | 95.95 | 97.93 | 22.04 | 22.74 | 8.16 |
| 醴陵 | 2913 | 160.46 | 96.98 | 96.98 | 92.61 | 33.52 | 14.85 | 8.29 |
| 湘潭 | 6922 | 175.92 | 100.00 | 98.95 | 99.60 | 32.50 | 17.31 | 8.02 |
| 湘乡 | 6104 | 127.41 | 100.00 | 100.00 | 89.27 | 30.93 | 18.51 | 9.26 |
| 韶山 | 1284 | 154.65 | 100.00 | 100.00 | 100.00 | 29.35 | 24.81 | 8.45 |
| 衡阳 | 9214 | 220.60 | 95.90 | 95.90 | 93.09 | 11.29 | 16.81 | 10.13 |
| 耒阳 | 5095 | 215.36 | 100.00 | 96.07 | 97.34 | 9.14 | 24.61 | 6.05 |
| 常宁 | 2843 | 204.33 | 100.00 | 100.00 | 89.67 | 26.60 | 16.72 | 7.32 |
| 邵阳 | 5731 | 213.10 | 97.84 | 97.84 | 97.31 | 13.65 | 21.17 | 8.44 |
| 武冈 | 7811 | 143.61 | 98.73 | 98.73 | 98.34 | 21.74 | 12.47 | 6.98 |
| 邵东 | 8556 | 182.65 | 98.31 | 98.31 | 96.89 | 13.01 | 22.87 | 8.07 |
| 岳阳 | 5786 | 232.84 | 100.00 | 97.86 | 99.25 | 19.85 | 26.05 | 8.05 |
| 汨罗 | 6498 | 160.40 | 100.00 | 100.00 | 96.03 | 27.38 | 30.77 | 8.03 |
| 临湘 | 3461 | 144.90 | 95.52 | 95.52 | 99.59 | 10.82 | 13.48 | 5.67 |
| 常德 | 3917 | 223.25 | 100.00 | 100.00 | 98.04 | 18.26 | 27.51 | 8.22 |
| 津市 | 1699 | 254.19 | 100.00 | 100.00 | 94.42 | 14.31 | 14.71 | 8.45 |
| 张家界 | 5462 | 255.29 | 98.18 | 98.18 | 91.74 | 16.15 | 16.13 | 8.47 |
| 益阳 | 3766 | 265.19 | 99.98 | 99.98 | 96.18 | 9.03 | 40.60 | 8.39 |
| 沅江 | 2875 | 143.62 | 99.48 | 96.02 | 91.31 | 17.48 | 11.39 | 7.19 |
| 郴州 | 5826 | 270.45 | 99.51 | 99.51 | 96.10 | 19.50 | 21.02 | 8.09 |

continued 11

| 建成区道路面积率(%) Surface Area of Roads Rate of Built District (%) | 建成区排水管道密度(公里/平方公里) Density of Sewers in Built District (kilometer/square kilometer) | 污水处理率(%) Wastewater Treatment Rate (%) | 污水处理厂集中处理率 Centralized Treatment Rate of Wastewater Treatment Plants | 人均公园绿地面积(平方米) Public Recreational Green Space Per Capita ($m^2$) | 建成区绿化覆盖率(%) Green Coverage Rate of Built District (%) | 建成区绿地率(%) Green Space Rate of Built District (%) | 生活垃圾处理率(%) Domestic Garbage Treatment Rate (%) | 生活垃圾无害化处理率 Domestic Garbage Harmless Treatment Rate | 城市名称 Name of Cities |
|---|---|---|---|---|---|---|---|---|---|
| 12.23 | 8.19 | 99.69 | 99.69 | 16.42 | 42.97 | 40.91 | 100.00 | 100.00 | 石首 |
| 18.11 | 16.92 | 100.00 | 100.00 | 17.62 | 42.75 | 37.53 | 100.00 | 100.00 | 洪湖 |
| 15.86 | 23.19 | 96.22 | 96.22 | 14.30 | 41.05 | 40.02 | 100.00 | 100.00 | 松滋 |
| 17.99 | 7.72 | 98.40 | 98.40 | 15.63 | 45.73 | 40.61 | 100.00 | 100.00 | 黄冈 |
| 17.10 | 10.82 | 95.87 | 90.60 | 11.79 | 35.56 | 31.66 | 100.00 | 100.00 | 麻城 |
| 22.80 | 4.52 | 93.85 | 93.85 | 21.23 | 38.44 | 39.86 | 100.00 | 100.00 | 武穴 |
| 26.75 | 16.25 | 96.56 | 96.56 | 16.40 | 43.73 | 38.05 | 100.00 | 100.00 | 咸宁 |
| 16.44 | 14.03 | 96.00 | 96.00 | 12.61 | 41.61 | 36.47 | 100.00 | 100.00 | 赤壁 |
| 9.74 | 10.66 | 98.00 | 98.00 | 13.52 | 42.92 | 39.13 | 100.00 | 100.00 | 随州 |
| 14.02 | 5.15 | 100.00 | 100.00 | 13.05 | 39.82 | 34.83 | 100.00 | 100.00 | 广水 |
| 7.97 | 36.17 | 99.99 | 99.99 | 22.92 | 40.12 | 35.89 | 100.00 | 100.00 | 恩施 |
| 11.26 | 10.47 | 96.27 | 96.27 | 13.57 | 44.70 | 39.52 | 100.00 | 100.00 | 利川 |
| 14.09 | 10.69 | 100.00 | 100.00 | 12.01 | 41.23 | 38.45 | 100.00 | 100.00 | 仙桃 |
| 12.54 | 14.14 | 96.36 | 96.36 | 16.25 | 35.12 | 31.41 | 100.00 | 100.00 | 潜江 |
| 13.15 | 11.02 | 100.00 | 100.00 | 22.70 | 40.52 | 35.02 | 100.00 | 100.00 | 天门 |
| **17.56** | **11.98** | **98.17** | **98.10** | **13.06** | **42.32** | **38.72** | **100.00** | **100.00** | **湖南** |
| 20.55 | 13.06 | 98.60 | 98.60 | 13.15 | 46.48 | 42.22 | 100.00 | 100.00 | 长沙 |
| 15.73 | 7.28 | 90.33 | 90.33 | 12.08 | 41.86 | 40.31 | 100.00 | 100.00 | 宁乡 |
| 16.91 | 15.65 | 98.17 | 97.90 | 11.97 | 43.23 | 38.97 | 100.00 | 100.00 | 浏阳 |
| 20.84 | 16.22 | 92.99 | 92.99 | 12.17 | 44.56 | 42.33 | 100.00 | 100.00 | 株洲 |
| 16.19 | 12.27 | 96.09 | 91.09 | 10.28 | 42.59 | 37.28 | 100.00 | 100.00 | 醴陵 |
| 15.18 | 14.38 | 100.00 | 100.00 | 14.40 | 42.04 | 39.00 | 100.00 | 100.00 | 湘潭 |
| 17.62 | 15.20 | 100.00 | 100.00 | 13.13 | 35.29 | 31.46 | 100.00 | 100.00 | 湘乡 |
| 15.76 | 18.83 | 97.58 | 97.58 | 16.39 | 43.93 | 40.23 | 100.00 | 100.00 | 韶山 |
| 15.49 | 11.42 | 100.00 | 100.00 | 14.61 | 43.26 | 40.12 | 100.00 | 100.00 | 衡阳 |
| 11.58 | 6.81 | 97.80 | 97.76 | 11.07 | 29.32 | 27.16 | 100.00 | 100.00 | 耒阳 |
| 7.42 | 6.70 | 96.81 | 96.81 | 14.80 | 30.43 | 25.65 | 100.00 | 100.00 | 常宁 |
| 16.91 | 7.18 | 96.87 | 96.87 | 14.46 | 43.27 | 36.81 | 100.00 | 100.00 | 邵阳 |
| 15.92 | 12.20 | 95.20 | 95.20 | 15.29 | 39.40 | 35.98 | 100.00 | 100.00 | 武冈 |
| 23.34 | 6.82 | 99.96 | 99.96 | 10.57 | 41.09 | 37.76 | 100.00 | 100.00 | 邵东 |
| 16.17 | 12.90 | 100.00 | 100.00 | 13.81 | 43.96 | 40.75 | 100.00 | 100.00 | 岳阳 |
| 20.80 | 12.49 | 100.00 | 100.00 | 12.44 | 39.75 | 36.08 | 100.00 | 100.00 | 汨罗 |
| 10.63 | 8.16 | 100.00 | 100.00 | 13.97 | 30.04 | 27.31 | 100.00 | 100.00 | 临湘 |
| 19.25 | 15.75 | 99.99 | 99.83 | 13.46 | 39.46 | 35.35 | 100.00 | 100.00 | 常德 |
| 9.45 | 13.98 | 98.00 | 98.00 | 10.69 | 40.19 | 36.27 | 100.00 | 100.00 | 津市 |
| 11.66 | 8.36 | 96.79 | 95.87 | 10.59 | 39.05 | 34.78 | 100.00 | 100.00 | 张家界 |
| 16.28 | 10.58 | 99.99 | 99.99 | 18.47 | 41.40 | 39.65 | 100.00 | 100.00 | 益阳 |
| 8.12 | 7.03 | 97.59 | 97.59 | 13.22 | 38.72 | 39.32 | 100.00 | 100.00 | 沅江 |
| 18.38 | 13.85 | 97.90 | 97.90 | 14.60 | 46.75 | 42.06 | 100.00 | 100.00 | 郴州 |

## 1-2 续表 12

| 城市名称 Name of Cities | 人口密度（人/平方公里） Population Density (person/square kilometer) | 人均日生活用水量（升） Daily Water Consumption Per Capita (liter) | 供水普及率（%） Water Coverage Rate (%) | 公共供水普及率 Public Water Coverage Rate | 燃气普及率（%） Gas Coverage Rate (%) | 建成区供水管道密度（公里/平方公里） Density of Water Supply Pipelines in Built District (kilometer/square kilometer) | 人均道路面积（平方米） Road Surface Area Per Capita ($m^2$) | 建成区路网密度（公里/平方公里） Density of Road Network in Built District (kilometer/square kilometer) |
|---|---|---|---|---|---|---|---|---|
| 资兴 | 5603 | 189.40 | 100.00 | 100.00 | 91.52 | 24.53 | 25.25 | 8.19 |
| 永州 | 6188 | 320.57 | 99.63 | 99.63 | 99.41 | 18.63 | 21.86 | 8.10 |
| 祁阳 | 2943 | 136.13 | 99.97 | 99.97 | 97.04 | 22.53 | 19.19 | 12.07 |
| 怀化 | 9585 | 183.26 | 99.28 | 99.28 | 98.43 | 23.97 | 11.61 | 4.48 |
| 洪江 | 4896 | 174.94 | 99.26 | 99.26 | 92.73 | 22.13 | 18.81 | 9.12 |
| 娄底 | 8457 | 237.70 | 99.61 | 99.61 | 99.07 | 16.94 | 24.04 | 8.14 |
| 冷水江 | 3104 | 173.89 | 99.01 | 99.01 | 90.30 | 13.34 | 9.92 | 4.39 |
| 涟源 | 7804 | 156.08 | 97.08 | 97.08 | 98.92 | 20.98 | 23.05 | 16.30 |
| 吉首 | 8810 | 137.16 | 98.56 | 98.56 | 96.12 | 16.84 | 30.35 | 11.20 |
| **广东** | **3856** | **241.53** | **99.74** | **99.70** | **98.61** | **18.33** | **15.02** | **7.60** |
| 广州 | 6070 | 339.03 | 100.00 | 100.00 | 96.65 | 24.50 | 16.36 | 8.10 |
| 韶关 | 1250 | 284.58 | 100.00 | 100.00 | 99.61 | 24.95 | 16.51 | 6.94 |
| 乐昌 | 277 | 215.18 | 100.00 | 100.00 | 92.00 | 14.02 | 13.29 | 2.52 |
| 南雄 | 3067 | 234.94 | 100.00 | 100.00 | 100.00 | 23.46 | 18.47 | 7.40 |
| 深圳 | 8889 | 183.77 | 100.00 | 100.00 | 100.00 | 18.19 | 8.30 | 8.52 |
| 珠海 | 2658 | 331.04 | 100.00 | 100.00 | 98.48 | 29.94 | 24.50 | 8.40 |
| 汕头 | 4379 | 218.82 | 100.00 | 100.00 | 98.70 | 20.80 | 14.58 | 7.04 |
| 佛山 | 3253 | 337.16 | 100.00 | 100.00 | 97.22 | 31.25 | 22.88 | 11.04 |
| 江门 | 2279 | 276.33 | 100.00 | 100.00 | 99.61 | 17.43 | 25.66 | 9.70 |
| 台山 | 1240 | 346.48 | 100.00 | 100.00 | 96.14 | 37.02 | 24.98 | 10.73 |
| 开平 | 1977 | 243.68 | 100.00 | 100.00 | 99.97 | 16.13 | 8.95 | 3.60 |
| 鹤山 | 2109 | 273.81 | 100.00 | 100.00 | 99.30 | 25.64 | 30.37 | 8.78 |
| 恩平 | 894 | 326.56 | 100.00 | 100.00 | 99.31 | 54.19 | 18.27 | 7.10 |
| 湛江 | 4124 | 335.98 | 100.00 | 97.42 | 100.00 | 19.12 | 17.17 | 7.67 |
| 廉江 | 2993 | 291.02 | 100.00 | 100.00 | 100.00 | 10.80 | 27.94 | 11.89 |
| 雷州 | 5585 | 150.15 | 100.00 | 100.00 | 100.00 | 12.33 | 11.11 | 3.58 |
| 吴川 | 7583 | 120.73 | 100.00 | 100.00 | 100.00 | 54.41 | 10.79 | 5.60 |
| 茂名 | 5342 | 235.94 | 99.59 | 99.59 | 99.01 | 16.78 | 22.22 | 8.18 |
| 高州 | 2239 | 153.12 | 98.46 | 98.46 | 97.92 | 9.62 | 14.19 | 6.59 |
| 化州 | 2844 | 126.29 | 99.30 | 99.30 | 97.73 | 6.75 | 9.25 | 6.06 |
| 信宜 | 4685 | 134.52 | 91.15 | 91.15 | 100.00 | 10.40 | 12.13 | 6.44 |
| 肇庆 | 1854 | 328.80 | 100.00 | 100.00 | 98.93 | 18.98 | 36.02 | 8.04 |
| 四会 | 4391 | 529.13 | 100.00 | 100.00 | 99.83 | 23.96 | 20.52 | 8.34 |
| 惠州 | 2459 | 211.42 | 98.42 | 98.42 | 99.12 | 11.98 | 19.52 | 9.36 |
| 梅州 | 1312 | 380.03 | 99.29 | 99.29 | 97.30 | 8.74 | 20.75 | 4.45 |
| 兴宁 | 4182 | 352.38 | 100.00 | 100.00 | 100.00 | 16.57 | 14.35 | 8.43 |
| 汕尾 | 1119 | 217.80 | 100.00 | 100.00 | 100.00 | 16.66 | 21.43 | 8.04 |
| 陆丰 | 1686 | 185.81 | 100.00 | 100.00 | 92.20 | 8.03 | 11.27 | 10.17 |
| 河源 | 3806 | 377.98 | 100.00 | 100.00 | 99.97 | 29.12 | 23.05 | 9.86 |

continued 12

| 建成区道路面积率(%) Surface Area of Roads Rate of Built District (%) | 建成区排水管道密度(公里/平方公里) Density of Sewers in Built District (kilometer/square kilometer) | 污水处理率(%) Wastewater Treatment Rate (%) | 污水处理厂集中处理率 Centralized Treatment Rate of Wastewater Treatment Plants | 人均公园绿地面积(平方米) Public Recreational Green Space Per Capita ($m^2$) | 建成区绿化覆盖率(%) Green Coverage Rate of Built District (%) | 建成区绿地率(%) Green Space Rate of Built District (%) | 生活垃圾处理率(%) Domestic Garbage Treatment Rate (%) | 生活垃圾无害化处理率 Domestic Garbage Harmless Treatment Rate | 城市名称 Name of Cities |
|---|---|---|---|---|---|---|---|---|---|
| 15.95 | 8.04 | 96.81 | 96.81 | 13.42 | 44.58 | 42.78 | 100.00 | 100.00 | 资兴 |
| 17.72 | 10.91 | 99.18 | 99.18 | 12.31 | 40.42 | 38.32 | 100.00 | 100.00 | 永州 |
| 18.29 | 19.73 | 99.24 | 99.24 | 15.84 | 47.09 | 41.37 | 100.00 | 100.00 | 祁阳 |
| 11.13 | 11.25 | 96.89 | 96.89 | 10.41 | 40.17 | 35.81 | 100.00 | 100.00 | 怀化 |
| 15.01 | 11.48 | 95.51 | 95.51 | 15.56 | 38.75 | 36.08 | 100.00 | 100.00 | 洪江 |
| 23.25 | 8.14 | 99.10 | 99.10 | 9.75 | 41.10 | 36.12 | 100.00 | 100.00 | 娄底 |
| 10.65 | 8.21 | 98.00 | 98.00 | 15.66 | 40.04 | 34.61 | 100.00 | 100.00 | 冷水江 |
| 25.66 | 12.24 | 96.20 | 96.20 | 7.92 | 38.95 | 34.44 | 100.00 | 100.00 | 涟源 |
| 22.88 | 5.82 | 100.00 | 100.00 | 9.00 | 35.65 | 31.81 | 100.00 | 100.00 | 吉首 |
| **13.48** | **16.40** | **98.54** | **98.06** | **17.95** | **44.56** | **40.25** | **100.00** | **99.95** | **广东** |
| 15.59 | 25.62 | 99.36 | 99.36 | 23.66 | 44.67 | 38.81 | 100.00 | 100.00 | 广州 |
| 8.43 | 8.59 | 100.00 | 100.00 | 16.79 | 43.19 | 43.18 | 100.00 | 100.00 | 韶关 |
| 2.97 | 3.61 | 100.00 | 100.00 | 11.73 | 19.48 | 17.87 | 100.00 | 100.00 | 乐昌 |
| 11.13 | 7.06 | 125.94 | 125.94 | 19.48 | 43.63 | 40.39 | 100.00 | 100.00 | 南雄 |
| 15.23 | 20.01 | 96.06 | 96.06 | 12.58 | 43.09 | 38.05 | 100.00 | 100.00 | 深圳 |
| 16.46 | 17.44 | 99.21 | 99.21 | 22.25 | 47.01 | 44.10 | 100.00 | 100.00 | 珠海 |
| 13.72 | 16.14 | 99.05 | 99.05 | 15.34 | 45.25 | 40.46 | 100.00 | 100.00 | 汕头 |
| 16.71 | 30.05 | 104.12 | 103.23 | 19.58 | 46.42 | 43.96 | 100.00 | 100.00 | 佛山 |
| 16.38 | 12.77 | 98.06 | 98.06 | 20.79 | 43.76 | 41.12 | 100.00 | 100.00 | 江门 |
| 14.87 | 13.61 | 97.90 | 97.90 | 20.50 | 46.08 | 39.10 | 100.00 | 100.00 | 台山 |
| 5.94 | 5.75 | 99.99 | 99.99 | 14.88 | 43.52 | 40.75 | 100.00 | 100.00 | 开平 |
| 14.27 | 13.00 | 97.50 | 97.50 | 19.80 | 40.99 | 39.04 | 100.00 | 100.00 | 鹤山 |
| 6.31 | 5.08 | 96.22 | 76.62 | 28.77 | 45.70 | 41.26 | 100.00 | 100.00 | 恩平 |
| 14.33 | 13.32 | 99.60 | 99.60 | 20.04 | 44.68 | 41.49 | 100.00 | 100.00 | 湛江 |
| 14.07 | 7.21 | 100.00 | 100.00 | 25.42 | 43.12 | 40.03 | 100.00 | 100.00 | 廉江 |
| 7.79 | 11.91 | 65.47 | 65.47 | 25.87 | 34.63 | 32.49 | 100.00 | 100.00 | 雷州 |
| 9.89 | 9.53 | 100.00 | 100.00 | 9.36 | 32.58 | 28.86 | 100.00 | 100.00 | 吴川 |
| 15.06 | 7.49 | 123.20 | 107.59 | 18.28 | 44.15 | 41.14 | 100.00 | 100.00 | 茂名 |
| 12.85 | 5.35 | 100.00 | 100.00 | 18.25 | 44.13 | 41.05 | 100.00 | 100.00 | 高州 |
| 10.35 | 4.92 | 112.17 | 112.17 | 16.92 | 43.84 | 39.93 | 100.00 | 100.00 | 化州 |
| 12.20 | 17.91 | 99.99 | 99.99 | 16.35 | 45.00 | 40.00 | 100.00 | 100.00 | 信宜 |
| 16.83 | 11.11 | 99.04 | 98.10 | 23.64 | 41.99 | 39.63 | 100.00 | 100.00 | 肇庆 |
| 15.15 | 9.47 | 98.82 | 98.82 | 16.15 | 38.28 | 36.57 | 100.00 | 100.00 | 四会 |
| 17.34 | 12.34 | 90.65 | 85.39 | 16.95 | 42.43 | 39.35 | 99.94 | 99.94 | 惠州 |
| 11.25 | 5.96 | 100.00 | 100.00 | 19.24 | 44.53 | 40.59 | 100.00 | 100.00 | 梅州 |
| 11.92 | 3.43 | 99.99 | 99.99 | 1.48 | 28.23 | 27.50 | 100.00 | 100.00 | 兴宁 |
| 17.14 | 10.85 | 98.68 | 98.09 | 15.60 | 44.52 | 41.38 | 100.00 | 100.00 | 汕尾 |
| 10.47 | 3.61 | 96.15 | 91.42 | 9.26 | 40.80 | 35.45 | 100.00 | 100.00 | 陆丰 |
| 16.31 | 17.75 | 96.90 | 96.90 | 15.45 | 42.68 | 40.11 | 100.00 | 100.00 | 河源 |

## 1-2 续表 13

| 城市名称 Name of Cities | 人口密度 (人/平方公里) Population Density (person/square kilometer) | 人均日生活用水量 (升) Daily Water Consumption Per Capita (liter) | 供水普及率 (%) Water Coverage Rate (%) | 公共供水普及率 Public Water Coverage Rate | 燃气普及率 (%) Gas Coverage Rate (%) | 建成区供水管道密度 (公里/平方公里) Density of Water Supply Pipelines in Built District (kilometer/square kilometer) | 人均道路面积 (平方米) Road Surface Area Per Capita ($m^2$) | 建成区路网密度 (公里/平方公里) Density of Road Network in Built District (kilometer/square kilometer) |
|---|---|---|---|---|---|---|---|---|
| 阳江 | 900 | 298.13 | 98.73 | 98.73 | 97.70 | 8.35 | 32.31 | 8.51 |
| 阳春 | 772 | 268.25 | 97.17 | 97.17 | 98.34 | 34.77 | 21.58 | 5.42 |
| 清远 | 1957 | 429.59 | 99.74 | 99.74 | 98.83 | 17.24 | 25.54 | 8.87 |
| 英德 | 828 | 354.24 | 99.87 | 99.87 | 100.00 | 15.24 | 36.28 | 7.05 |
| 连州 | 1833 | 182.71 | 100.00 | 100.00 | 99.59 | 9.28 | 22.87 | 9.43 |
| 东莞 | 4400 | 156.83 | 100.00 | 100.00 | 98.57 | 11.05 | 11.27 | 5.42 |
| 中山 | 3114 | 193.61 | 95.63 | 95.63 | 100.00 | 17.79 | 19.24 | 10.86 |
| 潮州 | 3756 | 242.55 | 95.78 | 95.78 | 95.73 | 8.12 | 15.45 | 4.01 |
| 揭阳 | 4128 | 135.88 | 100.00 | 100.00 | 99.89 | 8.19 | 37.12 | 7.08 |
| 普宁 | 3091 | 456.57 | 100.00 | 100.00 | 100.00 | 7.76 | 13.92 | 6.25 |
| 云浮 | 970 | 164.78 | 100.00 | 100.00 | 99.69 | 24.93 | 16.37 | 6.29 |
| 罗定 | 1184 | 175.41 | 100.00 | 100.00 | 97.39 | 19.52 | 20.20 | 7.75 |
| **广西** | **2473** | **273.73** | **99.91** | **99.49** | **99.44** | **14.26** | **24.40** | **8.51** |
| 南宁 | 4575 | 317.90 | 100.00 | 100.00 | 99.78 | 12.86 | 20.66 | 8.06 |
| 横州 | 1711 | 142.71 | 100.00 | 100.00 | 99.26 | 8.33 | 30.96 | 7.58 |
| 柳州 | 3751 | 268.86 | 99.99 | 99.19 | 99.16 | 11.97 | 24.75 | 8.50 |
| 桂林 | 1696 | 306.87 | 99.71 | 99.55 | 97.50 | 23.53 | 20.61 | 8.26 |
| 荔浦 | 3176 | 191.85 | 100.00 | 100.00 | 100.00 | 19.24 | 26.84 | 14.39 |
| 梧州 | 1283 | 265.75 | 99.63 | 95.42 | 99.02 | 10.28 | 27.13 | 8.66 |
| 岑溪 | 6467 | 147.37 | 99.85 | 99.85 | 99.74 | 11.19 | 17.63 | 8.27 |
| 北海 | 2420 | 250.28 | 100.00 | 98.89 | 99.01 | 20.53 | 25.53 | 10.14 |
| 防城港 | 1076 | 348.69 | 100.00 | 100.00 | 99.96 | 22.62 | 37.82 | 8.08 |
| 东兴 | 791 | 420.39 | 100.00 | 100.00 | 98.55 | 17.54 | 27.80 | 12.22 |
| 钦州 | 1161 | 307.56 | 98.62 | 98.62 | 100.00 | 14.94 | 37.49 | 6.54 |
| 贵港 | 1343 | 289.72 | 100.00 | 100.00 | 100.00 | 16.09 | 40.11 | 9.14 |
| 桂平 | 2943 | 228.25 | 100.00 | 100.00 | 100.00 | 4.64 | 28.45 | 8.35 |
| 玉林 | 2557 | 173.54 | 100.00 | 100.00 | 99.90 | 12.98 | 17.76 | 9.00 |
| 北流 | 1687 | 183.65 | 100.00 | 99.30 | 100.00 | 10.97 | 26.07 | 15.01 |
| 百色 | 1012 | 236.09 | 100.00 | 100.00 | 99.39 | 13.49 | 28.70 | 8.61 |
| 靖西 | 4902 | 148.39 | 100.00 | 100.00 | 100.00 | 8.65 | 23.21 | 9.92 |
| 平果 | 3398 | 187.38 | 100.00 | 100.00 | 100.00 | 7.52 | 30.41 | 8.92 |
| 贺州 | 3358 | 246.01 | 100.00 | 100.00 | 100.00 | 18.21 | 33.62 | 9.20 |
| 河池 | 2646 | 256.36 | 100.00 | 100.00 | 100.00 | 11.77 | 21.72 | 9.37 |
| 来宾 | 3786 | 264.26 | 99.86 | 99.86 | 98.74 | 20.86 | 26.02 | 4.87 |
| 合山 | 2600 | 222.87 | 100.00 | 96.73 | 99.81 | 13.95 | 19.39 | 9.96 |
| 崇左 | 4062 | 263.45 | 100.00 | 100.00 | 100.00 | 8.57 | 27.47 | 7.53 |
| 凭祥 | 1993 | 193.88 | 100.00 | 96.24 | 100.00 | 20.13 | 22.08 | 9.39 |

continued 13

| 建成区道路面积率 (%) Surface Area of Roads Rate of Built District (%) | 建成区排水管道密度（公里/平方公里） Density of Sewers in Built District (kilometer/ square kilometer) | 污水处理率 (%) Wastewater Treatment Rate (%) | 污水处理厂集中处理率 Centralized Treatment Rate of Wastewater Treatment Plants | 人均公园绿地面积（平方米） Public Recreational Green Space Per Capita ($m^2$) | 建成区绿化覆盖率 (%) Green Coverage Rate of Built District (%) | 建成区绿地率 (%) Green Space Rate of Built District (%) | 生活垃圾处理率 (%) Domestic Garbage Treatment Rate (%) | 生活垃圾无害化处理率 Domestic Garbage Harmless Treatment Rate | 城市名称 Name of Cities |
|---|---|---|---|---|---|---|---|---|---|
| 15.27 | 10.59 | 100.00 | 100.00 | 25.79 | 44.18 | 39.72 | 100.00 | 100.00 | 阳江 |
| 11.71 | 10.70 | 80.66 | 80.66 | 14.63 | 38.79 | 35.27 | 100.00 | 100.00 | 阳春 |
| 17.59 | 2.65 | 97.95 | 95.42 | 14.87 | 43.14 | 39.48 | 100.00 | 100.00 | 清远 |
| 14.38 | 11.97 | 95.76 | 95.76 | 15.92 | 39.71 | 36.12 | 100.00 | 100.00 | 英德 |
| 18.74 | 11.58 | 95.01 | 95.01 | 14.67 | 38.16 | 36.01 | 100.00 | 100.00 | 连州 |
| 7.93 | 13.40 | 97.97 | 97.97 | 19.56 | 48.81 | 44.03 | 100.00 | 100.00 | 东莞 |
| 18.11 | 23.44 | 99.08 | 99.08 | 15.05 | 55.67 | 50.54 | 100.00 | 95.85 | 中山 |
| 3.73 | 4.82 | 120.24 | 120.24 | 14.17 | 42.47 | 38.66 | 100.00 | 100.00 | 潮州 |
| 19.91 | 6.00 | 96.94 | 96.94 | 15.11 | 44.21 | 42.28 | 100.00 | 100.00 | 揭阳 |
| 9.04 | 18.46 | 91.79 | 91.79 | 16.80 | 38.18 | 33.90 | 100.00 | 100.00 | 普宁 |
| 7.34 | 27.89 | 99.06 | 99.06 | 17.98 | 40.85 | 40.04 | 100.00 | 100.00 | 云浮 |
| 11.05 | 4.90 | 91.39 | 91.39 | 24.56 | 34.48 | 27.86 | 100.00 | 100.00 | 罗定 |
| **16.03** | **12.28** | **98.78** | **92.93** | **11.67** | **42.21** | **36.86** | **100.00** | **100.00** | **广西** |
| 13.63 | 14.40 | 98.06 | 93.88 | 4.65 | 43.03 | 37.01 | 100.00 | 100.00 | 南宁 |
| 15.57 | 7.63 | 97.24 | 58.72 | 11.34 | 21.97 | 20.03 | 100.00 | 100.00 | 横州 |
| 17.62 | 8.32 | 99.16 | 93.39 | 13.39 | 44.01 | 37.12 | 100.00 | 100.00 | 柳州 |
| 16.63 | 8.60 | 99.93 | 99.92 | 14.10 | 44.10 | 38.45 | 100.00 | 100.00 | 桂林 |
| 17.12 | 15.05 | 99.72 | 99.72 | 28.19 | 43.49 | 39.27 | 100.00 | 100.00 | 荔浦 |
| 14.82 | 11.99 | 99.12 | 84.06 | 15.03 | 43.04 | 40.07 | 100.00 | 100.00 | 梧州 |
| 14.90 | 7.84 | 99.36 | 99.36 | 12.03 | 40.31 | 35.40 | 100.00 | 100.00 | 岑溪 |
| 19.75 | 14.57 | 99.80 | 99.80 | 12.72 | 42.09 | 37.17 | 100.00 | 100.00 | 北海 |
| 17.85 | 18.92 | 99.19 | 77.46 | 28.93 | 46.48 | 40.08 | 100.00 | 100.00 | 防城港 |
| 21.05 | 21.94 | 98.51 | 98.51 | 17.17 | 36.84 | 32.64 | 100.00 | 100.00 | 东兴 |
| 16.17 | 12.43 | 99.09 | 95.61 | 12.68 | 41.02 | 35.07 | 100.00 | 100.00 | 钦州 |
| 18.74 | 13.52 | 99.05 | 97.80 | 15.01 | 42.23 | 37.40 | 100.00 | 100.00 | 贵港 |
| 14.16 | 7.30 | 99.47 | 99.47 | 22.67 | 40.47 | 34.75 | 100.00 | 100.00 | 桂平 |
| 17.56 | 12.00 | 99.26 | 90.35 | 15.19 | 43.09 | 38.58 | 100.00 | 100.00 | 玉林 |
| 20.27 | 13.21 | 99.30 | 99.30 | 14.71 | 42.07 | 38.02 | 100.00 | 100.00 | 北流 |
| 15.90 | 12.86 | 98.24 | 81.82 | 12.90 | 39.70 | 34.16 | 100.00 | 100.00 | 百色 |
| 19.04 | 16.26 | 98.77 | 98.77 | 14.37 | 41.60 | 37.04 | 100.00 | 100.00 | 靖西 |
| 14.57 | 6.56 | 99.12 | 94.67 | 12.40 | 43.36 | 40.57 | 100.00 | 100.00 | 平果 |
| 15.21 | 12.68 | 99.59 | 95.14 | 22.19 | 43.11 | 41.27 | 100.00 | 100.00 | 贺州 |
| 15.74 | 17.38 | 98.54 | 95.86 | 11.63 | 40.62 | 35.27 | 100.00 | 100.00 | 河池 |
| 16.65 | 13.19 | 99.95 | 99.95 | 12.17 | 41.07 | 34.31 | 100.00 | 100.00 | 来宾 |
| 13.32 | 14.47 | 98.39 | 98.39 | 15.15 | 41.39 | 36.37 | 100.00 | 100.00 | 合山 |
| 13.59 | 14.01 | 97.41 | 55.02 | 21.35 | 40.69 | 36.67 | 100.00 | 100.00 | 崇左 |
| 12.41 | 6.27 | 99.23 | 99.23 | 23.60 | 37.19 | 34.14 | 100.00 | 100.00 | 凭祥 |

# 1-2 续表 14

| 城市名称 Name of Cities | 人口密度（人/平方公里）Population Density (person/square kilometer) | 人均日生活用水量（升）Daily Water Consumption Per Capita (liter) | 供水普及率（%）Water Coverage Rate (%) | 公共供水普及率 Public Water Coverage Rate | 燃气普及率（%）Gas Coverage Rate (%) | 建成区供水管道密度（公里/平方公里）Density of Water Supply Pipelines in Built District (kilometer/square kilometer) | 人均道路面积（平方米）Road Surface Area Per Capita ($m^2$) | 建成区路网密度（公里/平方公里）Density of Road Network in Built District (kilometer/square kilometer) |
|---|---|---|---|---|---|---|---|---|
| **海　南** | **2487** | **287.04** | **99.95** | **98.19** | **99.53** | **9.30** | **25.27** | **11.69** |
| 海　口 | 4109 | 231.13 | 100.00 | 97.20 | 99.56 | 3.86 | 22.74 | 14.91 |
| 三　亚 | 2979 | 472.85 | 100.00 | 100.00 | 100.00 | 23.86 | 22.39 | 5.75 |
| 儋　州 | 980 | 292.40 | 100.00 | 100.00 | 99.53 | 7.22 | 28.60 | 8.45 |
| 五指山 | 3525 | 252.51 | 98.07 | 98.07 | 95.45 | 11.33 | 42.05 | 7.38 |
| 琼　海 | 3726 | 397.35 | 100.00 | 100.00 | 99.90 | | 38.86 | 10.14 |
| 文　昌 | 1804 | 241.75 | 99.80 | 99.80 | 100.00 | 11.18 | 28.89 | 7.22 |
| 万　宁 | 293 | 295.31 | 99.74 | 99.74 | 97.77 | 44.02 | 26.90 | 5.43 |
| 东　方 | 1593 | 384.98 | 100.00 | 100.00 | 98.92 | 6.02 | 60.40 | 15.75 |
| **重　庆** | **2079** | **180.77** | **98.57** | **97.78** | **98.82** | **14.83** | **16.64** | **7.38** |
| 重　庆 | 2079 | 180.77 | 98.57 | 97.78 | 98.82 | 14.83 | 16.64 | 7.38 |
| **四　川** | **3670** | **195.31** | **97.18** | **97.11** | **96.55** | **16.42** | **18.28** | **8.07** |
| 成　都 | 8705 | 232.39 | 95.70 | 95.70 | 97.22 | 20.57 | 16.12 | 8.41 |
| 简　阳 | 4860 | 132.84 | 100.00 | 94.31 | 100.00 | 7.74 | 21.63 | 8.01 |
| 都江堰 | 2406 | 195.07 | 98.90 | 98.90 | 97.52 | 13.00 | 24.14 | 8.10 |
| 彭　州 | 2045 | 154.21 | 100.00 | 99.63 | 99.63 | 37.67 | 15.99 | 8.14 |
| 邛　崃 | 1367 | 99.52 | 98.94 | 98.94 | 98.37 | 14.27 | 20.20 | 9.16 |
| 崇　州 | 3401 | 179.09 | 100.00 | 100.00 | 100.00 | 11.79 | 21.27 | 9.50 |
| 自　贡 | 1620 | 102.82 | 96.00 | 96.00 | 98.10 | 32.04 | 18.79 | 11.54 |
| 攀枝花 | 1570 | 187.01 | 100.00 | 100.00 | 84.23 | 17.47 | 19.82 | 11.14 |
| 泸　州 | 3667 | 161.21 | 97.59 | 97.59 | 97.96 | 20.64 | 16.40 | 7.07 |
| 德　阳 | 4231 | 174.60 | 99.94 | 99.94 | 99.98 | 7.66 | 29.56 | 7.98 |
| 广　汉 | 4491 | 206.43 | 100.00 | 100.00 | 100.00 | 10.32 | 21.62 | 6.89 |
| 什　邡 | 6368 | 297.07 | 99.37 | 99.37 | 100.00 | 15.54 | 20.84 | 7.63 |
| 绵　竹 | 6583 | 171.00 | 99.80 | 99.80 | 99.73 | 8.12 | 26.68 | 6.29 |
| 绵　阳 | 4963 | 212.40 | 99.70 | 99.70 | 99.83 | 26.63 | 20.55 | 7.76 |
| 江　油 | 1755 | 188.39 | 100.00 | 100.00 | 99.26 | 27.14 | 18.69 | 7.23 |
| 广　元 | 2386 | 173.50 | 99.98 | 99.98 | 99.98 | 9.36 | 21.01 | 8.42 |
| 遂　宁 | 2096 | 219.66 | 100.00 | 100.00 | 99.11 | 17.14 | 31.11 | 8.22 |
| 射　洪 | 2837 | 168.52 | 100.00 | 100.00 | 99.63 | 7.16 | 16.15 | 6.51 |
| 内　江 | 2504 | 193.86 | 100.00 | 100.00 | 100.00 | 7.77 | 18.33 | 6.95 |
| 隆　昌 | 3686 | 181.91 | 100.00 | 100.00 | 98.00 | 22.06 | 21.10 | 8.50 |
| 乐　山 | 2145 | 172.66 | 99.12 | 99.12 | 97.43 | 19.27 | 17.86 | 9.40 |
| 峨眉山 | 2213 | 283.81 | 98.70 | 98.70 | 98.70 | 10.47 | 28.90 | 7.30 |
| 南　充 | 3524 | 186.13 | 100.00 | 100.00 | 98.65 | 6.77 | 16.76 | 6.25 |
| 阆　中 | 1873 | 170.43 | 100.00 | 100.00 | 100.00 | 7.74 | 18.01 | 5.17 |
| 眉　山 | 2241 | 210.19 | 99.83 | 99.83 | 97.99 | 12.46 | 20.19 | 7.56 |
| 宜　宾 | 8738 | 121.86 | 96.57 | 96.57 | 96.70 | 6.86 | 14.87 | 6.40 |
| 广　安 | 3223 | 195.46 | 97.31 | 97.31 | 94.73 | 12.06 | 28.04 | 8.21 |

continued 14

| 建成区道路面积率(%) Surface Area of Roads Rate of Built District (%) | 建成区排水管道密度(公里/平方公里) Density of Sewers in Built District (kilometer/square kilometer) | 污水处理率(%) Wastewater Treatment Rate (%) | 污水处理厂集中处理率 Centralized Treatment Rate of Wastewater Treatment Plants | 人均公园绿地面积(平方米) Public Recreational Green Space Per Capita ($m^2$) | 建成区绿化覆盖率(%) Green Coverage Rate of Built District (%) | 建成区绿地率(%) Green Space Rate of Built District (%) | 生活垃圾处理率(%) Domestic Garbage Treatment Rate (%) | 生活垃圾无害化处理率 Domestic Garbage Harmless Treatment Rate | 城市名称 Name of Cities |
|---|---|---|---|---|---|---|---|---|---|
| **18.58** | **13.53** | **99.15** | **98.89** | **12.23** | **42.39** | **39.43** | **100.00** | **100.00** | **海南** |
| 21.66 | 11.42 | 100.00 | 100.00 | 12.02 | 43.09 | 40.33 | 100.00 | 100.00 | 海口 |
| 16.21 | 29.20 | 97.43 | 97.43 | 16.19 | 42.34 | 39.27 | 100.00 | 100.00 | 三亚 |
| 14.98 | 13.31 | 100.00 | 100.00 | 14.11 | 41.10 | 40.02 | 100.00 | 100.00 | 儋州 |
| 14.18 | 8.16 | 100.00 | 100.00 | 5.04 | 41.24 | 34.78 | 100.00 | 100.00 | 五指山 |
| 16.95 | 98.86 | 98.86 | 98.86 | 8.41 | 40.41 | 35.79 | 100.00 | 100.00 | 琼海 |
| 16.97 | | 100.00 | 94.07 | 8.91 | 42.39 | 40.25 | 100.00 | 100.00 | 文昌 |
| 11.57 | | 97.54 | 97.54 | 9.84 | 42.58 | 38.24 | 100.00 | 100.00 | 万宁 |
| 13.78 | 34.27 | 95.57 | 95.57 | 5.36 | 40.72 | 37.54 | 100.00 | 100.00 | 东方 |
| **15.99** | **15.16** | **98.36** | **98.06** | **17.63** | **44.56** | **41.33** | **100.00** | **100.00** | **重庆** |
| 15.99 | 15.16 | 98.36 | 98.06 | 17.63 | 44.56 | 41.33 | 100.00 | 100.00 | 重庆 |
| **16.20** | **13.66** | **96.23** | **92.12** | **13.99** | **43.54** | **38.61** | **99.98** | **99.98** | **四川** |
| 18.11 | 16.97 | 95.40 | 89.15 | 11.36 | 44.01 | 37.85 | 100.00 | 100.00 | 成都 |
| 15.73 | 11.45 | 94.51 | 94.51 | 16.00 | 44.25 | 35.59 | 100.00 | 100.00 | 简阳 |
| 15.00 | 14.48 | 93.05 | 93.05 | 17.46 | 46.34 | 41.48 | 100.00 | 100.00 | 都江堰 |
| 16.72 | 17.50 | 95.81 | 95.81 | 15.42 | 44.53 | 37.47 | 100.00 | 100.00 | 彭州 |
| 24.28 | 14.01 | 97.00 | 97.00 | 22.58 | 46.38 | 42.55 | 100.00 | 100.00 | 邛崃 |
| 19.66 | 12.84 | 93.21 | 93.21 | 11.18 | 45.56 | 42.27 | 100.00 | 100.00 | 崇州 |
| 15.62 | 14.64 | 96.61 | 90.81 | 15.00 | 44.40 | 38.90 | 100.00 | 100.00 | 自贡 |
| 16.51 | 8.56 | 98.28 | 63.36 | 14.88 | 42.94 | 40.22 | 100.00 | 100.00 | 攀枝花 |
| 14.21 | 11.39 | 97.01 | 96.32 | 15.96 | 43.16 | 39.34 | 100.00 | 100.00 | 泸州 |
| 19.78 | 16.74 | 97.81 | 97.30 | 15.50 | 43.51 | 37.02 | 100.00 | 100.00 | 德阳 |
| 14.31 | 12.51 | 98.01 | 98.01 | 14.62 | 49.95 | 40.59 | 100.00 | 100.00 | 广汉 |
| 19.43 | 21.66 | 97.00 | 97.00 | 16.33 | 44.15 | 40.10 | 100.00 | 100.00 | 什邡 |
| 12.96 | 12.58 | 95.78 | 95.78 | 15.09 | 38.15 | 37.95 | 100.00 | 100.00 | 绵竹 |
| 15.92 | 15.83 | 97.83 | 97.83 | 14.26 | 41.62 | 38.21 | 100.00 | 100.00 | 绵阳 |
| 18.69 | 12.64 | 96.46 | 96.46 | 14.22 | 45.01 | 38.38 | 100.00 | 100.00 | 江油 |
| 15.37 | 14.85 | 97.44 | 97.44 | 18.13 | 41.72 | 39.10 | 100.00 | 100.00 | 广元 |
| 18.93 | 15.27 | 97.94 | 91.37 | 15.72 | 42.62 | 37.80 | 100.00 | 100.00 | 遂宁 |
| 12.90 | 15.70 | 98.06 | 98.06 | 11.50 | 43.54 | 39.05 | 100.00 | 100.00 | 射洪 |
| 12.35 | 10.53 | 96.84 | 96.84 | 17.61 | 39.13 | 36.03 | 100.00 | 100.00 | 内江 |
| 16.92 | 9.84 | 98.81 | 98.81 | 16.02 | 43.70 | 38.68 | 100.00 | 100.00 | 隆昌 |
| 15.81 | 13.48 | 96.14 | 96.14 | 18.51 | 44.11 | 40.90 | 100.00 | 100.00 | 乐山 |
| 14.84 | 16.22 | 95.30 | 95.30 | 18.04 | 43.27 | 40.31 | 100.00 | 100.00 | 峨眉山 |
| 14.65 | 11.10 | 98.86 | 98.86 | 15.37 | 47.67 | 41.27 | 100.00 | 100.00 | 南充 |
| 13.24 | 11.09 | 95.10 | 95.10 | 17.62 | 45.64 | 39.71 | 100.00 | 100.00 | 阆中 |
| 16.52 | 12.63 | 97.94 | 97.94 | 15.83 | 43.01 | 37.76 | 100.00 | 100.00 | 眉山 |
| 13.40 | 8.84 | 96.47 | 96.47 | 15.66 | 41.48 | 37.20 | 100.00 | 100.00 | 宜宾 |
| 15.93 | 10.79 | 95.74 | 95.74 | 17.46 | 44.47 | 39.53 | 99.89 | 99.89 | 广安 |

## 1-2 续表 15

| 城市名称 Name of Cities | 人口密度（人/平方公里） Population Density (person/ square kilometer) | 人均日生活用水量（升） Daily Water Consumption Per Capita (liter) | 供水普及率(%) Water Coverage Rate (%) | 公共供水普及率 Public Water Coverage Rate | 燃气普及率(%) Gas Coverage Rate (%) | 建成区供水管道密度（公里/平方公里） Density of Water Supply Pipelines in Built District (kilometer/square kilometer) | 人均道路面积（平方米） Road Surface Area Per Capita ($m^2$) | 建成区路网密度（公里/平方公里） Density of Road Network in Built District (kilometer/square kilometer) |
|---|---|---|---|---|---|---|---|---|
| 华蓥 | 1239 | 158.38 | 100.00 | 100.00 | 100.00 | 18.22 | 20.82 | 8.47 |
| 达州 | 5154 | 131.23 | 98.72 | 98.72 | 99.00 | 6.80 | 16.81 | 8.00 |
| 万源 | 2363 | 170.05 | 99.88 | 99.88 | 99.88 | 8.50 | 9.79 | 4.50 |
| 雅安 | 1229 | 219.48 | 96.29 | 96.29 | 99.51 | 13.55 | 45.71 | 8.64 |
| 巴中 | 3192 | 221.00 | 100.00 | 100.00 | 100.00 | 9.84 | 20.66 | 10.41 |
| 资阳 | 1559 | 186.91 | 100.00 | 100.00 | 100.00 | 12.13 | 26.75 | 8.24 |
| 马尔康 | 89 | 575.43 | 99.70 | 90.91 | 69.70 | 10.65 | 11.87 | 5.80 |
| 康定 | 10150 | 134.20 | 100.00 | 100.00 | 83.09 | 14.14 | 12.97 | 12.61 |
| 会理 | 6495 | 164.38 | 55.56 | 55.56 | 65.56 | 18.46 | 14.15 | 7.05 |
| 西昌 | 2332 | 132.25 | 85.76 | 85.76 | 49.80 | 14.05 | 11.49 | 6.41 |
| **贵州** | **2092** | **175.80** | **98.88** | **98.87** | **93.26** | **18.31** | **26.69** | **8.15** |
| 贵阳 | 2419 | 243.77 | 99.38 | 99.38 | 95.57 | 19.74 | 26.69 | 8.18 |
| 清镇 | 2362 | 117.62 | 100.00 | 99.49 | 94.20 | 7.96 | 18.70 | 5.55 |
| 六盘水 | 1032 | 148.29 | 100.00 | 100.00 | 92.30 | 32.04 | 30.10 | 8.05 |
| 盘州 | 679 | 67.24 | 100.00 | 100.00 | 97.02 | 15.69 | 28.18 | 8.77 |
| 遵义 | 2300 | 134.25 | 99.50 | 99.50 | 95.03 | 15.62 | 25.74 | 7.92 |
| 赤水 | 1531 | 237.73 | 99.57 | 99.57 | 98.01 | 25.75 | 25.63 | 8.88 |
| 仁怀 | 3013 | 227.44 | 96.87 | 96.87 | 97.32 | 88.24 | 15.84 | 7.21 |
| 安顺 | 2230 | 150.60 | 100.00 | 100.00 | 83.27 | 9.20 | 37.93 | 8.14 |
| 毕节 | 3157 | 100.73 | 97.60 | 97.60 | 93.50 | 9.04 | 21.86 | 8.81 |
| 黔西 | 8040 | 94.75 | 100.00 | 100.00 | 99.17 | 6.58 | 16.79 | 8.00 |
| 铜仁 | 6729 | 179.53 | 100.00 | 100.00 | 86.55 | 7.17 | 23.54 | 10.06 |
| 兴义 | 4709 | 150.48 | 100.00 | 100.00 | 84.34 | 17.03 | 29.55 | 8.00 |
| 兴仁 | 4302 | 85.68 | 100.00 | 100.00 | 90.85 | 11.62 | 22.88 | 8.38 |
| 凯里 | 2278 | 191.76 | 87.00 | 87.00 | 95.43 | 10.74 | 28.37 | 7.60 |
| 都匀 | 656 | 145.38 | 100.00 | 100.00 | 89.09 | 18.20 | 39.97 | 8.54 |
| 福泉 | 6616 | 131.70 | 100.00 | 100.00 | 91.28 | 19.02 | 23.65 | 9.51 |
| **云南** | **3290** | **186.59** | **99.01** | **98.70** | **71.75** | **13.23** | **17.40** | **7.11** |
| 昆明 | 2639 | 192.64 | 99.85 | 99.17 | 84.53 | 13.28 | 11.81 | 5.32 |
| 安宁 | 1030 | 230.65 | 100.00 | 100.00 | 99.60 | 13.49 | 27.61 | 10.07 |
| 曲靖 | 6403 | 138.47 | 99.36 | 99.36 | 38.48 | 9.88 | 23.41 | 8.64 |
| 宣威 | 5944 | 109.51 | 99.16 | 99.16 | 84.32 | 6.26 | 18.19 | 7.00 |
| 玉溪 | 3477 | 198.05 | 98.85 | 98.85 | 40.32 | 2.70 | 19.81 | 7.57 |
| 澄江 | 2610 | 170.35 | 100.00 | 100.00 | 94.16 | 28.02 | 9.66 | [illegible] |
| 保山 | 5260 | 196.54 | 100.00 | 100.00 | 50.60 | 15.63 | 26.42 | 8.50 |
| 腾冲 | 3544 | 90.84 | 90.48 | 90.48 | 22.68 | 29.67 | 29.22 | 8.52 |
| 昭通 | 5752 | 196.60 | 100.00 | 100.00 | 83.87 | 8.26 | 20.51 | 8.77 |
| 水富 | 3406 | 212.98 | 100.00 | 100.00 | 100.00 | 13.46 | 13.65 | 3.94 |

continued 15

| 建成区道路面积率(%) Surface Area of Roads Rate of Built District (%) | 建成区排水管道密度(公里/平方公里) Density of Sewers in Built District (kilometer/square kilometer) | 污水处理率(%) Wastewater Treatment Rate (%) | 污水处理厂集中处理率 Centralized Treatment Rate of Wastewater Treatment Plants | 人均公园绿地面积(平方米) Public Recreational Green Space Per Capita ($m^2$) | 建成区绿化覆盖率(%) Green Coverage Rate of Built District (%) | 建成区绿地率(%) Green Space Rate of Built District (%) | 生活垃圾处理率(%) Domestic Garbage Treatment Rate (%) | 生活垃圾无害化处理率 Domestic Garbage Harmless Treatment Rate | 城市名称 Name of Cities |
|---|---|---|---|---|---|---|---|---|---|
| 13.23 | 6.71 | 97.71 | 97.71 | 14.84 | 38.42 | 36.29 | 99.95 | 99.95 | 华蓥 |
| 13.03 | 7.01 | 95.32 | 95.32 | 14.85 | 42.00 | 40.83 | 100.00 | 100.00 | 达州 |
| 10.50 | 11.20 | 99.00 | 99.00 | 23.56 | 43.81 | 40.12 | 100.00 | 100.00 | 万源 |
| 13.43 | 13.44 | 96.69 | 96.69 | 17.35 | 40.15 | 37.38 | 98.41 | 98.41 | 雅安 |
| 19.16 | 9.46 | 99.95 | 99.95 | 18.54 | 43.85 | 42.03 | 100.00 | 100.00 | 巴中 |
| 13.74 | 13.60 | 97.86 | 97.86 | 15.55 | 41.37 | 37.35 | 100.00 | 100.00 | 资阳 |
| 4.06 | 4.87 | 96.70 | 96.70 | 13.03 | 37.45 | 36.31 | 98.79 | 98.79 | 马尔康 |
| 13.89 | 10.87 | 96.18 | 96.18 | 15.11 | 42.59 | 35.29 | 100.00 | 100.00 | 康定 |
| 13.11 | 11.90 | 82.58 | 82.58 | 9.74 | 40.51 | 33.99 | 99.87 | 99.87 | 会理 |
| 14.69 | 8.66 | 91.21 | 91.21 | 11.56 | 47.53 | 39.39 | 100.00 | 100.00 | 西昌 |
| **16.51** | **10.77** | **98.89** | **98.51** | **16.41** | **42.14** | **40.16** | **99.89** | **99.88** | **贵州** |
| 15.04 | 10.28 | 99.18 | 99.18 | 17.95 | 43.30 | 41.27 | 100.00 | 100.00 | 贵阳 |
| 8.63 | 10.80 | 98.97 | 98.97 | 12.68 | 36.56 | 34.04 | 100.00 | 100.00 | 清镇 |
| 17.82 | 13.58 | 98.40 | 98.40 | 12.14 | 40.86 | 38.40 | 99.94 | 99.94 | 六盘水 |
| 17.68 | 17.74 | 97.66 | 97.66 | 13.83 | 41.50 | 39.48 | 100.00 | 100.00 | 盘州 |
| 18.67 | 9.00 | 99.09 | 99.09 | 13.36 | 41.45 | 40.98 | 100.00 | 100.00 | 遵义 |
| 18.58 | 12.26 | 98.98 | 98.98 | 13.79 | 42.95 | 39.66 | 100.00 | 100.00 | 赤水 |
| 13.87 | 32.31 | 97.33 | 97.33 | 10.03 | 40.00 | 38.17 | 100.00 | 100.00 | 仁怀 |
| 15.45 | 11.81 | 98.76 | 98.76 | 27.70 | 43.30 | 40.30 | 100.00 | 100.00 | 安顺 |
| 18.44 | 13.15 | 97.49 | 97.49 | 16.58 | 42.01 | 40.60 | 100.00 | 100.00 | 毕节 |
| 15.01 | 6.41 | 98.20 | 98.20 | 15.78 | 39.98 | 36.05 | 99.93 | 99.93 | 黔西 |
| 15.91 | 9.44 | 98.54 | 98.54 | 15.97 | 42.75 | 40.53 | 100.00 | 100.00 | 铜仁 |
| 21.47 | 12.11 | 98.63 | 91.12 | 15.12 | 41.45 | 40.02 | 100.00 | 100.00 | 兴义 |
| 12.97 | 11.39 | 97.27 | 97.27 | 14.78 | 42.23 | 38.93 | 99.44 | 99.44 | 兴仁 |
| 15.36 | 3.93 | 99.64 | 99.64 | 15.31 | 42.41 | 40.91 | 98.22 | 98.09 | 凯里 |
| 21.42 | 6.86 | 98.99 | 98.99 | 22.87 | 41.98 | 39.63 | 99.77 | 99.77 | 都匀 |
| 16.02 | 8.72 | 98.80 | 98.80 | 18.77 | 45.53 | 40.80 | 99.83 | 99.83 | 福泉 |
| **14.71** | **12.50** | **99.02** | **97.48** | **13.94** | **43.14** | **39.52** | **100.00** | **99.87** | **云南** |
| 12.73 | 10.90 | 99.46 | 96.96 | 12.45 | 43.40 | 40.30 | 100.00 | 100.00 | 昆明 |
| 18.11 | 5.54 | 97.23 | 97.23 | 41.79 | 44.27 | 40.13 | 100.00 | 100.00 | 安宁 |
| 16.30 | 10.98 | 99.10 | 99.10 | 13.81 | 44.04 | 40.09 | 100.00 | 100.00 | 曲靖 |
| 13.66 | 9.53 | 96.00 | 96.00 | 12.24 | 43.32 | 38.40 | 100.00 | 100.00 | 宣威 |
| 17.59 | 15.90 | 96.17 | 96.17 | 14.69 | 39.45 | 37.81 | 100.00 | 100.00 | 玉溪 |
| 17.49 | 37.88 | 96.75 | 96.75 | 13.01 | 41.27 | 38.67 | 100.00 | 100.00 | 澄江 |
| 24.58 | 11.50 | 98.55 | 98.55 | 12.52 | 42.00 | 37.00 | 100.00 | 100.00 | 保山 |
| 16.10 | 10.28 | 100.00 | 100.00 | 16.25 | 48.04 | 40.89 | 100.00 | 100.00 | 腾冲 |
| 15.28 | 14.33 | 98.82 | 98.82 | 12.80 | 41.76 | 36.31 | 100.00 | 100.00 | 昭通 |
| 6.22 | 15.60 | 98.30 | 98.30 | 13.53 | 44.34 | 41.90 | 100.00 | 100.00 | 水富 |

# 1-2 续表 16

| 城市名称<br>Name of Cities | 人口密度<br>(人/平方公里)<br>Population Density<br>(person/square kilometer) | 人均日生活用水量<br>(升)<br>Daily Water Consumption Per Capita<br>(liter) | 供水普及率<br>(%)<br>Water Coverage Rate<br>(%) | 公共供水普及率<br>Public Water Coverage Rate | 燃气普及率<br>(%)<br>Gas Coverage Rate<br>(%) | 建成区供水管道密度<br>(公里/平方公里)<br>Density of Water Supply Pipelines in Built District<br>(kilometer/square kilometer) | 人均道路面积<br>(平方米)<br>Road Surface Area Per Capita<br>($m^2$) | 建成区路网密度<br>(公里/平方公里)<br>Density of Road Network in Built District<br>(kilometer/square kilometer) |
|---|---|---|---|---|---|---|---|---|
| 丽江 | 8102 | 249.29 | 100.00 | 100.00 | 96.44 | 35.75 | 23.18 | 8.84 |
| 普洱 | 4636 | 204.53 | 99.22 | 99.22 | 99.18 | 11.11 | 21.07 | 8.33 |
| 临沧 | 5910 | 163.09 | 73.54 | 73.54 | 44.25 | 13.45 | 15.11 | 5.42 |
| 禄丰 | 2043 | 166.40 | 99.02 | 99.02 | 91.19 | 10.53 | 23.72 | 8.59 |
| 楚雄 | 6786 | 218.31 | 99.59 | 99.59 | 90.21 | 15.39 | 21.90 | 8.57 |
| 个旧 | 1690 | 177.61 | 100.00 | 100.00 | 2.72 | 23.99 | 13.59 | 11.89 |
| 开远 | 4513 | 142.76 | 99.80 | 99.80 | 22.99 | 11.48 | 20.82 | 8.33 |
| 蒙自 | 10172 | 139.44 | 99.80 | 99.80 | 29.25 | 19.30 | 18.78 | 12.05 |
| 弥勒 | 4527 | 124.20 | 97.98 | 97.98 | 35.93 | 10.33 | 29.67 | 8.29 |
| 文山 | 5569 | 197.85 | 100.00 | 99.80 | 81.02 | 19.48 | 24.87 | 7.73 |
| 景洪 | 2869 | 236.13 | 100.00 | 100.00 | 81.28 | 7.92 | 18.12 | 5.37 |
| 大理 | 4799 | 251.67 | 100.00 | 100.00 | 56.39 | 11.11 | 18.72 | 7.67 |
| 瑞丽 | 6682 | 151.10 | 100.00 | 100.00 | 100.00 | 9.70 | 30.89 | 8.54 |
| 芒市 | 3400 | 139.73 | 100.00 | 100.00 | 87.29 | 17.40 | 16.15 | 4.16 |
| 泸水 | 8435 | 144.81 | 88.95 | 88.95 | 55.27 | 10.40 | 18.89 | 10.55 |
| 香格里拉 | 1095 | 394.07 | 100.00 | 100.00 | 99.70 | 11.02 | 15.66 | 7.64 |
| **西藏** | **1516** | **245.66** | **99.70** | **99.70** | **74.26** | **10.90** | **22.03** | **4.49** |
| 拉萨 | 1134 | 172.45 | 99.77 | 99.77 | 76.33 | 12.60 | 23.24 | 4.73 |
| 日喀则 | 2781 | 385.37 | 100.00 | 100.00 | 68.58 | 8.29 | 21.19 | 0.05 |
| 昌都 | 4945 | 118.72 | 100.00 | 100.00 | 60.00 | 18.88 | 5.53 | 8.89 |
| 林芝 | 4719 | 363.38 | 100.00 | 100.00 | 98.68 | 9.38 | 14.98 | 5.87 |
| 山南 | 1853 | 386.98 | 100.00 | 100.00 | 71.59 | 8.25 | 27.99 | 9.47 |
| 那曲 | 2783 | 632.51 | 97.13 | 97.13 | 64.52 | 5.12 | 38.92 | 4.18 |
| **陕西** | **5321** | **162.50** | **98.25** | **95.65** | **99.03** | **7.93** | **18.11** | **5.70** |
| 西安 | 8065 | 169.95 | 99.40 | 98.20 | 99.99 | 7.52 | 19.85 | 4.79 |
| 铜川 | 7891 | 105.19 | 94.70 | 94.70 | 96.77 | 9.46 | 13.27 | 5.23 |
| 宝鸡 | 5927 | 139.40 | 96.25 | 95.85 | 99.17 | 11.03 | 16.02 | 6.43 |
| 咸阳 | 7391 | 265.80 | 99.41 | 91.18 | 100.00 | 10.06 | 5.36 | 4.36 |
| 彬州 | 4880 | 106.95 | 93.44 | 93.44 | 72.62 | 10.39 | 16.75 | 7.98 |
| 兴平 | 3067 | 118.54 | 97.63 | 32.12 | 100.00 | 3.08 | 15.02 | 9.02 |
| 渭南 | 2073 | 151.01 | 100.00 | 97.04 | 97.67 | 5.51 | 12.40 | 5.77 |
| 韩城 | 2250 | 127.38 | 100.00 | 93.61 | 99.48 | 16.67 | 17.47 | 8.14 |
| 华阴 | 1805 | 95.76 | 100.00 | 89.34 | 94.12 | 6.50 | 15.96 | 6.61 |
| 延安 | 2361 | 115.89 | 96.02 | 96.02 | 98.27 | 4.57 | 19.59 | 5.60 |
| 子长 | 8647 | 55.81 | 95.76 | 95.76 | 99.85 | 11.46 | 11.36 | 8.11 |
| 汉中 | 4337 | 165.69 | 98.86 | 95.78 | 99.60 | 8.31 | 16.95 | 7.03 |
| 榆林 | 3716 | 124.42 | 88.30 | 88.30 | 93.51 | 9.91 | 25.65 | 8.19 |
| 神木 | 8237 | 108.44 | 100.00 | 100.00 | 97.74 | 7.20 | 23.49 | 8.91 |

continued 16

| 建成区道路面积率(%) Surface Area of Roads Rate of Built District (%) | 建成区排水管道密度(公里/平方公里) Density of Sewers in Built District (kilometer/square kilometer) | 污水处理率(%) Wastewater Treatment Rate (%) | 污水处理厂集中处理率 Centralized Treatment Rate of Wastewater Treatment Plants | 人均公园绿地面积(平方米) Public Recreational Green Space Per Capita ($m^2$) | 建成区绿化覆盖率(%) Green Coverage Rate of Built District (%) | 建成区绿地率(%) Green Space Rate of Built District (%) | 生活垃圾处理率(%) Domestic Garbage Treatment Rate (%) | 生活垃圾无害化处理率 Domestic Garbage Harmless Treatment Rate | 城市名称 Name of Cities |
|---|---|---|---|---|---|---|---|---|---|
| 21.22 | 26.85 | 97.96 | 97.96 | 18.48 | 41.83 | 39.29 | 100.00 | 100.00 | 丽江 |
| 15.69 | 24.17 | 100.00 | 100.00 | 17.28 | 43.17 | 40.17 | 100.00 | 100.00 | 普洱 |
| 13.10 | 15.07 | 99.80 | 99.80 | 9.08 | 38.24 | 32.83 | 100.00 | 100.00 | 临沧 |
| 16.45 | 17.27 | 100.00 | 100.00 | 15.09 | 41.58 | 38.03 | 100.00 | 100.00 | 禄丰 |
| 15.03 | 23.04 | 100.00 | 100.00 | 15.42 | 41.39 | 38.08 | 100.00 | 100.00 | 楚雄 |
| 15.53 | 7.43 | 98.27 | 98.27 | 13.60 | 42.80 | 40.00 | 100.00 | 100.00 | 个旧 |
| 15.72 | 9.83 | 98.70 | 98.70 | 15.89 | 44.61 | 40.11 | 100.00 | 100.00 | 开远 |
| 21.21 | 19.12 | 98.11 | 98.11 | 12.15 | 46.25 | 40.23 | 100.00 | 100.00 | 蒙自 |
| 14.97 | 7.70 | 99.00 | 99.00 | 18.40 | 45.21 | 40.18 | 100.00 | 85.65 | 弥勒 |
| 15.22 | 17.27 | 98.00 | 90.65 | 12.42 | 42.15 | 39.32 | 100.00 | 100.00 | 文山 |
| 11.49 | 5.92 | 99.59 | 99.59 | 13.59 | 45.13 | 40.35 | 100.00 | 100.00 | 景洪 |
| 13.88 | 4.81 | 97.30 | 97.30 | 12.05 | 41.98 | 39.78 | 100.00 | 100.00 | 大理 |
| 20.64 | 17.06 | 98.80 | 98.80 | 12.03 | 42.15 | 39.88 | 100.00 | 100.00 | 瑞丽 |
| 12.08 | 12.90 | 98.63 | 98.63 | 13.75 | 42.52 | 40.31 | 100.00 | 100.00 | 芒市 |
| 11.83 | 21.06 | 98.86 | 98.86 | 20.24 | 46.35 | 40.74 | 100.00 | 100.00 | 泸水 |
| 5.49 | 16.46 | 98.00 | 98.00 | 18.58 | 38.34 | 35.00 | 100.00 | 100.00 | 香格里拉 |
| **9.97** | **3.23** | **96.57** | **96.57** | **16.23** | **40.80** | **38.60** | **99.81** | **99.81** | **西藏** |
| 10.81 | 0.99 | 97.73 | 97.73 | 14.78 | 45.99 | 43.28 | 99.87 | 99.87 | 拉萨 |
| 6.56 | 4.43 | 94.94 | 94.94 | 16.18 | 29.72 | 29.13 | 100.00 | 100.00 | 日喀则 |
| 5.59 | 5.10 | 93.52 | 93.52 | 11.55 | 39.10 | 37.48 | 99.26 | 99.26 | 昌都 |
| 7.07 | 8.20 | 96.64 | 96.64 | 26.94 | 48.87 | 43.46 | 100.00 | 100.00 | 林芝 |
| 15.49 | 10.92 | 96.50 | 96.50 | 13.67 | 43.52 | 42.78 | 100.00 | 100.00 | 山南 |
| 12.04 | 3.66 | 93.00 | 93.00 | 30.00 | 25.56 | 24.49 | 98.90 | 98.90 | 那曲 |
| **14.69** | **8.23** | **97.14** | **97.14** | **13.15** | **42.62** | **38.42** | **100.00** | **100.00** | **陕西** |
| 15.45 | 9.62 | 96.90 | 96.90 | 12.02 | 43.94 | 39.46 | 100.00 | 100.00 | 西安 |
| 11.79 | 10.86 | 96.94 | 96.94 | 12.01 | 40.24 | 36.30 | 100.00 | 100.00 | 铜川 |
| 14.09 | 7.39 | 98.02 | 98.02 | 15.01 | 43.55 | 40.71 | 100.00 | 100.00 | 宝鸡 |
| 7.00 | 5.17 | 98.46 | 98.46 | 17.48 | 39.64 | 34.89 | 100.00 | 100.00 | 咸阳 |
| 20.72 | 13.60 | 100.00 | 100.00 | 9.02 | 39.90 | 37.38 | 100.00 | 100.00 | 彬州 |
| 13.29 | 4.33 | 95.65 | 95.65 | 12.82 | 37.87 | 34.60 | 99.89 | 99.89 | 兴平 |
| 9.27 | 7.40 | 97.74 | 97.74 | 15.34 | 41.39 | 36.37 | 100.00 | 100.00 | 渭南 |
| 16.68 | 10.34 | 96.82 | 96.82 | 9.10 | 39.94 | 34.93 | 100.00 | 100.00 | 韩城 |
| 9.85 | 7.13 | 96.63 | 96.63 | 14.17 | 38.78 | 34.31 | 100.00 | 100.00 | 华阴 |
| 13.31 | 5.62 | 98.16 | 98.16 | 12.67 | 41.29 | 38.08 | 100.00 | 100.00 | 延安 |
| 13.22 | 7.68 | 97.06 | 97.06 | 12.04 | 44.77 | 39.44 | 100.00 | 100.00 | 子长 |
| 12.66 | 7.47 | 97.24 | 97.24 | 15.54 | 41.42 | 36.60 | 100.00 | 100.00 | 汉中 |
| 21.54 | 1.03 | 95.89 | 95.89 | 16.30 | 38.81 | 35.61 | 100.00 | 100.00 | 榆林 |
| 17.72 | 3.21 | 96.60 | 96.60 | 12.02 | 42.53 | 38.64 | 100.00 | 100.00 | 神木 |

## 1-2 续表 17

| 城市名称 Name of Cities | 人口密度（人/平方公里） Population Density (person/square kilometer) | 人均日生活用水量（升） Daily Water Consumption Per Capita (liter) | 供水普及率（%） Water Coverage Rate (%) | 公共供水普及率 Public Water Coverage Rate | 燃气普及率（%） Gas Coverage Rate (%) | 建成区供水管道密度（公里/平方公里） Density of Water Supply Pipelines in Built District (kilometer/square kilometer) | 人均道路面积（平方米） Road Surface Area Per Capita ($m^2$) | 建成区路网密度（公里/平方公里） Density of Road Network in Built District (kilometer/square kilometer) |
|---|---|---|---|---|---|---|---|---|
| 安康 | 2219 | 165.03 | 100.00 | 100.00 | 99.75 | 7.89 | 23.58 | 8.00 |
| 旬阳 | 1496 | 100.89 | 100.00 | 100.00 | 99.81 | 11.96 | 18.75 | 9.71 |
| 商洛 | 6233 | 134.99 | 94.67 | 94.67 | 99.88 | 4.99 | 12.81 | 7.62 |
| 杨凌区 | 4725 | 177.37 | 99.70 | 99.70 | 100.00 | 4.67 | 30.20 | 6.39 |
| **甘肃** | **3223** | **138.88** | **99.50** | **98.88** | **96.93** | **6.37** | **22.21** | **7.24** |
| 兰州 | 6072 | 150.98 | 99.90 | 99.70 | 99.54 | 3.96 | 17.81 | 5.87 |
| 嘉峪关 | 701 | 155.66 | 100.00 | 100.00 | 99.92 | 3.03 | 45.25 | 8.25 |
| 金昌 | 3268 | 181.38 | 100.00 | 78.76 | 92.10 | 7.38 | 57.40 | 10.42 |
| 白银 | 4330 | 185.05 | 100.00 | 100.00 | 98.86 | 5.06 | 29.46 | 8.45 |
| 天水 | 8475 | 74.89 | 99.08 | 99.08 | 96.04 | 5.92 | 17.23 | 8.06 |
| 武威 | 1931 | 99.76 | 99.97 | 99.97 | 97.09 | 7.87 | 19.99 | 8.12 |
| 张掖 | 1471 | 145.79 | 94.53 | 94.53 | 97.79 | 9.56 | 23.01 | 8.12 |
| 平凉 | 1212 | 90.32 | 100.00 | 100.00 | 90.68 | 10.04 | 24.83 | 6.29 |
| 华亭 | 6497 | 82.48 | 98.37 | 98.37 | 72.06 | 7.51 | 22.19 | 7.29 |
| 酒泉 | 1394 | 142.82 | 100.00 | 100.00 | 97.98 | 5.33 | 23.57 | 7.48 |
| 玉门 | 3307 | 104.95 | 100.00 | 100.00 | 100.00 | 13.20 | 49.15 | 13.15 |
| 敦煌 | 3948 | 132.50 | 100.00 | 100.00 | 99.11 | 23.55 | 36.00 | 14.52 |
| 庆阳 | 6952 | 139.49 | 100.00 | 100.00 | 92.81 | 14.23 | 33.10 | 8.01 |
| 定西 | 5513 | 75.17 | 98.94 | 98.94 | 92.47 | 9.06 | 15.57 | 4.53 |
| 陇南 | 4565 | 92.26 | 99.67 | 99.67 | 97.37 | 9.72 | 12.21 | 10.70 |
| 临夏 | 8019 | 251.54 | 100.00 | 100.00 | 93.79 | 14.54 | 20.78 | 6.84 |
| 合作 | 4455 | 193.00 | 93.53 | 93.53 | 72.52 | 6.06 | 26.74 | 3.65 |
| **青海** | **2893** | **174.90** | **99.57** | **98.39** | **94.72** | **12.99** | **19.58** | **5.81** |
| 西宁 | 3643 | 172.22 | 100.00 | 98.67 | 96.01 | 15.22 | 13.13 | 6.95 |
| 海东 | 1583 | 126.51 | 99.91 | 97.55 | 99.91 | 9.55 | 29.39 | 5.01 |
| 同仁 | 1973 | 130.09 | 99.05 | 99.05 | 38.00 | 9.33 | 38.24 | 10.27 |
| 玉树 | 7890 | 213.60 | 92.97 | 92.97 | 94.85 | 24.17 | 33.45 | 4.21 |
| 茫崖 | 4355 | 114.89 | 100.00 | 100.00 | 60.84 | 7.10 | 21.51 | 4.18 |
| 格尔木 | 2597 | 207.08 | 100.00 | 99.69 | 97.05 | 9.53 | 30.49 | 3.70 |
| 德令哈 | 767 | 333.22 | 100.00 | 100.00 | 100.00 | 12.02 | 61.19 | 5.94 |
| **宁夏** | **3103** | **165.80** | **99.99** | **99.91** | **98.48** | **6.90** | **28.00** | **5.88** |
| 银川 | 2731 | 166.16 | 100.00 | 100.00 | 99.95 | 7.44 | 21.80 | 5.32 |
| 灵武 | 5275 | 125.40 | 100.00 | 100.00 | 100.00 | 5.23 | 33.56 | 3.05 |
| 宁东能源化工基地 | 1750 | 64.74 | 100.00 | 100.00 | 100.00 | 12.50 | 29.15 | 4.95 |
| 石嘴山 | 3734 | 230.15 | 99.93 | 99.37 | 95.17 | 6.82 | 43.60 | 8.02 |
| 吴忠 | 2853 | 156.01 | 100.00 | 100.00 | 100.00 | 5.72 | 26.91 | 3.96 |
| 青铜峡 | 4376 | 140.85 | 100.00 | 100.00 | 100.00 | 12.85 | 29.63 | 11.85 |
| 固原 | 5106 | 110.94 | 100.00 | 100.00 | 93.11 | 4.46 | 30.96 | 5.99 |
| 中卫 | 3445 | 184.01 | 100.00 | 100.00 | 97.38 | 4.47 | 34.87 | 3.95 |

continued 17

| 建成区道路面积率(%) Surface Area of Roads Rate of Built District (%) | 建成区排水管道密度(公里/平方公里) Density of Sewers in Built District (kilometer/square kilometer) | 污水处理率(%) Wastewater Treatment Rate (%) | 污水处理厂集中处理率 Centralized Treatment Rate of Wastewater Treatment Plants | 人均公园绿地面积(平方米) Public Recreational Green Space Per Capita ($m^2$) | 建成区绿化覆盖率(%) Green Coverage Rate of Built District (%) | 建成区绿地率(%) Green Space Rate of Built District (%) | 生活垃圾处理率(%) Domestic Garbage Treatment Rate (%) | 生活垃圾无害化处理率 Domestic Garbage Harmless Treatment Rate | 城市名称 Name of Cities |
|---|---|---|---|---|---|---|---|---|---|
| 18.61 | 8.91 | 99.40 | 99.40 | 12.10 | 42.05 | 38.03 | 99.96 | 99.96 | 安康 |
| 16.80 | 8.92 | 97.97 | 97.97 | 11.52 | 42.34 | 39.06 | 100.00 | 100.00 | 旬阳 |
| 11.03 | 9.67 | 97.55 | 97.55 | 14.99 | 44.86 | 41.82 | 100.00 | 100.00 | 商洛 |
| 19.10 | 10.07 | 97.03 | 97.03 | 13.56 | 39.59 | 34.86 | 100.00 | 100.00 | 杨凌区 |
| **15.23** | **8.84** | **97.79** | **97.79** | **16.36** | **36.20** | **33.08** | **100.00** | **100.00** | **甘肃** |
| 13.68 | 8.46 | 96.71 | 96.71 | 14.19 | 30.73 | 28.36 | 100.00 | 100.00 | 兰州 |
| 15.05 | 8.66 | 100.00 | 100.00 | 35.99 | 40.67 | 39.97 | 100.00 | 100.00 | 嘉峪关 |
| 20.59 | 2.77 | 98.00 | 98.00 | 34.55 | 44.64 | 40.13 | 100.00 | 100.00 | 金昌 |
| 15.42 | 8.75 | 96.00 | 96.00 | 12.79 | 40.70 | 37.22 | 100.00 | 100.00 | 白银 |
| 17.77 | 10.74 | 100.00 | 100.00 | 13.66 | 40.57 | 36.22 | 100.00 | 100.00 | 天水 |
| 15.90 | 5.90 | 98.61 | 98.61 | 12.92 | 39.66 | 36.66 | 100.00 | 100.00 | 武威 |
| 15.01 | 11.15 | 98.85 | 98.85 | 23.37 | 40.27 | 36.84 | 100.00 | 100.00 | 张掖 |
| 18.27 | 13.17 | 100.00 | 100.00 | 16.17 | 42.73 | 37.62 | 100.00 | 100.00 | 平凉 |
| 16.50 | 11.61 | 100.00 | 100.00 | 12.10 | 38.70 | 33.99 | 100.00 | 100.00 | 华亭 |
| 12.48 | 6.74 | 99.20 | 99.20 | 17.55 | 41.67 | 35.16 | 100.00 | 100.00 | 酒泉 |
| 19.63 | 13.62 | 100.00 | 100.00 | 32.69 | 39.50 | 36.78 | 100.00 | 100.00 | 玉门 |
| 14.77 | 4.84 | 97.94 | 97.94 | 25.58 | 39.03 | 38.42 | 100.00 | 100.00 | 敦煌 |
| 23.65 | 9.53 | 98.94 | 98.94 | 13.70 | 35.18 | 33.38 | 100.00 | 100.00 | 庆阳 |
| 11.64 | 6.50 | 99.06 | 99.06 | 20.73 | 34.75 | 30.54 | 100.00 | 100.00 | 定西 |
| 14.20 | 21.02 | 98.08 | 98.08 | 10.98 | 33.55 | 32.42 | 100.00 | 100.00 | 陇南 |
| 16.52 | 13.84 | 98.80 | 98.80 | 17.79 | 31.15 | 28.14 | 100.00 | 100.00 | 临夏 |
| 13.08 | 6.36 | 92.16 | 92.16 | 14.02 | 37.76 | 31.28 | 100.00 | 100.00 | 合作 |
| **15.48** | **14.33** | **95.89** | **95.89** | **13.24** | **36.53** | **34.22** | **99.46** | **99.46** | **青海** |
| 17.50 | 16.65 | 95.17 | 95.17 | 13.08 | 40.39 | 40.13 | 99.81 | 99.81 | 西宁 |
| 16.45 | 8.55 | 99.13 | 99.13 | 13.70 | 41.62 | 36.68 | 97.55 | 97.55 | 海东 |
| 21.47 | 8.00 | 90.04 | 90.04 | 7.13 | 34.27 | 28.67 | 98.59 | 98.59 | 同仁 |
| 16.41 | 52.69 | 98.81 | 98.81 | 18.10 | 46.40 | 41.93 | 99.32 | 99.32 | 玉树 |
| 9.37 | 3.10 | 92.30 | 92.30 | 0.47 | 22.11 | 20.41 | 96.09 | 96.09 | 茫崖 |
| 10.83 | 6.31 | 98.83 | 98.83 | 14.54 | 22.28 | 19.46 | 98.12 | 98.12 | 格尔木 |
| 13.16 | 12.13 | 98.00 | 98.00 | 14.74 | 36.32 | 32.44 | 100.00 | 100.00 | 德令哈 |
| **15.78** | **4.49** | **99.04** | **99.04** | **22.84** | **42.15** | **40.40** | **100.00** | **100.00** | **宁夏** |
| 17.08 | 4.68 | 98.88 | 98.88 | 18.43 | 41.79 | 41.39 | 100.00 | 100.00 | 银川 |
| 6.98 |  | 100.00 | 100.00 | 23.15 | 40.99 | 40.27 | 100.00 | 100.00 | 灵武 |
| 10.07 | 8.23 | 100.00 | 100.00 | 8.74 | 23.59 | 20.19 | 100.00 | 100.00 | 宁东能源化工基地 |
| 15.77 | 1.58 | 100.00 | 100.00 | 29.41 | 45.04 | 40.74 | 100.00 | 100.00 | 石嘴山 |
| 10.58 | 4.17 | 97.32 | 97.32 | 32.21 | 41.69 | 41.50 | 100.00 | 100.00 | 吴忠 |
| 20.39 | 10.12 | 100.00 | 100.00 | 23.41 | 42.12 | 42.22 | 100.00 | 100.00 | 青铜峡 |
| 18.36 | 10.10 | 100.00 | 100.00 | 32.10 | 41.99 | 38.72 | 100.00 | 100.00 | 固原 |
| 18.58 | 3.16 | 100.00 | 100.00 | 23.68 | 43.99 | 40.05 | 100.00 | 100.00 | 中卫 |

## 1-2 续表 18

| 城市名称 Name of Cities | 人口密度 (人/平方公里) Population Density (person/ square kilometer) | 人均日生活用水量 (升) Daily Water Consumption Per Capita (liter) | 供水普及率 (%) Water Coverage Rate (%) | 公共供水普及率 Public Water Coverage Rate | 燃气普及率 (%) Gas Coverage Rate (%) | 建成区供水管道密度 (公里/平方公里) Density of Water Supply Pipelines in Built District (kilometer/square kilometer) | 人均道路面积 (平方米) Road Surface Area Per Capita ($m^2$) | 建成区路网密度 (公里/平方公里) Density of Road Network in Built District (kilometer/square kilometer) |
|---|---|---|---|---|---|---|---|---|
| **新　疆** | **3915** | **158.89** | **99.70** | **99.41** | **98.97** | **8.20** | **22.51** | **6.04** |
| 乌鲁木齐 | 4557 | 138.07 | 99.57 | 99.03 | 99.26 | 4.63 | 15.68 | 5.94 |
| 克拉玛依 | 5805 | 199.94 | 100.00 | 100.00 | 100.00 | 23.41 | 37.18 | 9.80 |
| 吐鲁番 | 4073 | 116.86 | 100.00 | 100.00 | 99.19 | 15.11 | 41.44 | 7.46 |
| 哈　密 | 4885 | 148.31 | 99.97 | 99.97 | 99.37 | 16.05 | 18.90 | 5.94 |
| 昌　吉 | 4627 | 198.14 | 100.00 | 100.00 | 100.00 | 5.78 | 18.88 | 5.59 |
| 阜　康 | 3000 | 118.87 | 100.00 | 100.00 | 100.00 | 8.95 | 24.94 | 6.24 |
| 博　乐 | 5643 | 149.44 | 100.00 | 100.00 | 100.00 | 12.21 | 14.60 | 4.69 |
| 阿拉山口 | 481 | 100.95 | 100.00 | 100.00 | 100.00 | 21.36 | 87.73 | 5.00 |
| 库尔勒 | 4637 | 143.85 | 99.04 | 99.04 | 99.84 | 5.83 | 36.21 | 5.61 |
| 阿克苏 | 3350 | 124.87 | 100.00 | 100.00 | 93.92 | 3.50 | 26.34 | 2.45 |
| 库　车 | 5248 | 213.32 | 100.00 | 98.17 | 99.89 | 21.27 | 27.22 | 5.83 |
| 阿图什 | 4227 | 187.50 | 100.00 | 100.00 | 100.00 | 5.06 | 30.94 | 5.85 |
| 喀　什 | 4865 | 213.66 | 100.00 | 100.00 | 100.00 | 4.70 | 31.45 | 4.72 |
| 和　田 | 3254 | 157.25 | 100.00 | 100.00 | 100.00 | 8.15 | 23.59 | 4.43 |
| 伊　宁 | 1648 | 220.41 | 99.56 | 99.56 | 99.53 | 16.36 | 19.82 | 14.69 |
| 奎　屯 | 2216 | 204.48 | 99.93 | 99.93 | 97.91 | 8.52 | 43.38 | 9.00 |
| 霍尔果斯 | 1030 | 853.01 | 100.00 | 100.00 | 95.15 | 12.72 | 67.14 | 15.34 |
| 塔　城 | 1981 | 287.90 | 100.00 | 100.00 | 96.72 | 20.81 | 32.02 | 7.29 |
| 乌　苏 | 4513 | 121.80 | 100.00 | 100.00 | 87.74 | 11.56 | 27.08 | 7.49 |
| 沙　湾 | 2292 | 155.22 | 100.00 | 100.00 | 98.96 | 13.94 | 19.39 | 6.04 |
| 阿勒泰 | 3030 | 121.06 | 98.12 | 98.12 | 97.99 | 17.22 | 25.04 | 7.18 |
| **新疆兵团** | **1456** | **207.81** | **97.88** | **97.88** | **95.96** | **8.60** | **34.37** | **6.93** |
| 石河子 | 3184 | 223.08 | 98.41 | 98.41 | 98.41 | 11.98 | 18.42 | 12.49 |
| 阿拉尔 | 1150 | 165.67 | 91.53 | 91.53 | 100.00 | 3.76 | 26.94 | 4.55 |
| 图木舒克 | 948 | 190.92 | 98.96 | 98.96 | 100.00 | 9.14 | 58.95 | 5.24 |
| 五家渠 | 867 | 205.37 | 100.00 | 100.00 | 100.00 | 4.40 | 15.78 | 3.56 |
| 北　屯 | 1207 | 190.55 | 97.06 | 97.06 | 91.91 | 8.38 | 62.64 | 3.73 |
| 铁门关 | 750 | 254.59 | 99.03 | 99.03 | 97.58 | 13.38 | 64.73 | 6.02 |
| 双　河 | 4113 | 319.04 | 99.57 | 99.57 | 64.66 | 4.57 | 72.56 | 7.71 |
| 可克达拉 | 826 | 108.31 | 100.00 | 100.00 | 93.49 | 10.04 | 204.36 | 5.63 |
| 昆　玉 | 457 | 194.76 | 100.00 | 100.00 | 71.43 | 5.00 | 52.31 | 8.20 |
| 胡杨河 | 1451 | 149.29 | 99.17 | 99.17 | 82.64 | 15.90 | 32.29 | 5.89 |
| 新　星 | 1663 | 171.62 | 99.62 | 99.62 | 99.62 | 15.91 | 19.74 | 0.91 |

continued 18

| 建成区道路面积率(%) Surface Area of Roads Rate of Built District (%) | 建成区排水管道密度(公里/平方公里) Density of Sewers in Built District (kilometer/square kilometer) | 污水处理率(%) Wastewater Treatment Rate (%) | 污水处理厂集中处理率 Centralized Treatment Rate of Wastewater Treatment Plants | 人均公园绿地面积(平方米) Public Recreational Green Space Per Capita ($m^2$) | 建成区绿化覆盖率(%) Green Coverage Rate of Built District (%) | 建成区绿地率(%) Green Space Rate of Built District (%) | 生活垃圾处理率(%) Domestic Garbage Treatment Rate (%) | 生活垃圾无害化处理率 Domestic Garbage Harmless Treatment Rate | 城市名称 Name of Cities |
|---|---|---|---|---|---|---|---|---|---|
| **12.57** | **6.72** | **97.79** | **97.78** | **14.93** | **41.17** | **38.01** | **100.00** | **100.00** | **新　疆** |
| 10.03 | 6.84 | 99.38 | 99.38 | 13.17 | 39.73 | 36.60 | 100.00 | 100.00 | 乌鲁木齐 |
| 19.95 | 8.21 | 99.65 | 99.65 | 14.26 | 43.94 | 40.21 | 100.00 | 100.00 | 克拉玛依 |
| 16.80 | 10.59 | 100.00 | 100.00 | 17.93 | 43.71 | 41.39 | 100.00 | 100.00 | 吐鲁番 |
| 12.57 | 7.98 | 96.64 | 96.64 | 13.41 | 41.24 | 38.50 | 100.00 | 100.00 | 哈　密 |
| 12.26 | 4.19 | 99.98 | 99.98 | 12.03 | 42.16 | 38.30 | 100.00 | 100.00 | 昌　吉 |
| 12.57 | 11.60 | 100.00 | 100.00 | 21.93 | 47.80 | 41.46 | 100.00 | 100.00 | 阜　康 |
| 8.67 | 11.17 | 98.04 | 98.04 | 19.36 | 43.98 | 40.03 | 100.00 | 100.00 | 博　乐 |
| 7.57 | 6.06 | 100.00 | 100.00 | 33.92 | 39.51 | 35.15 | 100.00 | 100.00 | 阿拉山口 |
| 19.77 | 6.29 | 99.93 | 99.93 | 15.57 | 43.70 | 40.86 | 100.00 | 100.00 | 库尔勒 |
| 4.55 | 2.67 | 100.00 | 100.00 | 26.06 | 44.38 | 42.06 | 100.00 | 100.00 | 阿克苏 |
| 15.65 | 6.20 | 100.00 | 100.00 | 14.11 | 43.68 | 40.67 | 100.00 | 100.00 | 库　车 |
| 16.82 | 4.96 | 92.01 | 92.01 | 15.49 | 26.22 | 22.98 | 100.00 | 100.00 | 阿图什 |
| 16.25 | 3.92 | 95.76 | 95.76 | 19.54 | 39.27 | 36.14 | 100.00 | 100.00 | 喀　什 |
| 16.97 | 7.01 | 100.00 | 100.00 | 10.22 | 36.83 | 32.60 | 100.00 | 100.00 | 和　田 |
| 24.13 | 17.90 | 96.20 | 96.20 | 12.03 | 41.23 | 40.01 | 100.00 | 100.00 | 伊　宁 |
| 21.29 | 4.98 | 95.07 | 95.07 | 14.61 | 42.54 | 35.89 | 100.00 | 100.00 | 奎　屯 |
| 20.22 | 17.54 | 100.00 | 100.00 | 24.80 | 40.21 | 45.48 | 100.00 | 100.00 | 霍尔果斯 |
| 11.04 | 13.74 | 91.56 | 91.56 | 23.73 | 36.10 | 33.50 | 100.00 | 100.00 | 塔　城 |
| 11.78 | 7.71 | 59.31 | 59.02 | 11.35 | 41.76 | 37.90 | 100.00 | 100.00 | 乌　苏 |
| 11.14 | 7.68 | 95.72 | 95.72 | 11.82 | 39.22 | 35.47 | 100.00 | 100.00 | 沙　湾 |
| 10.37 | 1.00 | 100.00 | 100.00 | 26.75 | 43.92 | 40.39 | 100.00 | 100.00 | 阿勒泰 |
| **13.57** | **8.08** | **100.15** | **99.87** | **26.36** | **42.78** | **41.24** | **100.00** | **100.00** | **新疆兵团** |
| 14.65 | 5.38 | 100.00 | 100.00 | 15.16 | 43.61 | 42.42 | 100.00 | 100.00 | 石河子 |
| 8.41 | 2.36 | 100.00 | 100.00 | 17.56 | 41.88 | 41.00 | 100.00 | 100.00 | 阿拉尔 |
| 13.43 | 11.00 | 100.00 | 100.00 | 63.17 | 42.04 | 40.04 | 100.00 | 100.00 | 图木舒克 |
| 6.84 | 3.28 | 100.08 | 100.08 | 14.27 | 45.17 | 41.55 | 100.00 | 100.00 | 五家渠 |
| 16.72 | 8.44 | 100.00 | 100.00 | 20.19 | 42.88 | 38.99 | 100.00 | 100.00 | 北　屯 |
| 22.65 | 4.36 | 95.71 | 95.71 | 38.51 | 43.42 | 42.08 | 100.00 | 100.00 | 铁门关 |
| 20.30 | 47.95 | 100.00 | 100.00 | 45.09 | 57.49 | 54.40 | 100.00 | 100.00 | 双　河 |
| 17.76 | 7.68 | 100.00 | 100.00 | 207.81 | 47.48 | 47.48 | 100.00 | 100.00 | 可克达拉 |
| 10.45 | 7.58 | 100.00 | 100.00 | 23.93 | 30.53 | 30.53 | 100.00 | 100.00 | 昆　玉 |
| 20.66 | 5.97 | 105.75 | 105.75 | 60.00 | 42.97 | 50.70 | 100.00 | 100.00 | 胡杨河 |
| 1.92 | 10.40 | 119.28 | 100.00 | 2.88 | 5.20 | 3.06 | 100.00 | 100.00 | 新　星 |

# 二、城市人口和建设用地

# 2. Urban Population and Construction Land

## 简要说明

本部分主要反映城市规模，包括人口规模和用地规模。人口规模主要包括市区人口、城区人口、城区暂住人口，用地规模主要包括市区面积、城区面积、建成区面积以及各类建设用地面积、本年征用土地面积等内容。

2005 年、2009 年、2011 年全国城市建设用地面积未包含上海市。

## Brief Introduction

This section is mainly about size of cities, including size of population and usable land. The size of population mainly covers urban permanent population in urban centers and urban areas as well as urban temporary population. The size of usable land mainly covers city areas, urban areas, areas of built-up districts, areas of various types of land for construction purposes, and areas of land acquired during the year.

Urban usable land for construction purpose throughout the country does not include that in Shanghai in 2005, 2009 and 2011.

# 2 全国历年城市数量及人口、面积情况(1978-2022)
# National Changes in Number of Cities, Urban Population and Urban Areain Past Years(1978-2022)

面积计量单位：平方公里 Area Measurement Unit: square kilometer

人口计量单位：万人 Population Measurement Unit:10,000 persons

| 年份<br>Year | 城市个数<br>Number of Cities | 地级<br>City at Prefecture Level | 县级<br>City at County Level | 县及其他个数<br>Number of Counties | 城区人口<br>Urban Population | 非农业人口<br>Non-Agricultural Population | 城区暂住人口<br>Urban Temporary Population | 城区面积<br>Urban Area | 建成区面积<br>Area of Built District | 城市建设用地面积<br>Area of Urban Construction Land |
|---|---|---|---|---|---|---|---|---|---|---|
| 1978 | 193 | 98 | 92 | 2153 | 7682.0 | | | | | |
| 1979 | 216 | 104 | 109 | 2153 | 8451.0 | | | | | |
| 1980 | 223 | 107 | 113 | 2151 | 8940.5 | | | | | |
| 1981 | 226 | 110 | 113 | 2144 | 14400.5 | 9243.6 | | 206684.0 | 7438.0 | 6720.0 |
| 1982 | 245 | 109 | 133 | 2140 | 14281.6 | 9590.0 | | 335382.3 | 7862.1 | 7150.5 |
| 1983 | 281 | 137 | 141 | 2091 | 15940.5 | 10047.2 | | 366315.9 | 8156.3 | 7365.6 |
| 1984 | 300 | 148 | 149 | 2069 | 17969.1 | 10956.9 | | 480733.3 | 9249.0 | 8480.4 |
| 1985 | 324 | 162 | 159 | 2046 | 20893.4 | 11751.3 | | 458066.2 | 9386.2 | 8578.6 |
| 1986 | 353 | 166 | 184 | 2017 | 22906.2 | 12233.8 | | 805834.0 | 10127.3 | 9201.6 |
| 1987 | 381 | 170 | 208 | 1986 | 25155.7 | 12893.1 | | 898208.0 | 10816.5 | 9787.9 |
| 1988 | 434 | 183 | 248 | 1936 | 29545.2 | 13969.5 | | 1052374.2 | 12094.6 | 10821.6 |
| 1989 | 450 | 185 | 262 | 1919 | 31205.4 | 14377.7 | | 1137643.5 | 12462.2 | 11170.7 |
| 1990 | 467 | 185 | 279 | 1903 | 32530.2 | 14752.1 | | 1165970.0 | 12855.7 | 11608.3 |
| 1991 | 479 | 187 | 289 | 1894 | 29589.3 | 14921.0 | | 980685.0 | 14011.1 | 12907.9 |
| 1992 | 517 | 191 | 323 | 1848 | 30748.2 | 15459.4 | | 969728.0 | 14958.7 | 13918.1 |
| 1993 | 570 | 196 | 371 | 1795 | 33780.9 | 16550.1 | | 1038910.0 | 16588.3 | 15429.8 |
| 1994 | 622 | 206 | 413 | 1735 | 35833.9 | 17665.5 | | 1104712.0 | 17939.5 | 20796.2 |
| 1995 | 640 | 210 | 427 | 1716 | 37789.9 | 18490.0 | | 1171698.0 | 19264.2 | 22064.0 |
| 1996 | 666 | 218 | 445 | 1696 | 36234.5 | 18882.9 | | 987077.9 | 20214.2 | 19001.6 |
| 1997 | 668 | 222 | 442 | 1693 | 36836.9 | 19469.9 | | 835771.8 | 20791.3 | 19504.6 |
| 1998 | 668 | 227 | 437 | 1689 | 37411.8 | 19861.8 | | 813585.7 | 21379.6 | 20507.6 |
| 1999 | 667 | 236 | 427 | 1682 | 37590.0 | 20161.6 | | 812817.6 | 21524.5 | 20877.0 |
| 2000 | 663 | 259 | 400 | 1674 | 38823.7 | 20952.5 | | 878015.0 | 22439.3 | 22113.7 |
| 2001 | 662 | 265 | 393 | 1660 | 35747.3 | 21545.5 | | 607644.3 | 24026.6 | 24192.7 |
| 2002 | 660 | 275 | 381 | 1649 | 35219.6 | 22021.2 | | 467369.3 | 25972.6 | 26832.6 |
| 2003 | 660 | 282 | 374 | 1642 | 33805.0 | 22986.8 | | 399173.2 | 28308.0 | 28971.9 |
| 2004 | 661 | 283 | 374 | 1636 | 34147.4 | 23635.9 | | 394672.5 | 30406.2 | 30781.3 |
| 2005 | 661 | 283 | 374 | 1636 | 35923.7 | 23652.0 | | 412819.1 | 32520.7 | 29636.8 |
| 2006 | 656 | 283 | 369 | 1635 | 33288.7 | | 3984.1 | 166533.5 | 33659.8 | 34166.7 |
| 2007 | 655 | 283 | 368 | 1635 | 33577.0 | | 3474.3 | 176065.5 | 35469.7 | 36351.7 |
| 2008 | 655 | 283 | 368 | 1635 | 33471.1 | | 3517.2 | 178110.3 | 36295.3 | 39140.5 |
| 2009 | 654 | 283 | 367 | 1636 | 34068.9 | | 3605.4 | 175463.6 | 38107.3 | 38726.9 |
| 2010 | 657 | 283 | 370 | 1633 | 35373.5 | | 4095.3 | 178691.7 | 40058.0 | 39758.4 |
| 2011 | 657 | 284 | 369 | 1627 | 35425.6 | | 5476.8 | 183618.0 | 43603.2 | 41805.3 |
| 2012 | 657 | 285 | 368 | 1624 | 36989.7 | | 5237.1 | 183039.4 | 45565.8 | 45750.7 |
| 2013 | 658 | 286 | 368 | 1613 | 37697.1 | | 5621.1 | 183416.1 | 47855.3 | 47108.5 |
| 2014 | 653 | 288 | 361 | 1596 | 38576.5 | | 5951.5 | 184098.6 | 49772.6 | 49982.7 |
| 2015 | 656 | 291 | 361 | 1568 | 39437.8 | | 6561.5 | 191775.5 | 52102.3 | 51584.1 |
| 2016 | 657 | 293 | 360 | 1537 | 40299.2 | | 7414.0 | 198178.6 | 54331.5 | 52761.3 |
| 2017 | 661 | 294 | 363 | 1526 | 40975.7 | | 8164.1 | 198357.2 | 56225.4 | 55155.5 |
| 2018 | 673 | 302 | 371 | 1518 | 42730.0 | | 8421.7 | 200896.5 | 58455.7 | 56075.9 |
| 2019 | 679 | 300 | 379 | 1516 | 43503.7 | | 8911.9 | 200569.5 | 60312.5 | 58307.7 |
| 2020 | 687 | 300 | 387 | 1495 | 44253.7 | | 9509.0 | 186628.9 | 60721.3 | 58355.3 |
| 2021 | 692 | 300 | 392 | 1482 | 45747.9 | | 10180.1 | 188300.5 | 62420.5 | 59424.6 |
| 2022 | 695 | 302 | 393 | 1481 | 47001.9 | | 9486.2 | 191216.8 | 63676.4 | 59451.7 |

注：1.2005年及以前年份"城区人口"为"城市人口"，"城区面积"为"城市面积"。

2.2005年、2009年、2011年城市建设用地面积不含上海市。2020年、2021年、2022年城区面积、建成区面积和城市建设用地面积不含北京市。

Notes: 1.In 2005 and before, Urban Population is the population of the city proper, and Urban Area is the area of the city proper.

2.Urban usable land for construction purpose throughout the country does not include that in Shanghai in 2005, 2009 and 2011 Urban Area, Area of Bulit District and Urban usable land for construction purpose throughout the country does not include that in Beijing in 2020, 2021 and 2022.

# 2-1 2022年全国城市人口和建设用地(按省分列)

面积计量单位：平方公里

人口计量单位：万人

| 地区名称 Name of Regions | 市区面积 Urban District Area | 市区人口 Urban District Population | 市区暂住人口 Urban District Temporary Population | 城区面积 Urban Area | 城区人口 Urban Population | 城区暂住人口 Urban Temporary Population | 建成区面积 Area of Built District | 城市建设用地面积 小计 Subtotal | 城市建设用地面积 居住用地 Residential |
|---|---|---|---|---|---|---|---|---|---|
| **全　国** | **2371373** | **84820** | **13319** | **191216.77** | **47001.93** | **9486.24** | **63676.40** | **59451.69** | **18823.58** |
| 北　京 | | 2184 | | | 1912.80 | | | | |
| 天　津 | 11926 | 1363 | | 2653.44 | 1160.07 | | 1264.46 | 1088.48 | 312.00 |
| 河　北 | 49721 | 3793 | 211 | 6363.96 | 1816.65 | 187.78 | 2266.96 | 2225.36 | 686.29 |
| 山　西 | 36502 | 1707 | 251 | 3320.81 | 1097.11 | 182.96 | 1295.08 | 1260.05 | 420.33 |
| 内蒙古 | 148683 | 904 | 320 | 4674.87 | 681.97 | 253.79 | 1272.80 | 1231.70 | 428.79 |
| 辽　宁 | 77574 | 3101 | 415 | 13067.76 | 2040.68 | 301.56 | 2815.03 | 2785.04 | 916.96 |
| 吉　林 | 110793 | 1820 | 255 | 5720.76 | 970.92 | 228.71 | 1580.00 | 1499.02 | 516.88 |
| 黑龙江 | 220293 | 2159 | 212 | 2567.93 | 1198.93 | 177.75 | 1802.55 | 1619.35 | 551.64 |
| 上　海 | 6341 | 2476 | | 6340.50 | 2475.89 | | 1242.00 | 1093.36 | 375.59 |
| 江　苏 | 70117 | 5912 | 1499 | 17190.16 | 3129.19 | 577.07 | 4916.17 | 4810.81 | 1319.89 |
| 浙　江 | 55798 | 3991 | 1800 | 13885.42 | 2186.38 | 1067.85 | 3426.99 | 3485.66 | 1108.01 |
| 安　徽 | 46910 | 2889 | 608 | 7125.58 | 1390.05 | 565.36 | 2500.28 | 2426.81 | 704.78 |
| 福　建 | 48272 | 2299 | 827 | 4325.72 | 1108.23 | 402.34 | 1877.45 | 1605.45 | 579.70 |
| 江　西 | 46475 | 2212 | 156 | 3337.68 | 1088.28 | 129.03 | 1789.49 | 1674.36 | 540.04 |
| 山　东 | 93682 | 6838 | | 24105.93 | 3513.75 | 642.96 | 5712.99 | 5480.54 | 1781.53 |
| 河　南 | 50108 | 4990 | 568 | 6383.76 | 2386.06 | 473.72 | 3521.11 | 3353.56 | 1053.75 |
| 湖　北 | 97623 | 4258 | 720 | 7964.69 | 1938.93 | 495.05 | 2866.18 | 1915.79 | 566.09 |
| 湖　南 | 56807 | 3199 | 386 | 4110.82 | 1697.15 | 241.81 | 2104.99 | 1935.99 | 745.22 |
| 广　东 | 99901 | 9842 | 1692 | 17126.58 | 5649.90 | 953.96 | 6575.31 | 6134.71 | 1946.23 |
| 广　西 | 78641 | 2688 | 335 | 5394.85 | 1027.98 | 306.09 | 1809.48 | 1643.12 | 491.33 |
| 海　南 | 16999 | 616 | 196 | 1340.03 | 232.66 | 100.57 | 419.28 | 375.19 | 151.85 |
| 重　庆 | 43264 | 2625 | 472 | 7781.33 | 1289.27 | 328.23 | 1640.80 | 1525.59 | 464.97 |
| 四　川 | 91215 | 4361 | 1050 | 8708.00 | 2369.47 | 826.65 | 3411.76 | 3198.44 | 1022.96 |
| 贵　州 | 41821 | 1677 | 242 | 4355.99 | 708.30 | 203.16 | 1194.80 | 1064.14 | 363.85 |
| 云　南 | 91744 | 1834 | 194 | 3276.38 | 948.45 | 129.39 | 1287.83 | 1170.57 | 405.28 |
| 西　藏 | 47488 | 94 | 38 | 632.58 | 56.36 | 39.56 | 170.71 | 164.57 | 34.99 |
| 陕　西 | 60228 | 2146 | 219 | 2700.93 | 1270.49 | 166.75 | 1553.51 | 1513.35 | 444.90 |
| 甘　肃 | 89185 | 909 | 194 | 2120.76 | 534.05 | 149.39 | 968.07 | 980.83 | 255.10 |
| 青　海 | 203426 | 295 | 27 | 738.91 | 192.28 | 21.45 | 250.08 | 232.73 | 60.83 |
| 宁　夏 | 21522 | 444 | 62 | 954.37 | 256.81 | 39.31 | 485.66 | 451.39 | 132.47 |
| 新　疆 | 245051 | 1034 | 319 | 2187.14 | 597.22 | 259.11 | 1428.05 | 1294.74 | 383.34 |
| 新疆兵团 | 13262 | 158 | 51 | 759.13 | 75.65 | 34.88 | 226.53 | 210.99 | 57.99 |

注：1.本表中山东省市区人口为常住人口。

2.部分省份“绿地与广场用地面积”根据第三次全国国土调查数据进行了校核修订。

# National Urban Population and Construction Land by Province (2022)

Area Measurement Unit: square kilometer

Population Measurement Unit: 10,000 persons

| Area of Urban Construction Land | | | | | | | 本年征用土地面积 Area of Land Requisition This Year | 耕地 Arable Land | 地区名称 Name of Regions |
|---|---|---|---|---|---|---|---|---|---|
| 公共管理与公共服务用地 Administration and Public Services | 商业服务业设施用地 Commercial and Business Facilities | 工业用地 Industrial, Manufacturing | 物流仓储用地 Logistics and Warehouse | 道路交通设施用地 Road, Street and Transportation | 公用设施用地 Municipal Utilities | 绿地与广场用地 Green Space and Square | | | |
| **5274.79** | **4298.80** | **11414.84** | **1534.15** | **10052.09** | **1355.04** | **6698.40** | **1946.70** | **823.43** | **全　国** |
| | | | | | | | | | 北　京 |
| 87.54 | 95.11 | 262.47 | 54.33 | 158.80 | 20.23 | 98.00 | 6.79 | 3.34 | 天　津 |
| 166.69 | 149.06 | 239.43 | 64.39 | 413.18 | 58.98 | 447.34 | 51.62 | 26.22 | 河　北 |
| 155.15 | 91.85 | 186.83 | 34.71 | 211.38 | 26.70 | 133.10 | 28.35 | 10.90 | 山　西 |
| 111.52 | 103.34 | 128.74 | 39.36 | 225.98 | 28.81 | 165.16 | 41.83 | 14.46 | 内蒙古 |
| 173.74 | 186.32 | 688.26 | 99.23 | 413.95 | 64.92 | 241.66 | 27.43 | 16.63 | 辽　宁 |
| 114.27 | 82.45 | 297.44 | 47.46 | 226.73 | 52.95 | 160.84 | 28.30 | 15.62 | 吉　林 |
| 133.77 | 93.37 | 380.88 | 55.82 | 217.70 | 30.84 | 155.33 | 22.89 | 16.63 | 黑龙江 |
| 102.32 | 107.01 | 177.91 | 42.99 | 190.82 | 14.96 | 81.76 | 17.24 | 8.81 | 上　海 |
| 379.41 | 353.66 | 1073.76 | 91.34 | 856.59 | 102.21 | 633.95 | 149.31 | 83.44 | 江　苏 |
| 323.45 | 242.49 | 771.29 | 56.37 | 615.91 | 63.96 | 304.18 | 109.68 | 57.93 | 浙　江 |
| 179.33 | 151.71 | 548.86 | 40.30 | 459.56 | 45.14 | 297.13 | 177.05 | 107.28 | 安　徽 |
| 154.63 | 117.41 | 282.85 | 33.71 | 256.22 | 28.69 | 152.24 | 60.33 | 15.86 | 福　建 |
| 164.21 | 100.95 | 304.47 | 27.34 | 291.71 | 30.63 | 215.01 | 76.82 | 28.40 | 江　西 |
| 490.01 | 448.29 | 1232.23 | 149.16 | 789.81 | 98.88 | 490.63 | 195.30 | 49.79 | 山　东 |
| 327.07 | 167.91 | 401.50 | 93.92 | 600.42 | 100.48 | 608.51 | 89.96 | 50.42 | 河　南 |
| 160.64 | 113.98 | 463.46 | 45.89 | 329.27 | 64.31 | 172.15 | 160.61 | 72.99 | 湖　北 |
| 215.27 | 134.61 | 290.33 | 38.43 | 265.50 | 62.91 | 183.72 | 40.07 | 14.07 | 湖　南 |
| 495.97 | 427.55 | 1520.57 | 97.69 | 1213.68 | 98.26 | 334.76 | 123.35 | 32.39 | 广　东 |
| 143.47 | 108.28 | 237.36 | 49.99 | 304.44 | 54.42 | 253.83 | 107.35 | 36.49 | 广　西 |
| 51.48 | 54.39 | 18.05 | 10.37 | 54.22 | 6.26 | 28.57 | 21.26 | 3.39 | 海　南 |
| 141.33 | 85.95 | 333.46 | 36.84 | 308.96 | 29.56 | 124.52 | 66.68 | 23.66 | 重　庆 |
| 293.16 | 240.40 | 553.93 | 86.95 | 535.34 | 71.04 | 394.66 | 149.40 | 62.41 | 四　川 |
| 133.27 | 103.38 | 157.87 | 31.10 | 153.59 | 22.81 | 98.27 | 38.25 | 17.23 | 贵　州 |
| 138.16 | 120.75 | 94.78 | 33.21 | 199.01 | 26.97 | 152.41 | 47.67 | 19.37 | 云　南 |
| 24.80 | 15.94 | 20.15 | 4.51 | 23.83 | 9.75 | 30.60 | 0.82 | 0.12 | 西　藏 |
| 129.97 | 146.39 | 241.84 | 47.93 | 245.61 | 35.58 | 221.13 | 38.07 | 16.01 | 陕　西 |
| 85.69 | 81.46 | 212.42 | 37.33 | 153.83 | 30.84 | 124.16 | 33.24 | 7.36 | 甘　肃 |
| 17.70 | 17.84 | 23.93 | 14.18 | 41.52 | 12.36 | 44.37 | 0.94 | | 青　海 |
| 43.96 | 36.54 | 45.13 | 11.42 | 77.87 | 8.69 | 95.31 | 12.78 | 6.80 | 宁　夏 |
| 113.54 | 104.81 | 197.36 | 55.20 | 182.08 | 49.00 | 209.41 | 19.36 | 3.30 | 新　疆 |
| 23.27 | 15.60 | 27.28 | 2.68 | 34.58 | 3.90 | 45.69 | 3.95 | 2.11 | 新疆兵团 |

Notes: 1.The Urban District Population of Shandong Province in this table refers to the data of the resident population.

2.According to the data of the third National Land Survey,the Green Space and Square Land Area in some provinces has been checked and revised.

# 2-2 2022年全国城市人口和建设用地(按城市分列)

面积计量单位：平方公里

人口计量单位：万人

| 城市名称<br>Name of Cities | 市区面积<br>Urban District Area | 市区人口<br>Urban District Population | 市区暂住人口<br>Urban District Temporary Population | 城区面积<br>Urban Area | 城区人口<br>Urban Population | 城区暂住人口<br>Urban Temporary Population | 建成区面积<br>Area of Built District | 城市建设用地面积<br>小计<br>Subtotal | 居住用地<br>Residential |
|---|---|---|---|---|---|---|---|---|---|
| **全　国** | **2371372.7** | **84820.2** | **13319.1** | **191216.77** | **47001.93** | **9486.24** | **63676.40** | **59451.69** | **18823.58** |
| **北　京** | | **2184.3** | | | **1912.80** | | | | |
| **天　津** | **11926.3** | **1363.0** | | **2653.44** | **1160.07** | | **1264.46** | **1088.48** | **312.00** |
| **河　北** | **49720.8** | **3793.0** | **210.9** | **6363.96** | **1816.65** | **187.78** | **2266.96** | **2225.36** | **686.29** |
| 石家庄 | 2195.0 | 568.4 | 12.1 | 556.20 | 349.41 | 5.44 | 334.52 | 332.64 | 131.27 |
| 晋　州 | 619.0 | 57.2 | 1.2 | 90.78 | 13.37 | 0.59 | 14.83 | 14.83 | 4.44 |
| 新　乐 | 525.0 | 47.9 | 0.7 | 45.92 | 9.21 | 0.38 | 14.82 | 14.28 | 4.12 |
| 唐　山 | 3874.0 | 307.2 | 10.1 | 293.65 | 195.67 | 10.07 | 249.50 | 241.46 | 54.88 |
| 滦　州 | 1027.2 | 52.0 | 6.0 | 140.80 | 21.74 | 5.90 | 30.40 | 30.40 | 10.00 |
| 遵　化 | 1521.0 | 75.4 | 2.6 | 85.80 | 24.72 | 2.15 | 26.70 | 26.14 | 7.41 |
| 迁　安 | 1227.0 | 77.5 | 4.3 | 128.10 | 31.90 | 4.10 | 45.14 | 45.14 | 11.66 |
| 秦皇岛 | 2131.5 | 152.3 | 33.9 | 290.30 | 106.55 | 32.30 | 149.81 | 146.56 | 41.34 |
| 邯　郸 | 2685.7 | 382.9 | 14.7 | 556.00 | 200.09 | 13.09 | 192.20 | 189.81 | 47.16 |
| 武　安 | 1806.0 | 81.7 | 1.8 | 95.00 | 24.68 | 0.70 | 39.60 | 38.61 | 10.72 |
| 邢　台 | 994.2 | 209.6 | 4.1 | 205.07 | 76.00 | 3.99 | 135.00 | 134.80 | 52.00 |
| 南　宫 | 863.3 | 39.7 | 0.1 | 28.57 | 13.58 | 0.12 | 16.50 | 16.50 | 5.01 |
| 沙　河 | 999.0 | 46.6 | 0.2 | 21.97 | 10.90 | 0.24 | 18.91 | 18.63 | 8.15 |
| 保　定 | 2564.8 | 289.7 | 52.9 | 359.65 | 146.04 | 51.31 | 209.78 | 203.91 | 58.74 |
| 涿　州 | 751.3 | 69.9 | 0.6 | 181.00 | 27.71 | 0.49 | 37.66 | 37.66 | 11.81 |
| 安　国 | 485.1 | 41.3 | 0.5 | 31.71 | 12.03 | 0.49 | 14.69 | 14.66 | 5.25 |
| 高碑店 | 620.0 | 57.1 | 1.7 | 36.80 | 14.34 | 0.99 | 21.08 | 21.08 | 5.10 |
| 张家口 | 6963.8 | 176.0 | 1.4 | 411.43 | 95.07 | 8.39 | 101.80 | 97.96 | 23.39 |
| 承　德 | 1252.7 | 59.5 | 3.3 | 724.03 | 55.11 | 3.35 | 81.06 | 77.86 | 19.94 |
| 平　泉 | 3294.1 | 47.3 | 0.4 | 26.00 | 18.77 | 0.42 | 17.60 | 17.40 | 4.94 |
| 沧　州 | 320.0 | 71.7 | 14.3 | 320.00 | 60.45 | 13.34 | 89.71 | 85.44 | 30.81 |
| 泊　头 | 1007.0 | 62.2 | 0.5 | 22.00 | 16.83 | 0.18 | 20.15 | 19.94 | 6.75 |
| 任　丘 | 864.0 | 81.5 | 3.2 | 74.40 | 30.46 | 2.40 | 52.50 | 52.44 | 17.51 |
| 黄　骅 | 2424.8 | 63.8 | 6.4 | 227.50 | 22.95 | 5.96 | 38.30 | 35.35 | 7.74 |
| 河　间 | 1322.0 | 90.0 | | 69.40 | 15.10 | | 20.90 | 20.41 | 7.01 |
| 廊　坊 | 960.0 | 89.2 | 10.1 | 292.00 | 56.52 | 9.27 | 80.12 | 79.39 | 25.21 |
| 霸　州 | 784.0 | 65.9 | 3.7 | 79.00 | 11.27 | 3.23 | 17.60 | 17.51 | 6.25 |
| 三　河 | 643.0 | 77.0 | 8.5 | 169.00 | 20.89 | 2.00 | 19.31 | 19.31 | 2.49 |
| 衡　水 | 1509.6 | 107.9 | 3.8 | 401.40 | 62.06 | 2.86 | 76.59 | 76.22 | 26.99 |
| 深　州 | 1252.0 | 58.1 | 3.2 | 83.19 | 19.22 | 0.10 | 21.23 | 20.80 | 4.55 |
| 辛　集 | 951.0 | 64.0 | 3.3 | 137.10 | 19.94 | 2.90 | 34.75 | 34.02 | 12.07 |
| 定　州 | 1283.7 | 122.8 | 1.3 | 180.19 | 34.07 | 1.03 | 44.20 | 44.20 | 21.58 |

# National Urban Population and Construction Land by City (2022)

Area Measurement Unit: square kilometer

Population Measurement Unit: 10,000 persons

| Area of Urban Construction Land | | | | | | | 本年征用土地面积 Area of Land Requisition This Year | 耕地 Arable Land | 城市名称 Name of Cities |
|---|---|---|---|---|---|---|---|---|---|
| 公共管理与公共服务用地 Administration and Public Services | 商业服务业设施用地 Commercial and Business Facilities | 工业用地 Industrial, Manufacturing | 物流仓储用地 Logistics and Warehouse | 道路交通设施用地 Road, Street and Transportation | 公用设施用地 Municipal Utilities | 绿地与广场用地 Green Space and Square | | | |
| **5274.79** | **4298.80** | **11414.84** | **1534.15** | **10052.09** | **1355.04** | **6698.40** | **1946.70** | **823.43** | **全国** |
| | | | | | | | | | **北京** |
| **87.54** | **95.11** | **262.47** | **54.33** | **158.80** | **20.23** | **98.00** | **6.79** | **3.34** | **天津** |
| **166.69** | **149.06** | **239.43** | **64.39** | **413.18** | **58.98** | **447.34** | **51.62** | **26.22** | **河北** |
| 33.26 | 36.05 | 29.87 | 17.21 | 58.23 | 6.02 | 20.73 | 11.41 | 5.75 | 石家庄 |
| 0.83 | 0.80 | 1.52 | 0.40 | 3.28 | 0.10 | 3.46 | 1.37 | 0.87 | 晋州 |
| 0.97 | 0.92 | 0.74 | 0.35 | 2.77 | 0.92 | 3.49 | 0.75 | 0.66 | 新乐 |
| 11.79 | 18.00 | 36.69 | 7.89 | 42.72 | 7.72 | 61.77 | | | 唐山 |
| 3.21 | 2.92 | 0.10 | 0.10 | 4.71 | 0.47 | 8.89 | | | 滦州 |
| 1.10 | 0.27 | 2.09 | 0.40 | 5.40 | 1.48 | 7.99 | 0.38 | | 遵化 |
| 4.01 | 4.63 | 5.83 | 0.22 | 7.67 | 0.38 | 10.74 | 1.23 | 0.43 | 迁安 |
| 10.72 | 12.60 | 15.70 | 4.96 | 25.50 | 5.04 | 30.70 | 6.97 | 3.90 | 秦皇岛 |
| 13.68 | 8.11 | 10.67 | 8.25 | 41.51 | 6.29 | 54.14 | 3.02 | 2.14 | 邯郸 |
| 3.05 | 1.65 | 6.13 | 0.88 | 7.10 | 1.15 | 7.93 | 2.03 | 1.44 | 武安 |
| 9.14 | 8.00 | 18.12 | 2.57 | 25.92 | 2.66 | 16.39 | 1.28 | 0.84 | 邢台 |
| 1.11 | 1.35 | 1.55 | 0.16 | 3.52 | 0.27 | 3.53 | | | 南宫 |
| 1.59 | 1.40 | 0.57 | 0.12 | 3.35 | 0.47 | 2.98 | 2.66 | 1.04 | 沙河 |
| 15.61 | 9.73 | 39.80 | 4.12 | 32.60 | 5.70 | 37.61 | 0.61 | 0.39 | 保定 |
| 3.91 | 2.44 | 5.42 | 0.31 | 6.95 | 0.65 | 6.17 | 3.80 | 1.26 | 涿州 |
| 0.71 | 0.83 | 0.73 | 0.20 | 3.86 | 0.11 | 2.97 | 0.92 | 0.88 | 安国 |
| 1.86 | 1.14 | 1.70 | 0.27 | 4.69 | 1.01 | 5.31 | 0.25 | 0.20 | 高碑店 |
| 6.56 | 4.05 | 3.71 | 1.68 | 24.86 | 3.53 | 30.18 | 3.96 | 2.85 | 张家口 |
| 8.16 | 4.64 | 10.71 | 2.02 | 13.13 | 1.42 | 17.84 | 0.33 | 0.08 | 承德 |
| 1.17 | 0.64 | 0.84 | 0.54 | 3.68 | 1.14 | 4.45 | 0.94 | 0.37 | 平泉 |
| 6.31 | 3.75 | 7.03 | 1.11 | 16.94 | 1.34 | 18.15 | | | 沧州 |
| 1.30 | 1.02 | 3.62 | 0.18 | 3.15 | 0.24 | 3.68 | | | 泊头 |
| 4.97 | 3.56 | 4.99 | 1.93 | 7.88 | 2.36 | 9.24 | 1.88 | 0.42 | 任丘 |
| 2.75 | 3.73 | 3.56 | 0.96 | 7.33 | 0.62 | 8.66 | 1.00 | | 黄骅 |
| 0.80 | 0.58 | 1.17 | 0.40 | 4.07 | 0.60 | 5.78 | 0.33 | | 河间 |
| 4.02 | 3.52 | 7.63 | 3.24 | 14.80 | 2.65 | 18.32 | 3.52 | 1.56 | 廊坊 |
| 0.79 | 1.18 | 1.32 | 0.30 | 2.70 | 0.80 | 4.17 | 0.92 | 0.49 | 霸州 |
| 3.64 | 2.29 | 0.40 | 0.30 | 4.89 | 0.70 | 4.60 | | | 三河 |
| 4.71 | 3.88 | 6.13 | 1.44 | 12.56 | 1.38 | 19.13 | 0.40 | | 衡水 |
| 1.45 | 2.10 | 1.90 | 1.10 | 4.17 | 0.38 | 5.15 | | | 深州 |
| 1.58 | 2.02 | 4.28 | 0.63 | 6.17 | 0.50 | 6.77 | 1.66 | 0.65 | 辛集 |
| 1.93 | 1.26 | 4.91 | 0.15 | 7.07 | 0.88 | 6.42 | | | 定州 |

## 2-2 续表 1

面积计量单位：平方公里
人口计量单位：万人

| 城市名称 Name of Cities | 市区面积 Urban District Area | 市区人口 Urban District Population | 市区暂住人口 Urban District Temporary Population | 城区面积 Urban Area | 城区人口 Urban Population | 城区暂住人口 Urban Temporary Population | 建成区面积 Area of Built District | 城市建设用地面积 小计 Subtotal | 居住用地 Residential |
|---|---|---|---|---|---|---|---|---|---|
| **山　西** | **36501.8** | **1707.2** | **251.2** | **3320.81** | **1097.11** | **182.96** | **1295.08** | **1260.05** | **420.33** |
| 太　原 | 6909.0 | 418.7 | 111.3 | 1416.00 | 315.20 | 89.80 | 360.00 | 350.60 | 118.60 |
| 古　交 | 1512.0 | 21.1 | 2.1 | 25.75 | 14.58 | 1.56 | 17.05 | 16.94 | 5.20 |
| 大　同 | 2080.0 | 160.0 | 20.6 | 149.68 | 123.05 | 14.44 | 149.68 | 149.23 | 51.74 |
| 阳　泉 | 652.0 | 71.7 | 3.0 | 59.65 | 57.00 | 3.00 | 59.65 | 63.09 | 16.06 |
| 长　治 | 2489.0 | 162.2 | 9.0 | 243.80 | 86.49 | 8.54 | 86.05 | 83.58 | 27.15 |
| 晋　城 | 142.6 | 43.0 | 14.3 | 102.79 | 39.95 | 14.93 | 50.19 | 50.19 | 17.36 |
| 高　平 | 946.0 | 48.8 | 1.5 | 63.00 | 13.00 | 0.43 | 17.80 | 17.34 | 7.10 |
| 朔　州 | 4093.7 | 69.2 | 7.6 | 176.00 | 40.54 | 7.22 | 49.70 | 49.01 | 12.40 |
| 怀　仁 | 1232.0 | 34.0 | 2.2 | 80.00 | 21.60 | 2.51 | 28.00 | 27.49 | 6.65 |
| 晋　中 | 2360.9 | 94.9 | 25.1 | 147.97 | 62.56 | 24.07 | 107.36 | 101.88 | 35.21 |
| 介　休 | 741.1 | 44.6 | 0.8 | 42.00 | 19.65 | 0.03 | 20.03 | 25.04 | 12.05 |
| 运　城 | 1237.0 | 65.0 | 42.0 | 88.90 | 53.00 | 4.00 | 66.00 | 46.02 | 13.94 |
| 永　济 | 1208.0 | 39.5 | 0.2 | 30.26 | 16.90 | 0.20 | 25.78 | 25.43 | 4.13 |
| 河　津 | 593.1 | 39.5 |  | 107.80 | 21.24 |  | 27.12 | 26.60 | 8.87 |
| 忻　州 | 1982.0 | 56.4 | 1.0 | 183.00 | 31.44 | 3.90 | 37.48 | 36.83 | 11.45 |
| 原　平 | 2571.0 | 50.9 | 1.1 | 148.00 | 18.28 | 1.11 | 20.33 | 20.33 | 6.97 |
| 临　汾 | 1307.0 | 93.8 | 2.1 | 79.07 | 59.80 | 1.90 | 56.20 | 54.74 | 22.00 |
| 侯　马 | 220.1 | 25.2 | 0.7 | 21.34 | 15.21 | 0.90 | 21.34 | 21.34 | 8.03 |
| 霍　州 | 765.0 | 30.9 | 2.6 | 19.50 | 13.37 | 1.64 | 15.40 | 15.11 | 6.40 |
| 吕　梁 | 1339.0 | 46.4 |  | 50.20 | 33.53 |  | 33.32 | 33.29 | 11.44 |
| 孝　义 | 946.0 | 47.9 | 2.7 | 54.50 | 29.52 | 1.52 | 29.00 | 28.46 | 10.44 |
| 汾　阳 | 1175.3 | 43.4 | 1.5 | 31.60 | 11.20 | 1.26 | 17.60 | 17.51 | 7.14 |
| **内蒙古** | **148683.3** | **904.4** | **319.7** | **4674.87** | **681.97** | **253.79** | **1272.80** | **1231.70** | **428.79** |
| 呼和浩特 | 2065.5 | 152.5 | 92.7 | 320.32 | 152.49 | 92.70 | 271.08 | 315.73 | 140.60 |
| 包　头 | 2965.0 | 158.0 | 63.1 | 885.00 | 139.29 | 51.57 | 211.62 | 195.79 | 58.60 |
| 乌　海 | 1754.0 | 41.4 | 12.9 | 67.90 | 39.56 | 12.85 | 57.44 | 55.11 | 20.16 |
| 赤　峰 | 7057.1 | 119.3 | 19.0 | 409.58 | 72.14 | 17.18 | 117.26 | 109.22 | 30.82 |
| 通　辽 | 3212.0 | 84.2 | 5.1 | 75.63 | 42.40 | 4.06 | 62.50 | 62.50 | 14.39 |
| 霍林郭勒 | 585.0 | 8.4 | 5.5 | 36.04 | 8.40 | 4.71 | 17.10 | 17.10 | 3.00 |
| 鄂尔多斯 | 2884.1 | 32.8 | 30.2 | 200.87 | 25.95 | 28.19 | 117.87 | 103.87 | 26.65 |
| 呼伦贝尔 | 1401.9 | 28.9 | 4.9 | 135.50 | 27.88 | 4.89 | 31.50 | 31.50 | 18.50 |
| 满 洲 里 | 734.6 | 17.1 | 6.1 | 734.56 | 17.08 | 6.10 | 27.06 | 27.00 | 8.00 |
| 牙 克 石 | 27590.0 | 30.4 | 5.2 | 39.00 | 13.01 | 0.14 | 28.23 | 25.81 | 7.03 |
| 扎 兰 屯 | 16800.0 | 43.1 | 1.8 | 385.00 | 13.15 | 0.30 | 19.20 | 18.30 | 8.71 |
| 额尔古纳 | 28000.0 | 7.6 | 0.8 | 303.00 | 3.55 | 0.44 | 10.48 | 10.48 | 6.25 |
| 根　河 | 19659.0 | 6.8 |  | 350.00 | 3.80 |  | 8.70 | 8.70 | 5.18 |
| 巴彦淖尔 | 2333.3 | 51.6 | 11.1 | 80.51 | 34.00 | 8.10 | 51.00 | 40.21 | 21.66 |
| 乌兰察布 | 393.8 | 31.8 | 9.0 | 75.40 | 26.14 | 3.06 | 75.40 | 62.17 | 18.81 |
| 丰　镇 | 2704.0 | 31.0 | 31.0 | 25.00 | 10.82 | 0.45 | 25.00 | 25.00 | 6.47 |
| 锡林浩特 | 14778.4 | 20.7 | 14.5 | 103.49 | 18.14 | 12.27 | 47.63 | 47.46 | 10.65 |
| 二连浩特 | 4015.0 | 2.6 | 3.0 | 79.40 | 2.57 | 3.03 | 27.00 | 26.64 | 3.35 |
| 乌兰浩特 | 2353.0 | 32.2 | 3.4 | 256.00 | 28.80 | 3.42 | 45.00 | 39.41 | 15.81 |
| 阿 尔 山 | 7397.7 | 4.2 | 0.5 | 112.67 | 2.80 | 0.33 | 21.73 | 9.70 | 4.15 |

continued 1

Area Measurement Unit: square kilometer
Population Measurement Unit: 10,000 persons

| Area of Urban Construction Land | | | | | | | 本年征用土地面积 Area of Land Requisition This Year | | 城市名称 Name of Cities |
|---|---|---|---|---|---|---|---|---|---|
| 公共管理与公共服务用地 Administration and Public Services | 商业服务业设施用地 Commercial and Business Facilities | 工业用地 Industrial, Manufacturing | 物流仓储用地 Logistics and Warehouse | 道路交通设施用地 Road, Street and Transportation | 公用设施用地 Municipal Utilities | 绿地与广场用地 Green Space and Square | | 耕地 Arable Land | |
| **155.15** | **91.85** | **186.83** | **34.71** | **211.38** | **26.70** | **133.10** | **28.35** | **10.90** | **山　西** |
| 34.27 | 29.45 | 70.09 | 10.55 | 55.23 | 4.42 | 27.99 | 5.11 | 1.99 | 太　原 |
| 3.43 | 0.49 | 4.91 | 0.03 | 2.70 | 0.08 | 0.10 | | | 古　交 |
| 32.78 | 12.63 | 19.01 | 3.21 | 20.33 | 1.08 | 8.45 | 10.93 | 4.05 | 大　同 |
| 5.16 | 4.32 | 24.18 | 0.68 | 9.33 | 0.62 | 2.74 | | | 阳　泉 |
| 14.88 | 1.98 | 15.05 | 2.74 | 13.59 | 3.78 | 4.41 | 0.30 | 0.05 | 长　治 |
| 7.72 | 5.49 | 4.05 | 1.28 | 9.84 | 0.75 | 3.70 | 3.00 | 1.11 | 晋　城 |
| 1.40 | 1.70 | 0.86 | 1.33 | 2.49 | 0.50 | 1.96 | 0.02 | | 高　平 |
| 4.00 | 5.35 | 0.98 | 1.85 | 10.02 | 1.90 | 12.51 | | | 朔　州 |
| 2.02 | 2.04 | 0.48 | 0.34 | 5.47 | 1.94 | 8.55 | | | 怀　仁 |
| 17.21 | 7.44 | 14.19 | 3.80 | 21.68 | 0.45 | 1.90 | 4.46 | 1.97 | 晋　中 |
| 2.05 | 2.17 | 2.48 | 1.03 | 4.37 | 0.17 | 0.72 | 0.15 | 0.09 | 介　休 |
| 1.52 | 1.34 | 3.89 | 1.20 | 10.87 | 2.54 | 10.72 | | | 运　城 |
| 2.30 | 0.33 | 3.06 | 0.36 | 3.15 | 2.30 | 9.80 | | | 永　济 |
| 2.14 | 1.84 | 7.04 | 1.09 | 3.67 | 0.26 | 1.69 | | | 河　津 |
| 3.62 | 3.53 | 1.32 | 0.83 | 7.06 | 0.59 | 8.43 | 1.26 | 0.57 | 忻　州 |
| 1.97 | 1.02 | 3.72 | 0.30 | 3.20 | 0.41 | 2.74 | | | 原　平 |
| 4.80 | 4.12 | 1.30 | 1.53 | 7.74 | 2.73 | 10.52 | 1.30 | | 临　汾 |
| 1.97 | 1.59 | 1.94 | 0.87 | 3.62 | 0.31 | 3.01 | | | 侯　马 |
| 1.97 | 0.70 | 0.44 | 0.43 | 2.11 | 0.34 | 2.72 | | | 霍　州 |
| 4.00 | 1.80 | 5.35 | 0.05 | 5.52 | 0.33 | 4.80 | | | 吕　梁 |
| 4.05 | 1.01 | 1.05 | 0.53 | 6.54 | 1.01 | 3.83 | 0.99 | 0.43 | 孝　义 |
| 1.89 | 1.51 | 1.44 | 0.68 | 2.85 | 0.19 | 1.81 | 0.83 | 0.64 | 汾　阳 |
| **111.52** | **103.34** | **128.74** | **39.36** | **225.98** | **28.81** | **165.16** | **41.83** | **14.46** | **内蒙古** |
| 34.03 | 29.49 | 24.69 | 13.44 | 47.76 | 4.67 | 21.05 | 14.27 | 7.37 | 呼和浩特 |
| 15.82 | 9.83 | 52.50 | 7.50 | 24.40 | 3.49 | 23.65 | 14.69 | 6.66 | 包　头 |
| 5.51 | 3.58 | 2.75 | 1.02 | 10.27 | 0.47 | 11.35 | 0.06 | | 乌　海 |
| 6.21 | 5.64 | 6.42 | 2.39 | 24.12 | 3.57 | 30.05 | 1.30 | 0.43 | 赤　峰 |
| 6.17 | 3.00 | 5.00 | 3.35 | 12.49 | 3.35 | 14.75 | | | 通　辽 |
| 1.81 | 1.78 | 1.22 | 1.15 | 4.25 | 1.10 | 2.79 | 0.07 | | 霍林郭勒 |
| 9.30 | 15.45 | 3.57 | 0.05 | 34.31 | 0.95 | 13.59 | | | 鄂尔多斯 |
| 2.00 | 2.00 | 2.00 | 1.00 | 1.00 | 2.00 | 3.00 | | | 呼伦贝尔 |
| 3.00 | 1.00 | 2.00 | 1.00 | 8.00 | 2.00 | 2.00 | | | 满洲里 |
| 1.65 | 1.57 | 3.44 | 1.12 | 5.30 | 0.25 | 5.45 | 6.30 | | 牙克石 |
| 0.60 | 0.50 | 0.30 | 0.30 | 4.06 | 0.40 | 3.43 | 1.00 | | 扎兰屯 |
| 0.75 | 0.88 | 0.68 | 0.20 | 1.02 | 0.28 | 0.42 | | | 额尔古纳 |
| 0.40 | 0.03 | 0.80 | 0.20 | 1.28 | 0.10 | 0.71 | | | 根　河 |
| 3.47 | 3.61 | 1.26 | 0.35 | 6.68 | 0.32 | 2.86 | | | 巴彦淖尔 |
| 5.65 | 5.62 | 5.57 | 1.31 | 15.02 | 0.77 | 9.42 | | | 乌兰察布 |
| 1.75 | 2.96 | 3.08 | 0.98 | 4.14 | 0.38 | 5.24 | | | 丰　镇 |
| 5.45 | 4.20 | 6.40 | 0.43 | 7.35 | 2.00 | 10.98 | 4.10 | | 锡林浩特 |
| 2.88 | 7.37 | 1.53 | 2.84 | 6.24 | 1.43 | 1.00 | | | 二连浩特 |
| 3.76 | 2.82 | 5.17 | 0.30 | 7.57 | 0.78 | 3.20 | 0.04 | | 乌兰浩特 |
| 1.31 | 2.01 | 0.36 | 0.43 | 0.72 | 0.50 | 0.22 | | | 阿尔山 |

## 2-2 续表 2

面积计量单位：平方公里

人口计量单位：万人

| 城市名称 Name of Cities | 市区面积 Urban District Area | 市区人口 Urban District Population | 市区暂住人口 Urban District Temporary Population | 城区面积 Urban Area | 城区人口 Urban Population | 城区暂住人口 Urban Temporary Population | 建成区面积 Area of Built District | 城市建设用地面积 小计 Subtotal | 居住用地 Residential |
|---|---|---|---|---|---|---|---|---|---|
| **辽　宁** | **77573.7** | **3100.8** | **415.0** | **13067.76** | **2040.68** | **301.56** | **2815.03** | **2785.04** | **916.96** |
| 沈　阳 | 5116.0 | 625.0 | 209.0 | 1610.00 | 475.00 | 125.00 | 573.00 | 652.36 | 217.28 |
| 新　民 | 3318.0 | 64.1 | 3.4 | 22.50 | 10.45 | 0.68 | 22.50 | | |
| 大　连 | 5786.9 | 421.3 | 37.2 | 1523.00 | 361.60 | 32.10 | 444.04 | 410.48 | 141.98 |
| 庄　河 | 4114.0 | 85.5 | 3.9 | 239.00 | 29.10 | 2.90 | 42.80 | 42.00 | 16.81 |
| 瓦房店 | 4391.5 | 99.0 | 11.9 | 765.50 | 37.02 | 9.05 | 61.60 | 38.46 | 13.32 |
| 鞍　山 | 792.0 | 142.2 | 17.5 | 632.21 | 125.24 | 17.49 | 178.55 | 163.55 | 48.52 |
| 海　城 | 2581.0 | 104.0 | 9.8 | 104.00 | 21.05 | 2.05 | 36.40 | 36.40 | 18.33 |
| 抚　顺 | 1163.6 | 121.6 | 10.5 | 490.14 | 109.82 | 10.21 | 123.18 | 123.18 | 29.57 |
| 本　溪 | 1518.8 | 84.9 | 7.6 | 1518.76 | 84.92 | 7.58 | 109.00 | 92.40 | 27.96 |
| 丹　东 | 945.5 | 75.8 | 3.9 | 220.00 | 63.19 | 3.66 | 75.03 | 72.10 | 28.32 |
| 东　港 | 2402.6 | 57.9 | 1.2 | 122.70 | 15.27 | 0.90 | 23.30 | 22.41 | 7.86 |
| 凤　城 | 5515.0 | 54.5 | 1.5 | 329.33 | 17.01 | 1.53 | 21.00 | 21.00 | 11.66 |
| 锦　州 | 728.0 | 94.6 | 10.0 | 436.00 | 94.58 | 9.96 | 77.10 | 106.60 | 42.33 |
| 凌　海 | 2585.5 | 50.2 | 1.7 | 136.74 | 10.50 | 1.38 | 19.55 | 19.55 | 9.60 |
| 北　镇 | 1782.0 | 47.3 | 3.2 | 78.80 | 11.35 | 3.07 | 15.07 | 15.07 | 5.52 |
| 营　口 | 858.6 | 93.8 | 18.0 | 538.25 | 77.57 | 14.41 | 180.07 | 178.42 | 37.90 |
| 盖　州 | 2955.9 | 66.3 | 0.7 | 150.00 | 17.92 | 0.26 | 29.45 | 26.06 | 14.53 |
| 大石桥 | 1610.0 | 66.8 | 1.4 | 150.00 | 24.90 | 1.26 | 45.45 | 45.45 | 13.07 |
| 阜　新 | 490.0 | 71.4 | 1.2 | 448.00 | 71.42 | 1.20 | 76.50 | 76.50 | 20.73 |
| 辽　阳 | 1111.2 | 82.8 | 5.3 | 728.00 | 70.68 | 5.09 | 102.44 | 101.43 | 38.81 |
| 灯　塔 | 1166.0 | 42.3 | 1.0 | 127.00 | 10.28 | 0.49 | 15.02 | 14.63 | 5.30 |
| 盘　锦 | 1136.1 | 98.6 | 16.2 | 276.91 | 74.31 | 15.64 | 106.89 | 109.74 | 40.87 |
| 铁　岭 | 699.0 | 53.4 | 12.4 | 240.33 | 36.50 | 12.41 | 70.32 | 68.57 | 27.39 |
| 调兵山 | 262.2 | 21.2 | 0.4 | 23.97 | 18.40 | 0.21 | 18.95 | 18.95 | 5.10 |
| 开　原 | 2813.3 | 53.9 | 3.4 | 150.39 | 16.64 | 3.25 | 27.99 | 27.37 | 6.84 |
| 朝　阳 | 1170.5 | 61.0 | 7.1 | 570.00 | 48.37 | 6.85 | 61.64 | 61.64 | 19.10 |
| 北　票 | 4469.0 | 52.6 | 0.3 | 183.00 | 14.21 | 0.20 | 27.91 | 27.91 | 9.61 |
| 凌　源 | 3263.0 | 53.0 | 1.0 | 462.24 | 21.60 | 1.00 | 36.66 | 27.76 | 8.67 |
| 葫芦岛 | 10423.3 | 95.1 | 5.4 | 392.04 | 50.13 | 4.97 | 94.60 | 91.49 | 19.37 |
| 兴　城 | 2119.5 | 51.8 | 3.4 | 269.11 | 14.16 | 0.95 | 35.10 | 33.80 | 16.90 |
| 沈抚改革创新示范区 | 285.8 | 9.2 | 5.8 | 129.84 | 7.49 | 5.81 | 63.92 | 59.76 | 13.71 |
| **吉　林** | **110793.2** | **1820.2** | **255.2** | **5720.76** | **970.92** | **228.71** | **1580.00** | **1499.02** | **516.88** |
| 长　春 | 7589.3 | 436.2 | 129.6 | 3047.07 | 357.53 | 123.89 | 551.38 | 543.35 | 159.39 |
| 榆　树 | 4712.5 | 119.5 | 17.7 | 109.00 | 16.62 | 12.16 | 23.48 | 20.50 | 10.47 |
| 德　惠 | 3324.6 | 85.9 | 4.7 | 52.06 | 21.56 | 2.00 | 32.29 | 32.29 | 19.70 |
| 公主岭 | 4140.6 | 100.9 | 8.9 | 126.53 | 13.97 | 4.95 | 36.00 | 35.93 | 10.57 |
| 吉　林 | 3636.0 | 176.5 | 5.6 | 498.75 | 123.14 | 3.82 | 195.92 | 195.92 | 60.58 |
| 蛟　河 | 6429.0 | 32.2 | 1.9 | 27.50 | 12.89 | 1.16 | 18.50 | 18.50 | 7.54 |
| 桦　甸 | 6626.0 | 40.5 | 1.7 | 192.00 | 11.50 | 0.60 | 19.50 | 19.50 | 9.34 |

## continued 2

Area Measurement Unit: square kilometer

Population Measurement Unit: 10,000 persons

| Area of Urban Construction Land | | | | | | | 本年征用土地面积 Area of Land Requisition This Year | 耕地 Arable Land | 城市名称 Name of Cities |
|---|---|---|---|---|---|---|---|---|---|
| 公共管理与公共服务用地 Administration and Public Services | 商业服务业设施用地 Commercial and Business Facilities | 工业用地 Industrial, Manufacturing | 物流仓储用地 Logistics and Warehouse | 道路交通设施用地 Road, Street and Transportation | 公用设施用地 Municipal Utilities | 绿地与广场用地 Green Space and Square | | | |
| **173.74** | **186.32** | **688.26** | **99.23** | **413.95** | **64.92** | **241.66** | **27.43** | **16.63** | **辽宁** |
| 24.84 | 37.08 | 142.37 | 23.47 | 112.69 | 23.71 | 70.92 | 12.02 | 9.02 | 沈阳 |
| | | | | | | | | | 新民 |
| 33.64 | 30.83 | 100.85 | 29.10 | 50.69 | 6.78 | 16.61 | 3.78 | 1.89 | 大连 |
| 3.82 | 2.17 | 11.75 | 0.24 | 5.26 | 0.55 | 1.40 | 0.81 | 0.58 | 庄河 |
| 3.00 | 4.82 | 9.76 | 1.56 | 1.05 | 0.85 | 4.10 | 0.02 | 0.02 | 瓦房店 |
| 11.15 | 9.24 | 59.87 | 2.47 | 26.41 | 0.76 | 5.13 | 2.43 | 0.42 | 鞍山 |
| 3.25 | 2.48 | 4.68 | 1.15 | 4.29 | 0.48 | 1.74 | | | 海城 |
| 9.45 | 6.39 | 41.24 | 4.62 | 6.88 | 5.62 | 19.41 | 0.63 | 0.60 | 抚顺 |
| 6.80 | 12.72 | 21.90 | 0.93 | 13.76 | 1.88 | 6.45 | 1.60 | 0.60 | 本溪 |
| 3.95 | 3.59 | 17.14 | 1.38 | 14.06 | 1.23 | 2.43 | 0.15 | 0.12 | 丹东 |
| 1.94 | 1.04 | 5.28 | 0.24 | 4.93 | 0.39 | 0.73 | 0.38 | 0.29 | 东港 |
| 1.24 | 0.44 | 3.15 | 0.61 | 3.42 | 0.25 | 0.23 | 0.33 | 0.19 | 凤城 |
| 6.65 | 6.52 | 24.23 | 4.70 | 9.10 | 1.69 | 11.38 | | | 锦州 |
| 1.30 | 4.50 | 0.57 | 0.36 | 2.50 | 0.30 | 0.42 | | | 凌海 |
| 2.02 | 1.58 | 1.77 | 0.12 | 1.41 | 0.38 | 2.27 | | | 北镇 |
| 8.57 | 7.71 | 50.31 | 6.67 | 35.86 | 2.58 | 28.82 | 0.71 | 0.41 | 营口 |
| 1.15 | 1.43 | 4.91 | 0.60 | 2.72 | 0.50 | 0.22 | 1.56 | 0.93 | 盖州 |
| 3.21 | 4.75 | 13.22 | 0.73 | 4.73 | 0.99 | 4.75 | | | 大石桥 |
| 3.90 | 6.42 | 18.97 | 3.20 | 12.47 | 0.69 | 10.12 | | | 阜新 |
| 3.04 | 8.09 | 22.59 | 6.02 | 15.65 | 2.53 | 4.70 | 0.72 | 0.52 | 辽阳 |
| 1.49 | 0.08 | 3.81 | 0.31 | 2.60 | 0.33 | 0.71 | | | 灯塔 |
| 8.18 | 6.29 | 24.70 | 2.07 | 19.18 | 1.98 | 6.47 | 0.14 | 0.13 | 盘锦 |
| 6.24 | 6.08 | 3.51 | 1.20 | 14.84 | 2.91 | 6.40 | 0.05 | 0.05 | 铁岭 |
| 0.50 | 0.70 | 4.11 | 0.10 | 2.14 | 0.20 | 6.10 | 0.39 | 0.30 | 调兵山 |
| 1.21 | 1.34 | 8.21 | 0.37 | 3.01 | 0.46 | 5.93 | 0.03 | 0.03 | 开原 |
| 4.86 | 3.47 | 18.52 | 0.59 | 9.48 | 1.64 | 3.98 | 0.48 | 0.11 | 朝阳 |
| 1.64 | 1.21 | 7.81 | 0.31 | 4.28 | 0.59 | 2.46 | | | 北票 |
| 2.47 | 1.72 | 9.38 | 1.03 | 3.42 | 0.47 | 0.60 | | | 凌源 |
| 5.52 | 5.86 | 28.98 | 3.17 | 12.59 | 2.82 | 13.18 | 0.27 | 0.05 | 葫芦岛 |
| 5.76 | 3.48 | 3.01 | 0.76 | 1.09 | 0.38 | 2.42 | 0.32 | 0.07 | 兴城 |
| 2.95 | 4.29 | 21.66 | 1.15 | 13.44 | 0.98 | 1.58 | 0.61 | 0.30 | 沈抚改革创新示范区 |
| **114.27** | **82.45** | **297.44** | **47.46** | **226.73** | **52.95** | **160.84** | **28.30** | **15.62** | **吉林** |
| 50.83 | 29.40 | 124.97 | 17.82 | 89.35 | 31.14 | 40.45 | 10.51 | 8.05 | 长春 |
| 1.24 | 1.47 | 1.52 | 0.92 | 2.58 | 0.40 | 1.90 | 0.67 | 0.55 | 榆树 |
| 2.03 | 1.32 | 0.71 | 1.24 | 2.94 | 0.95 | 3.40 | 0.49 | 0.42 | 德惠 |
| 3.50 | 1.74 | 7.00 | 2.01 | 6.87 | 3.00 | 1.24 | 1.45 | 1.19 | 公主岭 |
| 11.66 | 12.76 | 58.65 | 5.35 | 26.44 | 3.42 | 17.06 | 0.95 | 0.20 | 吉林 |
| 1.68 | 4.26 | 1.66 | 0.70 | 1.58 | 0.47 | 0.61 | 6.43 | 0.19 | 蛟河 |
| 1.22 | 0.81 | 3.00 | 0.32 | 2.97 | 1.17 | 0.67 | | | 桦甸 |

## 2-2 续表 3

面积计量单位: 平方公里

人口计量单位: 万人

| 城市名称 Name of Cities | 市区面积 Urban District Area | 市区人口 Urban District Population | 市区暂住人口 Urban District Temporary Population | 城区面积 Urban Area | 城区人口 Urban Population | 城区暂住人口 Urban Temporary Population | 建成区面积 Area of Built District | 城市建设用地面积 小计 Subtotal | 居住用地 Residential |
|---|---|---|---|---|---|---|---|---|---|
| 舒兰 | 4559.6 | 58.2 | 2.1 | 15.53 | 8.00 | 1.00 | 9.48 | 9.48 | 4.42 |
| 磐石 | 3861.2 | 48.9 | 2.0 | 25.00 | 11.21 | 1.09 | 23.82 | 23.82 | 6.94 |
| 四平 | 1085.0 | 65.8 | 9.9 | 118.11 | 44.91 | 8.60 | 66.20 | 66.18 | 23.50 |
| 双辽 | 3121.3 | 38.0 | 1.6 | 39.59 | 9.49 | 0.87 | 24.27 | 24.27 | 8.47 |
| 辽源 | 432.4 | 43.0 | 6.4 | 56.00 | 37.80 | 5.64 | 50.23 | 46.70 | 19.36 |
| 通化 | 893.4 | 42.5 | 6.5 | 111.79 | 39.92 | 6.48 | 65.36 | 46.10 | 21.01 |
| 集安 | 3341.1 | 20.5 | 0.7 | 44.89 | 6.95 | 0.51 | 8.71 | 8.30 | 2.93 |
| 白山 | 2736.0 | 50.6 | 4.1 | 211.89 | 34.71 | 3.45 | 39.53 | 37.31 | 14.23 |
| 临江 | 3027.0 | 14.6 | 0.8 | 170.84 | 8.71 | 0.71 | 10.05 | 9.30 | 3.97 |
| 松原 | 1327.0 | 55.2 | 15.2 | 81.80 | 39.41 | 9.12 | 54.28 | 50.08 | 17.17 |
| 扶余 | 4673.0 | 45.6 | 2.6 | 17.20 | 3.84 | 1.80 | 16.50 | 16.02 | 5.79 |
| 白城 | 2568.8 | 47.3 | 6.9 | 67.50 | 23.33 | 2.59 | 47.63 | 47.37 | 12.28 |
| 洮南 | 5103.0 | 39.1 | 1.1 | 40.00 | 13.19 | 0.77 | 26.55 | 26.55 | 15.00 |
| 大安 | 4879.0 | 37.2 | 0.6 | 19.50 | 9.39 | 1.00 | 18.54 | 18.53 | 4.29 |
| 延吉 | 1748.3 | 56.1 | 8.8 | 71.71 | 48.50 | 7.73 | 62.00 | 53.53 | 26.22 |
| 图们 | 1142.7 | 8.5 | 1.0 | 15.00 | 4.09 | 0.41 | 11.29 | 11.07 | 3.69 |
| 敦化 | 11957.0 | 44.2 | 2.8 | 116.00 | 16.34 | 3.70 | 34.34 | 34.34 | 8.51 |
| 珲春 | 5145.4 | 15.7 | 5.1 | 125.39 | 13.74 | 4.63 | 29.19 | 24.32 | 7.39 |
| 龙井 | 2208.0 | 14.3 | 1.6 | 31.05 | 5.26 | 1.31 | 14.48 | 7.29 | 4.02 |
| 和龙 | 5069.0 | 15.7 | 1.2 | 145.00 | 7.06 | 0.91 | 12.55 | 12.22 | 5.72 |
| 梅河口 | 2179.0 | 60.9 | 3.4 | 80.00 | 20.95 | 16.95 | 40.22 | 30.64 | 15.39 |
| 长白山保护开发区管理委员会 | 3278.0 | 6.9 | 0.9 | 64.06 | 6.91 | 0.86 | 37.71 | 29.61 | 8.99 |
| **黑龙江** | **220293.5** | **2158.7** | **211.6** | **2567.93** | **1198.93** | **177.75** | **1802.55** | **1619.35** | **551.64** |
| 哈尔滨 | 10192.8 | 551.4 | 115.7 | 500.44 | 399.89 | 98.87 | 500.44 | 417.56 | 145.07 |
| 尚志 | 8824.9 | 54.1 | 1.1 | 152.00 | 12.33 | 0.63 | 21.32 | 21.32 | 5.14 |
| 五常 | 7512.3 | 88.8 | 0.4 | 100.55 | 18.70 | 0.35 | 26.70 | 20.07 | 12.24 |
| 齐齐哈尔 | 4377.1 | 126.5 | 4.0 | 130.96 | 102.90 | 3.00 | 130.96 | 130.96 | 43.07 |
| 讷河 | 6659.9 | 67.0 | 1.2 | 23.71 | 8.22 | 0.65 | 14.37 | 13.81 | 6.01 |
| 鸡西 | 2199.0 | 72.9 | 1.2 | 49.04 | 61.00 | 1.17 | 49.04 | 58.22 | 32.96 |
| 虎林 | 9334.0 | 14.4 | 0.2 | 46.22 | 6.16 | 0.10 | 11.14 | 11.14 | 4.14 |
| 密山 | 7731.0 | 31.7 | 0.2 | 87.38 | 8.21 | 0.14 | 19.36 | 17.89 | 8.95 |
| 鹤岗 | 4551.0 | 53.6 | 0.9 | 85.00 | 49.14 | 0.60 | 56.27 | 48.63 | 17.04 |
| 双鸭山 | 1760.0 | 96.1 | 0.9 | 118.00 | 43.20 | 0.90 | 56.78 | 56.78 | 15.84 |
| 大庆 | 5105.3 | 134.4 | 33.5 | 327.19 | 113.50 | 30.10 | 256.42 | 239.46 | 61.76 |
| 伊春 | 8895.9 | 42.1 | 0.8 | 121.93 | 41.44 | 0.52 | 97.21 | 91.92 | 27.03 |
| 铁力 | 3793.0 | 27.5 | 0.6 | 21.40 | 11.36 | 0.35 | 16.50 | 15.68 | 8.56 |
| 佳木斯 | 1875.0 | 73.4 | 1.9 | 188.00 | 54.71 | 1.86 | 96.10 | 73.20 | 24.20 |
| 同江 | 6300.0 | 17.4 | 1.1 | 10.80 | 5.01 | 1.15 | 10.80 | 10.69 | 2.10 |
| 抚远 | 6262.5 | 10.8 | 0.4 | 12.60 | 3.60 | 0.05 | 5.60 | 5.44 | 1.75 |
| 富锦 | 8227.0 | 41.9 | 0.4 | 17.90 | 12.20 | 0.35 | 16.20 | 16.18 | 7.57 |

continued 3

Area Measurement Unit: square kilometer

Population Measurement Unit: 10,000 persons

| Area of Urban Construction Land | | | | | | | 本年征用土地面积 Area of Land Requisition This Year | | 城市名称 Name of Cities |
|---|---|---|---|---|---|---|---|---|---|
| 公共管理与公共服务用地 Administration and Public Services | 商业服务业设施用地 Commercial and Business Facilities | 工业用地 Industrial, Manufacturing | 物流仓储用地 Logistics and Warehouse | 道路交通设施用地 Road, Street and Transportation | 公用设施用地 Municipal Utilities | 绿地与广场用地 Green Space and Square | | 耕地 Arable Land | |
| 1.01 | 0.77 | 1.32 | 0.30 | 1.28 | 0.10 | 0.28 | | | 舒兰 |
| 0.80 | 1.41 | 2.03 | 0.30 | 3.26 | 0.58 | 8.50 | 0.02 | 0.02 | 磐石 |
| 5.38 | 2.91 | 17.44 | 2.30 | 9.56 | 1.57 | 3.52 | 0.31 | 0.27 | 四平 |
| 1.52 | 1.50 | 6.99 | 1.03 | 2.45 | 0.52 | 1.79 | | | 双辽 |
| 1.20 | 1.00 | 4.04 | 1.00 | 7.69 | 1.03 | 11.38 | 0.49 | 0.32 | 辽源 |
| 2.75 | 2.88 | 10.99 | 0.81 | 4.11 | 0.43 | 3.12 | 1.05 | 0.90 | 通化 |
| 0.70 | 0.42 | 1.12 | 0.10 | 1.02 | 0.32 | 1.69 | 0.18 | 0.05 | 集安 |
| 2.78 | 2.13 | 4.85 | 0.55 | 6.60 | 0.54 | 5.63 | | | 白山 |
| 0.37 | 0.10 | 0.64 | 0.17 | 1.13 | 0.12 | 2.80 | | | 临江 |
| 3.90 | 1.69 | 6.31 | 1.14 | 9.83 | 1.11 | 8.93 | 0.16 | 0.09 | 松原 |
| 1.53 | 1.03 | 1.34 | 1.04 | 1.97 | 0.60 | 2.72 | 0.36 | 0.31 | 扶余 |
| 4.85 | 2.87 | 11.71 | 3.64 | 8.08 | 0.84 | 3.10 | 0.31 | 0.31 | 白城 |
| 1.27 | 1.65 | 3.61 | 0.96 | 2.48 | 0.30 | 1.28 | | | 洮南 |
| 0.97 | 0.36 | 1.22 | 0.25 | 4.95 | 0.17 | 6.32 | 0.85 | 0.13 | 大安 |
| 5.38 | 2.17 | 9.86 | 1.47 | 6.28 | 1.19 | 0.96 | 0.38 | 0.09 | 延吉 |
| 0.60 | 0.30 | 1.71 | 0.39 | 2.40 | 0.32 | 1.66 | 0.17 | 0.15 | 图们 |
| 2.29 | 3.46 | 5.73 | 1.02 | 3.56 | 1.31 | 8.46 | 1.56 | 0.87 | 敦化 |
| 0.82 | 1.26 | 4.31 | 0.71 | 5.09 | 0.21 | 4.53 | 0.03 | | 珲春 |
| 0.80 | 0.21 | 1.04 | 0.10 | 0.85 | 0.05 | 0.22 | 0.14 | 0.04 | 龙井 |
| 0.38 | 0.21 | 1.66 | 0.45 | 2.12 | 0.21 | 1.47 | | | 和龙 |
| 1.56 | 1.23 | 1.49 | 1.10 | 6.32 | 0.54 | 3.01 | 1.78 | 1.47 | 梅河口 |
| 1.25 | 1.13 | 0.52 | 0.27 | 2.97 | 0.34 | 14.14 | 0.01 | | 长白山保护开发区管理委员会 |
| **133.77** | **93.37** | **380.88** | **55.82** | **217.70** | **30.84** | **155.33** | **22.89** | **16.63** | **黑龙江** |
| 42.79 | 25.02 | 92.53 | 13.99 | 66.37 | 7.20 | 24.59 | 13.24 | 11.22 | 哈尔滨 |
| 1.44 | 0.50 | 7.74 | 0.60 | 2.26 | 0.74 | 2.90 | 0.13 | 0.02 | 尚志 |
| 1.21 | 0.73 | 1.84 | 0.37 | 1.58 | 0.15 | 1.95 | 0.02 | 0.02 | 五常 |
| 11.09 | 8.60 | 36.02 | 4.59 | 20.16 | 2.86 | 4.57 | 1.63 | 0.93 | 齐齐哈尔 |
| 1.05 | 0.68 | 2.17 | 1.51 | 1.59 | 0.18 | 0.62 | 0.15 | 0.14 | 讷河 |
| 4.90 | 2.05 | 8.61 | 1.15 | 6.14 | 0.77 | 1.64 | 0.85 | 0.48 | 鸡西 |
| 0.78 | 0.48 | 2.02 | 0.96 | 2.12 | 0.16 | 0.48 | | | 虎林 |
| 0.62 | 0.47 | 2.34 | 1.42 | 1.89 | 0.30 | 1.90 | 0.16 | 0.11 | 密山 |
| 2.74 | 1.83 | 11.12 | 1.31 | 7.07 | 0.96 | 6.56 | | | 鹤岗 |
| 3.30 | 2.60 | 8.27 | 2.77 | 9.87 | 1.96 | 12.17 | | | 双鸭山 |
| 23.49 | 19.37 | 89.49 | 5.45 | 20.63 | 3.53 | 15.74 | 2.35 | 0.72 | 大庆 |
| 4.86 | 4.35 | 8.47 | 1.02 | 13.41 | 2.04 | 30.74 | | | 伊春 |
| 0.20 | 0.02 | 1.67 | 0.92 | 1.99 | 0.02 | 2.30 | | | 铁力 |
| 5.15 | 3.76 | 17.21 | 2.11 | 7.38 | 0.50 | 12.89 | | | 佳木斯 |
| 0.95 | 0.98 | 1.65 | 0.78 | 2.02 | 0.16 | 2.05 | 0.87 | 0.76 | 同江 |
| 0.53 | 0.45 | 0.28 | 0.01 | 0.60 | 0.19 | 1.63 | | | 抚远 |
| 0.94 | 0.52 | 1.72 | 0.65 | 2.59 | 0.25 | 1.94 | | | 富锦 |

# 2-2 续表 4

面积计量单位：平方公里
人口计量单位：万人

| 城市名称 Name of Cities | 市区面积 Urban District Area | 市区人口 Urban District Population | 市区暂住人口 Urban District Temporary Population | 城区面积 Urban Area | 城区人口 Urban Population | 城区暂住人口 Urban Temporary Population | 建成区面积 Area of Built District | 城市建设用地面积 小计 Subtotal | 居住用地 Residential |
|---|---|---|---|---|---|---|---|---|---|
| 七台河 | 3646.0 | 44.9 | 4.3 | 61.95 | 35.66 | 3.80 | 51.69 | 49.93 | 16.78 |
| 牡丹江 | 2696.2 | 80.6 | 16.5 | 92.68 | 55.04 | 12.97 | 72.40 | 61.59 | 23.63 |
| 海林 | 8711.0 | 24.0 | 1.4 | 24.25 | 8.30 | 0.20 | 17.70 | 17.70 | 5.80 |
| 宁安 | 7924.0 | 40.9 | 1.0 | 13.50 | 7.28 | 0.20 | 11.23 | 11.22 | 4.90 |
| 穆棱 | 6187.0 | 19.7 | 0.4 | 10.44 | 7.61 | 0.25 | 10.44 | 10.07 | 4.50 |
| 绥芬河 | 422.4 | 6.8 | 4.1 | 34.35 | 5.73 | 2.78 | 29.50 | 22.14 | 4.76 |
| 东宁 | 7139.0 | 20.0 | 0.3 | 19.29 | 7.27 | 0.18 | 14.85 | 14.85 | 5.96 |
| 黑河 | 14446.0 | 17.7 | 4.5 | 27.88 | 12.41 | 2.39 | 20.00 | 20.00 | 5.50 |
| 北安 | 7194.0 | 42.0 | 0.4 | 57.31 | 12.72 | 0.28 | 23.13 | 22.99 | 4.51 |
| 五大连池 | 9874.0 | 32.4 | 3.3 | 10.00 | 3.50 | 3.30 | 5.62 | 5.62 | 1.36 |
| 嫩江 | 15109.0 | 46.1 | 1.6 | 28.50 | 12.05 | 1.55 | 19.53 | 19.47 | 7.98 |
| 绥化 | 2753.6 | 79.1 | 5.2 | 92.77 | 29.13 | 3.07 | 45.00 | 37.70 | 12.52 |
| 安达 | 3586.0 | 35.8 | 0.5 | 25.95 | 14.67 | 0.80 | 25.10 | 21.82 | 10.45 |
| 肇东 | 3905.0 | 83.5 | 0.3 | 48.77 | 21.16 | 0.06 | 44.73 | 30.66 | 10.13 |
| 海伦 | 4667.0 | 74.7 | 3.2 | 17.68 | 11.87 | 4.60 | 16.93 | 16.93 | 7.09 |
| 漠河 | 18432.5 | 6.4 | 0.6 | 9.49 | 2.96 | 0.53 | 9.49 | 7.71 | 2.34 |
| **上海** | **6340.5** | **2475.9** | | **6340.50** | **2475.89** | | **1242.00** | **1093.36** | **375.59** |
| **江苏** | **70117.1** | **5911.5** | **1499.2** | **17190.16** | **3129.19** | **577.07** | **4916.17** | **4810.81** | **1319.89** |
| 南京 | 6587.0 | 739.4 | 50.0 | 5184.11 | 657.31 | 42.00 | 885.73 | 843.08 | 207.14 |
| 无锡 | 1643.9 | 287.4 | 73.6 | 1261.26 | 249.96 | 43.39 | 359.72 | 317.43 | 96.73 |
| 江阴 | 988.0 | 126.9 | 49.8 | 198.00 | 35.95 | 4.60 | 125.00 | 123.00 | 25.48 |
| 宜兴 | 1996.6 | 106.6 | 35.5 | 599.86 | 48.28 | 6.68 | 96.97 | 96.97 | 27.54 |
| 徐州 | 3040.0 | 329.2 | 23.0 | 604.78 | 197.48 | 14.53 | 292.98 | 290.98 | 88.80 |
| 新沂 | 1592.3 | 109.7 | 2.6 | 120.00 | 29.06 | 2.00 | 39.38 | 39.38 | 14.27 |
| 邳州 | 2088.0 | 190.7 | 4.7 | 124.00 | 40.08 | 2.68 | 51.20 | 51.20 | 21.55 |
| 常州 | 2837.7 | 311.0 | 145.0 | 941.86 | 184.78 | 30.16 | 278.74 | 278.62 | 65.64 |
| 溧阳 | 1535.0 | 78.2 | 19.1 | 231.25 | 27.78 | 0.56 | 34.54 | 34.51 | 10.86 |
| 苏州 | 4652.8 | 402.7 | 364.4 | 1523.88 | 310.66 | 189.42 | 481.33 | 480.13 | 140.69 |
| 常熟 | 1276.3 | 105.7 | 68.5 | 349.40 | 43.39 | 14.95 | 100.67 | 100.62 | 37.49 |
| 张家港 | 986.7 | 92.7 | 73.4 | 172.52 | 37.96 | 1.52 | 65.58 | 54.58 | 21.03 |
| 昆山 | 931.5 | 120.4 | 147.0 | 259.23 | 66.46 | 12.80 | 72.00 | 67.64 | 22.65 |
| 太仓 | 809.9 | 53.3 | 53.9 | 171.29 | 19.60 | 11.56 | 52.75 | 70.85 | 22.20 |
| 南通 | 2854.8 | 312.3 | 108.9 | 458.00 | 149.92 | 71.03 | 304.02 | 298.58 | 89.26 |
| 海安 | 1108.0 | 90.0 | 7.2 | 168.00 | 27.51 | 1.25 | 32.20 | 31.47 | 8.25 |
| 启东 | 1208.0 | 109.5 | 9.2 | 50.00 | 24.20 | 2.30 | 35.80 | 35.78 | 9.76 |
| 如皋 | 1574.0 | 138.6 | 15.4 | 108.16 | 32.40 | 2.70 | 42.30 | 39.80 | 11.16 |
| 连云港 | 2603.6 | 223.3 | 26.2 | 720.10 | 95.11 | 10.70 | 225.38 | 225.29 | 50.88 |
| 淮安 | 4531.0 | 331.5 | 30.6 | 309.69 | 140.46 | 23.94 | 216.00 | 210.70 | 46.10 |
| 盐城 | 5131.0 | 245.2 | 24.2 | 608.76 | 139.42 | 6.54 | 174.60 | 166.10 | 44.32 |
| 东台 | 3221.0 | 105.4 | 12.1 | 128.50 | 33.30 | 3.80 | 39.50 | 39.19 | 9.52 |
| 扬州 | 2355.9 | 228.1 | 32.3 | 415.34 | 108.27 | 20.22 | 198.94 | 198.55 | 53.66 |

continued 4

Area Measurement Unit: square kilometer
Population Measurement Unit: 10,000 persons

| Area of Urban Construction Land | | | | | | | 本年征用土地面积 Area of Land Requisition This Year | 耕地 Arable Land | 城市名称 Name of Cities |
|---|---|---|---|---|---|---|---|---|---|
| 公共管理与公共服务用地 Administration and Public Services | 商业服务业设施用地 Commercial and Business Facilities | 工业用地 Industrial, Manufacturing | 物流仓储用地 Logistics and Warehouse | 道路交通设施用地 Road, Street and Transportation | 公用设施用地 Municipal Utilities | 绿地与广场用地 Green Space and Square | | | |
| 4.01 | 1.99 | 20.23 | 0.95 | 4.86 | 0.71 | 0.40 | 1.00 | 0.44 | 七台河 |
| 5.72 | 3.10 | 17.19 | 1.51 | 7.10 | 0.76 | 2.58 | 0.76 | 0.64 | 牡丹江 |
| 0.25 | 2.06 | 0.80 | 0.87 | 2.82 | 0.60 | 4.50 | 0.43 | 0.32 | 海林 |
| 0.63 | 0.18 | 2.45 | 0.32 | 0.69 | 1.74 | 0.31 | | | 宁安 |
| 0.75 | 0.29 | 1.03 | 0.16 | 1.27 | 0.14 | 1.93 | 0.01 | | 穆棱 |
| 1.68 | 1.15 | 6.22 | 1.31 | 4.03 | 1.04 | 1.95 | 0.21 | 0.07 | 绥芬河 |
| 0.85 | 0.73 | 4.60 | 0.32 | 1.93 | 0.28 | 0.18 | 0.27 | 0.12 | 东宁 |
| 2.91 | 1.26 | 2.11 | 1.05 | 2.42 | 0.89 | 3.86 | | | 黑河 |
| 1.11 | 1.61 | 6.14 | 2.73 | 3.99 | 0.42 | 2.48 | | | 北安 |
| 0.30 | 0.39 | 1.04 | 0.68 | 0.95 | 0.15 | 0.75 | | | 五大连池 |
| 1.00 | 2.80 | 1.70 | 0.20 | 2.73 | 0.06 | 3.00 | 0.12 | | 嫩江 |
| 3.72 | 2.56 | 10.48 | 1.91 | 5.18 | 0.32 | 1.01 | 0.65 | 0.60 | 绥化 |
| 1.57 | 0.75 | 5.13 | 1.35 | 1.83 | 0.39 | 0.35 | | | 安达 |
| 1.37 | 1.27 | 5.28 | 2.12 | 4.62 | 0.88 | 4.99 | | | 肇东 |
| 1.18 | 0.52 | 2.14 | 0.52 | 4.66 | 0.42 | 0.40 | 0.04 | 0.04 | 海伦 |
| 0.68 | 0.30 | 1.19 | 0.21 | 0.95 | 0.07 | 1.97 | | | 漠河 |
| **102.32** | **107.01** | **177.91** | **42.99** | **190.82** | **14.96** | **81.76** | **17.24** | **8.81** | **上海** |
| **379.41** | **353.66** | **1073.76** | **91.34** | **856.59** | **102.21** | **633.95** | **149.31** | **83.44** | **江苏** |
| 89.72 | 55.37 | 158.45 | 9.42 | 183.43 | 13.80 | 125.75 | 25.07 | 11.62 | 南京 |
| 24.46 | 24.86 | 70.81 | 6.28 | 55.45 | 4.35 | 34.49 | 5.76 | 2.83 | 无锡 |
| 2.84 | 7.93 | 37.72 | 3.00 | 21.21 | 5.90 | 18.92 | 2.50 | 0.20 | 江阴 |
| 6.39 | 6.70 | 32.95 | 0.90 | 12.59 | 2.00 | 7.90 | 2.55 | 1.24 | 宜兴 |
| 19.13 | 22.80 | 46.46 | 4.73 | 50.62 | 12.56 | 45.88 | 11.89 | 7.52 | 徐州 |
| 4.38 | 2.25 | 4.30 | 0.84 | 7.38 | 0.13 | 5.83 | 2.24 | 1.62 | 新沂 |
| 4.05 | 1.72 | 6.48 | 0.33 | 6.87 | 1.65 | 8.55 | 0.10 | 0.08 | 邳州 |
| 19.10 | 20.86 | 87.14 | 2.72 | 41.97 | 2.38 | 38.81 | 9.21 | 4.18 | 常州 |
| 2.83 | 2.18 | 6.79 | 0.63 | 6.24 | 1.18 | 3.80 | | | 溧阳 |
| 28.83 | 37.55 | 124.50 | 8.47 | 72.32 | 9.19 | 58.58 | 6.46 | 2.66 | 苏州 |
| 3.95 | 12.80 | 13.13 | 1.34 | 15.23 | 1.72 | 14.96 | 1.91 | 1.03 | 常熟 |
| 5.00 | 4.10 | 2.23 | 0.26 | 10.20 | 0.61 | 11.15 | 3.45 | 1.68 | 张家港 |
| 5.08 | 2.54 | 14.61 | 1.35 | 7.81 | 4.45 | 9.15 | 0.23 | 0.11 | 昆山 |
| 3.67 | 5.57 | 23.74 | 0.67 | 8.41 | 1.46 | 5.13 | 2.80 | 1.96 | 太仓 |
| 19.11 | 19.99 | 74.20 | 8.33 | 48.16 | 5.56 | 33.97 | 4.25 | 2.95 | 南通 |
| 3.56 | 2.01 | 2.11 | 1.28 | 7.55 | 2.00 | 4.71 | | | 海安 |
| 2.95 | 3.88 | 6.18 | 0.68 | 6.10 | 1.38 | 4.85 | | | 启东 |
| 2.72 | 3.10 | 8.05 | 0.02 | 8.11 | 0.61 | 6.03 | 2.64 | 1.66 | 如皋 |
| 16.63 | 19.30 | 62.53 | 12.33 | 40.88 | 2.43 | 20.31 | 2.73 | 0.69 | 连云港 |
| 24.00 | 20.50 | 34.80 | 4.70 | 42.20 | 2.70 | 35.70 | 19.40 | 11.81 | 淮安 |
| 12.08 | 9.35 | 23.44 | 3.74 | 38.51 | 3.49 | 31.17 | 14.68 | 12.03 | 盐城 |
| 2.70 | 5.80 | 2.18 | 2.10 | 7.53 | 1.00 | 8.36 | | | 东台 |
| 13.25 | 14.31 | 41.62 | 2.61 | 34.84 | 3.30 | 34.96 | 1.71 | 1.14 | 扬州 |

# 2-2 续表 5

面积计量单位：平方公里
人口计量单位：万人

| 城市名称 Name of Cities | 市区面积 Urban District Area | 市区人口 Urban District Population | 市区暂住人口 Urban District Temporary Population | 城区面积 Urban Area | 城区人口 Urban Population | 城区暂住人口 Urban Temporary Population | 建成区面积 Area of Built District | 城市建设用地面积 小计 Subtotal | 居住用地 Residential |
|---|---|---|---|---|---|---|---|---|---|
| 仪　征 | 853.0 | 57.4 | 5.0 | 67.70 | 19.63 | 1.57 | 39.28 | 35.45 | 8.43 |
| 高　邮 | 1922.0 | 78.1 | 2.7 | 135.00 | 22.22 | 1.79 | 29.00 | 27.42 | 7.60 |
| 镇　江 | 1088.0 | 103.3 | 20.0 | 555.43 | 79.40 | 9.80 | 147.29 | 170.21 | 42.30 |
| 丹　阳 | 1047.0 | 79.0 | 18.6 | 154.22 | 29.65 | 4.35 | 41.12 | 41.12 | 9.05 |
| 扬　中 | 327.4 | 27.9 | 4.8 | 94.75 | 12.45 | 2.46 | 16.84 | 16.42 | 4.44 |
| 句　容 | 1386.4 | 58.0 | 8.5 | 92.80 | 16.25 | 2.13 | 33.77 | 33.77 | 11.78 |
| 泰　州 | 1567.7 | 162.1 | 22.3 | 439.18 | 87.32 | 12.41 | 159.47 | 154.17 | 41.89 |
| 兴　化 | 2393.4 | 152.9 | 2.9 | 64.00 | 21.15 | 1.20 | 43.00 | 40.03 | 14.09 |
| 靖　江 | 655.6 | 63.8 | 12.5 | 143.00 | 20.66 | 4.89 | 33.98 | 33.64 | 13.38 |
| 泰　兴 | 1169.7 | 113.7 | 8.7 | 74.64 | 25.98 | 2.78 | 44.34 | 41.61 | 14.59 |
| 宿　迁 | 2154.0 | 177.8 | 16.7 | 661.45 | 95.14 | 14.36 | 122.75 | 122.52 | 27.36 |
| **浙　江** | **55797.8** | **3990.7** | **1800.1** | **13885.42** | **2186.38** | **1067.85** | **3426.99** | **3485.66** | **1108.01** |
| 杭　州 | 8318.1 | 971.3 | 373.5 | 2281.79 | 709.00 | 293.10 | 829.41 | 846.46 | 276.58 |
| 建　德 | 2314.4 | 50.6 | 5.9 | 267.04 | 12.46 | 2.51 | 10.60 | 28.96 | 12.28 |
| 宁　波 | 3731.6 | 314.2 | 215.8 | 1380.80 | 224.72 | 143.00 | 397.40 | 436.54 | 98.81 |
| 余　姚 | 1527.0 | 83.1 | 16.5 | 355.00 | 40.55 | 6.39 | 54.22 | 55.36 | 23.40 |
| 慈　溪 | 1361.0 | 106.9 | 45.8 | 270.48 | 45.74 | 9.39 | 50.80 | 50.61 | 22.26 |
| 温　州 | 1348.6 | 177.9 | 104.2 | 978.35 | 159.90 | 102.46 | 283.21 | 206.16 | 56.78 |
| 瑞　安 | 1341.5 | 125.4 | 60.8 | 439.16 | 75.13 | 56.85 | 24.20 | 111.36 | 42.22 |
| 乐　清 | 1395.5 | 131.5 | 54.3 | 328.26 | 36.50 | 16.66 | 24.48 | 66.60 | 23.74 |
| 龙　港 | 184.0 | 46.8 | 13.9 | 29.32 | 23.68 | 6.24 | 25.83 | 25.01 | 10.32 |
| 嘉　兴 | 1040.8 | 105.2 | 71.1 | 293.00 | 54.97 | 38.61 | 165.57 | 150.34 | 41.37 |
| 海　宁 | 862.7 | 71.9 | 44.2 | 150.54 | 22.48 | 11.48 | 57.50 | 54.65 | 17.21 |
| 平　湖 | 500.0 | 45.6 | 26.1 | 152.12 | 23.02 | 11.36 | 48.00 | 50.82 | 14.52 |
| 桐　乡 | 727.5 | 71.5 | 54.4 | 209.43 | 27.05 | 10.51 | 60.08 | 56.99 | 18.76 |
| 湖　州 | 1565.0 | 105.5 | 67.1 | 640.69 | 48.31 | 51.41 | 134.92 | 127.96 | 46.56 |
| 绍　兴 | 2832.7 | 224.3 | 122.4 | 684.00 | 109.55 | 56.82 | 266.07 | 257.38 | 92.71 |
| 诸　暨 | 2311.0 | 107.6 | 43.5 | 564.47 | 42.85 | 29.60 | 71.48 | 67.85 | 23.50 |
| 嵊　州 | 1789.1 | 71.0 | 12.3 | 214.86 | 24.91 | 9.13 | 43.70 | 22.03 | 9.94 |
| 金　华 | 2049.4 | 100.8 | 54.8 | 579.69 | 60.19 | 40.56 | 115.93 | 115.73 | 36.94 |
| 兰　溪 | 1312.5 | 64.6 | 7.1 | 206.30 | 18.64 | 5.01 | 38.47 | 36.34 | 11.60 |
| 义　乌 | 1105.0 | 89.1 | 80.8 | 419.44 | 55.15 | 58.82 | 113.06 | 113.06 | 32.58 |
| 东　阳 | 1739.0 | 85.7 | 47.7 | 373.00 | 32.90 | 14.80 | 48.16 | 47.63 | 15.50 |
| 永　康 | 1049.0 | 62.2 | 54.4 | 134.80 | 18.45 | 7.15 | 39.95 | 39.95 | 9.66 |
| 衢　州 | 2354.5 | 85.3 | 25.1 | 167.33 | 30.34 | 9.96 | 87.70 | 106.74 | 26.35 |
| 江　山 | 2019.0 | 60.8 | 5.5 | 286.46 | 14.12 | 2.52 | 19.00 | 19.00 | 5.40 |
| 舟　山 | 1035.5 | 71.3 | 23.9 | 555.49 | 49.56 | 17.31 | 70.85 | 59.42 | 22.93 |
| 台　州 | 1668.2 | 205.0 | 48.7 | 822.69 | 116.01 | 21.35 | 159.50 | 146.38 | 47.70 |
| 玉　环 | 509.6 | 43.7 | 2.3 | 161.02 | 19.81 | 1.26 | 29.56 | 29.35 | 11.22 |
| 温　岭 | 1073.6 | 121.2 | 64.6 | 121.90 | 27.53 | 5.45 | 43.00 | 43.00 | 16.75 |
| 临　海 | 2171.0 | 119.6 | 22.3 | 360.00 | 30.50 | 10.23 | 51.40 | 51.40 | 22.05 |
| 丽　水 | 1502.0 | 42.7 | 28.9 | 266.13 | 24.83 | 15.82 | 47.34 | 47.34 | 14.77 |
| 龙　泉 | 3059.0 | 28.7 | 2.5 | 191.86 | 7.53 | 2.09 | 15.60 | 15.24 | 3.60 |

# continued 5

Area Measurement Unit: square kilometer

Population Measurement Unit: 10,000 persons

| Area of Urban Construction Land | | | | | | | 本年征用土地面积 Area of Land Requisition This Year | | 城市名称 Name of Cities |
|---|---|---|---|---|---|---|---|---|---|
| 公共管理与公共服务用地 Administration and Public Services | 商业服务业设施用地 Commercial and Business Facilities | 工业用地 Industrial, Manufacturing | 物流仓储用地 Logistics and Warehouse | 道路交通设施用地 Road, Street and Transportation | 公用设施用地 Municipal Utilities | 绿地与广场用地 Green Space and Square | | 耕地 Arable Land | |
| 2.01 | 1.62 | 6.76 | 1.98 | 6.40 | 0.45 | 7.80 | 3.83 | 1.66 | 仪征 |
| 2.57 | 2.69 | 4.64 | 0.33 | 4.46 | 0.66 | 4.47 | | | 高邮 |
| 14.41 | 7.96 | 53.20 | 4.15 | 30.95 | 3.41 | 13.83 | 5.76 | 3.60 | 镇江 |
| 6.05 | 7.46 | 10.24 | 0.80 | 2.21 | 4.31 | 1.00 | 2.30 | 1.59 | 丹阳 |
| 1.06 | 0.97 | 4.01 | 0.43 | 2.66 | 0.65 | 2.20 | 0.50 | 0.35 | 扬中 |
| 3.06 | 2.08 | 6.39 | 0.07 | 6.23 | 0.45 | 3.71 | 1.53 | 0.87 | 句容 |
| 15.40 | 12.33 | 34.64 | 4.45 | 31.97 | 5.42 | 8.07 | 0.81 | 0.33 | 泰州 |
| 2.93 | 2.56 | 12.42 | 0.05 | 6.51 | 0.63 | 0.84 | 0.91 | 0.54 | 兴化 |
| 0.68 | 0.56 | 3.05 | 0.19 | 4.50 | 0.16 | 11.12 | 1.42 | 0.73 | 靖江 |
| 2.48 | 1.67 | 17.53 | | 3.85 | 0.07 | 1.42 | 2.63 | 1.76 | 泰兴 |
| 12.33 | 8.29 | 36.46 | 2.16 | 23.24 | 2.15 | 10.53 | 10.04 | 5.00 | 宿迁 |
| **323.45** | **242.49** | **771.29** | **56.37** | **615.91** | **63.96** | **304.18** | **109.68** | **57.93** | **浙江** |
| 117.03 | 65.03 | 149.52 | 4.55 | 171.96 | 11.79 | 50.00 | 24.67 | 13.16 | 杭州 |
| 1.83 | 1.07 | 5.60 | 0.02 | 6.16 | 1.40 | 0.60 | 0.39 | 0.11 | 建德 |
| 33.46 | 25.44 | 137.00 | 22.70 | 77.50 | 6.96 | 34.67 | 6.21 | 4.72 | 宁波 |
| 3.50 | 2.81 | 15.98 | 0.27 | 7.51 | 0.35 | 1.54 | 1.46 | 0.91 | 余姚 |
| 3.55 | 3.31 | 11.63 | 0.16 | 5.58 | 0.45 | 3.67 | 1.34 | 0.94 | 慈溪 |
| 17.17 | 38.87 | 8.24 | 7.56 | 40.62 | 11.44 | 25.48 | 12.44 | 5.87 | 温州 |
| 6.10 | 3.37 | 30.35 | 0.61 | 25.38 | 2.08 | 1.25 | 1.71 | 1.11 | 瑞安 |
| 3.91 | 1.94 | 12.21 | 0.07 | 18.38 | 0.54 | 5.81 | 0.62 | 0.38 | 乐清 |
| 1.24 | 0.76 | 6.23 | 0.10 | 4.90 | 0.55 | 0.91 | 0.32 | 0.06 | 龙港 |
| 13.31 | 11.15 | 35.21 | 5.23 | 22.37 | 1.00 | 20.70 | 3.92 | 2.83 | 嘉兴 |
| 4.57 | 3.87 | 11.79 | 0.04 | 8.51 | 0.53 | 8.13 | 1.38 | 0.84 | 海宁 |
| 3.78 | 2.80 | 16.17 | 0.23 | 6.84 | 0.32 | 6.16 | 1.36 | 1.22 | 平湖 |
| 4.10 | 4.15 | 15.61 | 0.64 | 7.63 | 0.63 | 5.47 | 5.00 | 3.26 | 桐乡 |
| 12.45 | 7.28 | 27.35 | 1.53 | 21.22 | 1.39 | 10.18 | 9.37 | 4.77 | 湖州 |
| 16.35 | 19.80 | 67.98 | 2.46 | 35.68 | 3.27 | 19.13 | 5.94 | 3.12 | 绍兴 |
| 5.46 | 3.75 | 17.46 | 0.14 | 13.03 | 0.85 | 3.66 | 3.43 | 1.24 | 诸暨 |
| 1.70 | 1.46 | 6.60 | 0.11 | 1.81 | 0.13 | 0.28 | 0.92 | 0.64 | 嵊州 |
| 11.48 | 5.62 | 26.37 | 0.92 | 19.84 | 1.17 | 13.39 | 1.98 | 0.72 | 金华 |
| 2.66 | 1.37 | 13.66 | 0.22 | 3.88 | 0.37 | 2.58 | 2.38 | 0.87 | 兰溪 |
| 9.67 | 7.11 | 14.89 | 2.72 | 23.35 | 0.87 | 21.87 | 3.58 | 1.13 | 义乌 |
| 3.49 | 2.28 | 8.27 | 0.07 | 8.12 | 0.25 | 9.65 | 3.79 | 2.66 | 东阳 |
| 2.81 | 0.70 | 15.46 | 0.84 | 7.00 | 1.68 | 1.80 | 2.27 | 0.75 | 永康 |
| 7.49 | 6.17 | 36.36 | 1.50 | 16.98 | 0.86 | 11.03 | 2.69 | 0.75 | 衢州 |
| 1.45 | 1.88 | 1.26 | 0.83 | 4.67 | 0.54 | 2.97 | 0.71 | 0.30 | 江山 |
| 8.13 | 3.87 | 6.29 | 0.48 | 8.68 | 1.36 | 7.68 | 2.72 | 0.57 | 舟山 |
| 10.23 | 8.08 | 30.96 | 0.95 | 22.85 | 4.44 | 21.17 | 2.65 | 1.42 | 台州 |
| 1.63 | 0.63 | 10.59 | 0.12 | 3.64 | 1.00 | 0.52 | 0.14 | 0.06 | 玉环 |
| 1.66 | 3.11 | 8.88 | 0.56 | 6.30 | 1.72 | 4.02 | 0.69 | 0.27 | 温岭 |
| 4.13 | 1.82 | 14.22 | 0.21 | 6.98 | 0.24 | 1.75 | 1.48 | 0.50 | 临海 |
| 7.76 | 2.57 | 4.95 | 0.35 | 5.32 | 5.59 | 6.03 | 1.62 | 1.55 | 丽水 |
| 1.35 | 0.42 | 4.20 | 0.18 | 3.22 | 0.19 | 2.08 | 2.50 | 1.20 | 龙泉 |

## 2-2 续表 6

面积计量单位：平方公里
人口计量单位：万人

| 城市名称 Name of Cities | 市区面积 Urban District Area | 市区人口 Urban District Population | 市区暂住人口 Urban District Temporary Population | 城区面积 Urban Area | 城区人口 Urban Population | 城区暂住人口 Urban Temporary Population | 建成区面积 Area of Built District | 城市建设用地面积 小计 Subtotal | 城市建设用地面积 居住用地 Residential |
|---|---|---|---|---|---|---|---|---|---|
| **安 徽** | **46910.4** | **2889.2** | **608.0** | **7125.58** | **1390.05** | **565.36** | **2500.28** | **2426.81** | **704.78** |
| 合 肥 | 1339.0 | 320.4 | 331.8 | 1280.02 | 318.68 | 331.72 | 506.60 | 453.86 | 135.52 |
| 巢 湖 | 2031.0 | 85.7 | 9.9 | 160.00 | 24.56 | 8.25 | 48.00 | 48.00 | 18.20 |
| 芜 湖 | 2651.0 | 215.2 | 51.9 | 1078.70 | 140.18 | 49.50 | 265.08 | 265.08 | 47.47 |
| 无 为 | 2083.0 | 121.1 | 11.6 | 124.00 | 17.91 | 1.95 | 25.25 | 25.11 | 7.02 |
| 蚌 埠 | 956.9 | 116.4 | 17.9 | 365.48 | 80.50 | 18.52 | 155.00 | 154.97 | 50.41 |
| 淮 南 | 1690.0 | 180.8 | 7.0 | 469.02 | 106.36 | 7.01 | 128.14 | 128.14 | 46.40 |
| 马鞍山 | 704.0 | 82.0 | 24.7 | 175.84 | 60.09 | 18.64 | 104.30 | 93.23 | 25.87 |
| 淮 北 | 754.0 | 104.2 | 13.0 | 210.00 | 62.04 | 10.27 | 89.79 | 99.01 | 35.60 |
| 铜 陵 | 1518.5 | 90.0 | 14.1 | 306.59 | 47.24 | 13.99 | 91.00 | 87.24 | 24.31 |
| 安 庆 | 821.2 | 72.8 | 15.6 | 311.50 | 60.28 | 15.23 | 162.90 | 164.72 | 45.42 |
| 潜 山 | 1686.0 | 58.7 | 1.0 | 107.83 | 11.71 | 0.57 | 22.00 | 21.57 | 8.12 |
| 桐 城 | 1571.0 | 74.0 | 0.6 | 91.56 | 16.68 | 0.33 | 28.70 | 26.03 | 10.35 |
| 黄 山 | 2376.7 | 47.6 | 9.4 | 461.80 | 26.03 | 9.39 | 71.60 | 60.62 | 20.85 |
| 滁 州 | 1404.3 | 57.3 | 25.1 | 282.60 | 44.27 | 25.05 | 120.97 | 120.97 | 27.41 |
| 天 长 | 1770.0 | 62.8 | 2.6 | 79.88 | 17.66 | 1.68 | 26.13 | 25.98 | 7.51 |
| 明 光 | 2350.3 | 63.7 | 1.3 | 40.00 | 17.16 | 1.10 | 30.00 | 29.00 | 8.35 |
| 阜 阳 | 1923.8 | 232.2 | 12.2 | 338.87 | 98.55 | 9.10 | 156.36 | 156.01 | 50.52 |
| 界 首 | 667.3 | 83.1 | 1.0 | 77.95 | 18.39 | 0.67 | 26.92 | 26.92 | 6.03 |
| 宿 州 | 2868.0 | 196.6 | 4.8 | 164.51 | 57.59 | 4.10 | 91.65 | 91.56 | 28.24 |
| 六 安 | 3834.0 | 208.7 | 27.2 | 166.12 | 44.77 | 15.92 | 82.38 | 82.38 | 27.61 |
| 亳 州 | 2226.0 | 173.0 | 4.6 | 86.90 | 35.50 | 5.00 | 76.00 | 76.00 | 20.94 |
| 池 州 | 2431.7 | 66.8 | 3.4 | 252.93 | 27.67 | 3.43 | 49.25 | 50.16 | 17.21 |
| 宣 城 | 2620.8 | 86.1 | 9.8 | 131.77 | 27.80 | 8.12 | 75.00 | 74.30 | 18.10 |
| 广 德 | 2165.0 | 52.3 | 3.0 | 41.01 | 14.68 | 2.18 | 33.42 | 33.42 | 8.16 |
| 宁 国 | 2467.0 | 37.8 | 4.7 | 320.70 | 13.75 | 3.64 | 33.84 | 32.53 | 9.16 |
| **福 建** | **48271.7** | **2298.8** | **826.8** | **4325.72** | **1108.23** | **402.34** | **1877.45** | **1605.45** | **579.70** |
| 福 州 | 1684.1 | 305.3 | 168.6 | 522.67 | 250.70 | 149.16 | 410.02 | 263.32 | 108.39 |
| 福 清 | 2030.0 | 140.4 | 34.8 | 224.50 | 35.72 | 9.27 | 56.00 | 55.95 | 15.98 |
| 厦 门 | 1700.6 | 293.8 | 282.8 | 626.79 | 257.30 | 153.50 | 464.77 | 351.64 | 118.05 |
| 莆 田 | 2284.0 | 249.6 | 66.1 | 244.00 | 63.45 | 18.80 | 116.16 | 111.05 | 52.97 |
| 三 明 | 2970.5 | 57.4 | 23.5 | 370.00 | 29.89 | 11.50 | 72.10 | 68.07 | 19.38 |
| 永 安 | 2931.2 | 32.3 | 7.2 | 300.00 | 13.32 | 6.48 | 25.35 | 25.35 | 8.60 |
| 泉 州 | 892.0 | 198.2 |  | 539.00 | 135.16 |  | 230.00 | 230.00 | 80.00 |
| 石 狮 | 188.0 | 35.7 | 20.6 | 48.00 | 15.12 | 20.59 | 39.76 | 35.29 | 15.56 |
| 晋 江 | 649.0 | 125.0 | 136.9 | 111.00 | 19.19 | 15.65 | 38.50 | 38.50 | 11.00 |
| 南 安 | 2036.0 | 166.4 | 43.2 | 148.00 | 25.22 |  | 36.00 | 35.53 | 13.73 |
| 漳 州 | 2242.9 | 177.2 | 5.9 | 128.72 | 75.21 | 0.75 | 88.45 | 88.28 | 31.57 |
| 南 平 | 6044.8 | 85.3 | 7.3 | 344.72 | 30.33 | 4.55 | 49.46 | 49.46 | 16.64 |
| 邵 武 | 2836.7 | 29.8 | 5.8 | 95.00 | 9.26 | 3.53 | 29.08 | 28.87 | 6.94 |

## continued 6

Area Measurement Unit: square kilometer

Population Measurement Unit: 10,000 persons

| Area of Urban Construction Land | | | | | | | 本年征用土地面积 Area of Land Requisition This Year | 耕地 Arable Land | 城市名称 Name of Cities |
|---|---|---|---|---|---|---|---|---|---|
| 公共管理与公共服务用地 Administration and Public Services | 商业服务业设施用地 Commercial and Business Facilities | 工业用地 Industrial, Manufacturing | 物流仓储用地 Logistics and Warehouse | 道路交通设施用地 Road, Street and Transportation | 公用设施用地 Municipal Utilities | 绿地与广场用地 Green Space and Square | | | |
| **179.33** | **151.71** | **548.86** | **40.30** | **459.56** | **45.14** | **297.13** | **177.05** | **107.28** | **安徽** |
| 53.89 | 35.64 | 87.86 | 3.33 | 106.55 | 7.09 | 23.98 | 51.55 | 30.29 | 合肥 |
| 2.20 | 2.80 | 1.20 | 0.20 | 10.91 | 3.00 | 9.49 | 3.52 | 2.20 | 巢湖 |
| 18.81 | 14.05 | 110.67 | 3.15 | 42.99 | 4.00 | 23.94 | 19.97 | 9.15 | 芜湖 |
| 2.05 | 3.20 | 1.20 | 0.56 | 3.23 | 0.45 | 7.40 | 2.21 | 1.24 | 无为 |
| 11.07 | 7.08 | 26.35 | 10.06 | 26.54 | 11.26 | 12.20 | 32.90 | 23.18 | 蚌埠 |
| 1.17 | 11.03 | 9.65 | 1.96 | 22.51 | 0.78 | 34.64 | 2.65 | 1.77 | 淮南 |
| 7.05 | 5.30 | 40.08 | 0.46 | 9.85 | 0.95 | 3.67 | 0.65 | 0.40 | 马鞍山 |
| 7.44 | 9.12 | 20.74 | 2.99 | 11.62 | 1.75 | 9.75 | 12.70 | 7.73 | 淮北 |
| 7.34 | 4.95 | 29.85 | 0.48 | 13.99 | 0.61 | 5.71 | 5.68 | 2.97 | 铜陵 |
| 10.33 | 11.69 | 36.58 | 3.74 | 29.57 | 3.51 | 23.88 | 5.30 | 2.80 | 安庆 |
| 1.35 | 0.92 | 4.26 | 0.14 | 3.04 | 0.45 | 3.29 | 3.33 | 2.07 | 潜山 |
| 1.78 | 0.81 | 8.34 | 0.38 | 3.64 | 0.24 | 0.49 | 0.51 | 0.30 | 桐城 |
| 3.84 | 3.71 | 10.28 | 0.34 | 11.93 | 0.63 | 9.04 | 1.07 | 0.34 | 黄山 |
| 7.09 | 6.69 | 35.36 | 1.14 | 28.32 | 1.16 | 13.80 | 8.79 | 5.94 | 滁州 |
| 1.09 | 0.80 | 1.63 | 0.21 | 8.01 | 0.36 | 6.37 | 5.81 | 4.36 | 天长 |
| 1.85 | 1.35 | 6.11 | 0.35 | 7.46 | 0.35 | 3.18 | 2.24 | 1.89 | 明光 |
| 9.80 | 7.30 | 20.47 | 1.90 | 25.39 | 0.70 | 39.93 | 4.93 | 3.86 | 阜阳 |
| 1.58 | 1.02 | 4.73 | 0.17 | 4.92 | 0.18 | 8.29 | 0.75 | 0.26 | 界首 |
| 4.08 | 3.93 | 16.18 | 3.50 | 19.48 | 2.73 | 13.42 | 1.95 | 1.38 | 宿州 |
| 8.28 | 5.83 | 16.51 | 0.64 | 17.03 | 0.61 | 5.87 | 2.46 | 1.67 | 六安 |
| 3.75 | 4.00 | 12.15 | 1.00 | 17.01 | 0.70 | 16.45 | 0.53 | | 亳州 |
| 4.38 | 2.86 | 5.91 | 1.38 | 8.90 | 0.98 | 8.54 | 0.02 | | 池州 |
| 5.51 | 4.41 | 19.52 | 1.40 | 15.88 | 1.39 | 8.09 | 3.47 | 1.78 | 宣城 |
| 2.02 | 1.65 | 9.88 | 0.69 | 6.30 | 0.32 | 4.40 | 1.20 | 0.18 | 广德 |
| 1.58 | 1.57 | 13.35 | 0.13 | 4.49 | 0.94 | 1.31 | 2.86 | 1.52 | 宁国 |
| **154.63** | **117.41** | **282.85** | **33.71** | **256.22** | **28.69** | **152.24** | **60.33** | **15.86** | **福建** |
| 28.37 | 20.63 | 32.39 | 4.43 | 49.39 | 3.88 | 15.84 | 3.49 | 2.21 | 福州 |
| 5.31 | 2.14 | 10.92 | 0.72 | 14.10 | 0.47 | 6.31 | 1.52 | 0.73 | 福清 |
| 36.14 | 30.27 | 82.86 | 11.38 | 51.29 | 6.20 | 15.45 | 16.54 | 2.75 | 厦门 |
| 9.82 | 4.23 | 18.22 | 1.79 | 18.18 | 1.19 | 4.65 | 6.82 | 3.12 | 莆田 |
| 5.52 | 2.79 | 19.67 | 1.87 | 12.07 | 0.88 | 5.89 | 1.69 | 0.31 | 三明 |
| 1.75 | 0.97 | 3.02 | 0.83 | 3.78 | 0.43 | 5.97 | 0.35 | 0.03 | 永安 |
| 25.00 | 28.56 | 20.80 | 5.64 | 23.35 | 3.65 | 43.00 | | | 泉州 |
| 2.96 | 2.48 | 4.36 | 0.84 | 7.51 | 0.21 | 1.37 | 1.56 | 0.12 | 石狮 |
| 3.25 | 1.85 | 0.60 | 0.20 | 9.00 | 4.06 | 8.54 | | | 晋江 |
| 4.62 | 1.74 | 5.64 | 0.53 | 7.76 | 0.51 | 1.00 | 2.93 | 0.87 | 南安 |
| 6.65 | 4.94 | 15.13 | 0.76 | 15.54 | 0.82 | 12.87 | 6.90 | 1.21 | 漳州 |
| 4.93 | 2.40 | 12.13 | 0.93 | 4.77 | 1.08 | 6.58 | 0.70 | 0.23 | 南平 |
| 1.81 | 0.49 | 9.31 | 0.94 | 3.92 | 1.36 | 4.10 | 2.32 | 0.66 | 邵武 |

## 2-2 续表 7

面积计量单位：平方公里

人口计量单位：万人

| 城市名称 Name of Cities | 市区面积 Urban District Area | 市区人口 Urban District Population | 市区暂住人口 Urban District Temporary Population | 城区面积 Urban Area | 城区人口 Urban Population | 城区暂住人口 Urban Temporary Population | 建成区面积 Area of Built District | 城市建设用地面积 小计 Subtotal | 居住用地 Residential |
|---|---|---|---|---|---|---|---|---|---|
| 武夷山 | 2802.7 | 25.7 | 1.1 | 50.00 | 9.56 | 0.63 | 14.74 | 13.86 | 4.14 |
| 建瓯 | 4233.1 | 53.9 | 3.4 | 35.00 | 11.62 | 3.32 | 16.10 | 14.94 | 6.10 |
| 龙岩 | 4901.0 | 108.8 | 3.9 | 200.35 | 50.33 | 0.09 | 79.85 | 76.28 | 27.27 |
| 漳平 | 2958.0 | 28.8 |  | 45.00 | 8.58 |  | 15.00 | 15.99 | 3.52 |
| 宁德 | 1537.0 | 57.7 |  | 107.50 | 37.30 |  | 47.14 | 49.43 | 23.89 |
| 福安 | 1880.1 | 67.3 | 12.7 | 61.47 | 14.10 | 2.98 | 27.69 | 25.44 | 7.82 |
| 福鼎 | 1470.0 | 60.4 | 3.2 | 124.00 | 16.87 | 1.54 | 21.28 | 28.20 | 8.15 |
| **江西** | **46475.3** | **2212.0** | **156.4** | **3337.68** | **1088.28** | **129.03** | **1789.49** | **1674.36** | **540.04** |
| 南昌 | 2888.0 | 321.6 | 42.4 | 691.42 | 291.97 | 40.40 | 376.74 | 309.74 | 102.53 |
| 景德镇 | 580.0 | 37.6 | 10.0 | 198.50 | 36.71 | 9.57 | 101.00 | 97.02 | 33.51 |
| 乐平 | 1974.0 | 90.3 | 0.4 | 49.20 | 17.12 | 0.31 | 26.12 | 26.09 | 6.40 |
| 萍乡 | 1065.0 | 86.8 | 1.3 | 128.00 | 46.62 | 1.06 | 53.41 | 53.41 | 16.95 |
| 九江 | 1366.1 | 106.2 | 1.8 | 554.00 | 74.43 | 1.75 | 167.57 | 144.71 | 45.11 |
| 瑞昌 | 1423.1 | 46.8 | 0.6 | 23.67 | 19.45 | 0.61 | 22.88 | 22.88 | 10.02 |
| 共青城 | 310.0 | 19.8 | 10.8 | 23.12 | 7.35 | 5.26 | 23.12 | 20.62 | 5.52 |
| 庐山 | 764.2 | 23.2 | 0.3 | 21.04 | 5.91 | 0.20 | 12.80 | 12.30 | 6.25 |
| 新余 | 1789.0 | 90.7 | 3.5 | 230.00 | 47.86 | 2.64 | 85.00 | 85.00 | 21.71 |
| 鹰潭 | 1077.5 | 64.3 | 3.1 | 101.00 | 27.54 | 1.79 | 57.60 | 55.69 | 15.79 |
| 贵溪 | 2480.0 | 64.7 | 3.7 | 90.00 | 9.28 | 2.55 | 40.76 | 38.88 | 10.18 |
| 赣州 | 5366.2 | 237.1 | 40.7 | 328.24 | 123.56 | 39.74 | 222.22 | 222.22 | 84.15 |
| 瑞金 | 2441.4 | 61.4 | 1.3 | 52.12 | 24.79 | 1.28 | 36.19 | 33.53 | 15.05 |
| 龙南 | 1642.0 | 33.7 | 3.8 | 53.40 | 13.62 | 2.99 | 23.72 | 23.72 | 5.42 |
| 吉安 | 1381.5 | 65.1 | 5.0 | 230.00 | 47.01 | 3.00 | 69.39 | 69.23 | 14.95 |
| 井冈山 | 1462.4 | 19.3 | 3.6 | 8.90 | 0.75 | 2.36 | 8.90 | 8.49 | 2.30 |
| 宜春 | 2532.4 | 112.3 | 6.8 | 115.00 | 60.94 | 2.69 | 90.89 | 90.89 | 33.03 |
| 丰城 | 2845.0 | 150.2 | 5.0 | 62.60 | 34.23 | 3.00 | 57.10 | 56.15 | 11.44 |
| 樟树 | 1291.0 | 60.1 | 0.8 | 46.34 | 20.10 | 0.70 | 38.33 | 37.92 | 9.43 |
| 高安 | 2429.7 | 91.6 | 5.1 | 52.00 | 21.08 | 1.30 | 41.76 | 35.36 | 12.76 |
| 抚州 | 3421.0 | 173.8 | 0.3 | 142.02 | 79.91 | 0.75 | 114.56 | 111.13 | 36.60 |
| 上饶 | 3863.9 | 222.2 | 6.0 | 116.11 | 69.88 | 4.81 | 105.51 | 105.46 | 36.23 |
| 德兴 | 2082.0 | 33.6 | 0.2 | 21.00 | 8.17 | 0.27 | 13.92 | 13.92 | 4.71 |
| **山东** | **93682.3** | **6838.4** |  | **24105.93** | **3513.75** | **642.96** | **5712.99** | **5480.54** | **1781.53** |
| 济南 | 8367.0 | 855.8 |  | 2419.15 | 471.94 | 190.86 | 805.82 | 674.09 | 246.26 |
| 青岛 | 5190.4 | 740.6 |  | 3089.18 | 456.10 | 127.81 | 761.52 | 681.48 | 172.09 |
| 胶州 | 1324.0 | 103.4 |  | 835.40 | 61.98 | 1.50 | 91.80 | 91.80 | 22.26 |
| 平度 | 3176.0 | 118.5 |  | 719.90 | 48.30 | 1.48 | 73.35 | 72.01 | 24.63 |
| 莱西 | 1568.0 | 71.8 |  | 448.09 | 30.67 | 3.77 | 42.42 | 41.61 | 14.49 |
| 淄博 | 2989.1 | 339.5 |  | 771.82 | 176.81 | 33.57 | 295.65 | 289.30 | 100.24 |
| 枣庄 | 3068.4 | 227.7 |  | 530.34 | 109.27 | 4.06 | 156.73 | 149.87 | 64.98 |
| 滕州 | 1495.1 | 155.3 |  | 147.56 | 49.06 |  | 64.22 | 63.22 | 27.48 |
| 东营 | 5525.4 | 144.4 |  | 1245.61 | 78.83 | 19.03 | 168.51 | 143.63 | 60.81 |

## continued 7

Area Measurement Unit: square kilometer

Population Measurement Unit: 10,000 persons

| Area of Urban Construction Land | | | | | | | 本年征用土地面积 Area of Land Requisition This Year | | 城市名称 Name of Cities |
|---|---|---|---|---|---|---|---|---|---|
| 公共管理与公共服务用地 Administration and Public Services | 商业服务业设施用地 Commercial and Business Facilities | 工业用地 Industrial, Manufac-turing | 物流仓储用地 Logistics and Warehouse | 道路交通设施用地 Road, Street and Transpor-tation | 公用设施用地 Municipal Utilities | 绿地与广场用地 Green Space and Square | | 耕地 Arable Land | |
| 1.40 | 1.66 | 1.04 | 0.01 | 2.40 | 0.10 | 3.11 | 1.40 | 0.42 | 武夷山 |
| 1.12 | 0.81 | 2.94 | 0.17 | 2.20 | 0.13 | 1.47 | | | 建瓯 |
| 7.95 | 6.30 | 11.52 | 1.46 | 16.67 | 0.82 | 4.29 | 3.75 | | 龙岩 |
| 0.97 | 0.94 | 5.05 | 0.02 | 2.83 | 0.92 | 1.74 | 1.88 | 0.01 | 漳平 |
| 3.67 | 2.03 | 14.39 | 0.53 | 3.02 | 0.61 | 1.29 | 8.18 | 2.99 | 宁德 |
| 1.81 | 0.46 | 9.83 | 0.07 | 4.84 | 0.16 | 0.45 | | | 福安 |
| 1.58 | 1.72 | 3.03 | 0.59 | 3.60 | 1.21 | 8.32 | 0.30 | 0.20 | 福鼎 |
| **164.21** | **100.95** | **304.47** | **27.34** | **291.71** | **30.63** | **215.01** | **76.82** | **28.40** | **江西** |
| 40.16 | 28.45 | 40.99 | 4.97 | 56.77 | 3.62 | 32.25 | 15.99 | 7.52 | 南昌 |
| 9.20 | 2.77 | 12.08 | 0.40 | 7.67 | 0.63 | 30.76 | 1.29 | 0.13 | 景德镇 |
| 3.28 | 3.37 | 5.64 | 1.01 | 2.37 | 1.03 | 2.99 | 2.90 | | 乐平 |
| 5.05 | 1.88 | 7.90 | 0.88 | 11.85 | 0.55 | 8.35 | 2.73 | 0.56 | 萍乡 |
| 10.07 | 9.29 | 33.59 | 2.53 | 22.08 | 5.99 | 16.05 | 5.11 | 1.87 | 九江 |
| 2.34 | 0.91 | 3.48 | 0.69 | 2.12 | 1.57 | 1.75 | 0.23 | 0.23 | 瑞昌 |
| 1.48 | 1.20 | 2.00 | 0.30 | 3.25 | 0.90 | 5.97 | 0.83 | 0.56 | 共青城 |
| 0.98 | 0.23 | 2.37 | 0.01 | 1.79 | 0.16 | 0.51 | | | 庐山 |
| 8.34 | 3.63 | 16.07 | 0.45 | 18.36 | 0.63 | 15.81 | 0.17 | 0.07 | 新余 |
| 4.81 | 3.32 | 10.63 | 1.70 | 9.36 | 0.86 | 9.22 | 1.35 | 0.50 | 鹰潭 |
| 2.63 | 0.95 | 15.67 | 0.15 | 4.55 | 0.32 | 4.43 | 2.30 | 0.74 | 贵溪 |
| 18.95 | 10.82 | 36.65 | 4.24 | 45.25 | 2.74 | 19.42 | 12.86 | 4.73 | 赣州 |
| 3.15 | 1.51 | 5.95 | 0.23 | 6.65 | 0.17 | 0.82 | 0.48 | 0.16 | 瑞金 |
| 1.03 | 0.91 | 6.32 | 0.14 | 4.54 | 0.32 | 5.04 | 3.57 | 3.55 | 龙南 |
| 9.30 | 3.10 | 13.50 | 1.60 | 13.26 | 0.80 | 12.72 | 10.00 | 2.80 | 吉安 |
| 0.99 | 1.65 | 0.94 | 0.17 | 1.22 | 0.10 | 1.12 | | | 井冈山 |
| 9.76 | 3.44 | 22.06 | 0.58 | 17.23 | 0.50 | 4.29 | 0.68 | | 宜春 |
| 4.03 | 3.35 | 22.28 | 1.25 | 7.11 | 1.82 | 4.87 | 4.05 | | 丰城 |
| 4.72 | 4.89 | 5.02 | 1.63 | 8.13 | 1.07 | 3.03 | 1.26 | 0.48 | 樟树 |
| 3.23 | 1.30 | 7.93 | 0.15 | 8.51 | 0.21 | 1.27 | 3.02 | 1.85 | 高安 |
| 9.84 | 6.59 | 24.58 | 2.20 | 16.28 | 2.38 | 12.66 | 5.39 | 1.34 | 抚州 |
| 9.51 | 6.08 | 7.40 | 1.70 | 21.72 | 3.82 | 19.00 | 2.54 | 1.29 | 上饶 |
| 1.36 | 1.31 | 1.42 | 0.36 | 1.64 | 0.44 | 2.68 | 0.07 | 0.02 | 德兴 |
| **490.01** | **448.29** | **1232.23** | **149.16** | **789.81** | **98.88** | **490.63** | **195.30** | **49.79** | **山东** |
| 78.21 | 66.84 | 153.54 | 20.11 | 83.85 | 5.48 | 19.80 | 18.82 | 9.19 | 济南 |
| 52.84 | 55.08 | 183.37 | 25.23 | 122.25 | 4.89 | 65.73 | 10.65 | 4.98 | 青岛 |
| 7.77 | 3.99 | 26.22 | 5.62 | 14.48 | 4.92 | 6.54 | | | 胶州 |
| 4.99 | 5.46 | 20.42 | 0.77 | 10.04 | 0.20 | 5.50 | | | 平度 |
| 4.66 | 1.40 | 10.81 | 2.37 | 3.70 | 0.93 | 3.25 | 1.09 | 0.65 | 莱西 |
| 21.53 | 17.53 | 81.93 | 7.10 | 36.14 | 5.90 | 18.93 | 4.95 | 1.63 | 淄博 |
| 14.92 | 12.27 | 26.77 | 1.90 | 17.62 | 1.76 | 9.65 | 4.98 | 2.45 | 枣庄 |
| 5.29 | 5.27 | 11.11 | 1.43 | 8.99 | 0.11 | 3.54 | 4.29 | 1.45 | 滕州 |
| 16.01 | 14.61 | 7.46 | 1.69 | 21.88 | 0.97 | 20.20 | 0.85 | 0.19 | 东营 |

## 2-2 续表 8

面积计量单位：平方公里
人口计量单位：万人

| 城市名称 Name of Cities | 市区面积 Urban District Area | 市区人口 Urban District Population | 市区暂住人口 Urban District Temporary Population | 城区面积 Urban Area | 城区人口 Urban Population | 城区暂住人口 Urban Temporary Population | 建成区面积 Area of Built District | 城市建设用地面积 | |
|---|---|---|---|---|---|---|---|---|---|
| | | | | | | | | 小计 Subtotal | 居住用地 Residential |
| 烟台 | 4136.8 | 319.3 | | 1097.39 | 187.57 | 65.82 | 397.70 | 386.26 | 116.57 |
| 龙口 | 901.0 | 72.8 | | 104.00 | 27.07 | 2.62 | 47.85 | 46.35 | 12.32 |
| 莱阳 | 1730.1 | 78.6 | | 296.07 | 28.36 | 1.43 | 43.58 | 43.58 | 19.90 |
| 莱州 | 1928.0 | 81.5 | | 368.20 | 35.00 | 5.00 | 54.00 | 49.35 | 18.75 |
| 招远 | 1433.2 | 53.4 | | 138.00 | 18.56 | 2.10 | 35.58 | 34.21 | 13.13 |
| 栖霞 | 1793.3 | 42.9 | | 321.99 | 13.70 | 1.50 | 17.10 | 16.72 | 4.86 |
| 海阳 | 1886.8 | 57.5 | | 262.00 | 22.19 | 1.32 | 34.44 | 34.42 | 11.24 |
| 潍坊 | 2677.3 | 257.7 | | 1186.54 | 160.86 | 40.00 | 199.00 | 337.06 | 110.21 |
| 青州 | 1569.0 | 96.1 | | 300.00 | 33.71 | 3.72 | 54.60 | 54.40 | 15.70 |
| 诸城 | 2151.0 | 105.6 | | 326.40 | 46.60 | 4.45 | 55.48 | 55.48 | 18.03 |
| 寿光 | 1997.4 | 121.4 | | 328.30 | 47.33 | 10.40 | 47.39 | 47.22 | 15.88 |
| 安丘 | 1712.0 | 83.0 | | 541.00 | 46.64 | 2.47 | 64.00 | 64.00 | 16.28 |
| 高密 | 1527.0 | 83.8 | | 198.00 | 27.64 | 1.64 | 55.61 | 53.06 | 16.37 |
| 昌邑 | 1628.0 | 53.7 | | 120.00 | 19.32 | 0.83 | 32.97 | 31.56 | 12.69 |
| 济宁 | 1670.8 | 212.7 | | 883.87 | 177.41 | 1.00 | 248.94 | 254.10 | 81.00 |
| 曲阜 | 815.0 | 61.8 | | 66.00 | 19.23 | 2.73 | 27.00 | 27.00 | 7.00 |
| 邹城 | 1616.0 | 115.2 | | 97.86 | 34.00 | 2.50 | 49.00 | 48.70 | 14.35 |
| 泰安 | 2087.0 | 188.2 | | 587.63 | 112.57 | | 163.88 | 163.88 | 53.89 |
| 新泰 | 1933.0 | 131.5 | | 496.47 | 56.17 | | 69.88 | 69.88 | 16.30 |
| 肥城 | 1277.0 | 87.8 | | 137.10 | 31.32 | | 49.99 | 49.99 | 22.97 |
| 威海 | 2609.1 | 175.7 | | 651.05 | 86.33 | 21.69 | 197.75 | 176.92 | 57.27 |
| 荣成 | 1555.2 | 71.4 | | 491.70 | 34.70 | 9.49 | 59.00 | 59.00 | 15.15 |
| 乳山 | 1664.9 | 44.7 | | 140.60 | 15.58 | 5.92 | 36.76 | 36.44 | 8.34 |
| 日照 | 2043.1 | 155.0 | | 403.70 | 77.88 | 15.00 | 126.01 | 116.92 | 45.05 |
| 临沂 | 2293.3 | 376.1 | | 1161.98 | 187.06 | 35.48 | 264.85 | 254.92 | 77.72 |
| 德州 | 1751.8 | 149.4 | | 601.35 | 85.62 | 8.13 | 168.16 | 159.19 | 48.33 |
| 乐陵 | 1168.0 | 55.1 | | 100.00 | 26.21 | | 34.50 | 31.42 | 5.76 |
| 禹城 | 990.0 | 48.1 | | 60.00 | 19.03 | 0.73 | 38.38 | 38.31 | 11.32 |
| 聊城 | 2447.4 | 200.4 | | 678.69 | 130.38 | | 166.51 | 141.04 | 47.57 |
| 临清 | 950.0 | 78.7 | | 262.00 | 32.30 | 0.42 | 31.40 | 31.40 | 10.00 |
| 滨州 | 3525.7 | 122.6 | | 799.90 | 68.44 | 10.63 | 152.28 | 143.97 | 54.40 |
| 邹平 | 1250.0 | 77.5 | | 207.00 | 23.56 | 1.19 | 61.50 | 55.51 | 13.51 |
| 菏泽 | 2261.0 | 222.6 | | 484.09 | 98.45 | 2.67 | 167.88 | 161.27 | 56.43 |
| **河南** | **50107.9** | **4990.3** | **567.6** | **6383.76** | **2386.06** | **473.72** | **3521.11** | **3353.56** | **1053.75** |
| 郑州 | 1010.3 | 690.8 | 311.6 | 762.41 | 449.55 | 317.20 | 729.12 | 706.89 | 177.58 |
| 巩义 | 1041.0 | 85.1 | 2.5 | 56.44 | 36.90 | 1.09 | 36.00 | 35.89 | 9.50 |
| 荥阳 | 908.0 | 71.3 | 6.1 | 92.39 | 17.58 | 2.69 | 38.48 | 30.11 | 10.00 |
| 新密 | 1001.0 | 90.2 | | 78.22 | 21.15 | | 35.00 | 30.86 | 9.10 |
| 新郑 | 702.0 | 65.6 | 49.7 | 34.30 | 21.53 | 7.80 | 34.30 | 34.30 | 9.62 |
| 登封 | 1219.0 | 73.4 | 1.6 | 75.00 | 19.38 | 1.03 | 36.51 | 30.34 | 13.26 |
| 开封 | 1835.7 | 169.8 | 3.0 | 192.25 | 99.77 | 3.10 | 141.15 | 140.34 | 42.15 |

# continued 8

Area Measurement Unit: square kilometer
Population Measurement Unit: 10,000 persons

| Area of Urban Construction Land | | | | | | | 本年征用土地面积 Area of Land Requisition This Year | | 城市名称 Name of Cities |
|---|---|---|---|---|---|---|---|---|---|
| 公共管理与公共服务用地 Administration and Public Services | 商业服务业设施用地 Commercial and Business Facilities | 工业用地 Industrial, Manufacturing | 物流仓储用地 Logistics and Warehouse | 道路交通设施用地 Road, Street and Transportation | 公用设施用地 Municipal Utilities | 绿地与广场用地 Green Space and Square | | 耕地 Arable Land | |
| 29.21 | 31.12 | 92.72 | 10.60 | 58.79 | 10.79 | 36.46 | 94.17 | 3.31 | 烟台 |
| 5.17 | 5.98 | 3.04 | 2.36 | 8.75 | 2.16 | 6.57 | | | 龙口 |
| 7.38 | 7.52 | 1.75 | 0.38 | 2.50 | 1.30 | 2.85 | 0.76 | 0.44 | 莱阳 |
| 3.94 | 3.32 | 11.33 | 1.01 | 6.53 | 0.41 | 4.06 | | | 莱州 |
| 2.05 | 3.29 | 6.12 | 0.47 | 4.12 | 0.09 | 4.94 | 0.24 | 0.08 | 招远 |
| 1.12 | 1.86 | 3.41 | 0.67 | 2.72 | 0.12 | 1.96 | | | 栖霞 |
| 2.47 | 2.39 | 6.30 | 0.51 | 2.48 | 1.93 | 7.10 | 0.49 | 0.36 | 海阳 |
| 32.16 | 27.89 | 116.50 | 13.82 | 36.48 | | | 11.43 | 4.96 | 潍坊 |
| 4.22 | 4.51 | 6.92 | 0.81 | 11.04 | 1.50 | 9.70 | 2.32 | 1.23 | 青州 |
| 4.89 | 4.22 | 10.47 | 3.71 | 5.60 | 1.66 | 6.90 | 2.68 | 1.51 | 诸城 |
| 5.71 | 3.08 | 3.65 | 1.09 | 7.29 | 0.11 | 10.41 | 0.95 | 0.16 | 寿光 |
| 4.94 | 3.20 | 18.47 | 1.72 | 9.47 | 3.23 | 6.69 | 0.52 | 0.23 | 安丘 |
| 3.31 | 4.00 | 10.26 | 0.53 | 8.13 | 0.31 | 10.15 | 0.16 | 0.12 | 高密 |
| 2.59 | 2.33 | 9.23 | 0.41 | 3.32 | 0.47 | 0.52 | 0.51 | 0.28 | 昌邑 |
| 19.99 | 21.52 | 61.64 | 6.89 | 46.85 | 8.98 | 7.23 | 8.99 | 5.25 | 济宁 |
| 3.00 | 2.00 | 4.90 | 0.60 | 2.50 | 3.00 | 4.00 | | | 曲阜 |
| 7.63 | 2.75 | 7.65 | 2.00 | 5.95 | 1.75 | 6.62 | | | 邹城 |
| 16.74 | 15.39 | 39.63 | 1.75 | 23.76 | 2.42 | 10.30 | 1.42 | 0.19 | 泰安 |
| 4.80 | 12.18 | 1.57 | 2.61 | 7.98 | 4.44 | 20.00 | | | 新泰 |
| 2.99 | 3.62 | 6.40 | 0.66 | 6.34 | 1.14 | 5.87 | 5.43 | 3.39 | 肥城 |
| 11.43 | 14.29 | 38.25 | 2.40 | 32.12 | 2.17 | 18.99 | 0.71 | 0.10 | 威海 |
| 4.35 | 5.84 | 8.28 | 1.05 | 9.56 | 0.25 | 14.52 | 0.81 | 0.19 | 荣成 |
| 2.43 | 1.88 | 6.91 | 0.17 | 6.72 | 0.45 | 9.54 | 0.13 | 0.05 | 乳山 |
| 10.63 | 10.15 | 7.16 | 2.35 | 21.01 | 5.78 | 14.79 | 3.67 | 1.27 | 日照 |
| 24.65 | 14.10 | 37.87 | 9.56 | 31.00 | 10.83 | 49.19 | 1.46 | 0.05 | 临沂 |
| 12.98 | 10.06 | 60.33 | 3.45 | 15.33 | 1.17 | 7.54 | 1.30 | 0.95 | 德州 |
| 2.06 | 2.24 | 7.78 | 0.29 | 3.39 | 2.06 | 7.84 | | | 乐陵 |
| 1.87 | 2.42 | 16.36 | 0.92 | 3.91 | 0.33 | 1.18 | 1.48 | 0.60 | 禹城 |
| 13.41 | 14.12 | 26.79 | 4.27 | 22.84 | 0.93 | 11.11 | 4.13 | 1.89 | 聊城 |
| 4.06 | 0.91 | 5.20 | 1.15 | 4.59 | 0.63 | 4.86 | | | 临清 |
| 12.88 | 10.24 | 36.79 | 1.98 | 19.16 | 2.36 | 6.16 | 3.26 | 0.92 | 滨州 |
| 4.50 | 5.16 | 20.60 | 1.03 | 6.42 | 0.30 | 3.99 | | | 邹平 |
| 14.23 | 12.26 | 16.32 | 1.72 | 34.21 | 0.65 | 25.45 | 2.65 | 1.72 | 菏泽 |
| **327.07** | **167.91** | **401.50** | **93.92** | **600.42** | **100.48** | **608.51** | **89.96** | **50.42** | **河南** |
| 97.87 | 25.30 | 60.06 | 26.60 | 126.93 | 26.39 | 166.16 | 24.76 | 11.58 | 郑州 |
| 3.83 | 1.55 | 5.98 | 0.93 | 4.92 | 0.58 | 8.60 | 1.02 | 0.65 | 巩义 |
| 2.70 | 1.05 | 6.30 | 1.02 | 5.40 | 0.72 | 2.92 | | | 荥阳 |
| 1.40 | 2.10 | 3.36 | 1.20 | 4.60 | 4.80 | 4.30 | | | 新密 |
| 4.30 | 3.58 | 2.50 | 0.86 | 4.63 | 0.76 | 8.05 | | | 新郑 |
| 3.72 | 1.68 | 0.53 | 0.24 | 5.79 | 0.13 | 4.99 | 1.23 | 0.35 | 登封 |
| 16.41 | 7.68 | 24.14 | 2.83 | 23.05 | 5.05 | 19.03 | 5.27 | 2.31 | 开封 |

## 2-2 续表 9

面积计量单位：平方公里
人口计量单位：万人

| 城市名称 Name of Cities | 市区面积 Urban District Area | 市区人口 Urban District Population | 市区暂住人口 Urban District Temporary Population | 城区面积 Urban Area | 城区人口 Urban Population | 城区暂住人口 Urban Temporary Population | 建成区面积 Area of Built District | 城市建设用地面积 | |
|---|---|---|---|---|---|---|---|---|---|
| | | | | | | | | 小计 Subtotal | 居住用地 Residential |
| 洛阳 | 2208.5 | 395.9 | 52.4 | 388.74 | 243.29 | 37.63 | 294.57 | 292.95 | 100.91 |
| 平顶山 | 443.0 | 111.2 | 2.9 | 260.03 | 90.45 | 2.79 | 73.40 | 73.30 | 28.50 |
| 舞钢 | 635.0 | 33.0 | 0.4 | 68.03 | 12.18 | 0.20 | 16.98 | 16.64 | 3.35 |
| 汝州 | 1573.0 | 98.2 | | 136.50 | 34.62 | | 42.25 | 40.11 | 13.00 |
| 安阳 | 759.2 | 145.9 | 4.8 | 180.00 | 77.79 | 3.28 | 92.60 | 91.52 | 29.06 |
| 林州 | 2046.0 | 115.2 | 2.0 | 38.00 | 21.80 | 0.87 | 30.00 | 27.78 | 11.38 |
| 鹤壁 | 679.0 | 67.0 | 2.8 | 130.42 | 48.74 | 2.76 | 65.50 | 65.49 | 15.41 |
| 新乡 | 346.0 | 126.1 | 2.5 | 140.00 | 79.16 | 0.20 | 128.47 | 121.98 | 43.17 |
| 长垣 | 1051.0 | 103.8 | 2.1 | 42.97 | 31.80 | 1.32 | 42.80 | 41.14 | 11.56 |
| 卫辉 | 862.0 | 55.3 | 0.0 | 45.00 | 16.42 | 0.13 | 22.93 | 22.08 | 7.27 |
| 辉县 | 2007.0 | 93.2 | 3.7 | 116.50 | 20.60 | 2.30 | 22.76 | 22.19 | 11.03 |
| 焦作 | 543.6 | 104.1 | 4.6 | 140.00 | 81.41 | | 117.79 | 113.91 | 35.85 |
| 沁阳 | 624.0 | 54.2 | 0.3 | 34.00 | 13.94 | 0.04 | 21.00 | 20.32 | 7.09 |
| 孟州 | 541.6 | 38.0 | 0.5 | 113.37 | 13.66 | 0.45 | 17.40 | 17.38 | 5.53 |
| 濮阳 | 263.0 | 80.7 | 3.6 | 153.56 | 61.40 | 2.64 | 66.00 | 65.55 | 23.71 |
| 许昌 | 1090.3 | 135.5 | 8.5 | 381.65 | 61.43 | 6.31 | 124.00 | 95.37 | 24.49 |
| 禹州 | 1461.0 | 134.0 | 16.4 | 52.26 | 29.14 | 13.10 | 48.20 | 47.21 | 13.70 |
| 长葛 | 650.0 | 77.5 | 0.5 | 75.55 | 19.59 | 0.38 | 28.30 | 25.51 | 4.77 |
| 漯河 | 1020.0 | 135.2 | 1.8 | 106.82 | 61.30 | 0.86 | 68.49 | 68.49 | 17.03 |
| 三门峡 | 1948.0 | 60.9 | 2.0 | 73.00 | 52.52 | 1.96 | 61.20 | 57.71 | 22.59 |
| 义马 | 112.0 | 14.6 | 0.0 | 112.00 | 14.62 | 0.02 | 18.67 | 18.66 | 3.91 |
| 灵宝 | 3011.0 | 75.9 | 3.1 | 29.00 | 17.63 | 1.04 | 23.19 | 22.86 | 5.31 |
| 南阳 | 2144.6 | 210.7 | 41.1 | 640.77 | 133.18 | 33.33 | 167.44 | 167.35 | 49.29 |
| 邓州 | 2294.0 | 190.5 | 9.9 | 40.00 | 34.18 | 5.07 | 38.00 | 35.18 | 8.89 |
| 商丘 | 1697.0 | 198.7 | | 382.50 | 107.50 | 1.02 | 162.83 | 138.08 | 61.67 |
| 永城 | 1994.5 | 164.4 | 3.4 | 81.29 | 46.20 | 2.30 | 49.70 | 48.12 | 12.60 |
| 信阳 | 3604.0 | 161.3 | 3.9 | 259.51 | 62.20 | 3.50 | 107.19 | 104.39 | 30.00 |
| 周口 | 1737.0 | 197.7 | 9.2 | 135.00 | 67.14 | 7.28 | 114.68 | 109.68 | 38.77 |
| 项城 | 1083.0 | 134.1 | 0.6 | 60.00 | 30.77 | | 37.75 | 33.98 | 10.38 |
| 驻马店 | 1284.3 | 87.1 | 10.0 | 171.28 | 50.64 | 10.03 | 105.60 | 86.82 | 33.02 |
| 济源示范区 | 1931.0 | 73.4 | | 78.00 | 39.80 | | 57.92 | 50.14 | 16.98 |
| 郑州航空港经济综合实验区 | 747.4 | 70.8 | | 427.00 | 45.10 | | 202.94 | 202.94 | 82.32 |
| **湖北** | **97623.2** | **4258.5** | **720.2** | **7964.69** | **1938.93** | **495.05** | **2866.18** | **1915.79** | **566.09** |
| 武汉 | 8569.2 | 944.4 | 543.3 | 1452.00 | 713.90 | 366.74 | 925.97 | | |
| 黄石 | 233.8 | 84.7 | 0.4 | 233.80 | 62.01 | 0.37 | 85.42 | 85.42 | 24.59 |
| 大冶 | 1566.0 | 99.9 | 3.5 | 276.68 | 28.97 | 2.56 | 33.68 | 33.68 | 8.42 |
| 十堰 | 8916.0 | 120.4 | 17.2 | 413.17 | 60.69 | 16.68 | 115.74 | 115.74 | 32.96 |
| 丹江口 | 3129.2 | 40.4 | 1.0 | 214.94 | 14.07 | 0.46 | 29.17 | 27.56 | 7.98 |
| 宜昌 | 4234.3 | 128.7 | 16.8 | 541.00 | 90.46 | 14.95 | 203.53 | 203.53 | 52.58 |

continued 9

Area Measurement Unit: square kilometer

Population Measurement Unit: 10,000 persons

| Area of Urban Construction Land | | | | | | | 本年征用土地面积 Area of Land Requisition This Year | | 城市名称 Name of Cities |
|---|---|---|---|---|---|---|---|---|---|
| 公共管理与公共服务用地 Administration and Public Services | 商业服务业设施用地 Commercial and Business Facilities | 工业用地 Industrial, Manufacturing | 物流仓储用地 Logistics and Warehouse | 道路交通设施用地 Road, Street and Transportation | 公用设施用地 Municipal Utilities | 绿地与广场用地 Green Space and Square | | 耕地 Arable Land | |
| 22.69 | 14.65 | 40.85 | 7.23 | 45.07 | 5.76 | 55.79 | 9.02 | 4.61 | 洛阳 |
| 2.89 | 2.50 | 5.54 | 1.27 | 13.89 | 1.35 | 17.36 | | | 平顶山 |
| 1.84 | 0.18 | 3.76 | 0.10 | 2.56 | 0.93 | 3.92 | | | 舞钢 |
| 2.50 | 3.00 | 4.73 | 1.18 | 6.30 | 0.42 | 8.98 | | | 汝州 |
| 9.35 | 6.59 | 9.80 | 2.40 | 16.56 | 0.39 | 17.37 | 0.99 | 0.99 | 安阳 |
| 2.79 | 1.04 | 1.20 | 0.35 | 4.28 | 0.30 | 6.44 | | | 林州 |
| 4.34 | 3.60 | 14.79 | 0.30 | 10.94 | 0.90 | 15.21 | | | 鹤壁 |
| 12.50 | 7.17 | 11.95 | 2.11 | 14.30 | 2.91 | 27.87 | | | 新乡 |
| 3.00 | 2.04 | 6.83 | 0.33 | 7.59 | 0.52 | 9.27 | | | 长垣 |
| 2.09 | 1.52 | 3.83 | 0.50 | 2.58 | 1.01 | 3.28 | 1.42 | 1.11 | 卫辉 |
| 1.40 | 0.36 | 1.35 | 0.50 | 3.37 | 0.58 | 3.60 | | | 辉县 |
| 13.00 | 5.00 | 18.54 | 1.02 | 20.49 | 1.56 | 18.45 | | | 焦作 |
| 1.40 | 1.32 | 0.58 | 1.19 | 4.00 | 1.44 | 3.30 | | | 沁阳 |
| 1.02 | 0.96 | 1.24 | 0.25 | 4.36 | 0.61 | 3.41 | | | 孟州 |
| 3.20 | 4.90 | 3.58 | 1.10 | 12.12 | 2.24 | 14.70 | 0.02 | | 濮阳 |
| 8.13 | 5.36 | 10.73 | 2.17 | 18.98 | 7.47 | 18.04 | 2.42 | 2.17 | 许昌 |
| 5.00 | 2.00 | 7.71 | 1.87 | 7.56 | 0.70 | 8.67 | | | 禹州 |
| 2.70 | 0.95 | 4.00 | 0.90 | 5.45 | 0.24 | 6.50 | 2.44 | 2.00 | 长葛 |
| 4.41 | 2.31 | 5.92 | 2.34 | 12.39 | 7.83 | 16.26 | | | 漯河 |
| 5.59 | 4.21 | 12.20 | 1.29 | 7.71 | 0.94 | 3.18 | 4.20 | 1.39 | 三门峡 |
| 2.05 | 0.81 | 3.11 | 0.33 | 3.14 | 0.43 | 4.88 | | | 义马 |
| 3.30 | 0.91 | 4.40 | 0.55 | 3.42 | 1.10 | 3.87 | | | 灵宝 |
| 23.25 | 9.10 | 24.51 | 4.63 | 27.99 | 6.15 | 22.43 | 1.03 | 1.03 | 南阳 |
| 0.54 | 3.25 | 5.96 | 1.20 | 7.24 | 0.84 | 7.26 | | | 邓州 |
| 11.50 | 8.90 | 19.96 | 2.95 | 19.78 | 1.35 | 11.97 | 5.20 | 3.60 | 商丘 |
| 5.00 | 4.66 | 3.82 | 0.50 | 9.19 | 2.35 | 10.00 | 2.89 | 1.25 | 永城 |
| 7.60 | 3.04 | 10.88 | 2.84 | 24.45 | 1.29 | 24.29 | | | 信阳 |
| 6.43 | 8.94 | 8.84 | 4.98 | 17.71 | 4.93 | 19.08 | 5.64 | 3.35 | 周口 |
| 4.16 | 1.70 | 2.19 | 2.14 | 5.76 | 1.78 | 5.87 | 0.57 | 0.55 | 项城 |
| 7.83 | 4.61 | 7.62 | 1.38 | 16.67 | 0.82 | 14.87 | 5.38 | 3.97 | 驻马店 |
| 4.40 | 2.47 | 8.96 | 1.20 | 7.88 | 1.91 | 6.34 | 6.81 | 3.54 | 济源示范区 |
| 10.94 | 6.92 | 29.25 | 9.14 | 61.37 | 1.00 | 2.00 | 9.65 | 5.97 | 郑州航空港经济综合实验区 |
| **160.64** | **113.98** | **463.46** | **45.89** | **329.27** | **64.31** | **172.15** | **160.61** | **72.99** | **湖北** |
| | | | | | | | 25.03 | 13.11 | 武汉 |
| 5.80 | 2.35 | 24.37 | 0.80 | 17.97 | 1.51 | 8.03 | | | 黄石 |
| 2.50 | 1.39 | 5.07 | | 6.54 | 1.25 | 8.51 | 1.37 | 0.67 | 大冶 |
| 12.42 | 5.32 | 37.84 | 3.40 | 13.43 | 3.70 | 6.67 | 2.39 | 0.16 | 十堰 |
| 2.48 | 3.49 | 7.28 | 0.12 | 4.68 | 0.78 | 0.75 | 1.87 | 0.74 | 丹江口 |
| 15.51 | 9.34 | 49.68 | 4.44 | 40.99 | 12.13 | 18.86 | 37.47 | 9.81 | 宜昌 |

# 2-2 续表 10

面积计量单位：平方公里

人口计量单位：万人

| 城市名称<br>Name of Cities | 市区面积<br>Urban District Area | 市区人口<br>Urban District Population | 市区暂住人口<br>Urban District Temporary Population | 城区面积<br>Urban Area | 城区人口<br>Urban Population | 城区暂住人口<br>Urban Temporary Population | 建成区面积<br>Area of Built District | 城市建设用地面积 | |
|---|---|---|---|---|---|---|---|---|---|
| | | | | | | | | 小计<br>Subtotal | 居住用地<br>Residential |
| 宜　都 | 1357.0 | 37.8 | 2.7 | 193.27 | 16.91 | 0.99 | 28.12 | 25.11 | 9.05 |
| 当　阳 | 2149.7 | 45.8 | 3.8 | 220.30 | 19.48 | 1.02 | 26.01 | 24.59 | 4.55 |
| 枝　江 | 1374.4 | 46.6 | 1.5 | 95.62 | 18.60 | 1.16 | 31.30 | 30.38 | 6.05 |
| 襄　阳 | 3672.9 | 228.6 | | 374.30 | 131.70 | 10.10 | 206.00 | 186.71 | 55.79 |
| 老河口 | 1032.0 | 50.3 | 1.5 | 65.28 | 22.00 | 0.40 | 31.76 | 31.76 | 10.74 |
| 枣　阳 | 3277.0 | 110.3 | 0.9 | 460.00 | 28.42 | 0.73 | 51.36 | 50.60 | 14.34 |
| 宜　城 | 2115.0 | 55.2 | 1.0 | 48.00 | 16.01 | 0.87 | 27.91 | 27.91 | 8.89 |
| 鄂　州 | 1596.5 | 110.1 | 24.8 | 63.45 | 29.65 | 9.39 | 38.24 | 38.22 | 10.35 |
| 荆　门 | 2251.9 | 78.0 | 12.6 | 248.70 | 45.63 | 11.53 | 71.22 | 71.22 | 14.78 |
| 京　山 | 3537.8 | 60.9 | 3.2 | 34.00 | 16.19 | 3.15 | 33.60 | 33.60 | 8.92 |
| 钟　祥 | 4403.4 | 102.0 | 1.0 | 109.00 | 20.95 | 1.00 | 28.00 | 28.00 | 7.17 |
| 孝　感 | 1018.3 | 95.5 | 6.7 | 137.88 | 53.40 | 5.40 | 58.20 | 82.78 | 24.04 |
| 应　城 | 1095.6 | 61.8 | 0.6 | 183.78 | 17.58 | 0.48 | 21.03 | 21.03 | 6.40 |
| 安　陆 | 1353.6 | 66.4 | 1.2 | 91.34 | 19.99 | 0.63 | 20.24 | 20.23 | 7.96 |
| 汉　川 | 1632.0 | 88.7 | 3.7 | 28.00 | 15.45 | 3.79 | 28.00 | 27.90 | 8.61 |
| 荆　州 | 1566.0 | 107.2 | 10.5 | 102.31 | 84.96 | 9.22 | 102.31 | 102.31 | 25.76 |
| 监　利 | 3200.8 | 154.1 | 7.8 | 86.02 | 20.20 | 3.30 | 26.30 | 37.87 | 6.10 |
| 石　首 | 1427.0 | 63.3 | 5.1 | 22.56 | 15.25 | 0.15 | 22.56 | 21.12 | 6.31 |
| 洪　湖 | 2519.0 | 93.7 | 0.3 | 41.40 | 14.20 | 0.65 | 21.18 | 21.18 | 4.79 |
| 松　滋 | 2176.9 | 80.0 | 1.2 | 96.00 | 13.53 | 0.35 | 21.60 | 21.58 | 6.81 |
| 黄　冈 | 367.1 | 35.4 | 7.8 | 33.23 | 23.70 | 7.49 | 33.02 | 33.02 | 11.37 |
| 麻　城 | 3604.0 | 118.1 | 2.5 | 69.84 | 28.45 | 0.05 | 43.94 | 32.54 | 3.23 |
| 武　穴 | 1241.7 | 82.0 | 4.6 | 31.00 | 22.38 | 4.70 | 30.31 | 30.28 | 9.40 |
| 咸　宁 | 1503.1 | 60.8 | 3.9 | 186.01 | 39.11 | 0.58 | 79.70 | 74.60 | 32.78 |
| 赤　壁 | 1723.0 | 49.9 | 1.1 | 51.20 | 28.00 | 1.00 | 33.90 | 33.42 | 10.70 |
| 随　州 | 1425.4 | 75.3 | 10.4 | 236.61 | 41.37 | 3.19 | 84.36 | 84.36 | 32.34 |
| 广　水 | 2645.5 | 95.3 | 1.4 | 73.85 | 31.09 | 0.97 | 33.50 | 33.27 | 13.60 |
| 恩　施 | 3967.3 | 82.2 | 2.0 | 120.00 | 23.65 | 2.00 | 45.31 | 45.31 | 13.10 |
| 利　川 | 4605.5 | 91.6 | 6.9 | 133.00 | 20.05 | 3.20 | 19.18 | 19.18 | 5.20 |
| 仙　桃 | 2519.1 | 156.4 | 3.7 | 240.00 | 38.10 | 2.30 | 66.98 | 66.98 | 27.99 |
| 潜　江 | 2004.0 | 99.1 | | 632.75 | 29.44 | | 60.28 | 45.55 | 19.49 |
| 天　门 | 2612.4 | 157.8 | 3.7 | 324.40 | 23.39 | 3.50 | 47.25 | 47.25 | 12.95 |
| **湖　南** | **56807.0** | **3199.3** | **385.8** | **4110.82** | **1697.15** | **241.81** | **2104.99** | **1935.99** | **745.22** |
| 长　沙 | 1199.8 | 520.5 | | 1199.84 | 520.51 | | 441.68 | 332.04 | 154.11 |
| 宁　乡 | 2912.0 | 152.0 | 11.0 | 345.97 | 41.21 | 10.61 | 72.56 | 67.39 | 22.35 |
| 浏　阳 | 5008.0 | 149.0 | 15.3 | 145.00 | 22.29 | 6.98 | 30.60 | 30.55 | 8.80 |
| 株　洲 | 1918.3 | 181.2 | 44.6 | 221.07 | 146.27 | 4.67 | 154.05 | 149.28 | 60.95 |
| 醴　陵 | 2158.0 | 105.2 | 1.9 | 113.80 | 31.50 | 1.65 | 30.40 | 30.38 | 11.92 |
| 湘　潭 | 652.4 | 83.6 | 30.0 | 138.52 | 67.52 | 28.36 | 90.47 | 126.49 | 48.30 |
| 湘　乡 | 1966.2 | 80.9 | 2.5 | 38.78 | 22.17 | 1.50 | 24.67 | 23.75 | 11.20 |
| 韶　山 | 247.3 | 10.3 | 0.6 | 32.00 | 3.73 | 0.38 | 5.23 | 5.22 | 1.21 |

# continued 10

Area Measurement Unit: square kilometer
Population Measurement Unit: 10,000 persons

| Area of Urban Construction Land | | | | | | | 本年征用土地面积 Area of Land Requisition This Year | | 城市名称 Name of Cities |
|---|---|---|---|---|---|---|---|---|---|
| 公共管理与公共服务用地 Administration and Public Services | 商业服务业设施用地 Commercial and Business Facilities | 工业用地 Industrial, Manufacturing | 物流仓储用地 Logistics and Warehouse | 道路交通设施用地 Road, Street and Transportation | 公用设施用地 Municipal Utilities | 绿地与广场用地 Green Space and Square | | 耕地 Arable Land | |
| 2.08 | 1.17 | 7.48 | 0.20 | 4.14 | 0.13 | 0.86 | 3.77 | 0.43 | 宜都 |
| 0.51 | 0.69 | 9.04 | 0.51 | 3.97 | 1.39 | 3.93 | 3.40 | 1.63 | 当阳 |
| 2.48 | 1.58 | 8.25 | 0.70 | 6.51 | 0.54 | 4.27 | 4.41 | 1.77 | 枝江 |
| 12.83 | 12.45 | 52.13 | 3.05 | 39.97 | 2.57 | 7.92 | 11.47 | 8.70 | 襄阳 |
| 1.95 | 1.34 | 10.16 | 0.11 | 5.66 | 1.14 | 0.66 | | | 老河口 |
| 3.53 | 5.07 | 18.97 | 0.77 | 6.78 | 0.57 | 0.57 | 3.22 | 2.23 | 枣阳 |
| 2.05 | 1.40 | 5.31 | 0.68 | 4.96 | 0.61 | 4.01 | 0.11 | 0.09 | 宜城 |
| 3.51 | 2.72 | 3.37 | 1.12 | 5.87 | 1.91 | 9.37 | 0.04 | 0.02 | 鄂州 |
| 5.99 | 4.21 | 13.96 | 1.84 | 12.75 | 4.77 | 12.92 | 8.40 | 4.50 | 荆门 |
| 2.79 | 1.38 | 8.04 | 0.69 | 7.93 | 0.65 | 3.20 | 2.83 | | 京山 |
| 2.82 | 1.30 | 4.53 | 0.26 | 5.63 | 0.35 | 5.94 | | | 钟祥 |
| 8.91 | 3.84 | 22.42 | 1.01 | 16.91 | 1.99 | 3.66 | 6.78 | 4.09 | 孝感 |
| 1.99 | 1.54 | 6.76 | 0.19 | 2.95 | 0.56 | 0.64 | 4.92 | 2.90 | 应城 |
| 0.60 | 0.69 | 2.76 | 0.77 | 4.83 | 0.97 | 1.65 | 0.99 | 0.09 | 安陆 |
| 3.70 | 6.64 | 2.67 | 1.34 | 3.89 | 0.51 | 0.54 | | | 汉川 |
| 10.98 | 5.94 | 24.89 | 2.64 | 17.04 | 3.22 | 11.84 | 9.15 | 5.71 | 荆州 |
| 3.05 | 2.75 | 8.50 | 7.83 | 4.53 | 0.32 | 4.79 | 0.79 | | 监利 |
| 1.10 | 5.36 | 1.64 | 1.02 | 3.29 | 0.69 | 1.71 | 0.51 | | 石首 |
| 0.42 | 1.50 | 3.67 | 0.31 | 4.34 | 2.38 | 3.77 | | | 洪湖 |
| 2.31 | 1.43 | 4.58 | 0.26 | 3.44 | 0.25 | 2.50 | 5.99 | 2.85 | 松滋 |
| 5.38 | 2.63 | 6.27 | 0.42 | 0.44 | 3.90 | 2.61 | 4.34 | 1.68 | 黄冈 |
| 3.41 | 0.71 | 13.97 | 0.48 | 6.86 | 1.13 | 2.75 | 2.67 | 1.87 | 麻城 |
| 4.00 | 1.20 | 2.00 | 1.60 | 6.03 | 2.10 | 3.95 | | | 武穴 |
| 4.53 | 2.55 | 15.85 | 0.26 | 16.58 | 0.23 | 1.82 | 1.53 | 0.34 | 咸宁 |
| 1.45 | 1.99 | 5.91 | 1.25 | 5.60 | 1.98 | 4.54 | 0.95 | 0.92 | 赤壁 |
| 5.91 | 4.00 | 23.41 | 1.36 | 10.51 | 1.93 | 4.90 | 5.61 | 2.94 | 随州 |
| 3.23 | 2.71 | 5.10 | 0.76 | 6.57 | 0.81 | 0.49 | 0.91 | 0.49 | 广水 |
| 5.81 | 4.52 | 6.15 | 2.10 | 4.53 | 1.82 | 7.28 | 0.58 | 0.13 | 恩施 |
| 1.20 | 1.40 | 1.60 | 0.90 | 2.05 | 1.58 | 5.25 | 0.44 | 0.44 | 利川 |
| 4.66 | 2.30 | 14.76 | 1.36 | 10.29 | 2.34 | 3.28 | 7.55 | 3.88 | 仙桃 |
| 4.69 | 2.11 | 12.53 | 0.69 | 3.88 | 0.71 | 1.45 | | | 潜江 |
| 4.06 | 2.97 | 12.54 | 0.65 | 6.93 | 0.89 | 6.26 | 1.12 | 0.80 | 天门 |
| **215.27** | **134.61** | **290.33** | **38.43** | **265.50** | **62.91** | **183.72** | **40.07** | **14.07** | **湖南** |
| 41.77 | 29.39 | 23.18 | 7.07 | 55.45 | 2.85 | 18.22 | 6.99 | 3.35 | 长沙 |
| 5.16 | 3.28 | 20.51 | 0.62 | 5.84 | 0.69 | 8.94 | 0.56 | 0.16 | 宁乡 |
| 2.82 | 2.12 | 2.15 | 0.95 | 1.35 | 1.36 | 11.00 | | | 浏阳 |
| 20.17 | 10.17 | 37.49 | 2.01 | 17.66 | 0.51 | 0.32 | 4.96 | 0.31 | 株洲 |
| 5.23 | 2.35 | 5.71 | 1.05 | 1.76 | 0.04 | 2.32 | | | 醴陵 |
| 13.09 | 7.12 | 32.19 | 2.33 | 16.53 | 1.08 | 5.85 | 3.01 | 1.17 | 湘潭 |
| 1.65 | 1.13 | 5.08 | 0.20 | 3.76 | 0.27 | 0.46 | 0.37 | 0.11 | 湘乡 |
| 0.56 | 0.65 | 0.72 | 0.01 | 1.02 | 0.26 | 0.79 | 0.46 | 0.15 | 韶山 |

# 2-2 续表 11

面积计量单位：平方公里

人口计量单位：万人

| 城市名称 Name of Cities | 市区面积 Urban District Area | 市区人口 Urban District Population | 市区暂住人口 Urban District Temporary Population | 城区面积 Urban Area | 城区人口 Urban Population | 城区暂住人口 Urban Temporary Population | 建成区面积 Area of Built District | 城市建设用地面积 小计 Subtotal | 城市建设用地面积 居住用地 Residential |
|---|---|---|---|---|---|---|---|---|---|
| 衡阳 | 518.4 | 95.6 | 38.9 | 146.00 | 95.61 | 38.91 | 146.00 | 145.66 | 55.81 |
| 耒阳 | 2648.3 | 144.5 | 23.8 | 65.00 | 29.20 | 3.92 | 45.37 | 43.70 | 23.80 |
| 常宁 | 2047.9 | 93.2 | 3.0 | 60.60 | 15.92 | 1.31 | 38.83 | 38.82 | 19.06 |
| 邵阳 | 434.5 | 68.1 | 13.0 | 122.16 | 62.35 | 7.66 | 78.00 | 77.60 | 29.46 |
| 武冈 | 1549.0 | 81.8 | 5.0 | 40.20 | 25.00 | 6.40 | 24.60 | 24.48 | 8.83 |
| 邵东 | 1768.0 | 140.1 | 13.2 | 42.80 | 27.93 | 8.69 | 35.20 | 27.88 | 7.39 |
| 岳阳 | 1412.6 | 109.1 | 13.9 | 167.00 | 93.50 | 3.12 | 124.63 | 121.11 | 35.19 |
| 汨罗 | 1469.5 | 65.9 | 8.1 | 22.50 | 13.68 | 0.94 | 21.63 | 19.65 | 6.91 |
| 临湘 | 1718.0 | 44.0 | 2.6 | 49.00 | 16.49 | 0.47 | 21.50 | 16.63 | 6.58 |
| 常德 | 2752.3 | 138.2 | 24.5 | 233.36 | 68.22 | 23.18 | 130.60 | 98.72 | 36.86 |
| 津市 | 556.3 | 22.2 | 1.4 | 64.38 | 10.00 | 0.94 | 16.39 | 16.39 | 5.29 |
| 张家界 | 2571.3 | 54.2 | 6.4 | 55.20 | 25.21 | 4.94 | 38.89 | 38.14 | 16.21 |
| 益阳 | 1850.4 | 122.9 | 5.7 | 120.11 | 39.53 | 5.70 | 94.64 | 92.28 | 33.15 |
| 沅江 | 2012.5 | 56.4 | 10.4 | 66.43 | 17.18 | 1.92 | 22.34 | 22.34 | 6.82 |
| 郴州 | 2158.4 | 80.5 | 34.6 | 121.60 | 53.13 | 17.72 | 81.03 | 81.03 | 29.56 |
| 资兴 | 2747.0 | 37.1 | 1.5 | 24.63 | 12.65 | 1.15 | 21.85 | 20.44 | 6.54 |
| 永州 | 3196.0 | 117.5 | 10.4 | 101.08 | 52.57 | 9.98 | 75.91 | 73.09 | 16.68 |
| 祁阳 | 2538.0 | 104.3 | 0.4 | 100.00 | 29.21 | 0.22 | 30.87 | 30.87 | 11.12 |
| 怀化 | 722.8 | 37.8 | 25.7 | 66.30 | 37.82 | 25.73 | 66.30 | 55.26 | 20.00 |
| 洪江 | 2283.7 | 48.2 | 8.6 | 22.18 | 8.50 | 2.36 | 13.28 | 12.55 | 4.13 |
| 娄底 | 428.0 | 60.1 | 10.0 | 63.50 | 47.30 | 6.40 | 54.30 | 54.30 | 16.83 |
| 冷水江 | 439.0 | 35.4 | 3.7 | 48.81 | 12.49 | 2.66 | 14.11 | 14.09 | 5.66 |
| 涟源 | 1830.0 | 118.8 | 4.8 | 25.00 | 16.56 | 2.95 | 15.06 | 15.06 | 4.50 |
| 吉首 | 1093.3 | 40.9 | 10.5 | 48.00 | 31.90 | 10.39 | 44.00 | 30.80 | 20.00 |
| **广东** | **99900.8** | **9842.4** | **1691.9** | **17126.58** | **5649.90** | **953.96** | **6575.31** | **6134.71** | **1946.23** |
| 广州 | 7434.4 | 1034.9 | 774.7 | 2256.42 | 756.91 | 612.79 | 1366.02 | 725.06 | 223.18 |
| 韶关 | 2870.7 | 92.8 | 5.8 | 528.63 | 60.96 | 5.10 | 125.66 | 125.66 | 44.17 |
| 乐昌 | 2419.3 | 52.4 | 1.0 | 442.84 | 11.66 | 0.59 | 25.90 | 22.36 | 10.00 |
| 南雄 | 2326.2 | 49.0 | 0.4 | 23.80 | 7.15 | 0.15 | 11.53 | 10.63 | 4.21 |
| 深圳 | 1987.0 | 1766.2 | | 1987.00 | 1766.18 | | 962.17 | 980.09 | 231.30 |
| 珠海 | 1725.0 | 363.3 | | 761.69 | 202.49 | | 152.85 | 425.08 | 105.13 |
| 汕头 | 2089.8 | 571.3 | 22.7 | 600.75 | 247.71 | 15.35 | 279.61 | 314.87 | 163.70 |
| 佛山 | 3799.9 | 486.6 | 298.5 | 615.68 | 148.44 | 51.86 | 163.82 | 189.48 | 64.05 |
| 江门 | 1785.9 | 148.9 | 36.1 | 566.00 | 100.96 | 28.02 | 198.84 | 164.59 | 37.55 |
| 台山 | 3308.3 | 95.8 | 4.8 | 156.88 | 18.30 | 1.15 | 32.68 | 32.51 | 12.23 |
| 开平 | 1656.9 | 68.3 | 7.4 | 152.00 | 25.87 | 4.18 | 43.25 | 24.08 | 10.96 |
| 鹤山 | 1082.7 | 39.6 | 7.6 | 81.40 | 14.01 | 3.16 | 36.55 | 31.97 | 12.34 |
| 恩平 | 1693.6 | 50.4 | 2.6 | 162.50 | 13.74 | 0.79 | 42.09 | 40.98 | 15.49 |
| 湛江 | 1714.2 | 173.8 | | 225.79 | 90.35 | 2.77 | 111.65 | 92.04 | 34.28 |
| 廉江 | 2835.0 | 187.6 | 11.7 | 67.00 | 19.59 | 0.46 | 39.80 | 39.80 | 15.38 |
| 雷州 | 3459.0 | 189.2 | 0.3 | 39.30 | 20.75 | 1.20 | 31.31 | 31.31 | 9.69 |

# continued 11

Area Measurement Unit: square kilometer

Population Measurement Unit: 10,000 persons

| Area of Urban Construction Land | | | | | | | 本年征用土地面积 Area of Land Requisition This Year | | 城市名称 Name of Cities |
|---|---|---|---|---|---|---|---|---|---|
| 公共管理与公共服务用地 Administration and Public Services | 商业服务业设施用地 Commercial and Business Facilities | 工业用地 Industrial, Manufacturing | 物流仓储用地 Logistics and Warehouse | 道路交通设施用地 Road, Street and Transportation | 公用设施用地 Municipal Utilities | 绿地与广场用地 Green Space and Square | | 耕地 Arable Land | |
| 15.16 | 6.13 | 29.79 | 2.10 | 26.60 | 1.14 | 8.93 | 2.48 | 1.07 | 衡阳 |
| 3.11 | 1.22 | 5.29 | 0.35 | 8.18 | 0.38 | 1.37 | 0.66 | 0.20 | 耒阳 |
| 3.19 | 1.03 | 5.48 | 0.21 | 6.78 | 0.24 | 2.83 | | | 常宁 |
| 8.22 | 2.95 | 4.25 | 1.21 | 15.02 | 1.64 | 14.85 | 0.99 | 0.67 | 邵阳 |
| 2.32 | 3.24 | 1.50 | 1.05 | 3.60 | 1.71 | 2.23 | 1.03 | 0.30 | 武冈 |
| 6.45 | 2.46 | 0.15 | 1.86 | 2.69 | 0.20 | 6.68 | | | 邵东 |
| 13.85 | 7.13 | 23.15 | 4.22 | 10.17 | 12.17 | 15.23 | 0.63 | | 岳阳 |
| 1.65 | 1.01 | 0.98 | 0.24 | 5.12 | 0.22 | 3.52 | 0.86 | 0.30 | 汨罗 |
| 0.98 | 0.87 | 3.17 | 0.08 | 2.02 | 0.19 | 2.74 | 0.83 | 0.40 | 临湘 |
| 12.30 | 8.41 | 16.77 | 1.48 | 14.76 | 1.44 | 6.70 | 1.75 | 0.88 | 常德 |
| 1.07 | 0.32 | 5.25 | 0.13 | 1.62 | 0.23 | 2.48 | 0.40 | 0.18 | 津市 |
| 2.00 | 4.79 | 2.98 | 0.61 | 5.08 | 0.61 | 5.86 | 0.75 | 0.40 | 张家界 |
| 12.64 | 4.75 | 11.42 | | 6.22 | 17.88 | 6.22 | 4.73 | 1.17 | 益阳 |
| 1.53 | 2.37 | 2.08 | 0.20 | 0.45 | 0.21 | 8.68 | | | 沅江 |
| 7.56 | 4.64 | 8.68 | 2.17 | 14.30 | 0.61 | 13.51 | 1.93 | 0.30 | 郴州 |
| 1.58 | 0.87 | 6.74 | 0.56 | 1.74 | 0.29 | 2.12 | 0.02 | | 资兴 |
| 5.78 | 7.81 | 8.95 | 2.41 | 13.61 | 8.47 | 9.38 | 5.10 | 2.75 | 永州 |
| 1.16 | 1.56 | 4.60 | 0.52 | 5.51 | 1.12 | 5.28 | | | 祁阳 |
| 8.07 | 8.74 | 2.41 | 2.12 | 8.83 | 0.68 | 4.41 | 0.70 | | 怀化 |
| 0.88 | 0.16 | 2.14 | 0.14 | 1.43 | 0.53 | 3.14 | 0.24 | 0.15 | 洪江 |
| 6.02 | 5.18 | 12.11 | 1.28 | 3.80 | 4.10 | 4.98 | 0.50 | | 娄底 |
| 1.10 | 0.36 | 2.01 | 0.15 | 1.70 | 0.21 | 2.90 | 0.07 | 0.03 | 冷水江 |
| 2.70 | 2.10 | 2.40 | 0.40 | 1.40 | 0.68 | 0.88 | | | 涟源 |
| 5.50 | 0.30 | 1.00 | 0.70 | 1.50 | 0.90 | 0.90 | 0.05 | 0.02 | 吉首 |
| **495.97** | **427.55** | **1520.57** | **97.69** | **1213.68** | **98.26** | **334.76** | **123.35** | **32.39** | **广东** |
| 111.70 | 58.42 | 194.34 | 21.07 | 79.22 | 7.17 | 29.96 | 53.75 | 17.30 | 广州 |
| 12.85 | 6.55 | 33.68 | 2.60 | 13.70 | 1.48 | 10.63 | 2.09 | 0.36 | 韶关 |
| 1.39 | 0.63 | 4.24 | 0.07 | 5.09 | 0.76 | 0.18 | | | 乐昌 |
| 1.26 | 0.53 | 3.11 | 0.06 | 1.19 | 0.08 | 0.19 | 1.02 | 0.13 | 南雄 |
| 76.79 | 88.65 | 219.06 | 16.64 | 265.08 | 25.31 | 57.26 | | | 深圳 |
| 46.08 | 37.15 | 98.95 | 4.40 | 113.01 | 5.09 | 15.27 | 1.96 | 0.22 | 珠海 |
| 18.98 | 15.88 | 66.56 | 2.70 | 38.74 | 2.94 | 5.37 | 2.85 | 1.40 | 汕头 |
| 17.34 | 17.56 | 33.39 | 2.34 | 40.14 | 4.26 | 10.40 | 1.68 | 0.10 | 佛山 |
| 8.99 | 6.91 | 64.37 | 0.63 | 28.73 | 2.27 | 15.14 | | | 江门 |
| 2.60 | 1.93 | 5.17 | 0.10 | 6.31 | 0.20 | 3.97 | 2.01 | 0.53 | 台山 |
| 1.78 | 1.67 | 3.59 | 0.24 | 4.91 | 0.33 | 0.60 | 0.31 | 0.08 | 开平 |
| 3.76 | 0.73 | 4.49 | 0.96 | 5.11 | 0.73 | 3.85 | 2.91 | 0.24 | 鹤山 |
| 2.94 | 1.37 | 14.80 | 0.13 | 3.93 | 0.80 | 1.52 | 0.22 | 0.01 | 恩平 |
| 11.88 | 7.80 | 12.48 | 1.70 | 20.01 | 0.44 | 3.45 | 3.93 | 1.16 | 湛江 |
| 3.43 | 2.01 | 5.20 | 1.18 | 8.66 | 0.31 | 3.63 | 0.96 | 0.24 | 廉江 |
| 2.91 | 6.60 | 3.10 | 0.75 | 2.18 | 3.34 | 2.74 | 1.65 | 0.70 | 雷州 |

## 2-2 续表 12

面积计量单位：平方公里
人口计量单位：万人

| 城市名称 Name of Cities | 市区面积 Urban District Area | 市区人口 Urban District Population | 市区暂住人口 Urban District Temporary Population | 城区面积 Urban Area | 城区人口 Urban Population | 城区暂住人口 Urban Temporary Population | 建成区面积 Area of Built District | 城市建设用地面积 | |
|---|---|---|---|---|---|---|---|---|---|
| | | | | | | | | 小计 Subtotal | 居住用地 Residential |
| 吴　川 | 858.5 | 125.1 | 0.3 | 36.90 | 27.66 | 0.32 | 28.15 | 28.15 | 11.64 |
| 茂　名 | 2757.3 | 273.0 | 5.6 | 171.54 | 86.99 | 4.65 | 135.20 | 105.12 | 37.32 |
| 高　州 | 3276.0 | 185.6 | 0.9 | 165.00 | 36.18 | 0.77 | 40.79 | 39.33 | 14.93 |
| 化　州 | 2356.5 | 180.1 | 0.2 | 145.46 | 41.27 | 0.10 | 37.00 | 31.16 | 10.38 |
| 信　宜 | 3101.7 | 152.0 | 0.3 | 64.40 | 29.93 | 0.24 | 30.00 | 14.59 | 8.18 |
| 肇　庆 | 2960.2 | 152.7 | 15.3 | 417.33 | 64.33 | 13.06 | 153.14 | 150.46 | 45.56 |
| 四　会 | 1166.4 | 43.6 | 6.7 | 52.65 | 18.53 | 4.59 | 31.30 | 29.03 | 9.80 |
| 惠　州 | 2697.9 | 191.2 | 153.0 | 1068.41 | 140.27 | 122.41 | 313.61 | 302.68 | 104.62 |
| 梅　州 | 3053.0 | 97.8 | 4.9 | 376.00 | 45.11 | 4.22 | 66.94 | 72.94 | 30.16 |
| 兴　宁 | 2104.9 | 115.0 | 0.6 | 57.00 | 23.49 | 0.35 | 28.70 | 28.70 | 9.66 |
| 汕　尾 | 397.4 | 49.9 | 3.2 | 288.91 | 29.23 | 3.11 | 40.44 | 26.26 | 9.95 |
| 陆　丰 | 1684.0 | 190.8 | 9.9 | 147.47 | 22.01 | 2.85 | 24.67 | 17.84 | 6.95 |
| 河　源 | 361.0 | 67.6 | 6.1 | 81.74 | 26.92 | 4.19 | 43.98 | | |
| 阳　江 | 2485.6 | 124.9 | 6.5 | 622.46 | 50.96 | 5.08 | 113.14 | 105.88 | 39.74 |
| 阳　春 | 4037.8 | 122.4 | 0.8 | 319.80 | 24.29 | 0.41 | 34.20 | 30.00 | 16.19 |
| 清　远 | 3650.2 | 154.6 | 10.5 | 310.80 | 54.52 | 6.31 | 87.35 | 23.43 | 9.93 |
| 英　德 | 5671.0 | 120.9 | 2.2 | 183.92 | 14.42 | 0.80 | 31.09 | 31.09 | 8.32 |
| 连　州 | 2667.6 | 53.6 | 0.7 | 80.00 | 13.98 | 0.68 | 17.89 | 17.89 | 5.91 |
| 东　莞 | 2460.1 | 1082.4 | | 2460.08 | 1082.44 | | 1194.31 | 1213.93 | 311.11 |
| 中　山 | 1781.0 | 208.1 | 265.3 | 271.35 | 50.24 | 34.25 | 82.82 | 86.43 | 33.34 |
| 潮　州 | 1216.6 | 158.1 | 10.1 | 226.62 | 79.88 | 5.23 | 117.50 | 113.19 | 39.30 |
| 揭　阳 | 1047.1 | 214.1 | 8.4 | 228.60 | 86.62 | 7.75 | 158.09 | 285.94 | 126.78 |
| 普　宁 | 1620.0 | 209.6 | 4.3 | 145.03 | 42.23 | 2.60 | 69.02 | 69.02 | 37.26 |
| 云　浮 | 1973.8 | 70.0 | 1.8 | 369.13 | 33.99 | 1.83 | 35.82 | 24.71 | 10.65 |
| 罗　定 | 2327.5 | 129.2 | 1.1 | 168.30 | 19.34 | 0.59 | 36.43 | 36.43 | 14.89 |
| **广　西** | **78641.4** | **2688.2** | **335.0** | **5394.85** | **1027.98** | **306.09** | **1809.48** | **1643.12** | **491.33** |
| 南　宁 | 9947.0 | 430.4 | 164.0 | 919.64 | 265.80 | 154.94 | 442.52 | 310.37 | 104.23 |
| 横　州 | 3464.0 | 126.6 | 0.6 | 110.90 | 18.65 | 0.32 | 37.73 | 36.09 | 7.45 |
| 柳　州 | 3555.2 | 190.9 | 53.8 | 501.78 | 136.59 | 51.64 | 261.52 | 261.52 | 74.83 |
| 桂　林 | 2767.0 | 138.2 | 5.2 | 612.63 | 98.76 | 5.17 | 128.81 | 125.72 | 42.41 |
| 荔　浦 | 1758.6 | 38.2 | 1.5 | 25.00 | 7.03 | 0.91 | 12.45 | 11.82 | 3.17 |
| 梧　州 | 1850.2 | 81.2 | 13.0 | 485.01 | 49.60 | 12.62 | 74.91 | 70.40 | 20.74 |
| 岑　溪 | 2783.0 | 97.4 | 0.7 | 30.00 | 18.86 | 0.54 | 22.96 | 22.50 | 9.68 |
| 北　海 | 957.0 | 72.5 | 29.3 | 274.90 | 40.78 | 25.74 | 85.98 | 84.97 | 34.68 |
| 防城港 | 2816.4 | 60.7 | 9.5 | 238.72 | 18.61 | 7.08 | 51.60 | 51.44 | 11.55 |
| 东　兴 | 548.6 | 16.3 | 1.6 | 130.40 | 8.79 | 1.52 | 13.45 | 13.04 | 2.80 |
| 钦　州 | 4767.2 | 155.6 | 7.7 | 354.38 | 34.16 | 7.00 | 90.53 | 90.16 | 18.14 |
| 贵　港 | 3533.0 | 207.3 | 2.8 | 301.50 | 38.02 | 2.46 | 86.09 | 84.14 | 24.38 |
| 桂　平 | 4074.0 | 203.3 | 0.1 | 73.50 | 21.53 | 0.10 | 37.60 | 37.38 | 7.68 |
| 玉　林 | 1251.3 | 118.9 | 16.9 | 302.04 | 62.70 | 14.54 | 78.10 | 73.57 | 28.32 |
| 北　流 | 2457.0 | 156.6 | 4.0 | 135.40 | 22.04 | 0.80 | 29.38 | 29.30 | 8.30 |

continued 12

Area Measurement Unit: square kilometer

Population Measurement Unit: 10,000 persons

| Area of Urban Construction Land | | | | | | | 本年征用土地面积 Area of Land Requisition This Year | 耕地 Arable Land | 城市名称 Name of Cities |
|---|---|---|---|---|---|---|---|---|---|
| 公共管理与公共服务用地 Administration and Public Services | 商业服务业设施用地 Commercial and Business Facilities | 工业用地 Industrial, Manufacturing | 物流仓储用地 Logistics and Warehouse | 道路交通设施用地 Road, Street and Transportation | 公用设施用地 Municipal Utilities | 绿地与广场用地 Green Space and Square | | | |
| 1.83 | 1.69 | 1.80 | 0.42 | 3.48 | 1.45 | 5.84 | 3.31 | 1.08 | 吴川 |
| 7.62 | 4.01 | 25.33 | 2.11 | 17.31 | 2.93 | 8.49 | 5.83 | 2.40 | 茂名 |
| 4.01 | 2.01 | 6.80 | 1.20 | 4.60 | 0.70 | 5.08 | 1.20 | 0.45 | 高州 |
| 2.82 | 2.55 | 2.67 | 0.27 | 11.62 | 0.39 | 0.46 | 0.19 | 0.11 | 化州 |
| 2.18 | 0.66 | 0.45 | 0.05 | 1.90 | 0.51 | 0.66 | 0.73 | 0.09 | 信宜 |
| 12.37 | 8.33 | 41.30 | 2.37 | 26.66 | 1.42 | 12.45 | 1.77 | 0.16 | 肇庆 |
| 1.65 | 2.66 | 7.86 | 0.86 | 4.77 | 1.10 | 0.33 | 2.13 | 0.07 | 四会 |
| 14.90 | 14.39 | 69.14 | 5.85 | 51.88 | 4.49 | 37.41 | 7.52 | 0.96 | 惠州 |
| 4.27 | 4.74 | 3.81 | | 17.26 | 1.00 | 11.70 | | | 梅州 |
| 2.17 | 2.61 | 0.70 | 1.35 | 3.42 | 0.70 | 8.09 | | | 兴宁 |
| 2.99 | 1.80 | 4.54 | 0.32 | 3.81 | 0.90 | 1.95 | 3.37 | 0.45 | 汕尾 |
| 1.35 | 0.89 | 3.32 | 0.03 | 3.50 | 0.25 | 1.55 | 0.03 | | 陆丰 |
| | | | | | | | | | 河源 |
| 7.39 | 9.54 | 18.22 | 0.27 | 19.69 | 1.03 | 10.00 | 2.47 | 0.62 | 阳江 |
| 1.15 | 2.00 | 4.81 | 0.39 | 4.75 | 0.61 | 0.10 | 0.60 | 0.02 | 阳春 |
| 2.10 | 0.95 | 4.11 | 0.24 | 5.42 | 0.17 | 0.51 | 1.92 | 1.08 | 清远 |
| 6.10 | 2.22 | 2.69 | 0.43 | 4.27 | 2.35 | 4.71 | 0.42 | 0.06 | 英德 |
| 0.05 | 0.06 | 2.18 | | 4.85 | 0.54 | 4.30 | 0.05 | 0.01 | 连州 |
| 54.24 | 81.69 | 432.48 | 19.92 | 277.26 | 14.09 | 23.14 | 6.72 | 0.74 | 东莞 |
| 7.05 | 8.58 | 13.16 | 0.73 | 20.06 | 0.44 | 3.07 | 6.67 | 1.04 | 中山 |
| 4.61 | 6.12 | 31.59 | 1.35 | 15.07 | 1.81 | 13.34 | 1.40 | | 潮州 |
| 21.61 | 7.69 | 58.70 | 2.69 | 60.12 | 4.18 | 4.17 | 0.83 | 0.24 | 揭阳 |
| 3.03 | 4.08 | 7.87 | 0.55 | 8.28 | 0.90 | 7.05 | 0.39 | 0.06 | 普宁 |
| 2.36 | 2.14 | 4.18 | 0.36 | 3.87 | 0.41 | 0.74 | 0.46 | 0.28 | 云浮 |
| 3.44 | 1.75 | 6.33 | 0.36 | 3.82 | 0.38 | 5.46 | | | 罗定 |
| **143.47** | **108.28** | **237.36** | **49.99** | **304.44** | **54.42** | **253.83** | **107.35** | **36.49** | **广西** |
| 37.13 | 34.39 | 18.32 | 7.64 | 60.35 | 21.26 | 27.05 | 30.46 | 5.47 | 南宁 |
| 1.42 | 1.03 | 11.41 | 0.93 | 6.18 | 0.12 | 7.55 | 0.06 | 0.02 | 横州 |
| 22.95 | 14.07 | 57.91 | 10.56 | 48.50 | 3.33 | 29.37 | 23.54 | 8.75 | 柳州 |
| 13.22 | 10.40 | 13.16 | 2.14 | 21.86 | 1.70 | 20.83 | 1.40 | 0.85 | 桂林 |
| 0.71 | 0.68 | 0.19 | 0.19 | 3.19 | 0.20 | 3.49 | 0.07 | | 荔浦 |
| 6.62 | 3.95 | 11.47 | 2.39 | 11.67 | 2.78 | 10.78 | 1.12 | | 梧州 |
| 1.40 | 0.70 | 1.96 | 0.12 | 4.24 | 0.14 | 4.26 | 0.38 | | 岑溪 |
| 6.60 | 5.72 | 5.00 | 0.60 | 16.98 | 0.39 | 15.00 | 2.17 | 1.13 | 北海 |
| 2.99 | 4.12 | 9.05 | 4.61 | 9.21 | 1.29 | 8.62 | 0.87 | 0.10 | 防城港 |
| 1.47 | 1.36 | 1.17 | 0.43 | 2.83 | 0.60 | 2.38 | | | 东兴 |
| 6.75 | 5.38 | 21.68 | 4.50 | 14.64 | 1.18 | 17.89 | 1.71 | | 钦州 |
| 7.02 | 3.16 | 14.73 | 2.60 | 16.38 | 3.12 | 12.75 | 3.48 | 1.79 | 贵港 |
| 2.70 | 2.16 | 6.85 | 1.16 | 6.31 | 0.46 | 10.06 | 1.12 | | 桂平 |
| 3.70 | 5.78 | 5.22 | 2.40 | 13.72 | 1.01 | 13.42 | 6.62 | 4.78 | 玉林 |
| 0.42 | 0.75 | 2.69 | 0.28 | 6.02 | 0.83 | 10.01 | | | 北流 |

## 2-2 续表 13

面积计量单位：平方公里
人口计量单位：万人

| 城市名称 Name of Cities | 市区面积 Urban District Area | 市区人口 Urban District Population | 市区暂住人口 Urban District Temporary Population | 城区面积 Urban Area | 城区人口 Urban Population | 城区暂住人口 Urban Temporary Population | 建成区面积 Area of Built District | 城市建设用地面积 小计 Subtotal | 城市建设用地面积 居住用地 Residential |
|---|---|---|---|---|---|---|---|---|---|
| 百色 | 6096.0 | 73.6 | 7.1 | 390.98 | 32.68 | 6.90 | 71.46 | 67.89 | 21.58 |
| 靖西 | 3331.0 | 66.4 | 1.7 | 35.78 | 17.19 | 0.35 | 20.00 | 18.26 | 7.00 |
| 平果 | 2485.0 | 52.5 | 2.1 | 56.80 | 17.18 | 2.12 | 39.78 | 38.53 | 8.21 |
| 贺州 | 5676.6 | 122.9 | 3.3 | 78.00 | 23.69 | 2.50 | 57.88 | 54.32 | 13.66 |
| 河池 | 6209.0 | 101.6 | 2.3 | 135.49 | 33.89 | 1.96 | 49.48 | 46.10 | 15.36 |
| 来宾 | 4363.0 | 114.5 | 2.9 | 92.00 | 32.25 | 2.58 | 54.45 | 54.26 | 12.88 |
| 合山 | 350.0 | 13.0 | 0.8 | 20.00 | 4.53 | 0.67 | 7.57 | 7.40 | 3.25 |
| 崇左 | 2951.0 | 38.0 | 1.7 | 50.00 | 17.65 | 2.66 | 41.05 | 40.18 | 8.21 |
| 凭祥 | 650.3 | 11.7 | 2.5 | 40.00 | 7.00 | 0.97 | 14.18 | 13.76 | 2.82 |
| **海南** | **16998.7** | **616.2** | **196.4** | **1340.03** | **232.66** | **100.57** | **419.28** | **375.19** | **151.85** |
| 海口 | 2235.0 | 220.4 | 99.5 | 510.82 | 131.00 | 78.92 | 215.80 | 130.03 | 54.26 |
| 三亚 | 1921.5 | 73.1 | 43.6 | 188.00 | 53.13 | 2.87 | 59.10 | 113.26 | 31.29 |
| 儋州 | 3400.0 | 98.2 | 16.3 | 194.05 | 14.01 | 5.01 | 36.32 | 36.20 | 17.71 |
| 五指山 | 1144.3 | 10.5 | 2.9 | 16.20 | 3.90 | 1.81 | 15.58 | 9.05 | 3.53 |
| 琼海 | 1681.1 | 52.3 | 14.6 | 27.83 | 8.71 | 1.66 | 23.77 | 20.12 | 11.91 |
| 文昌 | 2459.2 | 59.6 | 11.8 | 84.99 | 8.69 | 6.64 | 25.59 | 26.06 | 15.20 |
| 万宁 | 1885.0 | 55.6 | 1.5 | 260.00 | 7.34 | 0.28 | 17.72 | 16.95 | 5.81 |
| 东方 | 2272.6 | 46.5 | 6.1 | 58.14 | 5.88 | 3.38 | 25.40 | 23.52 | 12.14 |
| **重庆** | **43263.5** | **2625.3** | **472.0** | **7781.33** | **1289.27** | **328.23** | **1640.80** | **1525.59** | **464.97** |
| 重庆 | 43263.5 | 2625.3 | 472.0 | 7781.33 | 1289.27 | 328.23 | 1640.80 | 1525.59 | 464.97 |
| **四川** | **91215.5** | **4360.8** | **1050.3** | **8708.00** | **2369.47** | **826.65** | **3411.76** | **3198.44** | **1022.96** |
| 成都 | 3969.8 | 986.1 | 413.0 | 1444.29 | 842.61 | 414.63 | 1063.68 | 992.48 | 343.82 |
| 简阳 | 1343.0 | 92.2 | 11.4 | 69.04 | 33.15 | 0.40 | 42.00 | 40.89 | 9.83 |
| 都江堰 | 1208.4 | 62.0 | 3.5 | 102.13 | 21.37 | 3.20 | 39.53 | 39.53 | 20.31 |
| 彭州 | 1421.4 | 78.9 | 56.4 | 133.80 | 27.13 | 0.23 | 29.29 | 29.29 | 7.50 |
| 邛崃 | 1376.6 | 67.2 | 7.4 | 207.02 | 24.68 | 3.62 | 23.55 | 23.54 | 10.08 |
| 崇州 | 1089.8 | 56.1 | 23.6 | 63.42 | 14.60 | 6.97 | 23.33 | 23.33 | 9.30 |
| 自贡 | 1438.0 | 144.3 | 14.6 | 778.32 | 114.44 | 11.68 | 132.00 | 128.76 | 42.63 |
| 攀枝花 | 2046.3 | 63.1 | 18.6 | 433.85 | 48.91 | 19.19 | 83.85 | 83.06 | 22.52 |
| 泸州 | 2132.0 | 150.7 | 62.1 | 411.38 | 81.71 | 69.14 | 174.13 | 174.13 | 40.41 |
| 德阳 | 1096.0 | 96.1 | 26.1 | 155.22 | 54.84 | 10.84 | 96.03 | 94.75 | 28.74 |
| 广汉 | 551.0 | 59.2 | 11.1 | 60.50 | 19.59 | 7.58 | 41.05 | 41.05 | 10.37 |
| 什邡 | 820.5 | 41.6 | 3.0 | 24.81 | 13.94 | 1.86 | 16.95 | 16.88 | 6.10 |
| 绵竹 | 1246.2 | 48.7 | 4.2 | 22.80 | 13.46 | 1.55 | 18.60 | 18.60 | 6.60 |
| 绵阳 | 2751.4 | 177.2 | 49.3 | 295.31 | 109.03 | 37.52 | 189.21 | 189.21 | 57.77 |
| 江油 | 2720.2 | 84.7 | 1.2 | 199.41 | 33.74 | 1.26 | 35.00 | 34.54 | 10.20 |
| 广元 | 4535.0 | 92.1 | 24.6 | 216.70 | 39.84 | 11.86 | 70.67 | 70.19 | 17.10 |
| 遂宁 | 1874.0 | 144.4 | 22.3 | 293.32 | 51.79 | 9.69 | 90.62 | 76.10 | 18.83 |
| 射洪 | 1496.0 | 92.4 | 2.4 | 115.00 | 30.19 | 2.43 | 30.86 | 30.86 | 6.00 |

continued 13

Area Measurement Unit: square kilometer

Population Measurement Unit: 10,000 persons

| Area of Urban Construction Land | | | | | | | 本年征用土地面积 Area of Land Requisition This Year | | 城市名称 Name of Cities |
|---|---|---|---|---|---|---|---|---|---|
| 公共管理与公共服务用地 Administration and Public Services | 商业服务业设施用地 Commercial and Business Facilities | 工业用地 Industrial, Manufacturing | 物流仓储用地 Logistics and Warehouse | 道路交通设施用地 Road, Street and Transportation | 公用设施用地 Municipal Utilities | 绿地与广场用地 Green Space and Square | | 耕地 Arable Land | |
| 7.06 | 2.15 | 9.49 | 2.78 | 11.96 | 3.30 | 9.57 | 9.36 | | 百色 |
| 0.65 | 0.20 | 2.60 | 0.10 | 3.84 | 0.35 | 3.52 | 1.95 | 1.95 | 靖西 |
| 3.95 | 1.34 | 11.64 | 0.52 | 6.21 | 0.86 | 5.80 | 6.53 | 2.62 | 平果 |
| 5.60 | 3.39 | 8.19 | 0.52 | 9.70 | 2.02 | 11.24 | 2.50 | | 贺州 |
| 3.46 | 2.31 | 7.28 | 1.07 | 9.53 | 0.54 | 6.55 | 3.68 | 3.06 | 河池 |
| 2.78 | 2.64 | 8.76 | 1.96 | 11.49 | 6.27 | 7.48 | 5.57 | 5.53 | 来宾 |
| 0.11 | 0.06 | 0.94 | 0.01 | 1.01 | 0.18 | 1.84 | 0.01 | | 合山 |
| 3.20 | 1.56 | 6.30 | 1.21 | 6.85 | 1.83 | 11.02 | 2.84 | | 崇左 |
| 1.56 | 0.98 | 1.35 | 1.27 | 1.77 | 0.66 | 3.35 | 1.91 | 0.44 | 凭祥 |
| **51.48** | **54.39** | **18.05** | **10.37** | **54.22** | **6.26** | **28.57** | **21.26** | **3.39** | **海南** |
| 19.69 | 16.44 | 6.78 | 6.78 | 19.02 | 0.86 | 6.20 | 3.33 | 0.45 | 海口 |
| 19.45 | 29.75 | 5.32 | 2.24 | 13.76 | 3.59 | 7.86 | 4.48 | 1.79 | 三亚 |
| 3.31 | 1.67 | 2.35 | 0.48 | 4.20 | 0.90 | 5.58 | | | 儋州 |
| 1.50 | 0.55 | 0.19 | | 3.00 | 0.08 | 0.20 | 0.26 | 0.02 | 五指山 |
| 2.00 | 1.56 | 0.66 | 0.22 | 3.22 | 0.13 | 0.42 | 3.18 | 0.23 | 琼海 |
| 2.19 | 1.73 | 0.92 | 0.11 | 4.57 | 0.32 | 1.02 | 5.41 | 0.78 | 文昌 |
| 1.22 | 1.40 | 0.30 | 0.11 | 2.16 | 0.17 | 5.78 | 0.40 | 0.12 | 万宁 |
| 2.12 | 1.29 | 1.53 | 0.43 | 4.29 | 0.21 | 1.51 | 4.20 | | 东方 |
| **141.33** | **85.95** | **333.46** | **36.84** | **308.96** | **29.56** | **124.52** | **66.68** | **23.66** | **重庆** |
| 141.33 | 85.95 | 333.46 | 36.84 | 308.96 | 29.56 | 124.52 | 66.68 | 23.66 | 重庆 |
| **293.16** | **240.40** | **553.93** | **86.95** | **535.34** | **71.04** | **394.66** | **149.40** | **62.41** | **四川** |
| 89.57 | 82.00 | 161.71 | 24.72 | 178.73 | 11.65 | 100.28 | 29.03 | 10.44 | 成都 |
| 5.37 | 3.22 | 2.87 | 2.40 | 5.15 | 2.19 | 9.86 | 0.82 | 0.56 | 简阳 |
| 2.56 | 4.31 | 0.35 | | 7.32 | 0.29 | 4.39 | | | 都江堰 |
| 2.24 | 6.57 | 2.22 | 0.90 | 4.37 | 1.28 | 4.21 | | | 彭州 |
| 1.53 | 1.83 | 6.86 | 0.04 | 2.34 | 0.13 | 0.73 | | | 邛崃 |
| 1.88 | 0.81 | 0.01 | | 5.48 | 0.06 | 5.79 | 1.13 | 0.63 | 崇州 |
| 7.00 | 6.70 | 29.45 | 2.21 | 14.63 | 3.31 | 22.83 | 3.58 | 2.02 | 自贡 |
| 4.66 | 6.70 | 24.26 | 3.44 | 7.30 | 4.05 | 10.13 | 1.49 | 0.19 | 攀枝花 |
| 13.62 | 7.89 | 28.03 | 1.99 | 37.61 | 2.97 | 41.61 | 2.79 | 1.40 | 泸州 |
| 8.13 | 6.86 | 26.69 | 1.22 | 15.72 | 2.05 | 5.34 | 14.82 | 8.49 | 德阳 |
| 3.10 | 2.22 | 12.69 | 1.33 | 6.56 | 0.50 | 4.28 | 4.26 | 3.01 | 广汉 |
| 1.87 | 1.46 | 3.10 | 0.18 | 3.14 | 0.12 | 0.91 | | | 什邡 |
| 2.20 | 1.19 | 4.57 | 0.40 | 2.90 | 0.17 | 0.57 | | | 绵竹 |
| 23.00 | 14.32 | 34.94 | 3.82 | 31.63 | 3.38 | 20.35 | 12.55 | 9.33 | 绵阳 |
| 3.10 | 1.42 | 6.37 | 0.60 | 6.25 | 0.37 | 6.23 | 5.60 | 2.40 | 江油 |
| 6.89 | 4.53 | 12.81 | 2.22 | 11.52 | 3.39 | 11.73 | 2.00 | 0.78 | 广元 |
| 5.53 | 6.45 | 16.21 | 0.77 | 13.63 | 4.16 | 10.52 | 3.34 | 1.58 | 遂宁 |
| 2.49 | 1.80 | 3.01 | 1.01 | 5.07 | 0.58 | 10.90 | | | 射洪 |

## 2-2 续表 14

面积计量单位：平方公里
人口计量单位：万人

| 城市名称 Name of Cities | 市区面积 Urban District Area | 市区人口 Urban District Population | 市区暂住人口 Urban District Temporary Population | 城区面积 Urban Area | 城区人口 Urban Population | 城区暂住人口 Urban Temporary Population | 建成区面积 Area of Built District | 城市建设用地面积 | |
|---|---|---|---|---|---|---|---|---|---|
| | | | | | | | | 小计 Subtotal | 居住用地 Residential |
| 内江 | 1569.0 | 136.6 | 8.9 | 278.00 | 60.90 | 8.70 | 103.50 | 103.22 | 35.35 |
| 隆昌 | 794.0 | 77.2 | 4.8 | 57.00 | 17.22 | 3.79 | 26.20 | 26.20 | 7.48 |
| 乐山 | 2506.0 | 110.3 | 24.7 | 348.93 | 52.98 | 21.85 | 78.15 | 78.07 | 32.93 |
| 峨眉山 | 1181.0 | 42.1 | 4.1 | 90.20 | 16.97 | 2.99 | 25.03 | 25.03 | 10.88 |
| 南充 | 2527.0 | 192.9 | 37.4 | 420.00 | 118.00 | 30.00 | 172.02 | 172.02 | 62.90 |
| 阆中 | 1877.0 | 80.8 | | 150.00 | 28.09 | | 38.23 | 38.23 | 11.60 |
| 眉山 | 2379.8 | 132.3 | 20.7 | 318.16 | 54.08 | 17.22 | 87.08 | 84.67 | 28.53 |
| 宜宾 | 4625.9 | 234.3 | 85.4 | 207.06 | 124.00 | 56.93 | 189.40 | 172.27 | 35.56 |
| 广安 | 1555.5 | 93.8 | 3.9 | 140.79 | 43.53 | 1.85 | 66.53 | 66.12 | 25.61 |
| 华蓥 | 466.0 | 37.4 | 0.9 | 92.50 | 11.23 | 0.23 | 16.30 | 16.15 | 4.60 |
| 达州 | 3146.0 | 181.3 | 50.0 | 226.69 | 81.19 | 35.65 | 150.03 | 92.34 | 29.44 |
| 万源 | 4052.8 | 55.9 | 0.0 | 33.90 | 8.00 | 0.01 | 16.26 | 16.26 | 7.90 |
| 雅安 | 1681.0 | 62.6 | 1.2 | 197.54 | 23.60 | 0.68 | 45.99 | 43.84 | 10.24 |
| 巴中 | 2577.0 | 144.8 | 8.1 | 182.10 | 50.89 | 7.23 | 64.56 | 44.59 | 14.65 |
| 资阳 | 1632.4 | 104.9 | 6.2 | 249.23 | 35.81 | 3.04 | 54.00 | 39.12 | 10.20 |
| 马尔康 | 6639.0 | 5.1 | 0.8 | 369.16 | 2.50 | 0.80 | 5.26 | 4.43 | 1.73 |
| 康定 | 11486.0 | 10.6 | 5.4 | 6.00 | 3.21 | 2.88 | 5.40 | 5.02 | 1.55 |
| 会理 | 4521.5 | 46.0 | 1.1 | 19.40 | 12.32 | 0.28 | 13.65 | 13.65 | 5.79 |
| 西昌 | 2883.0 | 75.1 | 32.1 | 295.02 | 49.93 | 18.87 | 53.82 | 50.02 | 17.91 |
| **贵州** | **41821.2** | **1676.9** | **241.7** | **4355.99** | **708.30** | **203.16** | **1194.80** | **1064.14** | **363.85** |
| 贵阳 | 2525.5 | 262.9 | 88.1 | 1230.00 | 219.50 | 78.00 | 369.00 | 326.12 | 95.41 |
| 清镇 | 1386.6 | 56.3 | 10.2 | 99.23 | 14.32 | 9.12 | 42.76 | 59.13 | 25.16 |
| 六盘水 | 4078.4 | 172.1 | 13.0 | 560.13 | 47.90 | 9.92 | 83.45 | 75.26 | 23.33 |
| 盘州 | 4040.9 | 112.3 | 1.1 | 330.60 | 20.89 | 1.56 | 27.60 | 27.60 | 10.16 |
| 遵义 | 5382.0 | 231.8 | 49.8 | 638.00 | 101.96 | 44.78 | 158.70 | 155.95 | 42.00 |
| 赤水 | 1852.0 | 31.7 | 5.0 | 75.40 | 10.31 | 1.23 | 15.92 | 15.89 | 3.20 |
| 仁怀 | 1789.9 | 74.2 | 1.2 | 89.00 | 25.25 | 1.57 | 30.60 | 31.58 | 9.50 |
| 安顺 | 2716.0 | 115.5 | 2.0 | 197.61 | 42.65 | 1.41 | 76.00 | 57.08 | 27.32 |
| 毕节 | 3412.0 | 172.8 | 2.4 | 170.60 | 52.00 | 1.85 | 63.85 | 52.59 | 16.21 |
| 黔西 | 2554.1 | 98.2 | 1.8 | 30.00 | 23.55 | 0.57 | 24.50 | 24.50 | 9.71 |
| 铜仁 | 1849.8 | 55.7 | 17.2 | 70.95 | 31.34 | 16.40 | 55.50 | 54.67 | 21.38 |
| 兴义 | 2908.2 | 95.3 | 12.7 | 104.00 | 36.55 | 12.42 | 66.60 | 65.56 | 22.54 |
| 兴仁 | 1778.4 | 54.4 | 10.4 | 40.40 | 14.93 | 2.45 | 21.68 | 10.63 | 5.85 |
| 凯里 | 1570.0 | 59.0 | 17.0 | 182.62 | 25.82 | 15.78 | 75.86 | 69.66 | 37.23 |
| 都匀 | 2285.0 | 50.9 | 7.6 | 517.00 | 29.60 | 4.30 | 62.80 | 18.54 | 9.65 |
| 福泉 | 1692.4 | 34.1 | 2.5 | 20.45 | 11.73 | 1.80 | 19.98 | 19.38 | 5.20 |
| **云南** | **91744.5** | **1834.5** | **194.0** | **3276.38** | **948.45** | **129.39** | **1287.83** | **1170.57** | **405.28** |
| 昆明 | 6194.7 | 523.6 | 2.3 | 1771.51 | 466.45 | 1.07 | 483.27 | 385.21 | 149.21 |
| 安宁 | 1301.8 | 29.0 | 18.7 | 240.76 | 13.95 | 10.85 | 37.39 | 36.51 | 7.34 |
| 曲靖 | 6081.9 | 141.7 | 18.0 | 124.28 | 71.28 | 8.30 | 104.05 | 101.67 | 35.64 |

continued 14

Area Measurement Unit: square kilometer

Population Measurement Unit: 10,000 persons

| Area of Urban Construction Land | | | | | | | 本年征用土地面积 | | 城市名称 |
|---|---|---|---|---|---|---|---|---|---|
| 公共管理与公共服务用地 Administration and Public Services | 商业服务业设施用地 Commercial and Business Facilities | 工业用地 Industrial, Manufacturing | 物流仓储用地 Logistics and Warehouse | 道路交通设施用地 Road, Street and Transportation | 公用设施用地 Municipal Utilities | 绿地与广场用地 Green Space and Square | Area of Land Requisition This Year | 耕地 Arable Land | Name of Cities |
| 9.96 | 6.88 | 18.02 | 3.98 | 18.05 | 2.96 | 8.02 | 5.39 | 3.74 | 内江 |
| 4.07 | 1.14 | 4.18 | 1.20 | 4.82 | 0.45 | 2.86 | | | 隆昌 |
| 7.82 | 7.29 | 8.52 | 0.71 | 15.13 | 1.00 | 4.67 | | | 乐山 |
| 3.38 | 3.18 | 1.97 | 0.21 | 2.49 | 0.37 | 2.55 | | | 峨眉山 |
| 17.30 | 11.20 | 26.70 | 8.32 | 25.60 | 7.45 | 12.55 | 2.83 | | 南充 |
| 3.15 | 3.10 | 6.02 | 1.60 | 5.20 | 1.40 | 6.16 | 0.42 | | 阆中 |
| 6.70 | 10.13 | 14.25 | 1.71 | 12.58 | 4.08 | 6.69 | 10.02 | 5.97 | 眉山 |
| 18.96 | 8.88 | 38.98 | 8.74 | 34.12 | 2.38 | 24.65 | 10.90 | 2.93 | 宜宾 |
| 4.00 | 3.28 | 12.22 | 4.24 | 7.80 | 1.82 | 7.15 | 1.95 | 1.01 | 广安 |
| 1.28 | 0.60 | 2.69 | 0.12 | 2.10 | 1.37 | 3.39 | 0.20 | 0.03 | 华蓥 |
| 7.52 | 8.90 | 7.14 | 2.34 | 10.74 | 1.42 | 24.84 | 26.41 | 2.96 | 达州 |
| 1.63 | 1.02 | 0.34 | 0.79 | 2.69 | 0.23 | 1.66 | | | 万源 |
| 4.63 | 3.25 | 10.33 | 0.48 | 9.17 | 1.31 | 4.43 | 1.84 | 0.63 | 雅安 |
| 2.99 | 2.67 | 6.34 | 2.42 | 6.27 | 1.68 | 7.57 | 0.90 | 0.22 | 巴中 |
| 6.63 | 1.80 | 10.10 | 0.82 | 5.68 | 0.31 | 3.58 | 5.85 | 3.81 | 资阳 |
| 0.85 | 0.23 | 0.09 | 0.02 | 0.73 | 0.07 | 0.71 | 0.19 | 0.12 | 马尔康 |
| 0.92 | 0.82 | 0.06 | 0.16 | 0.91 | 0.25 | 0.35 | 0.85 | | 康定 |
| 1.25 | 1.30 | 0.24 | 0.14 | 2.08 | 1.34 | 1.51 | 0.24 | 0.16 | 会理 |
| 5.38 | 4.45 | 9.59 | 1.70 | 9.83 | 0.50 | 0.66 | | | 西昌 |
| **133.27** | **103.38** | **157.87** | **31.10** | **153.59** | **22.81** | **98.27** | **38.25** | **17.23** | **贵州** |
| 41.58 | 34.59 | 49.01 | 13.76 | 39.28 | 5.86 | 46.63 | | | 贵阳 |
| 12.58 | 8.14 | 6.89 | 1.32 | 2.92 | 0.43 | 1.69 | 2.42 | 1.25 | 清镇 |
| 10.46 | 5.98 | 10.32 | 2.03 | 20.97 | 1.25 | 0.92 | 1.54 | 0.81 | 六盘水 |
| 1.93 | 2.77 | 3.40 | 0.99 | 4.70 | 0.49 | 3.16 | 1.02 | 0.97 | 盘州 |
| 18.00 | 14.00 | 22.96 | 3.00 | 38.00 | 4.30 | 13.69 | 3.09 | 1.09 | 遵义 |
| 1.28 | 0.86 | 3.04 | 0.05 | 1.02 | 0.13 | 6.31 | | | 赤水 |
| 2.50 | 2.00 | 4.50 | 3.00 | 2.50 | 2.00 | 5.58 | 11.27 | 5.01 | 仁怀 |
| 7.83 | 7.62 | 7.60 | 1.02 | 4.18 | 0.73 | 0.78 | 5.80 | 2.72 | 安顺 |
| 10.12 | 3.49 | 12.43 | 0.37 | 6.10 | 1.27 | 2.60 | 1.70 | 1.15 | 毕节 |
| 1.97 | 1.98 | 1.41 | 0.73 | 4.10 | 1.80 | 2.80 | 0.05 | 0.05 | 黔西 |
| 3.31 | 5.20 | 8.11 | 1.20 | 8.09 | 1.58 | 5.80 | 0.72 | 0.46 | 铜仁 |
| 8.19 | 8.02 | 8.60 | 1.50 | 9.28 | 1.20 | 6.23 | 5.12 | 1.94 | 兴义 |
| 1.66 | 0.92 | 0.93 | 0.06 | 0.94 | 0.06 | 0.21 | | | 兴仁 |
| 7.20 | 4.85 | 11.25 | 1.31 | 5.98 | 1.30 | 0.54 | 0.36 | 0.16 | 凯里 |
| 3.02 | 1.97 | 0.70 | 0.57 | 1.75 | 0.19 | 0.69 | 2.43 | 0.61 | 都匀 |
| 1.64 | 0.99 | 6.72 | 0.19 | 3.78 | 0.22 | 0.64 | 2.73 | 1.01 | 福泉 |
| **138.16** | **120.75** | **94.78** | **33.21** | **199.01** | **26.97** | **152.41** | **47.67** | **19.37** | **云南** |
| 48.38 | 53.07 | 31.08 | 13.29 | 64.00 | 3.12 | 23.06 | 12.11 | 4.45 | 昆明 |
| 8.69 | 1.14 | 5.98 | 0.27 | 6.90 | 0.32 | 5.87 | 6.20 | 1.49 | 安宁 |
| 10.59 | 7.43 | 9.68 | 2.05 | 18.61 | 1.20 | 16.47 | 7.66 | 3.43 | 曲靖 |

## 2-2 续表 15

面积计量单位：平方公里

人口计量单位：万人

| 城市名称 Name of Cities | 市区面积 Urban District Area | 市区人口 Urban District Population | 市区暂住人口 Urban District Temporary Population | 城区面积 Urban Area | 城区人口 Urban Population | 城区暂住人口 Urban Temporary Population | 建成区面积 Area of Built District | 城市建设用地面积 | |
|---|---|---|---|---|---|---|---|---|---|
| | | | | | | | | 小计 Subtotal | 居住用地 Residential |
| 宣威 | 6053.5 | 156.2 | 7.6 | 50.00 | 26.50 | 3.22 | 38.84 | 38.83 | 10.63 |
| 玉溪 | 1811.6 | 75.8 | 5.9 | 105.14 | 31.22 | 5.34 | 39.92 | 31.19 | 14.68 |
| 澄江 | 756.2 | 19.1 | 0.6 | 10.50 | 2.22 | 0.52 | 4.39 | 4.39 | 2.46 |
| 保山 | 5011.0 | 94.7 | 2.7 | 68.00 | 33.73 | 2.04 | 38.45 | 38.44 | 10.51 |
| 腾冲 | 5845.0 | 69.3 | 7.0 | 47.40 | 13.03 | 3.77 | 30.50 | 29.52 | 14.57 |
| 昭通 | 2240.0 | 97.1 | 7.0 | 61.00 | 28.36 | 6.73 | 47.08 | 44.26 | 12.90 |
| 水富 | 439.8 | 12.0 | 1.0 | 17.00 | 5.03 | 0.76 | 12.70 | 8.15 | 2.20 |
| 丽江 | 1262.8 | 16.1 | 6.9 | 28.08 | 14.70 | 8.05 | 24.86 | 24.85 | 4.97 |
| 普洱 | 3876.0 | 31.9 | 4.3 | 50.00 | 19.55 | 3.63 | 26.50 | 26.49 | 7.81 |
| 临沧 | 2557.0 | 37.1 | 2.3 | 35.18 | 18.86 | 1.93 | 23.24 | 23.19 | 8.00 |
| 禄丰 | 3536.0 | 42.0 | 1.0 | 35.00 | 6.28 | 0.87 | 9.26 | 9.26 | 2.65 |
| 楚雄 | 4433.0 | 55.0 | 8.6 | 53.27 | 27.70 | 8.45 | 52.65 | 52.65 | 19.58 |
| 个旧 | 1587.0 | 37.2 | 5.0 | 95.61 | 14.37 | 1.79 | 13.16 | 12.51 | 3.53 |
| 开远 | 1950.0 | 28.6 | 3.4 | 45.00 | 17.21 | 3.10 | 26.90 | 26.89 | 8.90 |
| 蒙自 | 2228.0 | 46.1 | 19.6 | 38.85 | 22.88 | 16.64 | 35.00 | 30.51 | 7.65 |
| 弥勒 | 4004.0 | 57.0 | 1.1 | 37.20 | 15.99 | 0.85 | 33.39 | 23.19 | 6.87 |
| 文山 | 2977.2 | 55.3 | 6.1 | 45.50 | 19.50 | 5.84 | 41.40 | 41.35 | 10.31 |
| 景洪 | 6959.0 | 43.7 | 24.0 | 83.63 | 11.88 | 12.11 | 37.77 | 37.77 | 12.02 |
| 大理 | 1815.0 | 65.6 | 13.3 | 87.20 | 34.88 | 6.97 | 54.85 | 53.36 | 19.31 |
| 瑞丽 | 1020.0 | 23.6 | 21.4 | 26.94 | 7.17 | 10.83 | 26.94 | 26.94 | 8.84 |
| 芒市 | 2987.0 | 41.5 | 3.2 | 50.00 | 14.29 | 2.71 | 22.30 | 42.09 | 14.72 |
| 泸水 | 3204.0 | 19.1 | 0.9 | 9.33 | 7.11 | 0.76 | 6.73 | 5.06 | 2.38 |
| 香格里拉 | 11613.0 | 16.3 | 2.3 | 60.00 | 4.31 | 2.26 | 16.29 | 16.29 | 7.60 |
| **西藏** | **47488.4** | **93.9** | **38.5** | **632.58** | **56.36** | **39.56** | **170.71** | **164.57** | **34.99** |
| 拉萨 | 4371.7 | 41.7 | 25.9 | 505.53 | 31.55 | 25.77 | 91.57 | 86.44 | 17.14 |
| 日喀则 | 3664.8 | 13.0 | 4.0 | 42.00 | 7.00 | 4.68 | 28.60 | 27.95 | 7.50 |
| 昌都 | 10808.9 | 15.0 | 3.0 | 18.20 | 5.00 | 4.00 | 8.90 | 8.85 | 0.60 |
| 林芝 | 10237.0 | 3.8 | 2.2 | 12.80 | 3.81 | 2.23 | 12.80 | 12.80 | 1.28 |
| 山南 | 2211.0 | 9.0 | 2.3 | 34.00 | 5.10 | 1.20 | 10.80 | 10.80 | 2.10 |
| 那曲 | 16195.0 | 11.5 | 1.0 | 20.05 | 3.90 | 1.68 | 18.04 | 17.73 | 6.37 |
| **陕西** | **60227.9** | **2145.5** | **219.3** | **2700.93** | **1270.49** | **166.75** | **1553.51** | **1513.35** | **444.90** |
| 西安 | 5806.7 | 942.3 | 72.1 | 954.80 | 699.75 | 70.25 | 807.57 | 786.35 | 245.99 |
| 铜川 | 2373.2 | 68.9 | 13.5 | 55.00 | 38.90 | 4.50 | 48.85 | 48.85 | 12.21 |
| 宝鸡 | 4854.2 | 189.6 | 10.9 | 177.79 | 97.94 | 7.43 | 117.59 | 117.03 | 29.76 |
| 咸阳 | 138.0 | 90.0 | 23.7 | 138.00 | 90.00 | 12.00 | 78.15 | 77.96 | 22.50 |
| 彬州 | 1183.6 | 36.4 | 4.9 | 25.00 | 9.52 | 2.68 | 9.53 | 9.52 | 3.50 |
| 兴平 | 454.9 | 58.3 | 3.2 | 67.30 | 18.49 | 2.15 | 23.00 | 23.00 | 6.65 |
| 渭南 | 2390.0 | 126.2 | 8.3 | 267.00 | 45.79 | 9.57 | 68.36 | 67.89 | 24.20 |
| 韩城 | 1595.9 | 40.5 | 2.4 | 77.20 | 16.12 | 1.25 | 18.20 | 18.20 | 6.57 |
| 华阴 | 675.2 | 23.8 | 0.6 | 65.00 | 11.10 | 0.63 | 18.00 | 17.59 | 5.00 |

## continued 15

Area Measurement Unit: square kilometer

Population Measurement Unit: 10,000 persons

| Area of Urban Construction Land | | | | | | | 本年征用土地面积 Area of Land Requisition This Year | | 城市名称 Name of Cities |
|---|---|---|---|---|---|---|---|---|---|
| 公共管理与公共服务用地 Administration and Public Services | 商业服务业设施用地 Commercial and Business Facilities | 工业用地 Industrial, Manufacturing | 物流仓储用地 Logistics and Warehouse | 道路交通设施用地 Road, Street and Transportation | 公用设施用地 Municipal Utilities | 绿地与广场用地 Green Space and Square | | 耕地 Arable Land | |
| 5.03 | 1.65 | 4.20 | 1.80 | 5.34 | 4.36 | 5.82 | | | 宣威 |
| 3.64 | 4.21 | 2.32 | 0.22 | 4.12 | 0.37 | 1.63 | 1.18 | 0.74 | 玉溪 |
| 0.49 | 0.51 | 0.04 | 0.01 | 0.82 | 0.02 | 0.04 | | | 澄江 |
| 2.72 | 2.32 | 1.40 | 0.80 | 9.45 | 0.70 | 10.54 | 1.33 | 0.43 | 保山 |
| 3.20 | 6.50 | 0.33 | 0.12 | 3.31 | 0.19 | 1.30 | 0.80 | 0.21 | 腾冲 |
| 4.51 | 2.49 | 5.27 | 1.24 | 9.38 | 1.53 | 6.94 | 1.07 | 1.07 | 昭通 |
| 0.85 | 1.03 | 1.18 | 0.19 | 1.50 | 0.12 | 1.08 | 0.85 | | 水富 |
| 2.43 | 2.60 | 2.15 | 3.00 | 3.70 | 1.80 | 4.20 | 0.45 | | 丽江 |
| 4.45 | 2.14 | 0.03 | 0.09 | 4.88 | 0.51 | 6.58 | 3.03 | 0.38 | 普洱 |
| 1.10 | 3.20 | 1.80 | 0.55 | 4.17 | 1.25 | 3.12 | 2.99 | 0.91 | 临沧 |
| 0.70 | 0.61 | 0.47 | 0.46 | 1.68 | 0.68 | 2.01 | 3.14 | 2.78 | 禄丰 |
| 5.79 | 3.04 | 6.22 | 0.51 | 7.92 | 0.25 | 9.34 | 0.53 | 0.21 | 楚雄 |
| 0.95 | 0.59 | 0.29 | 0.40 | 2.30 | 0.35 | 4.10 | 1.46 | 0.89 | 个旧 |
| 2.53 | 2.56 | 4.05 | 0.63 | 3.30 | 0.38 | 4.54 | 0.07 | | 开远 |
| 2.22 | 2.54 | 2.47 | 0.19 | 7.15 | 2.68 | 5.61 | 0.92 | 0.56 | 蒙自 |
| 2.80 | 0.30 | 1.80 | 0.51 | 3.70 | 2.00 | 5.21 | 2.76 | 0.83 | 弥勒 |
| 6.08 | 6.26 | 4.26 | 1.91 | 6.41 | 0.86 | 5.26 | 0.02 | 0.02 | 文山 |
| 3.15 | 2.03 | 0.01 | 0.65 | 6.48 | 1.35 | 12.08 | | | 景洪 |
| 6.57 | 3.72 | 2.50 | 2.88 | 8.54 | 1.68 | 8.16 | | | 大理 |
| 1.50 | 5.01 | 1.80 | 0.30 | 5.42 | 0.17 | 3.90 | | | 瑞丽 |
| 7.11 | 4.24 | 5.26 | 1.01 | 8.06 | 0.84 | 0.85 | 0.25 | 0.20 | 芒市 |
| 1.38 | 0.38 | 0.09 | 0.03 | 0.67 | 0.04 | 0.09 | 0.73 | 0.65 | 泸水 |
| 1.30 | 1.18 | 0.10 | 0.10 | 1.20 | 0.20 | 4.61 | 0.12 | 0.12 | 香格里拉 |
| **24.80** | **15.94** | **20.15** | **4.51** | **23.83** | **9.75** | **30.60** | **0.82** | **0.12** | **西藏** |
| 8.71 | 8.75 | 15.97 | 1.85 | 16.38 | 6.05 | 11.59 | | | 拉萨 |
| 5.80 | 2.00 | 2.00 | 1.30 | 2.75 | 1.50 | 5.10 | | | 日喀则 |
| 5.15 | 0.39 | 0.63 | 0.01 | 0.55 | 0.20 | 1.32 | 0.15 | 0.05 | 昌都 |
| 1.10 | 1.80 | 0.40 | 0.30 | 0.90 | 1.30 | 5.72 | 0.08 | | 林芝 |
| 1.36 | 0.80 | 0.40 | 0.32 | 1.13 | 0.19 | 4.50 | 0.17 | 0.07 | 山南 |
| 2.68 | 2.20 | 0.75 | 0.73 | 2.12 | 0.51 | 2.37 | 0.42 | | 那曲 |
| **129.97** | **146.39** | **241.84** | **47.93** | **245.61** | **35.58** | **221.13** | **38.07** | **16.01** | **陕西** |
| 79.02 | 91.58 | 166.39 | 34.05 | 119.75 | 17.55 | 32.02 | 22.88 | 11.54 | 西安 |
| 4.47 | 3.04 | 9.45 | 0.36 | 8.66 | 0.69 | 9.97 | 2.34 | 1.33 | 铜川 |
| 6.02 | 12.77 | 15.46 | 2.75 | 17.43 | 3.62 | 29.22 | | | 宝鸡 |
| 5.91 | 3.42 | 16.39 | 0.80 | 15.53 | 0.34 | 13.07 | 5.32 | 1.72 | 咸阳 |
| 0.75 | 0.26 | 0.26 | 0.15 | 2.05 | 0.45 | 2.10 | | | 彬州 |
| 1.10 | 0.50 | 4.28 | 0.20 | 3.42 | 0.21 | 6.64 | | | 兴平 |
| 5.75 | 3.36 | 5.55 | 1.58 | 9.07 | 1.54 | 16.84 | 2.66 | 0.96 | 渭南 |
| 0.75 | 1.10 | 0.85 | 0.80 | 3.15 | 0.80 | 4.18 | | | 韩城 |
| 1.42 | 1.96 | 2.25 | 0.43 | 1.87 | 0.75 | 3.91 | | | 华阴 |

## 2-2 续表 16

面积计量单位：平方公里
人口计量单位：万人

| 城市名称 Name of Cities | 市区面积 Urban District Area | 市区人口 Urban District Population | 市区暂住人口 Urban District Temporary Population | 城区面积 Urban Area | 城区人口 Urban Population | 城区暂住人口 Urban Temporary Population | 建成区面积 Area of Built District | 城市建设用地面积 小计 Subtotal | 城市建设用地面积 居住用地 Residential |
|---|---|---|---|---|---|---|---|---|---|
| 延　安 | 6507.3 | 69.1 | 14.3 | 212.86 | 36.50 | 13.75 | 70.97 | 70.95 | 22.76 |
| 子　长 | 2395.0 | 27.1 | 0.5 | 15.00 | 12.76 | 0.21 | 11.00 | 11.00 | 4.16 |
| 汉　中 | 3353.1 | 104.7 | 8.6 | 131.64 | 53.07 | 4.02 | 66.88 | 66.38 | 14.63 |
| 榆　林 | 11095.6 | 96.8 | 34.0 | 179.00 | 36.51 | 30.01 | 78.38 | 67.27 | 16.91 |
| 神　木 | 7480.7 | 46.4 | 15.1 | 30.06 | 20.41 | 4.35 | 29.87 | 29.71 | 7.11 |
| 安　康 | 3645.9 | 102.8 | 3.8 | 160.00 | 33.21 | 2.30 | 45.00 | 45.00 | 13.20 |
| 旬　阳 | 3540.8 | 45.0 | 0.3 | 70.00 | 10.35 | 0.12 | 11.56 | 11.56 | 2.94 |
| 商　洛 | 2644.6 | 55.7 | 0.2 | 40.00 | 24.70 | 0.23 | 26.00 | 20.74 | 3.11 |
| 杨凌区 | 93.2 | 22.0 | 3.0 | 35.28 | 15.37 | 1.30 | 24.60 | 24.35 | 3.70 |
| **甘　肃** | **89184.8** | **909.3** | **194.3** | **2120.76** | **534.05** | **149.39** | **968.07** | **980.83** | **255.10** |
| 兰　州 | 2450.6 | 216.1 | 112.0 | 500.28 | 199.92 | 103.83 | 383.88 | 383.83 | 101.78 |
| 嘉峪关 | 1224.0 | 21.2 | 2.8 | 342.00 | 21.17 | 2.80 | 70.40 | 111.43 | 12.73 |
| 金　昌 | 3060.2 | 21.0 | 1.7 | 52.30 | 15.63 | 1.46 | 47.65 | 47.65 | 8.41 |
| 白　银 | 3381.2 | 49.4 | 8.3 | 81.22 | 32.48 | 2.69 | 67.17 | 63.80 | 18.73 |
| 天　水 | 5861.0 | 132.1 | 7.7 | 73.00 | 54.50 | 7.37 | 60.00 | 60.00 | 11.20 |
| 武　威 | 5081.2 | 88.1 | 2.7 | 177.77 | 32.76 | 1.57 | 34.04 | 34.04 | 14.13 |
| 张　掖 | 4240.0 | 51.9 | 4.7 | 200.00 | 27.61 | 1.81 | 45.10 | 45.10 | 18.12 |
| 平　凉 | 1936.0 | 52.9 | 5.0 | 255.00 | 27.34 | 3.57 | 42.00 | 41.71 | 14.48 |
| 华　亭 | 1182.0 | 19.1 | 1.9 | 17.90 | 9.69 | 1.94 | 15.44 | 14.85 | 4.97 |
| 酒　泉 | 3386.0 | 45.5 | 12.9 | 235.00 | 26.28 | 6.47 | 61.87 | 47.09 | 11.58 |
| 玉　门 | 13500.0 | 6.1 | 2.2 | 15.00 | 3.11 | 1.85 | 12.42 | 12.05 | 1.83 |
| 敦　煌 | 31200.0 | 14.3 | 2.6 | 19.86 | 6.76 | 1.08 | 15.58 | 15.39 | 2.36 |
| 庆　阳 | 999.3 | 45.6 | 13.5 | 31.00 | 16.75 | 4.80 | 30.14 | 30.01 | 9.73 |
| 定　西 | 4226.0 | 47.3 | 0.8 | 35.90 | 19.12 | 0.67 | 26.20 | 24.97 | 5.74 |
| 陇　南 | 4683.0 | 60.2 | 2.7 | 40.00 | 16.15 | 2.11 | 15.70 | 13.10 | 6.64 |
| 临　夏 | 88.6 | 29.3 | 9.7 | 28.93 | 18.75 | 4.45 | 26.27 | 23.43 | 9.18 |
| 合　作 | 2685.7 | 9.3 | 3.3 | 15.60 | 6.03 | 0.92 | 14.21 | 12.38 | 3.49 |
| **青　海** | **203425.6** | **294.9** | **26.7** | **738.91** | **192.28** | **21.45** | **250.08** | **232.73** | **60.83** |
| 西　宁 | 3117.9 | 196.0 | 11.9 | 396.65 | 135.16 | 9.33 | 108.38 | 107.53 | 29.10 |
| 海　东 | 3571.0 | 41.7 | 0.9 | 147.00 | 22.70 | 0.57 | 41.54 | 27.12 | 7.42 |
| 同　仁 | 3275.0 | 11.1 | 0.8 | 21.34 | 3.76 | 0.45 | 7.50 | 7.50 | 3.15 |
| 玉　树 | 15413.0 | 14.2 | 3.2 | 15.50 | 9.88 | 2.35 | 14.26 | 14.04 | 5.16 |
| 茫　崖 | 31173.1 | 2.9 | 1.4 | 9.85 | 2.89 | 1.40 | 9.85 | 9.85 | 1.68 |
| 格尔木 | 119175.6 | 21.7 | 7.7 | 75.67 | 13.09 | 6.56 | 42.55 | 42.55 | 10.03 |
| 德令哈 | 27700.0 | 7.3 | 0.8 | 72.90 | 4.80 | 0.79 | 26.00 | 24.14 | 4.29 |
| **宁　夏** | **21521.9** | **444.2** | **61.7** | **954.37** | **256.81** | **39.31** | **485.66** | **451.39** | **132.47** |
| 银　川 | 2305.9 | 214.5 | 37.0 | 562.49 | 138.07 | 15.52 | 196.04 | 196.04 | 64.06 |
| 灵　武 | 4010.0 | 26.9 | 3.7 | 21.10 | 8.15 | 2.98 | 20.95 | 20.95 | 5.52 |
| 宁东能源化工基地 | 766.0 | 2.0 | 5.0 | 40.00 | 2.03 | 4.97 | 12.00 | 8.40 | 0.50 |

# continued 16

Area Measurement Unit: square kilometer

Population Measurement Unit: 10,000 persons

| Area of Urban Construction Land | | | | | | | 本年征用土地面积 Area of Land Requisition This Year | 耕地 Arable Land | 城市名称 Name of Cities |
|---|---|---|---|---|---|---|---|---|---|
| 公共管理与公共服务用地 Administration and Public Services | 商业服务业设施用地 Commercial and Business Facilities | 工业用地 Industrial, Manufacturing | 物流仓储用地 Logistics and Warehouse | 道路交通设施用地 Road, Street and Transportation | 公用设施用地 Municipal Utilities | 绿地与广场用地 Green Space and Square | | | |
| 5.59 | 5.84 | 4.79 | 0.56 | 13.25 | 1.18 | 16.98 | 0.33 | | 延安 |
| 1.23 | 0.06 | 0.02 | 0.03 | 1.48 | 0.03 | 3.99 | | | 子长 |
| 4.57 | 8.56 | 7.20 | 1.66 | 11.13 | 2.04 | 16.59 | 4.53 | 0.46 | 汉中 |
| 2.45 | 4.61 | 3.57 | 0.91 | 17.04 | 1.32 | 20.46 | | | 榆林 |
| 3.20 | 1.65 | 1.06 | 0.36 | 5.82 | 0.61 | 9.90 | | | 神木 |
| 1.65 | 1.17 | 0.79 | 0.15 | 5.75 | 2.60 | 19.69 | | | 安康 |
| 0.32 | 0.90 | 1.62 | 0.21 | 1.98 | 0.25 | 3.34 | 0.01 | | 旬阳 |
| 2.30 | 2.60 | 0.60 | 2.00 | 3.19 | 0.60 | 6.34 | | | 商洛 |
| 3.47 | 3.01 | 1.31 | 0.93 | 5.04 | 1.00 | 5.89 | | | 杨凌区 |
| **85.69** | **81.46** | **212.42** | **37.33** | **153.83** | **30.84** | **124.16** | **33.24** | **7.36** | **甘肃** |
| 38.38 | 39.49 | 83.48 | 14.87 | 69.65 | 7.19 | 28.99 | 21.69 | 3.02 | 兰州 |
| 5.68 | 6.61 | 55.19 | 3.82 | 17.53 | 0.97 | 8.90 | 3.03 | 0.28 | 嘉峪关 |
| 3.05 | 1.67 | 19.90 | 1.46 | 5.91 | 1.49 | 5.76 | | | 金昌 |
| 5.91 | 5.94 | 21.53 | 1.64 | 5.41 | 1.37 | 3.27 | 2.99 | 0.19 | 白银 |
| 3.24 | 4.00 | 10.33 | 5.79 | 6.07 | 4.17 | 15.20 | | | 天水 |
| 2.15 | 2.40 | 0.25 | 0.27 | 6.87 | 0.36 | 7.61 | 2.02 | 1.48 | 武威 |
| 3.03 | 2.69 | 1.97 | 2.07 | 3.87 | 4.05 | 9.30 | 1.78 | 1.20 | 张掖 |
| 3.63 | 2.42 | 3.21 | 2.01 | 7.13 | 1.10 | 7.73 | | | 平凉 |
| 2.35 | 0.05 | 0.48 | 0.52 | 2.66 | 0.82 | 3.00 | | | 华亭 |
| 4.67 | 5.26 | 3.75 | 1.35 | 5.49 | 1.29 | 13.70 | | | 酒泉 |
| 1.52 | 0.81 | 3.34 | 0.37 | 2.51 | 0.30 | 1.37 | | | 玉门 |
| 0.87 | 2.15 | 0.50 | 0.22 | 2.76 | 0.37 | 6.16 | | | 敦煌 |
| 3.86 | 4.24 | 2.78 | 0.40 | 7.13 | 0.27 | 1.60 | 0.73 | 0.30 | 庆阳 |
| 2.00 | 0.05 | 2.90 | 1.52 | 3.02 | 5.55 | 4.19 | 0.18 | 0.07 | 定西 |
| 0.86 | 0.40 | 0.16 | 0.02 | 2.23 | 0.70 | 2.09 | | | 陇南 |
| 3.29 | 2.28 | 1.55 | 0.40 | 3.73 | 0.34 | 3.06 | 0.82 | 0.82 | 临夏 |
| 1.20 | 1.00 | 1.10 | 1.00 | 1.86 | 0.50 | 2.23 | | | 合作 |
| **17.70** | **17.84** | **23.93** | **14.18** | **41.52** | **12.36** | **44.37** | **0.94** | | **青海** |
| 6.92 | 5.18 | 5.26 | 7.34 | 19.36 | 7.42 | 26.95 | | | 西宁 |
| 1.97 | 1.29 | 0.99 | 1.61 | 6.97 | 1.16 | 5.71 | 0.28 | | 海东 |
| 1.17 | 0.05 | 0.38 | 0.07 | 1.49 | 0.40 | 0.79 | | | 同仁 |
| 0.34 | 0.42 | 0.05 | 0.47 | 2.24 | 0.52 | 4.84 | | | 玉树 |
| 0.60 | 3.58 | 2.06 | 0.56 | 0.95 | 0.28 | 0.14 | | | 茫崖 |
| 2.77 | 4.76 | 11.08 | 3.20 | 7.07 | 1.05 | 2.59 | | | 格尔木 |
| 3.93 | 2.56 | 4.11 | 0.93 | 3.44 | 1.53 | 3.35 | 0.66 | | 德令哈 |
| **43.96** | **36.54** | **45.13** | **11.42** | **77.87** | **8.69** | **95.31** | **12.78** | **6.80** | **宁夏** |
| 21.73 | 18.25 | 19.90 | 3.68 | 29.63 | 3.27 | 35.52 | 0.51 | | 银川 |
| 1.38 | 1.08 | 4.07 | 0.01 | 3.74 | 0.27 | 4.88 | 1.16 | 0.48 | 灵武 |
| 1.00 | 0.50 | 0.10 | | 2.04 | 1.00 | 3.26 | | | 宁东能源化工基地 |

## 2-2 续表 17

面积计量单位：平方公里

人口计量单位：万人

| 城市名称 Name of Cities | 市区面积 Urban District Area | 市区人口 Urban District Population | 市区暂住人口 Urban District Temporary Population | 城区面积 Urban Area | 城区人口 Urban Population | 城区暂住人口 Urban Temporary Population | 建成区面积 Area of Built District | 城市建设用地面积 小计 Subtotal | 城市建设用地面积 居住用地 Residential |
|---|---|---|---|---|---|---|---|---|---|
| 石嘴山 | 2013.6 | 42.9 | 6.9 | 118.20 | 37.22 | 6.91 | 102.80 | 97.42 | 23.65 |
| 吴忠 | 1106.7 | 41.8 | 0.9 | 79.00 | 21.81 | 0.73 | 57.32 | 45.27 | 14.88 |
| 青铜峡 | 2438.3 | 27.1 | 0.4 | 32.45 | 13.90 | 0.30 | 20.63 | 20.57 | 4.21 |
| 固原 | 3501.0 | 47.2 | 6.5 | 52.33 | 20.21 | 6.51 | 45.06 | 40.72 | 10.64 |
| 中卫 | 5380.5 | 41.7 | 1.4 | 48.80 | 15.42 | 1.39 | 30.86 | 22.02 | 9.01 |
| **新疆** | **245050.9** | **1033.6** | **318.7** | **2187.14** | **597.22** | **259.11** | **1428.05** | **1294.74** | **383.34** |
| 乌鲁木齐 | 13787.9 | 390.1 | 150.8 | 842.09 | 234.21 | 149.56 | 545.10 | 410.69 | 136.86 |
| 克拉玛依 | 7333.0 | 32.0 | 14.6 | 80.22 | 31.97 | 14.60 | 79.42 | 74.50 | 24.44 |
| 吐鲁番 | 15729.2 | 28.9 | 2.8 | 24.23 | 7.26 | 2.61 | 24.23 | 24.23 | 9.56 |
| 哈密 | 85035.0 | 53.3 | 20.1 | 71.17 | 28.05 | 6.72 | 52.25 | 52.24 | 20.16 |
| 昌吉 | 7971.0 | 38.3 | 24.3 | 94.40 | 25.50 | 18.18 | 69.15 | 68.52 | 22.13 |
| 阜康 | 8231.9 | 15.7 | 6.2 | 38.00 | 7.12 | 4.28 | 22.62 | 22.50 | 4.74 |
| 博乐 | 5947.0 | 19.0 | 7.5 | 31.58 | 14.66 | 3.16 | 30.00 | 28.31 | 11.02 |
| 阿拉山口 | 1204.0 | 0.3 | 1.0 | 27.00 | 0.30 | 1.00 | 11.89 | 11.89 | 0.13 |
| 库尔勒 | 7256.3 | 63.7 | 18.9 | 135.00 | 47.30 | 15.30 | 98.90 | 98.83 | 24.10 |
| 阿克苏 | 13580.0 | 53.3 | 14.7 | 153.59 | 38.25 | 13.20 | 153.59 | 151.17 | 24.12 |
| 库车 | 15007.0 | 50.7 | 4.2 | 35.50 | 16.60 | 2.03 | 32.40 | 32.25 | 7.37 |
| 阿图什 | 16151.0 | 28.5 | 2.1 | 20.30 | 7.25 | 1.33 | 15.00 | 14.86 | 4.54 |
| 喀什 | 1056.8 | 66.0 | 10.8 | 98.50 | 39.02 | 8.90 | 98.50 | 98.50 | 26.42 |
| 和田 | 688.3 | 42.0 | 7.8 | 80.21 | 20.29 | 5.81 | 39.14 | 39.14 | 12.02 |
| 伊宁 | 672.1 | 61.3 | 16.4 | 246.30 | 36.99 | 3.60 | 43.51 | 43.50 | 16.28 |
| 奎屯 | 909.6 | 12.6 | 2.4 | 66.84 | 12.43 | 2.38 | 30.18 | 30.17 | 5.38 |
| 霍尔果斯 | 1908.6 | 4.4 | 2.3 | 20.00 | 0.41 | 1.65 | 6.84 | 6.76 | 2.87 |
| 塔城 | 4356.6 | 14.6 | 1.4 | 30.79 | 5.30 | 0.80 | 17.70 | 28.41 | 12.55 |
| 乌苏 | 14290.0 | 23.5 | 6.4 | 24.95 | 8.80 | 2.46 | 23.35 | 23.35 | 7.57 |
| 沙湾 | 13109.6 | 19.6 | 2.2 | 41.88 | 8.50 | 1.10 | 16.28 | 17.02 | 5.90 |
| 阿勒泰 | 10826.0 | 15.9 | 2.1 | 24.59 | 7.01 | 0.44 | 18.00 | 17.90 | 5.18 |
| **新疆兵团** | **13262.1** | **158.3** | **51.0** | **759.13** | **75.65** | **34.88** | **226.53** | **210.99** | **57.99** |
| 石河子 | 460.0 | 47.5 | 12.8 | 150.00 | 34.96 | 12.80 | 57.57 | 57.57 | 20.67 |
| 阿拉尔 | 6756.9 | 45.5 | 10.1 | 121.12 | 9.68 | 4.25 | 33.00 | 33.00 | 6.28 |
| 图木舒克 | 1990.4 | 25.9 | 4.2 | 101.22 | 5.10 | 4.50 | 21.18 | 21.18 | 4.01 |
| 五家渠 | 740.4 | 11.5 | 6.9 | 124.86 | 5.91 | 4.92 | 25.00 | 19.16 | 6.59 |
| 北屯 | 910.5 | 7.4 | 1.9 | 56.34 | 5.40 | 1.40 | 22.45 | 16.64 | 5.48 |
| 铁门关 | 590.3 | 1.9 | 2.3 | 55.20 | 1.88 | 2.26 | 11.83 | 9.19 | 2.19 |
| 双河 | 742.2 | 2.3 | 2.3 | 11.28 | 2.32 | 2.32 | 11.28 | 11.28 | 1.57 |
| 可克达拉 | 26.0 | 0.7 | 1.4 | 26.04 | 0.72 | 1.43 | 22.40 | 22.40 | 3.16 |
| 昆玉 | 334.3 | 2.9 |  | 64.39 | 2.94 |  | 12.80 | 9.00 | 1.10 |
| 胡杨河 | 679.0 | 3.9 |  | 16.68 | 2.16 | 0.26 | 4.02 | 6.57 | 1.94 |
| 新星 | 32.0 | 8.8 | 9.1 | 32.00 | 4.58 | 0.74 | 5.00 | 5.00 | 5.00 |

# continued 17

Area Measurement Unit: square kilometer

Population Measurement Unit: 10,000 persons

| Area of Urban Construction Land | | | | | | | 本年征用土地面积 Area of Land Requisition This Year | 耕地 Arable Land | 城市名称 Name of Cities |
|---|---|---|---|---|---|---|---|---|---|
| 公共管理与公共服务用地 Administration and Public Services | 商业服务业设施用地 Commercial and Business Facilities | 工业用地 Industrial, Manufacturing | 物流仓储用地 Logistics and Warehouse | 道路交通设施用地 Road, Street and Transportation | 公用设施用地 Municipal Utilities | 绿地与广场用地 Green Space and Square | | | |
| 7.27 | 5.39 | 12.16 | 2.01 | 16.44 | 1.75 | 28.75 | 10.04 | 5.65 | 石嘴山 |
| 4.16 | 4.42 | 4.48 | 0.93 | 9.41 | 0.79 | 6.20 | 0.28 | 0.18 | 吴忠 |
| 2.12 | 2.50 | 2.20 | 2.37 | 4.30 | 0.87 | 2.00 | 0.40 | 0.10 | 青铜峡 |
| 3.56 | 2.15 | 1.51 | 2.40 | 8.90 | 0.52 | 11.04 | | | 固原 |
| 2.74 | 2.25 | 0.71 | 0.02 | 3.41 | 0.22 | 3.66 | 0.39 | 0.39 | 中卫 |
| **113.54** | **104.81** | **197.36** | **55.20** | **182.08** | **49.00** | **209.41** | **19.36** | **3.30** | **新疆** |
| 41.38 | 30.23 | 88.44 | 27.34 | 53.38 | 7.89 | 25.17 | | | 乌鲁木齐 |
| 10.58 | 6.65 | 4.50 | 0.62 | 13.76 | 2.99 | 10.96 | 1.20 | | 克拉玛依 |
| 1.65 | 1.27 | 1.15 | 0.80 | 5.25 | 0.79 | 3.76 | | | 吐鲁番 |
| 4.65 | 4.44 | 2.25 | 1.57 | 6.79 | 4.18 | 8.20 | | | 哈密 |
| 4.86 | 6.54 | 10.24 | 1.69 | 15.42 | 1.01 | 6.63 | 3.17 | 2.48 | 昌吉 |
| 1.38 | 1.22 | 0.40 | 1.14 | 3.03 | 1.24 | 9.35 | 0.56 | 0.51 | 阜康 |
| 1.93 | 3.21 | 4.04 | 1.28 | 2.60 | 1.10 | 3.13 | | | 博乐 |
| 0.74 | 0.46 | 2.39 | 0.09 | 1.50 | 0.91 | 5.67 | 0.02 | | 阿拉山口 |
| 7.90 | 9.45 | 20.57 | 3.21 | 13.00 | 11.10 | 9.50 | 6.30 | | 库尔勒 |
| 6.29 | 5.28 | 26.30 | 4.03 | 17.04 | 3.52 | 64.59 | 2.17 | 0.08 | 阿克苏 |
| 1.07 | 4.63 | 1.22 | 2.05 | 5.56 | 1.06 | 9.29 | | | 库车 |
| 3.39 | 2.05 | 0.45 | 0.26 | 2.04 | 0.54 | 1.59 | | | 阿图什 |
| 5.04 | 9.44 | 19.26 | 6.61 | 14.82 | 3.03 | 13.88 | 1.82 | 0.10 | 喀什 |
| 4.18 | 4.10 | 1.61 | 0.29 | 3.94 | 0.77 | 12.23 | 4.12 | 0.13 | 和田 |
| 3.95 | 3.36 | 3.37 | 0.68 | 8.63 | 2.51 | 4.72 | | | 伊宁 |
| 3.30 | 4.90 | 1.78 | 0.31 | 3.90 | 4.40 | 6.20 | | | 奎屯 |
| 0.60 | 0.10 | 1.11 | 0.20 | 1.38 | 0.20 | 0.30 | | | 霍尔果斯 |
| 4.97 | 2.52 | 4.03 | 1.27 | 1.65 | 1.02 | 0.40 | | | 塔城 |
| 1.90 | 1.46 | 3.51 | 1.20 | 2.47 | 0.70 | 4.54 | | | 乌苏 |
| 1.50 | 1.05 | 0.62 | 0.30 | 2.52 | 0.03 | 5.10 | | | 沙湾 |
| 2.28 | 2.45 | 0.12 | 0.26 | 3.40 | 0.01 | 4.20 | | | 阿勒泰 |
| **23.27** | **15.60** | **27.28** | **2.68** | **34.58** | **3.90** | **45.69** | **3.95** | **2.11** | **新疆兵团** |
| 5.48 | 3.86 | 9.13 | 2.00 | 8.75 | 1.13 | 6.55 | 0.12 | 0.11 | 石河子 |
| 4.09 | 1.45 | 2.34 | 0.14 | 4.84 | 0.33 | 13.53 | 1.37 | 1.37 | 阿拉尔 |
| 1.55 | 1.46 | 2.88 | 0.20 | 2.40 | 0.20 | 8.48 | 2.43 | 0.60 | 图木舒克 |
| 4.10 | 2.96 | 1.09 | 0.10 | 2.58 | 0.27 | 1.47 | 0.03 | 0.03 | 五家渠 |
| 1.81 | 3.16 | 2.34 | 0.20 | 2.76 | 0.80 | 0.09 | | | 北屯 |
| 2.57 | 0.22 | | | 2.68 | 0.08 | 1.45 | | | 铁门关 |
| 0.31 | 0.79 | 1.31 | | 2.77 | 0.06 | 4.47 | | | 双河 |
| 1.74 | 1.10 | 3.67 | | 4.59 | 0.63 | 7.51 | | | 可克达拉 |
| 0.73 | 0.30 | 3.36 | 0.01 | 1.63 | 0.14 | 1.73 | | | 昆玉 |
| 0.89 | 0.30 | 1.16 | 0.03 | 1.58 | 0.26 | 0.41 | | | 胡杨河 |
| | | | | | | | | | 新星 |

# 三、城市维护建设财政性资金收支

# 3. Revenue and Expenditure of Urban Maintenance and Construction Fund

## 简要说明

城市维护建设资金指用于城市维护和建设的财政性资金。本部分主要包括城市维护建设财政性资金的收入和支出两方面的内容，收入包括组成收入的各项来源，包括城市维护建设税、城市公用事业附加、中央和地方预算资金、国有土地使用权出让收入、国家和省规定收取的用于城市维护建设的行政事业性收费及其他收入，支出包括城市维护建设资金用于市政公用设施各行业的建设和维护资金。

2013 年，城市维护建设资金的收支范围和口径进行了调整。

2014 年，北京市数据未报送。

2016 年开始不再统计城市维护建设财政性资金收支情况。

## Brief Introduction

Urban maintenance and construction fund is the fund used for urban maintenance and construction. This section mainly includes two parts: one is revenue from the fund, and the other is expenditure of the fund. Revenue consists of various capital sources, including urban maintenance and construction tax, extra-charge for urban utilities, budgetary funds by central and local governments, income generated from the transfer of state-owned land-use right, administrative charges for urban maintenance and construction prescribed by the central and provincial governments and other revenues. Expenditure covers funds used for construction and maintenance of public facilities in the municipal service facilities sector.

Revenue and expenditure scope as well as definition of urban maintenance and construction fund has been adjusted in 2013.

The data of Beijing were not reported in 2014.

Revenue and expenditure of urban maintenance and construction fund were no longer counted in 2016.

# 3　全国历年城市维护建设资金收支(1978-2016)

计量单位：万元

| 年份<br>Year | 收入合计<br>Completed of Revenue | 城市维护建设税<br>Urban Maintenance and Construction Tax | 城市公用事业附加<br>Extra-Charges for Municipal Utilities | 中央财政拨款<br>Financial Allocation from Central Government Budget | 地方财政拨款<br>Financial Allocation from Local Government Budget | 水资源费<br>Water Resource Fee | 国内贷款<br>Domestic Loan |
|---|---|---|---|---|---|---|---|
| 1978 | | | | | | | |
| 1979 | | | | | | | |
| 1980 | 276174 | | 92966 | 66212 | | | |
| 1981 | 345600 | | 92186 | 65657 | | | |
| 1982 | 425957 | | 97416 | 69381 | | | |
| 1983 | 408524 | | 103142 | 81571 | | | |
| 1984 | 468835 | | 118445 | 96120 | | | |
| 1985 | 1168293 | 331296 | 129744 | 143313 | 123963 | 14142 | |
| 1986 | 1448311 | 406817 | 157889 | 138944 | 351961 | 16812 | 31716 |
| 1987 | 1638197 | 442275 | 176337 | 152094 | 225498 | 22420 | 61601 |
| 1988 | 1845193 | 525452 | 192643 | 104666 | 181053 | 24396 | 75829 |
| 1989 | 1835625 | 603583 | 198409 | 91529 | 170347 | 24873 | 44494 |
| 1990 | 2104896 | 650908 | 226186 | 109126 | 198421 | 27876 | 88429 |
| 1991 | 2661198 | 695681 | 270109 | 99919 | 277595 | 35324 | 229274 |
| 1992 | 3934788 | 779701 | 310916 | 134237 | 576569 | 42506 | 322596 |
| 1993 | 5811904 | 980234 | 329620 | 269593 | 594615 | 48498 | 445658 |
| 1994 | 6748008 | 1161193 | 413851 | 213565 | 599378 | 47060 | 413327 |
| 1995 | 7743732 | 1409097 | 447388 | 213543 | 725758 | 51964 | 476654 |
| 1996 | 8476420 | 1578088 | 555873 | 103699 | 862641 | 60509 | 956850 |
| 1997 | 11103424 | 1906696 | 561217 | 139392 | 1154245 | 61203 | 1657405 |
| 1998 | 14333158 | 2153203 | 603965 | 649420 | 1581006 | 63724 | 3069622 |
| 1999 | 16271209 | 2191985 | 631558 | 1052000 | 1714628 | 77828 | 3741979 |
| 2000 | 19889324 | 2372908 | 541475 | 1150668 | 2081330 | 100590 | 4146988 |
| 2001 | 25262680 | 2709430 | 488144 | 895818 | 3237790 | 111087 | 7416589 |
| 2002 | 31561758 | 3160358 | 498761 | 759545 | 3927309 | 123825 | 8739016 |
| 2003 | 42761892 | 3717417 | 556909 | 771320 | 5329302 | 159757 | 13318273 |
| 2004 | 52575966 | 4462912 | 590251 | 526414 | 6657678 | 206883 | 14455465 |
| 2005 | 54225147 | 5512933 | 554799 | 621597 | 7958871 | 249990 | 16698914 |
| 2006 | 35406259 | 5667745 | 762171 | 566632 | 10748459 | 244522 | |
| 2007 | 47617452 | 6170604 | 824251 | 348134 | 12137926 | 279545 | |
| 2008 | 56164219 | 7442775 | 896248 | 756011 | 14247316 | 254199 | |
| 2009 | 67276878 | 7719472 | 980433 | 1066464 | 22311926 | 247971 | |
| 2010 | 85704996 | 9970340 | 1090649 | 1747961 | 16855095 | 295347 | |
| 2011 | 117817189 | 13395522 | 1571916 | 1383183 | 19817577 | 750347 | |
| 2012 | 119233467 | 14797543 | 1663517 | 2453300 | 27252469 | 413782 | |
| 2013 | 143227465 | 17070039 | 1874070 | | | | |
| 2014 | 138005449 | 17843612 | 1819986 | | | | |
| 2015 | 160735509 | 19421884 | 2255346 | | | | |
| 2016 | 180194600 | 22429127 | 2100389 | | | | |

注：1.自2006年起，城市维护建设资金收入仅包含财政性资金，不含社会融资。地方财政拨款中包括省、市财政专项拨款和市级以下财政资金；其他收入中包括市政公用设施配套费、市政公用设施有偿使用费、土地出让转让金、资产置换收入及其他财政性资金。

2.1978年至1984年，1988年至1990年供水支出为公用事业支出；1978年至2000年道路桥梁支出为市政工程支出，包含道路、桥梁、排水等。

3.自2006年起，城市维护建设资金支出仅包含财政性资金，不含社会融资。

4.2014年数据不含北京市。

# National Revenue and Expenditure of Urban Maintenance and Construction Fund in Past Years (1978-2016)

Measurement Unit: 10,000 RMB

| 利用外资<br>Foreign Investment | 企事业单位自筹资金<br>Self-Raised Funds by Enterprises and Institutions | 其他收入<br>Other Revenues | 支出合计<br>Completed of Expenditure | 维护支出<br>Maintenance Expenditure | 固定资产投资支出<br>Expenditure from Investment in Fixed Assets | 其他支出<br>Other Expenditures |
|---|---|---|---|---|---|---|
| | | | 163589 | | 163589 | |
| | | | 256895 | 142593 | 114302 | |
| | | 116996 | 266451 | 152991 | 112370 | 1090 |
| | | 187757 | 325615 | 180778 | 144837 | |
| | | 259160 | 369382 | 172902 | 183897 | 12583 |
| | | 223811 | 426986 | 214709 | 185511 | 26766 |
| | | 254270 | 462705 | 219226 | 243479 | |
| | 49362 | 376473 | 1122714 | 375563 | 721943 | 25208 |
| 744 | | 343428 | 1343025 | 431595 | 816154 | 95276 |
| 748 | | 557224 | 1480706 | 479768 | 895695 | 105243 |
| 6386 | | 734768 | 644695 | 303420 | 246835 | 94440 |
| 10078 | | 692312 | 737038 | 361213 | 249516 | 126309 |
| 24713 | | 779237 | 814901 | 406025 | 269992 | 138884 |
| 107127 | | 946169 | 2442190 | 446562 | 1800536 | 195092 |
| 73484 | | 1694779 | 3841602 | 1086759 | 2529896 | 224947 |
| 138159 | | 3005527 | 5573279 | 1550715 | 3757865 | 264699 |
| 183295 | | 3716339 | 6583051 | 1721457 | 4514337 | 347257 |
| 254876 | | 4164452 | 7578470 | 1092891 | 6056988 | 428591 |
| 558688 | 1194722 | 2605348 | 8827009 | 2029361 | 6272955 | 524693 |
| 1407194 | 1077986 | 3138088 | 11229697 | 2149827 | 7832004 | 1247866 |
| 738402 | 1769411 | 3704405 | 14374965 | 2354278 | 10927777 | 1092910 |
| 494463 | 2374802 | 3991966 | 16172386 | 2600945 | 12281137 | 1290304 |
| 847124 | 3332242 | 5315999 | 18960338 | 2699820 | 15400602 | 859916 |
| 563167 | 4095561 | 5745094 | 25372970 | 2367551 | 19207735 | 3797684 |
| 610535 | 6007620 | 7734789 | 31780253 | 3184473 | 24475402 | 4120378 |
| 681057 | 7696801 | 10531056 | 42479605 | 3840924 | 32807384 | 5831298 |
| 741815 | 9002038 | 15932510 | 46617124 | 4662527 | 36924771 | 5029826 |
| 927141 | 9460261 | 12240641 | 52757240 | 5474379 | 40946915 | 6335946 |
| | | 17416730 | 33494964 | 6950298 | 20005661 | 6888341 |
| | | 27856992 | 42473049 | 8689485 | 24649406 | 9134158 |
| | | 32567671 | 50083394 | 10432730 | 30612349 | 9279334 |
| | | 34950612 | 59270667 | 10982852 | 38125424 | 10187001 |
| | | 55845604 | 75080799 | 13443275 | 47144531 | 14389306 |
| | | 80898644 | 87390666 | 16790270 | 53139075 | 17461321 |
| | | 72652856 | 101981275 | 20228860 | 63505657 | 18246758 |
| | | | 108047393 | | | |
| | | | 106589135 | | | |
| | | | 124386269 | | | |
| | | | 138326496 | | | |

Notes: 1.Since 2006, national revenue of urban maintenance and construction fund includes the fund fiscal budget, not including social funds. Local Financial Allocation include province and city special financial allocation, and Other Revenues include fees for expansion of municipal utilities capacity, fees for use of municipal utilities, land transfer income, asset replacement income and other financial funds.

2.Data in the water supply column from 1978 to 1984 and from 1988 to 1990 reder to expenditure of public utilities; Data in the bridge and road column refer to expenditure of municipal engineering construction projects,including roads, bridges and sewers.

3.From 2006, expenditure of Urban maintenance and construction fund includes the fund from fiscal buget, not including society fund.

4.The data of 2014 did not include those of Beijing Municipality.

# 四、城市市政公用设施建设固定资产投资

# 4. Fixed Assets Investment in Urban Service Facilities

## 简要说明

本部分包含城市市政公用设施建设各行业的固定资产投资完成额，投资的资金来源和投资产生的能力或效益。行业包括城市供水、燃气、集中供热、轨道交通、道路和桥梁、排水和污水处理、园林绿化、市容环卫行业，不含住宅投资。

自 2009 年开始，全国城市市政公用设施建设固定资产投资中不再包括城市公共交通固定资产投资，仅包括其中的轨道交通建设固定资产投资。

自 2013 年开始，全国城市市政公用设施建设固定资产投资中不再包括城市防洪固定资产投资。

## Brief Introduction

This section includes investment in different utilities facilities, investment sources, and the capacity or benefit produced by the investment. The sectors covered are urban water supply, urban gas supply, central heating, public transit, roads and bridges, water drainage and wastewater treatment, landscaping, and urban environmental sanitation. The investment in housing development is not included.

Starting from 2009, the national fixed assets investment in the construction of municipal public utilities facilities has no longer included the fixed assets investment in urban public transport facilities, expect for the fixed assets investment in urban rail transit system.

Starting from 2013, the national fixed assets investment in the construction of municipal public utilities facilities has not included the fixed assets investment in urban flood prevention.

# 4　全国历年城市市政公用设施建设固定资产投资(1978−2022)
# National Fixed Assets Investment in Urban Service Facilities in Past Years(1978-2022)

计量单位：亿元　　　　Measurement Unit: 100 million RMB

| 年份 Year | 国内生产总值 Gross Domestic Product | | 财政收入 Government Revenue | | 全社会固定资产投资 Tatol Investment in Fixed Assets | | 城市市政公用设施建设固定资产投资 Fixed Assets Investment in Urban Service Facilities | | | |
|---|---|---|---|---|---|---|---|---|---|---|
| | 国内生产总值 GDP | 增长速度(%) Growth Rate (%) | 财政收入 Govern-ment Revenue | 增长率(%) Growth Rate (%) | 投资完成额 Completed Volume of Investment | 增长率(%) Growth Rate (%) | 投资完成额 Completed Volume of Investment | 增长率(%) Growth Rate (%) | 占同期全社会固定资产投资比重 Percentage in Total Investment in Fixed Assets During The Same Period | 占同期国内生产总值的比重(%) Percentage in GDP of The Same Period (%) |
| 1978 | 3678.7 | 11.7 | 1132.2 | 29.5 | 669.0 | | 12.0 | | 1.79 | 0.33 |
| 1979 | 4100.5 | 7.6 | 1146.4 | 1.2 | 699.0 | 4.5 | 14.2 | 18.02 | 2.02 | 0.35 |
| 1980 | 4587.6 | 7.8 | 1159.9 | 1.2 | 911.0 | 30.3 | 14.4 | 1.77 | 1.58 | 0.31 |
| 1981 | 4935.8 | 5.1 | 1175.8 | 1.4 | 961.0 | 5.5 | 19.5 | 43.81 | 2.03 | 0.40 |
| 1982 | 5373.4 | 9.0 | 1212.3 | 3.1 | 1230.4 | 28.0 | 27.2 | 39.07 | 2.21 | 0.51 |
| 1983 | 6020.9 | 10.8 | 1367.0 | 12.8 | 1430.1 | 16.2 | 28.2 | 3.72 | 1.97 | 0.47 |
| 1984 | 7278.5 | 15.2 | 1642.9 | 20.2 | 1832.9 | 28.2 | 41.7 | 47.89 | 2.27 | 0.57 |
| 1985 | 9098.9 | 13.4 | 2004.8 | 22.0 | 2543.2 | 38.8 | 64.0 | 53.60 | 2.52 | 0.70 |
| 1986 | 10376.2 | 8.9 | 2122.0 | 5.8 | 3120.6 | 22.7 | 80.1 | 25.13 | 2.57 | 0.77 |
| 1987 | 12174.6 | 11.7 | 2199.4 | 3.6 | 3791.7 | 21.5 | 90.3 | 12.79 | 2.38 | 0.74 |
| 1988 | 15180.4 | 11.2 | 2357.2 | 7.2 | 4753.8 | 25.4 | 113.2 | 25.39 | 2.38 | 0.75 |
| 1989 | 17179.7 | 4.2 | 2664.9 | 13.1 | 4410.4 | -7.2 | 107.0 | -5.54 | 2.43 | 0.62 |
| 1990 | 18872.9 | 3.9 | 2937.1 | 10.2 | 4517.0 | 2.4 | 121.2 | 13.30 | 2.68 | 0.64 |
| 1991 | 22005.6 | 9.3 | 3149.5 | 7.2 | 5594.5 | 23.9 | 170.9 | 40.99 | 3.05 | 0.78 |
| 1992 | 27194.5 | 14.2 | 3483.4 | 10.6 | 8080.1 | 44.4 | 283.2 | 65.71 | 3.50 | 1.04 |
| 1993 | 35673.2 | 13.9 | 4349.0 | 24.8 | 13072.3 | 61.8 | 521.8 | 84.28 | 3.99 | 1.46 |
| 1994 | 48637.5 | 13.1 | 5218.1 | 20.0 | 17042.1 | 30.4 | 666.0 | 27.64 | 3.91 | 1.37 |
| 1995 | 61339.9 | 11.0 | 6242.2 | 19.6 | 20019.3 | 17.5 | 807.6 | 21.26 | 4.03 | 1.32 |
| 1996 | 71813.6 | 9.9 | 7408.0 | 18.7 | 22913.5 | 14.8 | 948.6 | 17.46 | 4.14 | 1.32 |
| 1997 | 79715.0 | 9.2 | 8651.1 | 16.8 | 24941.1 | 8.8 | 1142.7 | 20.45 | 4.58 | 1.43 |
| 1998 | 85195.5 | 7.8 | 9876.0 | 14.2 | 28406.2 | 13.9 | 1477.6 | 29.31 | 5.20 | 1.73 |
| 1999 | 90564.4 | 7.7 | 11444.1 | 15.9 | 29854.7 | 5.1 | 1590.8 | 7.66 | 5.33 | 1.76 |
| 2000 | 100280.1 | 8.5 | 13395.2 | 17.0 | 32917.7 | 10.3 | 1890.7 | 18.85 | 5.74 | 1.89 |
| 2001 | 110863.1 | 8.3 | 16386.0 | 22.3 | 37213.5 | 13.0 | 2351.9 | 24.40 | 6.32 | 2.12 |
| 2002 | 121717.4 | 9.1 | 18903.6 | 15.4 | 43499.9 | 16.9 | 3123.2 | 32.79 | 7.18 | 2.57 |
| 2003 | 137422.0 | 10.0 | 21715.3 | 14.9 | 55566.6 | 27.7 | 4462.4 | 42.88 | 8.03 | 3.25 |
| 2004 | 161840.2 | 10.1 | 26396.5 | 21.6 | 70477.4 | 26.6 | 4762.2 | 6.72 | 6.76 | 2.94 |
| 2005 | 187318.9 | 11.4 | 31649.3 | 19.9 | 88773.6 | 26.0 | 5602.2 | 17.64 | 6.31 | 2.99 |
| 2006 | 219438.5 | 12.7 | 38760.2 | 22.5 | 109998.2 | 23.9 | 5765.1 | 2.91 | 5.24 | 2.63 |
| 2007 | 270232.3 | 14.2 | 51321.8 | 32.4 | 137323.9 | 24.8 | 6418.9 | 11.34 | 4.67 | 2.38 |
| 2008 | 319515.5 | 9.7 | 61330.4 | 19.5 | 172828.4 | 25.9 | 7368.2 | 14.79 | 4.26 | 2.31 |
| 2009 | 349081.4 | 9.4 | 68518.3 | 11.7 | 224598.8 | 30.0 | 10641.5 | 44.42 | 4.74 | 3.05 |
| 2010 | 413030.3 | 10.6 | 83101.5 | 21.3 | 278121.9 | 23.8 | 13363.9 | 25.58 | 4.81 | 3.24 |
| 2011 | 489300.6 | 9.5 | 103874.4 | 25.0 | 311485.1 | 23.8 | 13934.2 | 4.27 | 4.47 | 2.85 |
| 2012 | 540367.4 | 7.9 | 117253.5 | 12.9 | 374694.7 | 20.3 | 15296.4 | 9.78 | 4.08 | 2.83 |
| 2013 | 595244.4 | 7.8 | 129209.6 | 10.2 | 446294.1 | 19.1 | 16349.8 | 6.89 | 3.66 | 2.75 |
| 2014 | 643974.0 | 7.3 | 140370.0 | 8.6 | 512020.7 | 15.2 | 16245.0 | -0.63 | 3.17 | 2.52 |
| 2015 | 689052.1 | 6.9 | 152269.2 | 8.4 | 561999.8 | 9.8 | 16204.4 | -0.25 | 2.88 | 2.35 |
| 2016 | 744127.2 | 6.7 | 159552.1 | 4.5 | 606465.7 | 7.9 | 17460.0 | 7.75 | 2.88 | 2.35 |
| 2017 | 827122.0 | 6.9 | 172567.0 | 7.4 | 641238.0 | 7.0 | 19327.6 | 10.70 | 3.01 | 2.34 |
| 2018 | 900309.0 | 6.6 | 183352.0 | 6.2 | 645675.0 | 5.9 | 20123.2 | 4.12 | 3.12 | 2.24 |
| 2019 | 990865.0 | 6.1 | 190382.0 | 3.8 | 560874.0 | 5.1 | 20126.3 | 0.02 | 3.59 | 2.03 |
| 2020 | 1013567.0 | 2.2 | 182895.0 | -3.9 | 527270.0 | 2.7 | 22283.9 | 10.72 | 4.23 | 2.19 |
| 2021 | 1149237.0 | 8.4 | 202539.0 | 10.7 | 552884.0 | 4.9 | 23371.7 | 4.88 | 4.23 | 2.03 |
| 2022 | 1210207.0 | 3.0 | 203703.0 | 0.6 | 579556.0 | 4.9 | 22309.9 | -4.54 | 3.85 | 1.84 |

注：1.1978年、1979年全社会固定资产投资仅为基本建设与更新改造投资额。

2.国内生产总值增长速度按可比价格计算，财政收入增长速度按可比口径计算，其余均按当年价格计算。

3.根据国家统计局关于2021年国内生产总值最终核实的公告，对2021年数据进行了修订。

Notes: 1.Total investment in fixed assets only refers to investment in basic construction and renovation in 1978 and 1979.

2.Data in this table are calculated at current prices. GDP Growth Rate calculated in comparable prices, and the Growth Rate of Government Revenue calculated in comparable terms.

3.According to the National Bureau of Statistics on gross domestic product in 2021 finally verify the announcement, the data of 2021 was revised.

# 4-1 按行业分全国历年城市市政公用设施建设固定资产投资 (1978-2022)

计量单位：亿元

| 年份 Year | 本年固定资产投资总额 Completed Investment of This Year | 供水 Water Supply | 燃气 Gas Supply | 集中供热 Central Heating | 轨道交通 Rail Transit System | 道路桥梁 Road and Bridge | 地下综合管廊 Utility Tunnel |
|---|---|---|---|---|---|---|---|
| 1978 | 12.0 | 4.7 | | | | 2.9 | |
| 1979 | 14.2 | 3.4 | 0.6 | | 1.8 | 3.1 | |
| 1980 | 14.4 | 6.7 | | | | 7.0 | |
| 1981 | 19.5 | 4.2 | 1.8 | | 2.6 | 4.0 | |
| 1982 | 27.2 | 5.6 | 2.0 | | 3.1 | 5.4 | |
| 1983 | 28.2 | 5.2 | 3.2 | | 2.8 | 6.5 | |
| 1984 | 41.7 | 6.3 | 4.8 | | 4.7 | 12.2 | |
| 1985 | 64.0 | 8.1 | 8.2 | | 6.0 | 18.6 | |
| 1986 | 80.1 | 14.3 | 12.5 | 1.6 | 5.6 | 20.5 | |
| 1987 | 90.3 | 17.2 | 10.9 | 2.1 | 5.5 | 27.1 | |
| 1988 | 113.2 | 23.1 | 11.2 | 2.8 | 6.0 | 35.6 | |
| 1989 | 107.0 | 22.2 | 12.3 | 3.3 | 7.7 | 30.1 | |
| 1990 | 121.2 | 24.8 | 19.4 | 4.5 | 9.1 | 31.3 | |
| 1991 | 170.9 | 30.2 | 24.8 | 6.4 | 9.8 | 51.8 | |
| 1992 | 283.2 | 47.7 | 25.9 | 11.0 | 14.9 | 90.6 | |
| 1993 | 521.8 | 69.9 | 34.8 | 10.7 | 22.1 | 191.8 | |
| 1994 | 666.0 | 90.3 | 32.5 | 13.4 | 25.1 | 279.8 | |
| 1995 | 807.6 | 112.4 | 32.9 | 13.8 | 30.9 | 291.6 | |
| 1996 | 948.6 | 126.1 | 48.3 | 15.7 | 38.8 | 354.2 | |
| 1997 | 1142.7 | 128.3 | 76.0 | 25.1 | 43.2 | 432.4 | |
| 1998 | 1477.6 | 161.0 | 82.0 | 37.3 | 86.1 | 616.2 | |
| 1999 | 1590.8 | 146.7 | 72.1 | 53.6 | 103.1 | 660.1 | |
| 2000 | 1890.7 | 142.4 | 70.9 | 67.8 | 155.7 | 737.7 | |
| 2001 | 2351.9 | 169.4 | 75.5 | 82.0 | 194.9 | 856.4 | |
| 2002 | 3123.2 | 170.9 | 88.4 | 121.4 | 293.8 | 1182.2 | |
| 2003 | 4462.4 | 181.8 | 133.5 | 145.8 | 281.9 | 2041.4 | |
| 2004 | 4762.2 | 225.1 | 148.3 | 173.4 | 328.5 | 2128.7 | |
| 2005 | 5602.2 | 225.6 | 142.4 | 220.2 | 476.7 | 2543.2 | |
| 2006 | 5765.1 | 205.1 | 155.0 | 223.6 | 604.0 | 2999.9 | |
| 2007 | 6418.9 | 233.0 | 160.1 | 230.0 | 852.4 | 2989.0 | |
| 2008 | 7368.2 | 295.4 | 163.5 | 269.7 | 1037.2 | 3584.1 | |
| 2009 | 10641.5 | 368.8 | 182.2 | 368.7 | 1737.6 | 4950.6 | |
| 2010 | 13363.9 | 426.8 | 290.8 | 433.2 | 1812.6 | 6695.7 | |
| 2011 | 13934.2 | 431.8 | 331.4 | 437.6 | 1937.1 | 7079.1 | |
| 2012 | 15296.4 | 410.4 | 414.5 | 630.3 | 2064.5 | 7402.5 | |
| 2013 | 16349.8 | 524.7 | 425.6 | 596.0 | 2455.1 | 8355.6 | |
| 2014 | 16245.0 | 475.3 | 416.0 | 575.4 | 3221.2 | 7643.9 | |
| 2015 | 16204.4 | 619.9 | 350.5 | 516.8 | 3707.1 | 7414.0 | |
| 2016 | 17460.0 | 545.8 | 408.9 | 481.9 | 4079.5 | 7564.3 | 294.7 |
| 2017 | 19327.6 | 580.1 | 445.7 | 584.2 | 5045.2 | 6996.7 | 673.4 |
| 2018 | 20123.2 | 543.0 | 295.1 | 420.0 | 6046.9 | 6922.4 | 619.2 |
| 2019 | 20126.3 | 560.1 | 242.7 | 333.0 | 5855.6 | 7655.3 | 558.1 |
| 2020 | 22283.9 | 749.4 | 238.6 | 393.8 | 6420.8 | 7814.3 | 453.6 |
| 2021 | 23371.7 | 770.6 | 229.6 | 397.3 | 6339.0 | 8644.5 | 538.9 |
| 2022 | 22309.9 | 713.3 | 286.0 | 339.8 | 6038.6 | 8707.9 | 307.6 |

注：1.2008年及以前年份，“轨道交通”投资为“公共交通”，2009年以后仅包含轨道交通建设投资。

2.自2013年开始，全国城市市政公用设施建设固定资产投资中不再包括城市防洪固定资产投资。

# National Fixed Assets Investment in Urban Service Facilities by Industry in Past Years (1978-2022)

Measurement Unit: 100 million RMB

| 排水<br>Sewerage | 污水处理及其再生利用<br>Waste-water Treat-ment and Reuse | 防洪<br>Flood Control | 园林绿化<br>Landscaping | 市容环境卫生<br>Environ-mental Sanitation | 垃圾处理<br>Garbage Treat-ment | 其他<br>Other |
|---|---|---|---|---|---|---|
| | | | | | | 4.4 |
| 1.2 | | 0.1 | 0.4 | 0.1 | | 3.4 |
| | | | | | | 0.7 |
| 2.0 | | 0.2 | 0.9 | 0.7 | | 3.2 |
| 2.8 | | 0.3 | 1.1 | 0.9 | | 5.9 |
| 3.3 | | 0.4 | 1.2 | 0.9 | | 4.7 |
| 4.3 | | 0.5 | 2.0 | 0.9 | | 5.9 |
| 5.6 | | 0.9 | 3.3 | 2.0 | | 11.3 |
| 6.0 | | 1.6 | 3.4 | 2.8 | | 11.9 |
| 8.8 | | 1.4 | 3.4 | 2.1 | | 11.9 |
| 10.0 | | 1.6 | 3.4 | 2.6 | | 16.9 |
| 9.7 | | 1.2 | 2.8 | 2.8 | | 14.8 |
| 9.6 | | 1.3 | 2.9 | 2.9 | | 15.4 |
| 16.1 | | 2.1 | 4.9 | 3.6 | | 21.3 |
| 20.9 | | 2.9 | 7.2 | 6.5 | | 55.6 |
| 37.0 | | 5.9 | 13.2 | 10.6 | | 125.8 |
| 38.3 | | 8.0 | 18.2 | 10.9 | | 149.7 |
| 48.0 | | 9.5 | 22.5 | 13.6 | | 232.5 |
| 66.8 | | 9.1 | 27.5 | 12.5 | | 249.7 |
| 90.1 | | 15.5 | 45.1 | 20.9 | | 266.1 |
| 154.5 | | 35.8 | 78.4 | 36.7 | | 189.6 |
| 142.0 | | 43.0 | 107.1 | 37.1 | | 226.0 |
| 149.3 | | 41.9 | 143.2 | 84.3 | | 297.5 |
| 224.5 | 116.4 | 70.5 | 163.2 | 50.6 | 23.5 | 466.6 |
| 275.0 | 144.1 | 135.1 | 239.5 | 64.8 | 29.7 | 551.0 |
| 375.2 | 198.8 | 124.5 | 321.9 | 96.0 | 35.3 | 760.4 |
| 352.3 | 174.5 | 100.3 | 359.5 | 107.8 | 53.0 | 838.4 |
| 368.0 | 191.4 | 120.0 | 411.3 | 147.8 | 56.7 | 947.0 |
| 331.5 | 151.7 | 87.1 | 429.0 | 175.8 | 51.8 | 554.3 |
| 410.0 | 212.2 | 141.4 | 525.6 | 141.8 | 53.0 | 735.6 |
| 496.0 | 264.7 | 119.6 | 649.8 | 222.0 | 50.6 | 530.8 |
| 729.8 | 418.6 | 148.6 | 914.9 | 316.5 | 84.6 | 923.9 |
| 901.6 | 521.4 | 194.4 | 1355.1 | 301.6 | 127.4 | 952.2 |
| 770.1 | 303.1 | 243.8 | 1546.2 | 384.1 | 199.2 | 773.1 |
| 704.5 | 279.4 | 249.2 | 1798.7 | 296.5 | 110.9 | 1325.5 |
| 778.9 | 353.7 | | 1647.4 | 408.4 | 125.9 | 1158.0 |
| 900.0 | 404.2 | | 1817.6 | 494.8 | 130.6 | 700.9 |
| 982.7 | 512.6 | | 1594.7 | 398.0 | 157.0 | 620.7 |
| 1222.5 | 489.9 | | 1670.1 | 445.2 | 118.1 | 747.0 |
| 1343.6 | 450.8 | | 1759.6 | 508.1 | 240.8 | 1391.0 |
| 1529.9 | 802.6 | | 1854.7 | 470.5 | 298.5 | 1421.4 |
| 1562.4 | 803.7 | | 1844.8 | 557.4 | 406.8 | 956.9 |
| 2114.8 | 1043.4 | | 1626.3 | 862.6 | 705.8 | 1609.6 |
| 2078.8 | 893.8 | | 1638.6 | 727.1 | 535.9 | 2007.3 |
| 1905.1 | 708.2 | | 1347.6 | 485.0 | 304.1 | 2179.0 |

Notes: 1.For the year 2008 and before, there was data about investment in public transport.Starting from 2009, the data has only included investment in rail transport construction.

2.Starting from 2013, the national fixed assets investment in the construction of municipal public utilities facilities has not included the fixed assets investment in urban flood prevention.

# 4-1-1 2022年按行业分全国城市市政公用设施建设固定资产投资(按省分列)

计量单位：万元

| 地区名称 Name of Regions | 本年完成投资 Completed Investment of This Year | 供水 Water Supply | 燃气 Gas Supply | 集中供热 Central Heating | 轨道交通 Urban Rail Trainsit System | 道路桥梁 Road and Bridge | 地下综合管廊 Utility Tunnel | 排水 Sewerage |
|---|---|---|---|---|---|---|---|---|
| **全　国** | **223098515** | **7133438** | **2860066** | **3398079** | **60385551** | **87079061** | **3075548** | **19050915** |
| 北　京 | 12901497 | 410295 | 133714 | 272665 | 3378087 | 3337959 | 77109 | 589126 |
| 天　津 | 4590015 | 110613 | 61425 | 64774 | 3413906 | 355301 | 16946 | 172831 |
| 河　北 | 6585015 | 302393 | 101425 | 512682 | 108813 | 2760598 | 608764 | 800476 |
| 山　西 | 3909165 | 57159 | 92567 | 578548 | 319595 | 1919180 | 76475 | 333319 |
| 内蒙古 | 1907580 | 93525 | 66363 | 250037 | 3828 | 831134 | 650 | 184063 |
| 辽　宁 | 3877368 | 139246 | 190552 | 162604 | 1895979 | 925457 | 37061 | 125482 |
| 吉　林 | 3649915 | 114366 | 74398 | 91787 | 1176723 | 659863 | 39537 | 265205 |
| 黑龙江 | 2366508 | 537258 | 120872 | 181561 | 275019 | 653510 |  | 264973 |
| 上　海 | 5863849 | 148730 | 81492 |  | 2803600 | 1380917 | 27385 | 699266 |
| 江　苏 | 19414966 | 497418 | 302548 | 17662 | 5860690 | 8461208 | 254606 | 1969966 |
| 浙　江 | 18667886 | 335805 | 106161 |  | 5968205 | 8462365 | 157917 | 914504 |
| 安　徽 | 11052577 | 438730 | 199719 | 27972 | 1706839 | 5613522 | 104940 | 1212977 |
| 福　建 | 6687039 | 243028 | 79525 |  | 2525707 | 2129263 | 227669 | 575332 |
| 江　西 | 6636730 | 190507 | 54475 |  | 481211 | 4042718 | 108878 | 698557 |
| 山　东 | 14885880 | 382455 | 281999 | 613579 | 2846445 | 6364971 | 232862 | 1620614 |
| 河　南 | 7336304 | 179946 | 61678 | 157371 | 2164302 | 1930158 | 69830 | 742006 |
| 湖　北 | 15290359 | 234532 | 82282 | 51087 | 3753155 | 6348893 | 278012 | 827747 |
| 湖　南 | 7194373 | 264743 | 94743 | 4300 | 1546812 | 3061519 | 1828 | 589135 |
| 广　东 | 18196943 | 915349 | 285643 |  | 7846541 | 5864268 | 244772 | 1700533 |
| 广　西 | 3007068 | 266646 | 33873 |  | 206545 | 1744917 | 27702 | 360141 |
| 海　南 | 1086875 | 3856 | 236 |  |  | 805831 | 2445 | 116810 |
| 重　庆 | 11737858 | 189315 | 29052 |  | 2624382 | 5940589 | 31420 | 603241 |
| 四　川 | 16693378 | 363118 | 130213 | 8030 | 4996093 | 7410973 | 75061 | 1792608 |
| 贵　州 | 4633156 | 280578 | 91697 | 4444 | 945364 | 1104678 | 1200 | 220070 |
| 云　南 | 1709372 | 58934 | 4628 |  | 17962 | 426561 | 87358 | 685200 |
| 西　藏 | 179033 | 9748 | 1600 | 24236 |  | 91844 | 16504 | 23150 |
| 陕　西 | 8995630 | 156640 | 68703 | 124933 | 3101898 | 3186904 | 77078 | 542498 |
| 甘　肃 | 1703529 | 50069 | 14745 | 51930 | 334600 | 601793 | 35767 | 161505 |
| 青　海 | 264058 | 14933 | 4936 | 31145 |  | 81300 | 10710 | 79308 |
| 宁　夏 | 295532 | 66206 | 2548 | 26316 |  | 89664 |  | 72368 |
| 新　疆 | 1416787 | 60929 | 5442 | 101197 | 83250 | 351037 | 127324 | 100297 |
| 新疆兵团 | 362270 | 16368 | 812 | 39219 |  | 140166 | 17738 | 7607 |

# National Fixed Assets Investment in Urban Service Facilities by Industry (by Province in Column)(2022)

Measurement Unit: 10,000 RMB

| 污水处理 Wastewater Treatment | 污泥处置 Sludge Disposal | 再生水利用 Wastewater Recycled and Reused | 园林绿化 Landscaping | 市容环境卫生 Environmental Sanitation | 垃圾处理 Domestic Garbage Treatment | 其他 Other | 本年新增固定资产 Newly Added Fixed Assets of This Year | 地区名称 Name of Regions |
|---|---|---|---|---|---|---|---|---|
| **6729410** | **567537** | **352543** | **13476470** | **4849535** | **3041162** | **21789852** | **86593149** | **全国** |
| 57015 | 4651 | 22295 | 886889 | 219745 | 20271 | 3595908 | 3737170 | 北京 |
| 93578 | | 938 | 87110 | 45184 | 44010 | 261925 | 3348533 | 天津 |
| 126871 | 479 | 23087 | 913309 | 256272 | 133489 | 220283 | 1704572 | 河北 |
| 128614 | 12423 | 10500 | 196218 | 113794 | 85734 | 222310 | 1172394 | 山西 |
| 37198 | 26016 | 34380 | 162714 | 63803 | 57109 | 251463 | 303221 | 内蒙古 |
| 37762 | 4335 | 647 | 43522 | 178496 | 170754 | 178969 | 450898 | 辽宁 |
| 223845 | 1795 | 3123 | 163024 | 8336 | 6386 | 1056676 | 599703 | 吉林 |
| 64039 | 10500 | | 67646 | 51344 | 49957 | 214325 | 391838 | 黑龙江 |
| 283705 | 200039 | | 443304 | 61918 | 50118 | 217237 | 801949 | 上海 |
| 1049398 | 16916 | 16721 | 1385643 | 233168 | 117660 | 432057 | 4649145 | 江苏 |
| 433594 | 11856 | 5292 | 1196641 | 131931 | 32223 | 1394357 | 10590341 | 浙江 |
| 264140 | 16883 | 7205 | 589149 | 385351 | 111267 | 773378 | 2274949 | 安徽 |
| 228149 | 6778 | 8400 | 324722 | 137805 | 111411 | 443988 | 1426907 | 福建 |
| 287550 | 5197 | | 529479 | 91037 | 40864 | 439868 | 3434688 | 江西 |
| 289555 | 28735 | 6419 | 1018797 | 221880 | 127248 | 1302278 | 6517627 | 山东 |
| 212426 | 46614 | 34955 | 1287894 | 406726 | 391813 | 336393 | 7142509 | 河南 |
| 132407 | 9378 | 6662 | 593944 | 434987 | 366555 | 2685720 | 3597233 | 湖北 |
| 128629 | 69138 | 25002 | 80375 | 85732 | 42206 | 1465186 | 1509918 | 湖南 |
| 829799 | 410 | 17390 | 166616 | 419773 | 374724 | 753448 | 8496242 | 广东 |
| 142693 | 5 | 11570 | 162693 | 152713 | 81956 | 51838 | 833083 | 广西 |
| 48992 | 5742 | 25238 | 118865 | 5996 | 1946 | 32836 | 8605 | 海南 |
| 144593 | 6771 | 3803 | 1023428 | 150810 | 56616 | 1145621 | 8769236 | 重庆 |
| 722134 | 47477 | 3855 | 1116418 | 592840 | 336959 | 208024 | 9532853 | 四川 |
| 134661 | | | 5524 | 76152 | 64676 | 1903449 | 757296 | 贵州 |
| 161109 | 6507 | 23113 | 83487 | 26482 | 17176 | 318760 | 1173894 | 云南 |
| 8616 | | | 2283 | 6914 | 6914 | 2754 | 148771 | 西藏 |
| 231051 | 26050 | 30490 | 540383 | 184969 | 61133 | 1011624 | 1182112 | 陕西 |
| 120145 | | 6677 | 110933 | 31564 | 18244 | 310623 | 1076073 | 甘肃 |
| 39757 | 1809 | | 12790 | 563 | 126 | 28373 | 115242 | 青海 |
| 2166 | 1033 | 11010 | 17136 | 17030 | 17030 | 4264 | 59906 | 宁夏 |
| 65016 | | 13771 | 112262 | 50144 | 40647 | 424905 | 401825 | 新疆 |
| 203 | | | 33272 | 6076 | 3940 | 101012 | 384416 | 新疆兵团 |

# 4-1-2 2022年按行业分全国城市市政公用设施建设固定资产投资(按城市分列)

计量单位：万元

| 城市名称 Name of Cities | 本年完成投资 Completed Investment of This Year | 供水 Water Supply | 燃气 Gas Supply | 集中供热 Central Heating | 轨道交通 Urban Rail Trainsit System | 道路桥梁 Road and Bridge | 地下综合管廊 Utility Tunnel | 排水 Sewerage |
|---|---|---|---|---|---|---|---|---|
| **全国** | **223098515** | **7133438** | **2860066** | **3398079** | **60385551** | **87079061** | **3075548** | **19050915** |
| **北京** | **12901497** | **410295** | **133714** | **272665** | **3378087** | **3337959** | **77109** | **589126** |
| **天津** | **4590015** | **110613** | **61425** | **64774** | **3413906** | **355301** | **16946** | **172831** |
| **河北** | **6585015** | **302393** | **101425** | **512682** | **108813** | **2760598** | **608764** | **800476** |
| 石家庄 | 809444 | 21930 | 7370 | 52555 | 108813 | 312911 | 64762 | 81345 |
| 晋州 | 823 | | | | | 823 | | |
| 新乐 | 21099 | 4636 | | 2217 | | 7914 | | 4629 |
| 唐山 | 549357 | 70054 | 1587 | 85579 | | 264532 | | 66988 |
| 滦州 | 26116 | | | | | 22859 | | |
| 遵化 | 16336 | 756 | | | | 2022 | | 9176 |
| 迁安 | 47154 | 30000 | | 2900 | | 9493 | | 262 |
| 秦皇岛 | 159880 | 24171 | 9639 | 13998 | | 53058 | 3044 | 17953 |
| 邯郸 | 130661 | 120 | 2548 | 17250 | | 43009 | 34052 | 23371 |
| 武安 | 116935 | | 3855 | 3458 | | 91191 | | 16097 |
| 邢台 | 159430 | 11098 | | 11917 | | 43275 | | 35262 |
| 南宫 | 20751 | | | 1700 | | 9187 | 3916 | 178 |
| 沙河 | 6017 | | | | | | | 2080 |
| 保定 | 267869 | 21954 | | | | 87147 | 51614 | 79476 |
| 涿州 | 203414 | 709 | | 144997 | | 1750 | | 24667 |
| 安国 | 11943 | | | | | | | 11943 |
| 高碑店 | 25261 | 3700 | | | | 17800 | | 405 |
| 张家口 | 56622 | | | | | 24153 | | 21570 |
| 承德 | 33859 | 492 | 292 | 1825 | | 23840 | | 2262 |
| 平泉 | 29010 | 7037 | 16000 | | | | | |
| 沧州 | 710870 | 2533 | 247 | 11265 | | 135631 | 275 | 131595 |
| 泊头 | 31906 | | 2 | 4900 | | 4351 | | 22318 |
| 任丘 | 15793 | | | | | 3658 | | 5153 |
| 黄骅 | 210601 | 12227 | 22000 | 28000 | | 36249 | | 68020 |
| 河间 | 19467 | 339 | | 320 | | 8647 | | 3202 |
| 廊坊 | 347768 | | 8369 | 10456 | | 287222 | | 9344 |
| 霸州 | 29734 | | | | | 270 | | 28564 |
| 三河 | 3930 | | | 3500 | | | | |
| 衡水 | 260334 | 5194 | 1728 | 31949 | | 117175 | | 19589 |
| 深州 | 54654 | 1911 | 4218 | 2045 | | 14440 | | 6825 |
| 辛集 | 58660 | 7454 | 692 | 153 | | 28919 | | 11528 |
| 定州 | 211433 | 2610 | | 2815 | | 51149 | | 25346 |
| 雄安新区起步区及片区 | 1937884 | 73468 | 22878 | 78883 | | 1057923 | 451101 | 71328 |

# National Fixed Assets Investment in Urban Service Facilities by Industry (by City in Column)(2022)

Measurement Unit: 10,000 RMB

| 污水处理 Wastewater Treatment | 污泥处置 Sludge Disposal | 再生水利用 Wastewater Recycled and Reused | 园林绿化 Landscaping | 市容环境卫生 Environmental Sanitation | 垃圾处理 Domestic Garbage Treatment | 其他 Other | 本年新增固定资产 Newly Added Fixed Assets of This Year | 城市名称 Name of Cities |
|---|---|---|---|---|---|---|---|---|
| **6729410** | **567537** | **352543** | **13476470** | **4849535** | **3041162** | **21789852** | **86593149** | **全国** |
| **57015** | **4651** | **22295** | **886889** | **219745** | **20271** | **3595908** | **3737170** | **北京** |
| **93578** | | **938** | **87110** | **45184** | **44010** | **261925** | **3348533** | **天津** |
| **126871** | **479** | **23087** | **913309** | **256272** | **133489** | **220283** | **1704572** | **河北** |
| 13781 | | 10700 | 71399 | 88158 | 200 | 201 | 27001 | 石家庄 |
| | | | | | | | 823 | 晋州 |
| 4629 | | | 760 | 943 | | | 18960 | 新乐 |
| 1242 | | | 16591 | 19242 | 14151 | 24784 | 316045 | 唐山 |
| | | | 327 | 1772 | 142 | 1158 | 16799 | 滦州 |
| 8500 | | | 701 | 232 | | 3449 | | 遵化 |
| | | 262 | 280 | 4108 | 4108 | 111 | 280 | 迁安 |
| 1000 | | | 8673 | 29344 | 27380 | | 36830 | 秦皇岛 |
| | | | 3183 | 3628 | 3628 | 3500 | 1100 | 邯郸 |
| | | | 1232 | 1102 | 1035 | | 91253 | 武安 |
| 9360 | | | 27514 | 3551 | 2960 | 26813 | 19647 | 邢台 |
| | | | 905 | 4865 | 4779 | | | 南宫 |
| 1470 | | 610 | 3937 | | | | 6017 | 沙河 |
| 7244 | | 5380 | 11041 | | | 16637 | | 保定 |
| | | 1885 | 922 | 240 | | 30129 | 52929 | 涿州 |
| 5398 | | | | | | | | 安国 |
| | | | 601 | 2755 | | | 18958 | 高碑店 |
| 21000 | | | 8737 | 1562 | 1330 | 600 | 24377 | 张家口 |
| | | | 4595 | 553 | 553 | | 300 | 承德 |
| | | | 5854 | | | 119 | 3223 | 平泉 |
| 8747 | | | 407068 | 10332 | 1325 | 11924 | 90351 | 沧州 |
| | | | 105 | | | 230 | 31904 | 泊头 |
| 153 | | | 2734 | 348 | 348 | 3900 | | 任丘 |
| | | | 35895 | 8210 | | | 210601 | 黄骅 |
| | | | 4592 | 2367 | 2310 | | 23125 | 河间 |
| 3270 | | | 22500 | 8316 | 8316 | 1561 | | 廊坊 |
| 6811 | | | 900 | | | | 900 | 霸州 |
| | | | 430 | | | | | 三河 |
| 2651 | 466 | | 25320 | 4138 | 3214 | 55241 | 101650 | 衡水 |
| 18 | 13 | | 4324 | 2703 | | 18188 | 47810 | 深州 |
| 11067 | | | 1298 | 93 | | 8523 | 58567 | 辛集 |
| 20530 | | | 116298 | | | 13215 | 208156 | 定州 |
| | | 4250 | 124593 | 57710 | 57710 | | 296966 | 雄安新区起步区及片区 |

# 4-1-2 续表 1

计量单位：万元

| 城市名称 Name of Cities | 本年完成投资 Completed Investment of This Year | 供水 Water Supply | 燃气 Gas Supply | 集中供热 Central Heating | 轨道交通 Urban Rail Trainsit System | 道路桥梁 Road and Bridge | 地下综合管廊 Utility Tunnel | 排水 Sewerage |
|---|---|---|---|---|---|---|---|---|
| **山　西** | **3909165** | **57159** | **92567** | **578548** | **319595** | **1919180** | **76475** | **333319** |
| 太　原 | 1738174 | 19567 | 55707 | 213242 | 319595 | 861235 | | 70810 |
| 古　交 | 40016 | 23000 | | 270 | | 1242 | | 485 |
| 大　同 | 22219 | 1465 | 550 | 8840 | | 3820 | | 275 |
| 阳　泉 | 77900 | 3080 | 21005 | 4200 | | 1800 | | 23227 |
| 长　治 | 381139 | 5939 | 570 | 22100 | | 112363 | 76458 | 65515 |
| 晋　城 | 214428 | | 10024 | 9000 | | 94788 | 17 | 68815 |
| 高　平 | 19257 | | | | | 19257 | | |
| 朔　州 | 48456 | | | | | 23443 | | 25013 |
| 怀　仁 | 1400 | | | | | | | 700 |
| 晋　中 | 589908 | | 4069 | | | 519159 | | 38576 |
| 介　休 | | | | | | | | |
| 运　城 | 46893 | | | | | 7225 | | 898 |
| 永　济 | 42912 | | | | | 14833 | | 11232 |
| 河　津 | 20441 | 2731 | | 1900 | | | | 5600 |
| 忻　州 | 215106 | | | | | 169702 | | 16804 |
| 原　平 | 74526 | | 219 | 160 | | 69690 | | |
| 临　汾 | 4845 | 1317 | | | | 3505 | | 23 |
| 侯　马 | 19964 | 60 | | | | 15478 | | 4426 |
| 霍　州 | | | | | | | | |
| 吕　梁 | 351581 | | 423 | 318836 | | 1640 | | 920 |
| 孝　义 | | | | | | | | |
| 汾　阳 | | | | | | | | |
| **内 蒙 古** | **1907580** | **93525** | **66363** | **250037** | **3828** | **831134** | **650** | **184063** |
| 呼和浩特 | 878721 | 15228 | 43538 | 97690 | 328 | 545692 | | 31413 |
| 包　头 | 210195 | 8000 | 9996 | 35066 | | 35863 | | 42919 |
| 乌　海 | 26473 | 2276 | 8152 | | | 1001 | | 1450 |
| 赤　峰 | 295395 | 14054 | 1862 | 6474 | 3500 | 190370 | 650 | 32562 |
| 通　辽 | 70168 | 4545 | 390 | 11731 | | 3530 | | 997 |
| 霍林郭勒 | 21165 | 1150 | | | | 6410 | | 2245 |
| 鄂尔多斯 | 39816 | 4550 | | 15303 | | 5794 | | 2084 |
| 呼伦贝尔 | 92298 | 12768 | 100 | 20198 | | 10923 | | 20751 |
| 满 洲 里 | 9821 | | 940 | | | | | 5428 |
| 牙 克 石 | 10274 | | 1385 | 3450 | | 2344 | | 3000 |
| 扎 兰 屯 | 7915 | 716 | | | | 3435 | | 1775 |
| 额尔古纳 | 4877 | | | 993 | | 730 | | 1174 |
| 根　河 | 3506 | | | 525 | | 2414 | | 450 |
| 巴彦淖尔 | 79231 | 6815 | | 36000 | | 266 | | 11098 |
| 乌兰察布 | 29817 | 3165 | | 8610 | | 371 | | 594 |
| 丰　镇 | 5655 | 425 | | 2400 | | 200 | | 1100 |
| 锡林浩特 | 43415 | 8186 | | 810 | | 8614 | | 12022 |
| 二连浩特 | 7945 | 836 | | | | | | 3809 |
| 乌兰浩特 | 48682 | 6465 | | | | 11580 | | 3711 |
| 阿 尔 山 | 22211 | 4346 | | 10787 | | 1597 | | 5481 |

continued 1

Measurement Unit: 10,000 RMB

| 污水处理 Wastewater Treatment | 污泥处置 Sludge Disposal | 再生水利用 Wastewater Recycled and Reused | 园林绿化 Landscaping | 市容环境卫生 Environmental Sanitation | 垃圾处理 Domestic Garbage Treatment | 其他 Other | 本年新增固定资产 Newly Added Fixed Assets of This Year | 城市名称 Name of Cities |
|---|---|---|---|---|---|---|---|---|
| **128614** | **12423** | **10500** | **196218** | **113794** | **85734** | **222310** | **1172394** | **山西** |
| 64313 | | | 120455 | 22953 | 10653 | 54610 | | 太原 |
| | | | 14287 | 108 | | 624 | 26769 | 古交 |
| 275 | | | | 1269 | 1269 | 6000 | 56890 | 大同 |
| | | 10500 | 576 | 4012 | 4012 | 20000 | | 阳泉 |
| 15213 | | | 15260 | 6850 | 200 | 76084 | 107122 | 长治 |
| 36086 | | | 23705 | 1000 | 1000 | 7079 | 39200 | 晋城 |
| | | | | | | | | 高平 |
| | | | | | | | | 朔州 |
| | | | | | | 700 | 1400 | 怀仁 |
| 154 | | | 16491 | | | 11613 | 519947 | 晋中 |
| | | | | | | | | 介休 |
| | | | 272 | 35500 | 35500 | 2998 | 15387 | 运城 |
| 7249 | | | | 5002 | 4500 | 11845 | 42912 | 永济 |
| | | | 1710 | 8500 | | | 23041 | 河津 |
| 4404 | 12400 | | | 28600 | 28600 | | 215106 | 忻州 |
| | | | 478 | | | 3979 | 74526 | 原平 |
| | 23 | | | | | | | 临汾 |
| | | | | | | | 16365 | 侯马 |
| | | | | | | | | 霍州 |
| 920 | | | 2984 | | | 26778 | 33729 | 吕梁 |
| | | | | | | | | 孝义 |
| | | | | | | | | 汾阳 |
| **37198** | **26016** | **34380** | **162714** | **63803** | **57109** | **251463** | **303221** | **内蒙古** |
| 5989 | 12500 | 3 | 23938 | 8171 | 8171 | 112723 | 7260 | 呼和浩特 |
| 7244 | 11642 | 12156 | 26775 | 2120 | 1472 | 49456 | 94701 | 包头 |
| 450 | | | 8518 | 3809 | 3809 | 1267 | 1172 | 乌海 |
| 4458 | | 1558 | 35582 | 5137 | 5137 | 5204 | 39459 | 赤峰 |
| 500 | | | 8417 | 1322 | | 39236 | 70168 | 通辽 |
| | | | 10451 | 909 | 818 | | | 霍林郭勒 |
| | | | 11506 | 324 | | 255 | 200 | 鄂尔多斯 |
| | | 19251 | 9909 | 17649 | 17649 | | 55224 | 呼伦贝尔 |
| | | | 1000 | | | 2453 | 8009 | 满洲里 |
| | | | | 95 | | | 2095 | 牙克石 |
| | 700 | | | 1989 | 1989 | | 500 | 扎兰屯 |
| | 824 | 350 | 400 | | | 1580 | | 额尔古纳 |
| 450 | | | 117 | | | | 614 | 根河 |
| 3000 | | 20 | 1952 | | | 23100 | 13745 | 巴彦淖尔 |
| 340 | | 175 | 17077 | | | | 8544 | 乌兰察布 |
| | | | | | | 1530 | 1530 | 丰镇 |
| 8800 | 350 | 327 | 1499 | 4214 | | 8070 | | 锡林浩特 |
| 2796 | | | 800 | | | 2500 | | 二连浩特 |
| 3171 | | 540 | 4773 | 18064 | 18064 | 4089 | | 乌兰浩特 |
| | | | | | | | | 阿尔山 |

# 4-1-2 续表 2

计量单位：万元

| 城市名称<br>Name of Cities | 本年完成投资<br>Completed Investment of This Year | 供水<br>Water Supply | 燃气<br>Gas Supply | 集中供热<br>Central Heating | 轨道交通<br>Urban Rail Trainsit System | 道路桥梁<br>Road and Bridge | 地下综合管廊<br>Utility Tunnel | 排水<br>Sewerage |
|---|---|---|---|---|---|---|---|---|
| **辽　宁** | **3877368** | **139246** | **190552** | **162604** | **1895979** | **925457** | **37061** | **125482** |
| 沈　阳 | 2011051 | 62816 | 70638 | 44587 | 1328875 | 235603 | 36400 | 27827 |
| 新　民 | 15861 | 3001 | | | | 5700 | | 860 |
| 大　连 | 1238042 | 7298 | 58096 | 44929 | 567104 | 513629 | 661 | 26078 |
| 庄　河 | 2218 | | | | | 548 | | 1190 |
| 瓦房店 | 5750 | | | | | 5511 | | |
| 鞍　山 | 37085 | 9670 | 30 | 6577 | | 6768 | | 12866 |
| 海　城 | 4089 | | | 996 | | 88 | | 131 |
| 抚　顺 | 62702 | 6010 | 12615 | | | 18614 | | 11434 |
| 本　溪 | 9660 | | | 2494 | | | | 6378 |
| 丹　东 | 48330 | | 6597 | 5000 | | 31659 | | 4645 |
| 东　港 | 10287 | 348 | | 1700 | | 2569 | | |
| 凤　城 | 11848 | | | 11848 | | | | |
| 锦　州 | 71720 | 9051 | | 8703 | | 31687 | | 4175 |
| 凌　海 | 11030 | | | | | 5000 | | 6030 |
| 北　镇 | | | | | | | | |
| 营　口 | 83991 | | 12000 | | | 17841 | | |
| 盖　州 | 6289 | | | 6289 | | | | |
| 大石桥 | 1564 | | | | | 940 | | 245 |
| 阜　新 | 45886 | 13702 | | | | 17764 | | 12574 |
| 辽　阳 | 25374 | 9600 | 1532 | 7086 | | 1070 | | 184 |
| 灯　塔 | 10681 | 9642 | | 640 | | 68 | | 23 |
| 盘　锦 | 19782 | | 4 | | | 1771 | | 2900 |
| 铁　岭 | 10102 | 337 | | 1010 | | 3432 | | 4800 |
| 调兵山 | 466 | | | | | | | |
| 开　原 | 8436 | | 134 | 1408 | | 389 | | 2005 |
| 朝　阳 | 75834 | | 15745 | | | 20317 | | 200 |
| 北　票 | 1358 | | | 463 | | 700 | | 150 |
| 凌　源 | 1220 | | | | | 1220 | | |
| 葫芦岛 | 38319 | 3715 | 13161 | 18874 | | 2569 | | |
| 兴　城 | 8393 | 4056 | | | | | | 787 |
| 沈抚改革创新示范区 | | | | | | | | |
| **吉　林** | **3649915** | **114366** | **74398** | **91787** | **1176723** | **659863** | **39537** | **265205** |
| 长　春 | 2712971 | 73620 | 60330 | 45571 | 1176723 | 470733 | 2766 | 168032 |
| 榆　树 | 11215 | 186 | | 665 | | 7359 | | 925 |
| 德　惠 | 20337 | 1612 | | 237 | | 11439 | 265 | 912 |
| 公主岭 | 16415 | 10900 | | | | 2175 | | 3000 |
| 吉　林 | 113177 | | | 5616 | | 40828 | | 9291 |

continued 2

Measurement Unit: 10,000 RMB

| 污水处理 Wastewater Treatment | 污泥处置 Sludge Disposal | 再生水利用 Wastewater Recycled and Reused | 园林绿化 Landscaping | 市容环境卫生 Environmental Sanitation | 垃圾处理 Domestic Garbage Treatment | 其他 Other | 本年新增固定资产 Newly Added Fixed Assets of This Year | 城市名称 Name of Cities |
|---|---|---|---|---|---|---|---|---|
| **37762** | **4335** | **647** | **43522** | **178496** | **170754** | **178969** | **450898** | **辽宁** |
| 6236 | | | 27725 | 103010 | 102000 | 73570 | 254499 | 沈阳 |
| | | | | | | 6300 | 5700 | 新民 |
| 2879 | | | 162 | 13932 | 11649 | 6153 | 39264 | 大连 |
| | | | 380 | | | 100 | | 庄河 |
| | | | | | | 239 | 239 | 瓦房店 |
| 12866 | | | 1174 | | | | 4385 | 鞍山 |
| 97 | | | 74 | 2800 | | | 3967 | 海城 |
| 8684 | | | 986 | 12825 | 12825 | 218 | 15914 | 抚顺 |
| | 3500 | | | | | 788 | 7412 | 本溪 |
| | 835 | | | 429 | | | 6279 | 丹东 |
| | | | | | | 5670 | 10715 | 东港 |
| | | | | | | | 11848 | 凤城 |
| | | | 2604 | 2000 | 2000 | 13500 | 55932 | 锦州 |
| 6030 | | | | | | | | 凌海 |
| | | | | | | | | 北镇 |
| | | | | | | 54150 | | 营口 |
| | | | | | | | | 盖州 |
| | | | | | | 379 | | 大石桥 |
| 600 | | | 1846 | | | | | 阜新 |
| | | | 244 | 2662 | 2662 | 2996 | 10453 | 辽阳 |
| 23 | | | | 308 | | | 10681 | 灯塔 |
| | | | 2257 | 12850 | 12850 | | | 盘锦 |
| | | | 523 | | | | 8700 | 铁岭 |
| | | | 239 | 227 | 41 | | 227 | 调兵山 |
| 57 | | | 1800 | 2700 | 2199 | | 2069 | 开原 |
| | | | 3508 | 24708 | 24528 | 11356 | | 朝阳 |
| 150 | | | | 45 | | | 45 | 北票 |
| | | | | | | | | 凌源 |
| | | | | | | | 2569 | 葫芦岛 |
| 140 | | 647 | | | | 3550 | | 兴城 |
| | | | | | | | | 沈抚改革创新示范区 |
| **223845** | **1795** | **3123** | **163024** | **8336** | **6386** | **1056676** | **599703** | **吉林** |
| 155836 | 25 | | 48027 | | | 667169 | 299188 | 长春 |
| 925 | | | 777 | | | 1303 | 9439 | 榆树 |
| | | 123 | | | | 5872 | 20337 | 德惠 |
| | | 3000 | 340 | | | | | 公主岭 |
| 4561 | | | 1655 | | | 55787 | 2341 | 吉林 |

# 4-1-2 续表 3

计量单位：万元

| 城市名称<br>Name of Cities | 本年完成投资<br>Completed Investment of This Year | 供水<br>Water Supply | 燃气<br>Gas Supply | 集中供热<br>Central Heating | 轨道交通<br>Urban Rail Trainsit System | 道路桥梁<br>Road and Bridge | 地下综合管廊<br>Utility Tunnel | 排水<br>Sewerage |
|---|---|---|---|---|---|---|---|---|
| 蛟　　河 | 3514 | | | | | 1614 | | |
| 桦　　甸 | 4999 | | | | | 2185 | | 2814 |
| 舒　　兰 | 8250 | | | | | 1873 | | |
| 磐　　石 | 141 | | | | | 141 | | |
| 四　　平 | 30094 | | | | | 6896 | 23198 | |
| 双　　辽 | 14748 | | | | | 9993 | | |
| 辽　　源 | 53860 | 5716 | 1200 | | | 29810 | | |
| 通　　化 | 15684 | | 8746 | | | | | 6938 |
| 集　　安 | 10595 | | | | | 10595 | | |
| 白　　山 | 46513 | 8213 | 1000 | 28060 | | 1801 | | 3255 |
| 临　　江 | 20505 | | 1000 | | | 2300 | | 941 |
| 松　　原 | 242031 | 9030 | 452 | 1850 | | 7716 | 13308 | 10877 |
| 扶　　余 | 17921 | 3670 | | | | 4651 | | 4240 |
| 白　　城 | 36260 | | | 7000 | | 5519 | | 9200 |
| 洮　　南 | 5780 | 854 | | | | 4926 | | |
| 大　　安 | 36320 | | | 320 | | | | |
| 延　　吉 | 59494 | | | | | 12324 | | 12414 |
| 图　　们 | 1143 | | | | | 713 | | 430 |
| 敦　　化 | 19688 | | | | | 11466 | | 7642 |
| 珲　　春 | 17692 | | | | | 2320 | | 15103 |
| 龙　　井 | 65 | 65 | | | | | | |
| 和　　龙 | 4375 | 500 | | 668 | | 1500 | | 1332 |
| 梅 河 口 | 124718 | | 1670 | 1800 | | 7576 | | 7859 |
| 长白山保护开发区管理委员会 | 1410 | | | | | 1410 | | |
| **黑 龙 江** | **2366508** | **537258** | **120872** | **181561** | **275019** | **653510** | | **264973** |
| 哈 尔 滨 | 1410649 | 276921 | 78769 | 49108 | 275019 | 485875 | | 87573 |
| 尚　　志 | 7826 | | | | | 2329 | | |
| 五　　常 | 170 | | | | | | | |
| 齐齐哈尔 | 119871 | 43765 | 3300 | 3260 | | 68250 | | 428 |
| 讷　　河 | 2832 | 1269 | | | | 1563 | | |
| 鸡　　西 | 76659 | 9883 | 4535 | 13960 | | | | 28221 |
| 虎　　林 | 2656 | 2656 | | | | | | |
| 密　　山 | 36011 | 11384 | | 20001 | | | | 4626 |
| 鹤　　岗 | 14632 | 2935 | 3565 | 6054 | | 1413 | | 238 |
| 双 鸭 山 | 150179 | 74291 | 11200 | 19102 | | 2000 | | 20389 |
| 大　　庆 | 146067 | 15005 | | 5634 | | 45336 | | 3819 |
| 伊　　春 | 71287 | 9280 | | 35025 | | 11733 | | 6552 |
| 铁　　力 | 10122 | 2137 | | 4575 | | 930 | | 2480 |
| 佳 木 斯 | 1086 | | | | | | | 879 |
| 同　　江 | 9527 | 330 | | 993 | | 3004 | | |

continued 3

Measurement Unit: 10,000 RMB

| 污水处理 Wastewater Treatment | 污泥处置 Sludge Disposal | 再生水利用 Wastewater Recycled and Reused | 园林绿化 Landscaping | 市容环境卫生 Environmental Sanitation | 垃圾处理 Domestic Garbage Treatment | 其他 Other | 本年新增固定资产 Newly Added Fixed Assets of This Year | 城市名称 Name of Cities |
|---|---|---|---|---|---|---|---|---|
| | | | | | | 1900 | 3014 | 蛟河 |
| 2814 | | | | | | | | 桦甸 |
| | | | | | | 6377 | | 舒兰 |
| | | | | | | | 141 | 磐石 |
| | | | | | | | 28610 | 四平 |
| | | | 496 | | | 4259 | 2719 | 双辽 |
| | | | 9900 | 371 | 371 | 6863 | 36056 | 辽源 |
| 6938 | | | | | | | | 通化 |
| | | | | | | | 10595 | 集安 |
| 1941 | | | 12 | 4172 | 4172 | | 9127 | 白山 |
| 612 | | | 464 | | | 15800 | 8893 | 临江 |
| | | | 2340 | | | 196458 | 19157 | 松原 |
| 4235 | | | 1373 | | | 3987 | 303 | 扶余 |
| 9200 | | | 6864 | 1843 | 1843 | 5834 | 5200 | 白城 |
| | | | | | | | | 洮南 |
| | | | | | | 36000 | | 大安 |
| 12414 | | | | | | 34756 | 8076 | 延吉 |
| | | | | | | | | 图们 |
| 1800 | 1770 | | 380 | | | 200 | | 敦化 |
| 15103 | | | 269 | | | | 16108 | 珲春 |
| | | | | | | | | 龙井 |
| | | | 375 | | | | 4375 | 和龙 |
| 7466 | | | 89752 | 1950 | | 14111 | 116024 | 梅河口 |
| | | | | | | | | 长白山保护开发区管理委员会 |
| **64039** | **10500** | | **67646** | **51344** | **49957** | **214325** | **391838** | **黑龙江** |
| 16497 | | | 42243 | 15039 | 15039 | 100102 | 87038 | 哈尔滨 |
| | | | 4735 | | | 762 | 5497 | 尚志 |
| | | | 170 | | | | | 五常 |
| 428 | | | 72 | | | 796 | 4378 | 齐齐哈尔 |
| | | | | | | | 1563 | 讷河 |
| 20697 | | | 1558 | 1000 | | 17502 | 17904 | 鸡西 |
| | | | | | | | | 虎林 |
| 4126 | | | | | | | | 密山 |
| 200 | | | 72 | 300 | 300 | 55 | | 鹤岗 |
| | | | 4806 | 4953 | 4953 | 13438 | 56935 | 双鸭山 |
| 3819 | | | 9580 | 20000 | 20000 | 46693 | 84417 | 大庆 |
| 3302 | | | | 2312 | 2312 | 6385 | 53688 | 伊春 |
| | | | | | | | 6527 | 铁力 |
| | | | | 207 | 207 | | | 佳木斯 |
| | | | | | | 5200 | 9527 | 同江 |

## 4-1-2 续表 4

计量单位：万元

| 城市名称 Name of Cities | 本年完成投资 Completed Investment of This Year | 供水 Water Supply | 燃气 Gas Supply | 集中供热 Central Heating | 轨道交通 Urban Rail Trainsit System | 道路桥梁 Road and Bridge | 地下综合管廊 Utility Tunnel | 排水 Sewerage |
|---|---|---|---|---|---|---|---|---|
| 抚　远 | 20930 | | | | | | | 10668 |
| 富　锦 | 10076 | 892 | | 1110 | | 1927 | | 3147 |
| 七台河 | 38436 | 24524 | | 7872 | | | | |
| 牡丹江 | 63810 | 12748 | | | | | | 47913 |
| 海　林 | 12782 | 2319 | 362 | 2100 | | 6800 | | 1181 |
| 宁　安 | 6940 | 2775 | | 1200 | | 1715 | | |
| 穆　棱 | 1703 | | | | | | | 1703 |
| 绥芬河 | 5644 | 595 | | | | | | 4002 |
| 东　宁 | 21636 | | 13541 | 960 | | 1440 | | 2999 |
| 黑　河 | 21606 | 4069 | | 3693 | | 2850 | | 4900 |
| 北　安 | 22893 | 16478 | 5600 | | | 151 | | 586 |
| 五大连池 | 466 | | | | | 328 | | |
| 嫩　江 | 1117 | | | | | | | 910 |
| 绥　化 | 30426 | 7029 | | 4860 | | 11037 | | 7500 |
| 安　达 | 3407 | | | | | 3113 | | 294 |
| 肇　东 | 19714 | 7657 | | 485 | | | | 10601 |
| 海　伦 | 24965 | 8316 | | 1569 | | 1716 | | 13364 |
| 漠　河 | 383 | | | | | | | |
| **上　海** | **5863849** | **148730** | **81492** | | **2803600** | **1380917** | **27385** | **699266** |
| **江　苏** | **19414966** | **497418** | **302548** | **17662** | **5860690** | **8461208** | **254606** | **1969966** |
| 南　京 | 6056707 | 44788 | 11973 | 110 | 2084547 | 2636962 | 212558 | 669519 |
| 无　锡 | 1914349 | 22648 | 10703 | | 597002 | 981892 | | 69111 |
| 江　阴 | 487586 | 7455 | 18248 | | | 412839 | | 4400 |
| 宜　兴 | 123162 | 3670 | 3360 | | | 48115 | | 23680 |
| 徐　州 | 2118457 | 79258 | 52298 | 17400 | 449815 | 1154460 | 19518 | 224831 |
| 新　沂 | 38995 | 869 | 8000 | | | 16616 | | 10276 |
| 邳　州 | 2981 | | | | | 1400 | | |
| 常　州 | 666132 | 29376 | 9591 | | 7945 | 438303 | | 73622 |
| 溧　阳 | 8134 | | | | | 3301 | | |
| 苏　州 | 2827230 | 51349 | 25710 | 152 | 2001223 | 639354 | 4130 | 30825 |
| 常　熟 | 90369 | 882 | 33904 | | | 46076 | | 3364 |
| 张家港 | 99403 | 20644 | 7926 | | | 56592 | | 11908 |
| 昆　山 | 122408 | 9616 | 376 | | | 30055 | 9900 | 7685 |
| 太　仓 | 98625 | 5000 | 942 | | | 40067 | | 50026 |
| 南　通 | 1119449 | 46175 | 8177 | | 584200 | 365169 | 8000 | 67807 |
| 海　安 | 691 | | | | | | | |
| 启　东 | 975 | | | | | | | |
| 如　皋 | 14538 | 100 | | | | 12017 | | 1283 |
| 连云港 | 323923 | 291 | | | | 76677 | | 21630 |
| 淮　安 | 100933 | 80 | 1020 | | | 37432 | | 21785 |
| 盐　城 | 915362 | 51595 | | | 43 | 717210 | | 39685 |

continued 4

Measurement Unit: 10,000 RMB

| 污水处理 Wastewater Treatment | 污泥处置 Sludge Disposal | 再生水利用 Wastewater Recycled and Reused | 园林绿化 Landscaping | 市容环境卫生 Environmental Sanitation | 垃圾处理 Domestic Garbage Treatment | 其他 Other | 本年新增固定资产 Newly Added Fixed Assets of This Year | 城市名称 Name of Cities |
|---|---|---|---|---|---|---|---|---|
| 690 | | | 200 | | | 10062 | | 抚远 |
| | | | | 3000 | 3000 | | 4927 | 富锦 |
| | | | 630 | | | 5410 | | 七台河 |
| 13000 | | | | 139 | | 3010 | | 牡丹江 |
| | | | 20 | | | | 389 | 海林 |
| | | | | 1250 | 1250 | | 6820 | 宁安 |
| | | | | | | | 306 | 穆棱 |
| 1280 | | | 327 | | | 720 | 5049 | 绥芬河 |
| | | | | 2696 | 2696 | | 1959 | 东宁 |
| | | | 2104 | | | 3990 | 16265 | 黑河 |
| | | | 78 | | | | | 北安 |
| | | | 18 | 41 | | 79 | 466 | 五大连池 |
| | | | | 207 | | | | 嫩江 |
| | 7500 | | | | | | | 绥化 |
| | | | | | | | | 安达 |
| | 3000 | | 650 | 200 | 200 | 121 | 19403 | 肇东 |
| | | | | | | | 8780 | 海伦 |
| | | | 383 | | | | | 漠河 |
| **283705** | **200039** | | **443304** | **61918** | **50118** | **217237** | **801949** | **上海** |
| **1049398** | **16916** | **16721** | **1385643** | **233168** | **117660** | **432057** | **4649145** | **江苏** |
| 341768 | | | 299284 | 11966 | | 85000 | 1169049 | 南京 |
| 27250 | | 10221 | 168535 | 61019 | 15510 | 3439 | 334049 | 无锡 |
| 4400 | | | 29644 | | | 15000 | | 江阴 |
| 14180 | | 6500 | 44337 | | | | 89452 | 宜兴 |
| 16800 | 2818 | | 114492 | 1985 | 1505 | 4400 | 321826 | 徐州 |
| 141 | | | 3216 | 18 | | | 16224 | 新沂 |
| | | | 1581 | | | | 1400 | 邳州 |
| 38190 | 80 | | 75870 | 15073 | | 16352 | 333429 | 常州 |
| | | | 4833 | | | | 1493 | 溧阳 |
| 16039 | | | 62932 | 1292 | 775 | 10263 | 321820 | 苏州 |
| 2764 | | | 6143 | | | | 40492 | 常熟 |
| | | | 2333 | | | | 9072 | 张家港 |
| 7685 | | | 63776 | | | 1000 | 20693 | 昆山 |
| 50026 | | | 2590 | | | | 39806 | 太仓 |
| 67807 | | | 35499 | 4170 | 1900 | 252 | 521955 | 南通 |
| | | | | 691 | | | | 海安 |
| | | | 870 | 105 | | | | 启东 |
| | | | 1138 | | | | 8686 | 如皋 |
| 15630 | | | 118000 | 2000 | 2000 | 105325 | 3666 | 连云港 |
| 11598 | | | 32250 | 7835 | 7128 | 531 | 95908 | 淮安 |
| 15604 | 492 | | 58697 | 13543 | 4170 | 34589 | 115066 | 盐城 |

# 4-1-2 续表 5

计量单位：万元

| 城市名称<br>Name of Cities | 本年完成投资<br>Completed Investment of This Year | 供水<br>Water Supply | 燃气<br>Gas Supply | 集中供热<br>Central Heating | 轨道交通<br>Urban Rail Trainsit System | 道路桥梁<br>Road and Bridge | 地下综合管廊<br>Utility Tunnel | 排水<br>Sewerage |
|---|---|---|---|---|---|---|---|---|
| 东　台 | 340783 | 430 | 3573 | | | 30682 | | 280108 |
| 扬　州 | 619392 | 5916 | 14332 | | | 326074 | | 159336 |
| 仪　征 | 89290 | 69 | 1602 | | | 9294 | | |
| 高　邮 | 65895 | 46000 | | | | 7980 | | 300 |
| 镇　江 | 282681 | 1380 | 61435 | | | 87930 | | 92665 |
| 丹　阳 | 19516 | 866 | | | | 2109 | | 3875 |
| 扬　中 | 3848 | 183 | 102 | | | 1200 | | 500 |
| 句　容 | 156366 | 20451 | | | 135915 | | | |
| 泰　州 | 299783 | 220 | 2839 | | | 182372 | 500 | 15744 |
| 兴　化 | 52824 | | 1022 | | | 33685 | | 7500 |
| 靖　江 | 11050 | 9368 | | | | | | 902 |
| 泰　兴 | 45327 | 55 | | | | 22412 | | 15800 |
| 宿　迁 | 297802 | 38684 | 25415 | | | 42933 | | 61799 |
| **浙　江** | **18667886** | **335805** | **106161** | | **5968205** | **8462365** | **157917** | **914504** |
| 杭　州 | 6533481 | 115765 | 27282 | | 2903462 | 2694339 | 15056 | 63822 |
| 建　德 | 23787 | 1339 | 2618 | | | 6752 | | 11120 |
| 宁　波 | 3751430 | 23185 | 20406 | | 1652126 | 1631067 | 93289 | 148207 |
| 余　姚 | 96848 | 15498 | | | | 34630 | | 22350 |
| 慈　溪 | 326406 | 500 | 1444 | | | 277887 | | 23663 |
| 温　州 | 1618727 | 21938 | 10533 | | 340000 | 652554 | | 63613 |
| 瑞　安 | 156737 | | | | | 72371 | | 50600 |
| 乐　清 | 380370 | 1287 | 1710 | | | 219793 | 5155 | 87705 |
| 龙　港 | 109660 | 22405 | | | | 40804 | | 23298 |
| 嘉　兴 | 478496 | 42440 | 8163 | | 24640 | 255997 | 10442 | 56219 |
| 海　宁 | 91405 | 850 | 1000 | | | 59975 | | |
| 平　湖 | 88812 | | | | | 43064 | | 5905 |
| 桐　乡 | 101834 | | 5230 | | | 53628 | | 20471 |
| 湖　州 | 375885 | 41099 | 3289 | | | 265388 | 2004 | 29426 |
| 绍　兴 | 1721020 | 475 | | | 604452 | 1074383 | | |
| 诸　暨 | 131177 | 1030 | | | | 104160 | | 2825 |
| 嵊　州 | 42295 | | | | | | | 34510 |
| 金　华 | 379110 | 8862 | 3810 | | 60099 | 148388 | | 60180 |
| 兰　溪 | 51451 | 13528 | | | | 35105 | | |
| 义　乌 | 299847 | 700 | 5210 | | 82402 | 158854 | | 36425 |
| 东　阳 | 59823 | | 3354 | | 924 | 41845 | | 4519 |
| 永　康 | 64513 | | | | | 42429 | | 676 |
| 衢　州 | 415731 | 1526 | | | | 127179 | 31971 | 13033 |
| 江　山 | 41430 | | 630 | | | 16834 | | 6708 |
| 舟　山 | 324390 | 2255 | 4182 | | | 171952 | | 57680 |
| 台　州 | 498441 | 2016 | 1473 | | 300100 | 85597 | | 63154 |
| 玉　环 | 30153 | 91 | 317 | | | 20224 | | 5885 |
| 温　岭 | 89983 | | | | | 89432 | | |
| 临　海 | 33027 | 535 | 2800 | | | 21911 | | 3700 |
| 丽　水 | 313405 | 12741 | 2500 | | | 12344 | | 14230 |
| 龙　泉 | 38212 | 5740 | 210 | | | 3479 | | 4580 |

continued 5

Measurement Unit: 10,000 RMB

| 污水处理<br>Wastewater Treatment | 污泥处置<br>Sludge Disposal | 再生水利用<br>Wastewater Recycled and Reused | 园林绿化<br>Landscaping | 市容环境卫生<br>Environmental Sanitation | 垃圾处理<br>Domestic Garbage Treatment | 其他<br>Other | 本年新增固定资产<br>Newly Added Fixed Assets of This Year | 城市名称<br>Name of Cities |
|---|---|---|---|---|---|---|---|---|
| 277472 | | | 25990 | | | | 229672 | 东台 |
| 56108 | 13526 | | 44336 | 19332 | 8557 | 50066 | 35732 | 扬州 |
| | | | | 599 | | 77726 | | 仪征 |
| 300 | | | 550 | 285 | | 10780 | | 高邮 |
| 13786 | | | 21485 | 17076 | 17076 | 710 | 78328 | 镇江 |
| 3875 | | | 7960 | 315 | 315 | 4391 | | 丹阳 |
| | | | | 761 | 761 | 1102 | 3000 | 扬中 |
| | | | | | | | 659478 | 句容 |
| 13244 | | | 37455 | 55963 | 55963 | 4690 | 21894 | 泰州 |
| 7500 | | | 6536 | | | 4081 | 37501 | 兴化 |
| 902 | | | 780 | | | | | 靖江 |
| 15800 | | | 7060 | | | | 5422 | 泰兴 |
| 30529 | | | 107471 | 19140 | 2000 | 2360 | 134032 | 宿迁 |
| **433594** | **11856** | **5292** | **1196641** | **131931** | **32223** | **1394357** | **10590341** | **浙江** |
| 36176 | | | 167355 | 27916 | | 518484 | 1508460 | 杭州 |
| 380 | | | 532 | 92 | | 1334 | 23787 | 建德 |
| 127401 | | | 140024 | 16728 | 3005 | 26398 | 4615498 | 宁波 |
| 22350 | | | 17995 | | | 6375 | 66249 | 余姚 |
| 16142 | | | 22206 | | | 706 | 272566 | 慈溪 |
| 613 | | | 404551 | 1389 | | 124149 | 571729 | 温州 |
| 1692 | | | 9149 | 11660 | 2144 | 12957 | 138062 | 瑞安 |
| 4264 | | 3765 | 35426 | 19960 | 7359 | 9334 | 291885 | 乐清 |
| | | | 20288 | 2450 | 1763 | 415 | 893 | 龙港 |
| 55494 | | | 65777 | 12027 | 2176 | 2791 | 263973 | 嘉兴 |
| | | | 27677 | 1520 | 90 | 383 | 79521 | 海宁 |
| | | | 23763 | 3000 | | 13080 | 26294 | 平湖 |
| 17228 | 3243 | | 18940 | 137 | | 3428 | 35410 | 桐乡 |
| 426 | | | 5085 | 1404 | | 28190 | 383267 | 湖州 |
| | | | 33140 | | | 8570 | 747103 | 绍兴 |
| | | | 10 | | | 23152 | 23152 | 诸暨 |
| | | | 1769 | | | 6016 | | 嵊州 |
| 34183 | | | 72093 | 14526 | 2926 | 11152 | 349433 | 金华 |
| | | | 2818 | | | | 51451 | 兰溪 |
| 27750 | | 1527 | 14307 | | | 1949 | 154967 | 义乌 |
| 618 | | | | 9181 | 9181 | | 59823 | 东阳 |
| | | | 18004 | | | 3404 | 64165 | 永康 |
| 3048 | | | 14464 | 847 | 673 | 226711 | 116539 | 衢州 |
| | | | 4527 | | | 12731 | 8886 | 江山 |
| 49067 | 8613 | | 33510 | 5769 | 519 | 49042 | 427334 | 舟山 |
| 21502 | | | 4485 | 483 | 375 | 41133 | 139793 | 台州 |
| 5885 | | | 3179 | 457 | 457 | | 8165 | 玉环 |
| | | | 551 | | | | 14718 | 温岭 |
| | | | | 1839 | 1555 | 2242 | 18979 | 临海 |
| 8904 | | | 18380 | 312 | | 252898 | 96606 | 丽水 |
| 471 | | | 16636 | 234 | | 7333 | 31633 | 龙泉 |

# 4-1-2 续表 6

计量单位：万元

| 城市名称<br>Name of Cities | 本年完成投资<br>Completed Investment of This Year | 供水<br>Water Supply | 燃气<br>Gas Supply | 集中供热<br>Central Heating | 轨道交通<br>Urban Rail Trainsit System | 道路桥梁<br>Road and Bridge | 地下综合管廊<br>Utility Tunnel | 排水<br>Sewerage |
|---|---|---|---|---|---|---|---|---|
| **安　徽** | **11052577** | **438730** | **199719** | **27972** | **1706839** | **5613522** | **104940** | **1212977** |
| 合　肥 | 4527904 | 72217 | 16671 | 24872 | 1706839 | 2318731 | 46985 | 92929 |
| 巢　湖 | 199900 | 27970 | 8900 | | | 89500 | | 48220 |
| 芜　湖 | 1215930 | 47535 | 11089 | | | 758641 | 1200 | 167600 |
| 无　为 | 163871 | 2769 | | | | 60415 | | 63842 |
| 蚌　埠 | 339576 | 7120 | 17500 | | | 200648 | 21420 | 62012 |
| 淮　南 | 353012 | 7897 | 53462 | | | 67123 | | 192309 |
| 马鞍山 | 601687 | 7450 | 1000 | | | 83205 | | 36453 |
| 淮　北 | 125774 | 6900 | 5277 | 3100 | | 46097 | | 56313 |
| 铜　陵 | 141622 | 13028 | 2020 | | | 42551 | 9004 | 21905 |
| 安　庆 | 131022 | 8352 | 7394 | | | 70557 | | 19423 |
| 潜　山 | 73678 | 1506 | 1045 | | | 41185 | | 8162 |
| 桐　城 | 31616 | 2186 | 1395 | | | 24309 | 1631 | 49 |
| 黄　山 | 56517 | 13300 | 1250 | | | 26166 | | 8672 |
| 滁　州 | 734233 | 6000 | 21450 | | | 519688 | 11200 | 47691 |
| 天　长 | 114625 | 12543 | 9859 | | | 49925 | | 23026 |
| 明　光 | 80507 | 11900 | 12611 | | | 25016 | | 16722 |
| 阜　阳 | 484000 | 94747 | 2880 | | | 264810 | | 59584 |
| 界　首 | 52947 | 1406 | 110 | | | 7784 | | |
| 宿　州 | 135095 | 10340 | 500 | | | 85400 | | 23215 |
| 六　安 | 429709 | 1862 | 2929 | | | 338588 | | 57079 |
| 亳　州 | 354831 | 57428 | 7592 | | | 156254 | 13500 | 30608 |
| 池　州 | 155242 | 1357 | 1915 | | | 94271 | | 36958 |
| 宣　城 | 326216 | 15583 | 2456 | | | 136238 | | 71339 |
| 广　德 | 54020 | 234 | 1914 | | | 24050 | | 20003 |
| 宁　国 | 169043 | 7100 | 8500 | | | 82370 | | 48863 |
| **福　建** | **6687039** | **243028** | **79525** | | **2525707** | **2129263** | **227669** | **575332** |
| 福　州 | 2055647 | 18500 | 7940 | | 1656833 | 317464 | | 16464 |
| 福　清 | 288997 | 1887 | 1138 | | | 183622 | | 38730 |
| 厦　门 | 2261902 | 63195 | 19777 | | 858802 | 643610 | 147398 | 293348 |
| 莆　田 | 316954 | 23600 | 2000 | | | 132383 | | 6520 |
| 三　明 | 6255 | 1465 | | | | 4175 | | 140 |
| 永　安 | 2413 | | | | | 1350 | 12 | 521 |
| 泉　州 | 150291 | 20548 | 12894 | | | 69349 | | 37758 |
| 石　狮 | 66182 | 1350 | 452 | | | 47263 | | 4427 |
| 晋　江 | 180119 | 1716 | 5363 | | | 20833 | | 12670 |
| 南　安 | 64921 | 1200 | 14150 | | | 34297 | | 2093 |
| 漳　州 | 495533 | 60121 | 3863 | | 10072 | 195243 | 11598 | 102607 |

## continued 6

Measurement Unit: 10,000 RMB

| 污水处理 Wastewater Treatment | 污泥处置 Sludge Disposal | 再生水利用 Wastewater Recycled and Reused | 园林绿化 Landscaping | 市容环境卫生 Environmental Sanitation | 垃圾处理 Domestic Garbage Treatment | 其他 Other | 本年新增固定资产 Newly Added Fixed Assets of This Year | 城市名称 Name of Cities |
|---|---|---|---|---|---|---|---|---|
| **264140** | **16883** | **7205** | **589149** | **385351** | **111267** | **773378** | **2274949** | **安徽** |
| 15212 | | | 111454 | 14815 | 14815 | 122391 | 620526 | 合肥 |
| 42270 | | | 2650 | 22660 | 20860 | | | 巢湖 |
| 93212 | 4606 | | 89350 | 1235 | 565 | 139280 | 246255 | 芜湖 |
| | | | 8524 | 28000 | 28000 | 321 | 55276 | 无为 |
| 5711 | | 3056 | 27740 | | | 3136 | 20679 | 蚌埠 |
| 4243 | | | 14847 | 9193 | | 8181 | 5847 | 淮南 |
| 14086 | | | 19759 | 251027 | 1027 | 202793 | 32586 | 马鞍山 |
| 3876 | | | 8087 | | | | | 淮北 |
| 5032 | | | 931 | 6213 | 5963 | 45970 | 2118 | 铜陵 |
| | | | 1567 | 14072 | 14072 | 9657 | 109422 | 安庆 |
| 8162 | | | 21780 | | | | | 潜山 |
| 49 | | | 1480 | | | 566 | | 桐城 |
| | | | 4414 | | | 2715 | 24500 | 黄山 |
| 5700 | | | 74004 | 15920 | 15920 | 38280 | 532986 | 滁州 |
| 8768 | 3666 | | 14772 | | | 4500 | 6200 | 天长 |
| 2950 | | | 11158 | 3100 | 3100 | | | 明光 |
| | | | 15268 | 7994 | 2945 | 38717 | 351269 | 阜阳 |
| | | | 43247 | 400 | | | 43647 | 界首 |
| 6200 | | | 10430 | 5210 | | | | 宿州 |
| 32069 | 8611 | 4149 | 28298 | 953 | | | 156130 | 六安 |
| | | | 35557 | 113 | | 53779 | 22573 | 亳州 |
| 4600 | | | 13875 | 146 | | 6720 | 13646 | 池州 |
| 4000 | | | 22315 | 4300 | 4000 | 73985 | 3309 | 宣城 |
| | | | 7582 | | | 237 | 27980 | 广德 |
| 8000 | | | 60 | | | 22150 | | 宁国 |
| **228149** | **6778** | **8400** | **324722** | **137805** | **111411** | **443988** | **1426907** | **福建** |
| 4400 | | | 372 | 20919 | 11570 | 17155 | 285094 | 福州 |
| | | | 21060 | 18038 | 18038 | 24522 | 15640 | 福清 |
| 100570 | | | 27806 | 50105 | 49463 | 157861 | 548384 | 厦门 |
| | | | 145572 | 318 | 318 | 6561 | 13000 | 莆田 |
| | | | 430 | 45 | | | 2698 | 三明 |
| 506 | | | 328 | 15 | | 187 | 504 | 永安 |
| 17129 | | | 4821 | 1691 | 1691 | 3230 | 33621 | 泉州 |
| 15 | | | 510 | 180 | 180 | 12000 | 34269 | 石狮 |
| | | 7900 | 5315 | 12900 | 12900 | 121322 | 20307 | 晋江 |
| 2093 | | | 1415 | 11766 | 11766 | | 3293 | 南安 |
| 64896 | 6778 | 500 | 91052 | 6156 | 770 | 14821 | 138138 | 漳州 |

## 4-1-2 续表 7

计量单位：万元

| 城市名称<br>Name of Cities | 本年完成投资<br>Completed Investment of This Year | 供水<br>Water Supply | 燃气<br>Gas Supply | 集中供热<br>Central Heating | 轨道交通<br>Urban Rail Trainsit System | 道路桥梁<br>Road and Bridge | 地下综合管廊<br>Utility Tunnel | 排水<br>Sewerage |
|---|---|---|---|---|---|---|---|---|
| 南平 | 41593 | 323 | 568 | | | 27132 | | 10790 |
| 邵武 | 41318 | 11263 | 1400 | | | 9201 | | 9879 |
| 武夷山 | 74178 | 2400 | 1800 | | | 60688 | | 6424 |
| 建瓯 | 59143 | | 3599 | | | 12167 | | 573 |
| 龙岩 | 214490 | 16122 | 918 | | | 105818 | 68571 | 10235 |
| 漳平 | 7440 | 846 | 63 | | | 2716 | 90 | 595 |
| 宁德 | 182559 | 10562 | | | | 138369 | | 6648 |
| 福安 | 65386 | 230 | 2700 | | | 60194 | | 1830 |
| 福鼎 | 111718 | 7700 | 900 | | | 63389 | | 13080 |
| **江西** | **6636730** | **190507** | **54475** | | **481211** | **4042718** | **108878** | **698557** |
| 南昌 | 1996083 | 3149 | 4615 | | 481211 | 1369669 | 56635 | 39734 |
| 景德镇 | 183170 | | 5049 | | | 131339 | | 30744 |
| 乐平 | 77245 | | | | | 18783 | | 4680 |
| 萍乡 | 87740 | | 1000 | | | 41729 | | 32406 |
| 九江 | 1079001 | | 10799 | | | 728264 | | 131799 |
| 瑞昌 | 16606 | 6470 | 527 | | | 6502 | | |
| 共青城 | 6881 | | | | | 1414 | | 2072 |
| 庐山 | 29680 | | 618 | | | 7565 | | 17052 |
| 新余 | 163646 | 1140 | 1123 | | | 61792 | 2200 | 54798 |
| 鹰潭 | 79379 | 3151 | 673 | | | 62789 | | 5929 |
| 贵溪 | 20186 | | 367 | | | 19428 | | |
| 赣州 | 997320 | 24955 | 4200 | | | 597449 | 26853 | 75289 |
| 瑞金 | 25086 | | | | | | | 2310 |
| 龙南 | 125284 | 100 | 1450 | | | 82774 | | 11080 |
| 吉安 | 269762 | 12553 | 6700 | | | 169908 | 7500 | 47368 |
| 井冈山 | 38206 | 12536 | | | | 12600 | | |
| 宜春 | 180844 | 21434 | 3200 | | | 121243 | | 1938 |
| 丰城 | 452 | 180 | 272 | | | | | |
| 樟树 | 181640 | 4700 | 58 | | | 121906 | 10000 | 16495 |
| 高安 | 34232 | | | | | 22786 | | 1375 |
| 抚州 | 476717 | 49967 | 8315 | | | 146355 | 5690 | 118362 |
| 上饶 | 549104 | 49992 | 5509 | | | 310023 | | 100268 |
| 德兴 | 18466 | 180 | | | | 8400 | | 4858 |
| **山东** | **14885880** | **382455** | **281999** | **613579** | **2846445** | **6364971** | **232862** | **1620614** |
| 济南 | 2787616 | 87874 | 21549 | 46199 | 940624 | 1095805 | 29580 | 155764 |
| 青岛 | 3368309 | 8895 | 107838 | 87809 | 1905821 | 970036 | 24864 | 182870 |
| 胶州 | 45191 | | 3239 | 2400 | | 6850 | | |
| 平度 | 93076 | 1599 | 759 | 2368 | | 47830 | | 13010 |
| 莱西 | 25436 | | 908 | 6758 | | | | |
| 淄博 | 1323260 | 1879 | 8249 | 3150 | | 965888 | 20437 | 124082 |
| 枣庄 | 293414 | 366 | 6475 | 13907 | | 118495 | 29530 | 14690 |

continued 7

Measurement Unit: 10,000 RMB

| 污水处理 Wastewater Treatment | 污泥处置 Sludge Disposal | 再生水利用 Wastewater Recycled and Reused | 园林绿化 Landscaping | 市容环境卫生 Environmental Sanitation | 垃圾处理 Domestic Garbage Treatment | 其他 Other | 本年新增固定资产 Newly Added Fixed Assets of This Year | 城市名称 Name of Cities |
|---|---|---|---|---|---|---|---|---|
| | | | 1992 | 788 | 638 | | 24607 | 南平 |
| 8760 | | | | 2145 | 2145 | 7430 | 7424 | 邵武 |
| 6424 | | | 2524 | 163 | | 179 | 1800 | 武夷山 |
| 573 | | | 1920 | 500 | | 40384 | | 建瓯 |
| 8235 | | | 6820 | | | 6006 | 8330 | 龙岩 |
| | | | 2800 | | | 330 | 7045 | 漳平 |
| 6648 | | | 1980 | | | 25000 | 114178 | 宁德 |
| | | | | 432 | 432 | | 6187 | 福安 |
| 7900 | | | 8005 | 11644 | 1500 | 7000 | 162388 | 福鼎 |
| **287550** | **5197** | | **529479** | **91037** | **40864** | **439868** | **3434688** | **江西** |
| 17135 | | | 32946 | 4024 | 325 | 4100 | 1470903 | 南昌 |
| 19938 | | | 1787 | 12031 | 11900 | 2220 | 164618 | 景德镇 |
| | | | 22333 | | | 31449 | 14285 | 乐平 |
| 500 | | | 4823 | 500 | 500 | 7282 | 36681 | 萍乡 |
| 53485 | 5109 | | 137381 | 500 | 500 | 70258 | 790416 | 九江 |
| | | | 2133 | | | 974 | | 瑞昌 |
| 1670 | | | 1110 | 1299 | | 986 | | 共青城 |
| 16500 | | | 3993 | 452 | 300 | | 29680 | 庐山 |
| 36000 | | | 25759 | 3688 | 3647 | 13146 | 11690 | 新余 |
| 140 | | | 6720 | 85 | 85 | 32 | 11782 | 鹰潭 |
| | | | 294 | 97 | 97 | | 898 | 贵溪 |
| 14525 | | | 82877 | 33818 | | 151879 | 285517 | 赣州 |
| 2310 | | | 15208 | 1868 | | 5700 | 600 | 瑞金 |
| | | | 2570 | 20310 | 20000 | 7000 | 32070 | 龙南 |
| 3000 | | | 13653 | 7520 | | 4560 | 6100 | 吉安 |
| | | | 2880 | 1990 | 1990 | 8200 | | 井冈山 |
| | | | 32848 | 181 | 44 | | 33778 | 宜春 |
| | | | | | | | 452 | 丰城 |
| | | | 10398 | 850 | | 17233 | | 樟树 |
| 305 | | | 4803 | 268 | | 5000 | 30671 | 高安 |
| 54514 | | | 38589 | 1320 | 1270 | 108119 | 476917 | 抚州 |
| 67528 | 30 | | 82322 | | | 990 | 28052 | 上饶 |
| | 58 | | 4052 | 236 | 206 | 740 | 9578 | 德兴 |
| **289555** | **28735** | **6419** | **1018797** | **221880** | **127248** | **1302278** | **6517627** | **山东** |
| 28412 | | | 99809 | 50350 | 46350 | 260062 | 1378221 | 济南 |
| 8280 | | | 45051 | 4114 | 200 | 31011 | 219031 | 青岛 |
| | | | 32702 | | | | 38552 | 胶州 |
| | | | 74 | | | 27436 | 46506 | 平度 |
| | | | 17770 | | | | 21650 | 莱西 |
| 17950 | | | 178596 | 2608 | 54 | 18371 | 1036738 | 淄博 |
| 6000 | | | 76746 | 26705 | 25043 | 6500 | 289856 | 枣庄 |

# 4-1-2 续表 8

计量单位：万元

| 城市名称<br>Name of Cities | 本年完成投资<br>Completed Investment of This Year | 供水<br>Water Supply | 燃气<br>Gas Supply | 集中供热<br>Central Heating | 轨道交通<br>Urban Rail Trainsit System | 道路桥梁<br>Road and Bridge | 地下综合管廊<br>Utility Tunnel | 排水<br>Sewerage |
|---|---|---|---|---|---|---|---|---|
| 滕　州 | 181392 |  | 8413 | 11122 |  | 77531 | 3750 | 32400 |
| 东　营 | 375615 | 13120 | 53409 | 23814 |  | 152108 |  | 22200 |
| 烟　台 | 1029710 | 14177 | 21884 | 3000 |  | 864540 | 6000 | 41941 |
| 龙　口 | 29795 |  | 2088 | 1460 |  | 7282 |  |  |
| 莱　阳 | 13661 | 20 |  |  |  | 6390 |  |  |
| 莱　州 | 37170 |  | 2497 | 1775 |  | 2409 |  | 23027 |
| 招　远 | 34740 | 96 |  |  |  | 28382 |  | 3378 |
| 栖　霞 | 128483 | 3172 |  | 23500 |  | 50457 |  | 22131 |
| 海　阳 | 31764 | 149 | 2951 | 22443 |  | 4973 |  | 793 |
| 潍　坊 | 252578 | 12919 |  | 3000 |  | 24806 |  | 41034 |
| 青　州 | 41656 | 492 |  | 8940 |  | 3415 |  | 16210 |
| 诸　城 | 25016 |  |  |  |  | 1632 |  | 1810 |
| 寿　光 | 50048 | 235 |  | 3500 |  | 15183 |  | 6417 |
| 安　丘 | 72901 | 207 | 645 | 7663 |  | 3627 | 495 | 8208 |
| 高　密 | 31241 |  | 1306 |  |  |  |  | 29935 |
| 昌　邑 | 43068 |  | 1197 | 14100 |  |  |  | 835 |
| 济　宁 | 683569 | 6880 | 643 | 10000 |  | 355678 |  | 143891 |
| 曲　阜 | 68405 |  | 3075 | 10400 |  | 20000 | 18000 | 16100 |
| 邹　城 | 30446 |  | 383 | 700 |  | 5008 |  | 13355 |
| 泰　安 | 424548 | 58400 | 16335 | 29200 |  | 227101 |  | 26350 |
| 新　泰 | 69231 |  |  |  |  | 5080 |  | 64151 |
| 肥　城 | 19585 |  |  | 1450 |  | 7765 |  | 10370 |
| 威　海 | 427192 | 5287 | 484 | 74513 |  | 64391 |  | 2200 |
| 荣　成 | 70920 | 295 | 3650 | 5600 |  | 11441 |  | 23901 |
| 乳　山 | 24621 | 9296 | 1336 |  |  | 4088 |  | 6536 |
| 日　照 | 220972 | 37504 | 1635 | 14789 |  | 109710 |  | 33590 |
| 临　沂 | 1168014 | 51837 | 3870 | 26631 |  | 640203 | 53388 | 171602 |
| 德　州 | 162663 | 8500 |  | 11806 |  | 57867 | 44640 | 24006 |
| 乐　陵 | 60560 | 60 |  | 800 |  | 12000 |  |  |
| 禹　城 | 79356 | 613 | 4683 | 6515 |  | 32801 |  | 28780 |
| 聊　城 | 307716 | 13900 | 1908 | 40504 |  | 117006 | 1868 | 122841 |
| 临　清 | 67859 |  |  |  |  | 3859 |  | 64000 |
| 滨　州 | 323305 | 3683 | 590 | 53331 |  | 38836 |  | 101434 |
| 邹　平 | 88116 |  |  | 40432 |  | 32713 |  | 9171 |
| 菏　泽 | 273662 | 41000 |  |  |  | 171785 | 310 | 17601 |
| **河　南** | **7336304** | **179946** | **61678** | **157371** | **2164302** | **1930158** | **69830** | **742006** |
| 郑　州 | 2810279 | 95 |  | 12800 | 2004050 | 396513 | 25305 | 114785 |
| 巩　义 | 26326 |  | 1000 | 2200 |  | 9706 |  |  |
| 荥　阳 | 2305 |  |  |  |  | 1305 | 1000 |  |
| 新　密 | 22878 | 205 | 103 | 417 |  |  |  |  |
| 新　郑 | 42391 |  |  |  | 655 | 5078 |  | 1593 |
| 登　封 | 30542 | 1536 |  |  |  | 9773 |  | 3721 |

continued 8

Measurement Unit: 10,000 RMB

| 污水处理 Wastewater Treatment | 污泥处置 Sludge Disposal | 再生水利用 Wastewater Recycled and Reused | 园林绿化 Landscaping | 市容环境卫生 Environmental Sanitation | 垃圾处理 Domestic Garbage Treatment | 其他 Other | 本年新增固定资产 Newly Added Fixed Assets of This Year | 城市名称 Name of Cities |
|---|---|---|---|---|---|---|---|---|
| 3600 | | | 42526 | 2650 | 2650 | 3000 | 93918 | 滕州 |
| 8100 | | | 49484 | 5300 | 5060 | 56180 | 23920 | 东营 |
| 33051 | | | 6010 | 6500 | 6500 | 65658 | 79193 | 烟台 |
| | | | 3989 | 14976 | 14672 | | 12647 | 龙口 |
| | | | | | | 7251 | | 莱阳 |
| | | | 7318 | 144 | 144 | | 5443 | 莱州 |
| 1000 | | | 2704 | 180 | 180 | | 34513 | 招远 |
| 19850 | | | 16619 | | | 12604 | | 栖霞 |
| | | | 167 | | | 288 | 10014 | 海阳 |
| 27000 | | | 19578 | 2920 | 2920 | 148321 | 217846 | 潍坊 |
| 6200 | | | 10433 | 2166 | | | 41427 | 青州 |
| | | | 15785 | 5789 | 5789 | | 5783 | 诸城 |
| | | | 13267 | 2314 | | 9132 | 43054 | 寿光 |
| | | | 2386 | 49670 | | | 72406 | 安丘 |
| | | | | | | | 24941 | 高密 |
| | | | 13787 | 13149 | 13149 | | | 昌邑 |
| | | | 50173 | 11150 | 20 | 105154 | 683569 | 济宁 |
| 5000 | | | 800 | | | 30 | 68405 | 曲阜 |
| | | | 11000 | | | | 30446 | 邹城 |
| 17889 | | 3261 | 15484 | 1998 | | 49680 | 116928 | 泰安 |
| 58688 | | | | | | | 69231 | 新泰 |
| | | 2758 | | | | | 6258 | 肥城 |
| 600 | | | 8834 | 1500 | 1500 | 269983 | 147602 | 威海 |
| | | | 14423 | 3940 | | 7670 | 67899 | 荣成 |
| | | | 1320 | | | 2045 | 23098 | 乳山 |
| 30855 | 2735 | | 14744 | 9000 | | | 47976 | 日照 |
| 205 | | 400 | 125476 | 729 | 729 | 94278 | 1030114 | 临沂 |
| 8700 | | | 9719 | 650 | | 5475 | 20162 | 德州 |
| | | | 1000 | | | 46700 | 13860 | 乐陵 |
| 800 | 26000 | | 5314 | 650 | | | 61273 | 禹城 |
| 2200 | | | 9249 | 440 | | | 164878 | 聊城 |
| 175 | | | | | | | 67859 | 临清 |
| 5000 | | | 58157 | | | 67274 | 60285 | 滨州 |
| | | | 5800 | | | | 63044 | 邹平 |
| | | | 32503 | 2288 | 2288 | 8175 | 79081 | 菏泽 |
| **212426** | **46614** | **34955** | **1287894** | **406726** | **391813** | **336393** | **7142509** | **河南** |
| 92524 | | 8125 | 133455 | 100303 | 100303 | 22973 | 2259686 | 郑州 |
| | | | 13157 | 263 | | | 26326 | 巩义 |
| | | | | | | | | 荥阳 |
| | | | 22153 | | | | 22878 | 新密 |
| | | | 35065 | | | | 47746 | 新郑 |
| | | | 13834 | 1268 | | 410 | 12010 | 登封 |

## 4-1-2 续表 9

计量单位：万元

| 城市名称<br>Name of Cities | 本年完成投资<br>Completed Investment of This Year | 供水<br>Water Supply | 燃气<br>Gas Supply | 集中供热<br>Central Heating | 轨道交通<br>Urban Rail Trainsit System | 道路桥梁<br>Road and Bridge | 地下综合管廊<br>Utility Tunnel | 排水<br>Sewerage |
|---|---|---|---|---|---|---|---|---|
| 开　封 | 549427 | 53847 | 4037 | 5300 | | 59298 | | 113235 |
| 洛　阳 | 411603 | 5304 | 10937 | 7894 | 159597 | 110064 | | 19551 |
| 平顶山 | 40869 | 1130 | 5236 | 1979 | | 32524 | | |
| 舞　钢 | 13464 | 280 | 80 | 3500 | | 8450 | | 700 |
| 汝　州 | 9881 | | | | | 5197 | | 3143 |
| 安　阳 | 119271 | 5159 | 1460 | 11714 | | 24805 | | 45096 |
| 林　州 | 26462 | 289 | | 2000 | | 3398 | | |
| 鹤　壁 | 124025 | 1136 | 1100 | 1310 | | 44162 | 27000 | 3017 |
| 新　乡 | 197896 | 5008 | | | | 111302 | | 67342 |
| 长　垣 | 140605 | 16764 | 1160 | 8000 | | 15988 | | 42072 |
| 卫　辉 | 41026 | 4430 | 15000 | | | 1618 | | 19978 |
| 辉　县 | 17153 | 1013 | 130 | 892 | | 12666 | | 2352 |
| 焦　作 | 293172 | 8031 | 2725 | | | 189406 | 9517 | 965 |
| 沁　阳 | 9812 | | | 1002 | | 2800 | | 4210 |
| 孟　州 | 5128 | | 6 | 1640 | | 1977 | | 1505 |
| 濮　阳 | 183190 | 801 | 1548 | 13606 | | 63977 | | 21467 |
| 许　昌 | 196859 | 210 | 555 | 16907 | | 55371 | | 38578 |
| 禹　州 | 57595 | 744 | 1918 | 12000 | | 30638 | | 7228 |
| 长　葛 | 24353 | 4400 | 2974 | 1200 | | 3751 | | |
| 漯　河 | 289430 | 513 | 164 | 1558 | | 68168 | | 50441 |
| 三门峡 | 35143 | 383 | 697 | 585 | | 12321 | | 6388 |
| 义　马 | 17470 | | 587 | | | 550 | | 12279 |
| 灵　宝 | 27737 | | | | | 21212 | | |
| 南　阳 | 436259 | 1950 | 6117 | 17800 | | 121286 | | 40526 |
| 邓　州 | 61693 | 1605 | 438 | | | 23736 | | 11737 |
| 商　丘 | 121453 | 15869 | | 9652 | | 21283 | 2436 | 35807 |
| 永　城 | 10849 | 200 | 302 | 340 | | 5710 | | 2147 |
| 信　阳 | 228155 | 5719 | 625 | | | 94214 | | 43495 |
| 周　口 | 238245 | 300 | 482 | | | 69741 | 4572 | 13935 |
| 项　城 | 164720 | 36984 | | | | 79063 | | 14391 |
| 驻马店 | 109353 | 4541 | 2053 | 4075 | | 44360 | | 100 |
| 济源示范区 | 169285 | 1500 | 244 | 19000 | | 138747 | | 222 |
| 郑州航空港经济综合实验区 | 30000 | | | | | 30000 | | |
| **湖　北** | **15290359** | **234532** | **82282** | **51087** | **3753155** | **6348893** | **278012** | **827747** |
| 武　汉 | 9129858 | 40120 | | 5010 | 3658155 | 3759189 | 237923 | 291542 |
| 黄　石 | 368845 | 5010 | 3219 | 75 | 94600 | 176931 | 8680 | 42514 |
| 大　冶 | 52425 | 2200 | 600 | | | 47379 | | 2246 |
| 十　堰 | 42051 | 73 | 3046 | | | 18226 | | 3368 |
| 丹江口 | 6359 | | | | | | | 6359 |
| 宜　昌 | 626371 | | 8103 | 46002 | | 283314 | 8093 | 4866 |

continued 9

Measurement Unit: 10,000 RMB

| 污水处理 Wastewater Treatment | 污泥处置 Sludge Disposal | 再生水利用 Wastewater Recycled and Reused | 园林绿化 Landscaping | 市容环境卫生 Environmental Sanitation | 垃圾处理 Domestic Garbage Treatment | 其他 Other | 本年新增固定资产 Newly Added Fixed Assets of This Year | 城市名称 Name of Cities |
|---|---|---|---|---|---|---|---|---|
| 10571 | 45238 | | 48890 | | | 264820 | 255511 | 开封 |
| 3191 | | 2854 | 90779 | 3220 | 70 | 4257 | 2004621 | 洛阳 |
| | | | | | | | 26097 | 平顶山 |
| | | | 454 | | | | 21619 | 舞钢 |
| 2700 | 200 | | 1185 | | | 356 | | 汝州 |
| | | | 18546 | 11841 | 10479 | 650 | 102666 | 安阳 |
| | | | 18418 | 2357 | 1982 | | 22030 | 林州 |
| 520 | 1176 | | 44365 | 1935 | 1066 | | 13889 | 鹤壁 |
| | | | 8387 | 57 | | 5800 | 20243 | 新乡 |
| 21840 | | | 54807 | | | 1814 | 8000 | 长垣 |
| 13508 | | | | | | | | 卫辉 |
| | | | | 100 | 100 | | 4939 | 辉县 |
| 797 | | | 31529 | 50691 | 50557 | 308 | 382312 | 焦作 |
| | | | | | | 1800 | 8810 | 沁阳 |
| | | | | | | | 33738 | 孟州 |
| | | | 59248 | 7680 | 5730 | 14863 | 144058 | 濮阳 |
| 6503 | | 18000 | 84919 | | | 319 | 65685 | 许昌 |
| | | | 4367 | 700 | | | 20635 | 禹州 |
| | | | 12028 | | | | 24353 | 长葛 |
| | | | 79274 | 75219 | 75000 | 14093 | 229831 | 漯河 |
| | | | 9782 | 3744 | 3715 | 1243 | 881 | 三门峡 |
| 12000 | | | 1899 | 1561 | | 594 | 18873 | 义马 |
| | | | 6280 | 245 | | | 3425 | 灵宝 |
| 2888 | | | 168019 | 80561 | 80561 | | 467030 | 南阳 |
| | | | 24177 | | | | 65873 | 邓州 |
| 33500 | | | 36406 | | | | 33151 | 商丘 |
| 1917 | | | 2150 | | | | 8292 | 永城 |
| 1289 | | 5976 | 65815 | 18287 | 18287 | | 409627 | 信阳 |
| | | | 144531 | 2891 | 160 | 1793 | 252071 | 周口 |
| 8678 | | | 6479 | 27803 | 27803 | | 19868 | 项城 |
| | | | 37924 | 16000 | 16000 | 300 | 72038 | 驻马店 |
| | | | 9572 | | | | 3697 | 济源示范区 |
| | | | | | | | 30000 | 郑州航空港经济综合实验区 |
| **132407** | **9378** | **6662** | **593944** | **434987** | **366555** | **2685720** | **3597233** | **湖北** |
| 42347 | 550 | | 142913 | 53539 | 36370 | 941467 | 1557957 | 武汉 |
| 23370 | | | 36478 | | | 1338 | 47138 | 黄石 |
| 35 | | | | | | | 52425 | 大冶 |
| 2218 | | | 11336 | 49 | | 5953 | 20229 | 十堰 |
| 6359 | | | | | | | 1650 | 丹江口 |
| | | | 47577 | 96715 | 96615 | 131701 | 52548 | 宜昌 |

# 4-1-2 续表 10

计量单位：万元

| 城市名称 Name of Cities | 本年完成投资 Completed Investment of This Year | 供水 Water Supply | 燃气 Gas Supply | 集中供热 Central Heating | 轨道交通 Urban Rail Trainsit System | 道路桥梁 Road and Bridge | 地下综合管廊 Utility Tunnel | 排水 Sewerage |
|---|---|---|---|---|---|---|---|---|
| 宜　都 | 446429 | | | | | 14491 | | 19360 |
| 当　阳 | 153122 | 19613 | | | | 73415 | | 27884 |
| 枝　江 | 77277 | | 2458 | | | 67841 | | |
| 襄　阳 | 729271 | 5475 | | | | 310251 | 7710 | 11843 |
| 老河口 | 12455 | 2593 | | | | 900 | | 1500 |
| 枣　阳 | 24999 | | | | | 23147 | | 484 |
| 宜　城 | 20592 | | | | | 6639 | | 6130 |
| 鄂　州 | 203454 | | | | | 80121 | 5660 | 600 |
| 荆　门 | 313215 | 2985 | 2500 | | | 171722 | 970 | 8347 |
| 京　山 | 71477 | 2 | 82 | | | 33447 | | 12746 |
| 钟　祥 | 86895 | 2581 | | | | 44655 | | 24894 |
| 孝　感 | 603280 | 21250 | | | | 288897 | 1412 | 31933 |
| 应　城 | 266684 | 4110 | | | | 77252 | | 17650 |
| 安　陆 | 77976 | 9122 | | | 400 | 35378 | | 6031 |
| 汉　川 | 248181 | 11000 | | | | 122588 | | 34943 |
| 荆　州 | 277396 | 263 | 2242 | | | 249843 | | |
| 监　利 | 47282 | | | | | 21182 | | 10660 |
| 石　首 | 16899 | 870 | 5200 | | | 10829 | | |
| 洪　湖 | 65664 | | | | | 857 | | 19816 |
| 松　滋 | 56953 | | | | | 36335 | | 1026 |
| 黄　冈 | 170300 | | 554 | | | 35569 | 3400 | 9913 |
| 麻　城 | 50243 | 408 | | | | 37115 | | |
| 武　穴 | 37093 | | | | | | | 19024 |
| 咸　宁 | 23132 | | 2152 | | | 11763 | | 137 |
| 赤　壁 | 115546 | 34604 | 5000 | | | 56388 | | 18174 |
| 随　州 | 162212 | 11887 | 4364 | | | 44552 | 2964 | 4435 |
| 广　水 | 55323 | | | | | 12022 | | 36251 |
| 恩　施 | 115854 | 33160 | | | | 47271 | | 4495 |
| 利　川 | 35238 | | 7305 | | | 50 | | 3950 |
| 仙　桃 | 315370 | 10730 | 13210 | | | 120243 | 950 | 133939 |
| 潜　江 | 16370 | | | | | 14320 | 250 | 1800 |
| 天　门 | 168268 | 16476 | 22247 | | | 14771 | | 8887 |
| **湖　南** | **7194373** | **264743** | **94743** | **4300** | **1546812** | **3061519** | **1828** | **589135** |
| 长　沙 | 3964578 | 90926 | 5500 | | 1449156 | 1458652 | | 263556 |
| 宁　乡 | 103839 | 256 | | | | 84481 | | 2900 |
| 浏　阳 | 360168 | 45062 | | | | 247661 | | 39650 |
| 株　洲 | 980770 | 5424 | 5327 | | | 383861 | | 47240 |
| 醴　陵 | 2743 | | 280 | | | 2463 | | |
| 湘　潭 | 157285 | | 25550 | | 97656 | | | 12211 |
| 湘　乡 | 4315 | 100 | | | | 2868 | | 142 |
| 韶　山 | 6250 | | | | | 3800 | | |
| 衡　阳 | 53064 | 5000 | | | | 39004 | 1230 | 1445 |

continued 10

Measurement Unit: 10,000 RMB

| 污水处理 Wastewater Treatment | 污泥处置 Sludge Disposal | 再生水利用 Wastewater Recycled and Reused | 园林绿化 Landscaping | 市容环境卫生 Environmental Sanitation | 垃圾处理 Domestic Garbage Treatment | 其他 Other | 本年新增固定资产 Newly Added Fixed Assets of This Year | 城市名称 Name of Cities |
|---|---|---|---|---|---|---|---|---|
| | | | | 4571 | 4571 | 408007 | 16977 | 宜都 |
| | | | 15001 | 16448 | | 761 | 54421 | 当阳 |
| | | | 14 | | | 6964 | 77277 | 枝江 |
| | | | 5618 | 5451 | 4609 | 382923 | | 襄阳 |
| 1500 | | | 1630 | 4932 | 3872 | 900 | 10395 | 老河口 |
| | | | | | | 1368 | 24999 | 枣阳 |
| | | | 1500 | | | 6323 | 20592 | 宜城 |
| | | | 117073 | | | | | 鄂州 |
| 1000 | | | 16836 | 360 | 360 | 109495 | | 荆门 |
| 830 | | | 21133 | 717 | | 3350 | 71395 | 京山 |
| 1400 | | | 3765 | | | 11000 | 52283 | 钟祥 |
| 3000 | 1924 | | 25150 | 16452 | 14852 | 218186 | 522131 | 孝感 |
| 1000 | | | 3415 | 720 | | 163537 | 2920 | 应城 |
| | | | 10366 | | | 16679 | 77976 | 安陆 |
| 6662 | 6658 | 6662 | 1260 | 65972 | 65972 | 12418 | 249651 | 汉川 |
| | | | | 24383 | | 665 | 90767 | 荆州 |
| | | | | | | 15440 | 47282 | 监利 |
| | | | | | | | 22526 | 石首 |
| | | | 2973 | | | 42018 | | 洪湖 |
| | | | 600 | | | 18992 | 37533 | 松滋 |
| 7592 | | | 5038 | 57040 | 56793 | 58786 | 104533 | 黄冈 |
| | | | | | | 12720 | 51350 | 麻城 |
| 19024 | | | 155 | 3500 | 3500 | 14414 | 8307 | 武穴 |
| 137 | | | 2886 | 1339 | | 4855 | | 咸宁 |
| | | | 1380 | | | | 74158 | 赤壁 |
| | | | 85350 | | | 8660 | 30525 | 随州 |
| 8800 | | | | | | 7050 | 55323 | 广水 |
| 1661 | 87 | | 2815 | 23224 | 23224 | 4889 | 23836 | 恩施 |
| | | | | 1496 | 1496 | 22437 | 23983 | 利川 |
| | | | 20566 | 15732 | 12320 | | | 仙桃 |
| | | | | | | | 11150 | 潜江 |
| 5472 | 159 | | 11116 | 42347 | 42001 | 52424 | 102996 | 天门 |
| **128629** | **69138** | **25002** | **80375** | **85732** | **42206** | **1465186** | **1509918** | **湖南** |
| 18618 | 69138 | 25000 | 56034 | 22275 | | 618479 | 354683 | 长沙 |
| | | | 6000 | | | 10202 | | 宁乡 |
| 5800 | | | 295 | | | 27500 | 360168 | 浏阳 |
| 17344 | | 2 | 9906 | 1240 | | 527772 | 513055 | 株洲 |
| | | | | | | | | 醴陵 |
| | | | | 21868 | 15368 | | | 湘潭 |
| 21 | | | 100 | | | 1105 | 2013 | 湘乡 |
| | | | 1500 | | | 950 | | 韶山 |
| 1445 | | | 2430 | 3955 | | | 21453 | 衡阳 |

# 4-1-2 续表 11

计量单位：万元

| 城市名称 Name of Cities | 本年完成投资 Completed Investment of This Year | 供水 Water Supply | 燃气 Gas Supply | 集中供热 Central Heating | 轨道交通 Urban Rail Trainsit System | 道路桥梁 Road and Bridge | 地下综合管廊 Utility Tunnel | 排水 Sewerage |
|---|---|---|---|---|---|---|---|---|
| 耒阳 | 34200 | 5800 | | | | 27000 | | 1400 |
| 常宁 | 2300 | | 2300 | | | | | |
| 邵阳 | 7125 | | 2775 | | | 1350 | | 3000 |
| 武冈 | 50851 | 4035 | | | | 24867 | | 8410 |
| 邵东 | 54967 | 9800 | 593 | | | | | 16700 |
| 岳阳 | 202928 | 13400 | 2688 | | | 110652 | | 75588 |
| 汨罗 | 59035 | | 1424 | | | 51950 | | 1823 |
| 临湘 | 32182 | | | | | 8208 | | 18768 |
| 常德 | 265047 | 17822 | 5731 | | | 157013 | 598 | 1624 |
| 津市 | 2002 | 605 | 960 | | | 221 | | 82 |
| 张家界 | 20469 | 9189 | 600 | | | 1450 | | 8230 |
| 益阳 | 39239 | 3176 | 1401 | | | 27054 | | 6023 |
| 沅江 | 107963 | | | | | | | |
| 郴州 | 33915 | 1200 | 4800 | | | 23395 | | 322 |
| 资兴 | 17383 | 380 | 1400 | 4300 | | 6161 | | 1442 |
| 永州 | 307919 | | 6100 | | | 267801 | | 21458 |
| 祁阳 | 53367 | 2174 | 5000 | | | 42953 | | 3240 |
| 怀化 | 45621 | 8100 | | | | 33521 | | |
| 洪江 | 5947 | | | | | | | 5947 |
| 娄底 | 128318 | 17000 | 5000 | | | 47283 | | 27079 |
| 冷水江 | 19825 | | | | | | | 15369 |
| 涟源 | 59350 | 23000 | 9000 | | | 7850 | | 5000 |
| 吉首 | 11408 | 2294 | 8314 | | | | | 486 |
| **广东** | **18196943** | **915349** | **285643** | | **7846541** | **5864268** | **244772** | **1700533** |
| 广州 | 7133664 | 397539 | 184259 | | 3673488 | 1828275 | 23475 | 681173 |
| 韶关 | 67879 | 11737 | 5062 | | | 19934 | 360 | 28002 |
| 乐昌 | 16469 | | | | | | | 16469 |
| 南雄 | 3985 | 385 | | | | | | |
| 深圳 | 3987096 | 7666 | | | 3072607 | 755332 | 90190 | 42324 |
| 珠海 | 1438223 | 3892 | 13217 | | | 933055 | 20923 | 27028 |
| 汕头 | 293622 | 66680 | 3594 | | | 41433 | | 137226 |
| 佛山 | 1061532 | 20102 | 30599 | | 587272 | 242536 | 26667 | 85443 |
| 江门 | 398818 | 9707 | 1580 | | | 183977 | | 48709 |
| 台山 | 2532 | | | | | 1424 | | 713 |
| 开平 | 33442 | | | | | 2422 | | 31020 |
| 鹤山 | 61991 | 6136 | | | | 38300 | | 11680 |
| 恩平 | | | | | | | | |
| 湛江 | 80009 | 64006 | | | | 5000 | | 10162 |
| 廉江 | 14220 | | | | | | | 9765 |
| 雷州 | 11152 | 358 | | | | 7641 | | 2745 |
| 吴川 | 41114 | | | | | 39466 | | 603 |

continued 11

Measurement Unit: 10,000 RMB

| 污水处理 Wastewater Treatment | 污泥处置 Sludge Disposal | 再生水利用 Wastewater Recycled and Reused | 园林绿化 Landscaping | 市容环境卫生 Environmental Sanitation | 垃圾处理 Domestic Garbage Treatment | 其他 Other | 本年新增固定资产 Newly Added Fixed Assets of This Year | 城市名称 Name of Cities |
|---|---|---|---|---|---|---|---|---|
| 1400 | | | | | | | 34200 | 耒阳 |
| | | | | | | | | 常宁 |
| 3000 | | | | | | | 540 | 邵阳 |
| 5100 | | | 491 | 12300 | 12300 | 748 | 24325 | 武冈 |
| | | | | | | 27874 | 54967 | 邵东 |
| 6500 | | | 600 | | | | 885 | 岳阳 |
| | | | 1458 | 1480 | 200 | 900 | | 汨罗 |
| 18568 | | | | 362 | | 4844 | | 临湘 |
| | | | 554 | 238 | | 81467 | 20620 | 常德 |
| | | | | | | 134 | 1841 | 津市 |
| 7800 | | | | | | 1000 | 50 | 张家界 |
| | | | 927 | 658 | 658 | | 3964 | 益阳 |
| | | | | | | 107963 | | 沅江 |
| | | | | 120 | | 4078 | 13438 | 郴州 |
| 709 | | | | 3700 | | | 21070 | 资兴 |
| 20858 | | | 80 | 10080 | 10080 | 2400 | | 永州 |
| | | | | | | | 5000 | 祁阳 |
| | | | | | | 4000 | 14521 | 怀化 |
| 5947 | | | | | | | | 洪江 |
| 150 | | | | 3000 | 3000 | 28956 | | 娄底 |
| 15369 | | | | 4456 | 600 | | 19825 | 冷水江 |
| | | | | | | 14500 | 43300 | 涟源 |
| | | | | | | 314 | | 吉首 |
| **829799** | **410** | **17390** | **166616** | **419773** | **374724** | **753448** | **8496242** | **广东** |
| 427764 | | | 24902 | 319499 | 309966 | 1054 | 3928705 | 广州 |
| 27184 | | | 1763 | 696 | 317 | 325 | 1366 | 韶关 |
| 16469 | | | | | | | 16469 | 乐昌 |
| | | | | 2144 | | 1456 | 2144 | 南雄 |
| 18776 | | | 250 | | | 18727 | 3072607 | 深圳 |
| 5513 | | | 10482 | 57436 | 50000 | 372190 | 129810 | 珠海 |
| 27102 | | | 594 | 14801 | 8651 | 29294 | 114739 | 汕头 |
| 43600 | | | 56722 | 12191 | 858 | | 829309 | 佛山 |
| 3631 | | | 17391 | | | 137454 | 41000 | 江门 |
| | | | | | | 395 | 1129 | 台山 |
| 31000 | 20 | | | | | | | 开平 |
| 11680 | | | | | | 5875 | | 鹤山 |
| | | | | | | | | 恩平 |
| 4780 | 22 | | 385 | | | 456 | | 湛江 |
| | | | 4342 | | | 113 | 29434 | 廉江 |
| | | | | | | 408 | | 雷州 |
| 603 | | | | 1045 | 1045 | | 1648 | 吴川 |

# 4-1-2 续表 12

计量单位：万元

| 城市名称<br>Name of Cities | 本年完成投资<br>Completed Investment of This Year | 供水<br>Water Supply | 燃气<br>Gas Supply | 集中供热<br>Central Heating | 轨道交通<br>Urban Rail Trainsit System | 道路桥梁<br>Road and Bridge | 地下综合管廊<br>Utility Tunnel | 排水<br>Sewerage |
|---|---|---|---|---|---|---|---|---|
| 茂　名 | 39152 | | 687 | | | 33544 | | 1341 |
| 高　州 | 20466 | 1887 | | | | 13417 | | 4120 |
| 化　州 | 39025 | | | | | 28058 | | |
| 信　宜 | | | | | | | | |
| 肇　庆 | 323646 | 16655 | 6962 | | | 206916 | 37307 | 55105 |
| 四　会 | 737 | | | | | | | 737 |
| 惠　州 | 863641 | 300 | 11441 | | | 622790 | 18782 | 120947 |
| 梅　州 | 3393 | 122 | | | | 533 | | 667 |
| 兴　宁 | 22369 | 16157 | 612 | | | 600 | | 5000 |
| 汕　尾 | 104048 | | | | | 40230 | | 57518 |
| 陆　丰 | 9860 | | | | | | | 9560 |
| 河　源 | 74612 | 1365 | | | 22214 | 43437 | | 4375 |
| 阳　江 | 83022 | 8964 | 1965 | | | 59598 | | 1905 |
| 阳　春 | 50786 | 14961 | 1746 | | | 31072 | | |
| 清　远 | 166515 | 15457 | 6556 | | 9125 | 64547 | 1222 | 13087 |
| 英　德 | 11980 | | | | | | | 11980 |
| 连　州 | | | | | | | | |
| 东　莞 | 830488 | 216017 | | | 481796 | 3308 | 19324 | 103603 |
| 中　山 | 648701 | 26637 | | | | 529261 | 5684 | 66354 |
| 潮　州 | 153051 | 8350 | 13580 | | | 19798 | | 82185 |
| 揭　阳 | 28404 | | | | | 8472 | | 16720 |
| 普　宁 | | | | | | | | |
| 云　浮 | 22691 | 91 | 3783 | | | 14286 | 838 | 3693 |
| 罗　定 | 54608 | 178 | | | 39 | 45606 | | 8574 |
| **广　西** | **3007068** | **266646** | **33873** | | **206545** | **1744917** | **27702** | **360141** |
| 南　宁 | 1044186 | 97270 | 516 | | 206545 | 589041 | 15929 | 92991 |
| 横　州 | 30584 | | 351 | | | 27051 | | 2760 |
| 柳　州 | 390303 | 3831 | 12132 | | | 298094 | 3641 | 36738 |
| 桂　林 | 101906 | 59212 | 4199 | | | 33659 | | 4468 |
| 荔　浦 | 10409 | 282 | 3762 | | | 6300 | | 65 |
| 梧　州 | 345114 | 4998 | 998 | | | 205177 | | 46958 |
| 岑　溪 | 25935 | | 800 | | | 8522 | | 4080 |
| 北　海 | 235506 | 14509 | 272 | | | 163677 | | 21949 |
| 防城港 | 44013 | 440 | 2082 | | | 11596 | | 26642 |
| 东　兴 | 2509 | 500 | | | | 1789 | | 200 |
| 钦　州 | 4997 | | 30 | | | 2118 | | 1486 |
| 贵　港 | 219889 | 48563 | 2026 | | | 141334 | | 4609 |
| 桂　平 | 31529 | 2653 | 2597 | | | 21251 | | 485 |
| 玉　林 | 74028 | 15763 | 537 | | | 32022 | 40 | 6276 |
| 北　流 | 27943 | 49 | 161 | | | 1440 | | 8242 |
| 百　色 | 36373 | 2890 | | | | 24358 | 141 | 8784 |

continued 12

Measurement Unit: 10,000 RMB

| 污水处理 Wastewater Treatment | 污泥处置 Sludge Disposal | 再生水利用 Wastewater Recycled and Reused | 园林绿化 Landscaping | 市容环境卫生 Environmental Sanitation | 垃圾处理 Domestic Garbage Treatment | 其他 Other | 本年新增固定资产 Newly Added Fixed Assets of This Year | 城市名称 Name of Cities |
|---|---|---|---|---|---|---|---|---|
| | | | 1650 | | | 1930 | 687 | 茂名 |
| | | | 629 | | | 413 | | 高州 |
| | | | 1015 | 3552 | | 6400 | | 化州 |
| | | | | | | | | 信宜 |
| 23913 | 368 | 17390 | 246 | | | 455 | 14111 | 肇庆 |
| 737 | | | | | | | | 四会 |
| 40358 | | | 16166 | 2279 | | 70936 | 6205 | 惠州 |
| 331 | | | 98 | 1000 | 1000 | 973 | 247 | 梅州 |
| | | | | | | | | 兴宁 |
| 57405 | | | | | | 6300 | 80618 | 汕尾 |
| 9560 | | | | 300 | 300 | | 9860 | 陆丰 |
| 180 | | | 639 | 1074 | 1074 | 1508 | 4154 | 河源 |
| | | | 2355 | 100 | 85 | 8135 | 18841 | 阳江 |
| | | | 328 | 1129 | 981 | 1550 | 48592 | 阳春 |
| | | | 9767 | 445 | 445 | 46309 | 11398 | 清远 |
| | | | | | | | | 英德 |
| | | | | | | | | 连州 |
| 75130 | | | 3849 | 2080 | | 511 | 60418 | 东莞 |
| 461 | | | 13043 | 2 | 2 | 7720 | 21393 | 中山 |
| | | | | | | 29138 | 21232 | 潮州 |
| | | | | | | 3212 | 28404 | 揭阳 |
| | | | | | | | | 普宁 |
| | | | | | | | 1722 | 云浮 |
| 3622 | | | | | | 211 | | 罗定 |
| **142693** | **5** | **11570** | **162693** | **152713** | **81956** | **51838** | **833083** | **广西** |
| 41772 | | | 6273 | | | 35621 | 21179 | 南宁 |
| 2658 | | | | 422 | 422 | | 3562 | 横州 |
| 26000 | | | 17800 | 5395 | 5395 | 12672 | 247630 | 柳州 |
| | | | 200 | | | 168 | 36456 | 桂林 |
| | | | | | | | 8532 | 荔浦 |
| 556 | 5 | | 19644 | 67218 | 83 | 121 | 21849 | 梧州 |
| 1500 | | | 12479 | | | 54 | | 岑溪 |
| | | 11570 | 693 | 34231 | 34231 | 175 | 4815 | 北海 |
| 24308 | | | 196 | 3052 | 3052 | 5 | 29162 | 防城港 |
| | | | | 20 | | | 722 | 东兴 |
| | | | 600 | 453 | 425 | 310 | 4656 | 钦州 |
| 1055 | | | 5157 | 18200 | 18021 | | 81618 | 贵港 |
| | | | 4543 | | | | 9538 | 桂平 |
| 150 | | | 12276 | 6892 | 4306 | 222 | 80058 | 玉林 |
| 100 | | | 18051 | | | | 50265 | 北流 |
| 5000 | | | 200 | | | | 24310 | 百色 |

# 4-1-2 续表 13

计量单位：万元

| 城市名称 Name of Cities | 本年完成投资 Completed Investment of This Year | 供水 Water Supply | 燃气 Gas Supply | 集中供热 Central Heating | 轨道交通 Urban Rail Trainsit System | 道路桥梁 Road and Bridge | 地下综合管廊 Utility Tunnel | 排水 Sewerage |
|---|---|---|---|---|---|---|---|---|
| 靖　西 | 3974 | | | | | 2224 | | 1500 |
| 平　果 | 21655 | 3717 | 1215 | | | 6028 | | 6312 |
| 贺　州 | 94981 | 1925 | 768 | | | 33218 | | 22553 |
| 河　池 | 80383 | 2875 | 520 | | | 67252 | | 3799 |
| 来　宾 | 21044 | 6429 | 157 | | | 2575 | | 8781 |
| 合　山 | 5401 | 90 | | | | 5 | | 4974 |
| 崇　左 | 147351 | 650 | 700 | | | 65486 | 7951 | 39912 |
| 凭　祥 | 7055 | | 50 | | | 700 | | 5577 |
| **海　南** | **1086875** | **3856** | **236** | | | **805831** | **2445** | **116810** |
| 海　口 | 916151 | | | | | 708460 | 1152 | 81603 |
| 三　亚 | 6360 | | | | | 2243 | 197 | 330 |
| 儋　州 | 104734 | 3363 | 36 | | | 55605 | 1096 | 20354 |
| 五指山 | 5000 | | | | | 2082 | | 1826 |
| 琼　海 | 27546 | | | | | 14849 | | 12697 |
| 文　昌 | 8620 | 100 | | | | 7420 | | |
| 万　宁 | 8791 | 393 | 200 | | | 5499 | | |
| 东　方 | 9673 | | | | | 9673 | | |
| **重　庆** | **11737858** | **189315** | **29052** | | **2624382** | **5940589** | **31420** | **603241** |
| 重　庆 | 11737858 | 189315 | 29052 | | 2624382 | 5940589 | 31420 | 603241 |
| **四　川** | **16693378** | **363118** | **130213** | **8030** | **4996093** | **7410973** | **75061** | **1792608** |
| 成　都 | 8263597 | 121162 | 18414 | | 4988610 | 1967931 | 24247 | 564061 |
| 简　阳 | 187915 | | 500 | | | 182921 | | 340 |
| 都江堰 | 43680 | | 777 | | 4593 | 27631 | 2099 | 4623 |
| 彭　州 | 68306 | | | | | 54121 | | 1230 |
| 邛　崃 | 94023 | 7953 | | | | 46366 | | 25750 |
| 崇　州 | 72609 | 11410 | | | | 31367 | | 6873 |
| 自　贡 | 956581 | 7310 | 10354 | | | 693494 | 2091 | 87704 |
| 攀枝花 | 128884 | 200 | 510 | | | 88047 | | 21409 |
| 泸　州 | 581420 | 12700 | 2500 | | | 479700 | | 80300 |
| 德　阳 | 369749 | 13100 | 15056 | | | 144850 | 4920 | 48587 |
| 广　汉 | 370808 | 519 | | | | 345013 | | 14525 |
| 什　邡 | 24086 | 140 | 160 | | | 8422 | | 5940 |
| 绵　竹 | 11710 | 9200 | 390 | | | 2120 | | |
| 绵　阳 | 689433 | 24393 | 30 | | | 515046 | | 84443 |
| 江　油 | 87072 | | | | | 84149 | | 895 |
| 广　元 | 333995 | 7862 | 3347 | | | 235504 | | 60941 |
| 遂　宁 | 278255 | 1238 | 2820 | | | 112474 | 12340 | 51499 |
| 射　洪 | 125023 | | | | | 104123 | | 16420 |
| 内　江 | 496519 | 6609 | 1761 | | | 367500 | | 52300 |

continued 13

Measurement Unit: 10,000 RMB

| 污水处理 Wastewater Treatment | 污泥处置 Sludge Disposal | 再生水利用 Wastewater Recycled and Reused | 园林绿化 Landscaping | 市容环境卫生 Environmental Sanitation | 垃圾处理 Domestic Garbage Treatment | 其他 Other | 本年新增固定资产 Newly Added Fixed Assets of This Year | 城市名称 Name of Cities |
|---|---|---|---|---|---|---|---|---|
| 1500 | | | 250 | | | | | 靖西 |
| | | | 4301 | | | 82 | 14498 | 平果 |
| 15249 | | | 36164 | 323 | | 30 | 25018 | 贺州 |
| | | | 4827 | 1021 | 1021 | 89 | 75092 | 河池 |
| 3941 | | | 813 | | | 2289 | 7438 | 来宾 |
| 3474 | | | 46 | 286 | | | 8041 | 合山 |
| 15430 | | | 17452 | 15200 | 15000 | | 51777 | 崇左 |
| | | | 728 | | | | 26867 | 凭祥 |
| **48992** | **5742** | **25238** | **118865** | **5996** | **1946** | **32836** | **8605** | **海南** |
| 40832 | 3956 | 25238 | 107886 | 1048 | 698 | 16002 | 4786 | 海口 |
| | | | 3504 | 86 | 86 | | | 三亚 |
| | | | 7475 | 3270 | 70 | 13535 | 3200 | 儋州 |
| 1079 | 747 | | | 1092 | 1092 | | | 五指山 |
| 7081 | 1039 | | | | | | 505 | 琼海 |
| | | | | | | 1100 | 114 | 文昌 |
| | | | | 500 | | 2199 | | 万宁 |
| | | | | | | | | 东方 |
| **144593** | **6771** | **3803** | **1023428** | **150810** | **56616** | **1145621** | **8769236** | **重庆** |
| 144593 | 6771 | 3803 | 1023428 | 150810 | 56616 | 1145621 | 8769236 | 重庆 |
| **722134** | **47477** | **3855** | **1116418** | **592840** | **336959** | **208024** | **9532853** | **四川** |
| 309679 | 26905 | | 456838 | 115844 | 66448 | 6490 | 2242400 | 成都 |
| 70 | | | 2956 | 1198 | 1198 | | 187915 | 简阳 |
| | | | 3887 | 70 | 70 | | 43665 | 都江堰 |
| 630 | 265 | 335 | 12955 | | | | 68306 | 彭州 |
| 3840 | | | 9454 | 4500 | | | | 邛崃 |
| | | | 22959 | | | | | 崇州 |
| | | | 18522 | 137106 | 46731 | | 928436 | 自贡 |
| 930 | 250 | | 11307 | 5796 | 5796 | 1615 | 128884 | 攀枝花 |
| 42500 | | | | 6220 | 6220 | | 580330 | 泸州 |
| 8455 | | 920 | 106228 | 37008 | 37008 | | 369749 | 德阳 |
| 14525 | | | 9951 | 800 | | | 370808 | 广汉 |
| 4690 | | | 8824 | 600 | 600 | | 24086 | 什邡 |
| | | | | | | | 11710 | 绵竹 |
| 37933 | | | 52156 | 13365 | 3595 | | 686493 | 绵阳 |
| 895 | | | 2028 | | | | 87072 | 江油 |
| 18105 | | | 4920 | 3021 | | 18400 | 308955 | 广元 |
| 5600 | 9000 | | 26649 | 4735 | 4735 | 66500 | 183005 | 遂宁 |
| | | | 4480 | | | | 125023 | 射洪 |
| | | | 37603 | 30746 | 29746 | | 63914 | 内江 |

# 4-1-2 续表 14

计量单位：万元

| 城市名称 Name of Cities | 本年完成投资 Completed Investment of This Year | 供水 Water Supply | 燃气 Gas Supply | 集中供热 Central Heating | 轨道交通 Urban Rail Trainsit System | 道路桥梁 Road and Bridge | 地下综合管廊 Utility Tunnel | 排水 Sewerage |
|---|---|---|---|---|---|---|---|---|
| 隆昌 | 66900 | 11000 | | | | 51700 | | 4200 |
| 乐山 | 279489 | 1000 | | | | 131236 | 2900 | 38603 |
| 峨眉山 | 51002 | | 380 | | | 11288 | | 21286 |
| 南充 | 269597 | 10000 | | | 2198 | 136743 | | 112261 |
| 阆中 | 83011 | | | | | 38491 | | 44520 |
| 眉山 | 127123 | 6050 | 60 | | | 70716 | 15320 | 23404 |
| 宜宾 | 478044 | | 8936 | | | 372115 | | 32976 |
| 广安 | 199815 | 21882 | 10020 | 1500 | | 85932 | | 28681 |
| 华蓥 | 29500 | | | | | 6000 | | 6000 |
| 达州 | 621758 | 37787 | 9252 | | | 396429 | 5774 | 60387 |
| 万源 | 36667 | | 81 | | | 20598 | | 8120 |
| 雅安 | 181475 | 1436 | | | 692 | 126365 | | 44113 |
| 巴中 | 246590 | 1900 | 29800 | | | 52450 | 3200 | 43790 |
| 资阳 | 728666 | 38419 | 15065 | | | 357115 | 2170 | 170544 |
| 马尔康 | 3086 | | | | | 2016 | | 1070 |
| 康定 | 9209 | | | 6530 | | 848 | | 1799 |
| 会理 | 3858 | | | | | 370 | | 2500 |
| 西昌 | 93923 | 9848 | | | | 59782 | | 20514 |
| **贵州** | **4633156** | **280578** | **91697** | **4444** | **945364** | **1104678** | **1200** | **220070** |
| 贵阳 | 1057484 | 88153 | | | 945364 | 3767 | | 20200 |
| 清镇 | 9515 | | | | | 7665 | | 1850 |
| 六盘水 | 550829 | 33720 | 1106 | 4444 | | 210843 | | 3295 |
| 盘州 | 286892 | 4646 | 350 | | | | | 1850 |
| 遵义 | 179371 | 5722 | 6436 | | | 68741 | | 54816 |
| 赤水 | 12601 | 29 | 2330 | | | 5000 | 1200 | 1000 |
| 仁怀 | 33837 | 180 | 201 | | | 4270 | | 29186 |
| 安顺 | 684338 | 2925 | 5415 | | | 100360 | | 31269 |
| 毕节 | 391499 | | 525 | | | 338585 | | 1474 |
| 黔西 | 20335 | | 327 | | | 14359 | | 1932 |
| 铜仁 | 438602 | 9223 | 21646 | | | 77273 | | 15964 |
| 兴义 | 308904 | 53049 | | | | 88632 | | 32723 |
| 兴仁 | 204097 | 65800 | 1290 | | | 105777 | | 7490 |
| 凯里 | 252889 | 3653 | 19186 | | | 33235 | | 2306 |
| 都匀 | 13578 | 13478 | | | | | | 100 |
| 福泉 | 188385 | | 32885 | | | 46171 | | 14615 |
| **云南** | **1709372** | **58934** | **4628** | | **17962** | **426561** | **87358** | **685200** |
| 昆明 | 167457 | | 143 | | | 131892 | 23430 | 11992 |
| 安宁 | 1043 | | 1043 | | | | | |
| 曲靖 | 127662 | 14386 | 77 | | | 39103 | | 45511 |
| 宣威 | 86643 | 70 | | | | 35770 | | 37896 |

continued 14

Measurement Unit: 10,000 RMB

| 污水处理 Wastewater Treatment | 污泥处置 Sludge Disposal | 再生水利用 Wastewater Recycled and Reused | 园林绿化 Landscaping | 市容环境卫生 Environmental Sanitation | 垃圾处理 Domestic Garbage Treatment | 其他 Other | 本年新增固定资产 Newly Added Fixed Assets of This Year | 城市名称 Name of Cities |
|---|---|---|---|---|---|---|---|---|
| | | | | | | | | 隆昌 |
| 12942 | | | 19050 | 86700 | 25954 | | 279275 | 乐山 |
| 15320 | | | 380 | 17668 | | | 51002 | 峨眉山 |
| 8830 | | | 6475 | 1920 | 760 | | 224193 | 南充 |
| 41420 | 1000 | 2100 | | | | | | 阆中 |
| 2500 | | | 3683 | 3200 | 50 | 4690 | 20565 | 眉山 |
| 22557 | | | 35951 | 25066 | 23841 | 3000 | 427852 | 宜宾 |
| 5000 | | | 24200 | 2400 | | 25200 | 201615 | 广安 |
| | | | 2500 | 5000 | | 10000 | 29500 | 华蓥 |
| 42357 | | | 69586 | 39773 | 39115 | 2770 | 609632 | 达州 |
| 8120 | | | 1000 | 2400 | 2400 | 4468 | 37117 | 万源 |
| 24813 | 10057 | 500 | 7409 | 1460 | 1460 | | 178905 | 雅安 |
| 16600 | | | 58800 | 11150 | 8300 | 45500 | 226340 | 巴中 |
| 71253 | | | 91876 | 34086 | 31944 | 19391 | 728116 | 资阳 |
| | | | | | | | 1000 | 马尔康 |
| 70 | | | 12 | 20 | | | 9209 | 康定 |
| 2500 | | | | 988 | 988 | | 3858 | 会理 |
| | | | 3779 | | | | 93923 | 西昌 |
| **134661** | | | **5524** | **76152** | **64676** | **1903449** | **757296** | **贵州** |
| 20200 | | | | | | | | 贵阳 |
| 1850 | | | | | | | 5540 | 清镇 |
| 2615 | | | | | | 297421 | | 六盘水 |
| | | | | 4588 | 4588 | 275458 | 21142 | 盘州 |
| 35700 | | | | 41863 | 35334 | 1793 | 89728 | 遵义 |
| | | | 400 | 2332 | 2332 | 310 | 4423 | 赤水 |
| 27782 | | | | | | | | 仁怀 |
| 1736 | | | | 2000 | | 542369 | 55147 | 安顺 |
| | | | | | | 50915 | 255923 | 毕节 |
| 1700 | | | 2717 | | | 1000 | 17799 | 黔西 |
| 488 | | | | 22 | 22 | 314474 | 52269 | 铜仁 |
| 21473 | | | | | | 134500 | 8050 | 兴义 |
| 6900 | | | | 20710 | 20710 | 3030 | 204097 | 兴仁 |
| 1132 | | | | 4637 | 1690 | 189872 | 29600 | 凯里 |
| 100 | | | | | | | 13578 | 都匀 |
| 12985 | | | 2407 | | | 92307 | | 福泉 |
| **161109** | **6507** | **23113** | **83487** | **26482** | **17176** | **318760** | **1173894** | **云南** |
| | | | | | | | 424713 | 昆明 |
| | | | | | | | 1040 | 安宁 |
| 20357 | | | 26186 | 789 | 789 | 1610 | 33374 | 曲靖 |
| 16500 | 5800 | 5700 | 4130 | 8777 | | | 67643 | 宣威 |

# 4-1-2 续表 15

计量单位：万元

| 城市名称 Name of Cities | 本年完成投资 Completed Investment of This Year | 供水 Water Supply | 燃气 Gas Supply | 集中供热 Central Heating | 轨道交通 Urban Rail Trainsit System | 道路桥梁 Road and Bridge | 地下综合管廊 Utility Tunnel | 排水 Sewerage |
|---|---|---|---|---|---|---|---|---|
| 玉　溪 | 13196 | | | | | | | 914 |
| 澄　江 | 42821 | | | | | 1206 | | 13171 |
| 保　山 | 52758 | 15000 | | | | | | 37758 |
| 腾　冲 | 20189 | | | | | 18213 | | 1706 |
| 昭　通 | 55987 | 3500 | 500 | | | 4352 | 40182 | |
| 水　富 | 6397 | | | | | 2000 | | 3308 |
| 丽　江 | 8395 | 4869 | | | | | | 3526 |
| 普　洱 | 61443 | | 564 | | 16300 | 15415 | 6312 | 20608 |
| 临　沧 | 16463 | | | | | 850 | | 13613 |
| 禄　丰 | 34352 | | | | | 4521 | | 29140 |
| 楚　雄 | 72747 | | | | | 8225 | 880 | 15030 |
| 个　旧 | 23777 | | | | | 6067 | | 17010 |
| 开　远 | 47683 | 11200 | | | | 5205 | | 6900 |
| 蒙　自 | 137470 | 2740 | 1040 | | 1662 | 123728 | | 7500 |
| 弥　勒 | 21629 | | | | | 12174 | | 1700 |
| 文　山 | 367468 | | | | | | 11418 | 356050 |
| 景　洪 | 37304 | 1500 | 1261 | | | | | 290 |
| 大　理 | 87311 | | | | | 9081 | | 47497 |
| 瑞　丽 | 41551 | | | | | 4759 | 5136 | 3162 |
| 芒　市 | | | | | | | | |
| 泸　水 | 148954 | | | | | 4000 | | |
| 香格里拉 | 28672 | 5669 | | | | | | 10918 |
| **西　藏** | **179033** | **9748** | **1600** | **24236** | | **91844** | **16504** | **23150** |
| 拉　萨 | 67297 | 3920 | 1600 | | | 61777 | | |
| 日喀则 | | | | | | | | |
| 昌　都 | | | | | | | | |
| 林　芝 | 1114 | | | | | | | |
| 山　南 | 78350 | | | 19158 | | 27655 | 16504 | 12750 |
| 那　曲 | 32272 | 5828 | | 5078 | | 2412 | | 10400 |
| **陕　西** | **8995630** | **156640** | **68703** | **124933** | **3101898** | **3186904** | **77078** | **542498** |
| 西　安 | 7501900 | 129698 | 23142 | 40774 | 3101898 | 2390644 | 47970 | 348980 |
| 铜　川 | 74978 | 6760 | | 1692 | | 26474 | 5383 | 24229 |
| 宝　鸡 | 396387 | 2000 | | 5667 | | 297946 | | 9789 |
| 咸　阳 | 210494 | | | | | 155089 | | 39898 |
| 彬　州 | 126133 | | 22910 | 25500 | | 9920 | 16825 | |
| 兴　平 | 32589 | | 6100 | | | 17938 | | 3800 |
| 渭　南 | 69070 | | | 7000 | | 22192 | | 9110 |
| 韩　城 | 21138 | | | | | 3488 | 1900 | 7634 |
| 华　阴 | 36687 | | | | | 23970 | | 4074 |
| 延　安 | 29874 | 2282 | | 2400 | | 3687 | | 19553 |

# continued 15

Measurement Unit: 10,000 RMB

| 污水处理 Wastewater Treatment | 污泥处置 Sludge Disposal | 再生水利用 Wastewater Recycled and Reused | 园林绿化 Landscaping | 市容环境卫生 Environmental Sanitation | 垃圾处理 Domestic Garbage Treatment | 其他 Other | 本年新增固定资产 Newly Added Fixed Assets of This Year | 城市名称 Name of Cities |
|---|---|---|---|---|---|---|---|---|
| | | 914 | 5003 | 669 | 140 | 6610 | 8024 | 玉溪 |
| 13171 | | | 28144 | 300 | 300 | | 42821 | 澄江 |
| 13258 | | | | | | | 52758 | 保山 |
| 1650 | | | | | | 270 | 10 | 腾冲 |
| | | | 200 | 7253 | 7253 | | 4355 | 昭通 |
| 3308 | | | 1089 | | | | | 水富 |
| 3526 | | | | | | | 5295 | 丽江 |
| 20608 | | | | 2244 | 2244 | | 61443 | 普洱 |
| | 250 | | 200 | 150 | 150 | 1650 | | 临沧 |
| 9720 | | | 691 | | | | 33661 | 禄丰 |
| | | | 14200 | | | 34412 | 72747 | 楚雄 |
| 8010 | | 2700 | 500 | | | 200 | 2700 | 个旧 |
| 90 | | | 144 | | | 24234 | | 开远 |
| 4300 | | | 800 | | | | 137470 | 蒙自 |
| 1200 | | | | 1800 | 1800 | 5955 | | 弥勒 |
| | | | | | | | | 文山 |
| 290 | | | | 4500 | 4500 | 29753 | | 景洪 |
| 34188 | | 13309 | | | | 30733 | | 大理 |
| 962 | | | 2200 | | | 26294 | 7769 | 瑞丽 |
| | | | | | | | | 芒市 |
| | | | | | | 144954 | 148954 | 泸水 |
| 9971 | 457 | 490 | | | | 12085 | 69117 | 香格里拉 |
| **8616** | | | **2283** | **6914** | **6914** | **2754** | **148771** | **西藏** |
| | | | | | | | 67297 | 拉萨 |
| | | | | | | | | 日喀则 |
| | | | | | | | | 昌都 |
| | | | | 1114 | 1114 | | 1114 | 林芝 |
| | | | 2283 | | | | 78350 | 山南 |
| 8616 | | | | 5800 | 5800 | 2754 | 2010 | 那曲 |
| **231051** | **26050** | **30490** | **540383** | **184969** | **61133** | **1011624** | **1182112** | **陕西** |
| 137696 | 19850 | 29607 | 366960 | 129036 | 20000 | 922798 | 497302 | 西安 |
| 18561 | | 683 | 1201 | 846 | 846 | 8393 | 10961 | 铜川 |
| 7600 | | | 72464 | 4421 | 4103 | 4100 | 249176 | 宝鸡 |
| | | | 6886 | | | 8621 | 53553 | 咸阳 |
| | | | 4690 | 28130 | 28130 | 18158 | 92913 | 彬州 |
| | | | | 2080 | | 2671 | | 兴平 |
| | | | 16464 | 5000 | 5000 | 9304 | 30458 | 渭南 |
| 2910 | | | 7543 | | | 573 | 24138 | 韩城 |
| 4074 | | | 6600 | | | 2043 | | 华阴 |
| 19553 | | | | 1952 | 1952 | | 2400 | 延安 |

# 4-1-2 续表 16

计量单位：万元

| 城市名称 Name of Cities | 本年完成投资 Completed Investment of This Year | 供水 Water Supply | 燃气 Gas Supply | 集中供热 Central Heating | 轨道交通 Urban Rail Trainsit System | 道路桥梁 Road and Bridge | 地下综合管廊 Utility Tunnel | 排水 Sewerage |
|---|---|---|---|---|---|---|---|---|
| 子　　长 | 730 | | | | | 240 | | |
| 汉　　中 | 261306 | 12700 | 7525 | 5036 | | 129218 | 2000 | 45953 |
| 榆　　林 | 21405 | | | 3000 | | 9954 | | 451 |
| 神　　木 | 54500 | | | 24500 | | 28500 | | 1500 |
| 安　　康 | 33599 | 3200 | 4826 | | | 21634 | | 800 |
| 旬　　阳 | 37850 | | 2400 | | | 4656 | | 12527 |
| 商　　洛 | 48070 | | | 3800 | | 19768 | | 14200 |
| 杨 凌 区 | 38920 | | 1800 | 5564 | | 21586 | 3000 | |
| **甘　　肃** | **1703529** | **50069** | **14745** | **51930** | **334600** | **601793** | **35767** | **161505** |
| 兰　　州 | 491214 | 2400 | 12082 | 2377 | 131000 | 133094 | 16438 | 91570 |
| 嘉 峪 关 | 23632 | 4050 | | 380 | | 8590 | | 2700 |
| 金　　昌 | 73116 | 2398 | | | | 30322 | | 5771 |
| 白　　银 | 86476 | 150 | | | | 34592 | 19329 | 14307 |
| 天　　水 | 559372 | 38766 | | 16392 | 203600 | 151119 | | 21412 |
| 武　　威 | 90839 | | | | | 46499 | | 1229 |
| 张　　掖 | 9555 | 1200 | | | | 1800 | | 55 |
| 平　　凉 | 23297 | | | | | 19662 | | 854 |
| 华　　亭 | 9640 | | | | | 7632 | | |
| 酒　　泉 | 110668 | | 2663 | 18743 | | 53774 | | 12838 |
| 玉　　门 | 9775 | 100 | | 4378 | | | | |
| 敦　　煌 | 48000 | | | | | 48000 | | |
| 庆　　阳 | 24622 | | | | | 2474 | | |
| 定　　西 | 46086 | | | 4000 | | 32163 | | |
| 陇　　南 | 14729 | 1005 | | 3200 | | 2548 | | 5259 |
| 临　　夏 | 68384 | | | | | 25187 | | 5510 |
| 合　　作 | 14124 | | | 2460 | | 4337 | | |
| **青　　海** | **264058** | **14933** | **4936** | **31145** | | **81300** | **10710** | **79308** |
| 西　　宁 | 149821 | 2279 | 2181 | | | 65386 | 10710 | 54934 |
| 海　　东 | 26119 | | 2000 | | | 8678 | | 3509 |
| 同　　仁 | | | | | | | | |
| 玉　　树 | 51615 | 8244 | 612 | 23932 | | 1099 | | 16538 |
| 茫　　崖 | | | | | | | | |
| 格 尔 木 | 19416 | 3710 | | | | 199 | | 1678 |
| 德 令 哈 | 17087 | 700 | 143 | 7213 | | 5938 | | 2649 |
| **宁　　夏** | **295532** | **66206** | **2548** | **26316** | | **89664** | | **72368** |
| 银　　川 | 204611 | 33990 | 593 | 23996 | | 72310 | | 59935 |
| 灵　　武 | 991 | | | | | | | 491 |
| 宁东能源化工基地 | 6816 | | | 2190 | | 2779 | | 1847 |

## continued 16

Measurement Unit: 10,000 RMB

| 污水处理 Wastewater Treatment | 污泥处置 Sludge Disposal | 再生水利用 Wastewater Recycled and Reused | 园林绿化 Landscaping | 市容环境卫生 Environmental Sanitation | 垃圾处理 Domestic Garbage Treatment | 其他 Other | 本年新增固定资产 Newly Added Fixed Assets of This Year | 城市名称 Name of Cities |
|---|---|---|---|---|---|---|---|---|
| | | | | | | 490 | | 长子 |
| 28657 | 6200 | 200 | 46730 | 3944 | 1102 | 8200 | 141037 | 中汉 |
| | | | | 7300 | | 700 | 2104 | 林榆 |
| | | | | | | | | 神木 |
| | | | 2939 | | | 200 | | 安康 |
| | | | | 260 | | 18007 | 37850 | 旬阳 |
| 12000 | | | 7906 | | | 2396 | 1300 | 商洛 |
| | | | | 2000 | | 4970 | 38920 | 杨凌区 |
| **120145** | | **6677** | **110933** | **31564** | **18244** | **310623** | **1076073** | **甘肃** |
| 90936 | | | 20000 | 3466 | 3276 | 78787 | 101250 | 兰州 |
| | | | 5311 | 983 | 200 | 1618 | 1152 | 嘉峪关 |
| 4746 | | | 7258 | | | 27367 | 73116 | 金昌 |
| 12207 | | | 12708 | | | 5390 | 47790 | 白银 |
| 9188 | | | 2307 | 2013 | 1700 | 123763 | 435066 | 天水 |
| | | | 7640 | 8405 | 6946 | 27066 | 90256 | 武威 |
| | | 55 | 4500 | 1350 | 1350 | 650 | 8730 | 张掖 |
| | | | 2781 | | | | 23297 | 平凉 |
| | | | 600 | 841 | 841 | 567 | 4366 | 华亭 |
| | | 6622 | 12625 | 10025 | | | 110668 | 酒泉 |
| | | | 900 | 2083 | 2083 | 2314 | 9775 | 玉门 |
| | | | | | | | 48000 | 敦煌 |
| | | | 558 | | | 21590 | 3991 | 庆阳 |
| | | | 5700 | 1848 | 1848 | 2375 | 40237 | 定西 |
| | | | | 550 | | 2167 | 10030 | 陇南 |
| 3068 | | | 28045 | | | 9642 | 56265 | 临夏 |
| | | | | | | 7327 | 12084 | 合作 |
| **39757** | **1809** | | **12790** | **563** | **126** | **28373** | **115242** | **青海** |
| 25959 | | | 4345 | 563 | 126 | 9423 | 45880 | 西宁 |
| 1247 | | | | | | 11932 | 20007 | 海东 |
| | | | | | | | | 同仁 |
| 9149 | 1809 | | | | | 1190 | 17907 | 玉树 |
| | | | | | | | | 茫崖 |
| 753 | | | 8445 | | | 5384 | 16204 | 格尔木 |
| 2649 | | | | | | 444 | 15244 | 德令哈 |
| **2166** | **1033** | **11010** | **17136** | **17030** | **17030** | **4264** | **59906** | **宁夏** |
| | | 9790 | 10788 | 360 | 360 | 2639 | 35911 | 银川 |
| | | 491 | 500 | | | | 491 | 灵武 |
| 1334 | | | | | | | 6816 | 宁东能源化工基地 |

# 4-1-2 续表 17

计量单位：万元

| 城市名称 Name of Cities | 本年完成投资 Completed Investment of This Year | 供水 Water Supply | 燃气 Gas Supply | 集中供热 Central Heating | 轨道交通 Urban Rail Trainsit System | 道路桥梁 Road and Bridge | 地下综合管廊 Utility Tunnel | 排水 Sewerage |
|---|---|---|---|---|---|---|---|---|
| 石嘴山 | 24764 | 1919 | 1205 | | | | | 4110 |
| 吴忠 | 40468 | 26397 | | 130 | | 8531 | | 4068 |
| 青铜峡 | 4153 | | | | | | | 1654 |
| 固原 | | | | | | | | |
| 中卫 | 13729 | 3900 | 750 | | | 6044 | | 263 |
| **新疆** | **1416787** | **60929** | **5442** | **101197** | **83250** | **351037** | **127324** | **100297** |
| 乌鲁木齐 | 439969 | | | | 77874 | 165652 | 53881 | |
| 克拉玛依 | 11389 | 102 | | 1612 | | 5145 | | 1535 |
| 吐鲁番 | 36018 | | 2448 | | | 20107 | | |
| 哈密 | 119468 | 4780 | 924 | 9604 | | 11168 | | 12745 |
| 昌吉 | 19685 | | | 8019 | | 9070 | | 120 |
| 阜康 | 7038 | 37 | 320 | 393 | | 4388 | | 29 |
| 博乐 | 1000 | | | | | 1000 | | |
| 阿拉山口 | 5081 | | | | | 5081 | | |
| 库尔勒 | 258988 | 28146 | | | | 56682 | | 21608 |
| 阿克苏 | 19921 | 2100 | | 5835 | | 8921 | | |
| 库车 | 37253 | 14087 | 1100 | 18207 | | 1859 | | 2000 |
| 阿图什 | 37343 | 702 | | 17338 | | 1006 | | 221 |
| 喀什 | 117930 | 2430 | | 8360 | | 3000 | 2600 | 30643 |
| 和田 | 1420 | | 600 | | | | | 820 |
| 伊宁 | 38436 | | 50 | | | 11074 | | 2900 |
| 奎屯 | 18784 | | | | | 7254 | 1974 | 1295 |
| 霍尔果斯 | 12409 | | | 7428 | | 4981 | | |
| 塔城 | 26975 | 5203 | | 3423 | | 13621 | | 100 |
| 乌苏 | 2648 | | | 445 | | 667 | | 1317 |
| 沙湾 | 2054 | | | | | 2000 | | |
| 阿勒泰 | 202978 | 3342 | | 20533 | 5376 | 18361 | 68869 | 24964 |
| **新疆兵团** | **362270** | **16368** | **812** | **39219** | | **140166** | **17738** | **7607** |
| 石河子 | 77421 | | | 4613 | | 46069 | 6738 | |
| 阿拉尔 | 30416 | 50 | | | | 6900 | 11000 | 50 |
| 图木舒克 | 37235 | 1260 | | 7333 | | 4657 | | |
| 五家渠 | 20894 | 2426 | | 3668 | | 605 | | 1900 |
| 北屯 | 17013 | | 500 | 12792 | | 2436 | | |
| 铁门关 | 18257 | 7100 | 100 | | | 8057 | | |
| 双河 | 62479 | | | 4447 | | 32201 | | 3933 |
| 可克达拉 | 56962 | | | | | 18564 | | 871 |
| 昆玉 | 3411 | 650 | 212 | | | 1853 | | 113 |
| 胡杨河 | 1700 | | | | | 650 | | |
| 新星 | 36482 | 4882 | | 6366 | | 18174 | | 740 |

continued 17

Measurement Unit: 10,000 RMB

| 污水处理 Wastewater Treatment | 污泥处置 Sludge Disposal | 再生水利用 Wastewater Recycled and Reused | 园林绿化 Landscaping | 市容环境卫生 Environmental Sanitation | 垃圾处理 Domestic Garbage Treatment | 其他 Other | 本年新增固定资产 Newly Added Fixed Assets of This Year | 城市名称 Name of Cities |
|---|---|---|---|---|---|---|---|---|
| | 1033 | 481 | 1466 | 14870 | 14870 | 1194 | 1737 | 石嘴山 |
| | | 248 | 911 | | | 431 | 14330 | 吴忠 |
| 569 | | | 1899 | 600 | 600 | | | 青铜峡 |
| | | | | | | | | 固原 |
| 263 | | | 1572 | 1200 | 1200 | | 621 | 中卫 |
| **65016** | | **13771** | **112262** | **50144** | **40647** | **424905** | **401825** | **新疆** |
| | | | 54747 | | | 87815 | 55798 | 乌鲁木齐 |
| | | | 984 | 843 | 843 | 1168 | 11506 | 克拉玛依 |
| | | | | | | 13463 | 31140 | 吐鲁番 |
| | | 9345 | 6600 | 4000 | | 69647 | | 哈密 |
| | | | | | | 2476 | 16710 | 昌吉 |
| | | | 37 | | | 1834 | 7038 | 阜康 |
| | | | | | | | 1000 | 博乐 |
| | | | | | | | | 阿拉山口 |
| 21608 | | | | 8468 | 5000 | 144084 | 40761 | 库尔勒 |
| | | | | 500 | 500 | 2565 | 981 | 阿克苏 |
| | | | | | | | 6701 | 库车 |
| | | | | 2126 | 2126 | 15950 | 22044 | 阿图什 |
| 29643 | | | 40269 | 8338 | 8338 | 22290 | 104140 | 喀什 |
| | | | | | | | 3021 | 和田 |
| 2900 | | | 4412 | 20000 | 20000 | | 39636 | 伊宁 |
| | | | 3962 | 1443 | 832 | 2856 | 21295 | 奎屯 |
| | | | | | | | 12409 | 霍尔果斯 |
| 100 | | | 1251 | 25 | 25 | 3352 | 26396 | 塔城 |
| | | 1317 | | | | 219 | 1249 | 乌苏 |
| | | | | | | 54 | | 沙湾 |
| 10765 | | 3109 | | 4401 | 2983 | 57132 | | 阿勒泰 |
| **203** | | | **33272** | **6076** | **3940** | **101012** | **384416** | **新疆兵团** |
| | | | 245 | | | 19756 | 77359 | 石河子 |
| | | | 12416 | | | | 28735 | 阿拉尔 |
| | | | 10463 | 940 | 940 | 12582 | 61124 | 图木舒克 |
| | | | 1474 | 2136 | | 8685 | 20894 | 五家渠 |
| | | | 1285 | | | | 17013 | 北屯 |
| | | | | 3000 | 3000 | | 18257 | 铁门关 |
| 203 | | | | | | 21898 | 62479 | 双河 |
| | | | | | | 37527 | 56962 | 可克达拉 |
| | | | 19 | | | 564 | 3411 | 昆玉 |
| | | | 1050 | | | | 1700 | 胡杨河 |
| | | | 6320 | | | | 36482 | 新星 |

# 4-2 按资金来源分全国历年城市市政公用设施建设固定资产投资(1978-2022)

计量单位：亿元

| 年 份<br>Year | 本年资金来源合计<br>Completed Investment of This Year | 上年末结余资金<br>The Balance of The Previous Year | 本年资金来源 小计<br>Subtotal | 中央财政拨款<br>Financial Allocation from Central Government Budget |
|---|---|---|---|---|
| 1978 | 12.0 | | 6.4 | 6.4 |
| 1979 | 14.0 | | | |
| 1980 | 14.4 | | 14.4 | 6.1 |
| 1981 | 20.0 | | 20.0 | 5.3 |
| 1982 | 27.2 | | 27.2 | 8.6 |
| 1983 | 28.2 | | 28.2 | 8.2 |
| 1984 | 41.7 | | 41.7 | 11.8 |
| 1985 | 63.8 | | 63.8 | 13.9 |
| 1986 | 79.8 | | 79.8 | 13.2 |
| 1987 | 90.0 | | 90.0 | 13.4 |
| 1988 | 112.6 | | 112.6 | 10.2 |
| 1989 | 106.8 | | 106.8 | 9.7 |
| 1990 | 121.2 | | 121.2 | 7.4 |
| 1991 | 169.9 | | 169.9 | 8.6 |
| 1992 | 265.4 | | 265.4 | 9.9 |
| 1993 | 521.6 | | 521.6 | 15.9 |
| 1994 | 665.5 | | 665.5 | 27.9 |
| 1995 | 837.0 | | 807.5 | 24.2 |
| 1996 | 939.1 | 68.0 | 871.1 | 34.8 |
| 1997 | 1105.6 | 49.0 | 1056.6 | 43.0 |
| 1998 | 1404.4 | 58.0 | 1346.4 | 100.2 |
| 1999 | 1534.2 | 81.0 | 1453.2 | 173.8 |
| 2000 | 1849.5 | 109.0 | 1740.5 | 222.0 |
| 2001 | 2351.9 | 109.0 | 2112.8 | 104.9 |
| 2002 | 3123.2 | 111.0 | 2705.9 | 96.3 |
| 2003 | 4264.1 | 120.7 | 4143.4 | 118.9 |
| 2004 | 4650.9 | 267.9 | 4383.0 | 63.0 |
| 2005 | 5505.5 | 229.0 | 5276.6 | 63.9 |
| 2006 | 5800.6 | 365.4 | 5435.2 | 89.2 |
| 2007 | 6283.5 | 369.5 | 5914.0 | 77.3 |
| 2008 | 7277.4 | 386.9 | 6890.4 | 72.7 |
| 2009 | 10938.1 | 460.4 | 10477.6 | 112.9 |
| 2010 | 13351.7 | 659.3 | 12692.4 | 206.0 |
| 2011 | 14158.1 | 648.9 | 13509.1 | 166.3 |
| 2012 | 15264.2 | 595.4 | 14668.9 | 171.1 |
| 2013 | 16121.9 | 987.5 | 15134.3 | 147.5 |
| 2014 | 16054.0 | 954.0 | 15100.0 | 102.2 |
| 2015 | 16570.7 | 1295.0 | 15275.8 | 202.1 |
| 2016 | 17319.2 | 942.7 | 16376.5 | 119.4 |
| 2017 | 19704.7 | 1459.6 | 18245.1 | 290.4 |
| 2018 | 19084.8 | 1245.5 | 17839.3 | 255.2 |
| 2019 | 20438.8 | 1568.1 | 18870.7 | 412.6 |
| 2020 | 23265.7 | 2228.6 | 21037.1 | 568.6 |
| 2021 | 25778.0 | 3656.4 | 22121.6 | 661.6 |
| 2022 | 22062.3 | 1932.1 | 20130.2 | 301.5 |

注：1.自2013年起，“本年资金来源合计”为“本年实际到位资金合计”。
2.自2013年起，“中央财政拨款”为“中央预算资金”，“地方财政拨款”为除“中央预算资金”外的“国家预算资金”合计。

# National Fixed Assets Investment in Urban Service Facilities by Capital Source in Past Years(1978-2022)

Measurement Unit: 100 million RMB

| Sources of Fund | | | | | |
|---|---|---|---|---|---|
| 地方财政拨款<br>Financial Allocation from Local Government Budget | 国内贷款<br>Domestic Loan | 债券<br>Securities | 利用外资<br>Foreign Investment | 自筹资金<br>Self-Raised Funds | 其他资金<br>Other Funds |
| | 0.1 | | | 8.2 | |
| | 0.4 | | | 13.8 | 0.5 |
| | 1.0 | | | 16.5 | 1.1 |
| | 0.6 | | | 17.2 | 2.2 |
| | 2.1 | | | 25.5 | 2.3 |
| | 3.1 | | 0.1 | 40.9 | 5.8 |
| | 3.1 | | 0.1 | 57.4 | 6.0 |
| | 6.2 | | 1.3 | 61.4 | 7.7 |
| | 7.1 | | 1.6 | 78.0 | 15.7 |
| | 6.0 | | 1.5 | 72.9 | 16.7 |
| | 11.0 | | 2.2 | 82.2 | 18.4 |
| | 25.3 | | 6.0 | 108.1 | 21.9 |
| | 42.9 | | 10.3 | 180.4 | 38.9 |
| | 72.8 | | 20.8 | 304.5 | 107.6 |
| | 58.3 | | 64.2 | 397.1 | 118.0 |
| | 65.1 | | 84.9 | 493.3 | 140.0 |
| | 122.2 | 4.9 | 105.6 | 486.1 | 117.5 |
| | 165.3 | 3.1 | 129.5 | 554.3 | 161.4 |
| | 284.8 | 40.3 | 110.1 | 600.4 | 210.6 |
| | 357.8 | 55.9 | 68.6 | 595.2 | 201.9 |
| | 428.6 | 29.0 | 76.7 | 682.7 | 301.5 |
| 379.1 | 603.4 | 16.8 | 97.8 | 636.4 | 274.5 |
| 516.9 | 743.8 | 7.3 | 109.6 | 866.3 | 365.7 |
| 733.4 | 1435.4 | 17.4 | 90.0 | 1350.2 | 398.0 |
| 938.4 | 1468.0 | 8.5 | 87.2 | 1372.9 | 445.0 |
| 1050.6 | 1805.9 | 5.2 | 170.0 | 1728.0 | 453.0 |
| 1339.0 | 1880.5 | 16.4 | 92.9 | 1638.1 | 379.2 |
| 1925.7 | 1763.7 | 29.5 | 73.1 | 1635.7 | 409.0 |
| 2143.9 | 2037.0 | 27.8 | 91.2 | 1980.1 | 537.6 |
| 2705.1 | 4034.8 | 120.8 | 66.1 | 2487.1 | 950.7 |
| 3523.6 | 4615.6 | 49.1 | 113.8 | 3058.9 | 1125.3 |
| 4555.6 | 3992.8 | 111.6 | 100.3 | 3478.6 | 1103.9 |
| 4446.6 | 4366.7 | 26.8 | 150.8 | 3740.5 | 1766.4 |
| 3573.2 | 4218.0 | 41.5 | 62.2 | 4714.1 | 2377.7 |
| 4135.2 | 4383.1 | 96.0 | 42.0 | 4294.7 | 2046.7 |
| 4406.4 | 3986.3 | 189.1 | 46.6 | 4258.0 | 2187.3 |
| 5183.7 | 4338.7 | 133.4 | 34.6 | 3963.6 | 2603.0 |
| 5465.7 | 4987.5 | 163.2 | 28.7 | 4997.8 | 2311.7 |
| 4552.3 | 4509.0 | 117.2 | 46.9 | 5105.2 | 3253.5 |
| 5456.9 | 5039.3 | 392.2 | 49.9 | 4707.3 | 2812.5 |
| 5922.0 | 3932.6 | 1864.0 | 67.5 | 5343.3 | 3339.1 |
| 6122.8 | 3566.2 | 1428.1 | 39.0 | 5789.1 | 4514.8 |
| 5853.3 | 2855.5 | 1723.4 | 35.6 | 5321.8 | 4039.2 |

Notes: 1.Since 2013, Completed Investment of This Year is changed to be The Total Funds Actually Available for The Reported Year.
2.Since 2013, Financial Allocation from Central Government Budget is changed to be Central Budgetary Fund, and Financial Allocation from Local Government Budget is State Budgetary Fund excluding Central Budgetary Fund.

# 4-2-1 2022年按资金来源分全国城市市政公用设施建设固定资产投资(按省分列)

计量单位：万元

| 地区名称 Name of Regions | 本年实际到位资金合计 The Total Funds Actually Available for The Reported Year | 上年末结余资金 The Balance of The Previous Year | 本年资金来源 | | | |
|---|---|---|---|---|---|---|
| | | | 小计 Subtotal | 国家预算资金 State Budgetary Fund | 中央预算资金 Central Budgetary Fund | 国内贷款 Domestic Loan |
| **全　国** | **220622915** | **19320735** | **201302180** | **61547819** | **3015261** | **28555412** |
| 北　京 | 12268215 | 1371173 | 10897042 | 4169123 | 392635 | 1531187 |
| 天　津 | 4522051 | 658996 | 3863055 | 1105561 | 14905 | 1611760 |
| 河　北 | 7258230 | 1204329 | 6053901 | 2449446 | 443270 | 329100 |
| 山　西 | 3233976 | 77089 | 3156887 | 1081995 | 44008 | 302157 |
| 内蒙古 | 1397994 | 92349 | 1305645 | 511476 | 27248 | 29057 |
| 辽　宁 | 2454361 | 175430 | 2278931 | 492565 | 106741 | 547620 |
| 吉　林 | 4122528 | 632990 | 3489538 | 422322 | 170988 | 1221107 |
| 黑龙江 | 2380756 | 223239 | 2157517 | 1407277 | 241774 | 178439 |
| 上　海 | 5377062 | 163962 | 5213100 | 2175365 | | 31567 |
| 江　苏 | 20900425 | 2283263 | 18617162 | 4200948 | 8775 | 2584045 |
| 浙　江 | 20048800 | 2458545 | 17590255 | 4038142 | 92232 | 3859495 |
| 安　徽 | 11940288 | 233087 | 11707201 | 4884178 | 130540 | 931292 |
| 福　建 | 6573094 | 1036487 | 5536607 | 2365868 | 83325 | 193698 |
| 江　西 | 7633184 | 673211 | 6959973 | 2710319 | 2924 | 490326 |
| 山　东 | 14190096 | 799790 | 13390306 | 3097633 | 21854 | 2296639 |
| 河　南 | 7416281 | 540856 | 6875425 | 2293989 | 184291 | 1783079 |
| 湖　北 | 10316498 | 835376 | 9481122 | 2608254 | 229283 | 453267 |
| 湖　南 | 6409964 | 313872 | 6096092 | 380864 | 25114 | 56705 |
| 广　东 | 19447841 | 619023 | 18828818 | 6149208 | 90761 | 3593502 |
| 广　西 | 2591399 | 125803 | 2465596 | 943886 | 21086 | 439976 |
| 海　南 | 1079284 | 54885 | 1024399 | 895474 | 21800 | 6132 |
| 重　庆 | 13613223 | 631278 | 12981945 | 5761977 | 87253 | 2848420 |
| 四　川 | 15548966 | 362758 | 15186208 | 4640835 | 212127 | 1668033 |
| 贵　州 | 3646294 | 363993 | 3282301 | 110242 | 10768 | 276667 |
| 云　南 | 1132066 | 312577 | 819489 | 234004 | 21821 | 35656 |
| 西　藏 | 606297 | 32646 | 573651 | 48465 | 9172 | |
| 陕　西 | 10077386 | 2445434 | 7631952 | 1744286 | 119570 | 733485 |
| 甘　肃 | 2106268 | 359693 | 1746575 | 60928 | 45918 | 265703 |
| 青　海 | 266596 | 61142 | 205454 | 145069 | 23802 | 348 |
| 宁　夏 | 332083 | 17017 | 315066 | 53038 | 7865 | 143232 |
| 新　疆 | 1228265 | 83631 | 1144634 | 156065 | 39329 | 113718 |
| 新疆兵团 | 503144 | 76811 | 426333 | 209017 | 84082 | |

# National Fixed Assets Investment in Urban Service Facilities by Capital Source (by Province in Column)(2022)

Measurement Unit: 10,000 RMB

| Sources of Fund | | | | | |
|---|---|---|---|---|---|
| 债　券<br>Securities | 利用外资<br>Foreign Investment | 自筹资金<br>Self-Raised Funds | 其他资金<br>Other Funds | 各项应付款<br>Sum Payable This Year | 地区名称<br>Name of Regions |
| **17233528** | **355557** | **53217677** | **40392187** | **31457204** | **全　国** |
| | | 2485200 | 2711532 | 987869 | 北　京 |
| 211118 | 16041 | 851028 | 67547 | 549372 | 天　津 |
| 2058849 | | 836891 | 379615 | 2106377 | 河　北 |
| 254299 | | 640684 | 877752 | 716767 | 山　西 |
| 195427 | 4099 | 278182 | 287404 | 879648 | 内蒙古 |
| 572265 | 6294 | 487574 | 172613 | 1009975 | 辽　宁 |
| 829603 | 4628 | 426912 | 584966 | 702717 | 吉　林 |
| 193887 | | 218629 | 159285 | 274633 | 黑龙江 |
| | | 3006168 | | 680347 | 上　海 |
| 344511 | 35180 | 9499647 | 1952831 | 1620570 | 江　苏 |
| 493393 | 45012 | 6537252 | 2616961 | 1630249 | 浙　江 |
| 1712955 | 42986 | 1674391 | 2461399 | 1386716 | 安　徽 |
| 1165516 | 19 | 968496 | 843010 | 627258 | 福　建 |
| 158161 | | 2634899 | 966268 | 2235755 | 江　西 |
| 1809850 | 20417 | 4099884 | 2065883 | 2743028 | 山　东 |
| 597074 | 71460 | 1604470 | 525353 | 791462 | 河　南 |
| 876829 | 1237 | 1819419 | 3722116 | 966201 | 湖　北 |
| 174716 | 9600 | 3946259 | 1527948 | 226255 | 湖　南 |
| 1536495 | | 1458136 | 6091477 | 987701 | 广　东 |
| 171483 | 14284 | 737048 | 158919 | 724690 | 广　西 |
| 77936 | | 9509 | 35348 | 153833 | 海　南 |
| 1205058 | | 2030666 | 1135824 | 1652939 | 重　庆 |
| 971422 | 6500 | 1985178 | 5914240 | 3564481 | 四　川 |
| 32830 | | 1397532 | 1465030 | 946484 | 贵　州 |
| 121838 | | 165825 | 262166 | 909547 | 云　南 |
| 178681 | | 48954 | 297551 | | 西　藏 |
| 281589 | | 2603553 | 2269039 | 1158830 | 陕　西 |
| 242616 | 77800 | 632703 | 466825 | 604458 | 甘　肃 |
| 42119 | | 9337 | 8581 | 1173 | 青　海 |
| 45644 | | 46732 | 26420 | 41622 | 宁　夏 |
| 519772 | | 74859 | 280220 | 555431 | 新　疆 |
| 157592 | | 1660 | 58064 | 20816 | 新疆兵团 |

# 4-2-2 2022年按资金来源分全国城市市政公用设施建设固定资产投资(按城市分列)

计量单位：万元

| 城市名称<br>Name of Cities | 本年实际到位资金合计<br>The Total Funds Actually Available for The Reported Year | 上年末结余资金<br>The Balance of The Previous Year | 本年资金来源<br>小计<br>Subtotal | 国家预算资金<br>State Budgetary Fund | 中央预算资金<br>Central Budgetary Fund | 国内贷款<br>Domestic Loan |
|---|---|---|---|---|---|---|
| **全国** | **220622915** | **19320735** | **201302180** | **61547819** | **3015261** | **28555412** |
| **北京** | **12268215** | **1371173** | **10897042** | **4169123** | **392635** | **1531187** |
| **天津** | **4522051** | **658996** | **3863055** | **1105561** | **14905** | **1611760** |
| **河北** | **7258230** | **1204329** | **6053901** | **2449446** | **443270** | **329100** |
| 石家庄 | 482119 | 6579 | 475540 | 124292 | 2426 | 108813 |
| 晋州 | 823 | | 823 | | | |
| 新乐 | 21099 | | 21099 | 943 | | |
| 唐山 | 590357 | 21464 | 568893 | 347189 | | 66904 |
| 滦州 | 29947 | 16410 | 13537 | 13537 | | |
| 遵化 | 16336 | | 16336 | 6896 | | |
| 迁安 | 47414 | 1418 | 45996 | 38566 | | |
| 秦皇岛 | 167424 | 13057 | 154367 | 56240 | 15688 | 20784 |
| 邯郸 | 106023 | 21799 | 84224 | 11782 | 775 | 1631 |
| 武安 | 116702 | | 116702 | 109716 | 181 | |
| 邢台 | 412717 | 24803 | 387914 | 167196 | 9830 | 15617 |
| 南宫 | 22223 | | 22223 | 5730 | | |
| 沙河 | 6017 | | 6017 | 4547 | | |
| 保定 | 263616 | | 263616 | 219033 | | |
| 涿州 | 223327 | | 223327 | 165527 | | |
| 安国 | 11943 | | 11943 | 11943 | | |
| 高碑店 | 25261 | | 25261 | 22056 | | |
| 张家口 | 51322 | 4836 | 46486 | 5831 | 981 | |
| 承德 | 37687 | | 37687 | 15415 | | |
| 平泉 | 29010 | 2200 | 26810 | 8088 | | |
| 沧州 | 492483 | 18168 | 474315 | 53741 | | 86370 |
| 泊头 | 36525 | | 36525 | 4954 | | |
| 任丘 | 15793 | | 15793 | 10648 | | |
| 黄骅 | 210601 | | 210601 | 160601 | | 7600 |
| 河间 | 19467 | | 19467 | 10115 | | 6954 |
| 廊坊 | 398868 | 8921 | 389947 | 39994 | | 13526 |
| 霸州 | 38734 | | 38734 | 25923 | | |
| 三河 | 4645 | | 4645 | 4645 | | |
| 衡水 | 225724 | 4646 | 221078 | 50761 | 2426 | |
| 深州 | 54954 | | 54954 | 46108 | 2310 | |
| 辛集 | 58670 | | 58670 | 47603 | | |
| 定州 | 191355 | | 191355 | 190625 | | |
| 雄安新区起步区及片区 | 2849044 | 1060028 | 1789016 | 469201 | 408653 | 901 |

# National Fixed Assets Investment in Urban Service Facilities by Capital Source (by City in Column)(2022)

Measurement Unit: 10,000 RMB

| Sources of Fund | | | | 各项应付款 | 城市名称 |
|---|---|---|---|---|---|
| 债券<br>Securities | 利用外资<br>Foreign Investment | 自筹资金<br>Self-Raised Funds | 其他资金<br>Other Funds | Sum Payable This Year | Name of Cities |
| **17233528** | **355557** | **53217677** | **40392187** | **31457204** | **全　国** |
| | | **2485200** | **2711532** | **987869** | **北　京** |
| **211118** | **16041** | **851028** | **67547** | **549372** | **天　津** |
| **2058849** | | **836891** | **379615** | **2106377** | **河　北** |
| 51393 | | 112623 | 78419 | 371918 | 石家庄 |
| | | | 823 | | 晋　州 |
| 20156 | | | | | 新　乐 |
| 110917 | | 28334 | 15549 | 42082 | 唐　山 |
| | | | | | 滦　州 |
| | | 9440 | | | 遵　化 |
| 1300 | | 2180 | 3950 | | 迁　安 |
| 61900 | | 12067 | 3376 | 46455 | 秦皇岛 |
| 49250 | | 20411 | 1150 | 64659 | 邯　郸 |
| | | 6986 | | 233 | 武　安 |
| 189216 | | 12702 | 3183 | 1216 | 邢　台 |
| 13602 | | 2891 | | | 南　宫 |
| 1470 | | | | | 沙　河 |
| 31791 | | 12792 | | 18202 | 保　定 |
| 25500 | | 30200 | 2100 | | 涿　州 |
| | | | | | 安　国 |
| | | 602 | 2603 | | 高碑店 |
| 38100 | | 1410 | 1145 | 25518 | 张家口 |
| 6326 | | 14699 | 1247 | 147 | 承　德 |
| | | 16000 | 2722 | | 平　泉 |
| 79411 | | 254793 | | 240684 | 沧　州 |
| | | 31571 | | | 泊　头 |
| 3900 | | 665 | 580 | | 任　丘 |
| | | 42400 | | | 黄　骅 |
| | | 2398 | | | 河　间 |
| 199168 | | 135424 | 1835 | | 廊　坊 |
| | | 12811 | | | 霸　州 |
| | | | | | 三　河 |
| 106525 | | 59791 | 4001 | 53796 | 衡　水 |
| 5000 | | 1904 | 1942 | | 深　州 |
| | | 11067 | | | 辛　集 |
| | | 730 | | 20078 | 定　州 |
| 1063924 | | | 254990 | 1221389 | 雄安新区起步区及片区 |

## 4-2-2 续表 1

计量单位：万元

| 城市名称 Name of Cities | 本年实际到位资金合计 The Total Funds Actually Available for The Reported Year | 上年末结余资金 The Balance of The Previous Year | 本年资金来源 小计 Subtotal | 国家预算资金 State Budgetary Fund | 中央预算资金 Central Budgetary Fund | 国内贷款 Domestic Loan |
|---|---|---|---|---|---|---|
| **山　西** | **3233976** | **77089** | **3156887** | **1081995** | **44008** | **302157** |
| 太　原 | 1695041 | | 1695041 | 731806 | 1789 | |
| 古　交 | 24137 | | 24137 | 702 | | |
| 大　同 | 69519 | | 69519 | 500 | | |
| 阳　泉 | 75835 | 1947 | 73888 | 10872 | | |
| 长　治 | 282065 | 27668 | 254397 | 71106 | 20953 | 3950 |
| 晋　城 | 279849 | 39457 | 240392 | 145380 | 16403 | 30454 |
| 高　平 | 23146 | 3889 | 19257 | 19257 | | |
| 朔　州 | 13243 | | 13243 | 2546 | | |
| 怀　仁 | 1400 | | 1400 | | | |
| 晋　中 | 316523 | 523 | 316000 | 20809 | 2974 | 264248 |
| 介　休 | | | | | | |
| 运　城 | 39544 | 172 | 39372 | 3432 | | |
| 永　济 | 42410 | | 42410 | | | |
| 河　津 | 18904 | | 18904 | 17004 | | |
| 忻　州 | 215306 | | 215306 | 7605 | 915 | |
| 原　平 | 74526 | | 74526 | | | |
| 临　汾 | 7559 | 2777 | 4782 | 576 | 147 | 3505 |
| 侯　马 | 19964 | | 19964 | 17604 | 827 | |
| 霍　州 | | | | | | |
| 吕　梁 | 35005 | 656 | 34349 | 32796 | | |
| 孝　义 | | | | | | |
| 汾　阳 | | | | | | |
| **内 蒙 古** | **1397994** | **92349** | **1305645** | **511476** | **27248** | **29057** |
| 呼和浩特 | 414740 | 4235 | 410505 | 239903 | | |
| 包　头 | 202385 | 31071 | 171314 | 66500 | 1332 | 11980 |
| 乌　海 | 24896 | 1172 | 23724 | 3770 | | |
| 赤　峰 | 340811 | 43400 | 297411 | 60684 | | |
| 通　辽 | 72584 | | 72584 | 49221 | 497 | |
| 霍林郭勒 | 21165 | 465 | 20700 | 11178 | | |
| 鄂尔多斯 | 64773 | 222 | 64551 | 34768 | 3294 | |
| 呼伦贝尔 | 76330 | | 76330 | | | |
| 满 洲 里 | 6270 | | 6270 | 4542 | 292 | |
| 牙 克 石 | 4024 | | 4024 | | | |
| 扎 兰 屯 | 1860 | | 1860 | | | |
| 额尔古纳 | 1800 | | 1800 | | | |
| 根　河 | 3912 | | 3912 | | | |
| 巴彦淖尔 | 37696 | 1336 | 36360 | 980 | | |
| 乌兰察布 | 26564 | 488 | 26076 | | | 17077 |
| 丰　镇 | 7051 | 745 | 6306 | 6201 | 1100 | |
| 锡林浩特 | 23685 | 714 | 22971 | 11846 | | |
| 二连浩特 | 9706 | 3456 | 6250 | 850 | | |
| 乌兰浩特 | 35531 | 5045 | 30486 | 10100 | 9800 | |
| 阿 尔 山 | 22211 | | 22211 | 10933 | 10933 | |

continued 1

Measurement Unit: 10,000 RMB

| Sources of Fund | | | | | |
|---|---|---|---|---|---|
| 债　券<br>Securities | 利用外资<br>Foreign Investment | 自筹资金<br>Self-Raised Funds | 其他资金<br>Other Funds | 各项应付款<br>Sum Payable This Year | 城市名称<br>Name of Cities |
| **254299** | | **640684** | **877752** | **716767** | **山　　西** |
| 155130 | | 190516 | 617589 | 120833 | 太　　原 |
| 22300 | | 1135 | | 16776 | 古　　交 |
| 9320 | | 58819 | 880 | 7500 | 大　　同 |
| 36500 | | 25940 | 576 | | 阳　　泉 |
| 1059 | | 173643 | 4639 | 99681 | 长　　治 |
| | | 29520 | 35038 | 95566 | 晋　　城 |
| | | | | 4307 | 高　　平 |
| | | 8697 | 2000 | | 朔　　州 |
| | | | 1400 | | 怀　　仁 |
| | | 30943 | | 35352 | 晋　　中 |
| | | | | | 介　　休 |
| 440 | | | 35500 | 9933 | 运　　城 |
| 25697 | | 4700 | 12013 | 502 | 永　　济 |
| | | 1900 | | 5703 | 河　　津 |
| | | 40285 | 167416 | | 忻　　州 |
| | | 74526 | | | 原　　平 |
| | | | 701 | 397 | 临　　汾 |
| 2300 | | 60 | | | 侯　　马 |
| | | | | | 霍　　州 |
| 1553 | | | | 320217 | 吕　　梁 |
| | | | | | 孝　　义 |
| | | | | | 汾　　阳 |
| **195427** | **4099** | **278182** | **287404** | **879648** | **内 蒙 古** |
| 65722 | | 102503 | 2377 | 582855 | 呼和浩特 |
| 5000 | | 34690 | 53144 | 147409 | 包　　头 |
| 18111 | | | 1843 | 1178 | 乌　　海 |
| 25716 | | 11494 | 199517 | 2751 | 赤　　峰 |
| 10670 | | 4276 | 8417 | | 通　　辽 |
| | | | 9522 | | 霍林郭勒 |
| 12080 | | 12803 | 4900 | 4502 | 鄂尔多斯 |
| | | 76330 | | 43373 | 呼伦贝尔 |
| | | 1728 | | 3611 | 满 洲 里 |
| | | 224 | 3800 | 695 | 牙 克 石 |
| | | 1860 | | | 扎 兰 屯 |
| | | 1800 | | | 额尔古纳 |
| 1860 | | 17 | 2035 | | 根　　河 |
| 12500 | 4099 | 18781 | | 45123 | 巴彦淖尔 |
| 370 | | 8210 | 419 | 11838 | 乌兰察布 |
| | | 105 | | | 丰　　镇 |
| 8563 | | 2562 | | 36313 | 锡林浩特 |
| 5400 | | | | | 二连浩特 |
| 18904 | | 52 | 1430 | | 乌兰浩特 |
| 10531 | | 747 | | | 阿 尔 山 |

# 4-2-2 续表 2

计量单位：万元

| 城市名称<br>Name of Cities | 本年实际到位资金合计<br>The Total Funds Actually Available for The Reported Year | 上年末结余资金<br>The Balance of The Previous Year | 本年资金来源 | | | |
|---|---|---|---|---|---|---|
| | | | 小计<br>Subtotal | 国家预算资金<br>State Budgetary Fund | 中央预算资金<br>Central Budgetary Fund | 国内贷款<br>Domestic Loan |
| **辽宁** | **2454361** | **175430** | **2278931** | **492565** | **106741** | **547620** |
| 沈阳 | 802019 | 56954 | 745065 | 37797 | 11995 | 104517 |
| 新民 | 15871 | | 15871 | | | |
| 大连 | 700411 | 17556 | 682855 | 19933 | 12065 | 418609 |
| 庄河 | 184913 | | 184913 | 184913 | 720 | |
| 瓦房店 | 5750 | | 5750 | 739 | 239 | |
| 鞍山 | 47294 | 25680 | 21614 | | | |
| 海城 | 2093 | | 2093 | 1000 | | |
| 抚顺 | 67940 | 11188 | 56752 | 4718 | 4200 | 8600 |
| 本溪 | 12812 | | 12812 | 4648 | 4648 | |
| 丹东 | 55589 | 3734 | 51855 | 43758 | 15703 | |
| 东港 | 5978 | | 5978 | 3930 | 1423 | |
| 凤城 | 11849 | | 11849 | 11849 | | |
| 锦州 | 86221 | 20658 | 65563 | 32181 | | |
| 凌海 | 14994 | 1800 | 13194 | | | |
| 北镇 | 194 | | 194 | | | |
| 营口 | 174897 | | 174897 | 62303 | 17743 | |
| 盖州 | 6289 | | 6289 | | | |
| 大石桥 | 1564 | | 1564 | 1564 | | |
| 阜新 | 45043 | 1154 | 43889 | 43157 | 29857 | |
| 辽阳 | 33962 | 8280 | 25682 | 6016 | 278 | 1545 |
| 灯塔 | 10681 | | 10681 | 506 | 130 | 1799 |
| 盘锦 | 19259 | | 19259 | 200 | | 12550 |
| 铁岭 | 14072 | | 14072 | 2747 | | |
| 调兵山 | 466 | | 466 | 425 | | |
| 开原 | 3563 | 66 | 3497 | | | |
| 朝阳 | 60898 | 16652 | 44246 | 26700 | 7000 | |
| 北票 | 2393 | | 2393 | 1810 | | |
| 凌源 | 1851 | | 1851 | 631 | | |
| 葫芦岛 | 49866 | 3445 | 46421 | 740 | 740 | |
| 兴城 | 2270 | 1183 | 1087 | 300 | | |
| 沈抚改革创新示范区 | 13359 | 7080 | 6279 | | | |
| **吉林** | **4122528** | **632990** | **3489538** | **422322** | **170988** | **1221107** |
| 长春 | 3227504 | 398507 | 2828997 | 251354 | 136916 | 1188207 |
| 榆树 | 7448 | | 7448 | 186 | | |
| 德惠 | 20002 | | 20002 | | | |
| 公主岭 | 16421 | | 16421 | 2017 | | |
| 吉林 | 113177 | | 113177 | 113177 | | |

continued 2

Measurement Unit: 10,000 RMB

| Sources of Fund | | | | 各项应付款 | 城市名称 |
|---|---|---|---|---|---|
| 债 券<br>Securities | 利用外资<br>Foreign Investment | 自筹资金<br>Self-Raised Funds | 其他资金<br>Other Funds | Sum Payable This Year | Name of Cities |
| **572265** | **6294** | **487574** | **172613** | **1009975** | **辽 宁** |
| 279815 | | 279739 | 43197 | 171835 | 沈 阳 |
| 1960 | | 13911 | | | 新 民 |
| 85346 | | 76075 | 82892 | 784907 | 大 连 |
| | | | | | 庄 河 |
| 5011 | | | | | 瓦房店 |
| 10509 | | 2020 | 9085 | 11753 | 鞍 山 |
| | | 1093 | | 2535 | 海 城 |
| 14928 | 6200 | 22306 | | | 抚 顺 |
| 6770 | | 1394 | | 1100 | 本 溪 |
| | | 8097 | | 7174 | 丹 东 |
| | | 2048 | | 9015 | 东 港 |
| | | | | | 凤 城 |
| 8800 | | 6080 | 18502 | 7737 | 锦 州 |
| 8194 | | | 5000 | | 凌 海 |
| | | 194 | | | 北 镇 |
| 64518 | | 46596 | 1480 | | 营 口 |
| | | 6289 | | | 盖 州 |
| | | | | | 大石桥 |
| 166 | | 266 | 300 | 5000 | 阜 新 |
| 9600 | | 6315 | 2206 | 1672 | 辽 阳 |
| 7127 | | 1249 | | | 灯 塔 |
| | | 6509 | | 1455 | 盘 锦 |
| 6000 | | 3034 | 2291 | 674 | 铁 岭 |
| | | | 41 | | 调兵山 |
| | | 1897 | 1600 | 4973 | 开 原 |
| 16600 | 94 | 852 | | | 朝 阳 |
| 463 | | 120 | | | 北 票 |
| | | 1220 | | | 凌 源 |
| 39751 | | 270 | 5660 | | 葫芦岛 |
| 787 | | | | | 兴 城 |
| 5920 | | | 359 | 145 | 沈抚改革创新示范区 |
| **829603** | **4628** | **426912** | **584966** | **702717** | **吉 林** |
| 653456 | | 235633 | 500347 | 295843 | 长 春 |
| 3505 | | 1225 | 2532 | 9047 | 榆 树 |
| 2200 | | 17802 | | 20002 | 德 惠 |
| 14404 | | | | | 公主岭 |
| | | | | | 吉 林 |

# 4-2-2 续表 3

计量单位：万元

| 城市名称 Name of Cities | 本年实际到位资金合计 The Total Funds Actually Available for The Reported Year | 上年末结余资金 The Balance of The Previous Year | 本年资金来源 小计 Subtotal | 国家预算资金 State Budgetary Fund | 中央预算资金 Central Budgetary Fund | 国内贷款 Domestic Loan |
|---|---|---|---|---|---|---|
| 蛟河 | 6227 | 1897 | 4330 | 2097 | 2097 | |
| 桦甸 | 5027 | | 5027 | 2213 | | |
| 舒兰 | 8250 | | 8250 | 8250 | | |
| 磐石 | 141 | | 141 | | | |
| 四平 | 80837 | 75634 | 5203 | | | |
| 双辽 | 10229 | | 10229 | 1000 | | |
| 辽源 | 52633 | 371 | 52262 | | | |
| 通化 | 62189 | 14628 | 47561 | 400 | | 25200 |
| 集安 | 10595 | | 10595 | 1141 | 1141 | |
| 白山 | 48296 | 5890 | 42406 | 1814 | 1814 | 3200 |
| 临江 | 20261 | | 20261 | 7261 | | |
| 松原 | 140725 | 84382 | 56343 | 22000 | 22000 | |
| 扶余 | 19242 | 4200 | 15042 | 2642 | 1000 | |
| 白城 | 37777 | 4300 | 33477 | 750 | | 4500 |
| 洮南 | 7240 | | 7240 | | | |
| 大安 | 35000 | | 35000 | | | |
| 延吉 | | | | | | |
| 图们 | 1143 | | 1143 | | | |
| 敦化 | 32529 | | 32529 | 4800 | 4800 | |
| 珲春 | 22946 | | 22946 | 1220 | 1220 | |
| 龙井 | 65 | | 65 | | | |
| 和龙 | 4375 | | 4375 | | | |
| 梅河口 | 130839 | 43181 | 87658 | | | |
| 长白山保护开发区管理委员会 | 1410 | | 1410 | | | |
| **黑龙江** | **2380756** | **223239** | **2157517** | **1407277** | **241774** | **178439** |
| 哈尔滨 | 1292096 | 164041 | 1128055 | 798985 | 119000 | 162680 |
| 尚志 | 7826 | | 7826 | 88 | | |
| 五常 | | | | | | |
| 齐齐哈尔 | 136125 | 3020 | 133105 | 88108 | 10247 | |
| 讷河 | 17040 | | 17040 | 190 | 190 | |
| 鸡西 | 90917 | 11536 | 79381 | 60411 | 2441 | |
| 虎林 | 2660 | | 2660 | | | |
| 密山 | 36011 | | 36011 | 16010 | 11384 | 14782 |
| 鹤岗 | 12898 | | 12898 | 9542 | 760 | |
| 双鸭山 | 180161 | | 180161 | 70437 | 15921 | |
| 大庆 | 149623 | | 149623 | 61680 | 5400 | |
| 伊春 | 71612 | 2000 | 69612 | 69070 | 42047 | |
| 铁力 | 11561 | | 11561 | 11004 | | |
| 佳木斯 | 4299 | | 4299 | 4299 | 400 | |
| 同江 | 11807 | | 11807 | 756 | | |

continued 3

Measurement Unit: 10,000 RMB

| Sources of Fund | | | | 各项应付款 | 城市名称 |
|---|---|---|---|---|---|
| 债　券<br>Securities | 利用外资<br>Foreign Investment | 自筹资金<br>Self-Raised Funds | 其他资金<br>Other Funds | Sum Payable This Year | Name of Cities |
| 2233 | | | | | 蛟　河 |
| | | | 2814 | | 桦　甸 |
| | | | | | 舒　兰 |
| | | 141 | | | 磐　石 |
| 150 | | | 5053 | | 四　平 |
| 8085 | | | 1144 | 5827 | 双　辽 |
| 6859 | | 29472 | 15931 | 37513 | 辽　源 |
| 16081 | | 5880 | | 51183 | 通　化 |
| 1000 | | 261 | 8193 | | 集　安 |
| 12347 | 3428 | 3310 | 18307 | 3147 | 白　山 |
| 12000 | | 1000 | | 915 | 临　江 |
| 15180 | | 6 | 19157 | 204806 | 松　原 |
| 12400 | | | | 3927 | 扶　余 |
| 18584 | 1200 | 8443 | | 9693 | 白　城 |
| 7136 | | | 104 | | 洮　南 |
| 35000 | | | | 1320 | 大　安 |
| | | | | 59494 | 延　吉 |
| | | 1143 | | | 图　们 |
| 410 | | 27319 | | | 敦　化 |
| 8573 | | 1769 | 11384 | | 珲　春 |
| | | 65 | | | 龙　井 |
| | | 4375 | | | 和　龙 |
| | | 87658 | | | 梅河口 |
| | | 1410 | | | 长白山保护开发区管理委员会 |
| **193887** | | **218629** | **159285** | **274633** | **黑龙江** |
| 40023 | | 55583 | 70784 | 229911 | 哈尔滨 |
| 156 | | 1206 | 6376 | | 尚　志 |
| | | | | 170 | 五　常 |
| 19665 | | 24954 | 378 | 3507 | 齐齐哈尔 |
| 11819 | | 4431 | 600 | 1163 | 讷　河 |
| | | 3570 | 15400 | | 鸡　西 |
| 2256 | | | 404 | | 虎　林 |
| 522 | | 4697 | | | 密　山 |
| | | 3356 | | 2162 | 鹤　岗 |
| 78064 | | 1225 | 30435 | | 双鸭山 |
| 18118 | | 69825 | | | 大　庆 |
| | | 542 | | | 伊　春 |
| | | 557 | | | 铁　力 |
| | | | | | 佳木斯 |
| | | 11051 | | | 同　江 |

## 4-2-2 续表 4

计量单位：万元

| 城市名称<br>Name of Cities | 本年实际到位资金合计<br>The Total Funds Actually Available for The Reported Year | 上年末结余资金<br>The Balance of The Previous Year | 本年资金来源<br>小计<br>Subtotal | 国家预算资金<br>State Budgetary Fund | 中央预算资金<br>Central Budgetary Fund | 国内贷款<br>Domestic Loan |
|---|---|---|---|---|---|---|
| 抚远 | 27186 | | 27186 | 11793 | | |
| 富锦 | 25693 | | 25693 | 5698 | 373 | |
| 七台河 | 63136 | 38217 | 24919 | 18882 | 3675 | |
| 牡丹江 | 40816 | | 40816 | 40816 | | |
| 海林 | 12782 | | 12782 | 8920 | | |
| 宁安 | 6940 | | 6940 | 5690 | | |
| 穆棱 | 1721 | | 1721 | 1721 | | |
| 绥芬河 | 5644 | 226 | 5418 | 3748 | | |
| 东宁 | 29946 | | 29946 | 12799 | 12799 | |
| 黑河 | 22996 | | 22996 | 20406 | 1966 | |
| 北安 | 22893 | | 22893 | 16478 | 14300 | |
| 五大连池 | 466 | | 466 | 466 | | |
| 嫩江 | 1117 | | 1117 | 910 | 620 | |
| 绥化 | 32265 | | 32265 | 17946 | | |
| 安达 | 3407 | | 3407 | 3407 | | |
| 肇东 | 15395 | 4199 | 11196 | 3300 | | 977 |
| 海伦 | 33314 | | 33314 | 33314 | 251 | |
| 漠河 | 10403 | | 10403 | 10403 | | |
| **上海** | **5377062** | **163962** | **5213100** | **2175365** | | **31567** |
| **江苏** | **20900425** | **2283263** | **18617162** | **4200948** | **8775** | **2584045** |
| 南京 | 6839091 | 418148 | 6420943 | 956238 | 3475 | 543320 |
| 无锡 | 2357030 | 650827 | 1706203 | 632003 | 3800 | 354425 |
| 江阴 | 487586 | | 487586 | | | |
| 宜兴 | 132362 | | 132362 | | | |
| 徐州 | 2030783 | 300769 | 1730014 | 76686 | | |
| 新沂 | 39427 | | 39427 | 8391 | 1500 | |
| 邳州 | 2981 | | 2981 | | | |
| 常州 | 773345 | 113004 | 660341 | 213312 | | 58457 |
| 溧阳 | 12543 | | 12543 | 6234 | | |
| 苏州 | 2606292 | 347685 | 2258607 | 1022928 | | 1050277 |
| 常熟 | 263353 | 3200 | 260153 | 198248 | | |
| 张家港 | 99905 | 2600 | 97305 | | | |
| 昆山 | 81509 | | 81509 | 52923 | | 9000 |
| 太仓 | 95438 | | 95438 | 28985 | | |
| 南通 | 1391408 | 289713 | 1101695 | 394134 | | 175000 |
| 海安 | 691 | | 691 | 191 | | |
| 启东 | 975 | | 975 | 870 | | |
| 如皋 | 14116 | | 14116 | 14048 | | |
| 连云港 | 207700 | | 207700 | 21080 | | |
| 淮安 | 110291 | 1341 | 108950 | 35084 | | |
| 盐城 | 929170 | | 929170 | 6672 | | |

## continued 4

Measurement Unit: 10,000 RMB

| Sources of Fund | | | | 各项应付款 | 城市名称 |
|---|---|---|---|---|---|
| 债　券<br>Securities | 利用外资<br>Foreign Investment | 自筹资金<br>Self-Raised Funds | 其他资金<br>Other Funds | Sum Payable This Year | Name of Cities |
| 15393 | | | | | 抚　远 |
| | | 19995 | | | 富　锦 |
| 3228 | | 2809 | | | 七台河 |
| | | | | 23000 | 牡丹江 |
| | | 2681 | 1181 | | 海　林 |
| | | 1250 | | | 宁　安 |
| | | | | | 穆　棱 |
| | | | 1670 | 4944 | 绥芬河 |
| 3443 | | 2890 | 10814 | | 东　宁 |
| | | | 2590 | | 黑　河 |
| | | | 6415 | | 北　安 |
| | | | | | 五大连池 |
| | | 207 | | | 嫩　江 |
| | | 3037 | 11282 | | 绥　化 |
| | | | | | 安　达 |
| 1200 | | 4763 | 956 | 9393 | 肇　东 |
| | | | | | 海　伦 |
| | | | | 383 | 漠　河 |
| | | **3006168** | | **680347** | **上　海** |
| **344511** | **35180** | **9499647** | **1952831** | **1620570** | **江　苏** |
| 11001 | 32500 | 3795617 | 1082267 | 49903 | 南　京 |
| 12046 | | 680822 | 26907 | 310494 | 无　锡 |
| | | 359724 | 127862 | | 江　阴 |
| | | 73188 | 59174 | | 宜　兴 |
| 4000 | | 1546057 | 103271 | 52635 | 徐　州 |
| 9852 | | 20636 | 548 | 14891 | 新　沂 |
| | | 2981 | | | 邳　州 |
| 13000 | | 325374 | 50198 | 132227 | 常　州 |
| 3790 | | 2519 | | | 溧　阳 |
| | | 114318 | 71084 | 709549 | 苏　州 |
| 1711 | | 55003 | 5191 | 12454 | 常　熟 |
| | | 43991 | 53314 | | 张家港 |
| | | 14586 | 5000 | 9318 | 昆　山 |
| | | 66453 | | | 太　仓 |
| 250000 | | 127853 | 154708 | 105403 | 南　通 |
| | | 500 | | | 海　安 |
| | | 105 | | | 启　东 |
| | | 68 | | 715 | 如　皋 |
| | | 184620 | 2000 | | 连云港 |
| 21211 | | 21740 | 30915 | 2955 | 淮　安 |
| | | 845768 | 76730 | 38538 | 盐　城 |

# 4-2-2 续表 5

计量单位：万元

| 城市名称 Name of Cities | 本年实际到位资金合计 The Total Funds Actually Available for The Reported Year | 上年末结余资金 The Balance of The Previous Year | 本年资金来源 | | | |
|---|---|---|---|---|---|---|
| | | | 小计 Subtotal | 国家预算资金 State Budgetary Fund | 中央预算资金 Central Budgetary Fund | 国内贷款 Domestic Loan |
| 东台 | 349152 | 28689 | 320463 | 97853 | | |
| 扬州 | 637599 | 29947 | 607652 | 230311 | | 29267 |
| 仪征 | 89290 | | 89290 | 599 | | |
| 高邮 | 65895 | | 65895 | 65610 | | |
| 镇江 | 286284 | | 286284 | 747 | | 285370 |
| 丹阳 | 22333 | | 22333 | | | |
| 扬中 | 4241 | | 4241 | 3195 | | |
| 句容 | 148442 | 19000 | 129442 | | | 2400 |
| 泰州 | 300759 | 11043 | 289716 | 1588 | | 10044 |
| 兴化 | 38770 | 5850 | 32920 | 10965 | | 16785 |
| 靖江 | 11110 | | 11110 | 800 | | |
| 泰兴 | 130357 | 58057 | 72300 | | | 25700 |
| 宿迁 | 340197 | 3390 | 336807 | 121253 | | 24000 |
| **浙江** | **20048800** | **2458545** | **17590255** | **4038142** | **92232** | **3859495** |
| 杭州 | 6706832 | 1271576 | 5435256 | 1621528 | 84493 | 1448371 |
| 建德 | 23787 | | 23787 | 8440 | | |
| 宁波 | 4217026 | 206328 | 4010698 | 909032 | 5739 | 1444450 |
| 余姚 | 104087 | 10335 | 93752 | 5816 | | |
| 慈溪 | 336377 | 12600 | 323777 | 60515 | | 2000 |
| 温州 | 1557478 | 2272 | 1555206 | 544366 | | 44964 |
| 瑞安 | 168595 | 120 | 168475 | 836 | | |
| 乐清 | 379345 | | 379345 | 16922 | | 194280 |
| 龙港 | 109660 | | 109660 | 40772 | | |
| 嘉兴 | 610778 | 144677 | 466101 | 94382 | 2000 | 13000 |
| 海宁 | 80514 | | 80514 | 677 | | |
| 平湖 | 88916 | | 88916 | 1155 | | 46581 |
| 桐乡 | 111803 | 8399 | 103404 | 18289 | | 12092 |
| 湖州 | 413614 | 94894 | 318720 | 90810 | | 40000 |
| 绍兴 | 2004211 | 340952 | 1663259 | 870 | | 139235 |
| 诸暨 | 132718 | | 132718 | 227 | | |
| 嵊州 | 28826 | | 28826 | | | |
| 金华 | 607581 | 213979 | 393602 | 99036 | | |
| 兰溪 | 51451 | | 51451 | | | |
| 义乌 | 296158 | | 296158 | 37076 | | 49441 |
| 东阳 | 93798 | 39623 | 54175 | | | |
| 永康 | 64513 | | 64513 | 64367 | | |
| 衢州 | 415875 | | 415875 | 92104 | | |
| 江山 | 81856 | 43365 | 38491 | 427 | | |
| 舟山 | 162653 | 22826 | 139827 | 6182 | | 35192 |
| 台州 | 679060 | 22304 | 656756 | 14108 | | 364840 |
| 玉环 | 30756 | 140 | 30616 | 2942 | | |
| 温岭 | 89983 | | 89983 | 1899 | | |
| 临海 | 36636 | | 36636 | 17101 | | 19000 |
| 丽水 | 319683 | 17939 | 301744 | 279850 | | 6049 |
| 龙泉 | 44230 | 6216 | 38014 | 8413 | | |

## continued 5

Measurement Unit: 10,000 RMB

| Sources of Fund | | | | 各项应付款 | 城市名称 |
|---|---|---|---|---|---|
| 债　券<br>Securities | 利用外资<br>Foreign Investment | 自筹资金<br>Self-Raised Funds | 其他资金<br>Other Funds | Sum Payable This Year | Name of Cities |
| 2500 | | 208980 | 11130 | | 东　台 |
| 10400 | | 286945 | 50729 | 18668 | 扬　州 |
| | | 88691 | | | 仪　征 |
| | | | 285 | | 高　邮 |
| | | | 167 | | 镇　江 |
| | | 22333 | | | 丹　阳 |
| | | 285 | 761 | | 扬　中 |
| | | 121742 | 5300 | 4544 | 句　容 |
| | | 278084 | | 52577 | 泰　州 |
| | | 5126 | 44 | 91279 | 兴　化 |
| | | 10310 | | | 靖　江 |
| | | 46600 | | | 泰　兴 |
| 5000 | 2680 | 148628 | 35246 | 14420 | 宿　迁 |
| **493393** | **45012** | **6537252** | **2616961** | **1630249** | **浙　江** |
| 28368 | | 2248345 | 88644 | 698296 | 杭　州 |
| | | 15347 | | | 建　德 |
| 57206 | 43602 | 1157009 | 399399 | 395490 | 宁　波 |
| | | 68555 | 19381 | | 余　姚 |
| | | 257536 | 3726 | | 慈　溪 |
| 4822 | | 367110 | 593944 | 75681 | 温　州 |
| 41384 | | 126255 | | | 瑞　安 |
| 159324 | | 8558 | 261 | 2739 | 乐　清 |
| | | 68888 | | | 龙　港 |
| 54000 | | 289919 | 14800 | | 嘉　兴 |
| 5000 | | 34976 | 39861 | 15081 | 海　宁 |
| | | 41180 | | | 平　湖 |
| 9100 | | 63923 | | 14994 | 桐　乡 |
| | 1410 | 132237 | 54263 | 102299 | 湖　州 |
| | | 420536 | 1102618 | | 绍　兴 |
| | | 132491 | | | 诸　暨 |
| | | | 28826 | 13469 | 嵊　州 |
| 25800 | | 56582 | 212184 | 79586 | 金　华 |
| | | 16346 | 35105 | | 兰　溪 |
| 32961 | | 176680 | | 6206 | 义　乌 |
| | | 53344 | 831 | 2912 | 东　阳 |
| | | 146 | | | 永　康 |
| | | 323771 | | | 衢　州 |
| | | 38064 | | 41430 | 江　山 |
| | | 98453 | | 172171 | 舟　山 |
| 55569 | | 214322 | 7917 | 9712 | 台　州 |
| 9173 | | 16621 | 1880 | | 玉　环 |
| | | 88084 | | | 温　岭 |
| | | 535 | | | 临　海 |
| | | 15845 | | | 丽　水 |
| 10686 | | 5594 | 13321 | 183 | 龙　泉 |

# 4-2-2 续表 6

计量单位：万元

| 城市名称 Name of Cities | 本年实际到位资金合计 The Total Funds Actually Available for The Reported Year | 上年末结余资金 The Balance of The Previous Year | 本年资金来源 小计 Subtotal | 国家预算资金 State Budgetary Fund | 中央预算资金 Central Budgetary Fund | 国内贷款 Domestic Loan |
|---|---|---|---|---|---|---|
| **安徽** | **11940288** | **233087** | **11707201** | **4884178** | **130540** | **931292** |
| 合肥 | 4653075 | 14057 | 4639018 | 1540447 | | 493357 |
| 巢湖 | 247850 | | 247850 | 175520 | | 40130 |
| 芜湖 | 1331266 | 86284 | 1244982 | 761803 | 68773 | 179371 |
| 无为 | 163871 | | 163871 | 37117 | 27833 | 7820 |
| 蚌埠 | 371793 | 25000 | 346793 | 44540 | 1215 | 71370 |
| 淮南 | 360968 | | 360968 | 62172 | | |
| 马鞍山 | 583786 | 5550 | 578236 | 58749 | 27 | 1340 |
| 淮北 | 116331 | | 116331 | 111384 | | |
| 铜陵 | 129621 | 7750 | 121871 | 30 | | 35850 |
| 安庆 | 99872 | | 99872 | 64845 | 1950 | 6300 |
| 潜山 | 74856 | 10 | 74846 | 74846 | | |
| 桐城 | 36139 | | 36139 | 18263 | | 1631 |
| 黄山 | 57681 | | 57681 | 9020 | | |
| 滁州 | 734233 | | 734233 | 38462 | | 30500 |
| 天长 | 114625 | | 114625 | 87950 | | |
| 明光 | 80507 | | 80507 | 70907 | | |
| 阜阳 | 526928 | 45179 | 481749 | 232181 | | |
| 界首 | 52947 | | 52947 | 4617 | | |
| 宿州 | 135095 | 600 | 134495 | 121695 | | |
| 六安 | 454030 | 1050 | 452980 | 152227 | 30193 | 45423 |
| 亳州 | 355031 | | 355031 | 171655 | | |
| 池州 | 669815 | 3651 | 666164 | 599680 | 549 | 18000 |
| 宣城 | 323929 | 266 | 323663 | 277739 | | 200 |
| 广德 | 54020 | | 54020 | | | |
| 宁国 | 212019 | 43690 | 168329 | 168329 | | |
| **福建** | **6573094** | **1036487** | **5536607** | **2365868** | **83325** | **193698** |
| 福州 | 2144843 | 914409 | 1230434 | 270636 | 5895 | 37448 |
| 福清 | 74043 | | 74043 | 23683 | | |
| 厦门 | 2130909 | 13084 | 2117825 | 1647119 | 1540 | 120000 |
| 莆田 | 416679 | 73715 | 342964 | 222908 | | |
| 三明 | 17678 | | 17678 | | | |
| 永安 | 2953 | 2073 | 880 | 327 | | |
| 泉州 | 195851 | 7766 | 188085 | 28382 | 21778 | 10600 |
| 石狮 | 77299 | 2456 | 74843 | 180 | | 49 |
| 晋江 | 170615 | | 170615 | 2699 | | |
| 南安 | 65379 | | 65379 | 38263 | 34597 | |
| 漳州 | 394888 | 10940 | 383948 | 38899 | 19015 | |

## continued 6

Measurement Unit: 10,000 RMB

| Sources of Fund | | | | 各项应付款 | 城市名称 |
|---|---|---|---|---|---|
| 债　券<br>Securities | 利用外资<br>Foreign Investment | 自筹资金<br>Self-Raised Funds | 其他资金<br>Other Funds | Sum Payable This Year | Name of Cities |
| **1712955** | **42986** | **1674391** | **2461399** | **1386716** | **安　徽** |
| 1378338 | | 134348 | 1092528 | 804757 | 合　肥 |
| | | 32200 | | | 巢　湖 |
| 21031 | | 199975 | 82802 | 54501 | 芜　湖 |
| 1650 | | 4569 | 112715 | | 无　为 |
| 18800 | | 128684 | 83399 | 44886 | 蚌　埠 |
| | 42986 | 255810 | | | 淮　南 |
| 5139 | | 247624 | 265384 | 24303 | 马鞍山 |
| | | 4947 | | 9443 | 淮　北 |
| 32033 | | 38851 | 15107 | 28281 | 铜　陵 |
| | | 27987 | 740 | 44518 | 安　庆 |
| | | | | | 潜　山 |
| 575 | | 15670 | | | 桐　城 |
| 28035 | | 1416 | 19210 | | 黄　山 |
| 159210 | | 95503 | 410558 | | 滁　州 |
| | | 26232 | 443 | 5627 | 天　长 |
| | | | 9600 | | 明　光 |
| | | 52738 | 196830 | 3966 | 阜　阳 |
| 4973 | | | 43357 | | 界　首 |
| | | | 12800 | | 宿　州 |
| | | 189196 | 66134 | 355270 | 六　安 |
| 40800 | | 124484 | 18092 | | 亳　州 |
| 13771 | | 7013 | 27700 | 3500 | 池　州 |
| 8600 | | 33124 | 4000 | 7664 | 宣　城 |
| | | 54020 | | | 广　德 |
| | | | | | 宁　国 |
| **1165516** | **19** | **968496** | **843010** | **627258** | **福　建** |
| 724265 | | 97489 | 100596 | 9170 | 福　州 |
| | | 3025 | 47335 | 237812 | 福　清 |
| 232951 | | 105940 | 11815 | 86 | 厦　门 |
| 13400 | | 90756 | 15900 | | 莆　田 |
| | | 1465 | 16213 | | 三　明 |
| 474 | | 79 | | | 永　安 |
| 37062 | | 63099 | 48942 | 40159 | 泉　州 |
| 22222 | | 52377 | 15 | 962 | 石　狮 |
| 5000 | | 162866 | 50 | 9612 | 晋　江 |
| | | 27116 | | | 南　安 |
| 26134 | 19 | 182557 | 136339 | 141760 | 漳　州 |

# 4-2-2 续表 7

计量单位：万元

| 城市名称<br>Name of Cities | 本年实际到位资金合计<br>The Total Funds Actually Available for The Reported Year | 上年末结余资金<br>The Balance of The Previous Year | 本年资金来源 | | | |
|---|---|---|---|---|---|---|
| | | | 小计<br>Subtotal | 国家预算资金<br>State Budgetary Fund | | 国内贷款<br>Domestic Loan |
| | | | | | 中央预算资金<br>Central Budgetary Fund | |
| 南平 | 57439 | | 57439 | 39806 | | |
| 邵武 | 41774 | | 41774 | 12000 | | |
| 武夷山 | 91662 | | 91662 | | | |
| 建瓯 | 129310 | 429 | 128881 | 10000 | | |
| 龙岩 | 91450 | 6000 | 85450 | 4376 | 500 | |
| 漳平 | 10626 | | 10626 | | | |
| 宁德 | 305858 | 5615 | 300243 | 16752 | | 19016 |
| 福安 | 42120 | | 42120 | 7830 | | 6585 |
| 福鼎 | 111718 | | 111718 | 2008 | | |
| **江西** | **7633184** | **673211** | **6959973** | **2710319** | **2924** | **490326** |
| 南昌 | 1464486 | 1500 | 1462986 | 1380310 | | |
| 景德镇 | 582721 | 90272 | 492449 | 63416 | | 60200 |
| 乐平 | 77245 | | 77245 | | | |
| 萍乡 | 379469 | 15605 | 363864 | 1350 | | 323656 |
| 九江 | 1088893 | 11678 | 1077215 | 889145 | | |
| 瑞昌 | 8902 | | 8902 | 1745 | | |
| 共青城 | 11561 | | 11561 | 2437 | | |
| 庐山 | 48227 | 1042 | 47185 | 47185 | | |
| 新余 | 163765 | 2000 | 161765 | 36158 | | |
| 鹰潭 | 97368 | 47522 | 49846 | 10845 | 474 | 140 |
| 贵溪 | 9796 | | 9796 | 2408 | | |
| 赣州 | 1033746 | 39812 | 993934 | 3375 | 650 | 21700 |
| 瑞金 | 25086 | | 25086 | 510 | | |
| 龙南 | 352374 | 38997 | 313377 | 3784 | 1800 | |
| 吉安 | 269762 | | 269762 | 150 | | |
| 井冈山 | 56800 | 10900 | 45900 | 13100 | | |
| 宜春 | 465221 | 267435 | 197786 | 63803 | | |
| 丰城 | 452 | | 452 | | | |
| 樟树 | 182190 | | 182190 | 171749 | | |
| 高安 | 170540 | 133789 | 36751 | 3610 | | |
| 抚州 | 532871 | 322 | 532549 | 3200 | | 79070 |
| 上饶 | 579958 | 12337 | 567621 | 2700 | | 5560 |
| 德兴 | 31751 | | 31751 | 9339 | | |
| **山东** | **14190096** | **799790** | **13390306** | **3097633** | **21854** | **2296639** |
| 济南 | 2875186 | 10691 | 2864495 | 335065 | 600 | 1133521 |
| 青岛 | 2806537 | 376355 | 2430182 | 842481 | 5980 | 899709 |
| 胶州 | 45191 | | 45191 | | | |
| 平度 | 96150 | | 96150 | 1060 | | |
| 莱西 | 27119 | | 27119 | | | |
| 淄博 | 1268492 | 1096 | 1267396 | 11409 | | 91853 |
| 枣庄 | 280966 | 41109 | 239857 | 112092 | | |

## continued 7

Measurement Unit: 10,000 RMB

| Sources of Fund | | | | 各项应付款 Sum Payable This Year | 城市名称 Name of Cities |
|---|---|---|---|---|---|
| 债券 Securities | 利用外资 Foreign Investment | 自筹资金 Self-Raised Funds | 其他资金 Other Funds | | |
| | | 17633 | | | 南平 |
| | | 29774 | | | 邵武 |
| 5000 | | 79821 | 6841 | | 武夷山 |
| | | | 118881 | | 建瓯 |
| 13600 | | 39142 | 28332 | 156814 | 龙岩 |
| 4151 | | 1649 | 4826 | 1389 | 漳平 |
| 32979 | | 11008 | 220488 | | 宁德 |
| 21678 | | 2700 | 3327 | 29494 | 福安 |
| 26600 | | | 83110 | | 福鼎 |
| **158161** | | **2634899** | **966268** | **2235755** | **江西** |
| | | 78734 | 3942 | 1889870 | 南昌 |
| 34300 | | 326473 | 8060 | 94032 | 景德镇 |
| | | 77245 | | 2430 | 乐平 |
| 1000 | | 37858 | | 462 | 萍乡 |
| 1547 | | 77600 | 108923 | 25912 | 九江 |
| | | 6997 | 160 | 9587 | 瑞昌 |
| | | 3190 | 5934 | 389 | 共青城 |
| | | | | | 庐山 |
| 1570 | | 70037 | 54000 | 23864 | 新余 |
| 7585 | | 29581 | 1695 | 97712 | 鹰潭 |
| | | | 7388 | 16113 | 贵溪 |
| 80443 | | 807809 | 80607 | 25165 | 赣州 |
| | | 22266 | 2310 | | 瑞金 |
| | | 275050 | 34543 | 2590 | 龙南 |
| | | 64619 | 204993 | | 吉安 |
| 13800 | | | 19000 | 33770 | 井冈山 |
| 11516 | | 49346 | 73121 | 9329 | 宜春 |
| | | | 452 | | 丰城 |
| | | 10441 | | | 樟树 |
| | | 33141 | | | 高安 |
| | | 115661 | 334618 | | 抚州 |
| 1400 | | 548349 | 9612 | 4530 | 上饶 |
| 5000 | | 502 | 16910 | | 德兴 |
| **1809850** | **20417** | **4099884** | **2065883** | **2743028** | **山东** |
| 955410 | | 426383 | 14116 | 379798 | 济南 |
| 76500 | | 310837 | 300655 | 708047 | 青岛 |
| | | 36691 | 8500 | | 胶州 |
| | | 1673 | 93417 | 800 | 平度 |
| | | 9349 | 17770 | 3222 | 莱西 |
| 59626 | | 1076437 | 28071 | 226286 | 淄博 |
| 58697 | 17648 | 45420 | 6000 | 93242 | 枣庄 |

## 4-2-2 续表 8

计量单位：万元

| 城市名称<br>Name of Cities | 本年实际到位资金合计<br>The Total Funds Actually Available for The Reported Year | 上年末结余资金<br>The Balance of The Previous Year | 本年资金来源<br>小计<br>Subtotal | 国家预算资金<br>State Budgetary Fund | 中央预算资金<br>Central Budgetary Fund | 国内贷款<br>Domestic Loan |
|---|---|---|---|---|---|---|
| 滕州 | 173511 | | 173511 | 3300 | | |
| 东营 | 481587 | 1610 | 479977 | 184221 | | |
| 烟台 | 950431 | 10000 | 940431 | 141310 | | 13897 |
| 龙口 | 29795 | | 29795 | 8828 | | |
| 莱阳 | 15655 | | 15655 | 8624 | 1893 | |
| 莱州 | 37170 | | 37170 | | | 23027 |
| 招远 | 34112 | | 34112 | | | 14404 |
| 栖霞 | 128483 | | 128483 | 128483 | | |
| 海阳 | 31764 | | 31764 | 2014 | | 20692 |
| 潍坊 | 267439 | | 267439 | 32416 | | |
| 青州 | 71719 | 12168 | 59551 | 17712 | 2369 | |
| 诸城 | 29839 | 940 | 28899 | 3172 | | 6170 |
| 寿光 | 45303 | | 45303 | 265 | | 18507 |
| 安丘 | 72901 | | 72901 | | | |
| 高密 | 37941 | | 37941 | | | |
| 昌邑 | 43068 | | 43068 | | | |
| 济宁 | 666948 | | 666948 | 187487 | | |
| 曲阜 | 67305 | | 67305 | 800 | | |
| 邹城 | 30946 | | 30946 | 8900 | | |
| 泰安 | 340989 | 4183 | 336806 | 121422 | | 12201 |
| 新泰 | 69231 | | 69231 | 693 | 243 | |
| 肥城 | 17235 | | 17235 | | | |
| 威海 | 474483 | 1478 | 473005 | 94548 | 10169 | |
| 荣成 | 70920 | | 70920 | 41375 | | |
| 乳山 | 24121 | | 24121 | | | |
| 日照 | 193332 | 11631 | 181701 | 80503 | | 41818 |
| 临沂 | 1212313 | 267633 | 944680 | 400048 | | 16040 |
| 德州 | 173180 | 42824 | 130356 | 39971 | | |
| 乐陵 | 60560 | | 60560 | | | |
| 禹城 | 103864 | | 103864 | 84175 | | |
| 聊城 | 289465 | 3212 | 286253 | 138606 | | |
| 临清 | 75259 | | 75259 | 1759 | | |
| 滨州 | 266985 | | 266985 | 21899 | | |
| 邹平 | 61692 | | 61692 | 4540 | | |
| 菏泽 | 140909 | 14860 | 126049 | 38455 | 600 | 4800 |
| **河南** | **7416281** | **540856** | **6875425** | **2293989** | **184291** | **1783079** |
| 郑州 | 2897322 | 375200 | 2522122 | 534922 | 119879 | 1423375 |
| 巩义 | 26326 | | 26326 | 23126 | | |
| 荥阳 | 2305 | | 2305 | 2305 | | |
| 新密 | 22878 | | 22878 | 21675 | | |
| 新郑 | 52411 | | 52411 | 52411 | | |
| 登封 | 46532 | | 46532 | 2470 | | 3090 |

# continued 8

Measurement Unit: 10,000 RMB

| Sources of Fund | | | | 各项应付款 | 城市名称 |
|---|---|---|---|---|---|
| 债　券<br>Securities | 利用外资<br>Foreign Investment | 自筹资金<br>Self-Raised Funds | 其他资金<br>Other Funds | Sum Payable This Year | Name of Cities |
| 8200 | | 162011 | | 34080 | 滕　州 |
| 98613 | | 197143 | | | 东　营 |
| 18653 | | 24276 | 742295 | 219779 | 烟　台 |
| | | 20967 | | | 龙　口 |
| | | 1994 | 5037 | | 莱　阳 |
| | | 333 | 13810 | | 莱　州 |
| 17356 | | 2352 | | 1508 | 招　远 |
| | | | | | 栖　霞 |
| | | | 9058 | | 海　阳 |
| | | 78033 | 156990 | 32697 | 潍　坊 |
| | | 33500 | 8339 | | 青　州 |
| | 2769 | 16728 | 60 | | 诸　城 |
| 12400 | | 14131 | | 4745 | 寿　光 |
| | | 72901 | | | 安　丘 |
| 21000 | | 6941 | 10000 | | 高　密 |
| | | 27021 | 16047 | | 昌　邑 |
| 5000 | | 133410 | 341051 | 17836 | 济　宁 |
| 18000 | | 20230 | 28275 | 1100 | 曲　阜 |
| | | 20963 | 1083 | | 邹　城 |
| 115023 | | 48480 | 39680 | 110340 | 泰　安 |
| | | 68538 | | | 新　泰 |
| 950 | | 16185 | 100 | 4065 | 肥　城 |
| 7940 | | 343610 | 26907 | 11706 | 威　海 |
| 15000 | | 14545 | | | 荣　成 |
| 9693 | | 9227 | 5201 | 500 | 乳　山 |
| | | 39975 | 19405 | 83263 | 日　照 |
| 27530 | | 475754 | 25308 | 431269 | 临　沂 |
| 44795 | | 23237 | 22353 | 35655 | 德　州 |
| | | 1060 | 59500 | | 乐　陵 |
| 650 | | 14339 | 4700 | | 禹　城 |
| 20500 | | 72001 | 55146 | 106064 | 聊　城 |
| 5000 | | 62000 | 6500 | | 临　清 |
| 173314 | | 71772 | | 40567 | 滨　州 |
| | | 57152 | | 26424 | 邹　平 |
| 40000 | | 42285 | 509 | 170035 | 菏　泽 |
| **597074** | **71460** | **1604470** | **525353** | **791462** | **河　南** |
| 423788 | | 112383 | 27654 | 129422 | 郑　州 |
| | | 3200 | | | 巩　义 |
| | | | | | 荥　阳 |
| | | 1203 | | | 新　密 |
| | | | | | 新　郑 |
| 22810 | | 18162 | | 36882 | 登　封 |

# 4-2-2 续表 9

计量单位：万元

| 城市名称<br>Name of Cities | 本年实际到位资金合计<br>The Total Funds Actually Available for The Reported Year | 上年末结余资金<br>The Balance of The Previous Year | 本年资金来源<br>小计<br>Subtotal | 国家预算资金<br>State Budgetary Fund | 中央预算资金<br>Central Budgetary Fund | 国内贷款<br>Domestic Loan |
|---|---|---|---|---|---|---|
| 开封 | 564281 | 9384 | 554897 | 77097 | 6712 | 26000 |
| 洛阳 | 391416 | 19897 | 371519 | 153631 | 100 | 88073 |
| 平顶山 | 3458 | | 3458 | | | |
| 舞钢 | 13464 | | 13464 | 9884 | | |
| 汝州 | 6191 | | 6191 | | | |
| 安阳 | 143662 | 20131 | 123531 | 48823 | 7894 | 6391 |
| 林州 | 24531 | | 24531 | 8215 | | |
| 鹤壁 | 132706 | 398 | 132308 | 17590 | 700 | |
| 新乡 | 198496 | 10791 | 187705 | 143781 | | |
| 长垣 | 90352 | | 90352 | 19872 | | |
| 卫辉 | 44489 | 12880 | 31609 | 911 | 911 | |
| 辉县 | 17153 | | 17153 | 10209 | | |
| 焦作 | 322470 | 7311 | 315159 | 215124 | 7400 | 33981 |
| 沁阳 | 11810 | | 11810 | 1800 | 1800 | |
| 孟州 | 5504 | | 5504 | 2546 | 1719 | |
| 濮阳 | 183570 | | 183570 | 135762 | 2200 | |
| 许昌 | 188468 | | 188468 | 39980 | | 15000 |
| 禹州 | 67302 | 9707 | 57595 | | | |
| 长葛 | 24353 | | 24353 | 8355 | 360 | |
| 漯河 | 326574 | | 326574 | 186 | | 60000 |
| 三门峡 | 45707 | 3783 | 41924 | 28600 | 12061 | 2431 |
| 义马 | 23470 | 13042 | 10428 | 5470 | | |
| 灵宝 | 29437 | | 29437 | | | |
| 南阳 | 351904 | | 351904 | 291386 | | |
| 邓州 | 61693 | | 61693 | 61693 | | |
| 商丘 | 129094 | 755 | 128339 | 21278 | | |
| 永城 | 10849 | | 10849 | 8937 | | |
| 信阳 | 238484 | 26964 | 211520 | 34179 | 11481 | 68200 |
| 周口 | 210430 | | 210430 | 198638 | | |
| 项城 | 164720 | | 164720 | 41315 | 7861 | 56538 |
| 驻马店 | 143184 | 30613 | 112571 | 36539 | 3213 | |
| 济源示范区 | 169285 | | 169285 | 5279 | | |
| 郑州航空港经济综合实验区 | 30000 | | 30000 | 30000 | | |
| **湖北** | **10316498** | **835376** | **9481122** | **2608254** | **229283** | **453267** |
| 武汉 | 2860045 | 229192 | 2630853 | 1007116 | 141153 | 199547 |
| 黄石 | 422097 | 63222 | 358875 | 10184 | | 25781 |
| 大冶 | 79202 | 15265 | 63937 | | | |
| 十堰 | 78334 | 16002 | 62332 | 6600 | 6600 | |
| 丹江口 | 6359 | | 6359 | | | |
| 宜昌 | 789255 | 196396 | 592859 | 163260 | 2000 | 55349 |

## continued 9

Measurement Unit: 10,000 RMB

| Sources of Fund | | | | 各项应付款 | 城市名称 |
|---|---|---|---|---|---|
| 债　券 Securities | 利用外资 Foreign Investment | 自筹资金 Self-Raised Funds | 其他资金 Other Funds | Sum Payable This Year | Name of Cities |
| | | 451800 | | 116558 | 开　封 |
| 9180 | 45460 | 43835 | 31340 | 153794 | 洛　阳 |
| | | 3385 | 73 | 56335 | 平顶山 |
| | | 3580 | | | 舞　钢 |
| | | 2000 | 4191 | 9788 | 汝　州 |
| | | 14796 | 53521 | 33675 | 安　阳 |
| | | 16316 | | 1931 | 林　州 |
| 790 | 26000 | 36503 | 51425 | 2097 | 鹤　壁 |
| | | 43189 | 735 | | 新　乡 |
| 19820 | | 9160 | 41500 | 55703 | 长　垣 |
| | | 30698 | | | 卫　辉 |
| | | 6844 | 100 | | 辉　县 |
| 1290 | | 21176 | 43588 | 3952 | 焦　作 |
| 9800 | | 210 | | | 沁　阳 |
| | | 1796 | 1162 | | 孟　州 |
| 15000 | | 32808 | | | 濮　阳 |
| 25000 | | 19343 | 89145 | 24691 | 许　昌 |
| 12000 | | 3711 | 41884 | | 禹　州 |
| | | 14660 | 1338 | 24353 | 长　葛 |
| | | 232288 | 34100 | 43 | 漯　河 |
| | | 9558 | 1335 | 2839 | 三门峡 |
| | | 4958 | | | 义　马 |
| | | 29437 | | | 灵　宝 |
| | | 52068 | 8450 | 84401 | 南　阳 |
| | | | | | 邓　州 |
| 35989 | | 60557 | 10515 | 10889 | 商　丘 |
| | | 1194 | 718 | | 永　城 |
| 16100 | | 85588 | 7453 | 16284 | 信　阳 |
| 692 | | 9700 | 1400 | 27825 | 周　口 |
| 1880 | | 28394 | 36593 | | 项　城 |
| 1435 | | 43004 | 31593 | | 驻马店 |
| 1500 | | 156966 | 5540 | | 济源示范区 |
| | | | | | 郑州航空港经济综合实验区 |
| **876829** | **1237** | **1819419** | **3722116** | **966201** | **湖　北** |
| 415037 | | 167792 | 841361 | 193639 | 武　汉 |
| 30125 | 1137 | 259221 | 32427 | | 黄　石 |
| | | 4580 | 59357 | | 大　冶 |
| 20000 | | 10097 | 25635 | 57 | 十　堰 |
| | | 6359 | | | 丹江口 |
| | | 214804 | 159446 | | 宜　昌 |

## 4-2-2 续表 10

计量单位：万元

| 城市名称 Name of Cities | 本年实际到位资金合计 The Total Funds Actually Available for The Reported Year | 上年末结余资金 The Balance of The Previous Year | 本年资金来源 小计 Subtotal | 国家预算资金 State Budgetary Fund | 中央预算资金 Central Budgetary Fund | 国内贷款 Domestic Loan |
|---|---|---|---|---|---|---|
| 宜　都 | 451064 | | 451064 | 450179 | | |
| 当　阳 | 125604 | | 125604 | 90810 | | |
| 枝　江 | 49072 | | 49072 | | | |
| 襄　阳 | 1196532 | | 1196532 | | | |
| 老河口 | 1872 | | 1872 | | | |
| 枣　阳 | 24850 | | 24850 | | | |
| 宜　城 | 24108 | 222 | 23886 | | | |
| 鄂　州 | 203454 | | 203454 | 88589 | | |
| 荆　门 | 380361 | 132400 | 247961 | 260 | | |
| 京　山 | 2690 | | 2690 | | | |
| 钟　祥 | 86895 | | 86895 | | | |
| 孝　感 | 627275 | 8258 | 619017 | 67099 | 19148 | 40704 |
| 应　城 | 514444 | | 514444 | 21805 | 21805 | |
| 安　陆 | 78066 | | 78066 | 7600 | 7500 | 36310 |
| 汉　川 | 259621 | 6270 | 253351 | 29317 | 2572 | |
| 荆　州 | 396327 | 8846 | 387481 | 307644 | | 21923 |
| 监　利 | 47282 | | 47282 | | | |
| 石　首 | 70866 | 49614 | 21252 | | | |
| 洪　湖 | 49626 | | 49626 | 49626 | | |
| 松　滋 | 56953 | | 56953 | | | |
| 黄　冈 | 267569 | 65230 | 202339 | 9252 | 9252 | |
| 麻　城 | 52928 | | 52928 | | | |
| 武　穴 | 16646 | | 16646 | 10135 | | 2500 |
| 咸　宁 | 23595 | | 23595 | | | |
| 赤　壁 | 115547 | | 115547 | | | |
| 随　州 | 170132 | | 170132 | 4544 | 500 | |
| 广　水 | 55323 | | 55323 | | | |
| 恩　施 | 174912 | 30708 | 144204 | 10958 | 10918 | 17743 |
| 利　川 | 56127 | 2840 | 53287 | 2915 | 2835 | |
| 仙　桃 | 319070 | | 319070 | 267660 | 5000 | 51410 |
| 潜　江 | | | | | | |
| 天　门 | 182395 | 10911 | 171484 | 2701 | | 2000 |
| **湖　南** | **6409964** | **313872** | **6096092** | **380864** | **25114** | **56705** |
| 长　沙 | 2887954 | 102194 | 2785760 | 185929 | 863 | 2300 |
| 宁　乡 | 103839 | | 103839 | | | |
| 浏　阳 | 368168 | | 368168 | | | |
| 株　洲 | 1032637 | 34783 | 997854 | 1550 | 1000 | 13405 |
| 醴　陵 | 2943 | | 2943 | | | |
| 湘　潭 | 168517 | 44735 | 123782 | | | 22000 |
| 湘　乡 | 4665 | 250 | 4415 | 1438 | 1438 | |
| 韶　山 | 6250 | | 6250 | 1417 | 1417 | |
| 衡　阳 | 107650 | 8228 | 99422 | 13090 | 11220 | |

# continued 10

Measurement Unit: 10,000 RMB

| Sources of Fund | | | | 各项应付款 | 城市名称 |
|---|---|---|---|---|---|
| 债券 Securities | 利用外资 Foreign Investment | 自筹资金 Self-Raised Funds | 其他资金 Other Funds | Sum Payable This Year | Name of Cities |
| | | 750 | 135 | | 宜都 |
| | | 34794 | | 28755 | 当阳 |
| 4000 | | 45072 | | 28205 | 枝江 |
| | | 13088 | 1183444 | | 襄阳 |
| | | 1872 | | | 老河口 |
| 22754 | | | 2096 | 300 | 枣阳 |
| 4200 | | 10986 | 8700 | 20592 | 宜城 |
| | | | 114865 | | 鄂州 |
| | | 4050 | 243651 | | 荆门 |
| 2408 | | 82 | 200 | 68787 | 京山 |
| | | 80539 | 6356 | | 钟祥 |
| 131460 | | 28369 | 351385 | 16272 | 孝感 |
| 11779 | | 290870 | 189990 | 60527 | 应城 |
| 9593 | | 9329 | 15234 | | 安陆 |
| 73223 | | | 150811 | | 汉川 |
| | 100 | 57691 | 123 | | 荆州 |
| | | 46023 | 1259 | | 监利 |
| | | 21252 | | | 石首 |
| | | | | 16170 | 洪湖 |
| | | 56953 | | | 松滋 |
| 36000 | | 55406 | 101681 | | 黄冈 |
| | | 8500 | 44428 | | 麻城 |
| | | 4011 | | 23858 | 武穴 |
| 19939 | | 3656 | | | 咸宁 |
| | | 1688 | 113859 | | 赤壁 |
| 22620 | | 138701 | 4267 | 6200 | 随州 |
| | | 10542 | 44781 | | 广水 |
| 35195 | | 79351 | 957 | 127109 | 恩施 |
| 33514 | | 6500 | 10358 | 1200 | 利川 |
| | | | | 319070 | 仙桃 |
| | | | | 16370 | 潜江 |
| 4982 | | 146491 | 15310 | 39090 | 天门 |
| **174716** | **9600** | **3946259** | **1527948** | **226255** | **湖南** |
| 43200 | | 2209045 | 345286 | 156468 | 长沙 |
| | | 102639 | 1200 | | 宁乡 |
| | 5900 | 362268 | | | 浏阳 |
| 12700 | | 160595 | 809604 | 11193 | 株洲 |
| | | 2663 | 280 | | 醴陵 |
| 12060 | | 40707 | 49015 | | 湘潭 |
| | | 2977 | | | 湘乡 |
| | | 4833 | | | 韶山 |
| 3722 | | 71628 | 10982 | | 衡阳 |

# 4-2-2 续表 11

计量单位：万元

| 城市名称<br>Name of Cities | 本年实际到位资金合计<br>The Total Funds Actually Available for The Reported Year | 上年末结余资金<br>The Balance of The Previous Year | 本年资金来源 | | | |
|---|---|---|---|---|---|---|
| | | | 小计<br>Subtotal | 国家预算资金<br>State Budgetary Fund | 中央预算资金<br>Central Budgetary Fund | 国内贷款<br>Domestic Loan |
| 耒阳 | 39000 | | 39000 | 2000 | 2000 | |
| 常宁 | 2300 | | 2300 | | | |
| 邵阳 | 8025 | 900 | 7125 | 1000 | 1000 | |
| 武冈 | 71577 | 9876 | 61701 | | | 5250 |
| 邵东 | 54967 | | 54967 | | | |
| 岳阳 | 205460 | 4200 | 201260 | 6417 | | |
| 汨罗 | 59235 | 59151 | 84 | | | |
| 临湘 | 37418 | 3965 | 33453 | | | |
| 常德 | 278266 | 11996 | 266270 | 76330 | | |
| 津市 | 2002 | | 2002 | 1707 | | |
| 张家界 | 21192 | 150 | 21042 | 900 | 900 | |
| 益阳 | 44282 | 1297 | 42985 | 15041 | | 11750 |
| 沅江 | 107963 | | 107963 | | | |
| 郴州 | 33915 | 50 | 33865 | 135 | | |
| 资兴 | 25083 | | 25083 | 733 | | |
| 永州 | 309245 | | 309245 | 17706 | 1326 | |
| 祁阳 | 53367 | | 53367 | | | |
| 怀化 | 98521 | | 98521 | 43521 | | |
| 洪江 | 9981 | | 9981 | 3950 | 3950 | |
| 娄底 | 168767 | 6097 | 162670 | | | 2000 |
| 冷水江 | 19825 | | 19825 | | | |
| 涟源 | 76950 | 26000 | 50950 | 8000 | | |
| 吉首 | | | | | | |
| **广东** | **19447841** | **619023** | **18828818** | **6149208** | **90761** | **3593502** |
| 广州 | 7672822 | 221361 | 7451461 | 2075676 | 35526 | 3078240 |
| 韶关 | 73097 | 2900 | 70197 | 20744 | 4550 | 5000 |
| 乐昌 | 18000 | | 18000 | | | |
| 南雄 | 7485 | | 7485 | | | |
| 深圳 | 4056094 | 990 | 4055104 | 780702 | 500 | |
| 珠海 | 1629224 | 48615 | 1580609 | 756563 | | 215246 |
| 汕头 | 335728 | 17319 | 318409 | 102030 | 16110 | 10650 |
| 佛山 | 1237979 | 72025 | 1165954 | 331941 | 9162 | 151156 |
| 江门 | 376087 | 32104 | 343983 | 64925 | | |
| 台山 | 2318 | | 2318 | 1095 | | |
| 开平 | 34261 | 810 | 33451 | | | |
| 鹤山 | 36562 | 1000 | 35562 | 882 | | |
| 恩平 | | | | | | |
| 湛江 | 74700 | 1250 | 73450 | 17589 | | |
| 廉江 | 29434 | | 29434 | 29434 | | |
| 雷州 | 13200 | | 13200 | | | |
| 吴川 | 41114 | 362 | 40752 | 1387 | | |

## continued 11

Measurement Unit: 10,000 RMB

| Sources of Fund | | | | 各项应付款 | 城市名称 |
|---|---|---|---|---|---|
| 债　券<br>Securities | 利用外资<br>Foreign Investment | 自筹资金<br>Self-Raised Funds | 其他资金<br>Other Funds | Sum Payable This Year | Name of Cities |
| 37000 | | | | | 耒　阳 |
| | | 2300 | | | 常　宁 |
| 2000 | | 3225 | 900 | | 邵　阳 |
| 31400 | | 19951 | 5100 | 12807 | 武　冈 |
| | | 54967 | | 38267 | 邵　东 |
| 14000 | | 107143 | 73700 | 7520 | 岳　阳 |
| | | 84 | | | 汨　罗 |
| | | 33453 | | | 临　湘 |
| | | 144151 | 45789 | | 常　德 |
| | | 295 | | | 津　市 |
| 9189 | | 10953 | | | 张家界 |
| | | 13694 | 2500 | | 益　阳 |
| | | 107963 | | | 沅　江 |
| | | 33730 | | | 郴　州 |
| 937 | 3700 | 19713 | | | 资　兴 |
| 8508 | | 230041 | 52990 | | 永　州 |
| | | 53367 | | | 祁　阳 |
| | | 55000 | | | 怀　化 |
| | | 6031 | | | 洪　江 |
| | | 42468 | 118202 | | 娄　底 |
| | | 19225 | 600 | | 冷水江 |
| | | 31150 | 11800 | | 涟　源 |
| | | | | | 吉　首 |
| **1536495** | | **1458136** | **6091477** | **987701** | **广　东** |
| 312525 | | 703730 | 1281290 | 84537 | 广　州 |
| 32283 | | 9670 | 2500 | 2401 | 韶　关 |
| 18000 | | | | | 乐　昌 |
| 7100 | | | 385 | | 南　雄 |
| | | | 3274402 | | 深　圳 |
| 242939 | | 191320 | 174541 | 248020 | 珠　海 |
| 121432 | | 3804 | 80493 | 4378 | 汕　头 |
| 20728 | | 62493 | 599636 | 89748 | 佛　山 |
| 8 | | 11338 | 267712 | 51000 | 江　门 |
| 1202 | | 21 | | 603 | 台　山 |
| 1612 | | 7839 | 24000 | | 开　平 |
| 26552 | | 8128 | | 27540 | 鹤　山 |
| | | | | | 恩　平 |
| | | 55794 | 67 | 11550 | 湛　江 |
| | | | | | 廉　江 |
| 13200 | | | | 5303 | 雷　州 |
| 39365 | | | | | 吴　川 |

# 4-2-2 续表 12

计量单位：万元

| 城市名称<br>Name of Cities | 本年实际到位资金合计<br>The Total Funds Actually Available for The Reported Year | 上年末结余资金<br>The Balance of The Previous Year | 本年资金来源<br>小计<br>Subtotal | 国家预算资金<br>State Budgetary Fund | 中央预算资金<br>Central Budgetary Fund | 国内贷款<br>Domestic Loan |
|---|---|---|---|---|---|---|
| 茂　名 | 34004 | 1320 | 32684 | 1449 | 1207 | |
| 高　州 | 29328 | | 29328 | 27968 | | |
| 化　州 | 39025 | | 39025 | | | |
| 信　宜 | | | | | | |
| 肇　庆 | 307991 | 9196 | 298795 | 188268 | 570 | 17900 |
| 四　会 | 737 | | 737 | | | |
| 惠　州 | 789640 | 27849 | 761791 | 673349 | | |
| 梅　州 | 23298 | | 23298 | 7498 | 1508 | |
| 兴　宁 | 34764 | 20045 | 14719 | 4119 | | |
| 汕　尾 | 193519 | 20100 | 173419 | 113 | | |
| 陆　丰 | 9860 | | 9860 | 9860 | | |
| 河　源 | 83568 | 23155 | 60413 | 14181 | 2116 | 2024 |
| 阳　江 | 257524 | 735 | 256789 | 163356 | | 4200 |
| 阳　春 | 63574 | 15554 | 48020 | | | |
| 清　远 | 131722 | | 131722 | 11287 | 7253 | |
| 英　德 | 10820 | | 10820 | 10820 | 10819 | |
| 连　州 | | | | | | |
| 东　莞 | 975372 | 82386 | 892986 | 289209 | | 107101 |
| 中　山 | 625841 | 2516 | 623325 | 523864 | | |
| 潮　州 | 73201 | 2372 | 70829 | 40899 | 1440 | |
| 揭　阳 | 40691 | 14691 | 26000 | | | |
| 普　宁 | | | | | | |
| 云　浮 | 24993 | 200 | 24793 | | | 1985 |
| 罗　定 | 60264 | 168 | 60096 | | | |
| **广　西** | **2591399** | **125803** | **2465596** | **943886** | **21086** | **439976** |
| 南　宁 | 618788 | 18394 | 600394 | 435255 | | |
| 横　州 | 30584 | | 30584 | 24670 | 1076 | 5563 |
| 柳　州 | 379636 | 3063 | 376573 | 4730 | | 203009 |
| 桂　林 | 126666 | 6471 | 120195 | 31154 | 4167 | 71318 |
| 荔　浦 | 14798 | | 14798 | 398 | 398 | |
| 梧　州 | 360920 | | 360920 | 132473 | 860 | |
| 岑　溪 | 25935 | | 25935 | | | 13168 |
| 北　海 | 252812 | 30167 | 222645 | 5001 | | 30900 |
| 防城港 | 22722 | | 22722 | 2949 | 2949 | 12500 |
| 东　兴 | 2509 | | 2509 | 2009 | | |
| 钦　州 | 9011 | | 9011 | 134 | | |
| 贵　港 | 162046 | | 162046 | 97411 | | 437 |
| 桂　平 | 31376 | | 31376 | | | |
| 玉　林 | 94539 | 29646 | 64893 | 18424 | 1409 | 27728 |
| 北　流 | 27943 | | 27943 | | | |
| 百　色 | 12374 | | 12374 | 9039 | | |

# continued 12

Measurement Unit: 10,000 RMB

| Sources of Fund | | | | 各项应付款 | 城市名称 |
|---|---|---|---|---|---|
| 债　券<br>Securities | 利用外资<br>Foreign Investment | 自筹资金<br>Self-Raised Funds | 其他资金<br>Other Funds | Sum Payable This Year | Name of Cities |
| 29002 | | 600 | 1633 | 5834 | 茂　名 |
| | | 1360 | | | 高　州 |
| 33629 | | | 5396 | | 化　州 |
| | | | | | 信　宜 |
| 19757 | | 9093 | 63777 | 35459 | 肇　庆 |
| | | | 737 | | 四　会 |
| 40358 | | 46329 | 1755 | 76006 | 惠　州 |
| | | | 15800 | 1463 | 梅　州 |
| 10000 | | 600 | | | 兴　宁 |
| 12000 | | | 161306 | 30543 | 汕　尾 |
| | | | | | 陆　丰 |
| 31045 | | 13013 | 150 | 1959 | 河　源 |
| 46864 | | 11535 | 30834 | 3569 | 阳　江 |
| 6402 | | 41547 | 71 | | 阳　春 |
| 108968 | | 8711 | 2756 | 55694 | 清　远 |
| | | | | 2780 | 英　德 |
| | | | | | 连　州 |
| 229120 | | 238488 | 29068 | 97997 | 东　莞 |
| 43879 | | 21825 | 33757 | 66029 | 中　山 |
| 8000 | | 8350 | 13580 | 82236 | 潮　州 |
| 26000 | | | | 750 | 揭　阳 |
| | | | | | 普　宁 |
| 16525 | | 1598 | 4685 | 2302 | 云　浮 |
| 38000 | | 950 | 21146 | | 罗　定 |
| **171483** | **14284** | **737048** | **158919** | **724690** | **广　西** |
| 7492 | | 157235 | 412 | 451021 | 南　宁 |
| | | 351 | | | 横　州 |
| | 12000 | 137896 | 18938 | 14672 | 柳　州 |
| | | 17723 | | 4531 | 桂　林 |
| | | 14400 | | 34 | 荔　浦 |
| 29577 | | 159822 | 39048 | 66396 | 梧　州 |
| 11567 | | 1200 | | | 岑　溪 |
| 24668 | | 132535 | 29541 | 3723 | 北　海 |
| | | 6662 | 611 | 37540 | 防城港 |
| | | 500 | | | 东　兴 |
| 1000 | | 2603 | 5274 | 2387 | 钦　州 |
| 655 | | 49156 | 14387 | 63907 | 贵　港 |
| 5060 | | 4904 | 21412 | 153 | 桂　平 |
| | | 17339 | 1402 | 150 | 玉　林 |
| | | 49 | 27894 | | 北　流 |
| | | 3335 | | 25488 | 百　色 |

# 4-2-2 续表 13

计量单位：万元

| 城市名称<br>Name of Cities | 本年实际到位资金合计<br>The Total Funds Actually Available for The Reported Year | 上年末结余资金<br>The Balance of The Previous Year | 本年资金来源 | | | |
|---|---|---|---|---|---|---|
| | | | 小 计<br>Subtotal | 国家预算资金<br>State Budgetary Fund | 中央预算资金<br>Central Budgetary Fund | 国内贷款<br>Domestic Loan |
| 靖　西 | 3284 | | 3284 | 390 | | |
| 平　果 | 22018 | | 22018 | 17447 | 4468 | 2973 |
| 贺　州 | 137564 | 3 | 137561 | 33262 | 3200 | 5080 |
| 河　池 | 89107 | 865 | 88242 | 23088 | | 58700 |
| 来　宾 | 35332 | 4415 | 30917 | 19314 | 1229 | 3000 |
| 合　山 | 5401 | | 5401 | 5401 | | |
| 崇　左 | 121980 | 32779 | 89201 | 79222 | 900 | 5600 |
| 凭　祥 | 4054 | | 4054 | 2115 | 430 | |
| **海　南** | **1079284** | **54885** | **1024399** | **895474** | **21800** | **6132** |
| 海　口 | 902209 | 30824 | 871385 | 775499 | 10000 | 6132 |
| 三　亚 | 4688 | | 4688 | 2755 | | |
| 儋　州 | 105884 | 17671 | 88213 | 80710 | 9614 | |
| 五指山 | 5595 | 1042 | 4553 | 551 | 551 | |
| 琼　海 | 15296 | 500 | 14796 | 2435 | 1635 | |
| 文　昌 | 23940 | | 23940 | 23940 | | |
| 万　宁 | 11999 | 4848 | 7151 | | | |
| 东　方 | 9673 | | 9673 | 9584 | | |
| **重　庆** | **13613223** | **631278** | **12981945** | **5761977** | **87253** | **2848420** |
| 重　庆 | 13613223 | 631278 | 12981945 | 5761977 | 87253 | 2848420 |
| **四　川** | **15548966** | **362758** | **15186208** | **4640835** | **212127** | **1668033** |
| 成　都 | 6463480 | 168906 | 6294574 | 3328362 | 12213 | 922884 |
| 简　阳 | 187915 | | 187915 | 2677 | | |
| 都江堰 | 176954 | | 176954 | 106934 | | 70000 |
| 彭　州 | 68306 | | 68306 | | | |
| 邛　崃 | 99623 | 900 | 98723 | | | |
| 崇　州 | 72609 | | 72609 | | | |
| 自　贡 | 1034806 | 28997 | 1005809 | 174883 | 1896 | 220803 |
| 攀枝花 | 138403 | 6041 | 132362 | 7611 | 7611 | |
| 泸　州 | 581420 | | 581420 | | | |
| 德　阳 | 451222 | 11132 | 440090 | 80612 | 24800 | 82130 |
| 广　汉 | 386158 | | 386158 | 7100 | | |
| 什　邡 | 28116 | 4496 | 23620 | 2012 | 1630 | |
| 绵　竹 | 14271 | 11281 | 2990 | 2600 | | |
| 绵　阳 | 840288 | 31181 | 809107 | 119278 | 22020 | 40700 |
| 江　油 | 94529 | | 94529 | 895 | | 78716 |
| 广　元 | 195390 | 27663 | 167727 | 30070 | 18720 | 8776 |
| 遂　宁 | 330116 | 15800 | 314316 | 2493 | | |
| 射　洪 | 198718 | 17629 | 181089 | 4400 | 4400 | 53839 |
| 内　江 | 496519 | | 496519 | 23464 | 3159 | 122300 |

# continued 13

Measurement Unit: 10,000 RMB

| Sources of Fund | | | | 各项应付款 | 城市名称 |
|---|---|---|---|---|---|
| 债券 Securities | 利用外资 Foreign Investment | 自筹资金 Self-Raised Funds | 其他资金 Other Funds | Sum Payable This Year | Name of Cities |
| | | 2894 | | 690 | 靖西 |
| | | 1598 | | | 平果 |
| 83700 | 1184 | 14335 | | 10196 | 贺州 |
| 418 | | 6036 | | 1021 | 河池 |
| 7346 | 1100 | 157 | | 3324 | 来宾 |
| | | | | | 合山 |
| | | 4379 | | 36079 | 崇左 |
| | | 1939 | | 3378 | 凭祥 |
| **77936** | | **9509** | **35348** | **153833** | **海南** |
| 65200 | | | 24554 | 151797 | 海口 |
| | | | 1933 | 2018 | 三亚 |
| 4303 | | 3200 | | | 儋州 |
| | | | 4002 | | 五指山 |
| 2955 | | 4636 | 4770 | 18 | 琼海 |
| | | | | | 文昌 |
| 5478 | | 1673 | | | 万宁 |
| | | | 89 | | 东方 |
| **1205058** | | **2030666** | **1135824** | **1652939** | **重庆** |
| 1205058 | | 2030666 | 1135824 | 1652939 | 重庆 |
| **971422** | **6500** | **1985178** | **5914240** | **3564481** | **四川** |
| 88484 | | 176379 | 1778465 | 2364889 | 成都 |
| | | 97160 | 88078 | | 简阳 |
| | | | 20 | 145586 | 都江堰 |
| | | | 68306 | | 彭州 |
| 9500 | | 89223 | | | 邛崃 |
| 12000 | | | 60609 | | 崇州 |
| 117638 | | | 492485 | 128562 | 自贡 |
| 9287 | | 10610 | 104854 | 10571 | 攀枝花 |
| 107500 | | 138120 | 335800 | | 泸州 |
| 18667 | | 43074 | 215607 | 1500 | 德阳 |
| 18650 | | | 360408 | | 广汉 |
| 21390 | | | 218 | | 什邡 |
| | | | 390 | | 绵竹 |
| 197658 | | 209279 | 242192 | 63682 | 绵阳 |
| | | 5489 | 9429 | | 江油 |
| 16413 | | 94407 | 18061 | 151054 | 广元 |
| 96180 | | 213483 | 2160 | | 遂宁 |
| 15000 | | 25000 | 82850 | 86317 | 射洪 |
| 19100 | | | 331655 | | 内江 |

# 4-2-2 续表 14

计量单位：万元

| 城市名称 Name of Cities | 本年实际到位资金合计 The Total Funds Actually Available for The Reported Year | 上年末结余资金 The Balance of The Previous Year | 本年资金来源 小计 Subtotal | 国家预算资金 State Budgetary Fund | 中央预算资金 Central Budgetary Fund | 国内贷款 Domestic Loan |
|---|---|---|---|---|---|---|
| 隆昌 | 66900 | | 66900 | 2700 | | |
| 乐山 | 342734 | 19310 | 323424 | 128325 | 8650 | 39500 |
| 峨眉山 | 50080 | | 50080 | 16680 | 12800 | |
| 南充 | 278077 | | 278077 | 100 | | 24 |
| 阆中 | 83011 | | 83011 | 6814 | 2410 | |
| 眉山 | 78716 | | 78716 | 55049 | 745 | 1604 |
| 宜宾 | 541708 | 2109 | 539599 | 9804 | 5019 | |
| 广安 | 223033 | | 223033 | | | |
| 华蓥 | 44500 | | 44500 | | | |
| 达州 | 630131 | | 630131 | 177026 | 8566 | 13250 |
| 万源 | 52857 | | 52857 | 42760 | 42760 | |
| 雅安 | 213710 | 3597 | 210113 | 60431 | | 2182 |
| 巴中 | 246090 | 890 | 245200 | 59950 | 26700 | |
| 资阳 | 724404 | 885 | 723519 | 113219 | | 11325 |
| 马尔康 | 3766 | | 3766 | 3766 | 3766 | |
| 康定 | 12625 | 11941 | 684 | | | |
| 会理 | 3858 | | 3858 | 988 | | |
| 西昌 | 93923 | | 93923 | 69832 | 4262 | |
| **贵州** | **3646294** | **363993** | **3282301** | **110242** | **10768** | **276667** |
| 贵阳 | 1200209 | 183093 | 1017116 | 30200 | | 255000 |
| 清镇 | 5699 | | 5699 | 2999 | 2999 | |
| 六盘水 | | | | | | |
| 盘州 | 286892 | 2200 | 284692 | | | |
| 遵义 | 174564 | 5580 | 168984 | 15049 | | 16960 |
| 赤水 | 12301 | | 12301 | 1632 | | |
| 仁怀 | 38970 | 180 | 38790 | 5221 | 1000 | |
| 安顺 | 703808 | 169440 | 534368 | | | |
| 毕节 | 373717 | | 373717 | 2680 | | |
| 黔西 | 20401 | | 20401 | | | |
| 铜仁 | 121506 | | 121506 | 48121 | 2429 | |
| 兴义 | 306809 | 3500 | 303309 | 500 | 500 | |
| 兴仁 | 204097 | | 204097 | | | |
| 凯里 | | | | | | |
| 都匀 | 8936 | | 8936 | 3840 | 3840 | 4707 |
| 福泉 | 188385 | | 188385 | | | |
| **云南** | **1132066** | **312577** | **819489** | **234004** | **21821** | **35656** |
| 昆明 | 285575 | 225116 | 60459 | 607 | 607 | |
| 安宁 | 604 | | 604 | | | |
| 曲靖 | 54932 | 3429 | 51503 | 4884 | 3000 | 5000 |
| 宣威 | 86643 | | 86643 | | | 5000 |

# continued 14

Measurement Unit: 10,000 RMB

| Sources of Fund | | | | | |
|---|---|---|---|---|---|
| 债 券<br>Securities | 利用外资<br>Foreign Investment | 自筹资金<br>Self-Raised Funds | 其他资金<br>Other Funds | 各项应付款<br>Sum Payable This Year | 城市名称<br>Name of Cities |
| 49000 | | 1000 | 14200 | | 隆 昌 |
| 30500 | | | 125099 | 246900 | 乐 山 |
| 6200 | | | 27200 | 51002 | 峨眉山 |
| 1400 | | 211399 | 65154 | | 南 充 |
| | | 1987 | 74210 | 855 | 阆 中 |
| | | 635 | 21428 | 51990 | 眉 山 |
| 52611 | | 59369 | 417815 | | 宜 宾 |
| 9000 | | 38982 | 175051 | | 广 安 |
| | | | 44500 | | 华 蓥 |
| 17581 | | 56486 | 365788 | | 达 州 |
| 3200 | | 6897 | | | 万 源 |
| 34357 | 6500 | 8521 | 98122 | | 雅 安 |
| | | 119800 | 65450 | 74150 | 巴 中 |
| 19806 | | 375308 | 203861 | 171681 | 资 阳 |
| | | | | | 马尔康 |
| | | | 684 | | 康 定 |
| 300 | | 2570 | | | 会 理 |
| | | | 24091 | 15742 | 西 昌 |
| **32830** | | **1397532** | **1465030** | **946484** | **贵 州** |
| 14200 | | 99688 | 618028 | 318 | 贵 阳 |
| 900 | | 1800 | | 5148 | 清 镇 |
| | | | | 550829 | 六盘水 |
| | | 284692 | | | 盘 州 |
| | | 86329 | 50646 | 13026 | 遵 义 |
| | | 10169 | 500 | 307 | 赤 水 |
| | | 23089 | 10480 | 27117 | 仁 怀 |
| | | 292080 | 242288 | | 安 顺 |
| | | 18479 | 352558 | 9019 | 毕 节 |
| | | 856 | 19545 | 17 | 黔 西 |
| 1000 | | 69825 | 2560 | 331932 | 铜 仁 |
| 16730 | | 286079 | | | 兴 义 |
| | | 202807 | 1290 | | 兴 仁 |
| | | | | | 凯 里 |
| | | 389 | | 8771 | 都 匀 |
| | | 21250 | 167135 | | 福 泉 |
| **121838** | | **165825** | **262166** | **909547** | **云 南** |
| | | 45071 | 14781 | 72064 | 昆 明 |
| | | 604 | | 462 | 安 宁 |
| 34140 | | 2393 | 5086 | 75137 | 曲 靖 |
| | | 777 | 80866 | | 宣 威 |

# 4-2-2 续表 15

计量单位：万元

| 城市名称<br>Name of Cities | 本年实际到位资金合计<br>The Total Funds Actually Available for The Reported Year | 上年末结余资金<br>The Balance of The Previous Year | 本年资金来源 | | | |
|---|---|---|---|---|---|---|
| | | | 小计<br>Subtotal | 国家预算资金<br>State Budgetary Fund | 中央预算资金<br>Central Budgetary Fund | 国内贷款<br>Domestic Loan |
| 玉溪 | 13585 | 389 | 13196 | | | 914 |
| 澄江 | 25221 | | 25221 | | | |
| 保山 | 61200 | | 61200 | | | |
| 腾冲 | 1486 | | 1486 | 180 | | |
| 昭通 | 25111 | | 25111 | 3500 | | 12711 |
| 水富 | 6397 | | 6397 | | | |
| 丽江 | | | | | | |
| 普洱 | 74856 | | 74856 | | | |
| 临沧 | 6090 | | 6090 | 3850 | 950 | |
| 禄丰 | 100 | | 100 | 100 | | |
| 楚雄 | 144619 | 71570 | 73049 | 25324 | | |
| 个旧 | 8595 | 7500 | 1095 | | | 595 |
| 开远 | 23000 | | 23000 | 8000 | | |
| 蒙自 | 158591 | 303 | 158288 | 128880 | | 5000 |
| 弥勒 | 32629 | | 32629 | | | |
| 文山 | 4900 | 3400 | 1500 | | | |
| 景洪 | 7551 | | 7551 | | | |
| 大理 | 6570 | 870 | 5700 | 2700 | | |
| 瑞丽 | 38442 | | 38442 | 2610 | 2210 | 6436 |
| 芒市 | | | | | | |
| 泸水 | 44646 | | 44646 | 32646 | | |
| 香格里拉 | 20723 | | 20723 | 20723 | 15054 | |
| **西藏** | **606297** | **32646** | **573651** | **48465** | **9172** | |
| 拉萨 | 436546 | 12000 | 424546 | 31258 | | |
| 日喀则 | | | | | | |
| 昌都 | | | | | | |
| 林芝 | 1114 | | 1114 | | | |
| 山南 | 92592 | | 92592 | 17207 | 9172 | |
| 那曲 | 76045 | 20646 | 55399 | | | |
| **陕西** | **10077386** | **2445434** | **7631952** | **1744286** | **119570** | **733485** |
| 西安 | 7596954 | 1460833 | 6136121 | 1034712 | 28958 | 719900 |
| 铜川 | 71957 | 14073 | 57884 | 17598 | 3359 | |
| 宝鸡 | 1428370 | 912406 | 515964 | 490466 | 5700 | |
| 咸阳 | 219759 | 9265 | 210494 | | | |
| 彬州 | 126133 | | 126133 | 77723 | 77723 | |
| 兴平 | 41883 | 1300 | 40583 | 29483 | | |
| 渭南 | 69070 | | 69070 | 69070 | | |
| 韩城 | | | | | | |
| 华阴 | 36787 | | 36787 | | | |
| 延安 | 31959 | 9632 | 22327 | 1687 | | 3285 |

## continued 15

Measurement Unit: 10,000 RMB

| Sources of Fund | | | | 各项应付款 Sum Payable This Year | 城市名称 Name of Cities |
|---|---|---|---|---|---|
| 债券 Securities | 利用外资 Foreign Investment | 自筹资金 Self-Raised Funds | 其他资金 Other Funds | | |
| | | 12282 | | | 玉溪 |
| | | | 25221 | 17600 | 澄江 |
| 39600 | | 15000 | 6600 | | 保山 |
| | | | 1306 | | 腾冲 |
| | | 1500 | 7400 | | 昭通 |
| 3000 | | | 3397 | | 水富 |
| | | | | 10560 | 丽江 |
| 1914 | | 13300 | 59642 | | 普洱 |
| 1860 | | | 380 | 15635 | 临沧 |
| | | | | 38451 | 禄丰 |
| | | 47725 | | | 楚雄 |
| | | | 500 | | 个旧 |
| | | | 15000 | 24683 | 开远 |
| 20000 | | 3940 | 468 | 1032 | 蒙自 |
| 7500 | | 14974 | 10155 | | 弥勒 |
| | | 1500 | | 362679 | 文山 |
| | | 3051 | 4500 | | 景洪 |
| | | | 3000 | 74664 | 大理 |
| 1824 | | 3708 | 23864 | 3109 | 瑞丽 |
| | | | | | 芒市 |
| 12000 | | | | 144954 | 泸水 |
| | | | | 68517 | 香格里拉 |
| **178681** | | **48954** | **297551** | | **西藏** |
| 97892 | | | 295396 | | 拉萨 |
| | | | | | 日喀则 |
| | | | | | 昌都 |
| | | 1114 | | | 林芝 |
| 28000 | | 47385 | | | 山南 |
| 52789 | | 455 | 2155 | | 那曲 |
| **281589** | | **2603553** | **2269039** | **1158830** | **陕西** |
| 222930 | | 1961610 | 2196969 | 1016438 | 西安 |
| 3795 | | 18666 | 17825 | 26376 | 铜川 |
| 9900 | | 15398 | 200 | 3800 | 宝鸡 |
| | | 207844 | 2650 | | 咸阳 |
| | | 48410 | | | 彬州 |
| | | 11100 | | | 兴平 |
| | | | | | 渭南 |
| | | | | 21438 | 韩城 |
| | | 36787 | | | 华阴 |
| 11000 | | 6355 | | 4879 | 延安 |

# 4-2-2 续表 16

计量单位：万元

| 城市名称<br>Name of Cities | 本年实际到位资金合计<br>The Total Funds Actually Available for The Reported Year | 上年末结余资金<br>The Balance of The Previous Year | 本年资金来源 | | | |
|---|---|---|---|---|---|---|
| | | | 小计<br>Subtotal | 国家预算资金<br>State Budgetary Fund | 中央预算资金<br>Central Budgetary Fund | 国内贷款<br>Domestic Loan |
| 子长 | 730 | | 730 | | | |
| 汉中 | 251424 | 35125 | 216299 | | | 4400 |
| 榆林 | 12204 | 2800 | 9404 | | | |
| 神木 | 22700 | | 22700 | | | |
| 安康 | 68198 | | 68198 | 4830 | 3830 | 2900 |
| 旬阳 | 37850 | | 37850 | | | |
| 商洛 | 22488 | | 22488 | 12217 | | |
| 杨凌区 | 38920 | | 38920 | 6500 | | 3000 |
| **甘肃** | **2106268** | **359693** | **1746575** | **60928** | **45918** | **265703** |
| 兰州 | 546875 | 142904 | 403971 | 11228 | 5085 | 108582 |
| 嘉峪关 | 62540 | 586 | 61954 | 2350 | 1750 | |
| 金昌 | 91240 | 20106 | 71134 | 6665 | 850 | |
| 白银 | 95962 | 8983 | 86979 | 5752 | 5202 | |
| 天水 | 883197 | 167453 | 715744 | 19968 | 18066 | 129286 |
| 武威 | 82723 | | 82723 | | | |
| 张掖 | 10351 | | 10351 | | | |
| 平凉 | 25618 | 7773 | 17845 | 1538 | 1538 | |
| 华亭 | 8213 | | 8213 | | | |
| 酒泉 | 110668 | 9623 | 101045 | | | |
| 玉门 | 10699 | 924 | 9775 | | | |
| 敦煌 | 52450 | | 52450 | | | |
| 庆阳 | 24622 | | 24622 | | | 15335 |
| 定西 | 46086 | | 46086 | | | |
| 陇南 | 13000 | | 13000 | | | |
| 临夏 | 27241 | 1341 | 25900 | 350 | 350 | 12500 |
| 合作 | 14783 | | 14783 | 13077 | 13077 | |
| **青海** | **266596** | **61142** | **205454** | **145069** | **23802** | **348** |
| 西宁 | 171098 | 25521 | 145577 | 111317 | 3751 | 348 |
| 海东 | 39945 | 26858 | 13087 | 3011 | 2115 | |
| 同仁 | | | | | | |
| 玉树 | 14693 | | 14693 | 11381 | 10360 | |
| 茫崖 | | | | | | |
| 格尔木 | 21926 | 978 | 20948 | 15567 | 7576 | |
| 德令哈 | 18934 | 7785 | 11149 | 3793 | | |
| **宁夏** | **332083** | **17017** | **315066** | **53038** | **7865** | **143232** |
| 银川 | 175661 | 4248 | 171413 | 43695 | | 54448 |
| 灵武 | | | | | | |
| 宁东能源化工基地 | 78 | | 78 | 78 | | |

continued 16

Measurement Unit: 10,000 RMB

| Sources of Fund | | | | | |
|---|---|---|---|---|---|
| 债 券<br>Securities | 利用外资<br>Foreign Investment | 自筹资金<br>Self-Raised Funds | 其他资金<br>Other Funds | 各项应付款<br>Sum Payable This Year | 城市名称<br>Name of Cities |
| | | | 730 | | 长 子 |
| | | 193595 | 18304 | 23366 | 汉 中 |
| | | 9404 | | 4151 | 榆 林 |
| 19700 | | | 3000 | 32800 | 神 木 |
| 8700 | | 28007 | 23761 | | 安 康 |
| | | 37850 | | | 旬 阳 |
| | | 4671 | 5600 | 25582 | 商 洛 |
| 5564 | | 23856 | | | 杨凌区 |
| **242616** | **77800** | **632703** | **466825** | **604458** | **甘 肃** |
| 68691 | 77800 | 127841 | 9829 | 202785 | 兰 州 |
| 51239 | | 200 | 8165 | 5778 | 嘉峪关 |
| 36000 | | 5469 | 23000 | 1200 | 金 昌 |
| 45720 | | 3807 | 31700 | 30077 | 白 银 |
| | | 471538 | 94952 | 155489 | 天 水 |
| | | | 82723 | 90839 | 武 威 |
| | | 455 | 9896 | | 张 掖 |
| | | 8413 | 7894 | 4773 | 平 凉 |
| 5600 | | 2613 | | 9741 | 华 亭 |
| | | | 101045 | | 酒 泉 |
| 7106 | | | 2669 | | 玉 门 |
| 6450 | | | 46000 | | 敦 煌 |
| | | 9287 | | | 庆 阳 |
| 310 | | 1200 | 44576 | | 定 西 |
| 11450 | | 1550 | | | 陇 南 |
| 10050 | | 330 | 2670 | 103776 | 临 夏 |
| | | | 1706 | | 合 作 |
| **42119** | | **9337** | **8581** | **1173** | **青 海** |
| 28724 | | 3088 | 2100 | 1173 | 西 宁 |
| 1872 | | 1723 | 6481 | | 海 东 |
| | | | | | 同 仁 |
| | | 3312 | | | 玉 树 |
| | | | | | 茫 崖 |
| 4310 | | 1071 | | | 格尔木 |
| 7213 | | 143 | | | 德令哈 |
| **45644** | | **46732** | **26420** | **41622** | **宁 夏** |
| 27640 | | 29750 | 15880 | 30929 | 银 川 |
| | | | | 715 | 灵 武 |
| | | | | 1200 | 宁东能源化工基地 |

# 4-2-2 续表 17

计量单位：万元

| 城市名称<br>Name of Cities | 本年实际到位资金合计<br>The Total Funds Actually Available for The Reported Year | 上年末结余资金<br>The Balance of The Previous Year | 本年资金来源<br>小计<br>Subtotal | 国家预算资金<br>State Budgetary Fund | 中央预算资金<br>Central Budgetary Fund | 国内贷款<br>Domestic Loan |
|---|---|---|---|---|---|---|
| 石嘴山 | 79128 | 12394 | 66734 | 1400 | | 52475 |
| 吴忠 | 42802 | 318 | 42484 | 6980 | 6980 | 15000 |
| 青铜峡 | 3353 | | 3353 | 885 | 885 | |
| 固原 | | | | | | |
| 中卫 | 31061 | 57 | 31004 | | | 21309 |
| **新疆** | **1228265** | **83631** | **1144634** | **156065** | **39329** | **113718** |
| 乌鲁木齐 | 305123 | 11622 | 293501 | 21430 | 879 | 108018 |
| 克拉玛依 | 65646 | 10326 | 55320 | 1703 | 1600 | |
| 吐鲁番 | 37474 | | 37474 | 12463 | | 4800 |
| 哈密 | 105345 | | 105345 | | | |
| 昌吉 | 15694 | 8620 | 7074 | 6293 | | |
| 阜康 | 7038 | | 7038 | 1181 | 1181 | |
| 博乐 | 1000 | | 1000 | | | |
| 阿拉山口 | 5081 | | 5081 | | | |
| 库尔勒 | 106829 | | 106829 | 6709 | 6709 | |
| 阿克苏 | 37042 | | 37042 | 20340 | 13039 | |
| 库车 | 37253 | | 37253 | 3245 | | 900 |
| 阿图什 | 37600 | 3600 | 34000 | 2800 | 2800 | |
| 喀什 | 260675 | | 260675 | 17600 | 5600 | |
| 和田 | 4000 | | 4000 | 1000 | 1000 | |
| 伊宁 | 21250 | | 21250 | | | |
| 奎屯 | 21295 | | 21295 | 910 | 910 | |
| 霍尔果斯 | 13500 | | 13500 | 2700 | 2700 | |
| 塔城 | 56533 | | 56533 | 36350 | 1351 | |
| 乌苏 | 5659 | 70 | 5589 | 1560 | 1560 | |
| 沙湾 | 15054 | | 15054 | | | |
| 阿勒泰 | 69174 | 49393 | 19781 | 19781 | | |
| **新疆兵团** | **503144** | **76811** | **426333** | **209017** | **84082** | |
| 石河子 | 77236 | | 77236 | 77236 | | |
| 阿拉尔 | 35571 | | 35571 | 22079 | 17387 | |
| 图木舒克 | 27275 | 11029 | 16246 | 11418 | | |
| 五家渠 | 23451 | | 23451 | | | |
| 北屯 | 64469 | | 64469 | 44456 | 42224 | |
| 铁门关 | 15417 | 4687 | 10730 | 3280 | 3280 | |
| 双河 | 95918 | 22918 | 73000 | 5800 | 5800 | |
| 可克达拉 | 56091 | 168 | 55923 | 17981 | | |
| 昆玉 | 48739 | 38009 | 10730 | 10730 | | |
| 胡杨河 | 1400 | | 1400 | | | |
| 新星 | 57577 | | 57577 | 16037 | 15391 | |

## continued 17

Measurement Unit: 10,000 RMB

| Sources of Fund | | | | 各项应付款 | 城市名称 |
|---|---|---|---|---|---|
| 债　券<br>Securities | 利用外资<br>Foreign Investment | 自筹资金<br>Self-Raised Funds | 其他资金<br>Other Funds | Sum Payable This Year | Name of Cities |
| | | 11759 | 1100 | 1906 | 石嘴山 |
| 17104 | | | 3400 | 3165 | 吴　忠 |
| 900 | | 1368 | 200 | 800 | 青铜峡 |
| | | | | | 固　原 |
| | | 3855 | 5840 | 2907 | 中　卫 |
| **519772** | | **74859** | **280220** | **555431** | **新　疆** |
| 36201 | | 7445 | 120407 | 140484 | 乌鲁木齐 |
| 40000 | | 12175 | 1442 | 989 | 克拉玛依 |
| 15763 | | 4448 | | | 吐鲁番 |
| 102000 | | | 3345 | 102461 | 哈　密 |
| 781 | | | | 2953 | 昌　吉 |
| 4884 | | 973 | | 715 | 阜　康 |
| 1000 | | | | | 博　乐 |
| 5081 | | | | | 阿拉山口 |
| 74000 | | | 26120 | 272818 | 库尔勒 |
| 1080 | | 15622 | | | 阿克苏 |
| 26000 | | 4208 | 2900 | | 库　车 |
| 27000 | | | 4200 | 3620 | 阿图什 |
| 141200 | | 298 | 101577 | | 喀　什 |
| 3000 | | | | 13005 | 和　田 |
| | | 21250 | | 18386 | 伊　宁 |
| 16000 | | | 4385 | | 奎　屯 |
| 2360 | | 8440 | | | 霍尔果斯 |
| 4393 | | | 15790 | | 塔　城 |
| 4029 | | | | | 乌　苏 |
| 15000 | | | 54 | | 沙　湾 |
| | | | | | 阿勒泰 |
| **157592** | | **1660** | **58064** | **20816** | **新疆兵团** |
| | | | | 395 | 石河子 |
| 13492 | | | | 4037 | 阿拉尔 |
| 3168 | | 1660 | | 15139 | 图木舒克 |
| 3329 | | | 20122 | 374 | 五家渠 |
| 20013 | | | | | 北　屯 |
| 7450 | | | | | 铁门关 |
| 67200 | | | | | 双　河 |
| | | | 37942 | 871 | 可克达拉 |
| | | | | | 昆　玉 |
| 1400 | | | | | 胡杨河 |
| 41540 | | | | | 新　星 |

# 居民生活数据

# Data by Residents Living

# 五、城市供水
# 5. Urban Water Supply

## 简要说明

城市供水指通过供水设施向单位和居民的生活、生产和其他各项建设提供符合国家标准用水的活动，包括公共供水和自建设施供水。

本部分主要包括城市供水的生产能力、供应量、服务情况等内容，并按公共供水企业和自建设施供水单位分别统计。

## Brief Introduction

Urban water supply refers to supplying water that meets national quality standard to institutions and urban residents through water supply facilities. It includes water supply by public suppliers and by suppliers with self-built facilities.

This section covers such indicators as production capacity, total quantity of water supplied and relevant service etc. Statistics on urban water supply by water suppliers and by suppliers with self-built facilities is separately presented.

# 5 全国历年城市供水情况(1978-2022)
# National Urban Water Supply in Past Years (1978-2022)

| 年份 Year | 综合生产能力 (万立方米/日) Integrated Production Capacity (10,000 $m^3$/day) | 供水管道长度 (公里) Length of Water Supply Pipelines (km) | 供水总量 (万立方米) Total Quantity of Water Supply (10,000 $m^3$) | 生活用量 Residential Use | 用水人口 (万人) Population with Access to Water Supply (10,000 persons) | 人均日生活用水量 (升) Daily Water Consumption Per Capita (liter) | 供水普及率 (%) Water Coverage Rate (%) |
|---|---|---|---|---|---|---|---|
| 1978 | 2530.4 | 35984 | 787507 | 275854 | 6267.1 | 120.6 | 81.6 |
| 1979 | 2714.0 | 39406 | 832201 | 309206 | 6951.0 | 121.8 | 82.3 |
| 1980 | 2979.0 | 42859 | 883427 | 339130 | 7278.0 | 127.6 | 81.4 |
| 1981 | 3258.0 | 46966 | 969943 | 367823 | 7729.3 | 130.4 | 53.7 |
| 1982 | 3424.9 | 51513 | 1011319 | 391422 | 8102.2 | 132.4 | 56.7 |
| 1983 | 3539.0 | 56852 | 1065956 | 421968 | 8370.9 | 138.1 | 52.5 |
| 1984 | 3960.9 | 62892 | 1176474 | 465651 | 8900.7 | 143.3 | 49.5 |
| 1985 | 4019.7 | 67350 | 1280238 | 519493 | 9424.3 | 151.0 | 45.1 |
| 1986 | 10407.9 | 72557 | 2773921 | 706971 | 11757.9 | 161.9 | 51.3 |
| 1987 | 11363.6 | 77864 | 2984697 | 759702 | 12684.6 | 164.1 | 50.4 |
| 1988 | 12715.8 | 86231 | 3385847 | 873800 | 14049.9 | 170.4 | 47.6 |
| 1989 | 12821.1 | 92281 | 3936648 | 930619 | 14786.3 | 172.4 | 47.4 |
| 1990 | 14220.3 | 97183 | 3823425 | 1001021 | 15611.1 | 175.7 | 48.0 |
| 1991 | 14584.0 | 102299 | 4085073 | 1159929 | 16213.2 | 196.0 | 54.8 |
| 1992 | 16036.4 | 111780 | 4298437 | 1172919 | 17280.8 | 186.0 | 56.2 |
| 1993 | 16927.9 | 123007 | 4502341 | 1282543 | 18636.4 | 188.6 | 55.2 |
| 1994 | 18215.1 | 131052 | 4894620 | 1422453 | 20083.0 | 194.0 | 56.0 |
| 1995 | 19250.4 | 138701 | 4815653 | 1581451 | 22165.7 | 195.4 | 58.7 |
| 1996 | 19990.0 | 202613 | 4660652 | 1670673 | 21997.0 | 208.1 | 60.7 |
| 1997 | 20565.8 | 215587 | 4767788 | 1757157 | 22550.1 | 213.5 | 61.2 |
| 1998 | 20991.8 | 225361 | 4704732 | 1810355 | 23169.1 | 214.1 | 61.9 |
| 1999 | 21551.9 | 238001 | 4675076 | 1896225 | 23885.7 | 217.5 | 63.5 |
| 2000 | 21842.0 | 254561 | 4689838 | 1999960 | 24809.2 | 220.2 | 63.9 |
| 2001 | 22900.0 | 289338 | 4661194 | 2036492 | 25832.8 | 216.0 | 72.26 |
| 2002 | 23546.0 | 312605 | 4664574 | 2131919 | 27419.9 | 213.0 | 77.85 |
| 2003 | 23967.1 | 333289 | 4752548 | 2246665 | 29124.5 | 210.9 | 86.15 |
| 2004 | 24753.0 | 358410 | 4902755 | 2334625 | 30339.7 | 210.8 | 88.85 |
| 2005 | 24719.8 | 379332 | 5020601 | 2437374 | 32723.4 | 204.1 | 91.09 |
| 2006 | 26965.6 | 430426 | 5405246 | 2220459 | 32304.1 | 188.3 | 86.67(97.04) |
| 2007 | 25708.4 | 447229 | 5019488 | 2263676 | 34766.5 | 178.4 | 93.83 |
| 2008 | 26604.1 | 480084 | 5000762 | 2274266 | 35086.7 | 178.2 | 94.73 |
| 2009 | 27046.8 | 510399 | 4967467 | 2334082 | 36214.2 | 176.6 | 96.12 |
| 2010 | 27601.5 | 539778 | 5078745 | 2371488 | 38156.7 | 171.4 | 96.68 |
| 2011 | 26668.7 | 573774 | 5134222 | 2476520 | 39691.3 | 170.9 | 97.04 |
| 2012 | 27177.3 | 591872 | 5230326 | 2572473 | 41026.5 | 171.8 | 97.16 |
| 2013 | 28373.4 | 646413 | 5373022 | 2676463 | 42261.4 | 173.5 | 97.56 |
| 2014 | 28673.3 | 676727 | 5466613 | 2756911 | 43476.3 | 173.7 | 97.64 |
| 2015 | 29678.3 | 710206 | 5604728 | 2872695 | 45112.6 | 174.5 | 98.07 |
| 2016 | 30320.7 | 756623 | 5806911 | 3031376 | 46958.4 | 176.9 | 98.42 |
| 2017 | 30475.0 | 797355 | 5937591 | 3153968 | 48303.5 | 178.9 | 98.30 |
| 2018 | 31211.8 | 865017 | 6146244 | 3300567 | 50310.6 | 179.7 | 98.36 |
| 2019 | 30897.8 | 920082 | 6283010 | 3401160 | 51778.0 | 180.0 | 98.78 |
| 2020 | 32072.7 | 1006910 | 6295420 | 3484644 | 53217.4 | 179.4 | 98.99 |
| 2021 | 31737.7 | 1059901 | 6733442 | 3753783 | 55580.9 | 185.0 | 99.38 |
| 2022 | 31510.4 | 1102976 | 6744063 | 3785485 | 56141.8 | 184.7 | 99.39 |

注：1.1978年至1985年综合供水生产能力为系统内数；1978年至1995年供水管道长度为系统内数。

2.自2006年起，供水普及率指标按城区人口和城区暂住人口合计为分母计算，括号中的数据为往年同口径数据。

Notes: 1.Integrated production capacity from 1978 to 1985 is limited to the statistical figure in building sector; Length of water supply pipelines from 1978 to 1995 is limited to the statistical figure in building sector.

2.Since 2006, water coverage rate has been calculated based on denominator which combines both permanent and temporary residents in urban areas, and the data in brackets are the same index but calculated by the method of past years.

# 5-1 2022年按省分列的城市供水

| 地区名称<br>Name of Regions | 综合生产能力（万立方米/日）<br>Integrated Production Capacity (10,000 m³/day) | 地下水<br>Underground Water | 供水管道长度（公里）<br>Length of Water Supply Pipelines (km) | 建成区<br>in Built District | 供水总量（万立方米）<br>Total Quantity of Water Supply (10,000 m³) | 生产运营用水<br>The Quantity of Water for Production and Operation |
|---|---|---|---|---|---|---|
| **全　国** | **31510.40** | **3610.01** | **1102975.66** | **958648.60** | **6744062.93** | **1679461.83** |
| 北　京 | 702.71 | 254.23 | 19553.00 | 11675.13 | 149875.61 | 11734.87 |
| 天　津 | 505.60 | 15.00 | 22574.16 | 21396.64 | 102041.50 | 34872.55 |
| 河　北 | 788.50 | 276.14 | 23616.16 | 22745.16 | 156165.22 | 40200.93 |
| 山　西 | 397.47 | 201.44 | 16213.99 | 14083.98 | 91584.27 | 16994.67 |
| 内蒙古 | 450.46 | 274.22 | 13515.32 | 12722.74 | 82147.86 | 22676.67 |
| 辽　宁 | 1364.26 | 284.46 | 40735.70 | 38019.15 | 277004.58 | 75896.04 |
| 吉　林 | 657.23 | 85.70 | 16705.49 | 16145.57 | 102363.56 | 23628.22 |
| 黑龙江 | 595.34 | 200.32 | 24939.27 | 24438.00 | 129184.52 | 31642.60 |
| 上　海 | 1229.00 |  | 40017.93 | 40017.93 | 292326.62 | 42017.57 |
| 江　苏 | 3653.28 | 65.72 | 130938.06 | 93068.21 | 643682.45 | 223838.90 |
| 浙　江 | 2131.67 | 0.23 | 105237.85 | 75062.67 | 474877.77 | 158823.40 |
| 安　徽 | 1143.61 | 90.50 | 35915.72 | 34847.92 | 261030.95 | 80573.26 |
| 福　建 | 958.58 | 13.31 | 34397.20 | 33086.87 | 198962.35 | 31983.67 |
| 江　西 | 715.69 | 2.77 | 31992.33 | 30028.51 | 161381.69 | 30532.87 |
| 山　东 | 1986.52 | 514.58 | 61342.56 | 58057.00 | 399552.84 | 154652.25 |
| 河　南 | 1322.52 | 331.21 | 31893.30 | 30771.88 | 234881.38 | 50559.16 |
| 湖　北 | 1610.48 | 5.35 | 56312.48 | 54387.42 | 340856.76 | 91045.08 |
| 湖　南 | 1056.63 | 18.44 | 41224.94 | 38002.83 | 248659.84 | 44224.17 |
| 广　东 | 3979.22 | 23.08 | 150032.98 | 120516.29 | 1010915.61 | 251150.71 |
| 广　西 | 776.28 | 33.94 | 26593.44 | 25800.98 | 200674.71 | 35847.27 |
| 海　南 | 206.98 | 18.27 | 8127.88 | 3901.16 | 50048.45 | 3602.59 |
| 重　庆 | 794.46 | 1.80 | 26937.77 | 24339.41 | 183613.48 | 38598.15 |
| 四　川 | 1367.98 | 86.24 | 58292.64 | 56022.70 | 339871.37 | 50794.68 |
| 贵　州 | 474.54 | 1.30 | 24378.71 | 21879.22 | 95932.41 | 17675.97 |
| 云　南 | 514.04 | 20.35 | 18491.40 | 17031.80 | 112538.67 | 17747.99 |
| 西　藏 | 68.70 | 31.90 | 1883.65 | 1859.95 | 14370.71 | 1449.63 |
| 陕　西 | 645.77 | 208.39 | 12794.77 | 12319.90 | 140284.77 | 36268.59 |
| 甘　肃 | 374.47 | 56.77 | 7247.28 | 6165.92 | 58843.68 | 15396.91 |
| 青　海 | 139.25 | 110.36 | 3584.19 | 3248.80 | 32280.14 | 13287.02 |
| 宁　夏 | 275.12 | 87.82 | 3503.96 | 3350.96 | 38321.16 | 9131.20 |
| 新　疆 | 539.35 | 289.13 | 11936.94 | 11706.37 | 97256.35 | 15239.22 |
| 新疆兵团 | 84.69 | 7.04 | 2044.59 | 1947.53 | 22531.65 | 7375.02 |

# Urban Water Supply by Province(2022)

| 公共服务用水 The Quantity of Water for Public Service | 居民家庭用水 The Quantity of Water for Household Use | 其他用水 The Quantity of Water for Other Purposes | 用水户数(户) Number of Households with Access to Water Supply (unit) | 家庭用户 Household User | 用水人口(万人) Population with Access to Water Supply (10,000 persons) | 地区名称 Name of Regions |
|---|---|---|---|---|---|---|
| **981163.54** | **2793442.54** | **308571.81** | **221105246** | **199201695** | **56141.81** | **全　国** |
| 45389.29 | 68347.93 | 2850.36 | 7098424 | 6885640 | 1909.21 | 北　京 |
| 13446.44 | 38553.17 | 372.72 | 5198665 | 5015541 | 1160.06 | 天　津 |
| 21604.07 | 68437.70 | 4044.90 | 6771763 | 6301530 | 2004.43 | 河　北 |
| 15148.64 | 47767.32 | 2853.20 | 2995298 | 2848530 | 1262.86 | 山　西 |
| 12447.50 | 28159.33 | 5250.96 | 6094400 | 5426507 | 932.92 | 内蒙古 |
| 37710.37 | 91781.11 | 8353.43 | 13596407 | 12579014 | 2318.66 | 辽　宁 |
| 15114.18 | 36261.39 | 3014.12 | 6400132 | 5804921 | 1157.13 | 吉　林 |
| 18009.51 | 45230.48 | 8040.86 | 7693415 | 6987464 | 1364.35 | 黑龙江 |
| 68404.22 | 118696.44 | 9752.91 | 9548047 | 9030968 | 2475.89 | 上　海 |
| 72310.55 | 212710.23 | 53498.92 | 19639604 | 17672830 | 3706.26 | 江　苏 |
| 66232.73 | 188992.63 | 10775.53 | 12326836 | 11169591 | 3254.23 | 浙　江 |
| 36160.97 | 102098.64 | 9454.03 | 9424569 | 8292284 | 1950.71 | 安　徽 |
| 38525.93 | 87598.66 | 10885.97 | 5753488 | 5102997 | 1510.19 | 福　建 |
| 23083.64 | 74521.48 | 6281.02 | 6432303 | 5808618 | 1209.62 | 江　西 |
| 49976.87 | 141170.67 | 13534.79 | 13041599 | 12316085 | 4153.47 | 山　东 |
| 32389.67 | 112174.76 | 8587.95 | 8680746 | 7951374 | 2839.86 | 河　南 |
| 26750.18 | 150330.27 | 9588.91 | 8801734 | 8198695 | 2432.27 | 湖　北 |
| 37690.49 | 112472.61 | 12686.78 | 7331950 | 6575550 | 1919.71 | 湖　南 |
| 164765.69 | 415373.08 | 44845.41 | 21134978 | 16443859 | 6586.57 | 广　东 |
| 30650.44 | 102384.59 | 2825.95 | 3551372 | 3213387 | 1332.88 | 广　西 |
| 5749.64 | 29119.58 | 4860.15 | 384705 | 332770 | 333.07 | 海　南 |
| 25700.60 | 79154.63 | 12317.45 | 7977509 | 7383998 | 1594.44 | 重　庆 |
| 51102.57 | 169278.00 | 18810.21 | 12357967 | 10790247 | 3105.96 | 四　川 |
| 7524.20 | 50255.82 | 2478.10 | 3940151 | 3533299 | 901.29 | 贵　州 |
| 17867.54 | 54537.71 | 3697.08 | 4196379 | 3714369 | 1067.14 | 云　南 |
| 1911.86 | 6488.96 | 712.62 | 244153 | 191041 | 95.63 | 西　藏 |
| 9576.26 | 74157.48 | 4713.04 | 3833919 | 3661381 | 1412.12 | 陕　西 |
| 8652.55 | 25732.56 | 4233.56 | 1435358 | 1358010 | 680.04 | 甘　肃 |
| 3466.90 | 9885.01 | 2250.55 | 846794 | 759732 | 212.81 | 青　海 |
| 7600.33 | 10318.38 | 5902.47 | 1243359 | 1111536 | 296.09 | 宁　夏 |
| 12431.34 | 37053.82 | 17271.19 | 2729338 | 2377788 | 853.75 | 新　疆 |
| 3768.37 | 4398.10 | 3826.67 | 399884 | 362139 | 108.19 | 新疆兵团 |

# 5-2 2022年按省分列的城市供水(公共供水)

| 地区名称 Name of Regions | 综合生产能力(万立方米/日) Integrated Production Capacity ($10,000\ m^3$/day) | 地下水 Underground Water | 水厂个数(个) Number of Water Plants (unit) | 地下水 Underground Water | 供水管道长度(公里) Length of Water Supply Pipelines (km) | 供水总量(万立方米) 合计 Total | 售水量 小计 Subtotal | 生产运营用水 The Quantity of Water for Production and Operation | 公共服务用水 The Quantity of Water for Public Service |
|---|---|---|---|---|---|---|---|---|---|
| **全国** | **28452.31** | **2666.96** | **3019** | **820** | **1081956.80** | **6354506.37** | **5373083.16** | **1362361.00** | **951369.33** |
| 北京 | 657.52 | 209.04 | 68 | 45 | 18997.57 | 144820.25 | 123267.09 | 11082.73 | 43042.16 |
| 天津 | 475.00 | 15.00 | 31 | 7 | 22517.74 | 98912.58 | 84115.96 | 31743.63 | 13446.44 |
| 河北 | 730.92 | 237.03 | 138 | 76 | 21508.26 | 140858.47 | 118980.85 | 27315.45 | 21252.39 |
| 山西 | 368.22 | 174.19 | 79 | 60 | 15633.16 | 87234.11 | 78413.67 | 14738.91 | 15021.30 |
| 内蒙古 | 364.04 | 205.59 | 82 | 77 | 13239.90 | 68139.43 | 54526.03 | 13709.62 | 9237.60 |
| 辽宁 | 1160.70 | 213.14 | 159 | 63 | 39952.82 | 246356.46 | 183092.83 | 50049.38 | 35614.62 |
| 吉林 | 380.89 | 45.50 | 69 | 22 | 16266.16 | 85301.62 | 60955.97 | 8880.42 | 14146.30 |
| 黑龙江 | 531.79 | 149.91 | 96 | 56 | 24220.91 | 116757.05 | 90495.98 | 22868.79 | 16703.39 |
| 上海 | 1229.00 | | 39 | | 40017.93 | 292326.62 | 238871.14 | 42017.57 | 68404.22 |
| 江苏 | 3028.70 | 36.00 | 128 | 14 | 129929.73 | 583945.49 | 502621.64 | 165407.96 | 71668.88 |
| 浙江 | 2029.19 | | 130 | | 102667.94 | 458880.52 | 408827.04 | 143406.58 | 66114.31 |
| 安徽 | 919.22 | 64.72 | 76 | 10 | 34522.21 | 226272.76 | 193528.71 | 51066.17 | 32450.64 |
| 福建 | 942.17 | 10.90 | 90 | 9 | 34305.44 | 197725.71 | 167757.59 | 31018.98 | 38525.93 |
| 江西 | 701.70 | 1.50 | 79 | | 31737.12 | 159539.16 | 132576.48 | 29322.47 | 23051.56 |
| 山东 | 1755.59 | 372.41 | 294 | 110 | 59187.39 | 346626.44 | 306408.18 | 108881.38 | 47014.43 |
| 河南 | 1122.34 | 192.19 | 149 | 65 | 30442.51 | 206723.68 | 175553.84 | 32855.77 | 27326.01 |
| 湖北 | 1453.69 | | 117 | | 55328.95 | 315679.07 | 252536.75 | 68746.50 | 26154.69 |
| 湖南 | 1048.30 | 14.40 | 94 | 9 | 39498.54 | 246354.89 | 204769.10 | 43056.79 | 37120.59 |
| 广东 | 3785.18 | 19.00 | 249 | 6 | 149768.67 | 1007205.15 | 872424.43 | 247496.12 | 164719.82 |
| 广西 | 728.13 | 29.00 | 83 | 7 | 25398.08 | 190295.59 | 161329.13 | 26142.90 | 30587.07 |
| 海南 | 202.50 | 14.25 | 19 | 1 | 7927.88 | 49173.50 | 42457.01 | 2970.79 | 5654.40 |
| 重庆 | 733.47 | | 96 | | 26857.57 | 180275.86 | 152433.21 | 35891.67 | 25673.55 |
| 四川 | 1276.25 | 34.95 | 169 | 15 | 58196.70 | 334536.06 | 284650.15 | 46478.80 | 50396.44 |
| 贵州 | 474.36 | 1.14 | 92 | 3 | 24374.91 | 95919.75 | 77921.43 | 17674.76 | 7520.78 |
| 云南 | 479.13 | 12.50 | 118 | 11 | 18372.47 | 106861.15 | 88172.80 | 13510.46 | 17867.54 |
| 西藏 | 64.72 | 27.92 | 19 | 11 | 1883.65 | 14310.48 | 10502.84 | 1389.40 | 1911.86 |
| 陕西 | 548.45 | 144.61 | 89 | 47 | 12012.23 | 124703.42 | 109134.02 | 29068.91 | 6789.60 |
| 甘肃 | 349.96 | 52.26 | 43 | 21 | 7077.51 | 57464.68 | 52636.58 | 14382.35 | 8539.65 |
| 青海 | 80.66 | 63.66 | 13 | 9 | 3195.32 | 19577.69 | 16187.03 | 1729.45 | 3465.53 |
| 宁夏 | 233.88 | 57.38 | 26 | 16 | 3121.96 | 35008.67 | 29639.89 | 7639.21 | 6622.04 |
| 新疆 | 511.95 | 261.73 | 61 | 35 | 11750.98 | 94188.41 | 78927.63 | 14442.06 | 11557.22 |
| 新疆兵团 | 84.69 | 7.04 | 24 | 15 | 2044.59 | 22531.65 | 19368.16 | 7375.02 | 3768.37 |

# Urban Water Supply by Province (Public Water Suppliers)(2022)

| Total Quantity of Water Supply(10,000m³) | | | | | 用水户数(户) Number of Households with Access to Water Supply (unit) | | 用水人口(万人) Population with Access to Water Supply (10,000 persons) | 地区名称 Name of Regions |
|---|---|---|---|---|---|---|---|---|
| Water Sold | | 免费供水量 The Quantity of Free Water Supply | | 漏损水量 The Lossed Water | | 居民家庭 Household User | | |
| 居民家庭用水 The Quantity of Water for Household Use | 其他用水 The Quantity of Water for Other Purposes | | 生活用水 Domestic Water Use | | | | | |
| **2762596.10** | **296756.73** | **162369.72** | **10878.70** | **819053.49** | **219520553** | **197909461** | **55769.89** | **全国** |
| 66352.91 | 2789.29 | 198.45 | 5.00 | 21354.71 | 7012784 | 6811877 | 1839.21 | 北京 |
| 38553.17 | 372.72 | 1244.22 | | 13552.40 | 5198662 | 5015541 | 1160.06 | 天津 |
| 66445.75 | 3967.26 | 3127.56 | 175.21 | 18750.06 | 6724337 | 6258187 | 1996.56 | 河北 |
| 46004.73 | 2648.73 | 463.08 | 12.97 | 8357.36 | 2798451 | 2652554 | 1247.98 | 山西 |
| 26773.17 | 4805.64 | 3011.40 | | 10602.00 | 6074025 | 5410673 | 929.38 | 内蒙古 |
| 90385.38 | 7043.45 | 22133.29 | 2375.33 | 41130.34 | 13345651 | 12422625 | 2288.02 | 辽宁 |
| 35627.97 | 2301.28 | 4639.42 | 81.20 | 19706.23 | 6353141 | 5759633 | 1143.57 | 吉林 |
| 43497.65 | 7426.15 | 3739.35 | 142.78 | 22521.72 | 7629567 | 6926869 | 1353.00 | 黑龙江 |
| 118696.44 | 9752.91 | 8791.05 | | 44664.43 | 9548047 | 9030968 | 2475.89 | 上海 |
| 212185.39 | 53359.41 | 11063.35 | 1144.42 | 70260.50 | 19617786 | 17670640 | 3704.34 | 江苏 |
| 188530.62 | 10775.53 | 3609.03 | 206.72 | 46444.45 | 12292090 | 11136043 | 3244.32 | 浙江 |
| 100804.71 | 9207.19 | 5949.77 | 91.42 | 26794.28 | 9354749 | 8232859 | 1937.88 | 安徽 |
| 87326.71 | 10885.97 | 7315.54 | 40.84 | 22652.58 | 5747302 | 5101914 | 1509.94 | 福建 |
| 74039.79 | 6162.66 | 3171.89 | 622.99 | 23790.79 | 6412864 | 5792611 | 1207.27 | 江西 |
| 138474.82 | 12037.55 | 3007.98 | 209.41 | 37210.28 | 12856231 | 12165153 | 4115.40 | 山东 |
| 109255.31 | 6116.75 | 5467.88 | 440.93 | 25701.96 | 8507670 | 7797887 | 2780.56 | 河南 |
| 148509.01 | 9126.55 | 14184.97 | 409.55 | 48957.35 | 8691704 | 8140863 | 2421.15 | 湖北 |
| 111932.71 | 12659.01 | 10713.99 | 1938.45 | 30871.80 | 7326136 | 6572523 | 1914.67 | 湖南 |
| 415368.08 | 44840.41 | 14123.73 | 519.73 | 120656.99 | 21126837 | 16435859 | 6584.17 | 广东 |
| 101845.65 | 2753.51 | 4919.19 | 134.97 | 24047.27 | 3537989 | 3200488 | 1327.20 | 广西 |
| 28974.66 | 4857.16 | 1168.60 | 25.99 | 5547.89 | 384598 | 332769 | 327.20 | 海南 |
| 78704.68 | 12163.31 | 2075.81 | 344.74 | 25766.84 | 7938368 | 7348578 | 1581.59 | 重庆 |
| 169033.22 | 18741.69 | 7578.93 | 1042.24 | 42306.98 | 12345213 | 10783305 | 3103.66 | 四川 |
| 50255.01 | 2470.88 | 2875.16 | 53.91 | 15123.16 | 3939701 | 3532864 | 901.17 | 贵州 |
| 53477.96 | 3316.84 | 5940.64 | 273.86 | 12747.71 | 4195385 | 3713671 | 1063.88 | 云南 |
| 6488.96 | 712.62 | 2317.09 | 174.09 | 1490.55 | 244153 | 191041 | 95.63 | 西藏 |
| 69682.08 | 3593.43 | 3159.80 | 24.87 | 12409.60 | 3704461 | 3539369 | 1374.76 | 陕西 |
| 25523.36 | 4191.22 | 1036.38 | 86.60 | 3791.72 | 1419816 | 1343031 | 675.81 | 甘肃 |
| 8763.50 | 2228.55 | 1393.56 | 233.79 | 1997.10 | 829356 | 742780 | 210.28 | 青海 |
| 9965.29 | 5413.35 | 1301.05 | | 4067.73 | 1242376 | 1110836 | 295.84 | 宁夏 |
| 36719.31 | 16209.04 | 2493.80 | 26.69 | 12766.98 | 2721219 | 2373311 | 851.31 | 新疆 |
| 4398.10 | 3826.67 | 153.76 | 40.00 | 3009.73 | 399884 | 362139 | 108.19 | 新疆兵团 |

# 5-3 2022年按省分列的城市供水(自建设施供水)

| 地区名称<br>Name of Regions | 综合生产能力(万立方米/日)<br>Integrated Production Capacity ($10,000\ m^3$/day) | 地下水<br>Underground Water | 供水管道长度(公里)<br>Length of Water Supply Pipelines (km) | 建成区<br>in Built District | 供水总量(万立方米) 合计<br>Total | 生产运营用水<br>The Quantity of Water for Production and Operation |
|---|---|---|---|---|---|---|
| **全　国** | **3058.09** | **943.05** | **21018.86** | **13981.02** | **389556.56** | **317100.83** |
| 北　京 | 45.19 | 45.19 | 555.43 | | 5055.36 | 652.14 |
| 天　津 | 30.60 | | 56.42 | 56.42 | 3128.92 | 3128.92 |
| 河　北 | 57.58 | 39.11 | 2107.90 | 1825.70 | 15306.75 | 12885.48 |
| 山　西 | 29.25 | 27.25 | 580.83 | 135.41 | 4350.16 | 2255.76 |
| 内蒙古 | 86.42 | 68.63 | 275.42 | 173.42 | 14008.43 | 8967.05 |
| 辽　宁 | 203.56 | 71.32 | 782.88 | 256.38 | 30648.12 | 25846.66 |
| 吉　林 | 276.34 | 40.20 | 439.33 | 292.83 | 17061.94 | 14747.80 |
| 黑龙江 | 63.55 | 50.41 | 718.36 | 405.60 | 12427.47 | 8773.81 |
| 上　海 | | | | | | |
| 江　苏 | 624.58 | 29.72 | 1008.33 | 906.41 | 59736.96 | 58430.94 |
| 浙　江 | 102.48 | 0.23 | 2569.91 | 810.61 | 15997.25 | 15416.82 |
| 安　徽 | 224.39 | 25.78 | 1393.51 | 1305.75 | 34758.19 | 29507.09 |
| 福　建 | 16.41 | 2.41 | 91.76 | 91.76 | 1236.64 | 964.69 |
| 江　西 | 13.99 | 1.27 | 255.21 | 230.89 | 1842.53 | 1210.40 |
| 山　东 | 230.93 | 142.17 | 2155.17 | 1843.77 | 52926.40 | 45770.87 |
| 河　南 | 200.18 | 139.02 | 1450.79 | 1048.00 | 28157.70 | 17703.39 |
| 湖　北 | 156.79 | 5.35 | 983.53 | 636.66 | 25177.69 | 22298.58 |
| 湖　南 | 8.33 | 4.04 | 1726.40 | 1103.60 | 2304.95 | 1167.38 |
| 广　东 | 194.04 | 4.08 | 264.31 | 18.58 | 3710.46 | 3654.59 |
| 广　西 | 48.15 | 4.94 | 1195.36 | 1120.36 | 10379.12 | 9704.37 |
| 海　南 | 4.48 | 4.02 | 200.00 | | 874.95 | 631.80 |
| 重　庆 | 60.99 | 1.80 | 80.20 | 72.50 | 3337.62 | 2706.48 |
| 四　川 | 91.73 | 51.29 | 95.94 | 27.80 | 5335.31 | 4315.88 |
| 贵　州 | 0.18 | 0.16 | 3.80 | 3.80 | 12.66 | 1.21 |
| 云　南 | 34.91 | 7.85 | 118.93 | 97.93 | 5677.52 | 4237.53 |
| 西　藏 | 3.98 | 3.98 | | | 60.23 | 60.23 |
| 陕　西 | 97.32 | 63.78 | 782.54 | 725.04 | 15581.35 | 7199.68 |
| 甘　肃 | 24.51 | 4.51 | 169.77 | 132.57 | 1379.00 | 1014.56 |
| 青　海 | 58.59 | 46.70 | 388.87 | 147.27 | 12702.45 | 11557.57 |
| 宁　夏 | 41.24 | 30.44 | 382.00 | 326.00 | 3312.49 | 1491.99 |
| 新　疆 | 27.40 | 27.40 | 185.96 | 185.96 | 3067.94 | 797.16 |
| 新疆兵团 | | | | | | |

# Urban Water Supply by Province (Suppliers with Self-Built Facilities)(2022)

| Total Quantity of Water Supply(10,000m$^3$) | | | 用水户数(户) Number of Households with Access to Water Supply (unit) | | 用水人口(万人) Population with Access to Water Supply (10,000 persons) | 地区名称 Name of Regions |
|---|---|---|---|---|---|---|
| 公共服务用水 The Quantity of Water for Public Service | 居民家庭用水 The Quantity of Water for Household Use | 其他用水 The Quantity of Water for Other Purposes | | 居民家庭 Household User | | |
| **29794.21** | **30846.44** | **11815.08** | **1584693** | **1292234** | **371.92** | **全　国** |
| 2347.13 | 1995.02 | 61.07 | 85640 | 73763 | 70.00 | 北　京 |
| | | | 3 | | | 天　津 |
| 351.68 | 1991.95 | 77.64 | 47426 | 43343 | 7.87 | 河　北 |
| 127.34 | 1762.59 | 204.47 | 196847 | 195976 | 14.88 | 山　西 |
| 3209.90 | 1386.16 | 445.32 | 20375 | 15834 | 3.54 | 内蒙古 |
| 2095.75 | 1395.73 | 1309.98 | 250756 | 156389 | 30.64 | 辽　宁 |
| 967.88 | 633.42 | 712.84 | 46991 | 45288 | 13.56 | 吉　林 |
| 1306.12 | 1732.83 | 614.71 | 63848 | 60595 | 11.35 | 黑龙江 |
| | | | | | | 上　海 |
| 641.67 | 524.84 | 139.51 | 21818 | 2190 | 1.92 | 江　苏 |
| 118.42 | 462.01 | | 34746 | 33548 | 9.91 | 浙　江 |
| 3710.33 | 1293.93 | 246.84 | 69820 | 59425 | 12.83 | 安　徽 |
| | 271.95 | | 6186 | 1083 | 0.25 | 福　建 |
| 32.08 | 481.69 | 118.36 | 19439 | 16007 | 2.35 | 江　西 |
| 2962.44 | 2695.85 | 1497.24 | 185368 | 150932 | 38.07 | 山　东 |
| 5063.66 | 2919.45 | 2471.20 | 173076 | 153487 | 59.30 | 河　南 |
| 595.49 | 1821.26 | 462.36 | 110030 | 57832 | 11.12 | 湖　北 |
| 569.90 | 539.90 | 27.77 | 5814 | 3027 | 5.04 | 湖　南 |
| 45.87 | 5.00 | 5.00 | 8141 | 8000 | 2.40 | 广　东 |
| 63.37 | 538.94 | 72.44 | 13383 | 12899 | 5.68 | 广　西 |
| 95.24 | 144.92 | 2.99 | 107 | 1 | 5.87 | 海　南 |
| 27.05 | 449.95 | 154.14 | 39141 | 35420 | 12.85 | 重　庆 |
| 706.13 | 244.78 | 68.52 | 12754 | 6942 | 2.30 | 四　川 |
| 3.42 | 0.81 | 7.22 | 450 | 435 | 0.12 | 贵　州 |
| | 1059.75 | 380.24 | 994 | 698 | 3.26 | 云　南 |
| | | | | | | 西　藏 |
| 2786.66 | 4475.40 | 1119.61 | 129458 | 122012 | 37.36 | 陕　西 |
| 112.90 | 209.20 | 42.34 | 15542 | 14979 | 4.23 | 甘　肃 |
| 1.37 | 1121.51 | 22.00 | 17438 | 16952 | 2.53 | 青　海 |
| 978.29 | 353.09 | 489.12 | 983 | 700 | 0.25 | 宁　夏 |
| 874.12 | 334.51 | 1062.15 | 8119 | 4477 | 2.44 | 新　疆 |
| | | | | | | 新疆兵团 |

# 5-4 2022年按城市分列的城市供水

| 城市名称 Name of Cities | 综合生产能力（万立方米/日）Integrated Production Capacity (10,000 m³/day) | 地下水 Underground Water | 供水管道长度（公里）Length of Water Supply Pipelines (km) | 建成区 in Built District | 供水总量（万立方米）Total Quantity of Water Supply (10,000 m³) | 生产运营用水 The Quantity of Water for Production and Operation |
|---|---|---|---|---|---|---|
| **全　国** | **31510.4** | **3610.0** | **1102975.66** | **958648.60** | **6744062.93** | **1679461.83** |
| **北　京** | **702.7** | **254.2** | **19553.00** | **11675.13** | **149875.61** | **11734.87** |
| **天　津** | **505.6** | **15.0** | **22574.16** | **21396.64** | **102041.50** | **34872.55** |
| **河　北** | **788.5** | **276.1** | **23616.16** | **22745.16** | **156165.22** | **40200.93** |
| 石家庄 | 136.5 | 13.8 | 3025.34 | 3012.54 | 29505.63 | 8125.61 |
| 晋　州 | 8.0 | | 135.00 | 135.00 | 1774.00 | 853.00 |
| 新　乐 | 6.5 | | 314.00 | 296.00 | 942.00 | 265.00 |
| 唐　山 | 93.9 | 49.4 | 2629.75 | 2629.75 | 20265.69 | 6859.03 |
| 滦　州 | 4.0 | 4.0 | 354.92 | 354.92 | 1336.68 | 279.80 |
| 遵　化 | 8.2 | 8.2 | 169.41 | 169.41 | 1223.61 | 45.11 |
| 迁　安 | 4.0 | 4.0 | 378.40 | 378.40 | 1331.00 | 24.00 |
| 秦皇岛 | 56.8 | 2.0 | 1333.14 | 1283.14 | 12116.15 | 2444.84 |
| 邯　郸 | 91.4 | 39.0 | 2022.30 | 2011.90 | 15239.73 | 5852.00 |
| 武　安 | 8.3 | 5.3 | 578.80 | 576.00 | 2038.86 | 657.90 |
| 邢　台 | 35.9 | 17.0 | 2950.39 | 2950.39 | 6853.96 | 454.82 |
| 南　宫 | 3.8 | | 126.00 | 121.00 | 515.50 | 8.00 |
| 沙　河 | 8.6 | 2.5 | 225.72 | 225.72 | 952.89 | 238.18 |
| 保　定 | 56.6 | 15.0 | 1229.34 | 1092.34 | 11435.87 | 1620.42 |
| 涿　州 | 7.0 | 0.1 | 271.00 | 271.00 | 3110.16 | 928.41 |
| 安　国 | 4.5 | 0.5 | 134.15 | 134.15 | 1197.17 | 156.15 |
| 高碑店 | 9.5 | 3.0 | 339.28 | 309.60 | 1625.50 | 310.00 |
| 张家口 | 38.0 | 36.0 | 970.84 | 966.84 | 6787.88 | 827.46 |
| 承　德 | 23.3 | 22.7 | 784.87 | 560.67 | 4942.19 | 1251.71 |
| 平　泉 | 3.4 | 3.4 | 308.50 | 218.50 | 1130.33 | 368.19 |
| 沧　州 | 22.0 | | 606.78 | 606.78 | 5182.72 | 1317.86 |
| 泊　头 | 5.5 | | 172.00 | 172.00 | 1026.00 | 70.00 |
| 任　丘 | 15.0 | 3.0 | 691.44 | 691.44 | 2149.00 | 832.45 |
| 黄　骅 | 8.5 | | 889.00 | 665.00 | 1714.00 | 410.00 |
| 河　间 | 5.0 | | 376.93 | 376.93 | 1025.23 | 147.28 |
| 廊　坊 | 39.5 | 23.8 | 886.85 | 844.58 | 6141.05 | 1750.46 |
| 霸　州 | 2.7 | 1.0 | 306.80 | 306.80 | 597.00 | 116.00 |
| 三　河 | 8.0 | 8.0 | 219.62 | 219.62 | 2713.00 | 1010.00 |
| 衡　水 | 27.9 | 8.3 | 500.83 | 500.83 | 5631.65 | 1508.30 |
| 深　州 | 8.0 | | 125.31 | 125.31 | 1271.30 | 52.83 |
| 辛　集 | 23.4 | 6.3 | 193.41 | 188.21 | 2348.70 | 925.70 |
| 定　州 | 15.0 | | 366.04 | 350.39 | 2040.77 | 490.42 |

# National Urban Water Supply by City(2022)

| 公共服务用水 The Quantity of Water for Public Service | 居民家庭用水 The Quantity of Water for Household Use | 其他用水 The Quantity of Water for Other Purposes | 用水户数(户) Number of Households with Access to Water Supply (unit) | 家庭用户 Household User | 用水人口(万人) Population with Access to Water Supply (10,000 persons) | 城市名称 Name of Cities |
|---|---|---|---|---|---|---|
| **981163.54** | **2793442.54** | **308571.81** | **221105246** | **199201695** | **56141.81** | **全国** |
| **45389.29** | **68347.93** | **2850.36** | **7098424** | **6885640** | **1909.21** | **北京** |
| **13446.44** | **38553.17** | **372.72** | **5198665** | **5015541** | **1160.06** | **天津** |
| **21604.07** | **68437.70** | **4044.90** | **6771763** | **6301530** | **2004.43** | **河北** |
| 2660.34 | 14702.24 | 530.48 | 507850 | 477955 | 354.85 | 石家庄 |
| 438.00 | 336.00 | | 6891 | 5541 | 13.96 | 晋州 |
| 37.00 | 450.00 | 49.00 | 32458 | 27604 | 9.59 | 新乐 |
| 2615.18 | 7746.77 | 204.68 | 941593 | 894317 | 205.74 | 唐山 |
| 167.10 | 650.38 | 11.30 | 73021 | 71317 | 27.64 | 滦州 |
| 0.24 | 941.19 | | 88643 | 84000 | 26.87 | 遵化 |
| 330.00 | 765.00 | | 98500 | 83500 | 36.00 | 迁安 |
| 2694.86 | 4132.71 | 189.63 | 725277 | 692066 | 138.85 | 秦皇岛 |
| 789.28 | 6634.98 | 23.00 | 631661 | 594563 | 213.18 | 邯郸 |
| 567.20 | 552.28 | 9.50 | 36532 | 33098 | 25.38 | 武安 |
| 1962.26 | 3228.61 | 265.98 | 487248 | 422067 | 79.99 | 邢台 |
| 89.30 | 330.57 | | 20627 | 18252 | 13.70 | 南宫 |
| 39.98 | 525.26 | 1.00 | 72116 | 64801 | 11.14 | 沙河 |
| 3428.14 | 5084.40 | 157.82 | 249177 | 217843 | 197.35 | 保定 |
| 413.19 | 1027.83 | 226.67 | 74030 | 69051 | 28.20 | 涿州 |
| 122.77 | 259.37 | 586.98 | 43252 | 40046 | 12.52 | 安国 |
| 116.00 | 660.00 | 125.00 | 59482 | 56382 | 15.33 | 高碑店 |
| 909.56 | 3092.49 | 5.53 | 620148 | 578926 | 103.46 | 张家口 |
| 748.23 | 2044.07 | 138.48 | 314895 | 293824 | 58.46 | 承德 |
| 127.28 | 477.32 | 62.05 | 80122 | 72393 | 19.19 | 平泉 |
| 564.80 | 2676.16 | 1.84 | 398057 | 368237 | 73.79 | 沧州 |
| 170.00 | 597.00 | 25.00 | 95402 | 87255 | 17.01 | 泊头 |
| 76.23 | 1033.20 | 1.80 | 140200 | 129700 | 32.86 | 任丘 |
| 289.00 | 932.00 | 2.00 | 89326 | 86011 | 28.91 | 黄骅 |
| 2.12 | 669.78 | 38.32 | 88621 | 79468 | 15.10 | 河间 |
| 458.90 | 2821.17 | 446.30 | 124089 | 113932 | 65.79 | 廊坊 |
| 24.00 | 404.00 | | 45677 | 40421 | 14.50 | 霸州 |
| 100.00 | 1015.00 | 310.00 | 76850 | 76385 | 22.89 | 三河 |
| 831.10 | 2180.79 | 502.86 | 302171 | 278990 | 64.92 | 衡水 |
| 158.48 | 792.44 | 52.83 | 52294 | 51616 | 19.32 | 深州 |
| 520.00 | 641.00 | 22.00 | 60349 | 58915 | 22.84 | 辛集 |
| 153.53 | 1033.69 | 54.85 | 135204 | 133054 | 35.10 | 定州 |

## 5-4 续表 1

| 城市名称 Name of Cities | 综合生产能力（万立方米/日）Integrated Production Capacity (10,000 $m^3$/day) | 地下水 Underground Water | 供水管道长度（公里）Length of Water Supply Pipelines (km) | 建成区 in Built District | 供水总量（万立方米）Total Quantity of Water Supply (10,000 $m^3$) | 生产运营用水 The Quantity of Water for Production and Operation |
|---|---|---|---|---|---|---|
| **山　西** | **397.5** | **201.4** | **16213.99** | **14083.98** | **91584.27** | **16994.67** |
| 太　原 | 117.0 | 51.0 | 4484.00 | 4484.00 | 30072.48 | 4516.79 |
| 古　交 | 8.1 | 1.7 | 234.11 | 187.11 | 1095.44 | 477.02 |
| 大　同 | 73.0 | 31.0 | 1074.90 | 1074.90 | 12288.13 | 4737.69 |
| 阳　泉 | 36.5 | 3.2 | 606.19 | 606.19 | 4862.22 | 334.81 |
| 长　治 | 21.7 | 21.7 | 1325.86 | 1170.20 | 7145.81 | 447.93 |
| 晋　城 | 13.0 | 13.0 | 738.74 | 738.74 | 4200.55 | 352.09 |
| 高　平 | 2.5 | 2.5 | 402.70 | 402.70 | 790.51 | 200.40 |
| 朔　州 | 13.2 | 12.0 | 754.00 | 114.00 | 4166.62 | 1234.04 |
| 怀　仁 | 7.0 | 2.0 | 721.44 | 721.44 | 694.44 | 70.54 |
| 晋　中 | 16.1 | 6.7 | 604.36 | 587.34 | 4575.75 | 907.96 |
| 介　休 | 4.1 | 4.1 | 159.22 | 159.22 | 947.38 | 202.61 |
| 运　城 | 15.8 | 5.0 | 973.38 | 934.11 | 4461.22 | 621.35 |
| 永　济 | 4.8 | 4.8 | 93.00 | 93.00 | 1307.00 | 690.00 |
| 河　津 | 8.3 | 8.3 | 1372.03 | 329.30 | 1082.04 | 100.90 |
| 忻　州 | 15.2 | 5.2 | 578.33 | 522.33 | 2719.52 | 627.00 |
| 原　平 | 6.8 | 6.8 | 233.00 | 186.00 | 1129.55 | 297.92 |
| 临　汾 | 8.9 | 2.0 | 639.79 | 589.76 | 3175.70 | 494.27 |
| 侯　马 | 3.5 | 3.5 | 179.44 | 179.44 | 1247.95 | 109.47 |
| 霍　州 | 4.8 | 4.8 | 306.00 | 306.00 | 1581.40 | 581.40 |
| 吕　梁 | 8.5 | 3.5 | 264.00 | 264.00 | 2042.96 | 47.18 |
| 孝　义 | 5.5 | 5.5 | 277.00 | 277.00 | 1421.60 | 75.40 |
| 汾　阳 | 3.2 | 3.2 | 192.50 | 157.20 | 576.00 | 68.30 |
| **内蒙古** | **450.5** | **274.2** | **13515.32** | **12722.74** | **82147.86** | **22676.67** |
| 呼和浩特 | 77.9 | 37.9 | 2185.22 | 2185.22 | 18769.46 | 2632.46 |
| 包　头 | 103.7 | 12.7 | 2001.00 | 2001.00 | 16675.39 | 5294.92 |
| 乌　海 | 27.2 | 27.2 | 1158.10 | 1103.10 | 3345.00 | 225.00 |
| 赤　峰 | 42.1 | 36.6 | 1189.10 | 1155.10 | 9750.00 | 3626.00 |
| 通　辽 | 30.5 | 30.5 | 417.76 | 385.76 | 6177.37 | 2590.08 |
| 霍林郭勒 | 12.1 | 12.1 | 375.00 | 305.00 | 4108.54 | 2467.42 |
| 鄂尔多斯 | 32.8 | 32.8 | 2042.99 | 1698.91 | 3988.00 | 996.66 |
| 呼伦贝尔 | 29.2 | 3.1 | 389.02 | 389.02 | 4772.05 | 1134.67 |
| 满洲里 | 7.8 | 7.6 | 515.87 | 515.87 | 2167.54 | 887.71 |
| 牙克石 | 5.0 | 5.0 | 229.00 | 229.00 | 1200.00 | 440.00 |
| 扎兰屯 | 7.2 | 4.0 | 145.00 | 145.00 | 1519.00 | 905.10 |
| 额尔古纳 | 2.0 | 2.0 | 108.00 | 103.00 | 172.00 | 40.00 |
| 根　河 | 1.4 | 1.0 | 34.00 | 34.00 | 188.14 | 0.10 |
| 巴彦淖尔 | 12.8 | 2.8 | 379.69 | 379.69 | 2040.63 | 486.42 |
| 乌兰察布 | 7.2 | 7.2 | 472.32 | 472.32 | 2691.86 | 490.88 |
| 丰　镇 | 9.5 | 9.5 | 396.00 | 378.00 | 846.00 | 30.00 |
| 锡林浩特 | 6.8 | 6.8 | 563.30 | 563.30 | 1555.19 | 138.95 |
| 二连浩特 | 6.5 | 6.5 | 498.40 | 263.90 | 380.05 | 145.30 |
| 乌兰浩特 | 26.4 | 26.4 | 337.50 | 337.50 | 1619.64 | 145.00 |
| 阿尔山 | 2.5 | 2.5 | 78.05 | 78.05 | 182.00 | 0.00 |

continued 1

| 公共服务用水 The Quantity of Water for Public Service | 居民家庭用水 The Quantity of Water for Household Use | 其他用水 The Quantity of Water for Other Purposes | 用水户数（户） Number of Households with Access to Water Supply (unit) | 家庭用户 Household User | 用水人口（万人） Population with Access to Water Supply (10,000 persons) | 城市名称 Name of Cities |
|---|---|---|---|---|---|---|
| **15148.64** | **47767.32** | **2853.20** | **2995298** | **2848530** | **1262.86** | **山　西** |
| 7623.81 | 14990.84 | 43.80 | 974136 | 932518 | 391.14 | 太　原 |
| 140.35 | 410.70 | 2.49 | 48170 | 46862 | 16.14 | 古　交 |
| 877.22 | 6056.45 | 20.09 | 471381 | 455306 | 137.49 | 大　同 |
| 863.03 | 1871.09 | 1079.93 | 184871 | 175081 | 60.00 | 阳　泉 |
| 1924.24 | 4143.87 | 12.42 | 334734 | 323014 | 95.03 | 长　治 |
| 1305.83 | 2186.15 | 14.63 | 86030 | 82446 | 54.85 | 晋　城 |
| 195.40 | 423.24 | 1.27 | 56099 | 53306 | 13.43 | 高　平 |
| 30.00 | 2519.22 | 176.68 | 89800 | 79000 | 46.60 | 朔　州 |
| 86.59 | 401.52 | 7.79 | 55742 | 50120 | 23.80 | 怀　仁 |
| 261.78 | 2728.95 | 61.84 | 83227 | 76029 | 86.63 | 晋　中 |
|  | 649.88 | 1.98 | 26632 | 24760 | 19.68 | 介　休 |
| 628.89 | 2714.46 | 191.03 | 52872 | 48036 | 57.00 | 运　城 |
| 101.00 | 440.00 |  | 18755 | 16992 | 17.00 | 永　济 |
| 68.11 | 780.44 | 1.08 | 59510 | 48454 | 21.24 | 河　津 |
| 43.00 | 1139.15 | 586.27 | 35349 | 33276 | 35.34 | 忻　州 |
| 39.24 | 455.15 | 7.24 | 17518 | 15196 | 19.39 | 原　平 |
| 223.15 | 2046.39 | 1.59 | 207432 | 205360 | 61.35 | 临　汾 |
| 9.83 | 830.10 | 174.90 | 33167 | 30846 | 16.11 | 侯　马 |
| 38.00 | 716.50 | 0.40 | 83690 | 79374 | 15.01 | 霍　州 |
| 255.17 | 1030.52 | 463.57 | 18118 | 16675 | 33.53 | 吕　梁 |
| 365.00 | 846.00 | 4.20 | 47286 | 45900 | 30.00 | 孝　义 |
| 69.00 | 386.70 |  | 10779 | 9979 | 12.10 | 汾　阳 |
| **12447.50** | **28159.33** | **5250.96** | **6094400** | **5426507** | **932.92** | **内蒙古** |
| 3687.40 | 6848.40 | 472.00 | 1049465 | 952177 | 245.19 | 呼和浩特 |
| 1671.20 | 4424.81 | 2977.45 | 995565 | 898609 | 190.86 | 包　头 |
| 879.00 | 1467.00 | 215.00 | 1403442 | 1289171 | 51.96 | 乌　海 |
| 1431.00 | 3253.00 | 194.00 | 479947 | 435864 | 88.72 | 赤　峰 |
| 1128.24 | 1593.96 | 64.16 | 283550 | 242055 | 46.36 | 通　辽 |
| 361.92 | 818.92 | 307.21 | 72815 | 53493 | 13.10 | 霍林郭勒 |
| 476.38 | 1762.93 | 140.38 | 312675 | 284436 | 54.14 | 鄂尔多斯 |
| 1196.25 | 1694.11 | 256.42 | 242301 | 197073 | 32.77 | 呼伦贝尔 |
| 82.85 | 860.52 | 42.83 | 166623 | 147957 | 23.18 | 满洲里 |
| 173.00 | 491.00 | 32.00 | 93300 | 78200 | 13.15 | 牙克石 |
| 42.80 | 521.00 | 20.10 | 74045 | 52500 | 13.13 | 扎兰屯 |
| 19.00 | 96.82 |  | 23345 | 19597 | 3.86 | 额尔古纳 |
| 24.40 | 140.04 |  | 21813 | 19052 | 3.80 | 根　河 |
| 281.25 | 884.18 | 3.46 | 241983 | 236025 | 41.58 | 巴彦淖尔 |
| 188.67 | 1142.00 | 391.31 | 189051 | 182000 | 28.73 | 乌兰察布 |
| 9.54 | 560.28 |  | 43557 | 40 | 11.26 | 丰　镇 |
| 432.80 | 614.20 | 117.94 | 185526 | 158736 | 30.21 | 锡林浩特 |
| 12.80 | 154.30 | 1.70 | 34832 | 24810 | 5.60 | 二连浩特 |
| 349.00 | 705.22 | 15.00 | 168774 | 143912 | 32.22 | 乌兰浩特 |
|  | 126.64 |  | 11791 | 10800 | 3.10 | 阿尔山 |

## 5-4 续表 2

| 城市名称 Name of Cities | 综合生产能力（万立方米/日）Integrated Production Capacity (10,000 m³/day) | 地下水 Underground Water | 供水管道长度（公里）Length of Water Supply Pipelines (km) | 建成区 in Built District | 供水总量（万立方米）Total Quantity of Water Supply (10,000 m³) | 生产运营用水 The Quantity of Water for Production and Operation |
|---|---|---|---|---|---|---|
| **辽　宁** | **1364.3** | **284.5** | **40735.70** | **38019.15** | **277004.58** | **75896.04** |
| 沈　阳 | 348.8 | 141.8 | 4466.21 | 3289.50 | 73533.86 | 14200.67 |
| 新　民 | 5.3 | 0.5 | 265.02 | 265.02 | 1764.08 | 98.00 |
| 大　连 | 205.2 | 0.2 | 6457.25 | 6457.25 | 42025.72 | 10107.61 |
| 庄　河 | 5.7 |  | 479.46 | 479.46 | 2088.47 | 216.82 |
| 瓦房店 | 23.0 |  | 1038.93 | 1038.93 | 3475.91 | 619.55 |
| 鞍　山 | 56.0 | 3.9 | 3258.10 | 3258.10 | 13803.06 | 5295.71 |
| 海　城 | 10.0 | 10.0 | 483.40 | 483.00 | 2570.00 |  |
| 抚　顺 | 105.0 |  | 2485.39 | 2442.39 | 24442.57 | 10017.00 |
| 本　溪 | 117.4 | 6.4 | 1307.03 | 1307.03 | 18444.69 | 13705.42 |
| 丹　东 | 46.8 | 0.9 | 981.18 | 981.18 | 9277.67 | 1717.80 |
| 东　港 | 12.5 |  | 338.50 | 338.50 | 2128.00 | 779.00 |
| 凤　城 | 5.0 | 1.0 | 605.00 | 382.00 | 1497.00 |  |
| 锦　州 | 58.0 | 35.0 | 2131.00 | 2131.00 | 11398.00 | 2026.00 |
| 凌　海 | 2.0 | 1.5 | 200.00 | 170.00 | 514.00 |  |
| 北　镇 | 3.2 | 0.2 | 125.01 | 107.06 | 642.56 | 18.00 |
| 营　口 | 45.0 | 6.0 | 3157.00 | 3157.00 | 11944.00 | 3547.00 |
| 盖　州 | 3.2 | 3.2 | 270.68 | 270.68 | 1168.00 | 82.06 |
| 大石桥 | 5.8 | 0.8 | 1511.92 | 1511.92 | 1789.61 | 219.94 |
| 阜　新 | 43.0 | 5.0 | 1937.90 | 1639.20 | 6876.52 | 1595.64 |
| 辽　阳 | 32.5 | 15.6 | 1143.37 | 1143.37 | 7957.76 | 821.42 |
| 灯　塔 | 5.1 | 5.0 | 229.10 | 97.89 | 904.52 | 85.45 |
| 盘　锦 | 83.6 | 17.6 | 2997.39 | 2926.89 | 14240.46 | 5575.46 |
| 铁　岭 | 33.0 |  | 974.56 | 974.56 | 3390.69 | 92.64 |
| 调兵山 | 8.0 | 1.0 | 538.04 | 538.04 | 2058.68 | 573.68 |
| 开　原 | 7.4 | 1.4 | 201.88 | 201.88 | 1462.34 | 421.15 |
| 朝　阳 | 55.8 | 18.3 | 711.80 | 607.80 | 6109.40 | 1319.00 |
| 北　票 | 5.0 |  | 396.00 | 396.00 | 1840.00 | 177.00 |
| 凌　源 | 9.0 | 9.0 | 396.00 | 396.00 | 1787.00 | 386.00 |
| 葫芦岛 | 17.6 | 0.2 | 990.58 | 944.50 | 5556.50 | 1542.00 |
| 兴　城 | 3.9 |  | 508.00 |  | 1387.60 | 344.00 |
| 沈抚改革创新示范区 | 2.5 |  | 150.00 | 83.00 | 925.91 | 312.02 |
| **吉　林** | **657.2** | **85.7** | **16705.49** | **16145.57** | **102363.56** | **23628.22** |
| 长　春 | 134.9 | 9.9 | 6503.93 | 6338.93 | 40267.43 | 4857.00 |
| 榆　树 | 12.2 | 2.2 | 205.95 | 205.95 | 1196.60 | 71.11 |
| 德　惠 | 4.3 | 1.3 | 504.94 | 504.94 | 1020.63 | 60.13 |
| 公主岭 | 11.8 | 8.8 | 323.30 | 323.30 | 2381.96 | 687.23 |
| 吉　林 | 278.5 | 4.0 | 1460.18 | 1460.18 | 20018.00 | 11386.00 |
| 蛟　河 | 3.6 |  | 467.09 | 467.09 | 591.20 | 42.10 |
| 桦　甸 | 4.4 | 0.4 | 197.90 | 197.90 | 599.09 | 54.00 |

continued 2

| 公共服务用水 The Quantity of Water for Public Service | 居民家庭用水 The Quantity of Water for Household Use | 其他用水 The Quantity of Water for Other Purposes | 用水户数(户) Number of Households with Access to Water Supply (unit) | 家庭用户 Household User | 用水人口(万人) Population with Access to Water Supply (10,000 persons) | 城市名称 Name of Cities |
|---|---|---|---|---|---|---|
| **37710.37** | **91781.11** | **8353.43** | **13596407** | **12579014** | **2318.66** | **辽宁** |
| 13689.10 | 30651.39 | 278.57 | 4025606 | 3835843 | 600.00 | 沈阳 |
| 422.45 | 660.84 | 173.71 | 83420 | 76743 | 10.45 | 新民 |
| 7013.08 | 15574.60 | 2756.45 | 2347382 | 2108009 | 393.70 | 大连 |
| 277.47 | 688.00 | 347.21 | 144211 | 133484 | 29.00 | 庄河 |
| 308.14 | 1168.30 | 126.93 | 215029 | 199666 | 41.07 | 瓦房店 |
| 1598.82 | 4539.00 | 59.53 | 730228 | 694306 | 142.73 | 鞍山 |
| 45.00 | 1105.00 | | 144107 | 134426 | 23.10 | 海城 |
| 1480.95 | 3677.89 | 518.27 | 762454 | 723854 | 120.03 | 抚顺 |
| 901.91 | 2234.48 | 503.11 | 495035 | 474300 | 92.04 | 本溪 |
| 324.63 | 2380.24 | 19.00 | 399058 | 375696 | 66.85 | 丹东 |
| 136.00 | 736.00 | 29.00 | 96217 | 86577 | 16.17 | 东港 |
| | 741.00 | | 50100 | 50100 | 18.44 | 凤城 |
| 1806.00 | 3048.00 | | 507806 | 472303 | 104.54 | 锦州 |
| 50.05 | 285.50 | 42.00 | 51898 | 49898 | 11.88 | 凌海 |
| 192.60 | 293.30 | 13.66 | 65300 | 59440 | 12.00 | 北镇 |
| 1528.00 | 3331.00 | 74.00 | 519680 | 483139 | 91.98 | 营口 |
| 38.36 | 738.51 | | 60043 | 60043 | 17.92 | 盖州 |
| 277.13 | 818.27 | 1.44 | 175347 | 157482 | 26.16 | 大石桥 |
| 735.05 | 1603.63 | 1989.75 | 333525 | 322636 | 72.62 | 阜新 |
| 968.09 | 3665.43 | | 423416 | 389067 | 75.77 | 辽阳 |
| 134.40 | 497.30 | | 35809 | 32440 | 10.77 | 灯塔 |
| 1918.00 | 3815.00 | 1045.00 | 522211 | 378614 | 89.95 | 盘锦 |
| 728.02 | 1564.39 | 42.22 | 302671 | 268246 | 48.91 | 铁岭 |
| 437.80 | 468.83 | | 99280 | 82053 | 17.89 | 调兵山 |
| 103.66 | 632.44 | 15.55 | 91182 | 75804 | 19.89 | 开原 |
| 1577.60 | 1437.20 | 272.80 | 306468 | 283330 | 55.22 | 朝阳 |
| 257.00 | 835.00 | 20.00 | 90954 | 85112 | 14.18 | 北票 |
| 380.00 | 637.00 | | 69230 | 69230 | 22.50 | 凌源 |
| 79.00 | 2848.71 | 25.23 | 290853 | 271286 | 55.10 | 葫芦岛 |
| 148.50 | 686.00 | | 138000 | 126000 | 15.00 | 兴城 |
| 153.56 | 418.86 | | 19887 | 19887 | 2.80 | 沈抚改革创新示范区 |
| **15114.18** | **36261.39** | **3014.12** | **6400132** | **5804921** | **1157.13** | **吉林** |
| 9389.00 | 14758.35 | 381.00 | 2344806 | 2160337 | 454.21 | 长春 |
| 151.89 | 673.05 | 69.55 | 124279 | 110170 | 27.45 | 榆树 |
| 188.35 | 585.76 | 8.21 | 142418 | 122900 | 23.10 | 德惠 |
| 327.94 | 675.40 | 76.62 | 76087 | 68886 | 18.31 | 公主岭 |
| 316.00 | 4881.00 | 1190.00 | 917340 | 820958 | 126.32 | 吉林 |
| 45.00 | 295.00 | 33.00 | 75666 | 69200 | 14.05 | 蛟河 |
| 76.71 | 398.38 | | 88491 | 76890 | 11.96 | 桦甸 |

# 5-4 续表 3

| 城市名称<br>Name of Cities | 综合生产能力（万立方米/日）<br>Integrated Production Capacity (10,000 m³/day) | 地下水<br>Underground Water | 供水管道长度（公里）<br>Length of Water Supply Pipelines (km) | 建成区<br>in Built District | 供水总量（万立方米）<br>Total Quantity of Water Supply (10,000 m³) | 生产运营用水<br>The Quantity of Water for Production and Operation |
|---|---|---|---|---|---|---|
| 舒兰 | 2.8 | | 128.60 | 128.60 | 773.25 | 84.58 |
| 磐石 | 12.6 | 12.1 | 240.52 | 161.42 | 946.45 | 72.87 |
| 四平 | 12.6 | 1.4 | 783.80 | 651.49 | 3665.68 | 484.02 |
| 双辽 | 10.1 | 9.2 | 154.03 | 154.03 | 2196.35 | 1656.10 |
| 辽源 | 16.3 | 0.1 | 527.31 | 527.31 | 3118.00 | 893.12 |
| 通化 | 17.0 | 0.3 | 647.97 | 647.97 | 2531.44 | 371.53 |
| 集安 | 3.0 | 0.0 | 168.14 | 168.14 | 907.50 | 115.00 |
| 白山 | 12.9 | 2.0 | 459.18 | 459.18 | 2704.98 | 515.75 |
| 临江 | 2.6 | 0.3 | 151.00 | 110.00 | 455.00 | 102.00 |
| 松原 | 22.0 | 8.0 | 383.62 | 383.62 | 3464.11 | 192.11 |
| 扶余 | 2.4 | 2.4 | 79.55 | 79.55 | 600.00 | 174.00 |
| 白城 | 11.0 | 11.0 | 541.00 | 541.00 | 2075.73 | 273.94 |
| 洮南 | 2.3 | 2.3 | 164.89 | 164.89 | 406.81 | 66.96 |
| 大安 | 5.2 | 5.2 | 165.86 | 133.86 | 590.87 | 170.67 |
| 延吉 | 21.0 | | 555.10 | 555.10 | 4165.00 | 379.00 |
| 图们 | 1.5 | 0.1 | 198.82 | 198.82 | 464.32 | 91.50 |
| 敦化 | 8.4 | 0.4 | 178.51 | 146.30 | 1457.10 | 191.10 |
| 珲春 | 10.0 | | 360.29 | 360.29 | 1239.20 | 6.32 |
| 龙井 | 4.5 | 1.0 | 128.90 | 124.00 | 744.00 | 141.60 |
| 和龙 | 4.0 | | 196.61 | 196.61 | 898.00 | 41.00 |
| 梅河口 | 20.0 | 0.8 | 247.00 | 247.00 | 1748.00 | 392.00 |
| 长白山保护开发区管理委员会 | 5.3 | 2.5 | 581.50 | 508.10 | 1136.86 | 55.48 |
| **黑龙江** | **595.3** | **200.3** | **24939.27** | **24438.00** | **129184.52** | **31642.60** |
| 哈尔滨 | 177.2 | 42.5 | 7667.57 | 7623.57 | 43229.69 | 5438.39 |
| 尚志 | 5.5 | | 231.06 | 231.06 | 1587.36 | 241.30 |
| 五常 | 6.8 | 2.0 | 220.37 | 220.37 | 1552.00 | 156.00 |
| 齐齐哈尔 | 40.5 | 18.7 | 990.60 | 766.90 | 8504.29 | 2206.94 |
| 讷河 | 2.1 | 2.1 | 104.50 | 104.50 | 408.35 | 25.36 |
| 鸡西 | 27.5 | 1.8 | 1430.00 | 1430.00 | 5360.60 | 1725.14 |
| 虎林 | 2.3 | 2.3 | 238.00 | 238.00 | 446.80 | 79.30 |
| 密山 | 4.0 | 4.0 | 138.10 | 138.10 | 685.00 | 75.00 |
| 鹤岗 | 20.2 | 3.6 | 635.10 | 632.60 | 3533.00 | 1085.70 |
| 双鸭山 | 18.0 | 9.0 | 1150.57 | 1080.51 | 3431.00 | 209.00 |
| 大庆 | 105.2 | 35.4 | 5932.77 | 5932.76 | 28609.02 | 13690.53 |
| 伊春 | 19.3 | 15.3 | 713.48 | 713.42 | 2625.05 | 789.41 |
| 铁力 | 2.6 | 2.6 | 236.00 | 235.90 | 569.61 | 67.59 |
| 佳木斯 | 22.4 | 22.4 | 656.68 | 578.12 | 4221.42 | 959.51 |
| 同江 | 2.0 | 2.0 | 298.15 | 298.15 | 396.00 | 13.00 |
| 抚远 | 2.0 | 2.0 | 61.30 | 61.30 | 237.80 | 13.80 |
| 富锦 | 8.0 | 8.0 | 98.74 | 98.74 | 876.40 | 261.60 |

continued 3

| 公共服务用水 The Quantity of Water for Public Service | 居民家庭用水 The Quantity of Water for Household Use | 其他用水 The Quantity of Water for Other Purposes | 用水户数（户） Number of Households with Access to Water Supply (unit) | 家庭用户 Household User | 用水人口（万人） Population with Access to Water Supply (10,000 persons) | 城市名称 Name of Cities |
|---|---|---|---|---|---|---|
| 88.25 | 393.94 | 11.62 | 59114 | 54137 | 9.00 | 舒兰 |
| 50.58 | 616.00 | 45.00 | 74004 | 69486 | 12.09 | 磐石 |
| 809.09 | 1346.30 | 210.00 | 306441 | 277305 | 53.51 | 四平 |
| 143.35 | 313.00 | | 65235 | 59671 | 10.29 | 双辽 |
| 108.87 | 940.47 | 203.26 | 288963 | 272905 | 43.00 | 辽源 |
| 198.76 | 927.76 | 23.39 | 172183 | 128138 | 45.06 | 通化 |
| 90.50 | 188.00 | 13.00 | 44108 | 39687 | 7.17 | 集安 |
| 167.01 | 1069.67 | | 214339 | 189845 | 36.68 | 白山 |
| 20.00 | 219.00 | 42.00 | 38569 | 35170 | 9.00 | 临江 |
| 549.00 | 1692.00 | 86.00 | 240512 | 223613 | 46.71 | 松原 |
| 84.50 | 234.00 | 27.00 | 32700 | 31000 | 5.57 | 扶余 |
| 228.24 | 939.68 | 47.87 | 144575 | 133754 | 25.00 | 白城 |
| 48.21 | 232.00 | 29.14 | 66050 | 66000 | 12.00 | 洮南 |
| 20.04 | 305.31 | 11.60 | 64296 | 49211 | 10.25 | 大安 |
| 483.00 | 1893.00 | 23.00 | 384284 | 350284 | 56.00 | 延吉 |
| 46.50 | 189.00 | 1.00 | 27884 | 26942 | 4.45 | 图们 |
| 193.00 | 549.00 | 171.00 | 77800 | 71100 | 19.90 | 敦化 |
| 260.20 | 459.74 | 63.06 | 107400 | 97157 | 18.37 | 珲春 |
| 84.30 | 334.40 | 31.80 | 31000 | 29200 | 6.52 | 龙井 |
| 28.00 | 209.00 | 193.00 | 31659 | 29713 | 7.80 | 和龙 |
| 239.00 | 742.00 | 14.00 | 125100 | 110000 | 36.00 | 梅河口 |
| 678.89 | 201.18 | 9.00 | 34829 | 31262 | 7.36 | 长白山保护开发区管理委员会 |
| **18009.51** | **45230.48** | **8040.86** | **7693415** | **6987464** | **1364.35** | **黑龙江** |
| 10159.25 | 15651.60 | 2837.63 | 2847691 | 2613403 | 498.76 | 哈尔滨 |
| 225.40 | 846.53 | 1.50 | 51579 | 51074 | 12.71 | 尚志 |
| 189.00 | 832.00 | | 88292 | 78746 | 18.70 | 五常 |
| 703.08 | 4278.09 | 31.35 | 634318 | 593209 | 105.41 | 齐齐哈尔 |
| 47.24 | 273.24 | 3.27 | 66535 | 59472 | 8.87 | 讷河 |
| 1133.56 | 1409.90 | 55.00 | 327397 | 296288 | 60.12 | 鸡西 |
| 59.00 | 209.00 | 4.50 | 29625 | 23200 | 6.26 | 虎林 |
| 57.00 | 385.00 | 10.80 | 44820 | 41110 | 8.35 | 密山 |
| 269.30 | 1462.00 | 21.00 | 309468 | 290457 | 48.75 | 鹤岗 |
| 213.00 | 2312.00 | 121.00 | 183078 | 169099 | 44.10 | 双鸭山 |
| 1532.05 | 3998.14 | 3961.48 | 759410 | 706602 | 143.14 | 大庆 |
| 298.08 | 1013.53 | 178.80 | 187635 | 159679 | 41.28 | 伊春 |
| 40.00 | 397.00 | 20.00 | 33175 | 31135 | 11.10 | 铁力 |
| 519.21 | 2015.59 | 86.08 | 264997 | 240687 | 53.00 | 佳木斯 |
| 41.00 | 151.37 | 13.00 | 41786 | 33725 | 6.16 | 同江 |
| 13.00 | 185.00 | 6.00 | 22768 | 22768 | 3.60 | 抚远 |
| 157.60 | 408.10 | 20.00 | 46741 | 43297 | 12.55 | 富锦 |

## 5-4 续表 4

| 城市名称<br>Name of Cities | 综合生产能力（万立方米/日）<br>Integrated Production Capacity (10,000 m³/day) | 地下水<br>Underground Water | 供水管道长度（公里）<br>Length of Water Supply Pipelines (km) | 建成区<br>in Built District | 供水总量（万立方米）<br>Total Quantity of Water Supply (10,000 m³) | 生产运营用水<br>The Quantity of Water for Production and Operation |
|---|---|---|---|---|---|---|
| 七台河 | 20.3 | 0.3 | 863.30 | 863.30 | 2522.25 | 556.72 |
| 牡丹江 | 30.4 | 0.5 | 914.50 | 914.50 | 6724.79 | 908.84 |
| 海林 | 4.7 | 0.1 | 91.23 | 91.23 | 791.13 | 30.00 |
| 宁安 | 3.0 | | 150.00 | 133.00 | 423.00 | 5.00 |
| 穆棱 | 2.4 | 0.2 | 144.87 | 144.87 | 440.14 | 32.19 |
| 绥芬河 | 8.0 | 0.0 | 175.76 | 131.78 | 950.43 | 87.68 |
| 东宁 | 3.0 | | 94.50 | 87.77 | 442.18 | 1.91 |
| 黑河 | 3.4 | | 161.32 | 161.32 | 836.10 | 47.60 |
| 北安 | 5.0 | | 139.60 | 139.60 | 868.62 | 239.20 |
| 五大连池 | 1.3 | 1.3 | 114.50 | 114.50 | 445.00 | 5.30 |
| 嫩江 | 2.0 | | 266.16 | 266.16 | 760.47 | 87.00 |
| 绥化 | 18.4 | 10.4 | 350.00 | 342.00 | 3297.29 | 1367.97 |
| 安达 | 10.0 | 6.0 | 91.50 | 91.50 | 1165.00 | 307.00 |
| 肇东 | 7.3 | 2.3 | 154.76 | 149.70 | 2509.27 | 867.76 |
| 海伦 | 8.7 | 3.7 | 284.00 | 284.00 | 620.21 | 42.86 |
| 漠河 | 1.6 | 1.6 | 140.28 | 138.77 | 115.25 | 18.00 |
| **上海** | **1229.0** | | **40017.93** | **40017.93** | **292326.62** | **42017.57** |
| **江苏** | **3653.3** | **65.7** | **130938.06** | **93068.21** | **643682.45** | **223838.90** |
| 南京 | 720.3 | | 20096.93 | 20096.93 | 142915.32 | 55872.31 |
| 无锡 | 270.0 | 0.2 | 10332.42 | 6199.45 | 51020.10 | 21910.48 |
| 江阴 | 114.0 | | 2479.00 | 1935.00 | 9028.00 | 4539.00 |
| 宜兴 | 87.2 | 0.0 | 2306.97 | 2282.45 | 11905.79 | 5627.48 |
| 徐州 | 164.6 | 34.5 | 3649.71 | 3026.70 | 43432.53 | 12473.92 |
| 新沂 | 25.6 | 5.6 | 970.00 | 625.00 | 4468.00 | 1118.00 |
| 邳州 | 24.7 | 7.7 | 871.18 | 871.18 | 4275.44 | 1789.44 |
| 常州 | 220.6 | | 21181.38 | 4233.78 | 39633.71 | 13373.62 |
| 溧阳 | 15.0 | | 1136.24 | 885.49 | 5734.14 | 1893.75 |
| 苏州 | 447.2 | 0.3 | 11252.33 | 9776.44 | 81960.69 | 31456.82 |
| 常熟 | 87.5 | | 4014.21 | 1905.00 | 10776.84 | 4035.24 |
| 张家港 | 80.0 | | 1282.00 | 1102.00 | 4992.00 | 1525.00 |
| 昆山 | 150.0 | | 3480.01 | 1650.25 | 19856.98 | 7922.62 |
| 太仓 | 73.6 | 0.4 | 424.14 | 424.14 | 4910.89 | 1830.72 |
| 南通 | 295.0 | 4.0 | 6789.71 | 2993.52 | 37594.34 | 11370.42 |
| 海安 | 25.0 | | 1836.00 | 407.12 | 4602.85 | 1091.13 |
| 启东 | 24.5 | | 1077.52 | 1077.52 | 3413.00 | 1165.00 |
| 如皋 | 42.3 | 1.2 | 1818.50 | 1010.00 | 5234.14 | 1849.14 |
| 连云港 | 63.0 | | 2868.18 | 2868.18 | 16402.33 | 3712.32 |
| 淮安 | 140.0 | 3.0 | 5960.60 | 5624.53 | 27356.85 | 10408.01 |
| 盐城 | 76.8 | 0.5 | 6334.96 | 5881.46 | 14907.81 | 3072.70 |
| 东台 | 30.3 | 0.0 | 1215.80 | 780.80 | 2739.33 | 755.90 |
| 扬州 | 121.3 | 4.2 | 4479.27 | 4479.27 | 29743.37 | 4419.76 |

continued 4

| 公共服务用水 The Quantity of Water for Public Service | 居民家庭用水 The Quantity of Water for Household Use | 其他用水 The Quantity of Water for Other Purposes | 用水户数(户) Number of Households with Access to Water Supply (unit) | 家庭用户 Household User | 用水人口(万人) Population with Access to Water Supply (10,000 persons) | 城市名称 Name of Cities |
|---|---|---|---|---|---|---|
| 261.35 | 955.94 | 24.23 | 215049 | 185008 | 38.72 | 七台河 |
| 1236.67 | 2007.28 | 50.21 | 487242 | 443032 | 68.01 | 牡丹江 |
| 90.00 | 296.00 | 274.13 | 83646 | 76739 | 8.50 | 海林 |
| 62.00 | 243.00 | 2.00 | 39460 | 36345 | 7.48 | 宁安 |
| 32.77 | 269.10 | 11.80 | 26858 | 25835 | 7.73 | 穆棱 |
| 51.24 | 404.00 | 29.00 | 50033 | 44500 | 8.50 | 绥芬河 |
| 47.12 | 264.68 | 0.05 | 60858 | 54606 | 7.29 | 东宁 |
| 123.24 | 445.20 | | 97000 | 87000 | 14.54 | 黑河 |
| 97.95 | 346.20 | 14.50 | 72581 | 64013 | 12.88 | 北安 |
| 57.26 | 229.96 | 35.00 | 41707 | 36537 | 6.80 | 五大连池 |
| 44.00 | 393.00 | 1.00 | 87488 | 63527 | 13.00 | 嫩江 |
| 50.00 | 1192.69 | 43.53 | 221027 | 188838 | 31.55 | 绥化 |
| 65.00 | 550.00 | 72.00 | 79074 | 72000 | 15.40 | 安达 |
| 48.09 | 1403.04 | 2.40 | 99344 | 83832 | 21.22 | 肇东 |
| 67.95 | 352.00 | 98.40 | 82032 | 61000 | 16.47 | 海伦 |
| 18.10 | 50.30 | 11.20 | 10701 | 10701 | 3.40 | 漠河 |
| **68404.22** | **118696.44** | **9752.91** | **9548047** | **9030968** | **2475.89** | **上海** |
| **72310.55** | **212710.23** | **53498.92** | **19639604** | **17672830** | **3706.26** | **江苏** |
| 16032.60 | 41225.48 | 7809.43 | 3744330 | 3562752 | 699.31 | 南京 |
| 4303.94 | 17215.74 | 929.63 | 1612423 | 1470140 | 293.35 | 无锡 |
| 665.00 | 2288.00 | 1174.00 | 151388 | 127980 | 40.55 | 江阴 |
| 1454.31 | 3317.00 | 350.00 | 346643 | 322555 | 54.96 | 宜兴 |
| 1549.88 | 8702.05 | 14765.25 | 1049732 | 958355 | 212.01 | 徐州 |
| 243.00 | 2166.00 | 593.00 | 139195 | 121100 | 31.06 | 新沂 |
| 202.10 | 1538.47 | 536.42 | 176461 | 161617 | 42.76 | 邳州 |
| 4607.54 | 15424.78 | 760.52 | 1166534 | 787831 | 214.94 | 常州 |
| 1588.69 | 1522.29 | | 165189 | 154611 | 28.34 | 溧阳 |
| 14280.98 | 27265.35 | 1008.71 | 2232115 | 2104363 | 500.08 | 苏州 |
| 1353.59 | 3519.06 | 1010.04 | 338734 | 310239 | 58.34 | 常熟 |
| 1235.00 | 1610.00 | 105.00 | 168050 | 164771 | 39.48 | 张家港 |
| 3025.79 | 4456.49 | 2760.90 | 672998 | 602749 | 79.26 | 昆山 |
| 222.55 | 1878.55 | 412.36 | 204155 | 189793 | 31.16 | 太仓 |
| 6191.11 | 12224.12 | 3057.13 | 1168070 | 1028542 | 220.95 | 南通 |
| 902.65 | 2055.82 | 161.45 | 365452 | 218696 | 28.76 | 海安 |
| 352.00 | 1340.00 | 128.00 | 191178 | 177163 | 26.50 | 启东 |
| 683.00 | 1902.00 | | 198594 | 182550 | 35.10 | 如皋 |
| 2525.70 | 7114.54 | 261.31 | 576618 | 542050 | 105.81 | 连云港 |
| 871.43 | 12198.57 | 1094.63 | 808802 | 660206 | 164.40 | 淮安 |
| 1269.98 | 7453.83 | 549.74 | 715638 | 697156 | 145.96 | 盐城 |
| 202.29 | 1449.68 | 12.95 | 98605 | 91778 | 37.10 | 东台 |
| 3542.29 | 5962.51 | 12825.18 | 745131 | 674035 | 128.49 | 扬州 |

# 5-4 续表 5

| 城市名称 Name of Cities | 综合生产能力（万立方米/日）Integrated Production Capacity (10,000 m³/day) | 地下水 Underground Water | 供水管道长度（公里）Length of Water Supply Pipelines (km) | 建成区 in Built District | 供水总量（万立方米）Total Quantity of Water Supply (10,000 m³) | 生产运营用水 The Quantity of Water for Production and Operation |
|---|---|---|---|---|---|---|
| 仪征 | 19.9 | 1.1 | 1242.37 | 566.59 | 2403.40 | 665.32 |
| 高邮 | 16.4 | 1.4 | 613.00 | 561.00 | 4224.80 | 922.00 |
| 镇江 | 80.0 | | 2219.00 | 1616.00 | 15376.64 | 5858.00 |
| 丹阳 | 30.0 | | 564.00 | 512.00 | 4420.00 | 1567.00 |
| 扬中 | 11.5 | | 578.32 | 272.35 | 3202.03 | 512.23 |
| 句容 | 10.0 | | 1071.00 | 1071.00 | 2712.00 | 951.00 |
| 泰州 | 56.4 | 1.0 | 3109.42 | 3069.05 | 12511.11 | 3441.73 |
| 兴化 | 20.0 | | 635.25 | 635.25 | 1930.00 | 221.00 |
| 靖江 | 25.0 | | 928.00 | 928.00 | 3049.07 | 952.00 |
| 泰兴 | 25.0 | | 1121.52 | 1121.52 | 3314.00 | 923.00 |
| 宿迁 | 60.7 | 0.7 | 2999.12 | 2579.24 | 13634.95 | 4612.84 |
| **浙江** | **2131.7** | **0.2** | **105237.85** | **75062.67** | **474877.77** | **158823.40** |
| 杭州 | 516.2 | | 28651.35 | 26308.52 | 134254.52 | 33405.13 |
| 建德 | 20.0 | | 951.50 | 198.00 | 1892.72 | 557.09 |
| 宁波 | 292.5 | | 12756.35 | 4342.88 | 77657.11 | 34982.99 |
| 余姚 | 40.5 | | 2314.48 | 1453.48 | 6558.80 | 2356.74 |
| 慈溪 | 49.0 | | 1400.21 | 803.21 | 4570.24 | 794.11 |
| 温州 | 151.0 | | 3808.47 | 3398.15 | 31450.51 | 6506.44 |
| 瑞安 | 37.2 | | 4411.15 | 535.75 | 10356.47 | 3696.46 |
| 乐清 | 15.5 | | 1762.00 | 354.00 | 4954.00 | 1127.00 |
| 龙港 | 13.5 | | 480.00 | 440.00 | 4370.32 | 794.30 |
| 嘉兴 | 96.3 | | 1417.21 | 1318.95 | 14496.58 | 4961.42 |
| 海宁 | 34.2 | | 1294.93 | 988.35 | 5580.41 | 2526.47 |
| 平湖 | 24.0 | | 852.00 | 435.00 | 3690.05 | 1516.80 |
| 桐乡 | 45.0 | | 1703.54 | 1419.94 | 5020.79 | 2170.08 |
| 湖州 | 70.0 | | 4527.37 | 4527.37 | 13750.29 | 3102.64 |
| 绍兴 | 284.5 | | 9417.70 | 3385.70 | 46362.99 | 29556.86 |
| 诸暨 | 57.8 | 0.0 | 2797.00 | 2744.00 | 8972.06 | 3924.87 |
| 嵊州 | 14.3 | | 1519.29 | 1517.79 | 4536.25 | 2215.67 |
| 金华 | 63.5 | 0.2 | 2554.48 | 1780.00 | 16205.01 | 4223.45 |
| 兰溪 | 17.0 | | 3328.67 | 920.00 | 3443.00 | 1462.75 |
| 义乌 | 39.0 | | 3046.05 | 3046.05 | 12672.69 | 3711.86 |
| 东阳 | 35.0 | | 1847.00 | 1847.00 | 5707.86 | 1212.74 |
| 永康 | 20.1 | | 1540.96 | 1540.96 | 4594.98 | 1657.12 |
| 衢州 | 40.0 | | 1407.34 | 1407.30 | 7609.00 | 1754.00 |
| 江山 | 10.6 | | 565.43 | 565.43 | 1722.57 | 440.84 |
| 舟山 | 30.0 | | 2565.00 | 2565.00 | 6070.00 | 1150.00 |
| 台州 | 57.0 | | 4889.49 | 3953.13 | 18182.84 | 4002.45 |
| 玉环 | 5.9 | | 347.37 | 347.37 | 2641.41 | 504.49 |
| 温岭 | 10.0 | | 375.24 | 369.06 | 5976.76 | 1420.25 |
| 临海 | 17.0 | | 1106.99 | 951.00 | 4767.30 | 1403.40 |
| 丽水 | 20.0 | | 1133.00 | 1133.00 | 5726.24 | 1436.88 |
| 龙泉 | 5.0 | | 466.28 | 466.28 | 1084.00 | 248.10 |

continued 5

| 公共服务用水 The Quantity of Water for Public Service | 居民家庭用水 The Quantity of Water for Household Use | 其他用水 The Quantity of Water for Other Purposes | 用水户数（户） Number of Households with Access to Water Supply (unit) | 家庭用户 Household User | 用水人口（万人） Population with Access to Water Supply (10,000 persons) | 城市名称 Name of Cities |
|---|---|---|---|---|---|---|
| 188.35 | 876.09 | 4.10 | 122161 | 84093 | 21.20 | 仪征 |
| 895.00 | 1354.80 | 485.00 | 158695 | 145671 | 24.01 | 高邮 |
| 1722.00 | 5603.00 | 819.00 | 506564 | 467494 | 89.20 | 镇江 |
| 442.00 | 1706.00 | 243.00 | 223184 | 203500 | 34.00 | 丹阳 |
| 156.64 | 1950.84 | | 73495 | 67438 | 14.91 | 扬中 |
| 34.00 | 1303.00 | | 72532 | 66834 | 18.38 | 句容 |
| 541.34 | 6675.67 | 303.41 | 508302 | 462430 | 99.73 | 泰州 |
| 89.00 | 1313.00 | | 146550 | 133315 | 22.35 | 兴化 |
| 49.80 | 1690.62 | 63.94 | 114366 | 108681 | 25.55 | 靖江 |
| 82.00 | 1634.00 | 64.00 | 198186 | 185628 | 28.76 | 泰兴 |
| 805.00 | 4772.88 | 1210.82 | 479534 | 436714 | 109.50 | 宿迁 |
| **66232.73** | **188992.63** | **10775.53** | **12326836** | **11169591** | **3254.23** | **浙江** |
| 24220.19 | 55257.36 | 6798.81 | 2625546 | 2400990 | 1002.10 | 杭州 |
| 88.96 | 1013.10 | 2.14 | 80536 | 76302 | 14.97 | 建德 |
| 7159.06 | 26997.01 | 292.13 | 2007089 | 1875812 | 367.72 | 宁波 |
| 410.68 | 2802.43 | 9.67 | 261599 | 233830 | 46.94 | 余姚 |
| 994.61 | 2478.04 | | 230810 | 183720 | 55.13 | 慈溪 |
| 7127.77 | 13406.72 | | 627026 | 570768 | 262.36 | 温州 |
| 182.00 | 5539.64 | 3.86 | 446667 | 408351 | 131.98 | 瑞安 |
| 730.00 | 2392.00 | 10.50 | 129853 | 94521 | 53.16 | 乐清 |
| 398.19 | 2510.84 | | 150084 | 148485 | 29.92 | 龙港 |
| 2813.46 | 4449.89 | 731.77 | 541300 | 498315 | 93.58 | 嘉兴 |
| 963.48 | 1607.99 | 132.45 | 158085 | 145050 | 33.96 | 海宁 |
| 196.41 | 1493.02 | 15.44 | 163047 | 151422 | 34.38 | 平湖 |
| 115.88 | 2001.28 | 75.39 | 180773 | 155762 | 37.56 | 桐乡 |
| 2598.88 | 6007.81 | 622.81 | 512794 | 471557 | 99.72 | 湖州 |
| 3571.87 | 11007.33 | 350.08 | 1111407 | 1000609 | 166.37 | 绍兴 |
| 902.84 | 3022.37 | 106.94 | 285940 | 257898 | 72.45 | 诸暨 |
| 171.28 | 1606.80 | | 127629 | 94657 | 34.04 | 嵊州 |
| 3397.70 | 7355.36 | 75.38 | 330773 | 288969 | 100.75 | 金华 |
| 64.31 | 1114.24 | 223.65 | 116259 | 98542 | 23.65 | 兰溪 |
| 1206.67 | 6308.18 | 82.49 | 216361 | 176773 | 113.97 | 义乌 |
| 936.76 | 2871.87 | 9.20 | 138092 | 132767 | 47.70 | 东阳 |
| 182.72 | 2202.71 | | 111348 | 96092 | 25.60 | 永康 |
| 1572.00 | 2692.00 | 12.00 | 337514 | 301656 | 40.30 | 衢州 |
| 155.10 | 879.54 | 35.83 | 53680 | 52807 | 16.64 | 江山 |
| 811.00 | 2870.00 | 699.00 | 343609 | 319144 | 66.87 | 舟山 |
| 3804.22 | 8122.86 | 35.50 | 460543 | 412513 | 137.36 | 台州 |
| 261.90 | 1648.19 | 19.22 | 69539 | 63220 | 21.07 | 玉环 |
| 76.30 | 3969.24 | 108.43 | 112380 | 107107 | 32.98 | 温岭 |
| | 2333.90 | | 155598 | 145555 | 40.73 | 临海 |
| 955.09 | 2478.41 | 322.84 | 172321 | 148366 | 40.65 | 丽水 |
| 163.40 | 552.50 | | 68634 | 58031 | 9.62 | 龙泉 |

# 5-4 续表 6

| 城市名称<br>Name of Cities | 综合生产能力(万立方米/日)<br>Integrated Production Capacity ($10,000\ m^3$/day) | 地下水<br>Underground Water | 供水管道长度(公里)<br>Length of Water Supply Pipelines (km) | 建成区<br>in Built District | 供水总量(万立方米)<br>Total Quantity of Water Supply ($10,000\ m^3$) | 生产运营用水<br>The Quantity of Water for Production and Operation |
|---|---|---|---|---|---|---|
| **安　徽** | **1143.6** | **90.5** | **35915.72** | **34847.92** | **261030.95** | **80573.26** |
| 合　肥 | 241.4 | 0.1 | 3698.58 | 3698.58 | 68635.50 | 13628.72 |
| 巢　湖 | 22.0 | | 756.80 | 756.50 | 5409.14 | 3271.35 |
| 芜　湖 | 117.7 | | 3696.58 | 3611.97 | 29309.48 | 8199.76 |
| 无　为 | 17.0 | | 690.21 | 578.80 | 3064.00 | 881.00 |
| 蚌　埠 | 78.0 | 0.4 | 2060.89 | 2040.89 | 19445.03 | 7548.31 |
| 淮　南 | 55.6 | 4.2 | 1841.00 | 1464.02 | 12481.70 | 2926.75 |
| 马鞍山 | 130.5 | | 2288.31 | 2187.36 | 16882.13 | 9279.05 |
| 淮　北 | 35.1 | 33.9 | 1402.00 | 1402.00 | 7423.83 | 2195.81 |
| 铜　陵 | 67.0 | | 1920.83 | 1911.83 | 11361.68 | 3617.38 |
| 安　庆 | 52.4 | 0.1 | 1298.48 | 1298.48 | 13946.25 | 6988.28 |
| 潜　山 | 7.5 | | 458.51 | 435.91 | 1476.45 | 490.50 |
| 桐　城 | 10.5 | | 352.00 | 341.00 | 2149.00 | 640.00 |
| 黄　山 | 25.0 | | 1183.74 | 1171.54 | 4846.35 | 1342.99 |
| 滁　州 | 40.5 | | 1266.14 | 1266.14 | 10267.81 | 4210.54 |
| 天　长 | 15.0 | 5.0 | 681.75 | 681.75 | 3535.65 | 1214.51 |
| 明　光 | 9.1 | 0.6 | 811.68 | 811.20 | 1893.79 | 331.90 |
| 阜　阳 | 38.2 | 9.5 | 3610.97 | 3610.97 | 11292.56 | 4105.17 |
| 界　首 | 10.6 | 6.6 | 392.47 | 378.82 | 1485.30 | 265.50 |
| 宿　州 | 22.9 | 17.6 | 981.90 | 950.90 | 6962.52 | 2520.08 |
| 六　安 | 48.5 | | 855.50 | 849.90 | 7615.50 | 1055.04 |
| 亳　州 | 32.5 | 12.5 | 1214.69 | 946.67 | 6034.22 | 1430.61 |
| 池　州 | 16.0 | | 727.12 | 727.12 | 4395.95 | 820.58 |
| 宣　城 | 26.6 | 0.1 | 2150.27 | 2150.27 | 5803.21 | 1638.53 |
| 广　德 | 11.0 | | 885.30 | 885.30 | 2600.90 | 1088.90 |
| 宁　国 | 13.0 | | 690.00 | 690.00 | 2713.00 | 882.00 |
| **福　建** | **958.6** | **13.3** | **34397.20** | **33086.87** | **198962.35** | **31983.67** |
| 福　州 | 230.0 | 1.8 | 5824.94 | 5824.94 | 43096.69 | 6367.25 |
| 福　清 | 28.0 | | 1922.36 | 1922.36 | 6796.18 | 905.39 |
| 厦　门 | 213.9 | | 5447.17 | 5447.17 | 50640.19 | 10225.41 |
| 莆　田 | 46.0 | 0.7 | 2073.75 | 1340.30 | 10647.83 | 3183.87 |
| 三　明 | 33.5 | | 2077.75 | 2077.75 | 5415.62 | 698.61 |
| 永　安 | 10.0 | | 431.16 | 431.16 | 2339.04 | 505.61 |
| 泉　州 | 80.0 | | 5934.40 | 5934.40 | 18466.97 | 1592.92 |
| 石　狮 | 64.0 | | 1210.06 | 1210.06 | 5177.80 | 712.80 |
| 晋　江 | 45.0 | | 1290.65 | 1290.65 | 11802.66 | 1776.65 |
| 南　安 | 15.0 | | 348.11 | 348.11 | 1919.16 | 533.22 |
| 漳　州 | 68.5 | | 1791.16 | 1308.93 | 12646.80 | 1238.84 |
| 南　平 | 26.0 | | 679.54 | 597.34 | 4548.16 | 636.72 |
| 邵　武 | 9.0 | | 342.00 | 342.00 | 2194.86 | 567.05 |

continued 6

| 公共服务用水 The Quantity of Water for Public Service | 居民家庭用水 The Quantity of Water for Household Use | 其他用水 The Quantity of Water for Other Purposes | 用水户数(户) Number of Households with Access to Water Supply (unit) | 家庭用户 Household User | 用水人口(万人) Population with Access to Water Supply (10,000 persons) | 城市名称 Name of Cities |
|---|---|---|---|---|---|---|
| **36160.97** | **102098.64** | **9454.03** | **9424569** | **8292284** | **1950.71** | **安徽** |
| 12844.57 | 34775.82 | | 2498199 | 2411231 | 650.35 | 合肥 |
| 437.16 | 1189.67 | 48.00 | 131329 | 129923 | 32.81 | 巢湖 |
| 2622.90 | 9413.28 | 3996.66 | 859773 | 492108 | 189.68 | 芜湖 |
| 346.74 | 1440.66 | 18.00 | 87125 | 77882 | 19.86 | 无为 |
| 5544.86 | 4635.51 | 38.22 | 545325 | 503132 | 99.02 | 蚌埠 |
| 1609.44 | 5660.95 | 445.74 | 395172 | 354621 | 113.37 | 淮南 |
| 1890.73 | 3436.49 | 753.47 | 429243 | 395944 | 78.73 | 马鞍山 |
| 580.23 | 3561.85 | 58.35 | 478348 | 462018 | 72.31 | 淮北 |
| 353.42 | 4628.39 | 1280.81 | 310364 | 277306 | 61.23 | 铜陵 |
| 2113.83 | 2850.83 | 433.09 | 428654 | 390485 | 75.51 | 安庆 |
| 67.00 | 777.50 | | 62335 | 58074 | 12.00 | 潜山 |
| 169.00 | 1131.00 | | 108177 | 83261 | 16.60 | 桐城 |
| 263.60 | 2286.22 | 154.49 | 253652 | 222389 | 35.42 | 黄山 |
| 743.75 | 3480.95 | 540.84 | 383684 | 358173 | 69.32 | 滁州 |
| 359.85 | 807.84 | 767.03 | 134435 | 118758 | 19.34 | 天长 |
| 229.57 | 988.23 | 63.43 | 112193 | 101711 | 17.00 | 明光 |
| 439.87 | 5630.30 | 15.50 | 547417 | 500390 | 106.56 | 阜阳 |
| 87.20 | 883.30 | 2.00 | 87008 | 67911 | 18.39 | 界首 |
| 1189.12 | 2620.90 | 5.65 | 323594 | 286458 | 61.69 | 宿州 |
| 992.13 | 3130.09 | 497.24 | 301151 | 271409 | 60.57 | 六安 |
| 676.50 | 2592.00 | 10.60 | 261280 | 187458 | 40.50 | 亳州 |
| 1467.45 | 1650.34 | 9.50 | 235960 | 172546 | 31.04 | 池州 |
| 689.25 | 2547.92 | 75.01 | 244321 | 225366 | 35.18 | 宣城 |
| 421.80 | 719.60 | 100.40 | 94000 | 55000 | 16.86 | 广德 |
| 21.00 | 1259.00 | 140.00 | 111830 | 88730 | 17.37 | 宁国 |
| **38525.93** | **87598.66** | **10885.97** | **5753488** | **5102997** | **1510.19** | **福建** |
| 11055.84 | 17899.46 | 190.89 | 1377102 | 1272709 | 399.86 | 福州 |
| 1205.47 | 2524.48 | 12.29 | 216344 | 187718 | 44.97 | 福清 |
| 8951.29 | 20961.56 | 5707.77 | 687401 | 586018 | 410.80 | 厦门 |
| 1436.63 | 4908.66 | 130.97 | 368542 | 319867 | 82.25 | 莆田 |
| 1130.76 | 2445.79 | 359.68 | 251209 | 222386 | 41.38 | 三明 |
| 884.80 | 782.30 | 8.53 | 115204 | 97978 | 19.80 | 永安 |
| 3642.71 | 9887.43 | 482.39 | 591039 | 515560 | 134.89 | 泉州 |
| 998.71 | 2544.07 | 49.44 | 91040 | 82687 | 35.71 | 石狮 |
| 4616.10 | 4284.32 | 334.33 | 265591 | 211111 | 34.84 | 晋江 |
| 129.27 | 921.02 | 32.32 | 162039 | 146574 | 25.22 | 南安 |
| 2191.82 | 4890.13 | 636.88 | 456744 | 406606 | 75.96 | 漳州 |
| 841.76 | 2230.21 | 75.41 | 204880 | 184439 | 34.83 | 南平 |
| 25.72 | 1060.41 | 167.86 | 113514 | 101983 | 12.79 | 邵武 |

## 5-4 续表 7

| 城市名称<br>Name of Cities | 综合生产能力(万立方米/日)<br>Integrated Production Capacity (10,000 m³/day) | 地下水<br>Underground Water | 供水管道长度(公里)<br>Length of Water Supply Pipelines (km) | 建成区<br>in Built District | 供水总量(万立方米)<br>Total Quantity of Water Supply (10,000 m³) | 生产运营用水<br>The Quantity of Water for Production and Operation |
|---|---|---|---|---|---|---|
| 武夷山 | 9.0 | | 464.07 | 464.07 | 1599.64 | 4.35 |
| 建瓯 | 4.5 | | 183.08 | 177.21 | 1291.11 | 224.25 |
| 龙岩 | 30.5 | 10.9 | 3159.20 | 3159.20 | 8540.50 | 1911.68 |
| 漳平 | 6.0 | | 178.91 | 178.91 | 1507.27 | 250.23 |
| 宁德 | 19.7 | | 553.80 | 553.80 | 5748.32 | 37.24 |
| 福安 | 8.0 | | 202.78 | 202.78 | 2149.07 | 261.37 |
| 福鼎 | 12.0 | | 282.31 | 275.73 | 2434.48 | 350.21 |
| **江西** | **715.7** | **2.8** | **31992.33** | **30028.51** | **161381.69** | **30532.87** |
| 南昌 | 193.5 | | 7933.00 | 7933.00 | 46962.00 | 8429.00 |
| 景德镇 | 21.8 | 0.0 | 1037.02 | 1037.02 | 7431.36 | 1285.10 |
| 乐平 | 6.8 | 0.7 | 349.64 | 320.15 | 1802.92 | 641.54 |
| 萍乡 | 19.0 | | 775.65 | 775.65 | 5868.90 | 510.68 |
| 九江 | 42.0 | | 3389.99 | 2489.83 | 13462.00 | 3244.00 |
| 瑞昌 | 10.0 | | 429.58 | 429.58 | 2270.22 | 428.53 |
| 共青城 | 11.0 | 1.0 | 292.00 | 266.00 | 1282.00 | 477.00 |
| 庐山 | 3.0 | | 146.77 | 146.77 | 1052.85 | 146.99 |
| 新余 | 35.5 | | 1520.00 | 1520.00 | 7389.00 | 2191.00 |
| 鹰潭 | 22.5 | | 715.01 | 715.01 | 4895.25 | 821.79 |
| 贵溪 | 11.0 | | 352.00 | 352.00 | 1660.00 | 180.00 |
| 赣州 | 97.0 | | 4915.65 | 4915.65 | 22101.22 | 3966.94 |
| 瑞金 | 9.0 | | 348.20 | 348.20 | 1545.72 | 58.97 |
| 龙南 | 13.0 | | 125.86 | 125.86 | 1940.19 | 1054.08 |
| 吉安 | 28.5 | | 1582.52 | 1582.52 | 5409.00 | 1286.00 |
| 井冈山 | 2.0 | | 68.00 | 40.27 | 253.50 | 62.72 |
| 宜春 | 26.0 | | 2532.38 | 2532.38 | 8574.14 | 2223.51 |
| 丰城 | 16.0 | | 1294.00 | 1294.00 | 2679.00 | 252.00 |
| 樟树 | 11.4 | 1.1 | 294.81 | 294.81 | 2447.92 | 582.23 |
| 高安 | 21.0 | | 295.00 | 295.00 | 2435.00 | 450.23 |
| 抚州 | 48.0 | | 1305.49 | 1011.49 | 9275.00 | 1587.00 |
| 上饶 | 58.0 | | 1526.62 | 1335.51 | 9844.88 | 437.42 |
| 德兴 | 9.7 | | 763.14 | 267.81 | 799.62 | 216.14 |
| **山东** | **1986.5** | **514.6** | **61342.56** | **58057.00** | **399552.84** | **154652.25** |
| 济南 | 289.7 | 111.2 | 7040.15 | 7040.15 | 50795.42 | 5627.08 |
| 青岛 | 220.2 | 4.0 | 8270.38 | 8270.38 | 55577.88 | 16303.93 |
| 胶州 | 15.5 | 6.0 | 790.27 | 790.27 | 5871.63 | 2182.37 |
| 平度 | 12.0 | 5.0 | 748.00 | 699.00 | 3714.71 | 1616.71 |
| 莱西 | 9.0 | | 554.61 | 554.61 | 2658.72 | 750.86 |
| 淄博 | 183.3 | 87.2 | 3365.14 | 3171.60 | 31749.86 | 17725.65 |
| 枣庄 | 48.5 | 35.4 | 2049.85 | 1796.06 | 9252.10 | 3757.21 |
| 滕州 | 23.0 | 18.8 | 1205.00 | 1054.00 | 5900.10 | 2418.60 |
| 东营 | 122.0 | | 2320.75 | 1807.10 | 16509.39 | 5656.72 |

## continued 7

| 公共服务用水 The Quantity of Water for Public Service | 居民家庭用水 The Quantity of Water for Household Use | 其他用水 The Quantity of Water for Other Purposes | 用水户数（户）Number of Households with Access to Water Supply (unit) | 家庭用户 Household User | 用水人口（万人）Population with Access to Water Supply (10,000 persons) | 城市名称 Name of Cities |
|---|---|---|---|---|---|---|
| 280.69 | 609.05 | 444.37 | 58525 | 49651 | 10.19 | 武夷山 |
| 31.40 | 690.59 | 73.77 | 68975 | 58732 | 14.94 | 建瓯 |
| 326.46 | 4289.34 | 313.33 | 316871 | 278512 | 50.42 | 龙岩 |
| 9.44 | 776.10 | 191.46 | 54723 | 46001 | 8.58 | 漳平 |
| 557.10 | 2684.46 | 1664.94 | 191134 | 174738 | 37.30 | 宁德 |
| 25.74 | 1536.92 | 3.59 | 89016 | 87373 | 17.08 | 福安 |
| 184.22 | 1672.36 | 5.75 | 73595 | 72354 | 18.38 | 福鼎 |
| **23083.64** | **74521.48** | **6281.02** | **6432303** | **5808618** | **1209.62** | **江西** |
| 11652.00 | 18876.00 | 555.00 | 1609076 | 1496441 | 331.00 | 南昌 |
| 1000.38 | 3795.89 | 271.45 | 287250 | 262062 | 45.95 | 景德镇 |
| 155.73 | 803.12 | 82.72 | 77456 | 74389 | 16.95 | 乐平 |
| 850.39 | 3258.66 | 139.30 | 266188 | 246565 | 47.41 | 萍乡 |
| 459.00 | 6729.00 | 624.00 | 547032 | 508751 | 76.18 | 九江 |
| 108.89 | 1174.69 | 55.27 | 143533 | 132789 | 19.42 | 瑞昌 |
| 195.00 | 441.00 | 2.00 | 54097 | 24751 | 12.61 | 共青城 |
| 39.95 | 552.55 |  | 36863 | 32549 | 6.11 | 庐山 |
| 460.00 | 3667.00 |  | 336109 | 313006 | 50.50 | 新余 |
| 536.13 | 1965.56 | 726.48 | 242119 | 211513 | 29.32 | 鹰潭 |
| 220.00 | 980.00 |  | 89225 | 78790 | 11.83 | 贵溪 |
| 2707.69 | 10708.66 | 1090.03 | 706491 | 597971 | 162.73 | 赣州 |
| 59.04 | 1237.98 | 14.10 | 62189 | 62170 | 24.79 | 瑞金 |
| 36.14 | 728.28 | 9.24 | 64571 | 55660 | 16.28 | 龙南 |
| 455.00 | 2035.00 | 768.00 | 292932 | 283396 | 49.45 | 吉安 |
| 11.38 | 145.27 | 6.21 | 19210 | 19210 | 3.11 | 井冈山 |
| 655.82 | 3621.69 | 17.59 | 340040 | 268204 | 63.09 | 宜春 |
| 446.00 | 1467.00 | 23.00 | 157596 | 138551 | 37.00 | 丰城 |
| 208.35 | 1212.50 | 119.05 | 108026 | 92391 | 20.65 | 樟树 |
| 407.60 | 1259.40 | 50.33 | 76785 | 66256 | 22.36 | 高安 |
| 1027.00 | 4520.00 | 291.00 | 451778 | 397248 | 80.06 | 抚州 |
| 1390.55 | 4898.16 | 1429.51 | 425229 | 408008 | 74.58 | 上饶 |
| 1.60 | 444.07 | 6.74 | 38508 | 37947 | 8.24 | 德兴 |
| **49976.87** | **141170.67** | **13534.79** | **13041599** | **12316085** | **4153.47** | **山东** |
| 15015.35 | 20066.77 | 1609.31 | 1963558 | 1872326 | 662.80 | 济南 |
| 8343.86 | 23509.23 | 13.62 | 2188169 | 2084958 | 583.91 | 青岛 |
| 1318.15 | 1763.09 | 3.75 | 242277 | 210786 | 63.48 | 胶州 |
| 189.00 | 1460.00 |  | 95642 | 82415 | 49.78 | 平度 |
| 194.62 | 1306.80 | 4.13 | 81132 | 78390 | 34.44 | 莱西 |
| 2439.52 | 8198.13 | 245.30 | 377110 | 344846 | 210.38 | 淄博 |
| 739.64 | 3445.03 | 338.66 | 314716 | 277480 | 113.33 | 枣庄 |
| 459.00 | 2023.00 | 303.50 | 244409 | 239011 | 49.06 | 滕州 |
| 2697.92 | 4341.98 | 2372.07 | 360437 | 318660 | 97.86 | 东营 |

## 5-4 续表 8

| 城市名称<br>Name of Cities | 综合生产能力(万立方米/日)<br>Integrated Production Capacity (10,000 $m^3$/day) | 地下水<br>Underground Water | 供水管道长度(公里)<br>Length of Water Supply Pipelines (km) | 建成区<br>in Built District | 供水总量(万立方米)<br>Total Quantity of Water Supply (10,000 $m^3$) | 生产运营用水<br>The Quantity of Water for Production and Operation |
|---|---|---|---|---|---|---|
| 烟台 | 112.6 | 13.2 | 4978.14 | 4916.99 | 20397.64 | 7837.03 |
| 龙口 | 8.0 | | 396.00 | 340.00 | 1779.00 | 486.00 |
| 莱阳 | 10.4 | 0.4 | 369.40 | 364.90 | 2285.56 | 535.68 |
| 莱州 | 10.5 | | 743.79 | 298.24 | 2441.87 | 440.14 |
| 招远 | 6.9 | 0.5 | 452.41 | 452.41 | 1596.38 | 396.73 |
| 栖霞 | 2.7 | | 136.93 | 128.43 | 504.00 | 52.00 |
| 海阳 | 11.9 | | 482.25 | 462.00 | 1200.00 | 343.00 |
| 潍坊 | 87.5 | 16.0 | 2547.04 | 2325.86 | 20319.93 | 11493.05 |
| 青州 | 16.3 | 13.3 | 817.49 | 807.17 | 3665.00 | 1555.95 |
| 诸城 | 31.0 | 4.2 | 374.21 | 374.21 | 7975.70 | 4857.00 |
| 寿光 | 30.0 | 10.6 | 766.69 | 234.90 | 11114.12 | 9278.21 |
| 安丘 | 31.3 | 0.6 | 529.28 | 529.28 | 6073.12 | 3086.03 |
| 高密 | 37.6 | 13.1 | 819.98 | 769.30 | 8021.62 | 4726.82 |
| 昌邑 | 20.8 | 7.1 | 122.76 | 122.76 | 3827.46 | 2908.30 |
| 济宁 | 65.5 | 49.5 | 1300.46 | 1070.46 | 15627.08 | 5708.82 |
| 曲阜 | 11.0 | 11.0 | 413.00 | 413.00 | 1395.67 | 450.95 |
| 邹城 | 14.5 | 14.5 | 453.25 | 440.67 | 3196.09 | 865.80 |
| 泰安 | 32.5 | 14.0 | 1624.18 | 1624.18 | 6311.76 | 1445.72 |
| 新泰 | 17.5 | 1.0 | 667.09 | 667.09 | 3117.31 | 634.20 |
| 肥城 | 6.6 | 6.6 | 300.61 | 300.30 | 1980.84 | 377.49 |
| 威海 | 58.7 | 0.6 | 3420.81 | 3403.81 | 8568.33 | 2556.04 |
| 荣成 | 18.2 | 0.0 | 791.10 | 791.10 | 2830.18 | 1015.18 |
| 乳山 | 12.5 | 0.5 | 619.43 | 613.23 | 1999.30 | 580.00 |
| 日照 | 55.7 | | 1938.47 | 1938.47 | 10524.66 | 4274.56 |
| 临沂 | 82.0 | 11.0 | 2628.36 | 2511.70 | 14889.76 | 4560.03 |
| 德州 | 64.9 | 0.4 | 1809.13 | 1809.13 | 16857.51 | 11899.85 |
| 乐陵 | 6.5 | 1.0 | 113.44 | 112.84 | 835.35 | 125.60 |
| 禹城 | 12.0 | 9.0 | 425.61 | 425.61 | 2377.93 | 1383.45 |
| 聊城 | 33.1 | 24.6 | 1675.64 | 1675.64 | 8395.89 | 1386.89 |
| 临清 | 3.8 | 0.1 | 224.06 | 204.06 | 1213.14 | 221.26 |
| 滨州 | 65.7 | | 1430.45 | 1121.45 | 10461.37 | 4662.86 |
| 邹平 | 36.0 | 6.0 | 154.09 | 151.78 | 6358.90 | 4966.00 |
| 菏泽 | 49.4 | 18.4 | 1472.86 | 1472.86 | 9380.56 | 3502.48 |
| **河南** | **1322.5** | **331.2** | **31893.30** | **30771.88** | **234881.38** | **50559.16** |
| 郑州 | 192.4 | 22.4 | 6632.70 | 6468.46 | 48989.58 | 4181.13 |
| 巩义 | 7.4 | 7.4 | 196.93 | 196.93 | 1609.92 | 469.33 |
| 荥阳 | 18.9 | 2.9 | 620.40 | 620.40 | 2866.04 | 756.57 |
| 新密 | 7.0 | 4.2 | 276.50 | 276.50 | 1628.72 | |
| 新郑 | 16.7 | 6.7 | 407.29 | 364.29 | 1983.77 | 21.55 |
| 登封 | 10.0 | 4.0 | 262.29 | 181.41 | 1669.13 | 217.99 |
| 开封 | 78.0 | 13.0 | 2284.96 | 2284.96 | 11508.48 | 3454.09 |
| 洛阳 | 126.8 | 18.8 | 2576.82 | 2574.82 | 20977.56 | 2517.94 |

continued 8

| 公共服务用水 The Quantity of Water for Public Service | 居民家庭用水 The Quantity of Water for Household Use | 其他用水 The Quantity of Water for Other Purposes | 用水户数（户） Number of Households with Access to Water Supply (unit) | 家庭用户 Household User | 用水人口（万人） Population with Access to Water Supply (10,000 persons) | 城市名称 Name of Cities |
|---|---|---|---|---|---|---|
| 2956.74 | 7916.80 | 97.11 | 841952 | 791359 | 253.04 | 烟台 |
| 194.00 | 872.00 | 32.00 | 82631 | 81404 | 29.69 | 龙口 |
| 423.75 | 1026.33 | | 96113 | 94952 | 29.68 | 莱阳 |
| 41.30 | 1433.52 | 294.03 | 100326 | 98062 | 40.00 | 莱州 |
| 227.96 | 877.08 | 1.76 | 145800 | 144837 | 20.66 | 招远 |
| 91.00 | 309.00 | 14.00 | 44192 | 38871 | 14.96 | 栖霞 |
| 63.00 | 657.00 | 74.00 | 84377 | 81517 | 23.45 | 海阳 |
| 369.76 | 7145.07 | 555.38 | 424509 | 413633 | 200.86 | 潍坊 |
| 317.31 | 1485.00 | 15.00 | 104908 | 101827 | 37.43 | 青州 |
| 609.00 | 1842.50 | 316.00 | 174553 | 170578 | 51.05 | 诸城 |
| 47.22 | 1513.76 | 1.27 | 13049 | 11003 | 57.73 | 寿光 |
| 607.17 | 1769.17 | 108.00 | 133102 | 129846 | 49.11 | 安丘 |
| 370.23 | 1215.79 | 1326.19 | 112447 | 99532 | 29.28 | 高密 |
| 202.00 | 551.00 | 57.00 | 10323 | 5657 | 20.15 | 昌邑 |
| 2229.68 | 4832.08 | 1203.64 | 681355 | 646359 | 178.41 | 济宁 |
| 90.25 | 669.00 | 0.47 | 114017 | 105056 | 21.96 | 曲阜 |
| 212.38 | 1662.87 | 48.05 | 103508 | 102906 | 36.50 | 邹城 |
| 1435.92 | 2884.72 | 3.84 | 366875 | 348484 | 112.57 | 泰安 |
| 333.26 | 1760.50 | 206.45 | 161768 | 152407 | 56.17 | 新泰 |
| 99.52 | 1214.21 | 54.28 | 120430 | 119057 | 31.32 | 肥城 |
| 1341.30 | 3262.84 | 598.05 | 559354 | 508972 | 108.02 | 威海 |
| 64.00 | 1412.00 | 18.00 | 129232 | 128940 | 44.19 | 荣成 |
| 99.00 | 867.00 | 151.00 | 85231 | 84677 | 21.50 | 乳山 |
| 1126.31 | 3619.91 | 128.50 | 297953 | 282700 | 92.88 | 日照 |
| 475.33 | 8281.35 | 155.89 | 776813 | 743581 | 222.54 | 临沂 |
| 1257.02 | 2633.29 | 55.30 | 362175 | 332436 | 91.91 | 德州 |
| 149.55 | 462.85 | 17.85 | 62396 | 56152 | 26.21 | 乐陵 |
| 58.56 | 656.40 | 257.89 | 105534 | 98536 | 19.30 | 禹城 |
| 889.00 | 3747.00 | 1839.00 | 281297 | 266665 | 130.38 | 聊城 |
| 80.96 | 689.63 | 7.69 | 69654 | 64318 | 32.72 | 临清 |
| 1327.12 | 2566.42 | 910.72 | 312986 | 307965 | 79.07 | 滨州 |
| 91.13 | 761.14 | 74.09 | 82500 | 82500 | 24.75 | 邹平 |
| 699.08 | 4459.41 | 22.00 | 132789 | 112424 | 100.94 | 菏泽 |
| **32389.67** | **112174.76** | **8587.95** | **8680746** | **7951374** | **2839.86** | **河南** |
| 10006.26 | 28244.74 | 398.46 | 1644252 | 1496576 | 766.75 | 郑州 |
| 63.59 | 806.00 | 25.00 | 61018 | 59212 | 35.16 | 巩义 |
| 615.48 | 1135.11 | 46.76 | 152973 | 137426 | 20.27 | 荥阳 |
| | 963.70 | 380.48 | 60359 | 54161 | 21.15 | 新密 |
| 417.22 | 1290.20 | 0.80 | 93240 | 90744 | 26.20 | 新郑 |
| 508.65 | 610.01 | | 43355 | 36908 | 19.12 | 登封 |
| 1760.45 | 4463.29 | | 364025 | 325095 | 101.16 | 开封 |
| 5597.34 | 10275.92 | 141.13 | 999705 | 977801 | 280.92 | 洛阳 |

# 5-4 续表 9

| 城市名称<br>Name of Cities | 综合生产能力（万立方米/日）<br>Integrated Production Capacity (10,000 m³/day) | 地下水<br>Underground Water | 供水管道长度（公里）<br>Length of Water Supply Pipelines (km) | 建成区<br>in Built District | 供水总量（万立方米）<br>Total Quantity of Water Supply (10,000 m³) | 生产运营用水<br>The Quantity of Water for Production and Operation |
|---|---|---|---|---|---|---|
| 平顶山 | 57.8 | 0.2 | 1275.10 | 1127.50 | 13962.50 | 6727.33 |
| 舞钢 | 8.0 | 1.0 | 169.76 | 131.76 | 1245.47 | 450.00 |
| 汝州 | 14.0 | 7.5 | 309.56 | 309.56 | 1879.32 | 250.00 |
| 安阳 | 72.7 | 32.7 | 843.17 | 843.17 | 7705.78 | 798.09 |
| 林州 | 11.0 | 4.3 | 290.77 | 281.50 | 2416.00 | 737.00 |
| 鹤壁 | 32.9 | 8.9 | 635.88 | 618.02 | 6630.00 | 1520.00 |
| 新乡 | 45.4 | 0.4 | 1011.14 | 1011.14 | 10116.45 | 3258.36 |
| 长垣 | 6.6 | 0.4 | 509.52 | 509.52 | 2003.92 | 215.83 |
| 卫辉 | 15.0 | 3.0 | 193.39 | 170.81 | 2381.93 | 804.90 |
| 辉县 | 12.3 | 2.3 | 436.86 | 371.60 | 1823.02 | 258.00 |
| 焦作 | 83.5 | 52.5 | 1217.36 | 1075.36 | 8417.34 | 3654.88 |
| 沁阳 | 7.6 | 7.6 | 191.10 | 186.10 | 622.33 | 132.33 |
| 孟州 | 8.1 | 8.1 | 228.18 | 214.98 | 1075.70 | 60.90 |
| 濮阳 | 43.0 | 15.0 | 945.59 | 945.59 | 7105.75 | 2203.05 |
| 许昌 | 34.1 | 14.1 | 560.64 | 560.64 | 5341.74 | 351.15 |
| 禹州 | 13.5 | 1.0 | 385.86 | 350.06 | 2228.81 | 422.94 |
| 长葛 | 16.0 | 0.3 | 280.00 | 182.00 | 1950.00 | 570.72 |
| 漯河 | 42.2 | 4.2 | 708.00 | 708.00 | 6127.17 | 1328.70 |
| 三门峡 | 22.4 | 9.7 | 361.68 | 346.38 | 4246.89 | 1723.59 |
| 义马 | 14.6 | 3.4 | 192.95 | 176.95 | 1725.01 | 1020.01 |
| 灵宝 | 10.7 | 6.2 | 174.12 | 161.02 | 2490.25 | 1452.25 |
| 南阳 | 67.4 | 15.6 | 1459.05 | 1422.20 | 9588.03 | 2988.29 |
| 邓州 | 14.6 | 5.0 | 770.15 | 770.15 | 3041.60 | 455.25 |
| 商丘 | 28.0 | 8.0 | 708.58 | 708.58 | 6148.00 | 438.20 |
| 永城 | 13.0 | 13.0 | 364.81 | 364.81 | 3092.00 | 680.00 |
| 信阳 | 26.0 | | 1348.66 | 1348.66 | 6372.05 | 541.76 |
| 周口 | 28.3 | 8.3 | 848.82 | 848.82 | 7108.46 | 468.14 |
| 项城 | 8.4 | 8.3 | 489.08 | 451.60 | 2865.00 | 1252.00 |
| 驻马店 | 23.3 | 1.3 | 683.62 | 662.62 | 6634.88 | 1067.96 |
| 济源示范区 | 25.0 | 8.2 | 607.01 | 585.01 | 3610.40 | 1560.40 |
| 郑州航空港经济综合实验区 | 60.0 | 1.4 | 435.00 | 360.00 | 3692.38 | 1548.53 |
| **湖北** | **1610.5** | **5.4** | **56312.48** | **54387.42** | **340856.76** | **91045.08** |
| 武汉 | 573.4 | 1.2 | 24839.08 | 24573.98 | 149825.39 | 35674.97 |
| 黄石 | 87.7 | | 1355.78 | 1355.78 | 13288.94 | 4146.97 |
| 大冶 | 23.0 | | 1346.00 | 1346.00 | 6594.05 | 1799.66 |
| 十堰 | 53.5 | | 2392.32 | 1558.54 | 11371.76 | 2377.47 |
| 丹江口 | 12.5 | | 452.01 | 452.01 | 1741.66 | 726.57 |
| 宜昌 | 91.0 | 0.3 | 2839.84 | 2839.84 | 19284.44 | 5711.10 |
| 宜都 | 16.5 | | 515.89 | 446.13 | 1702.21 | 786.20 |

continued 9

| 公共服务用水 The Quantity of Water for Public Service | 居民家庭用水 The Quantity of Water for Household Use | 其他用水 The Quantity of Water for Other Purposes | 用水户数(户) Number of Households with Access to Water Supply (unit) | 家庭用户 Household User | 用水人口(万人) Population with Access to Water Supply (10,000 persons) | 城市名称 Name of Cities |
|---|---|---|---|---|---|---|
| 530.37 | 4668.00 | | 255397 | 239278 | 93.24 | 平顶山 |
| 70.14 | 608.31 | 15.12 | 56330 | 42349 | 12.34 | 舞钢 |
| 116.00 | 939.12 | 350.39 | 79256 | 72388 | 34.62 | 汝州 |
| 1597.57 | 4298.69 | 7.87 | 258977 | 232342 | 81.07 | 安阳 |
| 131.00 | 1110.00 | 100.00 | 66388 | 65273 | 22.67 | 林州 |
| | 1585.00 | 2866.00 | 278113 | 261845 | 51.35 | 鹤壁 |
| | 4751.63 | 3.78 | 335342 | 310222 | 79.36 | 新乡 |
| 215.76 | 843.05 | 406.65 | 120154 | 106377 | 32.88 | 长垣 |
| 265.47 | 884.36 | 139.20 | 56688 | 42743 | 16.51 | 卫辉 |
| 425.00 | 973.00 | 50.00 | 79580 | 76023 | 22.85 | 辉县 |
| 473.40 | 3234.40 | 221.79 | 350900 | 334483 | 81.41 | 焦作 |
| 60.00 | 287.00 | 79.00 | 38775 | 33801 | 11.94 | 沁阳 |
| 67.58 | 737.60 | 36.45 | 41632 | 37047 | 14.00 | 孟州 |
| 1057.45 | 3052.19 | 183.65 | 212239 | 194821 | 64.04 | 濮阳 |
| 936.19 | 3189.47 | 21.60 | 222958 | 203524 | 67.74 | 许昌 |
| 36.00 | 1417.45 | 15.60 | 95575 | 94940 | 41.49 | 禹州 |
| 267.70 | 830.10 | 53.23 | 65311 | 59819 | 19.54 | 长葛 |
| 1039.03 | 2176.67 | 17.70 | 386634 | 256587 | 61.30 | 漯河 |
| 257.24 | 1689.16 | 176.90 | 104336 | 100403 | 54.48 | 三门峡 |
| 18.00 | 506.00 | 1.00 | 45214 | 44272 | 14.64 | 义马 |
| 104.09 | 778.84 | 15.07 | 53083 | 52973 | 18.67 | 灵宝 |
| 599.41 | 4859.82 | 73.45 | 263257 | 257859 | 166.51 | 南阳 |
| 437.35 | 1478.00 | 324.00 | 98821 | 97621 | 38.56 | 邓州 |
| 192.32 | 4572.91 | 25.57 | 277802 | 237605 | 103.37 | 商丘 |
| 285.00 | 1798.00 | 165.00 | 132016 | 127014 | 48.38 | 永城 |
| 1322.10 | 3480.03 | 73.67 | 303620 | 278952 | 65.70 | 信阳 |
| 639.95 | 3041.60 | 1711.42 | 342328 | 320659 | 74.14 | 周口 |
| 143.00 | 960.00 | 118.00 | 94720 | 76445 | 30.77 | 项城 |
| 1268.48 | 3007.34 | 295.04 | 307038 | 285322 | 60.67 | 驻马店 |
| 30.00 | 1623.00 | 1.00 | 89088 | 87830 | 39.79 | 济源示范区 |
| 835.08 | 1005.05 | 47.17 | 150247 | 142634 | 45.10 | 郑州航空港经济综合实验区 |
| **26750.18** | **150330.27** | **9588.91** | **8801734** | **8198695** | **2432.27** | **湖北** |
| 16040.56 | 66819.83 | 1091.95 | 2972343 | 2860175 | 1080.64 | 武汉 |
| 1832.47 | 4357.64 | 758.82 | 322402 | 307276 | 62.38 | 黄石 |
| | 3117.42 | 8.94 | 196685 | 153172 | 31.53 | 大冶 |
| 122.22 | 6247.27 | 219.74 | 161396 | 150507 | 77.37 | 十堰 |
| 81.54 | 711.26 | 5.93 | 87827 | 75292 | 14.52 | 丹江口 |
| 2800.22 | 6355.27 | 13.78 | 279707 | 261857 | 105.41 | 宜昌 |
| 100.00 | 590.00 | 1.76 | 50279 | 46256 | 17.90 | 宜都 |

# 5-4 续表 10

| 城市名称 Name of Cities | 综合生产能力(万立方米/日) Integrated Production Capacity (10,000 m³/day) | 地下水 Underground Water | 供水管道长度(公里) Length of Water Supply Pipelines (km) | 建成区 in Built District | 供水总量(万立方米) Total Quantity of Water Supply (10,000 m³) | 生产运营用水 The Quantity of Water for Production and Operation |
|---|---|---|---|---|---|---|
| 当阳 | 22.9 | 1.7 | 791.83 | 791.83 | 3142.63 | 1531.07 |
| 枝江 | 20.0 | | 346.45 | 336.45 | 2847.92 | 1525.75 |
| 襄阳 | 95.0 | | 2141.17 | 2141.17 | 15152.98 | 3638.78 |
| 老河口 | 18.0 | | 476.05 | 476.05 | 2218.77 | 956.80 |
| 枣阳 | 12.0 | | 377.53 | 377.53 | 2271.00 | 479.30 |
| 宜城 | 10.5 | 0.1 | 395.85 | 361.49 | 1585.93 | 175.99 |
| 鄂州 | 56.9 | | 1092.67 | 704.64 | 8342.85 | 5506.17 |
| 荆门 | 58.2 | | 681.80 | 656.10 | 10155.44 | 6073.22 |
| 京山 | 22.0 | | 448.06 | 430.47 | 1662.50 | 366.16 |
| 钟祥 | 15.0 | | 386.89 | 386.89 | 2569.00 | 364.90 |
| 孝感 | 42.7 | 1.4 | 1116.80 | 1034.93 | 8022.58 | 2118.41 |
| 应城 | 14.5 | 0.7 | 297.30 | 282.30 | 2452.11 | 408.48 |
| 安陆 | 10.8 | | 580.00 | 575.40 | 2458.78 | 700.44 |
| 汉川 | 13.0 | | 844.95 | 844.95 | 2863.69 | 832.06 |
| 荆州 | 56.2 | | 1954.52 | 1954.52 | 11701.12 | 3124.63 |
| 监利 | 15.8 | | 329.20 | 329.20 | 3275.47 | 721.43 |
| 石首 | 10.0 | | 167.96 | 167.96 | 1171.84 | 115.00 |
| 洪湖 | 7.5 | | 437.00 | 437.00 | 2184.41 | 290.64 |
| 松滋 | 10.6 | | 396.48 | 396.48 | 1313.80 | 92.00 |
| 黄冈 | 27.0 | | 508.00 | 508.00 | 4863.41 | 885.00 |
| 麻城 | 6.5 | | 695.78 | 695.78 | 2230.25 | 322.20 |
| 武穴 | 13.0 | | 640.00 | 550.00 | 2868.00 | 280.00 |
| 咸宁 | 26.0 | | 995.38 | 995.38 | 6057.13 | 1243.15 |
| 赤壁 | 15.0 | | 505.30 | 505.30 | 3177.66 | 1034.66 |
| 随州 | 18.0 | | 991.80 | 991.80 | 4826.00 | 977.00 |
| 广水 | 32.4 | | 499.60 | 470.29 | 2486.63 | 216.70 |
| 恩施 | 22.4 | | 879.33 | 879.33 | 5294.39 | 976.28 |
| 利川 | 9.0 | | 481.40 | 421.44 | 2422.00 | 98.00 |
| 仙桃 | 35.0 | | 1098.46 | 1098.46 | 9920.42 | 3213.92 |
| 潜江 | 17.0 | | 1113.00 | 1113.00 | 3286.60 | 1150.00 |
| 天门 | 20.0 | | 901.00 | 901.00 | 4223.00 | 404.00 |
| **湖南** | **1056.6** | **18.4** | **41224.94** | **38002.83** | **248659.84** | **44224.17** |
| 长沙 | 265.0 | | 7147.65 | 7147.65 | 77246.06 | 16010.18 |
| 宁乡 | 28.0 | | 1642.00 | 1045.00 | 7469.70 | 3243.06 |
| 浏阳 | 11.5 | 1.5 | 495.00 | 320.00 | 3155.00 | 460.00 |
| 株洲 | 90.0 | | 3394.59 | 3394.59 | 19614.57 | 3032.77 |
| 醴陵 | 10.0 | | 1019.03 | 1019.03 | 2771.26 | 165.49 |
| 湘潭 | 55.3 | 4.1 | 3589.95 | 2940.13 | 11739.55 | 3678.10 |
| 湘乡 | 10.0 | | 763.00 | 763.00 | 1998.70 | 615.20 |
| 韶山 | 3.8 | | 368.00 | 153.50 | 355.00 | 52.00 |
| 衡阳 | 70.0 | | 1695.45 | 1648.80 | 14847.00 | 1930.00 |

# continued 10

| 公共服务用水<br>The Quantity of Water for Public Service | 居民家庭用水<br>The Quantity of Water for Household Use | 其他用水<br>The Quantity of Water for Other Purposes | 用水户数（户）<br>Number of Households with Access to Water Supply (unit) | 家庭用户<br>Household User | 用水人口（万人）<br>Population with Access to Water Supply (10,000 persons) | 城市名称<br>Name of Cities |
|---:|---:|---:|---:|---:|---:|---|
| 14.50 | 1177.43 | 7.10 | 68715 | 65110 | 20.50 | 当阳 |
| 1.88 | 993.22 | | 55141 | 49262 | 19.76 | 枝江 |
| | 6575.48 | 2416.65 | 387800 | 376100 | 141.80 | 襄阳 |
| | 900.41 | 4.60 | 109459 | 100623 | 22.40 | 老河口 |
| 245.39 | 1225.59 | 14.08 | 101020 | 98573 | 29.15 | 枣阳 |
| 101.99 | 667.26 | 269.28 | 63283 | 51717 | 16.88 | 宜城 |
| 641.04 | 1569.86 | | 192982 | 174984 | 39.04 | 鄂州 |
| | 3317.31 | 16.29 | 290428 | 283843 | 57.16 | 荆门 |
| 250.80 | 775.18 | | 90627 | 69563 | 19.34 | 京山 |
| 62.00 | 1629.20 | 61.00 | 89149 | 88149 | 21.95 | 钟祥 |
| 609.10 | 4420.31 | 66.05 | 167005 | 163078 | 58.80 | 孝感 |
| 4.49 | 1208.32 | 350.46 | 81355 | 76187 | 18.06 | 应城 |
| 117.68 | 1121.85 | 25.51 | 107388 | 99626 | 20.53 | 安陆 |
| 190.19 | 1307.54 | 47.55 | 110000 | 70000 | 19.24 | 汉川 |
| 348.98 | 6268.54 | 102.02 | 430288 | 417058 | 94.09 | 荆州 |
| | 1558.63 | 213.36 | 51080 | 49146 | 23.50 | 监利 |
| 93.00 | 758.90 | | 54765 | 53453 | 15.20 | 石首 |
| 189.58 | 1032.65 | 19.51 | 62768 | 57591 | 14.75 | 洪湖 |
| 45.00 | 823.80 | 45.00 | 47612 | 46087 | 13.88 | 松滋 |
| 675.00 | 2380.00 | 61.00 | 200668 | 191757 | 31.19 | 黄冈 |
| 294.51 | 1174.56 | 91.04 | 109916 | 108769 | 28.40 | 麻城 |
| 160.00 | 1857.00 | 40.00 | 265800 | 251010 | 26.58 | 武穴 |
| 347.72 | 2801.63 | 686.48 | 241047 | 163516 | 39.69 | 咸宁 |
| 268.00 | 1209.00 | 52.00 | 150684 | 149168 | 28.70 | 赤壁 |
| 60.00 | 2883.00 | 71.00 | 202533 | 195453 | 44.31 | 随州 |
| 203.50 | 1655.50 | 92.93 | 192890 | 143060 | 31.99 | 广水 |
| 81.12 | 2748.39 | 11.96 | 199278 | 193436 | 25.65 | 恩施 |
| 132.00 | 1308.00 | 459.20 | 82896 | 59800 | 23.25 | 利川 |
| 596.70 | 2581.02 | 2177.92 | 274341 | 258617 | 40.40 | 仙桃 |
| | 1583.00 | 8.00 | 116152 | 112742 | 29.44 | 潜江 |
| 39.00 | 2619.00 | 78.00 | 134025 | 126682 | 26.89 | 天门 |
| **37690.49** | **112472.61** | **12686.78** | **7331950** | **6575550** | **1919.71** | **湖南** |
| 17391.18 | 28065.01 | 5683.63 | 1307300 | 1214679 | 520.51 | 长沙 |
| 107.15 | 2807.57 | 14.90 | 217854 | 180000 | 51.82 | 宁乡 |
| 181.00 | 1848.00 | 89.00 | 168753 | 146384 | 29.27 | 浏阳 |
| 2541.63 | 9190.30 | 1429.02 | 801327 | 738571 | 144.83 | 株洲 |
| 259.65 | 1575.28 | 4.63 | 128577 | 127001 | 32.15 | 醴陵 |
| 462.80 | 5180.60 | 1068.05 | 359042 | 326808 | 95.88 | 湘潭 |
| 117.60 | 975.90 | 213.10 | 81950 | 70907 | 23.67 | 湘乡 |
| 38.00 | 193.00 | 16.00 | 18200 | 16100 | 4.11 | 韶山 |
| 2895.00 | 7492.00 | | 467943 | 418064 | 129.00 | 衡阳 |

## 5-4 续表 11

| 城市名称<br>Name of Cities | 综合生产能力（万立方米/日）<br>Integrated Production Capacity (10,000 $m^3$/day) | 地下水<br>Underground Water | 供水管道长度（公里）<br>Length of Water Supply Pipelines (km) | 建成区<br>in Built District | 供水总量（万立方米）<br>Total Quantity of Water Supply (10,000 $m^3$) | 生产运营用水<br>The Quantity of Water for Production and Operation |
|---|---|---|---|---|---|---|
| 耒　阳 | 13.9 | 0.9 | 587.40 | 414.50 | 3754.16 | 103.70 |
| 常　宁 | 10.0 |  | 1039.00 | 1033.00 | 1969.00 | 326.00 |
| 邵　阳 | 38.0 |  | 1065.00 | 1065.00 | 8689.53 | 1252.00 |
| 武　冈 | 12.6 |  | 534.90 | 534.90 | 2535.00 | 360.00 |
| 邵　东 | 6.5 |  | 890.00 | 458.00 | 2780.00 | 36.00 |
| 岳　阳 | 49.0 | 0.8 | 2474.29 | 2474.29 | 13468.24 | 2900.17 |
| 汨　罗 | 6.0 |  | 681.67 | 592.30 | 1541.33 | 110.43 |
| 临　湘 | 4.0 |  | 232.68 | 232.68 | 1134.20 | 47.40 |
| 常　德 | 42.4 | 2.4 | 2523.28 | 2384.29 | 11427.72 | 1158.89 |
| 津　市 | 8.7 | 0.3 | 370.00 | 234.55 | 1796.60 | 532.08 |
| 张家界 | 20.0 |  | 636.00 | 628.00 | 4708.50 | 1214.77 |
| 益　阳 | 42.0 |  | 855.00 | 855.00 | 9235.00 | 1670.00 |
| 沅　江 | 6.9 | 3.0 | 390.60 | 390.60 | 1283.00 | 154.50 |
| 郴　州 | 91.0 | 3.5 | 1579.79 | 1579.79 | 8733.75 | 753.36 |
| 资　兴 | 12.0 |  | 536.00 | 536.00 | 1673.00 | 471.00 |
| 永　州 | 44.0 |  | 1559.00 | 1414.00 | 10351.35 | 784.48 |
| 祁　阳 | 15.0 |  | 695.55 | 695.55 | 2193.10 | 293.22 |
| 怀　化 | 30.0 |  | 1589.50 | 1589.50 | 7336.00 | 1378.00 |
| 洪　江 | 6.0 |  | 308.95 | 293.95 | 1106.84 | 217.37 |
| 娄　底 | 23.0 |  | 1200.00 | 920.00 | 6720.00 | 583.00 |
| 冷水江 | 11.0 |  | 188.23 | 188.23 | 1642.68 | 318.00 |
| 涟　源 | 8.0 | 2.0 | 408.00 | 316.00 | 1592.00 | 171.00 |
| 吉　首 | 13.0 |  | 765.43 | 741.00 | 3792.00 | 202.00 |
| **广　东** | **3979.2** | **23.1** | **150032.98** | **120516.29** | **1010915.61** | **251150.71** |
| 广　州 | 848.6 |  | 42669.07 | 33472.84 | 266018.18 | 43034.71 |
| 韶　关 | 57.0 |  | 3627.18 | 3134.82 | 10426.99 | 858.69 |
| 乐　昌 | 5.0 |  | 363.00 | 363.00 | 1244.12 | 126.00 |
| 南　雄 | 8.0 |  | 270.45 | 270.45 | 1092.67 | 268.00 |
| 深　圳 | 750.0 |  | 20840.00 | 17502.80 | 184314.00 | 49397.00 |
| 珠　海 | 148.3 | 0.4 | 5337.00 | 4576.00 | 47982.18 | 17879.17 |
| 汕　头 | 151.2 |  | 7085.32 | 5815.32 | 36240.02 | 6554.31 |
| 佛　山 | 348.8 |  | 6214.11 | 5118.86 | 52404.68 | 18592.84 |
| 江　门 | 99.5 |  | 3466.43 | 3466.43 | 29161.29 | 7891.75 |
| 台　山 | 179.2 |  | 1209.73 | 1209.73 | 3531.93 | 407.05 |
| 开　平 | 29.1 |  | 751.26 | 697.50 | 5282.12 | 2204.41 |
| 鹤　山 | 19.6 |  | 964.00 | 937.00 | 2754.42 | 267.42 |
| 恩　平 | 13.4 | 0.0 | 2830.04 | 2281.03 | 3101.31 | 870.58 |
| 湛　江 | 70.1 | 17.6 | 2134.38 | 2134.38 | 16563.42 | 2214.04 |
| 廉　江 | 10.0 |  | 430.00 | 430.00 | 3310.36 | 533.62 |
| 雷　州 | 5.0 | 5.0 | 386.00 | 386.00 | 1798.00 | 171.00 |
| 吴　川 | 16.0 |  | 1531.56 | 1531.56 | 2026.00 |  |

## continued 11

| 公共服务用水<br>The Quantity of Water for Public Service | 居民家庭用水<br>The Quantity of Water for Household Use | 其他用水<br>The Quantity of Water for Other Purposes | 用水户数（户）<br>Number of Households with Access to Water Supply (unit) | 家庭用户<br>Household User | 用水人口（万人）<br>Population with Access to Water Supply (10,000 persons) | 城市名称<br>Name of Cities |
|---|---|---|---|---|---|---|
| 338.40 | 2199.70 | 19.22 | 143580 | 140080 | 33.12 | 耒阳 |
| 107.00 | 1168.00 | 2.00 | 96133 | 67027 | 17.23 | 常宁 |
| 1124.00 | 4161.00 | 904.00 | 313863 | 286926 | 68.50 | 邵阳 |
| 135.00 | 1445.00 | 126.00 | 59272 | 49890 | 31.00 | 武冈 |
| 435.00 | 1952.00 | 35.00 | 125694 | 118230 | 36.00 | 邵东 |
| 772.50 | 7349.62 | 163.27 | 402769 | 344318 | 96.62 | 岳阳 |
| 2.56 | 751.85 | 222.58 | 53248 | 51982 | 14.62 | 汨罗 |
| 117.80 | 734.20 | 3.50 | 48522 | 48085 | 16.20 | 临湘 |
| 2520.29 | 4816.76 | 248.97 | 536954 | 490043 | 91.40 | 常德 |
| 374.00 | 633.00 | 7.52 | 61013 | 56422 | 10.94 | 津市 |
| 302.31 | 2184.29 | 50.00 | 128375 | 88185 | 29.60 | 张家界 |
| 1555.00 | 2785.00 | 61.00 | 199113 | 183995 | 45.22 | 益阳 |
| 68.50 | 919.50 | 18.50 | 81232 | 66354 | 19.00 | 沅江 |
| 2217.91 | 4671.53 | 202.76 | 314432 | 291058 | 70.50 | 郴州 |
| 152.00 | 707.00 | 112.00 | 106173 | 98026 | 13.80 | 资兴 |
| 1343.32 | 5851.68 | 815.20 | 262233 | 209529 | 62.32 | 永州 |
| 137.98 | 1259.10 | 34.59 | 73899 | 71895 | 29.42 | 祁阳 |
| 960.00 | 3258.00 | 37.00 | 244340 | 188942 | 63.09 | 怀化 |
| 91.87 | 576.08 | 3.84 | 59588 | 48424 | 10.78 | 洪江 |
| 682.00 | 3887.00 | 185.00 | 250000 | 235000 | 53.49 | 娄底 |
| 6.04 | 931.64 | 19.50 | 58370 | 48656 | 15.00 | 冷水江 |
| 183.00 | 888.00 | 66.00 | 48172 | 43354 | 18.94 | 涟源 |
| 70.00 | 2015.00 | 831.00 | 114029 | 110615 | 41.68 | 吉首 |
| **164765.69** | **415373.08** | **44845.41** | **21134978** | **16443859** | **6586.57** | **广东** |
| 53615.66 | 115881.39 | 7687.74 | 4363338 | 4016401 | 1369.70 | 广州 |
| 1622.74 | 5238.97 | 338.25 | 2533573 | 304148 | 66.06 | 韶关 |
| 157.00 | 805.12 | 49.00 | 78093 | 68503 | 12.25 | 乐昌 |
| 60.00 | 566.00 | 6.00 | 56201 | 46954 | 7.30 | 南雄 |
| 43810.00 | 74656.00 | 1370.00 | 2900000 | 2400000 | 1766.18 | 深圳 |
| 10077.85 | 14344.99 | 12.23 | 954021 | 857054 | 202.49 | 珠海 |
| 3927.36 | 16906.74 | 3780.95 | 831806 | 701045 | 263.05 | 汕头 |
| 6856.53 | 17776.41 | 4359.58 | 1436535 | 1207639 | 200.30 | 佛山 |
| 4537.78 | 8471.19 | 4551.33 | 783860 | 689019 | 128.98 | 江门 |
| 739.18 | 1718.75 | 293.58 | 176522 | 161849 | 19.45 | 台山 |
| 115.94 | 2556.63 | 21.53 | 146336 | 124974 | 30.05 | 开平 |
| 69.00 | 1646.00 | 454.00 | 132920 | 115781 | 17.17 | 鹤山 |
| 90.83 | 1639.32 | 189.26 | 111705 | 90692 | 14.53 | 恩平 |
| 3552.97 | 7862.97 | 444.89 | 445093 | 401820 | 93.12 | 湛江 |
| 266.81 | 1778.71 | 118.42 | 97821 | 81114 | 20.05 | 廉江 |
| 7.00 | 1188.00 | 165.00 | 89825 | 80842 | 21.95 | 雷州 |
|  | 1228.00 | 599.00 | 75733 | 64811 | 27.98 | 吴川 |

## 5-4 续表 12

| 城市名称 Name of Cities | 综合生产能力(万立方米/日) Integrated Production Capacity (10,000 m³/day) | 地下水 Underground Water | 供水管道长度(公里) Length of Water Supply Pipelines (km) | 建成区 in Built District | 供水总量(万立方米) Total Quantity of Water Supply (10,000 m³) | 生产运营用水 The Quantity of Water for Production and Operation |
|---|---|---|---|---|---|---|
| 茂　名 | 46.0 | | 2287.59 | 2268.47 | 10137.70 | 1002.91 |
| 高　州 | 10.0 | | 422.63 | 392.46 | 2675.58 | 69.71 |
| 化　州 | 9.8 | | 311.61 | 249.91 | 2302.66 | 148.06 |
| 信　宜 | 7.5 | | 357.64 | 312.00 | 1739.71 | 121.90 |
| 肇　庆 | 60.0 | | 2936.21 | 2906.84 | 16302.14 | 4210.22 |
| 四　会 | 24.0 | | 750.00 | 750.00 | 6020.41 | 791.34 |
| 惠　州 | 194.0 | | 3757.40 | 3757.40 | 37378.98 | 12351.47 |
| 梅　州 | 31.0 | | 650.00 | 585.00 | 8632.20 | 159.30 |
| 兴　宁 | 15.0 | | 475.59 | 475.50 | 3998.24 | 262.45 |
| 汕　尾 | 15.5 | | 673.83 | 673.83 | 5020.20 | 1650.74 |
| 陆　丰 | 18.0 | | 198.00 | 198.00 | 2444.00 | |
| 河　源 | 30.0 | | 1570.21 | 1280.58 | 7907.00 | 1836.00 |
| 阳　江 | 53.7 | | 2093.11 | 944.40 | 12340.24 | 3260.56 |
| 阳　春 | 8.5 | | 1189.00 | 1189.00 | 3555.96 | 102.61 |
| 清　远 | 41.0 | | 1505.89 | 1505.89 | 13656.48 | 1629.43 |
| 英　德 | 11.0 | | 473.91 | 473.91 | 2843.17 | |
| 连　州 | 6.0 | | 168.00 | 166.00 | 1245.00 | 167.66 |
| 东　莞 | 344.1 | | 23739.75 | 13197.71 | 150742.96 | 64515.89 |
| 中　山 | 112.6 | 0.1 | 1473.07 | 1473.07 | 11431.17 | 1122.02 |
| 潮　州 | 64.0 | | 973.82 | 953.82 | 12680.31 | 1775.54 |
| 揭　阳 | 44.0 | | 1776.60 | 1295.19 | 13459.46 | 2006.80 |
| 普　宁 | 50.0 | | 535.63 | 535.63 | 10028.85 | 1407.44 |
| 云　浮 | 11.8 | | 892.96 | 892.96 | 3715.50 | 287.07 |
| 罗　定 | 13.0 | | 711.00 | 711.00 | 3406.00 | 1001.00 |
| **广　西** | **776.3** | **33.9** | **26593.44** | **25800.98** | **200674.71** | **35847.27** |
| 南　宁 | 228.5 | 3.0 | 5690.88 | 5690.88 | 66267.34 | 5210.80 |
| 横　州 | 10.6 | | 317.36 | 314.39 | 3100.64 | 1714.79 |
| 柳　州 | 84.2 | 0.5 | 3129.57 | 3129.57 | 31495.27 | 9727.27 |
| 桂　林 | 76.5 | 2.0 | 3034.23 | 3031.23 | 16257.61 | 2113.27 |
| 荔　浦 | 4.1 | | 239.60 | 239.60 | 1100.00 | 321.00 |
| 梧　州 | 47.0 | 0.9 | 794.16 | 770.16 | 9067.09 | 2233.78 |
| 岑　溪 | 9.2 | | 845.80 | 257.00 | 1820.29 | 483.54 |
| 北　海 | 25.5 | 10.5 | 1765.29 | 1765.29 | 8406.04 | 1227.23 |
| 防城港 | 24.2 | | 1167.00 | 1167.00 | 5736.06 | 1565.70 |
| 东　兴 | 10.0 | | 247.00 | 235.91 | 1846.00 | |
| 钦　州 | 30.0 | 0.0 | 1352.44 | 1352.44 | 7420.19 | 1724.89 |
| 贵　港 | 36.0 | 1.1 | 1450.11 | 1385.47 | 7578.89 | 2154.24 |
| 桂　平 | 8.0 | | 209.04 | 174.62 | 2301.00 | 243.00 |
| 玉　林 | 38.8 | | 1028.48 | 1014.04 | 8903.70 | 2207.76 |
| 北　流 | 12.0 | | 342.26 | 322.26 | 3539.44 | 1803.44 |
| 百　色 | 25.5 | | 964.00 | 964.00 | 5695.60 | 1424.83 |

continued 12

| 公共服务用水 The Quantity of Water for Public Service | 居民家庭用水 The Quantity of Water for Household Use | 其他用水 The Quantity of Water for Other Purposes | 用水户数(户) Number of Households with Access to Water Supply (unit) | 家庭用户 Household User | 用水人口(万人) Population with Access to Water Supply (10,000 persons) | 城市名称 Name of Cities |
|---|---|---|---|---|---|---|
| 1646.47 | 6212.52 | 93.14 | 223950 | 201127 | 91.26 | 茂名 |
| 472.63 | 1560.66 | 183.31 | 104244 | 93878 | 36.38 | 高州 |
| 200.85 | 1692.79 | 30.83 | 92230 | 82952 | 41.08 | 化州 |
| 302.02 | 1048.25 | 25.34 | 94364 | 82179 | 27.50 | 信宜 |
| 2711.82 | 6535.98 | 587.13 | 424896 | 380833 | 77.39 | 肇庆 |
| 1248.71 | 3203.72 | 96.72 | 190424 | 168724 | 23.12 | 四会 |
| 1287.59 | 18662.56 | 267.71 | 670796 | 624801 | 258.53 | 惠州 |
| 82.77 | 6711.21 | 37.57 | 337118 | 330376 | 48.98 | 梅州 |
| 511.85 | 2554.45 |  | 131716 | 114595 | 23.84 | 兴宁 |
| 347.46 | 2223.46 |  | 115000 | 107274 | 32.34 | 汕尾 |
|  | 1686.00 | 370.00 | 70000 | 60000 | 24.86 | 陆丰 |
| 275.00 | 3978.00 | 677.00 | 200788 | 176777 | 31.11 | 河源 |
| 804.30 | 5215.16 | 1059.58 | 175854 | 141275 | 55.33 | 阳江 |
| 326.85 | 2021.00 | 54.00 | 129000 | 128900 | 24.00 | 阳春 |
| 3258.38 | 6253.46 | 584.97 | 269371 | 230297 | 60.67 | 清远 |
| 696.32 | 1268.98 |  | 96403 | 84943 | 15.20 | 英德 |
| 138.76 | 835.71 | 8.85 | 44350 | 33277 | 14.66 | 连州 |
| 15282.41 | 46672.33 | 3621.13 | 1411083 | 1012601 | 1082.44 | 东莞 |
| 1155.00 | 4554.93 | 2918.90 | 379679 | 331606 | 80.80 | 中山 |
| 1167.31 | 6049.69 | 1546.12 | 266041 | 223807 | 81.52 | 潮州 |
| 2289.84 | 2390.70 | 6665.70 | 186409 | 160490 | 94.37 | 揭阳 |
| 106.45 | 7358.54 | 53.25 | 163301 | 139876 | 44.83 | 普宁 |
| 881.25 | 1266.79 | 755.40 | 93968 | 78717 | 35.82 | 云浮 |
| 65.00 | 1151.00 | 768.00 | 50611 | 41908 | 19.93 | 罗定 |
| **30650.44** | **102384.59** | **2825.95** | **3551372** | **3213387** | **1332.88** | **广西** |
| 10986.69 | 37833.52 | 566.27 | 485867 | 447274 | 420.74 | 南宁 |
| 176.73 | 811.42 | 30.14 | 56412 | 54257 | 18.97 | 横州 |
| 4824.89 | 13631.90 |  | 517771 | 469297 | 188.22 | 柳州 |
| 4436.36 | 7168.13 | 475.62 | 745960 | 679077 | 103.63 | 桂林 |
| 6.00 | 550.00 | 117.00 | 48000 | 43612 | 7.94 | 荔浦 |
| 1797.34 | 4147.82 | 57.66 | 184923 | 161248 | 61.99 | 梧州 |
| 34.00 | 1004.12 |  | 79977 | 51371 | 19.37 | 岑溪 |
| 2151.68 | 3917.79 |  | 151082 | 144100 | 66.52 | 北海 |
| 620.48 | 2649.13 | 26.23 | 48000 | 48000 | 25.69 | 防城港 |
| 225.00 | 1340.00 | 80.00 | 25123 | 24339 | 10.31 | 东兴 |
| 1265.77 | 3290.74 | 15.23 | 177380 | 165920 | 40.59 | 钦州 |
| 1347.22 | 2931.17 | 122.39 | 140635 | 132524 | 40.48 | 贵港 |
| 486.00 | 1316.00 |  | 59218 | 58041 | 21.63 | 桂平 |
| 213.65 | 4679.03 | 21.37 | 178537 | 148326 | 77.24 | 玉林 |
| 95.00 | 1436.00 |  | 57259 | 49165 | 22.84 | 北流 |
| 727.03 | 2676.91 | 27.93 | 90042 | 81128 | 39.58 | 百色 |

# 5-4 续表 13

| 城市名称 Name of Cities | 综合生产能力(万立方米/日) Integrated Production Capacity (10,000 m³/day) | 地下水 Underground Water | 供水管道长度(公里) Length of Water Supply Pipelines (km) | 建成区 in Built District | 供水总量(万立方米) Total Quantity of Water Supply (10,000 m³) | 生产运营用水 The Quantity of Water for Production and Operation |
|---|---|---|---|---|---|---|
| 靖　西 | 4.5 | | 172.91 | 172.91 | 1140.00 | 28.00 |
| 平　果 | 13.0 | | 299.00 | 299.00 | 2011.00 | 430.00 |
| 贺　州 | 10.0 | | 1054.03 | 1054.03 | 3645.77 | 292.13 |
| 河　池 | 40.0 | 15.0 | 582.49 | 582.49 | 4694.48 | 527.33 |
| 来　宾 | 12.0 | | 1135.93 | 1135.93 | 4298.30 | 198.27 |
| 合　山 | 5.0 | | 105.60 | 105.60 | 562.00 | 63.00 |
| 崇　左 | 12.0 | | 380.77 | 351.67 | 3043.00 | 103.00 |
| 凭　祥 | 9.7 | 0.9 | 285.49 | 285.49 | 745.00 | 50.00 |
| **海　南** | **207.0** | **18.3** | **8127.88** | **3901.16** | **50048.45** | **3602.59** |
| 海　口 | 82.0 | 18.2 | 1682.39 | 833.30 | 24573.66 | 2347.35 |
| 三　亚 | 63.7 | 0.1 | 3787.76 | 1410.13 | 15713.31 | 920.73 |
| 儋　州 | 10.0 | | 262.28 | 262.28 | 2562.62 | 16.97 |
| 五指山 | 2.5 | | 176.45 | 176.45 | 648.75 | |
| 琼　海 | 14.0 | | 753.00 | | 2028.00 | 130.00 |
| 文　昌 | 10.3 | | 286.00 | 286.00 | 1633.62 | 56.54 |
| 万　宁 | 15.0 | | 780.00 | 780.00 | 1074.94 | 45.32 |
| 东　方 | 9.5 | | 400.00 | 153.00 | 1813.55 | 85.68 |
| **重　庆** | **794.5** | **1.8** | **26937.77** | **24339.41** | **183613.48** | **38598.15** |
| 重　庆 | 794.5 | 1.8 | 26937.77 | 24339.41 | 183613.48 | 38598.15 |
| **四　川** | **1368.0** | **86.2** | **58292.64** | **56022.70** | **339871.37** | **50794.68** |
| 成　都 | 450.5 | 3.9 | 21912.03 | 21876.38 | 144159.40 | 16082.30 |
| 简　阳 | 17.0 | | 368.06 | 324.90 | 2773.33 | 356.89 |
| 都江堰 | 24.5 | 3.2 | 514.29 | 513.89 | 4118.99 | 245.50 |
| 彭　州 | 52.0 | 34.0 | 1105.64 | 1103.45 | 2580.00 | 258.00 |
| 邛　崃 | 11.1 | 1.1 | 336.07 | 336.07 | 2204.95 | 872.51 |
| 崇　州 | 8.0 | 8.0 | 350.00 | 275.00 | 2369.00 | 543.00 |
| 自　贡 | 34.2 | | 4229.02 | 4229.02 | 7618.04 | 1988.87 |
| 攀枝花 | 49.9 | | 1464.89 | 1464.89 | 10260.18 | 4445.53 |
| 泸　州 | 86.3 | | 3594.17 | 3594.17 | 14059.72 | 2776.63 |
| 德　阳 | 30.4 | 5.4 | 735.74 | 735.74 | 7748.18 | 1828.81 |
| 广　汉 | 22.3 | 12.3 | 431.06 | 423.76 | 3512.60 | 924.05 |
| 什　邡 | 8.0 | | 425.00 | 263.45 | 2758.02 | 450.55 |
| 绵　竹 | 8.0 | 8.0 | 151.50 | 151.10 | 2494.91 | 348.14 |
| 绵　阳 | 67.2 | 3.8 | 5156.20 | 5038.59 | 16962.70 | 2992.15 |
| 江　油 | 16.0 | | 949.86 | 949.86 | 3921.73 | 632.00 |
| 广　元 | 19.7 | 1.5 | 724.42 | 661.77 | 5552.38 | 1319.72 |
| 遂　宁 | 59.1 | 0.1 | 1569.36 | 1553.01 | 9162.94 | 1239.81 |
| 射　洪 | 10.6 | | 232.50 | 221.00 | 3155.53 | 542.47 |
| 内　江 | 26.6 | | 942.23 | 804.23 | 6581.10 | 276.83 |

## continued 13

| 公共服务用水 The Quantity of Water for Public Service | 居民家庭用水 The Quantity of Water for Household Use | 其他用水 The Quantity of Water for Other Purposes | 用水户数（户） Number of Households with Access to Water Supply (unit) | 家庭用户 Household User | 用水人口（万人） Population with Access to Water Supply (10,000 persons) | 城市名称 Name of Cities |
|---:|---:|---:|---:|---:|---:|---|
| 29.00 | 921.00 | 18.00 | 41245 | 41130 | 17.54 | 靖西 |
| 140.00 | 1180.00 |  | 76377 | 75350 | 19.30 | 平果 |
| 239.30 | 2099.92 | 420.66 | 60312 | 50477 | 26.19 | 贺州 |
| 60.00 | 3293.58 | 152.00 | 132899 | 106294 | 35.85 | 河池 |
| 761.30 | 2593.41 | 134.45 | 114920 | 106963 | 34.78 | 来宾 |
| 8.00 | 415.00 | 3.00 | 14953 | 14868 | 5.20 | 合山 |
| 11.00 | 1942.00 | 555.00 | 43513 | 39669 | 20.31 | 崇左 |
| 8.00 | 556.00 | 3.00 | 20967 | 20957 | 7.97 | 凭祥 |
| **5749.64** | **29119.58** | **4860.15** | **384705** | **332770** | **333.07** | **海南** |
| 3130.79 | 14578.89 | 1376.95 | 114438 | 88286 | 209.92 | 海口 |
| 1831.04 | 7828.59 | 3221.63 | 79846 | 73361 | 56.00 | 三亚 |
| 30.00 | 1999.94 | 77.88 | 61677 | 60652 | 19.02 | 儋州 |
|  | 495.57 | 41.70 | 20086 | 20084 | 5.60 | 五指山 |
| 24.00 | 1480.00 | 15.00 | 34473 | 29302 | 10.37 | 琼海 |
| 303.32 | 1046.68 | 10.91 | 20940 | 15282 | 15.30 | 文昌 |
| 157.85 | 661.34 | 6.15 | 28467 | 25680 | 7.60 | 万宁 |
| 272.64 | 1028.57 | 109.93 | 24778 | 20123 | 9.26 | 东方 |
| **25700.60** | **79154.63** | **12317.45** | **7977509** | **7383998** | **1594.44** | **重庆** |
| 25700.60 | 79154.63 | 12317.45 | 7977509 | 7383998 | 1594.44 | 重庆 |
| **51102.57** | **169278.00** | **18810.21** | **12357967** | **10790247** | **3105.96** | **四川** |
| 30535.15 | 71253.25 | 6905.12 | 3603088 | 3179001 | 1203.22 | 成都 |
| 259.45 | 1367.28 | 162.32 | 157993 | 140514 | 33.55 | 简阳 |
| 230.74 | 1497.41 | 827.99 | 158746 | 138081 | 24.30 | 都江堰 |
| 291.00 | 1249.00 | 331.00 | 96091 | 88526 | 27.36 | 彭州 |
| 129.51 | 887.60 | 90.00 | 100470 | 89106 | 28.00 | 邛崃 |
| 350.00 | 1038.00 | 150.00 | 89662 | 77153 | 21.57 | 崇州 |
|  | 4543.51 | 82.09 | 448294 | 421974 | 121.07 | 自贡 |
| 1696.07 | 2945.52 |  | 317198 | 294371 | 68.10 | 攀枝花 |
| 1171.90 | 7346.26 | 369.77 | 437481 | 354335 | 147.22 | 泸州 |
| 240.21 | 3943.05 | 159.66 | 352642 | 322341 | 65.64 | 德阳 |
| 798.97 | 1232.80 | 78.67 | 192761 | 73115 | 27.17 | 广汉 |
| 520.88 | 987.60 | 194.73 | 51016 | 44781 | 15.70 | 什邡 |
| 216.00 | 690.00 | 1000.20 | 42245 | 34545 | 14.98 | 绵竹 |
| 2378.53 | 8931.45 | 196.07 | 770541 | 700229 | 146.11 | 绵阳 |
| 17.60 | 2389.00 | 216.00 | 215234 | 157772 | 35.00 | 江油 |
| 357.36 | 2916.04 | 67.61 | 225397 | 211100 | 51.69 | 广元 |
| 1094.69 | 3834.43 | 1044.56 | 379991 | 328345 | 61.48 | 遂宁 |
| 108.22 | 1780.48 | 190.04 | 168874 | 147636 | 32.62 | 射洪 |
| 937.92 | 3986.79 | 198.44 | 367526 | 328145 | 69.60 | 内江 |

## 5-4 续表 14

| 城市名称<br>Name of Cities | 综合生产能力（万立方米/日）<br>Integrated Production Capacity (10,000 m³/day) | 地下水<br>Underground Water | 供水管道长度（公里）<br>Length of Water Supply Pipelines (km) | 建成区<br>in Built District | 供水总量（万立方米）<br>Total Quantity of Water Supply (10,000 m³) | 生产运营用水<br>The Quantity of Water for Production and Operation |
|---|---|---|---|---|---|---|
| 隆　昌 | 7.2 | | 712.70 | 578.00 | 2196.00 | 580.00 |
| 乐　山 | 36.0 | | 2531.87 | 1505.60 | 9408.27 | 1052.73 |
| 峨眉山 | 13.7 | | 262.00 | 262.00 | 2818.95 | 335.00 |
| 南　充 | 53.0 | | 1165.00 | 1165.00 | 14925.00 | 2356.00 |
| 阆　中 | 14.5 | | 309.00 | 296.00 | 3525.27 | 1226.35 |
| 眉　山 | 31.8 | 0.0 | 1193.00 | 1084.73 | 8360.51 | 1477.42 |
| 宜　宾 | 65.0 | | 1311.00 | 1300.00 | 12402.19 | 1816.61 |
| 广　安 | 21.0 | | 802.43 | 802.43 | 4303.50 | 256.72 |
| 华　蓥 | 2.9 | | 297.00 | 297.00 | 999.51 | 50.66 |
| 达　州 | 25.0 | | 1020.00 | 1020.00 | 7600.00 | 300.00 |
| 万　源 | 9.0 | 5.0 | 138.21 | 138.21 | 840.00 | 57.96 |
| 雅　安 | 20.5 | | 664.64 | 623.00 | 2876.50 | 795.00 |
| 巴　中 | 13.7 | | 654.70 | 635.00 | 5550.40 | 610.97 |
| 资　阳 | 19.0 | | 672.80 | 654.80 | 3954.57 | 787.50 |
| 马尔康 | 3.4 | | 56.00 | 56.00 | 730.00 | 5.00 |
| 康　定 | 1.3 | | 117.75 | 76.33 | 380.00 | 4.00 |
| 会　理 | 4.8 | | 252.00 | 252.00 | 628.00 | 73.00 |
| 西　昌 | 25.0 | | 940.50 | 756.32 | 6379.00 | 886.00 |
| **贵　州** | **474.5** | **1.3** | **24378.71** | **21879.22** | **95932.41** | **17675.97** |
| 贵　阳 | 174.5 | | 7293.13 | 7283.13 | 42928.65 | 7571.99 |
| 清　镇 | 15.2 | 0.2 | 340.53 | 340.53 | 3069.96 | 1624.42 |
| 六盘水 | 48.7 | | 2673.95 | 2673.95 | 5433.53 | 910.55 |
| 盘　州 | 11.8 | | 699.00 | 433.00 | 1049.00 | 317.00 |
| 遵　义 | 50.5 | | 4090.40 | 2479.62 | 11631.27 | 1795.78 |
| 赤　水 | 5.0 | | 410.00 | 410.00 | 1311.88 | 110.80 |
| 仁　怀 | 20.6 | | 2700.62 | 2700.00 | 2664.36 | 51.30 |
| 安　顺 | 30.8 | | 699.31 | 699.31 | 4104.00 | 910.07 |
| 毕　节 | 12.0 | | 577.50 | 577.50 | 3715.62 | 488.27 |
| 黔　西 | 5.5 | | 241.78 | 161.10 | 1280.76 | 193.17 |
| 铜　仁 | 24.5 | | 398.00 | 398.00 | 5457.00 | 1250.40 |
| 兴　义 | 26.1 | | 1385.00 | 1134.00 | 4544.90 | 962.00 |
| 兴　仁 | 7.0 | | 252.00 | 252.00 | 960.01 | 193.75 |
| 凯　里 | 22.9 | 0.3 | 917.99 | 814.40 | 4124.64 | 863.94 |
| 都　匀 | 15.5 | 0.8 | 1319.50 | 1142.68 | 2619.88 | 293.89 |
| 福　泉 | 4.0 | | 380.00 | 380.00 | 1036.95 | 138.64 |
| **云　南** | **514.0** | **20.4** | **18491.40** | **17031.80** | **112538.67** | **17747.99** |
| 昆　明 | 217.7 | 9.3 | 6422.96 | 6419.82 | 52370.19 | 7799.28 |
| 安　宁 | 18.4 | 2.6 | 598.17 | 504.53 | 2442.04 | 50.50 |
| 曲　靖 | 35.7 | 0.1 | 1044.67 | 1027.67 | 7656.99 | 2752.88 |
| 宣　威 | 10.0 | | 276.63 | 243.06 | 1354.00 | 27.70 |

# continued 14

| 公共服务用水 The Quantity of Water for Public Service | 居民家庭用水 The Quantity of Water for Household Use | 其他用水 The Quantity of Water for Other Purposes | 用水户数（户） Number of Households with Access to Water Supply (unit) | 家庭用户 Household User | 用水人口（万人） Population with Access to Water Supply (10,000 persons) | 城市名称 Name of Cities |
|---|---|---|---|---|---|---|
| | 1395.00 | | 138662 | 125797 | 21.01 | 隆昌 |
| 243.15 | 4430.18 | 2468.46 | 462361 | 422776 | 74.17 | 乐山 |
| 452.10 | 1588.65 | 78.20 | 198454 | 179878 | 19.70 | 峨眉山 |
| 2910.00 | 7130.00 | 552.00 | 620000 | 540000 | 148.00 | 南充 |
| 62.00 | 1685.40 | | 180016 | 162075 | 28.09 | 阆中 |
| 996.30 | 4434.54 | 127.80 | 440227 | 400367 | 71.18 | 眉山 |
| 1838.92 | 5932.20 | 902.93 | 378270 | 317302 | 174.73 | 宜宾 |
| 858.93 | 2291.55 | 173.15 | 314195 | 282299 | 44.16 | 广安 |
| 37.33 | 625.14 | 108.94 | 65811 | 62162 | 11.46 | 华蓥 |
| 320.00 | 5205.00 | 1423.00 | 440906 | 406467 | 115.35 | 达州 |
| 27.46 | 469.08 | 28.50 | 32000 | 26000 | 8.00 | 万源 |
| 479.00 | 1291.00 | 34.00 | 142170 | 86107 | 23.38 | 雅安 |
| 455.83 | 4175.73 | 89.92 | 270173 | 223608 | 58.12 | 巴中 |
| 581.35 | 2069.06 | 30.04 | 254171 | 230175 | 38.85 | 资阳 |
| 150.00 | 541.00 | 10.00 | 7630 | 7620 | 3.29 | 马尔康 |
| 3.00 | 290.00 | 5.00 | 10832 | 5811 | 6.09 | 康定 |
| 41.00 | 369.00 | 21.00 | 35511 | 30383 | 7.00 | 会理 |
| 312.00 | 2536.00 | 493.00 | 191328 | 150350 | 59.00 | 西昌 |
| **7524.20** | **50255.82** | **2478.10** | **3940151** | **3533299** | **901.29** | **贵州** |
| 4328.18 | 21954.30 | 401.14 | 1566731 | 1464990 | 295.66 | 贵阳 |
| 16.49 | 989.79 | 36.67 | 132653 | 116267 | 23.44 | 清镇 |
| 32.00 | 3097.62 | 402.66 | 106860 | 106758 | 57.82 | 六盘水 |
| 11.00 | 540.00 | | 69857 | 62529 | 22.45 | 盘州 |
| 1478.61 | 5675.79 | 573.00 | 622531 | 544933 | 146.00 | 遵义 |
| 10.00 | 987.00 | | 63000 | 53000 | 11.49 | 赤水 |
| 26.70 | 2130.00 | 25.04 | 131500 | 120000 | 25.98 | 仁怀 |
| 433.92 | 1988.00 | 18.01 | 200672 | 182146 | 44.06 | 安顺 |
| 100.98 | 1806.36 | 451.28 | 130954 | 118295 | 52.56 | 毕节 |
| 61.65 | 772.55 | 35.10 | 67747 | 60294 | 24.12 | 黔西 |
| 520.30 | 2608.00 | 209.60 | 231364 | 171520 | 47.74 | 铜仁 |
| 27.30 | 2662.35 | 166.35 | 217969 | 181724 | 48.97 | 兴义 |
| 15.50 | 528.00 | 37.75 | 56918 | 51455 | 17.38 | 兴仁 |
| 255.79 | 2274.61 | 26.25 | 144757 | 127708 | 36.19 | 凯里 |
| 139.72 | 1657.10 | 47.00 | 146912 | 129218 | 33.90 | 都匀 |
| 66.06 | 584.35 | 48.25 | 49726 | 42462 | 13.53 | 福泉 |
| **17867.54** | **54537.71** | **3697.08** | **4196379** | **3714369** | **1067.14** | **云南** |
| 12208.29 | 20609.57 | 2078.73 | 2077850 | 1859446 | 466.83 | 昆明 |
| 787.65 | 1300.20 | 226.80 | 112004 | 103871 | 24.80 | 安宁 |
| 484.97 | 3420.63 | 43.50 | 182698 | 173405 | 79.07 | 曲靖 |
| 46.54 | 1128.13 | 9.97 | 73593 | 70057 | 29.47 | 宣威 |

## 5-4 续表 15

| 城市名称 Name of Cities | 综合生产能力(万立方米/日) Integrated Production Capacity (10,000 m³/day) | 地下水 Underground Water | 供水管道长度(公里) Length of Water Supply Pipelines (km) | 建成区 in Built District | 供水总量(万立方米) Total Quantity of Water Supply (10,000 m³) | 生产运营用水 The Quantity of Water for Production and Operation |
|---|---|---|---|---|---|---|
| 玉溪 | 22.9 | 0.9 | 491.48 | 107.83 | 4329.59 | 1096.36 |
| 澄江 | 1.0 | 1.0 | 250.00 | 354.00 | 354.00 | 114.00 |
| 保山 | 15.0 | 1.0 | 1014.20 | 601.00 | 2809.00 | |
| 腾冲 | 9.5 | 4.5 | 928.00 | 905.00 | 1016.50 | 232.00 |
| 昭通 | 12.5 | | 389.00 | 389.00 | 4399.00 | 881.00 |
| 水富 | 2.0 | | 171.00 | 171.00 | 563.60 | 110.00 |
| 丽江 | 12.0 | | 888.80 | 888.80 | 2499.50 | 24.86 |
| 普洱 | 9.0 | | 294.48 | 294.48 | 2624.42 | 569.00 |
| 临沧 | 6.5 | | 312.53 | 312.53 | 1477.00 | 303.59 |
| 禄丰 | 3.0 | | 136.50 | 97.50 | 980.00 | 338.00 |
| 楚雄 | 18.4 | | 884.79 | 810.24 | 3423.54 | 81.21 |
| 个旧 | 9.7 | | 322.55 | 315.70 | 1545.13 | 297.40 |
| 开远 | 5.9 | 0.9 | 308.80 | 308.80 | 1595.19 | 159.40 |
| 蒙自 | 14.5 | | 675.54 | 675.54 | 3339.20 | 306.52 |
| 弥勒 | 6.0 | | 345.00 | 345.00 | 1100.00 | 98.00 |
| 文山 | 15.0 | 0.0 | 806.64 | 806.64 | 2709.06 | 506.63 |
| 景洪 | 14.0 | | 299.15 | 299.15 | 2941.99 | 531.66 |
| 大理 | 29.0 | | 609.64 | 609.64 | 6622.38 | 897.00 |
| 瑞丽 | 7.0 | | 261.37 | 261.37 | 1441.75 | 297.00 |
| 芒市 | 8.3 | | 468.00 | 388.00 | 1387.00 | 264.00 |
| 泸水 | 6.0 | | 112.00 | 70.00 | 525.00 | 10.00 |
| 香格里拉 | 5.0 | | 179.50 | 179.50 | 1032.60 | |
| **西藏** | **68.7** | **31.9** | **1883.65** | **1859.95** | **14370.71** | **1449.63** |
| 拉萨 | 43.2 | 18.4 | 1163.60 | 1153.50 | 8093.14 | 1282.41 |
| 日喀则 | 7.8 | 7.8 | 237.00 | 237.00 | 2311.33 | |
| 昌都 | 5.0 | | 168.00 | 168.00 | 495.00 | 25.00 |
| 林芝 | 4.2 | 2.2 | 120.00 | 120.00 | 908.80 | 10.90 |
| 山南 | 3.5 | 3.5 | 89.05 | 89.05 | 1064.00 | 58.52 |
| 那曲 | 5.0 | | 106.00 | 92.40 | 1498.44 | 72.80 |
| **陕西** | **645.8** | **208.4** | **12794.77** | **12319.90** | **140284.77** | **36268.59** |
| 西安 | 333.1 | 95.8 | 6243.17 | 6071.94 | 83332.99 | 22371.23 |
| 铜川 | 18.1 | 3.8 | 475.28 | 461.98 | 2847.23 | 974.26 |
| 宝鸡 | 42.7 | 14.6 | 1396.34 | 1297.07 | 7729.92 | 1972.45 |
| 咸阳 | 81.0 | 21.0 | 786.40 | 786.40 | 13327.86 | 3084.26 |
| 彬州 | 1.8 | | 104.47 | 99.00 | 610.10 | 104.30 |
| 兴平 | 11.8 | 11.8 | 77.95 | 70.75 | 3286.20 | 2161.34 |
| 渭南 | 33.8 | 16.3 | 427.96 | 376.79 | 6064.87 | 1717.29 |
| 韩城 | 7.0 | 3.2 | 371.20 | 303.40 | 1301.34 | 89.85 |
| 华阴 | 8.5 | 8.5 | 116.92 | 116.92 | 820.00 | 234.00 |
| 延安 | 15.0 | | 338.80 | 324.40 | 3422.87 | 960.79 |

## continued 15

| 公共服务用水 The Quantity of Water for Public Service | 居民家庭用水 The Quantity of Water for Household Use | 其他用水 The Quantity of Water for Other Purposes | 用水户数(户) Number of Households with Access to Water Supply (unit) | 家庭用户 Household User | 用水人口(万人) Population with Access to Water Supply (10,000 persons) | 城市名称 Name of Cities |
|---|---|---|---|---|---|---|
| 475.27 | 2132.07 | 8.20 | 162655 | 146621 | 36.14 | 玉溪 |
| 3.00 | 167.37 | 2.30 | 27400 | 27400 | 2.74 | 澄江 |
| | 2566.00 | | 113000 | 113000 | 35.77 | 保山 |
| | 504.00 | 198.00 | 26854 | 23586 | 15.20 | 腾冲 |
| | 2518.00 | 8.00 | 92525 | 92525 | 35.09 | 昭通 |
| 74.00 | 374.10 | | 20024 | 19531 | 5.79 | 水富 |
| 1113.26 | 946.25 | 21.43 | 113175 | 83888 | 22.75 | 丽江 |
| 485.00 | 1232.00 | 4.00 | 74250 | 6835 | 23.00 | 普洱 |
| 18.81 | 871.38 | 17.91 | 47499 | 40933 | 15.29 | 临沧 |
| 48.00 | 367.00 | 67.00 | 13330 | 12180 | 7.08 | 禄丰 |
| 1254.81 | 1613.81 | 0.68 | 145344 | 125110 | 36.00 | 楚雄 |
| 2.84 | 994.43 | 13.15 | 80293 | 73102 | 16.16 | 个旧 |
| 60.83 | 991.53 | 188.69 | 87857 | 81094 | 20.27 | 开远 |
| 314.19 | 1676.62 | 706.72 | 169806 | 138922 | 39.44 | 蒙自 |
| 96.00 | 652.00 | 63.00 | 41042 | 39225 | 16.50 | 弥勒 |
| 77.00 | 1752.97 | 11.00 | 158726 | 138890 | 25.34 | 文山 |
| 105.48 | 1962.12 | | 50832 | 45591 | 23.99 | 景洪 |
| | 3844.38 | 10.00 | 169192 | 162424 | 41.85 | 大理 |
| 9.00 | 983.75 | 7.00 | 49046 | 38626 | 18.00 | 瑞丽 |
| 12.00 | 855.00 | | 79974 | 76231 | 17.00 | 芒市 |
| 75.00 | 245.00 | 5.00 | 12410 | 9876 | 7.00 | 泸水 |
| 115.60 | 829.40 | 6.00 | 15000 | 12000 | 6.57 | 香格里拉 |
| **1911.86** | **6488.96** | **712.62** | **244153** | **191041** | **95.63** | **西藏** |
| 1527.80 | 2070.42 | 400.00 | 148006 | 106550 | 57.19 | 拉萨 |
| 171.90 | 1471.03 | 288.30 | 25133 | 23324 | 11.68 | 日喀则 |
| 95.00 | 295.00 | | 25900 | 25090 | 9.00 | 昌都 |
| 72.00 | 729.10 | 4.40 | 12594 | 10442 | 6.04 | 林芝 |
| 39.36 | 829.92 | 9.57 | 16000 | 15635 | 6.30 | 山南 |
| 5.80 | 1093.49 | 10.35 | 16520 | 10000 | 5.42 | 那曲 |
| **9576.26** | **74157.48** | **4713.04** | **3833919** | **3661381** | **1412.12** | **陕西** |
| 1172.17 | 46306.78 | 2707.78 | 2458592 | 2381999 | 765.38 | 西安 |
| 431.88 | 1146.09 | | 105712 | 74004 | 41.10 | 铜川 |
| 866.98 | 4291.22 | 37.88 | 229804 | 216341 | 101.42 | 宝鸡 |
| 2873.92 | 6963.52 | 85.16 | 63302 | 55688 | 101.40 | 咸阳 |
| 124.60 | 317.40 | | 31046 | 30155 | 11.40 | 彬州 |
| 225.92 | 645.88 | 229.20 | 49123 | 46998 | 20.15 | 兴平 |
| 927.51 | 2117.90 | 813.30 | 174847 | 172139 | 55.36 | 渭南 |
| 27.98 | 779.62 | 277.30 | 49560 | 42885 | 17.37 | 韩城 |
| 69.00 | 341.00 | 20.00 | 31530 | 27180 | 11.73 | 华阴 |
| 84.51 | 1956.50 | 51.15 | 242643 | 237532 | 48.25 | 延安 |

# 5-4 续表 16

| 城市名称 Name of Cities | 综合生产能力(万立方米/日) Integrated Production Capacity (10,000 $m^3$/day) | 地下水 Underground Water | 供水管道长度(公里) Length of Water Supply Pipelines (km) | 建成区 in Built District | 供水总量(万立方米) Total Quantity of Water Supply (10,000 $m^3$) | 生产运营用水 The Quantity of Water for Production and Operation |
|---|---|---|---|---|---|---|
| 子长 | 3.0 | | 126.06 | 126.06 | 464.00 | 66.00 |
| 汉中 | 25.7 | 15.7 | 555.77 | 555.77 | 4323.33 | 115.89 |
| 榆林 | 25.8 | 15.8 | 776.48 | 776.48 | 3836.00 | 530.00 |
| 神木 | 5.0 | | 235.03 | 215.00 | 1959.00 | 700.00 |
| 安康 | 14.0 | | 354.94 | 354.94 | 3292.20 | 815.00 |
| 旬阳 | 2.5 | | 138.30 | 138.30 | 478.96 | 50.20 |
| 商洛 | 7.0 | 2.0 | 129.70 | 129.70 | 1509.90 | 122.73 |
| 杨凌区 | 10.0 | | 140.00 | 115.00 | 1678.00 | 199.00 |
| **甘肃** | **374.5** | **56.8** | **7247.28** | **6165.92** | **58843.68** | **15396.91** |
| 兰州 | 169.9 | 1.8 | 1952.43 | 1521.43 | 29509.99 | 10139.25 |
| 嘉峪关 | 17.9 | 17.9 | 752.00 | 213.44 | 3277.90 | 487.49 |
| 金昌 | 34.8 | | 351.69 | 351.69 | 2374.04 | 385.16 |
| 白银 | 20.0 | | 339.80 | 339.80 | 2747.26 | 29.73 |
| 天水 | 9.5 | 1.0 | 355.00 | 355.00 | 3275.00 | 1000.80 |
| 武威 | 20.0 | | 268.00 | 268.00 | 2367.40 | 695.80 |
| 张掖 | 16.2 | 10.7 | 468.20 | 431.00 | 2724.53 | 701.15 |
| 平凉 | 5.5 | 5.5 | 421.70 | 421.70 | 1360.00 | 157.00 |
| 华亭 | 1.9 | 1.9 | 116.00 | 116.00 | 660.07 | 246.70 |
| 酒泉 | 24.0 | 4.0 | 393.50 | 330.00 | 2948.95 | 555.32 |
| 玉门 | 1.7 | 1.7 | 164.00 | 164.00 | 398.00 | 65.00 |
| 敦煌 | 8.0 | 6.0 | 366.87 | 366.87 | 814.48 | 153.50 |
| 庆阳 | 4.0 | | 429.00 | 429.00 | 1623.00 | 245.82 |
| 定西 | 10.0 | 1.6 | 247.35 | 237.35 | 939.44 | 185.48 |
| 陇南 | 3.5 | 3.5 | 152.55 | 152.55 | 701.62 | 18.71 |
| 临夏 | 18.9 | | 382.90 | 382.00 | 2572.00 | 330.00 |
| 合作 | 8.7 | 1.2 | 86.29 | 86.09 | 550.00 | |
| **青海** | **139.3** | **110.4** | **3584.19** | **3248.80** | **32280.14** | **13287.02** |
| 西宁 | 54.5 | 32.6 | 1720.44 | 1649.64 | 14650.97 | 3488.41 |
| 海东 | 4.4 | 1.8 | 396.79 | 396.79 | 1572.52 | 157.60 |
| 同仁 | 1.4 | | 70.00 | 70.00 | 301.00 | 44.00 |
| 玉树 | 3.0 | | 344.60 | 344.60 | 926.55 | 25.86 |
| 茫崖 | 1.2 | 1.2 | 69.98 | 69.98 | 386.10 | 123.00 |
| 格尔木 | 59.4 | 59.4 | 663.96 | 405.37 | 11134.10 | 7867.75 |
| 德令哈 | 15.3 | 15.3 | 318.42 | 312.42 | 3308.90 | 1580.40 |
| **宁夏** | **275.1** | **87.8** | **3503.96** | **3350.96** | **38321.16** | **9131.20** |
| 银川 | 88.0 | 18.0 | 1458.69 | 1458.69 | 21340.39 | 3021.82 |
| 灵武 | 1.9 | 1.9 | 112.65 | 109.65 | 691.21 | 111.18 |
| 宁东能源化工基地 | 80.0 | | 150.00 | 150.00 | 211.44 | |

continued 16

| 公共服务用水 The Quantity of Water for Public Service | 居民家庭用水 The Quantity of Water for Household Use | 其他用水 The Quantity of Water for Other Purposes | 用水户数（户） Number of Households with Access to Water Supply (unit) | 家庭用户 Household User | 用水人口（万人） Population with Access to Water Supply (10,000 persons) | 城市名称 Name of Cities |
|---|---|---|---|---|---|---|
| 37.50 | 215.50 | 125.00 | 28830 | 27261 | 12.42 | 子长 |
| 721.80 | 2677.90 | 21.72 | 141102 | 137461 | 56.44 | 汉中 |
| 745.23 | 1922.40 | 39.19 | 55238 | 51894 | 58.74 | 榆林 |
| 320.00 | 660.00 | 81.00 | 52000 | 50000 | 24.76 | 神木 |
| 351.49 | 1787.50 | | 56900 | 51052 | 35.51 | 安康 |
| 27.60 | 357.66 | 3.00 | 21645 | 21582 | 10.47 | 旬阳 |
| 306.17 | 856.61 | 6.36 | 7990 | 6680 | 23.60 | 商洛 |
| 262.00 | 814.00 | 215.00 | 34055 | 30530 | 16.62 | 杨凌区 |
| **8652.55** | **25732.56** | **4233.56** | **1435358** | **1358010** | **680.04** | **甘肃** |
| 4553.49 | 12162.98 | 1329.53 | 85345 | 75587 | 303.45 | 兰州 |
| 418.91 | 942.93 | 886.25 | 146429 | 137695 | 23.97 | 嘉峪关 |
| 285.55 | 845.90 | 621.49 | 75390 | 70510 | 17.09 | 金昌 |
| 903.63 | 1467.63 | 86.24 | 84662 | 82685 | 35.17 | 白银 |
| 2.70 | 1672.90 | | 204600 | 204600 | 61.30 | 天水 |
| 529.70 | 720.00 | 66.60 | 166435 | 150112 | 34.32 | 武威 |
| 352.44 | 1115.47 | 321.76 | 77345 | 71958 | 27.81 | 张掖 |
| 185.24 | 812.79 | 70.00 | 112650 | 104011 | 30.91 | 平凉 |
| 37.00 | 302.39 | 8.00 | 28612 | 26609 | 11.44 | 华亭 |
| 415.10 | 1292.18 | 278.74 | 153572 | 153481 | 32.75 | 酒泉 |
| 95.00 | 95.00 | 45.00 | 15634 | 14789 | 4.96 | 玉门 |
| 100.25 | 278.91 | 205.85 | 43610 | 37010 | 7.84 | 敦煌 |
| 260.28 | 814.90 | 125.00 | 32018 | 27891 | 21.55 | 庆阳 |
| 176.53 | 359.71 | 141.47 | 49700 | 47909 | 19.58 | 定西 |
| 99.79 | 498.92 | 6.24 | 40200 | 36500 | 18.20 | 陇南 |
| 30.00 | 2100.00 | | 91000 | 91000 | 23.20 | 临夏 |
| 206.94 | 249.95 | 41.39 | 28156 | 25663 | 6.50 | 合作 |
| **3466.90** | **9885.01** | **2250.55** | **846794** | **759732** | **212.81** | **青海** |
| 2652.41 | 6425.77 | 669.51 | 700810 | 632096 | 144.49 | 西宁 |
| 228.58 | 800.21 | 180.52 | 48246 | 41989 | 23.25 | 海东 |
| 23.00 | 175.00 | 20.00 | 8725 | 8020 | 4.17 | 同仁 |
| 5.82 | 880.65 | 4.62 | 30222 | 25368 | 11.37 | 玉树 |
| 43.00 | 136.90 | 60.00 | 8580 | 8580 | 4.29 | 茫崖 |
| 203.29 | 1281.94 | 1315.90 | 30628 | 27380 | 19.65 | 格尔木 |
| 310.80 | 184.54 | | 19583 | 16299 | 5.59 | 德令哈 |
| **7600.33** | **10318.38** | **5902.47** | **1243359** | **1111536** | **296.09** | **宁夏** |
| 4546.78 | 4768.00 | 5478.79 | 527406 | 465348 | 153.59 | 银川 |
| 51.23 | 458.22 | 22.35 | 71567 | 65887 | 11.13 | 灵武 |
| 31.41 | 134.00 | | 22581 | 22581 | 7.00 | 宁东能源化工基地 |

## 5-4 续表 17

| 城市名称 Name of Cities | 综合生产能力（万立方米/日） Integrated Production Capacity (10,000 $m^3$/day) | 地下水 Underground Water | 供水管道长度（公里） Length of Water Supply Pipelines (km) | 建成区 in Built District | 供水总量（万立方米） Total Quantity of Water Supply (10,000 $m^3$) | 生产运营用水 The Quantity of Water for Production and Operation |
|---|---|---|---|---|---|---|
| 石嘴山 | 67.7 | 44.9 | 768.82 | 700.82 | 8605.80 | 3777.87 |
| 吴忠 | 18.0 | 12.0 | 327.80 | 327.80 | 3775.10 | 2016.33 |
| 青铜峡 | 3.0 | 3.0 | 265.00 | 265.00 | 1014.00 | 186.00 |
| 固原 | 8.5 | | 283.00 | 201.00 | 1315.00 | 18.00 |
| 中卫 | 8.0 | 8.0 | 138.00 | 138.00 | 1368.22 | |
| **新疆** | **539.4** | **289.1** | **11936.94** | **11706.37** | **97256.35** | **15239.22** |
| 乌鲁木齐 | 182.3 | 60.6 | 2526.50 | 2526.50 | 35509.85 | 4981.00 |
| 克拉玛依 | 55.0 | 2.0 | 1859.18 | 1859.18 | 9538.62 | 3426.47 |
| 吐鲁番 | 11.5 | | 366.00 | 366.00 | 1715.61 | 121.80 |
| 哈密 | 22.5 | 13.0 | 874.32 | 838.75 | 6094.00 | 956.94 |
| 昌吉 | 30.0 | 30.0 | 500.00 | 400.00 | 5477.00 | 591.00 |
| 阜康 | 4.8 | 3.0 | 202.42 | 202.42 | 574.77 | 8.52 |
| 博乐 | 5.0 | | 366.38 | 366.38 | 1408.05 | 94.18 |
| 阿拉山口 | 6.0 | | 254.00 | 254.00 | 211.10 | 150.10 |
| 库尔勒 | 43.0 | 43.0 | 577.02 | 577.02 | 6641.81 | 725.06 |
| 阿克苏 | 40.0 | 40.0 | 538.00 | 538.00 | 4398.00 | 1635.00 |
| 库车 | 16.5 | 16.5 | 689.10 | 689.10 | 1687.84 | 86.26 |
| 阿图什 | 3.2 | 3.2 | 75.84 | 75.84 | 770.00 | 24.30 |
| 喀什 | 26.2 | 26.2 | 462.65 | 462.65 | 5617.00 | 783.00 |
| 和田 | 8.0 | 8.0 | 319.00 | 319.00 | 2350.00 | 10.00 |
| 伊宁 | 41.5 | 21.5 | 712.00 | 712.00 | 7628.00 | 517.00 |
| 奎屯 | 13.5 | 13.5 | 257.27 | 257.27 | 1783.00 | 400.50 |
| 霍尔果斯 | 2.5 | 2.5 | 182.00 | 87.00 | 843.50 | 42.60 |
| 塔城 | 4.1 | 4.1 | 368.26 | 368.26 | 1306.15 | 34.00 |
| 乌苏 | 12.0 | 2.0 | 270.00 | 270.00 | 1686.49 | 304.53 |
| 沙湾 | 6.0 | | 227.00 | 227.00 | 1246.76 | 91.96 |
| 阿勒泰 | 5.7 | | 310.00 | 310.00 | 768.80 | 255.00 |
| **新疆兵团** | **84.7** | **7.0** | **2044.59** | **1947.53** | **22531.65** | **7375.02** |
| 石河子 | 35.0 | | 689.56 | 689.56 | 10609.37 | 4472.99 |
| 阿拉尔 | 8.0 | | 124.00 | 124.00 | 1237.12 | 330.35 |
| 图木舒克 | 20.0 | | 250.96 | 193.56 | 2378.00 | 515.00 |
| 五家渠 | 3.4 | 3.4 | 110.00 | 110.00 | 1240.00 | 136.05 |
| 北屯 | 5.0 | | 188.14 | 188.14 | 1323.28 | 324.63 |
| 铁门关 | 1.6 | 1.6 | 158.23 | 158.23 | 605.00 | 56.00 |
| 双河 | 2.0 | 1.0 | 73.26 | 51.60 | 688.00 | 20.00 |
| 可克达拉 | 7.0 | | 243.00 | 225.00 | 1713.00 | 6.00 |
| 昆玉 | 1.5 | | 64.00 | 64.00 | 507.40 | 232.00 |
| 胡杨河 | 0.7 | 0.7 | 63.90 | 63.90 | 151.48 | |
| 新星 | 0.5 | 0.4 | 79.54 | 79.54 | 2079.00 | 1282.00 |

continued 17

| 公共服务用水 The Quantity of Water for Public Service | 居民家庭用水 The Quantity of Water for Household Use | 其他用水 The Quantity of Water for Other Purposes | 用水户数（户）Number of Households with Access to Water Supply (unit) | 家庭用户 Household User | 用水人口（万人）Population with Access to Water Supply (10,000 persons) | 城市名称 Name of Cities |
|---|---|---|---|---|---|---|
| 1928.51 | 1776.09 | 366.33 | 154835 | 136799 | 44.10 | 石嘴山 |
| 395.40 | 888.07 | 20.00 | 182320 | 158854 | 22.54 | 吴忠 |
|  | 730.00 |  | 79143 | 70134 | 14.20 | 青铜峡 |
| 387.00 | 695.00 |  | 85543 | 85543 | 26.72 | 固原 |
| 260.00 | 869.00 | 15.00 | 119964 | 106390 | 16.81 | 中卫 |
| **12431.34** | **37053.82** | **17271.19** | **2729338** | **2377788** | **853.75** | **新疆** |
| 3243.26 | 16002.00 | 6393.74 | 498505 | 478805 | 382.13 | 乌鲁木齐 |
| 1660.23 | 1738.41 | 1545.54 | 187511 | 184056 | 46.57 | 克拉玛依 |
| 84.00 | 337.00 | 125.00 | 26650 | 23356 | 9.87 | 吐鲁番 |
| 704.56 | 1177.16 | 2407.86 | 194456 | 181613 | 34.76 | 哈密 |
| 1002.00 | 2156.00 | 907.00 | 211100 | 131100 | 43.68 | 昌吉 |
| 186.39 | 308.21 |  | 55509 | 49924 | 11.40 | 阜康 |
| 360.03 | 611.98 | 166.72 | 90760 | 83512 | 17.82 | 博乐 |
| 25.60 | 22.30 |  | 4632 | 3446 | 1.30 | 阿拉山口 |
|  | 3245.77 | 1311.34 | 331900 | 203147 | 62.00 | 库尔勒 |
| 165.00 | 2180.00 | 40.00 | 152910 | 151620 | 51.45 | 阿克苏 |
| 301.07 | 1149.51 |  | 79492 | 74411 | 18.63 | 库车 |
| 43.20 | 544.00 | 46.50 | 23076 | 22850 | 8.58 | 阿图什 |
| 1781.00 | 1956.00 | 603.00 | 220036 | 201800 | 47.92 | 喀什 |
| 598.00 | 900.00 | 587.00 | 90000 | 88699 | 26.10 | 和田 |
| 416.00 | 2835.00 | 1974.00 | 303366 | 270760 | 40.41 | 伊宁 |
| 753.90 | 350.70 | 3.80 | 62839 | 49023 | 14.80 | 奎屯 |
| 441.68 | 199.70 | 73.40 | 16793 | 16210 | 2.06 | 霍尔果斯 |
| 292.00 | 349.00 | 423.15 | 52987 | 45624 | 6.10 | 塔城 |
| 152.42 | 348.18 | 179.04 | 66704 | 59820 | 11.26 | 乌苏 |
| 141.00 | 402.90 | 417.30 | 20112 | 20112 | 9.60 | 沙湾 |
| 80.00 | 240.00 | 66.80 | 40000 | 37900 | 7.31 | 阿勒泰 |
| **3768.37** | **4398.10** | **3826.67** | **399884** | **362139** | **108.19** | **新疆兵团** |
| 1875.71 | 1951.15 | 491.32 | 201785 | 185763 | 47.00 | 石河子 |
| 119.55 | 651.42 | 18.52 | 37000 | 35000 | 12.75 | 阿拉尔 |
| 438.00 | 224.00 | 1088.00 | 18833 | 17882 | 9.50 | 图木舒克 |
| 448.17 | 363.66 | 2.39 | 24877 | 24599 | 10.83 | 五家渠 |
| 80.84 | 378.19 | 298.44 | 52153 | 42818 | 6.60 | 北屯 |
| 145.00 | 236.00 | 110.00 | 11536 | 10247 | 4.10 | 铁门关 |
| 458.00 | 70.00 | 100.00 | 7242 | 7242 | 4.62 | 双河 |
| 21.00 | 34.00 | 1520.00 | 8822 | 8652 | 2.15 | 可克达拉 |
| 120.00 | 89.00 | 40.00 | 5600 | 5500 | 2.94 | 昆玉 |
| 5.10 | 125.68 |  | 10036 | 10036 | 2.40 | 胡杨河 |
| 57.00 | 275.00 | 158.00 | 22000 | 14400 | 5.30 | 新星 |

# 5-5 2022年按城市分列的城市供水(公共供水)

| 城市名称<br>Name of Cities | 综合生产能力(万立方米/日)<br>Integrated Production Capacity (10,000 m$^3$/day) | 地下水<br>Underground Water | 水厂个数(个)<br>Number of Water Plants (unit) | 地下水<br>Underground Water | 供水管道长度(公里)<br>Length of Water Supply Pipelines (km) | 供水总量(万立方米)<br>合计<br>Total | 售水量<br>小计<br>Subtotal | 生产运营用水<br>The Quantity of Water for Production and Operation |
|---|---|---|---|---|---|---|---|---|
| **全国** | **28452.3** | **2667.0** | **3019** | **820** | **1081956.80** | **6354506.37** | **5373083.16** | **1362361.00** |
| **北京** | **657.5** | **209.0** | **68** | **45** | **18997.57** | **144820.25** | **123267.09** | **11082.73** |
| **天津** | **475.0** | **15.0** | **31** | **7** | **22517.74** | **98912.58** | **84115.96** | **31743.63** |
| **河北** | **730.9** | **237.0** | **138** | **76** | **21508.26** | **140858.47** | **118980.85** | **27315.45** |
| 石家庄 | 134.5 | 11.8 | 21 | 13 | 3025.34 | 28813.91 | 25326.95 | 8113.28 |
| 晋州 | 8.0 | | 1 | | 135.00 | 1774.00 | 1627.00 | 853.00 |
| 新乐 | 6.5 | | 2 | | 314.00 | 942.00 | 801.00 | 265.00 |
| 唐山 | 79.4 | 34.9 | 18 | 13 | 2456.91 | 14993.86 | 12153.83 | 2618.70 |
| 滦州 | 4.0 | 4.0 | 1 | 1 | 354.92 | 1336.68 | 1108.58 | 279.80 |
| 遵化 | 8.2 | 8.2 | 2 | 2 | 169.41 | 1223.61 | 986.54 | 45.11 |
| 迁安 | 4.0 | 4.0 | 2 | 2 | 378.40 | 1331.00 | 1119.00 | 24.00 |
| 秦皇岛 | 53.5 | 2.0 | 10 | 1 | 1250.64 | 10914.67 | 8260.56 | 1243.36 |
| 邯郸 | 82.5 | 39.0 | 8 | 4 | 2022.30 | 11997.23 | 10056.76 | 2609.50 |
| 武安 | 6.5 | 3.5 | 2 | 1 | 471.80 | 1638.58 | 1386.60 | 330.00 |
| 邢台 | 34.8 | 16.0 | 6 | 3 | 1811.93 | 6489.16 | 5546.87 | 90.02 |
| 南宫 | 3.8 | | 1 | | 126.00 | 515.50 | 427.87 | 8.00 |
| 沙河 | 8.6 | 2.5 | 3 | 1 | 225.72 | 952.89 | 804.42 | 238.18 |
| 保定 | 48.3 | 9.0 | 6 | 2 | 898.34 | 10439.72 | 9294.63 | 996.59 |
| 涿州 | 7.0 | 0.1 | 2 | 2 | 271.00 | 3110.16 | 2596.10 | 928.41 |
| 安国 | 4.0 | | 1 | | 131.15 | 1022.18 | 950.28 | 72.16 |
| 高碑店 | 9.5 | 3.0 | 2 | 2 | 302.78 | 1625.50 | 1211.00 | 310.00 |
| 张家口 | 38.0 | 36.0 | 8 | 8 | 970.84 | 6787.88 | 4835.04 | 827.46 |
| 承德 | 17.2 | 17.2 | 7 | 5 | 774.87 | 3824.82 | 3065.12 | 138.02 |
| 平泉 | 2.0 | 2.0 | 1 | 1 | 104.50 | 653.33 | 557.84 | 11.19 |
| 沧州 | 22.0 | | 2 | | 606.78 | 5182.72 | 4560.66 | 1317.86 |
| 泊头 | 5.5 | | 2 | | 172.00 | 1026.00 | 862.00 | 70.00 |
| 任丘 | 15.0 | 3.0 | 2 | 1 | 691.44 | 2149.00 | 1943.68 | 832.45 |
| 黄骅 | 8.5 | | 2 | | 889.00 | 1714.00 | 1633.00 | 410.00 |
| 河间 | 5.0 | | 2 | | 376.93 | 1025.23 | 857.50 | 147.28 |
| 廊坊 | 39.5 | 23.8 | 9 | 7 | 886.85 | 6141.05 | 5476.83 | 1750.46 |
| 霸州 | 2.7 | 1.0 | 2 | | 306.80 | 597.00 | 544.00 | 116.00 |
| 三河 | 8.0 | 8.0 | 3 | 3 | 219.62 | 2713.00 | 2435.00 | 1010.00 |
| 衡水 | 23.4 | 7.0 | 6 | 3 | 493.93 | 4333.72 | 3725.12 | 251.37 |
| 深州 | 8.0 | | 2 | | 125.31 | 1271.30 | 1056.58 | 52.83 |
| 辛集 | 18.1 | 1.0 | 2 | 1 | 177.71 | 2278.00 | 2038.00 | 865.00 |
| 定州 | 15.0 | | 2 | | 366.04 | 2040.77 | 1732.49 | 490.42 |

# Urban Water Supply by City (Public Water Suppliers)(2022)

| Total Quantity of Water Supply(10,000m³) | | | | | | 用水户数(户) Number of Households with Access to Water Supply (unit) | | 用水人口(万人) Population with Access to Water Supply (10,000 persons) | 城市名称 Name of Cities |
|---|---|---|---|---|---|---|---|---|---|
| Water Sold | | | 免费供水量 The Quantity of Free Water Supply | | 漏损水量 The Lossed Water | | 居民家庭 Household User | | |
| 公共服务用水 The Quantity of Water for Public Service | 居民家庭用水 The Quantity of Water for Household Use | 其他用水 The Quantity of Water for Other Purposes | | 生活用水 Domestic Water Use | | | | | |
| **951369.33** | **2762596.10** | **296756.73** | **162369.72** | **10878.70** | **819053.49** | **219520553** | **197909461** | **55769.89** | **全国** |
| **43042.16** | **66352.91** | **2789.29** | **198.45** | **5.00** | **21354.71** | **7012784** | **6811877** | **1839.21** | **北京** |
| **13446.44** | **38553.17** | **372.72** | **1244.22** | | **13552.40** | **5198662** | **5015541** | **1160.06** | **天津** |
| **21252.39** | **66445.75** | **3967.26** | **3127.56** | **175.21** | **18750.06** | **6724337** | **6258187** | **1996.56** | **河北** |
| 2562.34 | 14120.85 | 530.48 | 106.68 | 28.98 | 3380.28 | 502908 | 473018 | 353.46 | 石家庄 |
| 438.00 | 336.00 | | | | 147.00 | 6891 | 5541 | 13.96 | 晋州 |
| 37.00 | 450.00 | 49.00 | 1.00 | | 140.00 | 32458 | 27604 | 9.59 | 新乐 |
| 2601.66 | 6728.79 | 204.68 | 523.17 | | 2316.86 | 931726 | 884450 | 204.11 | 唐山 |
| 167.10 | 650.38 | 11.30 | 19.10 | | 209.00 | 73021 | 71317 | 27.64 | 滦州 |
| 0.24 | 941.19 | | 32.00 | | 205.07 | 88643 | 84000 | 26.87 | 遵化 |
| 330.00 | 765.00 | | 28.00 | | 184.00 | 98500 | 83500 | 36.00 | 迁安 |
| 2694.86 | 4132.71 | 189.63 | 886.08 | | 1768.03 | 725260 | 692066 | 138.85 | 秦皇岛 |
| 789.28 | 6634.98 | 23.00 | 51.19 | 30.00 | 1889.28 | 631658 | 594563 | 213.18 | 邯郸 |
| 494.90 | 552.20 | 9.50 | 11.98 | | 240.00 | 36508 | 33097 | 23.40 | 武安 |
| 1962.26 | 3228.61 | 265.98 | 7.29 | | 935.00 | 487248 | 422067 | 79.99 | 邢台 |
| 89.30 | 330.57 | | 2.00 | | 85.63 | 20627 | 18252 | 13.70 | 南宫 |
| 39.98 | 525.26 | 1.00 | 1.00 | | 147.47 | 72116 | 64801 | 11.14 | 沙河 |
| 3294.91 | 4889.90 | 113.23 | 46.04 | | 1099.05 | 225905 | 196154 | 196.46 | 保定 |
| 413.19 | 1027.83 | 226.67 | 120.00 | | 394.06 | 74030 | 69051 | 28.20 | 涿州 |
| 122.77 | 168.37 | 586.98 | 11.50 | 1.68 | 60.40 | 43000 | 39800 | 12.33 | 安国 |
| 116.00 | 660.00 | 125.00 | 135.51 | | 278.99 | 59482 | 56382 | 15.33 | 高碑店 |
| 909.56 | 3092.49 | 5.53 | 916.51 | 105.35 | 1036.33 | 620148 | 578926 | 103.46 | 张家口 |
| 747.60 | 2044.07 | 135.43 | 159.32 | | 600.38 | 314791 | 293824 | 58.46 | 承德 |
| 97.28 | 394.32 | 55.05 | 0.30 | | 95.19 | 77422 | 71708 | 19.00 | 平泉 |
| 564.80 | 2676.16 | 1.84 | | | 622.06 | 398057 | 368237 | 73.79 | 沧州 |
| 170.00 | 597.00 | 25.00 | 0.35 | 0.35 | 163.65 | 95402 | 87255 | 17.01 | 泊头 |
| 76.23 | 1033.20 | 1.80 | 0.60 | 0.60 | 204.72 | 140200 | 129700 | 32.86 | 任丘 |
| 289.00 | 932.00 | 2.00 | 1.00 | | 80.00 | 89326 | 86011 | 28.91 | 黄骅 |
| 2.12 | 669.78 | 38.32 | | | 167.73 | 88621 | 79468 | 15.10 | 河间 |
| 458.90 | 2821.17 | 446.30 | 7.31 | | 656.91 | 124089 | 113932 | 65.79 | 廊坊 |
| 24.00 | 404.00 | | | | 53.00 | 45677 | 40421 | 14.50 | 霸州 |
| 100.00 | 1015.00 | 310.00 | 8.00 | 8.00 | 270.00 | 76850 | 76385 | 22.89 | 三河 |
| 827.10 | 2156.79 | 489.86 | 5.10 | | 603.50 | 296196 | 273072 | 63.32 | 衡水 |
| 158.48 | 792.44 | 52.83 | 0.25 | 0.25 | 214.47 | 52294 | 51616 | 19.32 | 深州 |
| 520.00 | 641.00 | 12.00 | 20.00 | | 220.00 | 60079 | 58915 | 22.84 | 辛集 |
| 153.53 | 1033.69 | 54.85 | 26.28 | | 282.00 | 135204 | 133054 | 35.10 | 定州 |

# 5-5 续表 1

| 城市名称<br>Name of Cities | 综合生产能力(万立方米/日)<br>Integrated Production Capacity (10,000 $m^3$/day) | 地下水<br>Underground Water | 水厂个数(个)<br>Number of Water Plants (unit) | 地下水<br>Underground Water | 供水管道长度(公里)<br>Length of Water Supply Pipelines (km) | 供水总量(万立方米)<br>合计<br>Total | 售水量<br>小计<br>Subtotal | 售水量<br>生产运营用水<br>The Quantity of Water for Production and Operation |
|---|---|---|---|---|---|---|---|---|
| **山西** | **368.2** | **174.2** | **79** | **60** | **15633.16** | **87234.11** | **78413.67** | **14738.91** |
| 太原 | 117.0 | 51.0 | 7 | 7 | 4484.00 | 30072.48 | 27175.24 | 4516.79 |
| 古交 | 6.7 | 0.3 | 3 | 1 | 167.00 | 978.77 | 913.89 | 420.07 |
| 大同 | 60.0 | 20.0 | 11 | 10 | 1074.90 | 12168.87 | 11572.19 | 4669.15 |
| 阳泉 | 35.8 | 2.5 | 2 |  | 606.19 | 4617.67 | 3904.31 | 308.41 |
| 长治 | 21.0 | 21.0 | 6 | 6 | 1320.66 | 6967.01 | 6349.66 | 314.73 |
| 晋城 | 13.0 | 13.0 | 3 | 3 | 738.74 | 4198.95 | 3857.10 | 350.49 |
| 高平 | 2.5 | 2.5 | 2 | 2 | 402.70 | 790.51 | 619.91 |  |
| 朔州 | 7.2 | 6.0 | 6 | 3 | 434.00 | 2203.46 | 1996.78 | 622.02 |
| 怀仁 | 7.0 | 2.0 | 3 | 2 | 721.44 | 694.44 | 566.44 | 70.54 |
| 晋中 | 16.0 | 6.6 | 5 | 2 | 587.34 | 4554.75 | 3939.53 | 893.13 |
| 介休 | 3.5 | 3.5 | 2 | 2 | 124.22 | 762.31 | 669.40 | 202.61 |
| 运城 | 15.8 | 5.0 | 6 | 1 | 973.38 | 4461.22 | 4155.73 | 621.35 |
| 永济 | 3.0 | 3.0 | 1 | 1 | 90.00 | 665.00 | 589.00 | 100.00 |
| 河津 | 8.3 | 8.3 | 4 | 4 | 1372.03 | 1082.04 | 950.53 | 100.90 |
| 忻州 | 13.5 | 3.5 | 4 | 3 | 522.33 | 2099.02 | 1774.92 | 45.00 |
| 原平 | 4.0 | 4.0 | 1 | 1 | 186.00 | 942.00 | 612.00 | 163.00 |
| 临汾 | 8.9 | 2.0 | 2 | 1 | 639.79 | 3175.70 | 2765.40 | 494.27 |
| 侯马 | 3.5 | 3.5 | 1 | 1 | 179.44 | 1247.95 | 1124.30 | 109.47 |
| 霍州 | 4.8 | 4.8 | 2 | 2 | 306.00 | 1581.40 | 1336.30 | 581.40 |
| 吕梁 | 8.5 | 3.5 | 3 | 2 | 264.00 | 2042.96 | 1796.44 | 47.18 |
| 孝义 | 5.5 | 5.5 | 3 | 3 | 277.00 | 1421.60 | 1290.60 | 75.40 |
| 汾阳 | 2.8 | 2.8 | 2 | 2 | 162.00 | 506.00 | 454.00 | 33.00 |
| **内蒙古** | **364.0** | **205.6** | **82** | **77** | **13239.90** | **68139.43** | **54526.03** | **13709.62** |
| 呼和浩特 | 74.2 | 34.2 | 11 | 10 | 2166.70 | 17772.00 | 12642.80 | 2466.00 |
| 包头 | 97.0 | 6.0 | 6 | 4 | 2001.00 | 15991.39 | 13684.38 | 5161.92 |
| 乌海 | 27.2 | 27.2 | 4 | 4 | 1158.10 | 3345.00 | 2786.00 | 225.00 |
| 赤峰 | 34.2 | 28.7 | 9 | 9 | 1148.00 | 7950.00 | 6704.00 | 2155.00 |
| 通辽 | 15.5 | 15.5 | 6 | 6 | 367.76 | 3534.37 | 2733.44 | 740.08 |
| 霍林郭勒 | 3.1 | 3.1 | 4 | 4 | 305.00 | 842.11 | 689.04 | 172.01 |
| 鄂尔多斯 | 32.8 | 32.8 | 11 | 11 | 2042.99 | 3988.00 | 3376.35 | 996.66 |
| 呼伦贝尔 | 12.0 |  | 1 |  | 310.22 | 2343.75 | 1853.15 | 72.43 |
| 满洲里 | 5.8 | 5.8 | 3 | 3 | 515.87 | 1501.54 | 1207.91 | 221.71 |
| 牙克石 | 3.0 | 3.0 | 2 | 2 | 220.00 | 653.00 | 589.00 | 8.00 |
| 扎兰屯 | 4.0 | 4.0 | 1 | 1 | 145.00 | 724.00 | 694.00 | 155.10 |
| 额尔古纳 | 2.0 | 2.0 | 1 | 1 | 108.00 | 172.00 | 155.82 | 40.00 |
| 根河 | 1.0 | 1.0 | 1 | 1 | 34.00 | 188.00 | 164.40 |  |
| 巴彦淖尔 | 12.8 | 2.8 | 3 | 2 | 379.69 | 2040.63 | 1655.31 | 486.42 |
| 乌兰察布 | 6.9 | 6.9 | 5 | 5 | 472.32 | 2640.65 | 2161.65 | 462.82 |
| 丰镇 | 3.9 | 3.9 | 3 | 3 | 388.00 | 816.00 | 569.82 |  |

continued 1

| Total Quantity of Water Supply(10,000m³) | | | | | | 用水户数(户) Number of Households with Access to Water Supply (unit) | | 用水人口(万人) Population with Access to Water Supply (10,000 persons) | 城市名称 Name of Cities |
|---|---|---|---|---|---|---|---|---|---|
| Water Sold | | | 免费供水量 The Quantity of Free Water Supply | | 漏损水量 The Lossed Water | | 居民家庭 Household User | | |
| 公共服务用水 The Quantity of Water for Public Service | 居民家庭用水 The Quantity of Water for Household Use | 其他用水 The Quantity of Water for Other Purposes | | 生活用水 Domestic Water Use | | | | | |
| **15021.30** | **46004.73** | **2648.73** | **463.08** | **12.97** | **8357.36** | **2798451** | **2652554** | **1247.98** | **山西** |
| 7623.81 | 14990.84 | 43.80 | | | 2897.24 | 974136 | 932518 | 391.14 | 太原 |
| 140.35 | 350.98 | 2.49 | | | 64.88 | 39450 | 38680 | 14.50 | 古交 |
| 877.22 | 6005.73 | 20.09 | 71.74 | | 524.94 | 310066 | 293991 | 136.36 | 大同 |
| 863.03 | 1652.94 | 1079.93 | 4.58 | 4.58 | 708.78 | 174871 | 165081 | 57.00 | 阳泉 |
| 1893.14 | 4129.87 | 11.92 | | | 617.35 | 333029 | 321443 | 94.32 | 长治 |
| 1305.83 | 2186.15 | 14.63 | 23.42 | | 318.43 | 86030 | 82446 | 54.85 | 晋城 |
| 195.40 | 423.24 | 1.27 | | | 170.60 | 56099 | 53306 | 13.43 | 高平 |
| 30.00 | 1344.76 | | | | 206.68 | 89800 | 79000 | 44.60 | 朔州 |
| 86.59 | 401.52 | 7.79 | 8.91 | | 119.09 | 55742 | 50120 | 23.80 | 怀仁 |
| 261.78 | 2723.83 | 60.79 | 1.83 | 1.83 | 613.39 | 83200 | 76002 | 86.53 | 晋中 |
| | 464.81 | 1.98 | 20.00 | | 72.91 | 19441 | 17573 | 15.60 | 介休 |
| 628.89 | 2714.46 | 191.03 | 7.00 | 6.40 | 298.49 | 52872 | 48036 | 57.00 | 运城 |
| 49.00 | 440.00 | | | | 76.00 | 18695 | 16992 | 17.00 | 永济 |
| 68.11 | 780.44 | 1.08 | 0.16 | 0.16 | 131.35 | 59510 | 48454 | 21.24 | 河津 |
| 38.00 | 1125.65 | 566.27 | 41.98 | | 282.12 | 33849 | 31811 | 35.07 | 忻州 |
| | 448.00 | 1.00 | 173.00 | | 157.00 | 14568 | 12346 | 18.44 | 原平 |
| 223.15 | 2046.39 | 1.59 | 35.20 | | 375.10 | 207432 | 205360 | 61.35 | 临汾 |
| 9.83 | 830.10 | 174.90 | | | 123.65 | 33167 | 30846 | 16.11 | 侯马 |
| 38.00 | 716.50 | 0.40 | | | 245.10 | 83690 | 79374 | 15.01 | 霍州 |
| 255.17 | 1030.52 | 463.57 | 75.26 | | 171.26 | 18118 | 16675 | 33.53 | 吕梁 |
| 365.00 | 846.00 | 4.20 | | | 131.00 | 47286 | 45900 | 30.00 | 孝义 |
| 69.00 | 352.00 | | | | 52.00 | 7400 | 6600 | 11.10 | 汾阳 |
| **9237.60** | **26773.17** | **4805.64** | **3011.40** | | **10602.00** | **6074025** | **5410673** | **929.38** | **内蒙古** |
| 2860.40 | 6848.40 | 468.00 | 2259.00 | | 2870.20 | 1049465 | 952177 | 245.19 | 呼和浩特 |
| 1152.20 | 4424.81 | 2945.45 | | | 2307.01 | 995320 | 898609 | 190.86 | 包头 |
| 879.00 | 1467.00 | 215.00 | 41.00 | | 518.00 | 1403442 | 1289171 | 51.96 | 乌海 |
| 1431.00 | 2924.00 | 194.00 | 358.00 | | 888.00 | 474816 | 430767 | 87.52 | 赤峰 |
| 378.24 | 1550.96 | 64.16 | 51.00 | | 749.93 | 282550 | 241700 | 46.26 | 通辽 |
| 158.39 | 358.64 | | 1.00 | | 152.07 | 72003 | 52863 | 12.90 | 霍林郭勒 |
| 476.38 | 1762.93 | 140.38 | 40.00 | | 571.65 | 312675 | 284436 | 54.14 | 鄂尔多斯 |
| 394.03 | 1180.27 | 206.42 | | | 490.60 | 232601 | 190573 | 30.91 | 呼伦贝尔 |
| 82.85 | 860.52 | 42.83 | | | 293.63 | 166589 | 147957 | 23.18 | 满洲里 |
| 118.00 | 451.00 | 12.00 | | | 64.00 | 90000 | 75000 | 12.98 | 牙克石 |
| 17.80 | 521.00 | 0.10 | | | 30.00 | 74045 | 52500 | 13.13 | 扎兰屯 |
| 19.00 | 96.82 | | | | 16.18 | 23345 | 19597 | 3.86 | 额尔古纳 |
| 24.40 | 140.00 | | | | 23.60 | 21761 | 19000 | 3.79 | 根河 |
| 281.25 | 884.18 | 3.46 | 45.75 | | 339.57 | 241983 | 236025 | 41.58 | 巴彦淖尔 |
| 177.63 | 1142.00 | 379.20 | | | 479.00 | 189000 | 182000 | 28.73 | 乌兰察布 |
| 9.54 | 560.28 | | 108.18 | | 138.00 | 43547 | 40 | 11.26 | 丰镇 |

# 5-5 续表 2

| 城市名称<br>Name of Cities | 综合生产能力(万立方米/日)<br>Integrated Production Capacity (10,000 m$^3$/day) | 地下水<br>Underground Water | 水厂个数(个)<br>Number of Water Plants (unit) | 地下水<br>Underground Water | 供水管道长度(公里)<br>Length of Water Supply Pipelines (km) | 供水总量(万立方米)<br>合计<br>Total | 售水量<br>小计<br>Subtotal | 生产运营用水<br>The Quantity of Water for Production and Operation |
|---|---|---|---|---|---|---|---|---|
| 锡林浩特 | 6.5 | 6.5 | 3 | 3 | 563.30 | 1455.30 | 1204.00 | 56.17 |
| 二连浩特 | 6.5 | 6.5 | 3 | 3 | 498.40 | 380.05 | 314.10 | 145.30 |
| 乌兰浩特 | 13.2 | 13.2 | 3 | 3 | 337.50 | 1619.64 | 1214.22 | 145.00 |
| 阿尔山 | 2.5 | 2.5 | 2 | 2 | 78.05 | 182.00 | 126.64 | |
| **辽宁** | **1160.7** | **213.1** | **159** | **63** | **39952.82** | **246356.46** | **183092.83** | **50049.38** |
| 沈阳 | 329.4 | 122.4 | 28 | 18 | 4466.21 | 68578.92 | 53864.79 | 11186.39 |
| 新民 | 5.3 | 0.5 | 1 | 1 | 265.02 | 1764.08 | 1355.00 | 98.00 |
| 大连 | 205.0 | | 10 | | 6457.25 | 42018.59 | 35444.61 | 10107.61 |
| 庄河 | 5.7 | | 1 | | 479.46 | 2088.47 | 1529.50 | 216.82 |
| 瓦房店 | 23.0 | | 3 | | 1038.93 | 3475.91 | 2222.92 | 619.55 |
| 鞍山 | 53.0 | 1.0 | 8 | 1 | 3258.10 | 13362.00 | 11052.00 | 5015.00 |
| 海城 | 10.0 | 10.0 | 3 | 3 | 483.40 | 2570.00 | 1150.00 | |
| 抚顺 | 85.0 | | 7 | | 2442.39 | 17492.73 | 8744.27 | 3067.16 |
| 本溪 | 42.0 | | 6 | | 1133.83 | 6172.49 | 5072.72 | 1536.11 |
| 丹东 | 32.3 | | 6 | | 981.18 | 8526.00 | 3690.00 | 1419.00 |
| 东港 | 12.5 | | 1 | | 338.50 | 2128.00 | 1680.00 | 779.00 |
| 凤城 | 4.0 | | 1 | | 382.00 | 1362.00 | 606.00 | |
| 锦州 | 58.0 | 35.0 | 7 | 6 | 2131.00 | 11398.00 | 6880.00 | 2026.00 |
| 凌海 | 2.0 | 1.5 | 6 | 6 | 200.00 | 514.00 | 377.55 | |
| 北镇 | 3.2 | 0.2 | 3 | 2 | 125.01 | 642.56 | 517.56 | 18.00 |
| 营口 | 45.0 | 6.0 | 9 | 3 | 3157.00 | 11944.00 | 8480.00 | 3547.00 |
| 盖州 | 3.2 | 3.2 | 2 | 2 | 270.68 | 1168.00 | 858.93 | 82.06 |
| 大石桥 | 5.8 | 0.8 | 2 | 1 | 1511.92 | 1789.61 | 1316.78 | 219.94 |
| 阜新 | 43.0 | 5.0 | 5 | 1 | 1937.90 | 6876.52 | 5924.07 | 1595.64 |
| 辽阳 | 18.0 | 1.0 | 4 | 1 | 1067.87 | 7650.75 | 5147.93 | 514.41 |
| 灯塔 | 5.0 | 5.0 | 2 | 2 | 143.10 | 873.91 | 686.54 | 85.35 |
| 盘锦 | 64.0 | 11.0 | 7 | 2 | 2926.89 | 12042.00 | 10155.00 | 4395.00 |
| 铁岭 | 33.0 | | 7 | | 974.56 | 3390.69 | 2427.27 | 92.64 |
| 调兵山 | 8.0 | 1.0 | 1 | | 538.04 | 2058.68 | 1480.31 | 573.68 |
| 开原 | 6.3 | 0.3 | 2 | 1 | 197.20 | 1068.14 | 778.60 | 48.00 |
| 朝阳 | 21.0 | | 2 | | 604.80 | 3903.40 | 2400.60 | 46.00 |
| 北票 | 5.0 | | 1 | | 396.00 | 1840.00 | 1289.00 | 177.00 |
| 凌源 | 9.0 | 9.0 | 3 | 2 | 396.00 | 1787.00 | 1403.00 | 386.00 |
| 葫芦岛 | 17.6 | 0.2 | 16 | 11 | 990.58 | 5556.50 | 4494.94 | 1542.00 |
| 兴城 | 3.9 | | 3 | | 508.00 | 1387.60 | 1178.50 | 344.00 |
| 沈抚改革创新示范区 | 2.5 | | 2 | | 150.00 | 925.91 | 884.44 | 312.02 |

continued 2

| Total Quantity of Water Supply(10,000m³) | | | | | | 用水户数(户) Number of Households with Access to Water Supply (unit) | | 用水人口(万人) Population with Access to Water Supply (10,000 persons) | 城市名称 Name of Cities |
|---|---|---|---|---|---|---|---|---|---|
| Water Sold | | | 免费供水量 The Quantity of Free Water Supply | | 漏损水量 The Lossed Water | | | | |
| 公共服务用水 The Quantity of Water for Public Service | 居民家庭用水 The Quantity of Water for Household Use | 其他用水 The Quantity of Water for Other Purposes | | 生活用水 Domestic Water Use | | | 居民家庭 Household User | | |
| 415.69 | 614.20 | 117.94 | 107.37 | | 143.93 | 185486 | 158736 | 30.21 | 锡林浩特 |
| 12.80 | 154.30 | 1.70 | 0.10 | | 65.85 | 34832 | 24810 | 5.60 | 二连浩特 |
| 349.00 | 705.22 | 15.00 | | | 405.42 | 168774 | 143912 | 32.22 | 乌兰浩特 |
| | 126.64 | | | | 55.36 | 11791 | 10800 | 3.10 | 阿尔山 |
| **35614.62** | **90385.38** | **7043.45** | **22133.29** | **2375.33** | **41130.34** | **13345651** | **12422625** | **2288.02** | **辽宁** |
| 12625.51 | 29861.22 | 191.67 | 8294.47 | 358.70 | 6419.66 | 3909726 | 3720065 | 574.30 | 沈阳 |
| 422.45 | 660.84 | 173.71 | 117.70 | 117.70 | 291.38 | 83420 | 76743 | 10.45 | 新民 |
| 7005.95 | 15574.60 | 2756.45 | 135.15 | | 6438.83 | 2347326 | 2108009 | 393.70 | 大连 |
| 277.47 | 688.00 | 347.21 | | | 558.97 | 144211 | 133484 | 29.00 | 庄河 |
| 308.14 | 1168.30 | 126.93 | 237.40 | 31.70 | 1015.59 | 215029 | 199666 | 41.07 | 瓦房店 |
| 1498.00 | 4539.00 | | 229.00 | | 2081.00 | 730155 | 694306 | 142.73 | 鞍山 |
| 45.00 | 1105.00 | | 600.00 | 500.00 | 820.00 | 144107 | 134426 | 23.10 | 海城 |
| 1480.95 | 3677.89 | 518.27 | 2929.37 | 1001.63 | 5819.09 | 762443 | 723854 | 120.03 | 抚顺 |
| 885.93 | 2147.57 | 503.11 | | | 1099.77 | 474600 | 454300 | 90.04 | 本溪 |
| 159.00 | 2093.00 | 19.00 | 3095.50 | | 1740.50 | 397043 | 373696 | 66.19 | 丹东 |
| 136.00 | 736.00 | 29.00 | 21.00 | | 427.00 | 96217 | 86577 | 16.17 | 东港 |
| | 606.00 | | | | 756.00 | 38000 | 38000 | 18.34 | 凤城 |
| 1806.00 | 3048.00 | | 2638.00 | | 1880.00 | 507806 | 472303 | 104.54 | 锦州 |
| 50.05 | 285.50 | 42.00 | | | 136.45 | 51898 | 49898 | 11.88 | 凌海 |
| 192.60 | 293.30 | 13.66 | 59.00 | | 66.00 | 65300 | 59440 | 12.00 | 北镇 |
| 1528.00 | 3331.00 | 74.00 | 1283.00 | | 2181.00 | 519680 | 483139 | 91.98 | 营口 |
| 38.36 | 738.51 | | | | 309.07 | 60043 | 60043 | 17.92 | 盖州 |
| 277.13 | 818.27 | 1.44 | | | 472.83 | 175347 | 157482 | 26.16 | 大石桥 |
| 735.05 | 1603.63 | 1989.75 | 55.00 | | 897.45 | 333525 | 322636 | 72.62 | 阜新 |
| 968.09 | 3665.43 | | 595.00 | 110.00 | 1907.82 | 423411 | 389067 | 75.77 | 辽阳 |
| 134.30 | 466.89 | | 15.00 | | 172.37 | 30864 | 27495 | 9.07 | 灯塔 |
| 1918.00 | 3815.00 | 27.00 | 12.00 | | 1875.00 | 428614 | 378614 | 89.95 | 盘锦 |
| 728.02 | 1564.39 | 42.22 | 357.70 | 87.60 | 605.72 | 302671 | 268246 | 48.91 | 铁岭 |
| 437.80 | 468.83 | | 267.50 | | 310.87 | 99280 | 82053 | 17.89 | 调兵山 |
| 98.16 | 632.44 | | | | 289.54 | 91154 | 75804 | 19.89 | 开原 |
| 840.60 | 1371.20 | 142.80 | 852.50 | | 650.30 | 304857 | 281764 | 54.74 | 朝阳 |
| 257.00 | 835.00 | 20.00 | 105.00 | 80.00 | 446.00 | 90954 | 85112 | 14.18 | 北票 |
| 380.00 | 637.00 | | 20.00 | | 364.00 | 69230 | 69230 | 22.50 | 凌源 |
| 79.00 | 2848.71 | 25.23 | 208.00 | 88.00 | 853.56 | 290853 | 271286 | 55.10 | 葫芦岛 |
| 148.50 | 686.00 | | 6.00 | | 203.10 | 138000 | 126000 | 15.00 | 兴城 |
| 153.56 | 418.86 | | | | 41.47 | 19887 | 19887 | 2.80 | 沈抚改革创新示范区 |

# 5-5 续表 3

| 城市名称 Name of Cities | 综合生产能力(万立方米/日) Integrated Production Capacity (10,000 m³/day) | 地下水 Underground Water | 水厂个数(个) Number of Water Plants (unit) | 地下水 Underground Water | 供水管道长度(公里) Length of Water Supply Pipelines (km) | 供水总量(万立方米) 合计 Total | 售水量 小计 Subtotal | 售水量 生产运营用水 The Quantity of Water for Production and Operation |
|---|---|---|---|---|---|---|---|---|
| **吉林** | **380.9** | **45.5** | **69** | **22** | **16266.16** | **85301.62** | **60955.97** | **8880.42** |
| 长春 | 128.0 | 3.0 | 8 | 2 | 6359.93 | 38757.43 | 27875.35 | 4089.00 |
| 榆树 | 10.0 | | 1 | | 201.07 | 991.00 | 760.00 | |
| 德惠 | 4.0 | 1.0 | 2 | 1 | 483.39 | 943.86 | 765.68 | 2.00 |
| 公主岭 | 9.0 | 6.0 | 2 | | 318.60 | 1359.50 | 744.73 | 40.64 |
| 吉林 | 50.5 | | 5 | | 1312.18 | 10156.00 | 7911.00 | 1554.00 |
| 蛟河 | 3.6 | | 1 | | 467.09 | 591.20 | 415.10 | 42.10 |
| 桦甸 | 4.0 | | 1 | | 187.20 | 580.00 | 510.00 | 54.00 |
| 舒兰 | 2.8 | | 1 | | 128.60 | 773.25 | 578.39 | 84.58 |
| 磐石 | 2.6 | 2.1 | 3 | 2 | 240.02 | 940.00 | 778.00 | 72.00 |
| 四平 | 11.2 | | 2 | | 783.80 | 3175.03 | 2358.76 | 258.12 |
| 双辽 | 3.4 | 3.4 | 2 | 2 | 154.03 | 430.00 | 346.10 | 24.10 |
| 辽源 | 15.0 | | 5 | | 527.31 | 2640.28 | 1668.00 | 418.33 |
| 通化 | 17.0 | 0.3 | 5 | 3 | 647.97 | 2531.44 | 1521.44 | 371.53 |
| 集安 | 3.0 | | 1 | | 168.14 | 905.00 | 404.00 | 115.00 |
| 白山 | 12.9 | 2.0 | 5 | 3 | 459.18 | 2704.98 | 1752.43 | 515.75 |
| 临江 | 1.5 | | 1 | | 146.00 | 390.00 | 318.00 | 45.00 |
| 松原 | 22.0 | 8.0 | 5 | 2 | 383.62 | 3464.00 | 2519.00 | 192.00 |
| 扶余 | 1.3 | 1.3 | 1 | 1 | 75.55 | 452.00 | 371.50 | 45.00 |
| 白城 | 9.5 | 9.5 | 2 | 2 | 466.00 | 1577.00 | 991.00 | 74.00 |
| 洮南 | 1.5 | 1.5 | 1 | 1 | 164.89 | 299.00 | 268.50 | 1.50 |
| 大安 | 4.9 | 4.9 | 3 | 2 | 161.86 | 500.27 | 417.02 | 102.37 |
| 延吉 | 21.0 | | 2 | | 555.10 | 4165.00 | 2778.00 | 379.00 |
| 图们 | 1.4 | | 2 | | 198.82 | 444.32 | 308.00 | 72.00 |
| 敦化 | 8.0 | | 1 | | 178.51 | 1428.00 | 1075.00 | 162.00 |
| 珲春 | 10.0 | | 1 | | 360.29 | 1239.20 | 789.32 | 6.32 |
| 龙井 | 3.5 | | 1 | | 111.90 | 499.00 | 347.10 | 2.60 |
| 和龙 | 4.0 | | 1 | | 196.61 | 898.00 | 471.00 | 41.00 |
| 梅河口 | 10.0 | | 1 | | 247.00 | 1330.00 | 969.00 | 61.00 |
| 长白山保护开发区管理委员会 | 5.3 | 2.5 | 3 | 1 | 581.50 | 1136.86 | 944.55 | 55.48 |
| **黑龙江** | **531.8** | **149.9** | **96** | **56** | **24220.91** | **116757.05** | **90495.98** | **22868.79** |
| 哈尔滨 | 161.1 | 27.8 | 12 | 8 | 7667.57 | 40983.41 | 31840.59 | 3959.38 |
| 尚志 | 5.5 | | 2 | | 231.06 | 1587.36 | 1314.73 | 241.30 |
| 五常 | 6.8 | 2.0 | 2 | 1 | 220.37 | 1552.00 | 1177.00 | 156.00 |
| 齐齐哈尔 | 33.6 | 13.6 | 8 | 7 | 766.90 | 6037.40 | 4752.57 | 1195.20 |
| 讷河 | 2.0 | 2.0 | 1 | 1 | 93.00 | 372.00 | 312.76 | |
| 鸡西 | 23.0 | | 2 | | 1129.00 | 3916.00 | 2879.00 | 313.00 |
| 虎林 | 2.3 | 2.3 | 2 | 2 | 238.00 | 446.80 | 351.80 | 79.30 |
| 密山 | 4.0 | 4.0 | 3 | 3 | 138.10 | 685.00 | 527.80 | 75.00 |
| 鹤岗 | 16.6 | | 2 | | 632.60 | 2853.00 | 2158.00 | 567.00 |

continued 3

| Total Quantity of Water Supply(10,000m³) Water Sold 公共服务用水 The Quantity of Water for Public Service | Water Sold 居民家庭用水 The Quantity of Water for Household Use | Water Sold 其他用水 The Quantity of Water for Other Purposes | 免费供水量 The Quantity of Free Water Supply | 生活用水 Domestic Water Use | 漏损水量 The Lossed Water | 用水户数(户) Number of Households with Access to Water Supply (unit) | 居民家庭 Household User | 用水人口(万人) Population with Access to Water Supply (10,000 persons) | 城市名称 Name of Cities |
|---|---|---|---|---|---|---|---|---|---|
| **14146.30** | **35627.97** | **2301.28** | **4639.42** | **81.20** | **19706.23** | **6353141** | **5759633** | **1143.57** | **吉林** |
| 9038.00 | 14684.35 | 64.00 | 1995.90 | | 8886.18 | 2340029 | 2156056 | 452.79 | 长春 |
| 109.47 | 650.00 | 0.53 | 85.00 | | 146.00 | 124201 | 110164 | 26.00 | 榆树 |
| 177.52 | 585.76 | 0.40 | 0.60 | | 177.58 | 142319 | 122900 | 23.10 | 德惠 |
| 214.71 | 440.76 | 48.62 | 200.12 | | 414.65 | 57800 | 50770 | 12.87 | 公主岭 |
| 316.00 | 4851.00 | 1190.00 | | | 2245.00 | 913400 | 817056 | 125.34 | 吉林 |
| 45.00 | 295.00 | 33.00 | 50.00 | | 126.10 | 75666 | 69200 | 14.05 | 蛟河 |
| 71.00 | 385.00 | | | | 70.00 | 87819 | 76234 | 11.80 | 桦甸 |
| 88.25 | 393.94 | 11.62 | | | 194.86 | 59114 | 54137 | 9.00 | 舒兰 |
| 45.00 | 616.00 | 45.00 | | | 162.00 | 74000 | 69486 | 12.09 | 磐石 |
| 754.34 | 1346.30 | | 20.50 | | 795.77 | 306287 | 277305 | 53.51 | 四平 |
| 22.00 | 300.00 | | 20.00 | | 63.90 | 64100 | 58571 | 10.09 | 双辽 |
| 105.94 | 940.47 | 203.26 | 300.00 | | 672.28 | 288897 | 272905 | 43.00 | 辽源 |
| 198.76 | 927.76 | 23.39 | 474.00 | | 536.00 | 172183 | 128138 | 45.06 | 通化 |
| 88.00 | 188.00 | 13.00 | 284.00 | | 217.00 | 44108 | 39687 | 7.17 | 集安 |
| 167.01 | 1069.67 | | 170.86 | | 781.69 | 214339 | 189845 | 36.68 | 白山 |
| 20.00 | 219.00 | 34.00 | 5.00 | | 67.00 | 38542 | 35170 | 9.00 | 临江 |
| 549.00 | 1692.00 | 86.00 | 181.00 | 62.00 | 764.00 | 240511 | 223613 | 46.71 | 松原 |
| 84.50 | 215.00 | 27.00 | 29.50 | | 51.00 | 31200 | 29540 | 5.32 | 扶余 |
| 110.00 | 766.00 | 41.00 | 158.00 | | 428.00 | 129499 | 118754 | 21.50 | 白城 |
| 28.00 | 232.00 | 7.00 | 6.18 | 5.40 | 24.32 | 66000 | 66000 | 12.00 | 洮南 |
| 9.41 | 293.64 | 11.60 | 23.20 | | 60.05 | 64189 | 49144 | 10.20 | 大安 |
| 483.00 | 1893.00 | 23.00 | 296.19 | 10.00 | 1090.81 | 384284 | 350284 | 56.00 | 延吉 |
| 46.00 | 189.00 | 1.00 | 36.00 | | 100.32 | 27866 | 26942 | 4.45 | 图们 |
| 193.00 | 549.00 | 171.00 | 8.00 | 2.00 | 345.00 | 77800 | 71100 | 19.90 | 敦化 |
| 260.20 | 459.74 | 63.06 | 50.57 | | 399.31 | 107400 | 97157 | 18.37 | 珲春 |
| 49.30 | 293.40 | 1.80 | 1.80 | 1.80 | 150.10 | 30000 | 28500 | 6.41 | 龙井 |
| 28.00 | 209.00 | 193.00 | 230.00 | | 197.00 | 31659 | 29713 | 7.80 | 和龙 |
| 166.00 | 742.00 | | 11.00 | | 350.00 | 125100 | 110000 | 36.00 | 梅河口 |
| 678.89 | 201.18 | 9.00 | 2.00 | | 190.31 | 34829 | 31262 | 7.36 | 长白山保护开发区管理委员会 |
| **16703.39** | **43497.65** | **7426.15** | **3739.35** | **142.78** | **22521.72** | **7629567** | **6926869** | **1353.00** | **黑龙江** |
| 9544.98 | 15561.99 | 2774.24 | 503.41 | | 8639.41 | 2844341 | 2610053 | 497.56 | 哈尔滨 |
| 225.40 | 846.53 | 1.50 | 0.10 | | 272.53 | 51579 | 51074 | 12.71 | 尚志 |
| 189.00 | 832.00 | | 83.00 | | 292.00 | 88292 | 78746 | 18.70 | 五常 |
| 688.48 | 2837.54 | 31.35 | 473.56 | | 811.27 | 592123 | 551109 | 98.29 | 齐齐哈尔 |
| 46.15 | 264.43 | 2.18 | 2.24 | 0.20 | 57.00 | 65431 | 58431 | 8.59 | 讷河 |
| 1129.00 | 1382.00 | 55.00 | 60.00 | | 977.00 | 326885 | 295776 | 60.00 | 鸡西 |
| 59.00 | 209.00 | 4.50 | | | 95.00 | 29625 | 23200 | 6.26 | 虎林 |
| 57.00 | 385.00 | 10.80 | 20.00 | | 137.20 | 44820 | 41110 | 8.35 | 密山 |
| 108.00 | 1462.00 | 21.00 | | | 695.00 | 309335 | 290457 | 48.75 | 鹤岗 |

## 5-5 续表 4

| 城市名称<br>Name of Cities | 综合生产能力(万立方米/日)<br>Integrated Production Capacity (10,000 $m^3$/day) | 地下水<br>Underground Water | 水厂个数(个)<br>Number of Water Plants (unit) | 地下水<br>Underground Water | 供水管道长度(公里)<br>Length of Water Supply Pipelines (km) | 供水总量(万立方米)<br>合计<br>Total | 售水量<br>小计<br>Subtotal | 售水量<br>生产运营用水<br>The Quantity of Water for Production and Operation |
|---|---|---|---|---|---|---|---|---|
| 双鸭山 | 18.0 | 9.0 | 8 | 6 | 1118.57 | 3429.00 | 2853.00 | 209.00 |
| 大庆 | 97.8 | 28.0 | 12 | 7 | 5932.77 | 27319.96 | 21893.14 | 12789.84 |
| 伊春 | 16.7 | 14.4 | 9 | 7 | 708.48 | 1921.05 | 1575.82 | 245.64 |
| 铁力 | 2.5 | 2.5 | 1 | 1 | 236.00 | 565.00 | 519.98 | 62.98 |
| 佳木斯 | 21.0 | 21.0 | 2 | 2 | 578.12 | 3740.13 | 3099.10 | 499.76 |
| 同江 | 2.0 | 2.0 | 1 | 1 | 298.15 | 396.00 | 218.37 | 13.00 |
| 抚远 | 2.0 | 2.0 | 1 | 1 | 61.30 | 237.80 | 217.80 | 13.80 |
| 富锦 | 6.0 | 6.0 | 2 | 2 | 98.24 | 582.40 | 553.30 | 33.60 |
| 七台河 | 20.0 | | 2 | | 816.70 | 2487.23 | 1763.22 | 546.75 |
| 牡丹江 | 25.0 | | 2 | | 914.50 | 5886.74 | 3364.95 | 164.14 |
| 海林 | 4.0 | | 1 | | 90.23 | 540.00 | 439.00 | 30.00 |
| 宁安 | 3.0 | | 1 | | 150.00 | 423.00 | 312.00 | 5.00 |
| 穆棱 | 2.2 | | 1 | | 137.87 | 374.37 | 280.09 | 23.33 |
| 绥芬河 | 8.0 | | 2 | | 175.76 | 944.51 | 566.00 | 85.00 |
| 东宁 | 3.0 | | 1 | | 94.50 | 442.18 | 313.76 | 1.91 |
| 黑河 | 3.4 | | 1 | | 161.32 | 836.10 | 616.04 | 47.60 |
| 北安 | 5.0 | | 1 | | 139.60 | 868.62 | 697.85 | 239.20 |
| 五大连池 | 1.3 | 1.3 | 1 | 1 | 114.50 | 445.00 | 327.52 | 5.30 |
| 嫩江 | 2.0 | | 1 | | 266.16 | 760.47 | 525.00 | 87.00 |
| 绥化 | 16.5 | 8.5 | 5 | 3 | 342.00 | 2893.00 | 2249.90 | 1100.00 |
| 安达 | 6.0 | 2.0 | 2 | 1 | 91.50 | 858.00 | 687.00 | |
| 肇东 | 5.0 | | 1 | | 154.76 | 1661.27 | 1473.29 | 19.76 |
| 海伦 | 5.0 | | 2 | | 283.00 | 597.00 | 538.00 | 42.00 |
| 漠河 | 1.6 | 1.6 | 2 | 2 | 140.28 | 115.25 | 97.60 | 18.00 |
| **上海** | **1229.0** | | **39** | | **40017.93** | **292326.62** | **238871.14** | **42017.57** |
| **江苏** | **3028.7** | **36.0** | **128** | **14** | **129929.73** | **583945.49** | **502621.64** | **165407.96** |
| 南京 | 521.2 | | 15 | | 19557.29 | 124516.42 | 102540.92 | 37996.11 |
| 无锡 | 245.0 | | 6 | | 10332.42 | 48409.09 | 41748.78 | 19299.47 |
| 江阴 | 110.0 | | 3 | | 2442.00 | 8031.00 | 7669.00 | 3626.00 |
| 宜兴 | 60.0 | | 2 | | 2302.05 | 7814.10 | 6657.10 | 1535.79 |
| 徐州 | 122.0 | 32.0 | 17 | 13 | 3649.71 | 35504.54 | 29563.11 | 4670.29 |
| 新沂 | 20.0 | | 1 | | 910.00 | 3600.00 | 3252.00 | 388.00 |
| 邳州 | 14.0 | 4.0 | 2 | 1 | 828.58 | 2650.54 | 2441.53 | 214.74 |
| 常州 | 186.0 | | 5 | | 21168.88 | 35934.71 | 30467.46 | 9674.62 |
| 溧阳 | 15.0 | | 1 | | 1136.24 | 5734.14 | 5004.73 | 1893.75 |
| 苏州 | 365.0 | | 11 | | 11252.33 | 71733.33 | 63784.50 | 21440.97 |
| 常熟 | 87.5 | | 3 | | 4014.21 | 10776.84 | 9917.93 | 4035.24 |
| 张家港 | 80.0 | | 2 | | 1282.00 | 4992.00 | 4475.00 | 1525.00 |
| 昆山 | 150.0 | | 3 | | 3480.01 | 19856.98 | 18165.80 | 7922.62 |

continued 4

| Total Quantity of Water Supply(10,000m³) | | | | | | 用水户数(户) Number of Households with Access to Water Supply (unit) | | 用水人口(万人) Population with Access to Water Supply (10,000 persons) | 城市名称 Name of Cities |
|---|---|---|---|---|---|---|---|---|---|
| Water Sold | | | 免费供水量 The Quantity of Free Water Supply | | 漏损水量 The Lossed Water | | 居民家庭 Household User | | |
| 公共服务用水 The Quantity of Water for Public Service | 居民家庭用水 The Quantity of Water for Household Use | 其他用水 The Quantity of Water for Other Purposes | | 生活用水 Domestic Water Use | | | | | |
| 211.00 | 2312.00 | 121.00 | 205.00 | 93.00 | 371.00 | 181078 | 169099 | 44.10 | 双鸭山 |
| 1333.70 | 3998.14 | 3771.46 | 1148.31 | 7.85 | 4278.51 | 759325 | 706602 | 143.14 | 大庆 |
| 224.35 | 987.53 | 118.30 | 60.43 | 11.43 | 284.80 | 185210 | 157359 | 40.48 | 伊春 |
| 40.00 | 397.00 | 20.00 | | | 45.02 | 33175 | 31135 | 11.10 | 铁力 |
| 497.67 | 2015.59 | 86.08 | 268.41 | | 372.62 | 264952 | 240687 | 53.00 | 佳木斯 |
| 41.00 | 151.37 | 13.00 | 119.11 | | 58.52 | 41786 | 33725 | 6.16 | 同江 |
| 13.00 | 185.00 | 6.00 | | | 20.00 | 22768 | 22768 | 3.60 | 抚远 |
| 94.60 | 408.10 | 17.00 | 3.00 | | 26.10 | 46589 | 43297 | 12.55 | 富锦 |
| 261.23 | 931.53 | 23.71 | 168.73 | | 555.28 | 215000 | 185000 | 38.46 | 七台河 |
| 1145.35 | 2007.28 | 48.18 | 289.08 | | 2232.71 | 487077 | 443032 | 68.01 | 牡丹江 |
| 90.00 | 289.00 | 30.00 | | | 101.00 | 83046 | 76139 | 8.30 | 海林 |
| 62.00 | 243.00 | 2.00 | 27.00 | | 84.00 | 39460 | 36345 | 7.48 | 宁安 |
| 26.72 | 218.24 | 11.80 | 26.49 | | 67.79 | 25450 | 24555 | 7.41 | 穆棱 |
| 48.00 | 404.00 | 29.00 | 98.65 | | 279.86 | 50000 | 44500 | 8.50 | 绥芬河 |
| 47.12 | 264.68 | 0.05 | 0.33 | | 128.09 | 60858 | 54606 | 7.29 | 东宁 |
| 123.24 | 445.20 | | 4.80 | 1.30 | 215.26 | 97000 | 87000 | 14.54 | 黑河 |
| 97.95 | 346.20 | 14.50 | 24.00 | | 146.77 | 72581 | 64013 | 12.88 | 北安 |
| 57.26 | 229.96 | 35.00 | | | 117.48 | 41707 | 36537 | 6.80 | 五大连池 |
| 44.00 | 393.00 | 1.00 | 72.00 | | 163.47 | 87488 | 63527 | 13.00 | 嫩江 |
| | 1135.00 | 14.90 | | | 643.10 | 211558 | 179454 | 30.50 | 绥化 |
| 65.00 | 550.00 | 72.00 | 70.00 | 29.00 | 101.00 | 79000 | 72000 | 15.40 | 安达 |
| 48.09 | 1403.04 | 2.40 | 1.20 | | 186.78 | 99327 | 83832 | 21.22 | 肇东 |
| 67.00 | 352.00 | 77.00 | | | 59.00 | 82000 | 61000 | 16.47 | 海伦 |
| 18.10 | 50.30 | 11.20 | 10.50 | | 7.15 | 10701 | 10701 | 3.40 | 漠河 |
| **68404.22** | **118696.44** | **9752.91** | **8791.05** | | **44664.43** | **9548047** | **9030968** | **2475.89** | **上海** |
| **71668.88** | **212185.39** | **53359.41** | **11063.35** | **1144.42** | **70260.50** | **19617786** | **17670640** | **3704.34** | **江苏** |
| 16032.60 | 40702.78 | 7809.43 | 3224.46 | 238.28 | 18751.04 | 3742080 | 3560742 | 697.41 | 南京 |
| 4303.94 | 17215.74 | 929.63 | 28.27 | | 6632.04 | 1612296 | 1470140 | 293.35 | 无锡 |
| 665.00 | 2288.00 | 1090.00 | | | 362.00 | 151360 | 127980 | 40.55 | 江阴 |
| 1454.31 | 3317.00 | 350.00 | 32.00 | 13.80 | 1125.00 | 346580 | 322555 | 54.96 | 宜兴 |
| 1425.52 | 8702.05 | 14765.25 | 2855.20 | 24.00 | 3086.23 | 1048812 | 958355 | 212.01 | 徐州 |
| 155.00 | 2166.00 | 543.00 | 0.15 | 0.15 | 347.85 | 134000 | 121100 | 31.06 | 新沂 |
| 151.90 | 1538.47 | 536.42 | 2.02 | | 206.99 | 176461 | 161617 | 42.76 | 邳州 |
| 4607.54 | 15424.78 | 760.52 | 941.06 | | 4526.19 | 1166407 | 787831 | 214.94 | 常州 |
| 1588.69 | 1522.29 | | 16.44 | | 712.97 | 165189 | 154611 | 28.34 | 溧阳 |
| 14069.47 | 27265.35 | 1008.71 | 314.18 | 1.66 | 7634.65 | 2231726 | 2104363 | 500.08 | 苏州 |
| 1353.59 | 3519.06 | 1010.04 | 42.21 | | 816.70 | 338734 | 310239 | 58.34 | 常熟 |
| 1235.00 | 1610.00 | 105.00 | 68.00 | | 449.00 | 168050 | 164771 | 39.48 | 张家港 |
| 3025.79 | 4456.49 | 2760.90 | 88.01 | | 1603.17 | 672970 | 602749 | 79.26 | 昆山 |

# 5-5 续表 5

| 城市名称<br>Name of Cities | 综合生产能力(万立方米/日)<br>Integrated Production Capacity (10,000 m$^3$/day) | 地下水<br>Underground Water | 水厂个数(个)<br>Number of Water Plants (unit) | 地下水<br>Underground Water | 供水管道长度(公里)<br>Length of Water Supply Pipelines (km) | 供水总量(万立方米)<br>合计<br>Total | 售水量<br>小计<br>Subtotal | 生产运营用水<br>The Quantity of Water for Production and Operation |
|---|---|---|---|---|---|---|---|---|
| 太仓 | 70.0 | | 2 | | 424.14 | 4900.90 | 4334.19 | 1820.73 |
| 南通 | 210.0 | | 5 | | 6789.71 | 36969.13 | 32217.57 | 10855.42 |
| 海安 | 25.0 | | 1 | | 1836.00 | 4602.85 | 4211.05 | 1091.13 |
| 启东 | 24.5 | | 1 | | 1077.52 | 3413.00 | 2985.00 | 1165.00 |
| 如皋 | 40.0 | | 2 | | 1810.00 | 4939.00 | 4139.00 | 1554.00 |
| 连云港 | 63.0 | | 7 | | 2868.18 | 16402.33 | 13613.87 | 3712.32 |
| 淮安 | 74.0 | | 5 | | 5884.60 | 22801.36 | 20017.15 | 5870.75 |
| 盐城 | 75.0 | | 3 | | 6330.56 | 14417.00 | 11855.44 | 2628.70 |
| 东台 | 30.0 | | 1 | | 1215.00 | 2644.43 | 2325.92 | 661.00 |
| 扬州 | 110.0 | | 5 | | 4478.85 | 27625.12 | 24631.49 | 2301.51 |
| 仪征 | 15.0 | | 1 | | 1080.87 | 2403.40 | 1733.86 | 665.32 |
| 高邮 | 15.0 | | 2 | | 580.00 | 4163.80 | 3595.80 | 861.00 |
| 镇江 | 70.0 | | 3 | | 2207.00 | 14676.64 | 13302.00 | 5158.00 |
| 丹阳 | 30.0 | | 2 | | 564.00 | 4420.00 | 3958.00 | 1567.00 |
| 扬中 | 11.5 | | 1 | | 578.32 | 3202.03 | 2619.71 | 512.23 |
| 句容 | 10.0 | | 1 | | 1071.00 | 2712.00 | 2288.00 | 951.00 |
| 泰州 | 55.0 | | 5 | | 3109.42 | 12432.83 | 10883.87 | 3363.45 |
| 兴化 | 20.0 | | 3 | | 635.25 | 1930.00 | 1623.00 | 221.00 |
| 靖江 | 25.0 | | 1 | | 928.00 | 3049.07 | 2756.36 | 952.00 |
| 泰兴 | 25.0 | | 2 | | 1121.52 | 3314.00 | 2703.00 | 923.00 |
| 宿迁 | 55.0 | | 4 | | 2984.07 | 13372.91 | 11139.50 | 4350.80 |
| **浙江** | **2029.2** | | **130** | | **102667.94** | **458880.52** | **408827.04** | **143406.58** |
| 杭州 | 516.2 | | 21 | | 28651.35 | 134254.52 | 119681.49 | 33405.13 |
| 建德 | 20.0 | | 2 | | 951.50 | 1892.72 | 1661.29 | 557.09 |
| 宁波 | 267.5 | | 8 | | 12691.35 | 70714.11 | 62488.19 | 28039.99 |
| 余姚 | 40.5 | | 5 | | 2314.48 | 6558.80 | 5579.52 | 2356.74 |
| 慈溪 | 46.0 | | 4 | | 1235.00 | 3863.70 | 3560.22 | 549.58 |
| 温州 | 151.0 | | 12 | | 3808.47 | 31450.51 | 27040.93 | 6506.44 |
| 瑞安 | 37.2 | | 4 | | 2706.39 | 10356.47 | 9421.96 | 3696.46 |
| 乐清 | 15.5 | | 4 | | 1762.00 | 4954.00 | 4259.50 | 1127.00 |
| 龙港 | 13.5 | | 3 | | 480.00 | 4370.32 | 3703.33 | 794.30 |
| 嘉兴 | 96.3 | | 3 | | 1417.21 | 14496.58 | 12956.54 | 4961.42 |
| 海宁 | 30.0 | | 1 | | 1294.93 | 4050.17 | 3700.15 | 996.23 |
| 平湖 | 24.0 | | 2 | | 852.00 | 3690.05 | 3221.67 | 1516.80 |
| 桐乡 | 45.0 | | 3 | | 1703.54 | 5020.79 | 4362.63 | 2170.08 |
| 湖州 | 70.0 | | 3 | | 4527.37 | 13750.29 | 12332.14 | 3102.64 |
| 绍兴 | 226.6 | | 11 | | 9148.10 | 43035.24 | 41158.39 | 26332.05 |
| 诸暨 | 54.0 | | 7 | | 2744.00 | 7585.54 | 6570.50 | 2538.35 |
| 嵊州 | 12.0 | | 2 | | 1504.89 | 4054.17 | 3511.67 | 1749.07 |

continued 5

| Total Quantity of Water Supply($10,000m^3$) | | | | | | 用水户数(户) Number of Households with Access to Water Supply (unit) | | 用水人口(万人) Population with Access to Water Supply (10,000 persons) | 城市名称 Name of Cities |
|---|---|---|---|---|---|---|---|---|---|
| Water Sold | | | 免费供水量 The Quantity of Free Water Supply | | 漏损水量 The Lossed Water | | 居民家庭 Household User | | |
| 公共服务用水 The Quantity of Water for Public Service | 居民家庭用水 The Quantity of Water for Household Use | 其他用水 The Quantity of Water for Other Purposes | | 生活用水 Domestic Water Use | | | | | |
| 222.55 | 1878.55 | 412.36 | 89.45 | | 477.26 | 204145 | 189793 | 31.16 | 太仓 |
| 6080.90 | 12224.12 | 3057.13 | 326.88 | 6.20 | 4424.68 | 1168025 | 1028542 | 220.95 | 南通 |
| 902.65 | 2055.82 | 161.45 | 16.00 | 16.00 | 375.80 | 365452 | 218696 | 28.76 | 海安 |
| 352.00 | 1340.00 | 128.00 | 158.00 | | 270.00 | 191178 | 177163 | 26.50 | 启东 |
| 683.00 | 1902.00 | | 202.00 | | 598.00 | 198570 | 182550 | 35.10 | 如皋 |
| 2525.70 | 7114.54 | 261.31 | 132.12 | | 2656.34 | 576618 | 542050 | 105.81 | 连云港 |
| 855.34 | 12196.43 | 1094.63 | 1327.55 | 702.20 | 1456.66 | 807442 | 660026 | 164.38 | 淮安 |
| 1228.68 | 7453.83 | 544.23 | 174.00 | 3.79 | 2387.56 | 715620 | 697156 | 145.96 | 盐城 |
| 202.29 | 1449.68 | 12.95 | 8.03 | 8.03 | 310.48 | 98598 | 91778 | 37.10 | 东台 |
| 3542.29 | 5962.51 | 12825.18 | | | 2993.63 | 745073 | 674035 | 128.49 | 扬州 |
| 188.35 | 876.09 | 4.10 | 123.05 | 1.88 | 546.49 | 111098 | 84093 | 21.20 | 仪征 |
| 895.00 | 1354.80 | 485.00 | 72.00 | 72.00 | 496.00 | 158675 | 145671 | 24.01 | 高邮 |
| 1722.00 | 5603.00 | 819.00 | 68.72 | | 1305.92 | 506543 | 467494 | 89.20 | 镇江 |
| 442.00 | 1706.00 | 243.00 | 55.00 | | 407.00 | 223184 | 203500 | 34.00 | 丹阳 |
| 156.64 | 1950.84 | | 211.50 | 14.78 | 370.82 | 73495 | 67438 | 14.91 | 扬中 |
| 34.00 | 1303.00 | | | | 424.00 | 72532 | 66834 | 18.38 | 句容 |
| 541.34 | 6675.67 | 303.41 | 52.12 | 28.63 | 1496.84 | 508302 | 462430 | 99.73 | 泰州 |
| 89.00 | 1313.00 | | 58.00 | | 249.00 | 146550 | 133315 | 22.35 | 兴化 |
| 49.80 | 1690.62 | 63.94 | 11.14 | | 281.57 | 114366 | 108681 | 25.55 | 靖江 |
| 82.00 | 1634.00 | 64.00 | 65.00 | 4.00 | 546.00 | 198186 | 185628 | 28.76 | 泰兴 |
| 805.00 | 4772.88 | 1210.82 | 300.79 | 9.02 | 1932.62 | 479469 | 436714 | 109.50 | 宿迁 |
| **66114.31** | **188530.62** | **10775.53** | **3609.03** | **206.72** | **46444.45** | **12292090** | **11136043** | **3244.32** | **浙江** |
| 24220.19 | 55257.36 | 6798.81 | 1442.42 | | 13130.61 | 2625546 | 2400990 | 1002.10 | 杭州 |
| 88.96 | 1013.10 | 2.14 | 6.00 | | 225.43 | 80536 | 76302 | 14.97 | 建德 |
| 7159.06 | 26997.01 | 292.13 | 110.00 | | 8115.92 | 2007022 | 1875812 | 367.72 | 宁波 |
| 410.68 | 2802.43 | 9.67 | 31.78 | 5.11 | 947.50 | 261599 | 233830 | 46.94 | 余姚 |
| 994.61 | 2016.03 | | | | 303.48 | 196669 | 150172 | 45.22 | 慈溪 |
| 7127.77 | 13406.72 | | 348.00 | | 4061.58 | 627026 | 570768 | 262.36 | 温州 |
| 182.00 | 5539.64 | 3.86 | 46.83 | 19.20 | 887.68 | 446667 | 408351 | 131.98 | 瑞安 |
| 730.00 | 2392.00 | 10.50 | 18.50 | | 676.00 | 129853 | 94521 | 53.16 | 乐清 |
| 398.19 | 2510.84 | | 8.17 | | 658.82 | 150084 | 148485 | 29.92 | 龙港 |
| 2813.46 | 4449.89 | 731.77 | 17.12 | 0.84 | 1522.92 | 541300 | 498315 | 93.58 | 嘉兴 |
| 963.48 | 1607.99 | 132.45 | 13.47 | 1.00 | 336.55 | 158047 | 145050 | 33.96 | 海宁 |
| 196.41 | 1493.02 | 15.44 | 5.38 | 5.38 | 463.00 | 163047 | 151422 | 34.38 | 平湖 |
| 115.88 | 2001.28 | 75.39 | 2.40 | 2.40 | 655.76 | 180773 | 155762 | 37.56 | 桐乡 |
| 2598.88 | 6007.81 | 622.81 | 72.27 | 60.23 | 1345.88 | 512794 | 471557 | 99.72 | 湖州 |
| 3468.93 | 11007.33 | 350.08 | 74.33 | 5.69 | 1802.52 | 1111190 | 1000609 | 166.37 | 绍兴 |
| 902.84 | 3022.37 | 106.94 | 5.23 | 5.23 | 1009.81 | 285940 | 257898 | 72.45 | 诸暨 |
| 155.80 | 1606.80 | | 5.80 | 5.80 | 536.70 | 127623 | 94657 | 34.04 | 嵊州 |

## 5-5 续表 6

| 城市名称 Name of Cities | 综合生产能力(万立方米/日) Integrated Production Capacity (10,000 m$^3$/day) | | 水厂个数(个) Number of Water Plants (unit) | | 供水管道长度(公里) Length of Water Supply Pipelines (km) | 供水总量(万立方米) | | |
|---|---|---|---|---|---|---|---|---|
| | | 地下水 Underground Water | | 地下水 Underground Water | | 合计 Total | 售水量 | |
| | | | | | | | 小计 Subtotal | 生产运营用水 The Quantity of Water for Production and Operation |
| 金华 | 60.0 | | 3 | | 2554.48 | 14925.44 | 13772.32 | 2943.88 |
| 兰溪 | 17.0 | | 3 | | 3328.67 | 3443.00 | 2864.95 | 1462.75 |
| 义乌 | 37.0 | | 3 | | 3046.05 | 12481.14 | 11117.65 | 3520.31 |
| 东阳 | 35.0 | | 2 | | 1847.00 | 5707.86 | 5030.57 | 1212.74 |
| 永康 | 20.0 | | 1 | | 1537.66 | 4574.98 | 4022.55 | 1637.12 |
| 衢州 | 40.0 | | 3 | | 1133.70 | 7609.00 | 6030.00 | 1754.00 |
| 江山 | 10.0 | | 1 | | 544.43 | 1592.57 | 1381.31 | 310.84 |
| 舟山 | 30.0 | | 3 | | 2565.00 | 6070.00 | 5530.00 | 1150.00 |
| 台州 | 57.0 | | 5 | | 4889.49 | 18182.84 | 15965.03 | 4002.45 |
| 玉环 | 5.9 | | 3 | | 347.37 | 2641.41 | 2433.80 | 504.49 |
| 温岭 | 10.0 | | 1 | | 375.24 | 5976.76 | 5574.22 | 1420.25 |
| 临海 | 17.0 | | 4 | | 1106.99 | 4767.30 | 3737.30 | 1403.40 |
| 丽水 | 20.0 | | 2 | | 1133.00 | 5726.24 | 5193.22 | 1436.88 |
| 龙泉 | 5.0 | | 1 | | 466.28 | 1084.00 | 964.00 | 248.10 |
| **安徽** | **919.2** | **64.7** | **76** | **10** | **34522.21** | **226272.76** | **193528.71** | **51066.17** |
| 合肥 | 233.0 | | 8 | | 3698.58 | 66754.43 | 59368.04 | 11785.90 |
| 巢湖 | 22.0 | | 3 | | 756.80 | 5409.14 | 4946.18 | 3271.35 |
| 芜湖 | 101.5 | | 7 | | 3606.58 | 26602.15 | 21525.27 | 5492.43 |
| 无为 | 15.0 | | 2 | | 688.21 | 2534.00 | 2156.40 | 351.00 |
| 蚌埠 | 50.0 | | 1 | | 2040.89 | 11556.62 | 9878.49 | 2919.47 |
| 淮南 | 47.0 | | 6 | | 1840.97 | 10242.17 | 8403.35 | 1240.42 |
| 马鞍山 | 45.0 | | 2 | | 1253.31 | 11303.13 | 9780.74 | 3700.05 |
| 淮北 | 26.7 | 26.7 | 1 | 1 | 1297.00 | 6315.71 | 5288.12 | 1120.28 |
| 铜陵 | 42.0 | | 3 | | 1911.83 | 9521.68 | 8040.00 | 1777.38 |
| 安庆 | 36.0 | | 3 | | 1298.48 | 10245.25 | 8685.03 | 3287.28 |
| 潜山 | 7.5 | | 2 | | 458.51 | 1476.45 | 1335.00 | 490.50 |
| 桐城 | 10.5 | | 3 | | 352.00 | 2149.00 | 1940.00 | 640.00 |
| 黄山 | 25.0 | | 7 | | 1183.74 | 4846.35 | 4047.30 | 1342.99 |
| 滁州 | 40.0 | | 4 | | 1256.34 | 10093.12 | 8801.39 | 4035.85 |
| 天长 | 12.0 | 2.0 | 2 | 1 | 681.75 | 2548.19 | 2161.77 | 267.76 |
| 明光 | 8.0 | | 2 | | 810.00 | 1852.99 | 1572.33 | 291.10 |
| 阜阳 | 32.0 | 7.0 | 3 | 1 | 3590.77 | 9211.54 | 8109.82 | 2555.17 |
| 界首 | 7.5 | 3.5 | 2 | 1 | 378.82 | 1287.30 | 1040.00 | 145.00 |
| 宿州 | 14.5 | 14.5 | 3 | 3 | 919.45 | 3969.56 | 3342.79 | 239.02 |
| 六安 | 47.5 | | 3 | | 849.90 | 7303.00 | 5362.00 | 742.54 |
| 亳州 | 31.0 | 11.0 | 4 | 3 | 1213.69 | 5897.86 | 4573.35 | 1300.61 |
| 池州 | 16.0 | | 2 | | 727.12 | 4395.95 | 3947.87 | 820.58 |
| 宣城 | 25.5 | | 4 | | 2132.17 | 5443.27 | 4590.77 | 1278.59 |
| 广德 | 11.0 | | 1 | | 885.30 | 2600.90 | 2330.70 | 1088.90 |
| 宁国 | 13.0 | | 2 | | 690.00 | 2713.00 | 2302.00 | 882.00 |

continued 6

| Total Quantity of Water Supply(10,000m$^3$) Water Sold 公共服务用水 The Quantity of Water for Public Service | 居民家庭用水 The Quantity of Water for Household Use | 其他用水 The Quantity of Water for Other Purposes | 免费供水量 The Quantity of Free Water Supply | 生活用水 Domestic Water Use | 漏损水量 The Lossed Water | 用水户数(户) Number of Households with Access to Water Supply (unit) | 居民家庭 Household User | 用水人口(万人) Population with Access to Water Supply (10,000 persons) | 城市名称 Name of Cities |
|---|---|---|---|---|---|---|---|---|---|
| 3397.70 | 7355.36 | 75.38 | 60.73 | 1.48 | 1092.39 | 330637 | 288969 | 100.75 | 金华 |
| 64.31 | 1114.24 | 223.65 | | | 578.05 | 116259 | 98542 | 23.65 | 兰溪 |
| 1206.67 | 6308.18 | 82.49 | 117.04 | 4.37 | 1246.45 | 216343 | 176773 | 113.97 | 义乌 |
| 936.76 | 2871.87 | 9.20 | 97.99 | | 579.30 | 138092 | 132767 | 47.70 | 东阳 |
| 182.72 | 2202.71 | | 14.12 | 1.44 | 538.31 | 111303 | 96092 | 25.60 | 永康 |
| 1572.00 | 2692.00 | 12.00 | 672.00 | | 907.00 | 337445 | 301656 | 40.30 | 衢州 |
| 155.10 | 879.54 | 35.83 | 6.87 | 6.87 | 204.39 | 53671 | 52807 | 16.64 | 江山 |
| 811.00 | 2870.00 | 699.00 | 21.00 | 11.00 | 519.00 | 343609 | 319144 | 66.87 | 舟山 |
| 3804.22 | 8122.86 | 35.50 | 145.11 | 62.44 | 2072.70 | 460543 | 412513 | 137.36 | 台州 |
| 261.90 | 1648.19 | 19.22 | 2.73 | 2.50 | 204.88 | 69539 | 63220 | 21.07 | 玉环 |
| 76.30 | 3969.24 | 108.43 | 0.54 | 0.54 | 402.00 | 112380 | 107107 | 32.98 | 温岭 |
| | 2333.90 | | 258.00 | | 772.00 | 155598 | 145555 | 40.73 | 临海 |
| 955.09 | 2478.41 | 322.84 | 0.70 | 0.70 | 532.32 | 172321 | 148366 | 40.65 | 丽水 |
| 163.40 | 552.50 | | 4.50 | 4.50 | 115.50 | 68634 | 58031 | 9.62 | 龙泉 |
| **32450.64** | **100804.71** | **9207.19** | **5949.77** | **91.42** | **26794.28** | **9354749** | **8232859** | **1937.88** | **安徽** |
| 12806.32 | 34775.82 | | 1760.07 | | 5626.32 | 2498199 | 2411231 | 650.35 | 合肥 |
| 437.16 | 1189.67 | 48.00 | 56.00 | | 406.96 | 131329 | 129923 | 32.81 | 巢湖 |
| 2622.90 | 9413.28 | 3996.66 | 1349.76 | 39.10 | 3727.12 | 859748 | 492108 | 189.68 | 芜湖 |
| 346.74 | 1440.66 | 18.00 | 15.60 | | 362.00 | 87121 | 77882 | 19.86 | 无为 |
| 3106.51 | 3852.51 | | | | 1678.13 | 537653 | 496530 | 96.21 | 蚌埠 |
| 1247.36 | 5660.95 | 254.62 | 60.31 | | 1778.51 | 395150 | 354621 | 113.37 | 淮南 |
| 1890.73 | 3436.49 | 753.47 | 620.40 | | 901.99 | 429241 | 395944 | 78.73 | 马鞍山 |
| 580.23 | 3529.26 | 58.35 | | | 1027.59 | 458460 | 442130 | 67.55 | 淮北 |
| 353.42 | 4628.39 | 1280.81 | 40.41 | | 1441.27 | 310353 | 277306 | 61.23 | 铜陵 |
| 2113.83 | 2850.83 | 433.09 | 65.17 | | 1495.05 | 428650 | 390485 | 75.51 | 安庆 |
| 67.00 | 777.50 | | 1.45 | | 140.00 | 62335 | 58074 | 12.00 | 潜山 |
| 169.00 | 1131.00 | | 4.00 | | 205.00 | 108177 | 83261 | 16.60 | 桐城 |
| 263.60 | 2286.22 | 154.49 | 96.59 | 27.86 | 702.46 | 253652 | 222389 | 35.42 | 黄山 |
| 743.75 | 3480.95 | 540.84 | 19.88 | | 1271.85 | 383683 | 358173 | 69.32 | 滁州 |
| 339.64 | 787.34 | 767.03 | 2.30 | 1.29 | 384.12 | 131980 | 116308 | 18.77 | 天长 |
| 229.57 | 988.23 | 63.43 | 60.53 | | 220.13 | 112193 | 101711 | 17.00 | 明光 |
| 254.35 | 5300.30 | | 3.51 | 3.51 | 1098.21 | 524905 | 477878 | 105.86 | 阜阳 |
| 84.70 | 810.30 | | 1.00 | 0.30 | 246.30 | 81633 | 63051 | 16.86 | 界首 |
| 525.70 | 2572.42 | 5.65 | 48.00 | | 578.77 | 312314 | 283380 | 59.30 | 宿州 |
| 992.13 | 3130.09 | 497.24 | 962.00 | | 979.00 | 301134 | 271409 | 60.57 | 六安 |
| 676.50 | 2585.64 | 10.60 | 391.47 | | 933.04 | 261077 | 187423 | 40.43 | 亳州 |
| 1467.45 | 1650.34 | 9.50 | 24.05 | 16.09 | 424.03 | 235960 | 172546 | 31.04 | 池州 |
| 689.25 | 2547.92 | 75.01 | 366.27 | 2.27 | 486.23 | 243972 | 225366 | 35.18 | 宣城 |
| 421.80 | 719.60 | 100.40 | | | 270.20 | 94000 | 55000 | 16.86 | 广德 |
| 21.00 | 1259.00 | 140.00 | 1.00 | 1.00 | 410.00 | 111830 | 88730 | 17.37 | 宁国 |

# 5-5 续表 7

| 城市名称 Name of Cities | 综合生产能力(万立方米/日) Integrated Production Capacity (10,000 m³/day) | 地下水 Underground Water | 水厂个数(个) Number of Water Plants (unit) | 地下水 Underground Water | 供水管道长度(公里) Length of Water Supply Pipelines (km) | 供水总量(万立方米) 合计 Total | 售水量 小计 Subtotal | 生产运营用水 The Quantity of Water for Production and Operation |
|---|---|---|---|---|---|---|---|---|
| **福　建** | **942.2** | **10.9** | **90** | **9** | **34305.44** | **197725.71** | **167757.59** | **31018.98** |
| 福　州 | 228.2 | | 13 | | 5755.94 | 42910.74 | 35327.49 | 6203.25 |
| 福　清 | 28.0 | | 3 | | 1922.36 | 6796.18 | 4647.63 | 905.39 |
| 厦　门 | 213.9 | | 12 | | 5447.17 | 50640.19 | 45846.03 | 10225.41 |
| 莆　田 | 35.5 | | 3 | | 2063.59 | 10397.14 | 9409.44 | 2933.18 |
| 三　明 | 33.5 | | 7 | | 2077.75 | 5415.62 | 4634.84 | 698.61 |
| 永　安 | 10.0 | | 2 | | 431.16 | 2339.04 | 2181.24 | 505.61 |
| 泉　州 | 80.0 | | 6 | | 5934.40 | 18466.97 | 15605.45 | 1592.92 |
| 石　狮 | 64.0 | | 2 | | 1210.06 | 5177.80 | 4305.02 | 712.80 |
| 晋　江 | 45.0 | | 1 | | 1290.65 | 11802.66 | 11011.40 | 1776.65 |
| 南　安 | 15.0 | | 1 | | 348.11 | 1919.16 | 1615.83 | 533.22 |
| 漳　州 | 68.5 | | 7 | | 1791.16 | 12646.80 | 8957.67 | 1238.84 |
| 南　平 | 26.0 | | 3 | | 679.54 | 4548.16 | 3784.10 | 636.72 |
| 邵　武 | 9.0 | | 3 | | 342.00 | 2194.86 | 1821.04 | 567.05 |
| 武夷山 | 9.0 | | 2 | | 464.07 | 1599.64 | 1338.46 | 4.35 |
| 建　瓯 | 4.5 | | 2 | | 183.08 | 1291.11 | 1020.01 | 224.25 |
| 龙　岩 | 26.4 | 10.9 | 14 | 9 | 3146.60 | 7740.50 | 6040.81 | 1361.68 |
| 漳　平 | 6.0 | | 2 | | 178.91 | 1507.27 | 1227.23 | 250.23 |
| 宁　德 | 19.7 | | 4 | | 553.80 | 5748.32 | 4943.74 | 37.24 |
| 福　安 | 8.0 | | 2 | | 202.78 | 2149.07 | 1827.62 | 261.37 |
| 福　鼎 | 12.0 | | 1 | | 282.31 | 2434.48 | 2212.54 | 350.21 |
| **江　西** | **701.7** | **1.5** | **79** | | **31737.12** | **159539.16** | **132576.48** | **29322.47** |
| 南　昌 | 193.5 | | 11 | | 7933.00 | 46962.00 | 39512.00 | 8429.00 |
| 景德镇 | 20.0 | | 2 | | 1027.66 | 6768.66 | 5690.12 | 622.40 |
| 乐　平 | 5.0 | 0.5 | 1 | | 305.99 | 1145.92 | 1026.11 | 238.23 |
| 萍　乡 | 19.0 | | 3 | | 775.65 | 5868.90 | 4759.03 | 510.68 |
| 九　江 | 42.0 | | 4 | | 3389.99 | 13462.00 | 11056.00 | 3244.00 |
| 瑞　昌 | 10.0 | | 1 | | 429.58 | 2270.22 | 1767.38 | 428.53 |
| 共青城 | 5.0 | 1.0 | 1 | | 220.00 | 1165.00 | 998.00 | 390.00 |
| 庐　山 | 3.0 | | 1 | | 146.77 | 1052.85 | 739.49 | 146.99 |
| 新　余 | 35.5 | | 3 | | 1520.00 | 7389.00 | 6318.00 | 2191.00 |
| 鹰　潭 | 22.5 | | 4 | | 715.01 | 4895.25 | 4049.96 | 821.79 |
| 贵　溪 | 11.0 | | 2 | | 352.00 | 1660.00 | 1380.00 | 180.00 |
| 赣　州 | 97.0 | | 6 | | 4915.65 | 22101.22 | 18473.32 | 3966.94 |
| 瑞　金 | 9.0 | | 2 | | 348.20 | 1545.72 | 1370.09 | 58.97 |
| 龙　南 | 10.0 | | 3 | | 60.86 | 1859.49 | 1747.04 | 1026.20 |
| 吉　安 | 28.5 | | 4 | | 1582.52 | 5409.00 | 4544.00 | 1286.00 |

continued 7

| Total Quantity of Water Supply($10,000m^3$) — Water Sold — 公共服务用水 The Quantity of Water for Public Service | 居民家庭用水 The Quantity of Water for Household Use | 其他用水 The Quantity of Water for Other Purposes | 免费供水量 The Quantity of Free Water Supply | 生活用水 Domestic Water Use | 漏损水量 The Lossed Water | 用水户数(户) Number of Households with Access to Water Supply (unit) | 居民家庭 Household User | 用水人口(万人) Population with Access to Water Supply (10,000 persons) | 城市名称 Name of Cities |
|---|---|---|---|---|---|---|---|---|---|
| **38525.93** | **87326.71** | **10885.97** | **7315.54** | **40.84** | **22652.58** | **5747302** | **5101914** | **1509.94** | **福建** |
| 11055.84 | 17877.51 | 190.89 | 2607.52 | | 4975.73 | 1375874 | 1272626 | 399.86 | 福州 |
| 1205.47 | 2524.48 | 12.29 | 1365.55 | | 783.00 | 216344 | 187718 | 44.97 | 福清 |
| 8951.29 | 20961.56 | 5707.77 | | | 4794.16 | 687401 | 586018 | 410.80 | 厦门 |
| 1436.63 | 4908.66 | 130.97 | 9.66 | 9.09 | 978.04 | 368434 | 319867 | 82.25 | 莆田 |
| 1130.76 | 2445.79 | 359.68 | 54.29 | | 726.49 | 251209 | 222386 | 41.38 | 三明 |
| 884.80 | 782.30 | 8.53 | 12.14 | 12.14 | 145.66 | 115204 | 97978 | 19.80 | 永安 |
| 3642.71 | 9887.43 | 482.39 | 126.20 | 1.32 | 2735.32 | 591039 | 515560 | 134.89 | 泉州 |
| 998.71 | 2544.07 | 49.44 | 27.96 | 0.58 | 844.82 | 91040 | 82687 | 35.71 | 石狮 |
| 4616.10 | 4284.32 | 334.33 | | | 791.26 | 265591 | 211111 | 34.84 | 晋江 |
| 129.27 | 921.02 | 32.32 | 41.84 | | 261.49 | 162039 | 146574 | 25.22 | 南安 |
| 2191.82 | 4890.13 | 636.88 | 1900.24 | 0.14 | 1788.89 | 456744 | 406606 | 75.96 | 漳州 |
| 841.76 | 2230.21 | 75.41 | 199.99 | | 564.07 | 204880 | 184439 | 34.83 | 南平 |
| 25.72 | 1060.41 | 167.86 | 52.10 | | 321.72 | 113514 | 101983 | 12.79 | 邵武 |
| 280.69 | 609.05 | 444.37 | 29.40 | | 231.78 | 58525 | 49651 | 10.19 | 武夷山 |
| 31.40 | 690.59 | 73.77 | 74.31 | | 196.79 | 68975 | 58732 | 14.94 | 建瓯 |
| 326.46 | 4039.34 | 313.33 | 533.07 | 15.83 | 1166.62 | 312021 | 277512 | 50.17 | 龙岩 |
| 9.44 | 776.10 | 191.46 | 36.71 | 1.74 | 243.33 | 54723 | 46001 | 8.58 | 漳平 |
| 557.10 | 2684.46 | 1664.94 | 194.76 | | 609.82 | 191134 | 174738 | 37.30 | 宁德 |
| 25.74 | 1536.92 | 3.59 | 49.80 | | 271.65 | 89016 | 87373 | 17.08 | 福安 |
| 184.22 | 1672.36 | 5.75 | | | 221.94 | 73595 | 72354 | 18.38 | 福鼎 |
| **23051.56** | **74039.79** | **6162.66** | **3171.89** | **622.99** | **23790.79** | **6412864** | **5792611** | **1207.27** | **江西** |
| 11652.00 | 18876.00 | 555.00 | 225.00 | 225.00 | 7225.00 | 1609076 | 1496441 | 331.00 | 南昌 |
| 1000.38 | 3795.89 | 271.45 | 15.00 | 15.00 | 1063.54 | 287244 | 262062 | 45.95 | 景德镇 |
| 153.15 | 633.00 | 1.73 | 21.00 | 11.81 | 98.81 | 73327 | 71174 | 16.32 | 乐平 |
| 850.39 | 3258.66 | 139.30 | 107.59 | | 1002.28 | 266188 | 246565 | 47.41 | 萍乡 |
| 459.00 | 6729.00 | 624.00 | 65.00 | 60.00 | 2341.00 | 547032 | 508751 | 76.18 | 九江 |
| 108.89 | 1174.69 | 55.27 | 60.00 | | 442.84 | 143533 | 132789 | 19.42 | 瑞昌 |
| 172.00 | 436.00 | | | | 167.00 | 54000 | 24654 | 12.41 | 共青城 |
| 39.95 | 552.55 | | | | 313.36 | 36863 | 32549 | 6.11 | 庐山 |
| 460.00 | 3667.00 | | | | 1071.00 | 336109 | 313006 | 50.50 | 新余 |
| 536.13 | 1965.56 | 726.48 | 132.38 | 26.00 | 712.91 | 242119 | 211513 | 29.32 | 鹰潭 |
| 220.00 | 980.00 | | | | 280.00 | 89225 | 78790 | 11.83 | 贵溪 |
| 2707.69 | 10708.66 | 1090.03 | 2.39 | 2.39 | 3625.51 | 706491 | 597971 | 162.73 | 赣州 |
| 59.04 | 1237.98 | 14.10 | 89.07 | 6.18 | 86.56 | 62189 | 62170 | 24.79 | 瑞金 |
| 33.30 | 678.30 | 9.24 | 0.95 | 0.91 | 111.50 | 61964 | 53195 | 15.78 | 龙南 |
| 455.00 | 2035.00 | 768.00 | 351.00 | 239.00 | 514.00 | 292932 | 283396 | 49.45 | 吉安 |

## 5-5 续表 8

| 城市名称<br>Name of Cities | 综合生产能力(万立方米/日)<br>Integrated Production Capacity (10,000 m³/day) | 地下水<br>Underground Water | 水厂个数(个)<br>Number of Water Plants (unit) | 地下水<br>Underground Water | 供水管道长度(公里)<br>Length of Water Supply Pipelines (km) | 供水总量(万立方米)<br>合计<br>Total | 售水量<br>小计<br>Subtotal | 生产运营用水<br>The Quantity of Water for Production and Operation |
|---|---|---|---|---|---|---|---|---|
| 井冈山 | 2.0 | | 1 | | 68.00 | 253.50 | 225.58 | 62.72 |
| 宜春 | 26.0 | | 3 | | 2532.38 | 8574.14 | 6518.61 | 2223.51 |
| 丰城 | 16.0 | | 2 | | 1294.00 | 2679.00 | 2188.00 | 252.00 |
| 樟树 | 10.0 | | 2 | | 229.61 | 2122.79 | 1797.00 | 552.72 |
| 高安 | 21.0 | | 5 | | 295.00 | 2435.00 | 2167.56 | 450.23 |
| 抚州 | 48.0 | | 8 | | 1305.49 | 9275.00 | 7425.00 | 1587.00 |
| 上饶 | 58.0 | | 7 | | 1526.62 | 9844.88 | 8155.64 | 437.42 |
| 德兴 | 9.7 | | 3 | | 763.14 | 799.62 | 668.55 | 216.14 |
| **山东** | **1755.6** | **372.4** | **294** | **110** | **59187.39** | **346626.44** | **306408.18** | **108881.38** |
| 济南 | 282.9 | 104.4 | 38 | 23 | 7040.15 | 48736.78 | 40259.87 | 4489.33 |
| 青岛 | 219.3 | 3.5 | 36 | 4 | 8255.36 | 55324.42 | 47917.18 | 16060.15 |
| 胶州 | 9.5 | | 3 | | 790.27 | 4119.63 | 3515.36 | 980.37 |
| 平度 | 10.2 | 3.2 | 3 | 2 | 699.00 | 3058.00 | 2609.00 | 960.00 |
| 莱西 | 9.0 | | 1 | | 554.61 | 2658.72 | 2256.41 | 750.86 |
| 淄博 | 163.7 | 69.5 | 27 | 19 | 3047.54 | 29051.68 | 25910.42 | 15394.32 |
| 枣庄 | 30.4 | 24.4 | 10 | 9 | 1894.15 | 6422.96 | 5451.40 | 1171.58 |
| 滕州 | 18.0 | 18.0 | 3 | 3 | 1183.00 | 4655.00 | 3959.00 | 1209.00 |
| 东营 | 122.0 | | 11 | | 2320.75 | 16509.39 | 15068.69 | 5656.72 |
| 烟台 | 105.1 | 11.7 | 20 | 8 | 4682.90 | 18786.85 | 17196.89 | 6370.16 |
| 龙口 | 8.0 | | 1 | | 396.00 | 1779.00 | 1584.00 | 486.00 |
| 莱阳 | 10.0 | | 3 | | 364.90 | 2254.84 | 1955.04 | 506.48 |
| 莱州 | 10.5 | | 4 | | 743.79 | 2441.87 | 2208.99 | 440.14 |
| 招远 | 6.9 | 0.5 | 4 | 1 | 452.41 | 1596.38 | 1503.53 | 396.73 |
| 栖霞 | 2.7 | | 1 | | 136.93 | 504.00 | 466.00 | 52.00 |
| 海阳 | 11.1 | | 4 | | 476.25 | 1114.00 | 1051.00 | 257.00 |
| 潍坊 | 65.5 | 5.0 | 14 | 1 | 2371.04 | 16832.17 | 16075.50 | 8026.74 |
| 青州 | 13.5 | 10.5 | 4 | 3 | 784.69 | 3176.36 | 2884.62 | 1067.31 |
| 诸城 | 21.0 | | 3 | | 370.21 | 5038.20 | 4687.00 | 2295.00 |
| 寿光 | 23.1 | 7.1 | 5 | 4 | 756.69 | 9309.69 | 9036.03 | 7490.13 |
| 安丘 | 29.0 | | 4 | | 495.28 | 5277.12 | 4774.37 | 2480.03 |
| 高密 | 24.1 | 1.6 | 6 | 2 | 747.78 | 4477.73 | 4095.14 | 1556.68 |
| 昌邑 | 14.0 | 4.0 | 2 | 1 | 103.20 | 1345.46 | 1236.30 | 653.30 |
| 济宁 | 45.0 | 35.0 | 9 | 8 | 1275.46 | 10476.02 | 8823.16 | 1533.82 |
| 曲阜 | 10.0 | 10.0 | 1 | 1 | 383.00 | 1141.00 | 956.00 | 227.00 |
| 邹城 | 10.5 | 10.5 | 8 | 8 | 282.25 | 2302.48 | 1895.49 | 75.96 |
| 泰安 | 32.0 | 14.0 | 6 | 4 | 1624.18 | 6168.69 | 5627.13 | 1445.72 |
| 新泰 | 13.5 | | 3 | | 477.09 | 2922.91 | 2740.01 | 529.85 |
| 肥城 | 6.6 | 6.6 | 3 | 3 | 296.31 | 1980.84 | 1745.50 | 377.49 |
| 威海 | 55.0 | | 6 | | 3373.81 | 8294.62 | 7484.52 | 2303.63 |

continued 8

| Total Quantity of Water Supply(10,000m³) | | | | | | 用水户数（户）Number of Households with Access to Water Supply (unit) | | 用水人口（万人）Population with Access to Water Supply (10,000 persons) | 城市名称 Name of Cities |
|---|---|---|---|---|---|---|---|---|---|
| Water Sold | | | 免费供水量 The Quantity of Free Water Supply | | 漏损水量 The Lossed Water | | 居民家庭 Household User | | |
| 公共服务用水 The Quantity of Water for Public Service | 居民家庭用水 The Quantity of Water for Household Use | 其他用水 The Quantity of Water for Other Purposes | | 生活用水 Domestic Water Use | | | | | |
| 11.38 | 145.27 | 6.21 | 1.22 | 0.83 | 26.70 | 19210 | 19210 | 3.11 | 井冈山 |
| 655.82 | 3621.69 | 17.59 | 780.00 | 26.64 | 1275.53 | 340040 | 268204 | 63.09 | 宜春 |
| 446.00 | 1467.00 | 23.00 | 44.00 | 1.00 | 447.00 | 157596 | 138551 | 37.00 | 丰城 |
| 204.69 | 955.91 | 83.68 | 5.77 | 2.96 | 320.02 | 95426 | 82161 | 19.63 | 樟树 |
| 407.60 | 1259.40 | 50.33 | 22.00 | | 245.44 | 76785 | 66256 | 22.36 | 高安 |
| 1027.00 | 4520.00 | 291.00 | 443.00 | 4.00 | 1407.00 | 451778 | 397248 | 80.06 | 抚州 |
| 1390.55 | 4898.16 | 1429.51 | 805.97 | 0.72 | 883.27 | 425229 | 408008 | 74.58 | 上饶 |
| 1.60 | 444.07 | 6.74 | 0.55 | 0.55 | 130.52 | 38508 | 37947 | 8.24 | 德兴 |
| **47014.43** | **138474.82** | **12037.55** | **3007.98** | **209.41** | **37210.28** | **12856231** | **12165153** | **4115.40** | **山东** |
| 14562.79 | 19601.13 | 1606.62 | 1750.55 | 24.35 | 6726.36 | 1945891 | 1854848 | 654.99 | 济南 |
| 8335.42 | 23509.23 | 12.38 | 323.00 | 91.04 | 7084.24 | 2188169 | 2084958 | 583.91 | 青岛 |
| 768.15 | 1763.09 | 3.75 | 15.65 | 2.40 | 588.62 | 242210 | 210786 | 63.48 | 胶州 |
| 189.00 | 1460.00 | | 56.00 | 0.30 | 393.00 | 94720 | 82415 | 49.78 | 平度 |
| 194.62 | 1306.80 | 4.13 | | | 402.31 | 81132 | 78390 | 34.44 | 莱西 |
| 2072.67 | 8198.13 | 245.30 | 18.26 | 5.11 | 3123.00 | 376419 | 344846 | 210.38 | 淄博 |
| 594.83 | 3445.03 | 239.96 | | | 971.56 | 311067 | 277480 | 113.33 | 枣庄 |
| 459.00 | 2023.00 | 268.00 | | | 696.00 | 244395 | 239011 | 49.06 | 滕州 |
| 2697.92 | 4341.98 | 2372.07 | 28.99 | | 1411.71 | 360437 | 318660 | 97.86 | 东营 |
| 2951.62 | 7778.00 | 97.11 | 66.81 | | 1523.15 | 786002 | 736553 | 248.92 | 烟台 |
| 194.00 | 872.00 | 32.00 | 34.00 | | 161.00 | 82631 | 81404 | 29.69 | 龙口 |
| 422.23 | 1026.33 | | | | 299.80 | 96108 | 94952 | 29.68 | 莱阳 |
| 41.30 | 1433.52 | 294.03 | 1.00 | | 231.88 | 100326 | 98062 | 40.00 | 莱州 |
| 227.96 | 877.08 | 1.76 | | | 92.85 | 145800 | 144837 | 20.66 | 招远 |
| 91.00 | 309.00 | 14.00 | | | 38.00 | 44192 | 38871 | 14.96 | 栖霞 |
| 63.00 | 657.00 | 74.00 | 1.00 | 1.00 | 62.00 | 84313 | 81517 | 23.45 | 海阳 |
| 362.97 | 7145.07 | 540.72 | | | 756.67 | 424197 | 413633 | 200.86 | 潍坊 |
| 317.31 | 1485.00 | 15.00 | 41.31 | | 250.43 | 104845 | 101827 | 37.43 | 青州 |
| 450.00 | 1832.00 | 110.00 | 11.20 | | 340.00 | 171683 | 169752 | 50.55 | 诸城 |
| 30.87 | 1513.76 | 1.27 | | | 273.66 | 12849 | 11003 | 57.73 | 寿光 |
| 548.17 | 1746.17 | | | | 502.75 | 130592 | 127466 | 48.69 | 安丘 |
| 151.00 | 1215.79 | 1171.67 | 20.00 | | 362.59 | 112373 | 99532 | 29.28 | 高密 |
| 105.00 | 475.00 | 3.00 | | | 109.16 | 7362 | 5026 | 19.98 | 昌邑 |
| 2116.07 | 4649.63 | 523.64 | 215.00 | 15.00 | 1437.86 | 674649 | 639892 | 175.31 | 济宁 |
| 60.00 | 669.00 | | 14.00 | | 171.00 | 113938 | 105056 | 21.96 | 曲阜 |
| 159.31 | 1637.47 | 22.75 | 20.00 | 20.00 | 386.99 | 101150 | 101150 | 36.08 | 邹城 |
| 1435.92 | 2741.65 | 3.84 | | | 541.56 | 357696 | 345484 | 110.56 | 泰安 |
| 313.39 | 1697.89 | 198.88 | 11.00 | 9.00 | 171.90 | 155555 | 146202 | 54.11 | 新泰 |
| 99.52 | 1214.21 | 54.28 | 7.20 | | 228.14 | 120430 | 119057 | 31.32 | 肥城 |
| 1321.07 | 3262.84 | 596.98 | 17.05 | | 793.05 | 559120 | 508972 | 108.02 | 威海 |

## 5-5 续表 9

| 城市名称 Name of Cities | 综合生产能力(万立方米/日) Integrated Production Capacity (10,000 m³/day) | 地下水 Underground Water | 水厂个数(个) Number of Water Plants (unit) | 地下水 Underground Water | 供水管道长度(公里) Length of Water Supply Pipelines (km) | 供水总量(万立方米) 合计 Total | 售水量 小计 Subtotal | 生产运营用水 The Quantity of Water for Production and Operation |
|---|---|---|---|---|---|---|---|---|
| 荣成 | 18.0 | | 6 | | 791.10 | 2766.00 | 2445.00 | 951.00 |
| 乳山 | 11.0 | | 1 | | 613.23 | 1874.30 | 1572.00 | 470.00 |
| 日照 | 55.7 | | 9 | | 1938.47 | 10524.66 | 9149.28 | 4274.56 |
| 临沂 | 71.0 | | 6 | | 2233.41 | 12932.70 | 11515.54 | 3507.92 |
| 德州 | 38.0 | | 4 | | 1809.13 | 7055.92 | 6043.87 | 2153.56 |
| 乐陵 | 5.0 | | 1 | | 107.34 | 798.25 | 718.75 | 98.60 |
| 禹城 | 6.0 | 3.0 | 2 | 1 | 425.61 | 998.22 | 976.59 | 38.73 |
| 聊城 | 32.5 | 24.0 | 6 | 2 | 1675.64 | 8320.00 | 7786.00 | 1311.00 |
| 临清 | 3.7 | | 1 | | 204.06 | 1208.40 | 994.80 | 216.52 |
| 滨州 | 65.7 | | 8 | | 1430.45 | 10461.37 | 9467.12 | 4662.86 |
| 邹平 | 36.0 | 6.0 | 4 | 3 | 154.09 | 6358.90 | 5892.36 | 4966.00 |
| 菏泽 | 31.0 | | 3 | | 1425.86 | 5570.91 | 4873.32 | 987.13 |
| **河南** | **1122.3** | **192.2** | **149** | **65** | **30442.51** | **206723.68** | **175553.84** | **32855.77** |
| 郑州 | 180.0 | 10.0 | 11 | 1 | 6213.20 | 46219.33 | 40060.34 | 3555.11 |
| 巩义 | 7.3 | 7.3 | 3 | 2 | 188.93 | 1592.00 | 1346.00 | 457.00 |
| 荥阳 | 16.9 | 0.9 | 2 | 1 | 567.40 | 2418.64 | 2106.52 | 496.57 |
| 新密 | 7.0 | 4.2 | 5 | 4 | 276.50 | 1628.72 | 1344.18 | |
| 新郑 | 13.5 | 3.5 | 2 | 1 | 364.29 | 1800.00 | 1546.00 | |
| 登封 | 6.0 | | 5 | | 258.29 | 1650.73 | 1318.25 | 217.99 |
| 开封 | 72.0 | 7.0 | 4 | 2 | 2280.46 | 9521.61 | 7690.96 | 2578.57 |
| 洛阳 | 120.3 | 12.3 | 10 | 6 | 2550.82 | 18755.00 | 16309.77 | 2197.61 |
| 平顶山 | 51.0 | | 4 | | 1275.10 | 11484.30 | 9447.50 | 4267.50 |
| 舞钢 | 5.0 | | 1 | | 131.76 | 1097.70 | 995.80 | 323.00 |
| 汝州 | 9.0 | 2.5 | 3 | 2 | 297.56 | 1569.32 | 1345.51 | |
| 安阳 | 72.0 | 32.0 | 7 | 3 | 825.17 | 7438.64 | 6435.08 | 574.75 |
| 林州 | 11.0 | 4.3 | 4 | 1 | 290.77 | 2416.00 | 2078.00 | 737.00 |
| 鹤壁 | 24.7 | 0.7 | 5 | 1 | 632.88 | 4870.00 | 4211.00 | |
| 新乡 | 45.0 | | 3 | 3 | 996.14 | 9970.45 | 7867.77 | 3112.36 |
| 长垣 | 6.2 | | 1 | | 509.52 | 1893.87 | 1571.24 | 148.45 |
| 卫辉 | 12.0 | | 2 | | 188.39 | 1886.93 | 1598.93 | 444.90 |
| 辉县 | 10.0 | | 3 | 2 | 405.86 | 1353.02 | 1236.00 | 8.00 |
| 焦作 | 53.5 | 22.5 | 7 | 5 | 1075.36 | 5761.34 | 4928.47 | 998.88 |
| 沁阳 | 1.6 | 1.6 | 1 | 1 | 156.10 | 470.00 | 406.00 | 36.00 |
| 孟州 | 8.0 | 8.0 | 2 | 2 | 228.18 | 1046.80 | 873.63 | 32.00 |
| 濮阳 | 28.0 | | 3 | 1 | 897.70 | 7003.40 | 6393.99 | 2135.04 |
| 许昌 | 34.0 | 14.0 | 4 | 2 | 560.64 | 5302.74 | 4459.41 | 341.62 |
| 禹州 | 12.5 | | 2 | | 382.16 | 1871.51 | 1534.69 | 201.94 |
| 长葛 | 8.0 | | 2 | 1 | 278.00 | 1282.28 | 1054.03 | 199.77 |
| 漯河 | 27.2 | 1.2 | 8 | 2 | 583.00 | 6127.17 | 4562.10 | 1328.70 |

continued 9

| Total Quantity of Water Supply(10,000m$^3$) | | | | | | 用水户数(户) Number of Households with Access to Water Supply (unit) | | 用水人口(万人) Population with Access to Water Supply (10,000 persons) | 城市名称 Name of Cities |
|---|---|---|---|---|---|---|---|---|---|
| Water Sold | | | 免费供水量 The Quantity of Free Water Supply | | 漏损水量 The Lossed Water | | 居民家庭 Household User | | |
| 公共服务用水 The Quantity of Water for Public Service | 居民家庭用水 The Quantity of Water for Household Use | 其他用水 The Quantity of Water for Other Purposes | | 生活用水 Domestic Water Use | | | | | |
| 64.00 | 1412.00 | 18.00 | 13.00 | 13.00 | 308.00 | 129228 | 128940 | 44.19 | 荣成 |
| 91.00 | 860.00 | 151.00 | 2.30 | | 300.00 | 83948 | 83394 | 21.10 | 乳山 |
| 1126.31 | 3619.91 | 128.50 | 68.97 | 28.18 | 1306.41 | 297953 | 282700 | 92.88 | 日照 |
| 290.44 | 7587.27 | 129.91 | 149.74 | | 1267.42 | 726233 | 697698 | 209.04 | 临沂 |
| 1257.02 | 2633.29 | | 7.05 | | 1005.00 | 362063 | 332436 | 91.91 | 德州 |
| 149.55 | 452.75 | 17.85 | 9.37 | 0.03 | 70.13 | 60381 | 54265 | 25.44 | 乐陵 |
| 36.21 | 648.00 | 253.65 | | | 21.63 | 105376 | 98476 | 19.00 | 禹城 |
| 889.00 | 3747.00 | 1839.00 | | | 534.00 | 281259 | 266665 | 130.38 | 聊城 |
| 80.96 | 689.63 | 7.69 | | | 213.60 | 69654 | 64318 | 32.72 | 临清 |
| 1327.12 | 2566.42 | 910.72 | | | 994.25 | 312986 | 307965 | 79.07 | 滨州 |
| 91.13 | 761.14 | 74.09 | 95.03 | | 371.51 | 82500 | 82500 | 24.75 | 邹平 |
| 275.58 | 3610.61 | | 10.50 | | 687.09 | 114399 | 104154 | 98.45 | 菏泽 |
| **27326.01** | **109255.31** | **6116.75** | **5467.88** | **440.93** | **25701.96** | **8507670** | **7797887** | **2780.56** | **河南** |
| 9180.85 | 27205.33 | 119.05 | 176.41 | 176.33 | 5982.58 | 1544849 | 1408675 | 731.72 | 郑州 |
| 63.00 | 801.00 | 25.00 | 15.00 | 3.60 | 231.00 | 59980 | 58320 | 34.60 | 巩义 |
| 565.48 | 998.11 | 46.36 | 5.04 | | 307.08 | 149773 | 134226 | 19.57 | 荥阳 |
| | 963.70 | 380.48 | 0.24 | | 284.30 | 60359 | 54161 | 21.15 | 新密 |
| 255.00 | 1290.20 | 0.80 | 1.80 | 1.80 | 252.20 | 93192 | 90744 | 26.20 | 新郑 |
| 508.65 | 591.61 | | 123.01 | | 209.47 | 42355 | 35908 | 18.70 | 登封 |
| 1334.54 | 3777.85 | | 400.00 | | 1430.65 | 357939 | 319495 | 98.00 | 开封 |
| 3729.01 | 10245.92 | 137.23 | 111.98 | 102.79 | 2333.25 | 998916 | 977016 | 280.76 | 洛阳 |
| 512.00 | 4668.00 | | 530.00 | | 1506.80 | 255397 | 239278 | 93.24 | 平顶山 |
| 62.00 | 602.00 | 8.80 | 0.90 | 0.20 | 101.00 | 54500 | 40782 | 12.10 | 舞钢 |
| 86.00 | 913.12 | 346.39 | 50.00 | | 173.81 | 77796 | 71049 | 33.87 | 汝州 |
| 1593.77 | 4258.69 | 7.87 | 29.26 | | 974.30 | 252569 | 226064 | 78.57 | 安阳 |
| 131.00 | 1110.00 | 100.00 | 89.50 | | 248.50 | 66388 | 65273 | 22.67 | 林州 |
| | 1585.00 | 2626.00 | 5.00 | | 654.00 | 277845 | 261845 | 51.35 | 鹤壁 |
| | 4751.63 | 3.78 | 803.00 | | 1299.68 | 335228 | 310222 | 79.36 | 新乡 |
| 191.20 | 829.26 | 402.33 | 26.24 | 0.73 | 296.39 | 119776 | 106136 | 32.80 | 长垣 |
| 185.47 | 849.36 | 119.20 | 135.00 | | 153.00 | 54788 | 40983 | 15.66 | 卫辉 |
| 315.00 | 913.00 | | 19.00 | | 98.02 | 75028 | 71593 | 21.60 | 辉县 |
| 473.40 | 3234.40 | 221.79 | 130.05 | 76.05 | 702.82 | 350821 | 334483 | 81.41 | 焦作 |
| 24.00 | 275.00 | 71.00 | 4.00 | | 60.00 | 37170 | 32375 | 11.40 | 沁阳 |
| 67.58 | 737.60 | 36.45 | | | 173.17 | 41630 | 37047 | 14.00 | 孟州 |
| 1023.11 | 3052.19 | 183.65 | 0.06 | 0.06 | 609.35 | 212091 | 194821 | 64.04 | 濮阳 |
| 906.72 | 3189.47 | 21.60 | 386.58 | | 456.75 | 222913 | 203524 | 67.74 | 许昌 |
| | 1332.75 | | 0.50 | 0.50 | 336.32 | 87542 | 86984 | 38.50 | 禹州 |
| 87.70 | 766.56 | | | | 228.25 | 63723 | 58419 | 19.04 | 长葛 |
| 1039.03 | 2176.67 | 17.70 | 890.00 | | 675.07 | 386359 | 256587 | 61.30 | 漯河 |

# 5-5 续表 10

| 城市名称 Name of Cities | 综合生产能力(万立方米/日) Integrated Production Capacity (10,000 m³/day) | 地下水 Underground Water | 水厂个数(个) Number of Water Plants (unit) | 地下水 Underground Water | 供水管道长度(公里) Length of Water Supply Pipelines (km) | 供水总量(万立方米) 合计 Total | 售水量 小计 Subtotal | 生产运营用水 The Quantity of Water for Production and Operation |
|---|---|---|---|---|---|---|---|---|
| 三门峡 | 16.5 | 6.5 | 6 | 4 | 344.68 | 2814.98 | 2414.98 | 439.00 |
| 义马 | 13.2 | 2.0 | 2 | 1 | 162.95 | 1265.00 | 1085.00 | 560.00 |
| 灵宝 | 6.5 | 2.0 | 3 | 2 | 146.02 | 960.25 | 820.25 | 122.25 |
| 南阳 | 57.4 | 13.6 | 12 | 6 | 1340.05 | 7876.87 | 6809.81 | 1617.30 |
| 邓州 | 11.5 | 2.5 | 4 | 1 | 755.15 | 2684.00 | 2337.00 | 334.00 |
| 商丘 | 28.0 | 8.0 | 2 | 1 | 708.58 | 6148.00 | 5229.00 | 438.20 |
| 永城 | 8.5 | 8.5 | 3 | 3 | 352.81 | 2093.00 | 1929.00 | |
| 信阳 | 26.0 | | 2 | | 1348.66 | 6372.05 | 5417.56 | 541.76 |
| 周口 | 22.1 | 2.1 | 3 | 1 | 706.32 | 5130.01 | 3882.66 | 433.89 |
| 项城 | 6.0 | 6.0 | 1 | 1 | 462.08 | 2189.00 | 1797.00 | 672.00 |
| 驻马店 | 22.0 | | 2 | | 662.62 | 6178.64 | 5182.58 | 918.08 |
| 济源示范区 | 23.0 | 8.0 | 3 | 2 | 603.41 | 2888.00 | 2492.00 | 838.00 |
| 郑州航空港经济综合实验区 | 40.0 | 1.0 | 2 | | 435.00 | 3692.38 | 3435.83 | 1548.53 |
| **湖北** | **1453.7** | | **117** | | **55328.95** | **315679.07** | **252536.75** | **68746.50** |
| 武汉 | 551.0 | | 17 | | 24562.98 | 141866.10 | 111668.02 | 28113.48 |
| 黄石 | 63.0 | | 3 | | 1273.78 | 10835.21 | 8642.17 | 2193.73 |
| 大冶 | 23.0 | | 1 | | 1346.00 | 6594.05 | 4926.02 | 1799.66 |
| 十堰 | 53.5 | | 8 | | 2392.32 | 11371.76 | 8966.70 | 2377.47 |
| 丹江口 | 11.5 | | 3 | | 452.01 | 1441.66 | 1225.30 | 426.57 |
| 宜昌 | 75.0 | | 9 | | 2784.84 | 16769.41 | 12365.34 | 3375.43 |
| 宜都 | 16.5 | | 3 | | 515.89 | 1702.21 | 1477.96 | 786.20 |
| 当阳 | 20.0 | | 2 | | 733.74 | 2751.03 | 2338.50 | 1139.47 |
| 枝江 | 16.0 | | 2 | | 336.45 | 1966.39 | 1639.32 | 644.22 |
| 襄阳 | 95.0 | | 4 | | 2141.17 | 15152.98 | 12630.91 | 3638.78 |
| 老河口 | 18.0 | | 4 | | 476.05 | 2218.77 | 1861.81 | 956.80 |
| 枣阳 | 12.0 | | 2 | | 377.53 | 2271.00 | 1964.36 | 479.30 |
| 宜城 | 10.0 | | 1 | | 392.91 | 1562.92 | 1191.51 | 152.98 |
| 鄂州 | 45.5 | | 3 | | 1032.67 | 4463.37 | 3837.59 | 1626.69 |
| 荆门 | 25.0 | | 3 | | 641.00 | 7341.00 | 6592.38 | 3258.78 |
| 京山 | 11.0 | | 2 | | 448.06 | 1662.50 | 1392.14 | 366.16 |
| 钟祥 | 15.0 | | 2 | | 386.89 | 2569.00 | 2117.10 | 364.90 |
| 孝感 | 40.0 | | 2 | | 1096.80 | 7027.38 | 6218.67 | 1374.50 |
| 应城 | 13.8 | | 2 | | 282.30 | 2381.19 | 1900.83 | 367.83 |
| 安陆 | 10.0 | | 2 | | 565.00 | 2277.23 | 1783.93 | 678.24 |
| 汉川 | 13.0 | | 2 | | 844.95 | 2863.69 | 2377.34 | 832.06 |
| 荆州 | 55.0 | | 3 | | 1954.52 | 11578.30 | 9721.35 | 3124.63 |
| 监利 | 15.0 | | 2 | | 327.20 | 3235.47 | 2453.42 | 713.43 |

continued 10

| Total Quantity of Water Supply($10,000m^3$) | | | | | | 用水户数(户) Number of Households with Access to Water Supply (unit) | | 用水人口(万人) Population with Access to Water Supply (10,000 persons) | 城市名称 Name of Cities |
|---|---|---|---|---|---|---|---|---|---|
| Water Sold | | | 免费供水量 The Quantity of Free Water Supply | | 漏损水量 The Lossed Water | | | | |
| 公共服务用水 The Quantity of Water for Public Service | 居民家庭用水 The Quantity of Water for Household Use | 其他用水 The Quantity of Water for Other Purposes | | 生活用水 Domestic Water Use | | | 居民家庭 Household User | | |
| 240.00 | 1573.08 | 162.90 | 143.00 | 5.22 | 257.00 | 97879 | 94433 | 52.02 | 三门峡 |
| 18.00 | 506.00 | 1.00 | | | 180.00 | 45210 | 44272 | 14.64 | 义马 |
| 64.09 | 618.84 | 15.07 | 55.00 | 45.00 | 85.00 | 50472 | 50472 | 18.17 | 灵宝 |
| 350.14 | 4782.76 | 59.61 | 71.17 | 28.65 | 995.89 | 256536 | 251179 | 163.17 | 南阳 |
| 201.00 | 1478.00 | 324.00 | 100.00 | | 247.00 | 98821 | 97621 | 38.56 | 邓州 |
| 192.32 | 4572.91 | 25.57 | 6.00 | | 913.00 | 277802 | 237605 | 103.37 | 商丘 |
| 165.00 | 1629.00 | 135.00 | | | 164.00 | 122816 | 120814 | 46.75 | 永城 |
| 1322.10 | 3480.03 | 73.67 | 201.00 | | 753.49 | 303620 | 278952 | 65.70 | 信阳 |
| 493.65 | 2943.88 | 11.24 | 667.22 | | 580.13 | 338559 | 316934 | 72.93 | 周口 |
| 118.00 | 917.00 | 90.00 | 95.00 | | 297.00 | 90737 | 73809 | 30.34 | 项城 |
| 962.12 | 3007.34 | 295.04 | 196.92 | | 799.14 | 306956 | 285322 | 60.67 | 驻马店 |
| 30.00 | 1623.00 | 1.00 | | | 396.00 | 89088 | 87830 | 39.79 | 济源示范区 |
| 835.08 | 1005.05 | 47.17 | | | 256.55 | 150247 | 142634 | 45.10 | 郑州航空港经济综合实验区 |
| **26154.69** | **148509.01** | **9126.55** | **14184.97** | **409.55** | **48957.35** | **8691704** | **8140863** | **2421.15** | **湖北** |
| 15991.02 | 66730.83 | 832.69 | 7467.09 | 8.04 | 22730.99 | 2969425 | 2857366 | 1078.52 | 武汉 |
| 1608.21 | 4081.41 | 758.82 | 426.17 | | 1766.87 | 311424 | 297169 | 59.07 | 黄石 |
| | 3117.42 | 8.94 | 601.73 | | 1066.30 | 196685 | 153172 | 31.53 | 大冶 |
| 122.22 | 6247.27 | 219.74 | 364.35 | 10.00 | 2040.71 | 161396 | 150507 | 77.37 | 十堰 |
| 81.54 | 711.26 | 5.93 | | | 216.36 | 87827 | 75292 | 14.52 | 丹江口 |
| 2620.86 | 6355.27 | 13.78 | 1809.91 | | 2594.16 | 279688 | 261857 | 105.41 | 宜昌 |
| 100.00 | 590.00 | 1.76 | 4.00 | | 220.25 | 50279 | 46256 | 17.90 | 宜都 |
| 14.50 | 1177.43 | 7.10 | 172.92 | | 239.61 | 68709 | 65110 | 20.50 | 当阳 |
| 1.88 | 993.22 | | 22.25 | | 304.82 | 55141 | 49262 | 19.76 | 枝江 |
| | 6575.48 | 2416.65 | | | 2522.07 | 387800 | 376100 | 141.80 | 襄阳 |
| | 900.41 | 4.60 | | | 356.96 | 109459 | 100623 | 22.40 | 老河口 |
| 245.39 | 1225.59 | 14.08 | 84.88 | | 221.76 | 101020 | 98573 | 29.15 | 枣阳 |
| 101.99 | 667.26 | 269.28 | | | 371.41 | 63280 | 51717 | 16.88 | 宜城 |
| 641.04 | 1569.86 | | 29.13 | | 596.65 | 192982 | 174984 | 39.04 | 鄂州 |
| | 3317.31 | 16.29 | 17.52 | 17.52 | 731.10 | 290423 | 283843 | 57.16 | 荆门 |
| 250.80 | 775.18 | | | | 270.36 | 90627 | 69563 | 19.34 | 京山 |
| 62.00 | 1629.20 | 61.00 | 62.00 | | 389.90 | 89149 | 88149 | 21.95 | 钟祥 |
| 589.07 | 4233.26 | 21.84 | 23.00 | 1.00 | 785.71 | 163805 | 159978 | 57.54 | 孝感 |
| 2.77 | 1180.72 | 349.51 | 60.50 | | 419.86 | 79500 | 75200 | 17.88 | 应城 |
| 115.60 | 965.57 | 24.52 | 117.11 | | 376.19 | 105325 | 97620 | 19.99 | 安陆 |
| 190.19 | 1307.54 | 47.55 | 200.00 | | 286.35 | 110000 | 70000 | 19.24 | 汉川 |
| 348.98 | 6247.74 | | 77.80 | | 1779.15 | 425077 | 412332 | 92.58 | 荆州 |
| | 1538.63 | 201.36 | 240.00 | | 542.05 | 50960 | 49031 | 23.36 | 监利 |

## 5-5 续表 11

| 城市名称 Name of Cities | 综合生产能力(万立方米/日) Integrated Production Capacity (10,000 m³/day) | 地下水 Underground Water | 水厂个数(个) Number of Water Plants (unit) | 地下水 Underground Water | 供水管道长度(公里) Length of Water Supply Pipelines (km) | 供水总量(万立方米) 合计 Total | 售水量 小计 Subtotal | 生产运营用水 The Quantity of Water for Production and Operation |
|---|---|---|---|---|---|---|---|---|
| 石首 | 10.0 | | 1 | | 167.96 | 1171.84 | 966.90 | 115.00 |
| 洪湖 | 7.5 | | 2 | | 437.00 | 2184.41 | 1532.38 | 290.64 |
| 松滋 | 10.0 | | 2 | | 385.48 | 1300.00 | 992.00 | 92.00 |
| 黄冈 | 27.0 | | 2 | | 508.00 | 4863.41 | 4001.00 | 885.00 |
| 麻城 | 6.5 | | 2 | | 695.78 | 2230.25 | 1882.31 | 322.20 |
| 武穴 | 13.0 | | 2 | | 640.00 | 2868.00 | 2337.00 | 280.00 |
| 咸宁 | 26.0 | | 4 | | 995.38 | 6057.13 | 5078.98 | 1243.15 |
| 赤壁 | 10.0 | | 1 | | 503.00 | 2395.00 | 1781.00 | 252.00 |
| 随州 | 18.0 | | 2 | | 991.80 | 4826.00 | 3991.00 | 977.00 |
| 广水 | 19.5 | | 3 | | 216.30 | 1239.00 | 921.00 | 126.00 |
| 恩施 | 22.4 | | 6 | | 879.33 | 5294.39 | 3817.75 | 976.28 |
| 利川 | 9.0 | | 2 | | 481.40 | 2422.00 | 1997.20 | 98.00 |
| 仙桃 | 30.0 | | 3 | | 1048.46 | 9415.42 | 8064.56 | 2743.92 |
| 潜江 | 17.0 | | 2 | | 1113.00 | 3286.60 | 2741.00 | 1150.00 |
| 天门 | 20.0 | | 1 | | 901.00 | 4223.00 | 3140.00 | 404.00 |
| **湖南** | **1048.3** | **14.4** | **94** | **9** | **39498.54** | **246354.89** | **204769.10** | **43056.79** |
| 长沙 | 265.0 | | 8 | | 7147.65 | 77246.06 | 67150.00 | 16010.18 |
| 宁乡 | 28.0 | | 2 | | 1642.00 | 7469.70 | 6172.68 | 3243.06 |
| 浏阳 | 11.5 | 1.5 | 3 | 2 | 495.00 | 3155.00 | 2578.00 | 460.00 |
| 株洲 | 90.0 | | 5 | | 3394.59 | 19614.57 | 16193.72 | 3032.77 |
| 醴陵 | 10.0 | | 1 | | 1019.03 | 2771.26 | 2005.05 | 165.49 |
| 湘潭 | 54.0 | 3.0 | 6 | 2 | 1961.55 | 11258.30 | 9908.30 | 3405.50 |
| 湘乡 | 10.0 | | 1 | | 763.00 | 1998.70 | 1921.80 | 615.20 |
| 韶山 | 3.8 | | 2 | | 368.00 | 355.00 | 299.00 | 52.00 |
| 衡阳 | 70.0 | | 4 | | 1695.45 | 14847.00 | 12317.00 | 1930.00 |
| 耒阳 | 13.0 | | 2 | | 544.00 | 3467.56 | 2374.42 | 52.50 |
| 常宁 | 10.0 | | 1 | | 1039.00 | 1969.00 | 1603.00 | 326.00 |
| 邵阳 | 38.0 | | 3 | | 1065.00 | 8689.53 | 7441.00 | 1252.00 |
| 武冈 | 12.6 | | 2 | | 534.90 | 2535.00 | 2066.00 | 360.00 |
| 邵东 | 6.5 | | 2 | | 890.00 | 2780.00 | 2458.00 | 36.00 |
| 岳阳 | 46.0 | | 4 | | 2441.29 | 12447.24 | 10164.56 | 2491.17 |
| 汨罗 | 6.0 | | 1 | | 681.67 | 1541.33 | 1087.42 | 110.43 |
| 临湘 | 4.0 | | 2 | | 232.68 | 1134.20 | 902.90 | 47.40 |
| 常德 | 41.4 | 1.4 | 4 | 1 | 2522.28 | 11367.72 | 8684.91 | 1098.89 |
| 津市 | 7.5 | | 1 | | 370.00 | 1455.00 | 1205.00 | 192.00 |
| 张家界 | 20.0 | | 5 | | 636.00 | 4708.50 | 3751.37 | 1214.77 |
| 益阳 | 42.0 | | 3 | | 855.00 | 9235.00 | 6071.00 | 1670.00 |
| 沅江 | 6.0 | 3.0 | 3 | 2 | 370.00 | 1168.50 | 1046.50 | 120.00 |
| 郴州 | 91.0 | 3.5 | 5 | 1 | 1579.79 | 8733.75 | 7845.56 | 753.36 |

continued 11

| Total Quantity of Water Supply($10,000m^3$) | | | | | | 用水户数(户) Number of Households with Access to Water Supply (unit) | | 用水人口(万人) Population with Access to Water Supply (10,000 persons) | 城市名称 Name of Cities |
|---|---|---|---|---|---|---|---|---|---|
| Water Sold | | | 免费供水量 The Quantity of Free Water Supply | | 漏损水量 The Lossed Water | | 居民家庭 Household User | | |
| 公共服务用水 The Quantity of Water for Public Service | 居民家庭用水 The Quantity of Water for Household Use | 其他用水 The Quantity of Water for Other Purposes | | 生活用水 Domestic Water Use | | | | | |
| 93.00 | 758.90 | | | | 204.94 | 54765 | 53453 | 15.20 | 石首 |
| 189.58 | 1032.65 | 19.51 | 300.24 | | 351.79 | 62768 | 57591 | 14.75 | 洪湖 |
| 45.00 | 810.00 | 45.00 | 100.00 | | 208.00 | 47400 | 45875 | 13.81 | 松滋 |
| 675.00 | 2380.00 | 61.00 | | | 862.41 | 200668 | 191757 | 31.19 | 黄冈 |
| 294.51 | 1174.56 | 91.04 | 84.33 | 83.16 | 263.61 | 109916 | 108769 | 28.40 | 麻城 |
| 160.00 | 1857.00 | 40.00 | | | 531.00 | 265800 | 251010 | 26.58 | 武穴 |
| 347.72 | 2801.63 | 686.48 | 28.14 | 10.59 | 950.01 | 241047 | 163516 | 39.69 | 咸宁 |
| 268.00 | 1209.00 | 52.00 | 375.50 | 260.00 | 238.50 | 150684 | 149168 | 28.70 | 赤壁 |
| 60.00 | 2883.00 | 71.00 | 16.00 | 16.00 | 819.00 | 202533 | 195453 | 44.31 | 随州 |
| 85.00 | 660.00 | 50.00 | 150.00 | | 168.00 | 112000 | 111490 | 30.70 | 广水 |
| 81.12 | 2748.39 | 11.96 | 521.44 | 3.24 | 955.20 | 199278 | 193436 | 25.65 | 恩施 |
| 132.00 | 1308.00 | 459.20 | 140.00 | | 284.80 | 82896 | 59800 | 23.25 | 利川 |
| 596.70 | 2546.02 | 2177.92 | 83.72 | | 1267.14 | 271791 | 256417 | 39.70 | 仙桃 |
| | 1583.00 | 8.00 | 225.24 | | 320.36 | 116152 | 112742 | 29.44 | 潜江 |
| 39.00 | 2619.00 | 78.00 | 380.00 | | 703.00 | 134025 | 126682 | 26.89 | 天门 |
| **37120.59** | **111932.71** | **12659.01** | **10713.99** | **1938.45** | **30871.80** | **7326136** | **6572523** | **1914.67** | **湖南** |
| 17391.18 | 28065.01 | 5683.63 | 40.00 | 40.00 | 10056.06 | 1307300 | 1214679 | 520.51 | 长沙 |
| 107.15 | 2807.57 | 14.90 | 179.35 | 3.36 | 1117.67 | 217854 | 180000 | 51.82 | 宁乡 |
| 181.00 | 1848.00 | 89.00 | 65.00 | 35.00 | 512.00 | 168753 | 146384 | 29.27 | 浏阳 |
| 2541.63 | 9190.30 | 1429.02 | 439.21 | 38.93 | 2981.64 | 801327 | 738571 | 144.83 | 株洲 |
| 259.65 | 1575.28 | 4.63 | 281.50 | 48.00 | 484.71 | 128577 | 127001 | 32.15 | 醴陵 |
| 313.60 | 5121.20 | 1068.00 | 513.00 | 513.00 | 837.00 | 358600 | 326369 | 94.87 | 湘潭 |
| 117.60 | 975.90 | 213.10 | 9.70 | 7.25 | 67.20 | 81950 | 70907 | 23.67 | 湘乡 |
| 38.00 | 193.00 | 16.00 | 4.00 | 1.00 | 52.00 | 18200 | 16100 | 4.11 | 韶山 |
| 2895.00 | 7492.00 | | 370.00 | | 2160.00 | 467943 | 418064 | 129.00 | 衡阳 |
| 293.20 | 2024.70 | 4.02 | 497.50 | 65.30 | 595.64 | 142100 | 138600 | 31.82 | 耒阳 |
| 107.00 | 1168.00 | 2.00 | 22.00 | 10.00 | 344.00 | 96133 | 67027 | 17.23 | 常宁 |
| 1124.00 | 4161.00 | 904.00 | 43.00 | 43.00 | 1205.53 | 313863 | 286926 | 68.50 | 邵阳 |
| 135.00 | 1445.00 | 126.00 | 45.00 | 45.00 | 424.00 | 59272 | 49890 | 31.00 | 武冈 |
| 435.00 | 1952.00 | 35.00 | 49.00 | 13.00 | 273.00 | 125694 | 118230 | 36.00 | 邵东 |
| 427.50 | 7082.62 | 163.27 | 264.65 | 89.36 | 2018.03 | 402456 | 344022 | 94.55 | 岳阳 |
| 2.56 | 751.85 | 222.58 | 197.30 | 101.51 | 256.61 | 53248 | 51982 | 14.62 | 汨罗 |
| 117.80 | 734.20 | 3.50 | 25.80 | 4.80 | 205.50 | 48522 | 48085 | 16.20 | 临湘 |
| 2520.29 | 4816.76 | 248.97 | 1037.87 | 110.76 | 1644.94 | 536945 | 490043 | 91.40 | 常德 |
| 374.00 | 633.00 | 6.00 | 100.00 | 8.00 | 150.00 | 61001 | 56422 | 10.94 | 津市 |
| 302.31 | 2184.29 | 50.00 | 892.29 | 271.50 | 64.84 | 128375 | 88185 | 29.60 | 张家界 |
| 1555.00 | 2785.00 | 61.00 | 2178.00 | 37.00 | 986.00 | 199113 | 183995 | 45.22 | 益阳 |
| 38.00 | 881.00 | 7.50 | 33.00 | 8.00 | 89.00 | 77674 | 65542 | 18.34 | 沅江 |
| 2217.91 | 4671.53 | 202.76 | 385.56 | 69.81 | 502.63 | 314432 | 291058 | 70.50 | 郴州 |

## 5-5 续表 12

| 城市名称<br>Name of Cities | 综合生产能力(万立方米/日)<br>Integrated Production Capacity ($10,000\ m^3$/day) | 地下水<br>Under-ground Water | 水厂个数(个)<br>Number of Water Plants (unit) | 地下水<br>Under-ground Water | 供水管道长度(公里)<br>Length of Water Supply Pipelines (km) | 供水总量(万立方米) 合计<br>Total | 售水量 小计<br>Subtotal | 生产运营用水<br>The Quantity of Water for Production and Operation |
|---|---|---|---|---|---|---|---|---|
| 资兴 | 12.0 | | 3 | | 536.00 | 1673.00 | 1442.00 | 471.00 |
| 永州 | 44.0 | | 4 | | 1559.00 | 10351.35 | 8794.68 | 784.48 |
| 祁阳 | 15.0 | | 2 | | 695.55 | 2193.10 | 1724.89 | 293.22 |
| 怀化 | 30.0 | | 3 | | 1589.50 | 7336.00 | 5633.00 | 1378.00 |
| 洪江 | 6.0 | | 2 | | 308.95 | 1106.84 | 889.16 | 217.37 |
| 娄底 | 23.0 | | 3 | | 1200.00 | 6720.00 | 5337.00 | 583.00 |
| 冷水江 | 11.0 | | 2 | | 188.23 | 1642.68 | 1275.18 | 318.00 |
| 涟源 | 8.0 | 2.0 | 3 | 1 | 408.00 | 1592.00 | 1308.00 | 171.00 |
| 吉首 | 13.0 | | 2 | | 765.43 | 3792.00 | 3118.00 | 202.00 |
| **广东** | **3785.2** | **19.0** | **249** | **6** | **149768.67** | **1007205.15** | **872424.43** | **247496.12** |
| 广州 | 848.6 | | 37 | | 42669.07 | 266018.18 | 220219.50 | 43034.71 |
| 韶关 | 57.0 | | 6 | | 3627.18 | 10426.99 | 8058.65 | 858.69 |
| 乐昌 | 5.0 | | 1 | | 363.00 | 1244.12 | 1137.12 | 126.00 |
| 南雄 | 8.0 | | 1 | | 270.45 | 1092.67 | 900.00 | 268.00 |
| 深圳 | 750.0 | | 45 | | 20840.00 | 184314.00 | 169233.00 | 49397.00 |
| 珠海 | 143.3 | | 12 | | 5337.00 | 46828.92 | 41160.98 | 16725.91 |
| 汕头 | 151.2 | | 12 | | 7085.32 | 36240.02 | 31169.36 | 6554.31 |
| 佛山 | 348.8 | | 8 | | 6214.11 | 52404.68 | 47585.36 | 18592.84 |
| 江门 | 88.0 | | 7 | | 3466.43 | 27910.85 | 24201.61 | 6641.31 |
| 台山 | 12.0 | | 1 | | 1209.73 | 3441.89 | 3068.52 | 317.01 |
| 开平 | 27.0 | | 3 | | 751.26 | 4521.98 | 4138.37 | 1444.27 |
| 鹤山 | 19.5 | | 1 | | 964.00 | 2738.00 | 2420.00 | 251.00 |
| 恩平 | 12.0 | | 1 | | 2830.04 | 2858.73 | 2547.41 | 628.02 |
| 湛江 | 66.5 | 14.0 | 9 | 6 | 2118.80 | 16438.42 | 13949.87 | 2099.04 |
| 廉江 | 10.0 | | 1 | | 430.00 | 3310.36 | 2697.56 | 533.62 |
| 雷州 | 5.0 | 5.0 | 1 | | 386.00 | 1798.00 | 1531.00 | 171.00 |
| 吴川 | 16.0 | | 2 | | 1531.56 | 2026.00 | 1827.00 | |
| 茂名 | 46.0 | | 3 | | 2287.59 | 10137.70 | 8955.04 | 1002.91 |
| 高州 | 10.0 | | 1 | | 422.63 | 2675.58 | 2286.31 | 69.71 |
| 化州 | 9.8 | | 1 | | 311.61 | 2302.66 | 2072.53 | 148.06 |
| 信宜 | 7.5 | | 1 | | 357.64 | 1739.71 | 1497.51 | 121.90 |
| 肇庆 | 60.0 | | 6 | | 2936.21 | 16302.14 | 14045.15 | 4210.22 |
| 四会 | 24.0 | | 3 | | 750.00 | 6020.41 | 5340.49 | 791.34 |
| 惠州 | 194.0 | | 9 | | 3757.40 | 37378.98 | 32569.33 | 12351.47 |
| 梅州 | 31.0 | | 4 | | 650.00 | 8632.20 | 6990.85 | 159.30 |
| 兴宁 | 15.0 | | 1 | | 475.59 | 3998.24 | 3328.75 | 262.45 |
| 汕尾 | 15.5 | | 3 | | 673.83 | 5020.20 | 4221.66 | 1650.74 |
| 陆丰 | 18.0 | | 2 | | 198.00 | 2444.00 | 2056.00 | |
| 河源 | 30.0 | | 5 | | 1570.21 | 7907.00 | 6766.00 | 1836.00 |

## continued 12

| Total Quantity of Water Supply(10,000m$^3$) | | | | | | 用水户数(户) Number of Households with Access to Water Supply (unit) | | 用水人口(万人) Population with Access to Water Supply (10,000 persons) | 城市名称 Name of Cities |
|---|---|---|---|---|---|---|---|---|---|
| Water Sold | | | 免费供水量 The Quantity of Free Water Supply | | 漏损水量 The Lossed Water | | 居民家庭 Household User | | |
| 公共服务用水 The Quantity of Water for Public Service | 居民家庭用水 The Quantity of Water for Household Use | 其他用水 The Quantity of Water for Other Purposes | | 生活用水 Domestic Water Use | | | | | |
| 152.00 | 707.00 | 112.00 | 163.00 | 95.00 | 68.00 | 106173 | 98026 | 13.80 | 资兴 |
| 1343.32 | 5851.68 | 815.20 | 689.36 | 96.98 | 867.31 | 262233 | 209529 | 62.32 | 永州 |
| 137.98 | 1259.10 | 34.59 | 172.48 | 64.68 | 295.73 | 73899 | 71895 | 29.42 | 祁阳 |
| 960.00 | 3258.00 | 37.00 | 1083.00 | 2.00 | 620.00 | 244340 | 188942 | 63.09 | 怀化 |
| 91.87 | 576.08 | 3.84 | 23.92 | 20.39 | 193.76 | 59588 | 48424 | 10.78 | 洪江 |
| 682.00 | 3887.00 | 185.00 | 485.00 | 71.80 | 898.00 | 250000 | 235000 | 53.49 | 娄底 |
| 6.04 | 931.64 | 19.50 | 168.50 | 14.37 | 199.00 | 58370 | 48656 | 15.00 | 冷水江 |
| 183.00 | 888.00 | 66.00 | 96.00 | 8.00 | 188.00 | 48172 | 43354 | 18.94 | 涟源 |
| 70.00 | 2015.00 | 831.00 | 160.00 | 1.65 | 514.00 | 114029 | 110615 | 41.68 | 吉首 |
| **164719.82** | **415368.08** | **44840.41** | **14123.73** | **519.73** | **120656.99** | **2126837** | **16435859** | **6584.17** | **广东** |
| 53615.66 | 115881.39 | 7687.74 | 8912.20 | | 36886.48 | 4363338 | 4016401 | 1369.70 | 广州 |
| 1622.74 | 5238.97 | 338.25 | 279.28 | | 2089.06 | 2533573 | 304148 | 66.06 | 韶关 |
| 157.00 | 805.12 | 49.00 | 28.00 | | 79.00 | 78093 | 68503 | 12.25 | 乐昌 |
| 60.00 | 566.00 | 6.00 | | | 192.67 | 56201 | 46954 | 7.30 | 南雄 |
| 43810.00 | 74656.00 | 1370.00 | 428.00 | | 14653.00 | 2900000 | 2400000 | 1766.18 | 深圳 |
| 10077.85 | 14344.99 | 12.23 | 67.70 | 43.92 | 5600.24 | 953985 | 857054 | 202.49 | 珠海 |
| 3927.36 | 16906.74 | 3780.95 | 949.62 | 175.14 | 4121.04 | 831806 | 701045 | 263.05 | 汕头 |
| 6856.53 | 17776.41 | 4359.58 | 42.76 | 16.79 | 4776.56 | 1436535 | 1207639 | 200.30 | 佛山 |
| 4537.78 | 8471.19 | 4551.33 | 14.71 | 0.18 | 3694.53 | 783823 | 689019 | 128.98 | 江门 |
| 739.18 | 1718.75 | 293.58 | 30.32 | 1.80 | 343.05 | 176522 | 161849 | 19.45 | 台山 |
| 115.94 | 2556.63 | 21.53 | 0.69 | 0.21 | 382.92 | 146325 | 124974 | 30.05 | 开平 |
| 69.00 | 1646.00 | 454.00 | 4.00 | 1.00 | 314.00 | 132920 | 115781 | 17.17 | 鹤山 |
| 90.81 | 1639.32 | 189.26 | 1.73 | 1.73 | 309.59 | 111664 | 90692 | 14.53 | 恩平 |
| 3552.97 | 7857.97 | 439.89 | 184.89 | 3.55 | 2303.66 | 437093 | 393820 | 90.72 | 湛江 |
| 266.81 | 1778.71 | 118.42 | 84.27 | 84.27 | 528.53 | 97821 | 81114 | 20.05 | 廉江 |
| 7.00 | 1188.00 | 165.00 | 8.00 | 8.00 | 259.00 | 89825 | 80842 | 21.95 | 雷州 |
| | 1228.00 | 599.00 | 8.00 | 5.00 | 191.00 | 75733 | 64811 | 27.98 | 吴川 |
| 1646.47 | 6212.52 | 93.14 | 35.95 | | 1146.71 | 223950 | 201127 | 91.26 | 茂名 |
| 472.63 | 1560.66 | 183.31 | 29.08 | | 360.19 | 104244 | 93878 | 36.38 | 高州 |
| 200.85 | 1692.79 | 30.83 | | | 230.13 | 92230 | 82952 | 41.08 | 化州 |
| 302.02 | 1048.25 | 25.34 | 8.22 | | 233.98 | 94364 | 82179 | 27.50 | 信宜 |
| 2711.82 | 6535.98 | 587.13 | 314.69 | 39.88 | 1942.30 | 424896 | 380833 | 77.39 | 肇庆 |
| 1248.71 | 3203.72 | 96.72 | 91.60 | 12.81 | 588.32 | 190424 | 168724 | 23.12 | 四会 |
| 1287.59 | 18662.56 | 267.71 | 8.30 | | 4801.35 | 670796 | 624801 | 258.53 | 惠州 |
| 82.77 | 6711.21 | 37.57 | 795.86 | | 845.49 | 337118 | 330376 | 48.98 | 梅州 |
| 511.85 | 2554.45 | | | | 669.49 | 131716 | 114595 | 23.84 | 兴宁 |
| 347.46 | 2223.46 | | 333.06 | | 465.48 | 115000 | 107274 | 32.34 | 汕尾 |
| | 1686.00 | 370.00 | 160.25 | | 227.75 | 70000 | 60000 | 24.86 | 陆丰 |
| 275.00 | 3978.00 | 677.00 | 187.00 | 39.00 | 954.00 | 200788 | 176777 | 31.11 | 河源 |

# 5-5 续表 13

| 城市名称 Name of Cities | 综合生产能力(万立方米/日) Integrated Production Capacity (10,000 m³/day) | | 水厂个数(个) Number of Water Plants (unit) | | 供水管道长度(公里) Length of Water Supply Pipelines (km) | 供水总量(万立方米) | | |
|---|---|---|---|---|---|---|---|---|
| | | 地下水 Under-ground Water | | 地下水 Under-ground Water | | 合计 Total | 售水量 小计 Subtotal | 生产运营用水 The Quantity of Water for Production and Operation |
| 阳江 | 53.1 | | 3 | | 1847.38 | 12340.24 | 10339.60 | 3260.56 |
| 阳春 | 8.5 | | 1 | | 1186.00 | 3547.50 | 2496.00 | 95.00 |
| 清远 | 41.0 | | 3 | | 1505.89 | 13656.48 | 11726.24 | 1629.43 |
| 英德 | 11.0 | | 1 | | 473.91 | 2843.17 | 1965.30 | |
| 连州 | 6.0 | | 2 | | 168.00 | 1245.00 | 1150.98 | 167.66 |
| 东莞 | 344.1 | | 32 | | 23739.75 | 150742.96 | 130091.76 | 64515.89 |
| 中山 | 110.0 | | 3 | | 1473.07 | 11367.05 | 9686.73 | 1102.90 |
| 潮州 | 64.0 | | 5 | | 973.82 | 12680.31 | 10538.66 | 1775.54 |
| 揭阳 | 44.0 | | 3 | | 1776.60 | 13459.46 | 13353.04 | 2006.80 |
| 普宁 | 50.0 | | 5 | | 535.63 | 10028.85 | 8925.68 | 1407.44 |
| 云浮 | 11.8 | | 2 | | 892.96 | 3715.50 | 3190.51 | 287.07 |
| 罗定 | 13.0 | | 2 | | 711.00 | 3406.00 | 2985.00 | 1001.00 |
| **广西** | **728.1** | **29.0** | **83** | **7** | **25398.08** | **190295.59** | **161329.13** | **26142.90** |
| 南宁 | 228.5 | 3.0 | 12 | 1 | 5690.88 | 66267.34 | 54597.28 | 5210.80 |
| 横州 | 10.6 | | 2 | | 317.36 | 3100.64 | 2733.08 | 1714.79 |
| 柳州 | 66.1 | | 7 | | 2342.57 | 24906.19 | 21594.98 | 3321.65 |
| 桂林 | 74.0 | | 5 | | 2959.23 | 16014.16 | 13949.93 | 1952.63 |
| 荔浦 | 4.1 | | 1 | | 239.60 | 1100.00 | 994.00 | 321.00 |
| 梧州 | 43.2 | | 7 | | 688.00 | 8247.52 | 7417.03 | 1573.75 |
| 岑溪 | 9.2 | | 2 | | 845.80 | 1820.29 | 1521.66 | 483.54 |
| 北海 | 25.0 | 10.0 | 2 | 1 | 1765.29 | 8265.30 | 7155.96 | 1190.15 |
| 防城港 | 24.2 | | 5 | | 1167.00 | 5736.06 | 4861.54 | 1565.70 |
| 东兴 | 10.0 | | 2 | | 247.00 | 1846.00 | 1645.00 | |
| 钦州 | 30.0 | | 3 | | 1351.44 | 7409.24 | 6285.68 | 1713.94 |
| 贵港 | 31.3 | 1.0 | 6 | 1 | 1335.11 | 6865.33 | 5841.46 | 1514.96 |
| 桂平 | 8.0 | | 1 | | 209.04 | 2301.00 | 2045.00 | 243.00 |
| 玉林 | 38.8 | | 4 | | 1028.48 | 8903.70 | 7121.81 | 2207.76 |
| 北流 | 7.5 | | 2 | | 312.26 | 2051.00 | 1846.00 | 330.00 |
| 百色 | 25.5 | | 5 | | 964.00 | 5695.60 | 4856.70 | 1424.83 |
| 靖西 | 4.5 | | 1 | | 172.91 | 1140.00 | 996.00 | 28.00 |
| 平果 | 13.0 | | 2 | | 299.00 | 2011.00 | 1750.00 | 430.00 |
| 贺州 | 10.0 | | 1 | | 1054.03 | 3645.77 | 3052.01 | 292.13 |
| 河池 | 31.0 | 15.0 | 8 | 4 | 582.29 | 4537.15 | 3875.58 | 370.00 |
| 来宾 | 12.0 | | 2 | | 1135.93 | 4298.30 | 3687.43 | 198.27 |
| 合山 | 3.0 | | 1 | | 85.60 | 486.00 | 413.00 | 6.00 |
| 崇左 | 10.0 | | 1 | | 324.77 | 2940.00 | 2508.00 | |
| 凭祥 | 8.7 | | 1 | | 280.49 | 708.00 | 580.00 | 50.00 |

continued 13

| Total Quantity of Water Supply(10,000m³) | | | | | | 用水户数(户) Number of Households with Access to Water Supply (unit) | | 用水人口(万人) Population with Access to Water Supply (10,000 persons) | 城市名称 Name of Cities |
|---|---|---|---|---|---|---|---|---|---|
| Water Sold | | | 免费供水量 The Quantity of Free Water Supply | | 漏损水量 The Lossed Water | | 居民家庭 Household User | | |
| 公共服务用水 The Quantity of Water for Public Service | 居民家庭用水 The Quantity of Water for Household Use | 其他用水 The Quantity of Water for Other Purposes | | 生活用水 Domestic Water Use | | | | | |
| 804.30 | 5215.16 | 1059.58 | 41.17 | 1.47 | 1959.47 | 175854 | 141275 | 55.33 | 阳江 |
| 326.00 | 2021.00 | 54.00 | 2.00 | 2.00 | 1049.50 | 129000 | 128900 | 24.00 | 阳春 |
| 3258.38 | 6253.46 | 584.97 | 1.29 | 1.29 | 1928.95 | 269371 | 230297 | 60.67 | 清远 |
| 696.32 | 1268.98 | | 412.58 | | 465.29 | 96403 | 84943 | 15.20 | 英德 |
| 138.76 | 835.71 | 8.85 | 3.19 | 3.19 | 90.83 | 44350 | 33277 | 14.66 | 连州 |
| 15282.41 | 46672.33 | 3621.13 | 266.28 | 6.34 | 20384.92 | 1411083 | 1012601 | 1082.44 | 东莞 |
| 1110.00 | 4554.93 | 2918.90 | | | 1680.32 | 379663 | 331606 | 80.80 | 中山 |
| 1167.31 | 6049.69 | 1546.12 | | | 2141.65 | 266041 | 223807 | 81.52 | 潮州 |
| 2289.84 | 2390.70 | 6665.70 | 3.59 | | 102.83 | 186409 | 160490 | 94.37 | 揭阳 |
| 106.45 | 7358.54 | 53.25 | 200.57 | 5.86 | 902.60 | 163301 | 139876 | 44.83 | 普宁 |
| 881.25 | 1266.79 | 755.40 | 119.88 | 6.30 | 405.11 | 93968 | 78717 | 35.82 | 云浮 |
| 65.00 | 1151.00 | 768.00 | 65.00 | 60.00 | 356.00 | 50611 | 41908 | 19.93 | 罗定 |
| **30587.07** | **101845.65** | **2753.51** | **4919.19** | **134.97** | **24047.27** | **3537989** | **3200488** | **1327.20** | **广西** |
| 10986.69 | 37833.52 | 566.27 | 4153.65 | | 7516.41 | 485867 | 447274 | 420.74 | 南宁 |
| 176.73 | 811.42 | 30.14 | 0.15 | | 367.41 | 56412 | 54257 | 18.97 | 横州 |
| 4824.89 | 13448.44 | | 146.24 | 13.64 | 3164.97 | 517688 | 469273 | 186.70 | 柳州 |
| 4436.36 | 7131.76 | 429.18 | 454.99 | 2.74 | 1609.24 | 745580 | 678747 | 103.46 | 桂林 |
| 6.00 | 550.00 | 117.00 | | | 106.00 | 48000 | 43612 | 7.94 | 荔浦 |
| 1796.47 | 3989.15 | 57.66 | 67.79 | 67.79 | 762.70 | 180873 | 157213 | 59.37 | 梧州 |
| 34.00 | 1004.12 | | 3.76 | 3.76 | 294.87 | 79977 | 51371 | 19.37 | 岑溪 |
| 2145.46 | 3820.35 | | 28.83 | 7.33 | 1080.51 | 144301 | 137333 | 65.78 | 北海 |
| 620.48 | 2649.13 | 26.23 | 15.26 | | 859.26 | 48000 | 48000 | 25.69 | 防城港 |
| 225.00 | 1340.00 | 80.00 | 17.00 | 17.00 | 184.00 | 25123 | 24339 | 10.31 | 东兴 |
| 1265.77 | 3290.74 | 15.23 | 0.09 | 0.09 | 1123.47 | 177377 | 165920 | 40.59 | 钦州 |
| 1292.94 | 2931.17 | 102.39 | 10.78 | 2.27 | 1013.09 | 140635 | 132524 | 40.48 | 贵港 |
| 486.00 | 1316.00 | | | | 256.00 | 59218 | 58041 | 21.63 | 桂平 |
| 213.65 | 4679.03 | 21.37 | | | 1781.89 | 178537 | 148326 | 77.24 | 玉林 |
| 95.00 | 1421.00 | | | | 205.00 | 56679 | 48895 | 22.68 | 北流 |
| 727.03 | 2676.91 | 27.93 | 6.85 | 6.85 | 832.05 | 90042 | 81128 | 39.58 | 百色 |
| 29.00 | 921.00 | 18.00 | | | 144.00 | 41245 | 41130 | 17.54 | 靖西 |
| 140.00 | 1180.00 | | | | 261.00 | 76377 | 75350 | 19.30 | 平果 |
| 239.30 | 2099.92 | 420.66 | 12.50 | 12.50 | 581.26 | 60312 | 50477 | 26.19 | 贺州 |
| 60.00 | 3293.58 | 152.00 | 1.00 | 1.00 | 660.57 | 132898 | 106294 | 35.85 | 河池 |
| 761.30 | 2593.41 | 134.45 | 0.30 | | 610.57 | 114920 | 106963 | 34.78 | 来宾 |
| 6.00 | 401.00 | | | | 73.00 | 14105 | 14035 | 5.03 | 合山 |
| 11.00 | 1942.00 | 555.00 | | | 432.00 | 43506 | 39669 | 20.31 | 崇左 |
| 8.00 | 522.00 | | | | 128.00 | 20317 | 20317 | 7.67 | 凭祥 |

# 5-5 续表 14

| 城市名称 Name of Cities | 综合生产能力(万立方米/日) Integrated Production Capacity (10,000 m³/day) | | 水厂个数(个) Number of Water Plants (unit) | | 供水管道长度(公里) Length of Water Supply Pipelines (km) | 供水总量(万立方米) | | |
|---|---|---|---|---|---|---|---|---|
| | | 地下水 Underground Water | | 地下水 Underground Water | | 合计 Total | 售水量 | |
| | | | | | | | 小计 Subtotal | 生产运营用水 The Quantity of Water for Production and Operation |
| **海　　南** | **202.5** | **14.3** | **19** | **1** | **7927.88** | **49173.50** | **42457.01** | **2970.79** |
| 海　　口 | 78.0 | 14.3 | 4 | 1 | 1482.39 | 23887.72 | 20748.04 | 1870.10 |
| 三　　亚 | 63.2 | | 6 | | 3787.76 | 15524.30 | 13612.98 | 766.18 |
| 儋　　州 | 10.0 | | 1 | | 262.28 | 2562.62 | 2124.79 | 16.97 |
| 五 指 山 | 2.5 | | 2 | | 176.45 | 648.75 | 537.27 | |
| 琼　　海 | 14.0 | | 2 | | 753.00 | 2028.00 | 1649.00 | 130.00 |
| 文　　昌 | 10.3 | | 2 | | 286.00 | 1633.62 | 1417.45 | 56.54 |
| 万　　宁 | 15.0 | | 1 | | 780.00 | 1074.94 | 870.66 | 45.32 |
| 东　　方 | 9.5 | | 1 | | 400.00 | 1813.55 | 1496.82 | 85.68 |
| **重　　庆** | **733.5** | | **96** | | **26857.57** | **180275.86** | **152433.21** | **35891.67** |
| 重　　庆 | 733.5 | | 96 | | 26857.57 | 180275.86 | 152433.21 | 35891.67 |
| **四　　川** | **1276.3** | **35.0** | **169** | **15** | **58196.70** | **334536.06** | **284650.15** | **46478.80** |
| 成　　都 | 446.4 | 3.7 | 17 | 2 | 21912.03 | 143975.29 | 124591.71 | 15907.16 |
| 简　　阳 | 16.0 | | 2 | | 325.06 | 2651.42 | 2024.03 | 334.25 |
| 都 江 堰 | 23.9 | 2.6 | 5 | 3 | 511.89 | 3928.46 | 2611.11 | 224.46 |
| 彭　　州 | 18.0 | | 1 | | 1103.45 | 2554.00 | 2103.00 | 242.00 |
| 邛　　崃 | 10.0 | | 1 | | 336.07 | 2031.89 | 1806.56 | 743.96 |
| 崇　　州 | 8.0 | 8.0 | 1 | 1 | 350.00 | 2369.00 | 2081.00 | 543.00 |
| 自　　贡 | 34.2 | | 4 | | 4229.02 | 7618.04 | 6614.47 | 1988.87 |
| 攀 枝 花 | 49.9 | | 10 | | 1464.89 | 10260.18 | 9087.12 | 4445.53 |
| 泸　　州 | 59.3 | | 6 | | 3594.17 | 12439.24 | 10044.08 | 1156.15 |
| 德　　阳 | 28.8 | 3.8 | 3 | 1 | 724.74 | 7536.68 | 5960.23 | 1617.31 |
| 广　　汉 | 15.8 | 5.8 | 2 | 1 | 423.76 | 3003.91 | 2525.80 | 609.36 |
| 什　　邡 | 8.0 | | 1 | | 425.00 | 2758.02 | 2153.76 | 450.55 |
| 绵　　竹 | 7.5 | 7.5 | 3 | 3 | 148.30 | 2449.71 | 2209.14 | 318.14 |
| 绵　　阳 | 64.8 | 3.6 | 15 | 3 | 5156.20 | 16095.80 | 13631.30 | 2209.55 |
| 江　　油 | 16.0 | | 4 | | 949.86 | 3921.73 | 3254.60 | 632.00 |
| 广　　元 | 16.8 | | 6 | | 712.42 | 5114.64 | 4222.99 | 913.67 |
| 遂　　宁 | 57.1 | | 9 | | 1566.01 | 9005.50 | 7056.05 | 1082.37 |
| 射　　洪 | 8.8 | | 2 | | 221.00 | 2771.53 | 2237.21 | 158.47 |
| 内　　江 | 26.6 | | 5 | | 942.23 | 6581.10 | 5399.98 | 276.83 |
| 隆　　昌 | 7.2 | | 2 | | 712.70 | 2196.00 | 1975.00 | 580.00 |
| 乐　　山 | 36.0 | | 10 | | 2531.87 | 9408.27 | 8194.52 | 1052.73 |
| 峨 眉 山 | 13.7 | | 4 | | 262.00 | 2818.95 | 2453.95 | 335.00 |
| 南　　充 | 53.0 | | 4 | | 1165.00 | 14925.00 | 12948.00 | 2356.00 |
| 阆　　中 | 14.5 | | 2 | | 309.00 | 3525.27 | 2973.75 | 1226.35 |
| 眉　　山 | 31.5 | | 6 | | 1193.00 | 8259.76 | 6935.31 | 1431.67 |
| 宜　　宾 | 65.0 | | 6 | 1 | 1311.00 | 12402.19 | 10490.66 | 1816.61 |
| 广　　安 | 21.0 | | 3 | | 802.43 | 4303.50 | 3580.35 | 256.72 |

## continued 14

| Total Quantity of Water Supply(10,000m$^3$) | | | | | | 用水户数(户) Number of Households with Access to Water Supply (unit) | | 用水人口(万人) Population with Access to Water Supply (10,000 persons) | 城市名称 Name of Cities |
|---|---|---|---|---|---|---|---|---|---|
| Water Sold | | | 免费供水量 The Quantity of Free Water Supply | | 漏损水量 The Lossed Water | | 居民家庭 Household User | | |
| 公共服务用水 The Quantity of Water for Public Service | 居民家庭用水 The Quantity of Water for Household Use | 其他用水 The Quantity of Water for Other Purposes | | 生活用水 Domestic Water Use | | | | | |
| **5654.40** | **28974.66** | **4857.16** | **1168.60** | **25.99** | **5547.89** | **384598** | **332769** | **327.20** | **海南** |
| 3070.01 | 14433.97 | 1373.96 | 837.68 | | 2302.00 | 114331 | 88285 | 204.05 | 海口 |
| 1796.58 | 7828.59 | 3221.63 | 100.54 | 5.37 | 1810.78 | 79846 | 73361 | 56.00 | 三亚 |
| 30.00 | 1999.94 | 77.88 | | | 437.83 | 61677 | 60652 | 19.02 | 儋州 |
| | 495.57 | 41.70 | 20.56 | 20.56 | 90.92 | 20086 | 20084 | 5.60 | 五指山 |
| 24.00 | 1480.00 | 15.00 | 186.00 | | 193.00 | 34473 | 29302 | 10.37 | 琼海 |
| 303.32 | 1046.68 | 10.91 | 2.52 | 0.06 | 213.65 | 20940 | 15282 | 15.30 | 文昌 |
| 157.85 | 661.34 | 6.15 | 21.30 | | 182.98 | 28467 | 25680 | 7.60 | 万宁 |
| 272.64 | 1028.57 | 109.93 | | | 316.73 | 24778 | 20123 | 9.26 | 东方 |
| **25673.55** | **78704.68** | **12163.31** | **2075.81** | **344.74** | **25766.84** | **7938368** | **7348578** | **1581.59** | **重庆** |
| 25673.55 | 78704.68 | 12163.31 | 2075.81 | 344.74 | 25766.84 | 7938368 | 7348578 | 1581.59 | 重庆 |
| **50396.44** | **169033.22** | **18741.69** | **7578.93** | **1042.24** | **42306.98** | **12345213** | **10783305** | **3103.66** | **四川** |
| 30526.18 | 71253.25 | 6905.12 | 2654.52 | 271.99 | 16729.06 | 3603088 | 3179001 | 1203.22 | 成都 |
| 203.28 | 1336.50 | 150.00 | 199.00 | | 428.39 | 149843 | 134164 | 31.64 | 简阳 |
| 61.25 | 1497.41 | 827.99 | 794.67 | 2.03 | 522.68 | 158729 | 138081 | 24.30 | 都江堰 |
| 288.00 | 1242.00 | 331.00 | 30.00 | | 421.00 | 95541 | 88024 | 27.26 | 彭州 |
| 85.00 | 887.60 | 90.00 | 14.99 | 0.02 | 210.34 | 100449 | 89106 | 28.00 | 邛崃 |
| 350.00 | 1038.00 | 150.00 | 35.00 | 22.00 | 253.00 | 89662 | 77153 | 21.57 | 崇州 |
| | 4543.51 | 82.09 | 3.82 | | 999.75 | 448294 | 421974 | 121.07 | 自贡 |
| 1696.07 | 2945.52 | | 20.81 | 6.82 | 1152.25 | 317198 | 294371 | 68.10 | 攀枝花 |
| 1171.90 | 7346.26 | 369.77 | 237.28 | 144.35 | 2157.88 | 437481 | 354335 | 147.22 | 泸州 |
| 240.21 | 3943.05 | 159.66 | 466.67 | | 1109.78 | 352642 | 322341 | 65.64 | 德阳 |
| 605.97 | 1232.80 | 77.67 | 15.41 | 15.41 | 462.70 | 188924 | 73115 | 27.17 | 广汉 |
| 520.88 | 987.60 | 194.73 | 193.87 | 193.87 | 410.39 | 51016 | 44781 | 15.70 | 什邡 |
| 201.00 | 690.00 | 1000.00 | 30.00 | 29.00 | 210.57 | 42235 | 34545 | 14.98 | 绵竹 |
| 2294.23 | 8931.45 | 196.07 | 83.43 | 17.12 | 2381.07 | 770541 | 700229 | 146.11 | 绵阳 |
| 17.60 | 2389.00 | 216.00 | 0.13 | 0.13 | 667.00 | 215234 | 157772 | 35.00 | 江油 |
| 325.67 | 2916.04 | 67.61 | | | 891.65 | 225335 | 211100 | 51.69 | 广元 |
| 1094.69 | 3834.43 | 1044.56 | 754.00 | | 1195.45 | 379989 | 328345 | 61.48 | 遂宁 |
| 108.22 | 1780.48 | 190.04 | 127.34 | 117.74 | 406.98 | 168869 | 147636 | 32.62 | 射洪 |
| 937.92 | 3986.79 | 198.44 | 91.60 | | 1089.52 | 367526 | 328145 | 69.60 | 内江 |
| | 1395.00 | | | | 221.00 | 138662 | 125797 | 21.01 | 隆昌 |
| 243.15 | 4430.18 | 2468.46 | 287.59 | 0.86 | 926.16 | 462361 | 422776 | 74.17 | 乐山 |
| 452.10 | 1588.65 | 78.20 | | | 365.00 | 198454 | 179878 | 19.70 | 峨眉山 |
| 2910.00 | 7130.00 | 552.00 | 30.00 | 15.00 | 1947.00 | 620000 | 540000 | 148.00 | 南充 |
| 62.00 | 1685.40 | | 139.26 | | 412.26 | 180016 | 162075 | 28.09 | 阆中 |
| 996.30 | 4434.54 | 72.80 | 30.00 | 30.00 | 1294.45 | 440227 | 400367 | 71.18 | 眉山 |
| 1838.92 | 5932.20 | 902.93 | 233.47 | 0.90 | 1678.06 | 378270 | 317302 | 174.73 | 宜宾 |
| 858.93 | 2291.55 | 173.15 | | | 723.15 | 314195 | 282299 | 44.16 | 广安 |

## 5-5 续表 15

| 城市名称 Name of Cities | 综合生产能力(万立方米/日) Integrated Production Capacity (10,000 m³/day) | 地下水 Underground Water | 水厂个数(个) Number of Water Plants (unit) | 地下水 Underground Water | 供水管道长度(公里) Length of Water Supply Pipelines (km) | 供水总量(万立方米) 合计 Total | 售水量 小计 Subtotal | 生产运营用水 The Quantity of Water for Production and Operation |
|---|---|---|---|---|---|---|---|---|
| 华蓥 | 2.9 | | 1 | | 297.00 | 999.51 | 822.07 | 50.66 |
| 达州 | 25.0 | | 4 | | 1020.00 | 7600.00 | 7248.00 | 300.00 |
| 万源 | 4.0 | | 2 | | 138.21 | 840.00 | 583.00 | 57.96 |
| 雅安 | 20.5 | | 5 | | 664.64 | 2876.50 | 2599.00 | 795.00 |
| 巴中 | 13.7 | | 3 | | 654.70 | 5550.40 | 5332.45 | 610.97 |
| 资阳 | 19.0 | | 3 | | 672.80 | 3954.57 | 3467.95 | 787.50 |
| 马尔康 | 2.5 | | 3 | | 56.00 | 423.00 | 399.00 | 5.00 |
| 康定 | 1.3 | | 4 | | 117.75 | 380.00 | 302.00 | 4.00 |
| 会理 | 4.8 | | 3 | | 252.00 | 628.00 | 504.00 | 73.00 |
| 西昌 | 25.0 | | 7 | | 940.50 | 6379.00 | 4227.00 | 886.00 |
| **贵州** | **474.4** | **1.1** | **92** | **3** | **24374.91** | **95919.75** | **77921.43** | **17674.76** |
| 贵阳 | 174.5 | | 12 | | 7293.13 | 42928.65 | 34255.61 | 7571.99 |
| 清镇 | 15.0 | | 2 | | 336.73 | 3057.30 | 2654.71 | 1623.21 |
| 六盘水 | 48.7 | | 6 | | 2673.95 | 5433.53 | 4442.83 | 910.55 |
| 盘州 | 11.8 | | 9 | | 699.00 | 1049.00 | 868.00 | 317.00 |
| 遵义 | 50.5 | | 12 | | 4090.40 | 11631.27 | 9523.18 | 1795.78 |
| 赤水 | 5.0 | | 2 | | 410.00 | 1311.88 | 1107.80 | 110.80 |
| 仁怀 | 20.6 | | 9 | | 2700.62 | 2664.36 | 2233.04 | 51.30 |
| 安顺 | 30.8 | | 4 | | 699.31 | 4104.00 | 3350.00 | 910.07 |
| 毕节 | 12.0 | | 2 | | 577.50 | 3715.62 | 2846.89 | 488.27 |
| 黔西 | 5.5 | | 3 | | 241.78 | 1280.76 | 1062.47 | 193.17 |
| 铜仁 | 24.5 | | 4 | | 398.00 | 5457.00 | 4588.30 | 1250.40 |
| 兴义 | 26.1 | | 5 | | 1385.00 | 4544.90 | 3818.00 | 962.00 |
| 兴仁 | 7.0 | | 3 | | 252.00 | 960.01 | 775.00 | 193.75 |
| 凯里 | 22.9 | 0.3 | 9 | 1 | 917.99 | 4124.64 | 3420.59 | 863.94 |
| 都匀 | 15.5 | 0.8 | 8 | 2 | 1319.50 | 2619.88 | 2137.71 | 293.89 |
| 福泉 | 4.0 | | 2 | | 380.00 | 1036.95 | 837.30 | 138.64 |
| **云南** | **479.1** | **12.5** | **118** | **11** | **18372.47** | **106861.15** | **88172.80** | **13510.46** |
| 昆明 | 197.2 | 3.0 | 21 | 1 | 6422.24 | 46895.53 | 37221.21 | 3573.18 |
| 安宁 | 9.2 | 2.1 | 3 | 2 | 598.17 | 2442.04 | 2365.15 | 50.50 |
| 曲靖 | 35.6 | | 11 | | 1043.59 | 7648.42 | 6693.41 | 2746.08 |
| 宣威 | 10.0 | | 4 | | 276.63 | 1354.00 | 1212.34 | 27.70 |
| 玉溪 | 22.9 | 0.9 | 7 | 2 | 491.48 | 4329.59 | 3711.90 | 1096.36 |
| 澄江 | 1.0 | 1.0 | 1 | 1 | 250.00 | 354.00 | 286.67 | 114.00 |
| 保山 | 15.0 | 1.0 | 5 | 2 | 1014.20 | 2809.00 | 2566.00 | |
| 腾冲 | 9.5 | 4.5 | 4 | 2 | 928.00 | 1016.50 | 934.00 | 232.00 |
| 昭通 | 12.5 | | 3 | | 389.00 | 4399.00 | 3407.00 | 881.00 |
| 水富 | 2.0 | | 2 | | 171.00 | 563.60 | 558.10 | 110.00 |

continued 15

| Total Quantity of Water Supply($10,000m^3$) | | | | | | 用水户数(户) Number of Households with Access to Water Supply (unit) | | 用水人口(万人) Population with Access to Water Supply (10,000 persons) | 城市名称 Name of Cities |
|---|---|---|---|---|---|---|---|---|---|
| Water Sold | | | 免费供水量 The Quantity of Free Water Supply | | 漏损水量 The Lossed Water | | 居民家庭 Household User | | |
| 公共服务用水 The Quantity of Water for Public Service | 居民家庭用水 The Quantity of Water for Household Use | 其他用水 The Quantity of Water for Other Purposes | | 生活用水 Domestic Water Use | | | | | |
| 37.33 | 625.14 | 108.94 | | | 177.44 | 65811 | 62162 | 11.46 | 华蓥 |
| 320.00 | 5205.00 | 1423.00 | | | 352.00 | 440906 | 406467 | 115.35 | 达州 |
| 27.46 | 469.08 | 28.50 | | | 257.00 | 32000 | 26000 | 8.00 | 万源 |
| 479.00 | 1291.00 | 34.00 | 216.00 | 103.00 | 61.50 | 142170 | 86107 | 23.38 | 雅安 |
| 455.83 | 4175.73 | 89.92 | 81.05 | 56.70 | 136.90 | 270173 | 223608 | 58.12 | 巴中 |
| 581.35 | 2069.06 | 30.04 | 28.02 | | 458.60 | 254171 | 230175 | 38.85 | 资阳 |
| 50.00 | 334.00 | 10.00 | | | 24.00 | 7530 | 7530 | 3.00 | 马尔康 |
| 3.00 | 290.00 | 5.00 | 13.00 | 5.30 | 65.00 | 10832 | 5811 | 6.09 | 康定 |
| 41.00 | 369.00 | 21.00 | 10.00 | 10.00 | 114.00 | 35511 | 30383 | 7.00 | 会理 |
| 312.00 | 2536.00 | 493.00 | 758.00 | | 1394.00 | 191328 | 150350 | 59.00 | 西昌 |
| **7520.78** | **50255.01** | **2470.88** | **2875.16** | **53.91** | **15123.16** | **3939701** | **3532864** | **901.17** | **贵州** |
| 4328.18 | 21954.30 | 401.14 | 2393.71 | 24.18 | 6279.33 | 1566731 | 1464990 | 295.66 | 贵阳 |
| 13.07 | 988.98 | 29.45 | 15.74 | | 386.85 | 132203 | 115832 | 23.32 | 清镇 |
| 32.00 | 3097.62 | 402.66 | | | 990.70 | 106860 | 106758 | 57.82 | 六盘水 |
| 11.00 | 540.00 | | | | 181.00 | 69857 | 62529 | 22.45 | 盘州 |
| 1478.61 | 5675.79 | 573.00 | 184.18 | | 1923.91 | 622531 | 544933 | 146.00 | 遵义 |
| 10.00 | 987.00 | | | | 204.08 | 63000 | 53000 | 11.49 | 赤水 |
| 26.70 | 2130.00 | 25.04 | 11.27 | | 420.05 | 131500 | 120000 | 25.98 | 仁怀 |
| 433.92 | 1988.00 | 18.01 | | | 754.00 | 200672 | 182146 | 44.06 | 安顺 |
| 100.98 | 1806.36 | 451.28 | 174.27 | 25.06 | 694.46 | 130954 | 118295 | 52.56 | 毕节 |
| 61.65 | 772.55 | 35.10 | 0.56 | | 217.73 | 67747 | 60294 | 24.12 | 黔西 |
| 520.30 | 2608.00 | 209.60 | 30.70 | | 838.00 | 231364 | 171520 | 47.74 | 铜仁 |
| 27.30 | 2662.35 | 166.35 | | | 726.90 | 217969 | 181724 | 48.97 | 兴义 |
| 15.50 | 528.00 | 37.75 | | | 185.01 | 56918 | 51455 | 17.38 | 兴仁 |
| 255.79 | 2274.61 | 26.25 | 2.64 | 2.64 | 701.41 | 144757 | 127708 | 36.19 | 凯里 |
| 139.72 | 1657.10 | 47.00 | 12.03 | 2.03 | 470.14 | 146912 | 129218 | 33.90 | 都匀 |
| 66.06 | 584.35 | 48.25 | 50.06 | | 149.59 | 49726 | 42462 | 13.53 | 福泉 |
| **17867.54** | **53477.96** | **3316.84** | **5940.64** | **273.86** | **12747.71** | **4195385** | **3713671** | **1063.88** | **云南** |
| 12208.29 | 19550.79 | 1888.95 | 2911.91 | 6.39 | 6762.41 | 2077067 | 1858948 | 463.62 | 昆明 |
| 787.65 | 1300.20 | 226.80 | | | 76.89 | 112004 | 103871 | 24.80 | 安宁 |
| 484.97 | 3420.63 | 41.73 | 258.65 | 90.72 | 696.36 | 182693 | 173405 | 79.07 | 曲靖 |
| 46.54 | 1128.13 | 9.97 | 11.08 | 3.32 | 130.58 | 73593 | 70057 | 29.47 | 宣威 |
| 475.27 | 2132.07 | 8.20 | 9.28 | 5.18 | 608.41 | 162655 | 146621 | 36.14 | 玉溪 |
| 3.00 | 167.37 | 2.30 | 2.00 | | 65.33 | 27400 | 27400 | 2.74 | 澄江 |
| | 2566.00 | | | | 243.00 | 113000 | 113000 | 35.77 | 保山 |
| | 504.00 | 198.00 | | | 82.50 | 26854 | 23586 | 15.20 | 腾冲 |
| | 2518.00 | 8.00 | 499.00 | | 493.00 | 92525 | 92525 | 35.09 | 昭通 |
| 74.00 | 374.10 | | 4.00 | 2.00 | 1.50 | 20024 | 19531 | 5.79 | 水富 |

# 5-5 续表 16

| 城市名称<br>Name of Cities | 综合生产能力<br>(万立方米/日)<br>Integrated Production Capacity<br>(10,000 $m^3$/day) | 地下水<br>Underground Water | 水厂个数(个)<br>Number of Water Plants<br>(unit) | 地下水<br>Underground Water | 供水管道长度<br>(公里)<br>Length of Water Supply Pipelines<br>(km) | 供水总量(万立方米)<br>合计<br>Total | 售水量<br>小计<br>Subtotal | 生产运营用水<br>The Quantity of Water for Production and Operation |
|---|---|---|---|---|---|---|---|---|
| 丽江 | 12.0 | | 3 | | 888.80 | 2499.50 | 2105.80 | 24.86 |
| 普洱 | 9.0 | | 6 | | 294.48 | 2624.42 | 2290.00 | 569.00 |
| 临沧 | 6.5 | | 3 | | 312.53 | 1477.00 | 1211.69 | 303.59 |
| 禄丰 | 3.0 | | 1 | | 136.50 | 980.00 | 820.00 | 338.00 |
| 楚雄 | 17.2 | | 4 | | 834.19 | 3423.54 | 2950.51 | 81.21 |
| 个旧 | 9.7 | | 11 | | 322.55 | 1545.13 | 1307.82 | 297.40 |
| 开远 | 5.0 | | 2 | | 302.47 | 1406.50 | 1211.76 | 159.40 |
| 蒙自 | 14.5 | | 2 | | 675.54 | 3339.20 | 3004.05 | 306.52 |
| 弥勒 | 6.0 | | 2 | | 345.00 | 1100.00 | 909.00 | 98.00 |
| 文山 | 15.0 | | 3 | | 802.44 | 2703.46 | 2342.00 | 502.00 |
| 景洪 | 14.0 | | 3 | | 299.15 | 2941.99 | 2599.26 | 531.66 |
| 大理 | 29.0 | | 8 | | 609.64 | 6622.38 | 4751.38 | 897.00 |
| 瑞丽 | 7.0 | | 1 | | 261.37 | 1441.75 | 1296.75 | 297.00 |
| 芒市 | 8.3 | | 2 | 1 | 468.00 | 1387.00 | 1131.00 | 264.00 |
| 泸水 | 3.0 | | 2 | | 56.00 | 525.00 | 335.00 | 10.00 |
| 香格里拉 | 5.0 | | 4 | | 179.50 | 1032.60 | 951.00 | |
| **西藏** | **64.7** | **27.9** | **19** | **11** | **1883.65** | **14310.48** | **10502.84** | **1389.40** |
| 拉萨 | 39.2 | 14.4 | 6 | 4 | 1163.60 | 8032.91 | 5220.40 | 1222.18 |
| 日喀则 | 7.8 | 7.8 | 2 | 2 | 237.00 | 2311.33 | 1931.23 | |
| 昌都 | 5.0 | | 2 | | 168.00 | 495.00 | 415.00 | 25.00 |
| 林芝 | 4.2 | 2.2 | 2 | 1 | 120.00 | 908.80 | 816.40 | 10.90 |
| 山南 | 3.5 | 3.5 | 4 | 4 | 89.05 | 1064.00 | 937.37 | 58.52 |
| 那曲 | 5.0 | | 3 | | 106.00 | 1498.44 | 1182.44 | 72.80 |
| **陕西** | **548.5** | **144.6** | **89** | **47** | **12012.23** | **124703.42** | **109134.02** | **29068.91** |
| 西安 | 317.6 | 80.3 | 29 | 15 | 6075.13 | 82154.21 | 71379.18 | 22075.77 |
| 铜川 | 14.3 | 1.8 | 6 | 2 | 454.18 | 2225.88 | 1930.88 | 361.03 |
| 宝鸡 | 33.8 | 7.3 | 7 | 4 | 1389.84 | 6585.12 | 6023.73 | 1056.74 |
| 咸阳 | 40.5 | 10.5 | 5 | 4 | 393.20 | 6787.47 | 6466.47 | 1542.13 |
| 彬州 | 1.8 | | 2 | | 104.47 | 610.10 | 546.30 | 104.30 |
| 兴平 | 1.8 | 1.8 | 1 | 1 | 67.35 | 288.20 | 264.34 | 35.34 |
| 渭南 | 22.7 | 5.2 | 8 | 6 | 372.06 | 3507.17 | 3018.30 | 336.29 |
| 韩城 | 5.0 | 1.2 | 2 | 1 | 303.20 | 1178.34 | 1051.75 | 9.85 |
| 华阴 | 5.5 | 5.5 | 2 | | 75.92 | 570.00 | 414.00 | 56.00 |
| 延安 | 15.0 | | 4 | | 338.80 | 3422.87 | 3052.95 | 960.79 |
| 子长 | 3.0 | | 1 | 1 | 126.06 | 464.00 | 444.00 | 66.00 |
| 汉中 | 23.3 | 13.3 | 5 | 4 | 537.57 | 4156.00 | 3369.98 | 47.74 |
| 榆林 | 25.8 | 15.8 | 7 | 4 | 776.48 | 3836.00 | 3236.82 | 530.00 |
| 神木 | 5.0 | | 1 | | 235.03 | 1959.00 | 1761.00 | 700.00 |

continued 16

| Total Quantity of Water Supply(10,000m³) | | | | | | 用水户数(户) Number of Households with Access to Water Supply (unit) | | 用水人口(万人) Population with Access to Water Supply (10,000 persons) | 城市名称 Name of Cities |
|---|---|---|---|---|---|---|---|---|---|
| Water Sold | | | 免费供水量 The Quantity of Free Water Supply | 生活用水 Domestic Water Use | 漏损水量 The Lossed Water | | 居民家庭 Household User | | |
| 公共服务用水 The Quantity of Water for Public Service | 居民家庭用水 The Quantity of Water for Household Use | 其他用水 The Quantity of Water for Other Purposes | | | | | | | |
| 1113.26 | 946.25 | 21.43 | 223.70 | 10.52 | 170.00 | 113175 | 83888 | 22.75 | 丽江 |
| 485.00 | 1232.00 | 4.00 | 18.00 | | 316.42 | 74250 | 6835 | 23.00 | 普洱 |
| 18.81 | 871.38 | 17.91 | 121.75 | 20.00 | 143.56 | 47499 | 40933 | 15.29 | 临沧 |
| 48.00 | 367.00 | 67.00 | 80.00 | 15.00 | 80.00 | 13330 | 12180 | 7.08 | 禄丰 |
| 1254.81 | 1613.81 | 0.68 | 0.17 | | 472.86 | 145344 | 125110 | 36.00 | 楚雄 |
| 2.84 | 994.43 | 13.15 | 90.99 | 50.37 | 146.32 | 80293 | 73102 | 16.16 | 个旧 |
| 60.83 | 991.53 | | 61.85 | 3.86 | 132.89 | 87857 | 81094 | 20.27 | 开远 |
| 314.19 | 1676.62 | 706.72 | 41.70 | 16.50 | 293.45 | 169806 | 138922 | 39.44 | 蒙自 |
| 96.00 | 652.00 | 63.00 | 101.00 | | 90.00 | 41042 | 39225 | 16.50 | 弥勒 |
| 77.00 | 1752.00 | 11.00 | 92.56 | | 268.90 | 158520 | 138690 | 25.29 | 文山 |
| 105.48 | 1962.12 | | | | 342.73 | 50832 | 45591 | 23.99 | 景洪 |
| | 3844.38 | 10.00 | 1243.00 | | 628.00 | 169192 | 162424 | 41.85 | 大理 |
| 9.00 | 983.75 | 7.00 | | | 145.00 | 49046 | 38626 | 18.00 | 瑞丽 |
| 12.00 | 855.00 | | 120.00 | | 136.00 | 79974 | 76231 | 17.00 | 芒市 |
| 75.00 | 245.00 | 5.00 | 50.00 | 50.00 | 140.00 | 12410 | 9876 | 7.00 | 泸水 |
| 115.60 | 829.40 | 6.00 | | | 81.60 | 15000 | 12000 | 6.57 | 香格里拉 |
| **1911.86** | **6488.96** | **712.62** | **2317.09** | **174.09** | **1490.55** | **244153** | **191041** | **95.63** | **西藏** |
| 1527.80 | 2070.42 | 400.00 | 1951.50 | 1.50 | 861.01 | 148006 | 106550 | 57.19 | 拉萨 |
| 171.90 | 1471.03 | 288.30 | 170.00 | | 210.10 | 25133 | 23324 | 11.68 | 日喀则 |
| 95.00 | 295.00 | | | | 80.00 | 25900 | 25090 | 9.00 | 昌都 |
| 72.00 | 729.10 | 4.40 | | | 92.40 | 12594 | 10442 | 6.04 | 林芝 |
| 39.36 | 829.92 | 9.57 | 20.59 | 20.59 | 106.04 | 16000 | 15635 | 6.30 | 山南 |
| 5.80 | 1093.49 | 10.35 | 175.00 | 152.00 | 141.00 | 16520 | 10000 | 5.42 | 那曲 |
| **6789.60** | **69682.08** | **3593.43** | **3159.80** | **24.87** | **12409.60** | **3704461** | **3539369** | **1374.76** | **陕西** |
| 730.28 | 45962.93 | 2610.20 | 2714.80 | | 8060.23 | 2424092 | 2347699 | 756.12 | 西安 |
| 423.76 | 1146.09 | | | | 295.00 | 105691 | 74004 | 41.10 | 铜川 |
| 639.47 | 4289.64 | 37.88 | 3.20 | 2.00 | 558.19 | 228772 | 215333 | 101.00 | 宝鸡 |
| 1400.00 | 3481.76 | 42.58 | | | 321.00 | 31651 | 27844 | 93.00 | 咸阳 |
| 124.60 | 317.40 | | 10.00 | 3.00 | 53.80 | 31046 | 30155 | 11.40 | 彬州 |
| 58.92 | 168.88 | 1.20 | 0.30 | | 23.56 | 13503 | 13272 | 6.63 | 兴平 |
| 484.51 | 2106.20 | 91.30 | 202.00 | 6.00 | 286.87 | 159547 | 157239 | 53.72 | 渭南 |
| 13.98 | 756.62 | 271.30 | 10.00 | | 116.59 | 48360 | 41685 | 16.26 | 韩城 |
| 59.00 | 294.00 | 5.00 | 70.00 | | 86.00 | 26180 | 22930 | 10.48 | 华阴 |
| 84.51 | 1956.50 | 51.15 | | | 369.92 | 242643 | 237532 | 48.25 | 延安 |
| 37.50 | 215.50 | 125.00 | | | 20.00 | 28830 | 27261 | 12.42 | 子长 |
| 720.58 | 2588.39 | 13.27 | 122.15 | 13.57 | 663.87 | 136318 | 132677 | 54.68 | 汉中 |
| 745.23 | 1922.40 | 39.19 | | | 599.18 | 55238 | 51894 | 58.74 | 榆林 |
| 320.00 | 660.00 | 81.00 | | | 198.00 | 52000 | 50000 | 24.76 | 神木 |

# 5-5 续表 17

| 城市名称<br>Name of Cities | 综合生产能力(万立方米/日)<br>Integrated Production Capacity (10,000 m$^3$/day) | 地下水<br>Underground Water | 水厂个数(个)<br>Number of Water Plants (unit) | 地下水<br>Underground Water | 供水管道长度(公里)<br>Length of Water Supply Pipelines (km) | 供水总量(万立方米)<br>合计<br>Total | 售水量<br>小计<br>Subtotal | 生产运营用水<br>The Quantity of Water for Production and Operation |
|---|---|---|---|---|---|---|---|---|
| 安康 | 14.0 | | 2 | | 354.94 | 3292.20 | 2953.99 | 815.00 |
| 旬阳 | 2.5 | | 1 | | 138.30 | 478.96 | 438.46 | 50.20 |
| 商洛 | 7.0 | 2.0 | 2 | 2 | 129.70 | 1509.90 | 1291.87 | 122.73 |
| 杨凌区 | 10.0 | | 4 | 3 | 140.00 | 1678.00 | 1490.00 | 199.00 |
| **甘肃** | **350.0** | **52.3** | **43** | **21** | **7077.51** | **57464.68** | **52636.58** | **14382.35** |
| 兰州 | 168.1 | | 8 | 1 | 1952.43 | 29122.99 | 27798.25 | 9770.25 |
| 嘉峪关 | 17.9 | 17.9 | 3 | 3 | 752.00 | 3277.90 | 2735.58 | 487.49 |
| 金昌 | 14.8 | | 2 | | 219.12 | 1992.04 | 1756.10 | 349.60 |
| 白银 | 20.0 | | 3 | | 339.80 | 2747.26 | 2487.23 | 29.73 |
| 天水 | 9.5 | 1.0 | 2 | 2 | 355.00 | 3275.00 | 2676.40 | 1000.80 |
| 武威 | 20.0 | | 2 | | 268.00 | 2367.40 | 2012.10 | 695.80 |
| 张掖 | 13.5 | 8.0 | 2 | 1 | 431.00 | 2114.53 | 1880.82 | 91.15 |
| 平凉 | 5.5 | 5.5 | 3 | 3 | 421.70 | 1360.00 | 1225.03 | 157.00 |
| 华亭 | 1.9 | 1.9 | 2 | 2 | 116.00 | 660.07 | 594.09 | 246.70 |
| 酒泉 | 24.0 | 4.0 | 3 | 1 | 393.50 | 2948.95 | 2541.34 | 555.32 |
| 玉门 | 1.7 | 1.7 | 1 | 1 | 164.00 | 398.00 | 300.00 | 65.00 |
| 敦煌 | 8.0 | 6.0 | 3 | 2 | 366.87 | 814.48 | 738.51 | 153.50 |
| 庆阳 | 4.0 | | 1 | | 429.00 | 1623.00 | 1446.00 | 245.82 |
| 定西 | 10.0 | 1.6 | 2 | 2 | 247.35 | 939.44 | 863.19 | 185.48 |
| 陇南 | 3.5 | 3.5 | 2 | 2 | 152.55 | 701.62 | 623.66 | 18.71 |
| 临夏 | 18.9 | | 2 | | 382.90 | 2572.00 | 2460.00 | 330.00 |
| 合作 | 8.7 | 1.2 | 2 | 1 | 86.29 | 550.00 | 498.28 | |
| **青海** | **80.7** | **63.7** | **13** | **9** | **3195.32** | **19577.69** | **16187.03** | **1729.45** |
| 西宁 | 42.6 | 32.6 | 5 | 4 | 1615.17 | 11029.90 | 9615.03 | 822.48 |
| 海东 | 2.6 | | 1 | | 369.79 | 1296.82 | 1091.21 | 67.60 |
| 同仁 | 1.4 | | 1 | | 70.00 | 301.00 | 262.00 | 44.00 |
| 玉树 | 3.0 | | 1 | | 344.60 | 926.55 | 916.95 | 25.86 |
| 茫崖 | 1.2 | 1.2 | 1 | 1 | 69.98 | 386.10 | 362.90 | 123.00 |
| 格尔木 | 19.7 | 19.7 | 2 | 2 | 428.36 | 3702.42 | 3237.20 | 440.11 |
| 德令哈 | 10.1 | 10.1 | 2 | 2 | 297.42 | 1934.90 | 701.74 | 206.40 |
| **宁夏** | **233.9** | **57.4** | **26** | **16** | **3121.96** | **35008.67** | **29639.89** | **7639.21** |
| 银川 | 85.0 | 15.0 | 4 | 2 | 1458.69 | 20240.00 | 16715.00 | 2793.00 |
| 灵武 | 1.9 | 1.9 | 1 | | 109.65 | 685.91 | 637.68 | 105.88 |
| 宁东能源化工基地 | 80.0 | | 2 | | 150.00 | 211.44 | 165.41 | |
| 石嘴山 | 29.5 | 17.5 | 6 | 5 | 389.82 | 6399.00 | 5642.00 | 2520.00 |
| 吴忠 | 18.0 | 12.0 | 4 | 3 | 327.80 | 3775.10 | 3319.80 | 2016.33 |
| 青铜峡 | 3.0 | 3.0 | 4 | 4 | 265.00 | 1014.00 | 916.00 | 186.00 |
| 固原 | 8.5 | | 2 | | 283.00 | 1315.00 | 1100.00 | 18.00 |
| 中卫 | 8.0 | 8.0 | 3 | 2 | 138.00 | 1368.22 | 1144.00 | |

# continued 17

| Total Quantity of Water Supply(10,000m³) | | | | | | 用水户数（户） Number of Households with Access to Water Supply (unit) | | 用水人口（万人） Population with Access to Water Supply (10,000 persons) | 城市名称 Name of Cities |
|---|---|---|---|---|---|---|---|---|---|
| Water Sold | | | 免费供水量 The Quantity of Free Water Supply | | 漏损水量 The Lossed Water | | 居民家庭 Household User | | |
| 公共服务用水 The Quantity of Water for Public Service | 居民家庭用水 The Quantity of Water for Household Use | 其他用水 The Quantity of Water for Other Purposes | | 生活用水 Domestic Water Use | | | | | |
| 351.49 | 1787.50 | | 1.58 | | 336.63 | 56900 | 51052 | 35.51 | 安康 |
| 27.60 | 357.66 | 3.00 | 0.80 | 0.30 | 39.70 | 21645 | 21582 | 10.47 | 旬阳 |
| 306.17 | 856.61 | 6.36 | 24.97 | | 193.06 | 7990 | 6680 | 23.60 | 商洛 |
| 262.00 | 814.00 | 215.00 | | | 188.00 | 34055 | 30530 | 16.62 | 杨凌区 |
| **8539.65** | **25523.36** | **4191.22** | **1036.38** | **86.60** | **3791.72** | **1419816** | **1343031** | **675.81** | **甘肃** |
| 4553.49 | 12144.98 | 1329.53 | 21.28 | 6.28 | 1303.46 | 83631 | 73873 | 302.85 | 兰州 |
| 418.91 | 942.93 | 886.25 | 204.14 | | 338.18 | 146429 | 137695 | 23.97 | 嘉峪关 |
| 172.65 | 654.70 | 579.15 | 7.90 | | 228.04 | 61562 | 57245 | 13.46 | 金昌 |
| 903.63 | 1467.63 | 86.24 | 11.00 | 4.20 | 249.03 | 84662 | 82685 | 35.17 | 白银 |
| 2.70 | 1672.90 | | 400.60 | | 198.00 | 204600 | 204600 | 61.30 | 天水 |
| 529.70 | 720.00 | 66.60 | 40.30 | | 315.00 | 166435 | 150112 | 34.32 | 武威 |
| 352.44 | 1115.47 | 321.76 | 12.00 | 12.00 | 221.71 | 77345 | 71958 | 27.81 | 张掖 |
| 185.24 | 812.79 | 70.00 | 21.00 | 21.00 | 113.97 | 112650 | 104011 | 30.91 | 平凉 |
| 37.00 | 302.39 | 8.00 | 5.00 | 5.00 | 60.98 | 28612 | 26609 | 11.44 | 华亭 |
| 415.10 | 1292.18 | 278.74 | 138.08 | | 269.53 | 153572 | 153481 | 32.75 | 酒泉 |
| 95.00 | 95.00 | 45.00 | 51.00 | | 47.00 | 15634 | 14789 | 4.96 | 玉门 |
| 100.25 | 278.91 | 205.85 | 8.81 | | 67.16 | 43610 | 37010 | 7.84 | 敦煌 |
| 260.28 | 814.90 | 125.00 | 54.00 | 22.00 | 123.00 | 32018 | 27891 | 21.55 | 庆阳 |
| 176.53 | 359.71 | 141.47 | 12.10 | 0.95 | 64.15 | 49700 | 47909 | 19.58 | 定西 |
| 99.79 | 498.92 | 6.24 | 14.17 | 14.17 | 63.79 | 40200 | 36500 | 18.20 | 陇南 |
| 30.00 | 2100.00 | | 30.00 | | 82.00 | 91000 | 91000 | 23.20 | 临夏 |
| 206.94 | 249.95 | 41.39 | 5.00 | 1.00 | 46.72 | 28156 | 25663 | 6.50 | 合作 |
| **3465.53** | **8763.50** | **2228.55** | **1393.56** | **233.79** | **1997.10** | **829356** | **742780** | **210.28** | **青海** |
| 2652.41 | 5470.63 | 669.51 | 301.25 | 4.47 | 1113.62 | 690704 | 622044 | 142.57 | 西宁 |
| 228.58 | 636.51 | 158.52 | 85.98 | 44.78 | 119.63 | 41114 | 35289 | 22.70 | 海东 |
| 23.00 | 175.00 | 20.00 | 15.00 | | 24.00 | 8725 | 8020 | 4.17 | 同仁 |
| 5.82 | 880.65 | 4.62 | | | 9.60 | 30222 | 25368 | 11.37 | 玉树 |
| 43.00 | 136.90 | 60.00 | | | 23.20 | 8580 | 8580 | 4.29 | 茫崖 |
| 201.92 | 1279.27 | 1315.90 | | | 465.22 | 30428 | 27180 | 19.59 | 格尔木 |
| 310.80 | 184.54 | | 991.33 | 184.54 | 241.83 | 19583 | 16299 | 5.59 | 德令哈 |
| **6622.04** | **9965.29** | **5413.35** | **1301.05** | | **4067.73** | **1242376** | **1110836** | **295.84** | **宁夏** |
| 3798.00 | 4768.00 | 5356.00 | 1267.00 | | 2258.00 | 527332 | 465348 | 153.59 | 银川 |
| 51.23 | 458.22 | 22.35 | | | 48.23 | 71566 | 65887 | 11.13 | 灵武 |
| 31.41 | 134.00 | | | | 46.03 | 22581 | 22581 | 7.00 | 宁东能源化工基地 |
| 1699.00 | 1423.00 | | 25.00 | | 732.00 | 153927 | 136099 | 43.85 | 石嘴山 |
| 395.40 | 888.07 | 20.00 | 9.05 | | 446.25 | 182320 | 158854 | 22.54 | 吴忠 |
| | 730.00 | | | | 98.00 | 79143 | 70134 | 14.20 | 青铜峡 |
| 387.00 | 695.00 | | | | 215.00 | 85543 | 85543 | 26.72 | 固原 |
| 260.00 | 869.00 | 15.00 | | | 224.22 | 119964 | 106390 | 16.81 | 中卫 |

# 5-5 续表 18

| 城市名称<br>Name of Cities | 综合生产能力(万立方米/日)<br>Integrated Production Capacity (10,000 m³/day) | 地下水<br>Underground Water | 水厂个数(个)<br>Number of Water Plants (unit) | 地下水<br>Underground Water | 供水管道长度(公里)<br>Length of Water Supply Pipelines (km) | 供水总量(万立方米)<br>合计<br>Total | 售水量<br>小计<br>Subtotal | 生产运营用水<br>The Quantity of Water for Production and Operation |
|---|---|---|---|---|---|---|---|---|
| **新疆** | **512.0** | **261.7** | **61** | **35** | **11750.98** | **94188.41** | **78927.63** | **14442.06** |
| 乌鲁木齐 | 168.0 | 46.3 | 8 | 2 | 2400.00 | 32709.85 | 27820.00 | 4351.00 |
| 克拉玛依 | 55.0 | 2.0 | 7 | 1 | 1859.18 | 9538.62 | 8370.65 | 3426.47 |
| 吐鲁番 | 11.5 |  | 3 |  | 366.00 | 1715.61 | 667.80 | 121.80 |
| 哈密 | 22.5 | 13.0 | 4 | 2 | 874.32 | 6085.00 | 5237.52 | 956.04 |
| 昌吉 | 30.0 | 30.0 | 2 | 1 | 500.00 | 5477.00 | 4656.00 | 591.00 |
| 阜康 | 4.8 | 3.0 | 3 | 2 | 202.42 | 574.77 | 503.12 | 8.52 |
| 博乐 | 5.0 |  | 3 | 2 | 366.38 | 1408.05 | 1232.91 | 94.18 |
| 阿拉山口 | 6.0 |  | 2 | 1 | 254.00 | 211.10 | 198.00 | 150.10 |
| 库尔勒 | 43.0 | 43.0 | 1 | 1 | 577.02 | 6641.81 | 5282.17 | 725.06 |
| 阿克苏 | 40.0 | 40.0 | 2 | 2 | 538.00 | 4398.00 | 4020.00 | 1635.00 |
| 库车 | 15.5 | 15.5 | 3 | 3 | 629.90 | 1576.05 | 1425.05 |  |
| 阿图什 | 3.2 | 3.2 | 1 | 1 | 75.84 | 770.00 | 658.00 | 24.30 |
| 喀什 | 14.2 | 14.2 | 4 | 4 | 462.65 | 5510.00 | 5016.00 | 703.00 |
| 和田 | 8.0 | 8.0 | 2 | 2 | 319.00 | 2350.00 | 2095.00 | 10.00 |
| 伊宁 | 41.5 | 21.5 | 4 | 3 | 712.00 | 7628.00 | 5742.00 | 517.00 |
| 奎屯 | 13.5 | 13.5 | 3 | 3 | 257.27 | 1783.00 | 1508.90 | 400.50 |
| 霍尔果斯 | 2.5 | 2.5 | 1 | 1 | 182.00 | 843.50 | 757.38 | 42.60 |
| 塔城 | 4.0 | 4.0 | 2 | 2 | 368.00 | 1266.00 | 1058.00 | 34.00 |
| 乌苏 | 12.0 | 2.0 | 1 | 1 | 270.00 | 1686.49 | 984.17 | 304.53 |
| 沙湾 | 6.0 |  | 3 | 1 | 227.00 | 1246.76 | 1053.16 | 91.96 |
| 阿勒泰 | 5.7 |  | 2 |  | 310.00 | 768.80 | 641.80 | 255.00 |
| **新疆兵团** | **84.7** | **7.0** | **24** | **15** | **2044.59** | **22531.65** | **19368.16** | **7375.02** |
| 石河子 | 35.0 |  | 2 | 1 | 689.56 | 10609.37 | 8791.17 | 4472.99 |
| 阿拉尔 | 8.0 |  | 2 |  | 124.00 | 1237.12 | 1119.84 | 330.35 |
| 图木舒克 | 20.0 |  | 1 |  | 250.96 | 2378.00 | 2265.00 | 515.00 |
| 五家渠 | 3.4 | 3.4 | 1 | 1 | 110.00 | 1240.00 | 950.27 | 136.05 |
| 北屯 | 5.0 |  | 1 |  | 188.14 | 1323.28 | 1082.10 | 324.63 |
| 铁门关 | 1.6 | 1.6 | 1 | 1 | 158.23 | 605.00 | 547.00 | 56.00 |
| 双河 | 2.0 | 1.0 | 3 | 2 | 73.26 | 688.00 | 648.00 | 20.00 |
| 可克达拉 | 7.0 |  | 2 |  | 243.00 | 1713.00 | 1581.00 | 6.00 |
| 昆玉 | 1.5 |  | 1 |  | 64.00 | 507.40 | 481.00 | 232.00 |
| 胡杨河 | 0.7 | 0.7 | 1 | 1 | 63.90 | 151.48 | 130.78 |  |
| 新星 | 0.5 | 0.4 | 9 | 9 | 79.54 | 2079.00 | 1772.00 | 1282.00 |

continued 18

| Total Quantity of Water Supply(10,000m³) | | | | | | 用水户数(户) Number of Households with Access to Water Supply (unit) | | 用水人口(万人) Population with Access to Water Supply (10,000 persons) | 城市名称 Name of Cities |
|---|---|---|---|---|---|---|---|---|---|
| Water Sold | | | 免费供水量 The Quantity of Free Water Supply | | 漏损水量 The Lossed Water | | 居民家庭 Household User | | |
| 公共服务用水 The Quantity of Water for Public Service | 居民家庭用水 The Quantity of Water for Household Use | 其他用水 The Quantity of Water for Other Purposes | | 生活用水 Domestic Water Use | | | | | |
| **11557.22** | **36719.31** | **16209.04** | **2493.80** | **26.69** | **12766.98** | **2721219** | **2373311** | **851.31** | **新　疆** |
| 2403.26 | 15692.00 | 5373.74 | 154.56 | 13.04 | 4735.29 | 492605 | 475955 | 380.03 | 乌鲁木齐 |
| 1660.23 | 1738.41 | 1545.54 | 188.78 | | 979.19 | 187511 | 184056 | 46.57 | 克拉玛依 |
| 84.00 | 337.00 | 125.00 | 801.81 | | 246.00 | 26650 | 23356 | 9.87 | 吐鲁番 |
| 696.46 | 1177.16 | 2407.86 | | | 847.48 | 194438 | 181613 | 34.76 | 哈　密 |
| 1002.00 | 2156.00 | 907.00 | 2.00 | 1.00 | 819.00 | 211100 | 131100 | 43.68 | 昌　吉 |
| 186.39 | 308.21 | | | | 71.65 | 55509 | 49924 | 11.40 | 阜　康 |
| 360.03 | 611.98 | 166.72 | | | 175.14 | 90760 | 83512 | 17.82 | 博　乐 |
| 25.60 | 22.30 | | | | 13.10 | 4632 | 3446 | 1.30 | 阿拉山口 |
| | 3245.77 | 1311.34 | 9.64 | 9.64 | 1350.00 | 331900 | 203147 | 62.00 | 库尔勒 |
| 165.00 | 2180.00 | 40.00 | | | 378.00 | 152910 | 151620 | 51.45 | 阿克苏 |
| 300.05 | 1125.00 | | 0.01 | 0.01 | 150.99 | 77327 | 72784 | 18.29 | 库　车 |
| 43.20 | 544.00 | 46.50 | | | 112.00 | 23076 | 22850 | 8.58 | 阿图什 |
| 1756.00 | 1956.00 | 601.00 | | | 494.00 | 220000 | 201800 | 47.92 | 喀　什 |
| 598.00 | 900.00 | 587.00 | 75.00 | | 180.00 | 90000 | 88699 | 26.10 | 和　田 |
| 416.00 | 2835.00 | 1974.00 | 745.00 | | 1141.00 | 303366 | 270760 | 40.41 | 伊　宁 |
| 753.90 | 350.70 | 3.80 | | | 274.10 | 62839 | 49023 | 14.80 | 奎　屯 |
| 441.68 | 199.70 | 73.40 | | | 86.12 | 16793 | 16210 | 2.06 | 霍尔果斯 |
| 292.00 | 349.00 | 383.00 | | | 208.00 | 52987 | 45624 | 6.10 | 塔　城 |
| 152.42 | 348.18 | 179.04 | 505.00 | | 197.32 | 66704 | 59820 | 11.26 | 乌　苏 |
| 141.00 | 402.90 | 417.30 | | | 193.60 | 20112 | 20112 | 9.60 | 沙　湾 |
| 80.00 | 240.00 | 66.80 | 12.00 | 3.00 | 115.00 | 40000 | 37900 | 7.31 | 阿勒泰 |
| **3768.37** | **4398.10** | **3826.67** | **153.76** | **40.00** | **3009.73** | **399884** | **362139** | **108.19** | **新疆兵团** |
| 1875.71 | 1951.15 | 491.32 | | | 1818.20 | 201785 | 185763 | 47.00 | 石河子 |
| 119.55 | 651.42 | 18.52 | | | 117.28 | 37000 | 35000 | 12.75 | 阿拉尔 |
| 438.00 | 224.00 | 1088.00 | | | 113.00 | 18833 | 17882 | 9.50 | 图木舒克 |
| 448.17 | 363.66 | 2.39 | 103.76 | | 185.97 | 24877 | 24599 | 10.83 | 五家渠 |
| 80.84 | 378.19 | 298.44 | | | 241.18 | 52153 | 42818 | 6.60 | 北　屯 |
| 145.00 | 236.00 | 110.00 | | | 58.00 | 11536 | 10247 | 4.10 | 铁门关 |
| 458.00 | 70.00 | 100.00 | 20.00 | 10.00 | 20.00 | 7242 | 7242 | 4.62 | 双　河 |
| 21.00 | 34.00 | 1520.00 | 30.00 | 30.00 | 102.00 | 8822 | 8652 | 2.15 | 可克达拉 |
| 120.00 | 89.00 | 40.00 | | | 26.40 | 5600 | 5500 | 2.94 | 昆　玉 |
| 5.10 | 125.68 | | | | 20.70 | 10036 | 10036 | 2.40 | 胡杨河 |
| 57.00 | 275.00 | 158.00 | | | 307.00 | 22000 | 14400 | 5.30 | 新　星 |

# 5-6 2022年按城市分列的城市供水(自建设施供水)

| 城市名称 Name of Cities | 综合生产能力(万立方米/日) Integrated Production Capacity (10,000 $m^3$/day) | 地下水 Underground Water | 供水管道长度(公里) Length of Water Supply Pipelines (km) | 建成区 in Built District | 供水总量(万立方米) 合计 Total | 生产运营用水 The Quantity of Water for Production and Operation |
|---|---|---|---|---|---|---|
| **全国** | **3058.1** | **943.1** | **21018.9** | **13981.0** | **389556.56** | **317100.83** |
| **北京** | **45.2** | **45.2** | **555.4** | | **5055.36** | **652.14** |
| **天津** | **30.6** | | **56.4** | **56.4** | **3128.92** | **3128.92** |
| **河北** | **57.6** | **39.1** | **2107.9** | **1825.7** | **15306.75** | **12885.48** |
| 石家庄 | 2.0 | 2.0 | | | 691.72 | 12.33 |
| 晋州 | | | | | | |
| 新乐 | | | | | | |
| 唐山 | 14.5 | 14.5 | 172.8 | 172.8 | 5271.83 | 4240.33 |
| 滦州 | | | | | | |
| 遵化 | | | | | | |
| 迁安 | | | | | | |
| 秦皇岛 | 3.3 | | 82.5 | 32.5 | 1201.48 | 1201.48 |
| 邯郸 | 8.9 | | | | 3242.50 | 3242.50 |
| 武安 | 1.8 | 1.8 | 107.0 | 107.0 | 400.28 | 327.90 |
| 邢台 | 1.1 | 1.0 | 1138.5 | 1138.5 | 364.80 | 364.80 |
| 南宫 | | | | | | |
| 沙河 | | | | | | |
| 保定 | 8.3 | 6.0 | 331.0 | 194.0 | 996.15 | 623.83 |
| 涿州 | | | | | | |
| 安国 | 0.5 | 0.5 | 3.0 | 3.0 | 174.99 | 83.99 |
| 高碑店 | | | 36.5 | 36.5 | | |
| 张家口 | | | | | | |
| 承德 | 6.1 | 5.5 | 10.0 | 10.0 | 1117.37 | 1113.69 |
| 平泉 | 1.4 | 1.4 | 204.0 | 114.0 | 477.00 | 357.00 |
| 沧州 | | | | | | |
| 泊头 | | | | | | |
| 任丘 | | | | | | |
| 黄骅 | | | | | | |
| 河间 | | | | | | |
| 廊坊 | | | | | | |
| 霸州 | | | | | | |
| 三河 | | | | | | |
| 衡水 | 4.5 | 1.3 | 6.9 | 6.9 | 1297.93 | 1256.93 |
| 深州 | | | | | | |
| 辛集 | 5.3 | 5.3 | 15.7 | 10.5 | 70.70 | 60.70 |
| 定州 | | | | | | |

# Urban Water Supply by City (Suppliers with Self-Built Facilities) (2022)

| Total Quantity of Water Supply(10,000 m$^3$) | | | 用水户数(户) Number of Households with Access to Water Supply (unit) | | 用水人口(万人) Population with Access to Water Supply (10,000 persons) | 城市名称 Name of Cities |
|---|---|---|---|---|---|---|
| 公共服务用水 The Quantity of Water for Public Service | 居民家庭用水 The Quantity of Water for Household Use | 其他用水 The Quantity of Water for Other Purposes | | 居民家庭 Household User | | |
| **29794.21** | **30846.44** | **11815.08** | **1584693** | **1292234** | **371.92** | **全国** |
| **2347.13** | **1995.02** | **61.07** | **85640** | **73763** | **70.00** | **北京** |
| | | | **3** | | | **天津** |
| **351.68** | **1991.95** | **77.64** | **47426** | **43343** | **7.87** | **河北** |
| 98.00 | 581.39 | | 4942 | 4937 | 1.39 | 石家庄 |
| | | | | | | 晋州 |
| | | | | | | 新乐 |
| 13.52 | 1017.98 | | 9867 | 9867 | 1.63 | 唐山 |
| | | | | | | 滦州 |
| | | | | | | 遵化 |
| | | | | | | 迁安 |
| | | | 17 | | | 秦皇岛 |
| | | | 3 | | | 邯郸 |
| 72.30 | 0.08 | | 24 | 1 | 1.98 | 武安 |
| | | | | | | 邢台 |
| | | | | | | 南宫 |
| | | | | | | 沙河 |
| 133.23 | 194.50 | 44.59 | 23272 | 21689 | 0.89 | 保定 |
| | | | | | | 涿州 |
| | 91.00 | | 252 | 246 | 0.19 | 安国 |
| | | | | | | 高碑店 |
| | | | | | | 张家口 |
| 0.63 | | 3.05 | 104 | | | 承德 |
| 30.00 | 83.00 | 7.00 | 2700 | 685 | 0.19 | 平泉 |
| | | | | | | 沧州 |
| | | | | | | 泊头 |
| | | | | | | 任丘 |
| | | | | | | 黄骅 |
| | | | | | | 河间 |
| | | | | | | 廊坊 |
| | | | | | | 霸州 |
| | | | | | | 三河 |
| 4.00 | 24.00 | 13.00 | 5975 | 5918 | 1.60 | 衡水 |
| | | | | | | 深州 |
| | | 10.00 | 270 | | | 辛集 |
| | | | | | | 定州 |

## 5-6 续表 1

| 城市名称<br>Name of Cities | 综合生产能力(万立方米/日)<br>Integrated Production Capacity (10,000 $m^3$/day) | 地下水<br>Underground Water | 供水管道长度(公里)<br>Length of Water Supply Pipelines (km) | 建成区<br>in Built District | 供水总量(万立方米)<br>合计<br>Total | 生产运营用水<br>The Quantity of Water for Production and Operation |
|---|---|---|---|---|---|---|
| **山　西** | **29.3** | **27.3** | **580.8** | **135.4** | **4350.16** | **2255.76** |
| 太　原 | | | | | | |
| 古　交 | 1.4 | 1.4 | 67.1 | 67.1 | 116.67 | 56.95 |
| 大　同 | 13.0 | 11.0 | | | 119.26 | 68.54 |
| 阳　泉 | 0.7 | 0.7 | | | 244.55 | 26.40 |
| 长　治 | 0.7 | 0.7 | 5.2 | 5.1 | 178.80 | 133.20 |
| 晋　城 | 0.0 | 0.0 | | | 1.60 | 1.60 |
| 高　平 | | | | | | |
| 朔　州 | 6.0 | 6.0 | 320.0 | | 1963.16 | 612.02 |
| 怀　仁 | | | | | | |
| 晋　中 | 0.1 | 0.1 | 17.0 | | 21.00 | 14.83 |
| 介　休 | 0.6 | 0.6 | 35.0 | 35.0 | 185.07 | |
| 运　城 | | | | | | |
| 永　济 | 1.8 | 1.8 | 3.0 | 3.0 | 642.00 | 590.00 |
| 河　津 | | | | | | |
| 忻　州 | 1.7 | 1.7 | 56.0 | | 620.50 | 582.00 |
| 原　平 | 2.8 | 2.8 | 47.0 | | 187.55 | 134.92 |
| 临　汾 | | | | | | |
| 侯　马 | | | | | | |
| 霍　州 | | | | | | |
| 吕　梁 | | | | | | |
| 孝　义 | | | | | | |
| 汾　阳 | 0.5 | 0.5 | 30.5 | 25.2 | 70.00 | 35.30 |
| **内蒙古** | **86.4** | **68.6** | **275.4** | **173.4** | **14008.43** | **8967.05** |
| 呼和浩特 | 3.7 | 3.7 | 18.5 | 18.5 | 997.46 | 166.46 |
| 包　头 | 6.7 | 6.7 | | | 684.00 | 133.00 |
| 乌　海 | | | | | | |
| 赤　峰 | 7.9 | 7.9 | 41.1 | 41.1 | 1800.00 | 1471.00 |
| 通　辽 | 15.0 | 15.0 | 50.0 | 18.0 | 2643.00 | 1850.00 |
| 霍林郭勒 | 9.0 | 9.0 | 70.0 | | 3266.43 | 2295.41 |
| 鄂尔多斯 | | | | | | |
| 呼伦贝尔 | 17.2 | 3.1 | 78.8 | 78.8 | 2428.30 | 1062.24 |
| 满洲里 | 2.0 | 1.8 | | | 666.00 | 666.00 |
| 牙克石 | 2.0 | 2.0 | 9.0 | 9.0 | 547.00 | 432.00 |
| 扎兰屯 | 3.2 | | | | 795.00 | 750.00 |
| 额尔古纳 | | | | | | |
| 根　河 | 0.4 | | | | 0.14 | 0.10 |
| 巴彦淖尔 | | | | | | |
| 乌兰察布 | 0.3 | 0.3 | | | 51.21 | 28.06 |
| 丰　镇 | 5.6 | 5.6 | 8.0 | 8.0 | 30.00 | 30.00 |
| 锡林浩特 | 0.3 | 0.3 | | | 99.89 | 82.78 |
| 二连浩特 | | | | | | |
| 乌兰浩特 | 13.2 | 13.2 | | | | |
| 阿尔山 | | | | | | |

continued 1

| Total Quantity of Water Supply(10,000 $m^3$) | | | 用水户数（户） | | 用水人口（万人） Population with Access to Water Supply (10,000 persons) | 城市名称 Name of Cities |
|---|---|---|---|---|---|---|
| 公共服务用水 The Quantity of Water for Public Service | 居民家庭用水 The Quantity of Water for Household Use | 其他用水 The Quantity of Water for Other Purposes | Number of Households with Access to Water Supply (unit) | 居民家庭 Household User | | |
| **127.34** | **1762.59** | **204.47** | **196847** | **195976** | **14.88** | **山西** |
| | | | | | | 太原 |
| | 59.72 | | 8720 | 8182 | 1.64 | 古交 |
| | 50.72 | | 161315 | 161315 | 1.13 | 大同 |
| | 218.15 | | 10000 | 10000 | 3.00 | 阳泉 |
| 31.10 | 14.00 | 0.50 | 1705 | 1571 | 0.71 | 长治 |
| | | | | | | 晋城 |
| | | | | | | 高平 |
| | 1174.46 | 176.68 | | | 2.00 | 朔州 |
| | | | | | | 怀仁 |
| | 5.12 | 1.05 | 27 | 27 | 0.10 | 晋中 |
| | 185.07 | | 7191 | 7187 | 4.08 | 介休 |
| | | | | | | 运城 |
| 52.00 | | | 60 | | | 永济 |
| | | | | | | 河津 |
| 5.00 | 13.50 | 20.00 | 1500 | 1465 | 0.27 | 忻州 |
| 39.24 | 7.15 | 6.24 | 2950 | 2850 | 0.95 | 原平 |
| | | | | | | 临汾 |
| | | | | | | 侯马 |
| | | | | | | 霍州 |
| | | | | | | 吕梁 |
| | | | | | | 孝义 |
| | 34.70 | | 3379 | 3379 | 1.00 | 汾阳 |
| **3209.90** | **1386.16** | **445.32** | **20375** | **15834** | **3.54** | **内蒙古** |
| 827.00 | | 4.00 | | | | 呼和浩特 |
| 519.00 | | 32.00 | 245 | | | 包头 |
| | | | | | | 乌海 |
| | 329.00 | | 5131 | 5097 | 1.20 | 赤峰 |
| 750.00 | 43.00 | | 1000 | 355 | 0.10 | 通辽 |
| 203.53 | 460.28 | 307.21 | 812 | 630 | 0.20 | 霍林郭勒 |
| | | | | | | 鄂尔多斯 |
| 802.22 | 513.84 | 50.00 | 9700 | 6500 | 1.86 | 呼伦贝尔 |
| | | | 34 | | | 满洲里 |
| 55.00 | 40.00 | 20.00 | 3300 | 3200 | 0.17 | 牙克石 |
| 25.00 | | 20.00 | | | | 扎兰屯 |
| | | | | | | 额尔古纳 |
| | 0.04 | | 52 | 52 | 0.01 | 根河 |
| | | | | | | 巴彦淖尔 |
| 11.04 | | 12.11 | 51 | | | 乌兰察布 |
| | | | 10 | | | 丰镇 |
| 17.11 | | | 40 | | | 锡林浩特 |
| | | | | | | 二连浩特 |
| | | | | | | 乌兰浩特 |
| | | | | | | 阿尔山 |

# 5-6 续表 2

| 城市名称 Name of Cities | 综合生产能力(万立方米/日) Integrated Production Capacity (10,000 m$^3$/day) | 地下水 Underground Water | 供水管道长度(公里) Length of Water Supply Pipelines (km) | 建成区 in Built District | 供水总量(万立方米) 合计 Total | 生产运营用水 The Quantity of Water for Production and Operation |
|---|---|---|---|---|---|---|
| **辽宁** | **203.6** | **71.3** | **782.9** | **256.4** | **30648.12** | **25846.66** |
| 沈阳 | 19.3 | 19.3 | | | 4954.94 | 3014.28 |
| 新民 | | | | | | |
| 大连 | 0.2 | 0.2 | | | 7.13 | |
| 庄河 | | | | | | |
| 瓦房店 | | | | | | |
| 鞍山 | 3.0 | 2.9 | | | 441.06 | 280.71 |
| 海城 | | | | | | |
| 抚顺 | 20.0 | | 43.0 | | 6949.84 | 6949.84 |
| 本溪 | 75.4 | 6.4 | 173.2 | 173.2 | 12272.20 | 12169.31 |
| 丹东 | 14.5 | 0.9 | | | 751.67 | 298.80 |
| 东港 | | | | | | |
| 凤城 | 1.0 | 1.0 | 223.0 | | 135.00 | |
| 锦州 | | | | | | |
| 凌海 | | | | | | |
| 北镇 | | | | | | |
| 营口 | | | | | | |
| 盖州 | | | | | | |
| 大石桥 | | | | | | |
| 阜新 | | | | | | |
| 辽阳 | 14.6 | 14.6 | 75.5 | 75.5 | 307.01 | 307.01 |
| 灯塔 | 0.1 | | 86.0 | | 30.61 | 0.10 |
| 盘锦 | 19.6 | 6.6 | 70.5 | | 2198.46 | 1180.46 |
| 铁岭 | | | | | | |
| 调兵山 | | | | | | |
| 开原 | 1.1 | 1.1 | 4.7 | 4.7 | 394.20 | 373.15 |
| 朝阳 | 34.8 | 18.3 | 107.0 | 3.0 | 2206.00 | 1273.00 |
| 北票 | | | | | | |
| 凌源 | | | | | | |
| 葫芦岛 | | | | | | |
| 兴城 | | | | | | |
| 沈抚改革创新示范区 | | | | | | |
| | | | | | | |
| **吉林** | **276.3** | **40.2** | **439.3** | **292.8** | **17061.94** | **14747.80** |
| 长春 | 6.9 | 6.9 | 144.0 | 7.0 | 1510.00 | 768.00 |
| 榆树 | 2.2 | 2.2 | 4.9 | 4.9 | 205.60 | 71.11 |
| 德惠 | 0.3 | 0.3 | 21.6 | 21.6 | 76.77 | 58.13 |
| 公主岭 | 2.8 | 2.8 | 4.7 | 4.7 | 1022.46 | 646.59 |
| 吉林 | 228.0 | 4.0 | 148.0 | 148.0 | 9862.00 | 9832.00 |
| 蛟河 | | | | | | |
| 桦甸 | 0.4 | 0.4 | 10.7 | 10.7 | 19.09 | |

continued 2

| Total Quantity of Water Supply(10,000 $m^3$) | | | 用水户数(户) Number of Households with Access to Water Supply (unit) | | 用水人口(万人) Population with Access to Water Supply (10,000 persons) | 城市名称 Name of Cities |
|---|---|---|---|---|---|---|
| 公共服务用水 The Quantity of Water for Public Service | 居民家庭用水 The Quantity of Water for Household Use | 其他用水 The Quantity of Water for Other Purposes | | 居民家庭 Household User | | |
| **2095.75** | **1395.73** | **1309.98** | **250756** | **156389** | **30.64** | **辽宁** |
| 1063.59 | 790.17 | 86.90 | 115880 | 115778 | 25.70 | 沈阳 |
| | | | | | | 新民 |
| 7.13 | | | 56 | | | 大连 |
| | | | | | | 庄河 |
| | | | | | | 瓦房店 |
| 100.82 | | 59.53 | 73 | | | 鞍山 |
| | | | | | | 海城 |
| | | | 11 | | | 抚顺 |
| 15.98 | 86.91 | | 20435 | 20000 | 2.00 | 本溪 |
| 165.63 | 287.24 | | 2015 | 2000 | 0.66 | 丹东 |
| | | | | | | 东港 |
| | 135.00 | | 12100 | 12100 | 0.10 | 凤城 |
| | | | | | | 锦州 |
| | | | | | | 凌海 |
| | | | | | | 北镇 |
| | | | | | | 营口 |
| | | | | | | 盖州 |
| | | | | | | 大石桥 |
| | | | | | | 阜新 |
| | | | 5 | | | 辽阳 |
| 0.10 | 30.41 | | 4945 | 4945 | 1.70 | 灯塔 |
| | | 1018.00 | 93597 | | | 盘锦 |
| | | | | | | 铁岭 |
| | | | | | | 调兵山 |
| 5.50 | | 15.55 | 28 | | | 开原 |
| 737.00 | 66.00 | 130.00 | 1611 | 1566 | 0.48 | 朝阳 |
| | | | | | | 北票 |
| | | | | | | 凌源 |
| | | | | | | 葫芦岛 |
| | | | | | | 兴城 |
| | | | | | | 沈抚改革创新示范区 |
| **967.88** | **633.42** | **712.84** | **46991** | **45288** | **13.56** | **吉林** |
| 351.00 | 74.00 | 317.00 | 4777 | 4281 | 1.42 | 长春 |
| 42.42 | 23.05 | 69.02 | 78 | 6 | 1.45 | 榆树 |
| 10.83 | | 7.81 | 99 | | | 德惠 |
| 113.23 | 234.64 | 28.00 | 18287 | 18116 | 5.44 | 公主岭 |
| | 30.00 | | 3940 | 3902 | 0.98 | 吉林 |
| | | | | | | 蛟河 |
| 5.71 | 13.38 | | 672 | 656 | 0.16 | 桦甸 |

# 5-6 续表 3

| 城市名称 Name of Cities | 综合生产能力(万立方米/日) Integrated Production Capacity (10,000 m³/day) | 地下水 Underground Water | 供水管道长度(公里) Length of Water Supply Pipelines (km) | 建成区 in Built District | 供水总量(万立方米) 合计 Total | 生产运营用水 The Quantity of Water for Production and Operation |
|---|---|---|---|---|---|---|
| 舒兰 | | | | | | |
| 磐石 | 10.0 | 10.0 | 0.5 | | 6.45 | 0.87 |
| 四平 | 1.4 | 1.4 | | | 490.65 | 225.90 |
| 双辽 | 6.7 | 5.8 | | | 1766.35 | 1632.00 |
| 辽源 | 1.3 | 0.1 | | | 477.72 | 474.79 |
| 通化 | | | | | | |
| 集安 | 0.0 | 0.0 | | | 2.50 | |
| 白山 | | | | | | |
| 临江 | 1.1 | 0.3 | 5.0 | | 65.00 | 57.00 |
| 松原 | 0.0 | 0.0 | | | 0.11 | 0.11 |
| 扶余 | 1.1 | 1.1 | 4.0 | 4.0 | 148.00 | 129.00 |
| 白城 | 1.5 | 1.5 | 75.0 | 75.0 | 498.73 | 199.94 |
| 洮南 | 0.8 | 0.8 | | | 107.81 | 65.46 |
| 大安 | 0.3 | 0.3 | 4.0 | | 90.60 | 68.30 |
| 延吉 | | | | | | |
| 图们 | 0.1 | 0.1 | | | 20.00 | 19.50 |
| 敦化 | 0.4 | 0.4 | | | 29.10 | 29.10 |
| 珲春 | | | | | | |
| 龙井 | 1.0 | 1.0 | 17.0 | 17.0 | 245.00 | 139.00 |
| 和龙 | | | | | | |
| 梅河口 | 10.0 | 0.8 | | | 418.00 | 331.00 |
| 长白山保护开发区管理委员会 | | | | | | |
| **黑龙江** | **63.6** | **50.4** | **718.4** | **405.6** | **12427.47** | **8773.81** |
| 哈尔滨 | 16.1 | 14.7 | | | 2246.28 | 1479.01 |
| 尚志 | | | | | | |
| 五常 | | | | | | |
| 齐齐哈尔 | 7.0 | 5.2 | 223.7 | | 2466.89 | 1011.74 |
| 讷河 | 0.1 | 0.1 | 11.5 | 11.5 | 36.35 | 25.36 |
| 鸡西 | 4.5 | 1.8 | 301.0 | 301.0 | 1444.60 | 1412.14 |
| 虎林 | | | | | | |
| 密山 | | | | | | |
| 鹤岗 | 3.6 | 3.6 | 2.5 | | 680.00 | 518.70 |
| 双鸭山 | 0.0 | 0.0 | 32.0 | 32.0 | 2.00 | |
| 大庆 | 7.4 | 7.4 | | | 1289.06 | 900.69 |
| 伊春 | 2.7 | 0.9 | 5.0 | 5.0 | 704.00 | 543.77 |
| 铁力 | 0.1 | 0.1 | | | 4.61 | 4.61 |
| 佳木斯 | 1.4 | 1.4 | 78.6 | | 481.29 | 459.75 |
| 同江 | | | | | | |
| 抚远 | | | | | | |
| 富锦 | 2.0 | 2.0 | 0.5 | 0.5 | 294.00 | 228.00 |

continued 3

| Total Quantity of Water Supply(10,000 $m^3$) | | | 用水户数(户) Number of Households with Access to Water Supply (unit) | | 用水人口(万人) Population with Access to Water Supply (10,000 persons) | 城市名称 Name of Cities |
|---|---|---|---|---|---|---|
| 公共服务用水 The Quantity of Water for Public Service | 居民家庭用水 The Quantity of Water for Household Use | 其他用水 The Quantity of Water for Other Purposes | | 居民家庭 Household User | | |
| | | | | | | 舒兰 |
| 5.58 | | | 4 | | | 磐石 |
| 54.75 | | 210.00 | 154 | | | 四平 |
| 121.35 | 13.00 | | 1135 | 1100 | 0.20 | 双辽 |
| 2.93 | | | 66 | | | 辽源 |
| | | | | | | 通化 |
| 2.50 | | | | | | 集安 |
| | | | | | | 白山 |
| | | 8.00 | 27 | | | 临江 |
| | | | 1 | | | 松原 |
| | 19.00 | | 1500 | 1460 | 0.25 | 扶余 |
| 118.24 | 173.68 | 6.87 | 15076 | 15000 | 3.50 | 白城 |
| 20.21 | | 22.14 | 50 | | | 洮南 |
| 10.63 | 11.67 | | 107 | 67 | 0.05 | 大安 |
| | | | | | | 延吉 |
| 0.50 | | | 18 | | | 图们 |
| | | | | | | 敦化 |
| | | | | | | 珲春 |
| 35.00 | 41.00 | 30.00 | 1000 | 700 | 0.11 | 龙井 |
| | | | | | | 和龙 |
| 73.00 | | 14.00 | | | | 梅河口 |
| | | | | | | 长白山保护开发区管理委员会 |
| **1306.12** | **1732.83** | **614.71** | **63848** | **60595** | **11.35** | **黑龙江** |
| 614.27 | 89.61 | 63.39 | 3350 | 3350 | 1.20 | 哈尔滨 |
| | | | | | | 尚志 |
| | | | | | | 五常 |
| 14.60 | 1440.55 | | 42195 | 42100 | 7.12 | 齐齐哈尔 |
| 1.09 | 8.81 | 1.09 | 1104 | 1041 | 0.28 | 讷河 |
| 4.56 | 27.90 | | 512 | 512 | 0.12 | 鸡西 |
| | | | | | | 虎林 |
| | | | | | | 密山 |
| 161.30 | | | 133 | | | 鹤岗 |
| 2.00 | | | 2000 | | | 双鸭山 |
| 198.35 | | 190.02 | 85 | | | 大庆 |
| 73.73 | 26.00 | 60.50 | 2425 | 2320 | 0.80 | 伊春 |
| | | | | | | 铁力 |
| 21.54 | | | 45 | | | 佳木斯 |
| | | | | | | 同江 |
| | | | | | | 抚远 |
| 63.00 | | 3.00 | 152 | | | 富锦 |

# 5-6 续表 4

| 城市名称<br>Name of Cities | 综合生产能力（万立方米/日）<br>Integrated Production Capacity<br>(10,000 m³/day) | 地下水<br>Underground Water | 供水管道长度（公里）<br>Length of Water Supply Pipelines<br>(km) | 建成区<br>in Built District | 供水总量（万立方米）合计<br>Total | 生产运营用水<br>The Quantity of Water for Production and Operation |
|---|---|---|---|---|---|---|
| 七台河 | 0.3 | 0.3 | 46.6 | 46.6 | 35.02 | 9.97 |
| 牡丹江 | 5.4 | 0.5 | | | 838.05 | 744.70 |
| 海林 | 0.7 | 0.1 | 1.0 | 1.0 | 251.13 | |
| 宁安 | | | | | | |
| 穆棱 | 0.2 | 0.2 | 7.0 | 7.0 | 65.77 | 8.86 |
| 绥芬河 | 0.0 | 0.0 | | | 5.92 | 2.68 |
| 东宁 | | | | | | |
| 黑河 | | | | | | |
| 北安 | | | | | | |
| 五大连池 | | | | | | |
| 嫩江 | | | | | | |
| 绥化 | 1.9 | 1.9 | 8.0 | | 404.29 | 267.97 |
| 安达 | 4.0 | 4.0 | | | 307.00 | 307.00 |
| 肇东 | 2.3 | 2.3 | | | 848.00 | 848.00 |
| 海伦 | 3.7 | 3.7 | 1.0 | 1.0 | 23.21 | 0.86 |
| 漠河 | | | | | | |
| **上海** | | | | | | |
| **江苏** | **624.6** | **29.7** | **1008.3** | **906.4** | **59736.96** | **58430.94** |
| 南京 | 199.1 | | 539.6 | 539.6 | 18398.90 | 17876.20 |
| 无锡 | 25.0 | 0.2 | | | 2611.01 | 2611.01 |
| 江阴 | 4.0 | | 37.0 | | 997.00 | 913.00 |
| 宜兴 | 27.2 | 0.0 | 4.9 | | 4091.69 | 4091.69 |
| 徐州 | 42.6 | 2.5 | | | 7927.99 | 7803.63 |
| 新沂 | 5.6 | 5.6 | 60.0 | 60.0 | 868.00 | 730.00 |
| 邳州 | 10.7 | 3.7 | 42.6 | 42.6 | 1624.90 | 1574.70 |
| 常州 | 34.6 | | 12.5 | | 3699.00 | 3699.00 |
| 溧阳 | | | | | | |
| 苏州 | 82.2 | 0.3 | | | 10227.36 | 10015.85 |
| 常熟 | | | | | | |
| 张家港 | | | | | | |
| 昆山 | | | | | | |
| 太仓 | 3.6 | 0.4 | | | 9.99 | 9.99 |
| 南通 | 85.0 | 4.0 | | | 625.21 | 515.00 |
| 海安 | | | | | | |
| 启东 | | | | | | |
| 如皋 | 2.3 | 1.2 | 8.5 | | 295.14 | 295.14 |
| 连云港 | | | | | | |
| 淮安 | 66.0 | 3.0 | 76.0 | 76.0 | 4555.49 | 4537.26 |
| 盐城 | 1.8 | 0.5 | 4.4 | 4.4 | 490.81 | 444.00 |
| 东台 | 0.3 | 0.0 | 0.8 | 0.8 | 94.90 | 94.90 |
| 扬州 | 11.3 | 4.2 | 0.4 | 0.4 | 2118.25 | 2118.25 |

continued 4

| Total Quantity of Water Supply(10,000 $m^3$) | | | 用水户数（户）Number of Households with Access to Water Supply (unit) | | 用水人口（万人）Population with Access to Water Supply (10,000 persons) | 城市名称 Name of Cities |
|---|---|---|---|---|---|---|
| 公共服务用水 The Quantity of Water for Public Service | 居民家庭用水 The Quantity of Water for Household Use | 其他用水 The Quantity of Water for Other Purposes | | 居民家庭 Household User | | |
| 0.12 | 24.41 | 0.52 | 49 | 8 | 0.26 | 七台河 |
| 91.32 | | 2.03 | 165 | | | 牡丹江 |
| | 7.00 | 244.13 | 600 | 600 | 0.20 | 海林 |
| | | | | | | 宁安 |
| 6.05 | 50.86 | | 1408 | 1280 | 0.32 | 穆棱 |
| 3.24 | | | 33 | | | 绥芬河 |
| | | | | | | 东宁 |
| | | | | | | 黑河 |
| | | | | | | 北安 |
| | | | | | | 五大连池 |
| | | | | | | 嫩江 |
| 50.00 | 57.69 | 28.63 | 9469 | 9384 | 1.05 | 绥化 |
| | | | 74 | | | 安达 |
| | | | 17 | | | 肇东 |
| 0.95 | | 21.40 | 32 | | | 海伦 |
| | | | | | | 漠河 |
| | | | | | | **上海** |
| **641.67** | **524.84** | **139.51** | **21818** | **2190** | **1.92** | **江苏** |
| | 522.70 | | 2250 | 2010 | 1.90 | 南京 |
| | | | 127 | | | 无锡 |
| | | 84.00 | 28 | | | 江阴 |
| | | | 63 | | | 宜兴 |
| 124.36 | | | 920 | | | 徐州 |
| 88.00 | | 50.00 | 5195 | | | 新沂 |
| 50.20 | | | | | | 邳州 |
| | | | 127 | | | 常州 |
| | | | | | | 溧阳 |
| 211.51 | | | 389 | | | 苏州 |
| | | | | | | 常熟 |
| | | | | | | 张家港 |
| | | | 28 | | | 昆山 |
| | | | 10 | | | 太仓 |
| 110.21 | | | 45 | | | 南通 |
| | | | | | | 海安 |
| | | | | | | 启东 |
| | | | 24 | | | 如皋 |
| | | | | | | 连云港 |
| 16.09 | 2.14 | | 1360 | 180 | 0.02 | 淮安 |
| 41.30 | | 5.51 | 18 | | | 盐城 |
| | | | 7 | | | 东台 |
| | | | 58 | | | 扬州 |

# 5-6 续表 5

| 城市名称<br>Name of Cities | 综合生产能力<br>(万立方米/日)<br>Integrated Production Capacity<br>(10,000 $m^3$/day) | | 供水管道长度<br>(公里)<br>Length of Water Supply Pipelines<br>(km) | | 供水总量(万立方米) | |
|---|---|---|---|---|---|---|
| | | 地下水<br>Under-ground Water | | 建成区<br>in Built District | 合计<br>Total | 生产运营用水<br>The Quantity of Water for Production and Operation |
| 仪征 | 4.9 | 1.1 | 161.5 | 161.5 | | |
| 高邮 | 1.4 | 1.4 | 33.0 | | 61.00 | 61.00 |
| 镇江 | 10.0 | | 12.0 | 6.0 | 700.00 | 700.00 |
| 丹阳 | | | | | | |
| 扬中 | | | | | | |
| 句容 | | | | | | |
| 泰州 | 1.4 | 1.0 | | | 78.28 | 78.28 |
| 兴化 | | | | | | |
| 靖江 | | | | | | |
| 泰兴 | | | | | | |
| 宿迁 | 5.7 | 0.7 | 15.1 | 15.1 | 262.04 | 262.04 |
| **浙江** | **102.5** | **0.2** | **2569.9** | **810.6** | **15997.25** | **15416.82** |
| 杭州 | | | | | | |
| 建德 | | | | | | |
| 宁波 | 25.0 | | 65.0 | 65.0 | 6943.00 | 6943.00 |
| 余姚 | | | | | | |
| 慈溪 | 3.0 | | 165.2 | 165.2 | 706.54 | 244.53 |
| 温州 | | | | | | |
| 瑞安 | | | 1704.8 | | | |
| 乐清 | | | | | | |
| 龙港 | | | | | | |
| 嘉兴 | | | | | | |
| 海宁 | 4.2 | | | | 1530.24 | 1530.24 |
| 平湖 | | | | | | |
| 桐乡 | | | | | | |
| 湖州 | | | | | | |
| 绍兴 | 57.9 | | 269.6 | 269.6 | 3327.75 | 3224.81 |
| 诸暨 | 3.8 | 0.0 | 53.0 | | 1386.52 | 1386.52 |
| 嵊州 | 2.3 | | 14.4 | 12.9 | 482.08 | 466.60 |
| 金华 | 3.5 | 0.2 | | | 1279.57 | 1279.57 |
| 兰溪 | | | | | | |
| 义乌 | 2.0 | | | | 191.55 | 191.55 |
| 东阳 | | | | | | |
| 永康 | 0.1 | | 3.3 | 3.3 | 20.00 | 20.00 |
| 衢州 | | | 273.6 | 273.6 | | |
| 江山 | 0.6 | | 21.0 | 21.0 | 130.00 | 130.00 |
| 舟山 | | | | | | |
| 台州 | | | | | | |
| 玉环 | | | | | | |
| 温岭 | | | | | | |
| 临海 | | | | | | |
| 丽水 | | | | | | |
| 龙泉 | | | | | | |

continued 5

| Total Quantity of Water Supply(10,000 $m^3$) | | | 用水户数(户) | | 用水人口(万人) | 城市名称 |
|---|---|---|---|---|---|---|
| 公共服务用水 The Quantity of Water for Public Service | 居民家庭用水 The Quantity of Water for Household Use | 其他用水 The Quantity of Water for Other Purposes | Number of Households with Access to Water Supply (unit) | 居民家庭 Household User | Population with Access to Water Supply (10,000 persons) | Name of Cities |
| | | | 11063 | | | 仪征 |
| | | | 20 | | | 高邮 |
| | | | 21 | | | 镇江 |
| | | | | | | 丹阳 |
| | | | | | | 扬中 |
| | | | | | | 句容 |
| | | | | | | 泰州 |
| | | | | | | 兴化 |
| | | | | | | 靖江 |
| | | | | | | 泰兴 |
| | | | 65 | | | 宿迁 |
| **118.42** | **462.01** | | **34746** | **33548** | **9.91** | **浙江** |
| | | | | | | 杭州 |
| | | | | | | 建德 |
| | | | 67 | | | 宁波 |
| | | | | | | 余姚 |
| | 462.01 | | 34141 | 33548 | 9.91 | 慈溪 |
| | | | | | | 温州 |
| | | | | | | 瑞安 |
| | | | | | | 乐清 |
| | | | | | | 龙港 |
| | | | | | | 嘉兴 |
| | | | 38 | | | 海宁 |
| | | | | | | 平湖 |
| | | | | | | 桐乡 |
| | | | | | | 湖州 |
| 102.94 | | | 217 | | | 绍兴 |
| | | | | | | 诸暨 |
| 15.48 | | | 6 | | | 嵊州 |
| | | | 136 | | | 金华 |
| | | | | | | 兰溪 |
| | | | 18 | | | 义乌 |
| | | | | | | 东阳 |
| | | | 45 | | | 永康 |
| | | | 69 | | | 衢州 |
| | | | 9 | | | 江山 |
| | | | | | | 舟山 |
| | | | | | | 台州 |
| | | | | | | 玉环 |
| | | | | | | 温岭 |
| | | | | | | 临海 |
| | | | | | | 丽水 |
| | | | | | | 龙泉 |

## 5-6 续表 6

| 城市名称 Name of Cities | 综合生产能力(万立方米/日) Integrated Production Capacity (10,000 m³/day) | 地下水 Underground Water | 供水管道长度(公里) Length of Water Supply Pipelines (km) | 建成区 in Built District | 供水总量(万立方米) 合计 Total | 生产运营用水 The Quantity of Water for Production and Operation |
|---|---|---|---|---|---|---|
| **安　徽** | **224.4** | **25.8** | **1393.5** | **1305.8** | **34758.19** | **29507.09** |
| 合　肥 | 8.4 | 0.1 | | | 1881.07 | 1842.82 |
| 巢　湖 | | | | | | |
| 芜　湖 | 16.2 | | 90.0 | 90.0 | 2707.33 | 2707.33 |
| 无　为 | 2.0 | | 2.0 | | 530.00 | 530.00 |
| 蚌　埠 | 28.0 | 0.4 | 20.0 | | 7888.41 | 4628.84 |
| 淮　南 | 8.6 | 4.2 | 0.0 | | 2239.53 | 1686.33 |
| 马鞍山 | 85.5 | | 1035.0 | 1030.0 | 5579.00 | 5579.00 |
| 淮　北 | 8.4 | 7.2 | 105.0 | 105.0 | 1108.12 | 1075.53 |
| 铜　陵 | 25.0 | | 9.0 | | 1840.00 | 1840.00 |
| 安　庆 | 16.4 | 0.1 | | | 3701.00 | 3701.00 |
| 潜　山 | | | | | | |
| 桐　城 | | | | | | |
| 黄　山 | | | | | | |
| 滁　州 | 0.5 | | 9.8 | 9.8 | 174.69 | 174.69 |
| 天　长 | 3.0 | 3.0 | | | 987.46 | 946.75 |
| 明　光 | 1.1 | 0.6 | 1.7 | 1.2 | 40.80 | 40.80 |
| 阜　阳 | 6.2 | 2.5 | 20.2 | 20.2 | 2081.02 | 1550.00 |
| 界　首 | 3.1 | 3.1 | 13.7 | | 198.00 | 120.50 |
| 宿　州 | 8.4 | 3.1 | 62.5 | 31.5 | 2992.96 | 2281.06 |
| 六　安 | 1.0 | | 5.6 | | 312.50 | 312.50 |
| 亳　州 | 1.5 | 1.5 | 1.0 | | 136.36 | 130.00 |
| 池　州 | | | | | | |
| 宣　城 | 1.1 | 0.1 | 18.1 | 18.1 | 359.94 | 359.94 |
| 广　德 | | | | | | |
| 宁　国 | | | | | | |
| **福　建** | **16.4** | **2.4** | **91.8** | **91.8** | **1236.64** | **964.69** |
| 福　州 | 1.8 | 1.8 | 69.0 | 69.0 | 185.95 | 164.00 |
| 福　清 | | | | | | |
| 厦　门 | | | | | | |
| 莆　田 | 10.5 | 0.7 | 10.2 | 10.2 | 250.69 | 250.69 |
| 三　明 | | | | | | |
| 永　安 | | | | | | |
| 泉　州 | | | | | | |
| 石　狮 | | | | | | |
| 晋　江 | | | | | | |
| 南　安 | | | | | | |
| 漳　州 | | | | | | |
| 南　平 | | | | | | |
| 邵　武 | | | | | | |

continued 6

| Total Quantity of Water Supply(10,000 $m^3$) | | | 用水户数(户) Number of Households with Access to Water Supply (unit) | | 用水人口(万人) Population with Access to Water Supply (10,000 persons) | 城市名称 Name of Cities |
|---|---|---|---|---|---|---|
| 公共服务用水 The Quantity of Water for Public Service | 居民家庭用水 The Quantity of Water for Household Use | 其他用水 The Quantity of Water for Other Purposes | | 居民家庭 Household User | | |
| **3710.33** | **1293.93** | **246.84** | **69820** | **59425** | **12.83** | **安徽** |
| 38.25 | | | | | | 合肥 |
| | | | | | | 巢湖 |
| | | | 25 | | | 芜湖 |
| | | | 4 | | | 无为 |
| 2438.35 | 783.00 | 38.22 | 7672 | 6602 | 2.81 | 蚌埠 |
| 362.08 | | 191.12 | 22 | | | 淮南 |
| | | | 2 | | | 马鞍山 |
| | 32.59 | | 19888 | 19888 | 4.76 | 淮北 |
| | | | 11 | | | 铜陵 |
| | | | 4 | | | 安庆 |
| | | | | | | 潜山 |
| | | | | | | 桐城 |
| | | | | | | 黄山 |
| | | | 1 | | | 滁州 |
| 20.21 | 20.50 | | 2455 | 2450 | 0.57 | 天长 |
| | | | | | | 明光 |
| 185.52 | 330.00 | 15.50 | 22512 | 22512 | 0.70 | 阜阳 |
| 2.50 | 73.00 | 2.00 | 5375 | 4860 | 1.53 | 界首 |
| 663.42 | 48.48 | | 11280 | 3078 | 2.39 | 宿州 |
| | | | 17 | | | 六安 |
| | 6.36 | | 203 | 35 | 0.07 | 亳州 |
| | | | | | | 池州 |
| | | | 349 | | | 宣城 |
| | | | | | | 广德 |
| | | | | | | 宁国 |
| | **271.95** | | **6186** | **1083** | **0.25** | **福建** |
| | 21.95 | | 1228 | 83 | | 福州 |
| | | | | | | 福清 |
| | | | | | | 厦门 |
| | | | 108 | | | 莆田 |
| | | | | | | 三明 |
| | | | | | | 永安 |
| | | | | | | 泉州 |
| | | | | | | 石狮 |
| | | | | | | 晋江 |
| | | | | | | 南安 |
| | | | | | | 漳州 |
| | | | | | | 南平 |
| | | | | | | 邵武 |

# 5-6 续表 7

| 城市名称 Name of Cities | 综合生产能力(万立方米/日) Integrated Production Capacity (10,000 $m^3$/day) | 地下水 Underground Water | 供水管道长度(公里) Length of Water Supply Pipelines (km) | 建成区 in Built District | 供水总量(万立方米) 合计 Total | 生产运营用水 The Quantity of Water for Production and Operation |
|---|---|---|---|---|---|---|
| 武夷山 | | | | | | |
| 建瓯 | | | | | | |
| 龙岩 | 4.1 | | 12.6 | 12.6 | 800.00 | 550.00 |
| 漳平 | | | | | | |
| 宁德 | | | | | | |
| 福安 | | | | | | |
| 福鼎 | | | | | | |
| **江西** | **14.0** | **1.3** | **255.2** | **230.9** | **1842.53** | **1210.40** |
| 南昌 | | | | | | |
| 景德镇 | 1.8 | 0.0 | 9.4 | 9.4 | 662.70 | 662.70 |
| 乐平 | 1.8 | 0.2 | 43.7 | 41.3 | 657.00 | 403.31 |
| 萍乡 | | | | | | |
| 九江 | | | | | | |
| 瑞昌 | | | | | | |
| 共青城 | 6.0 | | 72.0 | 50.0 | 117.00 | 87.00 |
| 庐山 | | | | | | |
| 新余 | | | | | | |
| 鹰潭 | | | | | | |
| 贵溪 | | | | | | |
| 赣州 | | | | | | |
| 瑞金 | | | | | | |
| 龙南 | 3.0 | | 65.0 | 65.0 | 80.70 | 27.88 |
| 吉安 | | | | | | |
| 井冈山 | | | | | | |
| 宜春 | | | | | | |
| 丰城 | | | | | | |
| 樟树 | 1.4 | 1.1 | 65.2 | 65.2 | 325.13 | 29.51 |
| 高安 | | | | | | |
| 抚州 | | | | | | |
| 上饶 | | | | | | |
| 德兴 | | | | | | |
| **山东** | **230.9** | **142.2** | **2155.2** | **1843.8** | **52926.40** | **45770.87** |
| 济南 | 6.8 | 6.8 | | | 2058.64 | 1137.75 |
| 青岛 | 0.9 | 0.5 | 15.0 | 15.0 | 253.46 | 243.78 |
| 胶州 | 6.0 | 6.0 | | | 1752.00 | 1202.00 |
| 平度 | 1.8 | 1.8 | 49.0 | | 656.71 | 656.71 |
| 莱西 | | | | | | |
| 淄博 | 19.6 | 17.8 | 317.6 | 282.6 | 2698.18 | 2331.33 |
| 枣庄 | 18.1 | 11.1 | 155.7 | 74.3 | 2829.14 | 2585.63 |
| 滕州 | 5.0 | 0.8 | 22.0 | 12.0 | 1245.10 | 1209.60 |
| 东营 | | | | | | |

# continued 7

| Total Quantity of Water Supply(10,000 $m^3$) | | | 用水户数（户）Number of Households with Access to Water Supply (unit) | | 用水人口（万人）Population with Access to Water Supply (10,000 persons) | 城市名称 Name of Cities |
|---|---|---|---|---|---|---|
| 公共服务用水 The Quantity of Water for Public Service | 居民家庭用水 The Quantity of Water for Household Use | 其他用水 The Quantity of Water for Other Purposes | | 居民家庭 Household User | | |
| | | | | | | 武夷山 |
| | | | | | | 建瓯 |
| | 250.00 | | 4850 | 1000 | 0.25 | 龙岩 |
| | | | | | | 漳平 |
| | | | | | | 宁德 |
| | | | | | | 福安 |
| | | | | | | 福鼎 |
| **32.08** | **481.69** | **118.36** | **19439** | **16007** | **2.35** | **江西** |
| | | | | | | 南昌 |
| | | | 6 | | | 景德镇 |
| 2.58 | 170.12 | 80.99 | 4129 | 3215 | 0.63 | 乐平 |
| | | | | | | 萍乡 |
| | | | | | | 九江 |
| | | | | | | 瑞昌 |
| 23.00 | 5.00 | 2.00 | 97 | 97 | 0.20 | 共青城 |
| | | | | | | 庐山 |
| | | | | | | 新余 |
| | | | | | | 鹰潭 |
| | | | | | | 贵溪 |
| | | | | | | 赣州 |
| | | | | | | 瑞金 |
| 2.84 | 49.98 | | 2607 | 2465 | 0.50 | 龙南 |
| | | | | | | 吉安 |
| | | | | | | 井冈山 |
| | | | | | | 宜春 |
| | | | | | | 丰城 |
| 3.66 | 256.59 | 35.37 | 12600 | 10230 | 1.02 | 樟树 |
| | | | | | | 高安 |
| | | | | | | 抚州 |
| | | | | | | 上饶 |
| | | | | | | 德兴 |
| **2962.44** | **2695.85** | **1497.24** | **185368** | **150932** | **38.07** | **山东** |
| 452.56 | 465.64 | 2.69 | 17667 | 17478 | 7.81 | 济南 |
| 8.44 | | 1.24 | | | | 青岛 |
| 550.00 | | | 67 | | | 胶州 |
| | | | 922 | | | 平度 |
| | | | | | | 莱西 |
| 366.85 | | | 691 | | | 淄博 |
| 144.81 | | 98.70 | 3649 | | | 枣庄 |
| | | 35.50 | 14 | | | 滕州 |
| | | | | | | 东营 |

## 5-6 续表 8

| 城市名称 Name of Cities | 综合生产能力(万立方米/日) Integrated Production Capacity (10,000 $m^3$/day) | 地下水 Underground Water | 供水管道长度(公里) Length of Water Supply Pipelines (km) | 建成区 in Built District | 供水总量(万立方米) 合计 Total | 生产运营用水 The Quantity of Water for Production and Operation |
|---|---|---|---|---|---|---|
| 烟台 | 7.5 | 1.5 | 295.2 | 295.2 | 1610.79 | 1466.87 |
| 龙口 | | | | | | |
| 莱阳 | 0.4 | 0.4 | 4.5 | | 30.72 | 29.20 |
| 莱州 | | | | | | |
| 招远 | | | | | | |
| 栖霞 | | | | | | |
| 海阳 | 0.8 | | 6.0 | | 86.00 | 86.00 |
| 潍坊 | 22.0 | 11.0 | 176.0 | 176.0 | 3487.76 | 3466.31 |
| 青州 | 2.8 | 2.8 | 32.8 | 32.8 | 488.64 | 488.64 |
| 诸城 | 10.0 | 4.2 | 4.0 | 4.0 | 2937.50 | 2562.00 |
| 寿光 | 6.9 | 3.5 | 10.0 | | 1804.43 | 1788.08 |
| 安丘 | 2.3 | 0.6 | 34.0 | 34.0 | 796.00 | 606.00 |
| 高密 | 13.5 | 11.5 | 72.2 | 72.2 | 3543.89 | 3170.14 |
| 昌邑 | 6.8 | 3.1 | 19.6 | 19.6 | 2482.00 | 2255.00 |
| 济宁 | 20.5 | 14.5 | 25.0 | 25.0 | 5151.06 | 4175.00 |
| 曲阜 | 1.0 | 1.0 | 30.0 | 30.0 | 254.67 | 223.95 |
| 邹城 | 4.0 | 4.0 | 171.0 | 171.0 | 893.61 | 789.84 |
| 泰安 | 0.5 | | | | 143.07 | |
| 新泰 | 4.0 | 1.0 | 190.0 | 190.0 | 194.40 | 104.35 |
| 肥城 | | | 4.3 | 4.3 | | |
| 威海 | 3.7 | 0.6 | 47.0 | 30.0 | 273.71 | 252.41 |
| 荣成 | 0.2 | 0.0 | | | 64.18 | 64.18 |
| 乳山 | 1.5 | 0.5 | 6.2 | | 125.00 | 110.00 |
| 日照 | | | | | | |
| 临沂 | 11.0 | 11.0 | 395.0 | 323.3 | 1957.06 | 1052.11 |
| 德州 | 26.9 | 0.4 | | | 9801.59 | 9746.29 |
| 乐陵 | 1.5 | 1.0 | 6.1 | 5.5 | 37.10 | 27.00 |
| 禹城 | 6.0 | 6.0 | | | 1379.71 | 1344.72 |
| 聊城 | 0.6 | 0.6 | | | 75.89 | 75.89 |
| 临清 | 0.1 | 0.1 | 20.0 | | 4.74 | 4.74 |
| 滨州 | | | | | | |
| 邹平 | | | | | | |
| 菏泽 | 18.4 | 18.4 | 47.0 | 47.0 | 3809.65 | 2515.35 |
| **河南** | **200.2** | **139.0** | **1450.8** | **1048.0** | **28157.70** | **17703.39** |
| 郑州 | 12.4 | 12.4 | 419.5 | 374.7 | 2770.25 | 626.02 |
| 巩义 | 0.1 | 0.1 | 8.0 | 8.0 | 17.92 | 12.33 |
| 荥阳 | 2.0 | 2.0 | 53.0 | 53.0 | 447.40 | 260.00 |
| 新密 | | | | | | |
| 新郑 | 3.2 | 3.2 | 43.0 | | 183.77 | 21.55 |
| 登封 | 4.0 | 4.0 | 4.0 | | 18.40 | |
| 开封 | 6.0 | 6.0 | 4.5 | 4.5 | 1986.87 | 875.52 |
| 洛阳 | 6.6 | 6.6 | 26.0 | 24.0 | 2222.56 | 320.33 |

continued 8

| Total Quantity of Water Supply(10,000 $m^3$) | | | 用水户数(户) Number of Households with Access to Water Supply (unit) | | 用水人口(万人) Population with Access to Water Supply (10,000 persons) | 城市名称 Name of Cities |
|---|---|---|---|---|---|---|
| 公共服务用水 The Quantity of Water for Public Service | 居民家庭用水 The Quantity of Water for Household Use | 其他用水 The Quantity of Water for Other Purposes | | 居民家庭 Household User | | |
| 5.12 | 138.80 | | 55950 | 54806 | 4.12 | 烟台 |
| | | | | | | 龙口 |
| 1.52 | | | 5 | | | 莱阳 |
| | | | | | | 莱州 |
| | | | | | | 招远 |
| | | | | | | 栖霞 |
| | | | 64 | | | 海阳 |
| 6.79 | | 14.66 | 312 | | | 潍坊 |
| | | | 63 | | | 青州 |
| 159.00 | 10.50 | 206.00 | 2870 | 826 | 0.50 | 诸城 |
| 16.35 | | | 200 | | | 寿光 |
| 59.00 | 23.00 | 108.00 | 2510 | 2380 | 0.42 | 安丘 |
| 219.23 | | 154.52 | 74 | | | 高密 |
| 97.00 | 76.00 | 54.00 | 2961 | 631 | 0.17 | 昌邑 |
| 113.61 | 182.45 | 680.00 | 6706 | 6467 | 3.10 | 济宁 |
| 30.25 | | 0.47 | 79 | | | 曲阜 |
| 53.07 | 25.40 | 25.30 | 2358 | 1756 | 0.42 | 邹城 |
| | 143.07 | | 9179 | 3000 | 2.01 | 泰安 |
| 19.87 | 62.61 | 7.57 | 6213 | 6205 | 2.06 | 新泰 |
| | | | | | | 肥城 |
| 20.23 | | 1.07 | 234 | | | 威海 |
| | | | 4 | | | 荣成 |
| 8.00 | 7.00 | | 1283 | 1283 | 0.40 | 乳山 |
| | | | | | | 日照 |
| 184.89 | 694.08 | 25.98 | 50580 | 45883 | 13.50 | 临沂 |
| | | 55.30 | 112 | | | 德州 |
| | 10.10 | | 2015 | 1887 | 0.77 | 乐陵 |
| 22.35 | 8.40 | 4.24 | 158 | 60 | 0.30 | 禹城 |
| | | | 38 | | | 聊城 |
| | | | | | | 临清 |
| | | | | | | 滨州 |
| | | | | | | 邹平 |
| 423.50 | 848.80 | 22.00 | 18390 | 8270 | 2.49 | 菏泽 |
| **5063.66** | **2919.45** | **2471.20** | **173076** | **153487** | **59.30** | **河南** |
| 825.41 | 1039.41 | 279.41 | 99403 | 87901 | 35.03 | 郑州 |
| 0.59 | 5.00 | | 1038 | 892 | 0.56 | 巩义 |
| 50.00 | 137.00 | 0.40 | 3200 | 3200 | 0.70 | 荥阳 |
| | | | | | | 新密 |
| 162.22 | | | 48 | | | 新郑 |
| | 18.40 | | 1000 | 1000 | 0.42 | 登封 |
| 425.91 | 685.44 | | 6086 | 5600 | 3.16 | 开封 |
| 1868.33 | 30.00 | 3.90 | 789 | 785 | 0.16 | 洛阳 |

# 5-6 续表 9

| 城市名称 Name of Cities | 综合生产能力(万立方米/日) Integrated Production Capacity (10,000 $m^3$/day) | 地下水 Underground Water | 供水管道长度(公里) Length of Water Supply Pipelines (km) | 建成区 in Built District | 供水总量(万立方米) 合计 Total | 生产运营用水 The Quantity of Water for Production and Operation |
|---|---|---|---|---|---|---|
| 平顶山 | 6.8 | 0.2 | | | 2478.20 | 2459.83 |
| 舞钢 | 3.0 | 1.0 | 38.0 | | 147.77 | 127.00 |
| 汝州 | 5.0 | 5.0 | 12.0 | 12.0 | 310.00 | 250.00 |
| 安阳 | 0.7 | 0.7 | 18.0 | 18.0 | 267.14 | 223.34 |
| 林州 | | | | | | |
| 鹤壁 | 8.2 | 8.2 | 3.0 | 3.0 | 1760.00 | 1520.00 |
| 新乡 | 0.4 | 0.4 | 15.0 | 15.0 | 146.00 | 146.00 |
| 长垣 | 0.4 | 0.4 | | | 110.05 | 67.38 |
| 卫辉 | 3.0 | 3.0 | 5.0 | | 495.00 | 360.00 |
| 辉县 | 2.3 | 2.3 | 31.0 | 31.0 | 470.00 | 250.00 |
| 焦作 | 30.0 | 30.0 | 142.0 | | 2656.00 | 2656.00 |
| 沁阳 | 6.0 | 6.0 | 35.0 | 30.0 | 152.33 | 96.33 |
| 孟州 | 0.1 | 0.1 | | | 28.90 | 28.90 |
| 濮阳 | 15.0 | 15.0 | 47.9 | 47.9 | 102.35 | 68.01 |
| 许昌 | 0.1 | 0.1 | | | 39.00 | 9.53 |
| 禹州 | 1.0 | 1.0 | 3.7 | | 357.30 | 221.00 |
| 长葛 | 8.0 | 0.3 | 2.0 | | 667.72 | 370.95 |
| 漯河 | 15.0 | 3.0 | 125.0 | 125.0 | | |
| 三门峡 | 5.9 | 3.2 | 17.0 | 1.7 | 1431.91 | 1284.59 |
| 义马 | 1.4 | 1.4 | 30.0 | 30.0 | 460.01 | 460.01 |
| 灵宝 | 4.2 | 4.2 | 28.1 | 15.0 | 1530.00 | 1330.00 |
| 南阳 | 10.0 | 2.0 | 119.0 | 82.2 | 1711.16 | 1370.99 |
| 邓州 | 3.1 | 2.5 | 15.0 | 15.0 | 357.60 | 121.25 |
| 商丘 | | | | | | |
| 永城 | 4.5 | 4.5 | 12.0 | 12.0 | 999.00 | 680.00 |
| 信阳 | | | | | | |
| 周口 | 6.2 | 6.2 | 142.5 | 142.5 | 1978.45 | 34.25 |
| 项城 | 2.4 | 2.3 | 27.0 | | 676.00 | 580.00 |
| 驻马店 | 1.3 | 1.3 | 21.0 | | 456.24 | 149.88 |
| 济源示范区 | 2.0 | 0.2 | 3.6 | 3.6 | 722.40 | 722.40 |
| 郑州航空港经济综合实验区 | 20.0 | 0.3 | | | | |
| **湖北** | **156.8** | **5.4** | **983.5** | **636.7** | **25177.69** | **22298.58** |
| 武汉 | 22.4 | 1.2 | 276.1 | 11.0 | 7959.29 | 7561.49 |
| 黄石 | 24.7 | | 82.0 | 82.0 | 2453.73 | 1953.24 |
| 大冶 | | | | | | |
| 十堰 | | | | | | |
| 丹江口 | 1.0 | | | | 300.00 | 300.00 |
| 宜昌 | 16.0 | 0.3 | 55.0 | 55.0 | 2515.03 | 2335.67 |
| 宜都 | | | | | | |

## continued 9

| Total Quantity of Water Supply(10,000 $m^3$) 公共服务用水 The Quantity of Water for Public Service | 居民家庭用水 The Quantity of Water for Household Use | 其他用水 The Quantity of Water for Other Purposes | 用水户数(户) Number of Households with Access to Water Supply (unit) | 居民家庭 Household User | 用水人口(万人) Population with Access to Water Supply (10,000 persons) | 城市名称 Name of Cities |
|---|---|---|---|---|---|---|
| 18.37 | | | | | | 平顶山 |
| 8.14 | 6.31 | 6.32 | 1830 | 1567 | 0.24 | 舞钢 |
| 30.00 | 26.00 | 4.00 | 1460 | 1339 | 0.75 | 汝州 |
| 3.80 | 40.00 | | 6408 | 6278 | 2.50 | 安阳 |
| | | | | | | 林州 |
| | | 240.00 | 268 | | | 鹤壁 |
| | | | 114 | | | 新乡 |
| 24.56 | 13.79 | 4.32 | 378 | 241 | 0.08 | 长垣 |
| 80.00 | 35.00 | 20.00 | 1900 | 1760 | 0.85 | 卫辉 |
| 110.00 | 60.00 | 50.00 | 4552 | 4430 | 1.25 | 辉县 |
| | | | 79 | | | 焦作 |
| 36.00 | 12.00 | 8.00 | 1605 | 1426 | 0.54 | 沁阳 |
| | | | 2 | | | 孟州 |
| 34.34 | | | 148 | | | 濮阳 |
| 29.47 | | | 45 | | | 许昌 |
| 36.00 | 84.70 | 15.60 | 8033 | 7956 | 2.99 | 禹州 |
| 180.00 | 63.54 | 53.23 | 1588 | 1400 | 0.50 | 长葛 |
| | | | 275 | | | 漯河 |
| 17.24 | 116.08 | 14.00 | 6457 | 5970 | 2.46 | 三门峡 |
| | | | 4 | | | 义马 |
| 40.00 | 160.00 | | 2611 | 2501 | 0.50 | 灵宝 |
| 249.27 | 77.06 | 13.84 | 6721 | 6680 | 3.34 | 南阳 |
| 236.35 | | | | | | 邓州 |
| | | | | | | 商丘 |
| 120.00 | 169.00 | 30.00 | 9200 | 6200 | 1.63 | 永城 |
| | | | | | | 信阳 |
| 146.30 | 97.72 | 1700.18 | 3769 | 3725 | 1.21 | 周口 |
| 25.00 | 43.00 | 28.00 | 3983 | 2636 | 0.43 | 项城 |
| 306.36 | | | 82 | | | 驻马店 |
| | | | | | | 济源示范区 |
| | | | | | | 郑州航空港经济综合实验区 |
| **595.49** | **1821.26** | **462.36** | **110030** | **57832** | **11.12** | **湖北** |
| 49.54 | 89.00 | 259.26 | 2918 | 2809 | 2.12 | 武汉 |
| 224.26 | 276.23 | | 10978 | 10107 | 3.31 | 黄石 |
| | | | | | | 大冶 |
| | | | | | | 十堰 |
| | | | | | | 丹江口 |
| 179.36 | | | 19 | | | 宜昌 |
| | | | | | | 宜都 |

## 5-6 续表 10

| 城市名称 Name of Cities | 综合生产能力(万立方米/日) Integrated Production Capacity (10,000 $m^3$/day) | 地下水 Underground Water | 供水管道长度(公里) Length of Water Supply Pipelines (km) | 建成区 in Built District | 供水总量(万立方米) 合计 Total | 生产运营用水 The Quantity of Water for Production and Operation |
|---|---|---|---|---|---|---|
| 当阳 | 2.9 | 1.7 | 58.1 | 58.1 | 391.60 | 391.60 |
| 枝江 | 4.0 | | 10.0 | | 881.53 | 881.53 |
| 襄阳 | | | | | | |
| 老河口 | | | | | | |
| 枣阳 | | | | | | |
| 宜城 | 0.5 | 0.1 | 2.9 | 2.9 | 23.01 | 23.01 |
| 鄂州 | 11.4 | | 60.0 | 60.0 | 3879.48 | 3879.48 |
| 荆门 | 33.2 | | 40.8 | 15.1 | 2814.44 | 2814.44 |
| 京山 | 11.0 | | | | | |
| 钟祥 | | | | | | |
| 孝感 | 2.7 | 1.4 | 20.0 | 20.0 | 995.20 | 743.91 |
| 应城 | 0.7 | 0.7 | 15.0 | | 70.92 | 40.65 |
| 安陆 | 0.8 | | 15.0 | 10.4 | 181.55 | 22.20 |
| 汉川 | | | | | | |
| 荆州 | 1.2 | | | | 122.82 | |
| 监利 | 0.8 | | 2.0 | 2.0 | 40.00 | 8.00 |
| 石首 | | | | | | |
| 洪湖 | | | | | | |
| 松滋 | 0.6 | | 11.0 | 11.0 | 13.80 | |
| 黄冈 | | | | | | |
| 麻城 | | | | | | |
| 武穴 | | | | | | |
| 咸宁 | | | | | | |
| 赤壁 | 5.0 | | 2.3 | 2.3 | 782.66 | 782.66 |
| 随州 | | | | | | |
| 广水 | 12.9 | | 283.3 | 256.8 | 1247.63 | 90.70 |
| 恩施 | | | | | | |
| 利川 | | | | | | |
| 仙桃 | 5.0 | | 50.0 | 50.0 | 505.00 | 470.00 |
| 潜江 | | | | | | |
| 天门 | | | | | | |
| **湖南** | **8.3** | **4.0** | **1726.4** | **1103.6** | **2304.95** | **1167.38** |
| 长沙 | | | | | | |
| 宁乡 | | | | | | |
| 浏阳 | | | | | | |
| 株洲 | | | | | | |
| 醴陵 | | | | | | |
| 湘潭 | 1.3 | 1.1 | 1628.4 | 1018.5 | 481.25 | 272.60 |
| 湘乡 | | | | | | |
| 韶山 | | | | | | |
| 衡阳 | | | | | | |

continued 10

| Total Quantity of Water Supply(10,000 $m^3$) | | | 用水户数（户）Number of Households with Access to Water Supply (unit) | | 用水人口（万人）Population with Access to Water Supply (10,000 persons) | 城市名称 Name of Cities |
|---|---|---|---|---|---|---|
| 公共服务用水 The Quantity of Water for Public Service | 居民家庭用水 The Quantity of Water for Household Use | 其他用水 The Quantity of Water for Other Purposes | | 居民家庭 Household User | | |
| | | | 6 | | | 当阳 |
| | | | | | | 枝江 |
| | | | | | | 襄阳 |
| | | | | | | 老河口 |
| | | | | | | 枣阳 |
| | | | 3 | | | 宜城 |
| | | | | | | 鄂州 |
| | | | 5 | | | 荆门 |
| | | | | | | 京山 |
| | | | | | | 钟祥 |
| 20.03 | 187.05 | 44.21 | 3200 | 3100 | 1.26 | 孝感 |
| 1.72 | 27.60 | 0.95 | 1855 | 987 | 0.18 | 应城 |
| 2.08 | 156.28 | 0.99 | 2063 | 2006 | 0.54 | 安陆 |
| | | | | | | 汉川 |
| | 20.80 | 102.02 | 5211 | 4726 | 1.51 | 荆州 |
| | 20.00 | 12.00 | 120 | 115 | 0.14 | 监利 |
| | | | | | | 石首 |
| | | | | | | 洪湖 |
| | 13.80 | | 212 | 212 | 0.07 | 松滋 |
| | | | | | | 黄冈 |
| | | | | | | 麻城 |
| | | | | | | 武穴 |
| | | | | | | 咸宁 |
| | | | | | | 赤壁 |
| | | | | | | 随州 |
| 118.50 | 995.50 | 42.93 | 80890 | 31570 | 1.29 | 广水 |
| | | | | | | 恩施 |
| | | | | | | 利川 |
| | 35.00 | | 2550 | 2200 | 0.70 | 仙桃 |
| | | | | | | 潜江 |
| | | | | | | 天门 |
| **569.90** | **539.90** | **27.77** | **5814** | **3027** | **5.04** | **湖南** |
| | | | | | | 长沙 |
| | | | | | | 宁乡 |
| | | | | | | 浏阳 |
| | | | | | | 株洲 |
| | | | | | | 醴陵 |
| 149.20 | 59.40 | 0.05 | 442 | 439 | 1.01 | 湘潭 |
| | | | | | | 湘乡 |
| | | | | | | 韶山 |
| | | | | | | 衡阳 |

# 5-6 续表 11

| 城市名称<br>Name of Cities | 综合生产能力(万立方米/日)<br>Integrated Production Capacity (10,000 m³/day) | | 供水管道长度(公里)<br>Length of Water Supply Pipelines (km) | | 供水总量(万立方米) | |
|---|---|---|---|---|---|---|
| | | 地下水<br>Underground Water | | 建成区<br>in Built District | 合计<br>Total | 生产运营用水<br>The Quantity of Water for Production and Operation |
| 耒阳 | 0.9 | 0.9 | 43.4 | 30.5 | 286.60 | 51.20 |
| 常宁 | | | | | | |
| 邵阳 | | | | | | |
| 武冈 | | | | | | |
| 邵东 | | | | | | |
| 岳阳 | 3.0 | 0.8 | 33.0 | 33.0 | 1021.00 | 409.00 |
| 汨罗 | | | | | | |
| 临湘 | | | | | | |
| 常德 | 1.0 | 1.0 | 1.0 | 1.0 | 60.00 | 60.00 |
| 津市 | 1.2 | 0.3 | | | 341.60 | 340.08 |
| 张家界 | | | | | | |
| 益阳 | | | | | | |
| 沅江 | 0.9 | | 20.6 | 20.6 | 114.50 | 34.50 |
| 郴州 | | | | | | |
| 资兴 | | | | | | |
| 永州 | | | | | | |
| 祁阳 | | | | | | |
| 怀化 | | | | | | |
| 洪江 | | | | | | |
| 娄底 | | | | | | |
| 冷水江 | | | | | | |
| 涟源 | | | | | | |
| 吉首 | | | | | | |
| **广东** | **194.0** | **4.1** | **264.3** | **18.6** | **3710.46** | **3654.59** |
| 广州 | | | | | | |
| 韶关 | | | | | | |
| 乐昌 | | | | | | |
| 南雄 | | | | | | |
| 深圳 | | | | | | |
| 珠海 | 5.0 | 0.4 | | | 1153.26 | 1153.26 |
| 汕头 | | | | | | |
| 佛山 | | | | | | |
| 江门 | 11.5 | | | | 1250.44 | 1250.44 |
| 台山 | 167.2 | | | | 90.04 | 90.04 |
| 开平 | 2.1 | | | | 760.14 | 760.14 |
| 鹤山 | 0.1 | | | | 16.42 | 16.42 |
| 恩平 | 1.4 | 0.0 | | | 242.58 | 242.56 |
| 湛江 | 3.6 | 3.6 | 15.6 | 15.6 | 125.00 | 115.00 |
| 廉江 | | | | | | |
| 雷州 | | | | | | |
| 吴川 | | | | | | |

continued 11

| Total Quantity of Water Supply(10,000 $m^3$) | | | 用水户数(户) Number of Households with Access to Water Supply (unit) | | 用水人口(万人) Population with Access to Water Supply (10,000 persons) | 城市名称 Name of Cities |
|---|---|---|---|---|---|---|
| 公共服务用水 The Quantity of Water for Public Service | 居民家庭用水 The Quantity of Water for Household Use | 其他用水 The Quantity of Water for Other Purposes | | 居民家庭 Household User | | |
| 45.20 | 175.00 | 15.20 | 1480 | 1480 | 1.30 | 耒阳 |
| | | | | | | 常宁 |
| | | | | | | 邵阳 |
| | | | | | | 武冈 |
| | | | | | | 邵东 |
| 345.00 | 267.00 | | 313 | 296 | 2.07 | 岳阳 |
| | | | | | | 汨罗 |
| | | | | | | 临湘 |
| | | | 9 | | | 常德 |
| | | 1.52 | 12 | | | 津市 |
| | | | | | | 张家界 |
| | | | | | | 益阳 |
| 30.50 | 38.50 | 11.00 | 3558 | 812 | 0.66 | 沅江 |
| | | | | | | 郴州 |
| | | | | | | 资兴 |
| | | | | | | 永州 |
| | | | | | | 祁阳 |
| | | | | | | 怀化 |
| | | | | | | 洪江 |
| | | | | | | 娄底 |
| | | | | | | 冷水江 |
| | | | | | | 涟源 |
| | | | | | | 吉首 |
| **45.87** | **5.00** | **5.00** | **8141** | **8000** | **2.40** | **广东** |
| | | | | | | 广州 |
| | | | | | | 韶关 |
| | | | | | | 乐昌 |
| | | | | | | 南雄 |
| | | | | | | 深圳 |
| | | | 36 | | | 珠海 |
| | | | | | | 汕头 |
| | | | | | | 佛山 |
| | | | 37 | | | 江门 |
| | | | | | | 台山 |
| | | | 11 | | | 开平 |
| | | | | | | 鹤山 |
| 0.02 | | | 41 | | | 恩平 |
| | 5.00 | 5.00 | 8000 | 8000 | 2.40 | 湛江 |
| | | | | | | 廉江 |
| | | | | | | 雷州 |
| | | | | | | 吴川 |

## 5-6 续表 12

| 城市名称 Name of Cities | 综合生产能力(万立方米/日) Integrated Production Capacity (10,000 $m^3$/day) | 地下水 Under-ground Water | 供水管道长度(公里) Length of Water Supply Pipelines (km) | 建成区 in Built District | 供水总量(万立方米) 合计 Total | 生产运营用水 The Quantity of Water for Production and Operation |
|---|---|---|---|---|---|---|
| 茂名 | | | | | | |
| 高州 | | | | | | |
| 化州 | | | | | | |
| 信宜 | | | | | | |
| 肇庆 | | | | | | |
| 四会 | | | | | | |
| 惠州 | | | | | | |
| 梅州 | | | | | | |
| 兴宁 | | | | | | |
| 汕尾 | | | | | | |
| 陆丰 | | | | | | |
| 河源 | | | | | | |
| 阳江 | 0.6 | | 245.7 | | | |
| 阳春 | 0.0 | | 3.0 | 3.0 | 8.46 | 7.61 |
| 清远 | | | | | | |
| 英德 | | | | | | |
| 连州 | | | | | | |
| 东莞 | | | | | | |
| 中山 | 2.6 | 0.1 | | | 64.12 | 19.12 |
| 潮州 | | | | | | |
| 揭阳 | | | | | | |
| 普宁 | | | | | | |
| 云浮 | | | | | | |
| 罗定 | | | | | | |
| **广西** | **48.2** | **4.9** | **1195.4** | **1120.4** | **10379.12** | **9704.37** |
| 南宁 | | | | | | |
| 横州 | | | | | | |
| 柳州 | 18.1 | 0.5 | 787.0 | 787.0 | 6589.08 | 6405.62 |
| 桂林 | 2.5 | 2.0 | 75.0 | 72.0 | 243.45 | 160.64 |
| 荔浦 | | | | | | |
| 梧州 | 3.8 | 0.9 | 106.2 | 82.2 | 819.57 | 660.03 |
| 岑溪 | | | | | | |
| 北海 | 0.5 | 0.5 | | | 140.74 | 37.08 |
| 防城港 | | | | | | |
| 东兴 | | | | | | |
| 钦州 | 0.0 | 0.0 | 1.0 | 1.0 | 10.95 | 10.95 |
| 贵港 | 4.7 | 0.1 | 115.0 | 115.0 | 713.56 | 639.28 |
| 桂平 | | | | | | |
| 玉林 | | | | | | |
| 北流 | 4.5 | | 30.0 | 10.0 | 1488.44 | 1473.44 |
| 百色 | | | | | | |

continued 12

| Total Quantity of Water Supply(10,000 m$^3$) | | | 用水户数（户）Number of Households with Access to Water Supply (unit) | | 用水人口（万人）Population with Access to Water Supply (10,000 persons) | 城市名称 Name of Cities |
|---|---|---|---|---|---|---|
| 公共服务用水 The Quantity of Water for Public Service | 居民家庭用水 The Quantity of Water for Household Use | 其他用水 The Quantity of Water for Other Purposes | | 居民家庭 Household User | | |
| | | | | | | 茂名 |
| | | | | | | 高州 |
| | | | | | | 化州 |
| | | | | | | 信宜 |
| | | | | | | 肇庆 |
| | | | | | | 四会 |
| | | | | | | 惠州 |
| | | | | | | 梅州 |
| | | | | | | 兴宁 |
| | | | | | | 汕尾 |
| | | | | | | 陆丰 |
| | | | | | | 河源 |
| | | | | | | 阳江 |
| 0.85 | | | | | | 阳春 |
| | | | | | | 清远 |
| | | | | | | 英德 |
| | | | | | | 连州 |
| | | | | | | 东莞 |
| 45.00 | | | 16 | | | 中山 |
| | | | | | | 潮州 |
| | | | | | | 揭阳 |
| | | | | | | 普宁 |
| | | | | | | 云浮 |
| | | | | | | 罗定 |
| **63.37** | **538.94** | **72.44** | **13383** | **12899** | **5.68** | **广西** |
| | | | | | | 南宁 |
| | | | | | | 横州 |
| | 183.46 | | 83 | 24 | 1.52 | 柳州 |
| | 36.37 | 46.44 | 380 | 330 | 0.17 | 桂林 |
| | | | | | | 荔浦 |
| 0.87 | 158.67 | | 4050 | 4035 | 2.62 | 梧州 |
| | | | | | | 岑溪 |
| 6.22 | 97.44 | | 6781 | 6767 | 0.74 | 北海 |
| | | | | | | 防城港 |
| | | | | | | 东兴 |
| | | | 3 | | | 钦州 |
| 54.28 | | 20.00 | | | | 贵港 |
| | | | | | | 桂平 |
| | | | | | | 玉林 |
| | 15.00 | | 580 | 270 | 0.16 | 北流 |
| | | | | | | 百色 |

# 5-6 续表 13

| 城市名称<br>Name of Cities | 综合生产能力(万立方米/日)<br>Integrated Production Capacity ($10,000\ m^3$/day) | 地下水<br>Underground Water | 供水管道长度(公里)<br>Length of Water Supply Pipelines (km) | 建成区<br>in Built District | 供水总量(万立方米)<br>合计<br>Total | 生产运营用水<br>The Quantity of Water for Production and Operation |
|---|---|---|---|---|---|---|
| 靖西 | | | | | | |
| 平果 | | | | | | |
| 贺州 | | | | | | |
| 河池 | 9.0 | | 0.2 | 0.2 | 157.33 | 157.33 |
| 来宾 | | | | | | |
| 合山 | 2.0 | | 20.0 | 20.0 | 76.00 | 57.00 |
| 崇左 | 2.0 | | 56.0 | 28.0 | 103.00 | 103.00 |
| 凭祥 | 1.0 | 0.9 | 5.0 | 5.0 | 37.00 | |
| **海南** | **4.5** | **4.0** | **200.0** | | **874.95** | **631.80** |
| 海口 | 4.0 | 4.0 | 200.0 | | 685.94 | 477.25 |
| 三亚 | 0.5 | 0.1 | | | 189.01 | 154.55 |
| 儋州 | | | | | | |
| 五指山 | | | | | | |
| 琼海 | | | | | | |
| 文昌 | | | | | | |
| 万宁 | | | | | | |
| 东方 | | | | | | |
| **重庆** | **61.0** | **1.8** | **80.2** | **72.5** | **3337.62** | **2706.48** |
| 重庆 | 61.0 | 1.8 | 80.2 | 72.5 | 3337.62 | 2706.48 |
| **四川** | **91.7** | **51.3** | **95.9** | **27.8** | **5335.31** | **4315.88** |
| 成都 | 4.1 | 0.2 | | | 184.11 | 175.14 |
| 简阳 | 1.0 | | 43.0 | | 121.91 | 22.64 |
| 都江堰 | 0.6 | 0.6 | 2.4 | 2.0 | 190.53 | 21.04 |
| 彭州 | 34.0 | 34.0 | 2.2 | | 26.00 | 16.00 |
| 邛崃 | 1.1 | 1.1 | | | 173.06 | 128.55 |
| 崇州 | | | | | | |
| 自贡 | | | | | | |
| 攀枝花 | | | | | | |
| 泸州 | 27.1 | | | | 1620.48 | 1620.48 |
| 德阳 | 1.7 | 1.7 | 11.0 | 11.0 | 211.50 | 211.50 |
| 广汉 | 6.5 | 6.5 | 7.3 | | 508.69 | 314.69 |
| 什邡 | | | | | | |
| 绵竹 | 0.5 | 0.5 | 3.2 | 2.8 | 45.20 | 30.00 |
| 绵阳 | 2.4 | 0.2 | | | 866.90 | 782.60 |
| 江油 | | | | | | |
| 广元 | 3.0 | 1.5 | 12.0 | 12.0 | 437.74 | 406.05 |
| 遂宁 | 2.0 | 0.1 | 3.4 | | 157.44 | 157.44 |
| 射洪 | 1.8 | | 11.5 | | 384.00 | 384.00 |
| 内江 | | | | | | |

continued 13

| Total Quantity of Water Supply(10,000 $m^3$) | | | 用水户数(户) Number of Households with Access to Water Supply (unit) | | 用水人口(万人) Population with Access to Water Supply (10,000 persons) | |
|---|---|---|---|---|---|---|
| 公共服务用水 The Quantity of Water for Public Service | 居民家庭用水 The Quantity of Water for Household Use | 其他用水 The Quantity of Water for Other Purposes | | 居民家庭 Household User | | 城市名称 Name of Cities |
| | | | | | | 靖西 |
| | | | | | | 平果 |
| | | | | | | 贺州 |
| | | | 1 | | | 河池 |
| | | | | | | 来宾 |
| 2.00 | 14.00 | 3.00 | 848 | 833 | 0.17 | 合山 |
| | | | 7 | | | 崇左 |
| | 34.00 | 3.00 | 650 | 640 | 0.30 | 凭祥 |
| **95.24** | **144.92** | **2.99** | **107** | **1** | **5.87** | **海南** |
| 60.78 | 144.92 | 2.99 | 107 | 1 | 5.87 | 海口 |
| 34.46 | | | | | | 三亚 |
| | | | | | | 儋州 |
| | | | | | | 五指山 |
| | | | | | | 琼海 |
| | | | | | | 文昌 |
| | | | | | | 万宁 |
| | | | | | | 东方 |
| **27.05** | **449.95** | **154.14** | **39141** | **35420** | **12.85** | **重庆** |
| 27.05 | 449.95 | 154.14 | 39141 | 35420 | 12.85 | 重庆 |
| **706.13** | **244.78** | **68.52** | **12754** | **6942** | **2.30** | **四川** |
| 8.97 | | | | | | 成都 |
| 56.17 | 30.78 | 12.32 | 8150 | 6350 | 1.91 | 简阳 |
| 169.49 | | | 17 | | | 都江堰 |
| 3.00 | 7.00 | | 550 | 502 | 0.10 | 彭州 |
| 44.51 | | | 21 | | | 邛崃 |
| | | | | | | 崇州 |
| | | | | | | 自贡 |
| | | | | | | 攀枝花 |
| | | | | | | 泸州 |
| | | | | | | 德阳 |
| 193.00 | | 1.00 | 3837 | | | 广汉 |
| | | | | | | 什邡 |
| 15.00 | | 0.20 | 10 | | | 绵竹 |
| 84.30 | | | | | | 绵阳 |
| | | | | | | 江油 |
| 31.69 | | | 62 | | | 广元 |
| | | | 2 | | | 遂宁 |
| | | | 5 | | | 射洪 |
| | | | | | | 内江 |

## 5-6 续表 14

| 城市名称 Name of Cities | 综合生产能力(万立方米/日) Integrated Production Capacity (10,000 m³/day) | | 供水管道长度(公里) Length of Water Supply Pipelines (km) | | 供水总量(万立方米) | |
|---|---|---|---|---|---|---|
| | | 地下水 Underground Water | | 建成区 in Built District | 合计 Total | 生产运营用水 The Quantity of Water for Production and Operation |
| 隆昌 | | | | | | |
| 乐山 | | | | | | |
| 峨眉山 | | | | | | |
| 南充 | | | | | | |
| 阆中 | | | | | | |
| 眉山 | 0.3 | 0.0 | | | 100.75 | 45.75 |
| 宜宾 | | | | | | |
| 广安 | | | | | | |
| 华蓥 | | | | | | |
| 达州 | | | | | | |
| 万源 | 5.0 | 5.0 | | | | |
| 雅安 | | | | | | |
| 巴中 | | | | | | |
| 资阳 | | | | | | |
| 马尔康 | 0.9 | | | | 307.00 | |
| 康定 | | | | | | |
| 会理 | | | | | | |
| 西昌 | | | | | | |
| **贵州** | **0.2** | **0.2** | **3.8** | **3.8** | **12.66** | **1.21** |
| 贵阳 | | | | | | |
| 清镇 | 0.2 | 0.2 | 3.8 | 3.8 | 12.66 | 1.21 |
| 六盘水 | | | | | | |
| 盘州 | | | | | | |
| 遵义 | | | | | | |
| 赤水 | | | | | | |
| 仁怀 | | | | | | |
| 安顺 | | | | | | |
| 毕节 | | | | | | |
| 黔西 | | | | | | |
| 铜仁 | | | | | | |
| 兴义 | | | | | | |
| 兴仁 | | | | | | |
| 凯里 | | | | | | |
| 都匀 | | | | | | |
| 福泉 | | | | | | |
| **云南** | **34.9** | **7.9** | **118.9** | **97.9** | **5677.52** | **4237.53** |
| 昆明 | 20.5 | 6.3 | 0.7 | 0.7 | 5474.66 | 4226.10 |
| 安宁 | 9.2 | 0.5 | | | | |
| 曲靖 | 0.1 | 0.1 | 1.1 | 1.1 | 8.57 | 6.80 |
| 宣威 | | | | | | |

continued 14

| Total Quantity of Water Supply(10,000 $m^3$) | | | 用水户数(户) Number of Households with Access to Water Supply (unit) | | 用水人口(万人) Population with Access to Water Supply (10,000 persons) | 城市名称 Name of Cities |
|---|---|---|---|---|---|---|
| 公共服务用水 The Quantity of Water for Public Service | 居民家庭用水 The Quantity of Water for Household Use | 其他用水 The Quantity of Water for Other Purposes | | 居民家庭 Household User | | |
| | | | | | | 隆昌 |
| | | | | | | 乐山 |
| | | | | | | 峨眉山 |
| | | | | | | 南充 |
| | | 55.00 | | | | 阆中 |
| | | | | | | 眉山 |
| | | | | | | 宜宾 |
| | | | | | | 广安 |
| | | | | | | 华蓥 |
| | | | | | | 达州 |
| | | | | | | 万源 |
| | | | | | | 雅安 |
| | | | | | | 巴中 |
| | | | | | | 资阳 |
| 100.00 | 207.00 | | 100 | 90 | 0.29 | 马尔康 |
| | | | | | | 康定 |
| | | | | | | 会理 |
| | | | | | | 西昌 |
| **3.42** | **0.81** | **7.22** | **450** | **435** | **0.12** | **贵州** |
| 3.42 | 0.81 | 7.22 | 450 | 435 | 0.12 | 贵阳 |
| | | | | | | 清镇 |
| | | | | | | 六盘水 |
| | | | | | | 盘州 |
| | | | | | | 遵义 |
| | | | | | | 赤水 |
| | | | | | | 仁怀 |
| | | | | | | 安顺 |
| | | | | | | 毕节 |
| | | | | | | 黔西 |
| | | | | | | 铜仁 |
| | | | | | | 兴义 |
| | | | | | | 兴仁 |
| | | | | | | 凯里 |
| | | | | | | 都匀 |
| | | | | | | 福泉 |
| | **1059.75** | **380.24** | **994** | **698** | **3.26** | **云南** |
| | 1058.78 | 189.78 | 783 | 498 | 3.21 | 昆明 |
| | | | | | | 安宁 |
| | | 1.77 | 5 | | | 曲靖 |
| | | | | | | 宣威 |

## 5-6 续表 15

| 城市名称 Name of Cities | 综合生产能力(万立方米/日) Integrated Production Capacity (10,000 m³/day) | 地下水 Underground Water | 供水管道长度(公里) Length of Water Supply Pipelines (km) | 建成区 in Built District | 供水总量(万立方米) 合计 Total | 生产运营用水 The Quantity of Water for Production and Operation |
|---|---|---|---|---|---|---|
| 玉溪 | | | | | | |
| 澄江 | | | | | | |
| 保山 | | | | | | |
| 腾冲 | | | | | | |
| 昭通 | | | | | | |
| 水富 | | | | | | |
| 丽江 | | | | | | |
| 普洱 | | | | | | |
| 临沧 | | | | | | |
| 禄丰 | | | | | | |
| 楚雄 | 1.2 | | 50.6 | 50.6 | | |
| 个旧 | | | | | | |
| 开远 | 0.9 | 0.9 | 6.3 | 6.3 | 188.69 | |
| 蒙自 | | | | | | |
| 弥勒 | | | | | | |
| 文山 | 0.0 | 0.0 | 4.2 | 4.2 | 5.60 | 4.63 |
| 景洪 | | | | | | |
| 大理 | | | | | | |
| 瑞丽 | | | | | | |
| 芒市 | | | | | | |
| 泸水 | 3.0 | | 56.0 | 35.0 | | |
| 香格里拉 | | | | | | |
| **西藏** | **4.0** | **4.0** | | | **60.23** | **60.23** |
| 拉萨 | 4.0 | 4.0 | | | 60.23 | 60.23 |
| 日喀则 | | | | | | |
| 昌都 | | | | | | |
| 林芝 | | | | | | |
| 山南 | | | | | | |
| 那曲 | | | | | | |
| **陕西** | **97.3** | **63.8** | **782.5** | **725.0** | **15581.35** | **7199.68** |
| 西安 | 15.6 | 15.6 | 168.0 | 154.5 | 1178.78 | 295.46 |
| 铜川 | 3.9 | 1.9 | 21.1 | 21.1 | 621.35 | 613.23 |
| 宝鸡 | 8.9 | 7.3 | 6.5 | 5.2 | 1144.80 | 915.71 |
| 咸阳 | 40.5 | 10.5 | 393.2 | 393.2 | 6540.39 | 1542.13 |
| 彬州 | | | | | | |
| 兴平 | 10.0 | 10.0 | 10.6 | 3.4 | 2998.00 | 2126.00 |
| 渭南 | 11.1 | 11.1 | 55.9 | 20.4 | 2557.70 | 1381.00 |
| 韩城 | 2.0 | 2.0 | 68.0 | 68.0 | 123.00 | 80.00 |
| 华阴 | 3.0 | 3.0 | 41.0 | 41.0 | 250.00 | 178.00 |
| 延安 | | | | | | |

continued 15

| Total Quantity of Water Supply(10,000 $m^3$) | | | 用水户数(户) Number of Households with Access to Water Supply (unit) | | 用水人口(万人) Population with Access to Water Supply (10,000 persons) | 城市名称 Name of Cities |
|---|---|---|---|---|---|---|
| 公共服务用水 The Quantity of Water for Public Service | 居民家庭用水 The Quantity of Water for Household Use | 其他用水 The Quantity of Water for Other Purposes | | 居民家庭 Household User | | |
| | | | | | | 玉溪 |
| | | | | | | 澄江 |
| | | | | | | 保山 |
| | | | | | | 腾冲 |
| | | | | | | 昭通 |
| | | | | | | 水富 |
| | | | | | | 丽江 |
| | | | | | | 普洱 |
| | | | | | | 临沧 |
| | | | | | | 禄丰 |
| | | | | | | 楚雄 |
| | | | | | | 个旧 |
| | | 188.69 | | | | 开远 |
| | | | | | | 蒙自 |
| | | | | | | 弥勒 |
| | 0.97 | | 206 | 200 | 0.05 | 文山 |
| | | | | | | 景洪 |
| | | | | | | 大理 |
| | | | | | | 瑞丽 |
| | | | | | | 芒市 |
| | | | | | | 泸水 |
| | | | | | | 香格里拉 |
| | | | | | | **西藏** |
| | | | | | | 拉萨 |
| | | | | | | 日喀则 |
| | | | | | | 昌都 |
| | | | | | | 林芝 |
| | | | | | | 山南 |
| | | | | | | 那曲 |
| **2786.66** | **4475.40** | **1119.61** | **129458** | **122012** | **37.36** | **陕西** |
| 441.89 | 343.85 | 97.58 | 34500 | 34300 | 9.26 | 西安 |
| 8.12 | | | 21 | | | 铜川 |
| 227.51 | 1.58 | | 1032 | 1008 | 0.42 | 宝鸡 |
| 1473.92 | 3481.76 | 42.58 | 31651 | 27844 | 8.40 | 咸阳 |
| | | | | | | 彬州 |
| 167.00 | 477.00 | 228.00 | 35620 | 33726 | 13.52 | 兴平 |
| 443.00 | 11.70 | 722.00 | 15300 | 14900 | 1.64 | 渭南 |
| 14.00 | 23.00 | 6.00 | 1200 | 1200 | 1.11 | 韩城 |
| 10.00 | 47.00 | 15.00 | 5350 | 4250 | 1.25 | 华阴 |
| | | | | | | 延安 |

# 5-6 续表 16

| 城市名称 Name of Cities | 综合生产能力(万立方米/日) Integrated Production Capacity (10,000 $m^3$/day) | 地下水 Underground Water | 供水管道长度(公里) Length of Water Supply Pipelines (km) | 建成区 in Built District | 供水总量(万立方米) 合计 Total | 生产运营用水 The Quantity of Water for Production and Operation |
|---|---|---|---|---|---|---|
| 子长 | | | | | | |
| 汉中 | 2.4 | 2.4 | 18.2 | 18.2 | 167.33 | 68.15 |
| 榆林 | | | | | | |
| 神木 | | | | | | |
| 安康 | | | | | | |
| 旬阳 | | | | | | |
| 商洛 | | | | | | |
| 杨凌区 | | | | | | |
| **甘肃** | **24.5** | **4.5** | **169.8** | **132.6** | **1379.00** | **1014.56** |
| 兰州 | 1.8 | 1.8 | | | 387.00 | 369.00 |
| 嘉峪关 | | | | | | |
| 金昌 | 20.0 | | 132.6 | 132.6 | 382.00 | 35.56 |
| 白银 | | | | | | |
| 天水 | | | | | | |
| 武威 | | | | | | |
| 张掖 | 2.7 | 2.7 | 37.2 | | 610.00 | 610.00 |
| 平凉 | | | | | | |
| 华亭 | | | | | | |
| 酒泉 | | | | | | |
| 玉门 | | | | | | |
| 敦煌 | | | | | | |
| 庆阳 | | | | | | |
| 定西 | | | | | | |
| 陇南 | | | | | | |
| 临夏 | | | | | | |
| 合作 | | | | | | |
| **青海** | **58.6** | **46.7** | **388.9** | **147.3** | **12702.45** | **11557.57** |
| 西宁 | 11.9 | | 105.3 | 105.3 | 3621.07 | 2665.93 |
| 海东 | 1.8 | 1.8 | 27.0 | 27.0 | 275.70 | 90.00 |
| 同仁 | | | | | | |
| 玉树 | | | | | | |
| 茫崖 | | | | | | |
| 格尔木 | 39.7 | 39.7 | 235.6 | | 7431.68 | 7427.64 |
| 德令哈 | 5.2 | 5.2 | 21.0 | 15.0 | 1374.00 | 1374.00 |
| **宁夏** | **41.2** | **30.4** | **382.0** | **326.0** | **3312.49** | **1491.99** |
| 银川 | 3.0 | 3.0 | | | 1100.39 | 228.82 |
| 灵武 | 0.0 | 0.0 | 3.0 | | 5.30 | 5.30 |
| 宁东能源化工基地 | | | | | | |

continued 16

| Total Quantity of Water Supply(10,000 $m^3$) | | | 用水户数（户） Number of Households with Access to Water Supply (unit) | | 用水人口（万人） Population with Access to Water Supply (10,000 persons) | 城市名称 Name of Cities |
|---|---|---|---|---|---|---|
| 公共服务用水 The Quantity of Water for Public Service | 居民家庭用水 The Quantity of Water for Household Use | 其他用水 The Quantity of Water for Other Purposes | | 居民家庭 Household User | | |
| | | | | | | 子长 |
| 1.22 | 89.51 | 8.45 | 4784 | 4784 | 1.76 | 汉中 |
| | | | | | | 榆林 |
| | | | | | | 神木 |
| | | | | | | 安康 |
| | | | | | | 旬阳 |
| | | | | | | 商洛 |
| | | | | | | 杨凌区 |
| **112.90** | **209.20** | **42.34** | **15542** | **14979** | **4.23** | **甘肃** |
| | 18.00 | | 1714 | 1714 | 0.60 | 兰州 |
| | | | | | | 嘉峪关 |
| 112.90 | 191.20 | 42.34 | 13828 | 13265 | 3.63 | 金昌 |
| | | | | | | 白银 |
| | | | | | | 天水 |
| | | | | | | 武威 |
| | | | | | | 张掖 |
| | | | | | | 平凉 |
| | | | | | | 华亭 |
| | | | | | | 酒泉 |
| | | | | | | 玉门 |
| | | | | | | 敦煌 |
| | | | | | | 庆阳 |
| | | | | | | 定西 |
| | | | | | | 陇南 |
| | | | | | | 临夏 |
| | | | | | | 合作 |
| **1.37** | **1121.51** | **22.00** | **17438** | **16952** | **2.53** | **青海** |
| | 955.14 | | 10106 | 10052 | 1.92 | 西宁 |
| | 163.70 | 22.00 | 7132 | 6700 | 0.55 | 海东 |
| | | | | | | 同仁 |
| | | | | | | 玉树 |
| | | | | | | 茫崖 |
| 1.37 | 2.67 | | 200 | 200 | 0.06 | 格尔木 |
| | | | | | | 德令哈 |
| **978.29** | **353.09** | **489.12** | **983** | **700** | **0.25** | **宁夏** |
| 748.78 | | 122.79 | 74 | | | 银川 |
| | | | 1 | | | 灵武 |
| | | | | | | 宁东能源化工基地 |

# 5-6 续表 17

| 城市名称<br>Name of Cities | 综合生产能力(万立方米/日)<br>Integrated Production Capacity (10,000 $m^3$/day) | 地下水<br>Underground Water | 供水管道长度(公里)<br>Length of Water Supply Pipelines (km) | 建成区<br>in Built District | 供水总量(万立方米)<br>合计<br>Total | 生产运营用水<br>The Quantity of Water for Production and Operation |
|---|---|---|---|---|---|---|
| 石嘴山 | 38.2 | 27.4 | 379.0 | 326.0 | 2206.80 | 1257.87 |
| 吴忠 | | | | | | |
| 青铜峡 | | | | | | |
| 固原 | | | | | | |
| 中卫 | | | | | | |
| **新疆** | **27.4** | **27.4** | **186.0** | **186.0** | **3067.94** | **797.16** |
| 乌鲁木齐 | 14.3 | 14.3 | 126.5 | 126.5 | 2800.00 | 630.00 |
| 克拉玛依 | | | | | | |
| 吐鲁番 | | | | | | |
| 哈密 | 0.0 | 0.0 | | | 9.00 | 0.90 |
| 昌吉 | | | | | | |
| 阜康 | | | | | | |
| 博乐 | | | | | | |
| 阿拉山口 | | | | | | |
| 库尔勒 | | | | | | |
| 阿克苏 | | | | | | |
| 库车 | 1.0 | 1.0 | 59.2 | 59.2 | 111.79 | 86.26 |
| 阿图什 | | | | | | |
| 喀什 | 12.0 | 12.0 | | | 107.00 | 80.00 |
| 和田 | | | | | | |
| 伊宁 | | | | | | |
| 奎屯 | | | | | | |
| 霍尔果斯 | | | | | | |
| 塔城 | 0.1 | 0.1 | 0.3 | 0.3 | 40.15 | |
| 乌苏 | | | | | | |
| 沙湾 | | | | | | |
| 阿勒泰 | | | | | | |
| **新疆兵团** | | | | | | |
| 石河子 | | | | | | |
| 阿拉尔 | | | | | | |
| 图木舒克 | | | | | | |
| 五家渠 | | | | | | |
| 北屯 | | | | | | |
| 铁门关 | | | | | | |
| 双河 | | | | | | |
| 可克达拉 | | | | | | |
| 昆玉 | | | | | | |
| 胡杨河 | | | | | | |
| 新星 | | | | | | |

continued 17

| Total Quantity of Water Supply(10,000 $m^3$) | | | 用水户数（户）Number of Households with Access to Water Supply (unit) | | 用水人口（万人）Population with Access to Water Supply (10,000 persons) | 城市名称 Name of Cities |
|---|---|---|---|---|---|---|
| 公共服务用水 The Quantity of Water for Public Service | 居民家庭用水 The Quantity of Water for Household Use | 其他用水 The Quantity of Water for Other Purposes | | 居民家庭 Household User | | |
| 229.51 | 353.09 | 366.33 | 908 | 700 | 0.25 | 石嘴山 |
| | | | | | | 吴忠 |
| | | | | | | 青铜峡 |
| | | | | | | 固原 |
| | | | | | | 中卫 |
| **874.12** | **334.51** | **1062.15** | **8119** | **4477** | **2.44** | **新疆** |
| 840.00 | 310.00 | 1020.00 | 5900 | 2850 | 2.10 | 乌鲁木齐 |
| | | | | | | 克拉玛依 |
| | | | | | | 吐鲁番 |
| 8.10 | | | 18 | | | 哈密 |
| | | | | | | 昌吉 |
| | | | | | | 阜康 |
| | | | | | | 博乐 |
| | | | | | | 阿拉山口 |
| | | | | | | 库尔勒 |
| | | | | | | 阿克苏 |
| 1.02 | 24.51 | | 2165 | 1627 | 0.34 | 库车 |
| | | | | | | 阿图什 |
| 25.00 | | 2.00 | 36 | | | 喀什 |
| | | | | | | 和田 |
| | | | | | | 伊宁 |
| | | | | | | 奎屯 |
| | | | | | | 霍尔果斯 |
| | | 40.15 | | | | 塔城 |
| | | | | | | 乌苏 |
| | | | | | | 沙湾 |
| | | | | | | 阿勒泰 |
| | | | | | | **新疆兵团** |
| | | | | | | 石河子 |
| | | | | | | 阿拉尔 |
| | | | | | | 图木舒克 |
| | | | | | | 五家渠 |
| | | | | | | 北屯 |
| | | | | | | 铁门关 |
| | | | | | | 双河 |
| | | | | | | 可克达拉 |
| | | | | | | 昆玉 |
| | | | | | | 胡杨河 |
| | | | | | | 新星 |

# 六、城市节约用水

# 6. Urban Water Conservation

## 简要说明

本部分主要反映城市节约用水情况，只统计设有节约用水管理机构的城市，汇总量均不代表全社会。主要包括设有节约用水管理机构城市的计划用水量、实际用水量、节约用水量等内容。

## Brief Introduction

This section mainly demonstrates status of urban water conservation. Statistics only covers cities with water conservation authorities, therefore the data does not represent the situation of the whole society. Main indicators include planned households supplied, actual quantity of water used, quantity of water saved, etc..

# 6 全国历年城市节约用水情况(1991-2022)
# National Urban Water Conservation in Past Years(1991-2022)

计量单位：万立方米　　Measurement Unit: 10,000 $m^3$

| 年份<br>Year | 计划用水量<br>Planned Quantity of Water Use | 新水取用量<br>Fresh Water Used | 工业用水重复利用量<br>Quantity of Industrial Water Recycled | 节约用水量<br>Water Saved |
|---|---|---|---|---|
| 1991 | 1977024 | 1921307 | 1985326 | 211259 |
| 1992 | 2077092 | 1939390 | 2843918 | 205087 |
| 1993 | 2076928 | 2004922 | 3000109 | 218317 |
| 1994 | 2299596 | 2497236 | 3375652 | 276241 |
| 1995 | 2123215 | 1930610 | 3626086 | 235113 |
| 1996 | 6285246 | 2166806 | 3345351 | 235194 |
| 1997 | 2004412 | 1875974 | 4429175 | 260885 |
| 1998 | 2490390 | 2343370 | 3978967 | 278835 |
| 1999 | 2409254 | 2223035 | 3966355 | 287284 |
| 2000 | 2153979 | 2071731 | 3811945 | 353569 |
| 2001 | 2504134 | 2126401 | 3881683 | 377733 |
| 2002 | 2463717 | 2091365 | 4849164 | 372352 |
| 2003 | 2353286 | 2015528 | 4572711 | 338758 |
| 2004 | 2441914 | 2048488 | 4183937 | 393426 |
| 2005 | 2676425 | 2300332 | 5670096 | 376093 |
| 2006 | | 2356268 | 5535492 | 415755 |
| 2007 | | 2295192 | 6026048 | 454794 |
| 2008 | | 2121034 | 6547258 | 659114 |
| 2009 | | 2064014 | 6130645 | 628692 |
| 2010 | | 2161262 | 6872928 | 407152 |
| 2011 | | 1694727 | 6334101 | 406578 |
| 2012 | | 1838306 | 7388185 | 400806 |
| 2013 | | 1876372 | 6526517 | 382760 |
| 2014 | | 1950107 | 6930588 | 405234 |
| 2015 | | 1922051 | 7160130 | 403133 |
| 2016 | | 1971043 | 7644277 | 576220 |
| 2017 | | 2455307 | 8211738 | 648227 |
| 2018 | | 2290261 | 8556264 | 508437 |
| 2019 | | 2333077 | 9081103 | 499888 |
| 2020 | | 2350149 | 10305444 | 707572 |
| 2021 | | 2559406 | 10359838 | 738645 |
| 2022 | | 2943120 | 11611625 | 707498 |

注：自2006年起，不统计计划用水量指标。

Note: From 2006, "Planned Quantity of Water Use" has not been counted.

# 6-1 2022年按省分列的全国城市节约用水

计量单位：万立方米

| 地区名称 Name of Regions | 计划用水户数（户）Planned Water Consumers (unit) | 自备水计划用水户数 Planned Self-produced Water Consumers | 计划用水户实际用水量 | | | | |
|---|---|---|---|---|---|---|---|
| | | | 合计 Total | 工业 Industry | 新水取用量 Fresh Water Used | 工业 Industry | 重复利用量 Water Reused |
| **全国** | **2072679** | **72643** | **15221173** | **12829221** | **2943120** | **1217595** | **12278053** |
| 北京 | 45823 | 3990 | 751355 | 530050 | 234301 | 17389 | 517055 |
| 天津 | 12850 | 1162 | 1168379 | 1154427 | 41827 | 27892 | 1126552 |
| 河北 | 41021 | 674 | 261714 | 240100 | 34911 | 15471 | 226802 |
| 山西 | 5796 | 228 | 459275 | 397416 | 82807 | 24879 | 376468 |
| 内蒙古 | 426981 | 406 | 221418 | 201871 | 40905 | 21844 | 180513 |
| 辽宁 | 68156 | 174 | 648154 | 591539 | 74433 | 35067 | 573720 |
| 吉林 | 4548 | 669 | 155674 | 109385 | 94296 | 48271 | 61378 |
| 黑龙江 | 1177 | 943 | 358448 | 242876 | 181547 | 66139 | 176901 |
| 上海 | 173187 | | 99980 | 39161 | 99980 | 39161 | |
| 江苏 | 29508 | 1270 | 2585732 | 2067238 | 347252 | 191856 | 2238480 |
| 浙江 | 43912 | 873 | 995569 | 861792 | 197478 | 121723 | 798091 |
| 安徽 | 6993 | 123 | 740724 | 704689 | 92048 | 58144 | 648677 |
| 福建 | 113703 | | 221672 | 180962 | 61350 | 24380 | 160323 |
| 江西 | 5727 | 262 | 66636 | 33528 | 45923 | 20283 | 20713 |
| 山东 | 68764 | 4366 | 1603793 | 1358983 | 230187 | 115237 | 1373606 |
| 河南 | 38185 | 8928 | 729247 | 687357 | 74032 | 39106 | 655215 |
| 湖北 | 143495 | 136 | 841424 | 777075 | 97977 | 58150 | 743447 |
| 湖南 | 88484 | 313 | 166696 | 136197 | 54297 | 26267 | 112400 |
| 广东 | 199376 | 8362 | 1550682 | 1244506 | 427872 | 132314 | 1122810 |
| 广西 | 8400 | 127 | 460173 | 397135 | 76614 | 18059 | 383560 |
| 海南 | 2933 | 107 | 57176 | 2881 | 57084 | 2880 | 92 |
| 重庆 | 2483 | 65 | 46106 | 32342 | 24380 | 11939 | 21726 |
| 四川 | 28946 | 4403 | 242683 | 187346 | 80725 | 40331 | 161958 |
| 贵州 | 6944 | 195 | 82679 | 44962 | 43659 | 9557 | 39020 |
| 云南 | 152961 | 532 | 109707 | 94338 | 26149 | 11160 | 83558 |
| 西藏 | 355 | | 1416 | | 1416 | | |
| 陕西 | 38320 | 32165 | 52964 | 23314 | 41039 | 12585 | 11925 |
| 甘肃 | 256560 | 49 | 264503 | 239953 | 37514 | 14618 | 226989 |
| 青海 | 5 | 2 | 2404 | 1015 | 924 | 421 | 1480 |
| 宁夏 | 870 | 236 | 248508 | 241742 | 17003 | 10237 | 231505 |
| 新疆 | 8116 | 1883 | 24966 | 5034 | 21878 | 2225 | 3088 |
| 新疆兵团 | 48100 | | 1313 | 10 | 1313 | 10 | |

# Urban Water Conservation by Province(2022)

Measurement Unit: 10,000 $m^3$

| Actual Quantity of Water Used | | | | 节约用水量 Water Saved | | 节水措施投资总额(万元) Total Investment in Water-Saving Measures (10,000 RMB) | 地区名称 Name of Regions |
|---|---|---|---|---|---|---|---|
| 工业 Industry | 超计划定额用水量 Water Quantity Consumed in Excess of Quota | 重复利用率(%) Reuse Rate (%) | 工业 Industry | | 工业 Industry | | |
| **11611625** | **20771** | **80.66** | **90.51** | **707498** | **475208** | **748204** | **全国** |
| 512661 | 229 | 68.82 | 96.72 | 7416 | 479 | 6579 | 北京 |
| 1126535 | 1141 | 96.42 | 97.58 | 660 | 654 | 4839 | 天津 |
| 224629 | 33 | 86.66 | 93.56 | 5641 | 3798 | 1219 | 河北 |
| 372537 | 659 | 81.97 | 93.74 | 14779 | 7891 | 2065 | 山西 |
| 180027 | 717 | 81.53 | 89.18 | 471 | 40 | 65792 | 内蒙古 |
| 556473 | 413 | 88.52 | 94.07 | 15989 | 8144 | 3178 | 辽宁 |
| 61113 | 34 | 39.43 | 55.87 | 8100 | 5889 | 259 | 吉林 |
| 176737 | 194 | 49.35 | 72.77 | 73589 | 22287 | 213 | 黑龙江 |
| | | | | 2198 | 561 | 21583 | 上海 |
| 1875382 | 1956 | 86.57 | 90.72 | 77985 | 57407 | 30928 | 江苏 |
| 740069 | 981 | 80.16 | 85.88 | 41579 | 27545 | 66359 | 浙江 |
| 646545 | 754 | 87.57 | 91.75 | 30419 | 27490 | 49586 | 安徽 |
| 156582 | 2725 | 72.32 | 86.53 | 21226 | 12776 | 10958 | 福建 |
| 13244 | 1600 | 31.08 | 39.50 | 8002 | 4102 | 3762 | 江西 |
| 1243746 | 1247 | 85.65 | 91.52 | 49004 | 36123 | 136068 | 山东 |
| 648251 | 1396 | 89.85 | 94.31 | 26573 | 15538 | 2750 | 河南 |
| 718924 | 606 | 88.36 | 92.52 | 52782 | 48195 | 23212 | 湖北 |
| 109930 | 722 | 67.43 | 80.71 | 111970 | 108719 | 15616 | 湖南 |
| 1112193 | 2432 | 72.41 | 89.37 | 69896 | 32807 | 131233 | 广东 |
| 379076 | 635 | 83.35 | 95.45 | 13942 | 9173 | 3370 | 广西 |
| 1 | 267 | 0.16 | 0.03 | 233 | 37 | 47850 | 海南 |
| 20403 | 32 | 47.12 | 63.08 | 9257 | 7854 | 61346 | 重庆 |
| 147014 | 267 | 66.74 | 78.47 | 19707 | 9931 | 10916 | 四川 |
| 35404 | 633 | 47.19 | 78.74 | 17820 | 17418 | 4515 | 贵州 |
| 83177 | 535 | 76.16 | 88.17 | 4491 | 176 | 9449 | 云南 |
| | | | | | | | 西藏 |
| 10729 | 133 | 22.51 | 46.02 | 6166 | 3357 | 16665 | 陕西 |
| 225335 | 35 | 85.82 | 93.91 | 7106 | 2405 | 12638 | 甘肃 |
| 594 | 75 | 61.58 | 58.55 | 310 | 310 | 112 | 青海 |
| 231505 | 159 | 93.16 | 95.77 | 3614 | 2164 | 5140 | 宁夏 |
| 2809 | 161 | 12.37 | 55.81 | 6574 | 1938 | 5 | 新疆 |
| | | | | | | | 新疆兵团 |

# 6-2 2022年按城市分列的全国城市节约用水

计量单位：万立方米

| 城市名称 Name of Cities | 计划用水户数(户) Planned Water Consumers (unit) | 自备水计划用水户数 Planned Self-produced Water Consumers | 计划用水户实际用水量 合计 Total | | 新水取用量 Fresh Water Used | | 重复利用量 Water Reused |
|---|---|---|---|---|---|---|---|
| | | | | 工业 Industry | | 工业 Industry | |
| **全 国** | **2072679** | **72643** | **15221173** | **12829221** | **2943120** | **1217595** | **12278053** |
| **北 京** | **45823** | **3990** | **751355** | **530050** | **234301** | **17389** | **517055** |
| **天 津** | **12850** | **1162** | **1168379** | **1154427** | **41827** | **27892** | **1126552** |
| **河 北** | **41021** | **674** | **261714** | **240100** | **34911** | **15471** | **226802** |
| 石家庄 | 1930 | | 26464 | 23256 | 4318 | 1427 | 22146 |
| 晋 州 | | | | | | | |
| 新 乐 | | | | | | | |
| 唐 山 | 837 | 117 | 68366 | 65963 | 3979 | 1576 | 64387 |
| 滦 州 | | | | | | | |
| 遵 化 | | | | | | | |
| 迁 安 | | | | | | | |
| 秦皇岛 | 1318 | 17 | 88551 | 85905 | 4926 | 2280 | 83625 |
| 邯 郸 | 3 | 3 | 4959 | 4134 | 4559 | 4084 | 400 |
| 武 安 | 35657 | 14 | 3517 | 2633 | 994 | 271 | 2523 |
| 邢 台 | 11 | 11 | 5475 | 13 | 5475 | 13 | |
| 南 宫 | | | | | | | |
| 沙 河 | | | | | | | |
| 保 定 | 490 | 250 | 8577 | 6825 | 2818 | 1065 | 5760 |
| 涿 州 | | | | | | | |
| 安 国 | | | | | | | |
| 高碑店 | | | | | | | |
| 张家口 | 165 | | 164 | | 164 | | |
| 承 德 | 106 | 102 | 4492 | 4343 | 2286 | 2137 | 2206 |
| 平 泉 | 122 | 122 | 300 | 300 | 260 | 260 | 40 |
| 沧 州 | 126 | | 43305 | 42530 | 1649 | 898 | 41656 |
| 泊 头 | 27 | 8 | 1678 | 230 | 1075 | 198 | 603 |
| 任 丘 | 63 | | 1682 | 1538 | 988 | 988 | 694 |
| 黄 骅 | | | | | | | |
| 河 间 | | | | | | | |
| 廊 坊 | | | | | | | |
| 霸 州 | | | | | | | |
| 三 河 | | | | | | | |
| 衡 水 | 29 | | 2092 | 1340 | 439 | 63 | 1653 |
| 深 州 | | | | | | | |
| 辛 集 | 81 | | 1001 | | 771 | | 230 |
| 定 州 | 56 | 30 | 1090 | 1090 | 210 | 210 | 880 |

# Urban Water Conservation by City(2022)

Measurement Unit: 10,000 $m^3$

| Actual Quantity of Water Used | | | | | | | |
|---|---|---|---|---|---|---|---|
| 工 业<br>Industry | 超计划定额用水量<br>Water Quantity Consumed in Excess of Quota | 重 复 利用率 (%)<br>Reuse Rate (%) | 工 业<br>Industry | 节 约 用水量<br>Water Saved | 工 业<br>Industry | 节水措施投资总额 (万元)<br>Total Investment in Water-Saving Measures (10,000 RMB) | 城市名称<br>Name of Cities |
| **11611625** | **20771** | **80.66** | **90.51** | **707498** | **475208** | **748204** | **全　国** |
| **512661** | **229** | **68.82** | **96.72** | **7416** | **479** | **6579** | **北　京** |
| **1126535** | **1141** | **96.42** | **97.58** | **660** | **654** | **4839** | **天　津** |
| **224629** | **33** | **86.66** | **93.56** | **5641** | **3798** | **1219** | **河　北** |
| 21829 | | 83.68 | 93.86 | 1425 | 10 | | 石家庄 |
| | | | | | | | 晋　州 |
| | | | | | | | 新　乐 |
| 64387 | | 94.18 | 97.61 | | | | 唐　山 |
| | | | | | | | 滦　州 |
| | | | | | | | 遵　化 |
| | | | | | | | 迁　安 |
| 83625 | | 94.44 | 97.35 | 69 | 67 | 992 | 秦皇岛 |
| 50 | | 8.07 | 1.21 | 380 | 380 | | 邯　郸 |
| 2362 | 1 | 71.74 | 89.71 | 2823 | 2773 | 48 | 武　安 |
| | | | | | | | 邢　台 |
| | | | | | | | 南　宫 |
| | | | | | | | 沙　河 |
| 5760 | 7 | 67.15 | 84.39 | 1 | | | 保　定 |
| | | | | | | | 涿　州 |
| | | | | | | | 安　国 |
| | | | | | | | 高碑店 |
| | | | | | | | 张家口 |
| 2206 | | 49.12 | 50.80 | | | | 承　德 |
| 40 | | 13.33 | 13.33 | 9 | 9 | | 平　泉 |
| 41632 | | 96.19 | 97.89 | 246 | 193 | 134 | 沧　州 |
| 31 | | 35.91 | 13.64 | 223 | 4 | | 泊　头 |
| 550 | | 41.27 | 35.77 | | | | 任　丘 |
| | | | | | | | 黄　骅 |
| | | | | | | | 河　间 |
| | | | | | | | 廊　坊 |
| | | | | | | | 霸　州 |
| | | | | | | | 三　河 |
| 1277 | | 79.02 | 95.30 | 30 | 2 | | 衡　水 |
| | | | | | | | 深　州 |
| | | 22.98 | | 75 | | | 辛　集 |
| 880 | 24 | 80.73 | 80.73 | 360 | 360 | 45 | 定　州 |

# 6-2 续表 1

计量单位：万立方米

| 城市名称 Name of Cities | 计划用水户数（户） Planned Water Consumers (unit) | 自备水计划用水户数 Planned Self-produced Water Consumers | 计划用水户实际用水量 | | | | |
|---|---|---|---|---|---|---|---|
| | | | 合计 Total | 工业 Industry | 新水取用量 Fresh Water Used | 工业 Industry | 重复利用量 Water Reused |
| **山　　西** | **5796** | **228** | **459275** | **397416** | **82807** | **24879** | **376468** |
| 太　　原 | 1174 | 154 | 382405 | 345721 | 54301 | 17617 | 328104 |
| 古　　交 | | | | | | | |
| 大　　同 | 492 | 8 | 43446 | 36079 | 12168 | 5861 | 31278 |
| 阳　　泉 | 25 | 25 | 42 | 42 | 42 | 42 | |
| 长　　治 | 857 | | 1849 | 20 | 1834 | 10 | 15 |
| 晋　　城 | 970 | 1 | 11408 | 6763 | 3820 | 351 | 7588 |
| 高　　平 | | | | | | | |
| 朔　　州 | | | | | | | |
| 怀　　仁 | | | | | | | |
| 晋　　中 | 537 | 8 | 6095 | 3798 | 1111 | 239 | 4984 |
| 介　　休 | 20 | | 92 | | 92 | | |
| 运　　城 | 624 | | 3573 | 78 | 3573 | 78 | |
| 永　　济 | 16 | | 7 | | 7 | | |
| 河　　津 | | | | | | | |
| 忻　　州 | 51 | | 34 | | 34 | | |
| 原　　平 | 335 | 14 | 480 | 276 | 245 | 63 | 235 |
| 临　　汾 | | | | | | | |
| 侯　　马 | 33 | 6 | 1410 | 290 | 1410 | 290 | |
| 霍　　州 | 458 | 8 | 4500 | 4340 | 400 | 320 | 4100 |
| 吕　　梁 | 200 | | 2043 | 5 | 2043 | 5 | |
| 孝　　义 | 4 | 4 | 1892 | 4 | 1728 | 4 | 164 |
| 汾　　阳 | | | | | | | |
| **内 蒙 古** | **426981** | **406** | **221418** | **201871** | **40905** | **21844** | **180513** |
| 呼和浩特 | 618 | 9 | | | | | |
| 包　　头 | 610 | 245 | 212534 | 200030 | 32507 | 20003 | 180027 |
| 乌　　海 | | | | | | | |
| 赤　　峰 | | | | | | | |
| 通　　辽 | | | | | | | |
| 霍林郭勒 | | | | | | | |
| 鄂尔多斯 | 256752 | | 3350 | 747 | 3350 | 747 | |
| 呼伦贝尔 | 156 | 94 | 3454 | 1062 | 3454 | 1062 | |
| 满 洲 里 | 22 | 22 | 838 | | 352 | | 486 |
| 牙 克 石 | | | | | | | |
| 扎 兰 屯 | | | | | | | |
| 额尔古纳 | | | | | | | |
| 根　　河 | | | | | | | |
| 巴彦淖尔 | | | | | | | |
| 乌兰察布 | 49 | 36 | 33 | 32 | 33 | 32 | |
| 丰　　镇 | | | | | | | |
| 锡林浩特 | | | | | | | |
| 二连浩特 | | | | | | | |
| 乌兰浩特 | 168774 | | 1209 | | 1209 | | |
| 阿 尔 山 | | | | | | | |

continued 1

Measurement Unit: 10,000 $m^3$

| Actual Quantity of Water Used | | | | 节约用水量 Water Saved | | 节水措施投资总额（万元） Total Investment in Water-Saving Measures (10,000 RMB) | 城市名称 Name of Cities |
|---|---|---|---|---|---|---|---|
| 工业 Industry | 超计划定额用水量 Water Quantity Consumed in Excess of Quota | 重复利用率(%) Reuse Rate (%) | 工业 Industry | | 工业 Industry | | |
| **372537** | **659** | **81.97** | **93.74** | **14779** | **7891** | **2065** | **山西** |
| 328104 | | 85.80 | 94.90 | 2956 | | 1007 | 太原 |
| | | | | | | | 古交 |
| 30218 | | 71.99 | 83.76 | 6000 | 4000 | 500 | 大同 |
| | | | | 56 | | 10 | 阳泉 |
| 10 | 1 | 0.81 | 50.00 | 123 | 2 | | 长治 |
| 6412 | | 66.51 | 94.81 | 71 | 19 | | 晋城 |
| | | | | | | | 高平 |
| | | | | | | | 朔州 |
| | | | | | | | 怀仁 |
| 3560 | | 81.77 | 93.72 | 4984 | 3560 | | 晋中 |
| | | | | 6 | | | 介休 |
| | | | | | | | 运城 |
| | | | | 1 | | 12 | 永济 |
| | | | | | | | 河津 |
| | 0 | | | | | 51 | 忻州 |
| 213 | 1 | 48.96 | 77.17 | 22 | 2 | | 原平 |
| | | | | | | | 临汾 |
| | | | | 94 | 87 | | 侯马 |
| 4020 | 80 | 91.11 | 92.63 | 320 | 220 | 350 | 霍州 |
| | | | | 62 | | | 吕梁 |
| | 577 | 8.67 | | 84 | 1 | 135 | 孝义 |
| | | | | | | | 汾阳 |
| **180027** | **717** | **81.53** | **89.18** | **471** | **40** | **65792** | **内蒙古** |
| | | | | | | | 呼和浩特 |
| 180027 | 717 | 84.71 | 90.00 | 470 | 40 | 64390 | 包头 |
| | | | | | | | 乌海 |
| | | | | | | | 赤峰 |
| | | | | | | | 通辽 |
| | | | | | | | 霍林郭勒 |
| | | | | | | 371 | 鄂尔多斯 |
| | | | | | | | 呼伦贝尔 |
| | | 58.00 | | | | 30 | 满洲里 |
| | | | | | | | 牙克石 |
| | | | | | | | 扎兰屯 |
| | | | | | | | 额尔古纳 |
| | | | | | | | 根河 |
| | | | | | | | 巴彦淖尔 |
| | | | | | | 999 | 乌兰察布 |
| | | | | | | | 丰镇 |
| | | | | | | | 锡林浩特 |
| | | | | | | | 二连浩特 |
| | | | | 1 | | 2 | 乌兰浩特 |
| | | | | | | | 阿尔山 |

# 6-2 续表 2

计量单位：万立方米

| 城市名称 Name of Cities | 计划用水户数（户）Planned Water Consumers (unit) | 自备水计划用水户数 Planned Self-produced Water Consumers | 计划用水户实际用水量 合计 Total | 工业 Industry | 新水取用量 Fresh Water Used | 工业 Industry | 重复利用量 Water Reused |
|---|---|---|---|---|---|---|---|
| **辽　宁** | **68156** | **174** | **648154** | **591539** | **74433** | **35067** | **573720** |
| 沈　阳 | 2271 | | 155456 | 143208 | 19017 | 6769 | 136439 |
| 新　民 | | | | | | | |
| 大　连 | 3881 | 56 | 49306 | 37998 | 10792 | 5878 | 38514 |
| 庄　河 | | | | | | | |
| 瓦房店 | 806 | | 160 | 160 | 109 | 109 | 51 |
| 鞍　山 | 2659 | | | | | | |
| 海　城 | 2960 | | 1916 | 186 | 1600 | 105 | 316 |
| 抚　顺 | 334 | 11 | 179520 | 174210 | 11562 | 10852 | 167958 |
| 本　溪 | 159 | 25 | 2557 | | 56 | | 2501 |
| 丹　东 | 236 | 15 | 10953 | 100 | 10672 | 100 | 282 |
| 东　港 | | | | | | | |
| 凤　城 | | | | | | | |
| 锦　州 | 503 | | 63102 | 60809 | 4376 | 2083 | 58726 |
| 凌　海 | | | | | | | |
| 北　镇 | 4500 | | 170 | | 135 | | 35 |
| 营　口 | 2972 | 2 | 64128 | 57780 | 7219 | 4045 | 56909 |
| 盖　州 | | | | | | | |
| 大石桥 | 16905 | | 449 | 170 | 449 | 170 | |
| 阜　新 | 141 | | 3040 | 2516 | 2818 | 2294 | 222 |
| 辽　阳 | 45 | 4 | 763 | 565 | 508 | 310 | 255 |
| 灯　塔 | | | 85 | 85 | 85 | 85 | |
| 盘　锦 | 170 | 4 | 88611 | 88554 | 1222 | 1166 | 87389 |
| 铁　岭 | 29365 | | 214 | 31 | 157 | 1 | 57 |
| 调兵山 | 22 | 20 | 498 | 247 | 298 | 47 | 200 |
| 开　原 | | | | | | | |
| 朝　阳 | 164 | 37 | 27054 | 24920 | 3187 | 1053 | 23867 |
| 北　票 | 63 | | 172 | | 172 | | |
| 凌　源 | | | | | | | |
| 葫芦岛 | | | | | | | |
| 兴　城 | | | | | | | |
| 沈抚改革创新示范区 | | | | | | | |
| **吉　林** | **4548** | **669** | **155674** | **109385** | **94296** | **48271** | **61378** |
| 长　春 | 54 | | 50 | 11 | 18 | | 32 |
| 榆　树 | 1570 | 60 | 530 | | 510 | | 20 |
| 德　惠 | 178 | 19 | 242 | 114 | 138 | 38 | 104 |
| 公主岭 | 171 | 171 | 9593 | 9237 | 1002 | 647 | 8590 |
| 吉　林 | 375 | 123 | 79859 | 39171 | 79859 | 39171 | |
| 蛟　河 | | | | | | | |
| 桦　甸 | 57 | | 45 | 2 | 45 | 2 | |

continued 2

Measurement Unit: 10,000 $m^3$

| Actual Quantity of Water Used: 工 业 Industry | Actual Quantity of Water Used: 超计划定额用水量 Water Quantity Consumed in Excess of Quota | Actual Quantity of Water Used: 重 复 利用率 (%) Reuse Rate (%) | Actual Quantity of Water Used: 工 业 Industry | 节 约 用水量 Water Saved | 工 业 Industry | 节水措施投资总额 (万元) Total Investment in Water-Saving Measures (10,000 RMB) | 城市名称 Name of Cities |
|---|---|---|---|---|---|---|---|
| **556473** | **413** | **88.52** | **94.07** | **15989** | **8144** | **3178** | **辽 宁** |
| 136439 | | 87.77 | 95.27 | 4216 | 1451 | | 沈 阳 |
| | | | | | | | 新 民 |
| 32120 | 238 | 78.11 | 84.53 | 1882 | 602 | 2900 | 大 连 |
| | | | | | | | 庄 河 |
| 51 | | 31.66 | 31.66 | 109 | 45 | | 瓦 房 店 |
| | | | | | | | 鞍 山 |
| 81 | 40 | 16.49 | 43.55 | 150 | 81 | | 海 城 |
| 163358 | | 93.56 | 93.77 | 4859 | 3156 | 4 | 抚 顺 |
| | | 97.81 | | 218 | | 151 | 本 溪 |
| | | 2.57 | | 576 | | | 丹 东 |
| | | | | | | | 东 港 |
| | | | | | | | 凤 城 |
| 58726 | | 93.07 | 96.57 | 875 | 729 | 56 | 锦 州 |
| | | | | | | | 凌 海 |
| | | 20.59 | | 38 | | 30 | 北 镇 |
| 53735 | | 88.74 | 93.00 | 1168 | 880 | | 营 口 |
| | | | | | | | 盖 州 |
| | | | | 1 | | | 大 石 桥 |
| 222 | 122 | 7.30 | 8.82 | 616 | 521 | | 阜 新 |
| 255 | | 33.43 | 45.14 | 193 | 108 | | 辽 阳 |
| | | | | | | | 灯 塔 |
| 87389 | 12 | 98.62 | 98.68 | 37 | 4 | | 盘 锦 |
| 30 | 1 | 26.78 | 97.42 | 18 | 15 | | 铁 岭 |
| 200 | 0 | 40.16 | 80.97 | 200 | 200 | | 调 兵 山 |
| | | | | | | | 开 原 |
| 23867 | | 88.22 | 95.77 | 701 | 351 | 37 | 朝 阳 |
| | | | | 132 | | | 北 票 |
| | | | | | | | 凌 源 |
| | | | | | | | 葫 芦 岛 |
| | | | | | | | 兴 城 |
| | | | | | | | 沈抚改革创新示范区 |
| **61113** | **34** | **39.43** | **55.87** | **8100** | **5889** | **259** | **吉 林** |
| 11 | 3 | 64.00 | 100.00 | 28 | 4 | | 长 春 |
| | | 3.77 | | 21 | 10 | | 榆 树 |
| 76 | | 42.98 | 66.67 | 56 | 34 | 18 | 德 惠 |
| 8590 | | 89.55 | 93.00 | 150 | 82 | 10 | 公 主 岭 |
| | 0 | | | 1170 | 252 | | 吉 林 |
| | | | | | | | 蛟 河 |
| | | | | | | | 桦 甸 |

## 6-2 续表 3

计量单位：万立方米

| 城市名称 Name of Cities | 计划用水户数（户）Planned Water Consumers (unit) | 自备水计划用水户数 Planned Self-produced Water Consumers | 计划用水户实际用水量 合计 Total | 工业 Industry | 新水取用量 Fresh Water Used | 工业 Industry | 重复利用量 Water Reused |
|---|---|---|---|---|---|---|---|
| 舒　兰 | | | | | | | |
| 磐　石 | 27 | 4 | 42 | 13 | 42 | 13 | |
| 四　平 | 148 | 88 | 1344 | 1099 | 1344 | 1099 | |
| 双　辽 | 14 | 14 | 2062 | 1632 | 2062 | 1632 | |
| 辽　源 | 126 | | 511 | 405 | 229 | 124 | 282 |
| 通　化 | | | 11111 | 11101 | 1937 | 1927 | 9174 |
| 集　安 | | | | | | | |
| 白　山 | 178 | | 281 | 162 | 281 | 162 | |
| 临　江 | | | | | | | |
| 松　原 | 101 | | 1677 | 1498 | 494 | 494 | 1183 |
| 扶　余 | | | | | | | |
| 白　城 | 286 | 43 | 43675 | 42564 | 2086 | 976 | 41588 |
| 洮　南 | | | | | | | |
| 大　安 | 80 | 80 | 447 | 150 | 426 | 130 | 21 |
| 延　吉 | | | | | | | |
| 图　们 | 11 | 11 | 119 | 16 | 118 | 16 | 2 |
| 敦　化 | 128 | 11 | 663 | 626 | 293 | 271 | 370 |
| 珲　春 | 44 | | 3044 | 1223 | 3044 | 1223 | |
| 龙　井 | | | | | | | |
| 和　龙 | | | | | | | |
| 梅河口 | 71 | 45 | 361 | 361 | 349 | 349 | 12 |
| 长白山保护开发区管理委员会 | 929 | | 19 | | 19 | | |
| **黑龙江** | **1177** | **943** | **358448** | **242876** | **181547** | **66139** | **176901** |
| 哈尔滨 | 526 | 346 | 62798 | 56056 | 12887 | 6292 | 49911 |
| 尚　志 | | | | | | | |
| 五　常 | | | | | | | |
| 齐齐哈尔 | 95 | 70 | 269640 | 168732 | 153970 | 53062 | 115670 |
| 讷　河 | | | | | | | |
| 鸡　西 | | | | | | | |
| 虎　林 | | | | | | | |
| 密　山 | | | | | | | |
| 鹤　岗 | | | | | | | |
| 双鸭山 | | | | | | | |
| 大　庆 | 85 | 85 | 1289 | 901 | 1289 | 901 | |
| 伊　春 | 68 | 68 | 3834 | 2221 | 2821 | 1223 | 1013 |
| 铁　力 | | | | | | | |
| 佳木斯 | 66 | 45 | 4804 | 833 | 4490 | 519 | 314 |
| 同　江 | 2 | 2 | 17 | 14 | 1 | 1 | 16 |
| 抚　远 | | | | | | | |
| 富　锦 | | | | | | | |

continued 3

Measurement Unit: 10,000 $m^3$

| Actual Quantity of Water Used | | | | 节约用水量 Water Saved | | 节水措施投资总额(万元) Total Investment in Water-Saving Measures (10,000 RMB) | 城市名称 Name of Cities |
|---|---|---|---|---|---|---|---|
| 工业 Industry | 超计划定额用水量 Water Quantity Consumed in Excess of Quota | 重复利用率(%) Reuse Rate (%) | 工业 Industry | | 工业 Industry | | |
| | | | | | | | 舒兰 |
| | | | | | | | 磐石 |
| | | | | 866 | 466 | | 四平 |
| | | | | | | | 双辽 |
| 282 | | 55.13 | 69.50 | 43 | 34 | 31 | 辽源 |
| 9174 | 30 | 82.57 | 82.64 | 4341 | 4341 | 108 | 通化 |
| | | | | | | | 集安 |
| | | | | | | | 白山 |
| | | | | | | | 临江 |
| 1004 | | 70.54 | 67.02 | 484 | 395 | 20 | 松原 |
| | | | | | | | 扶余 |
| 41588 | | 95.22 | 97.71 | 369 | 40 | | 白城 |
| | | | | | | | 洮南 |
| 21 | | 4.65 | 13.84 | 152 | 21 | 6 | 大安 |
| | | | | | | | 延吉 |
| | | 1.34 | | 4 | | 20 | 图们 |
| 356 | | 55.86 | 56.79 | 379 | 174 | 45 | 敦化 |
| | | | | | | | 珲春 |
| | | | | | | | 龙井 |
| | | | | | | | 和龙 |
| 12 | | 3.32 | 3.32 | 36 | 36 | | 梅河口 |
| | | | | | | | 长白山保护开发区管理委员会 |
| **176737** | **194** | **49.35** | **72.77** | **73589** | **22287** | **213** | **黑龙江** |
| 49764 | 186 | 79.48 | 88.78 | 5290 | 2793 | 13 | 哈尔滨 |
| | | | | | | | 尚志 |
| | | | | | | | 五常 |
| 115670 | | 42.90 | 68.55 | 56634 | 8164 | | 齐齐哈尔 |
| | | | | | | | 讷河 |
| | | | | | | | 鸡西 |
| | | | | | | | 虎林 |
| | | | | | | | 密山 |
| | | | | | | | 鹤岗 |
| | | | | | | | 双鸭山 |
| | 2 | | | 1141 | 971 | 200 | 大庆 |
| 998 | | 26.42 | 44.93 | 505 | 350 | | 伊春 |
| | | | | | | | 铁力 |
| 314 | | 6.54 | 37.72 | 57 | 57 | | 佳木斯 |
| 13 | | 95.15 | 94.29 | 15 | 14 | | 同江 |
| | | | | | | | 抚远 |
| | | | | | | | 富锦 |

# 6-2 续表 4

计量单位: 万立方米

| 城市名称 Name of Cities | 计划用水户数(户) Planned Water Consumers (unit) | 自备水计划用水户数 Planned Self-produced Water Consumers | 计划用水户实际用水量 合计 Total | 工业 Industry | 新水取用量 Fresh Water Used | 工业 Industry | 重复利用量 Water Reused |
|---|---|---|---|---|---|---|---|
| 七台河 | 49 | 49 | 14222 | 12358 | 4954 | 3090 | 9269 |
| 牡丹江 | 165 | 165 | 1415 | 1347 | 838 | 769 | 577 |
| 海林 | | | | | | | |
| 宁安 | | | | | | | |
| 穆棱 | | | | | | | |
| 绥芬河 | | | | | | | |
| 东宁 | | | | | | | |
| 黑河 | | | | | | | |
| 北安 | | | | | | | |
| 五大连池 | | | | | | | |
| 嫩江 | | | | | | | |
| 绥化 | 121 | 113 | 429 | 414 | 298 | 283 | 131 |
| 安达 | | | | | | | |
| 肇东 | | | | | | | |
| 海伦 | | | | | | | |
| 漠河 | | | | | | | |
| **上海** | **173187** | | **99980** | **39161** | **99980** | **39161** | |
| **江苏** | **29508** | **1270** | **2585732** | **2067238** | **347252** | **191856** | **2238480** |
| 南京 | 3158 | | 601643 | 209316 | 122735 | 36002 | 478908 |
| 无锡 | 1862 | | 60194 | 53079 | 19408 | 12382 | 40786 |
| 江阴 | 160 | | 19622 | 18770 | 3700 | 2900 | 15922 |
| 宜兴 | 741 | 63 | 4144 | 2825 | 3417 | 2136 | 727 |
| 徐州 | 1004 | 68 | 375885 | 363570 | 13488 | 10323 | 362397 |
| 新沂 | 162 | 63 | 20236 | 19979 | 2256 | 1998 | 17980 |
| 邳州 | 80 | 13 | 31045 | 28730 | 4045 | 1730 | 27000 |
| 常州 | 3874 | 107 | 256812 | 252865 | 22139 | 18192 | 234673 |
| 溧阳 | 232 | | 16712 | 15362 | 1380 | 1103 | 15332 |
| 苏州 | 7232 | 389 | 274074 | 247226 | 38742 | 27677 | 235332 |
| 常熟 | 1007 | | 49765 | 47648 | 4235 | 2118 | 45530 |
| 张家港 | 548 | | 18681 | 15888 | 1750 | 705 | 16931 |
| 昆山 | 1566 | 28 | 93107 | 69726 | 10881 | 8149 | 82226 |
| 太仓 | 373 | 10 | 8286 | 7468 | 1591 | 1486 | 6695 |
| 南通 | 1226 | 45 | 158179 | 150581 | 18325 | 12833 | 139854 |
| 海安 | | | | | | | |
| 启东 | 198 | | 6350 | 5843 | 1790 | 1549 | 4560 |
| 如皋 | 363 | 24 | 11474 | 10523 | 2357 | 1849 | 9117 |
| 连云港 | 958 | 14 | 191607 | 183109 | 15306 | 7807 | 176301 |
| 淮安 | 600 | 60 | 40160 | 36800 | 5630 | 3560 | 34530 |
| 盐城 | 289 | 17 | 6666 | 2727 | 6546 | 2620 | 119 |
| 东台 | 132 | 7 | 17763 | 17560 | 921 | 718 | 16842 |
| 扬州 | 1114 | 58 | 58912 | 58910 | 7133 | 7133 | 51778 |

continued 4

Measurement Unit: 10,000 $m^3$

| Actual Quantity of Water Used | | | | 节约用水量 Water Saved | | 节水措施投资总额（万元） Total Investment in Water-Saving Measures (10,000 RMB) | 城市名称 Name of Cities |
|---|---|---|---|---|---|---|---|
| 工业 Industry | 超计划定额用水量 Water Quantity Consumed in Excess of Quota | 重复利用率 (%) Reuse Rate (%) | 工业 Industry | | 工业 Industry | | |
| 9269 | | 65.17 | 75.00 | 9269 | 9269 | | 七台河 |
| 577 | | 40.78 | 42.86 | 577 | 577 | | 牡丹江 |
| | | | | | | | 海林 |
| | | | | | | | 宁安 |
| | | | | | | | 穆棱 |
| | | | | | | | 绥芬河 |
| | | | | | | | 东宁 |
| | | | | | | | 黑河 |
| | | | | | | | 北安 |
| | | | | | | | 五大连池 |
| | | | | | | | 嫩江 |
| 131 | 6 | 30.54 | 31.64 | 102 | 93 | | 绥化 |
| | | | | | | | 安达 |
| | | | | | | | 肇东 |
| | | | | | | | 海伦 |
| | | | | | | | 漠河 |
| | | | | **2198** | **561** | **21583** | **上海** |
| **1875382** | **1956** | **86.57** | **90.72** | **77985** | **57407** | **30928** | **江苏** |
| 173314 | | 79.60 | 82.80 | 5573 | 1787 | 1308 | 南京 |
| 40697 | 40 | 67.76 | 76.67 | 4915 | 4193 | 3046 | 无锡 |
| 15870 | | 81.14 | 84.55 | 320 | 298 | 280 | 江阴 |
| 689 | | 17.55 | 24.40 | 457 | | 820 | 宜兴 |
| 353247 | 2 | 96.41 | 97.16 | 15070 | 10105 | 1050 | 徐州 |
| 17980 | | 88.85 | 90.00 | 333 | 333 | 1500 | 新沂 |
| 27000 | | 86.97 | 93.98 | 810 | 810 | 220 | 邳州 |
| 234673 | | 91.38 | 92.81 | 9302 | 7143 | 3417 | 常州 |
| 14259 | | 91.74 | 92.82 | 355 | 263 | 650 | 溧阳 |
| 219549 | 7 | 85.86 | 88.81 | 6476 | 4500 | 7566 | 苏州 |
| 45530 | | 91.49 | 95.55 | 1520 | 750 | 205 | 常熟 |
| 15183 | 1 | 90.63 | 95.56 | 766 | 268 | 300 | 张家港 |
| 61578 | 5 | 88.31 | 88.31 | 1200 | 1000 | 2800 | 昆山 |
| 5982 | 1 | 80.80 | 80.10 | 1059 | 906 | 762 | 太仓 |
| 137747 | 57 | 88.41 | 91.48 | 2237 | 1087 | 112 | 南通 |
| | | | | | | | 海安 |
| 4294 | | 71.81 | 73.48 | 636 | 561 | | 启东 |
| 8674 | | 79.46 | 82.43 | 368 | | | 如皋 |
| 175302 | 1830 | 92.01 | 95.74 | 3045 | 2613 | 3074 | 连云港 |
| 33240 | | 85.98 | 90.33 | 5500 | 4560 | 800 | 淮安 |
| 106 | | 1.79 | 3.90 | 4103 | 4095 | | 盐城 |
| 16842 | | 94.82 | 95.91 | | | | 东台 |
| 51776 | | 87.89 | 87.89 | 778 | 778 | 350 | 扬州 |

# 6-2 续表 5

计量单位：万立方米

| 城市名称 Name of Cities | 计划用水户数（户）Planned Water Consumers (unit) | 自备水计划用水户数 Planned Self-produced Water Consumers | 计划用水户实际用水量 合计 Total | 工业 Industry | 新水取用量 Fresh Water Used | 工业 Industry | 重复利用量 Water Reused |
|---|---|---|---|---|---|---|---|
| 仪征 | 387 | 62 | 40844 | 36355 | 7761 | 3272 | 33083 |
| 高邮 | 150 | 18 | 18786 | 18786 | | | 18786 |
| 镇江 | 1104 | 21 | 134002 | 132446 | 14157 | 12601 | 119845 |
| 丹阳 | 219 | | 3616 | 3013 | 2009 | 1406 | 1607 |
| 扬中 | 141 | | 516 | 282 | 82 | 80 | 434 |
| 句容 | 64 | | 410 | 259 | 340 | 200 | 70 |
| 泰州 | 133 | 13 | 12055 | 9021 | 3961 | 927 | 8094 |
| 兴化 | 153 | 127 | 1098 | 850 | 853 | 610 | 245 |
| 靖江 | | | | | | | |
| 泰兴 | | | | | | | |
| 宿迁 | 278 | 63 | 53087 | 47720 | 10312 | 7788 | 42774 |
| **浙江** | **43912** | **873** | **995569** | **861792** | **197478** | **121723** | **798091** |
| 杭州 | 5979 | 321 | 74159 | 36294 | 51027 | 17716 | 23132 |
| 建德 | 304 | | 708 | 514 | 605 | 453 | 103 |
| 宁波 | 3482 | | 234045 | 224611 | 32289 | 25766 | 201756 |
| 余姚 | | | | | | | |
| 慈溪 | 11041 | | 1540 | 531 | 1540 | 531 | |
| 温州 | 3529 | | 44360 | 38248 | 11086 | 5904 | 33274 |
| 瑞安 | | | | | | | |
| 乐清 | 409 | | | | | | |
| 龙港 | | | | | | | |
| 嘉兴 | 1052 | | 20450 | 17613 | 4305 | 1468 | 16145 |
| 海宁 | 518 | | 7819 | 7251 | 2957 | 2389 | 4862 |
| 平湖 | 1604 | | 16528 | 14584 | 3222 | 1278 | 13306 |
| 桐乡 | 72 | | 8224 | 6579 | 1341 | 1072 | 6884 |
| 湖州 | 506 | | 18409 | 16274 | 4379 | 2705 | 14030 |
| 绍兴 | 2881 | 259 | 264305 | 220036 | 41123 | 33215 | 223182 |
| 诸暨 | 638 | 45 | 23845 | 21066 | 4612 | 3855 | 19234 |
| 嵊州 | 520 | 6 | 17580 | 17217 | 2219 | 2074 | 15361 |
| 金华 | 1053 | | 8930 | 6634 | 2595 | 889 | 6335 |
| 兰溪 | | | | | | | |
| 义乌 | 18 | 18 | 15723 | 12405 | 4739 | 2300 | 10984 |
| 东阳 | 796 | 17 | 5572 | 4706 | 1680 | 813 | 3892 |
| 永康 | 250 | 45 | 20168 | 18420 | 1229 | 811 | 18939 |
| 衢州 | 781 | 7 | 173669 | 171945 | 14012 | 12307 | 159657 |
| 江山 | 9 | 9 | 130 | 128 | 130 | 128 | |
| 舟山 | 908 | | 14529 | 8817 | 2847 | 1482 | 11682 |
| 台州 | 4244 | 30 | 8751 | 6069 | 5224 | 2867 | 3526 |
| 玉环 | 1383 | | | | | | |
| 温岭 | 1247 | 116 | 1672 | 508 | 1201 | 308 | 471 |
| 临海 | | | | | | | |
| 丽水 | 688 | | 14451 | 11341 | 3116 | 1390 | 11335 |
| 龙泉 | | | | | | | |

continued 5

Measurement Unit: 10,000 m³

| Actual Quantity of Water Used | | | | 节约用水量 Water Saved | | 节水措施投资总额（万元） Total Investment in Water-Saving Measures (10,000 RMB) | 城市名称 Name of Cities |
|---|---|---|---|---|---|---|---|
| 工业 Industry | 超计划定额用水量 Water Quantity Consumed in Excess of Quota | 重复利用率(%) Reuse Rate (%) | 工业 Industry | | 工业 Industry | | |
| 33083 | | 81.00 | 91.00 | 157 | 127 | | 仪征 |
| 18786 | | 100.00 | 100.00 | 302 | 264 | | 高邮 |
| 119845 | | 89.44 | 90.49 | 777 | 426 | | 镇江 |
| 1607 | | 44.44 | 53.34 | 481 | 337 | 63 | 丹阳 |
| 202 | | 84.08 | 71.53 | 98 | 89 | 560 | 扬中 |
| 59 | | 17.09 | 22.71 | 90 | 40 | | 句容 |
| 8094 | | 67.14 | 89.72 | 9053 | 8836 | | 泰州 |
| 240 | | 22.31 | 28.24 | 145 | 145 | | 兴化 |
| | | | | | | | 靖江 |
| | | | | | | | 泰兴 |
| 39932 | 14 | 80.57 | 83.68 | 2061 | 1092 | 2045 | 宿迁 |
| **740069** | **981** | **80.16** | **85.88** | **41579** | **27545** | **66359** | **浙江** |
| 18578 | 87 | 31.19 | 51.19 | 3273 | 1955 | 3574 | 杭州 |
| 61 | | 14.55 | 11.87 | 254 | 112 | 110 | 建德 |
| 198845 | 17 | 86.20 | 88.53 | 4577 | 3859 | | 宁波 |
| | | | | | | | 余姚 |
| | 13 | | | 3966 | | | 慈溪 |
| 32344 | 5 | 75.01 | 84.56 | 3704 | 2175 | 2765 | 温州 |
| | | | | | | | 瑞安 |
| | | | | | | | 乐清 |
| | | | | | | | 龙港 |
| 16145 | 30 | 78.95 | 91.66 | 559 | 183 | 21 | 嘉兴 |
| 4862 | | 62.18 | 67.05 | 40 | 40 | 300 | 海宁 |
| 13306 | 96 | 80.51 | 91.24 | | | | 平湖 |
| 5507 | 154 | 83.70 | 83.70 | 303 | 242 | | 桐乡 |
| 13569 | | 76.21 | 83.38 | 261 | 117 | 160 | 湖州 |
| 186821 | 2 | 84.44 | 84.90 | 7609 | 5533 | 9541 | 绍兴 |
| 17211 | 7 | 80.66 | 81.70 | 523 | 421 | 815 | 诸暨 |
| 15143 | | 87.38 | 87.96 | 2097 | 1724 | 460 | 嵊州 |
| 5745 | 249 | 70.94 | 86.60 | 570 | 226 | 927 | 金华 |
| | | | | | | | 兰溪 |
| 10105 | | 69.86 | 81.46 | 3500 | 2500 | 35000 | 义乌 |
| 3892 | | 69.85 | 82.72 | 662 | 662 | 1050 | 东阳 |
| 17609 | | 93.91 | 95.60 | 207 | 101 | 1000 | 永康 |
| 159638 | 10 | 91.93 | 92.84 | 5907 | 5659 | 6800 | 衢州 |
| | | | | | | | 江山 |
| 7335 | 22 | 80.40 | 83.19 | 611 | 548 | 620 | 舟山 |
| 3202 | 216 | 40.30 | 52.76 | 1422 | 1081 | 361 | 台州 |
| | | | | | | 1513 | 玉环 |
| 200 | | 28.17 | 39.37 | 1230 | 290 | | 温岭 |
| | | | | | | | 临海 |
| 9950 | 72 | 78.44 | 87.74 | 303 | 116 | 1341 | 丽水 |
| | | | | | | | 龙泉 |

## 6-2 续表 6

计量单位：万立方米

| 城市名称 Name of Cities | 计划用水户数（户）Planned Water Consumers (unit) | 自备水计划用水户数 Planned Self-produced Water Consumers | 计划用水户实际用水量 合计 Total | 工业 Industry | 新水取用量 Fresh Water Used | 工业 Industry | 重复利用量 Water Reused |
|---|---|---|---|---|---|---|---|
| **安　徽** | **6993** | **123** | **740724** | **704689** | **92048** | **58144** | **648677** |
| 合　肥 | 864 | | 90017 | 79058 | 22500 | 11785 | 67517 |
| 巢　湖 | | | | | | | |
| 芜　湖 | 584 | 8 | 72666 | 67342 | 13243 | 7918 | 59424 |
| 无　为 | | | | | | | |
| 蚌　埠 | 331 | 9 | 46489 | 44327 | 4184 | 2022 | 42305 |
| 淮　南 | 784 | | 10680 | 9190 | 2580 | 1090 | 8100 |
| 马鞍山 | 2 | 2 | 243058 | 243058 | 5579 | 5579 | 237479 |
| 淮　北 | 237 | 20 | 24081 | 23263 | 3041 | 2351 | 21040 |
| 铜　陵 | 591 | 10 | 10280 | 8850 | 8530 | 7120 | 1750 |
| 安　庆 | 376 | 4 | 127847 | 125455 | 9847 | 7455 | 118000 |
| 潜　山 | | | | | | | |
| 桐　城 | | | | | | | |
| 黄　山 | 701 | | 6971 | 4647 | 1841 | 691 | 5130 |
| 滁　州 | 626 | | 35849 | 34312 | 4895 | 3358 | 30954 |
| 天　长 | | | | | | | |
| 明　光 | | | | | | | |
| 阜　阳 | 440 | 14 | 35301 | 32583 | 4465 | 1747 | 30836 |
| 界　首 | 34 | 17 | 885 | 675 | 450 | 350 | 435 |
| 宿　州 | 170 | 25 | 5253 | 5078 | 2793 | 2619 | 2459 |
| 六　安 | 305 | 7 | 7912 | 5720 | 2988 | 796 | 4925 |
| 亳　州 | 425 | 5 | 11117 | 10275 | 1625 | 1240 | 9492 |
| 池　州 | 212 | | 1510 | 820 | 1137 | 448 | 373 |
| 宣　城 | 311 | 2 | 10808 | 10035 | 2349 | 1576 | 8459 |
| 广　德 | | | | | | | |
| 宁　国 | | | | | | | |
| **福　建** | **113703** | | **221672** | **180962** | **61350** | **24380** | **160323** |
| 福　州 | 71474 | | 44909 | 31040 | 16021 | 2517 | 28888 |
| 福　清 | | | | | | | |
| 厦　门 | 14071 | | 116657 | 102971 | 22438 | 9508 | 94218 |
| 莆　田 | 980 | | 3072 | 1062 | 3072 | 1062 | |
| 三　明 | 2890 | | 31863 | 30141 | 3079 | 1357 | 28784 |
| 永　安 | | | | | | | |
| 泉　州 | 16110 | | 11067 | 4859 | 6941 | 3354 | 4126 |
| 石　狮 | 973 | | 6848 | 5345 | 6848 | 5345 | |
| 晋　江 | | | | | | | |
| 南　安 | | | | | | | |
| 漳　州 | 7205 | | 7257 | 5544 | 2951 | 1238 | 4306 |
| 南　平 | | | | | | | |
| 邵　武 | | | | | | | |

continued 6

Measurement Unit: 10,000 m$^3$

| Actual Quantity of Water Used | | | | 节约用水量 Water Saved | | 节水措施投资总额(万元) Total Investment in Water-Saving Measures (10,000 RMB) | 城市名称 Name of Cities |
|---|---|---|---|---|---|---|---|
| 工业 Industry | 超计划定额用水量 Water Quantity Consumed in Excess of Quota | 重复利用率(%) Reuse Rate (%) | 工业 Industry | | 工业 Industry | | |
| **646545** | **754** | **87.57** | **91.75** | **30419** | **27490** | **49586** | **安徽** |
| 67273 | | 75.00 | 85.09 | 1600 | 1100 | 770 | 合肥 |
| | | | | | | | 巢湖 |
| 59424 | 686 | 81.78 | 88.24 | 953 | 694 | 1407 | 芜湖 |
| | | | | | | | 无为 |
| 42305 | 23 | 91.00 | 95.44 | 1056 | 663 | 3285 | 蚌埠 |
| 8100 | | 75.84 | 88.14 | 400 | 260 | 195 | 淮南 |
| 237479 | | 97.70 | 97.70 | 755 | 755 | 13658 | 马鞍山 |
| 20913 | 1 | 87.37 | 89.89 | 1032 | 750 | 7479 | 淮北 |
| 1730 | | 17.02 | 19.55 | 13960 | 13960 | 570 | 铜陵 |
| 118000 | 2 | 92.30 | 94.06 | 1033 | 892 | 575 | 安庆 |
| | | | | | | | 潜山 |
| | | | | | | | 桐城 |
| 3956 | | 73.59 | 85.14 | 5365 | 4573 | 750 | 黄山 |
| 30954 | | 86.35 | 90.21 | | | 520 | 滁州 |
| | | | | | | | 天长 |
| | | | | | | | 明光 |
| 30836 | | 87.35 | 94.64 | 301 | 276 | 1600 | 阜阳 |
| 325 | | 49.15 | 48.15 | 245 | 245 | 260 | 界首 |
| 2459 | 16 | 46.82 | 48.43 | 2459 | 2459 | 3622 | 宿州 |
| 4925 | 26 | 62.24 | 86.09 | 302 | 145 | 1098 | 六安 |
| 9035 | 0 | 85.38 | 87.93 | 450 | 325 | 3346 | 亳州 |
| 373 | | 24.68 | 45.43 | 375 | 297 | 10000 | 池州 |
| 8459 | 1 | 78.27 | 84.30 | 132 | 97 | 452 | 宣城 |
| | | | | | | | 广德 |
| | | | | | | | 宁国 |
| **156582** | **2725** | **72.32** | **86.53** | **21226** | **12776** | **10958** | **福建** |
| 28523 | 1502 | 64.33 | 91.89 | 8549 | 7244 | 69 | 福州 |
| | | | | | | | 福清 |
| 93463 | 768 | 80.77 | 90.77 | 132 | 97 | 729 | 厦门 |
| | 203 | | | 2154 | 955 | | 莆田 |
| 28784 | | 90.34 | 95.50 | 1266 | 743 | | 三明 |
| | | | | | | | 永安 |
| 1505 | 212 | 37.28 | 30.98 | 9122 | 3734 | 2080 | 泉州 |
| | 39 | | | | | | 石狮 |
| | | | | | | | 晋江 |
| | | | | | | | 南安 |
| 4306 | | 59.34 | 77.67 | 2 | 2 | 8079 | 漳州 |
| | | | | | | | 南平 |
| | | | | | | | 邵武 |

# 6-2 续表 7

计量单位：万立方米

| 城市名称 Name of Cities | 计划用水户数（户）Planned Water Consumers (unit) | 自备水计划用水户数 Planned Self-produced Water Consumers | 计划用水户实际用水量 合计 Total | 工业 Industry | 新水取用量 Fresh Water Used | 工业 Industry | 重复利用量 Water Reused |
|---|---|---|---|---|---|---|---|
| 武夷山 | | | | | | | |
| 建瓯 | | | | | | | |
| 龙岩 | | | | | | | |
| 漳平 | | | | | | | |
| 宁德 | | | | | | | |
| 福安 | | | | | | | |
| 福鼎 | | | | | | | |
| **江西** | **5727** | **262** | **66636** | **33528** | **45923** | **20283** | **20713** |
| 南昌 | 985 | 11 | 9754 | 2543 | | | 9754 |
| 景德镇 | 2456 | 6 | 6450 | 5798 | 1583 | 942 | 4866 |
| 乐平 | 53 | 53 | 14146 | 5318 | 14039 | 5211 | 107 |
| 萍乡 | 164 | 164 | 13611 | 3683 | 12759 | 2831 | 852 |
| 九江 | | | | | | | |
| 瑞昌 | | | | | | | |
| 共青城 | | | | | | | |
| 庐山 | | | | | | | |
| 新余 | | | | | | | |
| 鹰潭 | 1303 | | 4282 | 598 | 4282 | 598 | |
| 贵溪 | | | | | | | |
| 赣州 | 218 | 8 | 12290 | 10811 | 8072 | 6593 | 4218 |
| 瑞金 | | | | | | | |
| 龙南 | 81 | | 1196 | 812 | 660 | 510 | 536 |
| 吉安 | | | | | | | |
| 井冈山 | | | | | | | |
| 宜春 | | | | | | | |
| 丰城 | | | | | | | |
| 樟树 | 65 | 20 | 4480 | 3966 | 4100 | 3600 | 380 |
| 高安 | | | | | | | |
| 抚州 | | | | | | | |
| 上饶 | 402 | | 427 | | 427 | | |
| 德兴 | | | | | | | |
| **山东** | **68764** | **4366** | **1603793** | **1358983** | **230187** | **115237** | **1373606** |
| 济南 | 3113 | 240 | 167128 | 135475 | 34037 | 4960 | 133091 |
| 青岛 | 38292 | 29 | 199701 | 174863 | 19940 | 13062 | 179760 |
| 胶州 | 1147 | | 10031 | 6418 | 4120 | 507 | 5911 |
| 平度 | 656 | | 6351 | 4702 | 1069 | 371 | 5282 |
| 莱西 | 106 | | 1864 | 1864 | 139 | 139 | 1725 |
| 淄博 | 730 | 480 | 225266 | 220079 | 13504 | 8317 | 211762 |
| 枣庄 | 1066 | 61 | 25437 | 24533 | 3959 | 3137 | 21479 |
| 滕州 | 576 | 14 | 9595 | 9220 | 1745 | 1370 | 7850 |
| 东营 | 2646 | | 164413 | 159990 | 10587 | 6168 | 153826 |

continued 7

Measurement Unit: 10,000 $m^3$

| Actual Quantity of Water Used | | | | 节约用水量 Water Saved | | 节水措施投资总额（万元） Total Investment in Water-Saving Measures (10,000 RMB) | 城市名称 Name of Cities |
|---|---|---|---|---|---|---|---|
| 工业 Industry | 超计划定额用水量 Water Quantity Consumed in Excess of Quota | 重复利用率(%) Reuse Rate (%) | 工业 Industry | | 工业 Industry | | |
| | | | | | | | 武夷山 |
| | | | | | | | 建瓯 |
| | | | | | | | 龙岩 |
| | | | | | | | 漳平 |
| | | | | | | | 宁德 |
| | | | | | | | 福安 |
| | | | | | | | 福鼎 |
| **13244** | **1600** | **31.08** | **39.50** | **8002** | **4102** | **3762** | **江西** |
| 2543 | | 100.00 | 100.00 | 1670 | 501 | 3182 | 南昌 |
| 4856 | | 75.45 | 83.76 | 2167 | 861 | 251 | 景德镇 |
| 107 | | 0.76 | 2.01 | 107 | 107 | 50 | 乐平 |
| 852 | | 6.26 | 23.14 | 56 | | | 萍乡 |
| | | | | | | | 九江 |
| | | | | | | | 瑞昌 |
| | | | | | | | 共青城 |
| | | | | | | | 庐山 |
| | | | | | | | 新余 |
| | 1600 | | | | | | 鹰潭 |
| | | | | | | | 贵溪 |
| 4218 | | 34.32 | 39.02 | 1107 | 927 | 140 | 赣州 |
| | | | | | | | 瑞金 |
| 302 | | 44.82 | 37.19 | 2675 | 1500 | 90 | 龙南 |
| | | | | | | | 吉安 |
| | | | | | | | 井冈山 |
| | | | | | | | 宜春 |
| | | | | | | | 丰城 |
| 366 | | 8.48 | 9.23 | 220 | 206 | 50 | 樟树 |
| | | | | | | | 高安 |
| | | | | | | | 抚州 |
| | | | | | | | 上饶 |
| | | | | | | | 德兴 |
| **1243746** | **1247** | **85.65** | **91.52** | **49004** | **36123** | **136068** | **山东** |
| 130515 | 176 | 79.63 | 96.34 | 4143 | 2480 | 825 | 济南 |
| 161801 | 521 | 90.01 | 92.53 | 13712 | 9972 | 96051 | 青岛 |
| 5911 | | 58.93 | 92.10 | 355 | 294 | 12041 | 胶州 |
| 4331 | | 83.17 | 92.11 | 305 | 157 | 102 | 平度 |
| 1725 | | 92.54 | 92.54 | 185 | 185 | 73 | 莱西 |
| 211762 | 197 | 94.01 | 96.22 | 1189 | 1169 | 504 | 淄博 |
| 21396 | | 84.44 | 87.21 | 1275 | 565 | | 枣庄 |
| 7850 | 68 | 81.81 | 85.14 | 166 | 85 | | 滕州 |
| 153821 | | 93.56 | 96.14 | 2010 | 1666 | 950 | 东营 |

# 6-2 续表 8

计量单位：万立方米

| 城市名称 Name of Cities | 计划用水户数(户) Planned Water Consumers (unit) | 自备水计划用水户数 Planned Self-produced Water Consumers | 计划用水户实际用水量 合计 Total | 工业 Industry | 新水取用量 Fresh Water Used | 工业 Industry | 重复利用量 Water Reused |
|---|---|---|---|---|---|---|---|
| 烟台 | 1514 | 653 | 27723 | 12634 | 7119 | 2263 | 20604 |
| 龙口 | 95 | | 8234 | 4560 | 1699 | 665 | 6535 |
| 莱阳 | 778 | 5 | 3836 | 3148 | 959 | 535 | 2877 |
| 莱州 | 939 | 837 | 1228 | 1127 | 214 | 113 | 1014 |
| 招远 | 57 | | 4046 | 3930 | 509 | 393 | 3537 |
| 栖霞 | 95 | | 620 | 180 | 100 | 20 | 520 |
| 海阳 | 103 | 64 | 1288 | 1113 | 258 | 223 | 1030 |
| 潍坊 | 6650 | 143 | 87573 | 70280 | 10976 | 7176 | 76596 |
| 青州 | 484 | 63 | 37414 | 19480 | 3659 | 1900 | 33755 |
| 诸城 | 536 | 335 | 5358 | 1149 | 5218 | 1067 | 140 |
| 寿光 | 821 | 75 | 33926 | 20623 | 3862 | 2372 | 30064 |
| 安丘 | 781 | 98 | 28376 | 23800 | 3626 | 2929 | 24750 |
| 高密 | 310 | | 10967 | 10967 | 1435 | 1435 | 9532 |
| 昌邑 | 27 | 27 | 2482 | 2471 | 439 | 439 | 2043 |
| 济宁 | 571 | 243 | 112659 | 70043 | 13785 | 6603 | 98874 |
| 曲阜 | 79 | 23 | 2393 | 1341 | 1251 | 199 | 1142 |
| 邹城 | 106 | 45 | 24720 | 24424 | 1200 | 904 | 23519 |
| 泰安 | 828 | | 10749 | 7062 | 2623 | 1031 | 8126 |
| 新泰 | 536 | 9 | 12357 | 3590 | 2924 | 410 | 9433 |
| 肥城 | 330 | | 2614 | 2353 | 519 | 258 | 2095 |
| 威海 | 399 | 190 | 11832 | 11026 | 3572 | 2843 | 8260 |
| 荣成 | 71 | 4 | 4473 | 2892 | 2306 | 726 | 2167 |
| 乳山 | 122 | 1 | 4818 | 3350 | 1278 | 470 | 3540 |
| 日照 | 2187 | | 98952 | 92370 | 16510 | 11084 | 82443 |
| 临沂 | 863 | 349 | 58551 | 41440 | 20188 | 3213 | 38363 |
| 德州 | 112 | 38 | 18623 | 18518 | 9802 | 9746 | 8821 |
| 乐陵 | | | | | | | |
| 禹城 | 158 | 158 | 1380 | 1345 | 1380 | 1345 | |
| 聊城 | | | | | | | |
| 临清 | | | | | | | |
| 滨州 | 518 | 8 | 127773 | 126398 | 11972 | 10849 | 115801 |
| 邹平 | 168 | | 36822 | 35711 | 3979 | 2868 | 32843 |
| 菏泽 | 194 | 174 | 12222 | 4518 | 7726 | 3128 | 4496 |
| **河南** | **38185** | **8928** | **729247** | **687357** | **74032** | **39106** | **655215** |
| 郑州 | 2516 | 502 | 14251 | 3163 | 10275 | 1033 | 3976 |
| 巩义 | 204 | 3 | 315 | | 286 | | 29 |
| 荥阳 | 50 | 40 | 1190 | 770 | 740 | 400 | 450 |
| 新密 | 278 | | 639 | 43 | 605 | 20 | 34 |
| 新郑 | 48 | 48 | 184 | 22 | 31 | 4 | 152 |
| 登封 | 11 | 11 | 2 | | 2 | | |
| 开封 | 520 | 249 | 7103 | 5402 | 2755 | 1134 | 4348 |
| 洛阳 | 22438 | 253 | 94642 | 89707 | 6904 | 1969 | 87738 |

## continued 8

Measurement Unit: 10,000 $m^3$

| Actual Quantity of Water Used | | | | 节约用水量 Water Saved | | 节水措施投资总额(万元) Total Investment in Water-Saving Measures (10,000 RMB) | 城市名称 Name of Cities |
|---|---|---|---|---|---|---|---|
| 工业 Industry | 超计划定额用水量 Water Quantity Consumed in Excess of Quota | 重复利用率(%) Reuse Rate (%) | 工业 Industry | | 工业 Industry | | |
| 10371 | | 74.32 | 82.09 | 3428 | 1473 | 311 | 烟台 |
| 3895 | | 79.37 | 85.41 | 305 | 294 | 3668 | 龙口 |
| 2613 | | 75.00 | 83.01 | 1502 | 925 | | 莱阳 |
| 1014 | | 82.57 | 90.00 | 330 | 318 | | 莱州 |
| 3537 | | 87.42 | 90.00 | 300 | 280 | 200 | 招远 |
| 160 | | 83.87 | 88.89 | 190 | 160 | 120 | 栖霞 |
| 890 | | 80.00 | 80.00 | 370 | 330 | 760 | 海阳 |
| 63105 | 149 | 87.47 | 89.79 | 2599 | 1662 | 2225 | 潍坊 |
| 17581 | | 90.22 | 90.25 | 681 | 681 | 488 | 青州 |
| 81 | | 2.62 | 7.06 | | | | 诸城 |
| 18251 | | 88.62 | 88.50 | 432 | 406 | 781 | 寿光 |
| 20871 | 12 | 87.22 | 87.69 | 410 | 296 | 1026 | 安丘 |
| 9532 | | 86.92 | 86.92 | 258 | 258 | 53 | 高密 |
| 2032 | | 82.31 | 82.23 | 31 | 31 | 462 | 昌邑 |
| 63440 | 78 | 87.76 | 90.57 | 557 | 503 | 3126 | 济宁 |
| 1142 | | 47.72 | 85.15 | 1142 | 1142 | 150 | 曲阜 |
| 23519 | | 95.14 | 96.30 | 187 | 178 | 465 | 邹城 |
| 6031 | | 75.60 | 85.40 | 291 | 114 | 561 | 泰安 |
| 3179 | 24 | 76.33 | 88.57 | 518 | 324 | 705 | 新泰 |
| 2095 | | 80.15 | 89.04 | 158 | 48 | 395 | 肥城 |
| 8183 | | 69.81 | 74.22 | 791 | 791 | | 威海 |
| 2167 | | 48.44 | 74.91 | 513 | 299 | | 荣成 |
| 2880 | | 73.47 | 85.97 | 198 | 124 | 254 | 乳山 |
| 81285 | 22 | 83.32 | 88.00 | 721 | 611 | 3562 | 日照 |
| 38227 | | 65.52 | 92.25 | 5630 | 4920 | 3210 | 临沂 |
| 8772 | | 47.37 | 47.37 | | | | 德州 |
| | | | | | | | 乐陵 |
| | | | | | | | 禹城 |
| | | | | | | | 聊城 |
| | | | | | | | 临清 |
| 115549 | | 90.63 | 91.42 | 3726 | 3034 | 1501 | 滨州 |
| 32843 | | 89.19 | 91.97 | 397 | 347 | 35 | 邹平 |
| 1390 | | 36.78 | 30.77 | | | 1463 | 菏泽 |
| **648251** | **1396** | **89.85** | **94.31** | **26573** | **15538** | **2750** | **河南** |
| 2130 | 69 | 27.90 | 67.34 | 6007 | 1752 | 67 | 郑州 |
| | | 9.21 | | 28 | | | 巩义 |
| 370 | | 37.82 | 48.05 | 900 | 838 | | 荥阳 |
| 23 | 7 | 5.32 | 53.49 | 12 | 9 | 5 | 新密 |
| 18 | | 82.89 | 82.92 | 191 | 8 | | 新郑 |
| | | | | 1 | | 20 | 登封 |
| 4268 | 78 | 61.21 | 79.00 | 807 | 353 | | 开封 |
| 87738 | 1 | 92.71 | 97.80 | 9 | 9 | | 洛阳 |

# 6-2 续表 9

计量单位: 万立方米

| 城市名称 Name of Cities | 计划用水户数(户) Planned Water Consumers (unit) | 自备水计划用水户数 Planned Self-produced Water Consumers | 计划用水户实际用水量 合计 Total | 工业 Industry | 新水取用量 Fresh Water Used | 工业 Industry | 重复利用量 Water Reused |
|---|---|---|---|---|---|---|---|
| 平顶山 | 552 | 52 | 8734 | 7424 | 5957 | 5063 | 2778 |
| 舞钢 | 4 | 4 | 1989 | 1766 | 1213 | 990 | 776 |
| 汝州 | | | | | | | |
| 安阳 | 416 | 92 | 157527 | 156233 | 6074 | 4780 | 151453 |
| 林州 | 150 | | 79 | 22 | 2 | | 78 |
| 鹤壁 | 268 | 50 | 138150 | 136015 | 7383 | 5249 | 130767 |
| 新乡 | 382 | 4 | 72116 | 70706 | 4695 | 3285 | 67421 |
| 长垣 | 193 | 60 | 182 | 74 | 107 | 68 | 74 |
| 卫辉 | | | | | | | |
| 辉县 | | | | | | | |
| 焦作 | | | | | | | |
| 沁阳 | | | | | | | |
| 孟州 | | | | | | | |
| 濮阳 | 229 | 113 | 123020 | 122220 | 4042 | 3246 | 118978 |
| 许昌 | 323 | 45 | 850 | 210 | 850 | 210 | |
| 禹州 | 322 | 238 | 119 | 28 | 119 | 28 | |
| 长葛 | | | | | | | |
| 漯河 | 642 | 275 | 21738 | 18785 | 3002 | 2205 | 18736 |
| 三门峡 | 6446 | 6148 | 17775 | 16328 | 2658 | 1441 | 15117 |
| 义马 | 31 | 2 | 101 | 78 | 101 | 78 | |
| 灵宝 | | | | | | | |
| 南阳 | 848 | 250 | 5435 | 3878 | 3435 | 1878 | 2000 |
| 邓州 | 139 | 107 | 747 | 133 | 735 | 121 | 12 |
| 商丘 | | | | | | | |
| 永城 | 261 | 158 | 7755 | 3858 | 6915 | 3018 | 840 |
| 信阳 | | | | | | | |
| 周口 | 323 | 39 | 3005 | 2266 | 751 | 22 | 2254 |
| 项城 | | | | | | | |
| 驻马店 | 385 | 82 | 20548 | 17905 | 2106 | 1307 | 18442 |
| 济源示范区 | 30 | 30 | 29028 | 29028 | 602 | 602 | 28426 |
| 郑州航空港经济综合实验区 | 176 | 73 | 2023 | 1291 | 1686 | 954 | 337 |
| **湖北** | **143495** | **136** | **841424** | **777075** | **97977** | **58150** | **743447** |
| 武汉 | 18662 | 43 | 468277 | 429719 | 52896 | 35675 | 415381 |
| 黄石 | 1942 | 2 | 33127 | 31130 | 4872 | 3671 | 28255 |
| 大冶 | | | | | | | |
| 十堰 | | | | | | | |
| 丹江口 | | | | | | | |
| 宜昌 | 450 | 19 | 52559 | 49772 | 8511 | 5724 | 44048 |
| 宜都 | | | | | | | |

continued 9

Measurement Unit: 10,000 $m^3$

| Actual Quantity of Water Used | | | | 节约用水量 Water Saved | | 节水措施投资总额（万元） Total Investment in Water-Saving Measures (10,000 RMB) | 城市名称 Name of Cities |
|---|---|---|---|---|---|---|---|
| 工业 Industry | 超计划定额用水量 Water Quantity Consumed in Excess of Quota | 重复利用率 (%) Reuse Rate (%) | 工业 Industry | | 工业 Industry | | |
| 2361 | | 31.80 | 31.80 | 2375 | 2019 | | 平顶山 |
| 776 | | 39.01 | 43.94 | 54 | 54 | | 舞钢 |
| | | | | | | | 汝州 |
| 151453 | | 96.14 | 96.94 | 1822 | 1434 | | 安阳 |
| 22 | | 97.98 | 100.00 | | | | 林州 |
| 130767 | | 94.66 | 96.14 | 1764 | 1382 | | 鹤壁 |
| 67421 | 13 | 93.49 | 95.35 | 2406 | 1539 | 1317 | 新乡 |
| 7 | 18 | 41.01 | 8.99 | | | | 长垣 |
| | | | | | | | 卫辉 |
| | | | | | | | 辉县 |
| | | | | | | | 焦作 |
| | | | | | | | 沁阳 |
| | | | | | | | 孟州 |
| 118975 | | 96.71 | 97.34 | 2128 | 1615 | 735 | 濮阳 |
| | | | | 1024 | | | 许昌 |
| | 2 | | | | | 52 | 禹州 |
| | | | | | | | 长葛 |
| 16580 | 29 | 86.19 | 88.26 | 1430 | 787 | | 漯河 |
| 14887 | | 85.05 | 91.17 | 449 | 415 | 275 | 三门峡 |
| | | | | | | | 义马 |
| | | | | | | | 灵宝 |
| 2000 | | 36.80 | 51.57 | 260 | 260 | 120 | 南阳 |
| 12 | | 1.61 | 9.01 | 12 | 12 | 69 | 邓州 |
| | | | | | | | 商丘 |
| 840 | 1179 | 10.83 | 21.77 | | | | 永城 |
| | | | | | | | 信阳 |
| 2244 | | 75.01 | 99.01 | 1046 | 203 | | 周口 |
| | | | | | | | 项城 |
| 16598 | | 89.75 | 92.70 | 1981 | 1724 | 90 | 驻马店 |
| 28426 | | 97.93 | 97.93 | 120 | 120 | | 济源示范区 |
| 337 | | 16.66 | 26.10 | 1746 | 1005 | | 郑州航空港经济综合实验区 |
| **718924** | **606** | **88.36** | **92.52** | **52782** | **48195** | **23212** | **湖北** |
| 394044 | 306 | 88.70 | 91.70 | 6224 | 2090 | 13062 | 武汉 |
| 27459 | | 85.29 | 88.21 | 401 | 351 | | 黄石 |
| | | | | | | | 大冶 |
| | | | | | | | 十堰 |
| | | | | | | | 丹江口 |
| 44048 | | 83.81 | 88.50 | 44048 | 44048 | 3000 | 宜昌 |
| | | | | | | | 宜都 |

# 6-2 续表 10

计量单位：万立方米

| 城市名称 Name of Cities | 计划用水户数（户） Planned Water Consumers (unit) | 自备水计划用水户数 Planned Self-produced Water Consumers | 计划用水户实际用水量 合计 Total | 工业 Industry | 新水取用量 Fresh Water Used | 工业 Industry | 重复利用量 Water Reused |
|---|---|---|---|---|---|---|---|
| 当阳 | | | | | | | |
| 枝江 | | | | | | | |
| 襄阳 | 52 | | 10682 | 7664 | 4438 | 1420 | 6244 |
| 老河口 | 23335 | | 1176 | 436 | 976 | 250 | 200 |
| 枣阳 | | | | | | | |
| 宜城 | 3 | 3 | 23 | 23 | 23 | 23 | |
| 鄂州 | 1509 | 17 | 148345 | 145603 | 6596 | 3854 | 141749 |
| 荆门 | 104 | 5 | 103212 | 97606 | 10221 | 4615 | 92991 |
| 京山 | | | | | | | |
| 钟祥 | | | | | | | |
| 孝感 | 45 | 45 | 995 | 685 | 990 | 680 | 5 |
| 应城 | | | | | | | |
| 安陆 | | | | | | | |
| 汉川 | | | | | | | |
| 荆州 | 1600 | | 16884 | 13809 | 3124 | 1786 | 13760 |
| 监利 | | | | | | | |
| 石首 | 6176 | | 1493 | 332 | 747 | 166 | 747 |
| 洪湖 | | | | | | | |
| 松滋 | | | | | | | |
| 黄冈 | 25 | | | | | | |
| 麻城 | | | | | | | |
| 武穴 | | | | | | | |
| 咸宁 | | | | | | | |
| 赤壁 | | | | | | | |
| 随州 | 10 | | 3706 | 227 | 3686 | 226 | 20 |
| 广水 | 89580 | | 944 | 70 | 897 | 61 | 48 |
| 恩施 | | | | | | | |
| 利川 | | | | | | | |
| 仙桃 | | | | | | | |
| 潜江 | | | | | | | |
| 天门 | 2 | 2 | | | | | |
| **湖南** | **88484** | **313** | **166696** | **136197** | **54297** | **26267** | **112400** |
| 长沙 | 3549 | | 118121 | 100730 | 33401 | 16010 | 84720 |
| 宁乡 | | | | | | | |
| 浏阳 | | | | | | | |
| 株洲 | | | | | | | |
| 醴陵 | | | | | | | |
| 湘潭 | | | | | | | |
| 湘乡 | | | | | | | |
| 韶山 | | | | | | | |
| 衡阳 | | | | | | | |

## continued 10

Measurement Unit: 10,000 m$^3$

| Actual Quantity of Water Used | | | | 节约用水量 Water Saved | | 节水措施投资总额（万元）Total Investment in Water-Saving Measures (10,000 RMB) | 城市名称 Name of Cities |
|---|---|---|---|---|---|---|---|
| 工业 Industry | 超计划定额用水量 Water Quantity Consumed in Excess of Quota | 重复利用率(%) Reuse Rate (%) | 工业 Industry | | 工业 Industry | | |
| | | | | | | | 当阳 |
| | | | | | | | 枝江 |
| 6244 | | 58.45 | 81.47 | 91 | 91 | | 襄阳 |
| 186 | | 17.01 | 42.66 | 163 | 91 | 40 | 老河口 |
| | | | | | | | 枣阳 |
| | | | | 15 | 15 | 155 | 宜城 |
| 141749 | | 95.55 | 97.35 | 432 | 261 | 829 | 鄂州 |
| 92991 | | 90.10 | 95.27 | 927 | 927 | 4920 | 荆门 |
| | | | | | | | 京山 |
| | | | | | | | 钟祥 |
| 5 | | 0.52 | 0.76 | 5 | 5 | | 孝感 |
| | | | | | | | 应城 |
| | | | | | | | 安陆 |
| | | | | | | | 汉川 |
| 12023 | 300 | 81.50 | 87.07 | 386 | 230 | 1006 | 荆州 |
| | | | | | | | 监利 |
| 166 | | 50.00 | 50.00 | | | | 石首 |
| | | | | | | | 洪湖 |
| | | | | | | | 松滋 |
| | | | | | | | 黄冈 |
| | | | | | | | 麻城 |
| | | | | | | | 武穴 |
| | | | | | | | 咸宁 |
| | | | | | | | 赤壁 |
| 1 | | 0.54 | 0.44 | 87 | 87 | 200 | 随州 |
| 9 | | 5.06 | 12.21 | 4 | | | 广水 |
| | | | | | | | 恩施 |
| | | | | | | | 利川 |
| | | | | | | | 仙桃 |
| | | | | | | | 潜江 |
| | | | | | | | 天门 |
| **109930** | **722** | **67.43** | **80.71** | **111970** | **108719** | **15616** | **湖南** |
| 84720 | 609 | 71.72 | 84.11 | 84720 | 84720 | 4650 | 长沙 |
| | | | | | | | 宁乡 |
| | | | | | | | 浏阳 |
| | | | | | | | 株洲 |
| | | | | | | | 醴陵 |
| | | | | | | | 湘潭 |
| | | | | | | | 湘乡 |
| | | | | | | | 韶山 |
| | | | | | | | 衡阳 |

# 6-2 续表 11

计量单位：万立方米

| 城市名称 Name of Cities | 计划用水户数（户） Planned Water Consumers (unit) | 自备水计划用水户数 Planned Self-produced Water Consumers | 计划用水户实际用水量 合计 Total | 工业 Industry | 新水取用量 Fresh Water Used | 工业 Industry | 重复利用量 Water Reused |
|---|---|---|---|---|---|---|---|
| 耒阳 | | | | | | | |
| 常宁 | | | | | | | |
| 邵阳 | 50 | | 1376 | 1031 | 516 | 421 | 860 |
| 武冈 | | | | | | | |
| 邵东 | | | | | | | |
| 岳阳 | 1276 | 313 | 9658 | 9163 | 5734 | 5239 | 3924 |
| 汨罗 | | | | | | | |
| 临湘 | 48522 | | 1134 | | 1134 | | |
| 常德 | 31493 | | 32776 | 22336 | 12192 | 3437 | 20585 |
| 津市 | | | | | | | |
| 张家界 | 318 | | 3563 | 2910 | 1279 | 1147 | 2284 |
| 益阳 | | | | | | | |
| 沅江 | | | | | | | |
| 郴州 | | | | | | | |
| 资兴 | 3276 | | 68 | 27 | 41 | 14 | 27 |
| 永州 | | | | | | | |
| 祁阳 | | | | | | | |
| 怀化 | | | | | | | |
| 洪江 | | | | | | | |
| 娄底 | | | | | | | |
| 冷水江 | | | | | | | |
| 涟源 | | | | | | | |
| 吉首 | | | | | | | |
| **广东** | **199376** | **8362** | **1550682** | **1244506** | **427872** | **132314** | **1122810** |
| 广州 | 12736 | | 307645 | 255717 | 67889 | 26412 | 239756 |
| 韶关 | 126 | 105 | 100088 | 91700 | 17558 | 9170 | 82530 |
| 乐昌 | | | | | | | |
| 南雄 | 4 | | 59 | | 59 | | |
| 深圳 | 109190 | | 679347 | 647714 | 76973 | 45340 | 602374 |
| 珠海 | 2889 | | 165089 | 163257 | 18557 | 16725 | 146532 |
| 汕头 | 51 | | 52955 | 52450 | 2154 | 1649 | 50801 |
| 佛山 | 237 | 6 | 5457 | 2159 | 4948 | 1766 | 509 |
| 江门 | 39 | 37 | 10300 | 1405 | 10062 | 1167 | 238 |
| 台山 | | | | | | | |
| 开平 | 10 | | 9316 | 3237 | 9316 | 3237 | |
| 鹤山 | | | | | | | |
| 恩平 | 47 | 41 | 5302 | 1465 | 5302 | 1465 | |
| 湛江 | | | | | | | |
| 廉江 | 49 | 49 | 13850 | 79 | 13850 | 79 | |
| 雷州 | | | | | | | |
| 吴川 | | | | | | | |

## continued 11

Measurement Unit: 10,000 $m^3$

| Actual Quantity of Water Used | | | | 节约用水量 Water Saved | | 节水措施投资总额（万元）Total Investment in Water-Saving Measures (10,000 RMB) | 城市名称 Name of Cities |
|---|---|---|---|---|---|---|---|
| 工业 Industry | 超计划定额用水量 Water Quantity Consumed in Excess of Quota | 重复利用率(%) Reuse Rate (%) | 工业 Industry | | 工业 Industry | | |
| | | | | | | | 耒阳 |
| | | | | | | | 常宁 |
| 610 | | 62.50 | 59.17 | 315 | 275 | 760 | 邵阳 |
| | | | | | | | 武冈 |
| | | | | | | | 邵东 |
| 3924 | | 40.63 | 42.82 | 4419 | 4419 | 3224 | 岳阳 |
| | | | | | | | 汨罗 |
| | | | | | | | 临湘 |
| 18899 | 113 | 62.80 | 84.61 | 20585 | 18899 | 1500 | 常德 |
| | | | | | | | 津市 |
| 1763 | | 64.10 | 60.58 | 1925 | 402 | 5300 | 张家界 |
| | | | | | | | 益阳 |
| | | | | | | | 沅江 |
| | | | | | | | 郴州 |
| 13 | | 39.74 | 49.52 | 7 | 4 | 182 | 资兴 |
| | | | | | | | 永州 |
| | | | | | | | 祁阳 |
| | | | | | | | 怀化 |
| | | | | | | | 洪江 |
| | | | | | | | 娄底 |
| | | | | | | | 冷水江 |
| | | | | | | | 涟源 |
| | | | | | | | 吉首 |
| **1112193** | **2432** | **72.41** | **89.37** | **69896** | **32807** | **131233** | **广东** |
| 229304 | 62 | 77.93 | 89.67 | 35635 | 10984 | 5141 | 广州 |
| 82530 | | 82.46 | 90.00 | 880 | 850 | 324 | 韶关 |
| | | | | | | | 乐昌 |
| | | | | 59 | | | 南雄 |
| 602374 | 1875 | 88.67 | 93.00 | 11935 | 5012 | 117413 | 深圳 |
| 146532 | 96 | 88.76 | 89.76 | 8523 | 8523 | 7702 | 珠海 |
| 50801 | 102 | 95.93 | 96.86 | 7015 | 6281 | | 汕头 |
| 393 | | 9.32 | 18.20 | 616 | 522 | 323 | 佛山 |
| 238 | | 2.31 | 16.91 | 1883 | 582 | | 江门 |
| | | | | | | | 台山 |
| | 86 | | | | | | 开平 |
| | | | | | | | 鹤山 |
| | | | | | | | 恩平 |
| | | | | | | | 湛江 |
| | | | | 3085 | 23 | 280 | 廉江 |
| | | | | | | | 雷州 |
| | | | | | | | 吴川 |

# 6-2 续表 12

计量单位：万立方米

| 城市名称<br>Name of Cities | 计划用水户数（户）<br>Planned Water Consumers (unit) | 自备水计划用水户数<br>Planned Self-produced Water Consumers | 计划用水户实际用水量<br>合计<br>Total | <br>工业<br>Industry | <br>新水取用量<br>Fresh Water Used | <br>工业<br>Industry | <br>重复利用量<br>Water Reused |
|---|---|---|---|---|---|---|---|
| 茂名 | | | | | | | |
| 高州 | | | | | | | |
| 化州 | | | | | | | |
| 信宜 | | | | | | | |
| 肇庆 | 35 | | 1169 | 402 | 1169 | 402 | |
| 四会 | | | | | | | |
| 惠州 | | | | | | | |
| 梅州 | | | | | | | |
| 兴宁 | | | | | | | |
| 汕尾 | 9 | | 925 | 838 | 925 | 838 | |
| 陆丰 | 68000 | 8000 | 2056 | | 2056 | | |
| 河源 | | | | | | | |
| 阳江 | | | | | | | |
| 阳春 | 9 | 3 | 170 | 43 | 170 | 43 | |
| 清远 | | | | | | | |
| 英德 | | | | | | | |
| 连州 | 48 | 48 | 5568 | 180 | 5518 | 180 | 50 |
| 东莞 | 5792 | | 184371 | 22478 | 184371 | 22478 | |
| 中山 | 16 | 16 | 79 | 34 | 64 | 19 | 15 |
| 潮州 | | | | | | | |
| 揭阳 | | | | | | | |
| 普宁 | 32 | | 7 | 7 | 1 | 1 | 6 |
| 云浮 | 14 | 14 | 116 | 45 | 116 | 45 | |
| 罗定 | 43 | 43 | 6813 | 1296 | 6813 | 1296 | |
| **广西** | **8400** | **127** | **460173** | **397135** | **76614** | **18059** | **383560** |
| 南宁 | 2393 | | 21981 | 12384 | 11223 | 1998 | 10758 |
| 横州 | | | | | | | |
| 柳州 | 3243 | 56 | 244696 | 224893 | 27772 | 8017 | 216924 |
| 桂林 | 921 | 44 | 20684 | 12519 | 6384 | 2113 | 14300 |
| 荔浦 | 68 | 9 | 23345 | 1021 | 23191 | 1021 | 154 |
| 梧州 | 15 | 15 | 1206 | 1190 | 661 | 660 | 545 |
| 岑溪 | | | | | | | |
| 北海 | 1423 | | 145287 | 143598 | 4408 | 2719 | 140879 |
| 防城港 | | | | | | | |
| 东兴 | | | | | | | |
| 钦州 | 337 | 3 | 2975 | 1530 | 2975 | 1530 | |
| 贵港 | | | | | | | |
| 桂平 | | | | | | | |
| 玉林 | | | | | | | |
| 北流 | | | | | | | |
| 百色 | | | | | | | |

## continued 12

Measurement Unit: 10,000 $m^3$

| Actual Quantity of Water Used | | | | 节约用水量 Water Saved | | 节水措施投资总额（万元）Total Investment in Water-Saving Measures (10,000 RMB) | 城市名称 Name of Cities |
|---|---|---|---|---|---|---|---|
| 工业 Industry | 超计划定额用水量 Water Quantity Consumed in Excess of Quota | 重复利用率 (%) Reuse Rate (%) | 工业 Industry | | 工业 Industry | | |
| | | | | | | | 茂名 |
| | | | | | | | 高州 |
| | | | | | | | 化州 |
| | | | | | | | 信宜 |
| | | | | | | | 肇庆 |
| | | | | | | | 四会 |
| | | | | | | | 惠州 |
| | | | | | | | 梅州 |
| | | | | | | | 兴宁 |
| | | | | | | | 汕尾 |
| | | | | | | | 陆丰 |
| | | | | | | | 河源 |
| | | | | | | | 阳江 |
| | | | | 20 | | | 阳春 |
| | | | | | | | 清远 |
| | | | | | | | 英德 |
| | 1 | 0.90 | | 120 | 10 | 50 | 连州 |
| | 210 | | | | | | 东莞 |
| 15 | 1 | 18.47 | 43.18 | 15 | 15 | | 中山 |
| | | | | | | | 潮州 |
| | | | | | | | 揭阳 |
| 6 | | 85.71 | 85.71 | 110 | 4 | | 普宁 |
| | | | | | | | 云浮 |
| | | | | | | | 罗定 |
| **379076** | **635** | **83.35** | **95.45** | **13942** | **9173** | **3370** | **广西** |
| 10386 | | 48.94 | 83.87 | 6821 | 6821 | 1377 | 南宁 |
| | | | | | | | 横州 |
| 216876 | 466 | 88.65 | 96.44 | 2511 | 922 | 405 | 柳州 |
| 10406 | | 69.14 | 83.12 | 1200 | 900 | 400 | 桂林 |
| | | 0.66 | | | | 50 | 荔浦 |
| 530 | | 45.18 | 44.52 | 545 | 530 | 100 | 梧州 |
| | | | | | | | 岑溪 |
| 140879 | 169 | 96.97 | 98.11 | 1959 | | 1038 | 北海 |
| | | | | | | | 防城港 |
| | | | | | | | 东兴 |
| | | | | 907 | | | 钦州 |
| | | | | | | | 贵港 |
| | | | | | | | 桂平 |
| | | | | | | | 玉林 |
| | | | | | | | 北流 |
| | | | | | | | 百色 |

## 6-2 续表 13

计量单位：万立方米

| 城市名称 Name of Cities | 计划用水户数（户）Planned Water Consumers (unit) | 自备水计划用水户数 Planned Self-produced Water Consumers | 计划用水户实际用水量 合计 Total | 工业 Industry | 新水取用量 Fresh Water Used | 工业 Industry | 重复利用量 Water Reused |
|---|---|---|---|---|---|---|---|
| 靖西 | | | | | | | |
| 平果 | | | | | | | |
| 贺州 | | | | | | | |
| 河池 | | | | | | | |
| 来宾 | | | | | | | |
| 合山 | | | | | | | |
| 崇左 | | | | | | | |
| 凭祥 | | | | | | | |
| **海南** | **2933** | **107** | **57176** | **2881** | **57084** | **2880** | **92** |
| 海口 | 687 | 104 | 3130 | 604 | 3130 | 604 | |
| 三亚 | 2115 | | 5448 | 84 | 5448 | 84 | |
| 儋州 | | | | | | | |
| 五指山 | 2 | | 649 | | 649 | | |
| 琼海 | 53 | | 66 | 7 | 66 | 7 | |
| 文昌 | 14 | 3 | 2787 | 36 | 2779 | 35 | 8 |
| 万宁 | 12 | | 123 | 40 | 123 | 40 | |
| 东方 | 50 | | 44972 | 2110 | 44888 | 2110 | 84 |
| **重庆** | **2483** | **65** | **46106** | **32342** | **24380** | **11939** | **21726** |
| 重庆 | 2483 | 65 | 46106 | 32342 | 24380 | 11939 | 21726 |
| **四川** | **28946** | **4403** | **242683** | **187346** | **80725** | **40331** | **161958** |
| 成都 | 13661 | 232 | 185153 | 150894 | 61067 | 33133 | 124086 |
| 简阳 | | | | | | | |
| 都江堰 | 18 | 16 | 290 | 40 | 270 | 21 | 19 |
| 彭州 | 100 | | 1291 | 591 | 900 | 280 | 391 |
| 邛崃 | 21 | 21 | 173 | 129 | 173 | 129 | |
| 崇州 | | | | | | | |
| 自贡 | 330 | 2 | 8278 | 6419 | 2286 | 427 | 5992 |
| 攀枝花 | | | | | | | |
| 泸州 | | | | | | | |
| 德阳 | 217 | 8 | 4956 | 4720 | 882 | 646 | 4074 |
| 广汉 | 90 | 90 | 600 | 480 | 200 | 80 | 400 |
| 什邡 | | | | | | | |
| 绵竹 | | | | | | | |
| 绵阳 | 748 | 40 | 4995 | 2410 | 2959 | 783 | 2037 |
| 江油 | | | | | | | |
| 广元 | 783 | 31 | 2549 | 798 | 2427 | 676 | 122 |
| 遂宁 | 1521 | | 17634 | 8767 | 1959 | 974 | 15675 |
| 射洪 | | | | | | | |
| 内江 | 286 | 18 | 9782 | 8902 | 2191 | 1313 | 7590 |

# continued 13

Measurement Unit: 10,000 $m^3$

| Actual Quantity of Water Used | | | | 节约用水量 Water Saved | | 节水措施投资总额(万元) Total Investment in Water-Saving Measures (10,000 RMB) | 城市名称 Name of Cities |
|---|---|---|---|---|---|---|---|
| 工业 Industry | 超计划定额用水量 Water Quantity Consumed in Excess of Quota | 重复利用率(%) Reuse Rate (%) | 工业 Industry | | 工业 Industry | | |
| | | | | | | | 靖西 |
| | | | | | | | 平果 |
| | | | | | | | 贺州 |
| | | | | | | | 河池 |
| | | | | | | | 来宾 |
| | | | | | | | 合山 |
| | | | | | | | 崇左 |
| | | | | | | | 凭祥 |
| **1** | **267** | **0.16** | **0.03** | **233** | **37** | **47850** | **海南** |
| | 114 | | | 46 | 22 | 10 | 海口 |
| | 151 | | | 50 | 10 | 46451 | 三亚 |
| | | | | | | | 儋州 |
| | | | | 3 | | | 五指山 |
| | 1 | | | | | 129 | 琼海 |
| 1 | | 0.29 | 2.78 | 50 | 5 | 20 | 文昌 |
| | | | | | | | 万宁 |
| | | 0.19 | | 84 | | 1240 | 东方 |
| **20403** | **32** | **47.12** | **63.08** | **9257** | **7854** | **61346** | **重庆** |
| 20403 | 32 | 47.12 | 63.08 | 9257 | 7854 | 61346 | 重庆 |
| **147014** | **267** | **66.74** | **78.47** | **19707** | **9931** | **10916** | **四川** |
| 117760 | 218 | 67.02 | 78.04 | 9258 | 2610 | 694 | 成都 |
| | | | | | | | 简阳 |
| 19 | 14 | 6.70 | 48.00 | 19 | 19 | | 都江堰 |
| 311 | | 30.29 | 52.62 | 450 | 450 | | 彭州 |
| | | | | | | | 邛崃 |
| | | | | | | | 崇州 |
| 5992 | | 72.38 | 93.35 | 1056 | 781 | 623 | 自贡 |
| | | | | | | | 攀枝花 |
| | | | | | | | 泸州 |
| 4074 | 6 | 82.20 | 86.31 | 4039 | 2439 | 341 | 德阳 |
| 400 | | 66.67 | 83.33 | 400 | 400 | | 广汉 |
| | | | | | | | 什邡 |
| | | | | | | | 绵竹 |
| 1627 | | 40.77 | 67.52 | 2037 | 1627 | | 绵阳 |
| | | | | | | | 江油 |
| 122 | | 4.79 | 15.29 | 216 | 86 | 805 | 广元 |
| 7793 | | 88.89 | 88.89 | 110 | 52 | 741 | 遂宁 |
| | | | | | | | 射洪 |
| 7588 | | 77.60 | 85.25 | 187 | 28 | 7517 | 内江 |

## 6-2 续表 14

计量单位：万立方米

| 城市名称 Name of Cities | 计划用水户数（户） Planned Water Consumers (unit) | 自备水计划用水户数 Planned Self-produced Water Consumers | 计划用水户实际用水量 合计 Total | 工业 Industry | 新水取用量 Fresh Water Used | 工业 Industry | 重复利用量 Water Reused |
|---|---|---|---|---|---|---|---|
| 隆　　昌 | 1970 | | 172 | 79 | 111 | 46 | 61 |
| 乐　　山 | 349 | | 439 | | 439 | | |
| 峨 眉 山 | | | | | | | |
| 南　　充 | 20 | | 1245 | 1130 | 315 | 305 | 930 |
| 阆　　中 | | | | | | | |
| 眉　　山 | 197 | 45 | 2545 | 1061 | 2025 | 653 | 520 |
| 宜　　宾 | | | | | | | |
| 广　　安 | | | | | | | |
| 华　　蓥 | | | | | | | |
| 达　　州 | 8435 | 3900 | 1942 | 287 | 1880 | 225 | 62 |
| 万　　源 | | | | | | | |
| 雅　　安 | | | | | | | |
| 巴　　中 | | | | | | | |
| 资　　阳 | 200 | | 640 | 640 | 640 | 640 | |
| 马 尔 康 | | | | | | | |
| 康　　定 | | | | | | | |
| 会　　理 | | | | | | | |
| 西　　昌 | | | | | | | |
| **贵　　州** | **6944** | **195** | **82679** | **44962** | **43659** | **9557** | **39020** |
| 贵　　阳 | 6443 | 57 | 27517 | 16133 | 11751 | 3063 | 15766 |
| 清　　镇 | 248 | 47 | 20297 | 6340 | 14315 | 1000 | 5982 |
| 六 盘 水 | | | | | | | |
| 盘　　州 | | | | | | | |
| 遵　　义 | | | | | | | |
| 赤　　水 | | | | | | | |
| 仁　　怀 | | | | | | | |
| 安　　顺 | 62 | 22 | 9265 | 5340 | 5030 | 1378 | 4235 |
| 毕　　节 | | | | | | | |
| 黔　　西 | | | | | | | |
| 铜　　仁 | | | | | | | |
| 兴　　义 | | | | | | | |
| 兴　　仁 | | | | | | | |
| 凯　　里 | 122 | | 11798 | 11133 | 1065 | 400 | 10733 |
| 都　　匀 | | | | | | | |
| 福　　泉 | 69 | 69 | 13803 | 6016 | 11498 | 3716 | 2305 |
| **云　　南** | **152961** | **532** | **109707** | **94338** | **26149** | **11160** | **83558** |
| 昆　　明 | 8817 | 520 | 70268 | 60561 | 16881 | 7173 | 53387 |
| 安　　宁 | 233 | | 1220 | | 1220 | | |
| 曲　　靖 | | | | | | | |
| 宣　　威 | | | | | | | |

## continued 14

Measurement Unit: 10,000 $m^3$

| Actual Quantity of Water Used | | | | 节约用水量 Water Saved | | 节水措施投资总额（万元） Total Investment in Water-Saving Measures (10,000 RMB) | 城市名称 Name of Cities |
|---|---|---|---|---|---|---|---|
| 工业 Industry | 超计划定额用水量 Water Quantity Consumed in Excess of Quota | 重复利用率 (%) Reuse Rate (%) | 工业 Industry | | 工业 Industry | | |
| 33 | | 35.47 | 41.40 | 222 | 116 | 15 | 隆昌 |
| | 28 | | | 161 | | | 乐山 |
| | | | | | | | 峨眉山 |
| 825 | | 74.70 | 73.01 | 930 | 825 | 180 | 南充 |
| | | | | | | | 阆中 |
| 408 | 1 | 20.42 | 38.42 | 360 | 236 | | 眉山 |
| | | | | | | | 宜宾 |
| | | | | | | | 广安 |
| | | | | | | | 华蓥 |
| 62 | | 3.19 | 21.60 | 190 | 190 | | 达州 |
| | | | | | | | 万源 |
| | | | | | | | 雅安 |
| | | | | | | | 巴中 |
| | | | | 72 | 72 | | 资阳 |
| | | | | | | | 马尔康 |
| | | | | | | | 康定 |
| | | | | | | | 会理 |
| | | | | | | | 西昌 |
| **35404** | **633** | **47.19** | **78.74** | **17820** | **17418** | **4515** | **贵州** |
| 13070 | 632 | 57.30 | 81.01 | 547 | 405 | 1604 | 贵阳 |
| 5340 | 1 | 29.47 | 84.23 | | | 260 | 清镇 |
| | | | | | | | 六盘水 |
| | | | | | | | 盘州 |
| | | | | | | | 遵义 |
| | | | | | | | 赤水 |
| | | | | | | | 仁怀 |
| 3962 | | 45.71 | 74.19 | 4236 | 3981 | 2351 | 安顺 |
| | | | | | | | 毕节 |
| | | | | | | | 黔西 |
| | | | | | | | 铜仁 |
| | | | | | | | 兴义 |
| | | | | | | | 兴仁 |
| 10733 | | 90.97 | 96.41 | 10733 | 10733 | | 凯里 |
| | | | | | | | 都匀 |
| 2300 | | 16.70 | 38.23 | 2305 | 2300 | 300 | 福泉 |
| **83177** | **535** | **76.16** | **88.17** | **4491** | **176** | **9449** | **云南** |
| 53387 | 470 | 75.98 | 88.16 | 4289 | | 5027 | 昆明 |
| | | | | | | 4134 | 安宁 |
| | | | | | | | 曲靖 |
| | | | | | | | 宣威 |

# 6-2 续表 15

计量单位：万立方米

| 城市名称 Name of Cities | 计划用水户数（户） Planned Water Consumers (unit) | 自备水计划用水户数 Planned Self-produced Water Consumers | 计划用水户实际用水量 合计 Total | 工业 Industry | 新水取用量 Fresh Water Used | 工业 Industry | 重复利用量 Water Reused |
|---|---|---|---|---|---|---|---|
| 玉溪 | | | | | | | |
| 澄江 | | | | | | | |
| 保山 | | | | | | | |
| 腾冲 | | | | | | | |
| 昭通 | | | | | | | |
| 水富 | | | | | | | |
| 丽江 | | | | | | | |
| 普洱 | | | | | | | |
| 临沧 | | | | | | | |
| 禄丰 | | | | | | | |
| 楚雄 | | | | | | | |
| 个旧 | 70725 | | 1514 | 269 | 1355 | 189 | 159 |
| 开远 | | | | | | | |
| 蒙自 | 23485 | 7 | 33223 | 32607 | 4068 | 3755 | 29155 |
| 弥勒 | | | | | | | |
| 文山 | 5 | 5 | 681 | 681 | | | 681 |
| 景洪 | | | | | | | |
| 大理 | 650 | | 1505 | 220 | 1329 | 44 | 176 |
| 瑞丽 | 49046 | | 1296 | | 1296 | | |
| 芒市 | | | | | | | |
| 泸水 | | | | | | | |
| 香格里拉 | | | | | | | |
| **西藏** | **355** | | **1416** | | **1416** | | |
| 拉萨 | 355 | | 1416 | | 1416 | | |
| 日喀则 | | | | | | | |
| 昌都 | | | | | | | |
| 林芝 | | | | | | | |
| 山南 | | | | | | | |
| 那曲 | | | | | | | |
| **陕西** | **38320** | **32165** | **52964** | **23314** | **41039** | **12585** | **11925** |
| 西安 | 3451 | 231 | 25929 | 6469 | 25929 | 6469 | |
| 铜川 | 665 | 18 | 3622 | 3190 | 1406 | 974 | 2215 |
| 宝鸡 | 242 | 83 | 8741 | 7428 | 2422 | 1143 | 6319 |
| 咸阳 | 31651 | 31651 | 6796 | 1585 | 5346 | 1286 | 1451 |
| 彬州 | | | | | | | |
| 兴平 | 57 | 57 | 2110 | 2110 | 1725 | 1725 | 385 |
| 渭南 | 92 | 76 | 2718 | 1396 | 2128 | 816 | 589 |
| 韩城 | | | | | | | |
| 华阴 | | | | | | | |
| 延安 | 1892 | | 1465 | 422 | 1098 | 55 | 367 |

# continued 15

Measurement Unit: 10,000 $m^3$

| Actual Quantity of Water Used: 工业 Industry | 超计划定额用水量 Water Quantity Consumed in Excess of Quota | 重复利用率(%) Reuse Rate (%) | 工业 Industry | 节约用水量 Water Saved | 工业 Industry | 节水措施投资总额(万元) Total Investment in Water-Saving Measures (10,000 RMB) | 城市名称 Name of Cities |
|---|---|---|---|---|---|---|---|
| | | | | | | | 玉溪 |
| | | | | | | | 澄江 |
| | | | | | | | 保山 |
| | | | | | | | 腾冲 |
| | | | | | | | 昭通 |
| | | | | | | | 水富 |
| | | | | | | | 丽江 |
| | | | | | | | 普洱 |
| | | | | | | | 临沧 |
| | | | | | | | 禄丰 |
| | | | | | | | 楚雄 |
| 81 | | 10.51 | 29.97 | | | | 个旧 |
| | | | | | | | 开远 |
| 28853 | | 87.76 | 88.49 | 1 | | 8 | 蒙自 |
| | | | | | | | 弥勒 |
| 681 | | 100.00 | 100.00 | 25 | | 281 | 文山 |
| | | | | | | | 景洪 |
| 176 | 65 | 11.69 | 80.00 | 176 | 176 | | 大理 |
| | | | | | | | 瑞丽 |
| | | | | | | | 芒市 |
| | | | | | | | 泸水 |
| | | | | | | | 香格里拉 |
| | | | | | | | **西藏** |
| | | | | | | | 拉萨 |
| | | | | | | | 日喀则 |
| | | | | | | | 昌都 |
| | | | | | | | 林芝 |
| | | | | | | | 山南 |
| | | | | | | | 那曲 |
| **10729** | **133** | **22.51** | **46.02** | **6166** | **3357** | **16665** | **陕西** |
| | | | | 3041 | 650 | 3765 | 西安 |
| 2215 | 0 | 61.17 | 69.46 | 2231 | 2215 | 160 | 铜川 |
| 6285 | 86 | 72.29 | 84.62 | 489 | 98 | 280 | 宝鸡 |
| 299 | | 21.34 | 18.84 | | | | 咸阳 |
| | | | | | | | 彬州 |
| 385 | 35 | 18.25 | 18.25 | 348 | 348 | 120 | 兴平 |
| 580 | | 21.69 | 41.54 | 5 | 5 | 12150 | 渭南 |
| | | | | | | | 韩城 |
| | | | | | | | 华阴 |
| 367 | 8 | 25.05 | 86.97 | 52 | 41 | 190 | 延安 |

# 6-2 续表 16

计量单位：万立方米

| 城市名称<br>Name of Cities | 计划用水户数（户）<br>Planned Water Consumers (unit) | 自备水计划用水户数<br>Planned Self-produced Water Consumers | 计划用水户实际用水量<br>合计<br>Total | 工 业<br>Industry | 新水取用量<br>Fresh Water Used | 工 业<br>Industry | 重复利用量<br>Water Reused |
|---|---|---|---|---|---|---|---|
| 子　长 | | | | | | | |
| 汉　中 | 270 | 49 | 1584 | 714 | 985 | 116 | 598 |
| 榆　林 | | | | | | | |
| 神　木 | | | | | | | |
| 安　康 | | | | | | | |
| 旬　阳 | | | | | | | |
| 商　洛 | | | | | | | |
| 杨凌区 | | | | | | | |
| **甘　肃** | **256560** | **49** | **264503** | **239953** | **37514** | **14618** | **226989** |
| 兰　州 | 3255 | | 184592 | 169556 | 23274 | 8237 | 161319 |
| 嘉峪关 | 4920 | 48 | 3324 | 1488 | 2692 | 996 | 632 |
| 金　昌 | 2 | 1 | 68660 | 67166 | 6204 | 4710 | 62456 |
| 白　银 | | | | | | | |
| 天　水 | | | | | | | |
| 武　威 | | | | | | | |
| 张　掖 | 83 | | 74 | 74 | 74 | 74 | |
| 平　凉 | | | | | | | |
| 华　亭 | | | | | | | |
| 酒　泉 | 146823 | | 4189 | 1607 | 2803 | 560 | 1385 |
| 玉　门 | 15634 | | 366 | | 286 | | 80 |
| 敦　煌 | 37091 | | 850 | | 107 | | 743 |
| 庆　阳 | 21500 | | 1817 | | 1472 | | 345 |
| 定　西 | 27100 | | 439 | 61 | 411 | 40 | 29 |
| 陇　南 | 152 | | 191 | | 191 | | |
| 临　夏 | | | | | | | |
| 合　作 | | | | | | | |
| **青　海** | **5** | **2** | **2404** | **1015** | **924** | **421** | **1480** |
| 西　宁 | 5 | 2 | 2404 | 1015 | 924 | 421 | 1480 |
| 海　东 | | | | | | | |
| 同　仁 | | | | | | | |
| 玉　树 | | | | | | | |
| 茫　崖 | | | | | | | |
| 格尔木 | | | | | | | |
| 德令哈 | | | | | | | |
| **宁　夏** | **870** | **236** | **248508** | **241742** | **17003** | **10237** | **231505** |
| 银　川 | 651 | 74 | 188947 | 186540 | 4909 | 2503 | 184037 |
| 灵　武 | | | | | | | |
| 宁东能源化工基地 | | | | | | | |

## continued 16

Measurement Unit: 10,000 $m^3$

| Actual Quantity of Water Used | | | | 节约用水量 Water Saved | | 节水措施投资总额（万元） Total Investment in Water-Saving Measures (10,000 RMB) | 城市名称 Name of Cities |
|---|---|---|---|---|---|---|---|
| 工业 Industry | 超计划定额用水量 Water Quantity Consumed in Excess of Quota | 重复利用率(%) Reuse Rate (%) | 工业 Industry | | 工业 Industry | | |
| | | | | | | | 子长 |
| 598 | 4 | 37.78 | 83.78 | | | | 汉中 |
| | | | | | | | 榆林 |
| | | | | | | | 神木 |
| | | | | | | | 安康 |
| | | | | | | | 旬阳 |
| | | | | | | | 商洛 |
| | | | | | | | 杨凌区 |
| **225335** | **35** | **85.82** | **93.91** | **7106** | **2405** | **12638** | **甘肃** |
| 161319 | | 87.39 | 95.14 | 5175 | 1641 | | 兰州 |
| 492 | | 19.00 | 33.08 | 616 | 215 | 1500 | 嘉峪关 |
| 62456 | | 90.96 | 92.99 | 314 | 314 | 7186 | 金昌 |
| | | | | | | | 白银 |
| | | | | | | | 天水 |
| | | | | | | | 武威 |
| | | | | | | | 张掖 |
| | | | | | | | 平凉 |
| | | | | | | | 华亭 |
| 1047 | | 33.08 | 65.15 | 641 | 177 | 430 | 酒泉 |
| | | 21.86 | | 270 | | 3000 | 玉门 |
| | | 87.41 | | | | | 敦煌 |
| | | 18.99 | | | | 22 | 庆阳 |
| 21 | 35 | 6.58 | 34.21 | 90 | 58 | 500 | 定西 |
| | | | | | | | 陇南 |
| | | | | | | | 临夏 |
| | | | | | | | 合作 |
| **594** | **75** | **61.58** | **58.55** | **310** | **310** | **112** | **青海** |
| 594 | 75 | 61.58 | 58.55 | 310 | 310 | 112 | 西宁 |
| | | | | | | | 海东 |
| | | | | | | | 同仁 |
| | | | | | | | 玉树 |
| | | | | | | | 茫崖 |
| | | | | | | | 格尔木 |
| | | | | | | | 德令哈 |
| **231505** | **159** | **93.16** | **95.77** | **3614** | **2164** | **5140** | **宁夏** |
| 184037 | 159 | 97.40 | 98.66 | 2781 | 1340 | 2027 | 银川 |
| | | | | | | | 灵武 |
| | | | | | | | 宁东能源化工基地 |

## 6-2 续表 17

计量单位：万立方米

| 城市名称<br>Name of Cities | 计划用水户数(户)<br>Planned Water Consumers (unit) | 自备水计划用水户数<br>Planned Self-produced Water Consumers | 计划用水户实际用水量<br>合计<br>Total | 工 业<br>Industry | 新水取用量<br>Fresh Water Used | 工 业<br>Industry | 重复利用量<br>Water Reused |
|---|---|---|---|---|---|---|---|
| 石嘴山 | 67 | 67 | 56162 | 52370 | 9029 | 5237 | 47133 |
| 吴忠 | | | | | | | |
| 青铜峡 | 152 | 95 | 3399 | 2832 | 3064 | 2497 | 335 |
| 固原 | | | | | | | |
| 中卫 | | | | | | | |
| **新疆** | **8116** | **1883** | **24966** | **5034** | **21878** | **2225** | **3088** |
| 乌鲁木齐 | 2185 | 132 | 14325 | 3050 | 11894 | 681 | 2431 |
| 克拉玛依 | | | | | | | |
| 吐鲁番 | 135 | | 323 | 53 | 233 | | 90 |
| 哈密 | 351 | | 372 | | 372 | | |
| 昌吉 | 1510 | 124 | 8172 | 1482 | 7973 | 1283 | 199 |
| 阜康 | | | | | | | |
| 博乐 | | | | | | | |
| 阿拉山口 | | | | | | | |
| 库尔勒 | | | | | | | |
| 阿克苏 | | | | | | | |
| 库车 | 2587 | 1627 | 750 | | 750 | | |
| 阿图什 | | | | | | | |
| 喀什 | 36 | | 596 | 201 | 500 | 105 | 96 |
| 和田 | 1312 | | 180 | | | | 180 |
| 伊宁 | | | | | | | |
| 奎屯 | | | | | | | |
| 霍尔果斯 | | | | | | | |
| 塔城 | | | | | | | |
| 乌苏 | | | 248 | 248 | 156 | 156 | 92 |
| 沙湾 | | | | | | | |
| 阿勒泰 | | | | | | | |
| **新疆兵团** | **48100** | | **1313** | **10** | **1313** | **10** | |
| 石河子 | | | | | | | |
| 阿拉尔 | | | | | | | |
| 图木舒克 | | | | | | | |
| 五家渠 | | | | | | | |
| 北屯 | 48000 | | 1261 | | 1261 | | |
| 铁门关 | | | | | | | |
| 双河 | | | | | | | |
| 可克达拉 | 100 | | 52 | 10 | 52 | 10 | |
| 昆玉 | | | | | | | |
| 胡杨河 | | | | | | | |
| 新星 | | | | | | | |

continued 17

Measurement Unit: 10,000 $m^3$

| Actual Quantity of Water Used | | | | 节约用水量 Water Saved | | 节水措施投资总额（万元）Total Investment in Water-Saving Measures (10,000 RMB) | 城市名称 Name of Cities |
|---|---|---|---|---|---|---|---|
| 工业 Industry | 超计划定额用水量 Water Quantity Consumed in Excess of Quota | 重复利用率(%) Reuse Rate (%) | 工业 Industry | | 工业 Industry | | |
| 47133 | | 83.92 | 90.00 | 703 | 703 | 413 | 石嘴山 |
| | | | | | | | 吴忠 |
| 335 | | 9.86 | 11.83 | 130 | 120 | 2700 | 青铜峡 |
| | | | | | | | 固原 |
| | | | | | | | 中卫 |
| **2809** | **161** | **12.37** | **55.81** | **6574** | **1938** | **5** | **新疆** |
| 2369 | | 16.97 | 77.67 | 3805 | 639 | | 乌鲁木齐 |
| | | | | | | | 克拉玛依 |
| 53 | | 27.86 | 100.00 | 550 | 2 | | 吐鲁番 |
| | | | | 39 | | | 哈密 |
| 199 | 161 | 2.44 | 13.44 | 2116 | 1288 | | 昌吉 |
| | | | | | | | 阜康 |
| | | | | | | | 博乐 |
| | | | | | | | 阿拉山口 |
| | | | | | | | 库尔勒 |
| | | | | | | | 阿克苏 |
| | | | | | | | 库车 |
| | | | | | | | 阿图什 |
| 96 | | 16.11 | 47.76 | 27 | 9 | | 喀什 |
| | | 100.00 | | 36 | | 5 | 和田 |
| | | | | | | | 伊宁 |
| | | | | | | | 奎屯 |
| | | | | | | | 霍尔果斯 |
| | | | | | | | 塔城 |
| 92 | | 37.10 | 37.10 | | | | 乌苏 |
| | | | | | | | 沙湾 |
| | | | | | | | 阿勒泰 |
| | | | | | | | **新疆兵团** |
| | | | | | | | 石河子 |
| | | | | | | | 阿拉尔 |
| | | | | | | | 图木舒克 |
| | | | | | | | 五家渠 |
| | | | | | | | 北屯 |
| | | | | | | | 铁门关 |
| | | | | | | | 双河 |
| | | | | | | | 可克达拉 |
| | | | | | | | 昆玉 |
| | | | | | | | 胡杨河 |
| | | | | | | | 新星 |

# 七、城市燃气

# 7. Urban Gas

## 简要说明

城市燃气指符合《城镇燃气设计规范》的规定，供城市生产和生活作燃料使用的人工煤气、天然气和液化石油气等气体能源。

本部分分人工煤气、天然气和液化石油气三部分，主要包括城市燃气的供应能力、供应量、服务情况等内容。

## Brief Introduction

Urban gas is a general designation describing gaseous energy such as man-made coal gas, natural gas and LPG, which is provided for urban production and domestic use according to Urban Gas Design Code.

This section includes three parts: statistics on man-made coal gas, statistics on natural gas and statistics on LPG. Indicators such as supply capacity, quantity of gas supplied, service, etc. are used.

# 7 全国历年城市燃气情况(1978-2022)

| 年份<br>Year | 人工煤气 Man-Made Coal Gas | | | | 天然气 | |
|---|---|---|---|---|---|---|
| | 供气总量<br>(万立方米)<br>Total Gas Supplied<br>(10,000 $m^3$) | 居民家庭<br>Households | 用气人口<br>(万人)<br>Population with Access to Gas<br>(10,000 persons) | 管道长度<br>(公里)<br>Length of Gas Supply Pipeline<br>(km) | 供气总量<br>(万立方米)<br>Total Gas Supplied<br>(10,000 $m^3$) | 居民家庭<br>Households |
| 1978 | 172541 | 66593 | 450 | 4157 | 69078 | 4103 |
| 1979 | 182748 | 73557 | 500 | 4446 | 68489 | 9833 |
| 1980 | 195491 | 83281 | 561 | 4698 | 58937 | 4893 |
| 1981 | 199466 | 90326 | 594 | 4830 | 93970 | 8575 |
| 1982 | 208819 | 94896 | 630 | 5258 | 90421 | 8938 |
| 1983 | 214009 | 89012 | 703 | 5967 | 49071 | 9443 |
| 1984 | 231351 | 96228 | 768 | 7353 | 168568 | 38258 |
| 1985 | 244754 | 107060 | 911 | 8255 | 162099 | 43268 |
| 1986 | 337745 | 139374 | 951 | 7990 | 435887 | 65262 |
| 1987 | 686518 | 170887 | 1177 | 11650 | 501093 | 77719 |
| 1988 | 667927 | 171376 | 1357 | 13028 | 573983 | 73305 |
| 1989 | 841297 | 204709 | 1498 | 14448 | 591169 | 91770 |
| 1990 | 1747065 | 274127 | 1674 | 16312 | 642289 | 115662 |
| 1991 | 1258088 | 311430 | 1867 | 18181 | 754616 | 154302 |
| 1992 | 1495531 | 305325 | 2181 | 20931 | 628914 | 152015 |
| 1993 | 1304130 | 345180 | 2490 | 23952 | 637207 | 139297 |
| 1994 | 1262712 | 416453 | 2889 | 27716 | 752436 | 146938 |
| 1995 | 1266894 | 456585 | 3253 | 33890 | 673354 | 163788 |
| 1996 | 1348076 | 472904 | 3490 | 38486 | 637832 | 138018 |
| 1997 | 1268944 | 535412 | 3735 | 41475 | 663001 | 177121 |
| 1998 | 1675571 | 480734 | 3746 | 42725 | 688255 | 195778 |
| 1999 | 1320925 | 494001 | 3918 | 45856 | 800556 | 215006 |
| 2000 | 1523615 | 630937 | 3944 | 48384 | 821476 | 247580 |
| 2001 | 1369144 | 494191 | 4349 | 50114 | 995197 | 247543 |
| 2002 | 1989196 | 490258 | 4541 | 53383 | 1259334 | 350479 |
| 2003 | 2020883 | 583884 | 4792 | 57017 | 1416415 | 374986 |
| 2004 | 2137225 | 512026 | 4654 | 56419 | 1693364 | 454248 |
| 2005 | 2558343 | 458538 | 4369 | 51404 | 2104951 | 521389 |
| 2006 | 2964500 | 381518 | 4067 | 50524 | 2447742 | 573441 |
| 2007 | 3223512 | 373522 | 4022 | 48630 | 3086365 | 662198 |
| 2008 | 3558287 | 353162 | 3370 | 45172 | 3680393 | 779917 |
| 2009 | 3615507 | 307134 | 2971 | 40447 | 4050996 | 913386 |
| 2010 | 2799380 | 268764 | 2802 | 38877 | 4875808 | 1171596 |
| 2011 | 847256 | 238876 | 2676 | 37100 | 6787997 | 1301190 |
| 2012 | 769686 | 215069 | 2442 | 33538 | 7950377 | 1558311 |
| 2013 | 627989 | 167886 | 1943 | 30467 | 8882417 | 1726620 |
| 2014 | 559513 | 145773 | 1757 | 29043 | 9643783 | 1968878 |
| 2015 | 471378 | 108306 | 1322 | 21292 | 10407906 | 2080061 |
| 2016 | 440944 | 108716 | 1085 | 18513 | 11717186 | 2864124 |
| 2017 | 270882 | 73733 | 752 | 11716 | 12637546 | 2825027 |
| 2018 | 297893 | 78957 | 779 | 13124 | 14439538 | 3135097 |
| 2019 | 276841 | 56168 | 675 | 10915 | 15279409 | 3470004 |
| 2020 | 231447 | 52031 | 548 | 9860 | 15637020 | 3815984 |
| 2021 | 187234 | 42792 | 456 | 9165 | 17210612 | 4119858 |
| 2022 | 181450 | 35207 | 381 | 6718 | 17677007 | 4382046 |

注：自2006年起，燃气普及率指标按城区人口和城区暂住人口合计为分母计算，括号中的数据为与往年同口径数据。

# National Urban Gas in Past Years(1978-2022)

| Natural Gas | | 液 化 石 油 气 LPG | | | | 燃气普及率 (%) Gas Coverage Rate (%) |
|---|---|---|---|---|---|---|
| 用气人口 (万人) Population with Access to Gas ( 10,000 persons) | 管道长度 (公里) Length of Gas Supply Pipeline (km) | 供气总量 (吨) Total Gas Supplied (ton) | 居民家庭 Households | 用气人口 (万人) Population with Access to Gas ( 10,000 persons) | 管道长度 (公里) Length of Gas Supply Pipeline (km) | |
| 24 | 560 | 194533 | 175744 | 635 | | 14.4 |
| 76 | 751 | 243576 | 218797 | 788 | | 16.1 |
| 80 | 921 | 290460 | 269502 | 924 | | 17.3 |
| 83 | 1059 | 330987 | 308028 | 995 | | 11.6 |
| 93 | 1098 | 388596 | 342828 | 1076 | | 12.6 |
| 91 | 1149 | 456192 | 414635 | 1159 | | 12.3 |
| 135 | 1965 | 535289 | 424318 | 1435 | | 13.0 |
| 281 | 2312 | 601803 | 540761 | 1534 | | 13.0 |
| 492 | 2409 | 1011308 | 763590 | 2041 | | 15.2 |
| 634 | 5465 | 1049116 | 954534 | 2399 | | 16.7 |
| 748 | 6186 | 1730261 | 1136883 | 2764 | | 16.5 |
| 896 | 6849 | 1898003 | 1259349 | 3156 | | 17.8 |
| 972 | 7316 | 2190334 | 1428058 | 3579 | | 19.1 |
| 1072 | 8054 | 2423988 | 1694399 | 4084 | | 23.7 |
| 1119 | 8487 | 2996699 | 2019620 | 4796 | | 26.3 |
| 1180 | 8889 | 3150296 | 2316129 | 5770 | | 27.9 |
| 1273 | 9566 | 3664948 | 2817702 | 6745 | | 30.4 |
| 1349 | 10110 | 4886528 | 3701504 | 8355 | | 34.3 |
| 1470 | 18752 | 5758374 | 3943604 | 8864 | 2762 | 38.2 |
| 1656 | 22203 | 5786023 | 4370979 | 9350 | 4086 | 40.0 |
| 1908 | 25429 | 7972947 | 5478535 | 9995 | 4458 | 41.8 |
| 2225 | 29510 | 7612684 | 4990363 | 10336 | 6116 | 43.8 |
| 2581 | 33655 | 10537147 | 5322828 | 11107 | 7419 | 45.4 |
| 3127 | 39556 | 9818313 | 5583497 | 13875 | 10809 | 60.42 |
| 3686 | 47652 | 11363884 | 6561738 | 15431 | 12788 | 67.17 |
| 4320 | 57845 | 11263475 | 7817094 | 16834 | 15349 | 76.74 |
| 5628 | 71411 | 11267120 | 7041351 | 17559 | 20119 | 81.53 |
| 7104 | 92043 | 12220151 | 7065214 | 18013 | 18662 | 82.08 |
| 8319 | 121498 | 12636613 | 6936513 | 17100 | 17469 | 79.11(88.58) |
| 10190 | 155271 | 14667692 | 7280415 | 18172 | 17202 | 87.40 |
| 12167 | 184084 | 13291072 | 6292713 | 17632 | 28590 | 89.55 |
| 14544 | 218778 | 13400303 | 6887600 | 16924 | 14236 | 91.41 |
| 17021 | 256429 | 12680054 | 6338523 | 16503 | 13374 | 92.04 |
| 19028 | 298972 | 11658326 | 6329164 | 16094 | 12893 | 92.41 |
| 21208 | 342752 | 11148032 | 6081312 | 15683 | 12651 | 93.15 |
| 23783 | 388466 | 11097298 | 6130639 | 15102 | 13437 | 94.25 |
| 25973 | 434571 | 10828490 | 5862125 | 14378 | 10986 | 94.57 |
| 28561 | 498087 | 10392169 | 5871062 | 13955 | 9009 | 95.30 |
| 30856 | 551031 | 10788042 | 5739456 | 13744 | 8716 | 95.75 |
| 33934 | 623253 | 9988088 | 5447739 | 12616 | 6200 | 96.26 |
| 36902 | 698043 | 10153298 | 5447936 | 11782 | 4841 | 96.70 |
| 39025 | 767946 | 9227179 | 4917008 | 11297 | 4452 | 97.29 |
| 41302 | 850552 | 8337109 | 4786679 | 10767 | 4010 | 97.87 |
| 44196 | 929088 | 8606841 | 4936380 | 10180 | 2910 | 98.04 |
| 45679 | 980405 | 7584586 | 4444194 | 9333 | 2547 | 98.06 |

Note: Since 2006, gas coverage rate has been calculated based on denominator which combines both permanent and temporary residents in urban areas, and the data in brackets are the same index but calculated by the method of past years.

# 7-1-1　2022年按省分列的城市人工煤气

| 地区名称<br>Name of Regions | 生产能力<br>(万立方米/日)<br>Production Capacity<br>(10,000 m³/day) | 储气能力<br>(万立方米)<br>Gas Storage Capacity<br>(10,000 m³) | 供气管道长度<br>(公里)<br>Length of Gas Supply Pipeline<br>(km) | 自制气量<br>(万立方米)<br>Self-Produced Gas<br>(10,000 m³) | 供气总量<br>合计<br>Total |
|---|---|---|---|---|---|
| **全　国** | **780.66** | **132.86** | **6717.90** | **186443.42** | **181449.71** |
| 北　京 | | | | | |
| 天　津 | | | | | |
| 河　北 | | | 426.80 | | 58144.01 |
| 山　西 | 225.00 | 19.00 | 659.60 | 150.00 | 51225.27 |
| 内蒙古 | | | 195.93 | | 2812.29 |
| 辽　宁 | 51.06 | 38.00 | 2584.00 | 11518.92 | 25653.42 |
| 吉　林 | | 8.60 | 349.00 | | 3569.25 |
| 黑龙江 | | 8.00 | 212.60 | | 2033.00 |
| 上　海 | | | | | |
| 江　苏 | | | | | |
| 浙　江 | | | | | |
| 安　徽 | | | | | |
| 福　建 | | | | | |
| 江　西 | 3.00 | 20.00 | 85.20 | 780.00 | 15249.04 |
| 山　东 | 132.00 | 1.00 | 2.90 | 48180.00 | 7679.00 |
| 河　南 | 15.00 | | 235.43 | | |
| 湖　北 | | | 589.11 | | |
| 湖　南 | | | | | |
| 广　东 | | | | | |
| 广　西 | 9.60 | 18.20 | 514.67 | | 5193.68 |
| 海　南 | | | | | |
| 重　庆 | | | | | |
| 四　川 | | 13.00 | 811.66 | | 7925.90 |
| 贵　州 | | | | | |
| 云　南 | | | | | |
| 西　藏 | | | | | |
| 陕　西 | | | | | |
| 甘　肃 | 345.00 | 7.00 | 51.00 | 125814.50 | 1960.80 |
| 青　海 | | | | | |
| 宁　夏 | | | | | |
| 新　疆 | | | | | |
| 新疆兵团 | | 0.06 | | | 4.05 |

# Urban Man-made Coal Gas by Province(2022)

| (万立方米) Total Gas Supplied(10,000 m³) | | | 用气户数(户) Number of Household with Access to Gas (unit) | | 用气人口(万人) Population with Access to Gas (10,000 persons) | 地区名称 Name of Regions |
|---|---|---|---|---|---|---|
| 销售气量 Quantity Sold | 居民家庭 Households | 燃气损失量 Loss Amount | | 居民家庭 Households | | |
| **173564.52** | **35207.36** | **7885.19** | **1796019** | **1779791** | **380.51** | **全　国** |
| | | | | | | 北　京 |
| | | | | | | 天　津 |
| 57083.47 | | 1060.54 | 104 | | | 河　北 |
| 50341.56 | 1128.95 | 883.71 | 59894 | 59778 | 15.20 | 山　西 |
| 2780.08 | 1928.21 | 32.21 | 65359 | 64972 | 12.21 | 内蒙古 |
| 22677.63 | 17394.34 | 2975.79 | 1016955 | 1006724 | 187.97 | 辽　宁 |
| 3472.21 | 2307.54 | 97.04 | 189000 | 187965 | 45.20 | 吉　林 |
| 1949.00 | 1686.00 | 84.00 | 106000 | 104000 | 30.61 | 黑龙江 |
| | | | | | | 上　海 |
| | | | | | | 江　苏 |
| | | | | | | 浙　江 |
| | | | | | | 安　徽 |
| | | | | | | 福　建 |
| 14508.70 | 474.18 | 740.34 | 12365 | 12305 | 0.92 | 江　西 |
| 7678.00 | | 1.00 | 1 | | | 山　东 |
| | | | | | | 河　南 |
| | | | | | | 湖　北 |
| | | | | | | 湖　南 |
| | | | | | | 广　东 |
| 5071.19 | 3919.10 | 122.49 | 120271 | 119455 | 34.88 | 广　西 |
| | | | | | | 海　南 |
| | | | | | | 重　庆 |
| 6155.48 | 4711.69 | 1770.42 | 159632 | 158503 | 37.32 | 四　川 |
| | | | | | | 贵　州 |
| | | | | | | 云　南 |
| | | | | | | 西　藏 |
| | | | | | | 陕　西 |
| 1843.15 | 1653.30 | 117.65 | 65935 | 65586 | 14.00 | 甘　肃 |
| | | | | | | 青　海 |
| | | | | | | 宁　夏 |
| | | | | | | 新　疆 |
| 4.05 | 4.05 | | 503 | 503 | 2.20 | 新疆兵团 |

# 7-1-2 2022年按城市分列的城市人工煤气

| 城市名称 Name of Cities | 生产能力（万立方米/日） Production Capacity (10,000 m³/day) | 储气能力（万立方米） Gas Storage Capacity (10,000 m³) | 供气管道长度（公里） Length of Gas Supply Pipeline (km) | 自制气量（万立方米） Self-Produced Gas (10,000 m³) | 供气总量 合计 Total |
|---|---|---|---|---|---|
| **全　国** | **780.66** | **132.86** | **6717.90** | **186443.42** | **181449.71** |
| **河　北** | | | **426.80** | | **58144.01** |
| 石 家 庄 | | | | | |
| 晋　州 | | | | | |
| 新　乐 | | | | | |
| 唐　山 | | | 426.80 | | 58144.01 |
| 滦　州 | | | | | |
| 遵　化 | | | | | |
| 迁　安 | | | | | |
| 秦 皇 岛 | | | | | |
| 邯　郸 | | | | | |
| 武　安 | | | | | |
| 邢　台 | | | | | |
| 南　宫 | | | | | |
| 沙　河 | | | | | |
| 保　定 | | | | | |
| 涿　州 | | | | | |
| 安　国 | | | | | |
| 高 碑 店 | | | | | |
| 张 家 口 | | | | | |
| 承　德 | | | | | |
| 平　泉 | | | | | |
| 沧　州 | | | | | |
| 泊　头 | | | | | |
| 任　丘 | | | | | |
| 黄　骅 | | | | | |
| 河　间 | | | | | |
| 廊　坊 | | | | | |
| 霸　州 | | | | | |
| 三　河 | | | | | |
| 衡　水 | | | | | |
| 深　州 | | | | | |
| 辛　集 | | | | | |
| 定　州 | | | | | |
| **山　西** | **225.00** | **19.00** | **659.60** | **150.00** | **51225.27** |
| 太　原 | | | | | |
| 古　交 | 60.00 | 4.00 | 5.00 | 150.00 | 150.00 |
| 大　同 | | | | | |
| 阳　泉 | | | 230.20 | | |
| 长　治 | | | | | |
| 晋　城 | | | | | |

# Urban Man-made Coal Gas by City(2022)

| （万立方米） Total Gas Supplied(10,000 m³) 销售气量 Quantity Sold | 居民家庭 Households | 燃气损失量 Loss Amount | 用气户数（户） Number of Household with Access to Gas (unit) | 居民家庭 Households | 用气人口（万人） Population with Access to Gas (10,000 persons) | 城市名称 Name of Cities |
|---|---|---|---|---|---|---|
| **173564.52** | **35207.36** | **7885.19** | **1796019** | **1779791** | **380.51** | **全　国** |
| **57083.47** | | **1060.54** | **104** | | | **河　北** |
| | | | | | | 石家庄 |
| | | | | | | 晋　州 |
| | | | | | | 新　乐 |
| 57083.47 | | 1060.54 | 104 | | | 唐　山 |
| | | | | | | 滦　州 |
| | | | | | | 遵　化 |
| | | | | | | 迁　安 |
| | | | | | | 秦皇岛 |
| | | | | | | 邯　郸 |
| | | | | | | 武　安 |
| | | | | | | 邢　台 |
| | | | | | | 南　宫 |
| | | | | | | 沙　河 |
| | | | | | | 保　定 |
| | | | | | | 涿　州 |
| | | | | | | 安　国 |
| | | | | | | 高碑店 |
| | | | | | | 张家口 |
| | | | | | | 承　德 |
| | | | | | | 平　泉 |
| | | | | | | 沧　州 |
| | | | | | | 泊　头 |
| | | | | | | 任　丘 |
| | | | | | | 黄　骅 |
| | | | | | | 河　间 |
| | | | | | | 廊　坊 |
| | | | | | | 霸　州 |
| | | | | | | 三　河 |
| | | | | | | 衡　水 |
| | | | | | | 深　州 |
| | | | | | | 辛　集 |
| | | | | | | 定　州 |
| **50341.56** | **1128.95** | **883.71** | **59894** | **59778** | **15.20** | **山　西** |
| | | | | | | 太　原 |
| 148.00 | 148.00 | 2.00 | 5000 | 5000 | 1.50 | 古　交 |
| | | | | | | 大　同 |
| | | | | | | 阳　泉 |
| | | | | | | 长　治 |
| | | | | | | 晋　城 |

## 7-1-2 续表 1

| 城市名称 Name of Cities | 生产能力 (万立方米/日) Production Capacity (10,000 $m^3$/day) | 储气能力 (万立方米) Gas Storage Capacity (10,000 $m^3$) | 供气管道长度 (公里) Length of Gas Supply Pipeline (km) | 自制气量 (万立方米) Self-Produced Gas (10,000 $m^3$) | 供气总量 合计 Total |
|---|---|---|---|---|---|
| 高平 | | | | | |
| 朔州 | | | | | |
| 怀仁 | | | | | |
| 晋中 | | | | | |
| 介休 | | 5.00 | 309.40 | | 1355.27 |
| 运城 | | | | | |
| 永济 | | | | | |
| 河津 | | | | | |
| 忻州 | | | | | |
| 原平 | | | | | |
| 临汾 | | | | | |
| 侯马 | | | | | |
| 霍州 | | | | | |
| 吕梁 | | | | | |
| 孝义 | 165.00 | 10.00 | 115.00 | | 49720.00 |
| 汾阳 | | | | | |
| **内蒙古** | | | **195.93** | | **2812.29** |
| 呼和浩特 | | | | | |
| 包头 | | | 195.93 | | 2812.29 |
| 乌海 | | | | | |
| 赤峰 | | | | | |
| 通辽 | | | | | |
| 霍林郭勒 | | | | | |
| 鄂尔多斯 | | | | | |
| 呼伦贝尔 | | | | | |
| 满洲里 | | | | | |
| 牙克石 | | | | | |
| 扎兰屯 | | | | | |
| 额尔古纳 | | | | | |
| 根河 | | | | | |
| 巴彦淖尔 | | | | | |
| 乌兰察布 | | | | | |
| 丰镇 | | | | | |
| 锡林浩特 | | | | | |
| 二连浩特 | | | | | |
| 乌兰浩特 | | | | | |
| 阿尔山 | | | | | |
| **辽宁** | **51.06** | **38.00** | **2584.00** | **11518.92** | **25653.42** |
| 沈阳 | | | | | |
| 新民 | | | | | |
| 大连 | | | | 7063.92 | 7063.92 |
| 庄河 | | | | | |

continued 1

| 销售气量 Quantity Sold (万立方米 Total Gas Supplied(10,000 $m^3$)) | 居民家庭 Households | 燃气损失量 Loss Amount | 用气户数(户) Number of Household with Access to Gas (unit) | 居民家庭 Households | 用气人口(万人) Population with Access to Gas (10,000 persons) | 城市名称 Name of Cities |
|---|---|---|---|---|---|---|
| | | | | | | 高平 |
| | | | | | | 朔州 |
| | | | | | | 怀仁 |
| | | | | | | 晋中 |
| 1043.56 | 980.95 | 311.71 | 54868 | 54778 | 13.70 | 介休 |
| | | | | | | 运城 |
| | | | | | | 永济 |
| | | | | | | 河津 |
| | | | | | | 忻州 |
| | | | | | | 原平 |
| | | | | | | 临汾 |
| | | | | | | 侯马 |
| | | | | | | 霍州 |
| | | | | | | 吕梁 |
| 49150.00 | | 570.00 | 26 | | | 孝义 |
| | | | | | | 汾阳 |
| **2780.08** | **1928.21** | **32.21** | **65359** | **64972** | **12.21** | **内蒙古** |
| | | | | | | 呼和浩特 |
| 2780.08 | 1928.21 | 32.21 | 65359 | 64972 | 12.21 | 包头 |
| | | | | | | 乌海 |
| | | | | | | 赤峰 |
| | | | | | | 通辽 |
| | | | | | | 霍林郭勒 |
| | | | | | | 鄂尔多斯 |
| | | | | | | 呼伦贝尔 |
| | | | | | | 满洲里 |
| | | | | | | 牙克石 |
| | | | | | | 扎兰屯 |
| | | | | | | 额尔古纳 |
| | | | | | | 根河 |
| | | | | | | 巴彦淖尔 |
| | | | | | | 乌兰察布 |
| | | | | | | 丰镇 |
| | | | | | | 锡林浩特 |
| | | | | | | 二连浩特 |
| | | | | | | 乌兰浩特 |
| | | | | | | 阿尔山 |
| **22677.63** | **17394.34** | **2975.79** | **1016955** | **1006724** | **187.97** | **辽宁** |
| | | | | | | 沈阳 |
| | | | | | | 新民 |
| 5514.98 | 3517.31 | 1548.94 | | | | 大连 |
| | | | | | | 庄河 |

## 7-1-2 续表 2

| 城市名称<br>Name of Cities | 生产能力<br>(万立方米/日)<br>Production Capacity<br>(10,000 m³/day) | 储气能力<br>(万立方米)<br>Gas Storage Capacity<br>(10,000 m³) | 供气管道长度<br>(公里)<br>Length of Gas Supply Pipeline<br>(km) | 自制气量<br>(万立方米)<br>Self-Produced Gas<br>(10,000 m³) | 供气总量<br>合 计<br>Total |
|---|---|---|---|---|---|
| 瓦房店 | | | | | |
| 鞍　山 | 38.73 | 26.00 | 2033.00 | | 14136.00 |
| 海　城 | | | | | |
| 抚　顺 | | | | | |
| 本　溪 | | | | | |
| 丹　东 | 12.00 | 10.50 | 540.00 | 4354.00 | 4354.00 |
| 东　港 | | | | | |
| 凤　城 | | | | | |
| 锦　州 | | | | | |
| 凌　海 | | | | | |
| 北　镇 | | | | | |
| 营　口 | | | | | |
| 盖　州 | | | | | |
| 大石桥 | | | | | |
| 阜　新 | | | | | |
| 辽　阳 | | | | | |
| 灯　塔 | | | | | |
| 盘　锦 | | | | | |
| 铁　岭 | | | | | |
| 调兵山 | | | | | |
| 开　原 | | | | | |
| 朝　阳 | | | | | |
| 北　票 | | | | | |
| 凌　源 | 0.33 | 1.50 | 11.00 | 101.00 | 99.50 |
| 葫芦岛 | | | | | |
| 兴　城 | | | | | |
| 沈抚改革创新示范区 | | | | | |
| **吉　林** | | **8.60** | **349.00** | | **3569.25** |
| 长　春 | | | | | |
| 榆　树 | | | | | |
| 德　惠 | | | | | |
| 公主岭 | | | | | |
| 吉　林 | | | | | |
| 蛟　河 | | | | | |
| 桦　甸 | | | | | |
| 舒　兰 | | | | | |
| 磐　石 | | | | | |
| 四　平 | | | | | |
| 双　辽 | | | | | |
| 辽　源 | | | | | |
| 通　化 | | 8.60 | 349.00 | | 3569.25 |
| 集　安 | | | | | |

continued 2

| （万立方米） Total Gas Supplied(10,000 $m^3$) | | | 用气户数（户） Number of Household with Access to Gas (unit) | | 用气人口（万人） Population with Access to Gas ( 10,000 persons) | 城市名称 Name of Cities |
|---|---|---|---|---|---|---|
| 销售气量 Quantity Sold | 居民家庭 Households | 燃气损失量 Loss Amount | | 居民家庭 Households | | |
| | | | | | | 瓦房店 |
| 12864.00 | 9900.00 | 1272.00 | 744885 | 738000 | 135.59 | 鞍山 |
| | | | | | | 海城 |
| | | | | | | 抚顺 |
| | | | | | | 本溪 |
| 4202.95 | 3881.33 | 151.05 | 264070 | 260724 | 50.18 | 丹东 |
| | | | | | | 东港 |
| | | | | | | 凤城 |
| | | | | | | 锦州 |
| | | | | | | 凌海 |
| | | | | | | 北镇 |
| | | | | | | 营口 |
| | | | | | | 盖州 |
| | | | | | | 大石桥 |
| | | | | | | 阜新 |
| | | | | | | 辽阳 |
| | | | | | | 灯塔 |
| | | | | | | 盘锦 |
| | | | | | | 铁岭 |
| | | | | | | 调兵山 |
| | | | | | | 开原 |
| | | | | | | 朝阳 |
| | | | | | | 北票 |
| 95.70 | 95.70 | 3.80 | 8000 | 8000 | 2.20 | 凌源 |
| | | | | | | 葫芦岛 |
| | | | | | | 兴城 |
| | | | | | | 沈抚改革创新示范区 |
| **3472.21** | **2307.54** | **97.04** | **189000** | **187965** | **45.20** | **吉林** |
| | | | | | | 长春 |
| | | | | | | 榆树 |
| | | | | | | 德惠 |
| | | | | | | 公主岭 |
| | | | | | | 吉林 |
| | | | | | | 蛟河 |
| | | | | | | 桦甸 |
| | | | | | | 舒兰 |
| | | | | | | 磐石 |
| | | | | | | 四平 |
| | | | | | | 双辽 |
| | | | | | | 辽源 |
| 3472.21 | 2307.54 | 97.04 | 189000 | 187965 | 45.20 | 通化 |
| | | | | | | 集安 |

## 7-1-2 续表 3

| 城市名称<br>Name of Cities | 生产能力(万立方米/日)<br>Production Capacity<br>(10,000 m³/day) | 储气能力(万立方米)<br>Gas Storage Capacity<br>(10,000 m³) | 供气管道长度(公里)<br>Length of Gas Supply Pipeline<br>(km) | 自制气量(万立方米)<br>Self-Produced Gas<br>(10,000 m³) | 供气总量<br>合计<br>Total |
|---|---|---|---|---|---|
| 白山 | | | | | |
| 临江 | | | | | |
| 松原 | | | | | |
| 扶余 | | | | | |
| 白城 | | | | | |
| 洮南 | | | | | |
| 大安 | | | | | |
| 延吉 | | | | | |
| 图们 | | | | | |
| 敦化 | | | | | |
| 珲春 | | | | | |
| 龙井 | | | | | |
| 和龙 | | | | | |
| 梅河口 | | | | | |
| 长白山保护开发区管理委员会 | | | | | |
| **黑龙江** | | **8.00** | **212.60** | | **2033.00** |
| 哈尔滨 | | | | | |
| 尚志 | | | | | |
| 五常 | | | | | |
| 齐齐哈尔 | | | | | |
| 讷河 | | | | | |
| 鸡西 | | | | | |
| 虎林 | | | | | |
| 密山 | | | | | |
| 鹤岗 | | | | | |
| 双鸭山 | | | | | |
| 大庆 | | | | | |
| 伊春 | | | | | |
| 铁力 | | | | | |
| 佳木斯 | | | | | |
| 同江 | | | | | |
| 抚远 | | | | | |
| 富锦 | | | | | |
| 七台河 | | 8.00 | 212.60 | | 2033.00 |
| 牡丹江 | | | | | |
| 海林 | | | | | |
| 宁安 | | | | | |
| 穆棱 | | | | | |
| 绥芬河 | | | | | |
| 东宁 | | | | | |
| 黑河 | | | | | |

continued 3

| (万立方米) Total Gas Supplied(10,000 $m^3$) | | | 用气户数(户) Number of Household with Access to Gas (unit) | | 用气人口(万人) Population with Access to Gas (10,000 persons) | 城市名称 Name of Cities |
|---|---|---|---|---|---|---|
| 销售气量 Quantity Sold | 居民家庭 Households | 燃气损失量 Loss Amount | | 居民家庭 Households | | |
| | | | | | | 白山 |
| | | | | | | 临江 |
| | | | | | | 松原 |
| | | | | | | 扶余 |
| | | | | | | 白城 |
| | | | | | | 洮南 |
| | | | | | | 大安 |
| | | | | | | 延吉 |
| | | | | | | 图们 |
| | | | | | | 敦化 |
| | | | | | | 珲春 |
| | | | | | | 龙井 |
| | | | | | | 和龙 |
| | | | | | | 梅河口 |
| | | | | | | 长白山保护开发区管理委员会 |
| **1949.00** | **1686.00** | **84.00** | **106000** | **104000** | **30.61** | **黑龙江** |
| | | | | | | 哈尔滨 |
| | | | | | | 尚志 |
| | | | | | | 五常 |
| | | | | | | 齐齐哈尔 |
| | | | | | | 讷河 |
| | | | | | | 鸡西 |
| | | | | | | 虎林 |
| | | | | | | 密山 |
| | | | | | | 鹤岗 |
| | | | | | | 双鸭山 |
| | | | | | | 大庆 |
| | | | | | | 伊春 |
| | | | | | | 铁力 |
| | | | | | | 佳木斯 |
| | | | | | | 同江 |
| | | | | | | 抚远 |
| | | | | | | 富锦 |
| 1949.00 | 1686.00 | 84.00 | 106000 | 104000 | 30.61 | 七台河 |
| | | | | | | 牡丹江 |
| | | | | | | 海林 |
| | | | | | | 宁安 |
| | | | | | | 穆棱 |
| | | | | | | 绥芬河 |
| | | | | | | 东宁 |
| | | | | | | 黑河 |

## 7-1-2 续表 4

| 城市名称<br>Name of Cities | 生产能力（万立方米/日）<br>Production Capacity<br>(10,000 m³/day) | 储气能力（万立方米）<br>Gas Storage Capacity<br>(10,000 m³) | 供气管道长度（公里）<br>Length of Gas Supply Pipeline<br>(km) | 自制气量（万立方米）<br>Self-Produced Gas<br>(10,000 m³) | 供气总量 合计<br>Total |
|---|---|---|---|---|---|
| 北安 | | | | | |
| 五大连池 | | | | | |
| 嫩江 | | | | | |
| 绥化 | | | | | |
| 安达 | | | | | |
| 肇东 | | | | | |
| 海伦 | | | | | |
| 漠河 | | | | | |
| **江西** | **3.00** | **20.00** | **85.20** | **780.00** | **15249.04** |
| 南昌 | | | | | |
| 景德镇 | | 15.00 | 34.00 | | 14474.39 |
| 乐平 | | | | | |
| 萍乡 | | | | | |
| 九江 | | | | | |
| 瑞昌 | | | | | |
| 共青城 | | | | | |
| 庐山 | | | | | |
| 新余 | 3.00 | 5.00 | 51.20 | 780.00 | 774.65 |
| 鹰潭 | | | | | |
| 贵溪 | | | | | |
| 赣州 | | | | | |
| 瑞金 | | | | | |
| 龙南 | | | | | |
| 吉安 | | | | | |
| 井冈山 | | | | | |
| 宜春 | | | | | |
| 丰城 | | | | | |
| 樟树 | | | | | |
| 高安 | | | | | |
| 抚州 | | | | | |
| 上饶 | | | | | |
| 德兴 | | | | | |
| **山东** | **132.00** | **1.00** | **2.90** | **48180.00** | **7679.00** |
| 济南 | | | | | |
| 青岛 | | | | | |
| 胶州 | | | | | |
| 平度 | | | | | |
| 莱西 | | | | | |
| 淄博 | | | | | |
| 枣庄 | | | | | |
| 滕州 | | | | | |

continued 4

| （万立方米） Total Gas Supplied(10,000 $m^3$) | | | 用气户数（户） Number of Household with Access to Gas (unit) | | 用气人口（万人） Population with Access to Gas ( 10,000 persons) | 城市名称 Name of Cities |
|---|---|---|---|---|---|---|
| 销售气量 Quantity Sold | 居民家庭 Households | 燃气损失量 Loss Amount | | 居民家庭 Households | | |
| | | | | | | 北安 |
| | | | | | | 五大连池 |
| | | | | | | 嫩江 |
| | | | | | | 绥化 |
| | | | | | | 安达 |
| | | | | | | 肇东 |
| | | | | | | 海伦 |
| | | | | | | 漠河 |
| **14508.70** | **474.18** | **740.34** | **12365** | **12305** | **0.92** | **江西** |
| | | | | | | 南昌 |
| 14102.84 | 68.32 | 371.55 | 220 | 160 | 0.02 | 景德镇 |
| | | | | | | 乐平 |
| | | | | | | 萍乡 |
| | | | | | | 九江 |
| | | | | | | 瑞昌 |
| | | | | | | 共青城 |
| | | | | | | 庐山 |
| 405.86 | 405.86 | 368.79 | 12145 | 12145 | 0.90 | 新余 |
| | | | | | | 鹰潭 |
| | | | | | | 贵溪 |
| | | | | | | 赣州 |
| | | | | | | 瑞金 |
| | | | | | | 龙南 |
| | | | | | | 吉安 |
| | | | | | | 井冈山 |
| | | | | | | 宜春 |
| | | | | | | 丰城 |
| | | | | | | 樟树 |
| | | | | | | 高安 |
| | | | | | | 抚州 |
| | | | | | | 上饶 |
| | | | | | | 德兴 |
| **7678.00** | | **1.00** | **1** | | | **山东** |
| | | | | | | 济南 |
| | | | | | | 青岛 |
| | | | | | | 胶州 |
| | | | | | | 平度 |
| | | | | | | 莱西 |
| | | | | | | 淄博 |
| | | | | | | 枣庄 |
| | | | | | | 滕州 |

## 7-1-2 续表 5

| 城市名称 Name of Cities | 生产能力（万立方米/日）Production Capacity ($10,000\ m^3$/day) | 储气能力（万立方米）Gas Storage Capacity ($10,000\ m^3$) | 供气管道长度（公里）Length of Gas Supply Pipeline (km) | 自制气量（万立方米）Self-Produced Gas ($10,000\ m^3$) | 供气总量 合计 Total |
|---|---|---|---|---|---|
| 东营 | | | | | |
| 烟台 | | | | | |
| 龙口 | | | | | |
| 莱阳 | | | | | |
| 莱州 | | | | | |
| 招远 | | | | | |
| 栖霞 | | | | | |
| 海阳 | | | | | |
| 潍坊 | | | | | |
| 青州 | | | | | |
| 诸城 | | | | | |
| 寿光 | | | | | |
| 安丘 | | | | | |
| 高密 | | | | | |
| 昌邑 | | | | | |
| 济宁 | | | | | |
| 曲阜 | | | | | |
| 邹城 | | | | | |
| 泰安 | | | | | |
| 新泰 | | | | | |
| 肥城 | | | | | |
| 威海 | | | | | |
| 荣成 | | | | | |
| 乳山 | | | | | |
| 日照 | | | | | |
| 临沂 | | | | | |
| 德州 | | | | | |
| 乐陵 | | | | | |
| 禹城 | | | | | |
| 聊城 | | | | | |
| 临清 | | | | | |
| 滨州 | | | | | |
| 邹平 | 132.00 | 1.00 | 2.90 | 48180.00 | 7679.00 |
| 菏泽 | | | | | |
| **河南** | **15.00** | | **235.43** | | |
| 郑州 | | | | | |
| 巩义 | | | | | |
| 荥阳 | | | | | |
| 新密 | | | | | |
| 新郑 | | | | | |
| 登封 | | | | | |
| 开封 | | | | | |

continued 5

| (万立方米) Total Gas Supplied(10,000 $m^3$) | | | 用气户数(户) Number of Household with Access to Gas (unit) | | 用气人口(万人) Population with Access to Gas (10,000 persons) | 城市名称 Name of Cities |
|---|---|---|---|---|---|---|
| 销售气量 Quantity Sold | 居民家庭 Households | 燃气损失量 Loss Amount | | 居民家庭 Households | | |
| | | | | | | 东营 |
| | | | | | | 烟台 |
| | | | | | | 龙口 |
| | | | | | | 莱阳 |
| | | | | | | 莱州 |
| | | | | | | 招远 |
| | | | | | | 栖霞 |
| | | | | | | 海阳 |
| | | | | | | 潍坊 |
| | | | | | | 青州 |
| | | | | | | 诸城 |
| | | | | | | 寿光 |
| | | | | | | 安丘 |
| | | | | | | 高密 |
| | | | | | | 昌邑 |
| | | | | | | 济宁 |
| | | | | | | 曲阜 |
| | | | | | | 邹城 |
| | | | | | | 泰安 |
| | | | | | | 新泰 |
| | | | | | | 肥城 |
| | | | | | | 威海 |
| | | | | | | 荣成 |
| | | | | | | 乳山 |
| | | | | | | 日照 |
| | | | | | | 临沂 |
| | | | | | | 德州 |
| | | | | | | 乐陵 |
| | | | | | | 禹城 |
| | | | | | | 聊城 |
| | | | | | | 临清 |
| | | | | | | 滨州 |
| 7678.00 | | 1.00 | 1 | | | 邹平 |
| | | | | | | 菏泽 |
| | | | | | | **河南** |
| | | | | | | 郑州 |
| | | | | | | 巩义 |
| | | | | | | 荥阳 |
| | | | | | | 新密 |
| | | | | | | 新郑 |
| | | | | | | 登封 |
| | | | | | | 开封 |

# 7-1-2 续表 6

| 城市名称<br>Name of Cities | 生产能力<br>(万立方米/日)<br>Production Capacity<br>(10,000 $m^3$/day) | 储气能力<br>(万立方米)<br>Gas Storage Capacity<br>(10,000 $m^3$) | 供气管道长度<br>(公里)<br>Length of Gas Supply Pipeline<br>(km) | 自制气量<br>(万立方米)<br>Self-Produced Gas<br>(10,000 $m^3$) | 供气总量<br>合计<br>Total |
|---|---|---|---|---|---|
| 洛　阳 | | | | | |
| 平顶山 | | | | | |
| 舞　钢 | | | | | |
| 汝　州 | | | | | |
| 安　阳 | | | | | |
| 林　州 | | | | | |
| 鹤　壁 | | | | | |
| 新　乡 | | | | | |
| 长　垣 | | | | | |
| 卫　辉 | | | | | |
| 辉　县 | | | | | |
| 焦　作 | | | | | |
| 沁　阳 | | | | | |
| 孟　州 | | | | | |
| 濮　阳 | | | | | |
| 许　昌 | | | | | |
| 禹　州 | | | | | |
| 长　葛 | | | | | |
| 漯　河 | | | | | |
| 三门峡 | | | | | |
| 义　马 | | | | | |
| 灵　宝 | | | | | |
| 南　阳 | | | | | |
| 邓　州 | | | | | |
| 商　丘 | | | | | |
| 永　城 | | | | | |
| 信　阳 | | | | | |
| 周　口 | | | | | |
| 项　城 | | | | | |
| 驻马店 | | | | | |
| 济源示范区 | 15.00 | | 235.43 | | |
| 郑州航空港经济综合实验区 | | | | | |
| **湖　北** | | | **589.11** | | |
| 武　汉 | | | | | |
| 黄　石 | | | | | |
| 大　冶 | | | | | |
| 十　堰 | | | | | |
| 丹江口 | | | | | |
| 宜　昌 | | | | | |
| 宜　都 | | | | | |

continued 6

| (万立方米) Total Gas Supplied(10,000 m³) | | | 用气户数 (户) Number of Household with Access to Gas (unit) | | 用气人口 (万人) Population with Access to Gas (10,000 persons) | 城市名称 Name of Cities |
|---|---|---|---|---|---|---|
| 销售气量 Quantity Sold | 居民家庭 Households | 燃气损失量 Loss Amount | | 居民家庭 Households | | |
| | | | | | | 洛阳 |
| | | | | | | 平顶山 |
| | | | | | | 舞钢 |
| | | | | | | 汝州 |
| | | | | | | 安阳 |
| | | | | | | 林州 |
| | | | | | | 鹤壁 |
| | | | | | | 新乡 |
| | | | | | | 长垣 |
| | | | | | | 卫辉 |
| | | | | | | 辉县 |
| | | | | | | 焦作 |
| | | | | | | 沁阳 |
| | | | | | | 孟州 |
| | | | | | | 濮阳 |
| | | | | | | 许昌 |
| | | | | | | 禹州 |
| | | | | | | 长葛 |
| | | | | | | 漯河 |
| | | | | | | 三门峡 |
| | | | | | | 义马 |
| | | | | | | 灵宝 |
| | | | | | | 南阳 |
| | | | | | | 邓州 |
| | | | | | | 商丘 |
| | | | | | | 永城 |
| | | | | | | 信阳 |
| | | | | | | 周口 |
| | | | | | | 项城 |
| | | | | | | 驻马店 |
| | | | | | | 济源示范区 |
| | | | | | | 郑州航空港经济综合实验区 |
| | | | | | | **湖北** |
| | | | | | | 武汉 |
| | | | | | | 黄石 |
| | | | | | | 大冶 |
| | | | | | | 十堰 |
| | | | | | | 丹江口 |
| | | | | | | 宜昌 |
| | | | | | | 宜都 |

## 7-1-2 续表 7

| 城市名称 Name of Cities | 生产能力（万立方米/日） Production Capacity (10,000 $m^3$/day) | 储气能力（万立方米） Gas Storage Capacity (10,000 $m^3$) | 供气管道长度（公里） Length of Gas Supply Pipeline (km) | 自制气量（万立方米） Self-Produced Gas (10,000 $m^3$) | 供气总量 合计 Total |
|---|---|---|---|---|---|
| 当阳 | | | | | |
| 枝江 | | | | | |
| 襄阳 | | | | | |
| 老河口 | | | | | |
| 枣阳 | | | | | |
| 宜城 | | | | | |
| 鄂州 | | | | | |
| 荆门 | | | | | |
| 京山 | | | | | |
| 钟祥 | | | | | |
| 孝感 | | | | | |
| 应城 | | | | | |
| 安陆 | | | | | |
| 汉川 | | | | | |
| 荆州 | | | | | |
| 监利 | | | | | |
| 石首 | | | | | |
| 洪湖 | | | | | |
| 松滋 | | | | | |
| 黄冈 | | | | | |
| 麻城 | | | | | |
| 武穴 | | | 589.11 | | |
| 咸宁 | | | | | |
| 赤壁 | | | | | |
| 随州 | | | | | |
| 广水 | | | | | |
| 恩施 | | | | | |
| 利川 | | | | | |
| 仙桃 | | | | | |
| 潜江 | | | | | |
| 天门 | | | | | |
| **广西** | **9.60** | **18.20** | **514.67** | | **5193.68** |
| 南宁 | | | | | |
| 横州 | | | | | |
| 柳州 | 9.60 | 18.20 | 514.67 | | 5193.68 |
| 桂林 | | | | | |
| 荔浦 | | | | | |
| 梧州 | | | | | |
| 岑溪 | | | | | |
| 北海 | | | | | |
| 防城港 | | | | | |
| 东兴 | | | | | |

continued 7

| (万立方米) Total Gas Supplied(10,000 m³) 销售气量 Quantity Sold | 居民家庭 Households | 燃气损失量 Loss Amount | 用气户数(户) Number of Household with Access to Gas (unit) | 居民家庭 Households | 用气人口(万人) Population with Access to Gas (10,000 persons) | 城市名称 Name of Cities |
|---|---|---|---|---|---|---|
| | | | | | | 当阳 |
| | | | | | | 枝江 |
| | | | | | | 襄阳 |
| | | | | | | 老河口 |
| | | | | | | 枣阳 |
| | | | | | | 宜城 |
| | | | | | | 鄂州 |
| | | | | | | 荆门 |
| | | | | | | 京山 |
| | | | | | | 钟祥 |
| | | | | | | 孝感 |
| | | | | | | 应城 |
| | | | | | | 安陆 |
| | | | | | | 汉川 |
| | | | | | | 荆州 |
| | | | | | | 监利 |
| | | | | | | 石首 |
| | | | | | | 洪湖 |
| | | | | | | 松滋 |
| | | | | | | 黄冈 |
| | | | | | | 麻城 |
| | | | | | | 武穴 |
| | | | | | | 咸宁 |
| | | | | | | 赤壁 |
| | | | | | | 随州 |
| | | | | | | 广水 |
| | | | | | | 恩施 |
| | | | | | | 利川 |
| | | | | | | 仙桃 |
| | | | | | | 潜江 |
| | | | | | | 天门 |
| **5071.19** | **3919.10** | **122.49** | **120271** | **119455** | **34.88** | **广西** |
| | | | | | | 南宁 |
| | | | | | | 横州 |
| 5071.19 | 3919.10 | 122.49 | 120271 | 119455 | 34.88 | 柳州 |
| | | | | | | 桂林 |
| | | | | | | 荔浦 |
| | | | | | | 梧州 |
| | | | | | | 岑溪 |
| | | | | | | 北海 |
| | | | | | | 防城港 |
| | | | | | | 东兴 |

## 7-1-2 续表 8

| 城市名称 Name of Cities | 生产能力(万立方米/日) Production Capacity (10,000 $m^3$/day) | 储气能力(万立方米) Gas Storage Capacity (10,000 $m^3$) | 供气管道长度(公里) Length of Gas Supply Pipeline (km) | 自制气量(万立方米) Self-Produced Gas (10,000 $m^3$) | 供气总量 合计 Total |
|---|---|---|---|---|---|
| 钦州 | | | | | |
| 贵港 | | | | | |
| 桂平 | | | | | |
| 玉林 | | | | | |
| 北流 | | | | | |
| 百色 | | | | | |
| 靖西 | | | | | |
| 平果 | | | | | |
| 贺州 | | | | | |
| 河池 | | | | | |
| 来宾 | | | | | |
| 合山 | | | | | |
| 崇左 | | | | | |
| 凭祥 | | | | | |
| **四川** | | **13.00** | **811.66** | | **7925.90** |
| 成都 | | | | | |
| 简阳 | | | | | |
| 都江堰 | | | | | |
| 彭州 | | | | | |
| 邛崃 | | | | | |
| 崇州 | | | | | |
| 自贡 | | | | | |
| 攀枝花 | | 13.00 | 811.66 | | 7925.90 |
| 泸州 | | | | | |
| 德阳 | | | | | |
| 广汉 | | | | | |
| 什邡 | | | | | |
| 绵竹 | | | | | |
| 绵阳 | | | | | |
| 江油 | | | | | |
| 广元 | | | | | |
| 遂宁 | | | | | |
| 射洪 | | | | | |
| 内江 | | | | | |
| 隆昌 | | | | | |
| 乐山 | | | | | |
| 峨眉山 | | | | | |
| 南充 | | | | | |
| 阆中 | | | | | |
| 眉山 | | | | | |
| 宜宾 | | | | | |
| 广安 | | | | | |

continued 8

| (万立方米) Total Gas Supplied(10,000 m³) | | | 用气户数（户）Number of Household with Access to Gas (unit) | | 用气人口（万人）Population with Access to Gas (10,000 persons) | 城市名称 Name of Cities |
|---|---|---|---|---|---|---|
| 销售气量 Quantity Sold | 居民家庭 Households | 燃气损失量 Loss Amount | | 居民家庭 Households | | |
| | | | | | | 钦州 |
| | | | | | | 贵港 |
| | | | | | | 桂平 |
| | | | | | | 玉林 |
| | | | | | | 北流 |
| | | | | | | 百色 |
| | | | | | | 靖西 |
| | | | | | | 平果 |
| | | | | | | 贺州 |
| | | | | | | 河池 |
| | | | | | | 来宾 |
| | | | | | | 合山 |
| | | | | | | 崇左 |
| | | | | | | 凭祥 |
| **6155.48** | **4711.69** | **1770.42** | **159632** | **158503** | **37.32** | **四川** |
| | | | | | | 成都 |
| | | | | | | 简阳 |
| | | | | | | 都江堰 |
| | | | | | | 彭州 |
| | | | | | | 邛崃 |
| | | | | | | 崇州 |
| | | | | | | 自贡 |
| 6155.48 | 4711.69 | 1770.42 | 159632 | 158503 | 37.32 | 攀枝花 |
| | | | | | | 泸州 |
| | | | | | | 德阳 |
| | | | | | | 广汉 |
| | | | | | | 什邡 |
| | | | | | | 绵竹 |
| | | | | | | 绵阳 |
| | | | | | | 江油 |
| | | | | | | 广元 |
| | | | | | | 遂宁 |
| | | | | | | 射洪 |
| | | | | | | 内江 |
| | | | | | | 隆昌 |
| | | | | | | 乐山 |
| | | | | | | 峨眉山 |
| | | | | | | 南充 |
| | | | | | | 阆中 |
| | | | | | | 眉山 |
| | | | | | | 宜宾 |
| | | | | | | 广安 |

## 7-1-2 续表 9

| 城市名称 Name of Cities | 生产能力 (万立方米/日) Production Capacity (10,000 m³/day) | 储气能力 (万立方米) Gas Storage Capacity (10,000 m³) | 供气管道长度 (公里) Length of Gas Supply Pipeline (km) | 自制气量 (万立方米) Self-Produced Gas (10,000 m³) | 供气总量 合计 Total |
|---|---|---|---|---|---|
| 华蓥 | | | | | |
| 达州 | | | | | |
| 万源 | | | | | |
| 雅安 | | | | | |
| 巴中 | | | | | |
| 资阳 | | | | | |
| 马尔康 | | | | | |
| 康定 | | | | | |
| 会理 | | | | | |
| 西昌 | | | | | |
| **甘肃** | **345.00** | **7.00** | **51.00** | **125814.50** | **1960.80** |
| 兰州 | | | | | |
| 嘉峪关 | 345.00 | 7.00 | 51.00 | 125814.50 | 1960.80 |
| 金昌 | | | | | |
| 白银 | | | | | |
| 天水 | | | | | |
| 武威 | | | | | |
| 张掖 | | | | | |
| 平凉 | | | | | |
| 华亭 | | | | | |
| 酒泉 | | | | | |
| 玉门 | | | | | |
| 敦煌 | | | | | |
| 庆阳 | | | | | |
| 定西 | | | | | |
| 陇南 | | | | | |
| 临夏 | | | | | |
| 合作 | | | | | |
| **新疆兵团** | | **0.06** | | | **4.05** |
| 石河子 | | | | | |
| 阿拉尔 | | | | | |
| 图木舒克 | | | | | |
| 五家渠 | | | | | |
| 北屯 | | | | | |
| 铁门关 | | | | | |
| 双河 | | 0.06 | | | 4.05 |
| 可克达拉 | | | | | |
| 昆玉 | | | | | |
| 胡杨河 | | | | | |
| 新星 | | | | | |

continued 9

| (万立方米) Total Gas Supplied(10,000 m³) | | | 用气户数（户）Number of Household with Access to Gas (unit) | | 用气人口（万人）Population with Access to Gas (10,000 persons) | 城市名称 Name of Cities |
|---|---|---|---|---|---|---|
| 销售气量 Quantity Sold | 居民家庭 Households | 燃气损失量 Loss Amount | | 居民家庭 Households | | |
| | | | | | | 华蓥 |
| | | | | | | 达州 |
| | | | | | | 万源 |
| | | | | | | 雅安 |
| | | | | | | 巴中 |
| | | | | | | 资阳 |
| | | | | | | 马尔康 |
| | | | | | | 康定 |
| | | | | | | 会理 |
| | | | | | | 西昌 |
| **1843.15** | **1653.30** | **117.65** | **65935** | **65586** | **14.00** | **甘肃** |
| | | | | | | 兰州 |
| 1843.15 | 1653.30 | 117.65 | 65935 | 65586 | 14.00 | 嘉峪关 |
| | | | | | | 金昌 |
| | | | | | | 白银 |
| | | | | | | 天水 |
| | | | | | | 武威 |
| | | | | | | 张掖 |
| | | | | | | 平凉 |
| | | | | | | 华亭 |
| | | | | | | 酒泉 |
| | | | | | | 玉门 |
| | | | | | | 敦煌 |
| | | | | | | 庆阳 |
| | | | | | | 定西 |
| | | | | | | 陇南 |
| | | | | | | 临夏 |
| | | | | | | 合作 |
| **4.05** | **4.05** | | **503** | **503** | **2.20** | **新疆兵团** |
| | | | | | | 石河子 |
| | | | | | | 阿拉尔 |
| | | | | | | 图木舒克 |
| | | | | | | 五家渠 |
| | | | | | | 北屯 |
| | | | | | | 铁门关 |
| 4.05 | 4.05 | | 503 | 503 | 2.20 | 双河 |
| | | | | | | 可克达拉 |
| | | | | | | 昆玉 |
| | | | | | | 胡杨河 |
| | | | | | | 新星 |

# 7-2-1 2022年按省分列的城市天然气

| 地区名称 Name of Regions | 储气能力(万立方米) Gas Storage Capacity (10,000 m³) | 供气管道长度(公里) Length of Gas Supply Pipeline (km) | 供气总量(万立方米) Total Gas Supplied(10,000 m³) | | | |
|---|---|---|---|---|---|---|
| | | | 合计 Total | 销售气量 Quantity Sold | 居民家庭 Households | 集中供热 Central Heating |
| **全　国** | **190702.71** | **980404.73** | **17677006.77** | **17364407.89** | **4382045.79** | **1753637.43** |
| 北　京 | 19798.32 | 31881.26 | 1991095.00 | 1946384.00 | 204687.00 | 634911.00 |
| 天　津 | 721.77 | 52607.69 | 681389.09 | 670400.00 | 116069.60 | 188110.10 |
| 河　北 | 8183.55 | 45247.85 | 633611.78 | 619331.13 | 225351.05 | 91537.76 |
| 山　西 | 2017.27 | 29297.96 | 320965.82 | 315063.17 | 95737.52 | 9009.89 |
| 内蒙古 | 414.98 | 12564.89 | 255319.53 | 249041.15 | 96673.45 | 37154.27 |
| 辽　宁 | 2999.62 | 33291.54 | 380778.21 | 374103.43 | 85898.29 | 9637.61 |
| 吉　林 | 7085.56 | 14247.47 | 228098.41 | 223702.41 | 47797.49 | 8250.67 |
| 黑龙江 | 870.23 | 12898.86 | 176772.26 | 171176.61 | 43547.09 | 26763.32 |
| 上　海 | 72900.00 | 33665.42 | 911453.62 | 887227.64 | 194652.16 | |
| 江　苏 | 15980.88 | 114704.37 | 1717890.20 | 1691474.68 | 343601.17 | 7233.03 |
| 浙　江 | 2638.84 | 63946.49 | 997007.03 | 988556.16 | 139776.20 | 25203.97 |
| 安　徽 | 4530.38 | 35768.81 | 501513.81 | 488464.60 | 151168.85 | 60.00 |
| 福　建 | 1030.06 | 18186.11 | 335961.66 | 334196.83 | 35039.96 | |
| 江　西 | 1017.17 | 21979.54 | 251368.98 | 248496.72 | 74400.25 | |
| 山　东 | 5099.81 | 83079.72 | 1275880.96 | 1254258.49 | 324671.46 | 105115.50 |
| 河　南 | 1048.83 | 30838.78 | 741158.33 | 724106.00 | 248569.51 | 72295.57 |
| 湖　北 | 6199.52 | 51333.71 | 632308.01 | 615988.83 | 190433.70 | 302.87 |
| 湖　南 | 3102.83 | 32744.47 | 332266.42 | 323935.88 | 147882.73 | |
| 广　东 | 2665.22 | 47463.50 | 1393326.76 | 1383272.55 | 201331.71 | |
| 广　西 | 1041.36 | 11469.23 | 206966.96 | 205751.41 | 55524.04 | |
| 海　南 | 188.70 | 5538.65 | 35151.93 | 34590.27 | 21009.14 | |
| 重　庆 | 465.17 | 25933.22 | 591129.89 | 579064.39 | 234302.98 | 2289.00 |
| 四　川 | 555.25 | 77456.14 | 1028009.57 | 1004121.38 | 458435.64 | 252.58 |
| 贵　州 | 1184.58 | 10765.72 | 180290.08 | 178690.93 | 55730.45 | 370.70 |
| 云　南 | 337.66 | 10100.70 | 73686.84 | 72992.81 | 21268.69 | |
| 西　藏 | 10.00 | 6165.85 | 5200.00 | 5100.00 | 2000.00 | 3100.00 |
| 陕　西 | 9107.62 | 29677.91 | 617803.88 | 605701.62 | 229683.17 | 162093.84 |
| 甘　肃 | 225.61 | 4658.72 | 264163.10 | 263323.11 | 69342.95 | 72259.59 |
| 青　海 | 235.63 | 4148.87 | 171968.32 | 166643.77 | 47619.88 | 67072.95 |
| 宁　夏 | 6550.64 | 7517.20 | 126664.83 | 125369.64 | 44985.40 | 13073.23 |
| 新　疆 | 12211.05 | 18961.27 | 564173.82 | 560917.84 | 158932.26 | 213861.30 |
| 新疆兵团 | 284.60 | 2262.81 | 53631.67 | 52960.44 | 15922.00 | 3678.68 |

# Urban Natural Gas by Province(2022)

| 燃气汽车<br>Gas-Powered Automobiles | 燃气损失量<br>Loss Amount | 用气户数<br>(户)<br>Number of Household with Access to Gas<br>(unit) | 居民家庭<br>Households | 用气人口<br>(万人)<br>Population with Access to Gas<br>(10,000 persons) | 天然气汽车加气站<br>(座)<br>Gas Stations for CNG-Fueled Motor Vehicles<br>(unit) | 地区名称<br>Name of Regions |
|---|---|---|---|---|---|---|
| **988145.12** | **312598.88** | **203986365** | **199606207** | **45678.51** | **4230** | **全　国** |
| 23060.00 | 44711.00 | 7630618 | 7531949 | 1472.90 | 82 | 北　京 |
| 26959.75 | 10989.09 | 6268591 | 5909873 | 1087.09 | 73 | 天　津 |
| 44738.51 | 14280.65 | 9136545 | 8815983 | 1836.41 | 234 | 河　北 |
| 22173.58 | 5902.65 | 5411163 | 5357444 | 1202.27 | 93 | 山　西 |
| 36238.83 | 6278.38 | 3239450 | 3174661 | 705.27 | 191 | 内蒙古 |
| 30086.58 | 6674.78 | 9075596 | 8994821 | 1837.95 | 185 | 辽　宁 |
| 34368.48 | 4396.00 | 4452858 | 4381584 | 902.55 | 242 | 吉　林 |
| 33504.07 | 5595.65 | 4707048 | 4646139 | 1000.35 | 200 | 黑龙江 |
| 11205.00 | 24225.98 | 7990403 | 7850466 | 1981.24 | 19 | 上　海 |
| 40192.35 | 26415.52 | 16233998 | 15605191 | 3382.99 | 225 | 江　苏 |
| 27912.26 | 8450.87 | 8535595 | 8466247 | 2281.45 | 110 | 浙　江 |
| 35013.36 | 13049.21 | 7590414 | 7409369 | 1820.88 | 150 | 安　徽 |
| 8770.14 | 1764.83 | 3191141 | 3171545 | 1013.77 | 38 | 福　建 |
| 7277.95 | 2872.26 | 3967849 | 3914459 | 963.60 | 49 | 江　西 |
| 70804.94 | 21622.47 | 17347442 | 17084509 | 3865.13 | 398 | 山　东 |
| 37225.42 | 17052.33 | 11325028 | 11151714 | 2508.10 | 214 | 河　南 |
| 53506.03 | 16319.18 | 9661879 | 9533522 | 2070.08 | 191 | 湖　北 |
| 13486.41 | 8330.54 | 6021367 | 5940545 | 1513.96 | 68 | 湖　南 |
| 20385.83 | 10054.21 | 13952573 | 13791629 | 4165.33 | 79 | 广　东 |
| 7612.76 | 1215.55 | 3191035 | 3164522 | 811.13 | 42 | 广　西 |
| 10726.32 | 561.66 | 1024895 | 1013355 | 275.02 | 30 | 海　南 |
| 50313.10 | 12065.50 | 8186553 | 7891512 | 1556.84 | 117 | 重　庆 |
| 112249.18 | 23888.19 | 15032000 | 14551915 | 2949.75 | 278 | 四　川 |
| 6464.84 | 1599.15 | 2429413 | 2402341 | 607.03 | 33 | 贵　州 |
| 5286.14 | 694.03 | 1290327 | 1182171 | 527.02 | 35 | 云　南 |
| | 100.00 | 127500 | 80000 | 43.00 | | 西　藏 |
| 24446.28 | 12102.26 | 7600261 | 7526460 | 1349.73 | 194 | 陕　西 |
| 23751.94 | 839.99 | 2672069 | 2506221 | 589.87 | 107 | 甘　肃 |
| 11681.52 | 5324.55 | 671439 | 655589 | 184.04 | 35 | 青　海 |
| 21301.69 | 1295.19 | 1399833 | 1385988 | 270.49 | 111 | 宁　夏 |
| 119269.61 | 3255.98 | 4052527 | 3970034 | 804.36 | 345 | 新　疆 |
| 18132.25 | 671.23 | 568955 | 544449 | 98.91 | 62 | 新疆兵团 |

# 7-2-2 2022年按城市分列的城市天然气

| 城市名称<br>Name of Cities | 储气能力<br>(万立方米)<br>Gas Storage Capacity<br>(10,000 $m^3$) | 供气管道长度<br>(公里)<br>Length of Gas Supply Pipeline<br>(km) | 供气总量(万立方米) | | | |
|---|---|---|---|---|---|---|
| | | | 合 计<br>Total | 销售气量<br>Quantity Sold | 居民家庭<br>Households | 集中供热<br>Central Heating |
| **全　　国** | **190702.71** | **980404.73** | **17677006.77** | **17364407.89** | **4382045.79** | **1753637.43** |
| **北　　京** | **19798.32** | **31881.26** | **1991095.00** | **1946384.00** | **204687.00** | **634911.00** |
| **天　　津** | **721.77** | **52607.69** | **681389.09** | **670400.00** | **116069.60** | **188110.10** |
| **河　　北** | **8183.55** | **45247.85** | **633611.78** | **619331.13** | **225351.05** | **91537.76** |
| 石 家 庄 | 1203.20 | 6100.84 | 79905.10 | 79260.96 | 41971.36 | 23282.43 |
| 晋　　州 | | 400.02 | 11107.34 | 10847.92 | 503.69 | 2189.36 |
| 新　　乐 | 100.00 | 157.00 | 3383.00 | 3372.00 | 1450.00 | 205.00 |
| 唐　　山 | 1200.37 | 5480.15 | 72126.73 | 69812.41 | 11659.96 | 229.14 |
| 滦　　州 | 32.00 | 227.90 | 4780.00 | 4683.00 | 611.00 | 148.20 |
| 遵　　化 | 19.00 | 123.58 | 7006.00 | 6970.00 | 2565.00 | |
| 迁　　安 | 0.92 | 1440.00 | 28112.00 | 27993.00 | 2832.50 | 19799.50 |
| 秦 皇 岛 | 90.00 | 3554.18 | 64156.92 | 62812.39 | 8613.76 | 3295.84 |
| 邯　　郸 | 144.00 | 8658.73 | 62088.87 | 59939.34 | 30022.10 | 180.00 |
| 武　　安 | 51.30 | 801.68 | 6172.51 | 6156.76 | 1936.59 | 78.84 |
| 邢　　台 | 186.20 | 3031.15 | 27924.00 | 26703.00 | 12897.55 | 1590.00 |
| 南　　宫 | | 932.00 | 5177.95 | 5121.30 | 1776.00 | 280.30 |
| 沙　　河 | 600.00 | 463.21 | 5751.97 | 5751.87 | 2231.37 | 155.00 |
| 保　　定 | 1308.98 | 2764.61 | 51810.67 | 49139.42 | 27653.07 | 5039.91 |
| 涿　　州 | 18.15 | 399.59 | 6006.18 | 5966.27 | 4034.97 | 1931.30 |
| 安　　国 | | 214.97 | 4235.00 | 4156.00 | 1800.00 | 2356.00 |
| 高 碑 店 | 54.00 | 318.00 | 2729.38 | 2722.60 | 1944.16 | 728.24 |
| 张 家 口 | 1518.70 | 1742.64 | 12273.62 | 12003.66 | 3868.71 | 2056.22 |
| 承　　德 | 30.45 | 587.43 | 9173.90 | 8766.26 | 1620.09 | 358.65 |
| 平　　泉 | 11.41 | 20.00 | 768.79 | 760.10 | 31.68 | |
| 沧　　州 | 16.00 | 836.10 | 13326.13 | 13295.97 | 5048.94 | 223.78 |
| 泊　　头 | | 569.88 | 2139.36 | 2097.36 | 1612.80 | |
| 任　　丘 | 98.00 | 231.00 | 5241.00 | 5056.00 | 4310.72 | 166.12 |
| 黄　　骅 | 52.00 | 332.00 | 9648.00 | 9647.00 | 2705.00 | 2930.00 |
| 河　　间 | 24.65 | 111.60 | 4324.00 | 4200.00 | 2186.00 | |
| 廊　　坊 | 991.02 | 2611.42 | 78978.20 | 77887.19 | 36968.93 | 12358.93 |
| 霸　　州 | | 316.65 | 4010.00 | 3810.00 | 2196.00 | 828.00 |
| 三　　河 | 50.00 | 200.50 | 915.50 | 915.00 | 705.00 | |
| 衡　　水 | 69.20 | 1096.02 | 13025.66 | 12880.35 | 6362.10 | |
| 深　　州 | 1.50 | 320.00 | 5371.00 | 5363.00 | 505.00 | 3158.00 |
| 辛　　集 | 240.50 | 504.00 | 26800.00 | 26350.00 | 1600.00 | 7795.00 |
| 定　　州 | 72.00 | 701.00 | 5143.00 | 4891.00 | 1127.00 | 174.00 |
| **山　　西** | **2017.27** | **29297.96** | **320965.82** | **315063.17** | **95737.52** | **9009.89** |
| 太　　原 | 95.00 | 6879.00 | 95890.00 | 94452.00 | 29363.00 | 5500.00 |
| 古　　交 | 0.02 | 161.00 | 266.27 | 258.27 | 256.99 | |
| 大　　同 | 0.78 | 2805.09 | 18770.39 | 18613.86 | 6852.52 | |
| 阳　　泉 | | 1595.46 | 38733.26 | 38714.39 | 4909.78 | |

# Urban Natural Gas by City(2022)

| Total Gas Supplied(10,000 m³) | | 用气户数（户）Number of Household with Access to Gas (unit) | | 用气人口（万人）Population with Access to Gas ( 10,000 persons) | 天然气汽车加气站（座）Gas Stations for CNG-Fueled Motor Vehicles (unit) | 城市名称 Name of Cities |
|---|---|---|---|---|---|---|
| 燃气汽车 Gas-Powered Automobiles | 燃气损失量 Loss Amount | | 居民家庭 Households | | | |
| **988145.12** | **312598.88** | **203986365** | **199606207** | **45678.51** | **4230** | **全国** |
| **23060.00** | **44711.00** | **7630618** | **7531949** | **1472.90** | **82** | **北京** |
| **26959.75** | **10989.09** | **6268591** | **5909873** | **1087.09** | **73** | **天津** |
| **44738.51** | **14280.65** | **9136545** | **8815983** | **1836.41** | **234** | **河北** |
| 5800.96 | 644.14 | 1709490 | 1704872 | 345.23 | 45 | 石家庄 |
| 71.00 | 259.42 | 46904 | 46733 | 13.96 | 1 | 晋州 |
| 146.00 | 11.00 | 31462 | 30471 | 9.29 | 4 | 新乐 |
| 1460.79 | 2314.32 | 1115497 | 1110947 | 195.74 | 54 | 唐山 |
| 2516.56 | 97.00 | 79442 | 79182 | 23.74 | 2 | 滦州 |
| | 36.00 | 69971 | 69775 | 25.27 | | 遵化 |
| 5356.50 | 119.00 | 142879 | 141000 | 28.50 | 10 | 迁安 |
| 10400.33 | 1344.53 | 565033 | 557041 | 133.69 | 13 | 秦皇岛 |
| 980.00 | 2149.53 | 1035982 | 1032146 | 212.52 | 7 | 邯郸 |
| 211.19 | 15.75 | 112679 | 112150 | 24.78 | 2 | 武安 |
| 1008.00 | 1221.00 | 535214 | 394791 | 71.71 | 12 | 邢台 |
| 290.00 | 56.65 | 40715 | 37760 | 11.88 | 3 | 南宫 |
| 346.06 | 0.10 | 43520 | 42020 | 10.88 | 1 | 沙河 |
| 241.82 | 2671.25 | 954768 | 919891 | 187.34 | 3 | 保定 |
| | 39.91 | 89666 | 84520 | 26.90 | | 涿州 |
| | 79.00 | 33646 | 33612 | 10.63 | | 安国 |
| 50.20 | 6.78 | 81418 | 80995 | 14.51 | 1 | 高碑店 |
| 1624.47 | 269.96 | 520322 | 516910 | 89.57 | 9 | 张家口 |
| 514.95 | 407.64 | 174213 | 173274 | 35.14 | 3 | 承德 |
| 728.42 | 8.69 | 45634 | 3622 | 0.79 | 4 | 平泉 |
| 2011.25 | 30.16 | 307568 | 306101 | 66.39 | 2 | 沧州 |
| 423.87 | 42.00 | 67201 | 67192 | 16.69 | 3 | 泊头 |
| 89.45 | 185.00 | 156483 | 156363 | 32.55 | 5 | 任丘 |
| 1012.00 | 1.00 | 82257 | 69538 | 22.37 | 5 | 黄骅 |
| 78.79 | 124.00 | 48332 | 47678 | 14.50 | 2 | 河间 |
| 4613.76 | 1091.01 | 363417 | 342974 | 60.90 | 23 | 廊坊 |
| 765.00 | 200.00 | 44256 | 43755 | 14.42 | 3 | 霸州 |
| 200.00 | 0.50 | 72900 | 72898 | 21.89 | 2 | 三河 |
| 3123.14 | 145.31 | 294558 | 272627 | 45.04 | 5 | 衡水 |
| 55.00 | 8.00 | 45785 | 45620 | 14.68 | 5 | 深州 |
| 560.00 | 450.00 | 71010 | 66183 | 20.64 | 4 | 辛集 |
| 59.00 | 252.00 | 154323 | 153342 | 34.27 | 1 | 定州 |
| **22173.58** | **5902.65** | **5411163** | **5357444** | **1202.27** | **93** | **山西** |
| 652.00 | 1438.00 | 1754474 | 1749343 | 404.00 | 13 | 太原 |
| 1.28 | 8.00 | 35820 | 35818 | 13.64 | 2 | 古交 |
| 3918.76 | 156.53 | 736533 | 733142 | 130.83 | 18 | 大同 |
| 1127.61 | 18.87 | 318667 | 315924 | 56.00 | 1 | 阳泉 |

## 7-2-2 续表 1

| 城市名称<br>Name of Cities | 储气能力(万立方米)<br>Gas Storage Capacity (10,000 $m^3$) | 供气管道长度(公里)<br>Length of Gas Supply Pipeline (km) | 供气总量(万立方米)<br>合 计<br>Total | 销售气量<br>Quantity Sold | 居民家庭<br>Households | 集中供热<br>Central Heating |
|---|---|---|---|---|---|---|
| 长　治 | 34.65 | 2889.27 | 29387.37 | 28364.73 | 12186.78 | |
| 晋　城 | 13.00 | 1252.00 | 10550.19 | 10361.59 | 4364.85 | |
| 高　平 | | 285.00 | 4255.59 | 4190.09 | 1458.25 | 507.34 |
| 朔　州 | 30.00 | 1739.06 | 7211.05 | 7158.85 | 4330.00 | |
| 怀　仁 | | 247.20 | 10641.86 | 10457.15 | 837.44 | |
| 晋　中 | 22.50 | 2460.73 | 16198.29 | 15547.00 | 4128.55 | |
| 介　休 | 174.47 | 1469.00 | 16174.48 | 16172.86 | 1883.01 | 490.00 |
| 运　城 | 1445.00 | 1565.40 | 10654.00 | 10294.00 | 7405.65 | |
| 永　济 | 9.00 | 140.00 | 2058.20 | 2053.34 | 386.81 | |
| 河　津 | | 213.30 | 2345.89 | 2298.96 | 1986.00 | |
| 忻　州 | | 417.79 | 5738.22 | 5450.62 | 3750.00 | |
| 原　平 | 80.00 | 277.55 | 15534.00 | 15004.00 | 745.00 | |
| 临　汾 | | 1706.64 | 10384.61 | 10110.25 | 2605.99 | |
| 侯　马 | | 715.01 | 3384.34 | 3345.00 | 1119.80 | 116.00 |
| 霍　州 | | 1239.53 | 1085.35 | 1023.00 | 801.10 | |
| 吕　梁 | 10.85 | 139.75 | 1384.00 | 1361.00 | 621.00 | |
| 孝　义 | 99.00 | 717.13 | 8644.46 | 8248.21 | 3745.00 | 2396.55 |
| 汾　阳 | 3.00 | 383.05 | 11674.00 | 11584.00 | 2000.00 | |
| **内 蒙 古** | **414.98** | **12564.89** | **255319.53** | **249041.15** | **96673.45** | **37154.27** |
| 呼和浩特 | 100.00 | 4485.48 | 74007.00 | 72914.00 | 17019.00 | 35877.00 |
| 包　头 | 11.70 | 3004.96 | 124474.31 | 119716.81 | 66937.69 | |
| 乌　海 | 6.60 | 919.17 | 15301.92 | 15216.44 | 2081.65 | 65.00 |
| 赤　峰 | 67.20 | 496.00 | 4582.00 | 4567.00 | 2671.00 | |
| 通　辽 | 10.00 | 1058.76 | 1716.41 | 1676.40 | 1370.64 | 246.27 |
| 霍林郭勒 | 11.50 | 87.00 | 8689.70 | 8679.70 | 36.50 | |
| 鄂尔多斯 | 102.85 | 1198.43 | 11654.46 | 11479.50 | 3140.36 | 966.00 |
| 呼伦贝尔 | 18.75 | 74.59 | 1329.08 | 1268.83 | 793.47 | |
| 满 洲 里 | 11.25 | 206.91 | 160.24 | 153.11 | 106.45 | |
| 牙 克 石 | 10.00 | 45.00 | 175.03 | 170.40 | 113.24 | |
| 扎 兰 屯 | 4.00 | 112.30 | 172.26 | 171.76 | 113.10 | |
| 额尔古纳 | | | | | | |
| 根　河 | | | | | | |
| 巴彦淖尔 | | 112.98 | 5832.78 | 5832.77 | 1019.29 | |
| 乌兰察布 | 5.00 | 336.00 | 2919.00 | 2915.00 | 600.00 | |
| 丰　镇 | 10.00 | 80.20 | 829.89 | 828.33 | 30.06 | |
| 锡林浩特 | 33.00 | 204.00 | 2528.00 | 2520.00 | 540.00 | |
| 二连浩特 | 3.13 | | 164.00 | 150.00 | | |
| 乌兰浩特 | 10.00 | 143.11 | 783.45 | 781.10 | 101.00 | |
| 阿 尔 山 | | | | | | |
| **辽　宁** | **2999.62** | **33291.54** | **380778.21** | **374103.43** | **85898.29** | **9637.61** |
| 沈　阳 | 534.00 | 10574.96 | 76157.46 | 73935.54 | 27429.50 | 1645.76 |
| 新　民 | 8.60 | 403.00 | 4007.45 | 3995.90 | 171.00 | |
| 大　连 | 351.00 | 6835.51 | 55943.43 | 55057.47 | 14945.41 | 1167.97 |

continued 1

| Total Gas Supplied(10,000 $m^3$) | | 用气户数（户）Number of Household with Access to Gas (unit) | | 用气人口（万人）Population with Access to Gas (10,000 persons) | 天然气汽车加气站（座）Gas Stations for CNG-Fueled Motor Vehicles (unit) | 城市名称 Name of Cities |
|---|---|---|---|---|---|---|
| 燃气汽车 Gas-Powered Automobiles | 燃气损失量 Loss Amount | | 居民家庭 Households | | | |
| 3348.56 | 1022.64 | 467707 | 466005 | 87.57 | 8 | 长　治 |
| 499.41 | 188.60 | 232322 | 230552 | 53.60 | 6 | 晋　城 |
| | 65.50 | 58049 | 57908 | 10.97 | | 高　平 |
| 95.60 | 52.20 | 189402 | 188402 | 39.70 | 3 | 朔　州 |
| 164.61 | 184.71 | 70534 | 70202 | 21.00 | 1 | 怀　仁 |
| 23.00 | 651.29 | 331305 | 329696 | 85.52 | 10 | 晋　中 |
| 11624.40 | 1.62 | 44222 | 43832 | 5.10 | 10 | 介　休 |
| 122.00 | 360.00 | 252788 | 228128 | 57.00 | 1 | 运　城 |
| 112.63 | 4.86 | 32138 | 31138 | 11.05 | 1 | 永　济 |
| | 46.93 | 70000 | 69000 | 20.18 | | 河　津 |
| 2.72 | 287.60 | 148468 | 147686 | 31.52 | 2 | 忻　州 |
| | 530.00 | 73680 | 73179 | 19.23 | | 原　平 |
| | 274.36 | 223746 | 222456 | 60.51 | | 临　汾 |
| 154.00 | 39.34 | 75842 | 75396 | 15.45 | 2 | 侯　马 |
| | 62.35 | 55696 | 54997 | 12.86 | 1 | 霍　州 |
| | 23.00 | 72051 | 71311 | 28.50 | | 吕　梁 |
| 132.00 | 396.25 | 116135 | 112130 | 27.64 | 13 | 孝　义 |
| 195.00 | 90.00 | 51584 | 51199 | 10.40 | 1 | 汾　阳 |
| **36238.83** | **6278.38** | **3239450** | **3174661** | **705.27** | **191** | **内蒙古** |
| 9113.00 | 1093.00 | 1150437 | 1136734 | 228.48 | 29 | 呼和浩特 |
| 12400.00 | 4757.50 | 1045979 | 1033847 | 177.85 | 55 | 包　头 |
| 1155.60 | 85.48 | 187824 | 183103 | 52.05 | 11 | 乌　海 |
| 1896.00 | 15.00 | 97249 | 87961 | 32.57 | 10 | 赤　峰 |
| 59.49 | 40.01 | 189809 | 189191 | 44.17 | 7 | 通　辽 |
| 204.00 | 10.00 | 3800 | 3600 | 1.06 | 5 | 霍林郭勒 |
| 3608.11 | 174.96 | 204826 | 201767 | 53.24 | 9 | 鄂尔多斯 |
| 150.90 | 60.25 | 33389 | 33135 | 11.46 | 5 | 呼伦贝尔 |
| 46.66 | 7.13 | 15959 | 15874 | 5.40 | 2 | 满洲里 |
| 37.26 | 4.63 | 13352 | 13198 | 3.46 | 4 | 牙克石 |
| 58.66 | 0.50 | 6206 | 6202 | 1.80 | 2 | 扎兰屯 |
| | | | | | | 额尔古纳 |
| | | | | | | 根　河 |
| 2246.24 | 0.01 | 140195 | 139711 | 39.20 | 21 | 巴彦淖尔 |
| 2315.00 | 4.00 | 63000 | 44700 | 23.74 | 9 | 乌兰察布 |
| 796.71 | 1.56 | 26605 | 25905 | 7.65 | 4 | 丰　镇 |
| 1980.00 | 8.00 | 42000 | 41920 | 16.54 | 7 | 锡林浩特 |
| 150.00 | 14.00 | 500 | | | 1 | 二连浩特 |
| 21.20 | 2.35 | 18320 | 17813 | 6.60 | 10 | 乌兰浩特 |
| | | | | | | 阿尔山 |
| **30086.58** | **6674.78** | **9075596** | **8994821** | **1837.95** | **185** | **辽　宁** |
| 1869.92 | 2221.92 | 3319047 | 3294419 | 582.60 | 11 | 沈　阳 |
| 141.02 | 11.55 | 32514 | 32267 | 6.45 | 2 | 新　民 |
| 3409.82 | 885.96 | 1636570 | 1629414 | 376.17 | 7 | 大　连 |

## 7-2-2 续表 2

| 城市名称<br>Name of Cities | 储气能力<br>(万立方米)<br>Gas Storage Capacity<br>(10,000 $m^3$) | 供气管道长度<br>(公里)<br>Length of Gas Supply Pipeline<br>(km) | 供气总量(万立方米) | | | |
|---|---|---|---|---|---|---|
| | | | 合 计<br>Total | 销售气量<br>Quantity Sold | | |
| | | | | | 居民家庭<br>Households | 集中供热<br>Central Heating |
| 庄 河 | 15.80 | 303.10 | 1529.18 | 1490.95 | 555.11 | 17.40 |
| 瓦 房 店 | 160.00 | 351.87 | 2852.87 | 2778.48 | 533.66 | |
| 鞍 山 | 370.23 | 189.95 | 7957.62 | 7881.76 | 180.40 | |
| 海 城 | 43.55 | 159.97 | 10550.00 | 10543.00 | 2310.00 | |
| 抚 顺 | 9.72 | 568.62 | 50155.07 | 49572.65 | 2456.79 | 323.63 |
| 本 溪 | 91.20 | 1114.61 | 11479.51 | 11209.30 | 2684.62 | |
| 丹 东 | 87.00 | 334.44 | 1695.36 | 1694.00 | 549.00 | 753.00 |
| 东 港 | 12.00 | 246.83 | 1676.94 | 1649.94 | 410.14 | 30.73 |
| 凤 城 | 12.00 | 70.60 | 840.60 | 840.20 | 210.00 | 630.20 |
| 锦 州 | 11.40 | 1583.61 | 17180.44 | 16680.53 | 6102.39 | 780.42 |
| 凌 海 | 3.00 | 24.00 | 300.00 | 299.90 | 7.65 | 292.15 |
| 北 镇 | 5.40 | 34.70 | 317.40 | 314.30 | 122.60 | 5.20 |
| 营 口 | 880.60 | 1974.06 | 19515.48 | 19026.82 | 6294.92 | 168.96 |
| 盖 州 | 13.70 | 190.42 | 1223.92 | 1219.00 | 168.76 | 62.08 |
| 大 石 桥 | 12.90 | 210.20 | 19217.00 | 19210.91 | 1050.00 | 2200.00 |
| 阜 新 | 38.00 | 455.57 | 5000.06 | 4852.10 | 685.02 | |
| 辽 阳 | 54.60 | 933.44 | 11375.57 | 11148.11 | 2289.06 | 328.42 |
| 灯 塔 | 0.20 | 216.89 | 2906.00 | 2890.00 | 266.00 | 349.00 |
| 盘 锦 | 6.55 | 1299.08 | 15419.28 | 15107.91 | 5521.38 | 742.97 |
| 铁 岭 | 45.20 | 1229.00 | 12083.75 | 11962.34 | 1632.73 | |
| 调 兵 山 | 18.65 | 353.40 | 5882.68 | 5722.76 | 1868.67 | |
| 开 原 | 8.40 | 228.83 | 2147.00 | 2125.00 | 343.80 | |
| 朝 阳 | 154.30 | 530.43 | 4995.35 | 4845.17 | 1116.48 | 6.22 |
| 北 票 | 12.00 | 137.48 | 1200.00 | 1197.60 | 130.00 | |
| 凌 源 | 22.00 | 14.20 | 340.80 | 332.80 | 53.00 | |
| 葫 芦 岛 | 3.10 | 2014.43 | 18719.00 | 18717.00 | 4347.00 | 68.00 |
| 兴 城 | 1.80 | 500.00 | 2968.58 | 2957.62 | 1135.00 | 65.50 |
| 沈抚改革创新示范区 | 12.72 | 208.34 | 15140.41 | 14844.37 | 328.20 | |
| **吉 林** | **7085.56** | **14247.47** | **228098.41** | **223702.41** | **47797.49** | **8250.67** |
| 长 春 | 6600.00 | 7340.91 | 92545.18 | 88965.28 | 24681.28 | 3584.28 |
| 榆 树 | 1.30 | 283.44 | 2901.11 | 2839.75 | 1735.15 | 475.00 |
| 德 惠 | 1.00 | 299.00 | 4246.00 | 4238.00 | 501.00 | |
| 公 主 岭 | 1.50 | 415.53 | 2493.82 | 2482.03 | 1332.03 | |
| 吉 林 | 22.39 | 1306.66 | 75863.71 | 75490.19 | 6540.00 | |
| 蛟 河 | 4.40 | 22.00 | 279.40 | 279.00 | 10.00 | |
| 桦 甸 | 13.00 | 34.00 | 290.00 | 284.00 | 23.68 | 43.00 |
| 舒 兰 | | | 46.30 | 45.74 | | |
| 磐 石 | 39.00 | 96.55 | 760.00 | 759.99 | 460.00 | |
| 四 平 | 17.35 | 880.89 | 6152.00 | 6142.00 | 2878.00 | 120.00 |
| 双 辽 | 16.40 | 188.86 | 5647.37 | 5623.49 | 291.55 | |
| 辽 源 | 18.00 | 253.16 | 3880.92 | 3803.32 | 940.59 | |
| 通 化 | 36.00 | 9.96 | 5568.87 | 5536.76 | 7.83 | 3646.07 |
| 集 安 | 4.50 | 31.40 | 458.19 | 454.46 | 36.44 | |

continued 2

| Total Gas Supplied(10,000 $m^3$) | | 用气户数(户) Number of Household with Access to Gas (unit) | | 用气人口(万人) Population with Access to Gas (10,000 persons) | 天然气汽车加气站(座) Gas Stations for CNG-Fueled Motor Vehicles (unit) | 城市名称 Name of Cities |
|---|---|---|---|---|---|---|
| 燃气汽车 Gas-Powered Automobiles | 燃气损失量 Loss Amount | | 居民家庭 Households | | | |
| 78.37 | 38.23 | 78312 | 77776 | 18.00 | 3 | 庄河 |
| | 74.39 | 69026 | 68769 | 20.70 | 4 | 瓦房店 |
| 2723.87 | 75.86 | 16097 | 16027 | 5.01 | 12 | 鞍山 |
| 2580.00 | 7.00 | 65250 | 64510 | 7.30 | 16 | 海城 |
| 2655.75 | 582.42 | 419027 | 412552 | 85.64 | 15 | 抚顺 |
| 1813.66 | 270.21 | 323247 | 318348 | 81.31 | 10 | 本溪 |
| 392.00 | 1.36 | 97753 | 97433 | 13.70 | 1 | 丹东 |
| 975.94 | 27.00 | 50847 | 50753 | 14.07 | 7 | 东港 |
| | 0.40 | 25171 | 25000 | 4.00 | | 凤城 |
| | 499.91 | 492609 | 483904 | 104.54 | | 锦州 |
| | 0.10 | 1742 | 1718 | 0.50 | | 凌海 |
| 186.00 | 3.10 | 8862 | 8462 | 4.05 | 1 | 北镇 |
| | 488.66 | 392595 | 383839 | 88.09 | 13 | 营口 |
| 147.63 | 4.92 | 22955 | 22643 | 10.50 | 1 | 盖州 |
| 830.53 | 6.09 | 39301 | 39200 | 5.55 | 10 | 大石桥 |
| 1201.62 | 147.96 | 170090 | 169410 | 50.70 | 14 | 阜新 |
| 799.88 | 227.46 | 315021 | 313632 | 60.17 | 7 | 辽阳 |
| 342.00 | 16.00 | 45493 | 45168 | 10.30 | 1 | 灯塔 |
| 4087.40 | 311.37 | 438060 | 435142 | 89.95 | 10 | 盘锦 |
| 2400.00 | 121.41 | 262329 | 259437 | 37.81 | 11 | 铁岭 |
| 171.12 | 159.92 | 73695 | 72799 | 17.99 | 3 | 调兵山 |
| 272.00 | 22.00 | 59270 | 58449 | 15.92 | 2 | 开原 |
| 1508.31 | 150.18 | 209189 | 208070 | 42.70 | 15 | 朝阳 |
| | 2.40 | 22270 | 21982 | 6.60 | | 北票 |
| 279.80 | 8.00 | 9360 | 8100 | 2.30 | 2 | 凌源 |
| | 2.00 | 270309 | 269108 | 54.08 | | 葫芦岛 |
| 612.62 | 10.96 | 82006 | 79317 | 13.10 | 5 | 兴城 |
| 607.32 | 296.04 | 27579 | 27173 | 8.15 | 2 | 沈抚改革创新示范区 |
| **34368.48** | **4396.00** | **4452858** | **4381584** | **902.55** | **242** | **吉林** |
| 9083.84 | 3579.90 | 2366575 | 2336597 | 465.84 | 63 | 长春 |
| 629.60 | 61.36 | 77591 | 77428 | 22.83 | 3 | 榆树 |
| 3737.00 | 8.00 | 45600 | 44901 | 18.24 | 13 | 德惠 |
| 1150.00 | 11.79 | 118485 | 117585 | 15.00 | 16 | 公主岭 |
| 2967.19 | 373.52 | 616144 | 613862 | 116.64 | 23 | 吉林 |
| 251.60 | 0.40 | 3339 | 3326 | 0.83 | 3 | 蛟河 |
| 155.32 | 6.00 | 2767 | 2740 | 0.70 | 2 | 桦甸 |
| 45.74 | 0.56 | 240 | | | 1 | 舒兰 |
| 160.00 | 0.01 | 48000 | 46200 | 9.24 | 3 | 磐石 |
| 3143.30 | 10.00 | 270276 | 266000 | 52.11 | 18 | 四平 |
| 130.40 | 23.88 | 27234 | 26555 | 7.67 | 2 | 双辽 |
| 1178.05 | 77.60 | 119502 | 119170 | 28.50 | 7 | 辽源 |
| 1781.69 | 32.11 | 1430 | 1388 | 0.41 | 5 | 通化 |
| 129.79 | 3.73 | 5568 | 5568 | 1.50 | 2 | 集安 |

# 7-2-2 续表 3

| 城市名称 Name of Cities | 储气能力(万立方米) Gas Storage Capacity ($10,000\ m^3$) | 供气管道长度(公里) Length of Gas Supply Pipeline (km) | 供气总量(万立方米) 合计 Total | 销售气量 Quantity Sold | 居民家庭 Households | 集中供热 Central Heating |
|---|---|---|---|---|---|---|
| 白山 | 4.86 | 401.94 | 2219.14 | 2211.44 | 587.00 | |
| 临江 | 6.00 | 44.30 | 248.00 | 246.00 | 20.00 | 37.00 |
| 松原 | 5.84 | 679.60 | 10336.32 | 10317.32 | 3301.96 | |
| 扶余 | 10.00 | 35.00 | 1041.00 | 1036.00 | 300.00 | |
| 白城 | 18.00 | 306.00 | 1069.00 | 1052.00 | 283.00 | |
| 洮南 | 5.80 | 32.50 | 949.68 | 942.68 | 20.03 | |
| 大安 | 0.60 | 216.32 | 1496.25 | 1475.80 | 747.80 | 164.32 |
| 延吉 | 36.00 | 446.00 | 3513.00 | 3413.00 | 1200.00 | 73.00 |
| 图们 | 15.60 | 55.84 | 234.81 | 234.61 | 203.13 | |
| 敦化 | 31.20 | 140.00 | 1650.00 | 1640.00 | 240.00 | |
| 珲春 | 28.00 | 206.12 | 508.40 | 505.26 | 95.40 | 108.00 |
| 龙井 | 12.00 | 82.44 | 224.23 | 223.78 | 88.89 | |
| 和龙 | 0.50 | 78.23 | 87.00 | 86.80 | 65.00 | |
| 梅河口 | 120.00 | 353.13 | 3388.71 | 3373.71 | 1207.73 | |
| 长白山保护开发区管理委员会 | 16.32 | 7.69 | | | | |
| **黑龙江** | **870.23** | **12898.86** | **176772.26** | **171176.61** | **43547.09** | **26763.32** |
| 哈尔滨 | 129.50 | 5088.73 | 82095.86 | 77935.83 | 18969.58 | 19543.19 |
| 尚志 | 8.64 | 35.00 | 600.00 | 590.33 | 13.85 | |
| 五常 | 1.50 | 27.00 | 288.19 | 287.81 | 12.14 | 48.62 |
| 齐齐哈尔 | 18.80 | 1453.78 | 28751.33 | 28107.43 | 4368.20 | 2479.49 |
| 讷河 | 3.00 | 71.10 | 712.66 | 708.66 | 281.02 | |
| 鸡西 | 71.82 | 308.58 | 2318.00 | 2316.30 | 1046.30 | |
| 虎林 | 12.23 | 24.25 | 6.46 | 6.28 | 1.18 | |
| 密山 | 3.00 | 44.30 | 63.73 | 62.67 | 50.17 | |
| 鹤岗 | 45.60 | 257.73 | 827.84 | 794.09 | 697.39 | |
| 双鸭山 | 12.00 | 259.00 | 1118.00 | 1092.00 | 792.00 | |
| 大庆 | 4.77 | 2503.00 | 37833.64 | 37598.00 | 10172.00 | 2437.00 |
| 伊春 | 7.32 | 63.00 | 182.91 | 178.90 | 46.00 | |
| 铁力 | 6.00 | 67.50 | 189.90 | 189.64 | 27.00 | 29.20 |
| 佳木斯 | 82.10 | 1210.00 | 5940.00 | 5732.00 | 3254.00 | |
| 同江 | 1.40 | 75.08 | 69.00 | 67.00 | 30.00 | |
| 抚远 | | | | | | |
| 富锦 | 0.05 | 42.00 | 280.00 | 279.27 | 114.77 | 50.00 |
| 七台河 | 312.00 | 75.40 | 1045.02 | 1043.51 | 93.51 | |
| 牡丹江 | 58.10 | 614.63 | 3654.00 | 3586.08 | 1926.58 | |
| 海林 | 6.50 | 68.00 | 131.58 | 130.00 | 45.00 | |
| 宁安 | 3.00 | 21.96 | 53.85 | 52.50 | 36.86 | |
| 穆棱 | 9.00 | 12.11 | 77.00 | 76.50 | 76.50 | |
| 绥芬河 | 1.00 | 32.00 | 25.45 | 25.25 | 3.25 | |
| 东宁 | 3.00 | 43.10 | 57.56 | 57.47 | 38.17 | |
| 黑河 | 12.00 | 180.48 | 174.70 | 169.50 | 46.84 | 122.66 |
| 北安 | | | | | | |

continued 3

| Total Gas Supplied(10,000 $m^3$) | | 用气户数<br>(户)<br>Number of Household with Access to Gas<br>(unit) | | 用气人口<br>(万人)<br>Population with Access to Gas<br>( 10,000 persons) | 天然气汽车加气站<br>(座)<br>Gas Stations for CNG-Fueled Motor Vehicles<br>(unit) | 城市名称<br>Name of Cities |
|---|---|---|---|---|---|---|
| 燃气汽车<br>Gas-Powered Automobiles | 燃气损失量<br>Loss Amount | | 居民家庭<br>Households | | | |
| 872.39 | 7.70 | 80749 | 80062 | 21.73 | 7 | 白　山 |
| 140.00 | 2.00 | 521 | 500 | 0.16 | 1 | 临　江 |
| 3106.60 | 19.00 | 238644 | 236912 | 44.91 | 26 | 松　原 |
| 298.00 | 5.00 | 20100 | 17825 | 4.75 | 2 | 扶　余 |
| 752.00 | 17.00 | 39871 | 33821 | 9.10 | 7 | 白　城 |
| 768.89 | 7.00 | 3203 | 3098 | 1.00 | 4 | 洮　南 |
| 563.68 | 20.45 | 48136 | 46264 | 9.01 | 4 | 大　安 |
| 2140.00 | 100.00 | 115000 | 109000 | 20.00 | 10 | 延　吉 |
| 31.48 | 0.20 | 21734 | 21524 | 4.07 | 1 | 图　们 |
| 400.00 | 10.00 | 27862 | 27710 | 7.75 | 3 | 敦　化 |
| 301.86 | 3.14 | 13337 | 13114 | 3.28 | 5 | 珲　春 |
| 55.08 | 0.45 | 16676 | 16525 | 4.93 | 1 | 龙　井 |
| 20.00 | 0.20 | 10300 | 10247 | 2.65 | 1 | 和　龙 |
| 374.98 | 15.00 | 113974 | 103662 | 29.70 | 7 | 梅河口 |
| | | | | | 2 | 长白山保护开发区管理委员会 |
| **33504.07** | **5595.65** | **4707048** | **4646139** | **1000.35** | **200** | **黑龙江** |
| 13555.24 | 4160.03 | 2323686 | 2301546 | 480.36 | 49 | 哈尔滨 |
| 114.00 | 9.67 | 9998 | 9968 | 3.03 | 2 | 尚　志 |
| 170.00 | 0.38 | 5885 | 5878 | 1.75 | 2 | 五　常 |
| 1818.57 | 643.90 | 542905 | 537354 | 103.07 | 20 | 齐齐哈尔 |
| 427.64 | 4.00 | 29762 | 28162 | 7.66 | 2 | 讷　河 |
| 1270.00 | 1.70 | 140512 | 139507 | 33.48 | 10 | 鸡　西 |
| 3.60 | 0.18 | 247 | 233 | 0.07 | 1 | 虎　林 |
| 0.30 | 1.06 | 6787 | 6759 | 2.03 | 1 | 密　山 |
| 24.70 | 33.75 | 125000 | 123813 | 25.75 | 2 | 鹤　岗 |
| 220.00 | 26.00 | 114983 | 99928 | 32.20 | 2 | 双鸭山 |
| 7792.00 | 235.64 | 675500 | 672640 | 133.06 | 57 | 大　庆 |
| 131.90 | 4.01 | 1418 | 1398 | 0.40 | 3 | 伊　春 |
| | 0.26 | 6586 | 6472 | 1.50 | | 铁　力 |
| 318.00 | 208.00 | 290414 | 287898 | 53.89 | 6 | 佳木斯 |
| 0.50 | 2.00 | 5882 | 5800 | 1.60 | 1 | 同　江 |
| | | | | | | 抚　远 |
| 114.50 | 0.73 | 14263 | 13220 | 3.14 | 1 | 富　锦 |
| 950.00 | 1.51 | 15300 | 13800 | 4.03 | 3 | 七台河 |
| 312.00 | 67.92 | 243056 | 241711 | 63.81 | 2 | 牡丹江 |
| 85.00 | 1.58 | 4629 | 4599 | 1.83 | 1 | 海　林 |
| 15.64 | 1.35 | 4888 | 4874 | 2.45 | 1 | 宁　安 |
| | 0.50 | 9980 | 9980 | 3.42 | | 穆　棱 |
| 22.00 | 0.20 | 542 | 536 | 0.16 | 1 | 绥芬河 |
| 19.30 | 0.09 | 6350 | 6340 | 2.02 | 1 | 东　宁 |
| | 5.20 | 7608 | 7500 | 3.20 | | 黑　河 |
| | | | | | | 北　安 |

# 7-2-2 续表 4

| 城市名称 Name of Cities | 储气能力(万立方米) Gas Storage Capacity ($10,000\ m^3$) | 供气管道长度(公里) Length of Gas Supply Pipeline (km) | 供气总量(万立方米) 合 计 Total | | | |
|---|---|---|---|---|---|---|
| | | | | 销售气量 Quantity Sold | 居民家庭 Households | 集中供热 Central Heating |
| 五大连池 | 3.60 | 34.45 | 160.00 | 158.20 | 53.00 | |
| 嫩 江 | 2.70 | 58.76 | 434.90 | 433.00 | 89.00 | |
| 绥 化 | 17.00 | 91.33 | 1582.68 | 1581.81 | 923.78 | 53.16 |
| 安 达 | 3.00 | 56.59 | 1020.00 | 1004.00 | 152.00 | 145.00 |
| 肇 东 | 1.60 | 55.00 | 6632.00 | 6472.58 | 119.00 | 1797.00 |
| 海 伦 | 30.00 | 25.00 | 446.00 | 440.00 | 68.00 | 58.00 |
| 漠 河 | | | | | | |
| **上 海** | **72900.00** | **33665.42** | **911453.62** | **887227.64** | **194652.16** | |
| **江 苏** | **15980.88** | **114704.37** | **1717890.20** | **1691474.68** | **343601.17** | **7233.03** |
| 南 京 | 5729.00 | 11182.52 | 173916.00 | 170597.20 | 69089.73 | |
| 无 锡 | 45.00 | 8737.00 | 125428.64 | 119457.54 | 31059.95 | |
| 江 阴 | 120.00 | 3172.70 | 86580.00 | 86160.00 | 3120.00 | |
| 宜 兴 | 65.00 | 2867.34 | 60227.44 | 60005.90 | 5388.20 | |
| 徐 州 | 129.80 | 5145.48 | 57615.23 | 56928.75 | 15772.97 | 5101.98 |
| 新 沂 | 20.00 | 473.00 | 11721.00 | 11571.48 | 1885.00 | |
| 邳 州 | 15.00 | 752.00 | 10895.00 | 10674.88 | 3198.54 | |
| 常 州 | 5822.00 | 11747.89 | 172271.76 | 170771.76 | 16366.81 | |
| 溧 阳 | 310.00 | 1103.00 | 16327.00 | 16175.00 | 3193.00 | |
| 苏 州 | 547.50 | 11286.99 | 136559.68 | 135327.01 | 36832.39 | |
| 常 熟 | 287.22 | 3531.12 | 102178.22 | 100536.25 | 6174.06 | |
| 张 家 港 | 50.00 | 2233.87 | 58566.05 | 56909.13 | 5635.49 | |
| 昆 山 | 162.00 | 3579.43 | 55086.68 | 54831.86 | 14685.26 | |
| 太 仓 | 23.00 | 1564.59 | 22084.00 | 21642.00 | 3931.80 | |
| 南 通 | 242.88 | 4987.72 | 68295.80 | 67041.62 | 13504.35 | 222.25 |
| 海 安 | 60.00 | 2851.37 | 26505.00 | 26133.00 | 5868.43 | |
| 启 东 | 48.00 | 1229.33 | 8751.00 | 8675.12 | 2234.76 | |
| 如 皋 | 108.00 | 1977.45 | 30600.00 | 29462.00 | 7166.88 | |
| 连 云 港 | 1074.26 | 3986.26 | 111821.94 | 111081.38 | 8141.17 | |
| 淮 安 | 127.00 | 3467.02 | 37963.00 | 36870.00 | 16624.00 | |
| 盐 城 | 60.00 | 3241.73 | 28931.98 | 28166.77 | 13204.59 | 1159.00 |
| 东 台 | 10.00 | 505.00 | 5652.61 | 5649.13 | 1415.73 | |
| 扬 州 | 113.87 | 3552.20 | 26586.44 | 26037.48 | 14087.58 | |
| 仪 征 | 24.00 | 672.30 | 12319.41 | 12305.41 | 2746.57 | |
| 高 邮 | 37.00 | 1715.64 | 8959.00 | 8902.97 | 2097.00 | |
| 镇 江 | 310.00 | 3973.19 | 57069.61 | 56312.93 | 8693.00 | |
| 丹 阳 | 35.00 | 1211.00 | 24125.61 | 24006.89 | 3801.92 | |
| 扬 中 | 6.00 | 1784.35 | 6481.22 | 6373.12 | 1561.17 | 647.80 |
| 句 容 | 38.35 | 953.34 | 7519.24 | 7391.57 | 2193.60 | |
| 泰 州 | 88.00 | 4586.94 | 76394.08 | 75997.74 | 7652.17 | |
| 兴 化 | 20.00 | 1454.00 | 7532.00 | 7361.00 | 1619.00 | 102.00 |
| 靖 江 | 150.00 | 1596.83 | 17624.96 | 17450.19 | 3016.98 | |
| 泰 兴 | 30.00 | 1700.00 | 18000.00 | 17786.00 | 6000.00 | |
| 宿 迁 | 73.00 | 1881.77 | 47300.60 | 46881.60 | 5639.07 | |

continued 4

| Total Gas Supplied(10,000 m³) | | 用气户数(户) Number of Household with Access to Gas (unit) | | 用气人口(万人) Population with Access to Gas (10,000 persons) | 天然气汽车加气站(座) Gas Stations for CNG-Fueled Motor Vehicles (unit) | 城市名称 Name of Cities |
|---|---|---|---|---|---|---|
| 燃气汽车 Gas-Powered Automobiles | 燃气损失量 Loss Amount | | 居民家庭 Households | | | |
| 65.00 | 1.80 | 7300 | 7249 | 2.00 | 1 | 五大连池 |
| 234.60 | 1.90 | 11314 | 11310 | 3.30 | 4 | 嫩江 |
| 600.00 | 0.87 | 40990 | 40792 | 8.76 | 9 | 绥化 |
| 369.00 | 16.00 | 29251 | 29229 | 10.18 | 1 | 安达 |
| 4556.58 | 159.42 | 18012 | 17643 | 8.00 | 13 | 肇东 |
| 314.00 | 6.00 | 14000 | 10000 | 4.20 | 4 | 海伦 |
| | | | | | | 漠河 |
| **11205.00** | **24225.98** | **7990403** | **7850466** | **1981.24** | **19** | **上海** |
| **40192.35** | **26415.52** | **16233998** | **15605191** | **3382.99** | **225** | **江苏** |
| 8315.60 | 3318.80 | 3074678 | 3053686 | 648.97 | 31 | 南京 |
| 2121.27 | 5971.10 | 1467039 | 1455614 | 280.94 | 16 | 无锡 |
| 758.00 | 420.00 | 145250 | 137841 | 36.54 | 8 | 江阴 |
| | 221.54 | 231939 | 225429 | 49.94 | | 宜兴 |
| 3200.84 | 686.48 | 847205 | 834653 | 196.39 | 26 | 徐州 |
| 216.00 | 149.52 | 80856 | 78162 | 20.19 | 3 | 新沂 |
| 254.55 | 220.12 | 158774 | 156552 | 35.32 | 3 | 邳州 |
| 4410.92 | 1500.00 | 839002 | 824209 | 211.03 | 19 | 常州 |
| 627.00 | 152.00 | 167141 | 121508 | 26.73 | 3 | 溧阳 |
| 1209.40 | 1232.67 | 1617003 | 1607627 | 439.68 | 16 | 苏州 |
| 2157.65 | 1641.97 | 371512 | 368531 | 42.63 | 7 | 常熟 |
| 2041.51 | 1656.92 | 205208 | 201459 | 38.02 | 6 | 张家港 |
| 2168.62 | 254.82 | 359892 | 319402 | 75.66 | 4 | 昆山 |
| 85.11 | 442.00 | 244077 | 243392 | 29.00 | 1 | 太仓 |
| 1152.25 | 1254.18 | 934578 | 930282 | 206.69 | 9 | 南通 |
| 128.96 | 372.00 | 170382 | 168662 | 27.48 | 1 | 海安 |
| 500.00 | 75.88 | 162531 | 161508 | 26.31 | 3 | 启东 |
| 272.60 | 1138.00 | 200053 | 198818 | 34.12 | 3 | 如皋 |
| 397.72 | 740.56 | 604752 | 557830 | 94.31 | 12 | 连云港 |
| 761.00 | 1093.00 | 692939 | 687614 | 158.00 | 5 | 淮安 |
| 210.27 | 765.21 | 506070 | 502365 | 132.21 | 5 | 盐城 |
| 569.80 | 3.48 | 82960 | 82663 | 29.04 | 2 | 东台 |
| 2089.79 | 548.96 | 650534 | 646691 | 119.48 | 12 | 扬州 |
| 228.77 | 14.00 | 93640 | 93323 | 19.58 | 3 | 仪征 |
| 338.00 | 56.03 | 127045 | 113950 | 23.17 | 2 | 高邮 |
| 660.13 | 756.68 | 611845 | 320925 | 73.20 | 5 | 镇江 |
| 450.00 | 118.72 | 181207 | 179765 | 30.49 | 2 | 丹阳 |
| 173.14 | 108.10 | 88337 | 86737 | 13.98 | 1 | 扬中 |
| 16.72 | 127.67 | 60758 | 48758 | 15.87 | 2 | 句容 |
| 2798.06 | 396.34 | 437086 | 389561 | 84.10 | 7 | 泰州 |
| 378.00 | 171.00 | 118666 | 116719 | 19.20 | 1 | 兴化 |
| 116.67 | 174.77 | 148489 | 146068 | 21.40 | 2 | 靖江 |
| 240.00 | 214.00 | 230000 | 228500 | 28.40 | 1 | 泰兴 |
| 1144.00 | 419.00 | 322550 | 316387 | 94.92 | 4 | 宿迁 |

# 7-2-2 续表 5

| 城市名称 Name of Cities | 储气能力(万立方米) Gas Storage Capacity (10,000 $m^3$) | 供气管道长度(公里) Length of Gas Supply Pipeline (km) | 供气总量(万立方米) 合 计 Total | 销售气量 Quantity Sold | 居民家庭 Households | 集中供热 Central Heating |
|---|---|---|---|---|---|---|
| **浙 江** | **2638.84** | **63946.49** | **997007.03** | **988556.16** | **139776.20** | **25203.97** |
| 杭 州 | 1017.92 | 26427.66 | 294382.37 | 290518.63 | 55976.12 | 25203.97 |
| 建 德 | 25.00 | 526.39 | 2612.55 | 2612.51 | 630.85 | |
| 宁 波 | 100.00 | 7029.72 | 121195.32 | 121053.32 | 23349.96 | |
| 余 姚 | 50.00 | 1227.37 | 12203.58 | 12060.29 | 1970.43 | |
| 慈 溪 | 70.56 | 1427.26 | 29625.36 | 29493.42 | 2342.10 | |
| 温 州 | 177.00 | 2561.16 | 39980.49 | 39720.42 | 5629.78 | |
| 瑞 安 | 21.00 | 180.00 | 6455.91 | 6437.40 | 56.24 | |
| 乐 清 | 84.00 | 280.70 | 2801.00 | 2760.00 | 738.00 | |
| 龙 港 | | 218.00 | 3096.70 | 3065.99 | 632.53 | |
| 嘉 兴 | 73.00 | 1106.02 | 52876.93 | 51990.74 | 6177.47 | |
| 海 宁 | 17.71 | 494.22 | 16602.81 | 16514.81 | 1613.06 | |
| 平 湖 | 6.99 | 332.15 | 7118.17 | 7031.54 | 1499.84 | |
| 桐 乡 | 24.00 | 337.70 | 21653.63 | 21608.31 | 1839.23 | |
| 湖 州 | 54.00 | 1878.07 | 33362.92 | 33061.74 | 5661.10 | |
| 绍 兴 | 91.50 | 4997.95 | 156157.08 | 154935.18 | 8862.92 | |
| 诸 暨 | 96.00 | 1813.60 | 17100.00 | 16968.00 | 2300.00 | |
| 嵊 州 | 25.00 | 467.00 | 5648.85 | 5648.68 | 1044.85 | |
| 金 华 | 57.00 | 1213.03 | 21971.67 | 21911.79 | 2625.23 | |
| 兰 溪 | 11.00 | 597.00 | 14316.00 | 14233.00 | 595.30 | |
| 义 乌 | 36.00 | 578.44 | 13174.56 | 13074.51 | 2750.32 | |
| 东 阳 | 72.00 | 2292.00 | 16163.57 | 16031.83 | 852.10 | |
| 永 康 | 33.60 | 582.00 | 20612.06 | 20571.06 | 719.00 | |
| 衢 州 | 28.80 | 1699.70 | 23888.36 | 23618.85 | 2136.60 | |
| 江 山 | 24.00 | 167.28 | 2247.30 | 2242.10 | 232.00 | |
| 舟 山 | 186.80 | 1258.43 | 8530.96 | 8312.67 | 2736.51 | |
| 台 州 | 155.13 | 1623.57 | 28052.00 | 28015.31 | 3361.39 | |
| 玉 环 | 18.00 | 408.50 | 2611.64 | 2579.85 | 347.72 | |
| 温 岭 | 21.60 | 871.00 | 6280.00 | 6278.00 | 1294.00 | |
| 临 海 | 31.23 | 515.82 | 7391.34 | 7352.82 | 559.80 | |
| 丽 水 | 18.00 | 769.75 | 6636.00 | 6615.49 | 1181.00 | |
| 龙 泉 | 12.00 | 65.00 | 2257.90 | 2237.90 | 60.75 | |
| **安 徽** | **4530.38** | **35768.81** | **501513.81** | **488464.60** | **151168.85** | **60.00** |
| 合 肥 | 2287.00 | 7578.55 | 136263.61 | 132756.72 | 48357.00 | |
| 巢 湖 | 99.00 | 1088.20 | 9600.50 | 9600.00 | 4326.00 | |
| 芜 湖 | 390.70 | 4335.58 | 57965.28 | 55985.28 | 13461.94 | |
| 无 为 | 9.00 | 251.94 | 3280.00 | 3218.00 | 1841.00 | |
| 蚌 埠 | 210.00 | 2588.41 | 48281.00 | 45472.00 | 11576.00 | 60.00 |
| 淮 南 | 65.47 | 1731.96 | 18672.57 | 17796.91 | 8208.24 | |
| 马鞍山 | 78.00 | 1458.96 | 34143.00 | 33999.00 | 6771.00 | |
| 淮 北 | 54.00 | 1537.84 | 18499.00 | 18003.00 | 6425.00 | |
| 铜 陵 | 655.00 | 1226.73 | 24612.85 | 24259.65 | 4305.84 | |
| 安 庆 | 44.00 | 1063.96 | 14669.40 | 14624.71 | 4106.13 | |

# continued 5

| Total Gas Supplied(10,000 $m^3$) | | 用气户数(户)<br>Number of Household with Access to Gas (unit) | | 用气人口(万人)<br>Population with Access to Gas (10,000 persons) | 天然气汽车加气站(座)<br>Gas Stations for CNG-Fueled Motor Vehicles (unit) | 城市名称<br>Name of Cities |
|---|---|---|---|---|---|---|
| 燃气汽车<br>Gas-Powered Automobiles | 燃气损失量<br>Loss Amount | | 居民家庭<br>Households | | | |
| **27912.26** | **8450.87** | **8535595** | **8466247** | **2281.45** | **110** | **浙江** |
| 7255.27 | 3863.74 | 3002243 | 2982928 | 813.04 | 26 | 杭州 |
| 16.16 | 0.04 | 57570 | 56746 | 12.77 | 1 | 建德 |
| 11552.71 | 142.00 | 1296968 | 1288794 | 259.39 | 31 | 宁波 |
| 200.22 | 143.29 | 130011 | 128773 | 29.95 | 1 | 余姚 |
| 351.97 | 131.94 | 152795 | 151242 | 40.34 | 1 | 慈溪 |
| | 260.07 | 468066 | 465438 | 217.22 | 1 | 温州 |
| 28.80 | 18.51 | 10119 | 10009 | 4.46 | 1 | 瑞安 |
| | 41.00 | 45085 | 44687 | 13.41 | | 乐清 |
| | 30.71 | 52186 | 51629 | 14.90 | | 龙港 |
| 278.41 | 886.19 | 430752 | 427543 | 85.23 | 11 | 嘉兴 |
| 250.06 | 88.00 | 102658 | 102065 | 32.04 | 2 | 海宁 |
| | 86.63 | 100914 | 100322 | 23.82 | | 平湖 |
| 96.00 | 45.32 | 76926 | 75829 | 23.38 | 3 | 桐乡 |
| 150.77 | 301.18 | 297212 | 291831 | 89.99 | 2 | 湖州 |
| 1465.44 | 1221.90 | 566454 | 562092 | 120.79 | 6 | 绍兴 |
| 16.00 | 132.00 | 139962 | 138000 | 41.40 | 2 | 诸暨 |
| | 0.17 | 51899 | 51605 | 12.00 | | 嵊州 |
| 229.30 | 59.88 | 245124 | 242255 | 69.13 | 3 | 金华 |
| 99.30 | 83.00 | 57165 | 56412 | 17.32 | 1 | 兰溪 |
| 422.00 | 100.05 | 155375 | 154135 | 54.38 | 2 | 义乌 |
| | 131.74 | 66249 | 65574 | 17.82 | | 东阳 |
| | 41.00 | 56450 | 55456 | 12.40 | | 永康 |
| 1504.24 | 269.51 | 145099 | 143585 | 34.89 | 4 | 衢州 |
| 2004.90 | 5.20 | 17251 | 17069 | 5.12 | 1 | 江山 |
| 1260.00 | 218.29 | 262405 | 260622 | 57.91 | 4 | 舟山 |
| 416.89 | 36.69 | 273389 | 270706 | 94.42 | 4 | 台州 |
| | 31.79 | 37427 | 36798 | 11.04 | | 玉环 |
| | 2.00 | 96780 | 94250 | 27.86 | | 温岭 |
| 313.82 | 38.52 | 56246 | 55589 | 16.70 | 3 | 临海 |
| | 20.51 | 78552 | 78163 | 26.10 | | 丽水 |
| | 20.00 | 6263 | 6100 | 2.23 | | 龙泉 |
| **35013.36** | **13049.21** | **7590414** | **7409369** | **1820.88** | **150** | **安徽** |
| 8258.00 | 3506.89 | 2390578 | 2381343 | 640.10 | 37 | 合肥 |
| 5274.00 | 0.50 | 135107 | 126336 | 32.31 | 6 | 巢湖 |
| 5598.16 | 1980.00 | 900480 | 891545 | 174.56 | 18 | 芜湖 |
| 131.00 | 62.00 | 75662 | 74682 | 19.06 | 2 | 无为 |
| 1028.00 | 2809.00 | 380210 | 376024 | 95.76 | 9 | 蚌埠 |
| 2112.84 | 875.66 | 349140 | 345170 | 104.75 | 18 | 淮南 |
| 1041.00 | 144.00 | 387294 | 383321 | 76.88 | 3 | 马鞍山 |
| 1180.00 | 496.00 | 349175 | 346109 | 62.23 | 5 | 淮北 |
| 1350.44 | 353.20 | 264574 | 263200 | 54.73 | 9 | 铜陵 |
| 1020.27 | 44.69 | 301624 | 300000 | 72.82 | 3 | 安庆 |

# 7-2-2 续表 6

| 城市名称 Name of Cities | 储气能力(万立方米) Gas Storage Capacity (10,000 m³) | 供气管道长度(公里) Length of Gas Supply Pipeline (km) | 供气总量(万立方米) 合计 Total | 销售气量 Quantity Sold | 居民家庭 Households | 集中供热 Central Heating |
|---|---|---|---|---|---|---|
| 潜山 | 20.00 | 156.90 | 1192.50 | 1188.44 | 367.25 | |
| 桐城 | 1.85 | 457.70 | 1935.00 | 1924.00 | 1025.00 | |
| 黄山 | 106.40 | 826.80 | 4609.51 | 4567.19 | 963.36 | |
| 滁州 | 48.00 | 1885.83 | 24264.32 | 23330.18 | 7412.16 | |
| 天长 | 42.00 | 674.61 | 7069.50 | 6926.00 | 1226.00 | |
| 明光 | 52.50 | 386.87 | 5209.52 | 5207.12 | 880.00 | |
| 阜阳 | 62.00 | 1058.81 | 14726.24 | 14404.91 | 6485.12 | |
| 界首 | 6.36 | 546.10 | 1776.00 | 1751.00 | 1220.00 | |
| 宿州 | 36.00 | 1324.51 | 11398.52 | 11102.26 | 4967.09 | |
| 六安 | 52.00 | 1345.53 | 16833.00 | 16663.00 | 6356.00 | |
| 亳州 | 72.00 | 1838.10 | 10067.17 | 9592.00 | 4081.00 | |
| 池州 | 6.50 | 957.74 | 5794.59 | 5728.49 | 1795.38 | |
| 宣城 | 58.60 | 848.19 | 13904.24 | 13678.25 | 2630.89 | |
| 广德 | 40.00 | 208.99 | 9943.00 | 9893.00 | 896.45 | |
| 宁国 | 34.00 | 390.00 | 6803.49 | 6793.49 | 1485.00 | |
| **福建** | **1030.06** | **18186.11** | **335961.66** | **334196.83** | **35039.96** | |
| 福州 | 24.00 | 2950.52 | 30038.83 | 29601.10 | 9425.95 | |
| 福清 | 72.00 | 415.75 | 16252.71 | 16171.44 | 909.59 | |
| 厦门 | 74.87 | 3222.34 | 41260.54 | 41196.93 | 6137.57 | |
| 莆田 | 19.90 | 1595.16 | 22710.29 | 22544.67 | 3127.54 | |
| 三明 | 86.64 | 781.32 | 4213.74 | 4119.85 | 3079.34 | |
| 永安 | 24.00 | 340.11 | 1757.17 | 1749.93 | 603.27 | |
| 泉州 | 51.00 | 1249.85 | 23539.37 | 23160.53 | 2802.24 | |
| 石狮 | 3.60 | 778.46 | 5412.40 | 5411.90 | 810.00 | |
| 晋江 | | 1754.00 | 102604.00 | 102215.00 | 1369.00 | |
| 南安 | 43.00 | 1096.80 | 51592.00 | 51577.00 | 525.64 | |
| 漳州 | 24.60 | 1551.21 | 12430.27 | 12413.84 | 1640.33 | |
| 南平 | 38.00 | 484.16 | 2413.18 | 2408.28 | 574.41 | |
| 邵武 | 16.80 | 113.45 | 874.66 | 861.40 | 284.51 | |
| 武夷山 | 5.40 | 77.30 | 201.33 | 196.15 | 35.91 | |
| 建瓯 | 2.40 | 44.00 | 382.00 | 379.00 | 89.00 | |
| 龙岩 | 99.00 | 724.28 | 7879.60 | 7878.50 | 1683.54 | |
| 漳平 | 2.65 | 44.97 | 277.38 | 274.41 | 30.86 | |
| 宁德 | 66.00 | 531.31 | 1575.17 | 1511.46 | 1007.81 | |
| 福安 | 4.20 | 103.00 | 570.73 | 563.15 | 231.00 | |
| 福鼎 | 372.00 | 328.12 | 9976.29 | 9962.29 | 672.45 | |
| **江西** | **1017.17** | **21979.54** | **251368.98** | **248496.72** | **74400.25** | |
| 南昌 | 94.00 | 5796.56 | 58017.08 | 57134.48 | 20931.48 | |
| 景德镇 | 42.60 | 1471.66 | 16460.51 | 16201.07 | 2099.90 | |
| 乐平 | 3.60 | 147.33 | 300.40 | 294.40 | 128.63 | |
| 萍乡 | 69.00 | 2208.60 | 29570.00 | 29559.00 | 15876.00 | |
| 九江 | 30.00 | 1883.11 | 33661.31 | 33348.91 | 6328.53 | |
| 瑞昌 | 62.50 | 317.60 | 3205.00 | 3188.00 | 712.00 | |

continued 6

| Total Gas Supplied(10,000 $m^3$) | | 用气户数（户）Number of Household with Access to Gas (unit) | | 用气人口（万人）Population with Access to Gas (10,000 persons) | 天然气汽车加气站（座）Gas Stations for CNG-Fueled Motor Vehicles (unit) | 城市名称 Name of Cities |
|---|---|---|---|---|---|---|
| 燃气汽车 Gas-Powered Automobiles | 燃气损失量 Loss Amount | | 居民家庭 Households | | | |
| 109.40 | 4.06 | 24549 | 24203 | 8.35 | 1 | 潜山 |
| 899.00 | 11.00 | 47557 | 40484 | 10.80 | 1 | 桐城 |
| 155.00 | 42.32 | 59696 | 58534 | 17.57 | 1 | 黄山 |
| 581.85 | 934.14 | 296560 | 293450 | 68.18 | 6 | 滁州 |
| 232.00 | 143.50 | 75157 | 74656 | 18.33 | 1 | 天长 |
| 246.00 | 2.40 | 47320 | 47210 | 14.12 | 1 | 明光 |
| 1049.91 | 321.33 | 318296 | 315725 | 95.99 | 9 | 阜阳 |
| 199.00 | 25.00 | 50676 | 50250 | 13.09 | 2 | 界首 |
| 1092.02 | 296.26 | 340850 | 243350 | 59.85 | 3 | 宿州 |
| 1542.00 | 170.00 | 256115 | 253450 | 60.59 | 5 | 六安 |
| 438.00 | 475.17 | 139896 | 124855 | 34.53 | 2 | 亳州 |
| 34.96 | 66.10 | 129373 | 127822 | 28.35 | 1 | 池州 |
| 1224.51 | 225.99 | 161751 | 159922 | 32.63 | 6 | 宣城 |
| | 50.00 | 50553 | 50086 | 13.00 | | 广德 |
| 216.00 | 10.00 | 58221 | 57642 | 12.30 | 1 | 宁国 |
| **8770.14** | **1764.83** | **3191141** | **3171545** | **1013.77** | **38** | **福建** |
| 2723.22 | 437.73 | 856443 | 853735 | 332.63 | 9 | 福州 |
| | 81.27 | 75410 | 74904 | 14.46 | | 福清 |
| 2779.44 | 63.61 | 734859 | 731198 | 263.98 | 6 | 厦门 |
| 221.76 | 165.62 | 224078 | 221921 | 71.23 | 2 | 莆田 |
| 252.81 | 93.89 | 167540 | 166721 | 37.10 | 3 | 三明 |
| 217.17 | 7.24 | 58292 | 57548 | 17.26 | 1 | 永安 |
| 1368.73 | 378.84 | 232342 | 231577 | 57.89 | 6 | 泉州 |
| 50.00 | 0.50 | 63083 | 62621 | 20.59 | 1 | 石狮 |
| 117.00 | 389.00 | 124049 | 122000 | 27.80 | 2 | 晋江 |
| | 15.00 | 55465 | 54775 | 12.30 | | 南安 |
| 600.04 | 16.43 | 214394 | 211746 | 40.71 | 4 | 漳州 |
| | 4.90 | 62639 | 62360 | 21.95 | | 南平 |
| | 13.26 | 28059 | 27771 | 8.33 | | 邵武 |
| 10.68 | 5.18 | 5006 | 4905 | 1.47 | 1 | 武夷山 |
| | 3.00 | 8856 | 8721 | 3.02 | | 建瓯 |
| | 1.10 | 144614 | 144504 | 38.69 | | 龙岩 |
| 28.74 | 2.97 | 3010 | 2945 | 1.10 | 1 | 漳平 |
| 68.40 | 63.71 | 80892 | 80358 | 31.03 | 1 | 宁德 |
| 332.15 | 7.58 | 15123 | 15012 | 2.03 | 1 | 福安 |
| | 14.00 | 36987 | 36223 | 10.20 | | 福鼎 |
| **7277.95** | **2872.26** | **3967849** | **3914459** | **963.60** | **49** | **江西** |
| 1762.88 | 882.60 | 1336084 | 1329051 | 312.20 | 20 | 南昌 |
| 741.77 | 259.44 | 159369 | 157950 | 40.27 | 3 | 景德镇 |
| | 6.00 | 9391 | 9310 | 2.82 | | 乐平 |
| 667.00 | 11.00 | 188938 | 188422 | 42.50 | 3 | 萍乡 |
| 869.20 | 312.40 | 378161 | 375840 | 67.20 | 4 | 九江 |
| | 17.00 | 41689 | 41440 | 15.08 | | 瑞昌 |

## 7-2-2 续表 7

| 城市名称<br>Name of Cities | 储气能力(万立方米)<br>Gas Storage Capacity (10,000 $m^3$) | 供气管道长度(公里)<br>Length of Gas Supply Pipeline (km) | 供气总量(万立方米) | | | |
|---|---|---|---|---|---|---|
| | | | 合 计<br>Total | 销售气量<br>Quantity Sold | 居民家庭<br>Households | 集中供热<br>Central Heating |
| 共青城 | 37.50 | 26.12 | 609.00 | 607.00 | 8.00 | |
| 庐 山 | | 112.30 | 718.00 | 716.00 | 190.59 | |
| 新 余 | 11.00 | 899.89 | 12892.94 | 12523.26 | 3795.03 | |
| 鹰 潭 | 30.00 | 344.61 | 10104.31 | 10049.41 | 1462.92 | |
| 贵 溪 | 27.00 | 270.37 | 5172.57 | 5163.24 | 568.51 | |
| 赣 州 | 106.00 | 1913.91 | 19353.72 | 19153.06 | 6220.02 | |
| 瑞 金 | 18.00 | 236.28 | 1314.43 | 1304.43 | 621.26 | |
| 龙 南 | 12.00 | 103.00 | 2030.00 | 2029.97 | 110.00 | |
| 吉 安 | 36.00 | 1539.56 | 4921.64 | 4860.58 | 2521.28 | |
| 井冈山 | 2.00 | 11.50 | 76.14 | 75.24 | 34.85 | |
| 宜 春 | 15.00 | 1480.96 | 18566.60 | 18477.06 | 3577.49 | |
| 丰 城 | | 454.66 | 988.00 | 963.30 | 758.30 | |
| 樟 树 | 58.00 | 323.04 | 1743.00 | 1721.00 | 964.00 | |
| 高 安 | 71.01 | 200.21 | 7771.00 | 7700.00 | 1700.30 | |
| 抚 州 | 86.50 | 1116.84 | 11090.82 | 10924.11 | 2582.93 | |
| 上 饶 | 195.20 | 1037.80 | 11644.40 | 11345.19 | 3051.71 | |
| 德 兴 | 10.26 | 83.63 | 1158.11 | 1158.01 | 156.52 | |
| **山 东** | **5099.81** | **83079.72** | **1275880.96** | **1254258.49** | **324671.46** | **105115.50** |
| 济 南 | 2277.60 | 7587.70 | 188302.70 | 185052.10 | 78949.70 | 33922.00 |
| 青 岛 | 400.78 | 10577.22 | 160698.97 | 158050.35 | 36561.32 | 32837.07 |
| 胶 州 | 7.20 | 1905.94 | 21891.00 | 20938.43 | 4489.12 | 2121.47 |
| 平 度 | 12.00 | 1213.74 | 13735.00 | 13559.12 | 2391.90 | |
| 莱 西 | 82.80 | 1231.00 | 11880.00 | 11612.00 | 3950.00 | 1700.00 |
| 淄 博 | 831.40 | 5172.40 | 116998.14 | 114967.03 | 17179.50 | 282.95 |
| 枣 庄 | 8.50 | 2009.64 | 13524.28 | 13077.32 | 4627.71 | 293.62 |
| 滕 州 | 4.50 | 1294.13 | 33582.84 | 32711.36 | 4464.00 | |
| 东 营 | 39.60 | 2598.68 | 38722.09 | 38406.53 | 15629.98 | 1433.00 |
| 烟 台 | 180.60 | 3828.72 | 44653.86 | 44104.43 | 11335.94 | 1189.57 |
| 龙 口 | 120.00 | 1445.68 | 44551.07 | 43791.66 | 2162.00 | 392.35 |
| 莱 阳 | 27.60 | 856.00 | 6710.36 | 6565.36 | 1235.00 | |
| 莱 州 | 7.80 | 475.61 | 3670.00 | 3612.00 | 1259.00 | 52.00 |
| 招 远 | 0.82 | 519.40 | 3256.00 | 3240.97 | 921.30 | 16.25 |
| 栖 霞 | 14.40 | 369.10 | 3500.00 | 3400.00 | 750.00 | 800.00 |
| 海 阳 | 30.00 | 1317.60 | 2253.31 | 2213.31 | 1012.31 | |
| 潍 坊 | 411.05 | 3792.23 | 58218.04 | 57717.66 | 15200.00 | 8910.72 |
| 青 州 | 8.85 | 1017.36 | 12197.44 | 11963.59 | 3152.81 | 926.68 |
| 诸 城 | 60.00 | 1498.00 | 15477.00 | 15457.00 | 2495.00 | 949.00 |
| 寿 光 | 60.00 | 258.00 | 9136.00 | 8987.00 | 3554.60 | 70.70 |
| 安 丘 | 8.50 | 740.70 | 7836.83 | 7787.33 | 2511.71 | 83.11 |
| 高 密 | 18.00 | 931.21 | 18840.00 | 18141.00 | 6421.00 | |
| 昌 邑 | 8.00 | 532.00 | 4003.90 | 3815.90 | 3288.54 | 350.36 |
| 济 宁 | 109.50 | 4384.01 | 42792.26 | 42003.75 | 16064.89 | |
| 曲 阜 | | 1221.59 | 9304.79 | 8977.35 | 2206.80 | |
| 邹 城 | 2.00 | 612.23 | 5559.02 | 5495.46 | 4802.41 | |

continued 7

| Total Gas Supplied(10,000 $m^3$) | | 用气户数（户）Number of Household with Access to Gas (unit) | | 用气人口（万人）Population with Access to Gas (10,000 persons) | 天然气汽车加气站（座）Gas Stations for CNG-Fueled Motor Vehicles (unit) | 城市名称 Name of Cities |
|---|---|---|---|---|---|---|
| 燃气汽车 Gas-Powered Automobiles | 燃气损失量 Loss Amount | | 居民家庭 Households | | | |
| | 2.00 | 3500 | 1170 | 4.83 | | 共青城 |
| | 2.00 | 12506 | 12369 | 4.33 | | 庐山 |
| | 369.68 | 291443 | 290028 | 47.08 | | 新余 |
| 125.38 | 54.90 | 91717 | 90690 | 22.82 | 2 | 鹰潭 |
| | 9.33 | 36488 | 36217 | 8.62 | | 贵溪 |
| 780.79 | 200.66 | 404255 | 400396 | 114.03 | 4 | 赣州 |
| | 10.00 | 42809 | 42440 | 9.84 | | 瑞金 |
| | 0.03 | 8902 | 8800 | 3.52 | | 龙南 |
| 334.17 | 61.06 | 185130 | 167058 | 41.61 | 1 | 吉安 |
| | 0.90 | 4985 | 4979 | 2.05 | | 井冈山 |
| 494.00 | 89.54 | 211153 | 208575 | 53.47 | 3 | 宜春 |
| | 24.70 | 72335 | 72096 | 31.61 | | 丰城 |
| | 22.00 | 42785 | 41756 | 14.26 | | 樟树 |
| 45.00 | 71.00 | 47819 | 47619 | 14.00 | 2 | 高安 |
| 443.35 | 166.71 | 196686 | 195052 | 61.58 | 2 | 抚州 |
| 1014.41 | 299.21 | 188399 | 179900 | 45.94 | 5 | 上饶 |
| | 0.10 | 13305 | 13301 | 3.94 | | 德兴 |
| **70804.94** | **21622.47** | **17347442** | **17084509** | **3865.13** | **398** | **山东** |
| 18069.50 | 3250.60 | 3064196 | 3049942 | 623.30 | 56 | 济南 |
| 14786.72 | 2648.62 | 2471886 | 2453675 | 564.78 | 55 | 青岛 |
| 1221.00 | 952.57 | 227203 | 225016 | 50.50 | 5 | 胶州 |
| 249.00 | 175.88 | 136924 | 136317 | 41.73 | 3 | 平度 |
| 73.00 | 268.00 | 141003 | 140720 | 30.41 | 2 | 莱西 |
| 4483.76 | 2031.11 | 897305 | 761935 | 207.30 | 26 | 淄博 |
| 275.74 | 446.96 | 447860 | 433532 | 106.89 | 6 | 枣庄 |
| 816.14 | 871.48 | 267461 | 265422 | 49.06 | 3 | 滕州 |
| 3253.39 | 315.56 | 444071 | 440106 | 97.02 | 19 | 东营 |
| 1351.97 | 549.43 | 1007618 | 1004948 | 243.56 | 8 | 烟台 |
| 276.89 | 759.41 | 103857 | 102987 | 28.19 | 7 | 龙口 |
| 210.53 | 145.00 | 121015 | 119954 | 28.83 | 6 | 莱阳 |
| 46.00 | 58.00 | 89316 | 88941 | 23.28 | 9 | 莱州 |
| 72.00 | 15.03 | 91024 | 90531 | 19.31 | 1 | 招远 |
| 110.00 | 100.00 | 36995 | 36879 | 11.10 | 3 | 栖霞 |
| 24.00 | 40.00 | 96251 | 95733 | 20.40 | 1 | 海阳 |
| 2939.95 | 500.38 | 831589 | 824415 | 193.76 | 22 | 潍坊 |
| 2777.30 | 233.85 | 172829 | 171833 | 36.62 | 5 | 青州 |
| 1017.00 | 20.00 | 179570 | 178432 | 43.15 | 6 | 诸城 |
| 749.00 | 149.00 | 152411 | 152158 | 51.82 | 4 | 寿光 |
| | 49.50 | 122623 | 121836 | 36.58 | 6 | 安丘 |
| 565.00 | 699.00 | 144887 | 140459 | 29.05 | 6 | 高密 |
| 177.00 | 188.00 | 87489 | 86425 | 18.70 | 2 | 昌邑 |
| 1286.00 | 788.51 | 863988 | 860263 | 172.43 | 17 | 济宁 |
| 56.53 | 327.44 | 180602 | 179346 | 21.86 | 1 | 曲阜 |
| 693.05 | 63.56 | 165000 | 164080 | 35.80 | 9 | 邹城 |

# 7-2-2 续表 8

| 城市名称 Name of Cities | 储气能力(万立方米) Gas Storage Capacity (10,000 m³) | 供气管道长度(公里) Length of Gas Supply Pipeline (km) | 供气总量(万立方米) 合计 Total | 销售气量 Quantity Sold | 居民家庭 Households | 集中供热 Central Heating |
|---|---|---|---|---|---|---|
| 泰安 | 3.84 | 2833.09 | 45137.44 | 44104.01 | 5531.82 | 5419.69 |
| 新泰 | 9.70 | 876.99 | 7259.31 | 7217.95 | 2369.98 | |
| 肥城 | 20.00 | 393.50 | 6986.84 | 6959.15 | 4826.04 | |
| 威海 | 126.00 | 2702.28 | 18819.72 | 18432.00 | 5450.00 | 211.00 |
| 荣成 | 6.00 | 885.84 | 9148.76 | 9148.26 | 2399.99 | 203.60 |
| 乳山 | | 415.49 | 5793.28 | 5665.12 | 1197.52 | |
| 日照 | 80.00 | 1514.00 | 29510.31 | 28907.19 | 7294.37 | 1040.00 |
| 临沂 | 27.92 | 3894.56 | 89174.26 | 88477.73 | 13093.28 | 560.46 |
| 德州 | | 4735.46 | 33904.11 | 33155.98 | 5398.14 | 3278.14 |
| 乐陵 | 3.40 | 249.56 | 4327.00 | 4322.00 | 1645.00 | |
| 禹城 | 27.85 | 1164.98 | 8364.23 | 8286.10 | 2615.72 | 4487.61 |
| 聊城 | | 3238.36 | 53188.91 | 52091.61 | 5950.00 | 2800.00 |
| 临清 | 7.00 | 161.00 | 4594.00 | 4549.00 | 2216.00 | 427.00 |
| 滨州 | 37.50 | 1197.38 | 29064.02 | 28537.25 | 8812.79 | 317.80 |
| 邹平 | 7.20 | 597.98 | 21102.98 | 20791.91 | 3700.61 | |
| 菏泽 | 11.90 | 829.36 | 18210.89 | 17965.22 | 5553.66 | 39.35 |
| **河南** | **1048.83** | **30838.78** | **741158.33** | **724106.00** | **248569.51** | **72295.57** |
| 郑州 | 223.00 | 3792.20 | 189849.00 | 182863.70 | 51086.00 | 56380.00 |
| 巩义 | 205.30 | 824.01 | 36392.74 | 35466.24 | 3878.14 | |
| 荥阳 | | 435.00 | 6500.00 | 6493.00 | 3423.00 | |
| 新密 | 10.00 | 456.24 | 6633.00 | 6566.43 | 1990.00 | |
| 新郑 | 0.91 | 259.84 | 14352.04 | 13987.41 | 3775.37 | 2958.36 |
| 登封 | 6.00 | 984.00 | 11746.00 | 11702.00 | 1037.00 | |
| 开封 | 44.00 | 1846.87 | 21964.52 | 21428.25 | 7690.37 | 809.46 |
| 洛阳 | 100.00 | 1014.99 | 88637.04 | 87813.60 | 45814.58 | 1217.50 |
| 平顶山 | 20.00 | 605.89 | 13968.00 | 13548.00 | 6672.00 | |
| 舞钢 | 2.00 | 99.54 | 1150.60 | 1150.55 | 762.00 | 35.00 |
| 汝州 | | 424.99 | 3902.07 | 3701.07 | 1618.93 | 195.74 |
| 安阳 | 37.77 | 1988.77 | 11956.00 | 11849.59 | 7810.05 | |
| 林州 | 12.20 | 581.19 | 4225.00 | 4018.00 | 3811.00 | |
| 鹤壁 | 3.00 | 606.86 | 10358.00 | 9865.00 | 4137.00 | |
| 新乡 | | 2185.11 | 27259.00 | 26187.00 | 11164.00 | 806.00 |
| 长垣 | 15.00 | 358.20 | 5954.46 | 5664.46 | 2911.19 | 2573.27 |
| 卫辉 | | 294.87 | 3709.00 | 3694.00 | 1609.00 | |
| 辉县 | | 215.65 | 8700.00 | 8650.00 | 4500.00 | |
| 焦作 | 35.90 | 1957.14 | 34957.00 | 34440.00 | 7052.00 | |
| 沁阳 | | 470.00 | 4053.00 | 3903.00 | 1360.00 | |
| 孟州 | | 200.42 | 2495.52 | 2456.22 | 2452.59 | |
| 濮阳 | | 483.46 | 10295.00 | 10223.00 | 6159.18 | |
| 许昌 | 7.00 | 718.12 | 14037.72 | 13980.42 | 9335.76 | |
| 禹州 | 10.00 | 234.45 | 13800.00 | 13480.00 | 3860.60 | 1855.00 |
| 长葛 | 60.00 | 360.68 | 32803.72 | 32055.11 | 2364.35 | 3426.24 |
| 漯河 | 10.00 | 433.66 | 13705.33 | 13523.38 | 7474.83 | |
| 三门峡 | 37.00 | 307.09 | 10708.91 | 10655.37 | 2005.94 | |

continued 8

| Total Gas Supplied(10,000 m³) | | 用气户数(户) Number of Household with Access to Gas (unit) | | 用气人口(万人) Population with Access to Gas (10,000 persons) | 天然气汽车加气站(座) Gas Stations for CNG-Fueled Motor Vehicles (unit) | 城市名称 Name of Cities |
|---|---|---|---|---|---|---|
| 燃气汽车 Gas-Powered Automobiles | 燃气损失量 Loss Amount | | 居民家庭 Households | | | |
| 2591.60 | 1033.43 | 517962 | 514295 | 106.48 | 13 | 泰安 |
| 322.96 | 41.36 | 112953 | 112647 | 48.44 | 8 | 新泰 |
| 432.79 | 27.69 | 109401 | 109216 | 30.76 | 5 | 肥城 |
| 244.00 | 387.72 | 597740 | 590746 | 102.83 | 9 | 威海 |
| 376.20 | 0.50 | 221714 | 220045 | 41.99 | 3 | 荣成 |
| 150.00 | 128.16 | 82252 | 81897 | 21.50 | 1 | 乳山 |
| 1442.00 | 603.12 | 479322 | 477490 | 78.09 | 10 | 日照 |
| 2734.06 | 696.53 | 663278 | 658479 | 189.96 | 12 | 临沂 |
| 2969.61 | 748.13 | 509143 | 499641 | 85.87 | 27 | 德州 |
| 200.00 | 5.00 | 77100 | 72100 | 16.71 | 1 | 乐陵 |
| 1182.77 | 78.13 | 94854 | 94343 | 19.48 | 8 | 禹城 |
| 1249.00 | 1097.30 | 449082 | 443140 | 128.63 | 3 | 聊城 |
| 638.00 | 45.00 | 99871 | 99521 | 23.72 | 2 | 临清 |
| 216.03 | 526.77 | 399061 | 398002 | 76.03 | 3 | 滨州 |
| 423.16 | 311.07 | 99193 | 98564 | 24.13 | 4 | 邹平 |
| 52.29 | 245.67 | 289543 | 288498 | 85.08 | 1 | 菏泽 |
| **37225.42** | **17052.33** | **11325028** | **11151714** | **2508.10** | **214** | **河南** |
| 5005.00 | 6985.30 | 3243344 | 3225678 | 697.94 | 13 | 郑州 |
| 788.00 | 926.50 | 118656 | 112568 | 33.86 | 3 | 巩义 |
| 3070.00 | 7.00 | 68000 | 67800 | 17.63 | 4 | 荥阳 |
| 370.10 | 66.57 | 107993 | 107156 | 19.60 | 2 | 新密 |
| 1625.00 | 364.63 | 107499 | 105360 | 22.06 | 5 | 新郑 |
| 501.32 | 44.00 | 83071 | 82169 | 15.70 | 3 | 登封 |
| 1336.31 | 536.27 | 532865 | 528055 | 91.77 | 20 | 开封 |
| 2402.61 | 823.44 | 1065079 | 1052917 | 243.88 | 10 | 洛阳 |
| 860.00 | 420.00 | 458549 | 453495 | 91.71 | 8 | 平顶山 |
| 201.00 | 0.05 | 42565 | 42324 | 12.12 | 2 | 舞钢 |
| | 201.00 | 92990 | 92539 | 33.09 | | 汝州 |
| 45.45 | 106.41 | 491965 | 486445 | 78.31 | 9 | 安阳 |
| 191.00 | 207.00 | 114296 | 103677 | 20.98 | 1 | 林州 |
| 865.00 | 493.00 | 220890 | 218604 | 49.10 | 8 | 鹤壁 |
| 800.00 | 1072.00 | 464408 | 443179 | 76.81 | 3 | 新乡 |
| 180.00 | 290.00 | 146878 | 146265 | 31.82 | 5 | 长垣 |
| 130.00 | 15.00 | 71252 | 70670 | 14.95 | 4 | 卫辉 |
| 95.00 | 50.00 | 98520 | 95800 | 22.08 | 3 | 辉县 |
| | 517.00 | 361405 | 360001 | 81.41 | | 焦作 |
| 51.00 | 150.00 | 45937 | 45861 | 12.78 | 1 | 沁阳 |
| 3.63 | 39.30 | 77930 | 75000 | 13.89 | 1 | 孟州 |
| 546.00 | 72.00 | 209559 | 200820 | 64.04 | 19 | 濮阳 |
| 1873.80 | 57.30 | 352973 | 349624 | 65.30 | 11 | 许昌 |
| 820.00 | 320.00 | 87686 | 85872 | 24.75 | 2 | 禹州 |
| 125.10 | 748.61 | 35841 | 35292 | 10.54 | 1 | 长葛 |
| 713.85 | 181.95 | 175028 | 162123 | 41.91 | 9 | 漯河 |
| 314.26 | 53.54 | 134309 | 133262 | 47.01 | 2 | 三门峡 |

## 7-2-2 续表 9

| 城市名称 Name of Cities | 储气能力(万立方米) Gas Storage Capacity (10,000 m³) | 供气管道长度(公里) Length of Gas Supply Pipeline (km) | 供气总量(万立方米) 合 计 Total | 销售气量 Quantity Sold | 居民家庭 Households | 集中供热 Central Heating |
|---|---|---|---|---|---|---|
| 义　马 | | 131.82 | 1845.98 | 1790.60 | 531.51 | |
| 灵　宝 | 11.50 | 299.89 | 3041.10 | 3026.00 | 857.00 | 90.00 |
| 南　阳 | 58.10 | 3054.44 | 18763.28 | 18404.00 | 6614.00 | |
| 邓　州 | 7.00 | 137.98 | 953.66 | 952.86 | 871.56 | |
| 商　丘 | 6.00 | 892.39 | 40559.00 | 40100.00 | 5738.00 | 226.00 |
| 永　城 | 24.50 | 311.89 | 5193.00 | 5022.00 | 2037.50 | |
| 信　阳 | 25.00 | 826.56 | 17283.00 | 16788.00 | 7160.00 | |
| 周　口 | 6.00 | 1060.75 | 12096.21 | 11968.56 | 6261.00 | |
| 项　城 | 0.65 | 277.94 | 3005.00 | 3000.00 | 2206.00 | |
| 驻 马 店 | 55.00 | 808.61 | 9322.27 | 8867.18 | 5375.41 | |
| 济源示范区 | 16.00 | 362.57 | 21056.88 | 20923.20 | 4703.80 | |
| 郑州航空港经济综合实验区 | | 534.70 | 3926.28 | 3898.80 | 458.85 | 1723.00 |
| **湖　北** | **6199.52** | **51333.71** | **632308.01** | **615988.83** | **190433.70** | **302.87** |
| 武　汉 | 3655.00 | 16809.83 | 275568.99 | 265733.26 | 93993.89 | |
| 黄　石 | 15.40 | 1167.00 | 37000.38 | 36188.84 | 4010.65 | |
| 大　冶 | 9.15 | 737.80 | 29629.00 | 29569.00 | 1492.00 | |
| 十　堰 | 44.00 | 2029.21 | 18794.55 | 18738.23 | 4661.67 | 232.36 |
| 丹 江 口 | 11.30 | 415.22 | 3782.30 | 3746.30 | 673.37 | |
| 宜　昌 | 1824.00 | 1762.97 | 28005.94 | 27570.34 | 9419.07 | |
| 宜　都 | 2.96 | 1100.56 | 7214.68 | 7048.25 | 1788.46 | |
| 当　阳 | 9.00 | 532.30 | 4731.90 | 4729.92 | 1192.00 | |
| 枝　江 | 54.00 | 353.00 | 6221.00 | 5972.00 | 1121.00 | |
| 襄　阳 | 62.00 | 1773.00 | 37751.43 | 36386.82 | 10468.59 | |
| 老 河 口 | 4.20 | 606.85 | 4504.06 | 4443.15 | 1338.66 | |
| 枣　阳 | | 647.00 | 5228.00 | 5027.00 | 1256.00 | |
| 宜　城 | 3.00 | 374.00 | 3178.00 | 3088.50 | 912.00 | |
| 鄂　州 | 90.28 | 735.00 | 7151.00 | 7134.00 | 2904.00 | |
| 荆　门 | 1.17 | 1217.66 | 11780.55 | 11620.33 | 3412.54 | |
| 京　山 | 16.00 | 919.67 | 2706.95 | 2645.24 | 1082.34 | 27.61 |
| 钟　祥 | 50.00 | 559.91 | 3287.00 | 3200.00 | 1800.00 | |
| 孝　感 | 30.00 | 1282.00 | 12229.43 | 12227.97 | 4181.38 | |
| 应　城 | | 633.02 | 2550.00 | 2508.00 | 1192.81 | 6.00 |
| 安　陆 | 10.00 | 541.20 | 3328.00 | 3208.00 | 1077.00 | |
| 汉　川 | 6.80 | 489.40 | 5422.23 | 5390.16 | 628.00 | |
| 荆　州 | 15.00 | 2103.51 | 19029.05 | 18346.00 | 6662.58 | |
| 监　利 | 35.00 | 656.90 | 3715.00 | 3555.00 | 1078.00 | |
| 石　首 | 1.24 | 93.10 | 422.10 | 420.80 | 201.12 | |
| 洪　湖 | 16.90 | 714.03 | 2729.50 | 2708.70 | 1208.54 | |
| 松　滋 | 0.90 | 565.94 | 1130.00 | 1120.70 | 1000.70 | 5.20 |
| 黄　冈 | 9.50 | 970.00 | 9310.00 | 9100.41 | 2458.69 | |
| 麻　城 | 16.00 | 243.42 | 3674.00 | 3562.00 | 1602.90 | |
| 武　穴 | 4.10 | 703.50 | 2363.61 | 2298.14 | 1389.00 | |

continued 9

| Total Gas Supplied(10,000 m³) | | 用气户数（户） Number of Household with Access to Gas (unit) | | 用气人口（万人） Population with Access to Gas (10,000 persons) | 天然气汽车加气站（座） Gas Stations for CNG-Fueled Motor Vehicles (unit) | 城市名称 Name of Cities |
|---|---|---|---|---|---|---|
| 燃气汽车 Gas-Powered Automobiles | 燃气损失量 Loss Amount | | 居民家庭 Households | | | |
| 131.79 | 55.38 | 39672 | 39514 | 13.82 | 1 | 义马 |
| | 15.10 | 44027 | 43727 | 16.10 | | 灵宝 |
| 2476.00 | 359.28 | 493874 | 486809 | 163.00 | 17 | 南阳 |
| 80.00 | 0.80 | 26588 | 24599 | 12.55 | 11 | 邓州 |
| 1302.00 | 459.00 | 378688 | 375629 | 85.00 | 10 | 商丘 |
| 36.00 | 171.00 | 136548 | 120227 | 33.35 | 2 | 永城 |
| 8632.00 | 495.00 | 314278 | 309882 | 50.68 | 15 | 信阳 |
| 530.00 | 127.65 | 242134 | 234875 | 56.69 | 3 | 周口 |
| 405.00 | 5.00 | 62371 | 60800 | 23.79 | 1 | 项城 |
| | 455.09 | 267455 | 265732 | 54.15 | | 驻马店 |
| 719.20 | 133.68 | 194388 | 192393 | 39.80 | 3 | 济源示范区 |
| | 27.48 | 115517 | 114971 | 24.13 | 2 | 郑州航空港经济综合实验区 |
| **53506.03** | **16319.18** | **9661879** | **9533522** | **2070.08** | **191** | **湖北** |
| 24954.88 | 9835.73 | 4430936 | 4407278 | 939.00 | 65 | 武汉 |
| 2991.33 | 811.54 | 250820 | 242969 | 58.30 | 7 | 黄石 |
| 566.00 | 60.00 | 90147 | 89586 | 26.88 | 2 | 大冶 |
| 2061.00 | 56.32 | 417896 | 417471 | 71.52 | 7 | 十堰 |
| 92.64 | 36.00 | 66846 | 65513 | 10.93 | 1 | 丹江口 |
| 2830.86 | 435.60 | 455045 | 447938 | 97.65 | 14 | 宜昌 |
| 97.50 | 166.43 | 73309 | 71321 | 15.38 | 2 | 宜都 |
| 358.20 | 1.98 | 64781 | 63119 | 14.88 | 3 | 当阳 |
| 167.20 | 249.00 | 66465 | 66374 | 11.20 | 2 | 枝江 |
| 5002.85 | 1364.61 | 509596 | 504591 | 138.41 | 11 | 襄阳 |
| 126.18 | 60.91 | 89000 | 87370 | 20.00 | 1 | 老河口 |
| 220.00 | 201.00 | 101566 | 91837 | 21.13 | 1 | 枣阳 |
| 154.00 | 89.50 | 55138 | 54633 | 14.91 | 1 | 宜城 |
| 606.82 | 17.00 | 165279 | 164127 | 35.72 | 3 | 鄂州 |
| 2258.14 | 160.22 | 231258 | 230469 | 42.14 | 5 | 荆门 |
| 251.41 | 61.71 | 88127 | 87427 | 18.49 | 1 | 京山 |
| 600.00 | 87.00 | 42814 | 39528 | 13.20 | 1 | 钟祥 |
| 582.88 | 1.46 | 240232 | 237910 | 52.40 | 3 | 孝感 |
| 84.00 | 42.00 | 84527 | 80695 | 16.79 | 2 | 应城 |
| 188.00 | 120.00 | 75000 | 74000 | 18.72 | 2 | 安陆 |
| 167.95 | 32.07 | 58133 | 56621 | 17.24 | 2 | 汉川 |
| 1660.00 | 683.05 | 338058 | 335425 | 72.95 | 10 | 荆州 |
| 266.00 | 160.00 | 71568 | 70537 | 11.74 | 3 | 监利 |
| 138.50 | 1.30 | 18101 | 17962 | 5.80 | 2 | 石首 |
| 127.20 | 20.80 | 79641 | 78631 | 6.11 | 2 | 洪湖 |
| 114.80 | 9.30 | 37200 | 36100 | 12.18 | 1 | 松滋 |
| 1576.00 | 209.59 | 133211 | 131982 | 27.59 | 7 | 黄冈 |
| 147.00 | 112.00 | 66986 | 66299 | 13.16 | 3 | 麻城 |
| | 65.47 | 76168 | 75330 | 20.59 | | 武穴 |

# 7-2-2 续表 10

| 城市名称<br>Name of Cities | 储气能力(万立方米)<br>Gas Storage Capacity (10,000 $m^3$) | 供气管道长度(公里)<br>Length of Gas Supply Pipeline (km) | 供气总量(万立方米) | | | |
|---|---|---|---|---|---|---|
| | | | 合 计<br>Total | 销售气量<br>Quantity Sold | 居民家庭<br>Households | 集中供热<br>Central Heating |
| 咸　宁 | 75.10 | 914.50 | 19965.90 | 19921.60 | 2508.64 | |
| 赤　壁 | 2.00 | 260.00 | 4242.00 | 4082.00 | 1361.00 | |
| 随　州 | 7.50 | 1133.53 | 6934.96 | 6865.42 | 3439.89 | |
| 广　水 | 15.00 | 87.00 | 1811.38 | 1810.99 | 992.48 | |
| 恩　施 | 47.52 | 1672.82 | 8385.04 | 8219.36 | 4272.23 | 30.95 |
| 利　川 | 10.00 | 1282.10 | 5947.00 | 5768.36 | 4464.00 | |
| 仙　桃 | 23.00 | 1708.14 | 11405.42 | 11306.19 | 3592.12 | |
| 潜　江 | 15.00 | 1706.62 | 15516.66 | 15164.85 | 3110.18 | |
| 天　门 | 7.50 | 1832.00 | 5661.00 | 5563.00 | 2486.20 | 0.75 |
| **湖　南** | **3102.83** | **32744.47** | **332266.42** | **323935.88** | **147882.73** | |
| 长　沙 | 1100.00 | 6458.00 | 90981.00 | 84844.00 | 46724.00 | |
| 宁　乡 | 24.00 | 647.43 | 8957.34 | 8824.97 | 2826.04 | |
| 浏　阳 | 31.00 | 478.00 | 8453.35 | 8450.00 | 2902.30 | |
| 株　洲 | 727.00 | 2586.00 | 34833.89 | 34405.24 | 15894.64 | |
| 醴　陵 | 96.00 | 1455.10 | 30147.00 | 30139.00 | 4479.00 | |
| 湘　潭 | 10.00 | 2446.00 | 18657.00 | 18437.00 | 7122.00 | |
| 湘　乡 | | 449.00 | 4312.00 | 4307.20 | 546.00 | |
| 韶　山 | 6.00 | 160.55 | 473.00 | 457.20 | 426.95 | |
| 衡　阳 | 10.00 | 5104.39 | 30416.68 | 30416.67 | 8508.09 | |
| 耒　阳 | 18.00 | 678.00 | 1244.79 | 1235.31 | 900.18 | |
| 常　宁 | 12.00 | 503.62 | 977.00 | 945.00 | 690.00 | |
| 邵　阳 | 60.00 | 800.00 | 8178.00 | 8057.82 | 4752.24 | |
| 武　冈 | 15.00 | 258.99 | 1302.71 | 1302.66 | 744.82 | |
| 邵　东 | 18.00 | 115.00 | 1437.12 | 1436.54 | 1436.04 | |
| 岳　阳 | 40.00 | 2167.63 | 19616.51 | 19222.04 | 10839.19 | |
| 汨　罗 | 10.00 | 190.00 | 3928.44 | 3927.96 | 650.93 | |
| 临　湘 | 1.00 | 120.00 | 1250.00 | 1248.80 | 1064.61 | |
| 常　德 | 32.88 | 3005.84 | 19955.89 | 19833.99 | 6449.98 | |
| 津　市 | 24.00 | 214.56 | 700.00 | 694.00 | 475.50 | |
| 张家界 | 22.87 | 445.56 | 2638.44 | 2614.44 | 1227.12 | |
| 益　阳 | 512.40 | 461.38 | 10663.56 | 10421.40 | 4173.85 | |
| 沅　江 | | 111.66 | 2415.00 | 2406.00 | 1348.00 | |
| 郴　州 | 99.00 | 1538.62 | 10569.69 | 10566.00 | 9530.00 | |
| 资　兴 | 18.00 | 330.92 | 1335.46 | 1332.72 | 531.05 | |
| 永　州 | 38.00 | 483.00 | 4953.08 | 4854.00 | 3809.00 | |
| 祁　阳 | 7.00 | 360.00 | 800.00 | 794.00 | 650.00 | |
| 怀　化 | 41.00 | 295.00 | 3454.00 | 3384.00 | 2052.00 | |
| 洪　江 | 10.50 | 138.72 | 256.50 | 249.49 | 148.59 | |
| 娄　底 | 10.00 | 442.00 | 5776.00 | 5568.00 | 4480.00 | |
| 冷水江 | 7.18 | 81.10 | 656.97 | 650.83 | 326.01 | |
| 涟　源 | 60.00 | 65.00 | 360.00 | 355.00 | 180.00 | |
| 吉　首 | 42.00 | 153.40 | 2566.00 | 2554.60 | 1994.60 | |

## continued 10

| Total Gas Supplied(10,000 $m^3$) | | 用气户数(户) | | 用气人口(万人) | 天然气汽车加气站(座) | 城市名称 |
|---|---|---|---|---|---|---|
| 燃气汽车 Gas-Powered Automobiles | 燃气损失量 Loss Amount | Number of Household with Access to Gas (unit) | 居民家庭 Households | Population with Access to Gas (10,000 persons) | Gas Stations for CNG-Fueled Motor Vehicles (unit) | Name of Cities |
| 455.00 | 44.30 | 126155 | 125643 | 31.24 | 5 | 咸宁 |
| 256.00 | 160.00 | 81121 | 80521 | 23.00 | 1 | 赤壁 |
| 445.28 | 69.54 | 183709 | 181864 | 41.75 | 5 | 随州 |
| 145.67 | 0.39 | 73932 | 73623 | 14.98 | 1 | 广水 |
| 1219.87 | 165.68 | 163886 | 160462 | 23.99 | 2 | 恩施 |
| 782.36 | 178.64 | 109200 | 107092 | 21.84 | 1 | 利川 |
| 1230.00 | 99.23 | 181488 | 179235 | 35.00 | 7 | 仙桃 |
| 330.30 | 351.81 | 159517 | 157516 | 27.92 | 3 | 潜江 |
| 250.21 | 98.00 | 105023 | 74523 | 25.35 | 2 | 天门 |
| **13486.41** | **8330.54** | **6021367** | **5940545** | **1513.96** | **68** | **湖南** |
| 2162.00 | 6137.00 | 1866412 | 1846616 | 454.25 | 7 | 长沙 |
| 324.60 | 132.37 | 130252 | 120252 | 38.95 | 2 | 宁乡 |
| | 3.35 | 86201 | 85653 | 26.87 | | 浏阳 |
| 952.43 | 428.65 | 564450 | 559264 | 138.08 | 6 | 株洲 |
| 2.70 | 8.00 | 83121 | 81821 | 22.50 | 1 | 醴陵 |
| 1230.00 | 220.00 | 363183 | 357000 | 79.00 | 2 | 湘潭 |
| 105.00 | 4.80 | 48594 | 48206 | 17.12 | 1 | 湘乡 |
| 30.25 | 15.80 | 10985 | 9852 | 2.81 | 1 | 韶山 |
| 256.10 | 0.01 | 587105 | 581621 | 119.42 | 3 | 衡阳 |
| 16.20 | 9.48 | 58545 | 58102 | 23.42 | | 耒阳 |
| | 32.00 | 49787 | 49470 | 14.60 | | 常宁 |
| 539.87 | 120.18 | 226628 | 225418 | 61.13 | 3 | 邵阳 |
| | 0.05 | 37940 | 37698 | 12.08 | | 武冈 |
| 0.50 | 0.58 | 61346 | 61246 | 20.00 | 1 | 邵东 |
| 1100.00 | 394.47 | 379518 | 376151 | 86.90 | 4 | 岳阳 |
| 109.65 | 0.48 | 30951 | 30522 | 9.02 | 1 | 汨罗 |
| 133.62 | 1.20 | 41122 | 40787 | 12.22 | 1 | 临湘 |
| 749.82 | 121.90 | 347425 | 334005 | 69.75 | 13 | 常德 |
| 218.50 | 6.00 | 31307 | 31000 | 7.13 | 1 | 津市 |
| 794.84 | 24.00 | 66977 | 65898 | 18.13 | 3 | 张家界 |
| 246.16 | 242.16 | 251471 | 248460 | 36.80 | 3 | 益阳 |
| 252.00 | 9.00 | 71759 | 70625 | 15.84 | 2 | 沅江 |
| 1036.00 | 3.69 | 207456 | 206510 | 54.98 | 3 | 郴州 |
| | 2.74 | 32134 | 32000 | 6.51 | | 资兴 |
| 978.00 | 99.08 | 139324 | 138384 | 43.34 | 2 | 永州 |
| 142.00 | 6.00 | 40000 | 39870 | 15.50 | 1 | 祁阳 |
| 295.00 | 70.00 | 113487 | 112653 | 35.49 | 1 | 怀化 |
| | 7.01 | 7129 | 7062 | 2.96 | | 洪江 |
| 980.00 | 208.00 | 12570 | 12563 | 41.00 | 2 | 娄底 |
| 96.17 | 6.14 | 22785 | 22617 | 7.12 | 1 | 冷水江 |
| 175.00 | 5.00 | 15100 | 13200 | 4.70 | 1 | 涟源 |
| 560.00 | 11.40 | 36303 | 36019 | 16.34 | 2 | 吉首 |

## 7-2-2 续表 11

| 城市名称 Name of Cities | 储气能力(万立方米) Gas Storage Capacity (10,000 $m^3$) | 供气管道长度(公里) Length of Gas Supply Pipeline (km) | 供气总量(万立方米) 合 计 Total | 销售气量 Quantity Sold | 居民家庭 Households | 集中供热 Central Heating |
|---|---|---|---|---|---|---|
| **广 东** | **2665.22** | **47463.50** | **1393326.76** | **1383272.55** | **201331.71** | |
| 广 州 | 415.70 | 6077.41 | 181566.40 | 181177.70 | 49777.37 | |
| 韶 关 | 46.00 | 1125.24 | 12861.00 | 12812.00 | 3949.00 | |
| 乐 昌 | 40.00 | 54.30 | 509.00 | 508.12 | 348.00 | |
| 南 雄 | 10.00 | 129.00 | 1710.40 | 1689.60 | 355.00 | |
| 深 圳 | 74.26 | 9070.00 | 381191.57 | 381189.83 | 54960.75 | |
| 珠 海 | 194.83 | 1622.12 | 31538.94 | 31509.24 | 5991.36 | |
| 汕 头 | 102.00 | 951.74 | 9739.51 | 9738.71 | 2749.00 | |
| 佛 山 | 151.50 | 4266.64 | 126162.48 | 125756.85 | 10311.30 | |
| 江 门 | 100.00 | 1038.19 | 58327.82 | 58143.30 | 2648.26 | |
| 台 山 | 84.34 | 44.50 | 6183.93 | 6173.93 | 23.00 | |
| 开 平 | 39.60 | 369.50 | 15155.61 | 15083.61 | 431.59 | |
| 鹤 山 | 6.60 | 322.78 | 13960.00 | 13958.97 | 608.51 | |
| 恩 平 | 72.00 | 125.00 | 30716.24 | 29915.89 | 73.70 | |
| 湛 江 | 100.00 | 952.00 | 15897.99 | 15506.49 | 4040.00 | |
| 廉 江 | 12.00 | 276.61 | 846.14 | 843.24 | 350.00 | |
| 雷 州 | 5.00 | 65.00 | 491.00 | 490.00 | 131.00 | |
| 吴 川 | 15.00 | 53.00 | 220.00 | 215.00 | 24.00 | |
| 茂 名 | 40.83 | 932.18 | 4546.65 | 4510.97 | 4315.74 | |
| 高 州 | 18.00 | 144.00 | 1579.84 | 1574.36 | 379.00 | |
| 化 州 | 5.40 | 275.93 | 679.68 | 679.48 | 448.58 | |
| 信 宜 | 0.01 | 415.00 | 497.00 | 496.70 | 280.33 | |
| 肇 庆 | 98.40 | 1038.29 | 78620.98 | 77488.59 | 3380.89 | |
| 四 会 | 7.00 | 705.90 | 23760.00 | 22985.00 | 998.00 | |
| 惠 州 | 227.40 | 3732.93 | 24477.54 | 24181.13 | 10362.18 | |
| 梅 州 | 66.20 | 930.05 | 4069.07 | 4059.45 | 2152.12 | |
| 兴 宁 | 8.80 | 160.63 | 811.47 | 807.30 | 407.92 | |
| 汕 尾 | 5.20 | 428.00 | 1238.12 | 1237.23 | 520.98 | |
| 陆 丰 | 2.80 | 131.80 | 441.43 | 431.43 | 283.09 | |
| 河 源 | | 791.00 | 4300.00 | 4240.00 | 1600.00 | |
| 阳 江 | 129.60 | 1948.89 | 32275.43 | 31966.05 | 1729.64 | |
| 阳 春 | 18.00 | 191.00 | 1093.00 | 1053.00 | 712.00 | |
| 清 远 | 39.00 | 1451.24 | 76559.79 | 76114.52 | 4490.00 | |
| 英 德 | 82.00 | 198.94 | 8544.84 | 8529.39 | 589.89 | |
| 连 州 | 12.00 | 65.00 | 880.00 | 874.00 | 874.00 | |
| 东 莞 | 258.26 | 3811.80 | 167272.23 | 163381.65 | 23483.08 | |
| 中 山 | 45.00 | 1376.62 | 8001.71 | 7903.11 | 2912.32 | |
| 潮 州 | 1.99 | 980.97 | 49163.39 | 48841.08 | 730.02 | |
| 揭 阳 | 54.00 | 365.02 | 8701.75 | 8656.62 | 926.76 | |
| 普 宁 | 46.00 | 234.88 | 3363.64 | 3245.91 | 1615.76 | |
| 云 浮 | 18.50 | 405.96 | 4773.17 | 4715.10 | 1029.57 | |
| 罗 定 | 12.00 | 204.44 | 598.00 | 588.00 | 338.00 | |
| **广 西** | **1041.36** | **11469.23** | **206966.96** | **205751.41** | **55524.04** | |
| 南 宁 | 162.40 | 1255.25 | 37664.33 | 37461.12 | 20619.54 | |
| 横 州 | 3.00 | 61.20 | 252.00 | 251.80 | 154.62 | |

continued 11

| Total Gas Supplied($10,000\ m^3$) | | 用气户数(户) Number of Household with Access to Gas (unit) | | 用气人口(万人) Population with Access to Gas (10,000 persons) | 天然气汽车加气站(座) Gas Stations for CNG-Fueled Motor Vehicles (unit) | 城市名称 Name of Cities |
|---|---|---|---|---|---|---|
| 燃气汽车 Gas-Powered Automobiles | 燃气损失量 Loss Amount | | 居民家庭 Households | | | |
| **20385.83** | **10054.21** | **13952573** | **13791629** | **4165.33** | **79** | **广东** |
| 1697.28 | 388.70 | 3074351 | 3050342 | 933.40 | 6 | 广州 |
| 337.00 | 49.00 | 231865 | 230138 | 56.36 | 1 | 韶关 |
| | 0.88 | 23220 | 23097 | 4.82 | | 乐昌 |
| | 20.80 | 26989 | 26789 | 6.20 | | 南雄 |
| 3840.63 | 1.74 | 4198791 | 4154880 | 1454.21 | 19 | 深圳 |
| 1593.83 | 29.70 | 667590 | 666824 | 138.99 | 4 | 珠海 |
| | 0.80 | 180899 | 180243 | 72.24 | 1 | 汕头 |
| 4894.34 | 405.63 | 674709 | 619318 | 135.53 | 9 | 佛山 |
| 342.48 | 184.52 | 318319 | 316700 | 86.80 | 3 | 江门 |
| | 10.00 | 7130 | 7117 | 1.90 | | 台山 |
| 252.88 | 72.00 | 68373 | 67854 | 20.51 | 2 | 开平 |
| | 1.03 | 89523 | 89110 | 14.00 | | 鹤山 |
| | 800.35 | 28878 | 28833 | 4.85 | | 恩平 |
| 3243.49 | 391.50 | 254700 | 253613 | 74.00 | 7 | 湛江 |
| | 2.90 | 37887 | 37774 | 9.00 | | 廉江 |
| | 1.00 | 16070 | 16000 | 2.95 | | 雷州 |
| | 5.00 | 6160 | 6110 | 7.98 | | 吴川 |
| | 35.68 | 149579 | 148991 | 52.93 | | 茂名 |
| | 5.48 | 26922 | 26727 | 13.36 | | 高州 |
| | 0.20 | 31385 | 31264 | 9.45 | | 化州 |
| | 0.30 | 19442 | 19360 | 6.20 | | 信宜 |
| 2.58 | 1132.39 | 243221 | 242050 | 61.89 | 1 | 肇庆 |
| | 775.00 | 62561 | 62159 | 14.60 | | 四会 |
| 332.43 | 296.41 | 720607 | 712677 | 204.33 | 3 | 惠州 |
| | 9.62 | 167341 | 166619 | 30.68 | | 梅州 |
| 68.50 | 4.17 | 29312 | 29187 | 11.64 | 1 | 兴宁 |
| | 0.89 | 38502 | 38175 | 12.98 | | 汕尾 |
| | 10.00 | 17358 | 17235 | 6.00 | | 陆丰 |
| | 60.00 | 110417 | 110200 | 23.00 | | 河源 |
| 257.42 | 309.38 | 163740 | 162397 | 27.03 | 2 | 阳江 |
| | 40.00 | 48624 | 48246 | 16.00 | | 阳春 |
| | 445.27 | 294994 | 293409 | 37.00 | 1 | 清远 |
| 2141.24 | 15.45 | 35004 | 34798 | 9.00 | 5 | 英德 |
| | 6.00 | 11325 | 11325 | 3.60 | | 连州 |
| 922.41 | 3890.58 | 1392995 | 1384942 | 443.20 | 10 | 东莞 |
| 208.61 | 98.60 | 168971 | 167971 | 59.14 | 1 | 中山 |
| | 322.31 | 98857 | 94992 | 23.25 | | 潮州 |
| 217.21 | 45.13 | 70450 | 70018 | 44.91 | 1 | 揭阳 |
| | 117.73 | 63760 | 63571 | 7.01 | | 普宁 |
| 3.50 | 58.07 | 58927 | 58459 | 18.49 | 1 | 云浮 |
| 30.00 | 10.00 | 22825 | 22115 | 5.90 | 1 | 罗定 |
| **7612.76** | **1215.55** | **3191035** | **3164522** | **811.13** | **42** | **广西** |
| 1837.12 | 203.21 | 1304161 | 1298232 | 271.20 | 5 | 南宁 |
| | 0.20 | 11065 | 10959 | 3.40 | | 横州 |

## 7-2-2 续表 12

| 城市名称 Name of Cities | 储气能力(万立方米) Gas Storage Capacity ($10,000\ m^3$) | 供气管道长度(公里) Length of Gas Supply Pipeline (km) | 供气总量(万立方米) 合 计 Total | 销售气量 Quantity Sold | 居民家庭 Households | 集中供热 Central Heating |
|---|---|---|---|---|---|---|
| 柳　州 | 167.96 | 1603.41 | 17733.19 | 17491.79 | 6904.72 | |
| 桂　林 | 73.00 | 1976.50 | 10547.55 | 10356.14 | 4580.62 | |
| 荔　浦 | 6.00 | 45.00 | 85.16 | 84.96 | 84.96 | |
| 梧　州 | 25.40 | 407.21 | 21048.38 | 21037.63 | 2137.87 | |
| 岑　溪 | 3.00 | 250.84 | 167.69 | 166.03 | 166.03 | |
| 北　海 | 213.75 | 1485.71 | 70157.97 | 70151.00 | 4685.00 | |
| 防城港 | 15.00 | 485.19 | 4691.85 | 4676.05 | 968.66 | |
| 东　兴 | 12.00 | 144.41 | 418.44 | 407.02 | 200.48 | |
| 钦　州 | 40.60 | 991.83 | 9536.23 | 9455.79 | 2886.80 | |
| 贵　港 | 22.00 | 236.32 | 5203.41 | 4871.41 | 2455.78 | |
| 桂　平 | 28.50 | 51.00 | 540.20 | 540.05 | 540.05 | |
| 玉　林 | 18.00 | 594.23 | 6402.13 | 6365.13 | 4391.94 | |
| 北　流 | 36.00 | 276.37 | 3359.32 | 3356.32 | 808.00 | |
| 百　色 | 10.74 | 376.45 | 9996.35 | 9955.43 | 861.34 | |
| 靖　西 | | | 68.92 | 68.15 | 68.15 | |
| 平　果 | 60.00 | 42.74 | 196.10 | 191.10 | 191.10 | |
| 贺　州 | 87.32 | 163.96 | 3494.66 | 3473.99 | 347.40 | |
| 河　池 | 18.33 | 474.42 | 1504.93 | 1494.50 | 628.57 | |
| 来　宾 | 15.60 | 162.50 | 2811.55 | 2810.55 | 1194.06 | |
| 合　山 | 0.06 | 38.81 | 20.98 | 20.97 | 20.65 | |
| 崇　左 | 22.10 | 324.88 | 1036.00 | 1035.18 | 598.40 | |
| 凭　祥 | 0.60 | 21.00 | 29.62 | 29.30 | 29.30 | |
| **海　南** | **188.70** | **5538.65** | **35151.93** | **34590.27** | **21009.14** | |
| 海　口 | 71.00 | 2186.00 | 24819.79 | 24353.79 | 16792.00 | |
| 三　亚 | 50.89 | 1709.43 | 6724.55 | 6646.37 | 2411.23 | |
| 儋　州 | 7.20 | 269.10 | 1321.00 | 1315.00 | 782.00 | |
| 五指山 | 6.00 | 30.50 | 90.00 | 85.00 | 83.00 | |
| 琼　海 | 41.40 | 1102.07 | 572.01 | 572.00 | 235.70 | |
| 文　昌 | 3.50 | 143.00 | 1047.00 | 1041.88 | 314.00 | |
| 万　宁 | 0.30 | 21.90 | 45.00 | 44.90 | 24.80 | |
| 东　方 | 8.41 | 76.65 | 532.58 | 531.33 | 366.41 | |
| **重　庆** | **465.17** | **25933.22** | **591129.89** | **579064.39** | **234302.98** | **2289.00** |
| 重　庆 | 465.17 | 25933.22 | 591129.89 | 579064.39 | 234302.98 | 2289.00 |
| **四　川** | **555.25** | **77456.14** | **1028009.57** | **1004121.38** | **458435.64** | **252.58** |
| 成　都 | 89.95 | 28196.57 | 426502.05 | 418233.09 | 206019.16 | 252.58 |
| 简　阳 | 4.50 | 903.88 | 9877.00 | 9654.00 | 4202.91 | |
| 都江堰 | 7.20 | 1613.00 | 9548.46 | 9345.62 | 4678.36 | |
| 彭　州 | | 1774.00 | 9904.00 | 9566.00 | 8447.00 | |
| 邛　崃 | | 541.10 | 9122.23 | 8913.23 | 5033.00 | |
| 崇　州 | | 2650.32 | 20414.33 | 19258.80 | 6582.05 | |
| 自　贡 | 24.10 | 6663.05 | 29120.00 | 27081.60 | 20581.50 | |
| 攀枝花 | 3.00 | 625.43 | 13046.70 | 12559.57 | 490.25 | |

continued 12

| Total Gas Supplied(10,000 m³) | | 用气户数(户) | | 用气人口(万人) | 天然气汽车加气站(座) | 城市名称 |
|---|---|---|---|---|---|---|
| 燃气汽车 Gas-Powered Automobiles | 燃气损失量 Loss Amount | Number of Household with Access to Gas (unit) | 居民家庭 Households | Population with Access to Gas (10,000 persons) | Gas Stations for CNG-Fueled Motor Vehicles (unit) | Name of Cities |
| 899.04 | 241.40 | 424107 | 422143 | 121.41 | 4 | 柳州 |
| 383.97 | 191.41 | 314912 | 307356 | 71.13 | 6 | 桂林 |
| | 0.20 | 4000 | 4000 | 1.60 | | 荔浦 |
| | 10.75 | 118893 | 118134 | 42.20 | 1 | 梧州 |
| | 1.66 | 11397 | 11397 | 4.55 | | 岑溪 |
| 602.00 | 6.97 | 125700 | 123750 | 43.86 | 2 | 北海 |
| 106.29 | 15.80 | 94132 | 93500 | 15.75 | 2 | 防城港 |
| 18.00 | 11.42 | 22429 | 21811 | 6.35 | 1 | 东兴 |
| 199.48 | 80.44 | 165660 | 164589 | 26.73 | 1 | 钦州 |
| 772.49 | 332.00 | 108867 | 108242 | 28.93 | 3 | 贵港 |
| | 0.15 | 26000 | 26000 | 9.10 | | 桂平 |
| 151.00 | 37.00 | 151206 | 149980 | 58.92 | 1 | 玉林 |
| | 3.00 | 44320 | 43158 | 22.09 | | 北流 |
| 767.83 | 40.92 | 66191 | 65577 | 21.47 | 3 | 百色 |
| | 0.77 | 3256 | 3256 | 0.75 | | 靖西 |
| | 5.00 | 22331 | 22331 | 6.60 | 1 | 平果 |
| 829.17 | 20.67 | 19383 | 18063 | 6.00 | 5 | 贺州 |
| 722.66 | 10.43 | 49650 | 49295 | 15.09 | 3 | 河池 |
| 323.71 | 1.00 | 69500 | 69170 | 21.17 | 4 | 来宾 |
| | 0.01 | 1600 | 1583 | 0.53 | | 合山 |
| | 0.82 | 30223 | 29944 | 11.60 | | 崇左 |
| | 0.32 | 2052 | 2052 | 0.70 | | 凭祥 |
| **10726.32** | **561.66** | **1024895** | **1013355** | **275.02** | **30** | **海南** |
| 7561.79 | 466.00 | 560000 | 550000 | 190.00 | 15 | 海口 |
| 1498.03 | 78.18 | 304831 | 303951 | 50.70 | 7 | 三亚 |
| 533.00 | 6.00 | 19538 | 19126 | 5.53 | 3 | 儋州 |
| | 5.00 | 10766 | 10756 | 2.10 | | 五指山 |
| 259.30 | 0.01 | 32059 | 32025 | 6.06 | 2 | 琼海 |
| 708.95 | 5.12 | 65193 | 65000 | 11.97 | 1 | 文昌 |
| 0.33 | 0.10 | 9848 | 9838 | 1.97 | 1 | 万宁 |
| 164.92 | 1.25 | 22660 | 22659 | 6.69 | 1 | 东方 |
| **50313.10** | **12065.50** | **8186553** | **7891512** | **1556.84** | **117** | **重庆** |
| 50313.10 | 12065.50 | 8186553 | 7891512 | 1556.84 | 117 | 重庆 |
| **112249.18** | **23888.19** | **15032000** | **14551915** | **2949.75** | **278** | **四川** |
| 51962.02 | 8268.96 | 6186277 | 6063203 | 1185.78 | 93 | 成都 |
| 987.06 | 223.00 | 165237 | 161415 | 32.98 | 3 | 简阳 |
| 1290.48 | 202.84 | 167414 | 163015 | 23.57 | 3 | 都江堰 |
| 810.00 | 338.00 | 189776 | 189564 | 24.00 | 3 | 彭州 |
| 2203.23 | 209.00 | 99533 | 98901 | 27.26 | 1 | 邛崃 |
| 1200.32 | 1155.53 | 189450 | 184576 | 20.17 | 4 | 崇州 |
| 6499.50 | 2038.40 | 638007 | 555884 | 123.72 | 31 | 自贡 |
| | 487.13 | 63263 | 53193 | 16.28 | 1 | 攀枝花 |

# 7-2-2 续表 13

| 城市名称 Name of Cities | 储气能力(万立方米) Gas Storage Capacity (10,000 $m^3$) | 供气管道长度(公里) Length of Gas Supply Pipeline (km) | 供气总量(万立方米) 合 计 Total | 销售气量 Quantity Sold | 居民家庭 Households | 集中供热 Central Heating |
|---|---|---|---|---|---|---|
| 泸　州 | 22.15 | 2254.03 | 62353.59 | 61548.52 | 18410.54 | |
| 德　阳 | 9.29 | 1769.08 | 48579.83 | 48068.40 | 9214.60 | |
| 广　汉 | | 1158.19 | 15560.86 | 15443.07 | 3563.50 | |
| 什　邡 | 50.00 | 576.00 | 10382.00 | 10269.00 | 5545.00 | |
| 绵　竹 | 4.60 | 985.00 | 13415.00 | 13364.00 | 4678.00 | |
| 绵　阳 | 28.80 | 5271.68 | 61616.73 | 60164.21 | 24067.75 | |
| 江　油 | 4.00 | 467.80 | 10399.72 | 9409.92 | 5167.48 | |
| 广　元 | 11.80 | 734.05 | 17973.70 | 17046.24 | 8422.33 | |
| 遂　宁 | 11.40 | 2956.70 | 41327.53 | 40900.44 | 8085.52 | |
| 射　洪 | 1.80 | 767.00 | 6398.00 | 5945.00 | 5340.00 | |
| 内　江 | 18.80 | 1592.22 | 16101.12 | 15772.59 | 7855.21 | |
| 隆　昌 | 2.00 | 486.02 | 3722.22 | 3648.96 | 2110.64 | |
| 乐　山 | 2.30 | 852.75 | 27492.67 | 27083.28 | 12058.74 | |
| 峨眉山 | | 412.81 | 6822.00 | 6604.00 | 3982.00 | |
| 南　充 | 11.00 | 2180.00 | 30025.00 | 29075.00 | 17325.71 | |
| 阆　中 | 6.00 | 565.00 | 3620.00 | 3455.00 | 2675.00 | |
| 眉　山 | | 855.76 | 20955.14 | 20738.17 | 10340.53 | |
| 宜　宾 | 120.50 | 2971.83 | 41178.58 | 40547.27 | 18979.67 | |
| 广　安 | 11.00 | 412.62 | 10252.82 | 9916.92 | 8221.56 | |
| 华　蓥 | 1.50 | 423.50 | 2678.00 | 2348.00 | 1850.00 | |
| 达　州 | 32.00 | 1586.98 | 14980.89 | 14550.35 | 3952.83 | |
| 万　源 | 12.00 | 254.19 | 1050.31 | 1044.84 | 836.01 | |
| 雅　安 | | 1348.75 | 8606.01 | 8290.09 | 4986.41 | |
| 巴　中 | 3.00 | 2062.00 | 13763.98 | 13400.91 | 9510.54 | |
| 资　阳 | 4.42 | 1238.92 | 9030.86 | 8805.76 | 4037.63 | |
| 马尔康 | 5.00 | 33.00 | 89.00 | 87.00 | 83.00 | |
| 康　定 | 1.00 | 32.50 | 295.04 | 289.24 | 230.24 | |
| 会　理 | 10.02 | 99.00 | 113.40 | 113.38 | 59.59 | |
| 西　昌 | 42.12 | 141.41 | 1690.80 | 1579.91 | 811.38 | |
| **贵　州** | **1184.58** | **10765.72** | **180290.08** | **178690.93** | **55730.45** | **370.70** |
| 贵　阳 | 507.80 | 4484.27 | 55694.00 | 54602.00 | 32583.00 | |
| 清　镇 | 68.00 | 611.44 | 12820.04 | 12637.00 | 1920.44 | |
| 六盘水 | 56.50 | 1068.84 | 7977.03 | 7916.78 | 4372.70 | 364.00 |
| 盘　州 | 9.00 | 175.80 | 1001.00 | 1000.42 | 401.00 | |
| 遵　义 | 137.80 | 1112.66 | 27816.53 | 27630.35 | 5444.29 | |
| 赤　水 | | 563.18 | 3194.80 | 3189.80 | 1148.39 | |
| 仁　怀 | 100.00 | 372.01 | 31052.00 | 31050.50 | 1456.00 | |
| 安　顺 | 43.41 | 408.11 | 6317.56 | 6288.94 | 2595.56 | |
| 毕　节 | 24.00 | 360.10 | 3414.33 | 3412.83 | 1909.61 | |
| 黔　西 | 8.00 | 103.11 | 308.00 | 300.00 | 218.00 | |
| 铜　仁 | 91.20 | 232.03 | 2180.46 | 2170.71 | 599.88 | 6.70 |
| 兴　义 | 21.00 | 326.50 | 2725.88 | 2721.00 | 620.64 | |
| 兴　仁 | 4.50 | 31.20 | 122.39 | 121.74 | 121.74 | |
| 凯　里 | 89.57 | 208.99 | 20456.80 | 20441.80 | 1039.63 | |
| 都　匀 | 16.80 | 586.80 | 4830.26 | 4829.06 | 1139.57 | |
| 福　泉 | 7.00 | 120.68 | 379.00 | 378.00 | 160.00 | |

continued 13

| Total Gas Supplied(10,000 $m^3$) | | 用气户数(户) | | 用气人口(万人) | 天然气汽车加气站(座) | 城市名称 |
|---|---|---|---|---|---|---|
| 燃气汽车 Gas-Powered Automobiles | 燃气损失量 Loss Amount | Number of Household with Access to Gas (unit) | 居民家庭 Households | Population with Access to Gas (10,000 persons) | Gas Stations for CNG-Fueled Motor Vehicles (unit) | Name of Cities |
| 5032.10 | 805.07 | 551987 | 539273 | 145.81 | 10 | 泸州 |
| 3056.57 | 511.43 | 344212 | 337995 | 63.30 | 7 | 德阳 |
| 317.79 | 117.79 | 160609 | 159286 | 24.50 | 1 | 广汉 |
| 754.00 | 113.00 | 91459 | 89432 | 14.46 | 2 | 什邡 |
| 1022.00 | 51.00 | 80176 | 77820 | 14.80 | 1 | 绵竹 |
| 5436.01 | 1452.52 | 983631 | 964409 | 143.85 | 30 | 绵阳 |
| 2060.00 | 989.80 | 186516 | 181013 | 34.74 | 10 | 江油 |
| 1335.22 | 927.46 | 279297 | 267953 | 50.78 | 7 | 广元 |
| 1490.07 | 427.09 | 466849 | 458240 | 60.33 | 7 | 遂宁 |
| 605.00 | 453.00 | 169000 | 164800 | 32.50 | 2 | 射洪 |
| 2735.77 | 328.53 | 335504 | 330787 | 69.35 | 7 | 内江 |
| 148.23 | 73.26 | 91710 | 89228 | 20.59 | 2 | 隆昌 |
| 3349.00 | 409.39 | 475019 | 463346 | 71.61 | 5 | 乐山 |
| 486.00 | 218.00 | 135256 | 127274 | 19.70 | 3 | 峨眉山 |
| 3863.41 | 950.00 | 552987 | 485996 | 144.00 | 12 | 南充 |
| 780.00 | 165.00 | 116384 | 91967 | 27.59 | 2 | 阆中 |
| 2285.20 | 216.97 | 378982 | 367659 | 68.99 | 6 | 眉山 |
| 4116.26 | 631.31 | 518471 | 510500 | 172.36 | 5 | 宜宾 |
| 1277.00 | 335.90 | 312885 | 310885 | 42.99 | 2 | 广安 |
| | 330.00 | 60792 | 60153 | 11.00 | | 华蓥 |
| 1533.63 | 430.54 | 339688 | 331750 | 115.67 | 3 | 达州 |
| | 5.47 | 41107 | 40402 | 7.00 | | 万源 |
| 456.56 | 315.92 | 167503 | 161645 | 24.16 | 1 | 雅安 |
| 2421.95 | 363.07 | 201943 | 182806 | 55.87 | 7 | 巴中 |
| 2310.27 | 225.10 | 215048 | 212415 | 37.23 | 5 | 资阳 |
| | 2.00 | 3050 | 2864 | 0.75 | | 马尔康 |
| | 5.80 | 1465 | 1258 | 0.56 | | 康定 |
| | 0.02 | 16574 | 16349 | 6.25 | | 会理 |
| 424.53 | 110.89 | 54939 | 54659 | 15.25 | 2 | 西昌 |
| **6464.84** | **1599.15** | **2429413** | **2402341** | **607.03** | **33** | **贵州** |
| | 1092.00 | 1287241 | 1281686 | 256.32 | | 贵阳 |
| | 183.04 | 72955 | 71926 | 20.58 | | 清镇 |
| | 60.25 | 211300 | 202448 | 49.25 | 2 | 六盘水 |
| | 0.58 | 42500 | 42177 | 12.60 | 1 | 盘州 |
| 2790.66 | 186.18 | 238919 | 235013 | 85.67 | 7 | 遵义 |
| 940.00 | 5.00 | 83849 | 82596 | 10.97 | 1 | 赤水 |
| 293.80 | 1.50 | 45218 | 44674 | 15.63 | 3 | 仁怀 |
| 253.35 | 28.62 | 76831 | 76076 | 23.37 | 1 | 安顺 |
| 485.64 | 1.50 | 75599 | 74570 | 29.83 | 1 | 毕节 |
| | 8.00 | 10836 | 10610 | 4.24 | 1 | 黔西 |
| 349.86 | 9.75 | 64473 | 63249 | 27.40 | 4 | 铜仁 |
| 152.66 | 4.88 | 35364 | 34414 | 13.50 | 1 | 兴义 |
| | 0.65 | 9478 | 9478 | 3.31 | 1 | 兴仁 |
| 410.27 | 15.00 | 88235 | 87830 | 23.45 | 2 | 凯里 |
| 788.60 | 1.20 | 63049 | 62123 | 20.44 | 7 | 都匀 |
| | 1.00 | 23566 | 23471 | 10.47 | 1 | 福泉 |

## 7-2-2 续表 14

| 城市名称<br>Name of Cities | 储气能力(万立方米)<br>Gas Storage Capacity (10,000 $m^3$) | 供气管道长度(公里)<br>Length of Gas Supply Pipeline (km) | 供气总量(万立方米)<br>合 计<br>Total | 销售气量<br>Quantity Sold | 居民家庭<br>Households | 集中供热<br>Central Heating |
|---|---|---|---|---|---|---|
| **云　南** | **337.66** | **10100.70** | **73686.84** | **72992.81** | **21268.69** | |
| 昆　明 | 41.80 | 4895.60 | 33706.67 | 33313.44 | 11826.92 | |
| 安　宁 | | 209.33 | 2277.10 | 2276.10 | 1998.43 | |
| 曲　靖 | 68.01 | 392.56 | 9303.60 | 9259.00 | 554.02 | |
| 宣　威 | 23.00 | 97.00 | 2986.00 | 2940.00 | 513.00 | |
| 玉　溪 | 12.90 | 228.45 | 2737.13 | 2736.26 | 317.13 | |
| 澄　江 | 7.90 | 45.00 | 40.50 | 40.49 | 24.99 | |
| 保　山 | 3.00 | 669.82 | 2129.14 | 2120.00 | 500.00 | |
| 腾　冲 | 10.00 | 91.67 | 416.82 | 408.82 | 164.12 | |
| 昭　通 | 24.60 | 190.60 | 2017.42 | 1923.22 | 516.22 | |
| 水　富 | 5.28 | 145.70 | 1591.30 | 1543.68 | 620.15 | |
| 丽　江 | 2.40 | 248.74 | 2741.63 | 2738.25 | 2304.81 | |
| 普　洱 | 10.00 | 61.80 | 334.00 | 333.00 | 100.00 | |
| 临　沧 | 5.50 | 37.13 | 76.60 | 76.56 | 76.56 | |
| 禄　丰 | 0.96 | 48.81 | 3165.15 | 3160.15 | 33.50 | |
| 楚　雄 | 19.10 | 549.00 | 2789.83 | 2782.63 | 485.42 | |
| 个　旧 | 14.30 | 39.00 | 113.99 | 113.64 | 2.92 | |
| 开　远 | 6.00 | 96.92 | 189.87 | 181.19 | 38.94 | |
| 蒙　自 | 5.00 | 126.00 | 56.00 | 55.92 | 55.92 | |
| 弥　勒 | 20.00 | 315.22 | 1866.90 | 1865.60 | 229.50 | |
| 文　山 | 15.75 | 339.40 | 855.00 | 841.00 | 197.00 | |
| 景　洪 | 12.56 | 67.30 | 321.20 | 321.10 | 189.30 | |
| 大　理 | 15.60 | 622.24 | 2917.00 | 2913.30 | 132.30 | |
| 瑞　丽 | 1.20 | 257.00 | 318.00 | 316.78 | 200.00 | |
| 芒　市 | 6.80 | 252.06 | 680.05 | 678.29 | 158.04 | |
| 泸　水 | 6.00 | 74.35 | 55.94 | 54.39 | 29.50 | |
| 香格里拉 | | | | | | |
| **西　藏** | **10.00** | **6165.85** | **5200.00** | **5100.00** | **2000.00** | **3100.00** |
| 拉　萨 | 10.00 | 6165.85 | 5200.00 | 5100.00 | 2000.00 | 3100.00 |
| 日 喀 则 | | | | | | |
| 昌　都 | | | | | | |
| 林　芝 | | | | | | |
| 山　南 | | | | | | |
| 那　曲 | | | | | | |
| **陕　西** | **9107.62** | **29677.91** | **617803.88** | **605701.62** | **229683.17** | **162093.84** |
| 西　安 | 8223.90 | 16273.39 | 373714.15 | 363336.02 | 105483.79 | 130284.62 |
| 铜　川 | 327.00 | 734.00 | 21095.00 | 21080.00 | 6725.00 | 5770.00 |
| 宝　鸡 | 63.00 | 2402.36 | 36893.81 | 36460.26 | 14140.89 | 9893.57 |
| 咸　阳 | 100.00 | 1665.00 | 35836.00 | 35812.00 | 14557.00 | 5557.00 |
| 彬　州 | 12.52 | 104.50 | 947.53 | 901.53 | 361.40 | |

## continued 14

| Total Gas Supplied(10,000 $m^3$) | | 用气户数<br>(户)<br>Number of Household with Access to Gas<br>(unit) | | 用气人口<br>(万人)<br>Population with Access to Gas<br>( 10,000 persons) | 天然气汽车加气站<br>(座)<br>Gas Stations for CNG-Fueled Motor Vehicles<br>(unit) | 城市名称<br>Name of Cities |
|---|---|---|---|---|---|---|
| 燃气汽车<br>Gas-Powered Automobiles | 燃气损失量<br>Loss Amount | | 居民家庭<br>Households | | | |
| **5286.14** | **694.03** | **1290327** | **1182171** | **527.02** | **35** | **云　南** |
| 897.95 | 393.23 | 624877 | 524715 | 319.86 | 10 | 昆　明 |
| 205.46 | 1.00 | 115431 | 115212 | 24.35 | 1 | 安　宁 |
| 996.57 | 44.60 | 66804 | 66246 | 21.26 | 4 | 曲　靖 |
| 88.00 | 46.00 | 12102 | 12024 | 5.50 | 2 | 宣　威 |
| | 0.87 | 29225 | 28895 | 10.43 | | 玉　溪 |
| 15.50 | 0.01 | 4805 | 4800 | 1.68 | 1 | 澄　江 |
| 120.00 | 9.14 | 47062 | 46667 | 11.20 | 2 | 保　山 |
| | 8.00 | 10681 | 10564 | 3.16 | 1 | 腾　冲 |
| 621.30 | 94.20 | 49635 | 49392 | 25.66 | 2 | 昭　通 |
| 474.00 | 47.62 | 29209 | 28653 | 5.72 | 1 | 水　富 |
| 433.44 | 3.38 | 42657 | 42647 | 19.99 | 1 | 丽　江 |
| 233.00 | 1.00 | 14108 | 14008 | 5.00 | 1 | 普　洱 |
| | 0.04 | 4183 | 4183 | 1.20 | | 临　沧 |
| 44.67 | 5.00 | 3165 | 3103 | 1.02 | 1 | 禄　丰 |
| | 7.20 | 64184 | 63771 | 16.65 | | 楚　雄 |
| 75.95 | 0.35 | 544 | 472 | 0.14 | 2 | 个　旧 |
| | 8.68 | 9789 | 9706 | 2.95 | | 开　远 |
| | 0.08 | 6573 | 6573 | 3.50 | | 蒙　自 |
| 271.30 | 1.30 | 8870 | 8530 | 3.50 | 1 | 弥　勒 |
| 347.00 | 14.00 | 32317 | 32097 | 11.95 | 2 | 文　山 |
| | 0.10 | 32578 | 30126 | 8.30 | | 景　洪 |
| 461.00 | 3.70 | 18653 | 18499 | 6.40 | 2 | 大　理 |
| 1.00 | 1.22 | 33467 | 32667 | 8.15 | 1 | 瑞　丽 |
| | 1.76 | 27238 | 26521 | 8.75 | | 芒　市 |
| | 1.55 | 2170 | 2100 | 0.70 | | 泸　水 |
| | | | | | | 香格里拉 |
| | **100.00** | **127500** | **80000** | **43.00** | | **西　藏** |
| | 100.00 | 127500 | 80000 | 43.00 | | 拉　萨 |
| | | | | | | 日喀则 |
| | | | | | | 昌　都 |
| | | | | | | 林　芝 |
| | | | | | | 山　南 |
| | | | | | | 那　曲 |
| **24446.28** | **12102.26** | **7600261** | **7526460** | **1349.73** | **194** | **陕　西** |
| 7814.01 | 10378.13 | 4417727 | 4400563 | 753.65 | 58 | 西　安 |
| 1127.00 | 15.00 | 214186 | 208305 | 42.00 | 7 | 铜　川 |
| 2735.02 | 433.55 | 658330 | 653844 | 103.97 | 12 | 宝　鸡 |
| 1651.00 | 24.00 | 608985 | 606316 | 101.50 | 12 | 咸　阳 |
| 90.60 | 46.00 | 26610 | 26251 | 7.56 | 2 | 彬　州 |

## 7-2-2 续表 15

| 城市名称<br>Name of Cities | 储气能力(万立方米)<br>Gas Storage Capacity (10,000 m³) | 供气管道长度(公里)<br>Length of Gas Supply Pipeline (km) | 供气总量(万立方米) 合计<br>Total | 销售气量<br>Quantity Sold | 居民家庭<br>Households | 集中供热<br>Central Heating |
|---|---|---|---|---|---|---|
| 兴　平 | 7.20 | 727.00 | 4048.00 | 3885.00 | 2432.20 | |
| 渭　南 | 21.60 | 537.73 | 19455.00 | 19324.00 | 16263.00 | 773.00 |
| 韩　城 | 72.00 | 254.75 | 11495.26 | 11264.38 | 10627.74 | 300.00 |
| 华　阴 | 0.20 | 85.00 | 1450.00 | 1430.00 | 910.00 | 400.00 |
| 延　安 | 7.90 | 1408.45 | 34047.85 | 33743.61 | 13048.65 | 3754.32 |
| 子　长 | 3.60 | 355.45 | 3404.66 | 3368.66 | 2945.50 | 167.25 |
| 汉　中 | 100.00 | 291.70 | 11578.04 | 11562.62 | 9028.29 | 1200.00 |
| 榆　林 | 31.30 | 3443.40 | 35211.57 | 35179.97 | 18328.10 | 3629.88 |
| 神　木 | | 422.01 | 7680.00 | 7676.00 | 4500.00 | 200.00 |
| 安　康 | 6.60 | 392.00 | 6193.00 | 6147.79 | 3901.44 | 95.20 |
| 旬　阳 | 15.60 | 42.00 | 650.00 | 644.00 | 300.00 | |
| 商　洛 | 115.20 | 214.17 | 10216.37 | 10002.03 | 4197.00 | |
| 杨 凌 区 | | 325.00 | 3887.64 | 3883.75 | 1933.17 | 69.00 |
| **甘　肃** | **225.61** | **4658.72** | **264163.10** | **263323.11** | **69342.95** | **72259.59** |
| 兰　州 | 57.00 | 1333.65 | 165515.79 | 165269.48 | 44147.07 | 63403.24 |
| 嘉 峪 关 | 47.95 | 134.26 | 15052.80 | 15018.30 | 788.85 | |
| 金　昌 | 11.60 | 138.21 | 9022.33 | 9017.80 | 579.00 | |
| 白　银 | 18.85 | 812.13 | 21111.12 | 20870.90 | 2239.70 | 115.00 |
| 天　水 | | 271.00 | 10429.00 | 10422.00 | 3396.42 | 1753.54 |
| 武　威 | 0.80 | 109.00 | 6298.76 | 6230.15 | 1609.66 | |
| 张　掖 | 9.10 | 541.42 | 6500.66 | 6500.00 | 2268.00 | 2398.00 |
| 平　凉 | 7.80 | 98.70 | 1943.53 | 1922.53 | 699.72 | 314.39 |
| 华　亭 | 11.05 | 44.43 | 317.53 | 312.23 | 218.30 | |
| 酒　泉 | 44.00 | 223.30 | 3246.23 | 3180.93 | 2017.83 | |
| 玉　门 | 12.02 | 76.00 | 1354.57 | 1353.97 | 336.00 | |
| 敦　煌 | | 114.00 | 6759.08 | 6759.00 | 2800.00 | 462.00 |
| 庆　阳 | 0.52 | 234.35 | 4668.45 | 4598.45 | 2676.70 | 1821.75 |
| 定　西 | 0.02 | 38.90 | 136.90 | 134.30 | 129.10 | |
| 陇　南 | 4.50 | 85.80 | 976.00 | 974.00 | 400.00 | 78.00 |
| 临　夏 | | 335.10 | 8472.63 | 8413.35 | 4804.00 | |
| 合　作 | 0.40 | 68.47 | 2357.72 | 2345.72 | 232.60 | 1913.67 |
| **青　海** | **235.63** | **4148.87** | **171968.32** | **166643.77** | **47619.88** | **67072.95** |
| 西　宁 | 92.52 | 2609.32 | 127055.21 | 122375.25 | 25825.45 | 53283.54 |
| 海　东 | 30.00 | 624.47 | 16540.53 | 15979.83 | 13443.29 | 1009.90 |
| 同　仁 | | | | | | |
| 玉　树 | | | | | | |
| 茫　崖 | 68.70 | 14.72 | 808.36 | 800.76 | 89.00 | 530.00 |
| 格 尔 木 | 44.11 | 653.12 | 21208.17 | 21131.93 | 6673.00 | 9015.51 |
| 德 令 哈 | 0.30 | 247.24 | 6356.05 | 6356.00 | 1589.14 | 3234.00 |

## continued 15

| Total Gas Supplied(10,000 m$^3$) | | 用气户数(户) Number of Household with Access to Gas (unit) | | 用气人口(万人) Population with Access to Gas (10,000 persons) | 天然气汽车加气站(座) Gas Stations for CNG-Fueled Motor Vehicles (unit) | 城市名称 Name of Cities |
|---|---|---|---|---|---|---|
| 燃气汽车 Gas-Powered Automobiles | 燃气损失量 Loss Amount | | 居民家庭 Households | | | |
| 49.00 | 163.00 | 64588 | 63992 | 15.29 | 3 | 兴平 |
| 2142.00 | 131.00 | 289805 | 268651 | 50.90 | 5 | 渭南 |
| 336.64 | 230.88 | 58453 | 57580 | 16.38 | 6 | 韩城 |
| 120.00 | 20.00 | 21450 | 20150 | 7.88 | 2 | 华阴 |
| 302.85 | 304.24 | 264925 | 258809 | 42.28 | 18 | 延安 |
| 255.91 | 36.00 | 28264 | 27892 | 10.77 | 1 | 子长 |
| 601.64 | 15.42 | 217748 | 217413 | 51.67 | 6 | 汉中 |
| 2633.76 | 31.60 | 380952 | 373427 | 60.90 | 45 | 榆林 |
| 796.00 | 4.00 | 111904 | 109305 | 22.38 | 5 | 神木 |
| 560.70 | 45.21 | 79854 | 79287 | 23.35 | 5 | 安康 |
| 105.00 | 6.00 | 13600 | 13420 | 3.58 | 1 | 旬阳 |
| 2865.03 | 214.34 | 56878 | 55578 | 19.00 | 5 | 商洛 |
| 260.12 | 3.89 | 86002 | 85677 | 16.67 | 1 | 杨凌区 |
| **23751.94** | **839.99** | **2672069** | **2506221** | **589.87** | **107** | **甘肃** |
| 8116.24 | 246.31 | 1371654 | 1350528 | 290.88 | 26 | 兰州 |
| 4453.66 | 34.50 | 63001 | 62482 | 9.20 | 8 | 嘉峪关 |
| 1849.00 | 4.53 | 53702 | 53274 | 12.08 | 7 | 金昌 |
| 1077.69 | 240.22 | 194082 | 148105 | 33.97 | 10 | 白银 |
| 1113.06 | 7.00 | 218000 | 184240 | 55.27 | 4 | 天水 |
| 1097.57 | 68.61 | 153471 | 152891 | 32.39 | 6 | 武威 |
| 1088.36 | 0.66 | 123800 | 69656 | 24.88 | 5 | 张掖 |
| 908.42 | 21.00 | 84310 | 82281 | 27.96 | 4 | 平凉 |
| 93.93 | 5.30 | 23212 | 21380 | 6.56 | 3 | 华亭 |
| 1163.10 | 65.30 | 109542 | 109014 | 27.96 | 9 | 酒泉 |
| 726.00 | 0.60 | 14135 | 13938 | 4.44 | 4 | 玉门 |
| 980.00 | 0.08 | 45228 | 43156 | 7.53 | 4 | 敦煌 |
| 100.00 | 70.00 | 92634 | 92327 | 18.50 | 5 | 庆阳 |
| 5.20 | 2.60 | 21556 | 21456 | 7.45 | 5 | 定西 |
| 496.00 | 2.00 | 23600 | 23430 | 7.03 | 4 | 陇南 |
| 483.71 | 59.28 | 67827 | 66005 | 19.97 | 3 | 临夏 |
| | 12.00 | 12315 | 12058 | 3.80 | | 合作 |
| **11681.52** | **5324.55** | **671439** | **655589** | **184.04** | **35** | **青海** |
| 7366.95 | 4679.96 | 465151 | 461068 | 137.55 | 18 | 西宁 |
| 476.39 | 560.70 | 110305 | 102926 | 23.25 | 4 | 海东 |
| | | | | | | 同仁 |
| | | | | | | 玉树 |
| 181.76 | 7.60 | 10725 | 10665 | 1.87 | 3 | 茫崖 |
| 3244.42 | 76.24 | 50854 | 48271 | 16.17 | 9 | 格尔木 |
| 412.00 | 0.05 | 34404 | 32659 | 5.20 | 1 | 德令哈 |

# 7-2-2 续表 16

| 城市名称<br>Name of Cities | 储气能力(万立方米)<br>Gas Storage Capacity ($10,000\ m^3$) | 供气管道长度(公里)<br>Length of Gas Supply Pipeline (km) | 供气总量(万立方米) 合计<br>Total | 销售气量<br>Quantity Sold | 居民家庭<br>Households | 集中供热<br>Central Heating |
|---|---|---|---|---|---|---|
| **宁　　夏** | **6550.64** | **7517.20** | **126664.83** | **125369.64** | **44985.40** | **13073.23** |
| 银　　川 | 5199.64 | 3543.46 | 61835.74 | 61690.30 | 19492.64 | 12566.98 |
| 灵　　武 | | 332.10 | 6930.68 | 6875.68 | 6086.52 | |
| 宁东能源化工基地 | | 122.72 | 2211.41 | 2210.41 | 72.99 | 104.25 |
| 石 嘴 山 | 1241.00 | 1324.53 | 20105.00 | 19786.00 | 6319.00 | |
| 吴　　忠 | 10.00 | 462.00 | 8453.00 | 8330.00 | 4117.00 | 134.00 |
| 青 铜 峡 | | 410.00 | 3462.00 | 3293.00 | 1993.00 | |
| 固　　原 | | 595.02 | 3501.00 | 3479.25 | 2890.25 | 268.00 |
| 中　　卫 | 100.00 | 727.37 | 20166.00 | 19705.00 | 4014.00 | |
| **新　　疆** | **12211.05** | **18961.27** | **564173.82** | **560917.84** | **158932.26** | **213861.30** |
| 乌鲁木齐 | 11940.00 | 9821.00 | 308998.43 | 308996.13 | 63170.13 | 174811.77 |
| 克拉玛依 | 0.40 | 714.00 | 36459.62 | 35910.19 | 7382.52 | 12862.95 |
| 吐 鲁 番 | 0.90 | 642.80 | 6389.04 | 6383.54 | 1528.00 | 926.00 |
| 哈　　密 | 68.62 | 1075.86 | 14654.54 | 14448.57 | 2838.98 | |
| 昌　　吉 | 45.00 | 1362.11 | 20986.66 | 20869.33 | 7622.42 | 5118.06 |
| 阜　　康 | 3.01 | 614.82 | 1252.55 | 1248.35 | 928.35 | |
| 博　　乐 | 18.00 | 255.80 | 4134.05 | 4122.05 | 1525.15 | |
| 阿拉山口 | 0.65 | 5.70 | 88.89 | 88.79 | 22.10 | |
| 库 尔 勒 | | 507.13 | 27363.00 | 27264.51 | 18539.00 | 2534.00 |
| 阿 克 苏 | 3.60 | 577.41 | 22907.50 | 22747.15 | 5854.00 | 737.00 |
| 库　　车 | | 431.50 | 42100.25 | 41923.74 | 3513.62 | 1961.25 |
| 阿 图 什 | | 107.00 | 10348.49 | 9989.49 | 3096.74 | 6093.59 |
| 喀　　什 | | 1051.36 | 25805.98 | 25238.25 | 18885.36 | 3835.08 |
| 和　　田 | 48.00 | 648.40 | 20476.63 | 19943.23 | 14005.48 | 4012.75 |
| 伊　　宁 | 56.83 | 458.42 | 7746.31 | 7531.43 | 3896.46 | 510.44 |
| 奎　　屯 | 3.60 | 239.53 | 7380.81 | 7301.99 | 3432.17 | 450.41 |
| 霍尔果斯 | 0.20 | 18.10 | 101.50 | 96.71 | 49.73 | |
| 塔　　城 | 10.40 | 42.00 | 807.00 | 798.00 | 467.00 | |
| 乌　　苏 | | 152.33 | 3251.63 | 3210.43 | 983.05 | |
| 沙　　湾 | 1.40 | 158.00 | 2231.06 | 2121.06 | 688.00 | 8.00 |
| 阿 勒 泰 | 10.44 | 78.00 | 689.88 | 684.90 | 504.00 | |
| **新疆兵团** | **284.60** | **2262.81** | **53631.67** | **52960.44** | **15922.00** | **3678.68** |
| 石 河 子 | 153.88 | 1002.50 | 23236.72 | 22776.92 | 6070.59 | 929.68 |
| 阿 拉 尔 | 95.00 | 62.60 | 3797.82 | 3681.99 | 2050.32 | 307.01 |
| 图木舒克 | | 476.28 | 2007.01 | 2007.00 | 802.80 | |
| 五 家 渠 | | 194.40 | 11654.00 | 11589.00 | 2139.96 | 1724.00 |
| 北　　屯 | 8.70 | 44.14 | 1140.45 | 1131.12 | 293.90 | |
| 铁 门 关 | 6.00 | 63.61 | 2910.00 | 2900.00 | 1132.23 | 275.50 |
| 双　　河 | 0.60 | 9.70 | 210.00 | 209.95 | 28.00 | |
| 可克达拉 | 1.20 | 38.00 | 289.00 | 286.00 | 46.00 | |
| 昆　　玉 | | 25.88 | 3018.20 | 3013.00 | 870.66 | 442.49 |
| 胡 杨 河 | 0.60 | 3.00 | 324.95 | 322.05 | 58.03 | |
| 新　　星 | 18.62 | 342.70 | 5043.52 | 5043.41 | 2429.51 | |

# continued 16

| Total Gas Supplied($10,000\ m^3$) | | 用气户数（户） | | 用气人口（万人） | 天然气汽车加气站（座） | 城市名称 |
|---|---|---|---|---|---|---|
| 燃气汽车 Gas-Powered Automobiles | 燃气损失量 Loss Amount | Number of Household with Access to Gas (unit) | 居民家庭 Households | Population with Access to Gas (10,000 persons) | Gas Stations for CNG-Fueled Motor Vehicles (unit) | Name of Cities |
| **21301.69** | **1295.19** | **1399833** | **1385988** | **270.49** | **111** | **宁　夏** |
| 12758.78 | 145.44 | 700865 | 696984 | 142.95 | 70 | 银　川 |
| 789.16 | 55.00 | 79800 | 78552 | 11.05 | 2 | 灵　武 |
| 2029.75 | 1.00 | 8674 | 8500 | 7.00 | 2 | 宁东能源化工基地 |
| 1972.00 | 319.00 | 259740 | 255616 | 42.00 | 8 | 石嘴山 |
| 1461.00 | 123.00 | 130662 | 128569 | 20.74 | 6 | 吴　忠 |
| 218.00 | 169.00 | 53702 | 53204 | 13.70 | 3 | 青铜峡 |
| 321.00 | 21.75 | 69400 | 68530 | 16.68 | 12 | 固　原 |
| 1752.00 | 461.00 | 96990 | 96033 | 16.37 | 8 | 中　卫 |
| **119269.61** | **3255.98** | **4052527** | **3970034** | **804.36** | **345** | **新　疆** |
| 28114.72 | 2.30 | 1795833 | 1767161 | 370.57 | 94 | 乌鲁木齐 |
| 5796.06 | 549.43 | 195520 | 191499 | 46.49 | 16 | 克拉玛依 |
| 3929.54 | 5.50 | 40708 | 37361 | 8.68 | 14 | 吐鲁番 |
| 11609.59 | 205.97 | 173315 | 171486 | 33.98 | 15 | 哈　密 |
| 4953.63 | 117.33 | 230799 | 227932 | 42.68 | 14 | 昌　吉 |
| 320.00 | 4.20 | 51189 | 50700 | 9.90 | 2 | 阜　康 |
| 2206.55 | 12.00 | 61987 | 60123 | 16.09 | 7 | 博　乐 |
| 66.69 | 0.10 | 817 | 814 | 0.20 | 1 | 阿拉山口 |
| 2032.00 | 98.49 | 323556 | 323112 | 60.00 | 49 | 库尔勒 |
| 9627.00 | 160.35 | 176117 | 162015 | 38.25 | 25 | 阿克苏 |
| 36448.87 | 176.51 | 60235 | 58035 | 17.88 | 42 | 库　车 |
| 799.16 | 359.00 | 24170 | 23010 | 8.55 | 3 | 阿图什 |
| 1950.08 | 567.73 | 301997 | 294032 | 45.02 | 18 | 喀　什 |
| 1925.00 | 533.40 | 134508 | 127996 | 26.05 | 5 | 和　田 |
| 3124.52 | 214.88 | 234885 | 234476 | 37.40 | 9 | 伊　宁 |
| 2664.04 | 78.82 | 105604 | 104815 | 12.80 | 6 | 奎　屯 |
| 46.98 | 4.79 | 6469 | 6457 | 1.67 | 3 | 霍尔果斯 |
| 331.00 | 9.00 | 30000 | 26000 | 4.30 | 2 | 塔　城 |
| 1879.22 | 41.20 | 27456 | 27356 | 7.90 | 14 | 乌　苏 |
| 1264.06 | 110.00 | 35419 | 35130 | 9.10 | 4 | 沙　湾 |
| 180.90 | 4.98 | 41943 | 40524 | 6.85 | 2 | 阿勒泰 |
| **18132.25** | **671.23** | **568955** | **544449** | **98.91** | **62** | **新疆兵团** |
| 8642.42 | 459.80 | 303752 | 298453 | 47.00 | 37 | 石河子 |
| 1298.94 | 115.83 | 56204 | 43326 | 12.02 | 5 | 阿拉尔 |
| 1204.20 | 0.01 | 30681 | 30127 | 7.46 | 4 | 图木舒克 |
| 1198.00 | 65.00 | 101550 | 100560 | 10.83 | 5 | 五家渠 |
| 787.34 | 9.33 | 20634 | 18810 | 5.35 | 3 | 北　屯 |
| 1492.27 | 10.00 | 6899 | 6729 | 4.04 | 2 | 铁门关 |
| 181.95 | 0.05 | 3655 | 3535 | 0.80 | 1 | 双　河 |
|  | 3.00 | 7212 | 5738 | 2.01 | 1 | 可克达拉 |
| 452.11 | 5.20 | 14514 | 14430 | 2.10 | 3 | 昆　玉 |
| 261.12 | 2.90 | 6639 | 6587 | 2.00 | 1 | 胡杨河 |
| 2613.90 | 0.11 | 17215 | 16154 | 5.30 |  | 新　星 |

# 7-3-1　2022年按省分列的城市液化石油气

| 地区名称<br>Name of Regions | 储气能力(吨)<br>Gas Storage Capacity (ton) | 供气管道长度(公里)<br>Length of Gas Supply Pipeline (km) | 供气总量(吨) Total Gas Supplied (ton) | | | |
|---|---|---|---|---|---|---|
| | | | 合计<br>Total | 销售气量<br>Quantity Sold | 居民家庭<br>Households | 燃气汽车<br>Gas-Powered Automobiles |
| **全　国** | **884087.08** | **2547.37** | **7584585.86** | **7560545.24** | **4444193.70** | **160448.70** |
| 北　京 | 16860.40 | 206.00 | 156679.00 | 156291.00 | 120088.00 | |
| 天　津 | 3038.40 | | 102545.55 | 102224.25 | 45301.28 | |
| 河　北 | 11924.63 | 107.23 | 86307.00 | 85892.20 | 59803.22 | |
| 山　西 | 6546.00 | | 63300.52 | 62869.52 | 47120.28 | |
| 内蒙古 | 7367.40 | | 56580.35 | 55946.58 | 38270.61 | 1666.50 |
| 辽　宁 | 33966.16 | 199.12 | 497149.43 | 496743.97 | 98443.87 | 50464.30 |
| 吉　林 | 20221.60 | 29.81 | 103575.01 | 102909.85 | 45998.06 | 6163.67 |
| 黑龙江 | 11304.30 | 109.93 | 156965.51 | 156322.10 | 77486.52 | 34941.97 |
| 上　海 | 19998.40 | 263.23 | 220376.60 | 220023.59 | 125858.03 | 2433.78 |
| 江　苏 | 49860.91 | 119.98 | 560086.14 | 558688.98 | 322508.05 | 10256.29 |
| 浙　江 | 33941.04 | 251.14 | 762242.32 | 759706.56 | 537447.54 | 11610.67 |
| 安　徽 | 15532.15 | 189.60 | 159205.82 | 158438.51 | 85157.66 | 210.00 |
| 福　建 | 15857.11 | 216.48 | 292750.76 | 291743.13 | 159167.74 | |
| 江　西 | 19727.10 | | 173056.20 | 171511.98 | 137042.63 | |
| 山　东 | 31355.01 | 1.16 | 259539.95 | 257281.84 | 143353.41 | 17742.10 |
| 河　南 | 13088.12 | 4.52 | 155250.32 | 153922.56 | 130148.03 | 5345.33 |
| 湖　北 | 34546.36 | 90.07 | 280347.58 | 279042.52 | 167928.12 | 1985.00 |
| 湖　南 | 20057.00 | | 250661.11 | 250132.92 | 178509.37 | 89.00 |
| 广　东 | 275731.07 | 564.25 | 2180559.88 | 2177471.41 | 1315159.16 | 8067.01 |
| 广　西 | 148374.25 | 2.09 | 296882.59 | 296172.93 | 201144.06 | |
| 海　南 | 3520.60 | | 71746.33 | 71721.63 | 64340.78 | |
| 重　庆 | 4222.11 | | 50826.17 | 50588.07 | 26708.29 | |
| 四　川 | 18815.05 | 170.83 | 210088.35 | 208373.74 | 86794.18 | 1652.00 |
| 贵　州 | 14644.69 | | 111284.68 | 111091.59 | 48624.78 | |
| 云　南 | 23110.12 | 16.93 | 139859.58 | 139597.10 | 57775.31 | |
| 西　藏 | 1047.50 | 1.40 | 8445.21 | 8444.26 | 7734.96 | 692.00 |
| 陕　西 | 13183.80 | | 54850.62 | 54519.24 | 46663.10 | 150.00 |
| 甘　肃 | 7244.80 | | 47765.65 | 47520.53 | 24862.53 | 5215.00 |
| 青　海 | 2498.30 | | 8881.48 | 8842.12 | 5944.12 | 300.50 |
| 宁　夏 | 3322.00 | 0.12 | 18926.20 | 18864.30 | 8443.80 | |
| 新　疆 | 2680.70 | 3.08 | 44708.03 | 44554.49 | 27724.70 | 1213.32 |
| 新疆兵团 | 500.00 | 0.40 | 3141.92 | 3091.77 | 2641.51 | 250.26 |

# Urban LPG Supply by Province(2022)

| 燃气损失量 Loss Amount | 用气户数(户) Number of Household with Access to Gas (unit) | 居民家庭 Households | 用气人口(万人) Population with Access to Gas (10,000 persons) | 液化石油气汽车加气站(座) Gas Stations for LPG-Fueled Motor Vehicles (unit) | 地区名称 Name of Regions |
|---|---|---|---|---|---|
| **24040.62** | **36904161** | **33633520** | **9332.83** | **278** | **全　国** |
| 388.00 | 2218695 | 2204327 | 439.90 | | 北　京 |
| 321.30 | 446262 | 415146 | 72.98 | | 天　津 |
| 414.80 | 682454 | 630721 | 158.92 | | 河　北 |
| 431.00 | 244860 | 214673 | 31.36 | 8 | 山　西 |
| 633.77 | 628593 | 528185 | 199.17 | 10 | 内蒙古 |
| 405.46 | 1143839 | 1025788 | 263.18 | 49 | 辽　宁 |
| 665.16 | 751418 | 659186 | 210.40 | 14 | 吉　林 |
| 643.41 | 847670 | 783446 | 252.43 | 38 | 黑龙江 |
| 353.01 | 2065515 | 1960024 | 494.65 | 4 | 上　海 |
| 1397.16 | 2336705 | 1968789 | 320.39 | 10 | 江　苏 |
| 2535.76 | 4250451 | 3834335 | 971.95 | 12 | 浙　江 |
| 767.31 | 517742 | 463873 | 123.12 | 2 | 安　徽 |
| 1007.63 | 1362940 | 1289391 | 491.89 | | 福　建 |
| 1544.22 | 1017530 | 947343 | 238.38 | | 江　西 |
| 2258.11 | 1103939 | 984354 | 269.75 | 61 | 山　东 |
| 1327.76 | 834124 | 795679 | 300.49 | 12 | 河　南 |
| 1305.06 | 1543596 | 1404923 | 351.85 | 3 | 湖　北 |
| 528.19 | 1257423 | 1162595 | 380.47 | 2 | 湖　南 |
| 3088.47 | 8236125 | 7565260 | 2346.55 | 8 | 广　东 |
| 709.66 | 1681448 | 1618539 | 480.55 | | 广　西 |
| 24.70 | 457995 | 451354 | 56.66 | | 海　南 |
| 238.10 | 158353 | 110090 | 41.50 | | 重　庆 |
| 1714.61 | 443750 | 358107 | 98.88 | 14 | 四　川 |
| 193.09 | 794390 | 688775 | 242.99 | | 贵　州 |
| 262.48 | 745366 | 630494 | 246.36 | | 云　南 |
| 0.95 | 73520 | 71437 | 28.23 | 6 | 西　藏 |
| 331.38 | 358617 | 258216 | 73.61 | 3 | 陕　西 |
| 245.12 | 240844 | 213137 | 58.58 | 7 | 甘　肃 |
| 39.36 | 40225 | 38495 | 18.40 | 6 | 青　海 |
| 61.90 | 130519 | 104328 | 21.14 | | 宁　夏 |
| 153.54 | 268002 | 234145 | 43.15 | 8 | 新　疆 |
| 50.15 | 21251 | 18365 | 4.95 | 1 | 新疆兵团 |

# 7-3-2 2022年按城市分列的城市液化石油气

| 城市名称 Name of Cities | 储气能力(万立方米) Gas Storage Capacity ($10,000\ m^3$) | 供气管道长度(公里) Length of Gas Supply Pipeline (km) | 供气总量(吨) Total Gas Supplied (ton) 合计 Total | 销售气量 Quantity Sold | 居民家庭 Households | 燃气汽车 Gas-Powered Automobiles |
|---|---|---|---|---|---|---|
| **全　国** | **884087.08** | **2547.37** | **7584585.86** | **7560545.24** | **4444193.70** | **160448.70** |
| **北　京** | **16860.40** | **206.00** | **156679.00** | **156291.00** | **120088.00** | |
| **天　津** | **3038.40** | | **102545.55** | **102224.25** | **45301.28** | |
| **河　北** | **11924.63** | **107.23** | **86307.00** | **85892.20** | **59803.22** | |
| 石家庄 | 879.00 | | 17203.97 | 17147.36 | 6793.20 | |
| 晋　州 | | | | | | |
| 新　乐 | 420.00 | | 429.00 | 427.00 | 395.00 | |
| 唐　山 | 2265.98 | | 9836.18 | 9828.30 | 5449.80 | |
| 滦　州 | 90.00 | | 1600.00 | 1595.00 | 1092.00 | |
| 遵　化 | 185.00 | | 1010.00 | 1005.00 | 1005.00 | |
| 迁　安 | 749.00 | | 4422.00 | 4372.00 | 4372.00 | |
| 秦皇岛 | 1020.80 | | 5703.97 | 5664.24 | 4222.90 | |
| 邯　郸 | 60.00 | | 431.00 | 420.00 | 170.00 | |
| 武　安 | 60.00 | | 501.00 | 500.00 | 500.00 | |
| 邢　台 | 315.00 | | 1805.20 | 1777.20 | 1491.49 | |
| 南　宫 | 155.00 | 1.00 | 2980.00 | 2960.00 | 2960.00 | |
| 沙　河 | 100.00 | 0.18 | 480.00 | 460.00 | 460.00 | |
| 保　定 | 236.00 | | 2470.49 | 2453.49 | 2319.86 | |
| 涿　州 | 260.00 | | 555.46 | 550.00 | 550.00 | |
| 安　国 | 11.60 | | 550.00 | 540.00 | 540.00 | |
| 高碑店 | 25.00 | | 984.60 | 979.10 | 325.00 | |
| 张家口 | 664.50 | 5.45 | 6209.67 | 6181.18 | 5160.64 | |
| 承　德 | 537.00 | 62.50 | 3865.65 | 3847.15 | 3733.73 | |
| 平　泉 | 328.00 | | 3476.10 | 3474.20 | 3474.20 | |
| 沧　州 | | | 805.01 | 805.00 | 805.00 | |
| 泊　头 | 50.00 | | 265.00 | 264.98 | 72.00 | |
| 任　丘 | 1255.00 | | 2027.00 | 2025.20 | 261.00 | |
| 黄　骅 | 480.00 | 0.80 | 1524.00 | 1521.00 | 1464.00 | |
| 河　间 | 180.00 | | 340.00 | 338.00 | 338.00 | |
| 廊　坊 | 580.85 | | 6694.80 | 6684.00 | 3983.00 | |
| 霸　州 | 80.00 | | 106.00 | 103.00 | 103.00 | |
| 三　河 | 130.00 | 0.30 | 1160.00 | 1150.00 | 1150.00 | |
| 衡　水 | 405.90 | | 5761.00 | 5745.80 | 3987.40 | |
| 深　州 | 225.00 | | 1109.90 | 1106.00 | 1106.00 | |
| 辛　集 | 130.00 | 37.00 | 780.00 | 779.00 | 779.00 | |
| 定　州 | 46.00 | | 1220.00 | 1189.00 | 740.00 | |
| **山　西** | **6546.00** | | **63300.52** | **62869.52** | **47120.28** | |
| 太　原 | | | 35000.00 | 34830.00 | 34830.00 | |
| 古　交 | 117.00 | | 383.00 | 382.00 | 190.00 | |
| 大　同 | 721.00 | | 4034.00 | 3994.00 | 1041.16 | |

# Urban LPG Supply by City(2022)

| 燃气损失量<br>Loss Amount | 用气户数(户)<br>Number of Household with Access to Gas (unit) | 居民家庭<br>Households | 用气人口(万人)<br>Population with Access to Gas (10,000 persons) | 液化石油气汽车加气站(座)<br>Gas Stations for LPG-Fueled Motor Vehicles (unit) | 城市名称<br>Name of Cities |
|---|---|---|---|---|---|
| **24040.62** | **36904161** | **33633520** | **9332.83** | **278** | **全　国** |
| **388.00** | **2218695** | **2204327** | **439.90** | | **北　京** |
| **321.30** | **446262** | **415146** | **72.98** | | **天　津** |
| **414.80** | **682454** | **630721** | **158.92** | | **河　北** |
| 56.61 | 109456 | 96347 | 9.62 | | 石家庄 |
| | | | | | 晋　州 |
| 2.00 | 6140 | 4410 | 0.30 | | 新　乐 |
| 7.88 | 30000 | 27000 | 10.00 | | 唐　山 |
| 5.00 | 14445 | 13000 | 3.90 | | 滦　州 |
| 5.00 | 5000 | 5000 | 1.60 | | 遵　化 |
| 50.00 | 16500 | 16500 | 7.50 | | 迁　安 |
| 39.73 | 18563 | 16153 | 5.16 | | 秦皇岛 |
| 11.00 | 2851 | 2170 | 0.66 | | 邯　郸 |
| 1.00 | 2000 | 2000 | 0.60 | | 武　安 |
| 28.00 | 24776 | 23746 | 7.78 | | 邢　台 |
| 20.00 | 9250 | 9250 | 1.82 | | 南　宫 |
| 20.00 | 2000 | 2000 | 0.20 | | 沙　河 |
| 17.00 | 25538 | 25520 | 4.93 | | 保　定 |
| 5.46 | 1833 | 1833 | 1.30 | | 涿　州 |
| 10.00 | 5059 | 5059 | 1.52 | | 安　国 |
| 5.50 | 3151 | 2220 | 0.52 | | 高碑店 |
| 28.49 | 125302 | 123402 | 11.23 | | 张家口 |
| 18.50 | 68017 | 60817 | 23.31 | | 承　德 |
| 1.90 | 57426 | 57426 | 18.37 | | 平　泉 |
| 0.01 | 27865 | 27865 | 7.40 | | 沧　州 |
| 0.02 | 418 | 418 | 0.23 | | 泊　头 |
| 1.80 | 2126 | 825 | 0.31 | | 任　丘 |
| 3.00 | 26694 | 16473 | 6.54 | | 黄　骅 |
| 2.00 | 1936 | 1936 | 0.60 | | 河　间 |
| 10.80 | 21257 | 19175 | 4.89 | | 廊　坊 |
| 3.00 | 300 | 300 | 0.08 | | 霸　州 |
| 10.00 | 3487 | 3487 | 1.00 | | 三　河 |
| 15.20 | 48102 | 44357 | 19.88 | | 衡　水 |
| 3.90 | 11012 | 11012 | 4.64 | | 深　州 |
| 1.00 | 8950 | 8950 | 2.20 | | 辛　集 |
| 31.00 | 3000 | 2070 | 0.83 | | 定　州 |
| **431.00** | **244860** | **214673** | **31.36** | **8** | **山　西** |
| 170.00 | 100000 | 100000 | | | 太　原 |
| 1.00 | 2556 | 2158 | 0.95 | | 古　交 |
| 40.00 | 37110 | 22709 | 5.15 | | 大　同 |

# 7-3-2 续表 1

| 城市名称 Name of Cities | 储气能力(万立方米) Gas Storage Capacity ($10,000\ m^3$) | 供气管道长度(公里) Length of Gas Supply Pipeline (km) | 供气总量(吨) Total Gas Supplied (ton) 合计 Total | 销售气量 Quantity Sold | 居民家庭 Households | 燃气汽车 Gas-Powered Automobiles |
|---|---|---|---|---|---|---|
| 阳泉 | 198.00 | | 1712.00 | 1712.00 | 402.00 | |
| 长治 | 1195.00 | | 4203.60 | 4174.00 | 4173.80 | |
| 晋城 | 70.00 | | 1540.30 | 1538.00 | 1063.00 | |
| 高平 | 75.00 | | 1687.53 | 1687.08 | 1140.82 | |
| 朔州 | | | | | | |
| 怀仁 | | | | | | |
| 晋中 | 260.00 | | 1703.54 | 1699.54 | 61.70 | |
| 介休 | 100.00 | | 545.80 | 545.30 | 31.30 | |
| 运城 | | | | | | |
| 永济 | 650.00 | | 1845.00 | 1769.50 | 968.00 | |
| 河津 | | | | | | |
| 忻州 | 340.00 | | 2400.00 | 2380.00 | 645.00 | |
| 原平 | 100.00 | | 485.00 | 485.00 | | |
| 临汾 | 40.00 | | 2200.00 | 2196.40 | 150.00 | |
| 侯马 | 200.00 | | 1240.00 | 1190.00 | 370.00 | |
| 霍州 | | | 900.00 | 897.20 | 380.00 | |
| 吕梁 | | | | | | |
| 孝义 | 80.00 | | 1660.75 | 1633.50 | 1633.50 | |
| 汾阳 | 2400.00 | | 1760.00 | 1756.00 | 40.00 | |
| **内蒙古** | **7367.40** | | **56580.35** | **55946.58** | **38270.61** | **1666.50** |
| 呼和浩特 | 290.00 | | 10402.01 | 10402.00 | 5201.00 | |
| 包头 | 202.00 | | 6459.18 | 6448.23 | 140.29 | |
| 乌海 | 260.00 | | 980.00 | 974.00 | 20.00 | |
| 赤峰 | 2635.00 | | 14770.30 | 14400.00 | 12703.50 | 1606.50 |
| 通辽 | 800.00 | | 280.00 | 275.00 | 248.00 | |
| 霍林郭勒 | 165.00 | | 911.50 | 900.00 | 610.00 | |
| 鄂尔多斯 | 63.00 | | 1750.00 | 1745.00 | 680.00 | |
| 呼伦贝尔 | 175.00 | | 3730.00 | 3665.00 | 2565.00 | |
| 满洲里 | 835.00 | | 3535.55 | 3456.75 | 3456.75 | |
| 牙克石 | 170.00 | | 1475.00 | 1472.00 | 1400.00 | |
| 扎兰屯 | 302.00 | | 2756.00 | 2750.00 | 2750.00 | |
| 额尔古纳 | 162.40 | | 300.00 | 298.00 | 238.00 | 60.00 |
| 根河 | 61.00 | | 773.50 | 767.13 | 637.00 | |
| 巴彦淖尔 | 317.00 | | 2180.00 | 2180.00 | 2180.00 | |
| 乌兰察布 | 66.00 | | 1966.31 | 1943.69 | 1921.07 | |
| 丰镇 | 192.00 | | 1320.00 | 1319.78 | 600.00 | |
| 锡林浩特 | 205.00 | | 729.00 | 720.00 | 690.00 | |
| 二连浩特 | 132.00 | | 1230.00 | 1200.00 | 1200.00 | |
| 乌兰浩特 | 235.00 | | 1000.00 | 1000.00 | 1000.00 | |
| 阿尔山 | 100.00 | | 32.00 | 30.00 | 30.00 | |
| **辽宁** | **33966.16** | **199.12** | **497149.43** | **496743.97** | **98443.87** | **50464.30** |
| 沈阳 | 3192.50 | 0.39 | 41715.40 | 41714.00 | 6750.68 | |
| 新民 | 106.50 | 0.90 | 820.00 | 820.00 | 726.00 | |

continued 1

| 燃气损失量<br>Loss Amount | 用气户数（户）<br>Number of Household with Access to Gas (unit) | 居民家庭<br>Households | 用气人口（万人）<br>Population with Access to Gas (10,000 persons) | 液化石油气汽车加气站（座）<br>Gas Stations for LPG-Fueled Motor Vehicles (unit) | 城市名称<br>Name of Cities |
|---|---|---|---|---|---|
| | 1803 | 917 | 0.57 | 1 | 阳　泉 |
| 29.60 | 38082 | 38082 | 7.08 | 7 | 长　治 |
| 2.30 | 9832 | 9479 | 1.12 | | 晋　城 |
| 0.45 | 6007 | 6007 | 2.10 | | 高　平 |
| | | | | | 朔　州 |
| | | | | | 怀　仁 |
| 4.00 | 1482 | 1008 | 0.34 | | 晋　中 |
| 0.50 | 750 | 50 | 0.20 | | 介　休 |
| | | | | | 运　城 |
| 75.50 | 26302 | 15782 | 5.90 | | 永　济 |
| | | | | | 河　津 |
| 20.00 | 4500 | 3300 | 1.35 | | 忻　州 |
| | 570 | | | | 原　平 |
| 3.60 | 621 | 426 | 0.25 | | 临　汾 |
| 50.00 | 1720 | 1500 | 0.58 | | 侯　马 |
| 2.80 | 2870 | 2600 | 0.80 | | 霍　州 |
| | | | | | 吕　梁 |
| 27.25 | 10005 | 10005 | 2.97 | | 孝　义 |
| 4.00 | 650 | 650 | 2.00 | | 汾　阳 |
| **633.77** | **628593** | **528185** | **199.17** | **10** | **内蒙古** |
| 0.01 | 120800 | 60400 | 12.13 | | 呼和浩特 |
| 10.95 | 10138 | 3058 | 0.80 | | 包　头 |
| 6.00 | 420 | 40 | 0.11 | | 乌　海 |
| 370.30 | 108162 | 102524 | 55.62 | 2 | 赤　峰 |
| 5.00 | 11000 | 8500 | 1.65 | | 通　辽 |
| 11.50 | 35500 | 35000 | 12.00 | | 霍林郭勒 |
| 5.00 | 6584 | 5373 | 0.90 | | 鄂尔多斯 |
| 65.00 | 72133 | 72133 | 21.27 | | 呼伦贝尔 |
| 78.80 | 50626 | 50626 | 17.74 | | 满洲里 |
| 3.00 | 25690 | 19580 | 9.25 | | 牙克石 |
| 6.00 | 25980 | 25980 | 10.80 | | 扎兰屯 |
| 2.00 | 9500 | 9500 | 3.82 | 1 | 额尔古纳 |
| 6.37 | 12091 | 9293 | 3.65 | | 根　河 |
| | 9600 | 9600 | 2.05 | | 巴彦淖尔 |
| 22.62 | 19600 | 11310 | 2.54 | | 乌兰察布 |
| 0.22 | 10800 | 7199 | 3.00 | | 丰　镇 |
| 9.00 | 15100 | 13200 | 13.23 | 7 | 锡林浩特 |
| 30.00 | 16000 | 16000 | 5.05 | | 二连浩特 |
| | 67000 | 67000 | 23.00 | | 乌兰浩特 |
| 2.00 | 1869 | 1869 | 0.56 | | 阿尔山 |
| **405.46** | **1143839** | **1025788** | **263.18** | **49** | **辽　宁** |
| 1.40 | 115282 | 90870 | 17.40 | 7 | 沈　阳 |
| | 15800 | 14720 | 4.00 | | 新　民 |

# 7-3-2 续表 2

| 城市名称 Name of Cities | 储气能力(万立方米) Gas Storage Capacity ($10,000\ m^3$) | 供气管道长度(公里) Length of Gas Supply Pipeline (km) | 供气总量(吨) Total Gas Supplied (ton) | | | |
|---|---|---|---|---|---|---|
| | | | 合计 Total | 销售气量 Quantity Sold | 居民家庭 Households | 燃气汽车 Gas-Powered Automobiles |
| 大连 | 7863.00 | 112.87 | 280736.00 | 280681.00 | 11092.00 | 46349.00 |
| 庄河 | 80.00 | 9.00 | 679.00 | 669.00 | 501.00 | 160.00 |
| 瓦房店 | 786.00 | | 8776.00 | 8749.00 | 1570.00 | |
| 鞍山 | 1820.00 | | 22759.08 | 22754.08 | 3945.36 | |
| 海城 | 1150.00 | | 9900.00 | 9900.00 | 4438.00 | 1500.00 |
| 抚顺 | 2511.86 | | 21358.16 | 21313.66 | 12289.75 | |
| 本溪 | 1220.00 | | 4699.00 | 4687.00 | 2184.00 | 39.00 |
| 丹东 | 1350.00 | | 5286.00 | 5282.89 | 1626.00 | 236.00 |
| 东港 | 114.00 | 2.50 | 1150.00 | 1145.00 | 797.00 | 348.00 |
| 凤城 | 270.00 | | 3570.15 | 3569.85 | 2987.55 | 582.30 |
| 锦州 | | | | | | |
| 凌海 | 318.00 | | 2253.00 | 2253.00 | 2253.00 | |
| 北镇 | 524.00 | | 8735.50 | 8725.00 | 4805.00 | |
| 营口 | 1735.00 | | 5532.00 | 5486.00 | 4236.00 | |
| 盖州 | | | 3600.00 | 3570.00 | 3570.00 | |
| 大石桥 | 3165.00 | | 8701.00 | 8695.00 | 7595.00 | 1100.00 |
| 阜新 | 200.00 | | 2973.52 | 2973.52 | 2530.10 | 150.00 |
| 辽阳 | 1216.00 | 2.80 | 6579.60 | 6578.60 | 5432.60 | |
| 灯塔 | 50.00 | | 155.00 | 154.00 | 38.00 | |
| 盘锦 | 1077.50 | | 9238.34 | 9219.24 | 2366.71 | |
| 铁岭 | 505.80 | | 1996.00 | 1965.00 | 1542.00 | |
| 调兵山 | 72.00 | | 650.00 | 630.00 | 340.00 | |
| 开原 | 325.00 | | 1822.00 | 1822.00 | 1381.82 | |
| 朝阳 | 550.00 | 1.66 | 3367.60 | 3350.00 | 3350.00 | |
| 北票 | 1039.00 | | 1860.18 | 1857.13 | 1692.30 | |
| 凌源 | 600.00 | 69.00 | 4136.00 | 4114.00 | 4114.00 | |
| 葫芦岛 | | | 28446.00 | 28446.00 | | |
| 兴城 | 1340.00 | | 3704.90 | 3670.00 | 2970.00 | |
| 沈抚改革创新示范区 | 785.00 | | 1950.00 | 1950.00 | 1320.00 | |
| **吉林** | **20221.60** | **29.81** | **103575.01** | **102909.85** | **45998.06** | **6163.67** |
| 长春 | 6064.00 | | 29554.00 | 29424.00 | 3605.00 | |
| 榆树 | 309.00 | | 1962.00 | 1960.55 | 850.80 | |
| 德惠 | 420.00 | 1.00 | 1706.00 | 1636.60 | 805.00 | |
| 公主岭 | 180.00 | 0.50 | 1000.00 | 1000.00 | 1000.00 | |
| 吉林 | 4200.00 | | 23526.83 | 23526.83 | 7060.95 | 5157.67 |
| 蛟河 | 254.40 | 8.00 | 4300.00 | 4281.00 | 3781.00 | 500.00 |
| 桦甸 | 467.48 | | 1910.00 | 1900.00 | 1850.00 | 50.00 |
| 舒兰 | 500.00 | 19.31 | 975.00 | 930.00 | 930.00 | |
| 磐石 | 150.00 | | 675.20 | 674.20 | 674.20 | |
| 四平 | 350.00 | | 634.00 | 633.99 | 565.00 | 6.00 |
| 双辽 | 125.00 | 1.00 | 487.00 | 480.00 | 480.00 | |
| 辽源 | 324.22 | | 4672.00 | 4601.92 | 1541.00 | |
| 通化 | 400.00 | | 1120.09 | 1109.00 | | |

continued 2

| 燃气损失量<br>Loss Amount | 用气户数(户)<br>Number of Household with Access to Gas (unit) | 居民家庭<br>Households | 用气人口(万人)<br>Population with Access to Gas (10,000 persons) | 液化石油气汽车加气站(座)<br>Gas Stations for LPG-Fueled Motor Vehicles (unit) | 城市名称<br>Name of Cities |
|---|---|---|---|---|---|
| 55.00 | 59327 | 58936 | 14.95 | 13 | 大连 |
| 10.00 | 82101 | 81513 | 12.12 | 1 | 庄河 |
| 27.00 | 73879 | 11760 | 13.42 |  | 瓦房店 |
| 5.00 | 8139 | 5246 | 2.13 |  | 鞍山 |
|  | 54081 | 54081 | 15.80 | 3 | 海城 |
| 44.50 | 154011 | 151976 | 32.29 |  | 抚顺 |
| 12.00 | 31345 | 27844 | 7.84 | 1 | 本溪 |
| 3.11 | 19816 | 17647 | 2.97 | 2 | 丹东 |
| 5.00 | 8493 | 7505 | 1.33 | 4 | 东港 |
| 0.30 | 57525 | 57235 | 14.53 | 2 | 凤城 |
|  |  |  |  |  | 锦州 |
|  | 40000 | 40000 | 11.38 |  | 凌海 |
| 10.50 | 31609 | 31609 | 10.37 |  | 北镇 |
| 46.00 | 18400 | 18290 | 3.73 | 2 | 营口 |
| 30.00 | 37000 | 37000 | 7.30 | 1 | 盖州 |
| 6.00 | 63750 | 63750 | 20.36 | 10 | 大石桥 |
|  | 16490 | 14483 | 4.49 | 1 | 阜新 |
| 1.00 | 66650 | 63950 | 15.60 |  | 辽阳 |
| 1.00 | 2401 | 1732 | 0.47 |  | 灯塔 |
| 19.10 | 6938 | 4182 |  |  | 盘锦 |
| 31.00 | 16052 | 13626 | 5.37 |  | 铁岭 |
| 20.00 | 4040 | 2570 | 0.28 |  | 调兵山 |
|  | 21702 | 16685 | 3.97 |  | 开原 |
| 17.60 | 36571 | 36571 | 12.40 |  | 朝阳 |
| 3.05 | 26091 | 26021 | 6.97 |  | 北票 |
| 22.00 | 49745 | 49745 | 16.80 |  | 凌源 |
|  |  |  |  |  | 葫芦岛 |
| 34.90 | 21001 | 21001 | 1.06 |  | 兴城 |
|  | 5600 | 5240 | 3.85 | 2 | 沈抚改革创新示范区 |
| **665.16** | **751418** | **659186** | **210.40** | **14** | **吉林** |
| 130.00 | 76061 | 36754 | 13.10 |  | 长春 |
| 1.45 | 14980 | 10450 | 4.48 |  | 榆树 |
| 69.40 | 10272 | 6348 | 3.47 |  | 德惠 |
|  | 8260 | 8260 | 2.42 |  | 公主岭 |
|  | 54315 | 54315 | 10.32 | 7 | 吉林 |
| 19.00 | 42366 | 40382 | 10.09 | 1 | 蛟河 |
| 10.00 | 55500 | 35000 | 10.00 | 1 | 桦甸 |
| 45.00 | 21330 | 21330 | 9.00 |  | 舒兰 |
| 1.00 | 8600 | 8600 | 2.32 |  | 磐石 |
| 0.01 | 2101 | 2100 | 0.60 | 1 | 四平 |
| 7.00 | 4800 | 4800 | 2.26 |  | 双辽 |
| 70.08 | 61904 | 57404 | 13.73 |  | 辽源 |
| 11.09 | 500 |  |  |  | 通化 |

## 7-3-2 续表 3

| 城市名称 Name of Cities | 储气能力(万立方米) Gas Storage Capacity (10,000 $m^3$) | 供气管道长度(公里) Length of Gas Supply Pipeline (km) | 供气总量(吨) Total Gas Supplied (ton) 合计 Total | 销售气量 Quantity Sold | 居民家庭 Households | 燃气汽车 Gas-Powered Automobiles |
|---|---|---|---|---|---|---|
| 集安 | 170.00 | | 668.00 | 656.00 | 505.00 | |
| 白山 | 346.00 | | 2445.00 | 2437.00 | 2111.00 | |
| 临江 | 125.00 | | 200.00 | 198.00 | 198.00 | |
| 松原 | 1150.00 | | 2833.65 | 2825.65 | 1246.00 | |
| 扶余 | 290.00 | | 890.00 | 888.00 | 888.00 | |
| 白城 | 310.00 | | 1829.00 | 1818.00 | 1801.00 | |
| 洮南 | 100.00 | | 600.00 | 595.00 | 595.00 | |
| 大安 | 105.00 | | 198.84 | 198.55 | 198.55 | |
| 延吉 | 598.00 | | 5000.00 | 4800.00 | 3000.00 | |
| 图们 | 20.00 | | 385.57 | 384.57 | 355.57 | |
| 敦化 | 815.50 | | 4657.00 | 4647.00 | 4647.00 | |
| 珲春 | 1200.00 | | 4300.00 | 4298.00 | 4298.00 | |
| 龙井 | 120.00 | | 312.46 | 305.52 | 305.52 | |
| 和龙 | 180.00 | | 1398.00 | 1393.00 | 1193.00 | 200.00 |
| 梅河口 | 688.00 | | 4151.00 | 4151.00 | 607.00 | |
| 长白山保护开发区管理委员会 | 260.00 | | 1184.37 | 1156.47 | 906.47 | 250.00 |
| **黑龙江** | **11304.30** | **109.93** | **156965.51** | **156322.10** | **77486.52** | **34941.97** |
| 哈尔滨 | 2052.00 | | 34545.50 | 34521.50 | 16998.00 | |
| 尚志 | 170.00 | | 2404.20 | 2400.00 | 2400.00 | |
| 五常 | 580.00 | | 6421.80 | 6365.80 | 5065.80 | |
| 齐齐哈尔 | 892.00 | | 7204.50 | 7190.00 | 840.00 | |
| 讷河 | 45.00 | | 470.00 | 469.00 | 92.00 | |
| 鸡西 | 332.50 | | 11378.00 | 11341.00 | 7225.00 | 4116.00 |
| 虎林 | 65.00 | | 1305.00 | 1250.00 | 980.00 | |
| 密山 | 193.00 | | 2096.54 | 2068.00 | 1375.00 | |
| 鹤岗 | 242.00 | | 1556.92 | 1532.63 | 1532.63 | |
| 双鸭山 | 410.00 | | 4580.00 | 4564.00 | 1031.00 | 3517.00 |
| 大庆 | 700.00 | | 9866.40 | 9855.12 | 2780.50 | 1.00 |
| 伊春 | 643.00 | | 10200.00 | 10198.00 | 8115.00 | 770.00 |
| 铁力 | 132.00 | | 497.00 | 478.00 | 284.00 | |
| 佳木斯 | 788.00 | | 21210.60 | 21104.00 | 171.00 | 17384.43 |
| 同江 | 48.00 | 0.23 | 240.00 | 239.00 | 239.00 | |
| 抚远 | 180.00 | | 280.00 | 277.00 | 240.00 | |
| 富锦 | 600.00 | | 3900.00 | 3895.20 | 2697.00 | 1198.20 |
| 七台河 | 180.00 | | 1320.54 | 1320.00 | 1320.00 | |
| 牡丹江 | 303.80 | | 8249.50 | 8239.00 | 1568.00 | 3915.00 |
| 海林 | 220.00 | | 1277.00 | 1250.00 | 1140.00 | |
| 宁安 | 300.00 | | 2050.00 | 2041.00 | 2041.00 | |
| 穆棱 | 55.00 | | 1119.62 | 1118.87 | 1118.82 | |
| 绥芬河 | 160.00 | | 1190.43 | 1189.98 | 950.00 | |
| 东宁 | 50.00 | | 1705.50 | 1705.00 | 1705.00 | |
| 黑河 | 230.00 | | 1538.90 | 1471.90 | 1342.77 | 126.34 |

continued 3

| 燃气损失量 Loss Amount | 用气户数（户）Number of Household with Access to Gas (unit) | 居民家庭 Households | 用气人口（万人）Population with Access to Gas (10,000 persons) | 液化石油气汽车加气站（座）Gas Stations for LPG-Fueled Motor Vehicles (unit) | 城市名称 Name of Cities |
|---|---|---|---|---|---|
| 12.00 | 19200 | 18800 | 5.79 | | 集安 |
| 8.00 | 56283 | 56283 | 14.94 | | 白山 |
| 2.00 | 14000 | 14000 | 4.20 | | 临江 |
| 8.00 | 11986 | 10578 | 2.35 | | 松原 |
| 2.00 | 2850 | 2850 | 0.31 | | 扶余 |
| 11.00 | 47931 | 46551 | 14.30 | | 白城 |
| 5.00 | 30000 | 30000 | 8.00 | | 洮南 |
| 0.29 | 1920 | 1920 | 0.95 | | 大安 |
| 200.00 | 80000 | 70000 | 36.00 | | 延吉 |
| 1.00 | 1700 | 1500 | 0.35 | | 图们 |
| 10.00 | 22199 | 22199 | 11.10 | | 敦化 |
| 2.00 | 51800 | 51800 | 13.50 | | 珲春 |
| 6.94 | 12421 | 12421 | 1.20 | | 龙井 |
| 5.00 | 12844 | 10916 | 5.12 | 2 | 和龙 |
| | 10225 | 8855 | 3.20 | 1 | 梅河口 |
| 27.90 | 15070 | 14770 | 7.30 | 1 | 长白山保护开发区管理委员会 |
| **643.41** | **847670** | **783446** | **252.43** | **38** | **黑龙江** |
| 24.00 | 88365 | 77959 | 18.40 | | 哈尔滨 |
| 4.20 | 33000 | 33000 | 9.01 | | 尚志 |
| 56.00 | 56000 | 52500 | 17.00 | | 五常 |
| 14.50 | 6120 | 2980 | 1.20 | | 齐齐哈尔 |
| 1.00 | 1930 | 370 | 0.92 | | 讷河 |
| 37.00 | 77401 | 69414 | 18.70 | 4 | 鸡西 |
| 55.00 | 14000 | 12500 | 6.00 | | 虎林 |
| 28.54 | 13646 | 13138 | 4.23 | | 密山 |
| 24.29 | 50800 | 50800 | 10.46 | | 鹤岗 |
| 16.00 | 9997 | 8526 | 2.46 | 2 | 双鸭山 |
| 11.28 | 11939 | 8720 | 2.87 | 1 | 大庆 |
| 2.00 | 112980 | 110980 | 38.93 | 3 | 伊春 |
| 19.00 | 5900 | 3800 | 2.70 | | 铁力 |
| 106.60 | 3308 | 2308 | 0.55 | 6 | 佳木斯 |
| 1.00 | 3500 | 3500 | 0.90 | | 同江 |
| 3.00 | 6700 | 3500 | 3.00 | | 抚远 |
| 4.80 | 22057 | 17680 | 8.85 | 2 | 富锦 |
| 0.54 | 15751 | 15751 | 4.72 | | 七台河 |
| 10.50 | 16655 | 13359 | 3.53 | 5 | 牡丹江 |
| 27.00 | 21000 | 21000 | 6.40 | | 海林 |
| 9.00 | 17336 | 17336 | 5.00 | | 宁安 |
| 0.75 | 12525 | 12429 | 4.23 | | 穆棱 |
| 0.45 | 12000 | 10500 | 8.10 | | 绥芬河 |
| 0.50 | 20000 | 20000 | 5.19 | | 东宁 |
| 67.00 | 38990 | 30146 | 11.20 | 2 | 黑河 |

## 7-3-2 续表 4

| 城市名称 Name of Cities | 储气能力(万立方米) Gas Storage Capacity ($10,000\ m^3$) | 供气管道长度(公里) Length of Gas Supply Pipeline (km) | 供气总量(吨) Total Gas Supplied (ton) | | | |
|---|---|---|---|---|---|---|
| | | | 合计 Total | 销售气量 Quantity Sold | 居民家庭 Households | 燃气汽车 Gas-Powered Automobiles |
| 北安 | 165.00 | | 5376.65 | 5350.00 | 1150.00 | 3795.00 |
| 五大连池 | 32.00 | | 171.30 | 169.50 | 169.50 | |
| 嫩江 | 593.00 | 3.70 | 1271.00 | 1268.00 | 1268.00 | |
| 绥化 | 350.00 | | 3500.00 | 3497.50 | 3497.50 | |
| 安达 | 149.00 | | 5612.60 | 5610.10 | 4006.00 | 119.00 |
| 肇东 | 254.00 | 106.00 | 3102.00 | 3020.00 | 3020.00 | |
| 海伦 | 130.00 | | 684.00 | 683.00 | 484.00 | |
| 漠河 | 60.00 | | 640.01 | 640.00 | 640.00 | |
| **上海** | **19998.40** | **263.23** | **220376.60** | **220023.59** | **125858.03** | **2433.78** |
| **江苏** | **49860.91** | **119.98** | **560086.14** | **558688.98** | **322508.05** | **10256.29** |
| 南京 | 2655.00 | 37.90 | 52201.88 | 52056.97 | 19247.77 | |
| 无锡 | 3905.00 | | 25846.85 | 25846.85 | 13566.41 | |
| 江阴 | 2800.00 | | 4138.20 | 4078.00 | 1350.00 | |
| 宜兴 | 600.00 | | 20254.22 | 20254.22 | 9982.85 | |
| 徐州 | 1397.00 | | 21210.05 | 21169.00 | 17124.00 | |
| 新沂 | 500.00 | | 8950.00 | 8937.00 | 6130.00 | |
| 邳州 | 1580.00 | | 1655.00 | 1635.00 | 1595.00 | |
| 常州 | 3335.00 | | 33416.04 | 33416.03 | 2204.39 | |
| 溧阳 | 1300.00 | | 1234.24 | 1230.97 | 1230.97 | |
| 苏州 | 5570.00 | | 56980.33 | 56980.33 | 39074.44 | |
| 常熟 | 1460.00 | | 21753.77 | 21699.77 | 18327.74 | |
| 张家港 | 874.05 | | 33654.60 | 33654.60 | 16987.00 | 2880.00 |
| 昆山 | 725.00 | | 13609.00 | 13609.00 | 5610.00 | 3226.00 |
| 太仓 | 990.00 | | 5312.59 | 5312.59 | 2187.63 | |
| 南通 | 1743.91 | | 35988.00 | 35982.00 | 22951.00 | 995.00 |
| 海安 | 1055.00 | | 12185.00 | 12164.00 | 8243.00 | 24.00 |
| 启东 | 890.00 | | 3041.00 | 3040.00 | 200.00 | |
| 如皋 | 865.74 | | 1742.00 | 1726.00 | 1215.20 | |
| 连云港 | 2316.00 | | 24720.13 | 24720.13 | 20791.03 | |
| 淮安 | 2717.64 | | 27918.93 | 27837.63 | 20565.00 | 2712.86 |
| 盐城 | 1369.10 | 82.08 | 28820.90 | 28553.34 | 20895.25 | 418.43 |
| 东台 | 120.00 | | 2543.00 | 2533.33 | 1673.00 | |
| 扬州 | 918.00 | | 22293.61 | 22091.61 | 8892.42 | |
| 仪征 | 777.00 | | 7134.00 | 7117.50 | 2162.00 | |
| 高邮 | 320.00 | | 2963.00 | 2960.10 | 2068.00 | |
| 镇江 | 850.00 | | 16716.48 | 16626.69 | 12167.95 | |
| 丹阳 | 3200.00 | | 16480.00 | 16300.00 | 16300.00 | |
| 扬中 | 232.00 | | 3944.00 | 3921.00 | 1776.00 | |
| 句容 | 150.00 | | 3150.00 | 3145.00 | 2260.00 | |
| 泰州 | 935.47 | | 12065.00 | 12039.00 | 8630.00 | |
| 兴化 | 920.00 | | 15500.00 | 15460.00 | 2525.00 | |
| 靖江 | 1130.00 | | 4141.00 | 4136.00 | 3022.00 | |
| 泰兴 | 650.00 | | 1200.00 | 1195.00 | 890.00 | |
| 宿迁 | 1010.00 | | 17323.32 | 17260.32 | 10663.00 | |

## continued 4

| 燃气损失量<br>Loss Amount | 用气户数<br>(户)<br>Number of Household with Access to Gas<br>(unit) | 居民家庭<br>Households | 用气人口<br>(万人)<br>Population with Access to Gas<br>( 10,000 persons) | 液化石油气汽车加气站<br>(座)<br>Gas Stations for LPG-Fueled Motor Vehicles<br>(unit) | 城市名称<br>Name of Cities |
|---|---|---|---|---|---|
| 26.65 | 14550 | 11530 | 5.20 | 2 | 北安 |
| 1.80 | 2230 | 2230 | 0.64 | | 五大连池 |
| 3.00 | 19010 | 19010 | 7.50 | | 嫩江 |
| 2.50 | 50000 | 50000 | 21.89 | | 绥化 |
| 2.50 | 21360 | 21360 | 5.29 | 11 | 安达 |
| 82.00 | 50238 | 50238 | 13.16 | | 肇东 |
| 1.00 | 8000 | 6500 | 1.00 | | 海伦 |
| 0.01 | 10382 | 10382 | 3.20 | | 漠河 |
| **353.01** | **2065515** | **1960024** | **494.65** | **4** | **上海** |
| **1397.16** | **2336705** | **1968789** | **320.39** | **10** | **江苏** |
| 144.91 | 330909 | 304635 | 48.24 | | 南京 |
| | 82487 | 77530 | 12.41 | | 无锡 |
| 60.20 | 17880 | 13190 | 4.01 | | 江阴 |
| | 33802 | 31375 | 5.02 | | 宜兴 |
| 41.05 | 240721 | 85821 | 15.62 | | 徐州 |
| 13.00 | 130073 | 43100 | 10.87 | | 新沂 |
| 20.00 | 24336 | 24105 | 7.44 | | 邳州 |
| 0.01 | 31394 | 14139 | 3.91 | | 常州 |
| 3.27 | 6148 | 6148 | 1.56 | | 溧阳 |
| | 244428 | 230522 | 60.40 | | 苏州 |
| 54.00 | 52433 | 51885 | 15.71 | | 常熟 |
| | 63150 | 59972 | 1.46 | 1 | 张家港 |
| | 21505 | 17013 | 3.60 | 1 | 昆山 |
| | 10434 | 8366 | 2.16 | | 太仓 |
| 6.00 | 141691 | 135405 | 14.26 | 2 | 南通 |
| 21.00 | 80587 | 78765 | 1.28 | 1 | 海安 |
| 1.00 | 1713 | 750 | 0.19 | | 启东 |
| 16.00 | 4949 | 4949 | 0.98 | | 如皋 |
| | 190483 | 183380 | 11.50 | | 连云港 |
| 81.30 | 61026 | 59230 | 6.40 | 4 | 淮安 |
| 267.56 | 93457 | 89887 | 13.75 | 1 | 盐城 |
| 9.67 | 23029 | 22629 | 8.06 | | 东台 |
| 202.00 | 97622 | 90180 | 8.30 | | 扬州 |
| 16.50 | 8648 | 8306 | 1.60 | | 仪征 |
| 2.90 | 13755 | 10952 | 0.84 | | 高邮 |
| 89.79 | 76731 | 76049 | 16.00 | | 镇江 |
| 180.00 | 46500 | 46500 | 3.51 | | 丹阳 |
| 23.00 | 5476 | 4859 | 0.93 | | 扬中 |
| 5.00 | 18100 | 16100 | 2.51 | | 句容 |
| 26.00 | 67015 | 63076 | 15.63 | | 泰州 |
| 40.00 | 36000 | 35000 | 3.15 | | 兴化 |
| 5.00 | 25973 | 23890 | 4.15 | | 靖江 |
| 5.00 | 2650 | 2480 | 0.36 | | 泰兴 |
| 63.00 | 51600 | 48601 | 14.58 | | 宿迁 |

# 7-3-2 续表 5

| 城市名称 Name of Cities | 储气能力(万立方米) Gas Storage Capacity (10,000 $m^3$) | 供气管道长度(公里) Length of Gas Supply Pipeline (km) | 供气总量(吨) Total Gas Supplied (ton) 合计 Total | 销售气量 Quantity Sold | 居民家庭 Households | 燃气汽车 Gas-Powered Automobiles |
|---|---|---|---|---|---|---|
| **浙江** | **33941.04** | **251.14** | **762242.32** | **759706.56** | **537447.54** | **11610.67** |
| 杭州 | 4935.88 | | 119533.18 | 119223.93 | 60359.92 | 2139.20 |
| 建德 | 200.00 | | 1456.00 | 1455.00 | 1164.00 | |
| 宁波 | 6219.36 | 38.60 | 116512.87 | 116430.19 | 84884.84 | |
| 余姚 | 420.00 | | 6027.56 | 6027.56 | 4691.10 | |
| 慈溪 | 200.10 | | 52842.75 | 52842.75 | 51850.68 | |
| 温州 | 2288.60 | 9.24 | 45384.99 | 45370.88 | 28966.78 | 2835.00 |
| 瑞安 | 992.80 | 124.00 | 50667.77 | 50502.04 | 31143.66 | |
| 乐清 | 1240.00 | | 10650.00 | 10440.00 | 10300.00 | |
| 龙港 | 260.00 | | 9506.00 | 9506.00 | 5703.00 | |
| 嘉兴 | 1265.30 | | 31782.00 | 31753.00 | 11382.00 | |
| 海宁 | 600.00 | | 4000.00 | 4000.00 | 2370.00 | |
| 平湖 | 100.00 | | 3218.66 | 3208.18 | 3208.18 | |
| 桐乡 | 472.00 | | 8603.00 | 8551.00 | 6059.00 | |
| 湖州 | 635.00 | | 10882.00 | 10882.00 | 6731.00 | |
| 绍兴 | 2494.00 | 13.12 | 50653.14 | 49864.15 | 35497.26 | |
| 诸暨 | 1100.00 | | 17222.50 | 16860.82 | 12862.70 | |
| 嵊州 | 615.00 | | 7254.59 | 7253.28 | 7097.31 | |
| 金华 | 900.00 | | 14012.00 | 14009.00 | 10656.00 | |
| 兰溪 | 710.00 | 4.80 | 3695.00 | 3693.00 | 3693.00 | |
| 义乌 | 430.00 | | 26887.00 | 26881.00 | 11626.00 | |
| 东阳 | 250.00 | | 18904.47 | 18904.47 | 16836.10 | |
| 永康 | 505.00 | | 18214.00 | 18197.00 | 13524.00 | |
| 衢州 | 615.00 | | 4743.00 | 4734.00 | 4014.00 | |
| 江山 | 473.00 | 59.78 | 8266.00 | 8246.63 | 8246.63 | |
| 舟山 | 600.00 | | 26371.81 | 26371.81 | 26371.81 | |
| 台州 | 1041.00 | | 59007.79 | 58657.95 | 51945.79 | 3135.46 |
| 玉环 | 380.00 | 1.60 | 5571.23 | 5565.13 | 4921.00 | |
| 温岭 | 300.00 | | 7360.00 | 7300.00 | 3200.00 | 2400.00 |
| 临海 | 2559.00 | | 6849.01 | 6848.79 | 4483.78 | 1101.01 |
| 丽水 | 730.00 | | 9514.00 | 9497.00 | 9000.00 | |
| 龙泉 | 410.00 | | 6650.00 | 6630.00 | 4658.00 | |
| **安徽** | **15532.15** | **189.60** | **159205.82** | **158438.51** | **85157.66** | **210.00** |
| 合肥 | 1850.00 | | 39502.00 | 39465.00 | 7483.00 | |
| 巢湖 | 1300.00 | | 552.00 | 549.00 | 302.00 | |
| 芜湖 | 3430.00 | 2.10 | 21359.16 | 21349.81 | 6457.60 | 210.00 |
| 无为 | 500.00 | | 1128.00 | 1114.00 | 520.00 | |
| 蚌埠 | 420.00 | 13.00 | 1340.27 | 1339.77 | 1339.77 | |
| 淮南 | 736.00 | | 8743.00 | 8667.00 | 8667.00 | |
| 马鞍山 | 150.00 | | 1989.00 | 1989.00 | 330.00 | |
| 淮北 | | | 9714.00 | 9714.00 | 9714.00 | |
| 铜陵 | 240.00 | | 6500.00 | 6498.00 | 2345.00 | |

continued 5

| 燃气损失量<br>Loss Amount | 用气户数（户）<br>Number of Household with Access to Gas (unit) | 居民家庭<br>Households | 用气人口（万人）<br>Population with Access to Gas (10,000 persons) | 液化石油气汽车加气站（座）<br>Gas Stations for LPG-Fueled Motor Vehicles (unit) | 城市名称<br>Name of Cities |
|---|---|---|---|---|---|
| **2535.76** | **4250451** | **3834335** | **971.95** | **12** | **浙　江** |
| 309.25 | 829981 | 795678 | 189.06 | 1 | 杭　州 |
| 1.00 | 4200 | 4200 | 2.20 | | 建　德 |
| 82.68 | 644821 | 520017 | 108.33 | | 宁　波 |
| | 58903 | 53055 | 16.99 | | 余　姚 |
| | 146550 | 144988 | 14.79 | | 慈　溪 |
| 14.11 | 138249 | 133284 | 45.14 | 5 | 温　州 |
| 165.73 | 281574 | 263401 | 127.52 | | 瑞　安 |
| 210.00 | 128000 | 126100 | 39.75 | | 乐　清 |
| | 49049 | 47146 | 15.02 | | 龙　港 |
| 29.00 | 128805 | 41477 | 8.35 | | 嘉　兴 |
| | 12000 | 10500 | 1.92 | | 海　宁 |
| 10.48 | 34968 | 34968 | 10.56 | | 平　湖 |
| 52.00 | 38356 | 33089 | 14.18 | | 桐　乡 |
| | 47600 | 37380 | 9.73 | | 湖　州 |
| 788.99 | 244967 | 232677 | 44.75 | | 绍　兴 |
| 361.68 | 110095 | 95265 | 31.05 | | 诸　暨 |
| 1.31 | 50227 | 49054 | 22.04 | | 嵊　州 |
| 3.00 | 126940 | 111098 | 31.62 | | 金　华 |
| 2.00 | 22288 | 22288 | 6.33 | | 兰　溪 |
| 6.00 | 168947 | 154977 | 59.59 | | 义　乌 |
| | 237433 | 233567 | 29.88 | | 东　阳 |
| 17.00 | 77816 | 76691 | 13.20 | | 永　康 |
| 9.00 | 23300 | 22300 | 5.41 | | 衢　州 |
| 19.37 | 35738 | 35738 | 11.52 | | 江　山 |
| | 79668 | 79668 | 8.96 | | 舟　山 |
| 349.84 | 306780 | 298370 | 42.94 | 3 | 台　州 |
| 6.10 | 32798 | 29836 | 10.03 | | 玉　环 |
| 60.00 | 17520 | 14920 | 5.12 | 2 | 温　岭 |
| 0.22 | 72003 | 71553 | 24.03 | 1 | 临　海 |
| 17.00 | 48000 | 47000 | 14.55 | | 丽　水 |
| 20.00 | 52875 | 14050 | 7.39 | | 龙　泉 |
| **767.31** | **517742** | **463873** | **123.12** | **2** | **安　徽** |
| 37.00 | 50557 | 40141 | 10.30 | | 合　肥 |
| 3.00 | 3557 | 1494 | 0.48 | | 巢　湖 |
| 9.35 | 65323 | 54495 | 13.02 | 2 | 芜　湖 |
| 14.00 | 5108 | 3200 | 0.80 | | 无　为 |
| 0.50 | 7407 | 7407 | 3.26 | | 蚌　埠 |
| 76.00 | 28880 | 28880 | 8.62 | | 淮　南 |
| | 6550 | 5230 | 1.85 | | 马鞍山 |
| | 30142 | 30142 | 10.08 | | 淮　北 |
| 2.00 | 33017 | 21987 | 6.50 | | 铜　陵 |

# 7-3-2 续表 6

| 城市名称 Name of Cities | 储气能力(万立方米) Gas Storage Capacity (10,000 $m^3$) | 供气管道长度(公里) Length of Gas Supply Pipeline (km) | 供气总量(吨) Total Gas Supplied (ton) 合 计 Total | 销售气量 Quantity Sold | 居民家庭 Households | 燃气汽车 Gas-Powered Automobiles |
|---|---|---|---|---|---|---|
| 安　庆 | 711.40 | | 2950.00 | 2950.00 | 1032.00 | |
| 潜　山 | 60.00 | | 1280.00 | 1259.00 | 1259.00 | |
| 桐　城 | 70.00 | 21.00 | 6190.49 | 6150.00 | 6150.00 | |
| 黄　山 | 490.00 | 153.50 | 5802.00 | 5802.00 | 5802.00 | |
| 滁　州 | 480.75 | | 2792.00 | 2773.63 | 582.83 | |
| 天　长 | 173.00 | | 960.00 | 960.00 | 935.00 | |
| 明　光 | 340.00 | | 3500.00 | 3345.00 | 2780.00 | |
| 阜　阳 | 1500.00 | | 15863.00 | 15795.00 | 10750.00 | |
| 界　首 | 280.00 | | 2070.00 | 2068.00 | 2068.00 | |
| 宿　州 | 300.00 | | 2850.00 | 2834.00 | 2834.00 | |
| 六　安 | 70.00 | | 153.00 | 152.95 | 152.95 | |
| 亳　州 | 1000.00 | | 12475.90 | 12317.25 | 6342.51 | |
| 池　州 | 380.00 | | 2192.00 | 2153.00 | 735.00 | |
| 宣　城 | 500.00 | | 2000.00 | 1900.00 | 500.00 | |
| 广　德 | 150.00 | | 2100.00 | 2099.10 | 1276.00 | |
| 宁　国 | 401.00 | | 5200.00 | 5194.00 | 4800.00 | |
| **福　建** | **15857.11** | **216.48** | **292750.76** | **291743.13** | **159167.74** | |
| 福　州 | 3982.04 | 216.48 | 51536.96 | 51342.42 | 12359.04 | |
| 福　清 | 470.00 | | 4834.00 | 4834.00 | 3401.00 | |
| 厦　门 | 2159.00 | | 93316.54 | 92772.15 | 35011.25 | |
| 莆　田 | 609.20 | | 11966.68 | 11953.68 | 9264.00 | |
| 三　明 | 290.00 | | 2067.70 | 2048.96 | 2048.96 | |
| 永　安 | 200.00 | | 739.00 | 735.07 | 735.07 | |
| 泉　州 | 2470.00 | | 28760.00 | 28760.00 | 10860.00 | |
| 石　狮 | 275.00 | | 12040.00 | 12040.00 | 12040.00 | |
| 晋　江 | 135.00 | | 1253.00 | 1250.80 | 1250.80 | |
| 南　安 | 413.00 | | 24965.00 | 24956.00 | 21212.00 | |
| 漳　州 | 650.00 | | 18079.13 | 18074.93 | 13493.00 | |
| 南　平 | 845.00 | | 4091.00 | 4030.00 | 4030.00 | |
| 邵　武 | 150.70 | | 2463.00 | 2438.00 | 2150.00 | |
| 武夷山 | 450.00 | | 2156.00 | 2140.00 | 2080.00 | |
| 建　瓯 | 340.00 | | 2331.00 | 2289.00 | 2015.00 | |
| 龙　岩 | 808.17 | | 6828.75 | 6827.12 | 4331.62 | |
| 漳　平 | 70.00 | | 1532.00 | 1525.00 | 1525.00 | |
| 宁　德 | 220.00 | | 4650.00 | 4650.00 | 4426.00 | |
| 福　安 | 1105.00 | | 9809.00 | 9769.00 | 7628.00 | |
| 福　鼎 | 215.00 | | 9332.00 | 9307.00 | 9307.00 | |
| **江　西** | **19727.10** | | **173056.20** | **171511.98** | **137042.63** | |
| 南　昌 | 2163.00 | | 19238.00 | 19215.04 | 19215.04 | |
| 景德镇 | 500.00 | | 4600.00 | 4597.00 | 2410.00 | |
| 乐　平 | 341.00 | | 2256.00 | 2254.00 | 2215.00 | |
| 萍　乡 | 2500.00 | | 11828.00 | 11821.30 | 5840.00 | |
| 九　江 | 612.00 | | 10498.00 | 10467.31 | 2672.31 | |

continued 6

| 燃气损失量<br>Loss Amount | 用气户数（户）<br>Number of Household with Access to Gas (unit) | 居民家庭<br>Households | 用气人口（万人）<br>Population with Access to Gas (10,000 persons) | 液化石油气汽车加气站（座）<br>Gas Stations for LPG-Fueled Motor Vehicles (unit) | 城市名称<br>Name of Cities |
|---|---|---|---|---|---|
| | 18865 | 16445 | 2.69 | | 安庆 |
| 21.00 | 4200 | 4200 | 1.88 | | 潜山 |
| 40.49 | 19500 | 19500 | 5.85 | | 桐城 |
| | 63968 | 63968 | 16.08 | | 黄山 |
| 18.37 | 3606 | 3296 | 1.14 | | 滁州 |
| | 3366 | 3218 | 1.01 | | 天长 |
| 155.00 | 13500 | 12450 | 3.35 | | 明光 |
| 68.00 | 37800 | 32600 | 8.75 | | 阜阳 |
| 2.00 | 17400 | 17400 | 5.30 | | 界首 |
| 16.00 | 3380 | 3380 | 1.84 | | 宿州 |
| 0.05 | 510 | 510 | 0.10 | | 六安 |
| 158.65 | 19058 | 17850 | 5.86 | | 亳州 |
| 39.00 | 11238 | 10389 | 2.60 | | 池州 |
| 100.00 | 10210 | 9291 | 3.00 | | 宣城 |
| 0.90 | 12800 | 12400 | 3.86 | | 广德 |
| 6.00 | 47800 | 44000 | 4.90 | | 宁国 |
| **1007.63** | **1362940** | **1289391** | **491.89** | | **福建** |
| 194.54 | 195913 | 182171 | 65.42 | | 福州 |
| | 49175 | 44562 | 30.09 | | 福清 |
| 544.39 | 408696 | 379376 | 146.82 | | 厦门 |
| 13.00 | 48974 | 47520 | 11.01 | | 莆田 |
| 18.74 | 15232 | 15232 | 3.78 | | 三明 |
| 3.93 | 12206 | 12206 | 2.54 | | 永安 |
| | 123730 | 115840 | 77.00 | | 泉州 |
| | 40267 | 40267 | 15.12 | | 石狮 |
| 2.20 | 12830 | 12830 | 6.80 | | 晋江 |
| 9.00 | 83850 | 74835 | 12.30 | | 南安 |
| 4.20 | 124665 | 121286 | 34.84 | | 漳州 |
| 61.00 | 42660 | 42660 | 12.71 | | 南平 |
| 25.00 | 15386 | 14866 | 4.42 | | 邵武 |
| 16.00 | 31000 | 30500 | 8.68 | | 武夷山 |
| 42.00 | 21156 | 20820 | 11.89 | | 建瓯 |
| 1.63 | 29369 | 28015 | 11.55 | | 龙岩 |
| 7.00 | 17520 | 17520 | 7.41 | | 漳平 |
| | 15680 | 14254 | 6.27 | | 宁德 |
| 40.00 | 45600 | 45600 | 15.04 | | 福安 |
| 25.00 | 29031 | 29031 | 8.20 | | 福鼎 |
| **1544.22** | **1017530** | **947343** | **238.38** | | **江西** |
| 22.96 | 124508 | 124508 | 17.81 | | 南昌 |
| 3.00 | 26000 | 24000 | 5.80 | | 景德镇 |
| 2.00 | 36021 | 35568 | 14.24 | | 乐平 |
| 6.70 | 26532 | 26030 | 4.08 | | 萍乡 |
| 30.69 | 29396 | 27616 | 8.80 | | 九江 |

# 7-3-2 续表 7

| 城市名称 Name of Cities | 储气能力(万立方米) Gas Storage Capacity (10,000 $m^3$) | 供气管道长度(公里) Length of Gas Supply Pipeline (km) | 供气总量(吨) Total Gas Supplied (ton) | | | |
|---|---|---|---|---|---|---|
| | | | 合计 Total | 销售气量 Quantity Sold | 居民家庭 Households | 燃气汽车 Gas-Powered Automobiles |
| 瑞　　昌 | 328.00 | | 7651.00 | 7636.00 | 7636.00 | |
| 共 青 城 | 46.00 | | 910.20 | 904.00 | 904.00 | |
| 庐　　山 | 120.00 | | 750.00 | 710.00 | 710.00 | |
| 新　　余 | 390.00 | | 2308.00 | 2308.00 | 2008.00 | |
| 鹰　　潭 | 555.00 | | 5000.00 | 4885.00 | 4885.00 | |
| 贵　　溪 | 625.00 | | 4673.00 | 4645.00 | 3159.00 | |
| 赣　　州 | 898.00 | | 16962.00 | 16762.50 | 15690.50 | |
| 瑞　　金 | 360.00 | | 8201.00 | 8011.00 | 8011.00 | |
| 龙　　南 | 1610.00 | | 4090.00 | 4087.99 | 3147.00 | |
| 吉　　安 | 880.00 | | 7412.00 | 7412.00 | 5115.00 | |
| 井 冈 山 | 85.00 | | 409.00 | 409.00 | 409.00 | |
| 宜　　春 | 568.00 | | 8506.00 | 8420.94 | 8241.00 | |
| 丰　　城 | 1915.00 | | 4230.00 | 4230.00 | 430.00 | |
| 樟　　树 | 100.10 | | 4260.00 | 4240.00 | 4139.78 | |
| 高　　安 | 1482.00 | | 7203.00 | 7150.00 | 5200.00 | |
| 抚　　州 | 1785.00 | | 20737.00 | 20667.00 | 20667.00 | |
| 上　　饶 | 1424.00 | | 17256.00 | 16603.00 | 10937.00 | |
| 德　　兴 | 440.00 | | 4078.00 | 4075.90 | 3401.00 | |
| **山　　东** | **31355.01** | **1.16** | **259539.95** | **257281.84** | **143353.41** | **17742.10** |
| 济　　南 | 1967.00 | | 37451.00 | 37411.00 | 13334.00 | |
| 青　　岛 | 2084.51 | | 28047.63 | 28042.63 | 11827.00 | 3216.10 |
| 胶　　州 | 640.00 | | 4890.00 | 4890.00 | 4620.00 | |
| 平　　度 | 1600.00 | | 3777.00 | 3754.00 | 3748.00 | |
| 莱　　西 | 500.00 | | 7635.00 | 7635.00 | 6432.00 | 1203.00 |
| 淄　　博 | 710.00 | | 16489.20 | 16418.30 | 6837.10 | |
| 枣　　庄 | 657.00 | | 8980.93 | 8881.50 | 7196.00 | |
| 滕　　州 | | | | | | |
| 东　　营 | 1158.00 | | 1300.00 | 1293.50 | 713.80 | |
| 烟　　台 | 1703.00 | | 24313.20 | 23270.20 | 4965.00 | 1405.00 |
| 龙　　口 | 458.00 | | 2337.05 | 2330.00 | 2233.00 | |
| 莱　　阳 | 320.00 | | 1550.00 | 1550.00 | 1150.00 | 400.00 |
| 莱　　州 | 390.00 | | 3379.00 | 3376.00 | 3079.00 | 54.00 |
| 招　　远 | 170.00 | | 996.00 | 994.08 | 502.00 | 390.00 |
| 栖　　霞 | 323.00 | | 2560.00 | 2530.00 | 2230.00 | |
| 海　　阳 | 180.00 | | 1900.00 | 1890.00 | 1100.00 | 240.00 |
| 潍　　坊 | 1447.20 | | 14015.00 | 13905.00 | 7421.00 | |
| 青　　州 | 1040.00 | | 1270.00 | 1202.00 | 710.00 | |
| 诸　　城 | 800.00 | | 6700.00 | 6690.00 | 6690.00 | |
| 寿　　光 | 665.00 | | 4649.00 | 4639.00 | 1044.00 | |
| 安　　丘 | 412.50 | | 5588.00 | 5521.50 | 5501.00 | |
| 高　　密 | 260.00 | | 486.00 | 485.00 | 102.00 | |
| 昌　　邑 | 789.00 | | 1636.00 | 1618.00 | 1618.00 | |
| 济　　宁 | 631.00 | | 3474.88 | 3201.38 | 705.00 | |
| 曲　　阜 | | | | | | |

continued 7

| 燃气损失量<br>Loss Amount | 用气户数（户）<br>Number of Household with Access to Gas (unit) | 居民家庭<br>Households | 用气人口（万人）<br>Population with Access to Gas (10,000 persons) | 液化石油气汽车加气站（座）<br>Gas Stations for LPG-Fueled Motor Vehicles (unit) | 城市名称<br>Name of Cities |
|---|---|---|---|---|---|
| 15.00 | 21860 | 21860 | 4.26 | | 瑞　昌 |
| 6.20 | 14920 | 14920 | 7.62 | | 共青城 |
| 40.00 | 7120 | 7120 | 1.78 | | 庐　山 |
| | 21000 | 20400 | 2.40 | | 新　余 |
| 115.00 | 33928 | 33928 | 6.50 | | 鹰　潭 |
| 28.00 | 26077 | 26077 | 3.21 | | 贵　溪 |
| 199.50 | 191721 | 189309 | 48.49 | | 赣　州 |
| 190.00 | 52142 | 52142 | 16.01 | | 瑞　金 |
| 2.01 | 54894 | 52496 | 13.01 | | 龙　南 |
| | 16980 | 16868 | 3.02 | | 吉　安 |
| | 3500 | 3500 | 1.06 | | 井冈山 |
| 85.06 | 52380 | 49865 | 9.37 | | 宜　春 |
| | 16200 | 16200 | 5.62 | | 丰　城 |
| 20.00 | 33425 | 14102 | 6.05 | | 樟　树 |
| 53.00 | 27211 | 27211 | 8.00 | | 高　安 |
| 70.00 | 72205 | 72205 | 18.37 | | 抚　州 |
| 653.00 | 114667 | 80175 | 28.40 | | 上　饶 |
| 2.10 | 14843 | 11243 | 4.48 | | 德　兴 |
| **2258.11** | **1103939** | **984354** | **269.75** | **61** | 山　东 |
| 40.00 | 187853 | 167801 | 39.50 | | 济　南 |
| 5.00 | 104403 | 94385 | 19.13 | 6 | 青　岛 |
| | 64361 | 63404 | 12.98 | | 胶　州 |
| 23.00 | 26228 | 25850 | 8.05 | | 平　度 |
| | 33361 | 30039 | 4.03 | 6 | 莱　西 |
| 70.90 | 19603 | 15915 | 3.08 | | 淄　博 |
| 99.43 | 38640 | 37304 | 6.33 | | 枣　庄 |
| | | | | | 滕　州 |
| 6.50 | 9300 | 7600 | 0.80 | | 东　营 |
| 1043.00 | 67339 | 56360 | 6.77 | 10 | 烟　台 |
| 7.05 | 7610 | 6532 | 1.50 | | 龙　口 |
| | 5111 | 3893 | 0.96 | 1 | 莱　阳 |
| 3.00 | 50833 | 30079 | 16.70 | 1 | 莱　州 |
| 1.92 | 5028 | 4205 | 1.10 | 2 | 招　远 |
| 30.00 | 19200 | 17510 | 4.09 | | 栖　霞 |
| 10.00 | 13350 | 13150 | 3.04 | 3 | 海　阳 |
| 110.00 | 30181 | 25504 | 7.10 | | 潍　坊 |
| 68.00 | 4100 | 2000 | 0.81 | | 青　州 |
| 10.00 | 21700 | 21700 | 7.90 | | 诸　城 |
| 10.00 | 19414 | 17411 | 5.91 | | 寿　光 |
| 66.50 | 26178 | 20882 | 12.53 | 6 | 安　丘 |
| 1.00 | 1120 | 795 | 0.23 | | 高　密 |
| 18.00 | 4693 | 4693 | 1.45 | | 昌　邑 |
| 273.50 | 16200 | 13250 | 4.57 | | 济　宁 |
| | | | | | 曲　阜 |

# 7-3-2 续表 8

| 城市名称 Name of Cities | 储气能力(万立方米) Gas Storage Capacity ($10,000\ m^3$) | 供气管道长度(公里) Length of Gas Supply Pipeline (km) | 供气总量(吨) Total Gas Supplied (ton) 合计 Total | 销售气量 Quantity Sold | 居民家庭 Households | 燃气汽车 Gas-Powered Automobiles |
|---|---|---|---|---|---|---|
| 邹　城 | 270.00 | 0.66 | 434.75 | 432.98 | 145.80 | |
| 泰　安 | 20.00 | | 1501.30 | 1491.00 | 104.91 | |
| 新　泰 | 178.00 | 0.50 | 3054.00 | 3032.00 | 878.00 | 244.00 |
| 肥　城 | 160.00 | | 494.83 | 489.55 | 157.36 | |
| 威　海 | 1255.00 | | 13058.00 | 13035.90 | 1863.00 | 6595.00 |
| 荣　成 | 607.50 | | 7813.70 | 7812.00 | 3957.00 | 3855.00 |
| 乳　山 | 171.04 | | 162.79 | 161.65 | | 140.00 |
| 日　照 | 667.80 | | 7780.00 | 7766.50 | 7691.00 | |
| 临　沂 | 1925.50 | | 19850.72 | 19647.20 | 18533.70 | |
| 德　州 | 500.00 | | 5553.00 | 5528.00 | 4828.00 | |
| 乐　陵 | 400.00 | | 3000.00 | 2996.00 | 2996.00 | |
| 禹　城 | 800.00 | | 1800.00 | 1764.00 | 301.12 | |
| 聊　城 | 2820.00 | | 5163.00 | 5161.00 | 1985.00 | |
| 临　清 | 899.96 | | 1641.80 | 1641.70 | 1641.70 | |
| 滨　州 | 55.00 | | 859.80 | 857.30 | 857.30 | |
| 邹　平 | 890.00 | | 235.02 | 234.62 | 234.62 | |
| 菏　泽 | 830.00 | | 3712.35 | 3702.35 | 3421.00 | |
| **河　南** | **13088.12** | **4.52** | **155250.32** | **153922.56** | **130148.03** | **5345.33** |
| 郑　州 | 970.00 | | 11034.63 | 10689.52 | 6226.19 | 4463.33 |
| 巩　义 | 130.00 | | 4617.00 | 4586.00 | 2170.00 | |
| 荥　阳 | 450.00 | | 1229.00 | 1215.00 | 838.00 | |
| 新　密 | 270.00 | | 553.50 | 550.00 | 550.00 | |
| 新　郑 | 240.00 | | 3681.00 | 3676.00 | 1650.00 | |
| 登　封 | 264.00 | | 4100.00 | 4094.00 | 4094.00 | |
| 开　封 | 1350.00 | | 24540.00 | 24355.00 | 22930.00 | |
| 洛　阳 | 431.12 | | 15814.68 | 15798.94 | 15798.94 | |
| 平顶山 | | | | | | |
| 舞　钢 | | | | | | |
| 汝　州 | 205.00 | | 2000.00 | 1995.00 | 1270.00 | 725.00 |
| 安　阳 | 73.00 | | 6314.01 | 6285.90 | 3711.00 | |
| 林　州 | 48.00 | | 802.30 | 800.50 | 800.00 | |
| 鹤　壁 | 100.00 | | 920.00 | 915.00 | 915.00 | |
| 新　乡 | 540.00 | | 1313.00 | 1260.00 | 1185.00 | |
| 长　垣 | 180.00 | | 1600.00 | 1597.00 | 1597.00 | |
| 卫　辉 | 60.00 | | 907.00 | 906.00 | 906.00 | |
| 辉　县 | 200.00 | | 410.00 | 395.00 | 230.00 | |
| 焦　作 | | | | | | |
| 沁　阳 | 100.00 | | 1030.00 | 1008.40 | 520.00 | |
| 孟　州 | | | | | | |
| 濮　阳 | | | | | | |
| 许　昌 | 540.00 | | 7573.00 | 7534.80 | 2318.00 | |
| 禹　州 | 563.00 | | 5130.60 | 5088.80 | 4500.00 | |
| 长　葛 | 100.00 | | 2520.00 | 2400.00 | 1440.00 | |
| 漯　河 | 1050.00 | | 11655.50 | 11643.00 | 11643.00 | |

continued 8

| 燃气损失量<br>Loss Amount | 用气户数（户）<br>Number of Household with Access to Gas (unit) | 居民家庭<br>Households | 用气人口（万人）<br>Population with Access to Gas (10,000 persons) | 液化石油气汽车加气站（座）<br>Gas Stations for LPG-Fueled Motor Vehicles (unit) | 城市名称<br>Name of Cities |
|---|---|---|---|---|---|
| 1.77 | 3757 | 2136 | 0.70 | | 邹　城 |
| 10.30 | 10056 | 8367 | 6.09 | | 泰　安 |
| 22.00 | 19205 | 15796 | 7.73 | 1 | 新　泰 |
| 5.28 | 1903 | 1279 | 0.56 | | 肥　城 |
| 22.10 | 26902 | 21413 | 5.19 | 13 | 威　海 |
| 1.70 | 16679 | 11003 | 2.20 | 8 | 荣　成 |
| 1.14 | 348 | | | 4 | 乳　山 |
| 13.50 | 58544 | 58504 | 14.77 | | 日　照 |
| 203.52 | 99736 | 97775 | 25.19 | | 临　沂 |
| 25.00 | 12305 | 12305 | 7.88 | | 德　州 |
| 4.00 | 18000 | 18000 | 9.50 | | 乐　陵 |
| 36.00 | 1002 | 985 | 0.25 | | 禹　城 |
| 2.00 | 7535 | 6746 | 1.75 | | 聊　城 |
| 0.10 | 16235 | 16235 | 9.00 | | 临　清 |
| 2.50 | 9637 | 9637 | 3.04 | | 滨　州 |
| 0.40 | 3885 | 3885 | 0.62 | | 邹　平 |
| 10.00 | 22404 | 20026 | 6.72 | | 菏　泽 |
| **1327.76** | **834124** | **795679** | **300.49** | **12** | **河　南** |
| 345.11 | 25689 | 17545 | 68.81 | 7 | 郑　州 |
| 31.00 | 10063 | 7800 | 3.82 | | 巩　义 |
| 14.00 | 7082 | 6073 | 1.37 | | 荥　阳 |
| 3.50 | 4500 | 4500 | 1.18 | | 新　密 |
| 5.00 | 17370 | 9120 | 4.56 | | 新　郑 |
| 6.00 | 12500 | 12500 | 4.10 | | 登　封 |
| 185.00 | 71360 | 69018 | 10.60 | | 开　封 |
| 15.74 | 82505 | 82505 | 25.08 | | 洛　阳 |
| | | | | | 平顶山 |
| | | | | | 舞　钢 |
| 5.00 | 4500 | 3788 | 1.53 | 3 | 汝　州 |
| 28.11 | 12235 | 11431 | 2.76 | | 安　阳 |
| 1.80 | 8291 | 7896 | 1.60 | | 林　州 |
| 5.00 | 6200 | 6200 | 2.17 | | 鹤　壁 |
| 53.00 | 6610 | 6480 | 1.98 | | 新　乡 |
| 3.00 | 6000 | 6000 | 0.80 | | 长　垣 |
| 1.00 | 2520 | 2520 | 0.54 | | 卫　辉 |
| 15.00 | 3000 | 2810 | 0.81 | | 辉　县 |
| | | | | | 焦　作 |
| 21.60 | 1500 | 1500 | 1.00 | | 沁　阳 |
| | | | | | 孟　州 |
| | | | | | 濮　阳 |
| 38.20 | 6984 | 6456 | 2.10 | | 许　昌 |
| 41.80 | 68259 | 68259 | 17.49 | | 禹　州 |
| 120.00 | 24885 | 24000 | 9.20 | | 长　葛 |
| 12.50 | 54094 | 54094 | 19.39 | | 漯　河 |

# 7-3-2 续表 9

| 城市名称<br>Name of Cities | 储气能力(万立方米)<br>Gas Storage Capacity<br>(10,000 $m^3$) | 供气管道长度(公里)<br>Length of Gas Supply Pipeline<br>(km) | 供气总量(吨) Total Gas Supplied (ton) | | | |
|---|---|---|---|---|---|---|
| | | | 合 计<br>Total | 销售气量<br>Quantity Sold | 居民家庭<br>Households | 燃气汽车<br>Gas-Powered Automobiles |
| 三门峡 | 370.00 | | 2916.30 | 2904.70 | 2675.90 | |
| 义 马 | 119.00 | | 904.20 | 900.00 | 890.00 | |
| 灵 宝 | 150.00 | | 600.00 | 570.00 | 570.00 | |
| 南 阳 | 670.00 | 2.50 | 1194.00 | 1190.00 | 1190.00 | |
| 邓 州 | 1500.00 | | 5104.00 | 5100.00 | 5042.00 | |
| 商 丘 | 750.00 | | 13810.00 | 13780.00 | 13640.00 | |
| 永 城 | 140.00 | | 3712.00 | 3615.00 | 3615.00 | |
| 信 阳 | 300.00 | | 7813.00 | 7778.00 | 6128.00 | 157.00 |
| 周 口 | 540.00 | 1.70 | 6211.60 | 6150.00 | 5980.00 | |
| 项 城 | 360.00 | | 2080.00 | 2076.00 | 2060.00 | |
| 驻马店 | 200.00 | | 2080.00 | 1985.00 | 1985.00 | |
| 济源示范区 | | | | | | |
| 郑州航空港经济综合实验区 | 125.00 | 0.32 | 1080.00 | 1080.00 | 1080.00 | |
| **湖 北** | **34546.36** | **90.07** | **280347.58** | **279042.52** | **167928.12** | **1985.00** |
| 武 汉 | 10860.24 | 16.09 | 145211.91 | 144711.91 | 61257.39 | 1985.00 |
| 黄 石 | 2282.00 | | 18353.00 | 18353.00 | 7002.00 | |
| 大 冶 | 340.00 | | 5350.90 | 5348.50 | 4778.50 | |
| 十 堰 | 740.20 | 45.91 | 6125.28 | 6113.28 | 4649.28 | |
| 丹江口 | | 20.40 | 600.00 | 599.00 | 599.00 | |
| 宜 昌 | 954.00 | | 6830.02 | 6823.82 | 5617.10 | |
| 宜 都 | 240.32 | | 1984.80 | 1925.57 | 1923.21 | |
| 当 阳 | 201.00 | | 2530.80 | 2522.30 | 1218.50 | |
| 枝 江 | 218.00 | | 2830.00 | 2800.00 | 2800.00 | |
| 襄 阳 | 2555.00 | | 3944.00 | 3942.00 | 2545.00 | |
| 老河口 | 2530.00 | | 2530.00 | 2520.00 | 2520.00 | |
| 枣 阳 | 875.00 | | 6516.00 | 6514.50 | 6514.50 | |
| 宜 城 | 188.00 | | 2439.00 | 2436.00 | 2436.00 | |
| 鄂 州 | 300.00 | | 4150.00 | 4118.00 | 2237.00 | |
| 荆 门 | 2301.60 | 7.17 | 6827.50 | 6781.65 | 6781.65 | |
| 京 山 | 50.00 | | 385.92 | 385.70 | 385.70 | |
| 钟 祥 | 300.00 | | 6141.00 | 6091.00 | 5695.00 | |
| 孝 感 | 334.00 | | 4600.65 | 4600.00 | 1800.00 | |
| 应 城 | 135.00 | | 902.50 | 902.00 | 885.30 | |
| 安 陆 | 180.00 | | 400.00 | 392.48 | 392.48 | |
| 汉 川 | 342.00 | | 1007.00 | 1003.16 | 1003.16 | |
| 荆 州 | 1500.00 | | 7523.62 | 7516.99 | 7516.99 | |
| 监 利 | 330.00 | | 6900.00 | 6885.00 | 6885.00 | |
| 石 首 | 460.00 | | 2550.82 | 2546.62 | 2546.62 | |
| 洪 湖 | 300.00 | | 2083.26 | 2083.24 | 2083.24 | |
| 松 滋 | 500.00 | | 600.00 | 598.50 | 598.50 | |
| 黄 冈 | 268.00 | | 1560.00 | 1556.30 | 1320.00 | |
| 麻 城 | 826.00 | | 5005.10 | 5000.00 | 3700.00 | |

continued 9

| 燃气损失量<br>Loss Amount | 用气户数(户)<br>Number of Household with Access to Gas (unit) | 居民家庭<br>Households | 用气人口(万人)<br>Population with Access to Gas (10,000 persons) | 液化石油气汽车加气站(座)<br>Gas Stations for LPG-Fueled Motor Vehicles (unit) | 城市名称<br>Name of Cities |
|---|---|---|---|---|---|
| 11.60 | 23352 | 22315 | 7.46 | | 三门峡 |
| 4.20 | 3800 | 3500 | 0.82 | | 义马 |
| 30.00 | 7100 | 7100 | 2.57 | | 灵宝 |
| 4.00 | 11269 | 11269 | 3.51 | | 南阳 |
| 4.00 | 56787 | 55255 | 25.97 | | 邓州 |
| 30.00 | 109435 | 106167 | 19.00 | | 商丘 |
| 97.00 | 32235 | 32235 | 13.89 | | 永城 |
| 35.00 | 47240 | 46150 | 15.02 | 2 | 信阳 |
| 61.60 | 70831 | 65331 | 17.31 | | 周口 |
| 4.00 | 20068 | 20002 | 6.98 | | 项城 |
| 95.00 | 14000 | 14000 | 6.52 | | 驻马店 |
| | | | | | 济源示范区 |
| | 1860 | 1860 | 0.55 | | 郑州航空港经济综合实验区 |
| **1305.06** | **1543596** | **1404923** | **351.85** | **3** | **湖北** |
| 500.00 | 717117 | 675690 | 141.00 | 1 | 武汉 |
| | 25149 | 24688 | 3.70 | | 黄石 |
| 2.40 | 8636 | 7726 | 3.72 | | 大冶 |
| 12.00 | 35434 | 34534 | 5.84 | | 十堰 |
| 1.00 | 6120 | 6120 | 2.88 | | 丹江口 |
| 6.20 | 30530 | 26442 | 6.81 | | 宜昌 |
| 59.23 | 48000 | 45000 | 2.00 | | 宜都 |
| 8.50 | 17890 | 10241 | 5.57 | | 当阳 |
| 30.00 | 21500 | 21500 | 8.56 | 2 | 枝江 |
| 2.00 | 7846 | 7072 | 3.39 | | 襄阳 |
| 10.00 | 21850 | 21850 | 2.40 | | 老河口 |
| 1.50 | 33600 | 33600 | 8.02 | | 枣阳 |
| 3.00 | 10719 | 10719 | 1.97 | | 宜城 |
| 32.00 | 18812 | 13216 | 3.28 | | 鄂州 |
| 45.85 | 38173 | 38173 | 15.02 | | 荆门 |
| 0.22 | 5618 | 5618 | 0.85 | | 京山 |
| 50.00 | 33502 | 32402 | 8.75 | | 钟祥 |
| 0.65 | 28000 | 11500 | 6.10 | | 孝感 |
| 0.50 | 10594 | 6593 | 1.27 | | 应城 |
| 7.52 | 7000 | 4500 | 1.90 | | 安陆 |
| 3.84 | 10000 | 10000 | 2.00 | | 汉川 |
| 6.63 | 79157 | 79157 | 21.10 | | 荆州 |
| 15.00 | 33460 | 33460 | 9.42 | | 监利 |
| 4.20 | 21117 | 21117 | 8.95 | | 石首 |
| 0.02 | 34514 | 34514 | 7.79 | | 洪湖 |
| 1.50 | 6395 | 6395 | 1.70 | | 松滋 |
| 3.70 | 12230 | 12030 | 3.60 | | 黄冈 |
| 5.10 | 51670 | 44890 | 15.16 | | 麻城 |

# 7-3-2 续表 10

| 城市名称 Name of Cities | 储气能力(万立方米) Gas Storage Capacity ($10,000\ m^3$) | 供气管道长度(公里) Length of Gas Supply Pipeline (km) | 供气总量(吨) Total Gas Supplied (ton) | | | |
|---|---|---|---|---|---|---|
| | | | 合 计 Total | 销售气量 Quantity Sold | 居民家庭 Households | 燃气汽车 Gas-Powered Automobiles |
| 武 穴 | 400.00 | | 1750.00 | 1520.00 | 1520.00 | |
| 咸 宁 | 1025.00 | | 5000.00 | 4983.00 | 3650.00 | |
| 赤 壁 | 840.00 | 0.50 | 1889.00 | 1878.00 | 1878.00 | |
| 随 州 | 290.00 | | 2487.50 | 2485.00 | 1700.00 | |
| 广 水 | 130.00 | | 2480.00 | 2390.00 | 1687.00 | |
| 恩 施 | 941.00 | | 4856.00 | 4816.00 | 4202.00 | |
| 利 川 | 120.00 | | 602.00 | 600.00 | 600.00 | |
| 仙 桃 | 290.00 | | 1800.00 | 1750.00 | 1450.00 | |
| 潜 江 | 250.00 | | 1900.00 | 1890.00 | 1890.00 | |
| 天 门 | 150.00 | | 1700.00 | 1660.00 | 1660.00 | |
| **湖 南** | **20057.00** | | **250661.11** | **250132.92** | **178509.37** | **89.00** |
| 长 沙 | 1708.00 | | 70318.47 | 70318.47 | 28616.00 | |
| 宁 乡 | 600.00 | | 6556.27 | 6545.00 | 6345.73 | |
| 浏 阳 | 400.00 | | 906.00 | 902.00 | 798.00 | |
| 株 洲 | 1856.00 | | 8267.50 | 8170.00 | 6506.00 | |
| 醴 陵 | 656.00 | | 11771.00 | 11769.00 | 3415.00 | |
| 湘 潭 | 1200.00 | | 12800.00 | 12800.00 | 12800.00 | |
| 湘 乡 | 760.00 | | 7300.00 | 7300.00 | 6300.00 | |
| 韶 山 | 160.00 | | 1098.20 | 1072.50 | 958.00 | |
| 衡 阳 | 500.00 | | 8400.00 | 8370.00 | 7100.00 | |
| 耒 阳 | 120.00 | | 4500.00 | 4492.50 | 4492.50 | |
| 常 宁 | 406.00 | | 809.77 | 793.00 | 793.00 | |
| 邵 阳 | 590.00 | | 3735.00 | 3705.00 | 3000.00 | |
| 武 冈 | 98.00 | | 4236.00 | 4236.00 | 4100.00 | |
| 邵 东 | 270.00 | | 5626.00 | 5602.00 | 4325.00 | |
| 岳 阳 | 1135.00 | | 23010.00 | 22939.00 | 18102.30 | |
| 汨 罗 | 1100.00 | | 2190.00 | 2185.50 | 1430.00 | |
| 临 湘 | 630.00 | | 3645.00 | 3643.00 | 3543.00 | |
| 常 德 | 542.00 | | 11751.00 | 11720.50 | 6960.00 | |
| 津 市 | 600.00 | | 1700.00 | 1699.80 | 1631.20 | |
| 张 家 界 | 208.00 | | 7369.55 | 7366.50 | 7146.00 | |
| 益 阳 | 1089.00 | | 7800.00 | 7800.00 | 7800.00 | |
| 沅 江 | 150.00 | | 1513.00 | 1481.00 | 832.00 | 89.00 |
| 郴 州 | 1475.00 | | 8535.00 | 8533.60 | 8533.60 | |
| 资 兴 | 720.00 | | 3690.00 | 3680.00 | 3460.00 | |
| 永 州 | 725.00 | | 5433.05 | 5433.05 | 4593.05 | |
| 祁 阳 | 860.00 | | 4354.00 | 4334.00 | 3255.00 | |
| 怀 化 | 300.00 | | 6080.00 | 6080.00 | 5776.00 | |
| 洪 江 | 155.00 | | 1526.50 | 1520.00 | 1360.00 | |
| 娄 底 | 228.00 | | 9115.00 | 9095.00 | 9080.00 | |
| 冷 水 江 | 86.00 | | 510.50 | 500.50 | 396.67 | |
| 涟 源 | 650.00 | | 3500.00 | 3480.00 | 3050.00 | |
| 吉 首 | 80.00 | | 2614.30 | 2566.00 | 2011.32 | |

continued 10

| 燃气损失量<br>Loss Amount | 用气户数（户）<br>Number of Household with Access to Gas (unit) | 居民家庭<br>Households | 用气人口（万人）<br>Population with Access to Gas (10,000 persons) | 液化石油气汽车加气站（座）<br>Gas Stations for LPG-Fueled Motor Vehicles (unit) | 城市名称<br>Name of Cities |
|---|---|---|---|---|---|
| 230.00 | 13600 | 13600 | 6.00 | | 武穴 |
| 17.00 | 28000 | 23010 | 8.44 | | 咸宁 |
| 11.00 | 19540 | 19540 | 6.00 | | 赤壁 |
| 2.50 | 10050 | 8830 | 2.36 | | 随州 |
| 90.00 | 50500 | 18850 | 15.72 | | 广水 |
| 40.00 | 8010 | 6211 | 1.66 | | 恩施 |
| 2.00 | 3400 | 3400 | 1.02 | | 利川 |
| 50.00 | 17653 | 14525 | 5.40 | | 仙桃 |
| 10.00 | 8010 | 8010 | 1.50 | | 潜江 |
| 40.00 | 10200 | 10200 | 1.00 | | 天门 |
| **528.19** | **1257423** | **1162595** | **380.47** | **2** | **湖南** |
| | 208725 | 178487 | 66.26 | | 长沙 |
| 11.27 | 43640 | 42900 | 12.87 | | 宁乡 |
| 4.00 | 7052 | 5009 | 2.30 | | 浏阳 |
| 97.50 | 30400 | 26201 | 9.73 | | 株洲 |
| 2.00 | 23996 | 23954 | 8.20 | | 醴陵 |
| | 52000 | 52000 | 16.50 | | 湘潭 |
| | 28058 | 25410 | 4.01 | | 湘乡 |
| 25.70 | 7005 | 6889 | 1.30 | | 韶山 |
| 30.00 | 21000 | 19500 | 5.80 | | 衡阳 |
| 7.50 | 53250 | 53250 | 8.82 | | 耒阳 |
| 16.77 | 2833 | 2833 | 0.85 | | 常宁 |
| 30.00 | 38000 | 33000 | 7.00 | | 邵阳 |
| | 52300 | 51600 | 18.80 | | 武冈 |
| 24.00 | 26841 | 21362 | 15.48 | | 邵东 |
| 71.00 | 30237 | 26828 | 9.00 | | 岳阳 |
| 4.50 | 17720 | 17026 | 5.02 | | 汨罗 |
| 2.00 | 26320 | 26110 | 4.67 | | 临湘 |
| 30.50 | 72400 | 49080 | 19.86 | | 常德 |
| 0.20 | 16969 | 16914 | 3.20 | | 津市 |
| 3.05 | 52421 | 48301 | 9.53 | | 张家界 |
| | 44960 | 44960 | 6.70 | | 益阳 |
| 32.00 | 24120 | 21190 | 1.60 | 2 | 沅江 |
| 1.40 | 49465 | 49465 | 13.11 | | 郴州 |
| 10.00 | 33000 | 32800 | 6.12 | | 资兴 |
| | 75900 | 73740 | 18.84 | | 永州 |
| 20.00 | 33250 | 31630 | 13.06 | | 祁阳 |
| | 18000 | 18000 | 27.06 | | 怀化 |
| 6.50 | 22601 | 22315 | 7.11 | | 洪江 |
| 20.00 | 38885 | 38885 | 12.20 | | 娄底 |
| 10.00 | 18750 | 18400 | 6.56 | | 冷水江 |
| 20.00 | 60000 | 58000 | 14.60 | | 涟源 |
| 48.30 | 27325 | 26556 | 24.31 | | 吉首 |

# 7-3-2 续表 11

| 城市名称 Name of Cities | 储气能力（万立方米） Gas Storage Capacity ($10,000\ m^3$) | 供气管道长度（公里） Length of Gas Supply Pipeline (km) | 供气总量(吨) Total Gas Supplied (ton) | | | |
|---|---|---|---|---|---|---|
| | | | 合 计 Total | 销售气量 Quantity Sold | 居民家庭 Households | 燃气汽车 Gas-Powered Automobiles |
| **广 东** | **275731.07** | **564.25** | **2180559.88** | **2177471.41** | **1315159.16** | **8067.01** |
| 广 州 | 5417.95 | 1.83 | 592649.05 | 592565.53 | 320567.79 | 6598.39 |
| 韶 关 | 813.00 | | 10756.00 | 10656.00 | 8285.00 | |
| 乐 昌 | 539.00 | | 3260.00 | 3200.00 | 3200.00 | |
| 南 雄 | 260.00 | | 2442.00 | 2433.00 | 1925.00 | |
| 深 圳 | 82581.40 | | 267608.64 | 267608.64 | 171410.29 | |
| 珠 海 | 22261.00 | 3.95 | 91106.45 | 91106.45 | 62699.34 | |
| 汕 头 | 114500.00 | 379.86 | 146109.80 | 145979.80 | 104269.59 | |
| 佛 山 | 1729.00 | 12.13 | 107287.16 | 107286.16 | 30537.44 | |
| 江 门 | 2672.50 | | 73188.99 | 72461.03 | 29002.71 | |
| 台 山 | 1143.00 | | 31057.78 | 31052.78 | 19886.50 | |
| 开 平 | 1743.00 | 20.00 | 13081.00 | 13080.00 | 10297.00 | |
| 鹤 山 | 402.10 | | 15715.56 | 15715.49 | 5996.13 | |
| 恩 平 | 200.00 | 102.00 | 5874.80 | 5871.37 | 4967.00 | |
| 湛 江 | 1528.84 | | 30242.30 | 30153.30 | 29034.50 | |
| 廉 江 | 800.00 | | 4222.50 | 4203.00 | 4203.00 | |
| 雷 州 | 111.80 | 3.64 | 4274.00 | 4231.00 | 4061.00 | |
| 吴 川 | 350.00 | | 3845.00 | 3842.00 | 3842.00 | |
| 茂 名 | 9400.00 | | 21748.93 | 21724.48 | 18305.03 | |
| 高 州 | 275.00 | | 4374.32 | 4373.77 | 3796.00 | |
| 化 州 | 1174.50 | | 11990.00 | 11989.70 | 11357.70 | |
| 信 宜 | 417.60 | | 2927.10 | 2915.10 | 2915.10 | |
| 肇 庆 | 1282.00 | | 14475.46 | 14447.86 | 8788.26 | |
| 四 会 | 720.00 | | 17177.95 | 17172.00 | 9130.50 | |
| 惠 州 | 2565.00 | 2.50 | 91552.07 | 91372.75 | 55420.88 | |
| 梅 州 | 1085.00 | | 9890.00 | 9714.00 | 9090.00 | |
| 兴 宁 | 625.00 | 6.70 | 7280.00 | 7245.00 | 7245.00 | |
| 汕 尾 | 350.00 | | 5431.29 | 5431.29 | 5431.29 | |
| 陆 丰 | 300.00 | 0.50 | 4419.00 | 4402.00 | 4377.00 | |
| 河 源 | 543.00 | | 8900.00 | 8900.00 | 8733.00 | |
| 阳 江 | 2440.00 | 0.59 | 16960.65 | 16952.00 | 16856.00 | |
| 阳 春 | 551.00 | | 14008.00 | 13886.00 | 13886.00 | |
| 清 远 | 1421.00 | 0.42 | 28201.39 | 28104.95 | 15765.14 | |
| 英 德 | 685.90 | | 6360.67 | 6310.67 | 4521.60 | |
| 连 州 | 600.00 | | 3200.00 | 3180.00 | 2000.00 | |
| 东 莞 | 5303.48 | 17.00 | 366039.46 | 365682.72 | 200702.33 | |
| 中 山 | 174.00 | | 16868.00 | 16852.00 | 13800.00 | |
| 潮 州 | | 7.60 | 47356.05 | 47355.85 | 18358.54 | |
| 揭 阳 | 7235.00 | | 19414.51 | 19070.72 | 17588.30 | 1468.62 |
| 普 宁 | 485.00 | 5.53 | 46796.00 | 46620.50 | 40939.20 | |
| 云 浮 | 541.00 | | 7268.00 | 7268.00 | 7268.00 | |
| 罗 定 | 505.00 | | 5200.00 | 5054.50 | 4700.00 | |

## continued 11

| 燃气损失量<br>Loss Amount | 用气户数（户）<br>Number of Household with Access to Gas (unit) | 居民家庭<br>Households | 用气人口（万人）<br>Population with Access to Gas (10,000 persons) | 液化石油气汽车加气站（座）<br>Gas Stations for LPG-Fueled Motor Vehicles (unit) | 城市名称<br>Name of Cities |
|---|---|---|---|---|---|
| **3088.47** | **8236125** | **7565260** | **2346.55** | **8** | **广东** |
| 83.52 | 1650440 | 1501802 | 390.47 | 1 | 广州 |
| 100.00 | 78033 | 73342 | 9.44 | 4 | 韶关 |
| 60.00 | 34300 | 34300 | 6.45 | | 乐昌 |
| 9.00 | 33958 | 33140 | 1.10 | | 南雄 |
| | 1157833 | 891342 | 311.97 | | 深圳 |
| | 245141 | 229256 | 60.43 | 1 | 珠海 |
| 130.00 | 476995 | 468508 | 187.40 | | 汕头 |
| 1.00 | 318313 | 286217 | 59.21 | | 佛山 |
| 727.96 | 126495 | 119143 | 41.68 | | 江门 |
| 5.00 | 52855 | 52591 | 16.80 | | 台山 |
| 1.00 | 30500 | 27529 | 9.53 | | 开平 |
| 0.07 | 40240 | 38419 | 3.05 | | 鹤山 |
| 3.43 | 49314 | 46544 | 9.58 | | 恩平 |
| 89.00 | 222499 | 212471 | 19.12 | | 湛江 |
| 19.50 | 31571 | 31571 | 11.05 | | 廉江 |
| 43.00 | 68730 | 68730 | 19.00 | | 雷州 |
| 3.00 | 33152 | 33152 | 20.00 | | 吴川 |
| 24.45 | 128097 | 104775 | 37.80 | | 茂名 |
| 0.55 | 40174 | 39954 | 22.82 | | 高州 |
| 0.30 | 97630 | 95130 | 30.98 | | 化州 |
| 12.00 | 74906 | 74906 | 23.97 | | 信宜 |
| 27.60 | 38679 | 36513 | 14.67 | | 肇庆 |
| 5.95 | 29980 | 29110 | 8.48 | | 四会 |
| 179.32 | 339066 | 314796 | 56.03 | 1 | 惠州 |
| 176.00 | 34070 | 32850 | 17.32 | | 梅州 |
| 35.00 | 61690 | 61690 | 12.20 | | 兴宁 |
| | 56940 | 56940 | 19.36 | | 汕尾 |
| 17.00 | 47404 | 47001 | 16.92 | | 陆丰 |
| | 55106 | 55106 | 8.10 | | 河源 |
| 8.65 | 72120 | 72120 | 27.72 | | 阳江 |
| 122.00 | 57245 | 57245 | 8.29 | | 阳春 |
| 96.44 | 64450 | 59491 | 23.12 | | 清远 |
| 50.00 | 22145 | 20540 | 6.22 | | 英德 |
| 20.00 | 32000 | 31000 | 11.00 | | 连州 |
| 356.74 | 1729928 | 1635759 | 623.78 | | 东莞 |
| 16.00 | 72428 | 71428 | 25.35 | | 中山 |
| 0.20 | 134773 | 134773 | 58.23 | | 潮州 |
| 343.79 | 118510 | 118510 | 49.36 | 1 | 揭阳 |
| 175.50 | 153365 | 149716 | 37.82 | | 普宁 |
| | 50050 | 50050 | 17.22 | | 云浮 |
| 145.50 | 75000 | 67800 | 13.51 | | 罗定 |

## 7-3-2 续表 12

| 城市名称 Name of Cities | 储气能力(万立方米) Gas Storage Capacity (10,000 m³) | 供气管道长度(公里) Length of Gas Supply Pipeline (km) | 供气总量(吨) Total Gas Supplied (ton) 合计 Total | 销售气量 Quantity Sold | 居民家庭 Households | 燃气汽车 Gas-Powered Automobiles |
|---|---|---|---|---|---|---|
| **广西** | **148374.25** | **2.09** | **296882.59** | **296172.93** | **201144.06** | |
| 南宁 | 2938.86 | 2.09 | 119836.88 | 119559.18 | 66154.33 | |
| 横州 | 172.00 | | 3348.00 | 3342.60 | 3342.60 | |
| 柳州 | 3471.00 | | 25177.59 | 25176.46 | 16030.66 | |
| 桂林 | 1886.80 | | 15968.65 | 15953.70 | 14462.36 | |
| 荔浦 | 379.00 | | 1482.50 | 1480.00 | 1290.00 | |
| 梧州 | 820.00 | | 10880.91 | 10876.82 | 7116.00 | |
| 岑溪 | 615.00 | | 5657.00 | 5600.00 | 5600.00 | |
| 北海 | 3568.32 | | 12895.81 | 12895.66 | 9925.35 | |
| 防城港 | 87832.00 | | 4255.28 | 4250.73 | 3103.00 | |
| 东兴 | 70.00 | | 1103.00 | 1101.50 | 1096.00 | |
| 钦州 | 38930.00 | | 14160.00 | 14081.50 | 7419.00 | |
| 贵港 | 1182.40 | | 9433.10 | 9427.10 | 7098.92 | |
| 桂平 | 186.00 | | 6450.00 | 6449.27 | 6449.27 | |
| 玉林 | 630.00 | | 10360.10 | 10360.00 | 7560.00 | |
| 北流 | 150.00 | | 2970.66 | 2878.54 | 2738.46 | |
| 百色 | 1630.75 | | 8118.61 | 8088.49 | 5705.38 | |
| 靖西 | 350.00 | | 5650.00 | 5641.70 | 4780.00 | |
| 平果 | 150.00 | | 5387.00 | 5386.70 | 5386.70 | |
| 贺州 | 920.00 | | 8644.00 | 8595.00 | 4900.00 | |
| 河池 | 889.00 | | 11446.40 | 11436.80 | 10534.12 | |
| 来宾 | 800.00 | | 5727.60 | 5706.98 | 4674.41 | |
| 合山 | 200.00 | | 968.00 | 945.00 | 815.00 | |
| 崇左 | 518.12 | | 4631.50 | 4629.20 | 2652.50 | |
| 凭祥 | 85.00 | | 2330.00 | 2310.00 | 2310.00 | |
| **海南** | **3520.60** | | **71746.33** | **71721.63** | **64340.78** | |
| 海口 | 1539.70 | | 33821.78 | 33818.65 | 33818.65 | |
| 三亚 | 445.00 | | 7870.71 | 7870.71 | 4722.43 | |
| 儋州 | 660.00 | | 7230.00 | 7225.00 | 7200.00 | |
| 五指山 | 53.00 | | 1855.10 | 1855.00 | 1492.00 | |
| 琼海 | 522.00 | | 13981.27 | 13978.57 | 10924.00 | |
| 文昌 | 132.00 | | 2620.00 | 2620.00 | 2620.00 | |
| 万宁 | 84.00 | | 2364.00 | 2351.00 | 1561.00 | |
| 东方 | 84.90 | | 2003.47 | 2002.70 | 2002.70 | |
| **重庆** | **4222.11** | | **50826.17** | **50588.07** | **26708.29** | |
| 重庆 | 4222.11 | | 50826.17 | 50588.07 | 26708.29 | |
| **四川** | **18815.05** | **170.83** | **210088.35** | **208373.74** | **86794.18** | **1652.00** |
| 成都 | 2972.40 | | 139844.53 | 139709.04 | 46652.97 | |
| 简阳 | 213.00 | | 1130.00 | 1126.00 | 820.00 | |
| 都江堰 | 198.00 | | 288.06 | 287.40 | 135.32 | |
| 彭州 | 40.00 | | 1040.00 | 970.00 | 900.00 | |
| 邛崃 | 120.00 | | 807.00 | 802.00 | 398.00 | |
| 崇州 | 3000.00 | | 4396.30 | 4330.50 | 2107.60 | |
| 自贡 | | | | | | |

continued 12

| 燃气损失量<br>Loss Amount | 用气户数（户）<br>Number of Household with Access to Gas (unit) | 居民家庭<br>Households | 用气人口（万人）<br>Population with Access to Gas (10,000 persons) | 液化石油气汽车加气站（座）<br>Gas Stations for LPG-Fueled Motor Vehicles (unit) | 城市名称<br>Name of Cities |
|---|---|---|---|---|---|
| **709.66** | **1681448** | **1618539** | **480.55** | | **广　西** |
| 277.70 | 509727 | 486750 | 148.60 | | 南　宁 |
| 5.40 | 55312 | 55312 | 15.43 | | 横　州 |
| 1.13 | 111352 | 103329 | 30.36 | | 柳　州 |
| 14.95 | 120824 | 116731 | 30.20 | | 桂　林 |
| 2.50 | 21133 | 20783 | 6.34 | | 荔　浦 |
| 4.09 | 64651 | 60182 | 19.41 | | 梧　州 |
| 57.00 | 54210 | 54210 | 14.80 | | 岑　溪 |
| 0.15 | 53615 | 52468 | 22.00 | | 北　海 |
| 4.55 | 26600 | 25595 | 9.93 | | 防城港 |
| 1.50 | 11090 | 10912 | 3.81 | | 东　兴 |
| 78.50 | 96662 | 93722 | 14.43 | | 钦　州 |
| 6.00 | 57007 | 55979 | 11.55 | | 贵　港 |
| 0.73 | 30992 | 30992 | 12.53 | | 桂　平 |
| 0.10 | 47600 | 42000 | 18.24 | | 玉　林 |
| 92.12 | 15986 | 14893 | 0.75 | | 北　流 |
| 30.12 | 54415 | 51623 | 17.87 | | 百　色 |
| 8.30 | 57562 | 57562 | 16.79 | | 靖　西 |
| 0.30 | 43320 | 43320 | 12.70 | | 平　果 |
| 49.00 | 72357 | 71129 | 20.19 | | 贺　州 |
| 9.60 | 54125 | 50380 | 20.76 | | 河　池 |
| 20.62 | 45218 | 44212 | 13.22 | | 来　宾 |
| 23.00 | 13480 | 13255 | 4.66 | | 合　山 |
| 2.30 | 44210 | 43200 | 8.71 | | 崇　左 |
| 20.00 | 20000 | 20000 | 7.27 | | 凭　祥 |
| **24.70** | **457995** | **451354** | **56.66** | | **海　南** |
| 3.13 | 267261 | 267261 | 19.00 | | 海　口 |
| | 52138 | 46338 | 5.30 | | 三　亚 |
| 5.00 | 43557 | 43557 | 13.40 | | 儋　州 |
| 0.10 | 11750 | 11750 | 3.35 | | 五指山 |
| 2.70 | 38745 | 38745 | 4.30 | | 琼　海 |
| | 15896 | 15896 | 3.36 | | 文　昌 |
| 13.00 | 19132 | 18291 | 5.48 | | 万　宁 |
| 0.77 | 9516 | 9516 | 2.47 | | 东　方 |
| **238.10** | **158353** | **110090** | **41.50** | | **重　庆** |
| 238.10 | 158353 | 110090 | 41.50 | | 重　庆 |
| **1714.61** | **443750** | **358107** | **98.88** | **14** | **四　川** |
| 135.49 | 182768 | 149468 | 36.52 | 3 | 成　都 |
| 4.00 | 1875 | 1600 | 0.57 | 3 | 简　阳 |
| 0.66 | 1723 | 1253 | 0.39 | | 都江堰 |
| 70.00 | 15089 | 10460 | 3.26 | | 彭　州 |
| 5.00 | 3540 | 2027 | 0.58 | | 邛　崃 |
| 65.80 | 10547 | 9541 | 1.40 | | 崇　州 |
| | | | | | 自　贡 |

## 7-3-2 续表 13

| 城市名称 Name of Cities | 储气能力(万立方米) Gas Storage Capacity ($10,000\ m^3$) | 供气管道长度(公里) Length of Gas Supply Pipeline (km) | 供气总量(吨) Total Gas Supplied (ton) | | | |
|---|---|---|---|---|---|---|
| | | | 合 计 Total | 销售气量 Quantity Sold | 居民家庭 Households | 燃气汽车 Gas-Powered Automobiles |
| 攀枝花 | 299.00 | | 2283.56 | 2267.56 | 1674.14 | |
| 泸州 | 444.00 | | 972.00 | 957.50 | 735.00 | |
| 德阳 | 950.00 | | 2937.40 | 2917.96 | 1491.97 | |
| 广汉 | 1977.00 | 0.60 | 6032.00 | 6031.87 | 2880.00 | |
| 什邡 | 320.00 | 30.00 | 782.00 | 780.40 | 625.30 | |
| 绵竹 | 123.25 | | 757.00 | 756.00 | 711.00 | |
| 绵阳 | 788.40 | 2.00 | 3192.24 | 3176.76 | 2871.00 | |
| 江油 | | | | | | |
| 广元 | 718.00 | | 916.00 | 911.00 | 903.00 | |
| 遂宁 | 140.00 | | 120.00 | 119.00 | 100.00 | |
| 射洪 | | | | | | |
| 内江 | 1050.00 | | 10322.71 | 9856.71 | 5102.00 | |
| 隆昌 | | | | | | |
| 乐山 | | 35.00 | 5236.10 | 5203.89 | 2396.23 | |
| 峨眉山 | 720.00 | | 1652.00 | 1652.00 | | 1652.00 |
| 南充 | 880.00 | 1.00 | 4800.00 | 4610.00 | 3700.00 | |
| 阆中 | 85.00 | 1.00 | 1231.00 | 1161.00 | 680.00 | |
| 眉山 | 485.00 | | 500.00 | 496.50 | 253.00 | |
| 宜宾 | 142.00 | 30.00 | 2595.45 | 2595.15 | 2058.65 | |
| 广安 | | | | | | |
| 华蓥 | 151.00 | | 183.00 | 183.00 | 116.50 | |
| 达州 | | | | | | |
| 万源 | 49.00 | | 660.00 | 660.00 | 660.00 | |
| 雅安 | 240.00 | | 1600.00 | 1600.00 | 550.00 | |
| 巴中 | 320.00 | 1.23 | 1937.00 | 1937.00 | 1937.00 | |
| 资阳 | 160.00 | | 295.00 | 288.00 | 125.00 | |
| 马尔康 | 640.00 | | 500.00 | 480.00 | 480.00 | |
| 康定 | 405.00 | | 1285.00 | 1274.50 | 1274.50 | |
| 会理 | 185.00 | | 715.00 | 715.00 | 590.00 | |
| 西昌 | 1000.00 | 70.00 | 11078.00 | 10518.00 | 3866.00 | |
| **贵州** | **14644.69** | | **111284.68** | **111091.59** | **48624.78** | |
| 贵阳 | 6099.00 | | 54000.00 | 54000.00 | 13000.00 | |
| 清镇 | | | 1489.80 | 1452.60 | 390.00 | |
| 六盘水 | 190.00 | | 1490.00 | 1459.00 | 330.00 | |
| 盘州 | | | 1459.10 | 1459.10 | 1459.10 | |
| 遵义 | 1457.00 | | 8115.99 | 8115.19 | 7059.60 | |
| 赤水 | 50.00 | | 122.00 | 120.00 | 118.00 | |
| 仁怀 | 50.00 | | 4732.00 | 4728.55 | 4728.55 | |
| 安顺 | 285.00 | | 10747.82 | 10747.82 | 2159.65 | |
| 毕节 | 1306.00 | | 6188.16 | 6141.16 | 3400.00 | |
| 黔西 | 450.00 | | 3123.00 | 3123.00 | 2310.00 | |
| 铜仁 | 1207.00 | | 2568.00 | 2562.00 | 1139.36 | |
| 兴义 | 845.00 | | 4759.00 | 4733.00 | 3968.00 | |
| 兴仁 | 580.00 | | 1247.00 | 1209.86 | 1209.86 | |
| 凯里 | 841.69 | | 7012.27 | 7011.07 | 4380.00 | |
| 都匀 | 809.00 | | 2680.54 | 2680.24 | 1622.66 | |
| 福泉 | 475.00 | | 1550.00 | 1549.00 | 1350.00 | |

# continued 13

| 燃气损失量<br>Loss Amount | 用气户数（户）<br>Number of Household with Access to Gas (unit) | 居民家庭<br>Households | 用气人口（万人）<br>Population with Access to Gas (10,000 persons) | 液化石油气汽车加气站（座）<br>Gas Stations for LPG-Fueled Motor Vehicles (unit) | 城市名称<br>Name of Cities |
|---|---|---|---|---|---|
| 16.00 | 12798 | 11408 | 3.76 | | 攀枝花 |
| 14.50 | 6839 | 5260 | 1.96 | | 泸州 |
| 19.44 | 4382 | 3380 | 2.37 | | 德阳 |
| 0.13 | 8177 | 7667 | 2.67 | | 广汉 |
| 1.60 | 11090 | 1247 | 1.34 | | 什邡 |
| 1.00 | 2365 | 2271 | 0.17 | | 绵竹 |
| 15.48 | 8464 | 6871 | 2.45 | | 绵阳 |
| | | | | | 江油 |
| 5.00 | 6080 | 5255 | 0.91 | | 广元 |
| 1.00 | 4010 | 4000 | 0.60 | | 遂宁 |
| | | | | | 射洪 |
| 466.00 | 21540 | 3222 | 0.25 | | 内江 |
| | | | | | 隆昌 |
| 32.21 | 15682 | 15582 | 1.30 | | 乐山 |
| | 685 | | | 7 | 峨眉山 |
| 190.00 | 13138 | 12360 | 2.00 | | 南充 |
| 70.00 | 2100 | 2100 | 0.50 | | 阆中 |
| 3.50 | 5050 | 2760 | 0.88 | | 眉山 |
| 0.30 | 9025 | 7649 | 2.60 | | 宜宾 |
| | | | | | 广安 |
| | 1912 | 1489 | 0.46 | | 华蓥 |
| | | | | | 达州 |
| | 5000 | 5000 | 1.00 | | 万源 |
| | 1500 | 1250 | | | 雅安 |
| | 5584 | 5584 | 2.25 | | 巴中 |
| 7.00 | 1822 | 740 | 1.62 | | 资阳 |
| 20.00 | 3200 | 3200 | 1.55 | | 马尔康 |
| 10.50 | 13435 | 13435 | 4.50 | 1 | 康定 |
| | 9700 | 9500 | 2.01 | | 会理 |
| 560.00 | 54630 | 52528 | 19.01 | | 西昌 |
| **193.09** | **794390** | **688775** | **242.99** | | **贵州** |
| | 135000 | 100000 | 28.00 | | 贵阳 |
| 37.20 | 8394 | 5203 | 1.50 | | 清镇 |
| 31.00 | 12148 | 6172 | 4.12 | | 六盘水 |
| | 22950 | 22950 | 9.18 | | 盘州 |
| 0.80 | 169895 | 168785 | 53.77 | | 遵义 |
| 2.00 | 1132 | 1132 | 0.34 | | 赤水 |
| 3.45 | 80491 | 80491 | 10.47 | | 仁怀 |
| | 58735 | 32252 | 13.32 | | 安顺 |
| 47.00 | 55621 | 44674 | 20.52 | | 毕节 |
| | 51330 | 47321 | 19.68 | | 黔西 |
| 6.00 | 31812 | 28550 | 13.92 | | 铜仁 |
| 26.00 | 28621 | 24752 | 27.80 | | 兴义 |
| 37.14 | 33468 | 33468 | 12.48 | | 兴仁 |
| 1.20 | 65508 | 55808 | 16.25 | | 凯里 |
| 0.30 | 36762 | 35843 | 9.76 | | 都匀 |
| 1.00 | 2523 | 1374 | 1.88 | | 福泉 |

# 7-3-2 续表 14

| 城市名称<br>Name of Cities | 储气能力(万立方米)<br>Gas Storage Capacity<br>(10,000 $m^3$) | 供气管道长度(公里)<br>Length of Gas Supply Pipeline<br>(km) | 供气总量(吨) Total Gas Supplied (ton) | | | |
|---|---|---|---|---|---|---|
| | | | 合计<br>Total | 销售气量<br>Quantity Sold | 居民家庭<br>Households | 燃气汽车<br>Gas-Powered Automobiles |
| **云　南** | **23110.12** | **16.93** | **139859.58** | **139597.10** | **57775.31** | |
| 昆　明 | 8265.00 | | 89314.41 | 89293.31 | 27224.55 | |
| 安　宁 | 280.00 | | 2207.20 | 2161.00 | 1195.00 | |
| 曲　靖 | 3626.44 | 15.50 | 3848.70 | 3809.70 | 2647.00 | |
| 宣　威 | 2580.00 | 0.83 | 2440.00 | 2436.00 | 2352.00 | |
| 玉　溪 | 738.80 | 0.60 | 4579.59 | 4557.29 | 1072.79 | |
| 澄　江 | 2020.00 | | 640.00 | 639.50 | 639.50 | |
| 保　山 | 856.00 | | 2078.00 | 2056.00 | 500.00 | |
| 腾　冲 | 63.00 | | 1431.12 | 1430.00 | 663.48 | |
| 昭　通 | 286.00 | | 365.00 | 355.00 | 355.00 | |
| 水　富 | 80.00 | | 62.00 | 62.00 | 62.00 | |
| 丽　江 | 305.00 | | 3201.15 | 3198.15 | 2236.05 | |
| 普　洱 | 310.00 | | 1994.00 | 1983.00 | 1983.00 | |
| 临　沧 | 75.00 | | 2891.84 | 2879.52 | 1431.59 | |
| 禄　丰 | 432.23 | | 668.63 | 650.20 | 650.20 | |
| 楚　雄 | 160.00 | | 1261.85 | 1257.85 | 1092.80 | |
| 个　旧 | 170.00 | | 1565.00 | 1563.20 | 84.00 | |
| 开　远 | 465.00 | | 1714.49 | 1700.93 | 511.00 | |
| 蒙　自 | 240.00 | | 4748.00 | 4745.00 | 2008.00 | |
| 弥　勒 | 220.00 | | 395.10 | 391.00 | 391.00 | |
| 文　山 | 202.65 | | 2261.60 | 2261.35 | 2261.35 | |
| 景　洪 | 400.00 | | 3526.10 | 3526.10 | 3152.60 | |
| 大　理 | 410.00 | | 4105.50 | 4104.00 | 1013.40 | |
| 瑞　丽 | 450.00 | | 1740.00 | 1724.00 | 1700.00 | |
| 芒　市 | 210.00 | | 967.00 | 967.00 | 967.00 | |
| 泸　水 | 115.00 | | 543.30 | 540.00 | 382.00 | |
| 香格里拉 | 150.00 | | 1310.00 | 1306.00 | 1200.00 | |
| **西　藏** | **1047.50** | **1.40** | **8445.21** | **8444.26** | **7734.96** | **692.00** |
| 拉　萨 | 50.00 | | 300.00 | 300.00 | 300.00 | |
| 日喀则 | 281.00 | 1.40 | 1951.00 | 1951.00 | 1673.00 | 270.00 |
| 昌　都 | 130.00 | | 850.00 | 849.30 | 620.00 | 220.00 |
| 林　芝 | 150.00 | | 3622.25 | 3622.00 | 3622.00 | |
| 山　南 | 252.00 | | 932.00 | 932.00 | 730.00 | 202.00 |
| 那　曲 | 184.50 | | 789.96 | 789.96 | 789.96 | |
| **陕　西** | **13183.80** | | **54850.62** | **54519.24** | **46663.10** | **150.00** |
| 西　安 | 4048.80 | | 21977.61 | 21858.59 | 21739.57 | |
| 铜　川 | 300.00 | | 533.31 | 519.28 | 152.00 | |
| 宝　鸡 | 170.00 | | 1175.00 | 1170.00 | 450.00 | |
| 咸　阳 | 126.00 | | 2930.00 | 2900.00 | 1176.00 | |

continued 14

| 燃气损失量<br>Loss Amount | 用气户数<br>(户)<br>Number of Household with Access to Gas<br>(unit) | 居民家庭<br>Households | 用气人口<br>(万人)<br>Population with Access to Gas<br>(10,000 persons) | 液化石油气汽车加气站<br>(座)<br>Gas Stations for LPG-Fueled Motor Vehicles<br>(unit) | 城市名称<br>Name of Cities |
|---|---|---|---|---|---|
| **262.48** | **745366** | **630494** | **246.36** | | **云南** |
| 21.10 | 206090 | 179384 | 75.34 | | 昆明 |
| 46.20 | 3546 | 1195 | 0.35 | | 安宁 |
| 39.00 | 28060 | 27550 | 9.36 | | 曲靖 |
| 4.00 | 42047 | 39196 | 19.56 | | 宣威 |
| 22.30 | 17671 | 13571 | 4.31 | | 玉溪 |
| 0.50 | 3221 | 3221 | 0.90 | | 澄江 |
| 22.00 | 61320 | 18950 | 6.90 | | 保山 |
| 1.12 | 2400 | 1843 | 0.65 | | 腾冲 |
| 10.00 | 4480 | 4480 | 3.77 | | 昭通 |
| | 243 | 243 | 0.07 | | 水富 |
| 3.00 | 8654 | 6784 | 1.95 | | 丽江 |
| 11.00 | 64993 | 64993 | 17.99 | | 普洱 |
| 12.32 | 29002 | 21040 | 8.00 | | 临沧 |
| 18.43 | 10707 | 10707 | 5.50 | | 禄丰 |
| 4.00 | 31350 | 27180 | 15.96 | | 楚雄 |
| 1.80 | 1499 | 1027 | 0.30 | | 个旧 |
| 13.56 | 4199 | 3370 | 1.72 | | 开远 |
| 3.00 | 25805 | 20150 | 8.06 | | 蒙自 |
| 4.10 | 10520 | 10520 | 2.55 | | 弥勒 |
| 0.25 | 23200 | 23200 | 8.58 | | 文山 |
| | 54042 | 51903 | 11.20 | | 景洪 |
| 1.50 | 50152 | 43259 | 17.20 | | 大理 |
| 16.00 | 15383 | 15383 | 9.85 | | 瑞丽 |
| | 20300 | 20300 | 6.09 | | 芒市 |
| 3.30 | 9702 | 8233 | 3.65 | | 泸水 |
| 4.00 | 16780 | 12812 | 6.55 | | 香格里拉 |
| **0.95** | **73520** | **71437** | **28.23** | **6** | **西藏** |
| | 1400 | 1400 | 0.75 | | 拉萨 |
| | 18900 | 18900 | 8.01 | 3 | 日喀则 |
| 0.70 | 13278 | 11195 | 5.40 | 2 | 昌都 |
| 0.25 | 23361 | 23361 | 5.96 | | 林芝 |
| | 9050 | 9050 | 4.51 | 1 | 山南 |
| | 7531 | 7531 | 3.60 | | 那曲 |
| **331.38** | **358617** | **258216** | **73.61** | **3** | **陕西** |
| 119.02 | 109442 | 63566 | 16.27 | | 西安 |
| 14.03 | 3142 | 516 | | | 铜川 |
| 5.00 | 5060 | 3374 | 0.53 | | 宝鸡 |
| 30.00 | 12258 | 3268 | 0.50 | | 咸阳 |

## 7-3-2 续表 15

| 城市名称 Name of Cities | 储气能力(万立方米) Gas Storage Capacity ($10,000\ m^3$) | 供气管道长度(公里) Length of Gas Supply Pipeline (km) | 供气总量(吨) Total Gas Supplied (ton) | | | |
|---|---|---|---|---|---|---|
| | | | 合计 Total | 销售气量 Quantity Sold | 居民家庭 Households | 燃气汽车 Gas-Powered Automobiles |
| 彬州 | 404.00 | | 773.00 | 771.24 | 225.00 | |
| 兴平 | 200.00 | | 2250.01 | 2250.00 | 2100.00 | 150.00 |
| 渭南 | 1842.00 | | 1967.00 | 1950.00 | 1570.00 | |
| 韩城 | 160.00 | | 878.00 | 871.20 | 230.00 | |
| 华阴 | 90.00 | | 453.00 | 448.00 | 448.00 | |
| 延安 | 560.00 | | 5311.00 | 5310.58 | 3495.67 | |
| 子长 | 55.00 | | 563.00 | 561.80 | 301.00 | |
| 汉中 | 3615.00 | | 3243.00 | 3198.66 | 3198.66 | |
| 榆林 | 55.00 | | 2100.00 | 2098.20 | 2098.20 | |
| 神木 | 165.00 | | 590.00 | 570.00 | 430.00 | |
| 安康 | 815.00 | | 5276.00 | 5260.00 | 5260.00 | |
| 旬阳 | 98.00 | | 2895.00 | 2846.00 | 2812.00 | |
| 商洛 | 480.00 | | 1935.69 | 1935.69 | 977.00 | |
| 杨凌区 | | | | | | |
| **甘肃** | **7244.80** | | **47765.65** | **47520.53** | **24862.53** | **5215.00** |
| 兰州 | 1127.50 | | 18681.21 | 18598.31 | 5537.00 | |
| 嘉峪关 | 635.00 | | 1729.50 | 1700.00 | 1380.50 | |
| 金昌 | 42.00 | | 1332.00 | 1320.00 | 530.00 | |
| 白银 | 565.00 | | 704.00 | 699.00 | 456.00 | |
| 天水 | 289.00 | | 1200.13 | 1195.82 | 739.13 | |
| 武威 | 2526.00 | | 2492.40 | 2486.00 | 2486.00 | |
| 张掖 | 187.00 | | 9672.89 | 9661.00 | 4537.00 | 5123.00 |
| 平凉 | 50.00 | | 84.30 | 80.60 | 80.60 | |
| 华亭 | 137.00 | | 306.50 | 303.00 | 289.00 | |
| 酒泉 | 230.00 | | 1957.02 | 1956.00 | 1956.00 | |
| 玉门 | 119.00 | | 445.00 | 442.10 | 442.10 | |
| 敦煌 | 90.90 | | 1100.00 | 1095.00 | 431.00 | |
| 庆阳 | 195.00 | | 1820.00 | 1800.00 | 1800.00 | |
| 定西 | 116.20 | | 1985.70 | 1966.70 | 1874.70 | 92.00 |
| 陇南 | 650.00 | | 1200.00 | 1197.00 | 1197.00 | |
| 临夏 | 240.00 | | 2735.00 | 2705.00 | 811.50 | |
| 合作 | 45.20 | | 320.00 | 315.00 | 315.00 | |
| **青海** | **2498.30** | | **8881.48** | **8842.12** | **5944.12** | **300.50** |
| 西宁 | 247.00 | | 4706.00 | 4693.50 | 1800.00 | 300.50 |
| 海东 | | | | | | |
| 同仁 | 220.00 | | 205.00 | 200.00 | 200.00 | |
| 玉树 | 482.30 | | 1351.00 | 1344.00 | 1344.00 | |
| 茫崖 | 75.00 | | 320.00 | 314.24 | 309.74 | |
| 格尔木 | 1274.00 | | 2167.48 | 2160.38 | 2160.38 | |
| 德令哈 | 200.00 | | 132.00 | 130.00 | 130.00 | |
| **宁夏** | **3322.00** | **0.12** | **18926.20** | **18864.30** | **8443.80** | |
| 银川 | 582.00 | | 13659.00 | 13629.00 | 5330.00 | |
| 灵武 | 1200.00 | 0.12 | 65.00 | 64.20 | 6.00 | |

continued 15

| 燃气损失量<br>Loss Amount | 用气户数(户)<br>Number of Household with Access to Gas (unit) | 居民家庭<br>Households | 用气人口(万人)<br>Population with Access to Gas (10,000 persons) | 液化石油气汽车加气站(座)<br>Gas Stations for LPG-Fueled Motor Vehicles (unit) | 城市名称<br>Name of Cities |
|---|---|---|---|---|---|
| 1.76 | 3625 | 3282 | 1.30 | | 彬州 |
| 0.01 | 15732 | 15700 | 5.35 | 3 | 兴平 |
| 17.00 | 18000 | 18000 | 3.17 | | 渭南 |
| 6.80 | 4380 | 736 | 0.90 | | 韩城 |
| 5.00 | 7450 | 7450 | 3.16 | | 华阴 |
| 0.42 | 36429 | 35313 | 7.10 | | 延安 |
| 1.20 | 4500 | 3750 | 2.18 | | 子长 |
| 44.34 | 20316 | 20316 | 5.19 | | 汉中 |
| 1.80 | 6500 | 6500 | 1.30 | | 榆林 |
| 20.00 | 7125 | 6358 | 1.82 | | 神木 |
| 16.00 | 37987 | 37987 | 12.07 | | 安康 |
| 49.00 | 17050 | 15850 | 6.87 | | 旬阳 |
| | 49621 | 16250 | 5.90 | | 商洛 |
| | | | | | 杨凌区 |
| **245.12** | **240844** | **213137** | **58.58** | **7** | **甘肃** |
| 82.90 | 39657 | 32817 | 11.48 | | 兰州 |
| 29.50 | 6400 | 4500 | 0.75 | | 嘉峪关 |
| 12.00 | 1680 | 1100 | 3.66 | | 金昌 |
| 5.00 | 2500 | 2200 | 0.80 | | 白银 |
| 4.31 | 14403 | 9843 | 4.15 | | 天水 |
| 6.40 | 23896 | 23896 | 0.94 | | 武威 |
| 11.89 | 16213 | 14213 | 3.89 | 3 | 张掖 |
| 3.70 | 246 | 246 | 0.07 | | 平凉 |
| 3.50 | 5320 | 4805 | 1.82 | 2 | 华亭 |
| 1.02 | 26741 | 26741 | 4.13 | | 酒泉 |
| 2.90 | 1596 | 1596 | 0.52 | | 玉门 |
| 5.00 | 1500 | 1300 | 0.24 | | 敦煌 |
| 20.00 | 5154 | 5154 | 1.50 | | 庆阳 |
| 19.00 | 31472 | 31039 | 10.85 | 2 | 定西 |
| 3.00 | 43000 | 43000 | 10.75 | | 陇南 |
| 30.00 | 14826 | 4447 | 1.79 | | 临夏 |
| 5.00 | 6240 | 6240 | 1.24 | | 合作 |
| **39.36** | **40225** | **38495** | **18.40** | **6** | **青海** |
| 12.50 | 2210 | 480 | 1.17 | 2 | 西宁 |
| | | | | | 海东 |
| 5.00 | 4300 | 4300 | 1.60 | | 同仁 |
| 7.00 | 21795 | 21795 | 11.60 | | 玉树 |
| 5.76 | 2130 | 2130 | 0.74 | 4 | 茫崖 |
| 7.10 | 8570 | 8570 | 2.90 | | 格尔木 |
| 2.00 | 1220 | 1220 | 0.39 | | 德令哈 |
| **61.90** | **130519** | **104328** | **21.14** | | **宁夏** |
| 30.00 | 82980 | 61795 | 10.56 | | 银川 |
| 0.80 | 240 | 40 | 0.08 | | 灵武 |

## 7-3-2 续表 16

| 城市名称 Name of Cities | 储气能力(万立方米) Gas Storage Capacity (10,000 $m^3$) | 供气管道长度(公里) Length of Gas Supply Pipeline (km) | 供气总量(吨) Total Gas Supplied (ton) 合 计 Total | 销售气量 Quantity Sold | 居民家庭 Households | 燃气汽车 Gas-Powered Automobiles |
|---|---|---|---|---|---|---|
| 宁东能源化工基地 | 120.00 | | 1800.00 | 1800.00 | 550.00 | |
| 石嘴山 | | | | | | |
| 吴忠 | 500.00 | | 1626.60 | 1626.60 | 813.30 | |
| 青铜峡 | 105.00 | | 644.00 | 643.50 | 643.50 | |
| 固原 | 815.00 | | 1131.60 | 1101.00 | 1101.00 | |
| 中卫 | | | | | | |
| **新疆** | **2680.70** | **3.08** | **44708.03** | **44554.49** | **27724.70** | **1213.32** |
| 乌鲁木齐 | 760.00 | | 21514.18 | 21514.03 | 10115.24 | |
| 克拉玛依 | 40.00 | | 1378.60 | 1377.60 | 30.00 | |
| 吐鲁番 | 100.00 | | 270.00 | 260.40 | 260.40 | |
| 哈密 | 180.00 | | 1200.00 | 1198.00 | 1150.00 | |
| 昌吉 | 105.00 | 0.78 | 3698.79 | 3694.97 | 3694.97 | |
| 阜康 | 50.00 | | 928.87 | 928.62 | 928.62 | |
| 博乐 | 46.00 | | 431.28 | 430.78 | 430.78 | |
| 阿拉山口 | 1.50 | | 270.00 | 269.99 | 269.99 | |
| 库尔勒 | 175.00 | 0.60 | 1200.00 | 1200.00 | 1200.00 | |
| 阿克苏 | 350.00 | 1.00 | 5315.00 | 5207.00 | 3189.00 | |
| 库车 | 280.00 | | 371.59 | 370.50 | 370.50 | |
| 阿图什 | 48.00 | | 450.00 | 440.00 | 300.00 | |
| 喀什 | 100.00 | | 1800.00 | 1799.08 | 690.00 | 690.00 |
| 和田 | 18.60 | | 585.32 | 584.82 | 61.50 | 523.32 |
| 伊宁 | 140.00 | | 1665.00 | 1665.00 | 1665.00 | |
| 奎屯 | 50.00 | | 1498.00 | 1490.80 | 1245.80 | |
| 霍尔果斯 | | | 130.00 | 130.00 | 130.00 | |
| 塔城 | 95.00 | 0.40 | 665.00 | 664.90 | 664.90 | |
| 乌苏 | 70.00 | | 411.40 | 411.00 | 411.00 | |
| 沙湾 | 25.00 | 0.30 | 545.00 | 540.00 | 540.00 | |
| 阿勒泰 | 46.60 | | 380.00 | 377.00 | 377.00 | |
| **新疆兵团** | **500.00** | **0.40** | **3141.92** | **3091.77** | **2641.51** | **250.26** |
| 石河子 | | | | | | |
| 阿拉尔 | 300.00 | | 1989.77 | 1989.77 | 1989.77 | |
| 图木舒克 | 50.00 | 0.40 | 502.15 | 502.00 | 251.74 | 250.26 |
| 五家渠 | | | | | | |
| 北屯 | 150.00 | | 650.00 | 600.00 | 400.00 | |
| 铁门关 | | | | | | |
| 双河 | | | | | | |
| 可克达拉 | | | | | | |
| 昆玉 | | | | | | |
| 胡杨河 | | | | | | |
| 新星 | | | | | | |

continued 16

| 燃气损失量<br>Loss Amount | 用气户数<br>(户)<br>Number of Household with Access to Gas<br>(unit) | 居民家庭<br>Households | 用气人口<br>(万人)<br>Population with Access to Gas<br>( 10,000 persons) | 液化石油气汽车加气站<br>(座)<br>Gas Stations for LPG-Fueled Motor Vehicles<br>(unit) | 城市名称<br>Name of Cities |
|---|---|---|---|---|---|
| | 1877 | 1633 | | | 宁东能源 |
| | | | | | 化工基地 |
| | | | | | 石嘴山 |
| | 11404 | 6842 | 1.80 | | 吴忠 |
| 0.50 | 2997 | 2997 | 0.50 | | 青铜峡 |
| 30.60 | 31021 | 31021 | 8.20 | | 固原 |
| | | | | | 中卫 |
| **153.54** | **268002** | **234145** | **43.15** | **8** | **新疆** |
| 0.15 | 119657 | 93503 | 10.36 | | 乌鲁木齐 |
| 1.00 | 96 | 13 | 0.08 | | 克拉玛依 |
| 9.60 | 3490 | 3490 | 1.11 | | 吐鲁番 |
| 2.00 | 2900 | 2830 | 0.57 | | 哈密 |
| 3.82 | 4119 | 4119 | 1.00 | | 昌吉 |
| 0.25 | 8514 | 8514 | 1.50 | | 阜康 |
| 0.50 | 6000 | 6000 | 1.73 | | 博乐 |
| 0.01 | 4495 | 4495 | 1.10 | | 阿拉山口 |
| | 9532 | 9532 | 2.50 | | 库尔勒 |
| 108.00 | 35000 | 32200 | 10.07 | | 阿克苏 |
| 1.09 | 3153 | 3153 | 0.73 | | 库车 |
| 10.00 | 270 | 47 | 0.03 | | 阿图什 |
| 0.92 | 9776 | 5980 | 2.90 | 2 | 喀什 |
| 0.50 | 915 | 286 | 0.05 | 1 | 和田 |
| | 37962 | 37962 | 3.00 | | 伊宁 |
| 7.20 | 3620 | 3518 | 1.70 | | 奎屯 |
| | 2700 | 2700 | 0.29 | | 霍尔果斯 |
| 0.10 | 7000 | 7000 | 1.60 | | 塔城 |
| 0.40 | 5453 | 5453 | 1.98 | 5 | 乌苏 |
| 5.00 | 750 | 750 | 0.40 | | 沙湾 |
| 3.00 | 2600 | 2600 | 0.45 | | 阿勒泰 |
| **50.15** | **21251** | **18365** | **4.95** | **1** | **新疆兵团** |
| | | | | | 石河子 |
| | 11801 | 11801 | 1.91 | | 阿拉尔 |
| 0.15 | 6179 | 3461 | 2.14 | 1 | 图木舒克 |
| | | | | | 五家渠 |
| 50.00 | 3271 | 3103 | 0.90 | | 北屯 |
| | | | | | 铁门关 |
| | | | | | 双河 |
| | | | | | 可克达拉 |
| | | | | | 昆玉 |
| | | | | | 胡杨河 |
| | | | | | 新星 |

# 八、城市集中供热

# 8.Urban Central Heating

## 简要说明

城市供热指向热用户供应热能的活动，可分为集中供热和分散供热。本部分只包括集中供热，集中供热指从一个或多个热源通过热网向城市的热用户供给生产和生活热能的方式，要求具有一定的规模。

## Brief Introduction

Urban heating is to supply heat energy to urban users in two ways: central heating and individual heating. This section is only about central heating, which is to deliver heat from one or more heat sources through network to urban end-users for industrial and domestic purposes.

# 8 全国历年城市集中供热情况(1981−2022)

# National Urban Central Heating in Past Years(1981-2022)

| 年份<br>Year | 供热能力<br>Heating Capacity | | 供热总量<br>Total Heat Supplied | | 管道长度(公里)<br>Length of Pipelines (km) | | 集中供热面积<br>(万平方米)<br>Heated Area<br>(10,000 m²) |
|---|---|---|---|---|---|---|---|
| | 蒸 汽<br>(吨/小时)<br>Steam<br>(ton/hour) | 热 水<br>(兆瓦)<br>Hot Water<br>(mega watts) | 蒸 汽<br>(万吉焦)<br>Steam<br>(10,000<br>GJ) | 热 水<br>(万吉焦)<br>Hot Water<br>(10,000<br>GJ) | 蒸 汽<br>Steam | 热 水<br>Hot Water | |
| 1981 | 754 | 440 | 641 | 183 | 79 | 280 | 1167 |
| 1982 | 883 | 718 | 627 | 241 | 37 | 491 | 1451 |
| 1983 | 965 | 987 | 650 | 332 | 67 | 586 | 1841 |
| 1984 | 1421 | 1222 | 996 | 454 | 71 | 761 | 2445 |
| 1985 | 1406 | 1360 | 896 | 521 | 76 | 954 | 2742 |
| 1986 | 9630 | 36103 | 3467 | 2704 | 183 | 1335 | 9907 |
| 1987 | 16258 | 27601 | 6669 | 3650 | 163 | 1576 | 15282 |
| 1988 | 18550 | 32746 | 5978 | 4848 | 209 | 2193 | 13883 |
| 1989 | 20177 | 25987 | 6782 | 4334 | 401 | 2678 | 19386 |
| 1990 | 20341 | 20128 | 7117 | 21658 | 157 | 3100 | 21263 |
| 1991 | 21495 | 29663 | 8195 | 21065 | 656 | 3952 | 27651 |
| 1992 | 25491 | 45386 | 9267 | 26670 | 362 | 4230 | 32832 |
| 1993 | 31079 | 48437 | 10633 | 29036 | 532 | 5161 | 44164 |
| 1994 | 34848 | 52466 | 10335 | 32056 | 670 | 6399 | 50992 |
| 1995 | 67601 | 117286 | 16414 | 75161 | 909 | 8456 | 64645 |
| 1996 | 62316 | 103960 | 17615 | 56307 | 9577 | 24012 | 73433 |
| 1997 | 65207 | 69539 | 20604 | 62661 | 7054 | 25446 | 80755 |
| 1998 | 66427 | 71720 | 17463 | 64684 | 6933 | 27375 | 86540 |
| 1999 | 70146 | 80591 | 22169 | 69771 | 7733 | 30506 | 96775 |
| 2000 | 74148 | 97417 | 23828 | 83321 | 7963 | 35819 | 110766 |
| 2001 | 72242 | 126249 | 37655 | 100192 | 9183 | 43926 | 146329 |
| 2002 | 83346 | 148579 | 57438 | 122728 | 10139 | 48601 | 155567 |
| 2003 | 92590 | 171472 | 59136 | 128950 | 11939 | 58028 | 188956 |
| 2004 | 98262 | 174442 | 69447 | 125194 | 12775 | 64263 | 216266 |
| 2005 | 106723 | 197976 | 71493 | 139542 | 14772 | 71338 | 252056 |
| 2006 | 95204 | 217699 | 67794 | 148011 | 14012 | 79943 | 265853 |
| 2007 | 94009 | 224660 | 66374 | 158641 | 14116 | 88870 | 300591 |
| 2008 | 94454 | 305695 | 69082 | 187467 | 16045 | 104551 | 348948 |
| 2009 | 93193 | 286106 | 63137 | 200051 | 14317 | 110490 | 379574 |
| 2010 | 105084 | 315717 | 66397 | 224716 | 15122 | 124051 | 435668 |
| 2011 | 85273 | 338742 | 51777 | 229245 | 13381 | 133957 | 473784 |
| 2012 | 86452 | 365278 | 51609 | 243818 | 12690 | 147390 | 518368 |
| 2013 | 84362 | 403542 | 53242 | 266462 | 12259 | 165877 | 571677 |
| 2014 | 84664 | 447068 | 55614 | 276546 | 12476 | 174708 | 611246 |
| 2015 | 80699 | 472556 | 49703 | 302110 | 11692 | 192721 | 672205 |
| 2016 | 78307 | 493254 | 41501 | 318044 | 12180 | 201390 | 738663 |
| 2017 | 98328 | 647827 | 57985 | 310300 | 276288 | | 830858 |
| 2018 | 92322 | 578244 | 57731 | 323665 | 371120 | | 878050 |
| 2019 | 100943 | 550530 | 65067 | 327475 | 392917 | | 925137 |
| 2020 | 103471 | 566181 | 65054 | 345004 | 425982 | | 988209 |
| 2021 | 118784 | 593226 | 68164 | 357715 | 461493 | | 1060316 |
| 2022 | 125543 | 600194 | 67113 | 361226 | 493417 | | 1112500 |

注：1981年至1995年热水供热能力计量单位为兆瓦/小时；1981年至2000年蒸汽供热总量计量单位为万吨。

Note: Heating capacity through hot water from 1981 to 1995 is measured with the unit of megawatts/hour;Heating capacity through steam from 1981 to 2000 is measured with the unit of 10,000 tons.

# 8-1 2022年按省分列的城市集中供热

| 地区名称 Name of Regions | 蒸汽 Steam 供热能力（吨/小时）Heating Capacity (ton/hour) | 热电厂供热 Heating by Co-Generation | 锅炉房供热 Heating by Boilers | 供热总量（万吉焦）Total Heat Supplied (10,000 GJ) | 热电厂供热 Heating by Co-Generation | 锅炉房供热 Heating by Boilers | 热水 供热能力（兆瓦）Heating Capacity (mega watts) | 热电厂供热 Heating by Co-Generation | 锅炉房供热 Heating by Boilers |
|---|---|---|---|---|---|---|---|---|---|
| **全　国** | **125543** | **114317** | **8606** | **67113** | **62158** | **4450** | **600194** | **310271** | **216857** |
| 北　京 | | | | | | | 51621 | 9425 | |
| 天　津 | 1875 | 1785 | 90 | 873 | 844 | 29 | 32282 | 10881 | 21401 |
| 河　北 | 6427 | 5836 | 470 | 4306 | 4104 | 143 | 49765 | 30288 | 10967 |
| 山　西 | 19325 | 18380 | 945 | 11332 | 10499 | 833 | 30190 | 22253 | 7314 |
| 内蒙古 | 2596 | 2596 | | 1993 | 1993 | | 51782 | 40308 | 11097 |
| 辽　宁 | 19455 | 18484 | 971 | 11515 | 11091 | 424 | 74606 | 26193 | 45574 |
| 吉　林 | 1622 | 1542 | 80 | 904 | 887 | 17 | 48340 | 20421 | 26391 |
| 黑龙江 | 10655 | 10066 | 589 | 5695 | 5375 | 320 | 54716 | 32255 | 21669 |
| 上　海 | | | | | | | | | |
| 江　苏 | 7648 | 7284 | 364 | 2118 | 1948 | 170 | 15 | | 15 |
| 浙　江 | | | | | | | | | |
| 安　徽 | 3200 | 3200 | | 2350 | 2350 | | 200 | | |
| 福　建 | | | | | | | | | |
| 江　西 | | | | | | | | | |
| 山　东 | 29940 | 25582 | 1859 | 12554 | 11336 | 836 | 70851 | 50888 | 17009 |
| 河　南 | 6158 | 5637 | 521 | 3173 | 2937 | 187 | 26310 | 20233 | 3988 |
| 湖　北 | 1943 | 1943 | | 1541 | 1541 | | 0 | | 0 |
| 湖　南 | | | | | | | | | |
| 广　东 | | | | | | | | | |
| 广　西 | | | | | | | | | |
| 海　南 | | | | | | | | | |
| 重　庆 | | | | | | | | | |
| 四　川 | | | | | | | | | |
| 贵　州 | | | | | | | 280 | | 76 |
| 云　南 | | | | | | | 450 | | 50 |
| 西　藏 | | | | | | | 46 | 46 | |
| 陕　西 | 8075 | 5618 | 2457 | 4099 | 2942 | 1141 | 28524 | 11661 | 12602 |
| 甘　肃 | 795 | 795 | | 610 | 610 | | 19688 | 8389 | 10679 |
| 青　海 | | | | | | | 8157 | 6900 | 1258 |
| 宁　夏 | 2004 | 2004 | | 1002 | 1002 | | 7643 | 7155 | 88 |
| 新　疆 | 1085 | 1085 | | 770 | 770 | | 39264 | 12565 | 25941 |
| 新疆兵团 | 2740 | 2480 | 260 | 2278 | 1928 | 350 | 5465 | 411 | 739 |

# Urban Central Heating by Province(2022)

| Hot Water 供热总量(万吉焦) Total Heat Supplied (10,000 GJ) | 热电厂供热 Heating by Co-Generation | 锅炉房供热 Heating by Boilers | 管道长度(公里) Length of Pipelines (km) | 一级管网 First Class | 二级管网 Second Class | 供热面积(万平方米) Heated Area (10,000 m²) | 住宅 Housing | 公共建筑 Public Building | 地区名称 Name of Regions |
|---|---|---|---|---|---|---|---|---|---|
| **361226** | **207305** | **121275** | **493417** | **126599** | **366818** | **1112500** | **846194** | **252081** | **全国** |
| 20347 | 5686 | | 68277 | 4769 | 63508 | 71301 | 48400 | 22901 | 北京 |
| 16845 | 7355 | 9490 | 36244 | 9272 | 26971 | 58648 | 45478 | 13170 | 天津 |
| 30015 | 17279 | 5979 | 45163 | 10521 | 34641 | 96034 | 77186 | 15431 | 河北 |
| 19263 | 15216 | 3691 | 26340 | 9507 | 16832 | 83070 | 61168 | 20141 | 山西 |
| 33155 | 25953 | 7202 | 27021 | 6946 | 20075 | 68794 | 46959 | 19751 | 内蒙古 |
| 55688 | 21185 | 31988 | 68091 | 14733 | 53357 | 145320 | 108472 | 35756 | 辽宁 |
| 28833 | 15401 | 12111 | 36535 | 8518 | 28017 | 71941 | 51122 | 20509 | 吉林 |
| 43001 | 25511 | 16682 | 25576 | 6342 | 19234 | 90416 | 64630 | 25540 | 黑龙江 |
| | | | | | | | | | 上海 |
| 8 | | 8 | 425 | 408 | 17 | 3545 | 3545 | | 江苏 |
| | | | | | | | | | 浙江 |
| 9 | | | 831 | 821 | 10 | 2684 | 1589 | 1089 | 安徽 |
| | | | | | | | | | 福建 |
| | | | | | | | | | 江西 |
| 42569 | 30979 | 9669 | 97017 | 30217 | 66800 | 192312 | 163162 | 27760 | 山东 |
| 14385 | 11244 | 1937 | 16205 | 10083 | 6122 | 64403 | 56736 | 7255 | 河南 |
| 0 | | 0 | 651 | 365 | 286 | 2008 | 1736 | 12 | 湖北 |
| | | | | | | | | | 湖南 |
| | | | | | | | | | 广东 |
| | | | | | | | | | 广西 |
| | | | | | | | | | 海南 |
| | | | | | | | | | 重庆 |
| | | | 76 | 20 | 56 | 19 | | 19 | 四川 |
| 63 | | 6 | 55 | 29 | 26 | 205 | 117 | 88 | 贵州 |
| 89 | | 30 | 470 | 153 | 317 | 188 | 100 | 88 | 云南 |
| 110 | 110 | | 300 | 40 | 260 | 184 | 55 | 129 | 西藏 |
| 13435 | 7077 | 5266 | 5146 | 3418 | 1728 | 52777 | 42707 | 8590 | 陕西 |
| 12591 | 5515 | 6838 | 14212 | 3174 | 11037 | 30702 | 21864 | 8353 | 甘肃 |
| 3482 | 2660 | 822 | 1143 | 353 | 791 | 10397 | 6222 | 4175 | 青海 |
| 6210 | 5921 | 47 | 6673 | 1959 | 4714 | 15612 | 11745 | 3732 | 宁夏 |
| 19864 | 10005 | 9036 | 14912 | 4117 | 10795 | 45635 | 29511 | 15721 | 新疆 |
| 1262 | 210 | 471 | 2055 | 832 | 1223 | 6305 | 3688 | 1872 | 新疆兵团 |

# 8-2 2022年按城市分列的城市集中供热

| 城市名称 Name of Cities | 蒸汽 Steam | | | | | | 热水 | | |
|---|---|---|---|---|---|---|---|---|---|
| | 供热能力（吨/小时） Heating Capacity (ton/hour) | 热电厂供热 Heating by Co-Generation | 锅炉房供热 Heating by Boilers | 供热总量（万吉焦） Total Heat Supplied (10,000 GJ) | 热电厂供热 Heating by Co-Generation | 锅炉房供热 Heating by Boilers | 供热能力（兆瓦） Heating Capacity (mega watts) | 热电厂供热 Heating by Co-Generation | 锅炉房供热 Heating by Boilers |
| **全　国** | **125543** | **114317** | **8606** | **67113** | **62158** | **4450** | **600194** | **310271** | **216857** |
| **北　京** | | | | | | | **51621** | **9425** | |
| **天　津** | **1875** | **1785** | **90** | **873** | **844** | **29** | **32282** | **10881** | **21401** |
| **河　北** | **6427** | **5836** | **470** | **4306** | **4104** | **143** | **49765** | **30288** | **10967** |
| 石家庄 | 2870 | 2870 | | 2421 | 2421 | | 8597 | 1586 | 4066 |
| 晋　州 | | | | | | | 338 | 140 | 198 |
| 新　乐 | 280 | 280 | | 270 | 270 | | | | |
| 唐　山 | | | | | | | 6469 | 6243 | 226 |
| 滦　州 | | | | | | | 340 | | |
| 遵　化 | | | | | | | 900 | 700 | |
| 迁　安 | | | | | | | 1300 | 794 | 6 |
| 秦皇岛 | 312 | 191 | | 134 | 75 | | 5467 | 4010 | |
| 邯　郸 | | | | | | | 2653 | 2492 | |
| 武　安 | | | | | | | 681 | 681 | |
| 邢　台 | | | | | | | 3743 | 2300 | |
| 南　宫 | 40 | | 40 | 30 | | 30 | 119 | | |
| 沙　河 | | | | | | | | | |
| 保　定 | | | | | | | 2409 | 2099 | 310 |
| 涿　州 | 390 | 390 | | 298 | 298 | | 359 | 348 | 11 |
| 安　国 | | | | | | | 1014 | | |
| 高碑店 | | | | | | | 442 | | 442 |
| 张家口 | 1740 | 1740 | | 795 | 795 | | 3742 | 2600 | 1142 |
| 承　德 | 105 | 105 | | 100 | 100 | | 1858 | 1453 | 337 |
| 平　泉 | | | | | | | 360 | | 360 |
| 沧　州 | | | | | | | 1869 | 1745 | 124 |
| 泊　头 | | | | | | | 348 | | 290 |
| 任　丘 | | | | | | | 558 | 558 | |
| 黄　骅 | | | | | | | 820 | | 820 |
| 河　间 | | | | | | | 276 | | 276 |
| 廊　坊 | 430 | | 430 | 113 | | 113 | 2149 | 700 | 1449 |
| 霸　州 | | | | | | | 274 | | 252 |
| 三　河 | | | | | | | 466 | | 466 |
| 衡　水 | | | | | | | 1748 | 1748 | |
| 深　州 | | | | | | | | | |
| 辛　集 | 260 | 260 | | 145 | 145 | | 465 | 91 | 191 |
| 定　州 | | | | | | | | | |
| **山　西** | **19325** | **18380** | **945** | **11332** | **10499** | **833** | **30190** | **22253** | **7314** |
| 太　原 | 11425 | 11425 | | 6012 | 6012 | | 3518 | | 2978 |
| 古　交 | | | | | | | 397 | 397 | |

# Urban Central Heating by City(2022)

| Hot Water | | | 管道长度（公里） Length of Pipelines (km) | 一级管网 First Class | 二级管网 Second Class | 供热面积（万平方米） Heated Area (10,000 $m^2$) | 住宅 Housing | 公共建筑 Public Building | 城市名称 Name of Cities |
|---|---|---|---|---|---|---|---|---|---|
| 供热总量（万吉焦） Total Heat Supplied (10,000 GJ) | 热电厂供热 Heating by Co-Generation | 锅炉房供热 Heating by Boilers | | | | | | | |
| **361226** | **207305** | **121275** | **493417** | **126599** | **366818** | **1112500.1** | **846193.8** | **252080.9** | **全　　国** |
| **20347** | **5686** | | **68277** | **4769** | **63508** | **71300.5** | **48399.8** | **22900.7** | **北　　京** |
| **16845** | **7355** | **9490** | **36244** | **9272** | **26971** | **58648.3** | **45478.4** | **13170.0** | **天　　津** |
| **30015** | **17279** | **5979** | **45163** | **10521** | **34641** | **96033.6** | **77186.3** | **15431.2** | **河　　北** |
| 4522 | 534 | 1426 | 14344 | 2466 | 11878 | 22018.9 | 17562.0 | 4358.3 | 石 家 庄 |
| 172 | 60 | 86 | 178 | 49 | 129 | 552.4 | 505.9 | 46.5 | 晋　　州 |
| | | | 96 | 43 | 53 | 423.0 | 380.0 | 43.0 | 新　　乐 |
| 3595 | 3507 | 88 | 4098 | 884 | 3214 | 9096.5 | 7722.4 | 1374.1 | 唐　　山 |
| 350 | | | 313 | 63 | 250 | 684.3 | 608.7 | 75.6 | 滦　　州 |
| 304 | 229 | | 478 | 121 | 357 | 1190.0 | 1084.0 | 106.0 | 遵　　化 |
| 1116 | 582 | 6 | 617 | 202 | 415 | 2593.0 | 1795.0 | 798.0 | 迁　　安 |
| 3061 | 2119 | | 3581 | 717 | 2864 | 7871.3 | 5536.3 | 935.1 | 秦 皇 岛 |
| 1621 | 1497 | | 2440 | 1067 | 1373 | 5442.0 | 4368.2 | 678.6 | 邯　　郸 |
| 494 | 494 | | 408 | 4 | 404 | 1470.0 | 1227.0 | 243.0 | 武　　安 |
| 1194 | 118 | | 1124 | 502 | 622 | 4247.8 | 3670.3 | 577.5 | 邢　　台 |
| 108 | | | 173 | 7 | 166 | 332.0 | 308.0 | 22.0 | 南　　宫 |
| 77 | | | 121 | 121 | | 244.5 | 204.1 | 40.4 | 沙　　河 |
| 1616 | 1508 | 108 | 833 | 613 | 220 | 6561.7 | 5847.2 | 714.4 | 保　　定 |
| 17 | 13 | 3 | 388 | 78 | 310 | 966.0 | 722.0 | 244.0 | 涿　　州 |
| 423 | | | 257 | 93 | 164 | 698.8 | 446.8 | | 安　　国 |
| 216 | | 216 | 247 | 142 | 105 | 720.5 | 642.3 | 78.2 | 高 碑 店 |
| 2234 | 1519 | 715 | 2686 | 700 | 1986 | 7760.3 | 5713.3 | 1944.4 | 张 家 口 |
| 1194 | 1135 | 9 | 1594 | 415 | 1178 | 3240.2 | 2303.1 | 878.4 | 承　　德 |
| 357 | | 357 | 437 | 115 | 322 | 738.7 | 588.8 | 149.9 | 平　　泉 |
| 1299 | 1292 | 7 | 4736 | 526 | 4210 | 4244.6 | 3492.2 | 752.4 | 沧　　州 |
| 190 | | 190 | 571 | 114 | 457 | 450.0 | 380.0 | 70.0 | 泊　　头 |
| 574 | 574 | | 335 | 84 | 250 | 1321.8 | 1232.5 | 89.3 | 任　　丘 |
| 995 | | 995 | 678 | 296 | 382 | 1512.0 | 1120.0 | 135.0 | 黄　　骅 |
| 172 | | 172 | 323 | 58 | 265 | 746.6 | 663.6 | 83.0 | 河　　间 |
| 1054 | 485 | 569 | 987 | 252 | 734 | 3029.6 | 2180.3 | | 廊　　坊 |
| 214 | 27 | 165 | 324 | 100 | 224 | 330.4 | 315.6 | 14.8 | 霸　　州 |
| 200 | | 200 | 426 | 58 | 368 | 463.6 | 410.0 | 53.6 | 三　　河 |
| 1140 | 1140 | | 1241 | 264 | 977 | 2632.7 | 2237.9 | 394.8 | 衡　　水 |
| 172 | | 172 | 282 | 42 | 240 | 537.0 | 508.0 | 29.0 | 深　　州 |
| 874 | 35 | 495 | 687 | 212 | 475 | 2182.6 | 1777.9 | 404.0 | 辛　　集 |
| 460 | 410 | | 162 | 113 | 49 | 1731.0 | 1633.0 | 98.0 | 定　　州 |
| **19263** | **15216** | **3691** | **26340** | **9507** | **16832** | **83069.7** | **61168.0** | **20140.6** | **山　　西** |
| 1114 | | 812 | 1990 | 1990 | | 22263.0 | 15584.0 | 6679.0 | 太　　原 |
| 271 | 271 | | 374 | 45 | 329 | 750.0 | 680.0 | | 古　　交 |

# 8-2 续表 1

| 城市名称 Name of Cities | 蒸汽 Steam | | | | | | 热水 | | |
|---|---|---|---|---|---|---|---|---|---|
| | 供热能力（吨/小时） Heating Capacity (ton/hour) | 热电厂供热 Heating by Co-Generation | 锅炉房供热 Heating by Boilers | 供热总量（万吉焦） Total Heat Supplied (10,000 GJ) | 热电厂供热 Heating by Co-Generation | 锅炉房供热 Heating by Boilers | 供热能力（兆瓦） Heating Capacity (mega watts) | 热电厂供热 Heating by Co-Generation | 锅炉房供热 Heating by Boilers |
| 大　同 | | | | | | | 4000 | 4000 | |
| 阳　泉 | | | | | | | 1143 | 1132 | 11 |
| 长　治 | 4555 | 4000 | 555 | 3893 | 3250 | 643 | 1458 | 1330 | 128 |
| 晋　城 | | | | | | | 2580 | 2580 | |
| 高　平 | 690 | 300 | 390 | 364 | 174 | 190 | 308 | | 308 |
| 朔　州 | | | | | | | 102 | 59 | |
| 怀　仁 | | | | | | | 1145 | 1145 | |
| 晋　中 | | | | | | | 3816 | 1580 | 2236 |
| 介　休 | | | | | | | 522 | | 522 |
| 运　城 | | | | | | | 1176 | 1176 | |
| 永　济 | | | | | | | | | |
| 河　津 | | | | | | | 568 | 568 | |
| 忻　州 | | | | | | | 1065 | 1065 | |
| 原　平 | | | | | | | 541 | | 541 |
| 临　汾 | | | | | | | 1500 | 1500 | |
| 侯　马 | | | | | | | 780 | 780 | |
| 霍　州 | | | | | | | 529 | 529 | |
| 吕　梁 | 230 | 230 | | 307 | 307 | | 4128 | 3498 | 590 |
| 孝　义 | 2425 | 2425 | | 756 | 756 | | 348 | 348 | |
| 汾　阳 | | | | | | | 566 | 566 | |
| **内蒙古** | **2596** | **2596** | | **1993** | **1993** | | **51782** | **40308** | **11097** |
| 呼和浩特 | | | | | | | 12046 | 6320 | 5726 |
| 包　头 | | | | | | | 7000 | 6910 | 90 |
| 乌　海 | | | | | | | 2341 | 2341 | |
| 赤　峰 | 180 | 180 | | 153 | 153 | | 3555 | 3275 | 280 |
| 通　辽 | | | | | | | 2946 | 2087 | 859 |
| 霍林郭勒 | | | | | | | 2800 | 2800 | |
| 鄂尔多斯 | 710 | 710 | | 488 | 488 | | 5808 | 5470 | 338 |
| 呼伦贝尔 | | | | | | | 3035 | 3035 | |
| 满洲里 | 1106 | 1106 | | 865 | 865 | | 255 | | 255 |
| 牙克石 | | | | | | | 1012 | 308 | 704 |
| 扎兰屯 | | | | | | | 480 | 190 | 290 |
| 额尔古纳 | | | | | | | 436 | 105 | 331 |
| 根　河 | | | | | | | 146 | 146 | |
| 巴彦淖尔 | | | | | | | 1466 | 780 | 686 |
| 乌兰察布 | | | | | | | 2251 | 1333 | 918 |
| 丰　镇 | | | | | | | 425 | 425 | |
| 锡林浩特 | | | | | | | 3390 | 3013 | |
| 二连浩特 | | | | | | | 380 | | 380 |
| 乌兰浩特 | 600 | 600 | | 487 | 487 | | 1770 | 1770 | |
| 阿尔山 | | | | | | | 240 | | 240 |

## continued 1

| Hot Water 供热总量(万吉焦) Total Heat Supplied (10,000 GJ) | 热电厂供热 Heating by Co-Generation | 锅炉房供热 Heating by Boilers | 管道长度(公里) Length of Pipelines (km) | 一级管网 First Class | 二级管网 Second Class | 供热面积(万平方米) Heated Area (10,000 m²) | 住宅 Housing | 公共建筑 Public Building | 城市名称 Name of Cities |
|---|---|---|---|---|---|---|---|---|---|
| 3919 | 3919 | | 5036 | 1258 | 3778 | 9649.7 | 7635.5 | 2014.3 | 大　同 |
| 1317 | 1299 | 17 | 1674 | 455 | 1218 | 3532.8 | 2857.6 | 675.2 | 阳　泉 |
| 680 | 570 | 110 | 3907 | 1454 | 2452 | 9555.6 | 6529.8 | 2125.1 | 长　治 |
| 1356 | 1356 | | 1930 | 699 | 1231 | 3633.3 | 2504.8 | 1128.5 | 晋　城 |
| 170 | | 170 | 1371 | 235 | 1136 | 1025.0 | 836.0 | 189.0 | 高　平 |
| 282 | 282 | | 88 | 16 | 72 | 4175.4 | 2995.8 | 1179.7 | 朔　州 |
| 657 | 657 | | 554 | 150 | 404 | 1627.0 | 1270.0 | 357.0 | 怀　仁 |
| 2676 | 1431 | 1245 | 2713 | 1007 | 1707 | 7814.4 | 5703.2 | 1880.3 | 晋　中 |
| 661 | | 661 | 156 | 156 | | 1831.0 | 1465.0 | 366.0 | 介　休 |
| 1014 | 1014 | | 227 | 167 | 60 | 3380.0 | 2637.0 | 743.0 | 运　城 |
| | | | 161 | 48 | 113 | | | | 永　济 |
| 280 | 280 | | 471 | 145 | 326 | 850.0 | 781.4 | 68.6 | 河　津 |
| 840 | 840 | | 1614 | 265 | 1349 | 2282.1 | 1792.5 | 489.7 | 忻　州 |
| 310 | | 310 | 302 | 128 | 174 | 958.6 | 787.6 | 171.0 | 原　平 |
| 1219 | 1219 | | 1467 | 579 | 888 | 2926.0 | 2246.0 | 680.0 | 临　汾 |
| 449 | 449 | | 252 | 94 | 158 | 797.0 | 627.1 | 169.9 | 侯　马 |
| 362 | 362 | | 193 | 67 | 126 | 600.7 | 396.7 | 204.0 | 霍　州 |
| 1070 | 649 | 366 | 1241 | 246 | 994 | 2658.1 | 1812.9 | 744.6 | 吕　梁 |
| 64 | 64 | | 366 | 193 | 173 | 1530.0 | 1071.0 | | 孝　义 |
| 554 | 554 | | 255 | 111 | 144 | 1230.1 | 954.2 | 275.9 | 汾　阳 |
| **33155** | **25953** | **7202** | **27021** | **6946** | **20075** | **68794.3** | **46958.9** | **19750.6** | **内蒙古** |
| 6755 | 3190 | 3565 | 6602 | 1349 | 5253 | 16887.5 | 13510.0 | 3377.5 | 呼和浩特 |
| 4658 | 4178 | 480 | 3298 | 632 | 2666 | 12372.0 | 7923.0 | 4449.0 | 包　头 |
| 1557 | 1557 | | 1044 | 305 | 739 | 2885.8 | 2142.8 | 743.0 | 乌　海 |
| 3482 | 3407 | 75 | 2651 | 559 | 2092 | 6060.0 | 3568.0 | 2460.0 | 赤　峰 |
| 2182 | 1292 | 890 | 1162 | 421 | 741 | 4011.0 | 2913.9 | 1097.1 | 通　辽 |
| 575 | 575 | | 570 | 90 | 480 | 710.0 | 562.5 | 147.1 | 霍林郭勒 |
| 2143 | 2143 | | 3403 | 1092 | 2311 | 5946.0 | 3541.7 | 2404.3 | 鄂尔多斯 |
| 2107 | 2107 | | 517 | 280 | 237 | 2734.5 | 1870.4 | 864.1 | 呼伦贝尔 |
| 139 | | 139 | 532 | 236 | 296 | 1661.1 | 1073.2 | 587.9 | 满洲里 |
| 723 | 208 | 515 | 207 | 71 | 136 | 1048.0 | 738.9 | 268.4 | 牙克石 |
| 380 | 170 | 210 | 158 | 75 | 84 | 783.0 | 500.0 | 275.0 | 扎兰屯 |
| 233 | 134 | 99 | 57 | 57 | | 270.0 | 170.0 | 100.0 | 额尔古纳 |
| 183 | 183 | | 78 | 37 | 41 | 216.0 | 147.0 | 69.0 | 根　河 |
| 2037 | 2037 | | 2969 | 444 | 2525 | 3080.0 | 2108.0 | 972.0 | 巴彦淖尔 |
| 1603 | 841 | 762 | 1059 | 335 | 724 | 3360.1 | 2379.4 | 980.7 | 乌兰察布 |
| 375 | 375 | | 173 | 36 | 137 | 600.0 | 450.0 | | 丰　镇 |
| 2504 | 2504 | | 405 | 405 | | 2460.0 | 1670.0 | | 锡林浩特 |
| 281 | | 281 | 470 | 118 | 352 | 616.4 | 371.1 | 245.3 | 二连浩特 |
| 1052 | 1052 | | 1535 | 330 | 1205 | 2906.0 | 1222.0 | 620.3 | 乌兰浩特 |
| 187 | | 187 | 131 | 75 | 56 | 187.0 | 97.0 | 90.0 | 阿尔山 |

## 8-2 续表 2

| 城市名称 Name of Cities | 蒸汽 Steam 供热能力（吨/小时）Heating Capacity (ton/hour) | 热电厂供热 Heating by Co-Generation | 锅炉房供热 Heating by Boilers | 供热总量（万吉焦）Total Heat Supplied (10,000 GJ) | 热电厂供热 Heating by Co-Generation | 锅炉房供热 Heating by Boilers | 热水 供热能力（兆瓦）Heating Capacity (mega watts) | 热电厂供热 Heating by Co-Generation | 锅炉房供热 Heating by Boilers |
|---|---|---|---|---|---|---|---|---|---|
| **辽　　宁** | **19455** | **18484** | **971** | **11515** | **11091** | **424** | **74606** | **26193** | **45574** |
| 沈　　阳 | 774 | 258 | 516 | 247 | 65 | 182 | 27343 | 8387 | 18956 |
| 新　　民 | | | | | | | 550 | | 550 |
| 大　　连 | 8476 | 8021 | 455 | 3949 | 3707 | 242 | 11259 | 2298 | 8961 |
| 庄　　河 | | | | | | | 1052 | | 1052 |
| 瓦 房 店 | 255 | 255 | | 93 | 93 | | 1316 | | 1316 |
| 鞍　　山 | | | | | | | 4658 | | 3853 |
| 海　　城 | | | | | | | 1032 | 294 | 738 |
| 抚　　顺 | | | | | | | 3440 | 2605 | 160 |
| 本　　溪 | | | | | | | 2999 | 1091 | 1588 |
| 丹　　东 | 2610 | 2610 | | 2036 | 2036 | | 277 | | 277 |
| 东　　港 | | | | | | | 560 | 560 | |
| 凤　　城 | | | | | | | 530 | 530 | |
| 锦　　州 | 85 | 85 | | 78 | 78 | | 3257 | 2164 | 1094 |
| 凌　　海 | | | | | | | 507 | | 507 |
| 北　　镇 | | | | | | | 322 | | 322 |
| 营　　口 | 2789 | 2789 | | 1671 | 1671 | | 1352 | | 1256 |
| 盖　　州 | | | | | | | 486 | | 486 |
| 大 石 桥 | | | | | | | 553 | | 553 |
| 阜　　新 | 1543 | 1543 | | 1272 | 1272 | | 482 | | 482 |
| 辽　　阳 | 405 | 405 | | 248 | 248 | | 1918 | 1122 | 614 |
| 灯　　塔 | 355 | 355 | | 195 | 195 | | 70 | 70 | |
| 盘　　锦 | 830 | 830 | | 1103 | 1103 | | 1420 | | 1420 |
| 铁　　岭 | | | | | | | 1627 | 1627 | |
| 调 兵 山 | | | | | | | 310 | 250 | 60 |
| 开　　原 | 700 | 700 | | 310 | 310 | | | | |
| 朝　　阳 | | | | | | | 2320 | 2060 | 260 |
| 北　　票 | 263 | 263 | | 172 | 172 | | 244 | 244 | |
| 凌　　源 | | | | | | | 660 | | |
| 葫 芦 岛 | 370 | 370 | | 141 | 141 | | 2545 | 1709 | 736 |
| 兴　　城 | | | | | | | 505 | 413 | 92 |
| 沈抚改革创新示范区 | | | | | | | 1013 | 770 | 243 |
| **吉　　林** | **1622** | **1542** | **80** | **904** | **887** | **17** | **48340** | **20421** | **26391** |
| 长　　春 | | | | | | | 21238 | 7906 | 13194 |
| 榆　　树 | | | | | | | 781 | | 781 |
| 德　　惠 | | | | | | | 963 | | 963 |
| 公 主 岭 | 440 | 440 | | 204 | 204 | | 600 | 232 | 368 |
| 吉　　林 | 240 | 160 | 80 | 41 | 24 | 17 | 4242 | 3219 | 798 |
| 蛟　　河 | | | | | | | 725 | 158 | 567 |
| 桦　　甸 | 207 | 207 | | 173 | 173 | | | | |
| 舒　　兰 | | | | | | | 337 | 197 | 140 |
| 磐　　石 | | | | | | | 826 | | 826 |
| 四　　平 | | | | | | | 1130 | 580 | |

continued 2

| Hot Water 供热总量(万吉焦) Total Heat Supplied (10,000 GJ) | 热电厂供热 Heating by Co-Generation | 锅炉房供热 Heating by Boilers | 管道长度(公里) Length of Pipelines (km) | 一级管网 First Class | 二级管网 Second Class | 供热面积(万平方米) Heated Area (10,000 $m^2$) | 住宅 Housing | 公共建筑 Public Building | 城市名称 Name of Cities |
|---|---|---|---|---|---|---|---|---|---|
| **55688** | **21185** | **31988** | **68091** | **14733** | **53357** | **145320.4** | **108471.7** | **35755.7** | **辽　宁** |
| 20360 | 6373 | 13987 | 19899 | 3936 | 15963 | 42592.3 | 32035.4 | 10556.9 | 沈　阳 |
| 306 | | 306 | 1077 | 156 | 921 | 740.1 | 556.8 | 181.4 | 新　民 |
| 7875 | 1834 | 6041 | 9376 | 3302 | 6074 | 27694.0 | 19666.9 | 8027.0 | 大　连 |
| 756 | | 756 | 495 | 235 | 260 | 1381.3 | 1055.9 | 325.4 | 庄　河 |
| 558 | | 558 | 1053 | 245 | 808 | 1628.9 | 1230.4 | 398.4 | 瓦房店 |
| 4379 | | 3654 | 4441 | 817 | 3624 | 8677.0 | 6646.0 | 2031.0 | 鞍　山 |
| 758 | 216 | 542 | 575 | 145 | 430 | 1987.0 | 1624.0 | 363.0 | 海　城 |
| 2983 | 2581 | 104 | 3295 | 685 | 2610 | 5965.5 | 4694.4 | 1271.1 | 抚　顺 |
| 1504 | 616 | 605 | 2412 | 553 | 1859 | 3744.4 | 2894.9 | 849.5 | 本　溪 |
| 198 | | 198 | 1941 | 251 | 1690 | 4308.1 | 3341.6 | 966.5 | 丹　东 |
| 335 | 335 | | 271 | 53 | 217 | 1020.0 | 737.1 | 252.4 | 东　港 |
| 280 | 280 | | 325 | 39 | 286 | 495.0 | 426.0 | 69.0 | 凤　城 |
| 2171 | 1790 | 381 | 2405 | 585 | 1820 | 5695.0 | 4268.0 | 1427.0 | 锦　州 |
| 451 | | 451 | 203 | 36 | 168 | 875.0 | 504.0 | | 凌　海 |
| 262 | | 202 | 173 | 85 | 88 | 552.6 | 454.5 | 98.2 | 北　镇 |
| 324 | | 261 | 1788 | 465 | 1323 | 4371.9 | 3254.4 | 1117.5 | 营　口 |
| 198 | | 198 | 202 | 68 | 134 | 490.0 | 459.5 | 30.5 | 盖　州 |
| 430 | | 430 | 425 | 90 | 335 | 1000.0 | 700.0 | 300.0 | 大石桥 |
| 205 | | 205 | 3661 | 332 | 3329 | 4099.8 | 3251.2 | 848.6 | 阜　新 |
| 2299 | 1453 | 574 | 1687 | 319 | 1367 | 4167.9 | 3212.4 | 952.8 | 辽　阳 |
| 5 | 5 | | 442 | 91 | 351 | 511.0 | 408.0 | | 灯　塔 |
| 1252 | | 1252 | 2556 | 553 | 2003 | 5951.8 | 4308.8 | 1493.0 | 盘　锦 |
| 1267 | 1267 | | 1139 | 348 | 791 | 3668.8 | 2686.8 | 974.5 | 铁　岭 |
| 535 | 503 | 32 | 603 | 122 | 481 | 979.3 | 785.9 | 193.4 | 调兵山 |
| | | | 486 | 46 | 440 | 886.0 | 712.0 | 174.0 | 开　原 |
| 2424 | 2224 | 200 | 1559 | 283 | 1276 | 3588.0 | 2798.0 | 790.0 | 朝　阳 |
| 69 | 69 | | 178 | 43 | 135 | 616.7 | 510.6 | 105.4 | 北　票 |
| 576 | | | 582 | 129 | 453 | 1055.0 | 767.0 | 288.0 | 凌　源 |
| 2063 | 1033 | 949 | 2750 | 263 | 2487 | 3918.0 | 2761.0 | 1157.0 | 葫芦岛 |
| 276 | 258 | 19 | 1016 | 183 | 834 | 768.0 | 280.0 | 112.0 | 兴　城 |
| 589 | 348 | 84 | 1077 | 275 | 802 | 1892.2 | 1440.2 | 402.3 | 沈抚改革创新示范区 |
| **28833** | **15401** | **12111** | **36535** | **8518** | **28017** | **71941.2** | **51122.4** | **20508.7** | **吉　林** |
| 11351 | 6639 | 4671 | 13383 | 3508 | 9875 | 28125.7 | 18627.5 | 9498.2 | 长　春 |
| 681 | | 681 | 317 | 123 | 194 | 1280.0 | 998.0 | 282.0 | 榆　树 |
| 772 | | 772 | 612 | 109 | 502 | 1167.0 | 922.1 | 244.9 | 德　惠 |
| 465 | 204 | 261 | 2188 | 212 | 1976 | 1540.0 | 1127.0 | 413.0 | 公主岭 |
| 3215 | 2865 | 251 | 5515 | 1129 | 4386 | 9212.8 | 6723.8 | 2489.1 | 吉　林 |
| 355 | 81 | 274 | 255 | 69 | 186 | 777.4 | 572.1 | 205.1 | 蛟　河 |
| | | | 387 | 107 | 280 | 605.2 | 420.7 | 184.5 | 桦　甸 |
| 270 | 150 | 120 | 199 | 89 | 111 | 755.0 | 594.7 | 160.3 | 舒　兰 |
| 390 | | 390 | 463 | 121 | 342 | 780.0 | 596.0 | 184.0 | 磐　石 |
| 870 | 660 | | 1219 | 395 | 823 | 3166.0 | 2330.0 | 836.0 | 四　平 |

# 8-2 续表 3

| 城市名称 Name of Cities | 蒸汽 Steam 供热能力（吨/小时） Heating Capacity (ton/hour) | 热电厂供热 Heating by Co-Generation | 锅炉房供热 Heating by Boilers | 供热总量（万吉焦） Total Heat Supplied (10,000 GJ) | 热电厂供热 Heating by Co-Generation | 锅炉房供热 Heating by Boilers | 热水 供热能力（兆瓦） Heating Capacity (mega watts) | 热电厂供热 Heating by Co-Generation | 锅炉房供热 Heating by Boilers |
|---|---|---|---|---|---|---|---|---|---|
| 双辽 | | | | | | | 1270 | 1270 | |
| 辽源 | 240 | 240 | | 138 | 138 | | 1132 | 660 | 472 |
| 通化 | | | | | | | 1219 | 600 | 569 |
| 集安 | | | | | | | 396 | | 396 |
| 白山 | | | | | | | 972 | 730 | 242 |
| 临江 | | | | | | | 280 | | 280 |
| 松原 | | | | | | | 1809 | 680 | 1129 |
| 扶余 | | | | | | | 532 | | 532 |
| 白城 | | | | | | | 2433 | 1942 | 491 |
| 洮南 | 495 | 495 | | 348 | 348 | | 100 | | 100 |
| 大安 | | | | | | | 462 | | 462 |
| 延吉 | | | | | | | 2869 | 895 | 1974 |
| 图们 | | | | | | | 149 | | 149 |
| 敦化 | | | | | | | 1363 | 150 | 1213 |
| 珲春 | | | | | | | 660 | 660 | |
| 龙井 | | | | | | | 251 | 82 | 169 |
| 和龙 | | | | | | | 300 | 160 | 140 |
| 梅河口 | | | | | | | 865 | 300 | |
| 长白山保护开发区管理委员会 | | | | | | | 437 | | 437 |
| **黑龙江** | **10655** | **10066** | **589** | **5695** | **5375** | **320** | **54716** | **32255** | **21669** |
| 哈尔滨 | 2982 | 2393 | 589 | 1315 | 996 | 320 | 19500 | 11850 | 7650 |
| 尚志 | 75 | 75 | | 75 | 75 | | 773 | 116 | 472 |
| 五常 | | | | | | | 692 | | 692 |
| 齐齐哈尔 | | | | | | | 4431 | 1893 | 2538 |
| 讷河 | | | | | | | 417 | | 417 |
| 鸡西 | 976 | 976 | | 1024 | 1024 | | 969 | 198 | 764 |
| 虎林 | | | | | | | 273 | 273 | |
| 密山 | 225 | 225 | | 180 | 180 | | 174 | 174 | |
| 鹤岗 | 3870 | 3870 | | 1385 | 1385 | | 116 | | 116 |
| 双鸭山 | | | | | | | 1454 | 700 | 754 |
| 大庆 | | | | | | | 8089 | 3190 | 4608 |
| 伊春 | | | | | | | 1605 | 1081 | 499 |
| 铁力 | 650 | 650 | | 449 | 449 | | 91 | 91 | |
| 佳木斯 | | | | | | | 1577 | 1140 | 437 |
| 同江 | 355 | 355 | | 154 | 154 | | 116 | 116 | |
| 抚远 | | | | | | | 155 | 155 | |
| 富锦 | | | | | | | 437 | 437 | |
| 七台河 | | | | | | | 2177 | 2177 | |
| 牡丹江 | 447 | 447 | | 475 | 475 | | 3017 | 2414 | 603 |
| 海林 | | | | | | | 482 | | 482 |
| 宁安 | 140 | 140 | | 70 | 70 | | 232 | 116 | 116 |

continued 3

| Hot Water | | | 管道长度(公里) Length of Pipelines (km) | 一级管网 First Class | 二级管网 Second Class | 供热面积(万平方米) Heated Area (10,000 m²) | 住宅 Housing | 公共建筑 Public Building | 城市名称 Name of Cities |
|---|---|---|---|---|---|---|---|---|---|
| 供热总量(万吉焦) Total Heat Supplied (10,000 GJ) | 热电厂供热 Heating by Co-Generation | 锅炉房供热 Heating by Boilers | | | | | | | |
| 235 | 235 | | 439 | 143 | 297 | 603.8 | 443.0 | 155.8 | 双辽 |
| 785 | 635 | 150 | 1551 | 315 | 1236 | 2342.8 | 1740.0 | 602.9 | 辽源 |
| 906 | 595 | 243 | 1250 | 289 | 961 | 2402.2 | 1762.1 | 640.1 | 通化 |
| 244 | | 244 | 296 | 47 | 249 | 416.0 | 292.0 | 124.0 | 集安 |
| 1103 | 495 | 608 | 1281 | 158 | 1123 | 2082.4 | 1550.7 | 531.6 | 白山 |
| 280 | | 280 | 201 | 54 | 148 | 484.4 | 361.6 | 122.8 | 临江 |
| 1242 | 592 | 650 | 976 | 153 | 823 | 3123.6 | 2354.1 | 769.5 | 松原 |
| 332 | | 332 | 285 | 93 | 192 | 501.8 | 280.0 | 211.8 | 扶余 |
| 754 | 754 | | 702 | 138 | 564 | 1991.5 | 1497.8 | 493.7 | 白城 |
| 43 | | 43 | 366 | 91 | 274 | 664.0 | 474.0 | 190.0 | 洮南 |
| 406 | | 398 | 277 | 87 | 191 | 664.7 | 493.8 | 38.8 | 大安 |
| 1263 | 654 | 609 | 1370 | 346 | 1024 | 3817.0 | 2956.4 | 860.6 | 延吉 |
| 150 | | 150 | 157 | 36 | 121 | 325.6 | 239.2 | 86.5 | 图们 |
| 682 | 75 | 607 | 1104 | 219 | 885 | 1205.0 | 963.2 | 241.8 | 敦化 |
| 382 | 382 | | 494 | 147 | 347 | 920.0 | 666.0 | 254.0 | 珲春 |
| 178 | 32 | 146 | 196 | 64 | 132 | 424.7 | 319.4 | 61.4 | 龙井 |
| 165 | 120 | 45 | 73 | 24 | 49 | 356.0 | 242.2 | 113.8 | 和龙 |
| 1130 | 233 | | 589 | 154 | 435 | 1704.9 | 1271.4 | 336.5 | 梅河口 |
| 186 | | 186 | 389 | 98 | 291 | 501.8 | 303.7 | 176.2 | 长白山保护开发区管理委员会 |
| **43001** | **25511** | **16682** | **25576** | **6342** | **19234** | **90416.4** | **64630.1** | **25539.7** | **黑龙江** |
| 18247 | 10872 | 7375 | 6797 | 1938 | 4859 | 38445.0 | 27322.0 | 10974.0 | 哈尔滨 |
| 483 | 196 | 197 | 252 | 49 | 203 | 773.0 | 623.5 | 144.5 | 尚志 |
| 453 | | 453 | 119 | 42 | 76 | 995.0 | 798.7 | 196.3 | 五常 |
| 2495 | 1850 | 645 | 1157 | 229 | 928 | 6237.2 | 4366.0 | 1871.1 | 齐齐哈尔 |
| 340 | | 340 | 121 | 53 | 68 | 560.0 | 392.0 | 168.0 | 讷河 |
| 905 | 132 | 762 | 865 | 209 | 656 | 2777.7 | 1946.1 | 831.6 | 鸡西 |
| 240 | 240 | | 212 | 80 | 131 | 425.0 | 267.0 | 155.5 | 虎林 |
| 78 | 78 | | 280 | 58 | 222 | 580.0 | 393.6 | 186.4 | 密山 |
| 48 | | 48 | 1002 | 283 | 719 | 2832.9 | 2083.6 | 749.3 | 鹤岗 |
| 1537 | 702 | 785 | 885 | 167 | 718 | 2224.2 | 1634.6 | 589.6 | 双鸭山 |
| 6631 | 2439 | 3964 | 6502 | 1244 | 5258 | 9545.0 | 5938.2 | 3606.8 | 大庆 |
| 1119 | 683 | 426 | 688 | 141 | 547 | 1776.4 | 1631.3 | 129.9 | 伊春 |
| 134 | 134 | | 187 | 59 | 128 | 708.0 | 516.0 | 159.0 | 铁力 |
| 1517 | 1140 | 377 | 594 | 224 | 370 | 3441.2 | 2584.0 | 857.2 | 佳木斯 |
| 48 | 48 | | 224 | 43 | 181 | 374.0 | 238.0 | 136.0 | 同江 |
| 129 | 129 | | 161 | 57 | 104 | 214.0 | 146.0 | 67.1 | 抚远 |
| 337 | 337 | | 193 | 79 | 114 | 605.0 | 462.0 | 143.0 | 富锦 |
| 1115 | 1115 | | 416 | 122 | 294 | 1926.0 | 1399.3 | 524.7 | 七台河 |
| 1734 | 1701 | 33 | 884 | 278 | 606 | 4679.1 | 3475.1 | 1204.0 | 牡丹江 |
| 294 | | 294 | 213 | 85 | 128 | 540.0 | 445.0 | 95.0 | 海林 |
| 223 | 70 | 80 | 204 | 67 | 138 | 427.8 | 291.1 | 131.5 | 宁安 |

## 8-2 续表 4

| 城市名称 Name of Cities | 蒸汽 Steam | | | | | | 热水 | | |
|---|---|---|---|---|---|---|---|---|---|
| | 供热能力(吨/小时) Heating Capacity (ton/hour) | 热电厂供热 Heating by Co-Generation | 锅炉房供热 Heating by Boilers | 供热总量(万吉焦) Total Heat Supplied (10,000 GJ) | 热电厂供热 Heating by Co-Generation | 锅炉房供热 Heating by Boilers | 供热能力(兆瓦) Heating Capacity (mega watts) | 热电厂供热 Heating by Co-Generation | 锅炉房供热 Heating by Boilers |
| 穆　棱 | | | | | | | 282 | 282 | |
| 绥 芬 河 | | | | | | | 639 | | 639 |
| 东　宁 | | | | | | | 92 | 92 | |
| 黑　河 | | | | | | | 1004 | 943 | |
| 北　安 | | | | | | | 810 | 660 | 150 |
| 五大连池 | 450 | 450 | | 199 | 199 | | | | |
| 嫩　江 | | | | | | | 670 | 670 | |
| 绥　化 | | | | | | | 2478 | 2254 | |
| 安　达 | | | | | | | 568 | 568 | |
| 肇　东 | | | | | | | 522 | | 522 |
| 海　伦 | 485 | 485 | | 369 | 369 | | 665 | 665 | |
| 漠　河 | | | | | | | 210 | | 210 |
| **江　苏** | **7648** | **7284** | **364** | **2118** | **1948** | **170** | **15** | | **15** |
| 南　京 | | | | | | | | | |
| 无　锡 | | | | | | | | | |
| 江　阴 | | | | | | | | | |
| 宜　兴 | | | | | | | | | |
| 徐　州 | 6208 | 5844 | 364 | 700 | 530 | 170 | | | |
| 新　沂 | | | | | | | 15 | | 15 |
| 邳　州 | | | | | | | | | |
| 常　州 | | | | | | | | | |
| 溧　阳 | | | | | | | | | |
| 苏　州 | | | | | | | | | |
| 常　熟 | | | | | | | | | |
| 张 家 港 | | | | | | | | | |
| 昆　山 | | | | | | | | | |
| 太　仓 | | | | | | | | | |
| 南　通 | | | | | | | | | |
| 海　安 | | | | | | | | | |
| 启　东 | | | | | | | | | |
| 如　皋 | | | | | | | | | |
| 连 云 港 | | | | | | | | | |
| 淮　安 | | | | | | | | | |
| 盐　城 | | | | | | | | | |
| 东　台 | | | | | | | | | |
| 扬　州 | | | | | | | | | |
| 仪　征 | | | | | | | | | |
| 高　邮 | | | | | | | | | |
| 镇　江 | | | | | | | | | |
| 丹　阳 | | | | | | | | | |
| 扬　中 | | | | | | | | | |
| 句　容 | | | | | | | | | |
| 泰　州 | 1440 | 1440 | | 1418 | 1418 | | | | |

continued 4

| Hot Water 供热总量(万吉焦) Total Heat Supplied (10,000 GJ) | 热电厂供热 Heating by Co-Generation | 锅炉房供热 Heating by Boilers | 管道长度(公里) Length of Pipelines (km) | 一级管网 First Class | 二级管网 Second Class | 供热面积(万平方米) Heated Area (10,000 m²) | 住宅 Housing | 公共建筑 Public Building | 城市名称 Name of Cities |
|---|---|---|---|---|---|---|---|---|---|
| 237 | 237 | | 150 | 44 | 106 | 344.5 | 277.5 | 67.0 | 穆棱 |
| 370 | | 370 | 266 | 73 | 194 | 676.0 | 425.2 | 240.8 | 绥芬河 |
| 232 | 232 | | 274 | 36 | 238 | 440.0 | 324.0 | 116.0 | 东宁 |
| 765 | 674 | | 537 | 133 | 403 | 1255.2 | 778.3 | 476.9 | 黑河 |
| 430 | 370 | 60 | 316 | 42 | 274 | 723.0 | 422.1 | 277.2 | 北安 |
| | | | 291 | 46 | 245 | 372.0 | 268.0 | 104.0 | 五大连池 |
| 425 | 425 | | 335 | 85 | 250 | 751.0 | 564.0 | 187.0 | 嫩江 |
| 1117 | 995 | | 349 | 119 | 230 | 2454.8 | 1986.1 | 468.7 | 绥化 |
| 479 | 479 | | 378 | 83 | 295 | 973.3 | 784.4 | 188.9 | 安达 |
| 398 | | 267 | 399 | 96 | 303 | 1240.0 | 1111.0 | 129.0 | 肇东 |
| 235 | 235 | | 192 | 53 | 139 | 937.3 | 635.0 | 302.3 | 海伦 |
| 208 | | 208 | 133 | 25 | 109 | 163.0 | 101.5 | 61.5 | 漠河 |
| **8** | | **8** | **425** | **408** | **17** | **3545.2** | **3545.2** | | **江苏** |
| | | | | | | | | | 南京 |
| | | | | | | | | | 无锡 |
| | | | | | | | | | 江阴 |
| | | | | | | | | | 宜兴 |
| | | | 408 | 408 | | 3522.6 | 3522.6 | | 徐州 |
| 8 | | 8 | 17 | | 17 | 22.5 | 22.5 | | 新沂 |
| | | | | | | | | | 邳州 |
| | | | | | | | | | 常州 |
| | | | | | | | | | 溧阳 |
| | | | | | | | | | 苏州 |
| | | | | | | | | | 常熟 |
| | | | | | | | | | 张家港 |
| | | | | | | | | | 昆山 |
| | | | | | | | | | 太仓 |
| | | | | | | | | | 南通 |
| | | | | | | | | | 海安 |
| | | | | | | | | | 启东 |
| | | | | | | | | | 如皋 |
| | | | | | | | | | 连云港 |
| | | | | | | | | | 淮安 |
| | | | | | | | | | 盐城 |
| | | | | | | | | | 东台 |
| | | | | | | | | | 扬州 |
| | | | | | | | | | 仪征 |
| | | | | | | | | | 高邮 |
| | | | | | | | | | 镇江 |
| | | | | | | | | | 丹阳 |
| | | | | | | | | | 扬中 |
| | | | | | | | | | 句容 |
| | | | | | | | | | 泰州 |

# 8-2 续表 5

| 城市名称 Name of Cities | 蒸汽 Steam | | | | | | 热水 | | |
|---|---|---|---|---|---|---|---|---|---|
| | 供热能力（吨/小时） Heating Capacity (ton/hour) | 热电厂供热 Heating by Co-Generation | 锅炉房供热 Heating by Boilers | 供热总量（万吉焦） Total Heat Supplied (10,000 GJ) | 热电厂供热 Heating by Co-Generation | 锅炉房供热 Heating by Boilers | 供热能力（兆瓦） Heating Capacity (mega watts) | 热电厂供热 Heating by Co-Generation | 锅炉房供热 Heating by Boilers |
| 兴　化 | | | | | | | | | |
| 靖　江 | | | | | | | | | |
| 泰　兴 | | | | | | | | | |
| 宿　迁 | | | | | | | | | |
| **安　徽** | **3200** | **3200** | | **2350** | **2350** | | **200** | | |
| 合　肥 | 2215 | 2215 | | 1249 | 1249 | | | | |
| 巢　湖 | | | | | | | | | |
| 芜　湖 | | | | | | | | | |
| 无　为 | | | | | | | | | |
| 蚌　埠 | | | | | | | | | |
| 淮　南 | 320 | 320 | | 485 | 485 | | | | |
| 马鞍山 | | | | | | | | | |
| 淮　北 | | | | | | | | | |
| 铜　陵 | | | | | | | | | |
| 安　庆 | | | | | | | | | |
| 潜　山 | | | | | | | | | |
| 桐　城 | | | | | | | | | |
| 黄　山 | | | | | | | | | |
| 滁　州 | 310 | 310 | | 410 | 410 | | | | |
| 天　长 | | | | | | | | | |
| 明　光 | | | | | | | | | |
| 阜　阳 | | | | | | | | | |
| 界　首 | | | | | | | | | |
| 宿　州 | 250 | 250 | | 26 | 26 | | 200 | | |
| 六　安 | | | | | | | | | |
| 亳　州 | | | | | | | | | |
| 池　州 | 105 | 105 | | 180 | 180 | | | | |
| 宣　城 | | | | | | | | | |
| 广　德 | | | | | | | | | |
| 宁　国 | | | | | | | | | |
| **山　东** | **29940** | **25582** | **1859** | **12554** | **11336** | **836** | **70851** | **50888** | **17009** |
| 济　南 | 1526 | 1435 | 91 | 164 | 131 | 34 | 11064 | 5198 | 5387 |
| 青　岛 | 5984 | 5169 | 785 | 2894 | 2676 | 218 | 9135 | 3876 | 5039 |
| 胶　州 | 247 | 175 | 72 | 215 | 125 | 90 | 770 | | 770 |
| 平　度 | 335 | 335 | | 217 | 217 | | 349 | 46 | 303 |
| 莱　西 | 430 | 430 | | 240 | 240 | | 314 | | 314 |
| 淄　博 | 184 | 184 | | 84 | 84 | | 4723 | 4498 | |
| 枣　庄 | 230 | 230 | | 11 | 11 | | 2345 | 2345 | |
| 滕　州 | 400 | 400 | | 253 | 253 | | 960 | 960 | |
| 东　营 | 1910 | 1910 | | 395 | 395 | | 3155 | 1995 | 1160 |
| 烟　台 | 3695 | 1075 | 150 | 1138 | 710 | 47 | 3214 | 1543 | 1641 |
| 龙　口 | | | | | | | 930 | 930 | |

continued 5

| Hot Water 供热总量（万吉焦） Total Heat Supplied (10,000 GJ) | 热电厂供热 Heating by Co-Generation | 锅炉房供热 Heating by Boilers | 管道长度（公里） Length of Pipelines (km) | 一级管网 First Class | 二级管网 Second Class | 供热面积（万平方米） Heated Area (10,000 m²) | 住宅 Housing | 公共建筑 Public Building | 城市名称 Name of Cities |
|---|---|---|---|---|---|---|---|---|---|
| | | | | | | | | | 兴化 |
| | | | | | | | | | 靖江 |
| | | | | | | | | | 泰兴 |
| | | | | | | | | | 宿迁 |
| **9** | | | **831** | **821** | **10** | **2683.8** | **1588.5** | **1088.9** | **安徽** |
| | | | 595 | 595 | | 2580.0 | 1500.0 | 1080.0 | 合肥 |
| | | | | | | | | | 巢湖 |
| | | | | | | | | | 芜湖 |
| | | | | | | | | | 无为 |
| | | | | | | | | | 蚌埠 |
| | | | 43 | 43 | | 40.0 | 40.0 | | 淮南 |
| | | | | | | | | | 马鞍山 |
| | | | | | | | | | 淮北 |
| | | | | | | | | | 铜陵 |
| | | | | | | | | | 安庆 |
| | | | | | | | | | 潜山 |
| | | | | | | | | | 桐城 |
| | | | | | | | | | 黄山 |
| | | | 92 | 92 | | | | | 滁州 |
| | | | | | | | | | 天长 |
| | | | | | | | | | 明光 |
| | | | | | | | | | 阜阳 |
| | | | | | | | | | 界首 |
| 9 | | | 75 | 65 | 10 | 57.4 | 48.5 | 8.9 | 宿州 |
| | | | | | | | | | 六安 |
| | | | | | | | | | 亳州 |
| | | | 26 | 26 | | 6.4 | | | 池州 |
| | | | | | | | | | 宣城 |
| | | | | | | | | | 广德 |
| | | | | | | | | | 宁国 |
| **42569** | **30979** | **9669** | **97017** | **30217** | **66800** | **192312.3** | **163162.4** | **27759.6** | **山东** |
| 9281 | 5781 | 3203 | 13572 | 5129 | 8444 | 32048.2 | 26904.0 | 5144.2 | 济南 |
| 4749 | 2263 | 2317 | 14948 | 3880 | 11068 | 28187.2 | 23910.0 | 4277.1 | 青岛 |
| 785 | | 785 | 934 | 379 | 555 | 2375.0 | 2132.0 | 243.0 | 胶州 |
| 268 | 129 | 139 | 846 | 202 | 645 | 1772.0 | 1595.0 | 177.0 | 平度 |
| 142 | | 142 | 1271 | 345 | 926 | 1449.5 | 1370.9 | 78.7 | 莱西 |
| 3472 | 3337 | | 5036 | 1755 | 3282 | 9840.2 | 8627.1 | 1212.1 | 淄博 |
| 1388 | 1388 | | 2321 | 656 | 1665 | 4541.9 | 4198.6 | 342.3 | 枣庄 |
| 656 | 656 | | 2981 | 202 | 2778 | 3252.0 | 3017.1 | 234.9 | 滕州 |
| 2143 | 1507 | 636 | 4412 | 849 | 3563 | 6977.2 | 5790.2 | 1170.0 | 东营 |
| 1577 | 480 | 1095 | 6039 | 1823 | 4216 | 16271.9 | 12204.0 | 2720.0 | 烟台 |
| 481 | 481 | | 363 | 195 | 168 | 1470.0 | 1283.8 | 186.3 | 龙口 |

# 8-2 续表 6

| 城市名称 Name of Cities | 蒸汽 Steam 供热能力(吨/小时) Heating Capacity (ton/hour) | 热电厂供热 Heating by Co-Generation | 锅炉房供热 Heating by Boilers | 供热总量(万吉焦) Total Heat Supplied (10,000 GJ) | 热电厂供热 Heating by Co-Generation | 锅炉房供热 Heating by Boilers | 热水 供热能力(兆瓦) Heating Capacity (mega watts) | 热电厂供热 Heating by Co-Generation | 锅炉房供热 Heating by Boilers |
|---|---|---|---|---|---|---|---|---|---|
| 莱　阳 | 300 | | 300 | 164 | | 164 | 336 | | 336 |
| 莱　州 | 546 | 455 | 91 | 453 | 393 | 60 | 49 | | 49 |
| 招　远 | | | | | | | 496 | 466 | |
| 栖　霞 | | | | | | | 143 | 97 | 46 |
| 海　阳 | | | | | | | 209 | 180 | 29 |
| 潍　坊 | | | | | | | 3444 | 2477 | 747 |
| 青　州 | 150 | 150 | | 159 | 159 | | 291 | | 139 |
| 诸　城 | 880 | 880 | | 756 | 756 | | 231 | 231 | |
| 寿　光 | 195 | 195 | | 82 | 82 | | 720 | 720 | |
| 安　丘 | 800 | 800 | | 346 | 346 | | | | |
| 高　密 | | | | | | | 750 | 750 | |
| 昌　邑 | 300 | | 300 | 159 | | 159 | 128 | | 128 |
| 济　宁 | | | | | | | 3034 | 3034 | |
| 曲　阜 | | | | | | | 440 | 300 | 140 |
| 邹　城 | | | | | | | 2014 | 2014 | |
| 泰　安 | 2440 | 2440 | | 871 | 871 | | 140 | | 140 |
| 新　泰 | 1065 | 1065 | | 392 | 392 | | | | |
| 肥　城 | 1050 | 1050 | | 317 | 317 | | 174 | | 174 |
| 威　海 | 3160 | 3160 | | 1338 | 1338 | | 774 | 774 | |
| 荣　成 | 1061 | 991 | 70 | 704 | 640 | 64 | 43 | | 43 |
| 乳　山 | 150 | 150 | | 73 | 73 | | 536 | 446 | 90 |
| 日　照 | | | | | | | 4148 | 3693 | |
| 临　沂 | | | | | | | 3117 | 2770 | 223 |
| 德　州 | | | | | | | 1836 | 1836 | |
| 乐　陵 | | | | | | | 392 | 280 | 112 |
| 禹　城 | 813 | 813 | | 340 | 340 | | 116 | 116 | |
| 聊　城 | | | | | | | 1696 | 1696 | |
| 临　清 | | | | | | | 879 | | |
| 滨　州 | 1530 | 1530 | | 510 | 510 | | 1164 | 1024 | |
| 邹　平 | | | | | | | 390 | 390 | |
| 菏　泽 | 560 | 560 | | 277 | 277 | | 6203 | 6203 | |
| **河　南** | **6158** | **5637** | **521** | **3173** | **2937** | **187** | **26310** | **20233** | **3988** |
| 郑　州 | 100 | | 100 | 16 | | 16 | 7043 | 3760 | 3109 |
| 巩　义 | | | | | | | 440 | 440 | |
| 荥　阳 | 72 | 72 | | 53 | 53 | | 147 | 147 | |
| 新　密 | | | | | | | 200 | 200 | |
| 新　郑 | 225 | | 225 | 120 | | 120 | | | |
| 登　封 | | | | | | | 818 | 818 | |
| 开　封 | 145 | | 145 | | | | 869 | 700 | 169 |
| 洛　阳 | 601 | 551 | 50 | 426 | 327 | 50 | 2835 | 2549 | |
| 平顶山 | 1065 | 1065 | | 326 | 326 | | 719 | 719 | |
| 舞　钢 | | | | | | | 21 | 21 | |
| 汝　州 | 480 | 480 | | 290 | 290 | | | | |

continued 6

| Hot Water | | | 管道长度（公里） Length of Pipelines (km) | 一级管网 First Class | 二级管网 Second Class | 供热面积（万平方米） Heated Area (10,000 m²) | 住宅 Housing | 公共建筑 Public Building | 城市名称 Name of Cities |
|---|---|---|---|---|---|---|---|---|---|
| 供热总量（万吉焦） Total Heat Supplied (10,000 GJ) | 热电厂供热 Heating by Co-Generation | 锅炉房供热 Heating by Boilers | | | | | | | |
| 174 | | 174 | 889 | 140 | 749 | 1207.0 | 1037.0 | 170.0 | 莱阳 |
| 15 | | 15 | 253 | 134 | 119 | 1697.2 | 1451.4 | 245.7 | 莱州 |
| 455 | 431 | | 859 | 142 | 717 | 1333.8 | 1196.4 | 137.4 | 招远 |
| 122 | 113 | 8 | 300 | 65 | 234 | 367.5 | 342.1 | 25.4 | 栖霞 |
| 61 | 51 | 10 | 627 | 251 | 376 | 359.2 | 342.8 | 16.4 | 海阳 |
| 2428 | 1818 | 448 | 4758 | 1628 | 3130 | 10997.0 | 9169.0 | 1828.0 | 潍坊 |
| 485 | | 144 | 841 | 274 | 566 | 2150.1 | 1986.3 | 150.7 | 青州 |
| 106 | 106 | | 576 | 245 | 331 | 1445.6 | 1380.0 | 65.6 | 诸城 |
| 620 | 620 | | 896 | 234 | 662 | 2840.0 | 2252.0 | 588.0 | 寿光 |
| | | | 538 | 313 | 225 | 1211.6 | 1136.7 | 74.9 | 安丘 |
| 292 | 292 | | 431 | 171 | 260 | 958.2 | 795.9 | 162.3 | 高密 |
| 104 | | 104 | 1121 | 163 | 958 | 957.5 | 933.7 | 23.8 | 昌邑 |
| 1905 | 1905 | | 3765 | 1552 | 2214 | 5446.9 | 4379.7 | 1067.2 | 济宁 |
| 269 | 190 | 79 | 969 | 232 | 737 | 1466.0 | 1323.7 | 142.3 | 曲阜 |
| 799 | 799 | | 836 | 166 | 670 | 1813.3 | 1665.5 | 147.8 | 邹城 |
| 4 | | 4 | 2480 | 923 | 1557 | 4783.9 | 4200.2 | 583.7 | 泰安 |
| | | | 910 | 213 | 698 | 1305.0 | 1195.0 | 110.0 | 新泰 |
| 76 | | 76 | 330 | 182 | 148 | 1304.0 | 1188.0 | 116.0 | 肥城 |
| 739 | 739 | | 5032 | 1435 | 3597 | 10119.3 | 7375.8 | 2743.5 | 威海 |
| 22 | | 22 | 1643 | 442 | 1201 | 1471.8 | 1215.7 | 256.2 | 荣成 |
| 337 | 308 | 29 | 392 | 214 | 178 | 820.0 | 784.0 | 36.0 | 乳山 |
| 1006 | 759 | | 2872 | 1005 | 1867 | 2834.4 | 2463.9 | 370.5 | 日照 |
| 3191 | 2863 | 188 | 3547 | 1653 | 1893 | 8600.9 | 8045.9 | 555.1 | 临沂 |
| 1095 | 1095 | | 3123 | 930 | 2194 | 3880.0 | 3082.5 | 797.5 | 德州 |
| 185 | 132 | 53 | 176 | 66 | 111 | 428.0 | 410.0 | 14.0 | 乐陵 |
| 49 | 49 | | 978 | 236 | 742 | 1156.3 | 1078.4 | 77.9 | 禹城 |
| 1057 | 1057 | | 826 | 295 | 531 | 4787.0 | 4394.4 | 392.5 | 聊城 |
| 343 | | | 780 | 143 | 637 | 823.8 | 724.9 | 98.9 | 临清 |
| 686 | 627 | | 954 | 574 | 380 | 4953.4 | 4269.5 | 677.8 | 滨州 |
| 451 | 451 | | 338 | 100 | 238 | 911.8 | 759.8 | 152.0 | 邹平 |
| 553 | 553 | | 2254 | 681 | 1573 | 1696.8 | 1549.8 | 147.0 | 菏泽 |
| **14385** | **11244** | **1937** | **16205** | **10083** | **6122** | **64403.1** | **56735.8** | **7255.3** | **河南** |
| 3869 | 2033 | 1707 | 3943 | 3839 | 104 | 24170.6 | 20393.2 | 3777.4 | 郑州 |
| 240 | 240 | | 94 | 94 | | 720.0 | 615.0 | 105.0 | 巩义 |
| 169 | 169 | | 219 | 123 | 96 | 658.0 | 609.0 | 49.0 | 荥阳 |
| 103 | 103 | | 100 | 75 | 25 | 332.0 | 295.0 | 37.0 | 新密 |
| | | | 170 | 20 | 150 | 228.7 | 197.9 | 30.9 | 新郑 |
| 120 | 120 | | 181 | 98 | 83 | 322.0 | 281.0 | 41.0 | 登封 |
| 620 | 600 | 20 | 1207 | 402 | 805 | 3800.0 | 3471.6 | 328.4 | 开封 |
| 2249 | 1604 | | 2093 | 811 | 1282 | 8141.0 | 7851.4 | 249.6 | 洛阳 |
| 358 | 358 | | 374 | 235 | 139 | 1351.5 | 1228.0 | 123.5 | 平顶山 |
| 18 | 18 | | 45 | 35 | 11 | 34.0 | 34.0 | | 舞钢 |
| | | | 83 | 76 | 7 | 874.0 | 699.0 | 175.0 | 汝州 |

# 8-2 续表 7

| 城市名称 Name of Cities | 蒸汽 Steam 供热能力(吨/小时) Heating Capacity (ton/hour) | 热电厂供热 Heating by Co-Generation | 锅炉房供热 Heating by Boilers | 供热总量(万吉焦) Total Heat Supplied (10,000 GJ) | 热电厂供热 Heating by Co-Generation | 锅炉房供热 Heating by Boilers | 热水 供热能力(兆瓦) Heating Capacity (mega watts) | 热电厂供热 Heating by Co-Generation | 锅炉房供热 Heating by Boilers |
|---|---|---|---|---|---|---|---|---|---|
| 安阳 | | | | | | | 1880 | 1360 | 420 |
| 林州 | | | | | | | 700 | 700 | |
| 鹤壁 | 100 | 100 | | 31 | 31 | | 1279 | 895 | 54 |
| 新乡 | 400 | 400 | | 281 | 281 | | 1629 | 1629 | |
| 长垣 | | | | | | | 212 | 212 | |
| 卫辉 | 200 | 200 | | 50 | 50 | | 1158 | 1158 | |
| 辉县 | | | | | | | 110 | 110 | |
| 焦作 | | | | | | | | | |
| 沁阳 | 212 | 212 | | 10 | 10 | | | | |
| 孟州 | | | | | | | | | |
| 濮阳 | | | | | | | 1580 | 1580 | |
| 许昌 | 550 | 550 | | 410 | 410 | | | | |
| 禹州 | 500 | 500 | | 270 | 270 | | | | |
| 长葛 | 88 | 88 | | 72 | 72 | | | | |
| 漯河 | 80 | 80 | | 183 | 183 | | 31 | 31 | |
| 三门峡 | | | | | | | 475 | 472 | 3 |
| 义马 | | | | | | | 155 | 155 | |
| 灵宝 | | | | | | | 12 | | 12 |
| 南阳 | 161 | 160 | 1 | 88 | 87 | 1 | 709 | 488 | 221 |
| 邓州 | | | | | | | | | |
| 商丘 | | | | | | | 1301 | 1301 | |
| 永城 | 310 | 310 | | 220 | 220 | | 79 | 79 | |
| 信阳 | | | | | | | | | |
| 周口 | | | | | | | | | |
| 项城 | | | | | | | | | |
| 驻马店 | 509 | 509 | | 49 | 49 | | 626 | 626 | |
| 济源示范区 | 360 | 360 | | 279 | 279 | | 1200 | | |
| 郑州航空港经济综合实验区 | | | | | | | 83 | 83 | |
| **湖北** | **1943** | **1943** | | **1541** | **1541** | | **0** | | **0** |
| 武汉 | | | | | | | | | |
| 黄石 | 223 | 223 | | 145 | 145 | | | | |
| 大冶 | | | | | | | | | |
| 十堰 | 910 | 910 | | 607 | 607 | | | | |
| 丹江口 | | | | | | | | | |
| 宜昌 | | | | | | | | | |
| 宜都 | | | | | | | | | |
| 当阳 | | | | | | | | | |
| 枝江 | | | | | | | | | |
| 襄阳 | 130 | 130 | | 98 | 98 | | | | |
| 老河口 | | | | | | | | | |
| 枣阳 | | | | | | | | | |

# continued 7

| Hot Water | | | 管道长度(公里) Length of Pipelines (km) | 一级管网 First Class | 二级管网 Second Class | 供热面积(万平方米) Heated Area (10,000 m²) | 住宅 Housing | 公共建筑 Public Building | 城市名称 Name of Cities |
|---|---|---|---|---|---|---|---|---|---|
| 供热总量(万吉焦) Total Heat Supplied (10,000 GJ) | 热电厂供热 Heating by Co-Generation | 锅炉房供热 Heating by Boilers | | | | | | | |
| 906 | 853 | 2 | 612 | 612 | | 2989.9 | 2744.2 | 245.7 | 安阳 |
| 380 | 380 | | 274 | 114 | 160 | 830.0 | 765.0 | 65.0 | 林州 |
| 499 | 305 | 19 | 751 | 365 | 386 | 1343.5 | 1191.8 | 151.7 | 鹤壁 |
| 860 | 860 | | 477 | 477 | | 2365.0 | 2036.0 | 328.0 | 新乡 |
| 240 | 240 | | 156 | 108 | 48 | 535.0 | 505.0 | | 长垣 |
| 21 | 21 | | 31 | 31 | | 226.7 | 226.7 | | 卫辉 |
| 112 | 112 | | 50 | 50 | | 363.0 | 330.0 | | 辉县 |
| 426 | 426 | | 200 | 99 | 101 | 2974.0 | 2569.0 | 378.0 | 焦作 |
| | | | 19 | 19 | | 26.0 | 20.7 | 5.2 | 沁阳 |
| | | | | | | | | | 孟州 |
| 911 | 911 | | 2148 | 330 | 1818 | 2267.4 | 1963.5 | 303.9 | 濮阳 |
| | | | 271 | 159 | 113 | 1118.0 | 1020.0 | 98.0 | 许昌 |
| | | | 98 | 73 | 25 | 580.0 | 500.0 | 80.0 | 禹州 |
| | | | 36 | 36 | | 240.0 | 240.0 | | 长葛 |
| 75 | 75 | | 136 | 81 | 55 | 506.6 | 302.2 | 204.4 | 漯河 |
| 387 | 386 | 0 | 216 | 211 | 5 | 1076.3 | 934.3 | 142.0 | 三门峡 |
| 172 | 172 | | 55 | 55 | | 550.0 | 480.0 | 70.0 | 义马 |
| 5 | | 5 | 10 | 10 | | 16.0 | 16.0 | | 灵宝 |
| 499 | 315 | 184 | 480 | 326 | 154 | 1316.3 | 1066.0 | 139.7 | 南阳 |
| | | | | | | | | | 邓州 |
| 473 | 473 | | 392 | 346 | 47 | 1258.0 | 1173.0 | | 商丘 |
| 60 | 60 | | 516 | 238 | 278 | 685.0 | 633.7 | | 永城 |
| | | | | | | | | | 信阳 |
| | | | | | | | | | 周口 |
| | | | | | | | | | 项城 |
| 399 | 399 | | 139 | 139 | | 1457.2 | 1412.4 | 44.9 | 驻马店 |
| 204 | | | 263 | 255 | 9 | 1047.6 | 931.4 | 3.0 | 济源示范区 |
| 9 | 9 | | 367 | 145 | 222 | | | 79.0 | 郑州航空港经济综合实验区 |
| **0** | | **0** | **651** | **365** | **286** | **2008.1** | **1736.5** | **11.6** | **湖北** |
| | | | | | | | | | 武汉 |
| | | | 31 | 31 | | | | | 黄石 |
| | | | | | | | | | 大冶 |
| | | | 503 | 218 | 285 | 1597.0 | 1597.0 | | 十堰 |
| | | | | | | | | | 丹江口 |
| | | | | | | | | | 宜昌 |
| | | | | | | | | | 宜都 |
| | | | | | | | | | 当阳 |
| | | | | | | | | | 枝江 |
| | | | 57 | 57 | | 326.0 | 66.0 | | 襄阳 |
| | | | | | | | | | 老河口 |
| | | | | | | | | | 枣阳 |

# 8-2 续表 8

| 城市名称 Name of Cities | 蒸汽 Steam | | | | | | 热水 | | |
|---|---|---|---|---|---|---|---|---|---|
| | 供热能力（吨/小时） Heating Capacity (ton/hour) | 热电厂供热 Heating by Co-Generation | 锅炉房供热 Heating by Boilers | 供热总量（万吉焦） Total Heat Supplied (10,000 GJ) | 热电厂供热 Heating by Co-Generation | 锅炉房供热 Heating by Boilers | 供热能力（兆瓦） Heating Capacity (mega watts) | 热电厂供热 Heating by Co-Generation | 锅炉房供热 Heating by Boilers |
| 宜　城 | | | | | | | | | |
| 鄂　州 | | | | | | | | | |
| 荆　门 | | | | | | | | | |
| 京　山 | | | | | | | | | |
| 钟　祥 | | | | | | | | | |
| 孝　感 | | | | | | | | | |
| 应　城 | 680 | 680 | | 692 | 692 | | | | |
| 安　陆 | | | | | | | | | |
| 汉　川 | | | | | | | | | |
| 荆　州 | | | | | | | | | |
| 监　利 | | | | | | | | | |
| 石　首 | | | | | | | | | |
| 洪　湖 | | | | | | | | | |
| 松　滋 | | | | | | | | | |
| 黄　冈 | | | | | | | | | |
| 麻　城 | | | | | | | | | |
| 武　穴 | | | | | | | | | |
| 咸　宁 | | | | | | | | | |
| 赤　壁 | | | | | | | | | |
| 随　州 | | | | | | | | | |
| 广　水 | | | | | | | | | |
| 恩　施 | | | | | | | | | |
| 利　川 | | | | | | | | | |
| 仙　桃 | | | | | | | | | |
| 潜　江 | | | | | | | | | |
| 天　门 | | | | | | | 0 | | 0 |
| **四　川** | | | | | | | | | |
| 成　都 | | | | | | | | | |
| 简　阳 | | | | | | | | | |
| 都江堰 | | | | | | | | | |
| 彭　州 | | | | | | | | | |
| 邛　崃 | | | | | | | | | |
| 崇　州 | | | | | | | | | |
| 自　贡 | | | | | | | | | |
| 攀枝花 | | | | | | | | | |
| 泸　州 | | | | | | | | | |
| 德　阳 | | | | | | | | | |
| 广　汉 | | | | | | | | | |
| 什　邡 | | | | | | | | | |
| 绵　竹 | | | | | | | | | |
| 绵　阳 | | | | | | | | | |
| 江　油 | | | | | | | | | |

continued 8

| Hot Water | | | 管道长度 (公里) Length of Pipelines (km) | 一级管网 First Class | 二级管网 Second Class | 供热面积 (万平方米) Heated Area (10,000 m$^2$) | 住宅 Housing | 公共建筑 Public Building | 城市名称 Name of Cities |
|---|---|---|---|---|---|---|---|---|---|
| 供热总量 (万吉焦) Total Heat Supplied (10,000 GJ) | 热电厂供热 Heating by Co-Generation | 锅炉房供热 Heating by Boilers | | | | | | | |
| | | | | | | | | | 宜城 |
| | | | | | | | | | 鄂州 |
| | | | 32 | 32 | | 85.0 | 73.4 | 11.6 | 荆门 |
| | | | | | | | | | 京山 |
| | | | | | | | | | 钟祥 |
| | | | | | | | | | 孝感 |
| | | | 28 | 28 | | | | | 应城 |
| | | | | | | | | | 安陆 |
| | | | | | | | | | 汉川 |
| | | | | | | | | | 荆州 |
| | | | | | | | | | 监利 |
| | | | | | | | | | 石首 |
| | | | | | | | | | 洪湖 |
| | | | | | | | | | 松滋 |
| | | | | | | | | | 黄冈 |
| | | | | | | | | | 麻城 |
| | | | | | | | | | 武穴 |
| | | | | | | | | | 咸宁 |
| | | | | | | | | | 赤壁 |
| | | | | | | | | | 随州 |
| | | | | | | | | | 广水 |
| | | | | | | | | | 恩施 |
| | | | | | | | | | 利川 |
| | | | | | | | | | 仙桃 |
| | | | | | | | | | 潜江 |
| 0 | | 0 | 1 | | 1 | 0.1 | 0.1 | | 天门 |
| | | | **76** | **20** | **56** | **19.5** | | **19.5** | **四川** |
| | | | | | | | | | 成都 |
| | | | | | | | | | 简阳 |
| | | | | | | | | | 都江堰 |
| | | | | | | | | | 彭州 |
| | | | | | | | | | 邛崃 |
| | | | | | | | | | 崇州 |
| | | | | | | | | | 自贡 |
| | | | | | | | | | 攀枝花 |
| | | | | | | | | | 泸州 |
| | | | | | | | | | 德阳 |
| | | | | | | | | | 广汉 |
| | | | | | | | | | 什邡 |
| | | | | | | | | | 绵竹 |
| | | | | | | | | | 绵阳 |
| | | | | | | | | | 江油 |

## 8-2 续表 9

| 城市名称 Name of Cities | 蒸汽 Steam | | | | | | 热水 | | |
|---|---|---|---|---|---|---|---|---|---|
| | 供热能力(吨/小时) Heating Capacity (ton/hour) | 热电厂供热 Heating by Co-Generation | 锅炉房供热 Heating by Boilers | 供热总量(万吉焦) Total Heat Supplied (10,000 GJ) | 热电厂供热 Heating by Co-Generation | 锅炉房供热 Heating by Boilers | 供热能力(兆瓦) Heating Capacity (mega watts) | 热电厂供热 Heating by Co-Generation | 锅炉房供热 Heating by Boilers |
| 广元 | | | | | | | | | |
| 遂宁 | | | | | | | | | |
| 射洪 | | | | | | | | | |
| 内江 | | | | | | | | | |
| 隆昌 | | | | | | | | | |
| 乐山 | | | | | | | | | |
| 峨眉山 | | | | | | | | | |
| 南充 | | | | | | | | | |
| 阆中 | | | | | | | | | |
| 眉山 | | | | | | | | | |
| 宜宾 | | | | | | | | | |
| 广安 | | | | | | | | | |
| 华蓥 | | | | | | | | | |
| 达州 | | | | | | | | | |
| 万源 | | | | | | | | | |
| 雅安 | | | | | | | | | |
| 巴中 | | | | | | | | | |
| 资阳 | | | | | | | | | |
| 马尔康 | | | | | | | | | |
| 康定 | | | | | | | | | |
| 会理 | | | | | | | | | |
| 西昌 | | | | | | | | | |
| **贵州** | | | | | | | **280** | | **76** |
| 贵阳 | | | | | | | | | |
| 清镇 | | | | | | | | | |
| 六盘水 | | | | | | | 280 | | 76 |
| 盘州 | | | | | | | | | |
| 遵义 | | | | | | | | | |
| 赤水 | | | | | | | | | |
| 仁怀 | | | | | | | | | |
| 安顺 | | | | | | | | | |
| 毕节 | | | | | | | | | |
| 黔西 | | | | | | | | | |
| 铜仁 | | | | | | | | | |
| 兴义 | | | | | | | | | |
| 兴仁 | | | | | | | | | |
| 凯里 | | | | | | | | | |
| 都匀 | | | | | | | | | |
| 福泉 | | | | | | | | | |

continued 9

| Hot Water | | | 管道长度（公里） Length of Pipelines (km) | 一级管网 First Class | 二级管网 Second Class | 供热面积（万平方米） Heated Area (10,000 m²) | 住宅 Housing | 公共建筑 Public Building | 城市名称 Name of Cities |
|---|---|---|---|---|---|---|---|---|---|
| 供热总量（万吉焦） Total Heat Supplied (10,000 GJ) | 热电厂供热 Heating by Co-Generation | 锅炉房供热 Heating by Boilers | | | | | | | |
| | | | | | | | | | 广元 |
| | | | | | | | | | 遂宁 |
| | | | | | | | | | 射洪 |
| | | | | | | | | | 内江 |
| | | | | | | | | | 隆昌 |
| | | | | | | | | | 乐山 |
| | | | | | | | | | 峨眉山 |
| | | | | | | | | | 南充 |
| | | | | | | | | | 阆中 |
| | | | | | | | | | 眉山 |
| | | | | | | | | | 宜宾 |
| | | | | | | | | | 广安 |
| | | | | | | | | | 华蓥 |
| | | | | | | | | | 达州 |
| | | | | | | | | | 万源 |
| | | | | | | | | | 雅安 |
| | | | | | | | | | 巴中 |
| | | | | | | | | | 资阳 |
| | | | 25 | | 25 | 19.5 | | 19.5 | 马尔康 |
| | | | 51 | 20 | 31 | | | | 康定 |
| | | | | | | | | | 会理 |
| | | | | | | | | | 西昌 |
| **63** | | **6** | **55** | **29** | **26** | **205.4** | **117.0** | **88.4** | **贵州** |
| | | | | | | | | | 贵阳 |
| | | | | | | | | | 清镇 |
| 63 | | 6 | 55 | 29 | 26 | 205.4 | 117.0 | 88.4 | 六盘水 |
| | | | | | | | | | 盘州 |
| | | | | | | | | | 遵义 |
| | | | | | | | | | 赤水 |
| | | | | | | | | | 仁怀 |
| | | | | | | | | | 安顺 |
| | | | | | | | | | 毕节 |
| | | | | | | | | | 黔西 |
| | | | | | | | | | 铜仁 |
| | | | | | | | | | 兴义 |
| | | | | | | | | | 兴仁 |
| | | | | | | | | | 凯里 |
| | | | | | | | | | 都匀 |
| | | | | | | | | | 福泉 |

# 8-2 续表 10

| 城市名称<br>Name of Cities | 蒸汽 Steam | | | | | | 热水 | | |
|---|---|---|---|---|---|---|---|---|---|
| | 供热能力<br>(吨/小时)<br>Heating Capacity (ton/hour) | 热电厂供热<br>Heating by Co-Generation | 锅炉房供热<br>Heating by Boilers | 供热总量<br>(万吉焦)<br>Total Heat Supplied (10,000 GJ) | 热电厂供热<br>Heating by Co-Generation | 锅炉房供热<br>Heating by Boilers | 供热能力<br>(兆瓦)<br>Heating Capacity (mega watts) | 热电厂供热<br>Heating by Co-Generation | 锅炉房供热<br>Heating by Boilers |
| **云南** | | | | | | | **450** | | **50** |
| 昆明 | | | | | | | | | |
| 安宁 | | | | | | | | | |
| 曲靖 | | | | | | | | | |
| 宣威 | | | | | | | | | |
| 玉溪 | | | | | | | | | |
| 澄江 | | | | | | | | | |
| 保山 | | | | | | | | | |
| 腾冲 | | | | | | | | | |
| 昭通 | | | | | | | | | |
| 水富 | | | | | | | | | |
| 丽江 | | | | | | | | | |
| 普洱 | | | | | | | | | |
| 临沧 | | | | | | | | | |
| 禄丰 | | | | | | | | | |
| 楚雄 | | | | | | | | | |
| 个旧 | | | | | | | | | |
| 开远 | | | | | | | | | |
| 蒙自 | | | | | | | | | |
| 弥勒 | | | | | | | | | |
| 文山 | | | | | | | | | |
| 景洪 | | | | | | | | | |
| 大理 | | | | | | | | | |
| 瑞丽 | | | | | | | | | |
| 芒市 | | | | | | | | | |
| 泸水 | | | | | | | | | |
| 香格里拉 | | | | | | | 450 | | 50 |
| **西藏** | | | | | | | **46** | **46** | |
| 拉萨 | | | | | | | | | |
| 日喀则 | | | | | | | | | |
| 昌都 | | | | | | | | | |
| 林芝 | | | | | | | | | |
| 山南 | | | | | | | | | |
| 那曲 | | | | | | | 46 | 46 | |
| **陕西** | **8075** | **5618** | **2457** | **4099** | **2942** | **1141** | **28524** | **11661** | **12602** |
| 西安 | 4885 | 2855 | 2030 | 1682 | 775 | 907 | 20564 | 6835 | 9514 |
| 铜川 | | | | | | | 780 | 780 | |
| 宝鸡 | 385 | 385 | | 230 | 230 | | 1665 | 400 | 1265 |
| 咸阳 | 427 | | 427 | 250 | | 234 | 720 | 145 | 575 |
| 彬州 | | | | | | | 700 | 700 | |
| 兴平 | 40 | 40 | | 40 | 40 | | | | |
| 渭南 | 60 | 60 | | 50 | 50 | | 834 | 745 | 89 |
| 韩城 | | | | | | | 303 | | 257 |

continued 10

| Hot Water | | | 管道长度(公里) Length of Pipelines (km) | | | 供热面积(万平方米) Heated Area (10,000 m$^2$) | | | 城市名称 Name of Cities |
|---|---|---|---|---|---|---|---|---|---|
| 供热总量(万吉焦) Total Heat Supplied (10,000 GJ) | 热电厂供热 Heating by Co-Generation | 锅炉房供热 Heating by Boilers | | 一级管网 First Class | 二级管网 Second Class | | 住宅 Housing | 公共建筑 Public Building | |
| **89** | | **30** | **470** | **153** | **317** | **188.0** | **100.0** | **88.0** | **云南** |
| | | | | | | | | | 昆明 |
| | | | | | | | | | 安宁 |
| | | | | | | | | | 曲靖 |
| | | | | | | | | | 宣威 |
| | | | | | | | | | 玉溪 |
| | | | | | | | | | 澄江 |
| | | | | | | | | | 保山 |
| | | | | | | | | | 腾冲 |
| | | | | | | | | | 昭通 |
| | | | | | | | | | 水富 |
| | | | | | | | | | 丽江 |
| | | | | | | | | | 普洱 |
| | | | | | | | | | 临沧 |
| | | | | | | | | | 禄丰 |
| | | | | | | | | | 楚雄 |
| | | | | | | | | | 个旧 |
| | | | | | | | | | 开远 |
| | | | | | | | | | 蒙自 |
| | | | | | | | | | 弥勒 |
| | | | | | | | | | 文山 |
| | | | | | | | | | 景洪 |
| | | | | | | | | | 大理 |
| | | | | | | | | | 瑞丽 |
| | | | | | | | | | 芒市 |
| | | | | | | | | | 泸水 |
| 89 | | 30 | 470 | 153 | 317 | 188.0 | 100.0 | 88.0 | 香格里拉 |
| **110** | **110** | | **300** | **40** | **260** | **184.0** | **55.0** | **129.0** | **西藏** |
| | | | | | | | | | 拉萨 |
| | | | | | | | | | 日喀则 |
| | | | | | | | | | 昌都 |
| | | | | | | | | | 林芝 |
| | | | | | | | | | 山南 |
| 110 | 110 | | 300 | 40 | 260 | 184.0 | 55.0 | 129.0 | 那曲 |
| **13435** | **7077** | **5266** | **5146** | **3418** | **1728** | **52776.9** | **42707.4** | **8590.4** | **陕西** |
| 9233 | 4663 | 3534 | 2695 | 1821 | 874 | 36500.5 | 29876.0 | 6274.6 | 西安 |
| 259 | 259 | | 78 | 78 | | 772.5 | 612.5 | 160.0 | 铜川 |
| 1280 | 430 | 851 | 353 | 319 | 34 | 3937.3 | 3021.4 | 360.6 | 宝鸡 |
| 480 | 138 | 325 | 168 | 140 | 29 | 2418.8 | 2284.8 | 134.1 | 咸阳 |
| 155 | 155 | | 120 | 34 | 86 | 515.0 | 460.0 | 55.0 | 彬州 |
| | | | 15 | 15 | | 61.0 | 61.0 | | 兴平 |
| 617 | 559 | 58 | 133 | 83 | 50 | 1252.8 | 1017.0 | 105.8 | 渭南 |
| 144 | | 126 | 91 | 55 | 36 | 469.7 | 364.1 | 105.5 | 韩城 |

# 8-2 续表 11

| 城市名称 Name of Cities | 蒸汽 Steam | | | | | | 热水 | | |
|---|---|---|---|---|---|---|---|---|---|
| | 供热能力（吨/小时） Heating Capacity (ton/hour) | 热电厂供热 Heating by Co-Generation | 锅炉房供热 Heating by Boilers | 供热总量（万吉焦） Total Heat Supplied (10,000 GJ) | 热电厂供热 Heating by Co-Generation | 锅炉房供热 Heating by Boilers | 供热能力（兆瓦） Heating Capacity (mega watts) | 热电厂供热 Heating by Co-Generation | 锅炉房供热 Heating by Boilers |
| 华阴 | 30 | 30 | | 6 | 6 | | 198 | | 198 |
| 延安 | 570 | 570 | | 455 | 455 | | 560 | | 560 |
| 子长 | | | | | | | 88 | | 88 |
| 汉中 | | | | | | | 29 | 29 | |
| 榆林 | 1528 | 1528 | | 1178 | 1178 | | | | |
| 神木 | | | | | | | 1372 | 1372 | |
| 安康 | | | | | | | 58 | | 58 |
| 旬阳 | | | | | | | | | |
| 商洛 | | | | | | | | | |
| 杨凌区 | 150 | 150 | | 208 | 208 | | 655 | 655 | |
| **甘肃** | **795** | **795** | | **610** | **610** | | **19688** | **8389** | **10679** |
| 兰州 | | | | | | | 7481 | 2288 | 5147 |
| 嘉峪关 | | | | | | | 1112 | 1112 | |
| 金昌 | 95 | 95 | | 72 | 72 | | 805 | 805 | |
| 白银 | | | | | | | 1277 | 1204 | 73 |
| 天水 | | | | | | | 1141 | | 1141 |
| 武威 | 700 | 700 | | 538 | 538 | | 745 | | 745 |
| 张掖 | | | | | | | 1413 | 783 | 630 |
| 平凉 | | | | | | | 1328 | 1200 | |
| 华亭 | | | | | | | 338 | 338 | |
| 酒泉 | | | | | | | 1547 | 660 | 534 |
| 玉门 | | | | | | | 162 | | 162 |
| 敦煌 | | | | | | | 266 | | 174 |
| 庆阳 | | | | | | | 816 | | 816 |
| 定西 | | | | | | | 602 | | 602 |
| 陇南 | | | | | | | 87 | | 87 |
| 临夏 | | | | | | | 377 | | 377 |
| 合作 | | | | | | | 191 | | 191 |
| **青海** | | | | | | | **8157** | **6900** | **1258** |
| 西宁 | | | | | | | 7124 | 6900 | 224 |
| 海东 | | | | | | | 17 | | 17 |
| 同仁 | | | | | | | 43 | | 43 |
| 玉树 | | | | | | | 102 | | 102 |
| 茫崖 | | | | | | | 154 | | 154 |
| 格尔木 | | | | | | | 417 | | 417 |
| 德令哈 | | | | | | | 301 | | 301 |
| **宁夏** | **2004** | **2004** | | **1002** | **1002** | | **7643** | **7155** | **88** |
| 银川 | | | | | | | 4888 | 4860 | 28 |
| 灵武 | | | | | | | | | |
| 宁东能源化工基地 | 660 | 660 | | 96 | 96 | | | | |

continued 11

| Hot Water 供热总量(万吉焦) Total Heat Supplied (10,000 GJ) | 热电厂供热 Heating by Co-Generation | 锅炉房供热 Heating by Boilers | 管道长度(公里) Length of Pipelines (km) | 一级管网 First Class | 二级管网 Second Class | 供热面积(万平方米) Heated Area (10,000 $m^2$) | 住宅 Housing | 公共建筑 Public Building | 城市名称 Name of Cities |
|---|---|---|---|---|---|---|---|---|---|
| 68 | | 62 | 30 | 23 | 7 | 202.0 | | | 华阴 |
| 233 | | 218 | 363 | 175 | 189 | 1720.6 | 1263.6 | 457.0 | 延安 |
| 90 | | 90 | 25 | 6 | 19 | 130.0 | 70.0 | 60.0 | 子长 |
| 7 | 7 | | 113 | 47 | 66 | 20.6 | 20.6 | | 汉中 |
| | | | 586 | 318 | 268 | 2839.0 | 2215.0 | 624.0 | 榆林 |
| 635 | 635 | | 187 | 116 | 70 | 1150.0 | 913.0 | | 神木 |
| 3 | | 3 | 17 | 17 | | 7.4 | 2.6 | | 安康 |
| | | | | | | | | | 旬阳 |
| | | | 51 | 50 | 2 | 103.5 | 86.9 | 16.6 | 商洛 |
| 231 | 231 | | 121 | 121 | | 676.2 | 439.0 | 237.2 | 杨凌区 |
| **12591** | **5515** | **6838** | **14212** | **3174** | **11037** | **30701.6** | **21863.8** | **8352.8** | **甘肃** |
| 3926 | 1384 | 2542 | 5266 | 1293 | 3973 | 11015.4 | 7994.7 | 3011.4 | 兰州 |
| 894 | 894 | | 1786 | 193 | 1593 | 2103.1 | 1432.9 | 670.2 | 嘉峪关 |
| 514 | 514 | | 327 | 77 | 250 | 1399.9 | 975.0 | 424.9 | 金昌 |
| 791 | 751 | 40 | 808 | 201 | 607 | 1862.9 | 1392.4 | 276.5 | 白银 |
| 927 | | 927 | 246 | 170 | 75 | 1458.9 | 1140.9 | 318.1 | 天水 |
| 393 | | 393 | 1061 | 267 | 794 | 2321.3 | 1610.0 | 711.3 | 武威 |
| 1135 | 550 | 585 | 764 | 132 | 631 | 2405.9 | 1416.0 | 709.2 | 张掖 |
| 705 | 705 | | 189 | 102 | 87 | 1655.0 | 1123.0 | 532.0 | 平凉 |
| 256 | 256 | | 103 | 50 | 53 | 395.0 | 280.5 | 114.5 | 华亭 |
| 993 | 460 | 301 | 438 | 137 | 301 | 1531.0 | 1161.0 | 369.0 | 酒泉 |
| 164 | | 164 | 191 | 50 | 141 | 277.8 | 180.9 | 96.9 | 玉门 |
| 202 | | 196 | 140 | 30 | 110 | 355.0 | 282.2 | 72.8 | 敦煌 |
| 681 | | 681 | 2399 | 294 | 2106 | 1715.4 | 1239.7 | 475.7 | 庆阳 |
| 436 | | 436 | 201 | 60 | 142 | 1276.0 | 963.5 | 312.5 | 定西 |
| 66 | | 66 | 74 | 34 | 40 | 135.6 | 112.6 | 23.0 | 陇南 |
| 363 | | 363 | 130 | 55 | 75 | 533.4 | 397.4 | 136.0 | 临夏 |
| 145 | | 145 | 89 | 30 | 59 | 260.0 | 161.0 | 99.0 | 合作 |
| **3482** | **2660** | **822** | **1143** | **353** | **791** | **10396.6** | **6221.7** | **4174.9** | **青海** |
| 2741 | 2660 | 81 | 712 | 129 | 583 | 8894.0 | 5546.0 | 3348.0 | 西宁 |
| 7 | | 7 | 15 | 10 | 5 | 10.0 | 1.0 | 9.0 | 海东 |
| 51 | | 51 | 42 | 42 | | 147.0 | 94.0 | 53.0 | 同仁 |
| 70 | | 70 | 90 | 60 | 30 | 163.0 | 102.0 | 61.0 | 玉树 |
| 45 | | 45 | 32 | 31 | 1 | 75.6 | 34.8 | 40.8 | 茫崖 |
| 474 | | 474 | 194 | 22 | 172 | 948.0 | 365.0 | 583.0 | 格尔木 |
| 95 | | 95 | 59 | 59 | | 159.0 | 78.9 | 80.1 | 德令哈 |
| **6210** | **5921** | **47** | **6673** | **1959** | **4714** | **15611.5** | **11745.3** | **3732.3** | **宁夏** |
| 4043 | 4030 | 13 | 3315 | 913 | 2402 | 8085.3 | 6236.4 | 1836.8 | 银川 |
| | | | 171 | 86 | 85 | 456.0 | 368.0 | 34.0 | 灵武 |
| | | | 45 | 45 | | 195.0 | 132.0 | 63.0 | 宁东能源化工基地 |

## 8-2 续表 12

| 城市名称 Name of Cities | 蒸汽 Steam | | | | | | 热水 | | |
|---|---|---|---|---|---|---|---|---|---|
| | 供热能力（吨/小时） Heating Capacity (ton/hour) | 热电厂供热 Heating by Co-Generation | 锅炉房供热 Heating by Boilers | 供热总量（万吉焦） Total Heat Supplied (10,000 GJ) | 热电厂供热 Heating by Co-Generation | 锅炉房供热 Heating by Boilers | 供热能力（兆瓦） Heating Capacity (mega watts) | 热电厂供热 Heating by Co-Generation | 锅炉房供热 Heating by Boilers |
| 石嘴山 | 1344 | 1344 | | 906 | 906 | | 60 | | 60 |
| 吴忠 | | | | | | | 567 | 567 | |
| 青铜峡 | | | | | | | 400 | | |
| 固原 | | | | | | | 748 | 748 | |
| 中卫 | | | | | | | 980 | 980 | |
| **新疆** | **1085** | **1085** | | **770** | **770** | | **39264** | **12565** | **25941** |
| 乌鲁木齐 | | | | | | | 21535 | 4551 | 16984 |
| 克拉玛依 | | | | | | | 2648 | 770 | 1875 |
| 吐鲁番 | | | | | | | 365 | | 365 |
| 哈密 | | | | | | | 2005 | 1126 | 879 |
| 昌吉 | 400 | 400 | | 310 | 310 | | 2055 | 1454 | 601 |
| 阜康 | | | | | | | 696 | 328 | |
| 博乐 | | | | | | | 902 | | 902 |
| 阿拉山口 | | | | | | | 161 | | 161 |
| 库尔勒 | | | | | | | 1164 | 778 | |
| 阿克苏 | 35 | 35 | | 100 | 100 | | 1009 | 945 | 64 |
| 库车 | | | | | | | 554 | 554 | |
| 阿图什 | | | | | | | 492 | | 492 |
| 喀什 | | | | | | | 1454 | 838 | 616 |
| 和田 | | | | | | | | | |
| 伊宁 | | | | | | | 1764 | 1100 | 664 |
| 奎屯 | | | | | | | 122 | 122 | |
| 霍尔果斯 | | | | | | | 325 | | 325 |
| 塔城 | | | | | | | 565 | | 565 |
| 乌苏 | 650 | 650 | | 360 | 360 | | | | |
| 沙湾 | | | | | | | 819 | | 819 |
| 阿勒泰 | | | | | | | 630 | | 630 |
| **新疆兵团** | **2740** | **2480** | **260** | **2278** | **1928** | **350** | **5465** | **411** | **739** |
| 石河子 | 1820 | 1820 | | 1445 | 1445 | | | | |
| 阿拉尔 | | | | | | | 3000 | | |
| 图木舒克 | | | | | | | 369 | 369 | |
| 五家渠 | | | | | | | 1300 | | |
| 北屯 | 370 | 370 | | 327 | 327 | | | | |
| 铁门关 | 260 | | 260 | 350 | | 350 | | | |
| 双河 | | | | | | | 370 | | 369 |
| 可克达拉 | | | | | | | 265 | | 265 |
| 昆玉 | | | | | | | 42 | 42 | |
| 胡杨河 | 290 | 290 | | 157 | 157 | | | | |
| 新星 | | | | | | | 119 | | 105 |

continued 12

| Hot Water 供热总量(万吉焦) Total Heat Supplied (10,000 GJ) | 热电厂供热 Heating by Co-Generation | 锅炉房供热 Heating by Boilers | 管道长度(公里) Length of Pipelines (km) | 一级管网 First Class | 二级管网 Second Class | 供热面积(万平方米) Heated Area (10,000 m$^2$) | 住宅 Housing | 公共建筑 Public Building | 城市名称 Name of Cities |
|---|---|---|---|---|---|---|---|---|---|
| 34 | | 34 | 1461 | 269 | 1191 | 1947.0 | 1453.5 | 425.7 | 石嘴山 |
| 549 | 549 | | 639 | 314 | 325 | 1713.0 | 1288.1 | 424.9 | 吴忠 |
| 242 | | | 426 | 39 | 388 | 668.0 | 434.0 | 234.0 | 青铜峡 |
| 755 | 755 | | 404 | 169 | 234 | 1538.2 | 1129.3 | 408.8 | 固原 |
| 587 | 587 | | 212 | 124 | 88 | 1009.0 | 704.0 | 305.0 | 中卫 |
| **19864** | **10005** | **9036** | **14912** | **4117** | **10795** | **45635.2** | **29511.3** | **15720.8** | **新疆** |
| 7923 | 2942 | 4981 | 6618 | 1430 | 5188 | 21550.0 | 14078.0 | 7472.0 | 乌鲁木齐 |
| 1855 | 580 | 761 | 1599 | 253 | 1346 | 3022.2 | 1771.5 | 1250.7 | 克拉玛依 |
| 270 | | 270 | 281 | 161 | 120 | 520.0 | 416.0 | | 吐鲁番 |
| 1177 | 952 | 224 | 1116 | 304 | 812 | 2368.6 | 1714.2 | 620.2 | 哈密 |
| 1661 | 1647 | 14 | 1385 | 244 | 1141 | 3192.8 | 1832.9 | 1359.9 | 昌吉 |
| 467 | 244 | 1 | 514 | 145 | 368 | 807.4 | 532.4 | 275.1 | 阜康 |
| 682 | | 682 | 342 | 120 | 222 | 989.0 | 651.0 | 338.0 | 博乐 |
| 30 | | 30 | 91 | 33 | 58 | 110.0 | 35.0 | 75.0 | 阿拉山口 |
| 669 | 583 | | | | | 1424.1 | 805.8 | 618.4 | 库尔勒 |
| 863 | 795 | 69 | 351 | 244 | 107 | 1895.3 | 1312.1 | 583.2 | 阿克苏 |
| 349 | 349 | | 132 | 90 | 42 | 797.2 | 508.2 | 289.0 | 库车 |
| 199 | | 199 | 218 | 166 | 52 | 368.0 | 192.0 | 176.0 | 阿图什 |
| 760 | 639 | 121 | 645 | 159 | 486 | 1625.8 | 1116.6 | 509.2 | 喀什 |
| | | | | | | | | | 和田 |
| 1323 | 946 | 377 | 412 | 399 | 13 | 3405.0 | 2385.0 | 1020.0 | 伊宁 |
| 328 | 328 | | 210 | 68 | 142 | 550.0 | 296.0 | 254.0 | 奎屯 |
| 140 | | 140 | 84 | 51 | 33 | 374.8 | 140.0 | | 霍尔果斯 |
| 351 | | 351 | 146 | 16 | 130 | 630.0 | 400.8 | 229.2 | 塔城 |
| | | | 327 | 77 | 250 | 650.0 | 520.0 | 100.0 | 乌苏 |
| 461 | | 461 | 144 | 61 | 84 | 740.0 | 444.0 | 296.0 | 沙湾 |
| 356 | | 356 | 298 | 96 | 202 | 615.0 | 360.0 | 255.0 | 阿勒泰 |
| **1262** | **210** | **471** | **2055** | **832** | **1223** | **6304.5** | **3688.5** | **1872.2** | **新疆兵团** |
| | | | 760 | 235 | 525 | 2905.6 | 1924.0 | 698.0 | 石河子 |
| 211 | | | 332 | 132 | 200 | 490.0 | 325.0 | 165.0 | 阿拉尔 |
| 210 | 210 | | 160 | 90 | 70 | 340.0 | 210.0 | | 图木舒克 |
| 294 | | | 30 | 15 | 15 | 740.8 | 494.1 | 246.7 | 五家渠 |
| | | | 186 | 61 | 125 | 475.0 | 282.0 | 193.0 | 北屯 |
| | | | 122 | 80 | 42 | 184.7 | 50.3 | 134.3 | 铁门关 |
| 348 | | 325 | 131 | 28 | 103 | 580.0 | 111.0 | 180.0 | 双河 |
| 146 | | 146 | 246 | 138 | 108 | 265.0 | 110.8 | 112.9 | 可克达拉 |
| 0 | 0 | | | | | 28.4 | 1.7 | 26.7 | 昆玉 |
| | | | 45 | 34 | 11 | 123.0 | 57.8 | 65.2 | 胡杨河 |
| 53 | | | 43 | 19 | 24 | 172.0 | 121.7 | 50.3 | 新星 |

# 居民出行数据

# Data by Residents Travel

# 九、城市轨道交通

# 9. Urban Rail Transit System

## 简要说明

城市轨道交通指采用轨道结构进行承重和导向的车辆运输系统，依据城市交通总体规划的要求，设置全封闭或部分封闭的专用轨道线路，以列车或单车形式，运送相当规模客流量的公共交通方式。包括地铁系统、轻轨系统、单轨系统、有轨电车、磁浮系统、自动导向轨道系统和市域快速轨道系统。

本部分共分城市轨道交通（建成）和城市轨道交通（在建）两部分，主要包括城市轨道交通已建成和正在建设的线路条数、长度、车站数等内容。

## Brief Introduction

Urban rail transit system is a vehicular transit system supported and guided by rails. It is a public transit mode for transporting large volume of passengers, and it operates singly or in multi-car trains on fixed rails in closed or semi-closed right-of-way in accordance with urban transport master plan. It includes subway, light rail, monorail, cable car, maglev, automated guideway transit, and intracity rapid rail systems.

This section is divided into two parts: urban rail transit system(completed) and urban rail transit system (under construction). The section mainly includes such items as number and total length of transit lines, number of stations, etc., both completed and under construction.

# 9 全国历年城市轨道交通情况(1978-2022)
# National Urban Rail Transit System in Past Years (1978-2022)

| 年份<br>Year | 建成轨道交通的城市个数(个)<br>Number of Cities with Completed Rail Transport Lines<br>(unit) | 建成轨道交通线路长度(公里)<br>The Length of Completed Rail Transport Lines<br>(km) | 正在建设轨道交通的城市个数(个)<br>Number of Cities with Rail Transport Lines under Construction<br>(unit) | 正在建设轨道交通线路长度(公里)<br>The Length of Rail Transport Lines under Construction<br>(km) |
|---|---|---|---|---|
| 1978 | 1 | 23 | | |
| 1979 | 1 | 23 | | |
| 1980 | 1 | 23 | | |
| 1981 | 1 | 23 | | |
| 1982 | 1 | 23 | | |
| 1983 | 1 | 23 | | |
| 1984 | 2 | 47 | | |
| 1985 | 2 | 47 | | |
| 1986 | 2 | 47 | | |
| 1987 | 2 | 47 | | |
| 1988 | 2 | 47 | | |
| 1989 | 2 | 47 | | |
| 1990 | 2 | 47 | | |
| 1991 | 2 | 47 | | |
| 1992 | 2 | 47 | | |
| 1993 | 2 | 47 | | |
| 1994 | 2 | 47 | | |
| 1995 | 3 | 63 | | |
| 1996 | 3 | 63 | | |
| 1997 | 3 | 63 | | |
| 1998 | 4 | 81 | | |
| 1999 | 4 | 81 | | |
| 2000 | 4 | 117 | | |
| 2001 | 5 | 172 | | |
| 2002 | 5 | 200 | | |
| 2003 | 5 | 347 | | |
| 2004 | 7 | 400 | | |
| 2005 | 10 | 444 | | |
| 2006 | 10 | 621 | | |
| 2007 | 10 | 775 | | |
| 2008 | 10 | 855 | | |
| 2009 | 10 | 838.88 | 28 | 1991.36 |
| 2010 | 12 | 1428.87 | 28 | 1741.07 |
| 2011 | 12 | 1672.42 | 28 | 1891.29 |
| 2012 | 16 | 2005.53 | 29 | 2060.43 |
| 2013 | 16 | 2213.28 | 35 | 2760.38 |
| 2014 | 22 | 2714.79 | 36 | 3004.37 |
| 2015 | 24 | 3069.23 | 38 | 3994.15 |
| 2016 | 30 | 3586.34 | 39 | 4870.18 |
| 2017 | 32 | 4515.91 | 50 | 4913.56 |
| 2018 | 34 | 5062.70 | 50 | 5400.25 |
| 2019 | 41 | 5980.55 | 49 | 5594.08 |
| 2020 | 42 | 7641.09 | 45 | 5093.55 |
| 2021 | 50 | 8571.43 | 48 | 5172.30 |
| 2022 | 55 | 9575.01 | 44 | 4802.89 |

注：2000年及以前年份，大连、鞍山、长春、哈尔滨的有轨电车没有统计在内；2017年至2021年，对建成轨道交通线路长度的历史数据进行了修订。

Note: For the year 2000 and before, the streetcar systems in Dalian, Anshan, Changchun and Harbin City were not included when collecting data on the number of cities with completed rail transport lines and the length of lines. The length of completed rail transport lines from 2017 to 2021 has been revised.

# 9-1-1 2022年按省分列的城市轨道交通(建成)

| 地区名称 Name of Regions | 线路长度(公里) Length of Lines (kilometer) | | | | | | | | | | |
|---|---|---|---|---|---|---|---|---|---|---|---|
| | 合计 Total | 地铁 Subway | 轻轨 Light Rail | 单轨 Monorail | 有轨 Cable Car | 磁浮 Maglev | 快轨 Fast Track | APM APM | 按敷设方式 by Ways of Laying: 地面线 Surface Lines | 地下线 Underground Lines | 高架线 Elevated Lines |
| **全　国** | **9575.01** | **8637.71** | **216.29** | **124.77** | **443.87** | **59.85** | **88.62** | **3.90** | **668.57** | **7093.88** | **1812.56** |
| 北　京 | 864.13 | 831.73 | | | 21.00 | 11.40 | | | 74.00 | 627.53 | 162.60 |
| 天　津 | 293.86 | 233.75 | 52.25 | | 7.86 | | | | 16.82 | 216.98 | 60.06 |
| 河　北 | 76.40 | 76.40 | | | | | | | | 76.40 | |
| 山　西 | 23.65 | 23.65 | | | | | | | | 23.65 | |
| 内蒙古 | 49.03 | 49.03 | | | | | | | 0.34 | 45.84 | 2.85 |
| 辽　宁 | 428.62 | 329.81 | | | 98.81 | | | | 149.86 | 192.25 | 86.51 |
| 吉　林 | 108.71 | 43.00 | 65.71 | | | | | | 19.44 | 52.78 | 36.49 |
| 黑龙江 | 79.72 | 79.72 | | | | | | | | 79.72 | |
| 上　海 | 831.58 | 795.39 | | | 6.29 | 29.90 | | | 16.40 | 550.37 | 264.81 |
| 江　苏 | 1055.41 | 938.68 | | | 81.63 | | 35.10 | | 127.06 | 689.75 | 238.60 |
| 浙　江 | 797.24 | 721.66 | 8.26 | | 13.80 | | 53.52 | | 19.04 | 627.25 | 150.95 |
| 安　徽 | 217.20 | 170.95 | | 46.25 | | | | | | 168.29 | 48.91 |
| 福　建 | 212.01 | 212.01 | | | | | | | 2.58 | 197.81 | 11.62 |
| 江　西 | 128.31 | 128.31 | | | | | | | 0.20 | 122.62 | 5.49 |
| 山　东 | 407.96 | 399.19 | | | 8.77 | | | | 11.44 | 275.21 | 121.31 |
| 河　南 | 238.36 | 197.65 | 40.71 | | | | | | 1.77 | 219.66 | 16.93 |
| 湖　北 | 536.87 | 460.82 | | | 76.05 | | | | 68.58 | 347.57 | 120.72 |
| 湖　南 | 238.93 | 190.74 | 29.64 | | | 18.55 | | | 2.52 | 189.39 | 47.02 |
| 广　东 | 1242.94 | 1198.78 | | | 40.26 | | | 3.90 | 49.76 | 1066.41 | 126.77 |
| 广　西 | 128.44 | 128.44 | | | | | | | | 128.44 | |
| 海　南 | 8.37 | | | | 8.37 | | | | 8.37 | | |
| 重　庆 | 459.89 | 346.25 | 19.72 | 78.52 | 15.40 | | | | 24.66 | 258.66 | 176.57 |
| 四　川 | 554.70 | 515.40 | | | 39.30 | | | | 41.59 | 452.55 | 60.56 |
| 贵　州 | 75.71 | 75.71 | | | | | | | 3.31 | 66.43 | 5.97 |
| 云　南 | 179.31 | 165.91 | | | 13.40 | | | | 15.70 | 141.60 | 22.01 |
| 西　藏 | | | | | | | | | | | |
| 陕　西 | 271.20 | 271.20 | | | | | | | 2.20 | 223.19 | 45.81 |
| 甘　肃 | 38.84 | 25.91 | | | 12.93 | | | | 12.93 | 25.91 | |
| 青　海 | | | | | | | | | | | |
| 宁　夏 | | | | | | | | | | | |
| 新　疆 | 27.62 | 27.62 | | | | | | | | 27.62 | |
| 新疆兵团 | | | | | | | | | | | |

# Urban Rail Transit System (completed) by Province(2022)

| 车站数(个) Number of Stations (unit) | | | | 换乘站数(个) Number of Transfer Stations (unit) | 配置车辆数(辆) Number of Vehicles in Service (unit) | | | | | | | | 地区名称 Name of Regions |
|---|---|---|---|---|---|---|---|---|---|---|---|---|---|
| 合计 Total | 地面站 Surface Lines | 地下站 Underground Lines | 高架站 Elevated Lines | | 合计 Total | 地铁 Subway | 轻轨 Light Rail | 单轨 Monorail | 有轨 Cable Car | 磁浮 Maglev | 快轨 Fast Track | APM APM | |
| **6375** | **630** | **4931** | **814** | **1752** | **51712** | **49659** | **385** | **732** | **750** | **158** | **21** | **7** | **全　国** |
| 511 | 39 | 401 | 71 | 189 | 9128 | 8958 | | | 50 | 120 | | | 北　京 |
| 225 | 20 | 174 | 31 | 59 | 1530 | 1370 | 152 | | 8 | | | | 天　津 |
| 63 | | 63 | | 20 | 486 | 486 | | | | | | | 河　北 |
| 23 | | 23 | | 7 | 144 | 144 | | | | | | | 山　西 |
| 44 | 1 | 40 | 3 | 10 | 312 | 312 | | | | | | | 内蒙古 |
| 309 | 136 | 144 | 29 | 63 | 945 | 834 | | | 111 | | | | 辽　宁 |
| 102 | 21 | 44 | 37 | 22 | | | | | | | | | 吉　林 |
| 66 | | 66 | | 10 | 822 | 822 | | | | | | | 黑龙江 |
| 508 | 12 | 385 | 111 | 188 | 7474 | 7416 | | | 44 | 14 | | | 上　海 |
| 670 | 83 | 503 | 84 | 127 | 4401 | 4307 | | | 91 | | 3 | | 江　苏 |
| 484 | 17 | 405 | 62 | 136 | 4447 | 4344 | 68 | | 17 | | 18 | | 浙　江 |
| 205 | 25 | 141 | 39 | 44 | 1602 | 1362 | | 240 | | | | | 安　徽 |
| 157 | | 154 | 3 | 47 | 846 | 846 | | | | | | | 福　建 |
| 103 | | 99 | 4 | 24 | 906 | 906 | | | | | | | 江　西 |
| 223 | 12 | 166 | 45 | 60 | 1487 | 1480 | | | 7 | | | | 山　东 |
| 175 | 7 | 167 | 1 | 62 | 371 | 338 | 33 | | | | | | 河　南 |
| 384 | 87 | 229 | 68 | 78 | 3052 | 2962 | | | 90 | | | | 湖　北 |
| 152 | 1 | 144 | 7 | 59 | 1496 | 1440 | 32 | | | 24 | | | 湖　南 |
| 770 | 66 | 643 | 61 | 227 | 4043 | 3948 | | | 88 | | | 7 | 广　东 |
| 104 | | 104 | | 20 | 135 | 135 | | | | | | | 广　西 |
| 15 | 15 | | | | 14 | | | | 14 | | | | 海　南 |
| 281 | 22 | 155 | 104 | 84 | 2023 | 1416 | 100 | 492 | 15 | | | | 重　庆 |
| 370 | 36 | 313 | 21 | 101 | 4478 | 4298 | | | 180 | | | | 四　川 |
| 57 | 2 | 50 | 5 | 22 | 498 | 498 | | | | | | | 贵　州 |
| 129 | 15 | 107 | 7 | 40 | 479 | 461 | | | 18 | | | | 云　南 |
| | | | | | | | | | | | | | 西　藏 |
| 192 | 1 | 170 | 21 | 43 | 388 | 388 | | | | | | | 陕　西 |
| 32 | 12 | 20 | | 5 | 43 | 26 | | | 17 | | | | 甘　肃 |
| | | | | | | | | | | | | | 青　海 |
| | | | | | | | | | | | | | 宁　夏 |
| 21 | | 21 | | 5 | 162 | 162 | | | | | | | 新　疆 |
| | | | | | | | | | | | | | 新疆兵团 |

# 9-1-2 2022年按城市分列的城市轨道交通(建成)

| 城市名称 Name of Cities | 线路长度(公里) Length of Lines (kilometer) | | | | | | | | | | |
|---|---|---|---|---|---|---|---|---|---|---|---|
| | | | | | | | | | 按敷设方式 by Ways of Laying | | |
| | 合计 Total | 地铁 Subway | 轻轨 Light Rail | 单轨 Monorail | 有轨 Cable Car | 磁浮 Maglev | 快轨 Fast Track | APM APM | 地面线 Surface Lines | 地下线 Underground Lines | 高架线 Elevated Lines |
| **全　国** | **9575.01** | **8637.71** | **216.29** | **124.77** | **443.87** | **59.85** | **88.62** | **3.90** | **668.57** | **7093.88** | **1812.56** |
| **北　京** | **864.13** | **831.73** | | | **21.00** | **11.40** | | | **74.00** | **627.53** | **162.60** |
| **天　津** | **293.86** | **233.75** | **52.25** | | **7.86** | | | | **16.82** | **216.98** | **60.06** |
| **河　北** | **76.40** | **76.40** | | | | | | | | **76.40** | |
| 石家庄 | 76.40 | 76.40 | | | | | | | | 76.40 | |
| **山　西** | **23.65** | **23.65** | | | | | | | | **23.65** | |
| 太　原 | 23.65 | 23.65 | | | | | | | | 23.65 | |
| **内蒙古** | **49.03** | **49.03** | | | | | | | **0.34** | **45.84** | **2.85** |
| 呼和浩特 | 49.03 | 49.03 | | | | | | | 0.34 | 45.84 | 2.85 |
| **辽　宁** | **428.62** | **329.81** | | | **98.81** | | | | **149.86** | **192.25** | **86.51** |
| 沈　阳 | 180.84 | 117.06 | | | 63.78 | | | | 63.78 | 117.06 | |
| 大　连 | 236.23 | 212.75 | | | 23.48 | | | | 74.53 | 75.19 | 86.51 |
| 沈抚改革创新示范区 | 11.55 | | | | 11.55 | | | | 11.55 | | |
| **吉　林** | **108.71** | **43.00** | **65.71** | | | | | | **19.44** | **52.78** | **36.49** |
| 长　春 | 108.71 | 43.00 | 65.71 | | | | | | 19.44 | 52.78 | 36.49 |
| **黑龙江** | **79.72** | **79.72** | | | | | | | | **79.72** | |
| 哈尔滨 | 79.72 | 79.72 | | | | | | | | 79.72 | |
| **上　海** | **831.58** | **795.39** | | | **6.29** | **29.90** | | | **16.40** | **550.37** | **264.81** |
| **江　苏** | **1055.41** | **938.68** | | | **81.63** | | **35.10** | | **127.06** | **689.75** | **238.60** |
| 南　京 | 451.91 | 435.20 | | | 16.71 | | | | 29.39 | 228.50 | 194.02 |
| 无　锡 | 113.56 | 113.56 | | | | | | | 0.10 | 99.57 | 13.89 |
| 徐　州 | 64.09 | 64.09 | | | | | | | 0.09 | 63.44 | 0.56 |
| 常　州 | 53.30 | 53.30 | | | | | | | | 49.87 | 3.43 |
| 苏　州 | 254.23 | 210.01 | | | 44.22 | | | | 35.68 | 204.29 | 14.26 |
| 昆　山 | 6.00 | 6.00 | | | | | | | 6.00 | | |
| 南　通 | 39.18 | 39.18 | | | | | | | | 39.18 | |
| 连云港 | 35.10 | | | | | | 35.10 | | 35.10 | | |
| 淮　安 | 20.70 | | | | 20.70 | | | | 20.70 | | |
| 句　容 | 17.34 | 17.34 | | | | | | | | 4.90 | 12.44 |

# Urban Rail Transit System (completed) by City (2022)

| 车站数(个) Number of Stations (unit) | | | | 换乘站数(个) | 配置车辆数(辆) Number of Vehicles in Service (unit) | | | | | | | | 城市名称 |
|---|---|---|---|---|---|---|---|---|---|---|---|---|---|
| 合计 Total | 地面站 Surface Lines | 地下站 Underground Lines | 高架站 Elevated Lines | Number of Transfer Stations (unit) | 合计 Total | 地铁 Subway | 轻轨 Light Rail | 单轨 Monorail | 有轨 Cable Car | 磁浮 Maglev | 快轨 Fast Track | APM APM | Name of Cities |
| **6375** | **630** | **4931** | **814** | **1752** | **51712** | **49659** | **385** | **732** | **750** | **158** | **21** | **7** | **全　国** |
| **511** | **39** | **401** | **71** | **189** | **9128** | **8958** | | | **50** | **120** | | | **北　京** |
| **225** | **20** | **174** | **31** | **59** | **1530** | **1370** | **152** | | **8** | | | | **天　津** |
| **63** | | **63** | | **20** | **486** | **486** | | | | | | | **河　北** |
| 63 | | 63 | | 20 | 486 | 486 | | | | | | | 石家庄 |
| **23** | | **23** | | **7** | **144** | **144** | | | | | | | **山　西** |
| 23 | | 23 | | 7 | 144 | 144 | | | | | | | 太　原 |
| **44** | **1** | **40** | **3** | **10** | **312** | **312** | | | | | | | **内蒙古** |
| 44 | 1 | 40 | 3 | 10 | 312 | 312 | | | | | | | 呼和浩特 |
| **309** | **136** | **144** | **29** | **63** | **945** | **834** | | | **111** | | | | **辽　宁** |
| 172 | 80 | 92 | | 43 | 753 | 720 | | | 33 | | | | 沈　阳 |
| 127 | 46 | 52 | 29 | 20 | 187 | 114 | | | 73 | | | | 大　连 |
| 10 | 10 | | | | 5 | | | | 5 | | | | 沈抚改革创新示范区 |
| **102** | **21** | **44** | **37** | **22** | | | | | | | | | **吉　林** |
| 102 | 21 | 44 | 37 | 22 | | | | | | | | | 长　春 |
| **66** | | **66** | | **10** | **822** | **822** | | | | | | | **黑龙江** |
| 66 | | 66 | | 10 | 822 | 822 | | | | | | | 哈尔滨 |
| **508** | **12** | **385** | **111** | **188** | **7474** | **7416** | | | **44** | **14** | | | **上　海** |
| **670** | **83** | **503** | **84** | **127** | **4401** | **4307** | | | **91** | | **3** | | **江　苏** |
| 224 | 30 | 136 | 58 | 40 | 1942 | 1922 | | | 20 | | | | 南　京 |
| 88 | | 79 | 9 | 7 | 624 | 624 | | | | | | | 无　锡 |
| 54 | | 53 | 1 | 17 | 67 | 67 | | | | | | | 徐　州 |
| 44 | | 41 | 3 | 6 | 342 | 342 | | | | | | | 常　州 |
| 196 | 25 | 164 | 7 | 49 | 1181 | 1136 | | | 45 | | | | 苏　州 |
| 3 | | | 3 | | 6 | 6 | | | | | | | 昆　山 |
| 28 | | 28 | | 6 | 210 | 210 | | | | | | | 南　通 |
| 5 | 5 | | | 2 | 3 | | | | | | 3 | | 连云港 |
| 23 | 23 | | | | 26 | | | | 26 | | | | 淮　安 |
| 5 | | 2 | 3 | | | | | | | | | | 句　容 |

## 9-1-2 续表 1

| 城市名称 Name of Cities | 线路长度(公里) Length of Lines (kilometer) | | | | | | | | 按敷设方式 by Ways of Laying | | |
|---|---|---|---|---|---|---|---|---|---|---|---|
| | 合计 Total | 地铁 Subway | 轻轨 Light Rail | 单轨 Monorail | 有轨 Cable Car | 磁浮 Maglev | 快轨 Fast Track | APM APM | 地面线 Surface Lines | 地下线 Underground Lines | 高架线 Elevated Lines |
| **浙　江** | **797.24** | **721.66** | **8.26** | | **13.80** | | **53.52** | | **19.04** | **627.25** | **150.95** |
| 杭　州 | 516.17 | 516.17 | | | | | | | | 483.19 | 32.98 |
| 宁　波 | 185.19 | 185.19 | | | | | | | | 113.68 | 71.51 |
| 温　州 | 53.52 | | | | | | 53.52 | | 3.03 | 11.37 | 39.12 |
| 嘉　兴 | 13.80 | | | | 13.80 | | | | 12.92 | 0.88 | |
| 海　宁 | 8.26 | | 8.26 | | | | | | | 8.26 | |
| 绍　兴 | 20.30 | 20.30 | | | | | | | 3.09 | 9.87 | 7.34 |
| **安　徽** | **217.20** | **170.95** | | **46.25** | | | | | | **168.29** | **48.91** |
| 合　肥 | 170.95 | 170.95 | | | | | | | | 166.72 | 4.23 |
| 芜　湖 | 46.25 | | | 46.25 | | | | | | 1.57 | 44.68 |
| **福　建** | **212.01** | **212.01** | | | | | | | **2.58** | **197.81** | **11.62** |
| 福　州 | 113.71 | 113.71 | | | | | | | 0.67 | 106.28 | 6.76 |
| 厦　门 | 98.30 | 98.30 | | | | | | | 1.91 | 91.53 | 4.86 |
| **江　西** | **128.31** | **128.31** | | | | | | | **0.20** | **122.62** | **5.49** |
| 南　昌 | 128.31 | 128.31 | | | | | | | 0.20 | 122.62 | 5.49 |
| **山　东** | **407.96** | **399.19** | | | **8.77** | | | | **11.44** | **275.21** | **121.31** |
| 济　南 | 84.02 | 84.02 | | | | | | | 0.55 | 65.78 | 17.69 |
| 青　岛 | 323.94 | 315.17 | | | 8.77 | | | | 10.89 | 209.43 | 103.62 |
| **河　南** | **238.36** | **197.65** | **40.71** | | | | | | **1.77** | **219.66** | **16.93** |
| 郑　州 | 215.39 | 174.68 | 40.71 | | | | | | 1.27 | 198.09 | 16.03 |
| 洛　阳 | 22.97 | 22.97 | | | | | | | 0.50 | 21.57 | 0.90 |
| **湖　北** | **536.87** | **460.82** | | | **76.05** | | | | **68.58** | **347.57** | **120.72** |
| 武　汉 | 509.97 | 460.82 | | | 49.15 | | | | 46.73 | 345.59 | 117.65 |
| 黄　石 | 26.90 | | | | 26.90 | | | | 21.85 | 1.98 | 3.07 |

continued 1

| 车站数(个) Number of Stations (unit) | | | | 换乘站数(个) Number of Transfer Stations (unit) | 配置车辆数(辆) Number of Vehicles in Service (unit) | | | | | | | | 城市名称 Name of Cities |
|---|---|---|---|---|---|---|---|---|---|---|---|---|---|
| 合计 Total | 地面站 Surface Lines | 地下站 Underground Lines | 高架站 Elevated Lines | | 合计 Total | 地铁 Subway | 轻轨 Light Rail | 单轨 Monorail | 有轨 Cable Car | 磁浮 Maglev | 快轨 Fast Track | APM APM | |
| **484** | **17** | **405** | **62** | **136** | **4447** | **4344** | **68** | | **17** | | **18** | | **浙　江** |
| 310 | | 299 | 11 | 96 | 3306 | 3306 | | | | | | | 杭　州 |
| 127 | | 93 | 34 | 36 | 1020 | 1020 | | | | | | | 宁　波 |
| 18 | 2 | 3 | 13 | 2 | 18 | | | | | | 18 | | 温　州 |
| 16 | 15 | 1 | | | 17 | | | | 17 | | | | 嘉　兴 |
| 3 | | 3 | | | 68 | | 68 | | | | | | 海　宁 |
| 10 | | 6 | 4 | 2 | 18 | 18 | | | | | | | 绍　兴 |
| **205** | **25** | **141** | **39** | **44** | **1602** | **1362** | | **240** | | | | | **安　徽** |
| 144 | | 140 | 4 | 42 | 1362 | 1362 | | | | | | | 合　肥 |
| 61 | 25 | 1 | 35 | 2 | 240 | | | 240 | | | | | 芜　湖 |
| **157** | | **154** | **3** | **47** | **846** | **846** | | | | | | | **福　建** |
| 80 | | 79 | 1 | 24 | 99 | 99 | | | | | | | 福　州 |
| 77 | | 75 | 2 | 23 | 747 | 747 | | | | | | | 厦　门 |
| **103** | | **99** | **4** | **24** | **906** | **906** | | | | | | | **江　西** |
| 103 | | 99 | 4 | 24 | 906 | 906 | | | | | | | 南　昌 |
| **223** | **12** | **166** | **45** | **60** | **1487** | **1480** | | | **7** | | | | **山　东** |
| 43 | | 35 | 8 | 4 | 76 | 76 | | | | | | | 济　南 |
| 180 | 12 | 131 | 37 | 56 | 1411 | 1404 | | | 7 | | | | 青　岛 |
| **175** | **7** | **167** | **1** | **62** | **371** | **338** | **33** | | | | | | **河　南** |
| 156 | 7 | 149 | | 59 | 239 | 206 | 33 | | | | | | 郑　州 |
| 19 | | 18 | 1 | 3 | 132 | 132 | | | | | | | 洛　阳 |
| **384** | **87** | **229** | **68** | **78** | **3052** | **2962** | | | **90** | | | | **湖　北** |
| 355 | 60 | 229 | 66 | 78 | 3020 | 2962 | | | 58 | | | | 武　汉 |
| 29 | 27 | | 2 | | 32 | | | | 32 | | | | 黄　石 |

## 9-1-2 续表 2

| 城市名称 Name of Cities | 线路长度(公里) Length of Lines (kilometer) | | | | | | | | 按敷设方式 by Ways of Laying | | |
|---|---|---|---|---|---|---|---|---|---|---|---|
| | 合计 Total | 地铁 Subway | 轻轨 Light Rail | 单轨 Monorail | 有轨 Cable Car | 磁浮 Maglev | 快轨 Fast Track | APM APM | 地面线 Surface Lines | 地下线 Underground Lines | 高架线 Elevated Lines |
| **湖　南** | **238.93** | **190.74** | **29.64** | | | **18.55** | | | **2.52** | **189.39** | **47.02** |
| 长　沙 | 209.29 | 190.74 | | | | 18.55 | | | 0.22 | 189.39 | 19.68 |
| 湘　潭 | 29.64 | | 29.64 | | | | | | 2.30 | | 27.34 |
| **广　东** | **1242.94** | **1198.78** | | | **40.26** | | | **3.90** | **49.76** | **1066.41** | **126.77** |
| 广　州 | 552.18 | 540.58 | | | 7.70 | | | 3.90 | 22.11 | 500.81 | 29.26 |
| 深　圳 | 564.80 | 553.08 | | | 11.72 | | | | 18.80 | 467.81 | 78.19 |
| 佛　山 | 88.17 | 67.33 | | | 20.84 | | | | 8.43 | 64.06 | 15.68 |
| 东　莞 | 37.79 | 37.79 | | | | | | | 0.42 | 33.73 | 3.64 |
| **广　西** | **128.44** | **128.44** | | | | | | | | **128.44** | |
| 南　宁 | 128.44 | 128.44 | | | | | | | | 128.44 | |
| **海　南** | **8.37** | | | | **8.37** | | | | **8.37** | | |
| 三　亚 | 8.37 | | | | 8.37 | | | | 8.37 | | |
| **重　庆** | **459.89** | **346.25** | **19.72** | **78.52** | **15.40** | | | | **24.66** | **258.66** | **176.57** |
| 重　庆 | 459.89 | 346.25 | 19.72 | 78.52 | 15.40 | | | | 24.66 | 258.66 | 176.57 |
| **四　川** | **554.70** | **515.40** | | | **39.30** | | | | **41.59** | **452.55** | **60.56** |
| 成　都 | 554.70 | 515.40 | | | 39.30 | | | | 41.59 | 452.55 | 60.56 |
| **贵　州** | **75.71** | **75.71** | | | | | | | **3.31** | **66.43** | **5.97** |
| 贵　阳 | 75.71 | 75.71 | | | | | | | 3.31 | 66.43 | 5.97 |
| **云　南** | **179.31** | **165.91** | | | **13.40** | | | | **15.70** | **141.60** | **22.01** |
| 昆　明 | 165.91 | 165.91 | | | | | | | 2.30 | 141.60 | 22.01 |
| 蒙　自 | 13.40 | | | | 13.40 | | | | 13.40 | | |
| **陕　西** | **271.20** | **271.20** | | | | | | | **2.20** | **223.19** | **45.81** |
| 西　安 | 271.20 | 271.20 | | | | | | | 2.20 | 223.19 | 45.81 |
| **甘　肃** | **38.84** | **25.91** | | | **12.93** | | | | **12.93** | **25.91** | |
| 兰　州 | 25.91 | 25.91 | | | | | | | | 25.91 | |
| 天　水 | 12.93 | | | | 12.93 | | | | 12.93 | | |
| **新　疆** | **27.62** | **27.62** | | | | | | | | **27.62** | |
| 乌鲁木齐 | 27.62 | 27.62 | | | | | | | | 27.62 | |

continued 2

| 车站数(个) Number of Stations (unit) | | | | 换乘站数(个) | 配置车辆数(辆) Number of Vehicles in Service (unit) | | | | | | | | 城市名称 |
|---|---|---|---|---|---|---|---|---|---|---|---|---|---|
| 合计 Total | 地面站 Surface Lines | 地下站 Underground Lines | 高架站 Elevated Lines | Number of Transfer Stations (unit) | 合计 Total | 地铁 Subway | 轻轨 Light Rail | 单轨 Monorail | 有轨 Cable Car | 磁浮 Maglev | 快轨 Fast Track | APM APM | Name of Cities |
| **152** | **1** | **144** | **7** | **59** | **1496** | **1440** | **32** | | | **24** | | | **湖　南** |
| 148 | | 144 | 4 | 58 | 1464 | 1440 | | | | 24 | | | 长　沙 |
| 4 | 1 | | 3 | 1 | 32 | | 32 | | | | | | 湘　潭 |
| **770** | **66** | **643** | **61** | **227** | **4043** | **3948** | | | **88** | | | **7** | **广　东** |
| 302 | 31 | 271 | | 76 | 574 | 560 | | | 7 | | | 7 | 广　州 |
| 388 | 21 | 317 | 50 | 130 | 3249 | 3189 | | | 60 | | | | 深　圳 |
| 65 | 14 | 41 | 10 | 17 | 100 | 79 | | | 21 | | | | 佛　山 |
| 15 | | 14 | 1 | 4 | 120 | 120 | | | | | | | 东　莞 |
| **104** | | **104** | | **20** | **135** | **135** | | | | | | | **广　西** |
| 104 | | 104 | | 20 | 135 | 135 | | | | | | | 南　宁 |
| **15** | **15** | | | | **14** | | | | **14** | | | | **海　南** |
| 15 | 15 | | | | 14 | | | | 14 | | | | 三　亚 |
| **281** | **22** | **155** | **104** | **84** | **2023** | **1416** | **100** | **492** | **15** | | | | **重　庆** |
| 281 | 22 | 155 | 104 | 84 | 2023 | 1416 | 100 | 492 | 15 | | | | 重　庆 |
| **370** | **36** | **313** | **21** | **101** | **4478** | **4298** | | | **180** | | | | **四　川** |
| 370 | 36 | 313 | 21 | 101 | 4478 | 4298 | | | 180 | | | | 成　都 |
| **57** | **2** | **50** | **5** | **22** | **498** | **498** | | | | | | | **贵　州** |
| 57 | 2 | 50 | 5 | 22 | 498 | 498 | | | | | | | 贵　阳 |
| **129** | **15** | **107** | **7** | **40** | **479** | **461** | | | **18** | | | | **云　南** |
| 114 | | 107 | 7 | 40 | 461 | 461 | | | | | | | 昆　明 |
| 15 | 15 | | | | 18 | | | | 18 | | | | 蒙　自 |
| **192** | **1** | **170** | **21** | **43** | **388** | **388** | | | | | | | **陕　西** |
| 192 | 1 | 170 | 21 | 43 | 388 | 388 | | | | | | | 西　安 |
| **32** | **12** | **20** | | **5** | **43** | **26** | | | **17** | | | | **甘　肃** |
| 20 | | 20 | | 5 | 26 | 26 | | | | | | | 兰　州 |
| 12 | 12 | | | | 17 | | | | 17 | | | | 天　水 |
| **21** | | **21** | | **5** | **162** | **162** | | | | | | | **新　疆** |
| 21 | | 21 | | 5 | 162 | 162 | | | | | | | 乌鲁木齐 |

# 9-2-1 2022年按省分列的城市轨道交通(在建)

| 地区名称 Name of Regions | 线路长度(公里) Length of Lines (kilometer) | | | | | | | | | | |
|---|---|---|---|---|---|---|---|---|---|---|---|
| | 合计 Total | 地铁 Subway | 轻轨 Light Rail | 单轨 Monorail | 有轨 Cable Car | 磁浮 Maglev | 快轨 Fast Track | APM APM | 按敷设方式 by Ways of Laying 地面线 Surface Lines | 地下线 Underground Lines | 高架线 Elevated Lines |
| **全　国** | **4802.89** | **4357.68** | **197.49** | | **106.48** | **4.46** | **136.78** | | **193.76** | **3945.38** | **663.75** |
| 北　京 | 262.17 | 262.17 | | | | | | | 25.10 | 201.27 | 35.80 |
| 天　津 | 210.40 | 210.40 | | | | | | | | 161.48 | 48.92 |
| 河　北 | 45.30 | 45.30 | | | | | | | | 45.30 | |
| 山　西 | 28.74 | 28.74 | | | | | | | | 28.74 | |
| 内蒙古 | | | | | | | | | | | |
| 辽　宁 | 187.89 | 187.89 | | | | | | | 0.49 | 162.14 | 25.26 |
| 吉　林 | 124.93 | 120.44 | 4.49 | | | | | | | 120.44 | 4.49 |
| 黑龙江 | 12.99 | 12.99 | | | | | | | | 12.99 | |
| 上　海 | 161.85 | 161.85 | | | | | | | | 155.26 | 6.59 |
| 江　苏 | 562.83 | 562.83 | | | | | | | 4.48 | 497.68 | 60.67 |
| 浙　江 | 452.87 | 293.30 | 159.57 | | | | | | 12.23 | 262.39 | 178.25 |
| 安　徽 | 160.61 | 160.61 | | | | | | | 0.31 | 128.79 | 31.51 |
| 福　建 | 228.78 | 166.38 | | | | | 62.40 | | 23.40 | 163.60 | 41.78 |
| 江　西 | 31.75 | 31.75 | | | | | | | | 28.30 | 3.45 |
| 山　东 | 388.02 | 351.92 | | | 36.10 | | | | 20.93 | 338.37 | 28.72 |
| 河　南 | 217.07 | 183.64 | 33.43 | | | | | | 0.32 | 208.99 | 7.76 |
| 湖　北 | 146.72 | 146.72 | | | | | | | | 144.09 | 2.63 |
| 湖　南 | 83.76 | 79.30 | | | | 4.46 | | | 0.92 | 59.70 | 23.14 |
| 广　东 | 628.54 | 578.24 | | | 50.30 | | | | 48.57 | 552.66 | 27.31 |
| 广　西 | 3.90 | 3.90 | | | | | | | | 3.90 | |
| 海　南 | | | | | | | | | | | |
| 重　庆 | 281.43 | 265.03 | | | | | 16.40 | | 7.97 | 214.66 | 58.80 |
| 四　川 | 256.28 | 178.22 | | | 20.08 | | 57.98 | | 22.98 | 185.87 | 47.43 |
| 贵　州 | 73.35 | 73.35 | | | | | | | | 64.31 | 9.04 |
| 云　南 | 20.34 | 20.34 | | | | | | | | 20.34 | |
| 西　藏 | | | | | | | | | | | |
| 陕　西 | 162.20 | 162.20 | | | | | | | 26.06 | 113.94 | 22.20 |
| 甘　肃 | 9.06 | 9.06 | | | | | | | | 9.06 | |
| 青　海 | | | | | | | | | | | |
| 宁　夏 | | | | | | | | | | | |
| 新　疆 | 61.11 | 61.11 | | | | | | | | 61.11 | |
| 新疆兵团 | | | | | | | | | | | |

# Urban Rail Transit System by Province (under construction) by Province(2022)

| 车站数(个) Number of Stations (unit) | | | | 换乘站数(个) | 配置车辆数(辆) Number of Vehicles in Service (unit) | | | | | | | | 地区名称 |
|---|---|---|---|---|---|---|---|---|---|---|---|---|---|
| 合计 Total | 地面站 Surface Lines | 地下站 Underground Lines | 高架站 Elevated Lines | Number of Transfer Stations (unit) | 合计 Total | 地铁 Subway | 轻轨 Light Rail | 单轨 Monorail | 有轨 Cable Car | 磁浮 Maglev | 快轨 Fast Track | APM APM | Name of Regions |
| **2769** | **71** | **2479** | **219** | **933** | **21497** | **20786** | **456** | | **56** | **9** | **190** | | **全　国** |
| 124 | 11 | 104 | 9 | 67 | 3180 | 3180 | | | | | | | 北　京 |
| 143 | 1 | 122 | 20 | 58 | 1110 | 1110 | | | | | | | 天　津 |
| 41 | | 41 | | 12 | | | | | | | | | 河　北 |
| 24 | | 24 | | 7 | 162 | 162 | | | | | | | 山　西 |
| | | | | | | | | | | | | | 内蒙古 |
| 135 | | 119 | 16 | 43 | 1189 | 1189 | | | | | | | 辽　宁 |
| 86 | 1 | 78 | 7 | 27 | | | | | | | | | 吉　林 |
| 12 | | 12 | | 2 | | | | | | | | | 黑龙江 |
| 83 | | 82 | 1 | 32 | 1110 | 1110 | | | | | | | 上　海 |
| 373 | 2 | 356 | 15 | 144 | 3684 | 3684 | | | | | | | 江　苏 |
| 181 | 1 | 139 | 41 | 41 | 1540 | 1116 | 424 | | | | | | 浙　江 |
| 89 | | 80 | 9 | 25 | 798 | 798 | | | | | | | 安　徽 |
| 109 | | 98 | 11 | 40 | 640 | 610 | | | | | 30 | | 福　建 |
| 19 | | 17 | 2 | 3 | 336 | 336 | | | | | | | 江　西 |
| 270 | 8 | 247 | 15 | 71 | 2065 | 2043 | | | 22 | | | | 山　东 |
| 132 | 1 | 131 | | 55 | 336 | 304 | 32 | | | | | | 河　南 |
| 79 | | 75 | 4 | 41 | 1072 | 1072 | | | | | | | 湖　北 |
| 46 | | 38 | 8 | 17 | 541 | 532 | | | | 9 | | | 湖　南 |
| 326 | 15 | 300 | 11 | 55 | 274 | 262 | | | 12 | | | | 广　东 |
| 3 | | 3 | | | | | | | | | | | 广　西 |
| | | | | | | | | | | | | | 海　南 |
| 132 | 3 | 105 | 24 | 60 | 975 | 951 | | | | | 24 | | 重　庆 |
| 157 | 26 | 117 | 14 | 74 | 1632 | 1474 | | | 22 | | 136 | | 四　川 |
| 42 | | 40 | 2 | 11 | 384 | 384 | | | | | | | 贵　州 |
| 17 | | 17 | | 5 | 33 | 33 | | | | | | | 云　南 |
| | | | | | | | | | | | | | 西　藏 |
| 88 | 2 | 76 | 10 | 19 | | | | | | | | | 陕　西 |
| 9 | | 9 | | 5 | 10 | 10 | | | | | | | 甘　肃 |
| | | | | | | | | | | | | | 青　海 |
| | | | | | | | | | | | | | 宁　夏 |
| 49 | | 49 | | 19 | 426 | 426 | | | | | | | 新　疆 |
| | | | | | | | | | | | | | 新疆兵团 |

# 9-2-2 2022年按城市分列的城市轨道交通(在建)

| 城市名称 Name of Cities | 线路长度(公里) Length of Lines (kilometer) | | | | | | | | | | |
|---|---|---|---|---|---|---|---|---|---|---|---|
| | 合计 Total | 地铁 Subway | 轻轨 Light Rail | 单轨 Monorail | 有轨 Cable Car | 磁浮 Maglev | 快轨 Fast Track | APM APM | 按敷设方式 by Ways of Laying: 地面线 Surface Lines | 地下线 Underground Lines | 高架线 Elevated Lines |
| **全　　国** | **4802.89** | **4357.68** | **197.49** | | **106.48** | **4.46** | **136.78** | | **193.76** | **3945.38** | **663.75** |
| **北　　京** | **262.17** | **262.17** | | | | | | | **25.10** | **201.27** | **35.80** |
| **天　　津** | **210.40** | **210.40** | | | | | | | | **161.48** | **48.92** |
| **河　　北** | **45.30** | **45.30** | | | | | | | | **45.30** | |
| 石 家 庄 | 45.30 | 45.30 | | | | | | | | 45.30 | |
| **山　　西** | **28.74** | **28.74** | | | | | | | | **28.74** | |
| 太　　原 | 28.74 | 28.74 | | | | | | | | 28.74 | |
| **辽　　宁** | **187.89** | **187.89** | | | | | | | **0.49** | **162.14** | **25.26** |
| 沈　　阳 | 140.40 | 140.40 | | | | | | | 0.49 | 115.65 | 24.26 |
| 大　　连 | 47.49 | 47.49 | | | | | | | | 46.49 | 1.00 |
| **吉　　林** | **124.93** | **120.44** | **4.49** | | | | | | | **120.44** | **4.49** |
| 长　　春 | 124.93 | 120.44 | 4.49 | | | | | | | 120.44 | 4.49 |
| **黑 龙 江** | **12.99** | **12.99** | | | | | | | | **12.99** | |
| 哈 尔 滨 | 12.99 | 12.99 | | | | | | | | 12.99 | |
| **上　　海** | **161.85** | **161.85** | | | | | | | | **155.26** | **6.59** |
| **江　　苏** | **562.83** | **562.83** | | | | | | | **4.48** | **497.68** | **60.67** |
| 南　　京 | 233.90 | 233.90 | | | | | | | 4.28 | 199.60 | 30.02 |
| 无　　锡 | 90.24 | 90.24 | | | | | | | 0.20 | 59.39 | 30.65 |
| 徐　　州 | 55.62 | 55.62 | | | | | | | | 55.62 | |
| 苏　　州 | 162.16 | 162.16 | | | | | | | | 162.16 | |
| 南　　通 | 20.91 | 20.91 | | | | | | | | 20.91 | |
| **浙　　江** | **452.87** | **293.30** | **159.57** | | | | | | **12.23** | **262.39** | **178.25** |
| 杭　　州 | 7.40 | 7.40 | | | | | | | | 7.40 | |
| 宁　　波 | 241.00 | 241.00 | | | | | | | | 166.07 | 74.93 |
| 绍　　兴 | 44.90 | 44.90 | | | | | | | | 44.90 | |
| 金　　华 | 107.17 | | 107.17 | | | | | | 6.83 | 26.22 | 74.12 |
| 台　　州 | 52.40 | | 52.40 | | | | | | 5.40 | 17.80 | 29.20 |
| **安　　徽** | **160.61** | **160.61** | | | | | | | **0.31** | **128.79** | **31.51** |
| 合　　肥 | 160.61 | 160.61 | | | | | | | 0.31 | 128.79 | 31.51 |
| **福　　建** | **228.78** | **166.38** | | | | | **62.40** | | **23.40** | **163.60** | **41.78** |
| 福　　州 | 116.29 | 53.89 | | | | | 62.40 | | 0.60 | 99.41 | 16.28 |
| 厦　　门 | 112.49 | 112.49 | | | | | | | 22.80 | 64.19 | 25.50 |

# Urban Rail Transit System by City (under construction) by City(2022)

| 车站数(个) Number of Stations (unit) | | | | 换乘站数(个) | 配置车辆数(辆) Number of Vehicles in Service (unit) | | | | | | | | 城市名称 |
|---|---|---|---|---|---|---|---|---|---|---|---|---|---|
| 合计 Total | 地面站 Surface Lines | 地下站 Underground Lines | 高架站 Elevated Lines | Number of Transfer Stations (unit) | 合计 Total | 地铁 Subway | 轻轨 Light Rail | 单轨 Monorail | 有轨 Cable Car | 磁浮 Maglev | 快轨 Fast Track | APM APM | Name of Cities |
| **2769** | **71** | **2479** | **219** | **933** | **21497** | **20786** | **456** | | **56** | **9** | **190** | | **全 国** |
| **124** | **11** | **104** | **9** | **67** | **3180** | **3180** | | | | | | | **北 京** |
| **143** | **1** | **122** | **20** | **58** | **1110** | **1110** | | | | | | | **天 津** |
| **41** | | **41** | | **12** | | | | | | | | | **河 北** |
| 41 | | 41 | | 12 | | | | | | | | | 石家庄 |
| **24** | | **24** | | **7** | **162** | **162** | | | | | | | **山 西** |
| 24 | | 24 | | 7 | 162 | 162 | | | | | | | 太 原 |
| **135** | | **119** | **16** | **43** | **1189** | **1189** | | | | | | | **辽 宁** |
| 100 | | 84 | 16 | 36 | 1182 | 1182 | | | | | | | 沈 阳 |
| 35 | | 35 | | 7 | 7 | 7 | | | | | | | 大 连 |
| **86** | **1** | **78** | **7** | **27** | | | | | | | | | **吉 林** |
| 86 | 1 | 78 | 7 | 27 | | | | | | | | | 长 春 |
| **12** | | **12** | | **2** | | | | | | | | | **黑龙江** |
| 12 | | 12 | | 2 | | | | | | | | | 哈尔滨 |
| **83** | | **82** | **1** | **32** | **1110** | **1110** | | | | | | | **上 海** |
| **373** | **2** | **356** | **15** | **144** | **3684** | **3684** | | | | | | | **江 苏** |
| 148 | 1 | 138 | 9 | 67 | 1772 | 1772 | | | | | | | 南 京 |
| 43 | | 37 | 6 | 11 | 580 | 580 | | | | | | | 无 锡 |
| 41 | 1 | 40 | | 16 | 61 | 61 | | | | | | | 徐 州 |
| 124 | | 124 | | 44 | 1145 | 1145 | | | | | | | 苏 州 |
| 17 | | 17 | | 6 | 126 | 126 | | | | | | | 南 通 |
| **181** | **1** | **139** | **41** | **41** | **1540** | **1116** | **424** | | | | | | **浙 江** |
| 5 | | 5 | | 2 | 84 | 84 | | | | | | | 杭 州 |
| 98 | | 83 | 15 | 36 | 826 | 826 | | | | | | | 宁 波 |
| 32 | 1 | 31 | | | 206 | 206 | | | | | | | 绍 兴 |
| 31 | | 13 | 18 | 2 | 300 | | 300 | | | | | | 金 华 |
| 15 | | 7 | 8 | 1 | 124 | | 124 | | | | | | 台 州 |
| **89** | | **80** | **9** | **25** | **798** | **798** | | | | | | | **安 徽** |
| 89 | | 80 | 9 | 25 | 798 | 798 | | | | | | | 合 肥 |
| **109** | | **98** | **11** | **40** | **640** | **610** | | | | | **30** | | **福 建** |
| 55 | | 52 | 3 | 24 | 91 | 61 | | | | | 30 | | 福 州 |
| 54 | | 46 | 8 | 16 | 549 | 549 | | | | | | | 厦 门 |

## 9-2-2 续表

| 城市名称 Name of Cities | 线路长度(公里) Length of Lines (kilometer) | | | | | | | | 按敷设方式 by Ways of Laying | | |
|---|---|---|---|---|---|---|---|---|---|---|---|
| | 合计 Total | 地铁 Subway | 轻轨 Light Rail | 单轨 Monorail | 有轨 Cable Car | 磁浮 Maglev | 快轨 Fast Track | APM APM | 地面线 Surface Lines | 地下线 Underground Lines | 高架线 Elevated Lines |
| **江　西** | **31.75** | **31.75** | | | | | | | | **28.30** | **3.45** |
| 南　昌 | 31.75 | 31.75 | | | | | | | | 28.30 | 3.45 |
| **山　东** | **388.02** | **351.92** | | | **36.10** | | | | **20.93** | **338.37** | **28.72** |
| 济　南 | 200.31 | 164.21 | | | 36.10 | | | | 20.70 | 151.13 | 28.48 |
| 青　岛 | 187.71 | 187.71 | | | | | | | 0.23 | 187.24 | 0.24 |
| **河　南** | **217.07** | **183.64** | **33.43** | | | | | | **0.32** | **208.99** | **7.76** |
| 郑　州 | 198.85 | 165.42 | 33.43 | | | | | | 0.32 | 190.77 | 7.76 |
| 洛　阳 | 18.22 | 18.22 | | | | | | | | 18.22 | |
| **湖　北** | **146.72** | **146.72** | | | | | | | | **144.09** | **2.63** |
| 武　汉 | 146.72 | 146.72 | | | | | | | | 144.09 | 2.63 |
| **湖　南** | **83.76** | **79.30** | | | | **4.46** | | | **0.92** | **59.70** | **23.14** |
| 长　沙 | 66.47 | 62.01 | | | | 4.46 | | | 0.46 | 52.34 | 13.67 |
| 湘　潭 | 17.29 | 17.29 | | | | | | | 0.46 | 7.36 | 9.47 |
| **广　东** | **628.54** | **578.24** | | | **50.30** | | | | **48.57** | **552.66** | **27.31** |
| 广　州 | 278.30 | 278.30 | | | | | | | | 278.30 | |
| 深　圳 | 100.64 | 100.64 | | | | | | | 0.51 | 98.34 | 1.79 |
| 佛　山 | 134.54 | 124.71 | | | 9.83 | | | | 7.06 | 109.87 | 17.61 |
| 东　莞 | 74.59 | 74.59 | | | | | | | 0.53 | 66.15 | 7.91 |
| 普　宁 | 40.47 | | | | 40.47 | | | | 40.47 | | |
| **广　西** | **3.90** | **3.90** | | | | | | | | **3.90** | |
| 南　宁 | 3.90 | 3.90 | | | | | | | | 3.90 | |
| **重　庆** | **281.43** | **265.03** | | | | | **16.40** | | **7.97** | **214.66** | **58.80** |
| 重　庆 | 281.43 | 265.03 | | | | | 16.40 | | 7.97 | 214.66 | 58.80 |
| **四　川** | **256.28** | **178.22** | | | **20.08** | | **57.98** | | **22.98** | **185.87** | **47.43** |
| 成　都 | 236.20 | 178.22 | | | | | 57.98 | | 5.62 | 185.87 | 44.71 |
| 都江堰 | 20.08 | | | | 20.08 | | | | 17.36 | | 2.72 |
| **贵　州** | **73.35** | **73.35** | | | | | | | | **64.31** | **9.04** |
| 贵　阳 | 73.35 | 73.35 | | | | | | | | 64.31 | 9.04 |
| **云　南** | **20.34** | **20.34** | | | | | | | | **20.34** | |
| 昆　明 | 20.34 | 20.34 | | | | | | | | 20.34 | |
| **陕　西** | **162.20** | **162.20** | | | | | | | **26.06** | **113.94** | **22.20** |
| 西　安 | 162.20 | 162.20 | | | | | | | 26.06 | 113.94 | 22.20 |
| **甘　肃** | **9.06** | **9.06** | | | | | | | | **9.06** | |
| 兰　州 | 9.06 | 9.06 | | | | | | | | 9.06 | |
| **新　疆** | **61.11** | **61.11** | | | | | | | | **61.11** | |
| 乌鲁木齐 | 61.11 | 61.11 | | | | | | | | 61.11 | |

continued

| 车站数(个) Number of Stations (unit) | | | | 换乘站数(个) Number of Transfer Stations (unit) | 配置车辆数(辆) Number of Vehicles in Service (unit) | | | | | | | | 城市名称 Name of Cities |
|---|---|---|---|---|---|---|---|---|---|---|---|---|---|
| 合计 Total | 地面站 Surface Lines | 地下站 Underground Lines | 高架站 Elevated Lines | | 合计 Total | 地铁 Subway | 轻轨 Light Rail | 单轨 Monorail | 有轨 Cable Car | 磁浮 Maglev | 快轨 Fast Track | APM APM | |
| **19** | | **17** | **2** | **3** | **336** | **336** | | | | | | | **江西** |
| 19 | | 17 | 2 | 3 | 336 | 336 | | | | | | | 南昌 |
| **270** | **8** | **247** | **15** | **71** | **2065** | **2043** | | | **22** | | | | **山东** |
| 137 | 7 | 116 | 14 | 25 | 199 | 177 | | | 22 | | | | 济南 |
| 133 | 1 | 131 | 1 | 46 | 1866 | 1866 | | | | | | | 青岛 |
| **132** | **1** | **131** | | **55** | **336** | **304** | **32** | | | | | | **河南** |
| 117 | 1 | 116 | | 52 | 222 | 190 | 32 | | | | | | 郑州 |
| 15 | | 15 | | 3 | 114 | 114 | | | | | | | 洛阳 |
| **79** | | **75** | **4** | **41** | **1072** | **1072** | | | | | | | **湖北** |
| 79 | | 75 | 4 | 41 | 1072 | 1072 | | | | | | | 武汉 |
| **46** | | **38** | **8** | **17** | **541** | **532** | | | | **9** | | | **湖南** |
| 43 | | 37 | 6 | 16 | 525 | 516 | | | | 9 | | | 长沙 |
| 3 | | 1 | 2 | 1 | 16 | 16 | | | | | | | 湘潭 |
| **326** | **15** | **300** | **11** | **55** | **274** | **262** | | | **12** | | | | **广东** |
| 139 | | 139 | | | | | | | | | | | 广州 |
| 68 | | 67 | 1 | 22 | | | | | | | | | 深圳 |
| 82 | 12 | 63 | 7 | 16 | 40 | 28 | | | 12 | | | | 佛山 |
| 34 | | 31 | 3 | 17 | 234 | 234 | | | | | | | 东莞 |
| 3 | 3 | | | | | | | | | | | | 普宁 |
| **3** | | **3** | | | | | | | | | | | **广西** |
| 3 | | 3 | | | | | | | | | | | 南宁 |
| **132** | **3** | **105** | **24** | **60** | **975** | **951** | | | | | **24** | | **重庆** |
| 132 | 3 | 105 | 24 | 60 | 975 | 951 | | | | | 24 | | 重庆 |
| **157** | **26** | **117** | **14** | **74** | **1632** | **1474** | | | **22** | | **136** | | **四川** |
| 129 | | 117 | 12 | 74 | 1610 | 1474 | | | | | 136 | | 成都 |
| 28 | 26 | | 2 | | 22 | | | | 22 | | | | 都江堰 |
| **42** | | **40** | **2** | **11** | **384** | **384** | | | | | | | **贵州** |
| 42 | | 40 | 2 | 11 | 384 | 384 | | | | | | | 贵阳 |
| **17** | | **17** | | **5** | **33** | **33** | | | | | | | **云南** |
| 17 | | 17 | | 5 | 33 | 33 | | | | | | | 昆明 |
| **88** | **2** | **76** | **10** | **19** | | | | | | | | | **陕西** |
| 88 | 2 | 76 | 10 | 19 | | | | | | | | | 西安 |
| **9** | | **9** | | **5** | **10** | **10** | | | | | | | **甘肃** |
| 9 | | 9 | | 5 | 10 | 10 | | | | | | | 兰州 |
| **49** | | **49** | | **19** | **426** | **426** | | | | | | | **新疆** |
| 49 | | 49 | | 19 | 426 | 426 | | | | | | | 乌鲁木齐 |

# 十、城市道路和桥梁

# 10.Urban Road and Bridge

## 简要说明

城市道路指城市供车辆、行人通行的，具备一定技术条件的道路、桥梁、隧道及其附属设施。城市道路由车行道和人行道等组成。在统计时只统计路面宽度在 3.5 米（含 3.5 米）以上的各种铺装道路，包括开放型工业区和住宅区道路在内。

本部分包括城市道路、桥梁和防洪，主要包括道路长度和面积、防洪堤长度等内容。

北京市的城市道路分为两部分：北京市城内八区、亦庄开发区以及按照北京市总体规划划定的五环内高速公路里程，以及 10 个远郊区城区范围内道路。

## Brief Introduction

Urban roads refer to roads, bridges, tunnels and auxiliary facilities that are provided for vehicles and passengers for transportation. Urban roads consist of drive lanes and sidewalks. In the statistics, only paved roads with width of 3.5m or above are counted, including roads in open industrial parks and residential communities are included in statistics.

This section includes statistics on roads, bridges and flood control, employing such indicators as length of roads, surface area of roads, length of flood control dikes, etc..

Urban roads in Beijing are composed of two parts: 1. Freeways within 8 urban districts, Yizhuang Economic Development Zone; and the areas within the 5th Ring Road; 2.Roads within the county seats of 10 counties in the suburb.

# 10 全国历年城市道路和桥梁情况(1978−2022)
# National Urban Road and Bridge in Past Years (1978-2022)

| 年份<br>Year | 道路长度<br>(公里)<br>Length of Roads<br>(km) | 道路面积<br>(万平方米)<br>Surface Area of Roads<br>(10,000 $m^2$) | 防洪堤长度<br>(公里)<br>Length of Flood Control Dikes<br>(km) | 人均城市道路面积<br>(平方米)<br>Urban Road Surface Area Per Capita<br>($m^2$) |
|---|---|---|---|---|
| 1978 | 26966 | 22539 | 3443 | 2.93 |
| 1979 | 28391 | 24069 | 3670 | 2.85 |
| 1980 | 29485 | 25255 | 4342 | 2.82 |
| 1981 | 30277 | 26022 | 4446 | 1.81 |
| 1982 | 31934 | 27976 | 5201 | 1.96 |
| 1983 | 33934 | 29962 | 5577 | 1.88 |
| 1984 | 36410 | 33019 | 6170 | 1.84 |
| 1985 | 38282 | 35872 | 5998 | 1.72 |
| 1986 | 71886 | 69856 | 9952 | 3.05 |
| 1987 | 78453 | 77885 | 10732 | 3.10 |
| 1988 | 88634 | 91355 | 12894 | 3.10 |
| 1989 | 96078 | 100591 | 14506 | 3.22 |
| 1990 | 94820 | 101721 | 15500 | 3.13 |
| 1991 | 88791 | 99135 | 13892 | 3.35 |
| 1992 | 96689 | 110526 | 16015 | 3.59 |
| 1993 | 104897 | 124866 | 16729 | 3.70 |
| 1994 | 111058 | 137602 | 16575 | 3.84 |
| 1995 | 130308 | 164886 | 18885 | 4.36 |
| 1996 | 132583 | 179871 | 18475 | 4.96 |
| 1997 | 138610 | 192165 | 18880 | 5.22 |
| 1998 | 145163 | 206136 | 19550 | 5.51 |
| 1999 | 152385 | 222158 | 19842 | 5.91 |
| 2000 | 159617 | 237849 | 20981 | 6.13 |
| 2001 | 176016 | 249431 | 23798 | 6.98 |
| 2002 | 191399 | 277179 | 25503 | 7.87 |
| 2003 | 208052 | 315645 | 29426 | 9.34 |
| 2004 | 222964 | 352955 | 29515 | 10.34 |
| 2005 | 247015 | 392166 | 41269 | 10.92 |
| 2006 | 241351 | 411449 | 38820 | 11.04(12.36) |
| 2007 | 246172 | 423662 | 32274 | 11.43 |
| 2008 | 259740 | 452433 | 33147 | 12.21 |
| 2009 | 269141 | 481947 | 34698 | 12.79 |
| 2010 | 294443 | 521322 | 36153 | 13.21 |
| 2011 | 308897 | 562523 | 35051 | 13.75 |
| 2012 | 327081 | 607449 | 33926 | 14.39 |
| 2013 | 336304 | 644155 | | 14.87 |
| 2014 | 352333 | 683028 | | 15.34 |
| 2015 | 364978 | 717675 | | 15.60 |
| 2016 | 382454 | 753819 | | 15.80 |
| 2017 | 397830 | 788853 | | 16.05 |
| 2018 | 432231 | 854268 | | 16.70 |
| 2019 | 459304 | 909791 | | 17.36 |
| 2020 | 492650 | 969803 | | 18.04 |
| 2021 | 532476 | 1053655 | | 18.84 |
| 2022 | 552163 | 1089330 | | 19.28 |

注：1.自2006年起，人均城市道路面积按城区人口和城区暂住人口合计为分母计算，括号内为与往年同口径数据。
2.自2013年起，不再统计防洪堤长度数据。

Notes: 1.Since 2006, urban road surface per capita has been calculated based on denominator which combines both permanent and temporary residents in urban areas, and the data in brackets are the same index calculated by the method of past years.
2.Starting from 2013, the data on the length of flood prevention dike has been unavailable.

# 10-1 2022年按省分列的城市道路和桥梁

| 地区名称 Name of Regions | 道路长度(公里) Length of Roads (km) | 建成区 in Built District | 道路面积(万平方米) Surface Area of Roads (10,000 $m^2$) | 人行道面积 Surface Area of Sidewalks | 建成区 in Built District | 桥梁数(座) Number of Bridges (unit) |
|---|---|---|---|---|---|---|
| **全　国** | **552162.72** | **487922.99** | **1089330.10** | **239642.94** | **981032.16** | **86260** |
| 北　京 | 8681.35 | | 15374.80 | 2806.12 | | 2401 |
| 天　津 | 9669.05 | 8319.41 | 18686.54 | 4281.72 | 15662.53 | 1312 |
| 河　北 | 19753.14 | 19017.28 | 42488.02 | 10321.50 | 40059.48 | 2491 |
| 山　西 | 10191.31 | 9602.48 | 23954.60 | 5521.11 | 22755.82 | 1451 |
| 内蒙古 | 11310.56 | 9668.45 | 22989.70 | 5973.34 | 21955.29 | 546 |
| 辽　宁 | 24900.49 | 21950.46 | 45380.53 | 12129.98 | 41483.70 | 2066 |
| 吉　林 | 11537.87 | 10265.96 | 20578.94 | 5153.80 | 18827.15 | 1025 |
| 黑龙江 | 14387.74 | 13488.35 | 22896.92 | 4816.89 | 22241.14 | 1214 |
| 上　海 | 5988.00 | 5988.00 | 12375.00 | 3163.00 | 12375.00 | 3098 |
| 江　苏 | 54234.23 | 45867.73 | 95086.03 | 15103.79 | 81070.17 | 14521 |
| 浙　江 | 32945.80 | 27851.06 | 63786.09 | 14067.49 | 54734.77 | 14247 |
| 安　徽 | 20371.90 | 19787.94 | 48037.38 | 10358.79 | 46384.06 | 2414 |
| 福　建 | 16811.87 | 15423.06 | 33167.14 | 6446.05 | 31162.81 | 2657 |
| 江　西 | 14796.84 | 14408.20 | 31551.56 | 6658.69 | 30266.63 | 1276 |
| 山　东 | 53808.04 | 46837.57 | 109956.89 | 21931.19 | 95793.31 | 6134 |
| 河　南 | 19531.83 | 18654.42 | 48219.81 | 11053.71 | 44455.56 | 1973 |
| 湖　北 | 23970.40 | 23557.07 | 47876.31 | 11836.48 | 47410.93 | 2564 |
| 湖　南 | 18907.27 | 17278.29 | 39463.01 | 9410.95 | 36963.69 | 1454 |
| 广　东 | 58665.63 | 49975.22 | 99181.81 | 19079.68 | 88629.45 | 9350 |
| 广　西 | 15822.05 | 15393.55 | 32557.36 | 6134.56 | 29010.93 | 1402 |
| 海　南 | 5235.75 | 4901.71 | 8421.81 | 2599.19 | 7789.13 | 249 |
| 重　庆 | 12530.92 | 12109.33 | 26922.40 | 8111.76 | 26241.38 | 2754 |
| 四　川 | 29333.04 | 27540.65 | 58436.62 | 14911.32 | 55273.45 | 4158 |
| 贵　州 | 14083.75 | 9742.07 | 24325.33 | 5926.89 | 19722.80 | 1148 |
| 云　南 | 9417.17 | 9151.89 | 18751.30 | 4367.26 | 18948.10 | 1436 |
| 西　藏 | 1125.72 | 766.30 | 2113.31 | 718.19 | 1702.13 | 65 |
| 陕　西 | 11031.72 | 8856.91 | 26027.18 | 6404.96 | 22819.95 | 916 |
| 甘　肃 | 7213.27 | 7013.30 | 15176.63 | 3659.46 | 14740.73 | 715 |
| 青　海 | 1670.59 | 1452.01 | 4184.24 | 1011.29 | 3870.47 | 239 |
| 宁　夏 | 3009.62 | 2854.76 | 8290.49 | 1477.76 | 7664.43 | 226 |
| 新　疆 | 9394.74 | 8629.33 | 19273.71 | 3448.43 | 17943.95 | 698 |
| 新疆兵团 | 1831.06 | 1570.23 | 3798.64 | 757.59 | 3073.22 | 60 |

# Urban Road and Bridge by Province(2022)

| 大桥及特大桥 Great Bridge and Grand Bridge | 立交桥 Intersection | 道路照明灯盏数(盏) Number of Road Lamps (unit) | 安装路灯道路长度(公里) Length of The Road with Street Lamp (km) | 地下综合管廊长度(公里) Length of The Utility Tunnel (km) | 新建地下综合管廊长度(公里) Length of The New-bwit Utility Tunnel (km) | 地区名称 Name of Regions |
|---|---|---|---|---|---|---|
| **11692** | **6334** | **33524880** | **419806.39** | **7093.95** | **1638.46** | **全　国** |
| 568 | 461 | 317412 | 8436.36 | 220.61 | | 北　京 |
| 258 | 181 | 434559 | 8595.23 | 21.30 | 0.26 | 天　津 |
| 401 | 307 | 1124609 | 13703.82 | 218.54 | 67.06 | 河　北 |
| 289 | 209 | 556803 | 6281.87 | 53.87 | 9.29 | 山　西 |
| 98 | 67 | 658045 | 7916.66 | 67.76 | | 内蒙古 |
| 332 | 229 | 1387771 | 16798.62 | 118.44 | 1.15 | 辽　宁 |
| 228 | 121 | 622707 | 8320.57 | 215.92 | 42.29 | 吉　林 |
| 279 | 274 | 793825 | 10199.99 | 25.84 | | 黑龙江 |
| 3 | 50 | 709134 | 5988.00 | 106.07 | 1.73 | 上　海 |
| 979 | 411 | 3923921 | 42751.12 | 292.23 | 22.27 | 江　苏 |
| 770 | 214 | 1982612 | 24574.01 | 299.66 | 280.33 | 浙　江 |
| 285 | 336 | 1262908 | 16671.50 | 151.53 | 32.30 | 安　徽 |
| 479 | 118 | 1049793 | 10140.57 | 463.54 | 76.04 | 福　建 |
| 220 | 100 | 1024366 | 11770.47 | 179.40 | 7.49 | 江　西 |
| 473 | 242 | 2268577 | 40653.71 | 902.30 | 76.54 | 山　东 |
| 189 | 222 | 1160372 | 15016.04 | 168.08 | 174.55 | 河　南 |
| 527 | 230 | 1054034 | 21187.49 | 524.87 | 152.96 | 湖　北 |
| 481 | 134 | 958097 | 14662.85 | 196.94 | 15.60 | 湖　南 |
| 2041 | 921 | 3849583 | 50732.50 | 292.08 | 67.46 | 广　东 |
| 279 | 184 | 817816 | 8430.34 | 200.31 | 60.79 | 广　西 |
| 22 | 11 | 179869 | 2341.20 | 73.89 | 71.94 | 海　南 |
| 664 | 366 | 921464 | 11004.33 | 61.25 | 15.63 | 重　庆 |
| 650 | 388 | 2133378 | 23818.12 | 850.77 | 153.83 | 四　川 |
| 312 | 84 | 859165 | 5261.25 | 70.77 | 10.27 | 贵　州 |
| 339 | 94 | 814994 | 8053.92 | 343.74 | 84.58 | 云　南 |
| 8 | 1 | 35132 | 546.69 | 10.62 | 10.62 | 西　藏 |
| 225 | 178 | 788354 | 8427.54 | 550.04 | 68.11 | 陕　西 |
| 141 | 93 | 461466 | 4914.74 | 55.12 | 15.74 | 甘　肃 |
| 3 | 4 | 152771 | 1097.32 | 124.02 | 9.60 | 青　海 |
| 23 | 8 | 276557 | 2541.44 | 47.50 | | 宁　夏 |
| 115 | 95 | 820095 | 7809.81 | 168.01 | 97.38 | 新　疆 |
| 11 | 1 | 124691 | 1158.31 | 18.93 | 12.65 | 新疆兵团 |

# 10-2 2022年按城市分列的城市道路和桥梁

| 城市名称<br>Name of Cities | 道路长度<br>(公里)<br>Length of Roads<br>(km) | 建成区<br>in Built District | 道路面积<br>(万平方米)<br>Surface Area of Roads<br>(10,000 m²) | 人行道面积<br>Surface Area of Sidewalks | 建成区<br>in Built District |
|---|---|---|---|---|---|
| **全　　国** | **552162.72** | **487922.99** | **1089330.10** | **239642.94** | **981032.16** |
| **北　　京** | **8681.35** | | **15374.80** | **2806.12** | |
| **天　　津** | **9669.05** | **8319.41** | **18686.54** | **4281.72** | **15662.53** |
| **河　　北** | **19753.14** | **19017.28** | **42488.02** | **10321.50** | **40059.48** |
| 石 家 庄 | 2787.49 | 2730.90 | 6055.42 | 1384.73 | 5911.83 |
| 晋　　州 | 151.70 | 151.70 | 321.23 | 79.37 | 321.23 |
| 新　　乐 | 151.23 | 151.23 | 276.95 | 59.32 | 276.95 |
| 唐　　山 | 2164.64 | 2164.64 | 4271.39 | 861.97 | 4271.39 |
| 滦　　州 | 274.11 | 274.11 | 470.88 | 109.32 | 470.88 |
| 遵　　化 | 221.59 | 221.59 | 540.05 | 159.73 | 540.05 |
| 迁　　安 | 383.89 | 383.89 | 765.07 | 216.94 | 765.07 |
| 秦 皇 岛 | 1220.89 | 1200.89 | 2521.45 | 664.63 | 2457.76 |
| 邯　　郸 | 1726.75 | 1692.45 | 4273.16 | 1228.07 | 4013.44 |
| 武　　安 | 340.42 | 340.42 | 664.95 | 154.43 | 664.95 |
| 邢　　台 | 1016.58 | 1016.58 | 2709.28 | 792.41 | 2591.28 |
| 南　　宫 | 132.04 | 132.00 | 350.31 | 120.76 | 348.15 |
| 沙　　河 | 185.02 | 136.10 | 319.44 | 82.12 | 306.66 |
| 保　　定 | 1764.58 | 1723.93 | 4508.46 | 1327.98 | 3259.16 |
| 涿　　州 | 414.59 | 313.12 | 690.09 | 198.97 | 595.08 |
| 安　　国 | 142.96 | 133.65 | 296.22 | 82.63 | 273.92 |
| 高 碑 店 | 194.62 | 168.62 | 434.03 | 92.40 | 372.25 |
| 张 家 口 | 882.95 | 874.33 | 2069.42 | 442.66 | 2050.42 |
| 承　　德 | 673.80 | 654.32 | 1288.88 | 206.20 | 1216.78 |
| 平　　泉 | 151.14 | 149.60 | 367.41 | 104.37 | 358.29 |
| 沧　　州 | 786.26 | 786.26 | 1601.94 | 215.17 | 1601.94 |
| 泊　　头 | 171.48 | 171.48 | 305.37 | 80.27 | 305.37 |
| 任　　丘 | 478.53 | 478.53 | 784.94 | 148.36 | 784.94 |
| 黄　　骅 | 663.00 | 331.94 | 965.52 | 166.52 | 732.20 |
| 河　　间 | 179.46 | 179.46 | 406.85 | 108.27 | 406.85 |
| 廊　　坊 | 696.66 | 684.15 | 1523.20 | 274.21 | 1479.53 |
| 霸　　州 | 141.86 | 141.86 | 268.16 | 32.83 | 268.16 |
| 三　　河 | 190.87 | 190.87 | 489.27 | 93.90 | 489.27 |
| 衡　　水 | 638.80 | 627.13 | 1254.97 | 303.50 | 1237.32 |
| 深　　州 | 267.91 | 267.91 | 365.51 | 129.18 | 365.51 |
| 辛　　集 | 286.61 | 272.91 | 621.53 | 221.96 | 616.18 |
| 定　　州 | 270.71 | 270.71 | 706.67 | 178.32 | 706.67 |
| **山　　西** | **10191.31** | **9602.48** | **23954.60** | **5521.11** | **22755.82** |
| 太　　原 | 2880.46 | 2880.46 | 7117.89 | 1550.77 | 7117.89 |
| 古　　交 | 314.92 | 132.08 | 293.63 | 108.11 | 171.40 |
| 大　　同 | 1023.14 | 1023.14 | 2592.00 | 624.92 | 2592.00 |

# Urban Road and Bridge by City(2022)

| 桥梁数 (座) Number of Bridges (unit) | 大桥及特大桥 Great Bridge and Grand Bridge | 立交桥 Intersection | 道路照明灯盏数 (盏) Number of Road Lamps (unit) | 安装路灯道路长度 (公里) Length of The Road with Street Lamp (km) | 地下综合管廊长度 (公里) Length of The Utility Tunnel (km) | 新建地下综合管廊长度 (公里) Length of The New-bwit Utility Tunnel (km) | 城市名称 Name of Cities |
|---|---|---|---|---|---|---|---|
| **86260** | **11692** | **6334** | **33524880** | **419806** | **7094.0** | **1638.5** | **全　国** |
| **2401** | **568** | **461** | **317412** | **8436** | **220.6** | | **北　京** |
| **1312** | **258** | **181** | **434559** | **8595** | **21.3** | **0.3** | **天　津** |
| **2491** | **401** | **307** | **1124609** | **13704** | **218.5** | **67.1** | **河　北** |
| 1055 | 257 | 152 | 124804 | 1672 | 81.8 | 9.6 | 石家庄 |
| 15 | | 3 | 6484 | 115 | | | 晋　州 |
| 4 | | 4 | 8015 | 134 | | | 新　乐 |
| 139 | 12 | 34 | 188295 | 2095 | 7.1 | | 唐　山 |
| 8 | | 4 | 28000 | 223 | | | 滦　州 |
| 26 | | | 7433 | 185 | | | 遵　化 |
| 8 | 2 | | 23169 | 202 | | | 迁　安 |
| 205 | 8 | 24 | 68827 | 1009 | 29.5 | | 秦皇岛 |
| 142 | 24 | 15 | 151163 | 1533 | | | 邯　郸 |
| 20 | 2 | | 9392 | 108 | | | 武　安 |
| 235 | 23 | 2 | 80642 | 650 | 27.9 | | 邢　台 |
| | | | 9617 | 128 | | | 南　宫 |
| | | | 12794 | 137 | | | 沙　河 |
| 18 | | 5 | 59593 | 672 | | | 保　定 |
| 6 | | | 9481 | 130 | | | 涿　州 |
| 6 | | | 7495 | 114 | | | 安　国 |
| 4 | 2 | 1 | 8314 | 191 | | | 高碑店 |
| 118 | 30 | 21 | 44673 | 747 | 3.6 | 3.6 | 张家口 |
| 104 | 26 | | 47290 | 520 | 8.4 | 22.8 | 承　德 |
| 11 | | | 11406 | 98 | 18.5 | 18.5 | 平　泉 |
| 37 | 1 | 9 | 40267 | 381 | 15.4 | | 沧　州 |
| 13 | | | 11595 | 171 | | | 泊　头 |
| 27 | | | 11307 | 129 | 12.0 | 12.0 | 任　丘 |
| 56 | | 7 | 17890 | 412 | | | 黄　骅 |
| 19 | | | 14463 | 143 | | | 河　间 |
| 66 | 4 | 10 | 46991 | 543 | 3.5 | | 廊　坊 |
| | | | 4850 | 111 | 0.4 | | 霸　州 |
| 17 | | | 6008 | 97 | | | 三　河 |
| 91 | 10 | 7 | 28647 | 428 | 1.6 | 0.6 | 衡　水 |
| 10 | | | 6846 | 159 | 4.0 | | 深　州 |
| 16 | | 6 | 9098 | 216 | 5.0 | | 辛　集 |
| 15 | | 3 | 19760 | 252 | | | 定　州 |
| **1451** | **289** | **209** | **556803** | **6282** | **53.9** | **9.3** | **山　西** |
| 847 | 179 | 99 | 108983 | 1073 | 10.2 | | 太　原 |
| 23 | 2 | | 6658 | 92 | | | 古　交 |
| 55 | 12 | 9 | 70121 | 647 | 3.4 | | 大　同 |

## 10-2 续表 1

| 城市名称 Name of Cities | 道路长度 (公里) Length of Roads (km) | 建成区 in Built District | 道路面积 (万平方米) Surface Area of Roads (10,000 $m^2$) | 人行道面积 Surface Area of Sidewalks | 建成区 in Built District |
|---|---|---|---|---|---|
| 阳　泉 | 717.92 | 686.62 | 1003.07 | 238.95 | 926.89 |
| 长　治 | 747.29 | 747.29 | 1598.00 | 276.30 | 1603.00 |
| 晋　城 | 435.23 | 416.56 | 947.87 | 256.67 | 931.10 |
| 高　平 | 163.60 | 152.60 | 268.00 | 43.00 | 268.00 |
| 朔　州 | 594.70 | 511.73 | 1389.92 | 525.16 | 1059.58 |
| 怀　仁 | 193.55 | 193.55 | 546.15 | 151.00 | 546.15 |
| 晋　中 | 648.90 | 619.79 | 2184.36 | 454.87 | 1876.57 |
| 介　休 | 151.18 | 151.18 | 250.93 | 39.94 | 250.93 |
| 运　城 | 540.47 | 540.47 | 1086.62 | 251.43 | 1086.62 |
| 永　济 | 131.00 | 127.40 | 293.94 | 104.42 | 293.44 |
| 河　津 | 189.27 | 102.29 | 541.03 | 178.33 | 367.00 |
| 忻　州 | 349.19 | 349.19 | 932.41 | 171.25 | 932.41 |
| 原　平 | 86.49 | 86.49 | 218.73 | 37.18 | 218.73 |
| 临　汾 | 265.91 | 219.37 | 773.17 | 166.78 | 683.12 |
| 侯　马 | 107.79 | 107.79 | 326.60 | 86.35 | 326.60 |
| 霍　州 | 98.12 | 98.12 | 166.46 | 38.66 | 166.46 |
| 吕　梁 | 182.06 | 182.06 | 440.18 | 85.96 | 433.19 |
| 孝　义 | 235.86 | 140.04 | 618.82 | 82.57 | 539.95 |
| 汾　阳 | 134.26 | 134.26 | 364.82 | 48.49 | 364.79 |
| **内蒙古** | **11310.56** | **9668.45** | **22989.70** | **5973.34** | **21955.29** |
| 呼和浩特 | 1217.81 | 1084.55 | 3160.49 | 573.24 | 2947.20 |
| 包　头 | 1766.59 | 1722.34 | 3443.07 | 1111.39 | 3337.87 |
| 乌　海 | 1660.16 | 308.00 | 2411.31 | 559.20 | 1930.90 |
| 赤　峰 | 767.42 | 765.53 | 2137.28 | 628.71 | 2132.10 |
| 通　辽 | 552.71 | 552.71 | 1250.69 | 208.43 | 1250.69 |
| 霍林郭勒 | 167.05 | 167.05 | 420.25 | 90.00 | 420.25 |
| 鄂尔多斯 | 1257.91 | 1160.44 | 2996.33 | 892.48 | 2766.24 |
| 呼伦贝尔 | 278.16 | 278.16 | 742.59 | 114.05 | 742.59 |
| 满洲里 | 472.66 | 472.66 | 799.00 | 190.00 | 799.00 |
| 牙克石 | 112.90 | 112.90 | 360.00 | 78.00 | 360.00 |
| 扎兰屯 | 183.22 | 183.22 | 411.18 | 184.88 | 410.93 |
| 额尔古纳 | 143.17 | 135.37 | 128.58 | 9.50 | 128.59 |
| 根　河 | 53.95 | 53.95 | 128.38 | 27.25 | 128.38 |
| 巴彦淖尔 | 724.14 | 724.14 | 1157.17 | 456.20 | 1157.17 |
| 乌兰察布 | 605.15 | 605.15 | 1132.05 | 249.95 | 1132.05 |
| 丰　镇 | 275.96 | 270.68 | 419.06 | 80.44 | 419.06 |
| 锡林浩特 | 350.74 | 350.74 | 737.48 | 229.24 | 737.48 |
| 二连浩特 | 158.00 | 158.00 | 279.60 | 75.10 | 279.60 |
| 乌兰浩特 | 473.33 | 473.33 | 753.21 | 210.28 | 753.21 |
| 阿尔山 | 89.53 | 89.53 | 121.98 | 5.00 | 121.98 |
| **辽　宁** | **24900.49** | **21950.46** | **45380.53** | **12129.98** | **41483.70** |
| 沈　阳 | 5810.81 | 4695.75 | 10531.94 | 2954.26 | 9003.54 |
| 新　民 | 83.49 | 82.49 | 194.10 | 44.08 | 194.10 |

## continued 1

| 桥梁数 (座) Number of Bridges (unit) | 大桥及特大桥 Great Bridge and Grand Bridge | 立交桥 Intersection | 道路照明灯盏数 (盏) Number of Road Lamps (unit) | 安装路灯道路长度 (公里) Length of The Road with Street Lamp (km) | 地下综合管廊长度 (公里) Length of The Utility Tunnel (km) | 新建地下综合管廊长度 (公里) Length of The New-bwit Utility Tunnel (km) | 城市名称 Name of Cities |
|---|---|---|---|---|---|---|---|
| 88 | 19 | 1 | 13054 | 194 | | | 阳泉 |
| 77 | 3 | 10 | 34994 | 610 | | | 长治 |
| 73 | 5 | 6 | 24280 | 406 | 6.4 | | 晋城 |
| 15 | | | 7500 | 76 | | | 高平 |
| 23 | 17 | 6 | 41137 | 598 | | | 朔州 |
| 3 | 3 | | 18155 | 133 | | | 怀仁 |
| 87 | 4 | 26 | 49085 | 497 | 4.1 | | 晋中 |
| 4 | 2 | 4 | 17340 | 149 | | | 介休 |
| 8 | 1 | 7 | 22626 | 170 | 2.2 | 1.2 | 运城 |
| 14 | | 5 | 9672 | 89 | | | 永济 |
| 13 | 3 | 2 | 11709 | 132 | 3.2 | 3.2 | 河津 |
| 13 | 4 | 9 | 25056 | 349 | 1.0 | 1.0 | 忻州 |
| 4 | | 4 | 5613 | 52 | | | 原平 |
| 24 | 8 | 8 | 32510 | 240 | 23.4 | 3.8 | 临汾 |
| 12 | | 11 | 11490 | 108 | | | 侯马 |
| 11 | | | 6299 | 89 | | | 霍州 |
| 42 | 22 | | 11670 | 222 | | | 吕梁 |
| 9 | 2 | 1 | 19667 | 221 | | | 孝义 |
| 6 | 3 | 1 | 9184 | 133 | 0.1 | 0.1 | 汾阳 |
| **546** | **98** | **67** | **658045** | **7917** | **67.8** | | **内蒙古** |
| 174 | 9 | 20 | 85791 | 880 | | | 呼和浩特 |
| 75 | 22 | 7 | 129347 | 1447 | 42.2 | | 包头 |
| 16 | | 3 | 52883 | 570 | | | 乌海 |
| 46 | 9 | 5 | 51237 | 450 | 25.6 | | 赤峰 |
| 17 | 7 | 5 | 29958 | 552 | | | 通辽 |
| 13 | 2 | 2 | 7928 | 96 | | | 霍林郭勒 |
| 43 | 29 | 1 | 71521 | 1152 | | | 鄂尔多斯 |
| 9 | 8 | 1 | 33580 | 247 | | | 呼伦贝尔 |
| 15 | 2 | 2 | 13728 | 329 | | | 满洲里 |
| 4 | 2 | 2 | 5759 | 58 | | | 牙克石 |
| 30 | | | 16817 | 143 | | | 扎兰屯 |
| | | | 2284 | 104 | | | 额尔古纳 |
| 9 | | | 1375 | 50 | | | 根河 |
| 10 | | 3 | 21087 | 390 | | | 巴彦淖尔 |
| 31 | 1 | 6 | 72746 | 468 | | | 乌兰察布 |
| 18 | 1 | | 9406 | 185 | | | 丰镇 |
| 10 | | | 16053 | 268 | | | 锡林浩特 |
| 2 | | 2 | 7292 | 148 | | | 二连浩特 |
| 14 | 6 | 8 | 24769 | 322 | | | 乌兰浩特 |
| 10 | | | 4484 | 60 | | | 阿尔山 |
| **2066** | **332** | **229** | **1387771** | **16799** | **118.4** | **1.2** | **辽宁** |
| 529 | 90 | 72 | 252135 | 4124 | 58.6 | | 沈阳 |
| 6 | | | 6211 | 76 | | | 新民 |

## 10-2 续表 2

| 城市名称 Name of Cities | 道路长度（公里）Length of Roads (km) | 建成区 in Built District | 道路面积（万平方米）Surface Area of Roads (10,000 $m^2$) | 人行道面积 Surface Area of Sidewalks | 建成区 in Built District |
|---|---|---|---|---|---|
| 大　连 | 4214.08 | 3710.60 | 7414.61 | 2206.02 | 7389.55 |
| 庄　河 | 291.85 | 277.11 | 551.32 | 80.32 | 526.50 |
| 瓦房店 | 530.43 | 529.13 | 1351.92 | 380.87 | 1346.20 |
| 鞍　山 | 1626.30 | 1567.82 | 3240.98 | 462.54 | 3081.58 |
| 海　城 | 261.56 | 176.80 | 586.57 | 71.81 | 295.64 |
| 抚　顺 | 1263.21 | 1263.21 | 1848.29 | 662.81 | 1848.29 |
| 本　溪 | 1260.27 | 1006.27 | 2218.25 | 790.40 | 1774.08 |
| 丹　东 | 646.35 | 601.84 | 1195.98 | 465.77 | 1182.18 |
| 东　港 | 170.44 | 170.44 | 407.00 | 72.23 | 407.00 |
| 凤　城 | 97.69 | 16.06 | 285.21 | 69.13 | 33.37 |
| 锦　州 | 620.01 | 620.01 | 1032.52 | 335.64 | 1032.16 |
| 凌　海 | 113.66 | 113.66 | 211.26 | 31.24 | 211.26 |
| 北　镇 | 107.42 | 97.88 | 132.01 | 24.35 | 122.48 |
| 营　口 | 1452.71 | 1452.70 | 3218.54 | 657.76 | 3218.54 |
| 盖　州 | 542.78 | 542.78 | 378.95 | 40.71 | 368.95 |
| 大石桥 | 135.67 | 135.67 | 306.53 | 91.06 | 306.53 |
| 阜　新 | 476.38 | 425.38 | 936.47 | 225.74 | 846.47 |
| 辽　阳 | 1160.58 | 1131.84 | 1564.29 | 372.26 | 1556.75 |
| 灯　塔 | 193.85 | 79.44 | 227.27 | 32.54 | 124.32 |
| 盘　锦 | 919.99 | 867.99 | 1976.04 | 430.27 | 1975.78 |
| 铁　岭 | 280.70 | 280.70 | 641.83 | 175.95 | 604.99 |
| 调兵山 | 143.46 | 143.46 | 208.30 | 10.39 | 208.30 |
| 开　原 | 121.70 | 121.70 | 261.62 | 46.32 | 261.62 |
| 朝　阳 | 273.82 | 273.81 | 717.80 | 254.32 | 719.60 |
| 北　票 | 169.75 | 169.75 | 393.23 | 87.91 | 393.23 |
| 凌　源 | 206.42 | 125.17 | 430.22 | 78.84 | 236.23 |
| 葫芦岛 | 1217.72 | 773.86 | 1944.11 | 640.00 | 1442.38 |
| 兴　城 | 203.08 | 200.56 | 451.39 | 223.78 | 301.43 |
| 沈抚改革创新示范区 | 304.31 | 296.58 | 521.98 | 110.66 | 470.65 |
| **吉　林** | **11537.87** | **10265.96** | **20578.94** | **5153.80** | **18827.15** |
| 长　春 | 4156.77 | 3190.33 | 8163.01 | 1589.27 | 6757.65 |
| 榆　树 | 132.18 | 132.18 | 258.11 | 102.83 | 258.11 |
| 德　惠 | 218.25 | 210.84 | 288.91 | 8.08 | 294.47 |
| 公主岭 | 238.73 | 194.13 | 425.98 | 44.53 | 380.92 |
| 吉　林 | 2099.00 | 2099.00 | 2963.65 | 1433.95 | 2963.65 |
| 蛟　河 | 87.80 | 87.80 | 208.80 | 47.97 | 208.80 |
| 桦　甸 | 161.09 | 161.09 | 193.45 | 51.27 | 193.45 |
| 舒　兰 | 71.90 | 57.98 | 141.53 | 48.62 | 135.18 |
| 磐　石 | 109.35 | 106.35 | 291.37 | 96.21 | 283.57 |
| 四　平 | 456.88 | 456.85 | 745.53 | 141.96 | 714.53 |
| 双　辽 | 93.68 | 93.68 | 107.89 | 25.87 | 106.15 |
| 辽　源 | 416.83 | 416.83 | 763.51 | 149.99 | 763.51 |
| 通　化 | 249.87 | 249.87 | 350.79 | 87.86 | 350.79 |

continued 2

| 桥梁数<br>(座)<br>Number of Bridges (unit) | 大桥及特大桥<br>Great Bridge and Grand Bridge | 立交桥<br>Intersection | 道路照明灯盏数<br>(盏)<br>Number of Road Lamps (unit) | 安装路灯道路长度<br>(公里)<br>Length of The Road with Street Lamp (km) | 地下综合管廊长度<br>(公里)<br>Length of The Utility Tunnel (km) | 新建地下综合管廊长度<br>(公里)<br>Length of The New-bwit Utility Tunnel (km) | 城市名称<br>Name of Cities |
|---|---|---|---|---|---|---|---|
| 458 | 53 | 89 | 365265 | 3045 | 32.4 | 1.0 | 大连 |
| 12 | 7 | | 25067 | 214 | | | 庄河 |
| 79 | 16 | 4 | 27708 | 457 | | | 瓦房店 |
| 51 | 3 | 6 | 67881 | 1269 | | | 鞍山 |
| 11 | | | 7947 | 144 | | | 海城 |
| 110 | 38 | 10 | 32958 | 723 | | | 抚顺 |
| 100 | 39 | 7 | 34004 | 753 | | | 本溪 |
| 66 | 6 | 6 | 22100 | 286 | 0.2 | 0.2 | 丹东 |
| 8 | 3 | | 9718 | 163 | 3.2 | | 东港 |
| 14 | 3 | 1 | 3974 | 83 | | | 凤城 |
| 27 | 8 | 3 | 39012 | 491 | | | 锦州 |
| 1 | 1 | 1 | 14837 | 50 | | | 凌海 |
| | | | 5253 | 62 | | | 北镇 |
| 44 | 4 | 3 | 84621 | 1242 | 12.0 | | 营口 |
| 17 | | | 6446 | 193 | | | 盖州 |
| 13 | | | 10163 | 115 | | | 大石桥 |
| 34 | | 3 | 28285 | 361 | | | 阜新 |
| 97 | 3 | | 58341 | 663 | | | 辽阳 |
| 4 | | 2 | 20217 | 91 | | | 灯塔 |
| 82 | 3 | 7 | 102220 | 761 | 9.1 | | 盘锦 |
| 36 | | 5 | 39351 | 265 | | | 铁岭 |
| 7 | | | 10830 | 66 | | | 调兵山 |
| 21 | | 3 | 11938 | 122 | | | 开原 |
| 41 | 16 | 1 | 27952 | 254 | 3.0 | | 朝阳 |
| 22 | | | 23724 | 165 | | | 北票 |
| 22 | 17 | 6 | 9900 | 129 | | | 凌源 |
| 24 | 19 | 1 | 32877 | 368 | | | 葫芦岛 |
| 53 | | | | | | | 兴城 |
| 77 | 3 | | 6836 | 64 | | | 沈抚改革创新示范区 |
| **1025** | **228** | **121** | **622707** | **8321** | **215.9** | **42.3** | **吉林** |
| 373 | 78 | 27 | 221406 | 3780 | 28.4 | 0.1 | 长春 |
| 5 | | 1 | 2794 | 86 | | | 榆树 |
| 3 | | 3 | 6748 | 148 | | | 德惠 |
| 35 | 3 | 8 | 14629 | 113 | 14.1 | | 公主岭 |
| 98 | 31 | 15 | 48224 | 611 | 13.9 | | 吉林 |
| 13 | 11 | | 5879 | 85 | | | 蛟河 |
| 14 | 6 | | 7482 | 53 | | | 桦甸 |
| 27 | | 3 | 51012 | 72 | | | 舒兰 |
| 30 | 2 | 3 | 6952 | 96 | | | 磐石 |
| 20 | 7 | 13 | 33389 | 380 | 52.6 | 40.3 | 四平 |
| 3 | 2 | 1 | 2815 | 43 | | | 双辽 |
| 93 | 17 | 9 | 10736 | 197 | | | 辽源 |
| 55 | 10 | 7 | 12685 | 198 | 29.2 | 1.4 | 通化 |

## 10-2 续表 3

| 城市名称 Name of Cities | 道路长度(公里) Length of Roads (km) | 建成区 in Built District | 道路面积(万平方米) Surface Area of Roads (10,000 $m^2$) | 人行道面积 Surface Area of Sidewalks | 建成区 in Built District |
|---|---|---|---|---|---|
| 集安 | 67.97 | 48.80 | 125.59 | 28.31 | 104.68 |
| 白山 | 284.54 | 229.92 | 476.86 | 90.77 | 401.18 |
| 临江 | 85.35 | 49.35 | 112.52 | 27.03 | 80.12 |
| 松原 | 488.16 | 488.15 | 970.68 | 236.94 | 970.68 |
| 扶余 | 100.02 | 100.02 | 185.60 | 33.10 | 185.60 |
| 白城 | 382.04 | 382.04 | 806.93 | 111.87 | 806.93 |
| 洮南 | 97.52 | 80.42 | 191.01 | 54.08 | 191.01 |
| 大安 | 140.73 | 140.18 | 267.23 | 33.92 | 255.32 |
| 延吉 | 242.12 | 242.12 | 663.72 | 185.61 | 663.72 |
| 图们 | 54.87 | 51.37 | 103.07 | 33.70 | 98.40 |
| 敦化 | 276.15 | 248.53 | 375.32 | 90.50 | 337.78 |
| 珲春 | 260.44 | 260.44 | 322.14 | 45.70 | 322.14 |
| 龙井 | 94.74 | 94.74 | 109.50 | 26.18 | 109.50 |
| 和龙 | 57.68 | 57.68 | 90.18 | 14.78 | 86.09 |
| 梅河口 | 244.09 | 216.74 | 606.62 | 230.11 | 552.16 |
| 长白山保护开发区管理委员会 | 169.12 | 118.53 | 269.44 | 82.79 | 251.06 |
| **黑龙江** | **14387.74** | **13488.35** | **22896.92** | **4816.89** | **22241.14** |
| 哈尔滨 | 4672.36 | 4123.90 | 8339.95 | 2057.00 | 8024.27 |
| 尚志 | 146.80 | 146.80 | 205.82 | 25.93 | 205.82 |
| 五常 | 119.76 | 119.76 | 166.27 | 30.30 | 183.15 |
| 齐齐哈尔 | 551.56 | 551.56 | 1270.65 | 240.25 | 1270.79 |
| 讷河 | 87.87 | 85.99 | 106.06 | 12.08 | 106.60 |
| 鸡西 | 539.42 | 449.02 | 832.48 | 97.86 | 758.21 |
| 虎林 | 77.53 | 77.53 | 109.50 | 25.17 | 109.50 |
| 密山 | 117.87 | 117.87 | 162.55 | 41.39 | 162.55 |
| 鹤岗 | 463.76 | 463.76 | 570.20 | 86.20 | 570.20 |
| 双鸭山 | 451.43 | 380.54 | 525.04 | 90.20 | 441.85 |
| 大庆 | 2312.43 | 2263.63 | 3886.95 | 554.34 | 3886.95 |
| 伊春 | 790.73 | 790.73 | 882.98 | 123.94 | 882.98 |
| 铁力 | 232.29 | 232.29 | 199.46 | 39.56 | 199.46 |
| 佳木斯 | 360.68 | 354.68 | 696.48 | 146.26 | 710.78 |
| 同江 | 79.09 | 79.09 | 150.62 | 43.80 | 150.62 |
| 抚远 | 68.80 | 57.00 | 60.00 | 11.04 | 76.15 |
| 富锦 | 113.86 | 112.66 | 195.27 | 46.79 | 195.27 |
| 七台河 | 539.87 | 539.87 | 488.27 | 107.67 | 487.47 |
| 牡丹江 | 802.24 | 802.24 | 1172.94 | 258.15 | 1172.94 |
| 海林 | 196.00 | 196.00 | 224.80 | 66.20 | 224.80 |
| 宁安 | 88.34 | 88.34 | 109.95 | 25.42 | 105.95 |
| 穆棱 | 148.57 | 148.57 | 121.83 | 22.42 | 121.83 |
| 绥芬河 | 120.97 | 120.97 | 192.01 | 32.41 | 192.01 |
| 东宁 | 126.71 | 126.71 | 160.83 | 9.01 | 161.31 |
| 黑河 | 92.59 | 92.59 | 241.42 | 81.42 | 241.42 |

continued 3

| 桥梁数 (座) Number of Bridges (unit) | 大桥及特大桥 Great Bridge and Grand Bridge | 立交桥 Intersection | 道路照明灯盏数 (盏) Number of Road Lamps (unit) | 安装路灯道路长度 (公里) Length of The Road with Street Lamp (km) | 地下综合管廊长度 (公里) Length of The Utility Tunnel (km) | 新建地下综合管廊长度 (公里) Length of The New-bwit Utility Tunnel (km) | 城市名称 Name of Cities |
|---|---|---|---|---|---|---|---|
| 4 | 3 | | 5762 | 48 | 2.3 | | 集安 |
| 59 | 10 | 4 | 23455 | 146 | 15.8 | | 白山 |
| 14 | | | 7038 | 55 | 1.4 | | 临江 |
| 18 | 2 | 1 | 30568 | 359 | 16.6 | 0.5 | 松原 |
| 8 | | | 3713 | 57 | | | 扶余 |
| 28 | | 6 | 34470 | 382 | 29.2 | | 白城 |
| 3 | | 3 | 5735 | 60 | | | 洮南 |
| 5 | 1 | 4 | 8969 | 129 | 1.3 | | 大安 |
| 20 | 18 | 2 | 12710 | 233 | | | 延吉 |
| 12 | 6 | | 3132 | 36 | | | 图们 |
| 4 | 1 | | 14110 | 276 | | | 敦化 |
| 9 | 2 | 2 | 13971 | 243 | 9.2 | | 珲春 |
| 5 | | 1 | 6865 | 82 | | | 龙井 |
| 12 | 3 | | 6464 | 51 | | | 和龙 |
| 28 | 11 | 8 | 7858 | 192 | 2.0 | | 梅河口 |
| 27 | 4 | | 13136 | 111 | | | 长白山保护开发区管理委员会 |
| **1214** | **279** | **274** | **793825** | **10200** | **25.8** | | **黑龙江** |
| 524 | 166 | 130 | 235560 | 3417 | 25.8 | | 哈尔滨 |
| 14 | 13 | 1 | 3380 | 84 | | | 尚志 |
| 5 | | 1 | 4709 | 112 | | | 五常 |
| 48 | 12 | 9 | 49054 | 496 | | | 齐齐哈尔 |
| 6 | | | 3586 | 55 | | | 讷河 |
| 41 | | 15 | 42406 | 406 | | | 鸡西 |
| 3 | | | 5100 | 57 | | | 虎林 |
| 25 | | 4 | 3521 | 107 | | | 密山 |
| 32 | | 4 | 17550 | 243 | | | 鹤岗 |
| 27 | 4 | 6 | 13828 | 196 | | | 双鸭山 |
| 200 | 47 | 50 | 85611 | 2037 | | | 大庆 |
| 55 | 7 | 2 | 22988 | 406 | | | 伊春 |
| 14 | | | 6714 | 77 | | | 铁力 |
| 33 | 14 | 11 | 53121 | 356 | | | 佳木斯 |
| | | | 8753 | 79 | | | 同江 |
| 6 | | | 6565 | 60 | | | 抚远 |
| | | | 9910 | 106 | | | 富锦 |
| 15 | | 5 | 50109 | 320 | | | 七台河 |
| 57 | 8 | 2 | 51407 | 325 | | | 牡丹江 |
| 12 | | 12 | 8695 | 143 | | | 海林 |
| 4 | 3 | 1 | 3474 | 43 | | | 宁安 |
| 19 | | 2 | 7026 | 36 | | | 穆棱 |
| 17 | | 2 | 13438 | 115 | | | 绥芬河 |
| 10 | | | 6465 | 112 | | | 东宁 |
| 3 | | | 12518 | 93 | | | 黑河 |

## 10-2 续表 4

| 城市名称 Name of Cities | 道路长度（公里） Length of Roads (km) | 建成区 in Built District | 道路面积（万平方米） Surface Area of Roads (10,000 $m^2$) | 人行道面积 Surface Area of Sidewalks | 建成区 in Built District |
|---|---|---|---|---|---|
| 北安 | 131.70 | 131.70 | 302.26 | 110.62 | 301.74 |
| 五大连池 | 62.98 | 62.98 | 79.08 | 23.10 | 79.08 |
| 嫩江 | 146.29 | 142.56 | 272.49 | 84.56 | 270.49 |
| 绥化 | 145.76 | 143.81 | 385.02 | 177.51 | 281.62 |
| 安达 | 177.32 | 67.33 | 219.39 | 47.53 | 99.11 |
| 肇东 | 223.83 | 223.48 | 307.31 | 63.00 | 307.18 |
| 海伦 | 98.66 | 98.66 | 164.48 | 26.02 | 164.48 |
| 漠河 | 99.67 | 95.73 | 94.56 | 9.74 | 94.56 |
| **上海** | **5988.00** | **5988.00** | **12375.00** | **3163.00** | **12375.00** |
| **江苏** | **54234.23** | **45867.73** | **95086.03** | **15103.79** | **81070.17** |
| 南京 | 10791.98 | 8726.21 | 18459.85 | 2460.18 | 14559.71 |
| 无锡 | 4091.44 | 2899.67 | 7707.84 | 826.54 | 5436.45 |
| 江阴 | 1015.59 | 1005.45 | 1290.86 | 222.50 | 1268.80 |
| 宜兴 | 1051.98 | 788.36 | 1658.39 | 234.37 | 1459.39 |
| 徐州 | 2670.55 | 2666.74 | 4771.64 | 744.98 | 4708.51 |
| 新沂 | 356.80 | 285.21 | 738.38 | 95.76 | 569.93 |
| 邳州 | 447.24 | 160.37 | 686.55 | 152.80 | 326.98 |
| 常州 | 2844.20 | 2230.41 | 5254.83 | 722.97 | 4192.13 |
| 溧阳 | 297.07 | 284.60 | 635.47 | 171.49 | 553.99 |
| 苏州 | 7484.38 | 7108.25 | 11658.80 | 1813.37 | 10682.82 |
| 常熟 | 833.91 | 780.67 | 1728.86 | 227.06 | 1507.50 |
| 张家港 | 770.67 | 538.40 | 1231.08 | 343.30 | 1029.43 |
| 昆山 | 865.78 | 472.66 | 1570.16 | 271.13 | 1020.55 |
| 太仓 | 513.60 | 460.60 | 929.37 | 169.78 | 907.00 |
| 南通 | 3504.44 | 2664.46 | 6222.84 | 974.26 | 4997.94 |
| 海安 | 402.57 | 395.31 | 731.30 | 105.52 | 632.13 |
| 启东 | 276.18 | 261.18 | 601.26 | 109.38 | 558.26 |
| 如皋 | 392.51 | 392.51 | 803.07 | 113.42 | 791.69 |
| 连云港 | 2014.74 | 1572.96 | 2814.68 | 567.11 | 2996.79 |
| 淮安 | 2236.23 | 1751.29 | 4223.79 | 784.01 | 4076.61 |
| 盐城 | 1705.58 | 1572.62 | 3867.60 | 776.02 | 3172.61 |
| 东台 | 363.50 | 363.50 | 751.72 | 221.43 | 751.72 |
| 扬州 | 1914.60 | 1867.52 | 3417.80 | 630.22 | 3311.80 |
| 仪征 | 375.92 | 374.82 | 639.78 | 98.77 | 639.78 |
| 高邮 | 299.41 | 299.41 | 441.57 | 83.38 | 396.07 |
| 镇江 | 1564.94 | 1473.17 | 2664.40 | 499.09 | 2330.39 |
| 丹阳 | 677.29 | 523.69 | 900.42 | 146.20 | 718.56 |
| 扬中 | 127.54 | 88.12 | 380.49 | 109.71 | 303.80 |
| 句容 | 386.52 | 315.87 | 528.85 | 141.62 | 430.93 |
| 泰州 | 1517.94 | 1517.94 | 3169.89 | 532.79 | 3136.36 |
| 兴化 | 409.52 | 399.85 | 618.55 | 145.93 | 618.55 |
| 靖江 | 488.50 | 282.50 | 616.82 | 72.80 | 439.34 |
| 泰兴 | 341.13 | 341.13 | 662.40 | 136.64 | 662.40 |
| 宿迁 | 1199.98 | 1002.28 | 2706.72 | 399.26 | 1881.25 |

continued 4

| 桥梁数 (座) Number of Bridges (unit) | 大桥及特大桥 Great Bridge and Grand Bridge | 立交桥 Intersection | 道路照明灯盏数 (盏) Number of Road Lamps (unit) | 安装路灯道路长度 (公里) Length of The Road with Street Lamp (km) | 地下综合管廊长度 (公里) Length of The Utility Tunnel (km) | 新建地下综合管廊长度 (公里) Length of The New-bwit Utility Tunnel (km) | 城市名称 Name of Cities |
|---|---|---|---|---|---|---|---|
| 16 | | 5 | 9830 | 132 | | | 北安 |
| 1 | | | 3850 | 29 | | | 五大连池 |
| 1 | | 1 | 6513 | 88 | | | 嫩江 |
| 4 | | 1 | 13666 | 132 | | | 绥化 |
| 4 | | 2 | 3268 | 80 | | | 安达 |
| 11 | | 8 | 4910 | 111 | | | 肇东 |
| 2 | | | 15660 | 84 | | | 海伦 |
| 5 | 5 | | 10640 | 64 | | | 漠河 |
| **3098** | **3** | **50** | **709134** | **5988** | **106.1** | **1.7** | **上海** |
| **14521** | **979** | **411** | **3923921** | **42751** | **292.2** | **22.3** | **江苏** |
| 1364 | 240 | 233 | 633519 | 7450 | 105.2 | 2.4 | 南京 |
| 1505 | 107 | 32 | 291250 | 4091 | 29.8 | | 无锡 |
| 103 | 12 | 2 | 24646 | 465 | | | 江阴 |
| 238 | 21 | | 41564 | 753 | | | 宜兴 |
| 271 | 12 | 6 | 121578 | 1895 | 30.7 | 11.7 | 徐州 |
| 50 | 9 | 4 | 32583 | 354 | 15.4 | | 新沂 |
| 48 | 2 | 5 | 22992 | 444 | | | 邳州 |
| 1064 | 43 | 2 | 329974 | 2398 | 5.7 | | 常州 |
| 82 | 2 | 1 | 25264 | 280 | 0.8 | | 溧阳 |
| 3123 | 154 | 55 | 505849 | 3868 | 51.2 | 0.4 | 苏州 |
| 541 | 35 | 1 | 61810 | 804 | | | 常熟 |
| 159 | 8 | 1 | 47425 | 767 | 0.9 | | 张家港 |
| 372 | 7 | 2 | 71480 | 798 | 3.2 | | 昆山 |
| 90 | | 2 | 61068 | 458 | | | 太仓 |
| 1801 | 42 | 25 | 313131 | 2950 | 5.5 | | 南通 |
| 133 | 12 | 1 | 29513 | 403 | | | 海安 |
| 65 | | | 46574 | 276 | 1.2 | 1.2 | 启东 |
| 139 | 5 | | 27197 | 391 | | | 如皋 |
| 328 | 75 | 10 | 69107 | 1480 | 15.3 | | 连云港 |
| 473 | 50 | 8 | 133395 | 2065 | 1.8 | | 淮安 |
| 633 | 34 | | 282135 | 1313 | 4.5 | 2.4 | 盐城 |
| 293 | | | 47594 | 357 | | | 东台 |
| 308 | 20 | 5 | 134713 | 1826 | 6.0 | 1.8 | 扬州 |
| 32 | 1 | 1 | 27331 | 376 | | | 仪征 |
| 49 | | | 19768 | 299 | | | 高邮 |
| 161 | 31 | 5 | 116403 | 1382 | 0.5 | | 镇江 |
| 38 | 10 | 6 | 44621 | 677 | | | 丹阳 |
| 34 | | | 16151 | 127 | | | 扬中 |
| 33 | 4 | | 19976 | 366 | | | 句容 |
| 374 | 20 | 1 | 203835 | 1365 | 12.1 | | 泰州 |
| 118 | | | 29760 | 409 | | | 兴化 |
| 134 | | | 12625 | 362 | | | 靖江 |
| 170 | 4 | | 23300 | 324 | | | 泰兴 |
| 195 | 19 | 3 | 55790 | 1180 | 2.4 | 2.4 | 宿迁 |

## 10-2 续表 5

| 城市名称<br>Name of Cities | 道路长度<br>(公里)<br>Length of Roads<br>(km) | 建成区<br>in Built District | 道路面积<br>(万平方米)<br>Surface Area of Roads<br>(10,000 $m^2$) | 人行道面积<br>Surface Area of Sidewalks | 建成区<br>in Built District |
|---|---|---|---|---|---|
| **浙　江** | **32945.80** | **27851.06** | **63786.09** | **14067.49** | **54734.77** |
| 杭　州 | 6873.25 | 6649.58 | 13842.86 | 2456.20 | 13837.69 |
| 建　德 | 139.42 | 105.65 | 213.57 | 42.72 | 172.07 |
| 宁　波 | 2868.77 | 2639.91 | 6619.96 | 1475.19 | 6157.45 |
| 余　姚 | 710.73 | 518.03 | 1185.01 | 258.55 | 940.64 |
| 慈　溪 | 703.63 | 350.84 | 1736.53 | 314.24 | 534.65 |
| 温　州 | 2604.01 | 2434.50 | 4116.41 | 922.88 | 3765.88 |
| 瑞　安 | 674.84 | 193.79 | 1479.00 | 374.39 | 534.18 |
| 乐　清 | 863.53 | 191.83 | 1000.62 | 139.85 | 411.13 |
| 龙　港 | 298.62 | 164.24 | 489.50 | 131.22 | 257.72 |
| 嘉　兴 | 1465.39 | 1267.94 | 2646.81 | 535.36 | 2128.07 |
| 海　宁 | 554.55 | 531.91 | 1015.01 | 169.47 | 978.06 |
| 平　湖 | 622.39 | 386.71 | 1089.70 | 144.01 | 635.00 |
| 桐　乡 | 590.65 | 557.70 | 734.33 | 190.73 | 662.81 |
| 湖　州 | 1100.98 | 1098.74 | 3021.88 | 983.40 | 3005.46 |
| 绍　兴 | 2180.22 | 1770.93 | 5039.32 | 928.55 | 4343.13 |
| 诸　暨 | 970.59 | 579.10 | 1607.30 | 241.10 | 959.82 |
| 嵊　州 | 473.17 | 418.49 | 657.70 | 183.78 | 657.70 |
| 金　华 | 1209.01 | 1038.43 | 2663.61 | 631.91 | 2166.08 |
| 兰　溪 | 487.82 | 274.83 | 774.47 | 165.51 | 585.14 |
| 义　乌 | 1879.74 | 1791.25 | 3487.46 | 1613.68 | 3145.62 |
| 东　阳 | 463.89 | 288.44 | 953.37 | 213.50 | 612.60 |
| 永　康 | 423.76 | 390.88 | 787.97 | 219.32 | 732.82 |
| 衢　州 | 720.83 | 708.70 | 1497.77 | 368.20 | 1362.91 |
| 江　山 | 195.41 | 189.83 | 465.94 | 80.69 | 453.10 |
| 舟　山 | 855.70 | 579.94 | 1573.63 | 263.43 | 1112.22 |
| 台　州 | 1319.58 | 1166.22 | 2123.73 | 445.76 | 1900.92 |
| 玉　环 | 266.03 | 265.15 | 349.52 | 37.75 | 346.79 |
| 温　岭 | 396.93 | 395.73 | 803.83 | 199.31 | 608.21 |
| 临　海 | 481.46 | 481.46 | 749.16 | 114.98 | 750.68 |
| 丽　水 | 334.52 | 295.07 | 802.13 | 195.11 | 730.25 |
| 龙　泉 | 216.38 | 125.24 | 257.99 | 26.70 | 245.97 |
| **安　徽** | **20371.90** | **19787.94** | **48037.38** | **10358.79** | **46384.06** |
| 合　肥 | 3331.59 | 3300.39 | 9699.54 | 1853.56 | 9616.19 |
| 巢　湖 | 442.36 | 429.20 | 1119.80 | 296.00 | 1063.81 |
| 芜　湖 | 2102.95 | 2080.95 | 4914.45 | 1224.28 | 4821.74 |
| 无　为 | 132.67 | 95.90 | 343.47 | 101.52 | 244.59 |
| 蚌　埠 | 1337.83 | 1317.50 | 2903.32 | 812.93 | 2867.50 |
| 淮　南 | 1096.26 | 1054.66 | 2250.56 | 446.37 | 2119.41 |
| 马鞍山 | 983.36 | 841.71 | 2105.55 | 454.82 | 1687.05 |
| 淮　北 | 731.26 | 731.26 | 1655.14 | 342.78 | 1655.14 |
| 铜　陵 | 779.87 | 779.87 | 1524.28 | 291.95 | 1524.29 |

continued 5

| 桥梁数 (座) Number of Bridges (unit) | 大桥及特大桥 Great Bridge and Grand Bridge | 立交桥 Intersection | 道路照明灯盏数 (盏) Number of Road Lamps (unit) | 安装路灯道路长度 (公里) Length of The Road with Street Lamp (km) | 地下综合管廊长度 (公里) Length of The Utility Tunnel (km) | 新建地下综合管廊长度 (公里) Length of The New-bwit Utility Tunnel (km) | 城市名称 Name of Cities |
|---|---|---|---|---|---|---|---|
| **14247** | **770** | **214** | **1982612** | **24574** | **299.7** | **280.3** | **浙江** |
| 2835 | 148 | 63 | 486416 | 4400 | 165.9 | 202.8 | 杭州 |
| 9 | | 3 | 22599 | 132 | | | 建德 |
| 1849 | 73 | 32 | 169244 | 2725 | 37.3 | 17.6 | 宁波 |
| 369 | 13 | 8 | 54078 | 510 | 1.6 | | 余姚 |
| 730 | 9 | | 47174 | 653 | 19.2 | 19.2 | 慈溪 |
| 1438 | 81 | 5 | 150005 | 1818 | 7.6 | | 温州 |
| 300 | | | 20835 | 353 | | | 瑞安 |
| 484 | 2 | | 12411 | 218 | | | 乐清 |
| 181 | 5 | | 11612 | 228 | | | 龙港 |
| 606 | 5 | 19 | 62089 | 1031 | 5.0 | | 嘉兴 |
| 290 | 10 | 3 | 28745 | 555 | | | 海宁 |
| 318 | 3 | | 21992 | 551 | | | 平湖 |
| 208 | 6 | | 34841 | 360 | 1.4 | | 桐乡 |
| 642 | 87 | 5 | 88287 | 974 | | | 湖州 |
| 1244 | 153 | 9 | 111931 | 1429 | 2.2 | | 绍兴 |
| 77 | 25 | 5 | 23763 | 1012 | | | 诸暨 |
| 47 | 13 | 1 | 82725 | 350 | | | 嵊州 |
| 110 | 29 | 7 | 76699 | 1071 | 6.5 | 0.4 | 金华 |
| 13 | 7 | 6 | 20581 | 193 | | | 兰溪 |
| 164 | 25 | 25 | 143428 | 840 | 12.2 | 1.3 | 义乌 |
| 75 | 12 | | 29129 | 409 | | | 东阳 |
| 80 | 14 | 4 | 32167 | 399 | | | 永康 |
| 68 | 11 | 2 | 32976 | 706 | 17.0 | 17.0 | 衢州 |
| 55 | 7 | 1 | 9888 | 169 | 5.0 | 5.0 | 江山 |
| 395 | 8 | 1 | 36304 | 555 | 5.8 | | 舟山 |
| 1046 | 3 | 1 | 79580 | 1626 | 13.0 | 17.0 | 台州 |
| 50 | | | 6382 | 155 | | | 玉环 |
| 299 | 25 | 1 | 18007 | 340 | | | 温岭 |
| 116 | 3 | 9 | 19235 | 467 | | | 临海 |
| 129 | 12 | 4 | 32105 | 239 | | | 丽水 |
| 20 | 6 | | 17384 | 106 | | | 龙泉 |
| **2414** | **285** | **336** | **1262908** | **16672** | **151.5** | **32.3** | **安徽** |
| 900 | 112 | 230 | 293814 | 2913 | 49.4 | 22.7 | 合肥 |
| 31 | 8 | 22 | 26400 | 437 | | | 巢湖 |
| 150 | 11 | 20 | 116299 | 2145 | 3.1 | | 芜湖 |
| 6 | 1 | | 11050 | 130 | | | 无为 |
| 43 | 20 | 15 | 63090 | 874 | 5.8 | 0.6 | 蚌埠 |
| 54 | 6 | 11 | 59151 | 1023 | 6.4 | | 淮南 |
| 72 | 2 | | 55919 | 582 | 9.3 | | 马鞍山 |
| 50 | | 6 | 32968 | 731 | 18.9 | | 淮北 |
| 36 | 3 | 2 | 39933 | 798 | | | 铜陵 |

# 10-2 续表 6

| 城市名称 Name of Cities | 道路长度 (公里) Length of Roads (km) | 建成区 in Built District | 道路面积 (万平方米) Surface Area of Roads (10,000 m²) | 人行道面积 Surface Area of Sidewalks | 建成区 in Built District |
|---|---|---|---|---|---|
| 安　庆 | 1353.75 | 1338.46 | 2616.03 | 489.86 | 2465.54 |
| 潜　山 | 104.61 | 102.21 | 289.07 | 87.78 | 289.07 |
| 桐　城 | 244.18 | 244.18 | 498.52 | 154.33 | 498.46 |
| 黄　山 | 658.97 | 609.41 | 1190.44 | 321.64 | 1134.76 |
| 滁　州 | 1018.05 | 984.18 | 2887.32 | 481.28 | 2740.28 |
| 天　长 | 457.79 | 354.84 | 799.30 | 181.13 | 567.26 |
| 明　光 | 327.67 | 304.61 | 746.95 | 168.02 | 721.66 |
| 阜　阳 | 1261.13 | 1261.13 | 2766.10 | 731.20 | 2766.10 |
| 界　首 | 182.56 | 182.56 | 487.16 | 133.95 | 487.16 |
| 宿　州 | 879.22 | 865.31 | 1932.74 | 388.40 | 1921.01 |
| 六　安 | 691.39 | 684.48 | 2006.53 | 367.55 | 1963.53 |
| 亳　州 | 644.82 | 644.82 | 1798.25 | 386.33 | 1798.25 |
| 池　州 | 472.80 | 472.80 | 856.27 | 147.77 | 856.27 |
| 宣　城 | 602.70 | 602.70 | 1337.49 | 239.09 | 1337.49 |
| 广　德 | 263.35 | 263.34 | 674.60 | 123.64 | 674.60 |
| 宁　国 | 270.76 | 241.47 | 634.50 | 132.61 | 562.90 |
| **福　建** | **16811.87** | **15423.06** | **33167.14** | **6446.05** | **31162.81** |
| 福　州 | 3330.75 | 3330.75 | 6371.87 | 1260.52 | 6371.88 |
| 福　清 | 467.79 | 467.79 | 913.55 | 159.26 | 913.55 |
| 厦　门 | 4596.36 | 3730.03 | 8898.63 | 1691.62 | 7775.50 |
| 莆　田 | 1022.94 | 971.11 | 1878.76 | 450.91 | 1802.76 |
| 三　明 | 627.44 | 598.14 | 1211.41 | 387.32 | 1068.99 |
| 永　安 | 208.20 | 208.20 | 378.04 | 76.40 | 378.04 |
| 泉　州 | 1851.20 | 1849.70 | 4045.56 | 722.83 | 3975.56 |
| 石　狮 | 342.91 | 336.00 | 733.88 | 113.57 | 729.47 |
| 晋　江 | 523.21 | 338.05 | 1356.64 | 274.51 | 930.89 |
| 南　安 | 358.63 | 292.28 | 649.83 | 145.60 | 548.50 |
| 漳　州 | 926.09 | 788.23 | 2262.23 | 312.65 | 2261.07 |
| 南　平 | 406.38 | 400.10 | 758.87 | 114.90 | 744.88 |
| 邵　武 | 248.02 | 247.14 | 343.11 | 72.61 | 343.11 |
| 武夷山 | 143.14 | 143.14 | 230.35 | 52.03 | 230.35 |
| 建　瓯 | 151.10 | 151.10 | 197.95 | 63.61 | 197.95 |
| 龙　岩 | 709.44 | 695.91 | 1261.71 | 197.20 | 1221.78 |
| 漳　平 | 137.11 | 128.00 | 256.91 | 66.68 | 241.72 |
| 宁　德 | 389.75 | 386.23 | 802.65 | 151.45 | 811.62 |
| 福　安 | 210.43 | 210.43 | 255.87 | 57.29 | 255.87 |
| 福　鼎 | 160.98 | 150.73 | 359.32 | 75.09 | 359.32 |
| **江　西** | **14796.84** | **14408.20** | **31551.56** | **6658.69** | **30266.63** |
| 南　昌 | 2739.29 | 2722.95 | 6441.74 | 1089.36 | 6345.46 |
| 景德镇 | 918.02 | 918.02 | 1522.57 | 232.76 | 1522.17 |
| 乐　平 | 216.56 | 206.95 | 230.50 | 60.11 | 202.63 |
| 萍　乡 | 433.70 | 432.70 | 1185.19 | 296.77 | 1185.19 |
| 九　江 | 1388.36 | 1377.02 | 2565.06 | 522.49 | 2544.04 |

continued 6

| 桥梁数 (座) Number of Bridges (unit) | 大桥及特大桥 Great Bridge and Grand Bridge | 立交桥 Intersection | 道路照明灯盏数 (盏) Number of Road Lamps (unit) | 安装路灯道路长度 (公里) Length of The Road with Street Lamp (km) | 地下综合管廊长度 (公里) Length of The Utility Tunnel (km) | 新建地下综合管廊长度 (公里) Length of The New-bwit Utility Tunnel (km) | 城市名称 Name of Cities |
|---|---|---|---|---|---|---|---|
| 118 | | 3 | 82587 | 958 | 2.9 | | 安庆 |
| 16 | 1 | | 11915 | 105 | | | 潜山 |
| 13 | | | 13470 | 147 | 5.9 | | 桐城 |
| 53 | 13 | 1 | 44052 | 277 | 7.3 | | 黄山 |
| 193 | 18 | 5 | 78539 | 1013 | 2.0 | 2.0 | 滁州 |
| 33 | | | 13970 | 443 | 13.6 | 4.0 | 天长 |
| 19 | | 1 | 21597 | 261 | 1.2 | | 明光 |
| 184 | 13 | 8 | 55174 | 723 | 10.1 | 3.1 | 阜阳 |
| 36 | 6 | | 11349 | 174 | | | 界首 |
| 119 | 13 | 8 | 58653 | 629 | 3.8 | | 宿州 |
| 44 | 17 | | 35357 | 620 | | | 六安 |
| 17 | 14 | | 49657 | 287 | 5.3 | | 亳州 |
| 36 | 1 | | 20785 | 469 | 0.9 | | 池州 |
| 93 | 11 | 4 | 29433 | 471 | 5.9 | | 宣城 |
| 46 | 13 | | 16517 | 195 | | | 广德 |
| 52 | 2 | | 21229 | 267 | | | 宁国 |
| **2657** | **479** | **118** | **1049793** | **10141** | **463.5** | **76.0** | **福建** |
| 671 | 94 | 36 | 91206 | 1134 | 33.2 | 1.8 | 福州 |
| 30 | | 1 | 16380 | 357 | | | 福清 |
| 728 | 213 | 42 | 379638 | 2596 | 387.8 | 59.8 | 厦门 |
| 310 | 23 | 4 | 68065 | 711 | | | 莆田 |
| 79 | 34 | 14 | 39846 | 497 | 2.0 | 2.0 | 三明 |
| 32 | | | 12611 | 143 | | | 永安 |
| 209 | 55 | 8 | 75300 | 469 | | | 泉州 |
| 65 | | 1 | 35892 | 307 | | | 石狮 |
| 45 | | | 65082 | 660 | | | 晋江 |
| 27 | 3 | 1 | 15102 | 214 | | | 南安 |
| 167 | 20 | 2 | 67795 | 893 | 20.5 | 3.7 | 漳州 |
| 41 | 22 | 1 | 31711 | 405 | 4.0 | 1.0 | 南平 |
| 13 | | | 14688 | 199 | | | 邵武 |
| 18 | | | 12840 | 118 | 2.1 | 2.1 | 武夷山 |
| 12 | 8 | | 20150 | 134 | | | 建瓯 |
| 115 | 1 | 7 | 39479 | 577 | 14.0 | 5.7 | 龙岩 |
| 10 | | 1 | 9918 | 130 | | | 漳平 |
| 20 | | | 28684 | 312 | | | 宁德 |
| 18 | 6 | | 7932 | 126 | | | 福安 |
| 47 | | | 17474 | 158 | | | 福鼎 |
| **1276** | **220** | **100** | **1024366** | **11770** | **179.4** | **7.5** | **江西** |
| 447 | 85 | 45 | 229181 | 2470 | 18.1 | 4.2 | 南昌 |
| 31 | 14 | 2 | 74615 | 482 | 32.3 | | 景德镇 |
| 3 | | 1 | 19448 | 190 | | | 乐平 |
| 35 | 1 | 1 | 54685 | 434 | 20.0 | | 萍乡 |
| 135 | 6 | 24 | 51897 | 1377 | 24.0 | | 九江 |

# 10-2 续表 7

| 城市名称 Name of Cities | 道路长度 (公里) Length of Roads (km) | 建成区 in Built District | 道路面积 (万平方米) Surface Area of Roads (10,000 $m^2$) | 人行道面积 Surface Area of Sidewalks | 建成区 in Built District |
|---|---|---|---|---|---|
| 瑞　昌 | 323.54 | 317.76 | 479.97 | 94.93 | 220.56 |
| 共青城 | 193.15 | 183.00 | 324.44 | 101.86 | 178.58 |
| 庐　山 | 63.88 | 63.88 | 126.77 | 29.11 | 126.77 |
| 新　余 | 556.23 | 556.23 | 1345.83 | 412.57 | 1345.83 |
| 鹰　潭 | 478.07 | 478.05 | 974.60 | 246.07 | 974.59 |
| 贵　溪 | 239.56 | 239.56 | 354.78 | 79.32 | 294.78 |
| 赣　州 | 2063.06 | 1951.45 | 4519.27 | 1063.26 | 4379.08 |
| 瑞　金 | 343.38 | 333.12 | 449.58 | 83.37 | 434.97 |
| 龙　南 | 262.62 | 253.53 | 474.23 | 89.61 | 459.59 |
| 吉　安 | 589.46 | 589.46 | 1322.50 | 334.82 | 1322.50 |
| 井冈山 | 70.30 | 67.87 | 106.75 | 42.65 | 106.75 |
| 宜　春 | 763.64 | 756.09 | 1900.16 | 311.14 | 1900.16 |
| 丰　城 | 372.49 | 319.13 | 712.50 | 141.83 | 589.23 |
| 樟　树 | 324.96 | 316.96 | 771.71 | 201.97 | 779.32 |
| 高　安 | 345.76 | 331.40 | 752.62 | 181.67 | 717.15 |
| 抚　州 | 961.69 | 956.70 | 2485.24 | 668.41 | 2445.08 |
| 上　饶 | 1064.35 | 951.60 | 2341.63 | 349.92 | 2028.28 |
| 德　兴 | 84.77 | 84.77 | 163.92 | 24.69 | 163.92 |
| **山　东** | **53808.04** | **46837.57** | **109956.89** | **21931.19** | **95793.31** |
| 济　南 | 7804.33 | 6559.37 | 14190.12 | 2839.62 | 12444.28 |
| 青　岛 | 6383.50 | 6382.36 | 11656.64 | 2544.71 | 11569.54 |
| 胶　州 | 797.78 | 797.78 | 1248.27 | 180.71 | 1248.27 |
| 平　度 | 774.78 | 774.78 | 1392.05 | 256.78 | 1392.05 |
| 莱　西 | 518.11 | 518.11 | 844.75 | 153.49 | 844.75 |
| 淄　博 | 2707.32 | 2515.97 | 6504.91 | 1297.04 | 5915.62 |
| 枣　庄 | 1542.43 | 1276.00 | 3165.29 | 725.63 | 2503.16 |
| 滕　州 | 653.13 | 553.79 | 1064.18 | 239.57 | 921.25 |
| 东　营 | 1652.16 | 1365.47 | 3447.77 | 741.37 | 2890.49 |
| 烟　台 | 3735.58 | 3204.46 | 7492.47 | 1440.16 | 6784.05 |
| 龙　口 | 504.40 | 397.00 | 961.72 | 251.12 | 865.71 |
| 莱　阳 | 348.06 | 348.06 | 523.11 | 141.08 | 523.11 |
| 莱　州 | 330.25 | 326.70 | 802.79 | 118.93 | 800.16 |
| 招　远 | 296.20 | 296.20 | 471.79 | 102.63 | 471.79 |
| 栖　霞 | 142.45 | 142.45 | 255.26 | 50.56 | 255.26 |
| 海　阳 | 215.03 | 215.03 | 467.87 | 168.18 | 467.87 |
| 潍　坊 | 2308.01 | 1604.77 | 5065.54 | 1177.50 | 4018.47 |
| 青　州 | 620.28 | 459.13 | 1101.01 | 258.64 | 914.30 |
| 诸　城 | 642.19 | 493.49 | 1240.87 | 236.75 | 960.50 |
| 寿　光 | 606.84 | 386.76 | 1024.18 | 122.42 | 728.86 |
| 安　丘 | 835.64 | 551.70 | 1634.85 | 143.17 | 1011.17 |
| 高　密 | 445.23 | 445.23 | 747.27 | 207.83 | 747.27 |
| 昌　邑 | 267.74 | 267.74 | 491.70 | 127.15 | 491.70 |
| 济　宁 | 2356.73 | 2082.43 | 6197.66 | 1133.57 | 5227.95 |
| 曲　阜 | 261.53 | 261.53 | 587.38 | 130.82 | 587.38 |

continued 7

| 桥梁数<br>(座)<br>Number of Bridges (unit) | 大桥及特大桥<br>Great Bridge and Grand Bridge | 立交桥<br>Intersection | 道路照明灯盏数<br>(盏)<br>Number of Road Lamps (unit) | 安装路灯道路长度<br>(公里)<br>Length of The Road with Street Lamp (km) | 地下综合管廊长度<br>(公里)<br>Length of The Utility Tunnel (km) | 新建地下综合管廊长度<br>(公里)<br>Length of The New-bwit Utility Tunnel (km) | 城市名称<br>Name of Cities |
|---|---|---|---|---|---|---|---|
| 44 | | | 11454 | 240 | | | 瑞　昌 |
| | | | 5098 | 52 | 1.0 | | 共青城 |
| 16 | | | 5120 | 64 | | | 庐　山 |
| 36 | 6 | 8 | 24961 | 553 | 5.6 | | 新　余 |
| 39 | 13 | | 37804 | 424 | | | 鹰　潭 |
| 14 | 6 | | 13820 | 141 | | | 贵　溪 |
| 124 | 26 | 4 | 96496 | 1383 | 6.5 | | 赣　州 |
| 24 | 2 | | 20835 | 153 | 1.4 | | 瑞　金 |
| 28 | | | 29713 | 235 | | | 龙　南 |
| 18 | | | 32117 | 452 | 18.9 | | 吉　安 |
| 18 | | | 13262 | 67 | | | 井冈山 |
| 37 | | 4 | 68006 | 600 | 19.4 | | 宜　春 |
| 15 | 4 | 2 | 14180 | 260 | 3.3 | 3.3 | 丰　城 |
| 39 | 4 | 2 | 14421 | 249 | | | 樟　树 |
| 17 | 2 | 3 | 22941 | 336 | | | 高　安 |
| 91 | 23 | 3 | 108788 | 930 | 15.0 | | 抚　州 |
| 53 | 16 | 1 | 63955 | 605 | 13.9 | | 上　饶 |
| 12 | 12 | | 11569 | 74 | | | 德　兴 |
| **6134** | **473** | **242** | **2268577** | **40654** | **902.3** | **76.5** | **山　东** |
| 977 | 36 | 79 | 211881 | 4997 | 105.6 | 9.2 | 济　南 |
| 802 | 77 | 46 | 204385 | 6326 | 144.0 | 13.7 | 青　岛 |
| 114 | | | 28930 | 485 | 30.0 | | 胶　州 |
| 34 | | | 14389 | 596 | | | 平　度 |
| 24 | | | 24455 | 336 | 1.6 | 1.6 | 莱　西 |
| 298 | 24 | 13 | 116243 | 1860 | 24.9 | 3.9 | 淄　博 |
| 152 | 10 | 17 | 58527 | 1092 | 35.7 | 5.7 | 枣　庄 |
| 45 | 21 | 4 | 26300 | 413 | 24.3 | 1.4 | 滕　州 |
| 320 | 17 | 2 | 80088 | 1253 | 20.4 | | 东　营 |
| 218 | 14 | 9 | 175104 | 3191 | 18.2 | 1.8 | 烟　台 |
| 16 | 2 | | 22006 | 379 | 24.0 | | 龙　口 |
| 26 | | 2 | 9123 | 161 | 2.8 | | 莱　阳 |
| 13 | | 1 | 18182 | 163 | 4.0 | | 莱　州 |
| 56 | 4 | 1 | 10594 | 211 | 1.6 | | 招　远 |
| 32 | | | 9643 | 66 | 1.8 | | 栖　霞 |
| 47 | 7 | 1 | 12139 | 215 | | | 海　阳 |
| 150 | 36 | | 112522 | 1696 | 30.6 | 1.7 | 潍　坊 |
| 27 | 9 | 2 | 55789 | 610 | 4.1 | | 青　州 |
| 39 | 11 | | 29336 | 598 | 1.2 | | 诸　城 |
| 10 | 6 | | 33573 | 604 | 4.0 | | 寿　光 |
| 87 | 10 | | 23995 | 623 | | | 安　丘 |
| 64 | | 7 | 24952 | 417 | 2.8 | | 高　密 |
| 29 | 3 | | 9482 | 192 | 0.4 | | 昌　邑 |
| 221 | 20 | 12 | 99149 | 1810 | 54.7 | 4.8 | 济　宁 |
| 32 | 9 | | 22492 | 209 | 4.3 | | 曲　阜 |

# 10-2 续表 8

| 城市名称 Name of Cities | 道路长度（公里）Length of Roads (km) | 建成区 in Built District | 道路面积（万平方米）Surface Area of Roads (10,000 $m^2$) | 人行道面积 Surface Area of Sidewalks | 建成区 in Built District |
|---|---|---|---|---|---|
| 邹城 | 393.76 | 386.40 | 693.80 | 163.36 | 691.86 |
| 泰安 | 1459.30 | 1438.47 | 3170.77 | 477.96 | 2978.97 |
| 新泰 | 577.70 | 577.70 | 1428.59 | 167.86 | 1428.59 |
| 肥城 | 324.85 | 324.85 | 777.63 | 80.79 | 776.01 |
| 威海 | 1789.41 | 1594.82 | 4446.45 | 745.01 | 3656.04 |
| 荣成 | 711.02 | 478.13 | 1377.85 | 188.92 | 955.73 |
| 乳山 | 379.61 | 332.05 | 714.10 | 132.47 | 624.05 |
| 日照 | 1073.15 | 1037.33 | 2181.68 | 415.89 | 2139.65 |
| 临沂 | 2956.87 | 2234.33 | 6392.53 | 957.72 | 4744.28 |
| 德州 | 1399.27 | 1399.27 | 2684.26 | 1034.16 | 2684.26 |
| 乐陵 | 398.30 | 239.30 | 819.00 | 204.00 | 544.00 |
| 禹城 | 196.52 | 196.52 | 578.53 | 79.53 | 578.53 |
| 聊城 | 1433.62 | 1333.14 | 3217.30 | 619.42 | 2934.46 |
| 临清 | 481.24 | 243.25 | 1091.13 | 340.17 | 447.55 |
| 滨州 | 1244.15 | 1219.47 | 2735.61 | 483.17 | 2537.37 |
| 邹平 | 549.86 | 198.69 | 1229.96 | 188.73 | 541.43 |
| 菏泽 | 1689.71 | 1377.54 | 3838.25 | 862.60 | 2945.57 |
| **河南** | **19531.83** | **18654.42** | **48219.81** | **11053.71** | **44455.56** |
| 郑州 | 2604.82 | 2534.33 | 7882.98 | 1456.97 | 7700.76 |
| 巩义 | 156.70 | 156.70 | 445.76 | 123.54 | 445.76 |
| 荥阳 | 172.42 | 164.14 | 389.79 | 135.00 | 380.60 |
| 新密 | 136.20 | 134.08 | 369.89 | 84.12 | 378.89 |
| 新郑 | 148.00 | 147.68 | 463.19 | 143.88 | 463.19 |
| 登封 | 262.23 | 216.48 | 578.51 | 171.02 | 456.13 |
| 开封 | 814.71 | 802.51 | 2289.58 | 582.62 | 2238.12 |
| 洛阳 | 1250.87 | 1234.26 | 3919.41 | 774.12 | 3898.76 |
| 平顶山 | 644.61 | 592.06 | 1389.00 | 200.08 | 1188.00 |
| 舞钢 | 133.87 | 133.87 | 255.58 | 78.80 | 255.58 |
| 汝州 | 275.81 | 264.60 | 631.35 | 132.77 | 630.20 |
| 安阳 | 739.08 | 739.08 | 1655.86 | 401.01 | 1654.87 |
| 林州 | 175.70 | 161.00 | 338.91 | 89.21 | 314.76 |
| 鹤壁 | 549.36 | 529.62 | 1097.56 | 220.75 | 1088.11 |
| 新乡 | 610.91 | 610.81 | 1331.88 | 336.49 | 1270.58 |
| 长垣 | 388.77 | 388.73 | 759.35 | 168.30 | 741.73 |
| 卫辉 | 97.93 | 88.13 | 196.69 | 42.35 | 174.74 |
| 辉县 | 131.85 | 129.81 | 300.20 | 54.58 | 296.85 |
| 焦作 | 1013.79 | 972.14 | 2049.32 | 444.39 | 1913.94 |
| 沁阳 | 185.78 | 149.99 | 398.31 | 97.69 | 393.97 |
| 孟州 | 119.00 | 110.00 | 422.51 | 107.82 | 381.84 |
| 濮阳 | 489.61 | 489.61 | 1210.56 | 308.05 | 1210.56 |
| 许昌 | 1217.92 | 1006.90 | 2526.58 | 488.12 | 1897.86 |
| 禹州 | 380.32 | 373.02 | 756.16 | 200.10 | 684.57 |
| 长葛 | 204.28 | 204.28 | 444.93 | 147.79 | 444.93 |
| 漯河 | 566.12 | 527.92 | 1191.52 | 322.37 | 1191.52 |

continued 8

| 桥梁数<br>(座)<br>Number of Bridges<br>(unit) | 大桥及特大桥<br>Great Bridge and Grand Bridge | 立交桥<br>Intersection | 道路照明灯盏数<br>(盏)<br>Number of Road Lamps<br>(unit) | 安装路灯道路长度<br>(公里)<br>Length of The Road with Street Lamp<br>(km) | 地下综合管廊长度<br>(公里)<br>Length of The Utility Tunnel<br>(km) | 新建地下综合管廊长度<br>(公里)<br>Length of The New-bwit Utility Tunnel<br>(km) | 城市名称<br>Name of Cities |
|---|---|---|---|---|---|---|---|
| 50 | 3 | | 19990 | 372 | 4.9 | | 邹城 |
| 222 | 18 | 13 | 41247 | 800 | 48.4 | 9.7 | 泰安 |
| 38 | 11 | 6 | 19693 | 471 | 8.2 | | 新泰 |
| 38 | 5 | 2 | 17056 | 215 | | | 肥城 |
| 463 | 1 | 3 | 95334 | 1561 | 40.6 | | 威海 |
| 106 | 7 | | 34120 | 706 | | | 荣成 |
| 90 | 3 | | 13123 | 338 | | | 乳山 |
| 159 | 28 | | 58391 | 885 | 79.4 | | 日照 |
| 200 | 17 | 9 | 172826 | 2322 | 95.6 | 15.2 | 临沂 |
| 203 | 29 | | 85780 | 768 | 26.0 | 4.6 | 德州 |
| 10 | | | 15450 | 358 | 1.3 | | 乐陵 |
| 66 | 4 | 4 | 11347 | 189 | 2.8 | | 禹城 |
| 235 | 21 | | 109328 | 911 | 26.1 | 1.4 | 聊城 |
| 30 | | | 8175 | 204 | 0.5 | 0.5 | 临清 |
| 215 | | | 67815 | 843 | 7.5 | | 滨州 |
| 55 | 4 | | 14521 | 228 | 0.6 | | 邹平 |
| 121 | 6 | 9 | 51102 | 980 | 19.4 | 1.2 | 菏泽 |
| **1973** | **189** | **222** | **1160372** | **15016** | **168.1** | **174.6** | **河南** |
| 378 | 14 | 102 | 134670 | 2543 | 25.6 | 56.3 | 郑州 |
| 4 | | 4 | 17479 | 110 | | | 巩义 |
| 9 | | 4 | 13862 | 313 | | | 荥阳 |
| 3 | | | 15686 | 136 | | | 新密 |
| 19 | 6 | 1 | 9634 | 129 | | | 新郑 |
| 33 | 1 | 9 | 12555 | 201 | | | 登封 |
| 102 | 4 | 15 | 45485 | 602 | 8.0 | 8.0 | 开封 |
| 133 | 10 | 14 | 122234 | 1239 | 42.7 | 42.7 | 洛阳 |
| 66 | 15 | 7 | 38321 | 406 | | | 平顶山 |
| 5 | | 1 | 3546 | 76 | | | 舞钢 |
| 16 | | | 9730 | 161 | | | 汝州 |
| 72 | 1 | 13 | 28711 | 512 | 2.8 | | 安阳 |
| 10 | | | 29857 | 176 | | | 林州 |
| 38 | 1 | | 24919 | 406 | 16.0 | 13.9 | 鹤壁 |
| 42 | 2 | 1 | 35682 | 470 | | | 新乡 |
| 53 | | | 21990 | 372 | | | 长垣 |
| 9 | | | 8559 | 77 | | | 卫辉 |
| 14 | | | 9450 | 92 | | | 辉县 |
| 107 | | | 29455 | 583 | | | 焦作 |
| 5 | | | 8654 | 150 | | | 沁阳 |
| 11 | | | 12230 | 119 | | | 孟州 |
| 36 | | | 37479 | 488 | | | 濮阳 |
| 46 | 3 | 10 | 47562 | 573 | | | 许昌 |
| 22 | 22 | | 26290 | 185 | | | 禹州 |
| 15 | 10 | 5 | 10581 | 163 | | | 长葛 |
| 27 | 19 | 8 | 30768 | 420 | 3.2 | 3.2 | 漯河 |

## 10-2 续表 9

| 城市名称 Name of Cities | 道路长度(公里) Length of Roads (km) | 建成区 in Built District | 道路面积(万平方米) Surface Area of Roads (10,000 $m^2$) | 人行道面积 Surface Area of Sidewalks | 建成区 in Built District |
|---|---|---|---|---|---|
| 三门峡 | 341.44 | 341.39 | 722.17 | 192.64 | 714.29 |
| 义马 | 143.30 | 142.40 | 313.01 | 72.51 | 307.15 |
| 灵宝 | 128.83 | 125.39 | 333.37 | 88.66 | 330.98 |
| 南阳 | 1484.44 | 1384.95 | 2645.48 | 740.49 | 2549.68 |
| 邓州 | 270.59 | 270.09 | 720.20 | 146.60 | 720.41 |
| 商丘 | 580.75 | 568.70 | 1574.27 | 395.15 | 1607.96 |
| 永城 | 370.37 | 360.25 | 883.03 | 234.98 | 851.33 |
| 信阳 | 457.19 | 401.47 | 955.58 | 237.23 | 675.30 |
| 周口 | 671.06 | 671.06 | 1767.67 | 458.29 | 1751.91 |
| 项城 | 305.73 | 262.43 | 575.80 | 123.17 | 496.81 |
| 驻马店 | 499.10 | 496.98 | 1666.65 | 358.27 | 1666.65 |
| 济源示范区 | 250.77 | 209.96 | 630.50 | 201.28 | 528.67 |
| 郑州航空港经济综合实验区 | 557.60 | 557.60 | 2136.70 | 492.50 | 557.60 |
| **湖北** | **23970.40** | **23557.07** | **47876.31** | **11836.48** | **47410.93** |
| 武汉 | 7150.00 | 7150.00 | 14300.00 | 4290.00 | 14300.00 |
| 黄石 | 962.51 | 962.51 | 2086.69 | 360.36 | 2086.69 |
| 大冶 | 249.36 | 249.36 | 654.48 | 164.90 | 654.48 |
| 十堰 | 966.71 | 966.71 | 1905.73 | 414.35 | 1905.73 |
| 丹江口 | 239.10 | 238.93 | 293.60 | 69.80 | 292.56 |
| 宜昌 | 1653.67 | 1611.00 | 3293.87 | 664.39 | 3290.57 |
| 宜都 | 234.94 | 234.94 | 485.42 | 77.78 | 479.85 |
| 当阳 | 260.18 | 260.18 | 383.39 | 113.75 | 383.39 |
| 枝江 | 297.35 | 297.35 | 462.37 | 89.55 | 462.37 |
| 襄阳 | 1717.40 | 1717.40 | 3091.15 | 625.80 | 3091.15 |
| 老河口 | 437.49 | 419.44 | 510.38 | 82.09 | 510.38 |
| 枣阳 | 269.27 | 269.27 | 906.16 | 302.63 | 906.16 |
| 宜城 | 227.00 | 227.00 | 390.23 | 80.14 | 390.23 |
| 鄂州 | 430.20 | 339.95 | 735.33 | 163.29 | 630.90 |
| 荆门 | 660.57 | 660.57 | 1455.34 | 331.63 | 1455.34 |
| 京山 | 325.42 | 276.76 | 766.16 | 129.19 | 664.49 |
| 钟祥 | 244.92 | 240.92 | 561.88 | 87.64 | 553.50 |
| 孝感 | 668.20 | 652.26 | 1671.42 | 360.17 | 1666.31 |
| 应城 | 247.50 | 243.77 | 286.82 | 66.80 | 194.41 |
| 安陆 | 152.10 | 136.30 | 482.50 | 48.80 | 363.60 |
| 汉川 | 276.27 | 276.27 | 395.04 | 66.29 | 395.04 |
| 荆州 | 884.98 | 884.97 | 2364.64 | 693.17 | 2364.64 |
| 监利 | 203.91 | 203.91 | 451.87 | 130.99 | 451.87 |
| 石首 | 131.97 | 131.82 | 275.97 | 63.99 | 275.97 |
| 洪湖 | 173.87 | 173.87 | 383.47 | 55.90 | 383.47 |
| 松滋 | 209.46 | 209.46 | 342.64 | 109.32 | 342.64 |
| 黄冈 | 288.30 | 288.30 | 594.00 | 144.00 | 594.00 |
| 麻城 | 643.16 | 643.16 | 751.57 | 220.13 | 751.57 |

continued 9

| 桥梁数 (座) Number of Bridges (unit) | 大桥及特大桥 Great Bridge and Grand Bridge | 立交桥 Intersection | 道路照明灯盏数 (盏) Number of Road Lamps (unit) | 安装路灯道路长度 (公里) Length of The Road with Street Lamp (km) | 地下综合管廊长度 (公里) Length of The Utility Tunnel (km) | 新建地下综合管廊长度 (公里) Length of The New-bwit Utility Tunnel (km) | 城市名称 Name of Cities |
|---|---|---|---|---|---|---|---|
| 15 | 9 | 1 | 32433 | 311 | | | 三门峡 |
| 7 | 1 | | 5873 | 87 | | | 义马 |
| 8 | 2 | | 7638 | 113 | | | 灵宝 |
| 178 | 13 | 9 | 46674 | 791 | 1.9 | | 南阳 |
| 62 | 4 | | 22736 | 209 | | | 邓州 |
| 58 | 1 | 13 | 57746 | 498 | 37.8 | 37.8 | 商丘 |
| 61 | | | 15921 | 320 | 1.0 | 1.0 | 永城 |
| 20 | 10 | 5 | 35138 | 413 | 0.6 | 0.6 | 信阳 |
| 94 | 10 | | 52323 | 557 | 6.0 | 6.0 | 周口 |
| 5 | 1 | | 9383 | 173 | | | 项城 |
| 25 | | | 50545 | 392 | 8.4 | 5.2 | 驻马店 |
| 33 | | | 23135 | 245 | | | 济源示范区 |
| 132 | 30 | | 15438 | 205 | 14.3 | | 郑州航空港经济综合实验区 |
| **2564** | **527** | **230** | **1054034** | **21187** | **524.9** | **153.0** | **湖北** |
| 993 | 376 | 157 | 206890 | 6632 | 90.9 | 10.6 | 武汉 |
| 95 | 4 | 3 | 40498 | 334 | 13.0 | 3.1 | 黄石 |
| 18 | 4 | 1 | 17280 | 517 | | | 大冶 |
| 100 | 21 | 4 | 45842 | 524 | 95.8 | 95.8 | 十堰 |
| 33 | 3 | 1 | 18097 | 238 | | | 丹江口 |
| 194 | 56 | 36 | 60200 | 1635 | 33.3 | 4.2 | 宜昌 |
| 27 | | | 13330 | 313 | 6.7 | | 宜都 |
| 10 | 2 | | 6893 | 125 | 1.4 | | 当阳 |
| 7 | | | 12351 | 276 | 7.2 | 7.2 | 枝江 |
| 87 | 25 | 6 | 97100 | 914 | 32.6 | 0.5 | 襄阳 |
| 3 | 3 | | 13180 | 527 | | | 老河口 |
| 8 | | | 13641 | 246 | | | 枣阳 |
| 16 | 2 | | 9230 | 209 | | | 宜城 |
| 23 | 2 | 4 | 15698 | 425 | 6.1 | | 鄂州 |
| 97 | | | 58626 | 884 | 116.5 | 8.0 | 荆门 |
| 82 | | | 23612 | 300 | | | 京山 |
| 19 | | | 31325 | 317 | 2.3 | 2.3 | 钟祥 |
| 11 | 1 | 2 | 27076 | 613 | 23.7 | 1.0 | 孝感 |
| 12 | 2 | | 10845 | 213 | | | 应城 |
| 42 | | 1 | 8655 | 152 | | | 安陆 |
| | | | 6225 | 276 | | | 汉川 |
| 102 | | 1 | 69779 | 925 | 29.8 | 1.5 | 荆州 |
| 17 | | | 7110 | 160 | | | 监利 |
| 3 | | | 5876 | 128 | | | 石首 |
| 6 | | | 17052 | 170 | | | 洪湖 |
| 1 | | 1 | 11291 | 215 | | | 松滋 |
| 93 | 12 | 2 | 17002 | 306 | 10.3 | | 黄冈 |
| 54 | | | 31454 | 303 | | | 麻城 |

## 10-2 续表 10

| 城市名称<br>Name of Cities | 道路长度<br>(公里)<br>Length of Roads<br>(km) | 建成区<br>in Built District | 道路面积<br>(万平方米)<br>Surface Area of Roads<br>(10,000 $m^2$) | 人行道面积<br>Surface Area of Sidewalks | 建成区<br>in Built District |
|---|---|---|---|---|---|
| 武　穴 | 324.00 | 315.00 | 693.00 | 182.00 | 691.00 |
| 咸　宁 | 696.36 | 677.86 | 2156.95 | 358.91 | 2132.00 |
| 赤　壁 | 359.25 | 234.20 | 557.17 | 94.16 | 557.17 |
| 随　州 | 419.92 | 419.92 | 822.08 | 209.24 | 822.08 |
| 广　水 | 240.96 | 222.18 | 467.15 | 188.97 | 469.53 |
| 恩　施 | 228.38 | 228.05 | 361.10 | 67.94 | 361.10 |
| 利　川 | 144.38 | 142.14 | 215.89 | 50.30 | 215.89 |
| 仙　桃 | 728.00 | 728.00 | 943.60 | 267.00 | 943.60 |
| 潜　江 | 356.18 | 356.18 | 755.80 | 250.30 | 755.80 |
| 天　门 | 267.16 | 267.16 | 621.45 | 160.81 | 621.45 |
| **湖　南** | **18907.27** | **17278.29** | **39463.01** | **9410.95** | **36963.69** |
| 长　沙 | 3561.36 | 3561.36 | 9074.82 | 1923.19 | 9074.82 |
| 宁　乡 | 714.13 | 522.78 | 1373.56 | 340.17 | 1141.66 |
| 浏　阳 | 257.20 | 257.20 | 517.30 | 119.50 | 517.30 |
| 株　洲 | 1355.65 | 1257.21 | 3432.39 | 681.38 | 3210.42 |
| 醴　陵 | 251.87 | 251.87 | 492.24 | 83.50 | 492.24 |
| 湘　潭 | 903.49 | 725.27 | 1660.00 | 215.80 | 1373.58 |
| 湘　乡 | 229.34 | 228.34 | 438.11 | 139.47 | 434.77 |
| 韶　山 | 58.40 | 44.20 | 101.95 | 23.85 | 82.40 |
| 衡　阳 | 1912.03 | 1478.65 | 2261.04 | 437.17 | 2261.04 |
| 耒　阳 | 329.40 | 274.60 | 815.20 | 299.40 | 525.50 |
| 常　宁 | 347.83 | 284.10 | 288.09 | 115.05 | 288.07 |
| 邵　阳 | 686.76 | 658.13 | 1482.30 | 451.82 | 1319.29 |
| 武　冈 | 171.70 | 171.70 | 391.70 | 125.00 | 391.70 |
| 邵　东 | 316.00 | 284.00 | 837.60 | 251.00 | 821.60 |
| 岳　阳 | 1186.10 | 1003.27 | 2516.60 | 569.00 | 2015.42 |
| 汨　罗 | 173.62 | 173.62 | 449.84 | 113.20 | 449.84 |
| 临　湘 | 121.88 | 121.88 | 228.59 | 39.18 | 228.59 |
| 常　德 | 1074.00 | 1074.00 | 2514.13 | 593.60 | 2514.13 |
| 津　市 | 143.96 | 138.53 | 160.91 | 49.02 | 154.96 |
| 张家界 | 349.84 | 329.24 | 486.28 | 93.60 | 453.28 |
| 益　阳 | 868.24 | 794.29 | 1836.45 | 713.28 | 1541.01 |
| 沅　江 | 329.48 | 160.54 | 217.53 | 59.21 | 181.32 |
| 郴　州 | 655.92 | 655.92 | 1489.35 | 389.93 | 1489.35 |
| 资　兴 | 188.32 | 178.98 | 348.50 | 79.90 | 348.50 |
| 永　州 | 620.57 | 615.06 | 1367.33 | 384.33 | 1344.86 |
| 祁　阳 | 372.74 | 372.74 | 564.68 | 121.33 | 564.68 |
| 怀　化 | 297.30 | 297.30 | 737.74 | 213.93 | 737.74 |
| 洪　江 | 132.64 | 121.07 | 204.29 | 39.18 | 199.29 |
| 娄　底 | 442.00 | 442.00 | 1291.10 | 310.40 | 1262.70 |
| 冷水江 | 62.00 | 62.00 | 150.34 | 43.82 | 150.34 |
| 涟　源 | 269.80 | 245.44 | 449.70 | 108.20 | 386.38 |
| 吉　首 | 523.70 | 493.00 | 1283.35 | 283.54 | 1006.91 |

continued 10

| 桥梁数 (座) Number of Bridges (unit) | 大桥及特大桥 Great Bridge and Grand Bridge | 立交桥 Intersection | 道路照明灯盏数 (盏) Number of Road Lamps (unit) | 安装路灯道路长度 (公里) Length of The Road with Street Lamp (km) | 地下综合管廊长度 (公里) Length of The Utility Tunnel (km) | 新建地下综合管廊长度 (公里) Length of The New-bwit Utility Tunnel (km) | 城市名称 Name of Cities |
|---|---|---|---|---|---|---|---|
| 5 | | | 6090 | 258 | | | 武穴 |
| 27 | | | 16551 | 399 | 24.5 | 5.9 | 咸宁 |
| 7 | | | 15886 | 297 | | | 赤壁 |
| 89 | | 3 | 22796 | 369 | 8.4 | 3.9 | 随州 |
| 114 | | | 10686 | 205 | 1.2 | | 广水 |
| 35 | 5 | 5 | 18248 | 238 | | | 恩施 |
| 28 | | 1 | 13600 | 144 | | | 利川 |
| 46 | | | 14883 | 619 | 9.8 | 2.6 | 仙桃 |
| 18 | | 2 | 20166 | 490 | 6.6 | 6.6 | 潜江 |
| 42 | 9 | | 18970 | 291 | 5.1 | | 天门 |
| **1454** | **481** | **134** | **958097** | **14663** | **196.9** | **15.6** | **湖南** |
| 300 | 113 | 29 | 122140 | 2054 | 65.9 | 2.8 | 长沙 |
| 88 | 3 | | 27767 | 714 | | | 宁乡 |
| 34 | 3 | 1 | 15203 | 332 | | | 浏阳 |
| 172 | 57 | 14 | 77674 | 1356 | 10.7 | 3.1 | 株洲 |
| 18 | 5 | | 21445 | 252 | | | 醴陵 |
| 50 | 42 | 8 | 39890 | 823 | 37.4 | | 湘潭 |
| 10 | 10 | | 10717 | 176 | | | 湘乡 |
| | | | 3147 | 61 | | | 韶山 |
| 54 | 35 | 19 | 94880 | 906 | 3.6 | 3.6 | 衡阳 |
| 3 | 1 | | 8860 | 190 | | | 耒阳 |
| 12 | 6 | 2 | 10199 | 347 | | | 常宁 |
| 24 | | 2 | 40319 | 353 | | | 邵阳 |
| 12 | 4 | | 8933 | 142 | | | 武冈 |
| 11 | | | 16405 | 270 | | | 邵东 |
| 43 | 14 | 7 | 58285 | 805 | 7.7 | 5.3 | 岳阳 |
| 9 | 2 | | 12166 | 153 | | | 汨罗 |
| 18 | | | 7291 | 150 | | | 临湘 |
| 130 | 66 | 17 | 86340 | 829 | 18.4 | | 常德 |
| 7 | 2 | | 8809 | 148 | | | 津市 |
| 38 | 9 | 3 | 20613 | 350 | 0.8 | 0.8 | 张家界 |
| 4 | 4 | | 33030 | 794 | 3.6 | | 益阳 |
| 6 | 6 | | 6407 | 329 | | | 沅江 |
| 138 | 17 | 17 | 51911 | 656 | 10.0 | | 郴州 |
| 5 | 1 | | 6645 | 188 | | | 资兴 |
| 28 | 7 | 3 | 42827 | 621 | 15.7 | | 永州 |
| 4 | 3 | 1 | 17071 | 373 | 4.2 | | 祁阳 |
| 62 | 20 | 9 | 32786 | 269 | | | 怀化 |
| 10 | 10 | | 15631 | 143 | | | 洪江 |
| 28 | 4 | | 23130 | 231 | | | 娄底 |
| 14 | 2 | | 7304 | 56 | | | 冷水江 |
| 52 | 27 | | 9010 | 225 | | | 涟源 |
| 70 | 8 | 2 | 21262 | 365 | 19.0 | | 吉首 |

## 10-2 续表 11

| 城市名称 Name of Cities | 道路长度 (公里) Length of Roads (km) | 建成区 in Built District | 道路面积 (万平方米) Surface Area of Roads (10,000 $m^2$) | 人行道面积 Surface Area of Sidewalks | 建成区 in Built District |
|---|---|---|---|---|---|
| **广　东** | **58665.63** | **49975.22** | **99181.81** | **19079.68** | **88629.45** |
| 广　州 | 14975.65 | 11058.48 | 22411.16 | 2419.77 | 21295.78 |
| 韶　关 | 1085.62 | 871.95 | 1090.72 | 241.25 | 1059.22 |
| 乐　昌 | 140.14 | 65.20 | 162.79 | 65.00 | 77.03 |
| 南　雄 | 85.44 | 85.30 | 134.86 | 31.46 | 128.28 |
| 深　圳 | 8194.24 | 8194.24 | 14655.82 | 3035.14 | 14655.82 |
| 珠　海 | 2564.70 | 1284.60 | 4961.82 | 1068.16 | 2516.38 |
| 汕　头 | 1968.16 | 1968.15 | 3834.58 | 1029.28 | 3835.14 |
| 佛　山 | 3072.79 | 1808.22 | 4583.60 | 967.80 | 2737.42 |
| 江　门 | 2438.46 | 1928.10 | 3309.72 | 524.88 | 3256.60 |
| 台　山 | 350.50 | 350.50 | 485.83 | 255.51 | 485.83 |
| 开　平 | 155.86 | 155.86 | 269.01 | 97.19 | 256.93 |
| 鹤　山 | 321.03 | 321.03 | 521.47 | 135.25 | 521.47 |
| 恩　平 | 298.98 | 298.98 | 265.52 | 53.89 | 265.52 |
| 湛　江 | 862.25 | 856.47 | 1599.23 | 452.92 | 1600.11 |
| 廉　江 | 473.08 | 473.08 | 560.18 | 131.98 | 560.18 |
| 雷　州 | 112.19 | 112.19 | 243.82 | 81.08 | 243.82 |
| 吴　川 | 353.90 | 157.76 | 301.91 | 69.23 | 278.33 |
| 茂　名 | 1106.30 | 1106.30 | 2036.03 | 439.10 | 2036.03 |
| 高　州 | 268.99 | 268.99 | 524.23 | 79.82 | 524.23 |
| 化　州 | 224.11 | 224.11 | 382.85 | 129.83 | 382.85 |
| 信　宜 | 193.20 | 193.20 | 365.88 | 46.29 | 365.88 |
| 肇　庆 | 1265.02 | 1231.79 | 2787.31 | 700.10 | 2576.97 |
| 四　会 | 260.96 | 260.96 | 474.33 |  | 474.33 |
| 惠　州 | 2995.14 | 2934.77 | 5127.31 | 840.23 | 5436.64 |
| 梅　州 | 592.18 | 298.09 | 1023.50 | 232.48 | 753.28 |
| 兴　宁 | 241.95 | 241.95 | 342.00 | 53.75 | 342.00 |
| 汕　尾 | 325.21 | 325.21 | 692.94 | 154.77 | 692.94 |
| 陆　丰 | 272.35 | 251.00 | 280.19 |  | 258.40 |
| 河　源 | 433.59 | 433.59 | 717.10 | 268.97 | 717.10 |
| 阳　江 | 985.82 | 962.97 | 1810.69 | 338.01 | 1727.27 |
| 阳　春 | 269.98 | 185.43 | 533.10 | 65.24 | 400.32 |
| 清　远 | 866.03 | 774.50 | 1553.85 | 489.25 | 1536.10 |
| 英　德 | 248.30 | 219.12 | 552.25 | 105.11 | 447.14 |
| 连　州 | 168.67 | 168.67 | 335.25 | 105.69 | 335.25 |
| 东　莞 | 6476.05 | 6476.05 | 12194.94 | 2841.34 | 9473.28 |
| 中　山 | 1007.68 | 899.57 | 1625.39 | 393.25 | 1500.07 |
| 潮　州 | 734.19 | 471.41 | 1314.71 | 147.09 | 438.79 |
| 揭　阳 | 1208.84 | 1118.85 | 3502.63 | 538.06 | 3147.04 |
| 普　宁 | 542.37 | 431.08 | 624.18 | 234.16 | 624.18 |
| 云　浮 | 237.81 | 225.15 | 586.52 | 86.10 | 262.91 |
| 罗　定 | 287.90 | 282.35 | 402.59 | 131.25 | 402.59 |

continued 11

| 桥梁数（座）Number of Bridges (unit) | 大桥及特大桥 Great Bridge and Grand Bridge | 立交桥 Intersection | 道路照明灯盏数（盏）Number of Road Lamps (unit) | 安装路灯道路长度（公里）Length of The Road with Street Lamp (km) | 地下综合管廊长度（公里）Length of The Utility Tunnel (km) | 新建地下综合管廊长度（公里）Length of The New-bwit Utility Tunnel (km) | 城市名称 Name of Cities |
|---|---|---|---|---|---|---|---|
| **9350** | **2041** | **921** | **3849583** | **50733** | **292.1** | **67.5** | **广　东** |
| 2206 | 587 | 240 | 875858 | 13296 | | 14.0 | 广　州 |
| 67 | 15 | 2 | 57416 | 695 | 12.3 | | 韶　关 |
| 3 | | | 8791 | 44 | | | 乐　昌 |
| 10 | 1 | | 6053 | 173 | | | 南　雄 |
| 2907 | 818 | 531 | 604318 | 8569 | | | 深　圳 |
| 395 | 32 | 4 | 227104 | 1684 | 62.2 | 8.0 | 珠　海 |
| 151 | 11 | 6 | 129252 | 1636 | 14.5 | | 汕　头 |
| 394 | 62 | 10 | 173471 | 2306 | 20.3 | 5.4 | 佛　山 |
| 417 | 97 | 7 | 101231 | 1832 | 23.4 | 0.2 | 江　门 |
| 25 | 2 | | 21671 | 355 | 11.9 | | 台　山 |
| 33 | 8 | 2 | 19419 | 167 | 1.2 | | 开　平 |
| 32 | 2 | | 20001 | 293 | 10.0 | | 鹤　山 |
| 19 | 7 | | 10586 | 468 | 15.4 | | 恩　平 |
| 77 | 11 | | 54501 | 1067 | | | 湛　江 |
| 19 | | | 20499 | 458 | 2.3 | 4.6 | 廉　江 |
| 18 | | | 29250 | 371 | | | 雷　州 |
| 15 | | | 28131 | 359 | | | 吴　川 |
| 44 | 12 | 8 | 39206 | 834 | 4.3 | | 茂　名 |
| 24 | 2 | | 38968 | 324 | | | 高　州 |
| 7 | 7 | | 13528 | 285 | | | 化　州 |
| 21 | | | 13894 | 193 | | | 信　宜 |
| 142 | 4 | 5 | 118641 | 2187 | 46.0 | | 肇　庆 |
| 14 | 9 | | 26369 | 261 | | | 四　会 |
| 262 | 41 | 22 | 183366 | 1752 | 22.3 | 14.6 | 惠　州 |
| 42 | 10 | 1 | 76589 | 592 | 22.2 | 1.7 | 梅　州 |
| 31 | 5 | | 9781 | 182 | | | 兴　宁 |
| 11 | 1 | | 11468 | 260 | | | 汕　尾 |
| 5 | 4 | 1 | 6558 | 138 | | | 陆　丰 |
| 36 | 9 | | 18502 | 276 | | | 河　源 |
| 44 | | | 60609 | 1100 | 16.8 | 7.7 | 阳　江 |
| 17 | 7 | | 20790 | 255 | | | 阳　春 |
| 69 | 17 | 10 | 82802 | 741 | 2.7 | 2.7 | 清　远 |
| 11 | 1 | | 19809 | 231 | | | 英　德 |
| 8 | 5 | 3 | 19461 | 77 | | | 连　州 |
| 1420 | 200 | 59 | 403318 | 5227 | | 4.2 | 东　莞 |
| 196 | 21 | 8 | 58789 | 316 | | | 中　山 |
| 41 | | | 47655 | 511 | | | 潮　州 |
| 10 | 6 | 2 | 75127 | 496 | 4.5 | 4.5 | 揭　阳 |
| 77 | 2 | | 78897 | 192 | | | 普　宁 |
| 21 | 21 | | 22639 | 273 | | | 云　浮 |
| 9 | 4 | | 15265 | 256 | | | 罗　定 |

# 10-2 续表 12

| 城市名称<br>Name of Cities | 道路长度<br>(公里)<br>Length of Roads<br>(km) | 建成区<br>in Built District | 道路面积<br>(万平方米)<br>Surface Area of Roads<br>(10,000 $m^2$) | 人行道面积<br>Surface Area of Sidewalks | 建成区<br>in Built District |
|---|---|---|---|---|---|
| **广　西** | **15822.05** | **15393.55** | **32557.36** | **6134.56** | **29010.93** |
| 南　宁 | 3585.16 | 3565.87 | 8691.24 | 1348.51 | 6032.20 |
| 横　州 | 285.91 | 285.91 | 587.34 | 166.11 | 587.34 |
| 柳　州 | 2264.96 | 2222.47 | 4657.80 | 1026.64 | 4608.47 |
| 桂　林 | 1064.02 | 1064.02 | 2141.92 | 476.34 | 2141.92 |
| 荔　浦 | 179.14 | 179.14 | 213.10 | 42.07 | 213.10 |
| 梧　州 | 902.24 | 648.48 | 1688.13 | 214.79 | 1110.00 |
| 岑　溪 | 189.95 | 189.95 | 342.04 | 85.52 | 342.04 |
| 北　海 | 872.16 | 872.16 | 1698.08 | 294.58 | 1698.08 |
| 防城港 | 443.68 | 416.75 | 971.56 | 273.06 | 921.18 |
| 东　兴 | 165.30 | 164.38 | 286.65 | 56.97 | 283.10 |
| 钦　州 | 612.11 | 592.38 | 1543.02 | 296.59 | 1464.10 |
| 贵　港 | 790.80 | 786.85 | 1623.77 | 211.13 | 1613.18 |
| 桂　平 | 349.80 | 314.03 | 615.32 | 157.48 | 532.55 |
| 玉　林 | 702.87 | 702.87 | 1371.53 | 294.15 | 1371.53 |
| 北　流 | 440.98 | 440.98 | 595.46 | 169.52 | 595.46 |
| 百　色 | 615.17 | 615.17 | 1135.93 | 255.45 | 1135.93 |
| 靖　西 | 220.43 | 198.43 | 407.14 | 67.08 | 380.74 |
| 平　果 | 358.42 | 354.76 | 586.95 | 72.37 | 579.63 |
| 贺　州 | 532.48 | 532.48 | 880.48 | 181.97 | 880.48 |
| 河　池 | 463.56 | 463.56 | 778.69 | 177.57 | 778.69 |
| 来　宾 | 265.18 | 265.18 | 906.44 | 132.39 | 906.44 |
| 合　山 | 75.36 | 75.36 | 100.85 | 19.92 | 100.85 |
| 崇　左 | 309.24 | 309.24 | 557.94 | 66.08 | 557.94 |
| 凭　祥 | 133.13 | 133.13 | 175.98 | 48.27 | 175.98 |
| **海　南** | **5235.75** | **4901.71** | **8421.81** | **2599.19** | **7789.13** |
| 海　口 | 3395.54 | 3218.08 | 4773.66 | 1608.12 | 4674.28 |
| 三　亚 | 436.64 | 339.90 | 1253.99 | 417.13 | 957.73 |
| 儋　州 | 306.83 | 306.83 | 543.99 | 94.76 | 543.99 |
| 五指山 | 132.00 | 115.00 | 240.12 | 106.00 | 221.00 |
| 琼　海 | 252.78 | 240.94 | 402.98 | 120.15 | 402.98 |
| 文　昌 | 184.72 | 184.72 | 442.81 | 68.51 | 434.21 |
| 万　宁 | 96.24 | 96.24 | 204.94 | 43.20 | 204.94 |
| 东　方 | 431.00 | 400.00 | 559.32 | 141.32 | 350.00 |
| **重　庆** | **12530.92** | **12109.33** | **26922.40** | **8111.76** | **26241.38** |
| 重　庆 | 12530.92 | 12109.33 | 26922.40 | 8111.76 | 26241.38 |
| **四　川** | **29333.04** | **27540.65** | **58436.62** | **14911.32** | **55273.45** |
| 成　都 | 9883.14 | 8945.68 | 20267.94 | 4266.52 | 19260.47 |
| 简　阳 | 358.00 | 336.50 | 725.70 | 244.00 | 660.47 |
| 都江堰 | 320.20 | 320.20 | 593.00 | 208.00 | 593.00 |
| 彭　州 | 238.47 | 238.47 | 437.42 | 142.01 | 489.62 |
| 邛　崃 | 215.80 | 215.80 | 571.77 | 217.62 | 571.77 |
| 崇　州 | 221.75 | 221.75 | 458.72 | 164.64 | 458.72 |
| 自　贡 | 1692.40 | 1523.16 | 2369.36 | 374.11 | 2061.53 |

## continued 12

| 桥梁数 (座) Number of Bridges (unit) | 大桥及特大桥 Great Bridge and Grand Bridge | 立交桥 Intersection | 道路照明灯盏数 (盏) Number of Road Lamps (unit) | 安装路灯道路长度 (公里) Length of The Road with Street Lamp (km) | 地下综合管廊长度 (公里) Length of The Utility Tunnel (km) | 新建地下综合管廊长度 (公里) Length of The New-bwit Utility Tunnel (km) | 城市名称 Name of Cities |
|---|---|---|---|---|---|---|---|
| **1402** | **279** | **184** | **817816** | **8430** | **200.3** | **60.8** | **广西** |
| 520 | 133 | 87 | 107445 | 1015 | 112.6 | 18.5 | 南宁 |
| 5 | | | 9947 | 119 | | | 横州 |
| 114 | 16 | 39 | 98817 | 818 | 25.1 | | 柳州 |
| 116 | | 11 | 59741 | 350 | | | 桂林 |
| 12 | 4 | 1 | 9872 | 81 | | | 荔浦 |
| 60 | 22 | | 129283 | 464 | 5.2 | | 梧州 |
| 7 | 7 | | 11646 | 177 | | | 岑溪 |
| 36 | 12 | 4 | 34626 | 606 | 2.2 | | 北海 |
| 35 | 12 | 2 | 33941 | 428 | | | 防城港 |
| 11 | 3 | | 9477 | 148 | 0.1 | 0.1 | 东兴 |
| 64 | 5 | 3 | 30596 | 584 | 5.4 | | 钦州 |
| 95 | 15 | 17 | 33204 | 511 | 25.7 | 25.7 | 贵港 |
| 15 | 3 | | 10453 | 188 | | | 桂平 |
| 39 | 10 | 12 | 35691 | 564 | 10.4 | 10.4 | 玉林 |
| 14 | | | 18575 | 350 | 2.3 | 2.3 | 北流 |
| 38 | 12 | | 42429 | 360 | | 3.8 | 百色 |
| 14 | | | 9767 | 107 | 3.8 | | 靖西 |
| 23 | 2 | | 20512 | 117 | | | 平果 |
| 39 | 9 | 1 | 32014 | 451 | | | 贺州 |
| 50 | 6 | 2 | 32995 | 304 | | | 河池 |
| 50 | 8 | | 17359 | 249 | 7.5 | | 来宾 |
| 3 | | 1 | 4307 | 75 | | | 合山 |
| 28 | | 3 | 17104 | 300 | | | 崇左 |
| 14 | | 1 | 8015 | 67 | | | 凭祥 |
| **249** | **22** | **11** | **179869** | **2341** | **73.9** | **71.9** | **海南** |
| 156 | 18 | 9 | 74583 | 960 | 56.1 | 56.1 | 海口 |
| 38 | | | 35351 | 366 | 17.8 | 15.9 | 三亚 |
| 13 | | 1 | 11121 | 201 | | | 儋州 |
| 9 | | | 11218 | 68 | | | 五指山 |
| 5 | | | 11137 | 100 | | | 琼海 |
| 11 | 1 | | 9176 | 141 | | | 文昌 |
| 7 | 1 | 1 | 9090 | 96 | | | 万宁 |
| 10 | 2 | | 18193 | 409 | | | 东方 |
| **2754** | **664** | **366** | **921464** | **11004** | **61.3** | **15.6** | **重庆** |
| 2754 | 664 | 366 | 921464 | 11004 | 61.3 | 15.6 | 重庆 |
| **4158** | **650** | **388** | **2133378** | **23818** | **850.8** | **153.8** | **四川** |
| 2156 | 294 | 217 | 516292 | 7513 | 201.1 | 37.1 | 成都 |
| 32 | 8 | 8 | 24026 | 358 | | | 简阳 |
| 104 | 10 | 1 | 28535 | 311 | | | 都江堰 |
| 8 | | | 14354 | 222 | | | 彭州 |
| 4 | 4 | | 22399 | 187 | 3.4 | | 邛崃 |
| 9 | 1 | | 72164 | 176 | | | 崇州 |
| 138 | 30 | 9 | 59004 | 1641 | 74.0 | 6.3 | 自贡 |

## 10-2 续表 13

| 城市名称 Name of Cities | 道路长度 (公里) Length of Roads (km) | 建成区 in Built District | 道路面积 (万平方米) Surface Area of Roads (10,000 m²) | 人行道面积 Surface Area of Sidewalks | 建成区 in Built District |
|---|---|---|---|---|---|
| 攀枝花 | 1011.43 | 933.76 | 1349.82 | 357.71 | 1384.54 |
| 泸州 | 1231.31 | 1231.31 | 2473.78 | 761.78 | 2473.78 |
| 德阳 | 780.86 | 766.72 | 1941.20 | 509.35 | 1899.73 |
| 广汉 | 282.90 | 282.90 | 587.29 | 145.91 | 587.29 |
| 什邡 | 129.36 | 129.36 | 329.28 | 83.45 | 329.28 |
| 绵竹 | 180.39 | 117.00 | 400.50 | 168.50 | 241.00 |
| 绵阳 | 1474.30 | 1469.00 | 3012.21 | 809.44 | 3012.21 |
| 江油 | 253.00 | 253.00 | 654.26 | 287.24 | 654.26 |
| 广元 | 594.94 | 594.94 | 1086.27 | 322.23 | 1086.27 |
| 遂宁 | 768.07 | 744.56 | 1912.56 | 413.10 | 1715.42 |
| 射洪 | 267.70 | 201.00 | 526.96 | 92.96 | 398.20 |
| 内江 | 722.53 | 719.74 | 1275.61 | 372.26 | 1278.42 |
| 隆昌 | 222.70 | 222.70 | 443.31 | 124.74 | 443.31 |
| 乐山 | 807.34 | 734.91 | 1336.76 | 259.14 | 1235.49 |
| 峨眉山 | 182.68 | 182.68 | 576.75 | 161.78 | 371.40 |
| 南充 | 1075.00 | 1075.00 | 2480.00 | 748.00 | 2520.00 |
| 阆中 | 217.80 | 197.80 | 506.03 | 156.56 | 506.03 |
| 眉山 | 674.12 | 658.12 | 1439.82 | 325.69 | 1438.64 |
| 宜宾 | 1238.12 | 1212.65 | 2690.55 | 877.02 | 2538.50 |
| 广安 | 601.79 | 545.90 | 1272.59 | 388.90 | 1059.70 |
| 华蓥 | 140.62 | 138.11 | 238.58 | 48.47 | 215.66 |
| 达州 | 1214.24 | 1200.24 | 1963.58 | 561.32 | 1955.00 |
| 万源 | 73.17 | 73.17 | 78.40 | 33.10 | 170.73 |
| 雅安 | 431.12 | 397.41 | 1109.75 | 434.78 | 617.78 |
| 巴中 | 697.23 | 672.23 | 1200.50 | 328.75 | 1237.00 |
| 资阳 | 549.27 | 445.00 | 1039.11 | 274.32 | 742.13 |
| 马尔康 | 39.80 | 30.50 | 39.16 | 8.12 | 21.35 |
| 康定 | 98.60 | 68.10 | 79.00 | 29.50 | 75.00 |
| 会理 | 97.85 | 96.24 | 178.23 | 50.00 | 178.90 |
| 西昌 | 345.04 | 345.04 | 790.85 | 160.30 | 790.85 |
| **贵州** | **14083.75** | **9742.07** | **24325.33** | **5926.89** | **19722.80** |
| 贵阳 | 5815.00 | 3018.91 | 7939.28 | 2038.28 | 5551.00 |
| 清镇 | 242.46 | 237.44 | 438.25 | 81.25 | 368.99 |
| 六盘水 | 735.03 | 671.36 | 1740.54 | 400.38 | 1487.18 |
| 盘州 | 298.57 | 241.92 | 632.74 | 170.60 | 488.02 |
| 遵义 | 2063.85 | 1256.40 | 3777.33 | 622.77 | 2963.34 |
| 赤水 | 142.36 | 141.36 | 295.81 | 68.82 | 295.81 |
| 仁怀 | 226.71 | 220.71 | 424.78 | 50.22 | 424.56 |
| 安顺 | 691.50 | 618.98 | 1671.23 | 381.09 | 1173.88 |
| 毕节 | 562.56 | 562.56 | 1177.08 | 403.48 | 1177.08 |
| 黔西 | 247.30 | 196.00 | 405.00 | 57.20 | 367.80 |
| 铜仁 | 686.40 | 558.38 | 1123.57 | 267.75 | 883.00 |
| 兴义 | 583.20 | 533.12 | 1447.00 | 459.48 | 1430.23 |
| 兴仁 | 229.61 | 181.76 | 397.71 | 99.26 | 281.22 |
| 凯里 | 607.05 | 576.77 | 1180.01 | 280.05 | 1165.46 |
| 都匀 | 762.15 | 536.40 | 1355.00 | 461.00 | 1345.23 |
| 福泉 | 190.00 | 190.00 | 320.00 | 85.26 | 320.00 |

continued 13

| 桥梁数 (座) Number of Bridges (unit) | 大桥及特大桥 Great Bridge and Grand Bridge | 立交桥 Intersection | 道路照明灯盏数 (盏) Number of Road Lamps (unit) | 安装路灯道路长度 (公里) Length of The Road with Street Lamp (km) | 地下综合管廊长度 (公里) Length of The Utility Tunnel (km) | 新建地下综合管廊长度 (公里) Length of The New-bwit Utility Tunnel (km) | 城市名称 Name of Cities |
|---|---|---|---|---|---|---|---|
| 106 | 53 | 2 | 38741 | 560 | | | 攀枝花 |
| 97 | 10 | 18 | 108682 | 1023 | 21.8 | 14.2 | 泸州 |
| 53 | 19 | 6 | 78314 | 626 | | | 德阳 |
| 19 | | 1 | 24620 | 283 | | | 广汉 |
| 36 | | 2 | 14866 | 116 | | | 什邡 |
| 22 | | 3 | 25403 | 165 | | | 绵竹 |
| 172 | 44 | 12 | 138262 | 1445 | 53.2 | | 绵阳 |
| 28 | 4 | 12 | 33431 | 253 | 10.1 | | 江油 |
| 192 | 49 | 12 | 50714 | 546 | 18.8 | | 广元 |
| 99 | 4 | 3 | 37770 | 573 | 9.9 | 0.6 | 遂宁 |
| 19 | | | 14710 | 106 | 12.2 | | 射洪 |
| 41 | 20 | 17 | 75806 | 697 | 54.6 | 42.2 | 内江 |
| 18 | 1 | 3 | 8764 | 115 | 12.0 | | 隆昌 |
| 79 | 4 | 3 | 71192 | 677 | 33.7 | | 乐山 |
| 21 | | | 37756 | 145 | 26.5 | | 峨眉山 |
| 64 | 8 | 5 | 66900 | 1075 | 77.0 | 5.0 | 南充 |
| 25 | 2 | 1 | 14181 | 217 | 10.7 | | 阆中 |
| 69 | 9 | | 112674 | 638 | 19.2 | 1.0 | 眉山 |
| 74 | 12 | 14 | 98432 | 1149 | 80.2 | 7.5 | 宜宾 |
| 19 | 5 | | 34742 | 536 | 42.6 | 1.5 | 广安 |
| 22 | 2 | | 10901 | 104 | 3.0 | 0.5 | 华蓥 |
| 23 | 10 | | 49986 | 616 | 54.6 | 14.2 | 达州 |
| 8 | | | 3200 | 60 | 4.1 | | 万源 |
| 253 | 4 | 39 | 41733 | 422 | | 21.9 | 雅安 |
| 37 | 31 | | 15685 | 635 | 23.9 | 1.9 | 巴中 |
| 46 | 12 | | 40400 | 300 | 4.3 | | 资阳 |
| 18 | | | 1010 | 25 | | | 马尔康 |
| 16 | | | 2180 | 39 | | | 康定 |
| 31 | | | 15758 | 25 | | | 会理 |
| | | | 129791 | 243 | | | 西昌 |
| **1148** | **312** | **84** | **859165** | **5261** | **70.8** | **10.3** | **贵州** |
| 456 | 131 | 40 | 264744 | 817 | | | 贵阳 |
| 32 | 7 | | 12469 | 154 | | | 清镇 |
| 33 | | 6 | 55028 | 425 | 44.3 | 10.0 | 六盘水 |
| 8 | 1 | 1 | 47644 | 131 | | | 盘州 |
| 170 | 71 | 17 | 152591 | 1070 | | | 遵义 |
| 4 | | | 7795 | 74 | 0.3 | 0.3 | 赤水 |
| 37 | 17 | | 16048 | 196 | | | 仁怀 |
| 82 | 3 | 3 | 73036 | 515 | 5.8 | | 安顺 |
| 61 | 12 | 8 | 16761 | 307 | | | 毕节 |
| 40 | 1 | | 24876 | 106 | | | 黔西 |
| 54 | | | 51895 | 183 | | | 铜仁 |
| 52 | | 2 | 20389 | 392 | | | 兴义 |
| 3 | | | 4208 | 62 | | | 兴仁 |
| 48 | 48 | | 57832 | 221 | | | 凯里 |
| 54 | 15 | 5 | 40200 | 429 | 11.6 | | 都匀 |
| 14 | 6 | 2 | 13649 | 181 | 8.8 | | 福泉 |

## 10-2 续表 14

| 城市名称 Name of Cities | 道路长度 (公里) Length of Roads (km) | 建成区 in Built District | 道路面积 (万平方米) Surface Area of Roads (10,000 $m^2$) | 人行道面积 Surface Area of Sidewalks | 建成区 in Built District |
|---|---|---|---|---|---|
| **云　南** | **9417.17** | **9151.89** | **18751.30** | **4367.26** | **18948.10** |
| 昆　明 | 2645.53 | 2571.94 | 5521.83 | 1364.21 | 6149.86 |
| 安　宁 | 376.47 | 376.47 | 684.67 | 150.08 | 677.25 |
| 曲　靖 | 959.39 | 898.70 | 1862.68 | 372.83 | 1696.46 |
| 宣　威 | 277.17 | 271.97 | 540.65 | 129.09 | 530.65 |
| 玉　溪 | 314.54 | 302.38 | 724.17 | 190.05 | 702.03 |
| 澄　江 | 42.42 | 42.42 | 76.78 | 16.70 | 76.78 |
| 保　山 | 326.91 | 326.91 | 945.18 | 188.20 | 945.18 |
| 腾　冲 | 259.86 | 259.86 | 490.95 | 98.85 | 490.95 |
| 昭　通 | 412.82 | 412.82 | 719.54 | 111.37 | 719.54 |
| 水　富 | 50.10 | 50.10 | 79.04 | 14.81 | 79.04 |
| 丽　江 | 219.76 | 219.76 | 527.43 | 137.13 | 527.43 |
| 普　洱 | 226.33 | 220.82 | 488.37 | 167.01 | 415.66 |
| 临　沧 | 132.72 | 125.88 | 314.20 | 66.48 | 304.37 |
| 禄　丰 | 79.55 | 79.55 | 169.59 | 30.61 | 152.37 |
| 楚　雄 | 451.16 | 451.16 | 791.52 | 184.10 | 791.52 |
| 个　旧 | 174.42 | 156.42 | 219.65 | 41.62 | 204.35 |
| 开　远 | 224.14 | 224.14 | 422.81 | 110.66 | 422.81 |
| 蒙　自 | 421.79 | 421.79 | 742.22 | 133.92 | 742.22 |
| 弥　勒 | 276.92 | 276.92 | 499.69 | 114.53 | 499.69 |
| 文　山 | 320.16 | 320.16 | 630.18 | 123.74 | 630.18 |
| 景　洪 | 207.78 | 202.68 | 434.63 | 141.53 | 434.08 |
| 大　理 | 442.73 | 420.84 | 783.34 | 237.10 | 761.21 |
| 瑞　丽 | 230.00 | 230.00 | 556.00 | 120.00 | 556.00 |
| 芒　市 | 116.41 | 92.76 | 274.63 | 72.70 | 269.43 |
| 泸　水 | 103.55 | 71.02 | 148.68 | 37.59 | 79.62 |
| 香格里拉 | 124.54 | 124.42 | 102.87 | 12.35 | 89.42 |
| **西　藏** | **1125.72** | **766.30** | **2113.31** | **718.19** | **1702.13** |
| 拉　萨 | 707.64 | 433.03 | 1332.00 | 456.18 | 989.62 |
| 日喀则 | 85.02 | 1.31 | 247.51 | 89.57 | 187.71 |
| 昌　都 | 79.10 | 79.10 | 49.79 | 5.58 | 49.79 |
| 林　芝 | 76.19 | 75.09 | 90.47 | 16.66 | 90.47 |
| 山　南 | 102.29 | 102.29 | 176.34 | 65.00 | 167.34 |
| 那　曲 | 75.48 | 75.48 | 217.20 | 85.20 | 217.20 |
| **陕　西** | **11031.72** | **8856.91** | **26027.18** | **6404.96** | **22819.95** |
| 西　安 | 5857.21 | 3867.05 | 15281.09 | 3415.92 | 12480.00 |
| 铜　川 | 255.70 | 255.70 | 576.04 | 142.58 | 576.04 |
| 宝　鸡 | 765.98 | 755.92 | 1687.97 | 647.17 | 1656.55 |
| 咸　阳 | 343.86 | 341.00 | 547.05 | 224.05 | 547.05 |

continued 14

| 桥梁数<br>(座)<br>Number of Bridges (unit) | 大桥及特大桥<br>Great Bridge and Grand Bridge | 立交桥<br>Intersection | 道路照明灯盏数<br>(盏)<br>Number of Road Lamps (unit) | 安装路灯道路长度<br>(公里)<br>Length of The Road with Street Lamp (km) | 地下综合管廊长度<br>(公里)<br>Length of The Utility Tunnel (km) | 新建地下综合管廊长度<br>(公里)<br>Length of The New-bwit Utility Tunnel (km) | 城市名称<br>Name of Cities |
|---|---|---|---|---|---|---|---|
| **1436** | **339** | **94** | **814994** | **8054** | **343.7** | **84.6** | **云　　南** |
| 835 | 261 | 74 | 202427 | 2324 | 84.5 | 6.2 | 昆　　明 |
| 17 | 4 |  | 23461 | 149 | 28.8 | 0.5 | 安　　宁 |
| 97 | 1 | 1 | 98294 | 902 | 4.9 | 1.8 | 曲　　靖 |
| 6 | 3 |  | 18703 | 206 | 29.9 |  | 宣　　威 |
| 19 |  | 2 | 28753 | 293 | 17.7 |  | 玉　　溪 |
|  |  |  | 3468 | 37 |  |  | 澄　　江 |
|  |  |  | 23441 | 230 | 86.2 |  | 保　　山 |
| 23 |  |  | 49220 | 246 | 1.8 |  | 腾　　冲 |
| 60 |  |  | 50106 | 413 | 4.9 | 2.5 | 昭　　通 |
| 3 |  |  | 4105 | 50 |  |  | 水　　富 |
| 7 |  |  | 31840 | 192 | 3.6 | 3.6 | 丽　　江 |
| 4 |  | 3 | 18952 | 237 | 2.5 | 2.5 | 普　　洱 |
| 29 | 4 |  | 1553 | 24 | 0.2 | 0.2 | 临　　沧 |
| 10 |  |  | 4096 | 79 | 4.3 | 4.1 | 禄　　丰 |
| 33 | 1 | 1 | 41677 | 450 | 18.7 | 16.3 | 楚　　雄 |
| 4 |  |  | 6477 | 109 | 2.6 |  | 个　　旧 |
| 14 |  | 2 | 24207 | 148 | 5.3 |  | 开　　远 |
| 40 |  | 2 | 26752 | 320 | 3.9 |  | 蒙　　自 |
| 3 |  |  | 44663 | 277 | 5.5 |  | 弥　　勒 |
| 47 | 39 | 1 | 21547 | 284 | 18.5 | 18.5 | 文　　山 |
| 12 | 2 | 3 | 18674 | 203 | 5.9 |  | 景　　洪 |
| 77 |  | 5 | 30482 | 413 | 9.0 | 9.0 | 大　　理 |
| 34 | 1 |  | 18153 | 190 | 5.2 | 5.2 | 瑞　　丽 |
|  |  |  | 12654 | 116 |  | 14.2 | 芒　　市 |
| 43 | 23 |  | 1908 | 34 |  |  | 泸　　水 |
| 19 |  |  | 9381 | 125 |  |  | 香格里拉 |
| **65** | **8** | **1** | **35132** | **547** | **10.6** | **10.6** | **西　　藏** |
| 28 | 3 | 1 | 18388 | 212 |  |  | 拉　　萨 |
| 4 |  |  | 5282 | 80 |  |  | 日 喀 则 |
| 6 | 5 |  | 1330 | 30 |  |  | 昌　　都 |
| 5 |  |  | 3095 | 74 |  |  | 林　　芝 |
| 8 |  |  | 3453 | 85 | 3.9 | 3.9 | 山　　南 |
| 14 |  |  | 3584 | 66 | 6.7 | 6.7 | 那　　曲 |
| **916** | **225** | **178** | **788354** | **8428** | **550.0** | **68.1** | **陕　　西** |
| 494 | 114 | 118 | 364722 | 3852 | 278.7 | 18.0 | 西　　安 |
| 37 |  | 5 | 27868 | 210 | 38.7 | 3.0 | 铜　　川 |
| 60 | 31 | 1 | 95047 | 762 | 18.1 |  | 宝　　鸡 |
| 17 | 3 | 14 | 43813 | 304 | 14.8 |  | 咸　　阳 |

## 10-2 续表 15

| 城市名称 Name of Cities | 道路长度（公里）Length of Roads (km) | 建成区 in Built District | 道路面积（万平方米）Surface Area of Roads (10,000 m²) | 人行道面积 Surface Area of Sidewalks | 建成区 in Built District |
|---|---|---|---|---|---|
| 彬州 | 78.23 | 76.02 | 204.35 | 33.47 | 197.46 |
| 兴平 | 213.59 | 207.50 | 310.00 | 108.80 | 305.60 |
| 渭南 | 416.57 | 394.12 | 686.21 | 215.91 | 633.94 |
| 韩城 | 148.16 | 148.16 | 303.54 | 57.86 | 303.54 |
| 华阴 | 124.53 | 118.96 | 187.25 | 70.82 | 177.22 |
| 延安 | 412.76 | 397.63 | 984.33 | 182.04 | 944.85 |
| 子长 | 89.20 | 89.20 | 147.37 | 82.47 | 145.40 |
| 汉中 | 515.05 | 470.30 | 967.55 | 271.91 | 846.85 |
| 榆林 | 655.21 | 641.75 | 1706.34 | 357.39 | 1688.00 |
| 神木 | 290.91 | 266.02 | 581.63 | 101.40 | 529.20 |
| 安康 | 360.04 | 360.04 | 837.31 | 187.89 | 837.31 |
| 旬阳 | 122.15 | 112.20 | 196.27 | 44.62 | 194.20 |
| 商洛 | 214.21 | 198.20 | 319.38 | 93.50 | 286.82 |
| 杨凌区 | 168.36 | 157.14 | 503.50 | 167.16 | 469.92 |
| **甘肃** | **7213.27** | **7013.30** | **15176.63** | **3659.46** | **14740.73** |
| 兰州 | 2384.26 | 2253.74 | 5409.97 | 1194.19 | 5251.36 |
| 嘉峪关 | 591.68 | 580.78 | 1084.67 | 423.82 | 1059.57 |
| 金昌 | 496.33 | 496.33 | 980.91 | 175.86 | 980.91 |
| 白银 | 567.63 | 567.63 | 1035.95 | 191.79 | 1035.95 |
| 天水 | 483.32 | 483.32 | 1066.21 | 328.07 | 1066.21 |
| 武威 | 276.40 | 276.40 | 686.12 | 212.44 | 541.11 |
| 张掖 | 366.26 | 366.26 | 677.00 | 188.57 | 677.00 |
| 平凉 | 264.18 | 264.18 | 767.50 | 126.99 | 767.50 |
| 华亭 | 112.55 | 112.55 | 258.06 | 66.13 | 254.76 |
| 酒泉 | 462.84 | 462.84 | 771.87 | 148.33 | 771.87 |
| 玉门 | 163.36 | 163.36 | 243.78 | 26.24 | 243.78 |
| 敦煌 | 263.95 | 226.28 | 282.21 | 99.25 | 230.18 |
| 庆阳 | 241.46 | 241.45 | 713.30 | 171.29 | 712.80 |
| 定西 | 119.18 | 118.56 | 308.12 | 48.73 | 304.99 |
| 陇南 | 168.00 | 168.00 | 223.00 | 68.60 | 223.00 |
| 临夏 | 199.69 | 179.72 | 482.14 | 114.19 | 433.92 |
| 合作 | 52.18 | 51.90 | 185.82 | 74.97 | 185.82 |
| **青海** | **1670.59** | **1452.01** | **4184.24** | **1011.29** | **3870.47** |
| 西宁 | 753.72 | 753.72 | 1896.82 | 447.12 | 1896.82 |
| 海东 | 208.05 | 208.05 | 683.89 | 183.18 | 683.45 |
| 同仁 | 77.00 | 77.00 | 161.00 | 11.00 | 161.00 |
| 玉树 | 214.79 | 60.00 | 409.05 | 48.00 | 234.00 |
| 茫崖 | 41.22 | 41.22 | 92.29 | 28.33 | 92.29 |
| 格尔木 | 221.36 | 157.57 | 599.13 | 191.40 | 460.85 |
| 德令哈 | 154.45 | 154.45 | 342.06 | 102.26 | 342.06 |

## continued 15

| 桥梁数 (座) Number of Bridges (unit) | 大桥及特大桥 Great Bridge and Grand Bridge | 立交桥 Intersection | 道路照明灯盏数 (盏) Number of Road Lamps (unit) | 安装路灯道路长度 (公里) Length of The Road with Street Lamp (km) | 地下综合管廊长度 (公里) Length of The Utility Tunnel (km) | 新建地下综合管廊长度 (公里) Length of The New-bwit Utility Tunnel (km) | 城市名称 Name of Cities |
|---|---|---|---|---|---|---|---|
| 7 | 3 | 1 | 3972 | 73 | | | 彬州 |
| 14 | 2 | 5 | 14067 | 93 | | | 兴平 |
| 12 | 2 | 4 | 36162 | 401 | 1.6 | | 渭南 |
| 3 | | | 4801 | 144 | 112.6 | | 韩城 |
| 21 | | | 6898 | 65 | 0.3 | | 华阴 |
| 78 | 21 | 1 | 39476 | 450 | 10.3 | 10.3 | 延安 |
| 10 | 9 | | 1340 | 27 | | | 子长 |
| 9 | 3 | 1 | 37238 | 424 | 14.7 | 8.8 | 汉中 |
| 50 | 12 | 13 | 39246 | 685 | 29.0 | 28.0 | 榆林 |
| 18 | 1 | 3 | 23000 | 277 | | | 神木 |
| 21 | 10 | 1 | 28451 | 258 | 24.9 | | 安康 |
| 8 | 8 | | 3965 | 86 | | | 旬阳 |
| 32 | 4 | 2 | 11419 | 148 | 1.9 | | 商洛 |
| 25 | 2 | 9 | 6869 | 168 | 4.4 | | 杨凌区 |
| **715** | **141** | **93** | **461466** | **4915** | **55.1** | **15.7** | **甘肃** |
| 444 | 85 | 77 | 158297 | 1418 | 15.6 | 12.3 | 兰州 |
| 6 | | 6 | 29500 | 590 | | | 嘉峪关 |
| 16 | | 1 | 24676 | 289 | | | 金昌 |
| 43 | | 2 | 22273 | 293 | 30.5 | 2.2 | 白银 |
| 31 | 9 | 5 | 64591 | 483 | | | 天水 |
| 17 | 17 | | 16633 | 227 | 7.8 | | 武威 |
| 2 | | | 22360 | 130 | | | 张掖 |
| 35 | | | 20421 | 176 | | | 平凉 |
| 10 | | | 3714 | 87 | | | 华亭 |
| 7 | 6 | | 24977 | 313 | | | 酒泉 |
| 1 | | 1 | 6532 | 163 | | | 玉门 |
| 2 | | | 7108 | 235 | | | 敦煌 |
| 3 | 3 | | 13387 | 140 | 1.2 | 1.2 | 庆阳 |
| 15 | | | 7409 | 52 | | | 定西 |
| 27 | 15 | 1 | 4970 | 102 | | | 陇南 |
| 33 | 6 | | 31880 | 186 | | | 临夏 |
| 23 | | | 2738 | 31 | | | 合作 |
| **239** | **3** | **4** | **152771** | **1097** | **124.0** | **9.6** | **青海** |
| 155 | | 4 | 94211 | 545 | 52.0 | | 西宁 |
| 30 | 1 | | 10451 | 121 | 62.4 | | 海东 |
| 10 | | | 4600 | 41 | 9.6 | 9.6 | 同仁 |
| 20 | 1 | | 8690 | 43 | | | 玉树 |
| | | | 477 | 3 | | | 茫崖 |
| 9 | 1 | | 26654 | 194 | | | 格尔木 |
| 15 | | | 7688 | 150 | | | 德令哈 |

# 10-2 续表 16

| 城市名称 Name of Cities | 道路长度（公里）Length of Roads (km) | 建成区 in Built District | 道路面积（万平方米）Surface Area of Roads (10,000 $m^2$) | 人行道面积 Surface Area of Sidewalks | 建成区 in Built District |
|---|---|---|---|---|---|
| **宁　夏** | **3009.62** | **2854.76** | **8290.49** | **1477.76** | **7664.43** |
| 银　川 | 1043.72 | 1043.72 | 3347.69 | 640.58 | 3347.69 |
| 灵　武 | 138.44 | 63.91 | 373.51 | 116.34 | 146.30 |
| 宁东能源化工基地 | 59.45 | 59.45 | 204.07 | 40.00 | 120.89 |
| 石嘴山 | 855.17 | 824.31 | 1924.27 | 174.83 | 1621.54 |
| 吴　忠 | 227.20 | 227.20 | 606.65 | 149.02 | 606.65 |
| 青铜峡 | 244.56 | 244.56 | 420.69 | 102.42 | 420.69 |
| 固　原 | 269.82 | 269.82 | 827.37 | 127.68 | 827.37 |
| 中　卫 | 171.26 | 121.79 | 586.24 | 126.89 | 573.30 |
| **新　疆** | **9394.74** | **8629.33** | **19273.71** | **3448.43** | **17943.95** |
| 乌鲁木齐 | 3488.06 | 3237.95 | 6017.27 | 601.26 | 5465.38 |
| 克拉玛依 | 858.35 | 778.53 | 1731.44 | 268.47 | 1584.42 |
| 吐鲁番 | 183.99 | 180.73 | 408.99 | 79.45 | 407.03 |
| 哈　密 | 310.18 | 310.18 | 657.01 | 127.25 | 657.01 |
| 昌　吉 | 397.38 | 386.86 | 824.62 | 189.19 | 848.03 |
| 阜　康 | 141.16 | 141.16 | 284.35 | 46.52 | 284.35 |
| 博　乐 | 140.83 | 140.83 | 260.24 | 94.95 | 260.24 |
| 阿拉山口 | 72.80 | 59.50 | 114.05 | 6.73 | 90.00 |
| 库尔勒 | 618.60 | 554.36 | 2266.80 | 955.04 | 1955.60 |
| 阿克苏 | 530.01 | 376.81 | 1355.10 | 262.53 | 698.80 |
| 库　车 | 188.76 | 188.76 | 507.16 | 55.50 | 507.16 |
| 阿图什 | 90.86 | 87.80 | 265.46 | 51.48 | 252.23 |
| 喀　什 | 638.80 | 464.90 | 1507.08 | 199.28 | 1600.49 |
| 和　田 | 173.56 | 173.56 | 615.70 | 75.80 | 664.02 |
| 伊　宁 | 639.27 | 639.27 | 804.68 | 190.14 | 1050.08 |
| 奎　屯 | 271.72 | 271.72 | 642.49 | 86.56 | 642.49 |
| 霍尔果斯 | 104.93 | 104.93 | 138.30 | 39.06 | 138.30 |
| 塔　城 | 129.04 | 129.04 | 195.35 | 41.47 | 195.35 |
| 乌　苏 | 181.00 | 175.00 | 304.89 | 42.89 | 274.96 |
| 沙　湾 | 106.29 | 98.29 | 186.15 | 3.69 | 181.43 |
| 阿勒泰 | 129.15 | 129.15 | 186.58 | 31.17 | 186.58 |
| **新疆兵团** | **1831.06** | **1570.23** | **3798.64** | **757.59** | **3073.22** |
| 石河子 | 734.17 | 719.17 | 879.61 | 80.69 | 843.61 |
| 阿拉尔 | 234.32 | 150.00 | 375.25 | 119.59 | 277.44 |
| 图木舒克 | 142.88 | 111.00 | 565.89 | 86.81 | 284.51 |
| 五家渠 | 88.95 | 88.95 | 170.94 | 41.94 | 170.94 |
| 北　屯 | 110.69 | 83.69 | 425.94 | 38.62 | 375.40 |
| 铁门关 | 71.19 | 71.19 | 268.00 | 92.96 | 268.00 |
| 双　河 | 125.50 | 87.00 | 336.70 | 68.00 | 229.00 |
| 可克达拉 | 126.00 | 126.00 | 439.38 | 155.48 | 397.90 |
| 昆　玉 | 105.00 | 105.00 | 153.80 | 33.45 | 133.80 |
| 胡杨河 | 36.77 | 23.67 | 78.13 | 15.05 | 83.04 |
| 新　星 | 55.59 | 4.56 | 105.00 | 25.00 | 9.58 |

continued 16

| 桥梁数 (座) Number of Bridges (unit) | 大桥及特大桥 Great Bridge and Grand Bridge | 立交桥 Intersection | 道路照明灯盏数 (盏) Number of Road Lamps (unit) | 安装路灯道路长度 (公里) Length of The Road with Street Lamp (km) | 地下综合管廊长度 (公里) Length of The Utility Tunnel (km) | 新建地下综合管廊长度 (公里) Length of The New-bwit Utility Tunnel (km) | 城市名称 Name of Cities |
|---|---|---|---|---|---|---|---|
| **226** | **23** | **8** | **276557** | **2541** | **47.5** | | **宁　夏** |
| 100 | 16 | 3 | 115890 | 1081 | 42.8 | | 银　川 |
| | | | 11624 | 122 | | | 灵　武 |
| 3 | | | 2578 | 51 | | | 宁东能源化工基地 |
| 6 | | | 42115 | 455 | 4.7 | | 石嘴山 |
| 25 | | | 40724 | 227 | | | 吴　忠 |
| 48 | | | 30505 | 225 | | | 青铜峡 |
| 17 | | | 15166 | 210 | | | 固　原 |
| 27 | 7 | 5 | 17955 | 171 | | | 中　卫 |
| **698** | **115** | **95** | **820095** | **7810** | **168.0** | **97.4** | **新　疆** |
| 290 | 48 | 77 | 208411 | 2379 | 65.7 | 7.5 | 乌鲁木齐 |
| 39 | 1 | 1 | 45405 | 543 | 10.4 | | 克拉玛依 |
| | | | 14746 | 108 | | | 吐鲁番 |
| 26 | | | 22949 | 199 | 1.2 | | 哈　密 |
| 14 | 1 | | 26135 | 390 | | | 昌　吉 |
| 8 | | | 10294 | 138 | | | 阜　康 |
| 12 | 9 | | 17294 | 131 | | | 博　乐 |
| | | | 2865 | 53 | | | 阿拉山口 |
| 116 | 11 | 8 | 79810 | 429 | 6.1 | 6.1 | 库尔勒 |
| 27 | 12 | 6 | 31055 | 410 | 83.8 | 83.8 | 阿克苏 |
| 8 | 8 | | 22134 | 159 | | | 库　车 |
| 1 | | | 7761 | 74 | | | 阿图什 |
| 33 | 5 | 1 | 73963 | 639 | | | 喀　什 |
| 12 | 5 | | 30221 | 170 | 0.8 | | 和　田 |
| 41 | 11 | 2 | 115264 | 1179 | | | 伊　宁 |
| 17 | | | 75996 | 367 | | | 奎　屯 |
| | | | 4387 | 43 | | | 霍尔果斯 |
| 24 | | | 6630 | 118 | | | 塔　城 |
| 14 | 1 | | 14382 | 128 | | | 乌　苏 |
| 6 | 1 | | 2821 | 63 | | | 沙　湾 |
| 10 | 2 | | 7572 | 90 | | | 阿勒泰 |
| **60** | **11** | **1** | **124691** | **1158** | **18.9** | **12.7** | **新疆兵团** |
| 7 | 1 | | 49150 | 340 | | | 石河子 |
| 5 | | | 16417 | 173 | 1.8 | | 阿拉尔 |
| 2 | | | 7258 | 82 | | | 图木舒克 |
| 17 | | | 23746 | 96 | | | 五家渠 |
| 4 | | | 5773 | 92 | | | 北　屯 |
| 14 | 9 | | 3284 | 69 | 8.1 | 8.1 | 铁门关 |
| | | | 3781 | 87 | 4.6 | 4.6 | 双　河 |
| 2 | 1 | 1 | 5242 | 126 | | | 可克达拉 |
| | | | 1462 | 25 | 4.5 | | 昆　玉 |
| 2 | | | 5715 | 12 | | | 胡杨河 |
| 7 | | | 2863 | 55 | | | 新　星 |

# 环境卫生数据

# Data by Environmental Health

# 十一、城市排水和污水处理

# 11. Urban Drainage and Wastewater Treatment

## 简要说明

城市排水指由城市排水系统收集、输送、处理和排放城市污水（生活污水、工业废水）和雨水的方式。

城市污水处理指对城市污水通过排水系统集中于一个或几个处所，并利用污水处理设施进行净化处理，最终使处理后的污水和污泥达到规定要求后排放水体或再利用。

城市污水处理设施包括两类，一是污水处理厂，二是污水处理装置。

## Brief Introduction

Urban drainage refers to the collection, delivery, treatment and discharge of wastewater (domestic wastewater and industrial wastewater) and rainwater through urban drainage system.

Urban wastewater treatment refers to purifying centralized wastewater through wastewater treatment facilities to make wastewater and sludge meet discharge or recycling standards.

Urban wastewater treatment facilities include wastewater treatment plants and wastewater treatment devices.

# 11 全国历年城市排水和污水处理情况(1978–2022)
# National Urban Drainage and Wastewater Treatment in Past Years (1978–2022)

| 年份 Year | 排水管道长度(公里) Length of Drainage Pipelines (km) | 污水年排放量(万立方米) Annual Quantity of Wastewater Discharged (10,000 $m^3$) | 污水处理厂 Wastewater Treatment Plant 座数(座) Number (unit) | 处理能力(万立方米/日) Treatment Capacity (10,000 $m^3$/day) | 污水年处理量(万立方米) Annual Treatment Capacity (10,000 $m^3$) | 污水处理率(%) Wastewater Treatment Rate (%) |
|---|---|---|---|---|---|---|
| 1978 | 19556 | 1494493 | 37 | 64 | | |
| 1979 | 20432 | 1633266 | 36 | 66 | | |
| 1980 | 21860 | 1950925 | 35 | 70 | | |
| 1981 | 23183 | 1826460 | 39 | 85 | | |
| 1982 | 24638 | 1852740 | 39 | 76 | | |
| 1983 | 26448 | 2097290 | 39 | 90 | | |
| 1984 | 28775 | 2253145 | 43 | 146 | | |
| 1985 | 31556 | 2318480 | 51 | 154 | | |
| 1986 | 42549 | 963965 | 64 | 177 | | |
| 1987 | 47107 | 2490249 | 73 | 198 | | |
| 1988 | 50678 | 2614897 | 69 | 197 | | |
| 1989 | 54510 | 2611283 | 72 | 230 | | |
| 1990 | 57787 | 2938980 | 80 | 277 | | |
| 1991 | 61601 | 2997034 | 87 | 317 | 445355 | 14.86 |
| 1992 | 67672 | 3017731 | 100 | 366 | 521623 | 17.29 |
| 1993 | 75207 | 3113420 | 108 | 449 | 623163 | 20.02 |
| 1994 | 83647 | 3030082 | 139 | 540 | 518013 | 17.10 |
| 1995 | 110293 | 3502553 | 141 | 714 | 689686 | 19.69 |
| 1996 | 112812 | 3528472 | 309 | 1153 | 833446 | 23.62 |
| 1997 | 119739 | 3514011 | 307 | 1292 | 907928 | 25.84 |
| 1998 | 125943 | 3562912 | 398 | 1583 | 1053342 | 29.56 |
| 1999 | 134486 | 3556821 | 402 | 1767 | 1135532 | 31.93 |
| 2000 | 141758 | 3317957 | 427 | 2158 | 1135608 | 34.25 |
| 2001 | 158128 | 3285850 | 452 | 3106 | 1196960 | 36.43 |
| 2002 | 173042 | 3375959 | 537 | 3578 | 1349377 | 39.97 |
| 2003 | 198645 | 3491616 | 612 | 4254 | 1479932 | 42.39 |
| 2004 | 218881 | 3564601 | 708 | 4912 | 1627966 | 45.67 |
| 2005 | 241056 | 3595162 | 792 | 5725 | 1867615 | 51.95 |
| 2006 | 261379 | 3625281 | 815 | 6366 | 2026224 | 55.67 |
| 2007 | 291933 | 3610118 | 883 | 7146 | 2269847 | 62.87 |
| 2008 | 315220 | 3648782 | 1018 | 8106 | 2560041 | 70.16 |
| 2009 | 343892 | 3712129 | 1214 | 9052 | 2793457 | 75.25 |
| 2010 | 369553 | 3786983 | 1444 | 10436 | 3117032 | 82.31 |
| 2011 | 414074 | 4037022 | 1588 | 11303 | 3376104 | 83.63 |
| 2012 | 439080 | 4167602 | 1670 | 11733 | 3437868 | 87.30 |
| 2013 | 464878 | 4274525 | 1736 | 12454 | 3818948 | 89.34 |
| 2014 | 511179 | 4453428 | 1807 | 13087 | 4016198 | 90.18 |
| 2015 | 539567 | 4666210 | 1944 | 14038 | 4288251 | 91.90 |
| 2016 | 576617 | 4803049 | 2039 | 14910 | 4487944 | 93.44 |
| 2017 | 630304 | 4923895 | 2209 | 15743 | 4654910 | 94.54 |
| 2018 | 683485 | 5211249 | 2321 | 16881 | 4976126 | 95.49 |
| 2019 | 743982 | 5546474 | 2471 | 17863 | 5369283 | 96.81 |
| 2020 | 802721 | 5713633 | 2618 | 19267 | 5572782 | 97.53 |
| 2021 | 872283 | 6250763 | 2827 | 20767 | 6118956 | 97.89 |
| 2022 | 913508 | 6389707 | 2894 | 21606 | 6268888 | 98.11 |

注：1978年至1995年污水处理厂座数及处理能力均为系统内数。

Note: Number of wastewater treatment plants and treatment capacity from 1978 to 1995 are limited to the statistical figure in the building sector.

# 11-1 2022年按省分列的城市排水和污水处理

| 地区名称<br>Name of Regions | 污水排放量（万立方米）<br>Annual Quantity of Wastewater Discharged<br>(10,000 $m^3$) | 排水管道长度（公里）<br>Length of Drainage Piplines<br>(km) | | | | | 污水处理厂 | | | |
|---|---|---|---|---|---|---|---|---|---|---|
| | | | 污水管道<br>Sewers | 雨水管道<br>Rainwater Drainage Pipeline | 雨污合流管道<br>Combined Drainage Pipeline | 建成区<br>in Built District | 座数（座）<br>Number of Wastewater Treatment Plant<br>(unit) | 二级以上<br>Second Level or Above | 处理能力（万立方米/日）<br>Treatment Capacity<br>(10,000 $m^3$/day) | 二级以上<br>Second Level or Above |
| **全　国** | **6389707** | **913508** | **420646** | **406960** | **85902** | **792600** | **2894** | **2696** | **21606.1** | **20576.0** |
| 北　京 | 212346 | 20137 | 9248 | 9398 | 1491 | 6617 | 78 | 78 | 712.1 | 712.1 |
| 天　津 | 114459 | 23910 | 11134 | 11575 | 1200 | 23472 | 46 | 46 | 344.5 | 344.5 |
| 河　北 | 183612 | 23531 | 11443 | 12088 | | 22182 | 97 | 94 | 715.2 | 697.2 |
| 山　西 | 109735 | 14644 | 6647 | 7454 | 544 | 13669 | 53 | 42 | 367.0 | 319.7 |
| 内蒙古 | 64568 | 15457 | 8228 | 6624 | 605 | 14190 | 40 | 37 | 246.2 | 231.7 |
| 辽　宁 | 334822 | 25589 | 7207 | 9102 | 9281 | 20738 | 142 | 99 | 1108.3 | 884.6 |
| 吉　林 | 139950 | 14137 | 5772 | 6722 | 1643 | 12119 | 52 | 50 | 459.2 | 457.5 |
| 黑龙江 | 133420 | 13120 | 3723 | 5752 | 3645 | 12728 | 73 | 73 | 433.3 | 433.3 |
| 上　海 | 219737 | 22289 | 9464 | 11577 | 1247 | 22289 | 42 | 42 | 896.8 | 896.8 |
| 江　苏 | 525717 | 94107 | 47223 | 42822 | 4062 | 76135 | 213 | 209 | 1684.6 | 1650.6 |
| 浙　江 | 395453 | 64373 | 33319 | 30046 | 1009 | 50645 | 116 | 114 | 1341.4 | 1338.5 |
| 安　徽 | 227265 | 37867 | 16922 | 19234 | 1711 | 34951 | 98 | 98 | 813.6 | 813.6 |
| 福　建 | 171902 | 23723 | 11327 | 11561 | 835 | 21542 | 63 | 60 | 552.2 | 518.7 |
| 江　西 | 134537 | 23120 | 10254 | 9477 | 3389 | 22667 | 79 | 68 | 456.8 | 404.8 |
| 山　东 | 369891 | 74568 | 33291 | 40121 | 1156 | 68581 | 233 | 233 | 1493.1 | 1493.1 |
| 河　南 | 260026 | 34497 | 15144 | 15998 | 3355 | 31557 | 127 | 119 | 1043.3 | 969.3 |
| 湖　北 | 321542 | 39303 | 15130 | 18637 | 5536 | 38040 | 118 | 113 | 962.2 | 930.7 |
| 湖　南 | 264396 | 26431 | 9943 | 11440 | 5047 | 25213 | 100 | 85 | 860.1 | 776.4 |
| 广　东 | 958060 | 140221 | 70053 | 51592 | 18576 | 107852 | 342 | 329 | 2936.0 | 2855.5 |
| 广　西 | 176310 | 22537 | 8121 | 9518 | 4897 | 22214 | 76 | 73 | 515.1 | 509.6 |
| 海　南 | 45292 | 7611 | 3253 | 3340 | 1018 | 5671 | 31 | 27 | 137.7 | 121.1 |
| 重　庆 | 155510 | 25504 | 12368 | 11651 | 1484 | 24874 | 85 | 80 | 461.0 | 434.5 |
| 四　川 | 310905 | 49484 | 23222 | 23245 | 3016 | 46605 | 193 | 179 | 955.0 | 922.0 |
| 贵　州 | 81265 | 15035 | 7946 | 5878 | 1210 | 12865 | 118 | 118 | 408.1 | 408.1 |
| 云　南 | 124374 | 19461 | 9261 | 8778 | 1422 | 16098 | 72 | 66 | 371.1 | 356.0 |
| 西　藏 | 9767 | 999 | 377 | 335 | 287 | 552 | 11 | 7 | 33.2 | 13.2 |
| 陕　西 | 172906 | 14757 | 6794 | 6721 | 1243 | 12786 | 72 | 61 | 573.1 | 511.1 |
| 甘　肃 | 46479 | 8980 | 4688 | 2985 | 1306 | 8561 | 31 | 30 | 213.0 | 183.0 |
| 青　海 | 18614 | 3778 | 2053 | 1485 | 241 | 3585 | 14 | 14 | 62.9 | 62.9 |
| 宁　夏 | 29147 | 2454 | 624 | 607 | 1223 | 2179 | 23 | 20 | 139.8 | 127.3 |
| 新　疆 | 66255 | 10028 | 5393 | 1021 | 3615 | 9595 | 43 | 27 | 258.8 | 192.3 |
| 新疆兵团 | 11445 | 1858 | 1074 | 176 | 609 | 1830 | 13 | 5 | 51.8 | 6.6 |

# Urban Drainage and Wastewater Treatment by Province(2022)

| Wastewater Treatment Plant | | | | 其他污水处理设施 Other Wastewater Treatment Facilities | | 污水处理总量(万立方米) Total Quantity of Wastewater Treated (10,000 m$^3$) | 市政再生水 Recycled Water | | | 地区名称 Name of Regions |
|---|---|---|---|---|---|---|---|---|---|---|
| 处理量(万立方米) Quantity of Wastewater Treated (10,000 m$^3$) | 二级以上 Second Level or Above | 干污泥产生量(吨) Quantity of Dry Sludge Produced (ton) | 干污泥处置量(吨) Quantity of Dry Sludge Treated (ton) | 处理能力(万立方米/日) Treatment Capacity (10,000 m$^3$/day) | 处理量(万立方米) Quantity of Wastewater Treated (10,000 m$^3$) | | 生产能力(万立方米/日) Recycled Water Production Capacity (10,000 m$^3$/day) | 利用量(万立方米) Annual Quantity of Wastewater Recycled and Reused (10,000 m$^3$) | 管道长度(公里) Length of Piplines (km) | |
| **6165942** | **5879829** | **13698583** | **13615717** | **998.9** | **102946** | **6268888** | **7938.5** | **1795475** | **16412** | **全　国** |
| 204244 | 204244 | 1749091 | 1748853 | 21.4 | 4014 | 208258 | 712.1 | 120540 | 2234 | 北　京 |
| 111424 | 111424 | 157983 | 157822 | 4.2 | 1256 | 112680 | 344.5 | 41679 | 2414 | 天　津 |
| 181923 | 177879 | 391926 | 390938 | | | 181923 | 547.3 | 91682 | 847 | 河　北 |
| 107083 | 93999 | 250277 | 246415 | 4.0 | 985 | 108068 | 261.0 | 25132 | 656 | 山　西 |
| 62992 | 58389 | 179204 | 177983 | | | 62992 | 204.7 | 30167 | 1540 | 内蒙古 |
| 325713 | 258937 | 498316 | 447036 | 14.6 | 2528 | 328242 | 317.3 | 71356 | 694 | 辽　宁 |
| 136930 | 136442 | 192624 | 191890 | | | 136930 | 118.1 | 29244 | 102 | 吉　林 |
| 125592 | 125592 | 214425 | 214375 | 41.5 | 3765 | 129357 | 48.6 | 17900 | 92 | 黑龙江 |
| 215438 | 215438 | 408357 | 408357 | | | 215438 | | | | 上　海 |
| 489605 | 481156 | 1272505 | 1271632 | 197.0 | 22560 | 512165 | 632.3 | 146353 | 576 | 江　苏 |
| 382647 | 382073 | 980652 | 979329 | 17.7 | 5436 | 388083 | 220.4 | 47121 | 287 | 浙　江 |
| 218797 | 218797 | 350654 | 349591 | 37.4 | 4079 | 222876 | 352.3 | 70216 | 263 | 安　徽 |
| 160662 | 151821 | 252539 | 252476 | 51.8 | 8783 | 169445 | 223.3 | 43187 | 141 | 福　建 |
| 130378 | 114936 | 163080 | 163048 | 4.1 | 949 | 131327 | 3.0 | 301 | 2 | 江　西 |
| 363946 | 363946 | 829434 | 829323 | 5.7 | 515 | 364460 | 829.5 | 189665 | 1298 | 山　东 |
| 258802 | 237405 | 501793 | 497985 | 2.0 | 2 | 258804 | 561.5 | 117129 | 753 | 河　南 |
| 296252 | 285953 | 453076 | 452186 | 68.4 | 17474 | 313727 | 291.5 | 62356 | 54 | 湖　北 |
| 259377 | 232309 | 358405 | 358405 | 14.5 | 170 | 259546 | 121.1 | 38660 | 128 | 湖　南 |
| 939520 | 913327 | 1364798 | 1363939 | 35.2 | 4520 | 944041 | 1051.3 | 384749 | 120 | 广　东 |
| 163849 | 161716 | 319760 | 319716 | 359.8 | 10307 | 174156 | 108.1 | 32192 | 54 | 广　西 |
| 44790 | 42118 | 64833 | 64821 | 0.5 | 119 | 44909 | 21.8 | 3016 | 140 | 海　南 |
| 152498 | 144142 | 253389 | 250663 | 2.9 | 455 | 152953 | 20.9 | 1997 | 124 | 重　庆 |
| 286406 | 277298 | 543209 | 541394 | 85.9 | 12774 | 299179 | 301.2 | 78341 | 434 | 四　川 |
| 80053 | 80053 | 129860 | 129794 | 1.1 | 307 | 80360 | 36.3 | 4967 | 32 | 贵　州 |
| 121237 | 116813 | 170039 | 170036 | 16.7 | 1912 | 123149 | 48.4 | 36628 | 525 | 云　南 |
| 9432 | 3965 | 8534 | 8476 | | | 9432 | 0.5 | 23 | | 西　藏 |
| 167964 | 151238 | 1243690 | 1235622 | | | 167964 | 168.2 | 44098 | 519 | 陕　西 |
| 45454 | 44690 | 126272 | 126272 | 8.0 | | 45454 | 60.9 | 9299 | 453 | 甘　肃 |
| 17850 | 17850 | 26714 | 26714 | | | 17850 | 19.1 | 4490 | 127 | 青　海 |
| 28867 | 26036 | 55907 | 55907 | | | 28867 | 58.8 | 13077 | 342 | 宁　夏 |
| 64783 | 48092 | 169184 | 166684 | 4.5 | 5 | 64788 | 214.7 | 33026 | 1386 | 新　疆 |
| 11431 | 1752 | 18051 | 18036 | 0.1 | 32 | 11463 | 39.9 | 6887 | 74 | 新疆兵团 |

# 11-2 2022年按城市分列的城市排水和污水处理

| 城市名称 Name of Cities | 污水排放量（万立方米） Annual Quantity of Wastewater Discharged (10,000 $m^3$) | 排水管道长度（公里） Length of Drainage Piplines (km) | 污水管道 Sewers | 雨水管道 Rainwater Drainage Pipeline | 雨污合流管道 Combined Drainage Pipeline | 建成区 in Built District | 污水处理厂 座数（座） Number of Wastewater Treatment Plant (unit) | 二级以上 Second Level or Above | 处理能力（万立方米/日） Treatment Capacity (10,000 $m^3$/day) | 二级以上 Second Level or Above |
|---|---|---|---|---|---|---|---|---|---|---|
| **全　国** | **6389707** | **913507.6** | **420645.7** | **406959.6** | **85902.4** | **792599.9** | **2894** | **2696** | **21606.1** | **20576.0** |
| **北　京** | **212346** | **20137.1** | **9248.0** | **9398.0** | **1491.2** | **6616.9** | **78** | **78** | **712.1** | **712.1** |
| **天　津** | **114459** | **23909.5** | **11134.2** | **11575.3** | **1200.0** | **23472.4** | **46** | **46** | **344.5** | **344.5** |
| **河　北** | **183612** | **23531.0** | **11443.0** | **12088.1** | | **22182.2** | **97** | **94** | **715.2** | **697.2** |
| 石家庄 | 33750 | 2834.8 | 1315.0 | 1519.8 | | 2802.7 | 9 | 9 | 128.0 | 128.0 |
| 晋　州 | 1643 | 246.9 | 113.9 | 133.0 | | 246.9 | 1 | 1 | 12.0 | 12.0 |
| 新　乐 | 819 | 170.4 | 84.2 | 86.2 | | 168.2 | 1 | 1 | 4.0 | 4.0 |
| 唐　山 | 23276 | 3068.3 | 1464.6 | 1603.8 | | 3068.3 | 9 | 9 | 87.8 | 87.8 |
| 滦　州 | 1658 | 157.0 | 102.4 | 54.6 | | 157.0 | 1 | 1 | 6.0 | 6.0 |
| 遵　化 | 1224 | 199.7 | 125.8 | 73.9 | | 199.7 | 1 | 1 | 8.0 | 8.0 |
| 迁　安 | 2684 | 319.4 | 167.2 | 152.3 | | 319.4 | 1 | 1 | 8.0 | 8.0 |
| 秦皇岛 | 14899 | 1884.1 | 999.7 | 884.4 | | 1884.1 | 8 | 8 | 57.5 | 57.5 |
| 邯　郸 | 14800 | 2308.1 | 879.7 | 1428.4 | | 2297.2 | 11 | 10 | 59.3 | 56.3 |
| 武　安 | 1906 | 586.1 | 357.7 | 228.4 | | 586.1 | 1 | 1 | 6.6 | 6.6 |
| 邢　台 | 9634 | 1637.2 | 800.0 | 837.2 | | 1112.9 | 4 | 4 | 32.5 | 32.5 |
| 南　宫 | 1237 | 254.9 | 120.1 | 134.8 | | 254.9 | 1 | 1 | 4.0 | 4.0 |
| 沙　河 | 1488 | 155.1 | 83.4 | 71.7 | | 155.1 | 1 | 1 | 5.0 | 5.0 |
| 保　定 | 16686 | 1833.6 | 875.5 | 958.1 | | 1773.6 | 6 | 6 | 51.0 | 51.0 |
| 涿　州 | 2940 | 304.2 | 180.1 | 124.1 | | 303.5 | 1 | 1 | 10.0 | 10.0 |
| 安　国 | 1190 | 158.6 | 87.9 | 70.7 | | 158.6 | 2 | 2 | 8.0 | 8.0 |
| 高碑店 | 1654 | 285.1 | 204.9 | 80.2 | | 234.2 | 1 | 1 | 8.0 | 8.0 |
| 张家口 | 7622 | 444.0 | 310.2 | 133.9 | | 409.4 | 5 | 5 | 28.0 | 28.0 |
| 承　德 | 7455 | 698.3 | 362.3 | 336.0 | | 698.3 | 3 | 3 | 26.5 | 26.5 |
| 平　泉 | 1591 | 176.6 | 94.8 | 81.8 | | 166.9 | 1 | 1 | 5.0 | 5.0 |
| 沧　州 | 5793 | 863.6 | 404.9 | 458.7 | | 863.6 | 2 | 2 | 22.0 | 22.0 |
| 泊　头 | 1098 | 174.6 | 95.1 | 79.5 | | 174.6 | 2 | 2 | 5.0 | 5.0 |
| 任　丘 | 1827 | 374.2 | 181.8 | 192.4 | | 374.2 | 1 | 1 | 5.0 | 5.0 |
| 黄　骅 | 1602 | 805.5 | 163.0 | 642.5 | | 312.2 | 5 | 5 | 19.0 | 19.0 |
| 河　间 | 1235 | 305.4 | 131.9 | 173.5 | | 305.4 | 1 | 1 | 6.0 | 6.0 |
| 廊　坊 | 7166 | 1094.4 | 624.0 | 470.4 | | 1094.4 | 4 | 4 | 27.0 | 27.0 |
| 霸　州 | 1643 | 165.6 | 91.8 | 73.8 | | 165.6 | 1 | 1 | 5.0 | 5.0 |
| 三　河 | 3218 | 162.2 | 93.1 | 69.1 | | 162.2 | 2 | 2 | 15.0 | 15.0 |
| 衡　水 | 4936 | 824.2 | 405.1 | 419.2 | | 786.3 | 6 | 6 | 21.0 | 21.0 |
| 深　州 | 928 | 261.3 | 138.0 | 123.3 | | 261.3 | 1 | | 5.0 | |
| 辛　集 | 3632 | 433.2 | 210.2 | 223.1 | | 341.0 | 2 | 1 | 20.0 | 10.0 |
| 定　州 | 2380 | 344.6 | 175.1 | 169.6 | | 344.6 | 2 | 2 | 10.0 | 10.0 |

# Urban Drainage and Wastewater Treatment by City(2022)

| Wastewater Treatment Plant | | | | 其他污水处理设施 Other Wastewater Treatment Facilities | | 污水处理总量(万立方米) | 市政再生水 Recycled Water | | | |
|---|---|---|---|---|---|---|---|---|---|---|
| 处理量(万立方米) Quantity of Wastewater Treated (10,000 m³) | 二级以上 Second Level or Above | 干污泥产生量(吨) Quantity of Dry Sludge Produced (ton) | 干污泥处置量(吨) Quantity of Dry Sludge Treated (ton) | 处理能力(万立方米/日) Treatment Capacity (10,000 m³/day) | 处理量(万立方米) Quantity of Wastewater Treated (10,000 m³) | Total Quantity of Wastewater Treated (10,000 m³) | 生产能力(万立方米/日) Recycled Water Production Capacity (10,000 m³/day) | 利用量(万立方米) Annual Quantity of Wastewater Recycled and Reused (10,000 m³) | 管道长度(公里) Length of Piplines (km) | 城市名称 Name of Cities |
| **6165942** | **5879829** | **13698583** | **13615717** | **998.9** | **102946** | **6268888** | **7938.5** | **1795475** | **16411.8** | **全　国** |
| **204244** | **204244** | **1749091** | **1748853** | **21.4** | **4014** | **208258** | **712.1** | **120540** | **2233.8** | **北　京** |
| **111424** | **111424** | **157983** | **157822** | **4.2** | **1256** | **112680** | **344.5** | **41679** | **2414.0** | **天　津** |
| **181923** | **177879** | **391926** | **390938** | | | **181923** | **547.3** | **91682** | **846.9** | **河　北** |
| 33668 | 33668 | 61096 | 61096 | | | 33668 | 109.0 | 12308 | 7.0 | 石家庄 |
| 1620 | 1620 | 4800 | 4800 | | | 1620 | 12.0 | 494 | 12.0 | 晋　州 |
| 813 | 813 | 2209 | 2209 | | | 813 | 3.0 | 699 | 3.0 | 新　乐 |
| 23106 | 23106 | 57565 | 57565 | | | 23106 | 56.5 | 9882 | 95.4 | 唐　山 |
| 1658 | 1658 | 1006 | 1006 | | | 1658 | 2.4 | 876 | 3.7 | 滦　州 |
| 1223 | 1223 | 2765 | 2765 | | | 1223 | 8.0 | 1220 | 32.1 | 遵　化 |
| 2681 | 2681 | 3333 | 3333 | | | 2681 | 4.0 | 1241 | 12.0 | 迁　安 |
| 14467 | 14467 | 29513 | 29513 | | | 14467 | 57.5 | 8889 | 20.3 | 秦皇岛 |
| 14796 | 13799 | 34007 | 34007 | | | 14796 | 57.3 | 6878 | 98.7 | 邯　郸 |
| 1897 | 1897 | 1864 | 1864 | | | 1897 | 5.0 | 1819 | 4.6 | 武　安 |
| 9535 | 9535 | 33478 | 33478 | | | 9535 | 21.4 | 4144 | 175.1 | 邢　台 |
| 1187 | 1187 | 1995 | 1995 | | | 1187 | 4.0 | 1187 | 0.5 | 南　宫 |
| 1442 | 1442 | 2445 | 2394 | | | 1442 | 3.9 | 861 | | 沙　河 |
| 16598 | 16598 | 34359 | 34359 | | | 16598 | 50.5 | 13661 | 52.9 | 保　定 |
| 2911 | 2911 | 5939 | 5939 | | | 2911 | 4.0 | 1143 | 40.0 | 涿　州 |
| 1181 | 1181 | 719 | 719 | | | 1181 | 3.0 | 620 | 2.0 | 安　国 |
| 1652 | 1652 | 6797 | 6797 | | | 1652 | 8.0 | 347 | 20.0 | 高碑店 |
| 7385 | 7385 | 18819 | 18819 | | | 7385 | 15.9 | 2112 | 32.8 | 张家口 |
| 7283 | 7283 | 9317 | 8380 | | | 7283 | 18.0 | 2379 | 24.9 | 承　德 |
| 1540 | 1540 | 2156 | 2156 | | | 1540 | 2.0 | 461 | 30.0 | 平　泉 |
| 5792 | 5792 | 11428 | 11428 | | | 5792 | 22.0 | 5555 | 41.0 | 沧　州 |
| 1076 | 1076 | 1693 | 1693 | | | 1076 | 2.0 | 469 | 0.2 | 泊　头 |
| 1826 | 1826 | 2546 | 2546 | | | 1826 | 5.0 | 694 | 2.2 | 任　丘 |
| 1602 | 1602 | 3329 | 3329 | | | 1602 | 3.0 | 599 | 10.0 | 黄　骅 |
| 1234 | 1234 | 3122 | 3122 | | | 1234 | 3.2 | 459 | 12.5 | 河　间 |
| 7116 | 7116 | 19985 | 19984 | | | 7116 | 25.0 | 3451 | 32.3 | 廊　坊 |
| 1594 | 1594 | 1374 | 1374 | | | 1594 | 4.2 | 1531 | 0.2 | 霸　州 |
| 3217 | 3217 | 3326 | 3326 | | | 3217 | 5.0 | 1320 | 9.0 | 三　河 |
| 4934 | 4934 | 11984 | 11984 | | | 4934 | 15.0 | 3505 | 48.1 | 衡　水 |
| 918 | 2315 | 2315 | | | | 918 | 2.5 | 366 | 24.6 | 深　州 |
| 3626 | 1497 | 9066 | 9066 | | | 3626 | 5.0 | 1274 | | 辛　集 |
| 2346 | 2346 | 7577 | 7577 | | | 2346 | 10.0 | 1239 | | 定　州 |

## 11-2 续表 1

| 城市名称 Name of Cities | 污水排放量(万立方米) Annual Quantity of Wastewater Discharged (10,000 $m^3$) | 排水管道长度(公里) Length of Piplines (km) | 污水管道 Sewers | 雨水管道 Rainwater Drainage Pipeline | 雨污合流管道 Combined Drainage Pipeline | 建成区 in Built District | 污水处理厂 座数(座) Number of Wastewater Treatment Plant (unit) | 二级以上 Second Level or Above | 处理能力(万立方米/日) Treatment Capacity (10,000 $m^3$/day) | 二级以上 Second Level or Above |
|---|---|---|---|---|---|---|---|---|---|---|
| **山　西** | **109735** | **14644.2** | **6646.6** | **7454.0** | **543.6** | **13668.8** | **53** | **42** | **367.0** | **319.7** |
| 太　原 | 39955 | 4853.8 | 1814.0 | 3016.7 | 23.1 | 4853.8 | 7 | 7 | 127.0 | 127.0 |
| 古　交 | 1856 | 80.4 | 32.2 | 48.2 | | 80.4 | 2 | 1 | 6.0 | 4.0 |
| 大　同 | 10344 | 1515.9 | 672.1 | 843.8 | | 1515.9 | 6 | 6 | 41.0 | 41.0 |
| 阳　泉 | 5873 | 541.4 | 293.9 | 128.9 | 118.6 | 40.4 | 4 | 4 | 18.0 | 18.0 |
| 长　治 | 9953 | 671.4 | 282.3 | 286.7 | 102.4 | 623.1 | 5 | 4 | 32.7 | 12.7 |
| 晋　城 | 3472 | 607.2 | 264.2 | 338.5 | 4.5 | 607.2 | 1 | 1 | 12.0 | 12.0 |
| 高　平 | 810 | 158.2 | 80.8 | 62.8 | 14.6 | 143.6 | 1 | | 2.0 | |
| 朔　州 | 3228 | 320.4 | 160.3 | 135.6 | 24.4 | 137.0 | 3 | | 12.0 | |
| 怀　仁 | 1465 | 350.6 | 250.0 | 93.3 | 7.3 | 350.6 | 1 | 1 | 5.0 | 5.0 |
| 晋　中 | 6379 | 1530.1 | 973.4 | 534.5 | 22.3 | 1473.8 | 4 | 1 | 19.8 | 15.0 |
| 介　休 | 1626 | 170.6 | 94.6 | 74.5 | 1.5 | 170.6 | 2 | 2 | 6.0 | 6.0 |
| 运　城 | 5269 | 657.0 | 323.4 | 325.5 | 8.0 | 657.0 | 2 | 2 | 18.0 | 18.0 |
| 永　济 | 1307 | 163.5 | 97.2 | 53.2 | 13.1 | 163.5 | 1 | 1 | 4.0 | 4.0 |
| 河　津 | 1300 | 197.2 | 89.7 | 76.5 | 31.0 | 152.0 | 1 | 1 | 4.0 | 4.0 |
| 忻　州 | 2650 | 824.0 | 370.4 | 445.4 | 8.3 | 824.0 | 2 | 2 | 11.5 | 11.5 |
| 原　平 | 1507 | 154.0 | 84.1 | 66.0 | 3.9 | 139.9 | 1 | 1 | 5.0 | 5.0 |
| 临　汾 | 3812 | 516.8 | 203.6 | 246.9 | 66.3 | 418.6 | 3 | 3 | 13.0 | 13.0 |
| 侯　马 | 1312 | 172.1 | 64.9 | 92.7 | 14.5 | 172.1 | 1 | 1 | 6.0 | 6.0 |
| 霍　州 | 1170 | 106.6 | 45.0 | 39.0 | 22.6 | 92.4 | 1 | 1 | 3.0 | 3.0 |
| 吕　梁 | 3539 | 421.7 | 187.0 | 229.3 | 5.5 | 421.7 | 2 | 2 | 11.5 | 11.5 |
| 孝　义 | 1925 | 428.2 | 141.8 | 241.6 | 44.8 | 428.2 | 2 | | 6.5 | |
| 汾　阳 | 984 | 203.2 | 121.6 | 74.7 | 6.9 | 203.2 | 1 | 1 | 3.0 | 3.0 |
| **内蒙古** | **64568** | **15457.4** | **8228.1** | **6623.9** | **605.4** | **14189.6** | **40** | **37** | **246.2** | **231.7** |
| 呼和浩特 | 15123 | 3261.0 | 1496.2 | 1764.8 | | 3261.0 | 6 | 6 | 64.0 | 64.0 |
| 包　头 | 13192 | 2670.3 | 1936.0 | 733.1 | 1.1 | 2588.2 | 6 | 5 | 43.9 | 43.4 |
| 乌　海 | 2366 | 290.2 | 258.6 | 31.5 | | 287.1 | 3 | 3 | 11.0 | 11.0 |
| 赤　峰 | 7345 | 1150.4 | 414.9 | 508.7 | 226.8 | 848.9 | 2 | 2 | 31.0 | 31.0 |
| 通　辽 | 5141 | 793.9 | 344.1 | 449.9 | | 793.9 | 2 | 2 | 20.0 | 20.0 |
| 霍林郭勒 | 1377 | 415.7 | 400.1 | 15.6 | | 410.2 | 1 | 1 | 5.0 | 5.0 |
| 鄂尔多斯 | 3204 | 2228.2 | 1010.4 | 1172.2 | 45.6 | 1844.2 | 3 | 3 | 15.0 | 15.0 |
| 呼伦贝尔 | 2978 | 352.6 | 113.4 | 239.2 | | 352.6 | 1 | | 10.0 | |
| 满洲里 | 2060 | 299.8 | 146.4 | 122.3 | 31.0 | 299.8 | 2 | 2 | 5.5 | 5.5 |
| 牙克石 | 853 | 131.4 | 121.4 | 10.0 | | 131.4 | 1 | 1 | 3.4 | 3.4 |
| 扎兰屯 | 1066 | 123.5 | 114.0 | 9.5 | | 123.5 | 1 | 1 | 4.0 | 4.0 |
| 额尔古纳 | 276 | 99.2 | 66.5 | 32.7 | | 99.2 | 1 | 1 | 1.0 | 1.0 |

continued 1

| Wastewater Treatment Plant | | | | 其他污水处理设施 Other Wastewater Treatment Facilities | | 污水处理总量(万立方米) | 市政再生水 Recycled Water | | | |
|---|---|---|---|---|---|---|---|---|---|---|
| 处理量(万立方米) Quantity of Wastewater Treated (10,000 $m^3$) | 二级以上 Second Level or Above | 干污泥产生量(吨) Quantity of Dry Sludge Produced (ton) | 干污泥处置量(吨) Quantity of Dry Sludge Treated (ton) | 处理能力(万立方米/日) Treatment Capacity (10,000 $m^3$/day) | 处理量(万立方米) Quantity of Wastewater Treated (10,000 $m^3$) | Total Quantity of Wastewater Treated (10,000 $m^3$) | 生产能力(万立方米/日) Recycled Water Production Capacity (10,000 $m^3$/day) | 利用量(万立方米) Annual Quantity of Wastewater Recycled and Reused (10,000 $m^3$) | 管道长度(公里) Length of Piplines (km) | 城市名称 Name of Cities |
| **107083** | **93999** | **250277** | **246415** | **4.0** | **985** | **108068** | **261.0** | **25132** | **656.0** | **山 西** |
| 39954 | 39954 | 73901 | 73901 | | | 39954 | 127.0 | 4462 | 184.0 | 太 原 |
| 1855 | 1201 | 4218 | 4218 | | | 1855 | | | | 古 交 |
| 10167 | 10167 | 28876 | 28876 | | | 10167 | 8.0 | 2427 | 10.0 | 大 同 |
| 4888 | 4888 | 16002 | 12141 | 4.0 | 985 | 5873 | 4.0 | 1118 | | 阳 泉 |
| 9537 | 3608 | 18181 | 18181 | | | 9537 | 16.2 | 2340 | 86.6 | 长 治 |
| 3472 | 3472 | 5963 | 5963 | | | 3472 | 12.0 | 766 | 22.0 | 晋 城 |
| 799 | | 1537 | 1537 | | | 799 | 2.0 | 136 | 18.0 | 高 平 |
| 3029 | | 14941 | 14941 | | | 3029 | 8.6 | 1114 | 42.0 | 朔 州 |
| 1465 | 1465 | 7313 | 7313 | | | 1465 | 5.0 | 1254 | 9.1 | 怀 仁 |
| 6269 | 5447 | 15434 | 15434 | | | 6269 | 13.6 | 1632 | 131.9 | 晋 中 |
| 1594 | 1594 | 3352 | 3352 | | | 1594 | 6.0 | 674 | 42.0 | 介 休 |
| 5063 | 5063 | 10477 | 10477 | | | 5063 | 18.0 | 2207 | 22.5 | 运 城 |
| 1209 | 1209 | 1999 | 1999 | | | 1209 | 3.3 | 132 | 5.5 | 永 济 |
| 1235 | 1235 | 3447 | 3447 | | | 1235 | 4.0 | 100 | 9.3 | 河 津 |
| 2571 | 2571 | 3482 | 3482 | | | 2571 | 11.5 | 681 | 7.4 | 忻 州 |
| 1450 | 1450 | 2079 | 2079 | | | 1450 | 3.0 | 426 | 15.0 | 原 平 |
| 3812 | 3812 | 7287 | 7287 | | | 3812 | 11.0 | 3229 | 28.5 | 临 汾 |
| 1312 | 1312 | 2722 | 2722 | | | 1312 | 1.0 | 525 | 12.0 | 侯 马 |
| 1123 | 1123 | 4693 | 4693 | | | 1123 | | | | 霍 州 |
| 3447 | 3447 | 12844 | 12844 | | | 3447 | | 311 | | 吕 梁 |
| 1850 | | 8913 | 8913 | | | 1850 | 4.2 | 1462 | | 孝 义 |
| 984 | 984 | 2615 | 2615 | | | 984 | 2.7 | 136 | 10.2 | 汾 阳 |
| **62992** | **58389** | **179204** | **177983** | | | **62992** | **204.7** | **30167** | **1539.7** | **内 蒙 古** |
| 14672 | 14672 | 36465 | 36465 | | | 14672 | 66.0 | 4701 | 173.0 | 呼和浩特 |
| 12710 | 12567 | 34709 | 34709 | | | 12710 | 25.7 | 3750 | 130.0 | 包 头 |
| 2230 | 2230 | 7785 | 7785 | | | 2230 | 2.7 | 2152 | 9.2 | 乌 海 |
| 7123 | 7123 | 19806 | 18985 | | | 7123 | 30.0 | 6419 | 316.0 | 赤 峰 |
| 5098 | 5098 | 11730 | 11730 | | | 5098 | 15.0 | 2143 | 55.3 | 通 辽 |
| 1362 | 1362 | 4506 | 4506 | | | 1362 | 5.0 | 1284 | 73.2 | 霍林郭勒 |
| 3183 | 3183 | 10599 | 10199 | | | 3183 | 15.0 | 2702 | 311.8 | 鄂尔多斯 |
| 2978 | | 9999 | 9999 | | | 2978 | 10.0 | 896 | | 呼伦贝尔 |
| 2040 | 2040 | 3027 | 3027 | | | 2040 | 5.5 | 893 | 46.5 | 满 洲 里 |
| 813 | 813 | 2490 | 2490 | | | 813 | 3.4 | 302 | 44.2 | 牙 克 石 |
| 1066 | 1066 | 2447 | 2447 | | | 1066 | 2.0 | | 11.0 | 扎 兰 屯 |
| 265 | 265 | 482 | 482 | | | 265 | 1.0 | 265 | 13.8 | 额尔古纳 |

## 11-2 续表 2

| 城市名称 Name of Cities | 污水排放量(万立方米) Annual Quantity of Wastewater Discharged (10,000 $m^3$) | 排水管道长度(公里) Length of Drainage Piplines (km) | 污水管道 Sewers | 雨水管道 Rainwater Drainage Pipeline | 雨污合流管道 Combined Drainage Pipeline | 建成区 in Built District | 污水处理厂 座数(座) Number of Wastewater Treatment Plant (unit) | 二级以上 Second Level or Above | 处理能力(万立方米/日) Treatment Capacity (10,000 $m^3$/day) | 二级以上 Second Level or Above |
|---|---|---|---|---|---|---|---|---|---|---|
| 根　河 | 182 | 83.7 | 54.5 | 29.3 | | 83.7 | 1 | 1 | 0.7 | 0.7 |
| 巴彦淖尔 | 2493 | 706.6 | 395.6 | 224.2 | 86.8 | 690.0 | 1 | 1 | 10.0 | 10.0 |
| 乌兰察布 | 2199 | 763.7 | 491.5 | 266.0 | 6.2 | 752.5 | 3 | 3 | 7.5 | 7.5 |
| 丰　镇 | 765 | 388.7 | 207.9 | 159.9 | 20.9 | 388.7 | 1 | 1 | 2.1 | 2.1 |
| 锡林浩特 | 1498 | 532.1 | 247.1 | 285.0 | | 532.1 | 1 | | 4.0 | |
| 二连浩特 | 425 | 188.5 | | 1.6 | 186.9 | 188.5 | 1 | 1 | 1.5 | 1.5 |
| 乌兰浩特 | 1844 | 878.6 | 341.1 | 537.6 | | 414.7 | 2 | 2 | 6.0 | 6.0 |
| 阿尔山 | 182 | 99.5 | 68.5 | 31.0 | | 99.5 | 1 | 1 | 0.6 | 0.6 |
| **辽　宁** | **334822** | **25589.0** | **7206.5** | **9101.9** | **9280.6** | **20737.7** | **142** | **99** | **1108.3** | **884.6** |
| 沈　阳 | 92913 | 7378.9 | 2095.7 | 3275.2 | 2008.1 | 5751.8 | 25 | 25 | 357.5 | 357.5 |
| 新　民 | 2417 | 114.1 | 31.3 | 13.0 | 69.8 | 108.6 | 1 | 1 | 8.0 | 8.0 |
| 大　连 | 60124 | 4099.3 | 1183.3 | 1661.4 | 1254.6 | 3369.0 | 33 | 26 | 192.2 | 155.2 |
| 庄　河 | 2203 | 302.0 | 98.0 | 21.7 | 182.3 | 278.8 | 4 | | 11.5 | |
| 瓦房店 | 5299 | 890.0 | 395.2 | 358.3 | 136.5 | 325.0 | 3 | 3 | 14.0 | 14.0 |
| 鞍　山 | 18845 | 1095.7 | 193.6 | 385.5 | 516.6 | 1095.7 | 7 | 5 | 61.0 | 46.0 |
| 海　城 | 3647 | 99.4 | 17.4 | 0.4 | 81.5 | 99.4 | 1 | | 9.0 | |
| 抚　顺 | 23144 | 1010.2 | 209.0 | 325.4 | 475.8 | 1010.2 | 6 | 2 | 59.0 | 50.0 |
| 本　溪 | 20755 | 644.8 | 186.4 | 209.2 | 249.3 | 221.0 | 7 | 6 | 68.0 | 55.0 |
| 丹　东 | 8526 | 549.2 | 114.0 | 178.9 | 256.3 | 399.8 | 1 | 1 | 20.0 | 20.0 |
| 东　港 | 1865 | 220.0 | 66.0 | 26.5 | 127.5 | 214.0 | 1 | 1 | 7.0 | 7.0 |
| 凤　城 | 1049 | 139.0 | 36.0 | 46.7 | 56.2 | 60.2 | 1 | 1 | 3.0 | 3.0 |
| 锦　州 | 12152 | 747.8 | 242.6 | 220.0 | 285.2 | 747.8 | 1 | | 41.0 | |
| 凌　海 | 1193 | 75.8 | 2.1 | 0.6 | 73.2 | 75.8 | 5 | | 11.0 | |
| 北　镇 | 1514 | 97.2 | 14.9 | 32.9 | 49.4 | 63.6 | 2 | 1 | 5.0 | 2.0 |
| 营　口 | 12426 | 1913.9 | 615.1 | 470.9 | 827.9 | 1285.7 | 8 | 5 | 36.0 | 25.0 |
| 盖　州 | 2104 | 194.3 | 58.8 | 86.1 | 49.4 | 194.3 | 1 | | 5.0 | |
| 大石桥 | 2431 | 222.3 | 73.6 | 34.8 | 113.9 | 208.3 | 3 | | 6.2 | |
| 阜　新 | 8055 | 692.7 | 126.4 | 182.8 | 383.4 | 517.1 | 4 | 4 | 23.5 | 23.5 |
| 辽　阳 | 10613 | 1051.7 | 255.0 | 189.3 | 607.3 | 1023.7 | 6 | 3 | 39.6 | 12.1 |
| 灯　塔 | 1780 | 138.9 | 43.8 | 53.4 | 41.8 | 93.2 | 1 | | 6.0 | |
| 盘　锦 | 10004 | 1270.6 | 353.8 | 448.4 | 468.4 | 1227.4 | 4 | 4 | 29.4 | 29.4 |
| 铁　岭 | 7044 | 467.2 | 146.7 | 209.6 | 111.0 | 401.1 | 3 | 3 | 22.0 | 22.0 |
| 调兵山 | 2003 | 191.1 | 142.4 | 33.1 | 15.6 | 191.1 | 2 | | 6.0 | |
| 开　原 | 2745 | 187.6 | 26.4 | 35.9 | 125.3 | 187.6 | 1 | 1 | 8.0 | 8.0 |
| 朝　阳 | 7147 | 557.1 | 180.8 | 296.5 | 79.8 | 542.0 | 3 | 2 | 19.0 | 16.0 |
| 北　票 | 2345 | 133.3 | | | 133.3 | 133.3 | 1 | 1 | 7.5 | 7.5 |
| 凌　源 | 2189 | 216.9 | 75.3 | 55.1 | 86.5 | 216.5 | 2 | 1 | 7.5 | 2.5 |
| 葫芦岛 | 6201 | 683.7 | 187.4 | 208.4 | 287.9 | 683.7 | 4 | 2 | 19.5 | 15.0 |
| 兴　城 | 2089 | 12.3 | 5.0 | 7.3 | | 12.3 | 1 | 1 | 6.0 | 6.0 |
| 沈抚改革创新示范区 | | 192.3 | 30.6 | 34.8 | 126.9 | | | | | |

continued 2

| Wastewater Treatment Plant | | | | 其他污水处理设施 Other Wastewater Treatment Facilities | | 污水处理总量(万立方米) Total Quantity of Wastewater Treated (10,000 m³) | 市政再生水 Recycled Water | | | 城市名称 Name of Cities |
|---|---|---|---|---|---|---|---|---|---|---|
| 处理量(万立方米) Quantity of Wastewater Treated (10,000 m³) | 二级以上 Second Level or Above | 干污泥产生量(吨) Quantity of Dry Sludge Produced (ton) | 干污泥处置量(吨) Quantity of Dry Sludge Treated (ton) | 处理能力(万立方米/日) Treatment Capacity (10,000 m³/day) | 处理量(万立方米) Quantity of Wastewater Treated (10,000 m³) | | 生产能力(万立方米/日) Recycled Water Production Capacity (10,000 m³/day) | 利用量(万立方米) Annual Quantity of Wastewater Recycled and Reused (10,000 m³) | 管道长度(公里) Length of Piplines (km) | |
| 178 | 178 | 303 | 303 | | | 178 | 0.7 | 65 | 6.0 | 根河 |
| 2466 | 2466 | 4134 | 4134 | | | 2466 | 6.0 | 924 | 112.9 | 巴彦淖尔 |
| 2199 | 2199 | 18620 | 18620 | | | 2199 | 7.5 | 1250 | 130.0 | 乌兰察布 |
| 765 | 765 | 1265 | 1265 | | | 765 | 2.0 | 735 | 22.0 | 丰镇 |
| 1482 | | 7164 | 7164 | | | 1482 | 3.5 | 801 | 33.0 | 锡林浩特 |
| 417 | 417 | 1008 | 1008 | | | 417 | 1.3 | 393 | 43.6 | 二连浩特 |
| 1773 | 1773 | 2642 | 2642 | | | 1773 | 2.0 | 457 | 8.3 | 乌兰浩特 |
| 173 | 173 | 24 | 24 | | | 173 | 0.5 | 35 | | 阿尔山 |
| **325713** | **258937** | **498316** | **447036** | **14.6** | **2528** | **328242** | **317.3** | **71356** | **693.5** | **辽宁** |
| 92448 | 92448 | 109623 | 109623 | | | 92448 | 57.0 | 20805 | 143.0 | 沈阳 |
| 2417 | 2417 | 4485 | 4485 | | | 2417 | 4.0 | 2 | 4.0 | 新民 |
| 58265 | 46361 | 87971 | 87969 | | | 58265 | 59.8 | 16404 | 50.6 | 大连 |
| 2116 | | 6420 | 6420 | | | 2116 | 1.5 | 1955 | 4.7 | 庄河 |
| 4798 | 4798 | 11280 | 11280 | | | 4798 | 8.0 | 479 | 254.0 | 瓦房店 |
| 18053 | 13104 | 23293 | 23293 | | | 18053 | 30.8 | 3423 | | 鞍山 |
| 3457 | | 5778 | 5778 | 2.0 | 190 | 3647 | | | | 海城 |
| 20523 | 18379 | 51160 | | 10.6 | 2214 | 22737 | 56.5 | 4027 | 23.9 | 抚顺 |
| 20547 | 16152 | 28591 | 28483 | | | 20547 | 6.7 | 2426 | 17.2 | 本溪 |
| 7926 | 7926 | 6350 | 6350 | 1.9 | 106 | 8032 | 20.0 | 385 | 5.6 | 丹东 |
| 1650 | 1650 | 4688 | 4688 | | | 1650 | 7.0 | 1650 | 0.9 | 东港 |
| 893 | 893 | 495 | 495 | 0.1 | 18 | 912 | | | | 凤城 |
| 12152 | | 9849 | 9849 | | | 12152 | 8.0 | 1562 | 30.0 | 锦州 |
| 1193 | | 646 | 646 | | | 1193 | | | | 凌海 |
| 1514 | 716 | 4315 | 4315 | | | 1514 | | | | 北镇 |
| 11718 | 8432 | 12710 | 12709 | | | 11718 | 13.0 | 4849 | 28.7 | 营口 |
| 1896 | | 2353 | 2353 | | | 1896 | | | | 盖州 |
| 2091 | | 5938 | 5938 | | | 2091 | | | | 大石桥 |
| 8055 | 8055 | 14359 | 14359 | | | 8055 | 2.0 | 223 | 10.1 | 阜新 |
| 10613 | 2122 | 41136 | 41136 | | | 10613 | 6.0 | 714 | 2.0 | 辽阳 |
| 1780 | | 2587 | 2587 | | | 1780 | 2.0 | | | 灯塔 |
| 10004 | 10004 | 12617 | 12617 | | | 10004 | 14.9 | 5485 | 5.8 | 盘锦 |
| 7044 | 7044 | 12446 | 12446 | | | 7044 | 5.0 | 1833 | 4.3 | 铁岭 |
| 1963 | | 3045 | 3045 | | | 1963 | 3.9 | 2 | 7.0 | 调兵山 |
| 2745 | 2745 | 11844 | 11844 | | | 2745 | | | | 开原 |
| 7147 | 6095 | 9685 | 9677 | | | 7147 | 4.0 | 2264 | 2.8 | 朝阳 |
| 2345 | 2345 | 3747 | 3747 | | | 2345 | 3.0 | 623 | 99.0 | 北票 |
| 2189 | 678 | 3991 | 3990 | | | 2189 | 4.1 | 1200 | | 凌源 |
| 6083 | 4484 | 5352 | 5352 | | | 6083 | | 1025 | | 葫芦岛 |
| 2089 | 2089 | 1563 | 1563 | | | 2089 | | 21 | | 兴城 |
| | | | | | | | | | | 沈抚改革创新示范区 |

# 11-2 续表 3

| 城市名称<br>Name of Cities | 污水排放量(万立方米)<br>Annual Quantity of Wastewater Discharged<br>(10,000 $m^3$) | 排水管道长度(公里)<br>Length of Drainage Piplines<br>(km) | | | | | 污水处理厂 | | | |
|---|---|---|---|---|---|---|---|---|---|---|
| | | | 污水管道<br>Sewers | 雨水管道<br>Rainwater Drainage Pipeline | 雨污合流管道<br>Combined Drainage Pipeline | 建成区<br>in Built District | 座数(座)<br>Number of Wastewater Treatment Plant<br>(unit) | 二级以上<br>Second Level or Above | 处理能力(万立方米/日)<br>Treatment Capacity<br>(10,000 $m^3$/day) | 二级以上<br>Second Level or Above |
| **吉　林** | **139950** | **14136.5** | **5772.3** | **6721.7** | **1642.5** | **12119.0** | **52** | **50** | **459.2** | **457.5** |
| 长　春 | 63112 | 6130.9 | 2276.7 | 3136.9 | 717.3 | 4487.3 | 15 | 15 | 197.3 | 197.3 |
| 榆　树 | 1627 | 174.7 | 77.0 | 71.9 | 25.8 | 174.7 | 1 | 1 | 6.0 | 6.0 |
| 德　惠 | 1629 | 187.3 | 55.3 | 76.8 | 55.2 | 187.3 | 1 | 1 | 5.0 | 5.0 |
| 公主岭 | 2644 | 411.7 | 179.2 | 214.5 | 18.0 | 377.9 | 2 | 1 | 11.5 | 10.0 |
| 吉　林 | 19907 | 1135.0 | 481.4 | 640.2 | 13.4 | 1135.0 | 4 | 4 | 61.5 | 61.5 |
| 蛟　河 | 1251 | 161.1 | 74.8 | 72.7 | 13.6 | 161.1 | 1 | 1 | 4.0 | 4.0 |
| 桦　甸 | 778 | 166.9 | 90.1 | 76.9 | | 166.9 | 1 | 1 | 3.0 | 3.0 |
| 舒　兰 | 1024 | 121.6 | 71.8 | 32.0 | 17.8 | 95.8 | 1 | 1 | 4.0 | 4.0 |
| 磐　石 | 1051 | 167.9 | 83.0 | 84.9 | | 167.9 | 1 | 1 | 3.0 | 3.0 |
| 四　平 | 6549 | 415.0 | 183.0 | 148.0 | 84.0 | 358.0 | 1 | 1 | 18.0 | 18.0 |
| 双　辽 | 588 | 152.8 | 62.0 | 40.0 | 50.8 | 152.8 | 1 | 1 | 2.5 | 2.5 |
| 辽　源 | 4583 | 386.7 | 161.8 | 215.6 | 9.3 | 386.7 | 1 | 1 | 16.0 | 16.0 |
| 通　化 | 3615 | 269.6 | 87.9 | 83.8 | 98.0 | 116.3 | 2 | 2 | 11.2 | 11.2 |
| 集　安 | 911 | 76.2 | 40.4 | 35.9 | | 76.2 | 1 | 1 | 4.0 | 4.0 |
| 白　山 | 3774 | 256.5 | 145.9 | 106.6 | 4.0 | 249.5 | 3 | 3 | 13.0 | 13.0 |
| 临　江 | 506 | 69.3 | 36.1 | 33.2 | | 69.3 | 1 | 1 | 2.5 | 2.5 |
| 松　原 | 5330 | 620.6 | 288.5 | 319.5 | 12.7 | 620.6 | 2 | 2 | 25.0 | 25.0 |
| 扶　余 | 599 | 132.2 | 71.7 | 60.5 | | 132.2 | 1 | 1 | 3.0 | 3.0 |
| 白　城 | 2841 | 416.2 | 249.6 | 163.6 | 3.0 | 414.3 | 1 | 1 | 8.0 | 8.0 |
| 洮　南 | 884 | 202.3 | 55.3 | 36.7 | 110.3 | 202.3 | 1 | 1 | 3.0 | 3.0 |
| 大　安 | 574 | 189.0 | 92.4 | 96.6 | | 178.9 | 1 | 1 | 4.0 | 4.0 |
| 延　吉 | 6020 | 902.4 | 271.7 | 411.7 | 219.0 | 902.4 | 1 | 1 | 20.0 | 20.0 |
| 图　们 | 441 | 72.3 | 30.7 | 38.0 | 3.6 | 72.3 | 1 | 1 | 3.0 | 3.0 |
| 敦　化 | 3682 | 289.0 | 132.4 | 117.2 | 39.4 | 253.2 | 1 | 1 | 10.0 | 10.0 |
| 珲　春 | 1752 | 277.1 | 89.4 | 121.2 | 66.4 | 277.1 | 1 | 1 | 6.0 | 6.0 |
| 龙　井 | 807 | 111.6 | 43.7 | 27.9 | 40.1 | 111.6 | 1 | 1 | 2.5 | 2.5 |
| 和　龙 | 862 | 122.3 | 70.9 | 50.9 | 0.5 | 113.5 | 1 | 1 | 4.0 | 4.0 |
| 梅河口 | 1731 | 288.6 | 130.4 | 117.6 | 40.5 | 288.6 | 1 | 1 | 5.0 | 5.0 |
| 长白山保护开发区管理委员会 | 879 | 230.1 | 139.4 | 90.7 | | 189.5 | 2 | 1 | 3.2 | 3.0 |

continued 3

| Wastewater Treatment Plant | | | | 其他污水处理设施 Other Wastewater Treatment Facilities | | 污水处理总量(万立方米) | 市政再生水 Recycled Water | | | |
|---|---|---|---|---|---|---|---|---|---|---|
| 处理量(万立方米) Quantity of Wastewater Treated (10,000 $m^3$) | 二级以上 Second Level or Above | 干污泥产生量(吨) Quantity of Dry Sludge Produced (ton) | 干污泥处置量(吨) Quantity of Dry Sludge Treated (ton) | 处理能力(万立方米/日) Treatment Capacity (10,000 $m^3$/day) | 处理量(万立方米) Quantity of Wastewater Treated (10,000 $m^3$) | Total Quantity of Wastewater Treated (10,000 $m^3$) | 生产能力(万立方米/日) Recycled Water Production Capacity (10,000 $m^3$/day) | 利用量(万立方米) Annual Quantity of Wastewater Recycled and Reused (10,000 $m^3$) | 管道长度(公里) Length of Piplines (km) | 城市名称 Name of Cities |
| **136930** | **136442** | **192624** | **191890** | | | **136930** | **118.1** | **29244** | **101.5** | **吉　林** |
| 60876 | 60876 | 85290 | 85068 | | | 60876 | 51.5 | 15872 | 30.0 | 长　春 |
| 1627 | 1627 | 6018 | 6018 | | | 1627 | 1.5 | 326 | 10.0 | 榆　树 |
| 1629 | 1629 | 6626 | 6626 | | | 1629 | 2.0 | 332 | | 德　惠 |
| 2644 | 2173 | 4981 | 4621 | | | 2644 | | | | 公主岭 |
| 19907 | 19907 | 26956 | 26956 | | | 19907 | 2.0 | 5411 | 3.0 | 吉　林 |
| 1251 | 1251 | 2557 | 2557 | | | 1251 | 4.0 | 0 | | 蛟　河 |
| 746 | 746 | 762 | 762 | | | 746 | 1.5 | 37 | 6.5 | 桦　甸 |
| 1024 | 1024 | 719 | 719 | | | 1024 | 4.0 | 94 | | 舒　兰 |
| 1051 | 1051 | 1318 | 1318 | | | 1051 | 2.8 | 22 | 0.5 | 磐　石 |
| 6508 | 6508 | 10083 | 10083 | | | 6508 | 15.0 | 2277 | 13.0 | 四　平 |
| 564 | 564 | 1282 | 1282 | | | 564 | 2.5 | 232 | 6.5 | 双　辽 |
| 4425 | 4425 | 7697 | 7697 | | | 4425 | 8.0 | 1018 | 11.2 | 辽　源 |
| 3590 | 3590 | 1517 | 1517 | | | 3590 | 5.4 | | | 通　化 |
| 911 | 911 | 803 | 803 | | | 911 | | | | 集　安 |
| 3631 | 3631 | 3665 | 3511 | | | 3631 | | | | 白　山 |
| 485 | 485 | 102 | 102 | | | 485 | 0.2 | 5 | | 临　江 |
| 5330 | 5330 | 7932 | 7932 | | | 5330 | 4.0 | 1564 | 0.7 | 松　原 |
| 599 | 599 | 1447 | 1447 | | | 599 | 0.4 | 132 | 1.5 | 扶　余 |
| 2768 | 2768 | 2712 | 2712 | | | 2768 | 2.0 | | 6.2 | 白　城 |
| 864 | 864 | 1472 | 1472 | | | 864 | | | | 洮　南 |
| 547 | 547 | 280 | 280 | | | 547 | 1.0 | 115 | 1.9 | 大　安 |
| 6020 | 6020 | 9413 | 9413 | | | 6020 | 5.0 | 1382 | 3.5 | 延　吉 |
| 441 | 441 | 336 | 336 | | | 441 | | 10 | | 图　们 |
| 3505 | 3505 | 1345 | 1345 | | | 3505 | | 76 | | 敦　化 |
| 1752 | 1752 | 1701 | 1701 | | | 1752 | 0.1 | 25 | | 珲　春 |
| 807 | 807 | 798 | 798 | | | 807 | 0.1 | 24 | | 龙　井 |
| 862 | 862 | 787 | 787 | | | 862 | 0.5 | 26 | 7.0 | 和　龙 |
| 1731 | 1731 | 2632 | 2632 | | | 1731 | 4.7 | 265 | | 梅河口 |
| 836 | 819 | 1393 | 1393 | | | 836 | | | | 长白山保护开发区管理委员会 |

## 11-2 续表 4

| 城市名称<br>Name of Cities | 污水排放量<br>(万立方米)<br>Annual Quantity of Wastewater Discharged<br>(10,000 $m^3$) | 排水管道长度<br>(公里)<br>Length of Drainage Piplines<br>(km) | | | | | 污水处理厂 | | | |
|---|---|---|---|---|---|---|---|---|---|---|
| | | | 污水管道<br>Sewers | 雨水管道<br>Rainwater Drainage Pipeline | 雨污合流管道<br>Combined Drainage Pipeline | 建成区<br>in Built District | 座数(座)<br>Number of Wastewater Treatment Plant<br>(unit) | 二级以上<br>Second Level or Above | 处理能力(万立方米/日)<br>Treatment Capacity<br>(10,000 $m^3$/day) | 二级以上<br>Second Level or Above |
| **黑龙江** | **133420** | **13120.0** | **3723.0** | **5751.9** | **3645.2** | **12727.8** | **73** | **73** | **433.3** | **433.3** |
| 哈尔滨 | 54102 | 4016.7 | 915.7 | 1555.0 | 1546.0 | 4004.6 | 15 | 15 | 174.0 | 174.0 |
| 尚志 | 1572 | 110.4 | 40.4 | 15.4 | 54.6 | 110.4 | 1 | 1 | 4.0 | 4.0 |
| 五常 | 1629 | 130.8 | 56.2 | 16.3 | 58.3 | 127.7 | 1 | 1 | 5.5 | 5.5 |
| 齐齐哈尔 | 8365 | 1019.0 | 341.8 | 629.1 | 48.1 | 803.3 | 5 | 5 | 27.5 | 27.5 |
| 讷河 | 591 | 110.0 | 26.1 | 37.0 | 46.9 | 110.0 | 1 | 1 | 2.0 | 2.0 |
| 鸡西 | 4165 | 286.3 | 80.3 | 127.0 | 79.0 | 286.0 | 6 | 6 | 17.0 | 17.0 |
| 虎林 | 350 | 61.0 | 5.5 | | 55.5 | 61.0 | 1 | 1 | 1.0 | 1.0 |
| 密山 | 580 | 134.7 | 62.6 | 28.7 | 43.4 | 134.7 | 1 | 1 | 3.0 | 3.0 |
| 鹤岗 | 3552 | 306.0 | 158.0 | 92.0 | 56.0 | 306.0 | 2 | 2 | 11.0 | 11.0 |
| 双鸭山 | 3246 | 406.6 | 162.2 | 244.4 | | 380.6 | 2 | 2 | 10.5 | 10.5 |
| 大庆 | 16949 | 1904.6 | 498.7 | 1405.9 | | 1904.6 | 7 | 7 | 45.4 | 45.4 |
| 伊春 | 2752 | 427.8 | 164.5 | 132.6 | 130.6 | 422.8 | 6 | 6 | 12.6 | 12.6 |
| 铁力 | 1291 | 127.4 | 22.7 | 64.2 | 40.5 | 125.0 | 1 | 1 | 4.0 | 4.0 |
| 佳木斯 | 5989 | 511.6 | 41.8 | 151.2 | 318.6 | 511.6 | 3 | 3 | 23.5 | 23.5 |
| 同江 | 426 | 125.5 | 32.4 | 60.5 | 32.6 | 125.5 | 1 | 1 | 2.0 | 2.0 |
| 抚远 | 172 | 43.5 | | 7.3 | 36.2 | 43.5 | 1 | 1 | 1.0 | 1.0 |
| 富锦 | 730 | 113.0 | 41.6 | 27.0 | 44.4 | 113.0 | 1 | 1 | 2.5 | 2.5 |
| 七台河 | 3268 | 372.7 | 220.9 | 146.9 | 4.9 | 366.5 | 2 | 2 | 11.5 | 11.5 |
| 牡丹江 | 7440 | 770.8 | 224.4 | 371.7 | 174.8 | 770.8 | 1 | 1 | 20.0 | 20.0 |
| 海林 | 1414 | 138.5 | 43.0 | 52.3 | 43.2 | 138.5 | 1 | 1 | 4.0 | 4.0 |
| 宁安 | 679 | 87.5 | 46.5 | 28.5 | 12.5 | 87.5 | 1 | 1 | 3.5 | 3.5 |
| 穆棱 | 605 | 75.3 | 8.6 | 14.4 | 52.4 | 75.3 | 1 | 1 | 3.0 | 3.0 |
| 绥芬河 | 803 | 178.1 | 77.2 | 63.9 | 37.1 | 178.1 | 1 | 1 | 2.0 | 2.0 |
| 东宁 | 581 | 104.3 | 35.1 | 48.8 | 20.4 | 104.3 | 1 | 1 | 2.0 | 2.0 |
| 黑河 | 898 | 167.2 | 59.8 | 68.2 | 39.1 | 167.2 | 1 | 1 | 5.0 | 5.0 |
| 北安 | 1079 | 141.8 | 17.3 | 51.4 | 73.2 | 141.8 | 1 | 1 | 3.0 | 3.0 |
| 五大连池 | 475 | 77.3 | 30.2 | 26.6 | 20.5 | 77.3 | 1 | 1 | 2.0 | 2.0 |
| 嫩江 | 930 | 106.0 | 45.5 | 17.2 | 43.3 | 106.0 | 1 | 1 | 3.0 | 3.0 |
| 绥化 | 4089 | 391.0 | 123.0 | 114.0 | 154.0 | 391.0 | 2 | 2 | 14.0 | 14.0 |
| 安达 | 1358 | 139.4 | 19.2 | 13.5 | 106.8 | 95.6 | 1 | 1 | 4.5 | 4.5 |
| 肇东 | 1832 | 294.6 | 55.8 | 82.5 | 156.3 | 235.0 | 1 | 1 | 5.0 | 5.0 |
| 海伦 | 1430 | 183.0 | 27.6 | 39.3 | 116.0 | 173.0 | 1 | 1 | 4.0 | 4.0 |
| 漠河 | 81 | 57.8 | 38.5 | 19.2 | | 49.7 | 1 | 1 | 0.3 | 0.3 |
| **上海** | **219737** | **22288.9** | **9464.3** | **11577.4** | **1247.2** | **22288.9** | **42** | **42** | **896.8** | **896.8** |
| **江苏** | **525717** | **94106.9** | **47223.0** | **42821.6** | **4062.3** | **76135.1** | **213** | **209** | **1684.6** | **1650.6** |
| 南京 | 117048 | 10863.3 | 4572.5 | 6027.3 | 263.5 | 10863.3 | 29 | 29 | 348.0 | 348.0 |
| 无锡 | 43363 | 13553.7 | 9634.6 | 3919.1 | | 8600.0 | 15 | 14 | 166.5 | 156.5 |
| 江阴 | 8792 | 1189.0 | 425.8 | 740.5 | 22.8 | 1135.8 | 4 | 4 | 28.0 | 28.0 |

## continued 4

| Wastewater Treatment Plant | | | | 其他污水处理设施 Other Wastewater Treatment Facilities | | 污水处理总量(万立方米) | 市政再生水 Recycled Water | | | |
|---|---|---|---|---|---|---|---|---|---|---|
| 处理量 (万立方米) Quantity of Wastewater Treated (10,000 m³) | 二级以上 Second Level or Above | 干污泥产生量(吨) Quantity of Dry Sludge Produced (ton) | 干污泥处置量(吨) Quantity of Dry Sludge Treated (ton) | 处理能力(万立方米/日) Treatment Capacity (10,000 m³/day) | 处理量(万立方米) Quantity of Wastewater Treated (10,000 m³) | Total Quantity of Wastewater Treated (10,000 m³) | 生产能力(万立方米/日) Recycled Water Production Capacity (10,000 m³/day) | 利用量(万立方米) Annual Quantity of Wastewater Recycled and Reused (10,000 m³) | 管道长度(公里) Length of Piplines (km) | 城市名称 Name of Cities |
| **125592** | **125592** | **214425** | **214375** | **41.5** | **3765** | **129357** | **48.6** | **17900** | **92.0** | **黑龙江** |
| 51716 | 51716 | 100977 | 100977 | | | 51716 | | 10181 | 14.2 | 哈尔滨 |
| 1494 | 1494 | 1216 | 1216 | | | 1494 | | | | 尚志 |
| 1629 | 1629 | 2061 | 2061 | | | 1629 | | | | 五常 |
| 7779 | 7779 | 13569 | 13569 | 1.5 | 335 | 8114 | | | | 齐齐哈尔 |
| 564 | 564 | 2585 | 2585 | | | 564 | | | | 讷河 |
| 4122 | 4122 | 7257 | 7257 | | | 4122 | 0.8 | | 5.3 | 鸡西 |
| 340 | 340 | 578 | 528 | | | 340 | | | | 虎林 |
| 562 | 562 | 611 | 611 | | | 562 | | | | 密山 |
| 3535 | 3535 | 8419 | 8419 | | | 3535 | | | | 鹤岗 |
| 3117 | 3117 | 1873 | 1873 | | | 3117 | 4.0 | 40 | 5.0 | 双鸭山 |
| 13397 | 13397 | 16205 | 16205 | 34.8 | 2966 | 16362 | 28.5 | 6577 | 32.0 | 大庆 |
| 2734 | 2734 | 3155 | 3155 | | | 2734 | | | | 伊春 |
| 1253 | 1253 | 647 | 647 | | | 1253 | | | | 铁力 |
| 5920 | 5920 | 8062 | 8062 | | | 5920 | | | | 佳木斯 |
| 413 | 413 | 548 | 548 | | | 413 | | | | 同江 |
| 163 | 163 | 182 | 182 | | | 163 | | | | 抚远 |
| 694 | 694 | 916 | 916 | | | 694 | | | | 富锦 |
| 3114 | 3114 | 6942 | 6942 | | | 3114 | 10.5 | 345 | 15.4 | 七台河 |
| 6975 | 6975 | 9307 | 9307 | 5.3 | 464 | 7440 | | | | 牡丹江 |
| 1386 | 1386 | 1927 | 1927 | | | 1386 | | | | 海林 |
| 678 | 678 | 1992 | 1992 | | | 678 | | | | 宁安 |
| 598 | 598 | 770 | 770 | | | 598 | | | | 穆棱 |
| 792 | 792 | 302 | 302 | | | 792 | | | | 绥芬河 |
| 580 | 580 | 4118 | 4118 | | | 580 | | | | 东宁 |
| 863 | 863 | 1372 | 1372 | | | 863 | | | | 黑河 |
| 1063 | 1063 | 2083 | 2083 | | | 1063 | | | | 北安 |
| 447 | 447 | 2219 | 2219 | | | 447 | | | | 五大连池 |
| 892 | 892 | 3550 | 3550 | | | 892 | | | | 嫩江 |
| 4082 | 4082 | 3146 | 3146 | | | 4082 | 3.8 | 477 | 16.0 | 绥化 |
| 1353 | 1353 | 2732 | 2732 | | | 1353 | 1.0 | 280 | | 安达 |
| 1832 | 1832 | 2892 | 2892 | | | 1832 | | | 4.0 | 肇东 |
| 1426 | 1426 | 2171 | 2171 | | | 1426 | | | | 海伦 |
| 79 | 79 | 41 | 41 | | | 79 | | | | 漠河 |
| **215438** | **215438** | **408357** | **408357** | | | **215438** | | | | **上海** |
| **489605** | **481156** | **1272505** | **1271632** | **197.0** | **22560** | **512165** | **632.3** | **146353** | **575.8** | **江苏** |
| 102212 | 102212 | 384963 | 384963 | 53.7 | 13002 | 115214 | 84.5 | 21087 | 104.5 | 南京 |
| 42371 | 40261 | 121491 | 121491 | 10.8 | 535 | 42906 | 46.1 | 13755 | 58.6 | 无锡 |
| 8662 | 8662 | 12420 | 12420 | 1.0 | 26 | 8688 | 9.9 | 2128 | | 江阴 |

# 11-2 续表 5

| 城市名称<br>Name of Cities | 污水排放量(万立方米)<br>Annual Quantity of Wastewater Discharged<br>(10,000 m³) | 排水管道长度(公里)<br>Length of Drainage Piplines<br>(km) | 污水管道<br>Sewers | 雨水管道<br>Rainwater Drainage Pipeline | 雨污合流管道<br>Combined Drainage Pipeline | 建成区<br>in Built District | 污水处理厂 座数(座)<br>Number of Wastewater Treatment Plant<br>(unit) | 二级以上<br>Second Level or Above | 处理能力(万立方米/日)<br>Treatment Capacity<br>(10,000 m³/day) | 二级以上<br>Second Level or Above |
|---|---|---|---|---|---|---|---|---|---|---|
| 宜　兴 | 8482 | 2583.0 | 2090.0 | 493.0 | | 1764.0 | 3 | 3 | 26.0 | 26.0 |
| 徐　州 | 25916 | 3808.1 | 1478.3 | 1849.4 | 480.5 | 3613.3 | 12 | 12 | 79.0 | 79.0 |
| 新　沂 | 3648 | 733.4 | 252.3 | 381.2 | 100.0 | 587.0 | 2 | 2 | 12.0 | 12.0 |
| 邳　州 | 3162 | 792.5 | 243.0 | 93.5 | 456.0 | 662.4 | 3 | 3 | 12.0 | 12.0 |
| 常　州 | 31707 | 9586.8 | 4707.6 | 4784.3 | 94.8 | 6875.9 | 9 | 9 | 109.5 | 109.5 |
| 溧　阳 | 4014 | 553.8 | 279.7 | 274.1 | | 403.0 | 2 | 2 | 12.8 | 12.8 |
| 苏　州 | 72003 | 11612.8 | 5228.1 | 6244.6 | 140.0 | 9352.1 | 26 | 26 | 234.3 | 234.3 |
| 常　熟 | 13069 | 2148.9 | 1128.0 | 987.1 | 33.8 | 1827.2 | 8 | 8 | 40.8 | 40.8 |
| 张家港 | 4757 | 1110.3 | 627.8 | 473.2 | 9.3 | 809.4 | 4 | 4 | 17.5 | 17.5 |
| 昆　山 | 18466 | 2687.0 | 887.0 | 1800.0 | | 941.0 | 6 | 6 | 50.1 | 50.1 |
| 太　仓 | 4313 | 878.8 | 426.5 | 451.3 | 1.0 | 878.8 | 3 | 3 | 17.0 | 17.0 |
| 南　通 | 29890 | 3820.9 | 2006.1 | 1719.2 | 95.5 | 3820.9 | 8 | 7 | 96.5 | 80.5 |
| 海　安 | 3482 | 845.1 | 352.2 | 448.2 | 44.7 | 664.8 | 5 | 5 | 11.3 | 11.3 |
| 启　东 | 2968 | 700.2 | 260.0 | 410.2 | 30.0 | 700.2 | 1 | 1 | 9.0 | 9.0 |
| 如　皋 | 4711 | 806.0 | 290.2 | 423.9 | 92.0 | 801.3 | 5 | 5 | 17.9 | 17.9 |
| 连云港 | 14319 | 3393.7 | 1192.0 | 2048.4 | 153.3 | 3103.7 | 9 | 9 | 46.1 | 46.1 |
| 淮　安 | 20514 | 3476.4 | 1517.9 | 1867.5 | 91.1 | 3368.4 | 9 | 9 | 65.5 | 65.5 |
| 盐　城 | 12066 | 2987.2 | 1733.0 | 1162.1 | 92.1 | 1236.8 | 7 | 5 | 36.9 | 28.9 |
| 东　台 | 2106 | 519.4 | 111.7 | 165.9 | 241.8 | 519.4 | 2 | 2 | 5.5 | 5.5 |
| 扬　州 | 21440 | 3765.0 | 2116.6 | 1327.3 | 321.0 | 3723.9 | 4 | 4 | 62.0 | 62.0 |
| 仪　征 | 1884 | 249.0 | 91.0 | 91.0 | 67.0 | 249.0 | 1 | 1 | 5.0 | 5.0 |
| 高　邮 | 3852 | 399.0 | 163.0 | 95.0 | 141.0 | 384.0 | 2 | 2 | 10.5 | 10.5 |
| 镇　江 | 12546 | 2111.8 | 1270.0 | 710.4 | 131.5 | 1561.9 | 8 | 8 | 40.0 | 40.0 |
| 丹　阳 | 3984 | 839.8 | 333.8 | 196.4 | 309.7 | 675.1 | 3 | 3 | 13.0 | 13.0 |
| 扬　中 | 2358 | 717.1 | 483.9 | 233.3 | | 474.5 | 2 | 2 | 7.5 | 7.5 |
| 句　容 | 2770 | 451.6 | 219.3 | 193.8 | 38.5 | 367.1 | 1 | 1 | 7.5 | 7.5 |
| 泰　州 | 10047 | 2468.2 | 1137.1 | 1210.2 | 121.0 | 2307.4 | 6 | 6 | 30.5 | 30.5 |
| 兴　化 | 1425 | 753.4 | 203.6 | 200.0 | 349.9 | 753.4 | 1 | 1 | 4.0 | 4.0 |
| 靖　江 | 2448 | 805.7 | 594.3 | 211.2 | 0.2 | 797.7 | 2 | 2 | 8.5 | 8.5 |
| 泰　兴 | 2850 | 519.1 | 185.2 | 203.5 | 130.4 | 512.6 | 1 | 1 | 11.0 | 11.0 |
| 宿　迁 | 11317 | 2377.0 | 981.0 | 1386.0 | 10.0 | 1800.0 | 10 | 10 | 43.0 | 43.0 |
| **浙　江** | **395453** | **64373.2** | **33319.1** | **30045.6** | **1008.6** | **50644.9** | **116** | **114** | **1341.4** | **1338.5** |
| 杭　州 | 98731 | 12032.8 | 6187.2 | 5711.8 | 133.8 | 11543.4 | 15 | 15 | 312.9 | 312.9 |
| 建　德 | 1703 | 333.8 | 196.5 | 137.3 | | 211.8 | 1 | 1 | 4.9 | 4.9 |
| 宁　波 | 64880 | 7951.9 | 3489.3 | 4344.4 | 118.3 | 6777.9 | 19 | 19 | 186.2 | 186.2 |
| 余　姚 | 6000 | 881.8 | 461.9 | 411.3 | 8.6 | 471.3 | 1 | 1 | 25.0 | 25.0 |
| 慈　溪 | 3477 | 538.9 | 184.8 | 334.1 | 20.0 | 475.9 | 2 | 2 | 18.0 | 18.0 |

continued 5

| Wastewater Treatment Plant | | | | 其他污水处理设施 Other Wastewater Treatment Facilities | | 污水处理总量(万立方米) | 市政再生水 Recycled Water | | | |
|---|---|---|---|---|---|---|---|---|---|---|
| 处理量 (万立方米) Quantity of Wastewater Treated (10,000 $m^3$) | 二级以上 Second Level or Above | 干污泥产生量(吨) Quantity of Dry Sludge Produced (ton) | 干污泥处置量(吨) Quantity of Dry Sludge Treated (ton) | 处理能力(万立方米/日) Treatment Capacity (10,000 $m^3$/day) | 处理量(万立方米) Quantity of Wastewater Treated (10,000 $m^3$) | Total Quantity of Wastewater Treated (10,000 $m^3$) | 生产能力(万立方米/日) Recycled Water Production Capacity (10,000 $m^3$/day) | 利用量(万立方米) Annual Quantity of Wastewater Recycled and Reused (10,000 $m^3$) | 管道长度(公里) Length of Piplines (km) | 城市名称 Name of Cities |
| 8276 | 8276 | 13783 | 13783 | | | 8276 | 12.0 | 2504 | 5.2 | 宜兴 |
| 24357 | 24357 | 28170 | 28170 | | | 24357 | 22.5 | 6704 | 25.8 | 徐州 |
| 3540 | 3540 | 5438 | 5438 | | | 3540 | 2.5 | 742 | 9.0 | 新沂 |
| 3004 | 3004 | 2002 | 2002 | | | 3004 | 5.0 | 730 | 2.4 | 邳州 |
| 29309 | 29309 | 46800 | 46800 | 9.0 | 1867 | 31176 | 30.7 | 9395 | 33.2 | 常州 |
| 3958 | 3958 | 6300 | 6300 | | | 3958 | 9.8 | 1950 | 3.1 | 溧阳 |
| 68855 | 68855 | 214922 | 214922 | 40.8 | 986 | 69841 | 106.1 | 36068 | 29.7 | 苏州 |
| 12160 | 12160 | 26065 | 26065 | 10.0 | 569 | 12729 | 13.0 | 2871 | 10.5 | 常熟 |
| 4757 | 4757 | 8626 | 8626 | | | 4757 | 5.0 | 1218 | 4.0 | 张家港 |
| 15600 | 15600 | 25285 | 25285 | 21.4 | 2349 | 17949 | 21.3 | 6991 | 3.3 | 昆山 |
| 4274 | 4274 | 8790 | 8790 | | | 4274 | 6.0 | 1658 | 5.4 | 太仓 |
| 28811 | 25067 | 64508 | 64502 | | | 28811 | 67.8 | 6993 | 75.7 | 南通 |
| 3170 | 3170 | 10659 | 10659 | | | 3170 | 8.0 | 593 | 14.3 | 海安 |
| 2812 | 2812 | 3412 | 3412 | 0.4 | 80 | 2892 | 4.9 | 510 | 12.5 | 启东 |
| 4593 | 4593 | 8768 | 8768 | | | 4593 | 12.0 | 1373 | 10.0 | 如皋 |
| 14033 | 14033 | 15856 | 15855 | | | 14033 | 15.0 | 4252 | 50.0 | 连云港 |
| 18782 | 18782 | 47197 | 47197 | 16.0 | 1237 | 20019 | 37.1 | 4596 | 33.3 | 淮安 |
| 11179 | 8584 | 17639 | 16834 | 10.8 | 507 | 11686 | 10.0 | 2445 | | 盐城 |
| 1987 | 1987 | 3112 | 3112 | | | 1987 | 5.0 | 552 | | 东台 |
| 19754 | 19754 | 32539 | 32539 | 7.5 | 784 | 20538 | 11.2 | 3644 | 9.1 | 扬州 |
| 1747 | 1747 | 1436 | 1436 | | | 1747 | | 29 | | 仪征 |
| 3582 | 3582 | 6486 | 6486 | | | 3582 | 3.0 | 915 | 6.0 | 高邮 |
| 12154 | 12154 | 64845 | 64838 | 9.5 | 300 | 12454 | 22.0 | 4043 | 16.5 | 镇江 |
| 3794 | 3794 | 22102 | 22102 | | | 3794 | 2.0 | 24 | | 丹阳 |
| 2138 | 2138 | 12164 | 12164 | 0.1 | 3 | 2141 | | 80 | | 扬中 |
| 2562 | 2562 | 4422 | 4422 | 0.5 | 13 | 2575 | 0.4 | 159 | 3.6 | 句容 |
| 9812 | 9812 | 22792 | 22737 | 0.7 | 13 | 9825 | 13.0 | 2603 | | 泰州 |
| 1181 | 1181 | 3473 | 3473 | 0.8 | 140 | 1321 | 0.2 | 310 | | 兴化 |
| 2233 | 2233 | 2955 | 2955 | 4.0 | 150 | 2383 | 0.3 | 72 | 0.2 | 靖江 |
| 2786 | 2786 | 2881 | 2881 | | | 2786 | 3.0 | 1119 | | 泰兴 |
| 11159 | 11159 | 20207 | 20207 | | | 11159 | 43.0 | 4241 | 50.0 | 宿迁 |
| **382647** | **382073** | **980652** | **979329** | **17.7** | **5436** | **388083** | **220.4** | **47121** | **286.8** | **浙江** |
| 96444 | 96444 | 245005 | 245005 | | | 96444 | 46.9 | 6584 | 17.5 | 杭州 |
| 1662 | 1662 | 2005 | 2005 | | | 1662 | 1.0 | 289 | 2.5 | 建德 |
| 59714 | 59714 | 125802 | 125502 | 15.1 | 5096 | 64810 | 59.5 | 9668 | 41.7 | 宁波 |
| 5910 | 5910 | 10916 | 10916 | | | 5910 | 1.0 | 158 | 36.0 | 余姚 |
| 3407 | 3407 | 4701 | 4701 | | | 3407 | 8.0 | 1669 | 2.0 | 慈溪 |

## 11-2 续表 6

| 城市名称 Name of Cities | 污水排放量（万立方米） Annual Quantity of Wastewater Discharged (10,000 $m^3$) | 排水管道长度（公里） Length of Drainage Piplines (km) | 污水管道 Sewers | 雨水管道 Rainwater Drainage Pipeline | 雨污合流管道 Combined Drainage Pipeline | 建成区 in Built District | 污水处理厂 座数（座） Number of Wastewater Treatment Plant (unit) | 二级以上 Second Level or Above | 处理能力（万立方米/日） Treatment Capacity (10,000 $m^3$/day) | 二级以上 Second Level or Above |
|---|---|---|---|---|---|---|---|---|---|---|
| 温州 | 28305 | 3347.6 | 1241.3 | 2073.4 | 33.0 | 3341.3 | 12 | 10 | 97.6 | 94.7 |
| 瑞安 | 8907 | 3508.6 | 1504.6 | 2004.1 | | 640.9 | 2 | 2 | 26.0 | 26.0 |
| 乐清 | 4132 | 1812.3 | 1415.3 | 397.0 | | 466.3 | 3 | 3 | 26.0 | 26.0 |
| 龙港 | 2800 | 547.0 | 171.0 | 376.0 | | 318.0 | 1 | 1 | 7.8 | 7.8 |
| 嘉兴 | 14488 | 2374.9 | 962.5 | 1407.4 | 5.0 | 2027.9 | 3 | 3 | 73.0 | 73.0 |
| 海宁 | 4047 | 1627.4 | 1207.7 | 419.8 | | 901.4 | 1 | 1 | 13.0 | 13.0 |
| 平湖 | 3411 | 688.4 | 473.0 | 215.5 | | 553.0 | 1 | 1 | 4.5 | 4.5 |
| 桐乡 | 4549 | 665.8 | 270.2 | 395.6 | | 589.7 | 2 | 2 | 30.0 | 30.0 |
| 湖州 | 9536 | 2101.7 | 1220.9 | 856.0 | 24.8 | 1174.7 | 7 | 7 | 37.0 | 37.0 |
| 绍兴 | 36284 | 5626.7 | 3850.4 | 1582.4 | 193.9 | 3550.0 | 3 | 3 | 130.0 | 130.0 |
| 诸暨 | 7989 | 723.8 | 418.9 | 298.8 | 6.1 | 624.5 | 3 | 3 | 27.4 | 27.4 |
| 嵊州 | 5231 | 750.5 | 370.7 | 379.8 | | 750.5 | 1 | 1 | 22.5 | 22.5 |
| 金华 | 15485 | 2568.2 | 1232.7 | 1207.8 | 127.7 | 2088.7 | 4 | 4 | 51.0 | 51.0 |
| 兰溪 | 3030 | 595.3 | 298.5 | 289.4 | 7.4 | 595.3 | 1 | 1 | 10.0 | 10.0 |
| 义乌 | 11405 | 2239.9 | 1124.2 | 1115.7 | | 2234.6 | 4 | 4 | 38.0 | 38.0 |
| 东阳 | 5843 | 1066.3 | 535.2 | 531.1 | | 1066.3 | 2 | 2 | 17.9 | 17.9 |
| 永康 | 5364 | 889.3 | 430.2 | 416.7 | 42.5 | 889.3 | 1 | 1 | 16.0 | 16.0 |
| 衢州 | 5457 | 2206.3 | 1135.3 | 1071.0 | | 2191.1 | 2 | 2 | 20.0 | 20.0 |
| 江山 | 1515 | 436.1 | 217.5 | 203.6 | 15.0 | 427.0 | 1 | 1 | 6.0 | 6.0 |
| 舟山 | 4977 | 1221.1 | 705.8 | 515.3 | | 1143.5 | 8 | 8 | 20.1 | 20.1 |
| 台州 | 20262 | 3720.2 | 2180.7 | 1497.7 | 41.9 | 1933.8 | 5 | 5 | 61.0 | 61.0 |
| 玉环 | 2377 | 1070.9 | 554.0 | 516.9 | | 1065.9 | 2 | 2 | 7.5 | 7.5 |
| 温岭 | 5287 | 534.6 | 255.7 | 182.2 | 96.6 | 534.6 | 4 | 4 | 17.4 | 17.4 |
| 临海 | 4120 | 741.6 | 333.3 | 302.2 | 106.1 | 737.0 | 2 | 2 | 15.0 | 15.0 |
| 丽水 | 4994 | 1131.7 | 430.5 | 686.5 | 14.8 | 881.7 | 2 | 2 | 17.0 | 17.0 |
| 龙泉 | 867 | 437.8 | 259.6 | 164.9 | 13.3 | 437.8 | 1 | 1 | 2.8 | 2.8 |
| **安徽** | **227265** | **37866.6** | **16921.5** | **19234.1** | **1711.0** | **34950.8** | **98** | **98** | **813.6** | **813.6** |
| 合肥 | 61772 | 9078.9 | 3791.5 | 5230.0 | 57.4 | 8413.3 | 16 | 16 | 263.5 | 263.5 |
| 巢湖 | 4864 | 1037.2 | 610.3 | 426.9 | | 1037.2 | 2 | 2 | 19.0 | 19.0 |
| 芜湖 | 25947 | 3675.9 | 1278.1 | 1911.6 | 486.3 | 3675.9 | 8 | 8 | 82.5 | 82.5 |
| 无为 | 2146 | 262.4 | 82.0 | 133.5 | 47.0 | 220.9 | 2 | 2 | 6.5 | 6.5 |
| 蚌埠 | 14518 | 1440.5 | 666.9 | 708.5 | 65.1 | 1420.6 | 4 | 4 | 47.5 | 47.5 |
| 淮南 | 11601 | 1287.6 | 667.5 | 552.6 | 67.5 | 1149.1 | 6 | 6 | 40.5 | 40.5 |
| 马鞍山 | 12295 | 1857.4 | 676.5 | 922.2 | 258.7 | 1743.3 | 7 | 7 | 40.5 | 40.5 |
| 淮北 | 6051 | 1144.6 | 494.3 | 650.3 | | 1144.6 | 4 | 4 | 18.0 | 18.0 |
| 铜陵 | 9090 | 1855.3 | 904.1 | 951.2 | | 1855.3 | 6 | 6 | 26.0 | 26.0 |
| 安庆 | 10061 | 1486.7 | 1066.2 | 420.5 | | 760.7 | 4 | 4 | 31.3 | 31.3 |

## continued 6

| Wastewater Treatment Plant | | | | 其他污水处理设施 Other Wastewater Treatment Facilities | | 污水处理总量(万立方米) | 市政再生水 Recycled Water | | | |
|---|---|---|---|---|---|---|---|---|---|---|
| 处理量(万立方米) Quantity of Wastewater Treated (10,000 $m^3$) | 二级以上 Second Level or Above | 干污泥产生量(吨) Quantity of Dry Sludge Produced (ton) | 干污泥处置量(吨) Quantity of Dry Sludge Treated (ton) | 处理能力(万立方米/日) Treatment Capacity (10,000 $m^3$/day) | 处理量(万立方米) Quantity of Wastewater Treated (10,000 $m^3$) | Total Quantity of Wastewater Treated (10,000 $m^3$) | 生产能力(万立方米/日) Recycled Water Production Capacity (10,000 $m^3$/day) | 利用量(万立方米) Annual Quantity of Wastewater Recycled and Reused (10,000 $m^3$) | 管道长度(公里) Length of Piplines (km) | 城市名称 Name of Cities |
| 27863 | 27289 | 52465 | 51678 | | | 27863 | | | | 温州 |
| 8907 | 8907 | 19398 | 19297 | | | 8907 | | | | 瑞安 |
| 4009 | 4009 | 12008 | 12008 | 0.2 | 30 | 4039 | 3.0 | 1086 | 9.3 | 乐清 |
| 2201 | 2201 | 3413 | 3401 | | | 2201 | 1.8 | 80 | | 龙港 |
| 14344 | 14344 | 37275 | 37275 | | | 14344 | 14.3 | 3376 | | 嘉兴 |
| 3986 | 3986 | 6940 | 6940 | | | 3986 | | | | 海宁 |
| 3312 | 3312 | 1199 | 1199 | | | 3312 | | 562 | | 平湖 |
| 4433 | 4433 | 8002 | 8002 | | | 4433 | | | | 桐乡 |
| 9392 | 9392 | 36565 | 36565 | | | 9392 | 4.0 | 1470 | 2.4 | 湖州 |
| 35613 | 35613 | 247950 | 247950 | | | 35613 | | | | 绍兴 |
| 7669 | 7669 | 6920 | 6920 | | | 7669 | | 1311 | | 诸暨 |
| 5053 | 5053 | 25467 | 25467 | | | 5053 | | | | 嵊州 |
| 15175 | 15175 | 17026 | 16905 | | | 15175 | 1.5 | 591 | 100.0 | 金华 |
| 2982 | 2982 | 4484 | 4484 | | | 2982 | 1.3 | 464 | 7.0 | 兰溪 |
| 11154 | 11154 | 18770 | 18769 | | | 11154 | 29.5 | 4074 | 41.2 | 义乌 |
| 5699 | 5699 | 7118 | 7118 | | | 5699 | | | | 东阳 |
| 5264 | 5264 | 7753 | 7753 | | | 5264 | 1.8 | 585 | | 永康 |
| 5300 | 5300 | 6374 | 6374 | | | 5300 | 0.3 | 99 | | 衢州 |
| 1477 | 1477 | 979 | 979 | | | 1477 | | | | 江山 |
| 4594 | 4594 | 12988 | 12988 | 1.6 | 276 | 4869 | 4.0 | 881 | 6.6 | 舟山 |
| 19862 | 19862 | 34158 | 34158 | | | 19862 | 28.0 | 9496 | 3.5 | 台州 |
| 2294 | 2294 | 3547 | 3547 | | | 2294 | 7.5 | 2139 | 17.0 | 玉环 |
| 5183 | 5183 | 6409 | 6409 | | | 5183 | 2.6 | 950 | | 温岭 |
| 3980 | 3980 | 6718 | 6718 | | | 3980 | | | | 临海 |
| 4907 | 4907 | 7752 | 7752 | 0.8 | 34 | 4941 | 4.4 | 1590 | | 丽水 |
| 858 | 858 | 545 | 545 | | | 858 | | | | 龙泉 |
| **218797** | **218797** | **350654** | **349591** | **37.4** | **4079** | **222876** | **352.3** | **70216** | **263.3** | **安徽** |
| 59003 | 59003 | 128727 | 128727 | | 1549 | 60552 | 179.5 | 21953 | 68.0 | 合肥 |
| 4718 | 4718 | 7745 | 7745 | | | 4718 | | | | 巢湖 |
| 24909 | 24909 | 27656 | 27656 | 2.3 | 538 | 25447 | 7.3 | 2536 | 10.8 | 芜湖 |
| 2054 | 2054 | 2009 | 2009 | | | 2054 | | | | 无为 |
| 13798 | 13798 | 15671 | 15671 | 8.1 | 432 | 14230 | 20.0 | 3884 | 4.7 | 蚌埠 |
| 11129 | 11129 | 15306 | 15306 | 2.5 | 290 | 11418 | 7.5 | 2698 | 15.3 | 淮南 |
| 11742 | 11742 | 11272 | 11272 | 10.0 | 350 | 12092 | 29.5 | 9655 | | 马鞍山 |
| 5960 | 5960 | 10390 | 10390 | | | 5960 | 12.0 | 2100 | 29.0 | 淮北 |
| 8981 | 8981 | 6703 | 6702 | | | 8981 | | | | 铜陵 |
| 9701 | 9701 | 14008 | 14008 | 6.7 | 241 | 9942 | 4.5 | 950 | | 安庆 |

# 11-2 续表 7

| 城市名称 Name of Cities | 污水排放量(万立方米) Annual Quantity of Wastewater Discharged (10,000 $m^3$) | 排水管道长度(公里) Length of Drainage Piplines (km) | 污水管道 Sewers | 雨水管道 Rainwater Drainage Pipeline | 雨污合流管道 Combined Drainage Pipeline | 建成区 in Built District | 污水处理厂 座数(座) Number of Wastewater Treatment Plant (unit) | 二级以上 Second Level or Above | 处理能力(万立方米/日) Treatment Capacity (10,000 $m^3$/day) | 二级以上 Second Level or Above |
|---|---|---|---|---|---|---|---|---|---|---|
| 潜山 | 1351 | 289.3 | 102.0 | 142.9 | 44.4 | 273.3 | 1 | 1 | 4.0 | 4.0 |
| 桐城 | 1676 | 473.2 | 175.7 | 168.5 | 129.0 | 473.2 | 1 | 1 | 5.0 | 5.0 |
| 黄山 | 4315 | 921.2 | 426.7 | 494.5 | | 921.2 | 4 | 4 | 16.0 | 16.0 |
| 滁州 | 9035 | 2496.0 | 1182.6 | 1255.7 | 57.6 | 2457.7 | 4 | 4 | 34.0 | 34.0 |
| 天长 | 3070 | 511.9 | 238.8 | 239.8 | 33.2 | 491.0 | 2 | 2 | 8.0 | 8.0 |
| 明光 | 1797 | 861.7 | 370.0 | 423.2 | 68.5 | 556.0 | 2 | 2 | 7.5 | 7.5 |
| 阜阳 | 10311 | 1886.6 | 888.1 | 943.5 | 55.0 | 1886.6 | 5 | 5 | 37.0 | 37.0 |
| 界首 | 1645 | 398.8 | 168.7 | 172.9 | 57.3 | 289.3 | 1 | 1 | 5.0 | 5.0 |
| 宿州 | 7124 | 1205.0 | 584.0 | 611.6 | 9.4 | 1205.0 | 3 | 3 | 23.0 | 23.0 |
| 六安 | 6473 | 1026.5 | 516.0 | 510.5 | | 765.5 | 5 | 5 | 35.0 | 35.0 |
| 亳州 | 8980 | 1384.3 | 598.6 | 596.9 | 188.7 | 990.7 | 4 | 4 | 26.0 | 26.0 |
| 池州 | 3913 | 819.0 | 343.5 | 475.5 | | 819.0 | 2 | 2 | 10.0 | 10.0 |
| 宣城 | 5228 | 1360.2 | 539.8 | 781.4 | 39.0 | 1360.2 | 3 | 3 | 16.8 | 16.8 |
| 广德 | 2080 | 586.9 | 323.0 | 264.0 | | 586.9 | 1 | 1 | 6.0 | 6.0 |
| 宁国 | 1922 | 519.7 | 226.7 | 246.1 | 46.9 | 454.2 | 1 | 1 | 5.0 | 5.0 |
| **福建** | **171902** | **23722.6** | **11327.2** | **11560.7** | **834.7** | **21542.5** | **63** | **60** | **552.2** | **518.7** |
| 福州 | 38080 | 4768.8 | 2044.1 | 2673.9 | 50.9 | 4536.0 | 9 | 9 | 121.5 | 121.5 |
| 福清 | 6456 | 686.4 | 312.6 | 368.2 | 5.7 | 686.4 | 2 | 2 | 18.0 | 18.0 |
| 厦门 | 53722 | 4652.3 | 2204.6 | 2358.0 | 89.7 | 4652.3 | 13 | 13 | 190.0 | 190.0 |
| 莆田 | 9120 | 2936.8 | 1735.0 | 1193.8 | 8.0 | 1450.0 | 3 | 3 | 29.5 | 29.5 |
| 三明 | 4095 | 734.4 | 380.6 | 275.3 | 78.6 | 656.7 | 3 | 3 | 10.0 | 10.0 |
| 永安 | 1785 | 227.1 | 98.8 | 59.2 | 69.1 | 226.1 | 1 | 1 | 4.0 | 4.0 |
| 泉州 | 10780 | 2557.7 | 1090.5 | 1358.7 | 108.5 | 2557.7 | 5 | 5 | 29.0 | 29.0 |
| 石狮 | 5142 | 673.5 | 324.5 | 345.0 | 4.0 | 673.5 | 1 | 1 | 15.0 | 15.0 |
| 晋江 | 8153 | 1213.0 | 683.0 | 464.0 | 66.0 | 1213.0 | 2 | 2 | 24.0 | 24.0 |
| 南安 | 2019 | 412.7 | 242.7 | 135.0 | 35.0 | 340.0 | 1 | 1 | 5.0 | 5.0 |
| 漳州 | 10161 | 1684.7 | 647.8 | 1013.7 | 23.1 | 1434.2 | 4 | 3 | 35.5 | 9.5 |
| 南平 | 3184 | 483.6 | 301.7 | 141.0 | 40.9 | 483.6 | 3 | 3 | 11.0 | 11.0 |
| 邵武 | 1537 | 217.2 | 84.5 | 85.0 | 47.7 | 217.2 | 1 | 1 | 4.0 | 4.0 |
| 武夷山 | 1351 | 303.5 | 150.3 | 148.7 | 4.6 | 303.5 | 3 | 3 | 5.5 | 5.5 |
| 建瓯 | 1190 | 165.0 | 90.0 | 68.0 | 7.0 | 137.0 | 2 | 1 | 4.0 | 1.5 |
| 龙岩 | 6544 | 780.4 | 386.4 | 303.9 | 90.1 | 768.0 | 3 | 3 | 18.0 | 18.0 |
| 漳平 | 1185 | 199.7 | 103.1 | 94.7 | 1.9 | 181.6 | 1 | 1 | 4.0 | 4.0 |
| 宁德 | 4024 | 477.1 | 243.8 | 233.3 | | 477.1 | 3 | 3 | 14.0 | 14.0 |
| 福安 | 1630 | 277.0 | 91.1 | 128.4 | 57.5 | 277.0 | 1 | 1 | 5.0 | 5.0 |
| 福鼎 | 1746 | 271.8 | 112.4 | 113.2 | 46.3 | 271.8 | 2 | 1 | 5.2 | 0.2 |

# continued 7

| Wastewater Treatment Plant | | | | 其他污水处理设施 Other Wastewater Treatment Facilities | | 污水处理总量（万立方米） | 市政再生水 Recycled Water | | | |
|---|---|---|---|---|---|---|---|---|---|---|
| 处理量（万立方米） Quantity of Wastewater Treated (10,000 m³) | 二级以上 Second Level or Above | 干污泥产生量（吨） Quantity of Dry Sludge Produced (ton) | 干污泥处置量（吨） Quantity of Dry Sludge Treated (ton) | 处理能力（万立方米/日） Treatment Capacity (10,000 m³/day) | 处理量（万立方米） Quantity of Wastewater Treated (10,000 m³) | Total Quantity of Wastewater Treated (10,000 m³) | 生产能力（万立方米/日） Recycled Water Production Capacity (10,000 m³/day) | 利用量（万立方米） Annual Quantity of Wastewater Recycled and Reused (10,000 m³) | 管道长度（公里） Length of Piplines (km) | 城市名称 Name of Cities |
| 1320 | 1320 | 1824 | 1824 | | | 1320 | 0.5 | 164 | | 潜山 |
| 1607 | 1607 | 3179 | 3179 | 0.2 | 9 | 1616 | | | | 桐城 |
| 4135 | 4135 | 4483 | 4483 | | | 4135 | | 461 | | 黄山 |
| 8814 | 8814 | 18061 | 18061 | 0.2 | 14 | 8828 | 15.0 | 4609 | | 滁州 |
| 3020 | 3020 | 6487 | 6487 | | | 3020 | 8.0 | 1668 | | 天长 |
| 1744 | 1744 | 6612 | 6612 | 1.0 | 12 | 1756 | 5.0 | 1740 | 4.0 | 明光 |
| 10188 | 10188 | 15681 | 15681 | | | 10188 | 15.0 | 4225 | 42.9 | 阜阳 |
| 1605 | 1605 | 1877 | 814 | | | 1605 | 2.5 | 457 | 7.0 | 界首 |
| 6518 | 6518 | 10869 | 10869 | 4.5 | 515 | 7033 | 16.0 | 4000 | 32.4 | 宿州 |
| 6247 | 6247 | 12647 | 12647 | 2.0 | 129 | 6376 | 5.0 | 3233 | | 六安 |
| 8801 | 8801 | 10884 | 10884 | | | 8801 | 12.0 | 2715 | 49.3 | 亳州 |
| 3834 | 3834 | 5156 | 5156 | | | 3834 | 8.0 | 1457 | | 池州 |
| 5113 | 5113 | 7296 | 7296 | | | 5113 | 5.0 | 1712 | | 宣城 |
| 2017 | 2017 | 3435 | 3435 | | | 2017 | | | | 广德 |
| 1841 | 1841 | 2678 | 2678 | | | 1841 | | | | 宁国 |
| **160662** | **151821** | **252539** | **252476** | **51.8** | **8783** | **169445** | **223.3** | **43187** | **140.9** | **福建** |
| 34790 | 34790 | 51779 | 51747 | 15.0 | 2692 | 37482 | 121.5 | 10797 | 7.1 | 福州 |
| 6179 | 6179 | 6735 | 6735 | | | 6179 | 6.0 | 1642 | | 福清 |
| 50884 | 50884 | 94209 | 94209 | 17.5 | 2838 | 53722 | 67.5 | 16060 | 72.2 | 厦门 |
| 8994 | 8994 | 16766 | 16766 | | | 8994 | | | | 莆田 |
| 2948 | 2948 | 7800 | 7800 | 11.0 | 932 | 3880 | | | | 三明 |
| 1372 | 1372 | 707 | 707 | 1.5 | 360 | 1731 | | | | 永安 |
| 9240 | 9240 | 10286 | 10286 | 4.5 | 1302 | 10542 | | 4330 | 32.1 | 泉州 |
| 5142 | 5142 | 5419 | 5419 | | | 5142 | 15.0 | 5128 | 15.6 | 石狮 |
| 8014 | 8014 | 9666 | 9634 | | | 8014 | | | 13.9 | 晋江 |
| 1874 | 1874 | 1485 | 1485 | | | 1874 | | | | 南安 |
| 9986 | 3356 | 12796 | 12796 | | | 9986 | 13.4 | 4882 | | 漳州 |
| 3134 | 3134 | 2333 | 2333 | | | 3134 | | | | 南平 |
| 1509 | 1509 | 4388 | 4388 | | | 1509 | | | | 邵武 |
| 1274 | 1274 | 1005 | 1005 | 0.2 | 52 | 1326 | | | | 武夷山 |
| 1154 | 599 | 3408 | 3408 | | | 1154 | | | | 建瓯 |
| 6418 | 6418 | 8176 | 8176 | | | 6418 | | 347 | | 龙岩 |
| 1113 | 1113 | 1064 | 1064 | 0.3 | 40 | 1152 | | | | 漳平 |
| 3340 | 3340 | 6259 | 6259 | 1.8 | 567 | 3907 | | | | 宁德 |
| 1586 | 1586 | 1043 | 1043 | | | 1586 | | | | 福安 |
| 1711 | 55 | 7216 | 7216 | | | 1711 | | | | 福鼎 |

## 11-2 续表 8

| 城市名称<br>Name of Cities | 污水排放量(万立方米)<br>Annual Quantity of Wastewater Discharged<br>(10,000 m$^3$) | 排水管道长度(公里)<br>Length of Drainage Piplines<br>(km) | 污水管道<br>Sewers | 雨水管道<br>Rainwater Drainage Pipeline | 雨污合流管道<br>Combined Drainage Pipeline | 建成区<br>in Built District | 污水处理厂 座数(座)<br>Number of Wastewater Treatment Plant<br>(unit) | 二级以上<br>Second Level or Above | 处理能力(万立方米/日)<br>Treatment Capacity<br>(10,000 m$^3$/day) | 二级以上<br>Second Level or Above |
|---|---|---|---|---|---|---|---|---|---|---|
| **江　西** | **134537** | **23119.6** | **10253.8** | **9476.8** | **3389.0** | **22667.0** | **79** | **68** | **456.8** | **404.8** |
| 南　昌 | 45015 | 4089.7 | 1373.9 | 1729.4 | 986.4 | 3959.7 | 9 | 7 | 154.5 | 151.0 |
| 景德镇 | 5475 | 1061.9 | 646.0 | 277.0 | 139.0 | 1061.9 | 2 | 2 | 16.0 | 16.0 |
| 乐　平 | 1914 | 283.0 | 118.7 | 128.9 | 35.4 | 133.3 | 1 |  | 5.0 |  |
| 萍　乡 | 5540 | 373.2 | 315.2 | 50.0 | 8.0 | 373.2 | 3 | 1 | 16.0 | 4.0 |
| 九　江 | 11198 | 2361.4 | 1135.6 | 991.6 | 234.2 | 2352.1 | 13 | 13 | 47.2 | 47.2 |
| 瑞　昌 | 1632 | 280.7 | 67.4 | 79.8 | 133.5 | 274.3 | 1 | 1 | 5.0 | 5.0 |
| 共青城 | 926 | 256.5 | 118.5 | 128.0 | 10.0 | 252.0 | 2 | 2 | 2.6 | 2.6 |
| 庐　山 | 524 | 151.0 | 92.9 | 53.9 | 4.3 | 149.1 | 2 | 2 | 1.5 | 1.5 |
| 新　余 | 5173 | 1086.3 | 392.4 | 450.2 | 243.7 | 1085.8 | 1 | 1 | 12.0 | 12.0 |
| 鹰　潭 | 3490 | 892.3 | 318.3 | 380.6 | 193.4 | 892.3 | 3 | 3 | 13.5 | 13.5 |
| 贵　溪 | 1528 | 351.2 | 197.3 | 123.7 | 30.3 | 351.0 | 2 | 1 | 5.5 | 2.0 |
| 赣　州 | 15541 | 2958.1 | 1159.1 | 1286.9 | 512.0 | 2958.1 | 14 | 14 | 49.1 | 49.1 |
| 瑞　金 | 1602 | 322.4 | 177.5 | 77.1 | 67.8 | 306.2 | 1 | 1 | 4.0 | 4.0 |
| 龙　南 | 1694 | 451.7 | 255.8 | 131.7 | 64.3 | 451.7 | 3 | 3 | 7.8 | 7.8 |
| 吉　安 | 4793 | 970.9 | 578.6 | 367.6 | 24.7 | 970.9 | 2 | 2 | 14.0 | 14.0 |
| 井冈山 | 221 | 70.2 | 59.9 | 10.4 |  | 70.2 | 1 | 1 | 0.6 | 0.6 |
| 宜　春 | 7138 | 1656.1 | 762.9 | 782.8 | 110.4 | 1656.1 | 4 | 4 | 24.5 | 24.5 |
| 丰　城 | 2765 | 436.5 | 220.6 | 170.4 | 45.5 | 387.0 | 2 | 2 | 8.0 | 8.0 |
| 樟　树 | 2128 | 571.8 | 247.4 | 280.4 | 44.0 | 560.3 | 2 | 2 | 9.0 | 9.0 |
| 高　安 | 1959 | 635.2 | 231.1 | 347.8 | 56.3 | 613.3 | 3 | 1 | 8.0 | 4.0 |
| 抚　州 | 6587 | 1989.0 | 904.6 | 858.8 | 225.6 | 1988.9 | 3 |  | 24.0 |  |
| 上　饶 | 7085 | 1606.3 | 689.7 | 701.5 | 215.2 | 1606.3 | 3 | 3 | 27.5 | 27.5 |
| 德　兴 | 610 | 264.3 | 190.4 | 68.7 | 5.2 | 213.2 | 2 | 2 | 1.5 | 1.5 |
| **山　东** | **369891** | **74567.7** | **33290.8** | **40120.7** | **1156.3** | **68581.3** | **233** | **233** | **1493.1** | **1493.1** |
| 济　南 | 49779 | 10059.1 | 4167.1 | 5683.4 | 208.6 | 9405.0 | 35 | 35 | 197.8 | 197.8 |
| 青　岛 | 55348 | 9956.1 | 4861.1 | 5094.9 |  | 9814.4 | 21 | 21 | 209.6 | 209.6 |
| 胶　州 | 5725 | 889.9 | 388.4 | 501.5 |  | 839.3 | 2 | 2 | 22.0 | 22.0 |
| 平　度 | 3715 | 827.6 | 384.5 | 443.1 |  | 827.6 | 1 | 1 | 11.0 | 11.0 |
| 莱　西 | 2659 | 761.3 | 475.5 | 285.8 |  | 761.3 | 1 | 1 | 10.0 | 10.0 |
| 淄　博 | 25954 | 3928.1 | 1806.2 | 2044.2 | 77.7 | 3844.6 | 10 | 10 | 86.5 | 86.5 |
| 枣　庄 | 9085 | 1522.4 | 621.6 | 839.0 | 61.8 | 1462.2 | 8 | 8 | 38.0 | 38.0 |
| 滕　州 | 5015 | 669.7 | 256.0 | 383.7 | 30.0 | 539.6 | 4 | 4 | 28.0 | 28.0 |
| 东　营 | 15058 | 2975.9 | 1079.1 | 1894.6 | 2.1 | 2419.8 | 8 | 8 | 49.5 | 49.5 |
| 烟　台 | 15859 | 4737.4 | 2097.6 | 2606.8 | 33.1 | 4011.1 | 11 | 11 | 74.3 | 74.3 |
| 龙　口 | 1512 | 611.7 | 244.5 | 356.6 | 10.6 | 539.8 | 3 | 3 | 10.0 | 10.0 |
| 莱　阳 | 1871 | 373.7 | 137.6 | 226.6 | 9.6 | 373.7 | 1 | 1 | 16.0 | 16.0 |

continued 8

| Wastewater Treatment Plant | | | | 其他污水处理设施 Other Wastewater Treatment Facilities | | 污水处理总量（万立方米） | 市政再生水 Recycled Water | | | |
|---|---|---|---|---|---|---|---|---|---|---|
| 处理量（万立方米） Quantity of Wastewater Treated (10,000 $m^3$) | 二级以上 Second Level or Above | 干污泥产生量（吨） Quantity of Dry Sludge Produced (ton) | 干污泥处置量（吨） Quantity of Dry Sludge Treated (ton) | 处理能力（万立方米／日） Treatment Capacity (10,000 $m^3$/day) | 处理量（万立方米） Quantity of Wastewater Treated (10,000 $m^3$) | Total Quantity of Wastewater Treated (10,000 $m^3$) | 生产能力（万立方米／日） Recycled Water Production Capacity (10,000 $m^3$/day) | 利用量（万立方米） Annual Quantity of Wastewater Recycled and Reused (10,000 $m^3$) | 管道长度（公里） Length of Piplines (km) | 城市名称 Name of Cities |
| **130378** | **114936** | **163080** | **163048** | **4.1** | **949** | **131327** | **3.0** | **301** | **2.0** | **江西** |
| 43350 | 42278 | 47739 | 47739 | | | 43350 | | | | 南昌 |
| 5293 | 5293 | 5500 | 5500 | 0.2 | 56 | 5349 | | | | 景德镇 |
| 1834 | | 1000 | 1000 | | | 1834 | | 25 | | 乐平 |
| 5512 | 1204 | 9912 | 9912 | | | 5512 | | | | 萍乡 |
| 11125 | 11125 | 13330 | 13319 | | | 11125 | | | | 九江 |
| 1521 | 1521 | 1075 | 1075 | | | 1521 | | | | 瑞昌 |
| 896 | 896 | 876 | 876 | | | 896 | | | | 共青城 |
| 500 | 500 | 442 | 442 | | | 500 | | | | 庐山 |
| 5095 | 5095 | 7722 | 7722 | | | 5095 | | | | 新余 |
| 3464 | 3464 | 2800 | 2800 | | | 3464 | 1.0 | 98 | 0.0 | 鹰潭 |
| 1455 | 345 | 1006 | 1006 | | | 1455 | 2.0 | 145 | 2.0 | 贵溪 |
| 14814 | 14814 | 25537 | 25537 | 3.0 | 606 | 15420 | | | | 赣州 |
| 1532 | 1532 | 2415 | 2415 | | | 1532 | | | | 瑞金 |
| 1626 | 1626 | 1061 | 1061 | | | 1626 | | | | 龙南 |
| 4494 | 4494 | 5840 | 5840 | 0.7 | 237 | 4731 | | | | 吉安 |
| 210 | 210 | 300 | 300 | | | 210 | | | | 井冈山 |
| 7076 | 7076 | 7540 | 7519 | | | 7076 | | | | 宜春 |
| 2668 | 2668 | 3133 | 3133 | | | 2668 | | | | 丰城 |
| 2111 | 2111 | 3668 | 3668 | | | 2111 | | | | 樟树 |
| 1948 | 1199 | 6202 | 6202 | | | 1948 | | 32 | | 高安 |
| 6369 | 6369 | 8502 | 8502 | 0.1 | 49 | 6418 | | 1 | | 抚州 |
| 6896 | 6896 | 7138 | 7138 | | | 6896 | | | | 上饶 |
| 591 | 591 | 341 | 341 | | | 591 | | | | 德兴 |
| **363946** | **363946** | **829434** | **829323** | **5.7** | **515** | **364460** | **829.5** | **189665** | **1298.1** | **山东** |
| 48894 | 48894 | 108064 | 108064 | 5.6 | 500 | 49394 | 61.9 | 22350 | 310.8 | 济南 |
| 54493 | 54493 | 148905 | 148905 | | | 54493 | 105.4 | 27654 | 178.6 | 青岛 |
| 5642 | 5642 | 11822 | 11822 | | | 5642 | 7.5 | 2735 | 9.0 | 胶州 |
| 3641 | 3641 | 8649 | 8649 | | | 3641 | | | | 平度 |
| 2612 | 2612 | 5842 | 5842 | | | 2612 | 10.0 | 1560 | 5.8 | 莱西 |
| 25564 | 25564 | 80555 | 80555 | | | 25564 | 49.5 | 13083 | 22.4 | 淄博 |
| 8949 | 8949 | 13752 | 13752 | | | 8949 | 21.5 | 5326 | 90.1 | 枣庄 |
| 4922 | 4922 | 10730 | 10730 | | | 4922 | 13.0 | 2510 | 22.0 | 滕州 |
| 14796 | 14796 | 14494 | 14494 | | | 14796 | 43.5 | 8270 | 3.0 | 东营 |
| 15590 | 15590 | 56585 | 56585 | | | 15590 | 30.0 | 7521 | 80.2 | 烟台 |
| 1473 | 1473 | 3061 | 3061 | | | 1473 | 2.0 | 610 | 7.8 | 龙口 |
| 1831 | 1831 | 4600 | 4600 | | | 1831 | 6.0 | 1005 | 7.8 | 莱阳 |

# 11-2 续表 9

| 城市名称<br>Name of Cities | 污水排放量(万立方米)<br>Annual Quantity of Wastewater Discharged<br>(10,000 $m^3$) | 排水管道长度(公里)<br>Length of Drainage Piplines<br>(km) | | | | | 污水处理厂 | | | |
|---|---|---|---|---|---|---|---|---|---|---|
| | | | 污水管道<br>Sewers | 雨水管道<br>Rainwater Drainage Pipeline | 雨污合流管道<br>Combined Drainage Pipeline | 建成区<br>in Built District | 座数(座)<br>Number of Wastewater Treatment Plant<br>(unit) | 二级以上<br>Second Level or Above | 处理能力(万立方米/日)<br>Treatment Capacity<br>(10,000 $m^3$/day) | 二级以上<br>Second Level or Above |
| 莱　州 | 2072 | 353.0 | 86.1 | 264.3 | 2.6 | 353.0 | 1 | 1 | 10.0 | 10.0 |
| 招　远 | 1482 | 523.0 | 171.0 | 331.6 | 20.5 | 491.6 | 1 | 1 | 8.0 | 8.0 |
| 栖　霞 | 397 | 114.0 | 56.8 | 57.2 | | 104.0 | 1 | 1 | 2.0 | 2.0 |
| 海　阳 | 1020 | 410.1 | 207.2 | 201.5 | 1.4 | 410.1 | 2 | 2 | 5.0 | 5.0 |
| 潍　坊 | 19154 | 3155.1 | 1611.9 | 1516.1 | 27.1 | 2422.6 | 9 | 9 | 55.5 | 55.5 |
| 青　州 | 3115 | 876.6 | 445.8 | 403.4 | 27.3 | 627.4 | 5 | 5 | 17.5 | 17.5 |
| 诸　城 | 7092 | 775.8 | 366.4 | 409.4 | | 774.2 | 2 | 2 | 20.6 | 20.6 |
| 寿　光 | 9631 | 927.6 | 406.1 | 489.4 | 32.1 | 594.8 | 5 | 5 | 35.0 | 35.0 |
| 安　丘 | 4667 | 1023.9 | 367.7 | 626.8 | 29.4 | 773.4 | 1 | 1 | 18.0 | 18.0 |
| 高　密 | 7755 | 671.9 | 234.3 | 394.1 | 43.6 | 671.9 | 4 | 4 | 23.5 | 23.5 |
| 昌　邑 | 3253 | 337.5 | 168.1 | 162.5 | 6.9 | 337.5 | 3 | 3 | 17.0 | 17.0 |
| 济　宁 | 15490 | 2985.3 | 1104.1 | 1849.1 | 32.1 | 2634.5 | 11 | 11 | 55.0 | 55.0 |
| 曲　阜 | 1380 | 364.4 | 163.7 | 183.8 | 16.9 | 364.4 | 3 | 3 | 10.0 | 10.0 |
| 邹　城 | 3120 | 379.1 | 230.0 | 133.2 | 15.9 | 379.1 | 1 | 1 | 14.0 | 14.0 |
| 泰　安 | 10726 | 1538.7 | 737.5 | 801.3 | | 1504.9 | 5 | 5 | 35.0 | 35.0 |
| 新　泰 | 2810 | 631.8 | 265.1 | 299.4 | 67.3 | 631.8 | 2 | 2 | 8.0 | 8.0 |
| 肥　城 | 2405 | 340.4 | 131.3 | 197.6 | 11.5 | 337.5 | 2 | 2 | 8.0 | 8.0 |
| 威　海 | 7493 | 3176.6 | 1732.2 | 1398.5 | 45.9 | 3054.2 | 3 | 3 | 31.0 | 31.0 |
| 荣　成 | 2406 | 1347.7 | 808.0 | 474.7 | 65.0 | 1165.5 | 2 | 2 | 12.0 | 12.0 |
| 乳　山 | 1733 | 839.8 | 448.5 | 383.7 | 7.6 | 786.2 | 2 | 2 | 6.0 | 6.0 |
| 日　照 | 9866 | 2954.8 | 1184.6 | 1767.3 | 2.9 | 2917.1 | 11 | 11 | 36.6 | 36.6 |
| 临　沂 | 14216 | 4273.9 | 1802.1 | 2410.4 | 61.5 | 3773.5 | 16 | 16 | 91.3 | 91.3 |
| 德　州 | 12566 | 1529.6 | 484.7 | 985.4 | 59.5 | 1510.8 | 10 | 10 | 49.9 | 49.9 |
| 乐　陵 | 710 | 324.9 | 154.3 | 170.6 | | 305.9 | 2 | 2 | 6.0 | 6.0 |
| 禹　城 | 2021 | 250.7 | 138.3 | 102.4 | 10.0 | 250.7 | 1 | 1 | 12.5 | 12.5 |
| 聊　城 | 6979 | 2282.0 | 1044.4 | 1128.8 | 108.8 | 2078.9 | 10 | 10 | 47.5 | 47.5 |
| 临　清 | 1195 | 445.7 | 217.9 | 217.2 | 10.5 | 445.7 | 1 | 1 | 10.0 | 10.0 |
| 滨　州 | 8892 | 2020.8 | 871.6 | 1149.2 | | 1885.5 | 7 | 7 | 45.0 | 45.0 |
| 邹　平 | 5405 | 571.8 | 270.3 | 301.5 | | 356.6 | 1 | 1 | 16.0 | 16.0 |
| 菏　泽 | 9260 | 1828.5 | 861.8 | 950.3 | 16.5 | 1799.7 | 4 | 4 | 34.5 | 34.5 |
| **河　南** | **260026** | **34497.3** | **15143.8** | **15998.5** | **3355.1** | **31557.2** | **127** | **119** | **1043.3** | **969.3** |
| 郑　州 | 74063 | 5879.3 | 2649.1 | 3224.1 | 6.2 | 5879.3 | 9 | 8 | 211.5 | 191.5 |
| 巩　义 | 1425 | 271.4 | 140.8 | 83.6 | 46.9 | 271.4 | 1 | 1 | 5.0 | 5.0 |
| 荥　阳 | 4522 | 400.9 | 143.4 | 213.2 | 44.3 | 335.0 | 2 | 2 | 15.0 | 15.0 |
| 新　密 | 1500 | 172.5 | 72.1 | 72.4 | 28.0 | 168.3 | 2 | 2 | 8.0 | 8.0 |
| 新　郑 | 4037 | 300.3 | 91.2 | 99.9 | 109.2 | 281.8 | 3 | 3 | 12.0 | 12.0 |
| 登　封 | 1777 | 182.2 | 78.8 | 87.9 | 15.6 | 156.0 | 2 | 2 | 6.0 | 6.0 |

continued 9

| Wastewater Treatment Plant | | | | 其他污水处理设施 Other Wastewater Treatment Facilities | | 污水处理总量（万立方米） | 市政再生水 Recycled Water | | | |
|---|---|---|---|---|---|---|---|---|---|---|
| 处理量（万立方米） Quantity of Wastewater Treated (10,000 $m^3$) | 二级以上 Second Level or Above | 干污泥产生量（吨） Quantity of Dry Sludge Produced (ton) | 干污泥处置量（吨） Quantity of Dry Sludge Treated (ton) | 处理能力（万立方米/日） Treatment Capacity (10,000 $m^3$/day) | 处理量（万立方米） Quantity of Wastewater Treated (10,000 $m^3$) | Total Quantity of Wastewater Treated (10,000 $m^3$) | 生产能力（万立方米/日） Recycled Water Production Capacity (10,000 $m^3$/day) | 利用量（万立方米） Annual Quantity of Wastewater Recycled and Reused (10,000 $m^3$) | 管道长度（公里） Length of Piplines (km) | 城市名称 Name of Cities |
| 2021 | 2021 | 3151 | 3151 | | | 2021 | 5.0 | 1073 | 11.7 | 莱　州 |
| 1453 | 1453 | 3770 | 3770 | | | 1453 | 3.0 | 586 | 17.7 | 招　远 |
| 388 | 388 | 396 | 396 | | | 388 | 2.0 | 253 | 7.0 | 栖　霞 |
| 1000 | 1000 | 1795 | 1795 | | | 1000 | 5.0 | 380 | 4.0 | 海　阳 |
| 18867 | 18867 | 34429 | 34429 | | | 18867 | 28.5 | 9773 | 40.8 | 潍　坊 |
| 3069 | 3069 | 12512 | 12512 | | | 3069 | 17.5 | 1549 | 3.8 | 青　州 |
| 6984 | 6984 | 26281 | 26281 | | | 6984 | 11.0 | 3467 | | 诸　城 |
| 9486 | 9486 | 21447 | 21447 | | | 9486 | 13.5 | 4806 | 7.0 | 寿　光 |
| 4601 | 4601 | 13054 | 13054 | | | 4601 | 9.0 | 2353 | 1.8 | 安　丘 |
| 7634 | 7634 | 17202 | 17202 | | | 7634 | 16.5 | 4097 | 9.7 | 高　密 |
| 3204 | 3204 | 9062 | 9062 | | | 3204 | 6.2 | 1603 | 18.5 | 昌　邑 |
| 15281 | 15281 | 22108 | 22108 | | | 15281 | 55.0 | 8424 | 126.2 | 济　宁 |
| 1360 | 1360 | 3704 | 3704 | | | 1360 | 10.0 | 877 | 6.5 | 曲　阜 |
| 3066 | 3066 | 6149 | 6149 | | | 3066 | 5.0 | 1402 | 8.1 | 邹　城 |
| 10555 | 10555 | 15451 | 15451 | 0.0 | 15 | 10569 | 30.5 | 6993 | 30.0 | 泰　安 |
| 2754 | 2754 | 3636 | 3636 | | | 2754 | 4.5 | 1140 | 5.0 | 新　泰 |
| 2369 | 2369 | 5252 | 5252 | | | 2369 | 8.0 | 1184 | 15.0 | 肥　城 |
| 7381 | 7381 | 26291 | 26291 | | | 7381 | 14.2 | 4783 | 46.0 | 威　海 |
| 2367 | 2367 | 6347 | 6347 | | | 2367 | 2.6 | 948 | 20.0 | 荣　成 |
| 1706 | 1706 | 5701 | 5701 | | | 1706 | 2.2 | 575 | 13.1 | 乳　山 |
| 9711 | 9711 | 12140 | 12140 | | | 9711 | 19.6 | 5205 | 26.4 | 日　照 |
| 14016 | 14016 | 15556 | 15556 | | | 14016 | 47.4 | 8900 | 41.3 | 临　沂 |
| 12377 | 12377 | 22536 | 22536 | | | 12377 | 35.0 | 8371 | 20.9 | 德　州 |
| 699 | 699 | 1913 | 1913 | | | 699 | 3.0 | 385 | 3.0 | 乐　陵 |
| 1993 | 1993 | 4334 | 4334 | | | 1993 | 6.5 | 1028 | | 禹　城 |
| 6878 | 6878 | 17615 | 17615 | | | 6878 | 41.5 | 4519 | 23.0 | 聊　城 |
| 1174 | 1174 | 2009 | 2009 | | | 1174 | 4.0 | 733 | 3.0 | 临　清 |
| 8755 | 8755 | 26572 | 26572 | | | 8755 | 34.0 | 4635 | 10.0 | 滨　州 |
| 5321 | 5321 | 6859 | 6859 | | | 5321 | 16.0 | 2502 | | 邹　平 |
| 9071 | 9071 | 15104 | 14993 | | | 9071 | 23.0 | 4496 | 41.2 | 菏　泽 |
| **258802** | **237405** | **501793** | **497985** | **2.0** | **2** | **258804** | **561.5** | **117129** | **753.5** | **河　南** |
| 74063 | 67220 | 132057 | 132057 | | | 74063 | 205.8 | 38579 | 160.0 | 郑　州 |
| 1425 | 1425 | 3970 | 3970 | | | 1425 | 3.0 | 769 | 7.0 | 巩　义 |
| 4257 | 4257 | 7416 | 7416 | | | 4257 | 3.6 | 4257 | 5.0 | 荥　阳 |
| 1500 | 1500 | 3783 | 3783 | | | 1500 | | | | 新　密 |
| 3970 | 3970 | 7158 | 7158 | | | 3970 | 11.0 | 2812 | 3.2 | 新　郑 |
| 1777 | 1777 | 2889 | 2889 | | | 1777 | | | | 登　封 |

# 11-2 续表 10

| 城市名称<br>Name of Cities | 污水排放量（万立方米）<br>Annual Quantity of Wastewater Discharged<br>(10,000 m$^3$) | 排水管道长度（公里）<br>Length of Drainage Piplines<br>(km) | | | | | 污水处理厂 | | | |
|---|---|---|---|---|---|---|---|---|---|---|
| | | | 污水管道<br>Sewers | 雨水管道<br>Rainwater Drainage Pipeline | 雨污合流管道<br>Combined Drainage Pipeline | 建成区<br>in Built District | 座数（座）<br>Number of Wastewater Treatment Plant<br>(unit) | 二级以上<br>Second Level or Above | 处理能力（万立方米/日）<br>Treatment Capacity<br>(10,000 m$^3$/day) | 二级以上<br>Second Level or Above |
| 开　封 | 10358 | 1259.9 | 471.4 | 523.2 | 265.3 | 1215.3 | 6 | 6 | 53.0 | 53.0 |
| 洛　阳 | 20001 | 2811.4 | 1179.0 | 1613.3 | 19.1 | 2792.5 | 9 | 9 | 95.0 | 95.0 |
| 平顶山 | 12573 | 755.8 | 274.6 | 274.6 | 206.6 | 659.9 | 4 | 4 | 39.0 | 39.0 |
| 舞　钢 | 873 | 231.8 | 167.3 | 54.6 | 10.0 | 231.6 | 2 | 2 | 4.0 | 4.0 |
| 汝　州 | 1876 | 378.6 | 185.2 | 115.7 | 77.7 | 347.6 | 2 | 2 | 6.0 | 6.0 |
| 安　阳 | 6909 | 1454.7 | 721.2 | 733.5 | | 1454.5 | 4 | | 30.0 | |
| 林　州 | 1933 | 276.0 | 113.3 | 72.8 | 90.0 | 254.5 | 2 | 2 | 7.0 | 7.0 |
| 鹤　壁 | 4661 | 699.2 | 286.8 | 412.5 | | 699.2 | 3 | 3 | 18.0 | 18.0 |
| 新　乡 | 9000 | 1161.3 | 518.2 | 643.1 | | 977.3 | 5 | 5 | 55.0 | 55.0 |
| 长　垣 | 1816 | 665.3 | 260.0 | 308.1 | 97.2 | 653.8 | 1 | 1 | 13.0 | 13.0 |
| 卫　辉 | 1630 | 150.5 | 65.2 | 27.1 | 58.2 | 141.1 | 1 | 1 | 6.0 | 6.0 |
| 辉　县 | 1530 | 305.2 | 132.6 | 100.2 | 72.5 | 304.9 | 1 | 1 | 10.0 | 10.0 |
| 焦　作 | 7352 | 1317.3 | 536.0 | 540.2 | 241.2 | 1289.1 | 3 | 3 | 30.0 | 30.0 |
| 沁　阳 | 800 | 261.9 | 52.8 | 41.8 | 167.4 | 261.3 | 2 | 2 | 6.0 | 6.0 |
| 孟　州 | 1286 | 359.4 | 102.0 | 107.4 | 150.0 | 320.0 | 1 | | 5.0 | |
| 濮　阳 | 5744 | 972.5 | 450.3 | 522.2 | | 928.0 | 3 | 3 | 19.0 | 19.0 |
| 许　昌 | 4758 | 1049.5 | 514.0 | 535.0 | 0.5 | 858.3 | 4 | 4 | 29.0 | 29.0 |
| 禹　州 | 1982 | 581.2 | 235.4 | 345.8 | | 445.6 | 3 | 3 | 13.0 | 13.0 |
| 长　葛 | 1900 | 296.0 | 123.0 | 103.0 | 70.0 | 296.0 | 2 | 2 | 8.5 | 8.5 |
| 漯　河 | 7975 | 1172.8 | 372.4 | 476.3 | 324.1 | 1035.4 | 3 | 1 | 24.0 | 5.0 |
| 三门峡 | 4220 | 337.0 | 182.8 | 114.4 | 39.8 | 328.5 | 1 | 1 | 13.0 | 13.0 |
| 义　马 | 1673 | 141.2 | 83.2 | 58.0 | | 141.2 | 2 | 2 | 9.5 | 9.5 |
| 灵　宝 | 2280 | 214.0 | 90.0 | 92.9 | 31.1 | 214.0 | 3 | 3 | 8.0 | 8.0 |
| 南　阳 | 9145 | 2109.4 | 933.1 | 789.7 | 386.6 | 2005.2 | 6 | 6 | 60.5 | 60.5 |
| 邓　州 | 2433 | 612.4 | 312.6 | 201.7 | 98.1 | 597.7 | 2 | 2 | 9.0 | 9.0 |
| 商　丘 | 15052 | 734.6 | 361.7 | 267.8 | 105.1 | 647.6 | 8 | 8 | 58.5 | 58.5 |
| 永　城 | 3200 | 662.0 | 363.9 | 288.1 | 10.0 | 596.2 | 7 | 7 | 12.8 | 12.8 |
| 信　阳 | 5735 | 1206.6 | 454.6 | 618.3 | 133.7 | 1206.6 | 3 | 3 | 30.0 | 30.0 |
| 周　口 | 6605 | 1475.4 | 794.3 | 614.3 | 66.8 | 1474.4 | 5 | 5 | 36.0 | 36.0 |
| 项　城 | 2457 | 605.6 | 325.5 | 179.1 | 101.0 | 526.9 | 2 | 2 | 11.0 | 11.0 |
| 驻马店 | 6617 | 1038.9 | 347.0 | 622.3 | 69.6 | 1038.9 | 2 | 2 | 25.0 | 25.0 |
| 济源示范区 | 3985 | 563.4 | 259.3 | 90.7 | 213.4 | 522.5 | 3 | 3 | 14.0 | 14.0 |
| 郑州航空港经济综合实验区 | 4343 | 1430.0 | 700.0 | 730.0 | | | 3 | 3 | 28.0 | 28.0 |

continued 10

| Wastewater Treatment Plant | | | | 其他污水处理设施 Other Wastewater Treatment Facilities | | 污水处理总量（万立方米） | 市政再生水 Recycled Water | | | |
|---|---|---|---|---|---|---|---|---|---|---|
| 处理量（万立方米） Quantity of Wastewater Treated (10,000 $m^3$) | 二级以上 Second Level or Above | 干污泥产生量（吨） Quantity of Dry Sludge Produced (ton) | 干污泥处置量（吨） Quantity of Dry Sludge Treated (ton) | 处理能力（万立方米/日） Treatment Capacity (10,000 $m^3$/day) | 处理量（万立方米） Quantity of Wastewater Treated (10,000 $m^3$) | Total Quantity of Wastewater Treated (10,000 $m^3$) | 生产能力（万立方米/日） Recycled Water Production Capacity (10,000 $m^3$/day) | 利用量（万立方米） Annual Quantity of Wastewater Recycled and Reused (10,000 $m^3$) | 管道长度（公里） Length of Piplines (km) | 城市名称 Name of Cities |
| 10136 | 10136 | 16877 | 16877 | | | 10136 | 27.0 | 3775 | 29.0 | 开封 |
| 19998 | 19998 | 56495 | 56495 | 2.0 | 2 | 20000 | 54.0 | 9279 | 96.7 | 洛阳 |
| 12558 | 12558 | 15602 | 15602 | | | 12558 | 15.0 | 5374 | 2.7 | 平顶山 |
| 847 | 847 | 1184 | 1184 | | | 847 | | | | 舞钢 |
| 1876 | 1876 | 3424 | 3424 | | | 1876 | 2.5 | 177 | 1.0 | 汝州 |
| 6909 | | 8809 | 5008 | | | 6909 | 30.0 | 4206 | 15.4 | 安阳 |
| 1925 | 1925 | 2441 | 2441 | | | 1925 | 4.0 | 576 | 8.4 | 林州 |
| 4661 | 4661 | 10559 | 10559 | | | 4661 | 8.5 | 1744 | 35.9 | 鹤壁 |
| 8910 | 8910 | 14536 | 14536 | | | 8910 | 42.6 | 5587 | 31.1 | 新乡 |
| 1809 | 1809 | 2617 | 2617 | | | 1809 | 6.0 | 1478 | 53.0 | 长垣 |
| 1630 | 1630 | 1570 | 1570 | | | 1630 | | | | 卫辉 |
| 1530 | 1530 | 2890 | 2890 | | | 1530 | 4.0 | 433 | 5.2 | 辉县 |
| 7352 | 7352 | 16038 | 16038 | | | 7352 | 22.0 | 3495 | 33.0 | 焦作 |
| 800 | 800 | 2691 | 2691 | | | 800 | | | | 沁阳 |
| 1286 | | 2726 | 2726 | | | 1286 | 2.2 | 728 | 15.0 | 孟州 |
| 5744 | 5744 | 14763 | 14763 | | | 5744 | 4.0 | 3420 | 38.0 | 濮阳 |
| 4758 | 4758 | 19584 | 19584 | | | 4758 | 9.0 | 3272 | 14.8 | 许昌 |
| 1978 | 1978 | 8610 | 8610 | | | 1978 | 6.8 | 1469 | 16.2 | 禹州 |
| 1841 | 1841 | 3475 | 3468 | | | 1841 | | | | 长葛 |
| 7974 | 1614 | 26581 | 26581 | | | 7974 | 20.0 | 4176 | 2.0 | 漯河 |
| 4185 | 4185 | 10588 | 10588 | | | 4185 | 9.0 | 1088 | 14.5 | 三门峡 |
| 1657 | 1657 | 1500 | 1500 | | | 1657 | | | 3.0 | 义马 |
| 2274 | 2274 | 2950 | 2950 | | | 2274 | 4.0 | 790 | 0.5 | 灵宝 |
| 9145 | 9145 | 14770 | 14770 | | | 9145 | 23.0 | 4101 | 44.4 | 南阳 |
| 2415 | 2415 | 2431 | 2431 | | | 2415 | 0.2 | 73 | 1.0 | 邓州 |
| 14857 | 14857 | 31708 | 31708 | | | 14857 | 11.0 | 7567 | 47.0 | 商丘 |
| 3122 | 3122 | 4100 | 4100 | | | 3122 | 3.5 | 974 | 15.9 | 永城 |
| 5735 | 5735 | 9164 | 9164 | | | 5735 | 12.0 | 1776 | 13.9 | 信阳 |
| 6600 | 6600 | 7242 | 7242 | | | 6600 | 4.9 | 1789 | 13.0 | 周口 |
| 2395 | 2395 | 3465 | 3465 | | | 2395 | 1.0 | 81 | 2.1 | 项城 |
| 6617 | 6617 | 5844 | 5844 | | | 6617 | 7.0 | 2555 | 6.8 | 驻马店 |
| 3945 | 3945 | 6602 | 6601 | | | 3945 | 5.0 | 730 | 19.0 | 济源示范区 |
| 4343 | 4343 | 12684 | 12684 | | | 4343 | | | | 郑州航空港经济综合实验区 |

## 11-2 续表 11

| 城市名称 Name of Cities | 污水排放量（万立方米） Annual Quantity of Wastewater Discharged (10,000 m³) | 排水管道长度（公里） Length of Drainage Piplines (km) | 污水管道 Sewers | 雨水管道 Rainwater Drainage Pipeline | 雨污合流管道 Combined Drainage Pipeline | 建成区 in Built District | 污水处理厂 座数（座） Number of Wastewater Treatment Plant (unit) | 二级以上 Second Level or Above | 处理能力（万立方米/日） Treatment Capacity (10,000 m³/day) | 二级以上 Second Level or Above |
|---|---|---|---|---|---|---|---|---|---|---|
| **湖　北** | **321542** | **39303.2** | **15130.0** | **18637.0** | **5536.3** | **38039.9** | **118** | **113** | **962.2** | **930.7** |
| 武　汉 | 152151 | 13631.7 | 4207.0 | 8404.7 | 1020.0 | 13631.7 | 19 | 19 | 434.0 | 434.0 |
| 黄　石 | 8790 | 2083.6 | 1095.4 | 973.0 | 15.1 | 1838.9 | 6 | 6 | 28.5 | 28.5 |
| 大　冶 | 2988 | 543.0 | 246.9 | 287.8 | 8.3 | 543.0 | 4 | 4 | 12.1 | 12.1 |
| 十　堰 | 15401 | 1338.8 | 1142.9 | 171.9 | 23.9 | 1271.6 | 13 | 13 | 49.3 | 49.3 |
| 丹江口 | 1568 | 301.7 | 225.7 | 35.0 | 41.0 | 218.4 | 1 | 1 | 6.0 | 6.0 |
| 宜　昌 | 18055 | 1879.0 | 780.9 | 764.7 | 333.4 | 1876.8 | 11 | 11 | 60.7 | 60.7 |
| 宜　都 | 1696 | 274.0 | 140.6 | 29.0 | 104.5 | 274.0 | 4 | 4 | 6.0 | 6.0 |
| 当　阳 | 2544 | 270.7 | 134.9 | 49.1 | 86.6 | 270.7 | 1 | 1 | 6.0 | 6.0 |
| 枝　江 | 2500 | 305.2 | 30.1 | 37.0 | 238.0 | 305.2 | 1 | 1 | 7.0 | 7.0 |
| 襄　阳 | 19217 | 2203.9 | 717.7 | 1251.1 | 235.1 | 2203.9 | 4 | 4 | 52.0 | 52.0 |
| 老河口 | 2182 | 367.3 | 133.3 | 74.0 | 160.0 | 342.8 | 1 |  | 6.0 |  |
| 枣　阳 | 2588 | 516.0 | 148.6 | 142.2 | 225.3 | 516.0 | 2 | 2 | 11.0 | 11.0 |
| 宜　城 | 1250 | 325.2 | 117.4 | 143.1 | 64.7 | 325.2 | 1 | 1 | 4.0 | 4.0 |
| 鄂　州 | 3979 | 879.5 | 243.5 | 569.6 | 66.4 | 538.9 | 2 | 2 | 13.0 | 13.0 |
| 荆　门 | 7135 | 1143.7 | 581.0 | 260.7 | 302.1 | 1136.3 | 2 | 1 | 20.5 | 5.5 |
| 京　山 | 1966 | 536.5 | 247.0 | 144.8 | 144.8 | 443.4 | 2 | 2 | 6.0 | 6.0 |
| 钟　祥 | 2312 | 394.7 | 144.5 | 167.9 | 82.3 | 321.8 | 1 | 1 | 7.5 | 7.5 |
| 孝　感 | 7129 | 1152.4 | 349.0 | 342.5 | 460.9 | 989.0 | 3 | 3 | 26.0 | 26.0 |
| 应　城 | 2143 | 165.9 | 44.2 | 21.4 | 100.2 | 165.9 | 1 | 1 | 6.0 | 6.0 |
| 安　陆 | 1740 | 327.4 | 176.2 | 129.2 | 21.9 | 173.8 | 1 | 1 | 6.0 | 6.0 |
| 汉　川 | 3511 | 267.7 | 110.2 | 157.5 |  | 267.0 | 1 | 1 | 10.0 | 10.0 |
| 荆　州 | 9891 | 1402.2 | 502.2 | 827.9 | 72.2 | 1402.2 | 7 | 7 | 34.0 | 34.0 |
| 监　利 | 2603 | 301.9 | 141.4 | 131.7 | 28.9 | 301.9 | 2 | 2 | 8.0 | 8.0 |
| 石　首 | 1590 | 184.8 | 7.1 | 6.3 | 171.3 | 184.8 | 2 | 1 | 4.9 | 2.4 |
| 洪　湖 | 1868 | 358.4 | 235.5 | 111.8 | 11.2 | 358.4 | 1 | 1 | 7.0 | 7.0 |
| 松　滋 | 1375 | 500.9 | 306.3 | 102.6 | 92.0 | 500.9 | 2 | 2 | 5.0 | 5.0 |
| 黄　冈 | 3609 | 254.8 |  | 52.0 | 202.8 | 254.8 | 1 | 1 | 10.0 | 10.0 |
| 麻　城 | 1562 | 475.3 | 239.3 | 78.0 | 158.0 | 475.3 | 2 | 2 | 5.0 | 5.0 |
| 武　穴 | 2738 | 137.0 | 35.8 |  | 101.2 | 137.0 | 1 | 1 | 7.0 | 7.0 |
| 咸　宁 | 4905 | 1294.7 | 532.5 | 664.1 | 98.1 | 1294.7 | 2 | 2 | 12.0 | 12.0 |
| 赤　壁 | 2828 | 475.5 | 198.0 | 159.0 | 118.5 | 475.5 | 2 | 2 | 7.5 | 7.5 |
| 随　州 | 5102 | 899.4 | 345.6 | 432.3 | 121.5 | 899.4 | 4 | 4 | 18.0 | 18.0 |
| 广　水 | 2976 | 182.1 | 89.9 | 51.8 | 40.5 | 172.4 | 2 | 2 | 7.0 | 7.0 |
| 恩　施 | 4699 | 1638.8 | 709.8 | 637.6 | 291.4 | 1638.8 | 3 | 3 | 14.0 | 14.0 |
| 利　川 | 2083 | 200.8 | 64.0 | 73.6 | 63.2 | 200.8 | 1 | 1 | 7.0 | 7.0 |
| 仙　桃 | 6219 | 715.7 | 270.5 | 415.2 | 30.0 | 715.7 | 1 | 1 | 16.7 | 16.7 |
| 潜　江 | 3511 | 852.2 | 203.5 | 450.9 | 197.8 | 852.2 | 3 | 1 | 11.0 | 3.0 |
| 天　门 | 3139 | 520.9 | 231.6 | 286.2 | 3.1 | 520.9 | 1 | 1 | 10.5 | 10.5 |

## continued 11

| Wastewater Treatment Plant | | | | 其他污水处理设施 Other Wastewater Treatment Facilities | | 污水处理总量(万立方米) | 市政再生水 Recycled Water | | | 城市名称 Name of Cities |
|---|---|---|---|---|---|---|---|---|---|---|
| 处理量(万立方米) Quantity of Wastewater Treated (10,000 m³) | 二级以上 Second Level or Above | 干污泥产生量(吨) Quantity of Dry Sludge Produced (ton) | 干污泥处置量(吨) Quantity of Dry Sludge Treated (ton) | 处理能力(万立方米/日) Treatment Capacity (10,000 m³/day) | 处理量(万立方米) Quantity of Wastewater Treated (10,000 m³) | Total Quantity of Wastewater Treated (10,000 m³) | 生产能力(万立方米/日) Recycled Water Production Capacity (10,000 m³/day) | 利用量(万立方米) Annual Quantity of Wastewater Recycled and Reused (10,000 m³) | 管道长度(公里) Length of Piplines (km) | |
| **296252** | **285953** | **453076** | **452186** | **68.4** | **17474** | **313727** | **291.5** | **62356** | **53.9** | **湖 北** |
| 132708 | 132708 | 164329 | 164328 | 50.1 | 15489 | 148196 | 126.0 | 32138 | | 武 汉 |
| 8361 | 8361 | 5890 | 5890 | 6.5 | 279 | 8640 | 6.8 | 2172 | | 黄 石 |
| 2629 | 2629 | 3007 | 3007 | | | 2629 | | | | 大 冶 |
| 14910 | 14910 | 68592 | 68589 | | | 14910 | 5.2 | 1810 | 11.5 | 十 堰 |
| 1552 | 1552 | 930 | 930 | | | 1552 | 1.0 | 12 | | 丹江口 |
| 16080 | 16080 | 19520 | 19518 | 4.5 | 1624 | 17704 | 15.0 | 4421 | | 宜 昌 |
| 1641 | 1641 | 1500 | 1500 | | | 1641 | | | | 宜 都 |
| 2496 | 2496 | 1294 | 1294 | | | 2496 | 6.0 | 1039 | | 当 阳 |
| 2421 | 2421 | 2343 | 2343 | 7.0 | | 2421 | | 45 | | 枝 江 |
| 18939 | 18939 | 15024 | 15024 | | | 18939 | 50.0 | 27 | | 襄 阳 |
| 2120 | | 4566 | 3803 | | | 2120 | | | | 老河口 |
| 2501 | 2501 | 4169 | 4169 | | | 2501 | | | | 枣 阳 |
| 1218 | 1218 | 712 | 712 | | | 1218 | | | | 宜 城 |
| 3972 | 3972 | 4908 | 4908 | | | 3972 | 7.1 | 2599 | | 鄂 州 |
| 7035 | 1861 | 8886 | 8886 | | | 7035 | 6.0 | 753 | | 荆 门 |
| 1966 | 1966 | 1830 | 1830 | | | 1966 | 3.0 | 39 | | 京 山 |
| 2208 | 2208 | 2373 | 2373 | | | 2208 | | | | 钟 祥 |
| 6953 | 6953 | 27961 | 27841 | | | 6953 | 4.8 | 1752 | 0.4 | 孝 感 |
| 2065 | 2065 | 1542 | 1542 | | | 2065 | 6.0 | 786 | 9.5 | 应 城 |
| 1740 | 1740 | 8746 | 8746 | | | 1740 | 4.3 | 251 | | 安 陆 |
| 3511 | 3511 | 1995 | 1995 | | | 3511 | | | | 汉 川 |
| 9509 | 9509 | 6275 | 6275 | | | 9509 | 25.0 | 7139 | | 荆 州 |
| 2534 | 2534 | 2518 | 2518 | | | 2534 | | | | 监 利 |
| 1585 | 880 | 826 | 826 | | | 1585 | 0.0 | 2 | 2.0 | 石 首 |
| 1868 | 1868 | 2099 | 2099 | | | 1868 | 5.0 | 1 | | 洪 湖 |
| 1323 | 1323 | 996 | 996 | | | 1323 | | | | 松 滋 |
| 3551 | 3551 | 13131 | 13131 | | | 3551 | 10.0 | 3453 | 0.3 | 黄 冈 |
| 1415 | 1415 | 3499 | 3499 | 0.3 | 82 | 1497 | 0.2 | 22 | 3.3 | 麻 城 |
| 2570 | 2570 | 3494 | 3494 | | | 2570 | | | | 武 穴 |
| 4736 | 4736 | 6997 | 6997 | | | 4736 | 5.0 | 1925 | 2.9 | 咸 宁 |
| 2715 | 2715 | 4679 | 4679 | | | 2715 | 1.0 | 108 | | 赤 壁 |
| 4999 | 4999 | 18926 | 18926 | | | 4999 | 2.0 | 432 | 19.0 | 随 州 |
| 2976 | 2976 | 6840 | 6840 | | | 2976 | 1.0 | 370 | | 广 水 |
| 4698 | 4698 | 3655 | 3655 | | | 4698 | | | | 恩 施 |
| 2006 | 2006 | 2967 | 2967 | | | 2006 | | | | 利 川 |
| 6219 | 6219 | 7488 | 7488 | | | 6219 | | 803 | 2.0 | 仙 桃 |
| 3383 | 1083 | 14427 | 14427 | | | 3383 | | | | 潜 江 |
| 3139 | 3139 | 4141 | 4140 | | | 3139 | 1.0 | 256 | 3.0 | 天 门 |

## 11-2 续表 12

| 城市名称 Name of Cities | 污水排放量(万立方米) Annual Quantity of Wastewater Discharged (10,000 $m^3$) | 排水管道长度(公里) Length of Drainage Piplines (km) | 污水管道 Sewers | 雨水管道 Rainwater Drainage Pipeline | 雨污合流管道 Combined Drainage Pipeline | 建成区 in Built District | 污水处理厂 座数(座) Number of Wastewater Treatment Plant (unit) | 二级以上 Second Level or Above | 处理能力(万立方米/日) Treatment Capacity (10,000 $m^3$/day) | 二级以上 Second Level or Above |
|---|---|---|---|---|---|---|---|---|---|---|
| **湖南** | **264396** | **26430.6** | **9943.5** | **11440.4** | **5046.7** | **25213.0** | **100** | **85** | **860.1** | **776.4** |
| 长沙 | 89502 | 5768.0 | 1754.0 | 2271.0 | 1743.0 | 5768.0 | 14 | 14 | 296.5 | 296.5 |
| 宁乡 | 5976 | 528.6 | 198.8 | 249.8 | 80.0 | 528.6 | 3 | 3 | 20.0 | 20.0 |
| 浏阳 | 2840 | 478.9 | 173.5 | 270.6 | 34.7 | 478.9 | 1 | 1 | 8.0 | 8.0 |
| 株洲 | 20304 | 2499.1 | 871.0 | 1532.0 | 96.1 | 2499.1 | 12 | 11 | 75.0 | 73.0 |
| 醴陵 | 2056 | 373.0 | 181.0 | 92.2 | 99.8 | 373.0 | 1 | | 5.2 | |
| 湘潭 | 17807 | 1468.4 | 765.0 | 636.0 | 67.4 | 1301.0 | 5 | 5 | 58.5 | 58.5 |
| 湘乡 | 1563 | 374.9 | 143.5 | 139.9 | 91.5 | 374.9 | 1 | 1 | 5.0 | 5.0 |
| 韶山 | 759 | 153.4 | 82.5 | 62.4 | 8.5 | 98.5 | 1 | 1 | 2.0 | 2.0 |
| 衡阳 | 14415 | 1667.4 | 639.6 | 730.2 | 297.6 | 1667.4 | 4 | 3 | 52.0 | 48.0 |
| 耒阳 | 2705 | 312.6 | 46.8 | 46.8 | 219.0 | 309.0 | 1 | 1 | 10.0 | 10.0 |
| 常宁 | 1573 | 260.6 | 129.8 | 112.8 | 18.0 | 260.0 | 1 | | 4.0 | |
| 邵阳 | 7877 | 686.0 | 195.0 | 359.0 | 132.0 | 560.0 | 3 | | 24.0 | |
| 武冈 | 2296 | 300.0 | 141.0 | 59.0 | 100.0 | 300.0 | 2 | 2 | 7.0 | 7.0 |
| 邵东 | 2299 | 326.0 | 120.0 | 139.0 | 67.0 | 240.0 | 1 | | 8.0 | |
| 岳阳 | 11636 | 1607.9 | 526.5 | 981.7 | 99.7 | 1607.9 | 11 | 11 | 50.5 | 50.5 |
| 汨罗 | 1485 | 270.2 | 82.1 | 85.8 | 102.3 | 270.2 | 1 | 1 | 5.0 | 5.0 |
| 临湘 | 1429 | 329.6 | 120.4 | 101.0 | 108.2 | 175.5 | 1 | 1 | 4.5 | 4.5 |
| 常德 | 13846 | 2272.7 | 935.0 | 1166.2 | 171.5 | 2056.5 | 6 | 6 | 43.0 | 43.0 |
| 津市 | 1441 | 234.5 | 128.4 | 31.5 | 74.6 | 229.1 | 2 | | 6.0 | |
| 张家界 | 3793 | 348.7 | 194.9 | 126.8 | 27.0 | 325.0 | 4 | 4 | 10.5 | 10.5 |
| 益阳 | 9517 | 1151.1 | 559.0 | 277.1 | 315.0 | 1001.3 | 4 | 4 | 32.0 | 32.0 |
| 沅江 | 1506 | 165.6 | 120.8 | 18.9 | 25.9 | 157.0 | 1 | 1 | 4.0 | 4.0 |
| 郴州 | 10200 | 1122.3 | 504.6 | 428.4 | 189.3 | 1122.3 | 3 | 2 | 26.5 | 16.5 |
| 资兴 | 1137 | 175.6 | 58.2 | 91.9 | 25.5 | 175.6 | 1 | 1 | 4.0 | 4.0 |
| 永州 | 12790 | 828.5 | 237.7 | 426.0 | 164.8 | 828.5 | 2 | 2 | 30.0 | 30.0 |
| 祁阳 | 2616 | 630.0 | 299.0 | 319.0 | 12.0 | 609.0 | 2 | 2 | 7.5 | 7.5 |
| 怀化 | 7825 | 746.2 | 244.5 | 366.1 | 135.7 | 746.2 | 3 | 2 | 21.9 | 6.4 |
| 洪江 | 930 | 174.9 | 65.9 | 49.2 | 59.7 | 152.5 | 3 | 1 | 2.5 | 0.5 |
| 娄底 | 6553 | 442.0 | 105.0 | 88.0 | 249.0 | 442.0 | 2 | 2 | 20.0 | 20.0 |
| 冷水江 | 1159 | 119.9 | 48.8 | 50.5 | 20.6 | 115.9 | 1 | | 3.0 | |
| 涟源 | 1293 | 305.1 | 84.3 | 62.6 | 158.2 | 184.4 | 1 | 1 | 4.0 | 4.0 |
| 吉首 | 3269 | 309.0 | 187.0 | 69.0 | 53.0 | 256.0 | 2 | 2 | 10.0 | 10.0 |
| **广东** | **958060** | **140221.2** | **70053.2** | **51592.1** | **18575.9** | **107851.6** | **342** | **329** | **2936.0** | **2855.5** |
| 广州 | 257832 | 43249.4 | 29690.3 | 9262.0 | 4297.1 | 34993.0 | 65 | 65 | 800.0 | 800.0 |
| 韶关 | 9501 | 1336.0 | 300.1 | 727.4 | 308.5 | 1079.6 | 7 | 7 | 31.2 | 31.2 |
| 乐昌 | 902 | 117.0 | 30.8 | 72.2 | 14.0 | 93.4 | 1 | 1 | 2.5 | 2.5 |

continued 12

| Wastewater Treatment Plant | | | | 其他污水处理设施 Other Wastewater Treatment Facilities | | 污水处理总量(万立方米) | 市政再生水 Recycled Water | | | |
|---|---|---|---|---|---|---|---|---|---|---|
| 处理量(万立方米) Quantity of Wastewater Treated (10,000 m$^3$) | 二级以上 Second Level or Above | 干污泥产生量(吨) Quantity of Dry Sludge Produced (ton) | 干污泥处置量(吨) Quantity of Dry Sludge Treated (ton) | 处理能力(万立方米/日) Treatment Capacity (10,000 m$^3$/day) | 处理量(万立方米) Quantity of Wastewater Treated (10,000 m$^3$) | Total Quantity of Wastewater Treated (10,000 m$^3$) | 生产能力(万立方米/日) Recycled Water Production Capacity (10,000 m$^3$/day) | 利用量(万立方米) Annual Quantity of Wastewater Recycled and Reused (10,000 m$^3$) | 管道长度(公里) Length of Piplines (km) | 城市名称 Name of Cities |
| **259377** | **232309** | **358405** | **358405** | **14.5** | **170** | **259546** | **121.1** | **38660** | **128.3** | **湖　南** |
| 88251 | 88251 | 112226 | 112226 | | | 88251 | 84.0 | 22947 | 44.0 | 长　沙 |
| 5398 | 5398 | 7123 | 7123 | | | 5398 | | | | 宁　乡 |
| 2780 | 2780 | 6780 | 6780 | 8.0 | 8 | 2788 | 8.0 | 1700 | 80.0 | 浏　阳 |
| 18882 | 18319 | 47245 | 47245 | | | 18882 | 2.0 | 795 | | 株　洲 |
| 1873 | | 3636 | 3636 | 5.5 | 103 | 1976 | | | | 醴　陵 |
| 17807 | 17807 | 11262 | 11262 | | | 17807 | | | | 湘　潭 |
| 1563 | 1563 | 1741 | 1741 | | | 1563 | | | | 湘　乡 |
| 741 | 741 | 318 | 318 | | | 741 | | | | 韶　山 |
| 14415 | 13406 | 12486 | 12486 | | | 14415 | 3.0 | 1023 | | 衡　阳 |
| 2644 | 2644 | 4562 | 4562 | 0.7 | 1 | 2645 | | | | 耒　阳 |
| 1523 | | 4374 | 4374 | | | 1523 | | | | 常　宁 |
| 7631 | | 8344 | 8344 | | | 7631 | | 23 | | 邵　阳 |
| 2185 | 2185 | 1210 | 1210 | | | 2185 | | | | 武　冈 |
| 2298 | | 5900 | 5900 | | | 2298 | | | | 邵　东 |
| 11636 | 11636 | 16289 | 16289 | | | 11636 | 13.0 | 3924 | | 岳　阳 |
| 1485 | 1485 | 1861 | 1861 | | | 1485 | | | | 汨　罗 |
| 1429 | 1429 | 1380 | 1380 | | | 1429 | 2.5 | 1110 | | 临　湘 |
| 13822 | 13822 | 15343 | 15343 | 0.1 | 23 | 13845 | | | | 常　德 |
| 1412 | | 1858 | 1858 | | | 1412 | 0.0 | 0 | 0.5 | 津　市 |
| 3636 | 3636 | 7014 | 7014 | 0.2 | 35 | 3671 | 1.1 | 1 | | 张家界 |
| 9516 | 9516 | 11175 | 11175 | | | 9516 | | 5824 | | 益　阳 |
| 1470 | 1470 | 1776 | 1776 | | | 1470 | | | | 沅　江 |
| 9986 | 6730 | 9675 | 9675 | | | 9986 | | | | 郴　州 |
| 1101 | 1101 | 371 | 371 | | | 1101 | 0.5 | 96 | 1.8 | 资　兴 |
| 12686 | 12686 | 34740 | 34740 | | | 12686 | | | | 永　州 |
| 2596 | 2596 | 2711 | 2711 | | | 2596 | 2.5 | 20 | 2.0 | 祁　阳 |
| 7582 | 1933 | 6826 | 6826 | | | 7582 | 4.5 | 1197 | | 怀　化 |
| 889 | 172 | 769 | 769 | | | 889 | | | | 洪　江 |
| 6494 | 6494 | 10043 | 10043 | | | 6494 | | | | 娄　底 |
| 1136 | | 1059 | 1059 | | | 1136 | | | | 冷水江 |
| 1244 | 1244 | 690 | 690 | | | 1244 | | | | 涟　源 |
| 3269 | 3269 | 7619 | 7619 | | | 3269 | | | | 吉　首 |
| **939520** | **913327** | **1364798** | **1363939** | **35.2** | **4520** | **944041** | **1051.3** | **384749** | **120.0** | **广　东** |
| 256186 | 256186 | 306727 | 306727 | | | 256186 | 26.8 | 100217 | 13.5 | 广　州 |
| 9501 | 9501 | 5768 | 5768 | | | 9501 | 4.9 | 69 | 3.8 | 韶　关 |
| 902 | 902 | 472 | 472 | | | 902 | | | | 乐　昌 |

# 11-2 续表 13

| 城市名称 Name of Cities | 污水排放量(万立方米) Annual Quantity of Wastewater Discharged (10,000 $m^3$) | 排水管道长度(公里) Length of Drainage Piplines (km) | | | | | 污水处理厂 | | | |
|---|---|---|---|---|---|---|---|---|---|---|
| | | | 污水管道 Sewers | 雨水管道 Rainwater Drainage Pipeline | 雨污合流管道 Combined Drainage Pipeline | 建成区 in Built District | 座数(座) Number of Wastewater Treatment Plant (unit) | 二级以上 Second Level or Above | 处理能力(万立方米/日) Treatment Capacity (10,000 $m^3$/day) | 二级以上 Second Level or Above |
| 南雄 | 983 | 94.4 | 67.2 | 21.2 | 6.0 | 81.4 | 1 | 1 | 3.5 | 3.5 |
| 深圳 | 208083 | 19257.4 | 7881.2 | 11152.3 | 224.0 | 19257.4 | 39 | 39 | 649.5 | 649.5 |
| 珠海 | 34369 | 6075.8 | 2402.9 | 3103.3 | 569.6 | 2666.0 | 20 | 20 | 107.8 | 107.8 |
| 汕头 | 28024 | 4619.2 | 1830.7 | 803.3 | 1985.1 | 4513.9 | 7 | 6 | 92.0 | 80.0 |
| 佛山 | 44947 | 5879.3 | 1974.0 | 2656.6 | 1248.7 | 4922.7 | 16 | 16 | 138.9 | 138.9 |
| 江门 | 24660 | 2815.5 | 1063.3 | 1122.7 | 629.5 | 2538.8 | 11 | 11 | 107.8 | 107.8 |
| 台山 | 3097 | 444.8 | 86.2 | 70.1 | 288.5 | 444.8 | 1 | | 8.0 | |
| 开平 | 4294 | 248.6 | 86.7 | 15.6 | 146.3 | 248.6 | 2 | 2 | 11.5 | 11.5 |
| 鹤山 | 3041 | 481.1 | 100.2 | 196.8 | 184.1 | 475.1 | 2 | 2 | 8.8 | 8.8 |
| 恩平 | 2233 | 214.0 | 2.0 | 2.0 | 210.0 | 214.0 | 1 | 1 | 4.0 | 4.0 |
| 湛江 | 23587 | 1487.1 | 448.1 | 425.6 | 613.4 | 1487.1 | 5 | 5 | 70.9 | 70.9 |
| 廉江 | 3520 | 286.8 | 35.7 | 38.4 | 212.8 | 286.8 | 4 | 4 | 12.8 | 12.8 |
| 雷州 | 1369 | 372.9 | 126.4 | 100.8 | 145.7 | 372.9 | 1 | 1 | 2.0 | 2.0 |
| 吴川 | 1581 | 268.3 | 60.2 | 70.9 | 137.2 | 268.3 | 1 | 1 | 5.6 | 5.6 |
| 茂名 | 8156 | 1090.4 | 564.7 | 382.0 | 143.6 | 1012.6 | 7 | 7 | 27.5 | 27.5 |
| 高州 | 2783 | 218.4 | 122.0 | 60.8 | 35.6 | 218.4 | 2 | 2 | 9.5 | 9.5 |
| 化州 | 1884 | 191.1 | 36.2 | 24.3 | 130.6 | 182.1 | 2 | 2 | 6.0 | 6.0 |
| 信宜 | 2041 | 539.6 | 74.1 | 90.3 | 375.2 | 537.3 | 2 | 2 | 6.0 | 6.0 |
| 肇庆 | 14530 | 1821.8 | 620.5 | 739.1 | 462.2 | 1701.8 | 8 | 8 | 47.5 | 47.5 |
| 四会 | 4157 | 296.4 | 47.7 | 52.7 | 196.0 | 296.4 | 3 | 3 | 12.0 | 12.0 |
| 惠州 | 36137 | 3919.8 | 1669.4 | 1855.1 | 395.4 | 3869.8 | 18 | 18 | 101.5 | 101.5 |
| 梅州 | 8297 | 531.7 | 112.3 | 154.1 | 265.3 | 399.2 | 5 | 5 | 30.0 | 30.0 |
| 兴宁 | 3691 | 504.0 | 175.8 | 103.2 | 225.0 | 98.5 | 1 | | 10.0 | |
| 汕尾 | 4016 | 499.2 | 230.1 | 262.4 | 6.6 | 438.9 | 2 | 2 | 11.0 | 11.0 |
| 陆丰 | 1754 | 184.0 | 90.0 | 53.0 | 41.0 | 89.0 | 1 | 1 | 5.0 | 5.0 |
| 河源 | 5394 | 812.6 | 339.2 | 350.1 | 123.4 | 780.6 | 6 | 6 | 21.5 | 21.5 |
| 阳江 | 9063 | 1320.3 | 407.9 | 456.0 | 456.4 | 1198.5 | 11 | 9 | 26.5 | 22.5 |
| 阳春 | 2838 | 366.1 | 66.2 | 115.5 | 184.4 | 366.1 | 1 | | 8.0 | |
| 清远 | 10584 | 1051.8 | 381.2 | 586.7 | 83.9 | 231.3 | 6 | 1 | 29.5 | 4.0 |
| 英德 | 2275 | 372.0 | 141.2 | 115.5 | 115.3 | 372.0 | 2 | 2 | 7.0 | 7.0 |
| 连州 | 712 | 207.1 | 72.2 | 46.0 | 88.9 | 207.1 | 1 | 1 | 2.0 | 2.0 |
| 东莞 | 141548 | 30715.0 | 14685.3 | 13228.6 | 2801.1 | 16000.9 | 56 | 56 | 377.0 | 377.0 |
| 中山 | 9697 | 2146.7 | 969.1 | 1009.3 | 168.4 | 1941.1 | 2 | 2 | 30.0 | 30.0 |
| 潮州 | 12100 | 1081.4 | 488.8 | 261.2 | 331.4 | 566.3 | 6 | 6 | 46.0 | 46.0 |
| 揭阳 | 10082 | 2196.6 | 933.3 | 915.1 | 348.3 | 948.5 | 6 | 5 | 24.0 | 12.0 |
| 普宁 | 10526 | 1723.4 | 1274.0 | 264.6 | 184.8 | 1274.0 | 3 | 3 | 27.3 | 27.3 |
| 云浮 | 2321 | 998.9 | 290.4 | 605.5 | 103.0 | 998.9 | 3 | 2 | 8.0 | 7.0 |
| 罗定 | 1450 | 185.7 | 75.8 | 20.1 | 89.8 | 178.6 | 4 | 4 | 6.4 | 6.4 |

# continued 13

| Wastewater Treatment Plant | | | | 其他污水处理设施 Other Wastewater Treatment Facilities | | 污水处理总量（万立方米） | 市政再生水 Recycled Water | | | |
|---|---|---|---|---|---|---|---|---|---|---|
| 处理量（万立方米）Quantity of Wastewater Treated (10,000 m³) | 二级以上 Second Level or Above | 干污泥产生量（吨）Quantity of Dry Sludge Produced (ton) | 干污泥处置量（吨）Quantity of Dry Sludge Treated (ton) | 处理能力（万立方米/日）Treatment Capacity (10,000 m³/day) | 处理量（万立方米）Quantity of Wastewater Treated (10,000 m³) | Total Quantity of Wastewater Treated (10,000 m³) | 生产能力（万立方米/日）Recycled Water Production Capacity (10,000 m³/day) | 利用量（万立方米）Annual Quantity of Wastewater Recycled and Reused (10,000 m³) | 管道长度（公里）Length of Piplines (km) | 城市名称 Name of Cities |
| 1238 | 1238 | 878 | 878 | | | 1238 | 1.9 | 266 | 4.6 | 南雄 |
| 199875 | 199875 | 452825 | 452825 | | | 199875 | 692.3 | 156200 | | 深圳 |
| 34097 | 34097 | 35864 | 35864 | | | 34097 | 30.5 | 9897 | 3.2 | 珠海 |
| 27759 | 25664 | 23036 | 23036 | | | 27759 | | 7853 | | 汕头 |
| 46400 | 46400 | 44914 | 44914 | 5.1 | 398 | 46798 | 49.5 | 15934 | | 佛山 |
| 24181 | 24181 | 29613 | 29613 | | | 24181 | 34.5 | 10246 | | 江门 |
| 3032 | | 2438 | 2438 | | | 3032 | 0.9 | 310 | | 台山 |
| 4294 | 4294 | 4449 | 4449 | | | 4294 | | | | 开平 |
| 2965 | 2965 | 2024 | 2024 | | | 2965 | | 319 | 2.3 | 鹤山 |
| 1711 | 1711 | 2467 | 2467 | 2.0 | 438 | 2149 | | | | 恩平 |
| 23493 | 23493 | 48528 | 48528 | | | 23493 | | 4441 | | 湛江 |
| 3520 | 3520 | 12903 | 12903 | | | 3520 | | | | 廉江 |
| 896 | 896 | 2435 | 2435 | | | 896 | 1.8 | | | 雷州 |
| 1581 | 1581 | 1355 | 1355 | | | 1581 | | | | 吴川 |
| 8775 | 8775 | 13801 | 13784 | 4.2 | 1273 | 10047 | | 3816 | | 茂名 |
| 2783 | 2783 | 2684 | 2684 | | | 2783 | | | | 高州 |
| 2114 | 2114 | 2160 | 2141 | | | 2114 | 0.7 | 229 | | 化州 |
| 2041 | 2041 | 3078 | 3078 | | | 2041 | | | | 信宜 |
| 14254 | 14254 | 10059 | 10059 | 3.0 | 137 | 14391 | | 63 | | 肇庆 |
| 4108 | 4108 | 2911 | 2911 | | | 4108 | | 51 | | 四会 |
| 30859 | 30859 | 50315 | 50315 | 8.1 | 1901 | 32760 | 3.0 | 12506 | | 惠州 |
| 8297 | 8297 | 6546 | 3828 | | | 8297 | | | | 梅州 |
| 3691 | | 4027 | 4027 | | | 3691 | | | | 兴宁 |
| 3940 | 3940 | 2818 | 2818 | 0.1 | 24 | 3963 | 10.8 | 214 | 2.0 | 汕尾 |
| 1603 | 1603 | 1009 | 1009 | 0.5 | 83 | 1686 | | | | 陆丰 |
| 5227 | 5227 | 4287 | 4287 | | | 5227 | 0.6 | | | 河源 |
| 9063 | 8008 | 6205 | 8396 | | | 9063 | 11.0 | 3927 | | 阳江 |
| 2289 | | 1658 | 1658 | | | 2289 | | | | 阳春 |
| 10099 | 1497 | 47839 | 47839 | 1.2 | 267 | 10366 | 20.0 | 7216 | | 清远 |
| 2178 | 2178 | 5293 | 5293 | | | 2178 | | | | 英德 |
| 677 | 677 | 329 | 329 | | | 677 | | | | 连州 |
| 138675 | 138675 | 180367 | 180367 | 11.0 | | 138675 | 117.2 | 42766 | 77.8 | 东莞 |
| 9608 | 9608 | 7573 | 7573 | 0.0 | | 9608 | | | | 中山 |
| 14549 | 14549 | 14675 | 14674 | | | 14549 | 6.0 | 3669 | | 潮州 |
| 9773 | 4479 | 7248 | 7248 | | | 9773 | 24.0 | 4523 | | 揭阳 |
| 9661 | 9661 | 9990 | 9990 | | | 9661 | 15.0 | 15 | 12.7 | 普宁 |
| 2299 | 2164 | 1329 | 1033 | | | 2299 | | | | 云浮 |
| 1325 | 1325 | 1898 | 1898 | | | 1325 | 0.1 | | | 罗定 |

# 11-2 续表 14

| 城市名称<br>Name of Cities | 污水排放量(万立方米)<br>Annual Quantity of Wastewater Discharged<br>(10,000 m³) | 排水管道长度(公里)<br>Length of Drainage Piplines<br>(km) | 污水管道<br>Sewers | 雨水管道<br>Rainwater Drainage Pipeline | 雨污合流管道<br>Combined Drainage Pipeline | 建成区<br>in Built District | 污水处理厂 座数(座)<br>Number of Wastewater Treatment Plant<br>(unit) | 二级以上<br>Second Level or Above | 处理能力(万立方米/日)<br>Treatment Capacity<br>(10,000 m³/day) | 二级以上<br>Second Level or Above |
|---|---|---|---|---|---|---|---|---|---|---|
| **广西** | **176310** | **22536.8** | **8121.2** | **9518.3** | **4897.2** | **22213.5** | **76** | **73** | **515.1** | **509.6** |
| 南宁 | 64420 | 6374.1 | 2238.1 | 3816.2 | 319.9 | 6374.1 | 15 | 15 | 188.0 | 188.0 |
| 横州 | 2936 | 288.0 | 128.7 | 107.0 | 52.3 | 288.0 | 2 | 2 | 6.0 | 6.0 |
| 柳州 | 25162 | 2176.9 | 374.8 | 429.3 | 1372.8 | 2174.9 | 5 | 5 | 72.0 | 72.0 |
| 桂林 | 12218 | 1107.5 | 586.6 | 514.1 | 6.9 | 1107.5 | 5 | 5 | 40.0 | 40.0 |
| 荔浦 | 880 | 187.4 | 67.8 | 49.7 | 69.9 | 187.4 | 1 | 1 | 3.0 | 3.0 |
| 梧州 | 7426 | 942.2 | 221.3 | 217.7 | 503.1 | 898.1 | 9 | 9 | 22.3 | 22.3 |
| 岑溪 | 2762 | 180.1 | 65.7 | 35.5 | 78.8 | 180.1 | 2 | 1 | 6.0 | 3.0 |
| 北海 | 8645 | 1252.7 | 485.2 | 745.2 | 22.3 | 1252.7 | 3 | 3 | 30.0 | 30.0 |
| 防城港 | 4589 | 1166.1 | 585.9 | 518.9 | 61.3 | 976.4 | 1 | 1 | 8.0 | 8.0 |
| 东兴 | 1461 | 317.0 | 93.6 | 91.4 | 132.1 | 295.1 | 1 | 1 | 6.0 | 6.0 |
| 钦州 | 6800 | 1126.8 | 515.4 | 405.7 | 205.8 | 1125.0 | 4 | 4 | 22.5 | 22.5 |
| 贵港 | 5938 | 1167.6 | 411.2 | 432.9 | 323.5 | 1164.0 | 5 | 5 | 20.3 | 20.3 |
| 桂平 | 2160 | 291.7 | 115.3 | 83.0 | 93.4 | 274.3 | 3 | 2 | 6.5 | 4.5 |
| 玉林 | 7991 | 936.9 | 313.3 | 145.1 | 478.5 | 936.9 | 2 | 1 | 20.5 | 20.0 |
| 北流 | 3150 | 388.0 | 51.0 | 214.2 | 122.9 | 388.0 | 1 | 1 | 8.0 | 8.0 |
| 百色 | 4226 | 919.2 | 353.3 | 375.1 | 190.9 | 919.2 | 2 | 2 | 8.0 | 8.0 |
| 靖西 | 827 | 341.1 | 142.1 | 113.1 | 86.0 | 325.2 | 1 | 1 | 1.5 | 1.5 |
| 平果 | 1608 | 260.9 | 148.0 | 21.1 | 91.8 | 260.9 | 2 | 2 | 6.0 | 6.0 |
| 贺州 | 2917 | 736.3 | 295.4 | 307.6 | 133.3 | 734.1 | 2 | 2 | 7.0 | 7.0 |
| 河池 | 3570 | 864.9 | 235.1 | 147.9 | 481.9 | 859.9 | 3 | 3 | 11.0 | 11.0 |
| 来宾 | 3462 | 718.4 | 295.4 | 418.0 | 5.0 | 718.1 | 2 | 2 | 12.0 | 12.0 |
| 合山 | 399 | 120.6 | 50.5 | 17.1 | 53.0 | 109.6 | 1 | 1 | 2.0 | 2.0 |
| 崇左 | 2130 | 575.0 | 296.0 | 268.4 | 10.7 | 575.0 | 2 | 2 | 5.0 | 5.0 |
| 凭祥 | 633 | 97.4 | 51.9 | 44.3 | 1.3 | 89.0 | 2 | 2 | 3.6 | 3.6 |
| **海南** | **45292** | **7611.3** | **3252.9** | **3340.1** | **1018.3** | **5670.9** | **31** | **27** | **137.7** | **121.1** |
| 海口 | 25963 | 3043.0 | 1020.4 | 1443.5 | 579.2 | 2463.8 | 9 | 9 | 67.6 | 67.6 |
| 三亚 | 11743 | 1726.0 | 852.0 | 874.0 |  | 1726.0 | 13 | 13 | 40.0 | 40.0 |
| 儋州 | 1828 | 483.3 | 108.8 | 177.8 | 196.8 | 483.3 | 2 | 2 | 6.0 | 6.0 |
| 五指山 | 507 | 127.1 | 81.0 | 45.8 | 0.3 | 127.1 | 1 |  | 2.1 |  |
| 琼海 | 1442 | 780.0 | 400.0 | 200.0 | 180.0 |  | 2 |  | 7.0 |  |
| 文昌 | 2009 | 389.8 | 206.8 | 174.8 | 8.2 |  | 2 | 2 | 5.0 | 5.0 |
| 万宁 | 758 | 191.5 | 141.0 | 38.3 | 12.1 |  | 1 |  | 7.5 |  |
| 东方 | 1042 | 870.6 | 443.0 | 385.9 | 41.7 | 870.6 | 1 | 1 | 2.5 | 2.5 |

# continued 14

| Wastewater Treatment Plant | | | | 其他污水处理设施 Other Wastewater Treatment Facilities | | 污水处理总量（万立方米） | 市政再生水 Recycled Water | | | 城市名称 Name of Cities |
|---|---|---|---|---|---|---|---|---|---|---|
| 处理量（万立方米）Quantity of Wastewater Treated (10,000 $m^3$) | 二级以上 Second Level or Above | 干污泥产生量（吨）Quantity of Dry Sludge Produced (ton) | 干污泥处置量（吨）Quantity of Dry Sludge Treated (ton) | 处理能力（万立方米/日）Treatment Capacity (10,000 $m^3$/day) | 处理量（万立方米）Quantity of Wastewater Treated (10,000 $m^3$) | Total Quantity of Wastewater Treated (10,000 $m^3$) | 生产能力（万立方米/日）Recycled Water Production Capacity (10,000 $m^3$/day) | 利用量（万立方米）Annual Quantity of Wastewater Recycled and Reused (10,000 $m^3$) | 管道长度（公里）Length of Piplines (km) | |
| **163849** | **161716** | **319760** | **319716** | **359.8** | **10307** | **174156** | **108.1** | **32192** | **54.5** | **广西** |
| 60481 | 60481 | 235123 | 235123 | 26.8 | 2689 | 63170 | 71.8 | 26196 | 18.3 | 南宁 |
| 1724 | 1724 | 996 | 996 | 10.0 | 1131 | 2855 | | | | 横州 |
| 23498 | 23498 | 22313 | 22313 | 284.6 | 1454 | 24952 | | | | 柳州 |
| 12208 | 12208 | 12247 | 12247 | 0.1 | 1 | 12209 | 11.5 | 3300 | 5.9 | 桂林 |
| 878 | 878 | 896 | 896 | | | 878 | 3.0 | 154 | | 荔浦 |
| 6242 | 6242 | 5988 | 5988 | 7.2 | 1118 | 7361 | 0.3 | 49 | 1.4 | 梧州 |
| 2744 | 1398 | 1967 | 1967 | | | 2744 | | | | 岑溪 |
| 8628 | 8628 | 4807 | 4807 | | | 8628 | 10.0 | 1981 | 28.6 | 北海 |
| 3555 | 3555 | 2006 | 2006 | 7.1 | 997 | 4551 | 8.0 | 512 | 0.3 | 防城港 |
| 1439 | 1439 | 291 | 281 | | | 1439 | | | | 东兴 |
| 6501 | 6501 | 5852 | 5852 | 2.4 | 237 | 6738 | | | | 钦州 |
| 5807 | 5807 | 3773 | 3740 | 1.7 | 74 | 5881 | 3.5 | | | 贵港 |
| 2149 | 1450 | 1437 | 1437 | 2.0 | | 2149 | | | | 桂平 |
| 7220 | 7132 | 4095 | 4095 | 2.0 | 712 | 7932 | | | | 玉林 |
| 3128 | 3128 | 2412 | 2412 | | | 3128 | | | | 北流 |
| 3457 | 3457 | 3023 | 3023 | 6.5 | 694 | 4151 | | | | 百色 |
| 817 | 817 | 862 | 862 | | | 817 | | | | 靖西 |
| 1523 | 1523 | 1023 | 1023 | 0.6 | 72 | 1594 | | | | 平果 |
| 2775 | 2775 | 1957 | 1957 | 1.3 | 130 | 2905 | | | | 贺州 |
| 3422 | 3422 | 3244 | 3244 | 2.5 | 96 | 3518 | | | | 河池 |
| 3460 | 3460 | 3325 | 3325 | | | 3460 | | | | 来宾 |
| 393 | 393 | 1 | 1 | | | 393 | | | | 合山 |
| 1172 | 1172 | 1883 | 1883 | 5.0 | 903 | 2075 | | | | 崇左 |
| 628 | 628 | 241 | 241 | | | 628 | | | | 凭祥 |
| **44790** | **42118** | **64833** | **64821** | **0.5** | **119** | **44909** | **21.8** | **3016** | **139.6** | **海南** |
| 25963 | 25963 | 24284 | 24284 | | | 25963 | | | | 海口 |
| 11441 | 11441 | 17908 | 17908 | | | 11441 | 19.3 | 2951 | 139.6 | 三亚 |
| 1828 | 1828 | 5214 | 5214 | | | 1828 | | | | 儋州 |
| 507 | | 1540 | 1540 | | | 507 | 0.2 | 7 | | 五指山 |
| 1426 | | 5792 | 5780 | | | 1426 | | | | 琼海 |
| 1890 | 1890 | 6528 | 6528 | 0.5 | 119 | 2009 | | | | 文昌 |
| 740 | | 936 | 936 | | | 740 | | 1 | | 万宁 |
| 995 | 995 | 2631 | 2631 | | | 995 | 2.3 | 57 | | 东方 |

## 11-2 续表 15

| 城市名称 Name of Cities | 污水排放量(万立方米) Annual Quantity of Wastewater Discharged (10,000 m³) | 排水管道长度(公里) Length of Drainage Piplines (km) | 污水管道 Sewers | 雨水管道 Rainwater Drainage Pipeline | 雨污合流管道 Combined Drainage Pipeline | 建成区 in Built District | 污水处理厂 座数(座) Number of Wastewater Treatment Plant (unit) | 二级以上 Second Level or Above | 处理能力(万立方米/日) Treatment Capacity (10,000 m³/day) | 二级以上 Second Level or Above |
|---|---|---|---|---|---|---|---|---|---|---|
| **重　庆** | **155510** | **25503.9** | **12368.4** | **11651.4** | **1484.1** | **24874.2** | **85** | **80** | **461.0** | **434.5** |
| 重　庆 | 155510 | 25503.9 | 12368.4 | 11651.4 | 1484.1 | 24874.2 | 85 | 80 | 461.0 | 434.5 |
| **四　川** | **310905** | **49483.9** | **23222.4** | **23245.3** | **3016.2** | **46605.1** | **193** | **179** | **955.0** | **922.0** |
| 成　都 | 141914 | 18805.7 | 8862.1 | 9821.1 | 122.5 | 18045.8 | 57 | 57 | 412.8 | 412.8 |
| 简　阳 | 2753 | 481.0 | 334.0 | 147.0 |  | 481.0 | 2 |  | 10.0 |  |
| 都江堰 | 4379 | 572.4 | 239.0 | 314.2 | 19.3 | 572.4 | 2 | 2 | 14.0 | 14.0 |
| 彭　州 | 2554 | 512.6 | 218.3 | 294.3 |  | 512.6 | 2 | 2 | 6.0 | 6.0 |
| 邛　崃 | 2157 | 370.0 | 180.0 | 160.0 | 30.0 | 330.0 | 4 | 4 | 9.0 | 9.0 |
| 崇　州 | 1658 | 299.6 | 151.1 | 135.0 | 13.5 | 299.6 | 1 | 1 | 4.0 | 4.0 |
| 自　贡 | 7367 | 1978.4 | 516.0 | 1043.3 | 419.1 | 1932.2 | 6 | 6 | 21.1 | 21.1 |
| 攀枝花 | 7979 | 1175.0 | 843.8 | 283.5 | 47.7 | 718.1 | 9 | 5 | 21.4 | 10.5 |
| 泸　州 | 10399 | 1983.8 | 1020.4 | 955.4 | 8.1 | 1983.8 | 7 | 7 | 33.0 | 33.0 |
| 德　阳 | 9441 | 1608.5 | 635.1 | 957.0 | 16.5 | 1607.8 | 5 | 5 | 27.0 | 27.0 |
| 广　汉 | 3134 | 513.4 | 226.3 | 218.2 | 69.0 | 513.4 | 2 | 2 | 15.0 | 15.0 |
| 什　邡 | 2257 | 367.1 | 149.4 | 215.3 | 2.3 | 367.1 | 1 | 1 | 6.0 | 6.0 |
| 绵　竹 | 1809 | 455.0 | 200.0 | 210.0 | 45.0 | 234.0 | 1 | 1 | 5.0 | 5.0 |
| 绵　阳 | 15897 | 2994.9 | 1456.9 | 1538.0 |  | 2994.9 | 10 | 10 | 49.2 | 49.2 |
| 江　油 | 3675 | 491.3 | 245.7 | 245.7 |  | 442.4 | 2 | 2 | 10.0 | 10.0 |
| 广　元 | 5579 | 1065.8 | 598.5 | 428.5 | 38.8 | 1049.7 | 4 | 4 | 16.5 | 16.5 |
| 遂　宁 | 8506 | 1436.1 | 795.2 | 602.6 | 38.3 | 1383.6 | 6 | 6 | 27.0 | 27.0 |
| 射　洪 | 2849 | 484.4 | 222.0 | 221.3 | 41.1 | 484.4 | 2 | 2 | 10.0 | 10.0 |
| 内　江 | 6074 | 1369.4 | 587.2 | 535.1 | 247.2 | 1089.9 | 7 | 5 | 17.9 | 17.4 |
| 隆　昌 | 1775 | 257.8 | 75.1 | 95.8 | 86.8 | 257.8 | 1 | 1 | 6.0 | 6.0 |
| 乐　山 | 6360 | 1102.2 | 417.9 | 543.8 | 140.4 | 1053.2 | 7 | 7 | 22.3 | 22.3 |
| 峨眉山 | 2679 | 406.0 | 328.0 | 76.0 | 2.0 | 406.0 | 1 | 1 | 8.0 | 8.0 |
| 南　充 | 12037 | 1910.0 | 874.0 | 765.0 | 271.0 | 1910.0 | 6 | 6 | 36.6 | 36.6 |
| 阆　中 | 3144 | 435.0 | 178.0 | 152.0 | 105.0 | 424.0 | 2 | 2 | 11.0 | 11.0 |
| 眉　山 | 7529 | 1170.1 | 448.4 | 612.7 | 109.0 | 1100.1 | 11 | 10 | 25.7 | 23.2 |
| 宜　宾 | 8983 | 2030.7 | 859.9 | 769.3 | 401.5 | 1674.2 | 9 | 7 | 38.8 | 34.8 |
| 广　安 | 4138 | 824.5 | 496.2 | 315.4 | 13.0 | 717.9 | 5 | 5 | 14.0 | 14.0 |
| 华　蓥 | 1044 | 321.8 | 169.0 | 136.3 | 16.5 | 109.4 | 3 |  | 5.0 |  |
| 达　州 | 5325 | 1202.9 | 638.0 | 380.0 | 184.9 | 1051.3 | 1 | 1 | 18.6 | 18.6 |
| 万　源 | 839 | 182.1 | 41.6 | 57.0 | 83.6 | 182.1 | 1 | 1 | 2.5 | 2.5 |
| 雅　安 | 2767 | 618.1 | 280.7 | 243.5 | 94.0 | 618.1 | 3 | 3 | 7.1 | 7.1 |
| 巴　中 | 4441 | 611.0 | 405.0 | 198.0 | 8.0 | 611.0 | 4 | 4 | 19.5 | 19.5 |
| 资　阳 | 3125 | 734.5 | 280.0 | 415.0 | 39.5 | 734.5 | 3 | 3 | 9.0 | 9.0 |
| 马尔康 | 728 | 25.6 | 25.6 |  |  | 25.6 | 2 | 2 | 2.0 | 2.0 |
| 康　定 | 351 | 58.7 | 37.4 | 9.1 | 12.2 | 58.7 | 1 | 1 | 1.0 | 1.0 |
| 会　理 | 440 | 162.4 | 86.5 | 41.0 | 34.9 | 162.4 | 1 | 1 | 1.0 | 1.0 |
| 西　昌 | 4819 | 466.2 | 100.5 | 110.0 | 255.7 | 466.2 | 2 | 2 | 12.0 | 12.0 |

continued 15

| Wastewater Treatment Plant 处理量（万立方米）Quantity of Wastewater Treated (10,000 m³) | 二级以上 Second Level or Above | 干污泥产生量（吨）Quantity of Dry Sludge Produced (ton) | 干污泥处置量（吨）Quantity of Dry Sludge Treated (ton) | 其他污水处理设施 Other Wastewater Treatment Facilities 处理能力（万立方米/日）Treatment Capacity (10,000 m³/day) | 处理量（万立方米）Quantity of Wastewater Treated (10,000 m³) | 污水处理总量（万立方米）Total Quantity of Wastewater Treated (10,000 m³) | 市政再生水 Recycled Water 生产能力（万立方米/日）Recycled Water Production Capacity (10,000 m³/day) | 利用量（万立方米）Annual Quantity of Wastewater Recycled and Reused (10,000 m³) | 管道长度（公里）Length of Piplines (km) | 城市名称 Name of Cities |
|---|---|---|---|---|---|---|---|---|---|---|
| **152498** | **144142** | **253389** | **250663** | **2.9** | **455** | **152953** | **20.9** | **1997** | **124.4** | **重庆** |
| 152498 | 144142 | 253389 | 250663 | 2.9 | 455 | 152953 | 20.9 | 1997 | 124.4 | 重庆 |
| **286406** | **277298** | **543209** | **541394** | **85.9** | **12774** | **299179** | **301.2** | **78341** | **434.2** | **四川** |
| 126510 | 126510 | 277195 | 276674 | 52.0 | 8882 | 135391 | 153.0 | 43010 | 50.3 | 成都 |
| 2602 |  | 13429 | 13429 |  |  | 2602 | 2.0 | 1 | 0.0 | 简阳 |
| 4075 | 4075 | 6279 | 6279 |  |  | 4075 |  |  |  | 都江堰 |
| 2447 | 2447 | 1710 | 1710 |  |  | 2447 |  |  |  | 彭州 |
| 2093 | 2093 | 4256 | 4256 |  |  | 2093 | 8.2 | 500 |  | 邛崃 |
| 1546 | 1546 | 2746 | 2670 |  |  | 1546 |  |  |  | 崇州 |
| 6689 | 6689 | 8408 | 8408 | 2.7 | 427 | 7117 | 5.1 | 1595 | 14.1 | 自贡 |
| 5055 | 1590 | 8971 | 8301 | 25.4 | 2786 | 7842 | 0.5 | 151 |  | 攀枝花 |
| 10017 | 10017 | 15397 | 15367 | 0.3 | 71 | 10088 |  | 2031 | 1.8 | 泸州 |
| 9186 | 9186 | 6437 | 6179 | 1.5 | 49 | 9235 | 6.8 | 2282 | 11.3 | 德阳 |
| 3071 | 3071 | 3554 | 3554 |  |  | 3071 | 0.3 | 56 |  | 广汉 |
| 2189 | 2189 | 7037 | 7037 |  |  | 2189 |  |  |  | 什邡 |
| 1732 | 1732 | 2355 | 2355 |  |  | 1732 |  |  |  | 绵竹 |
| 15553 | 15553 | 23547 | 23547 |  |  | 15553 | 28.1 | 4822 |  | 绵阳 |
| 3545 | 3545 | 3895 | 3895 |  |  | 3545 |  |  |  | 江油 |
| 5436 | 5436 | 6823 | 6823 |  |  | 5436 | 10.1 | 1025 | 76.1 | 广元 |
| 7772 | 7772 | 9968 | 9968 | 2.1 | 559 | 8331 | 6.3 | 2145 | 1.7 | 遂宁 |
| 2794 | 2794 | 3712 | 3712 |  |  | 2794 | 1.4 | 486 |  | 射洪 |
| 5882 | 5820 | 5629 | 5629 |  |  | 5882 | 5.6 | 1654 | 5.0 | 内江 |
| 1754 | 1754 | 3703 | 3703 |  |  | 1754 | 1.5 | 360 | 15.0 | 隆昌 |
| 6115 | 6115 | 10590 | 10590 |  |  | 6115 |  | 992 |  | 乐山 |
| 2553 | 2553 | 3339 | 3339 |  |  | 2553 | 6.3 | 2265 |  | 峨眉山 |
| 11900 | 11900 | 36268 | 36268 |  |  | 11900 | 8.1 | 5488 |  | 南充 |
| 2990 | 2990 | 2600 | 2600 |  |  | 2990 | 5.8 | 268 |  | 阆中 |
| 7374 | 6460 | 12281 | 12277 |  |  | 7374 | 21.1 | 2307 |  | 眉山 |
| 8666 | 7622 | 11047 | 11047 |  |  | 8666 | 14.8 | 3932 | 3.2 | 宜宾 |
| 3962 | 3962 | 5550 | 5550 |  |  | 3962 |  | 198 |  | 广安 |
| 1020 |  | 2122 | 2097 |  |  | 1020 |  | 180 |  | 华蓥 |
| 5076 | 5076 | 7450 | 7450 |  |  | 5076 | 2.5 | 1078 | 233.3 | 达州 |
| 831 | 831 | 1241 | 1241 |  |  | 831 |  |  |  | 万源 |
| 2675 | 2675 | 17188 | 16955 |  |  | 2675 | 1.2 | 2 | 0.4 | 雅安 |
| 4439 | 4439 | 7215 | 7215 |  |  | 4439 | 10.1 | 750 |  | 巴中 |
| 3058 | 3058 | 4418 | 4418 |  |  | 3058 | 2.5 | 765 | 22.0 | 资阳 |
| 704 | 704 | 865 | 865 | 2.0 |  | 704 |  |  |  | 马尔康 |
| 338 | 338 | 68 | 68 |  |  | 338 |  |  |  | 康定 |
| 363 | 363 | 377 | 377 |  |  | 363 |  |  |  | 会理 |
| 4396 | 4396 | 5539 | 5539 |  |  | 4396 |  |  |  | 西昌 |

# 11-2 续表 16

| 城市名称 Name of Cities | 污水排放量(万立方米) Annual Quantity of Wastewater Discharged (10,000 $m^3$) | 排水管道长度(公里) Length of Drainage Piplines (km) | 污水管道 Sewers | 雨水管道 Rainwater Drainage Pipeline | 雨污合流管道 Combined Drainage Pipeline | 建成区 in Built District | 污水处理厂 座数(座) Number of Wastewater Treatment Plant (unit) | 二级以上 Second Level or Above | 处理能力(万立方米/日) Treatment Capacity (10,000 $m^3$/day) | 二级以上 Second Level or Above |
|---|---|---|---|---|---|---|---|---|---|---|
| **贵　州** | **81265** | **15034.8** | **7946.3** | **5878.2** | **1210.4** | **12864.6** | **118** | **118** | **408.1** | **408.1** |
| 贵　阳 | 36373 | 3792.2 | 1798.4 | 1769.0 | 224.9 | 3792.2 | 41 | 41 | 214.8 | 214.8 |
| 清　镇 | 2737 | 461.9 | 204.0 | 235.4 | 22.5 | 461.9 | 5 | 5 | 11.5 | 11.5 |
| 六盘水 | 4348 | 1199.9 | 566.2 | 567.3 | 66.4 | 1133.2 | 5 | 5 | 18.0 | 18.0 |
| 盘　州 | 839 | 536.3 | 287.1 | 249.2 |  | 489.5 | 6 | 6 | 3.5 | 3.5 |
| 遵　义 | 10297 | 2763.3 | 1738.1 | 684.7 | 340.5 | 1429.0 | 12 | 12 | 51.3 | 51.3 |
| 赤　水 | 982 | 195.2 | 167.8 | 4.4 | 23.0 | 195.2 | 1 | 1 | 4.0 | 4.0 |
| 仁　怀 | 2328 | 988.7 | 437.9 | 496.2 | 54.6 | 988.7 | 7 | 7 | 9.3 | 9.3 |
| 安　顺 | 3758 | 1133.4 | 674.3 | 425.0 | 34.1 | 897.2 | 6 | 6 | 17.1 | 17.1 |
| 毕　节 | 2973 | 839.8 | 356.1 | 483.7 |  | 839.8 | 5 | 5 | 16.5 | 16.5 |
| 黔　西 | 1025 | 191.6 | 90.1 | 76.5 | 25.0 | 157.1 | 3 | 3 | 5.5 | 5.5 |
| 铜　仁 | 4202 | 568.3 | 340.3 | 99.0 | 129.0 | 524.0 | 3 | 3 | 12.0 | 12.0 |
| 兴　义 | 4091 | 806.5 | 451.2 | 355.4 |  | 806.5 | 5 | 5 | 14.0 | 14.0 |
| 兴　仁 | 768 | 246.9 | 246.9 |  |  | 246.9 | 4 | 4 | 2.6 | 2.6 |
| 凯　里 | 3300 | 486.2 | 345.1 | 135.8 | 5.3 | 298.4 | 6 | 6 | 14.2 | 14.2 |
| 都　匀 | 2546 | 650.6 | 145.8 | 219.7 | 285.2 | 431.0 | 2 | 2 | 11.0 | 11.0 |
| 福　泉 | 700 | 174.1 | 97.0 | 77.1 |  | 174.1 | 7 | 7 | 3.0 | 3.0 |
| **云　南** | **124374** | **19460.5** | **9261.1** | **8777.6** | **1421.8** | **16097.9** | **72** | **66** | **371.1** | **356.0** |
| 昆　明 | 70862 | 6574.3 | 2804.2 | 3608.1 | 162.1 | 5269.6 | 21 | 20 | 193.8 | 190.8 |
| 安　宁 | 1976 | 860.7 | 311.2 | 549.5 |  | 207.1 | 2 | 2 | 8.0 | 8.0 |
| 曲　靖 | 6391 | 1293.2 | 569.6 | 539.8 | 183.9 | 1142.4 | 5 | 5 | 21.0 | 21.0 |
| 宣　威 | 1295 | 370.0 | 150.7 | 112.1 | 107.2 | 370.0 | 1 | 1 | 6.0 | 6.0 |
| 玉　溪 | 4161 | 1112.1 | 418.2 | 515.7 | 178.2 | 634.9 | 3 | 3 | 12.0 | 12.0 |
| 澄　江 | 750 | 166.3 | 85.7 | 80.6 |  | 166.3 | 2 | 2 | 3.0 | 3.0 |
| 保　山 | 2580 | 461.4 | 227.7 | 221.7 | 12.0 | 442.0 | 3 | 3 | 11.0 | 11.0 |
| 腾　冲 | 876 | 313.4 | 132.5 | 139.7 | 41.2 | 313.4 | 1 |  | 2.5 |  |
| 昭　通 | 4662 | 675.1 | 296.1 | 304.5 | 74.5 | 674.5 | 2 | 2 | 12.0 | 12.0 |
| 水　富 | 469 | 198.2 | 77.3 | 120.9 |  | 198.2 | 2 | 2 | 2.5 | 2.5 |
| 丽　江 | 3040 | 667.6 | 667.6 |  |  | 667.6 | 2 | 2 | 8.0 | 8.0 |
| 普　洱 | 2362 | 640.5 | 241.6 | 214.2 | 184.8 | 640.5 | 2 | 2 | 6.0 | 6.0 |
| 临　沧 | 1942 | 350.3 | 253.9 | 75.4 | 21.0 | 350.3 | 2 | 2 | 5.5 | 5.5 |
| 禄　丰 | 869 | 159.9 | 68.4 | 84.3 | 7.2 | 159.9 | 1 | 1 | 2.0 | 2.0 |
| 楚　雄 | 3081 | 1221.1 | 601.2 | 574.2 | 45.7 | 1213.1 | 2 | 2 | 14.0 | 14.0 |
| 个　旧 | 1502 | 101.0 | 84.9 | 9.9 | 6.2 | 97.8 | 1 | 1 | 5.0 | 5.0 |

continued 16

| Wastewater Treatment Plant | | | | 其他污水处理设施 Other Wastewater Treatment Facilities | | 污水处理总量(万立方米) | 市政再生水 Recycled Water | | | |
|---|---|---|---|---|---|---|---|---|---|---|
| 处理量(万立方米) Quantity of Wastewater Treated (10,000 m³) | 二级以上 Second Level or Above | 干污泥产生量(吨) Quantity of Dry Sludge Produced (ton) | 干污泥处置量(吨) Quantity of Dry Sludge Treated (ton) | 处理能力(万立方米/日) Treatment Capacity (10,000 m³/day) | 处理量(万立方米) Quantity of Wastewater Treated (10,000 m³) | Total Quantity of Wastewater Treated (10,000 m³) | 生产能力(万立方米/日) Recycled Water Production Capacity (10,000 m³/day) | 利用量(万立方米) Annual Quantity of Wastewater Recycled and Reused (10,000 m³) | 管道长度(公里) Length of Piplines (km) | 城市名称 Name of Cities |
| **80053** | **80053** | **129860** | **129794** | **1.1** | **307** | **80360** | **36.3** | **4967** | **32.5** | **贵州** |
| 36075 | 36075 | 59258 | 59258 | | | 36075 | | | | 贵阳 |
| 2708 | 2708 | 3953 | 3953 | | | 2708 | | | | 清镇 |
| 4279 | 4279 | 8737 | 8734 | | | 4279 | 10.0 | 500 | 14.5 | 六盘水 |
| 819 | 819 | 282 | 281 | | | 819 | | | | 盘州 |
| 10203 | 10203 | 19777 | 19761 | | | 10203 | 3.0 | 923 | | 遵义 |
| 972 | 972 | 455 | 447 | | | 972 | 3.0 | | | 赤水 |
| 2266 | 2266 | 6471 | 6453 | | | 2266 | | | | 仁怀 |
| 3712 | 3712 | 3713 | 3692 | | | 3712 | 5.0 | 301 | 6.7 | 安顺 |
| 2898 | 2898 | 7689 | 7689 | | | 2898 | 2.0 | 739 | | 毕节 |
| 1006 | 1006 | 1118 | 1118 | | | 1006 | | | | 黔西 |
| 4141 | 4141 | 5308 | 5308 | | | 4141 | | | | 铜仁 |
| 3728 | 3728 | 3352 | 3352 | 1.1 | 307 | 4035 | 8.0 | 2460 | 4.0 | 兴义 |
| 747 | 747 | 513 | 513 | | | 747 | | | | 兴仁 |
| 3288 | 3288 | 4977 | 4977 | | | 3288 | 1.6 | | | 凯里 |
| 2520 | 2520 | 4001 | 4001 | | | 2520 | 2.0 | 3 | 6.1 | 都匀 |
| 691 | 691 | 255 | 255 | | | 691 | 1.7 | 39 | 1.2 | 福泉 |
| **121237** | **116813** | **170039** | **170036** | **16.7** | **1912** | **123149** | **48.4** | **36628** | **525.1** | **云南** |
| 68710 | 67598 | 82048 | 82048 | 16.2 | 1771 | 70480 | 24.5 | 35675 | 321.2 | 昆明 |
| 1922 | 1922 | 3454 | 3454 | | | 1922 | | | | 安宁 |
| 6334 | 6334 | 9845 | 9845 | | | 6334 | | | | 曲靖 |
| 1243 | 1243 | 1370 | 1370 | | | 1243 | 1.0 | 70 | 5.0 | 宣威 |
| 4002 | 4002 | 5507 | 5507 | | | 4002 | | | | 玉溪 |
| 726 | 726 | 1191 | 1191 | | | 726 | 3.0 | 29 | | 澄江 |
| 2543 | 2543 | 1417 | 1417 | | | 2543 | | | | 保山 |
| 876 | | 402 | 402 | | | 876 | | | | 腾冲 |
| 4607 | 4607 | 6152 | 6152 | | | 4607 | | | | 昭通 |
| 461 | 461 | 822 | 820 | | | 461 | | | | 水富 |
| 2978 | 2978 | 1874 | 1874 | | | 2978 | 5.0 | | | 丽江 |
| 2362 | 2362 | 5957 | 5957 | | | 2362 | 1.0 | 80 | 20.4 | 普洱 |
| 1938 | 1938 | 3193 | 3193 | | | 1938 | | | | 临沧 |
| 869 | 869 | 439 | 439 | | | 869 | | | | 禄丰 |
| 3081 | 3081 | 6870 | 6870 | | | 3081 | | | | 楚雄 |
| 1476 | 1476 | 1315 | 1315 | | | 1476 | 1.0 | 58 | 43.0 | 个旧 |

# 11-2 续表 17

| 城市名称 Name of Cities | 污水排放量(万立方米) Annual Quantity of Wastewater Discharged (10,000 $m^3$) | 排水管道长度(公里) Length of Drainage Piplines (km) | 污水管道 Sewers | 雨水管道 Rainwater Drainage Pipeline | 雨污合流管道 Combined Drainage Pipeline | 建成区 in Built District | 污水处理厂 座数(座) Number of Wastewater Treatment Plant (unit) | 二级以上 Second Level or Above | 处理能力(万立方米/日) Treatment Capacity (10,000 $m^3$/day) | 二级以上 Second Level or Above |
|---|---|---|---|---|---|---|---|---|---|---|
| 开　远 | 1605 | 264.4 | 121.7 | 115.6 | 27.2 | 264.4 | 1 | 1 | 6.0 | 6.0 |
| 蒙　自 | 2534 | 669.0 | 338.7 | 256.3 | 74.0 | 669.0 | 2 | 2 | 7.0 | 7.0 |
| 弥　勒 | 911 | 270.1 | 149.1 | 97.7 | 23.2 | 257.1 | 1 | 1 | 2.5 | 2.5 |
| 文　山 | 1919 | 715.1 | 364.5 | 338.1 | 12.5 | 715.1 | 2 | 1 | 6.5 | 5.5 |
| 景　洪 | 2410 | 223.7 | 84.3 | 72.1 | 67.4 | 223.7 | 3 |  | 8.6 |  |
| 大　理 | 4667 | 996.0 | 585.5 | 378.1 | 32.5 | 264.0 | 5 | 5 | 17.9 | 17.9 |
| 瑞　丽 | 1120 | 459.5 | 230.0 | 201.5 | 28.0 | 459.5 | 2 | 2 | 4.0 | 4.0 |
| 芒　市 | 1179 | 287.6 | 154.8 | 14.8 | 118.0 | 287.6 | 1 | 1 | 3.0 | 3.0 |
| 泸　水 | 397 | 141.8 | 65.8 | 61.3 | 14.7 | 141.8 | 1 | 1 | 1.3 | 1.3 |
| 香格里拉 | 811 | 268.2 | 176.3 | 91.7 | 0.2 | 268.2 | 2 | 2 | 2.0 | 2.0 |
| **西　藏** | **9767** | **998.6** | **376.9** | **334.8** | **287.0** | **551.8** | **11** | **7** | **33.2** | **13.2** |
| 拉　萨 | 5718 | 481.6 | 255.3 | 220.3 | 6.0 | 90.9 | 6 | 2 | 20.8 | 0.8 |
| 日喀则 | 890 | 174.0 |  |  | 174.0 | 126.6 | 1 | 1 | 3.0 | 3.0 |
| 昌　都 | 340 | 52.1 | 4.0 | 26.1 | 22.0 | 45.4 | 1 | 1 | 0.9 | 0.9 |
| 林　芝 | 711 | 107.0 | 42.0 | 65.0 |  | 105.0 | 1 | 1 | 2.0 | 2.0 |
| 山　南 | 943 | 117.9 | 29.1 | 23.3 | 65.5 | 117.9 | 1 | 1 | 2.5 | 2.5 |
| 那　曲 | 1166 | 66.0 | 46.5 |  | 19.5 | 66.0 | 1 | 1 | 4.0 | 4.0 |
| **陕　西** | **172906** | **14757.0** | **6793.6** | **6720.7** | **1242.7** | **12786.2** | **72** | **61** | **573.1** | **511.1** |
| 西　安 | 114288 | 7768.1 | 3490.5 | 3917.6 | 360.0 | 7768.1 | 36 | 36 | 366.5 | 366.5 |
| 铜　川 | 2291 | 530.6 | 264.0 | 246.9 | 19.8 | 530.6 | 1 | 1 | 9.0 | 9.0 |
| 宝　鸡 | 8769 | 904.8 | 364.7 | 331.3 | 208.9 | 869.4 | 4 | 4 | 28.8 | 28.8 |
| 咸　阳 | 11674 | 511.4 | 316.0 | 89.2 | 106.2 | 404.2 | 4 | 1 | 37.0 | 20.0 |
| 彬　州 | 495 | 129.6 | 54.6 | 60.0 | 15.0 | 129.6 | 1 | 1 | 2.0 | 2.0 |
| 兴　平 | 3466 | 99.6 | 32.8 | 32.2 | 34.6 | 99.6 | 1 | 1 | 10.0 | 10.0 |
| 渭　南 | 5458 | 539.4 | 238.1 | 214.1 | 87.3 | 505.8 | 4 | 3 | 23.5 | 10.5 |
| 韩　城 | 1189 | 189.2 | 94.3 | 79.5 | 15.5 | 188.2 | 2 | 1 | 4.4 | 0.4 |
| 华　阴 | 683 | 133.3 | 36.0 | 29.9 | 67.4 | 128.3 | 1 | 1 | 3.5 | 3.5 |
| 延　安 | 3740 | 680.9 | 392.0 | 266.1 | 22.7 | 398.7 | 2 | 1 | 12.7 | 12.0 |
| 子　长 | 494 | 84.5 | 28.5 | 37.0 | 19.0 | 84.5 | 1 | 1 | 1.5 | 1.5 |
| 汉　中 | 4816 | 587.2 | 327.6 | 254.0 | 5.6 | 499.8 | 3 | 2 | 23.4 | 13.4 |
| 榆　林 | 4582 | 1414.6 | 637.1 | 660.2 | 117.3 | 80.4 | 4 | 4 | 17.0 | 17.0 |
| 神　木 | 2886 | 144.4 | 56.9 | 60.5 | 27.0 | 96.0 | 2 | 2 | 9.0 | 9.0 |
| 安　康 | 3671 | 401.0 | 168.0 | 163.0 | 70.0 | 401.0 | 3 |  | 11.3 |  |
| 旬　阳 | 461 | 119.1 | 38.5 | 23.1 | 57.5 | 103.1 | 1 | 1 | 1.5 | 1.5 |
| 商　洛 | 1924 | 266.7 | 141.2 | 123.3 | 2.1 | 251.3 | 1 |  | 6.0 |  |
| 杨凌区 | 2020 | 252.6 | 112.9 | 132.8 | 6.9 | 247.6 | 1 | 1 | 6.0 | 6.0 |

continued 17

| Wastewater Treatment Plant | | | | 其他污水处理设施 Other Wastewater Treatment Facilities | | 污水处理总量（万立方米） | 市政再生水 Recycled Water | | | |
|---|---|---|---|---|---|---|---|---|---|---|
| 处理量（万立方米） Quantity of Wastewater Treated (10,000 m$^3$) | 二级以上 Second Level or Above | 干污泥产生量（吨） Quantity of Dry Sludge Produced (ton) | 干污泥处置量（吨） Quantity of Dry Sludge Treated (ton) | 处理能力（万立方米/日） Treatment Capacity (10,000 m$^3$/day) | 处理量（万立方米） Quantity of Wastewater Treated (10,000 m$^3$) | Total Quantity of Wastewater Treated (10,000 m$^3$) | 生产能力（万立方米/日） Recycled Water Production Capacity (10,000 m$^3$/day) | 利用量（万立方米） Annual Quantity of Wastewater Recycled and Reused (10,000 m$^3$) | 管道长度（公里） Length of Piplines (km) | 城市名称 Name of Cities |
| 1584 | 1584 | 1383 | 1383 | | | 1584 | 6.0 | 50 | 22.3 | 开远 |
| 2486 | 2486 | 1147 | 1147 | | | 2486 | | | | 蒙自 |
| 902 | 902 | 833 | 833 | | | 902 | | | | 弥勒 |
| 1740 | 1705 | 2079 | 2079 | 0.5 | 141 | 1881 | 0.0 | 0 | | 文山 |
| 2401 | 2401 | 2072 | 2072 | | | 2401 | | | | 景洪 |
| 4541 | 4541 | 23074 | 23074 | | | 4541 | 3.6 | 483 | 109.7 | 大理 |
| 1107 | 1107 | 2195 | 2195 | | | 1107 | 2.0 | 183 | 3.5 | 瑞丽 |
| 1163 | 1163 | 4235 | 4235 | | | 1163 | | | | 芒市 |
| 392 | 392 | 185 | 185 | | | 392 | 1.3 | | | 泸水 |
| 795 | 795 | 979 | 979 | | | 795 | | | | 香格里拉 |
| **9432** | **3965** | **8534** | **8476** | | | **9432** | **0.5** | **23** | | **西藏** |
| 5588 | 121 | 4616 | 4616 | | | 5588 | 0.5 | 23 | | 拉萨 |
| 845 | 845 | 153 | 95 | | | 845 | | | | 日喀则 |
| 318 | 318 | 261 | 261 | | | 318 | | | | 昌都 |
| 688 | 688 | 661 | 661 | | | 688 | | | | 林芝 |
| 910 | 910 | 2442 | 2442 | | | 910 | | | | 山南 |
| 1084 | 1084 | 401 | 401 | | | 1084 | | | | 那曲 |
| **167964** | **151238** | **1243690** | **1235622** | | | **167964** | **168.2** | **44098** | **519.0** | **陕西** |
| 110745 | 110745 | 995189 | 987662 | | | 110745 | 97.9 | 35720 | 247.9 | 西安 |
| 2221 | 2221 | 6526 | 6526 | | | 2221 | 9.0 | 500 | 37.9 | 铜川 |
| 8595 | 8595 | 32472 | 32471 | | | 8595 | 6.0 | 2161 | 83.0 | 宝鸡 |
| 11495 | 6097 | 60846 | 60486 | | | 11495 | 6.0 | 1819 | 21.0 | 咸阳 |
| 495 | 495 | 1737 | 1737 | | | 495 | 2.0 | 33 | 1.8 | 彬州 |
| 3315 | 3315 | 2564 | 2564 | | | 3315 | 5.0 | 36 | 9.0 | 兴平 |
| 5335 | 2135 | 3424 | 3244 | | | 5335 | 16.6 | 1587 | 44.3 | 渭南 |
| 1151 | 149 | 2818 | 2817 | | | 1151 | 3.0 | 99 | 8.0 | 韩城 |
| 660 | 660 | 363 | 363 | | | 660 | | 200 | | 华阴 |
| 3671 | 3388 | 13219 | 13219 | | | 3671 | 4.7 | 788 | 22.3 | 延安 |
| 480 | 480 | 4128 | 4128 | | | 480 | | 10 | | 子长 |
| 4683 | 3365 | 20901 | 20901 | | | 4683 | | 109 | | 汉中 |
| 4394 | 4394 | 60710 | 60710 | | | 4394 | 16.8 | 478 | 32.4 | 榆林 |
| 2788 | 2788 | 9896 | 9896 | | | 2788 | | | | 神木 |
| 3649 | | 17912 | 17912 | | | 3649 | 0.3 | 31 | | 安康 |
| 451 | 451 | 422 | 422 | | | 451 | | | | 旬阳 |
| 1877 | | 4790 | 4790 | | | 1877 | 1.0 | 106 | 11.4 | 商洛 |
| 1960 | 1960 | 5775 | 5775 | | | 1960 | | 422 | | 杨凌区 |

# 11-2 续表 18

| 城市名称<br>Name of Cities | 污水排放量（万立方米）<br>Annual Quantity of Wastewater Discharged<br>(10,000 $m^3$) | 排水管道长度（公里）<br>Length of Drainage Piplines<br>(km) | | | | | 污水处理厂 | | | |
|---|---|---|---|---|---|---|---|---|---|---|
| | | | 污水管道<br>Sewers | 雨水管道<br>Rainwater Drainage Pipeline | 雨污合流管道<br>Combined Drainage Pipeline | 建成区<br>in Built District | 座数（座）<br>Number of Wastewater Treatment Plant<br>(unit) | 二级以上<br>Second Level or Above | 处理能力（万立方米/日）<br>Treatment Capacity<br>(10,000 $m^3$/day) | 二级以上<br>Second Level or Above |
| **甘　肃** | **46479** | **8979.7** | **4687.9** | **2985.5** | **1306.3** | **8561.1** | **31** | **30** | **213.0** | **183.0** |
| 兰　州 | 22943 | 3247.7 | 1626.8 | 1520.6 | 100.4 | 3247.7 | 9 | 8 | 109.5 | 79.5 |
| 嘉峪关 | 1111 | 735.5 | 667.5 | 68.0 | | 609.6 | 1 | 1 | 3.2 | 3.2 |
| 金　昌 | 1385 | 132.0 | 115.3 | 16.7 | | 132.0 | 1 | 1 | 8.0 | 8.0 |
| 白　银 | 1877 | 587.8 | 287.4 | 230.8 | 69.6 | 587.8 | 2 | 2 | 8.6 | 8.6 |
| 天　水 | 4539 | 748.8 | 362.0 | 251.7 | 135.0 | 644.6 | 3 | 3 | 24.0 | 24.0 |
| 武　威 | 1657 | 224.2 | 85.5 | 16.1 | 122.6 | 201.0 | 1 | 1 | 9.0 | 9.0 |
| 张　掖 | 1944 | 503.1 | 248.1 | 97.2 | 157.8 | 503.0 | 1 | 1 | 8.0 | 8.0 |
| 平　凉 | 1520 | 562.4 | 421.7 | 129.6 | 11.1 | 553.2 | 1 | 1 | 8.5 | 8.5 |
| 华　亭 | 613 | 179.3 | 116.4 | 62.9 | | 179.3 | 1 | 1 | 2.8 | 2.8 |
| 酒　泉 | 2685 | 417.6 | 66.3 | 60.0 | 291.4 | 417.0 | 2 | 2 | 10.0 | 10.0 |
| 玉　门 | 369 | 188.0 | 6.9 | 12.0 | 169.2 | 169.2 | 1 | 1 | 2.0 | 2.0 |
| 敦　煌 | 436 | 107.8 | 5.6 | 5.0 | 97.2 | 75.4 | 1 | 1 | 3.0 | 3.0 |
| 庆　阳 | 1254 | 287.4 | 104.7 | 96.5 | 86.2 | 287.4 | 2 | 2 | 4.2 | 4.2 |
| 定　西 | 667 | 201.3 | 105.0 | 78.4 | 17.9 | 170.2 | 2 | 2 | 2.0 | 2.0 |
| 陇　南 | 1042 | 330.0 | 126.0 | 156.0 | 48.0 | 330.0 | 1 | 1 | 3.5 | 3.5 |
| 临　夏 | 2080 | 430.4 | 275.4 | 155.0 | | 363.5 | 1 | 1 | 5.5 | 5.5 |
| 合　作 | 356 | 96.6 | 67.4 | 29.2 | | 90.4 | 1 | 1 | 1.2 | 1.2 |
| **青　海** | **18614** | **3778.1** | **2052.7** | **1484.5** | **240.8** | **3584.8** | **14** | **14** | **62.9** | **62.9** |
| 西　宁 | 13866 | 1804.9 | 855.9 | 822.9 | 126.1 | 1804.2 | 7 | 7 | 41.0 | 41.0 |
| 海　东 | 1894 | 412.1 | 191.0 | 198.1 | 23.0 | 355.1 | 2 | 2 | 7.0 | 7.0 |
| 同　仁 | 271 | 60.0 | 25.0 | 10.0 | 25.0 | 60.0 | 1 | 1 | 1.0 | 1.0 |
| 玉　树 | 649 | 751.4 | 579.0 | 160.4 | 12.0 | 751.4 | 1 | 1 | 1.5 | 1.5 |
| 茫　崖 | 270 | 30.6 | 27.1 | 3.4 | | 30.6 | 1 | 1 | 0.4 | 0.4 |
| 格尔木 | 1314 | 403.7 | 338.9 | 64.8 | | 268.3 | 1 | 1 | 10.0 | 10.0 |
| 德令哈 | 350 | 315.5 | 35.7 | 225.0 | 54.7 | 315.3 | 1 | 1 | 2.0 | 2.0 |
| **宁　夏** | **29147** | **2453.8** | **623.8** | **607.3** | **1222.8** | **2178.8** | **23** | **20** | **139.8** | **127.3** |
| 银　川 | 18142 | 917.5 | 75.5 | 130.8 | 711.1 | 917.5 | 8 | 8 | 90.0 | 90.0 |
| 灵　武 | 1331 | 155.0 | 15.6 | 48.9 | 90.5 | | 2 | | 6.5 | |
| 宁东能源化工基地 | 219 | 98.7 | | | 98.7 | 98.7 | 1 | 1 | 0.8 | 0.8 |
| 石嘴山 | 3291 | 273.0 | 144.0 | 60.9 | 68.1 | 162.7 | 4 | 4 | 15.5 | 15.5 |
| 吴　忠 | 2852 | 238.8 | 188.9 | 43.5 | 6.4 | 238.8 | 3 | 3 | 13.0 | 13.0 |
| 青铜峡 | 734 | 214.0 | 76.0 | 78.0 | 60.0 | 208.7 | 3 | 3 | 5.0 | 5.0 |
| 固　原 | 1500 | 455.0 | 121.9 | 243.2 | 89.9 | 455.0 | 1 | | 6.0 | |
| 中　卫 | 1078 | 101.8 | 1.9 | 1.9 | 98.0 | 97.4 | 1 | 1 | 3.0 | 3.0 |

continued 18

| Wastewater Treatment Plant 处理量 (万立方米) Quantity of Wastewater Treated (10,000 $m^3$) | 二级以上 Second Level or Above | 干污泥产生量(吨) Quantity of Dry Sludge Produced (ton) | 干污泥处置量(吨) Quantity of Dry Sludge Treated (ton) | 其他污水处理设施 Other Wastewater Treatment Facilities 处理能力(万立方米/日) Treatment Capacity (10,000 $m^3$/day) | 处理量(万立方米) Quantity of Wastewater Treated (10,000 $m^3$) | 污水处理总量(万立方米) Total Quantity of Wastewater Treated (10,000 $m^3$) | 市政再生水 Recycled Water 生产能力(万立方米/日) Recycled Water Production Capacity (10,000 $m^3$/day) | 利用量(万立方米) Annual Quantity of Wastewater Recycled and Reused (10,000 $m^3$) | 管道长度(公里) Length of Piplines (km) | 城市名称 Name of Cities |
|---|---|---|---|---|---|---|---|---|---|---|
| **45454** | **44690** | **126272** | **126272** | **8.0** | | **45454** | **60.9** | **9299** | **453.1** | **甘　肃** |
| 22189 | 21424 | 66424 | 66424 | | | 22189 | 13.0 | 910 | 38.7 | 兰　州 |
| 1111 | 1111 | 2640 | 2640 | | | 1111 | 3.2 | 1111 | 8.6 | 嘉峪关 |
| 1358 | 1358 | 4264 | 4264 | | | 1358 | 8.0 | 1056 | 41.7 | 金　昌 |
| 1802 | 1802 | 3909 | 3909 | | | 1802 | 7.5 | 475 | 102.3 | 白　银 |
| 4539 | 4539 | 14731 | 14731 | | | 4539 | | 1367 | 8.9 | 天　水 |
| 1634 | 1634 | 7186 | 7186 | | | 1634 | 5.0 | 1447 | 91.0 | 武　威 |
| 1922 | 1922 | 6809 | 6809 | 8.0 | | 1922 | 5.9 | 839 | 23.6 | 张　掖 |
| 1520 | 1520 | 4400 | 4400 | | | 1520 | 5.0 | 293 | 26.7 | 平　凉 |
| 613 | 613 | 2034 | 2034 | | | 613 | | 4 | 3.1 | 华　亭 |
| 2663 | 2663 | 4322 | 4322 | | | 2663 | 7.0 | 927 | 37.7 | 酒　泉 |
| 369 | 369 | 825 | 825 | | | 369 | 2.0 | 171 | 19.9 | 玉　门 |
| 427 | 427 | 448 | 448 | | | 427 | 0.8 | 131 | 8.0 | 敦　煌 |
| 1241 | 1241 | 4191 | 4191 | | | 1241 | 2.0 | 343 | 32.5 | 庆　阳 |
| 661 | 661 | 991 | 991 | | | 661 | 0.9 | 146 | 2.5 | 定　西 |
| 1022 | 1022 | 613 | 613 | | | 1022 | 0.3 | 47 | | 陇　南 |
| 2055 | 2055 | 2171 | 2171 | | | 2055 | | | | 临　夏 |
| 328 | 328 | 314 | 314 | | | 328 | 0.3 | 32 | 8.0 | 合　作 |
| **17850** | **17850** | **26714** | **26714** | | | **17850** | **19.1** | **4490** | **127.3** | **青　海** |
| 13196 | 13196 | 21873 | 21873 | | | 13196 | 11.1 | 3032 | 8.8 | 西　宁 |
| 1878 | 1878 | 2256 | 2256 | | | 1878 | 1.0 | 545 | 47.2 | 海　东 |
| 244 | 244 | 68 | 68 | | | 244 | | | | 同　仁 |
| 641 | 641 | 155 | 155 | | | 641 | | | | 玉　树 |
| 249 | 249 | 300 | 300 | | | 249 | | | | 茫　崖 |
| 1298 | 1298 | 1881 | 1881 | | | 1298 | 5.0 | 734 | 56.0 | 格尔木 |
| 343 | 343 | 180 | 180 | | | 343 | 2.0 | 179 | 15.3 | 德令哈 |
| **28867** | **26036** | **55907** | **55907** | | | **28867** | **58.8** | **13077** | **342.2** | **宁　夏** |
| 17939 | 17939 | 30466 | 30466 | | | 17939 | 38.0 | 8278 | | 银　川 |
| 1331 | | 3218 | 3218 | | | 1331 | 3.0 | 578 | 20.5 | 灵　武 |
| 219 | 219 | 173 | 173 | | | 219 | 0.8 | 219 | 34.7 | 宁东能源化工基地 |
| 3291 | 3291 | 6453 | 6453 | | | 3291 | 10.0 | 1459 | 46.9 | 石嘴山 |
| 2775 | 2775 | 6264 | 6264 | | | 2775 | | 1446 | | 吴　忠 |
| 734 | 734 | 1003 | 1003 | | | 734 | 2.5 | 236 | 19.2 | 青铜峡 |
| 1500 | | 4185 | 4185 | | | 1500 | 1.5 | 495 | | 固　原 |
| 1078 | 1078 | 4145 | 4145 | | | 1078 | 3.0 | 366 | 220.9 | 中　卫 |

# 11-2 续表 19

| 城市名称 Name of Cities | 污水排放量(万立方米) Annual Quantity of Wastewater Discharged (10,000 $m^3$) | 排水管道长度(公里) Length of Drainage Piplines (km) | | | | | 污水处理厂 | | | |
|---|---|---|---|---|---|---|---|---|---|---|
| | | | 污水管道 Sewers | 雨水管道 Rainwater Drainage Pipeline | 雨污合流管道 Combined Drainage Pipeline | 建成区 in Built District | 座数(座) Number of Wastewater Treatment Plant (unit) | 二级以上 Second Level or Above | 处理能力(万立方米/日) Treatment Capacity (10,000 $m^3$/day) | 二级以上 Second Level or Above |
| **新　　疆** | **66255** | **10028.4** | **5393.3** | **1020.7** | **3614.5** | **9594.9** | **43** | **27** | **258.8** | **192.3** |
| 乌鲁木齐 | 24858 | 3726.9 | 2729.8 | 997.1 | | 3726.9 | 14 | 8 | 99.2 | 84.0 |
| 克拉玛依 | 6830 | 704.0 | 125.4 | 16.8 | 561.8 | 651.9 | 5 | 5 | 32.6 | 32.6 |
| 吐 鲁 番 | 825 | 256.5 | 256.5 | | | 256.5 | 1 | | 4.0 | |
| 哈　　密 | 1814 | 416.8 | 416.0 | 0.8 | | 416.8 | 1 | | 5.0 | |
| 昌　　吉 | 2156 | 440.0 | | | 440.0 | 290.0 | 2 | 2 | 11.0 | 11.0 |
| 阜　　康 | 518 | 262.3 | | | 262.3 | 262.3 | 2 | 2 | 2.0 | 2.0 |
| 博　　乐 | 1644 | 335.1 | | | 335.1 | 335.1 | 1 | 1 | 5.0 | 5.0 |
| 阿拉山口 | 148 | 72.0 | 72.0 | | | 72.0 | 1 | | 0.8 | |
| 库 尔 勒 | 5017 | 628.7 | 628.7 | | | 622.3 | 3 | | 21.0 | |
| 阿 克 苏 | 4030 | 410.0 | | | 410.0 | 410.0 | 1 | 1 | 15.0 | 15.0 |
| 库　　车 | 1340 | 201.0 | | 1.5 | 199.5 | 201.0 | 1 | | 5.0 | |
| 阿 图 什 | 556 | 90.8 | | | 90.8 | 74.4 | 1 | 1 | 2.0 | 2.0 |
| 喀　　什 | 5060 | 388.0 | | 2.0 | 386.0 | 386.0 | 2 | 2 | 15.2 | 15.2 |
| 和　　田 | 1715 | 274.5 | 272.0 | 2.5 | | 274.5 | 1 | | 8.0 | |
| 伊　　宁 | 4618 | 778.7 | | | 778.7 | 778.7 | 1 | 1 | 13.0 | 13.0 |
| 奎　　屯 | 765 | 150.4 | | | 150.4 | 150.4 | 1 | 1 | 4.0 | 4.0 |
| 霍尔果斯 | 261 | 120.0 | 120.0 | | | 120.0 | 1 | 1 | 2.5 | 2.5 |
| 塔　　城 | 914 | 243.2 | 243.2 | | | 243.2 | 1 | 1 | 3.0 | 3.0 |
| 乌　　苏 | 1520 | 185.0 | 185.0 | | | 180.0 | 1 | | 4.5 | |
| 沙　　湾 | 561 | 141.4 | 141.4 | | | 125.0 | 1 | 1 | 3.0 | 3.0 |
| 阿 勒 泰 | 1106 | 203.3 | 203.3 | | | 18.0 | 1 | | 3.0 | |
| **新疆兵团** | **11445** | **1858.4** | **1073.8** | **175.7** | **608.9** | **1830.0** | **13** | **5** | **51.8** | **6.6** |
| 石 河 子 | 6131 | 310.0 | | | 310.0 | 310.0 | 2 | | 30.0 | |
| 阿 拉 尔 | 866 | 78.0 | 78.0 | | | 78.0 | 1 | | 4.0 | |
| 图木舒克 | 641 | 233.0 | 233.0 | | | 233.0 | 1 | | 2.0 | |
| 五 家 渠 | 774 | 82.0 | | | 82.0 | 82.0 | 1 | 1 | 3.0 | 3.0 |
| 北　　屯 | 1184 | 189.5 | 189.5 | | | 189.5 | 1 | | 5.5 | |
| 铁 门 关 | 466 | 51.6 | 51.6 | | | 51.6 | 1 | 1 | 2.0 | 2.0 |
| 双　　河 | 300 | 540.9 | 300.0 | 145.0 | 95.9 | 540.9 | 1 | | 0.9 | |
| 可克达拉 | 465 | 183.4 | 152.7 | 30.7 | | 172.0 | 1 | | 2.0 | |
| 昆　　玉 | 365 | 97.0 | | | 97.0 | 97.0 | 1 | 1 | 1.0 | 1.0 |
| 胡 杨 河 | 87 | 24.0 | | | 24.0 | 24.0 | 1 | | 0.8 | |
| 新　　星 | 166 | 69.0 | 69.0 | | | 52.0 | 2 | 2 | 0.6 | 0.6 |

continued 19

| Wastewater Treatment Plant | | | | 其他污水处理设施 Other Wastewater Treatment Facilities | | 污水处理总量（万立方米） | 市政再生水 Recycled Water | | | |
|---|---|---|---|---|---|---|---|---|---|---|
| 处理量（万立方米） Quantity of Wastewater Treated (10,000 $m^3$) | 二级以上 Second Level or Above | 干污泥产生量（吨） Quantity of Dry Sludge Produced (ton) | 干污泥处置量（吨） Quantity of Dry Sludge Treated (ton) | 处理能力（万立方米/日） Treatment Capacity (10,000 $m^3$/day) | 处理量（万立方米） Quantity of Wastewater Treated (10,000 $m^3$) | Total Quantity of Wastewater Treated (10,000 $m^3$) | 生产能力（万立方米/日） Recycled Water Production Capacity (10,000 $m^3$/day) | 利用量（万立方米） Annual Quantity of Wastewater Recycled and Reused (10,000 $m^3$) | 管道长度（公里） Length of Piplines (km) | 城市名称 Name of Cities |
| **64783** | **48092** | **169184** | **166684** | **4.5** | **5** | **64788** | **214.7** | **33026** | **1386.2** | **新　疆** |
| 24704 | 20810 | 44926 | 44926 | | | 24704 | 99.2 | 12071 | 651.3 | 乌鲁木齐 |
| 6806 | 6806 | 7656 | 7656 | | | 6806 | 32.6 | 3384 | 78.4 | 克拉玛依 |
| 825 | | 3820 | 3820 | | | 825 | 2.0 | 420 | 41.5 | 吐鲁番 |
| 1753 | | 4669 | 4669 | | | 1753 | 5.0 | 943 | 6.2 | 哈　密 |
| 2155 | 2155 | 2878 | 2878 | | | 2155 | 6.0 | 716 | 38.0 | 昌　吉 |
| 518 | 518 | 2523 | 2523 | | | 518 | 2.0 | 481 | 16.0 | 阜　康 |
| 1611 | 1611 | 1483 | 1483 | | | 1611 | 5.0 | 1274 | 62.6 | 博　乐 |
| 148 | | 526 | 526 | | | 148 | 0.8 | 107 | 3.6 | 阿拉山口 |
| 5014 | | 23500 | 21000 | | | 5014 | 7.1 | 2942 | 116.4 | 库尔勒 |
| 4030 | 4030 | 13310 | 13310 | | | 4030 | 15.0 | 3236 | 70.7 | 阿克苏 |
| 1340 | | 804 | 804 | | | 1340 | 3.7 | 468 | 59.0 | 库　车 |
| 512 | 512 | 479 | 479 | | | 512 | 2.0 | | 15.0 | 阿图什 |
| 4845 | 4845 | 3036 | 3036 | | | 4845 | 10.9 | 3950 | 66.0 | 喀　什 |
| 1715 | | 2434 | 2434 | | | 1715 | 8.0 | 513 | 25.2 | 和　田 |
| 4442 | 4442 | 46790 | 46790 | | | 4442 | 4.2 | 372 | 20.5 | 伊　宁 |
| 727 | 727 | 1155 | 1155 | | | 727 | 2.0 | 439 | 17.3 | 奎　屯 |
| 261 | 261 | 553 | 553 | | | 261 | 0.2 | 82 | 46.0 | 霍尔果斯 |
| 837 | 837 | 874 | 874 | | | 837 | 3.0 | 433 | 5.7 | 塔　城 |
| 897 | | 4405 | 4405 | 4.5 | 5 | 901 | 3.0 | 273 | 12.8 | 乌　苏 |
| 537 | 537 | 1814 | 1814 | | | 537 | 3.0 | 150 | 12.0 | 沙　湾 |
| 1106 | | 1550 | 1550 | | | 1106 | | 774 | 22.0 | 阿勒泰 |
| **11431** | **1752** | **18051** | **18036** | **0.1** | **32** | **11463** | **39.9** | **6887** | **74.0** | **新疆兵团** |
| 6131 | | 11151 | 11151 | | | 6131 | 30.0 | 6131 | 40.0 | 石河子 |
| 866 | | 482 | 482 | | | 866 | 4.0 | 378 | 4.0 | 阿拉尔 |
| 641 | | 15 | | | | 641 | | | | 图木舒克 |
| 775 | 775 | 1306 | 1306 | | | 775 | | | | 五家渠 |
| 1184 | | 961 | 961 | | | 1184 | 5.5 | 378 | 30.0 | 北　屯 |
| 446 | 446 | 1807 | 1807 | | | 446 | | | | 铁门关 |
| 300 | | 1215 | 1215 | | | 300 | | | | 双　河 |
| 465 | | 1101 | 1101 | | | 465 | | | | 可克达拉 |
| 365 | 365 | 2 | 2 | | | 365 | | | | 昆　玉 |
| 92 | | 10 | 10 | | | 92 | 0.4 | | | 胡杨河 |
| 166 | 166 | 2 | 2 | 0.1 | 32 | 198 | | | | 新　星 |

# 十二、城市市容环境卫生

# 12. Urban Environmental Sanitation

## 简要说明

城市绿地指以自然植被和人工植被为主要存在形态的城市用地。它包含两个层次的内容：一是城市建设用地范围内用于绿化的土地；二是城市建设用地之外，对城市生态、景观和居民休闲生活具有积极作用、绿化环境较好的区域。

本部分主要反映城市的园林绿化情况，如绿化覆盖面积、园林绿地面积、公园面积等。

从 2006 年起，根据最新的《城市绿地分类标准》，不再统计公共绿地面积指标，改为公园绿地面积，比原公共绿地面积范围略大。

## Brief Introduction

Urban green land refers to urban useable land covered by natural or planted vegetation. It has two implications: one refers to urban construction land specifically designated for landscaping, the other refers to green areas, which are non-construction land and play an active role in protecting urban ecology, and landscape and provide comfortable environment for the people.

This section includes main indicators such as green coverage area, area of green space, and area of park, etc..

Since 2006, according to the latest Standard on Category of Urban Green Space, area of public recreational green space instead of area of public green space is included in statistics.

# 12 全国历年城市市容环境卫生情况(1979–2022)
# National Urban Environmental Sanitation in Past Years(1979-2022)

| 年份<br>Year | 生活垃圾 Domestic Garbage<br>清运量(万吨)<br>Quantity of Collected and Transported<br>(10,000 ton) | 无害化处理场(厂)座数(座)<br>Number of Harmless Treatment Plants/Grounds<br>(unit) | 无害化处理能力(吨/日)<br>Harmless Treatment Capacity<br>(ton/day) | 无害化处理量(万吨)<br>Quantity of Harmlessly Treated<br>(10,000 ton) | 粪便清运量(万吨)<br>Volume of Soil Collected and Transported<br>(10,000 ton) | 公共厕所(座)<br>Number of Latrine<br>(unit) | 市容环卫专用车辆设备总数(台)<br>Number of Vehicles and Equipment Designated for Municipal Environmental Sanitation<br>(unit) | 每万人拥有公厕(座)<br>Number of Latrine per 10,000 Population<br>(unit) |
|---|---|---|---|---|---|---|---|---|
| 1979 | 2508 | 12 | 1937 |  | 2156 | 54180 | 5316 |  |
| 1980 | 3132 | 17 | 2107 | 215 | 1643 | 61927 | 6792 |  |
| 1981 | 2606 | 30 | 3260 | 162 | 1547 | 54280 | 7917 | 3.77 |
| 1982 | 3125 | 27 | 2847 | 190 | 1689 | 56929 | 9570 | 3.99 |
| 1983 | 3452 | 28 | 3247 | 243 | 1641 | 62904 | 10836 | 3.95 |
| 1984 | 3757 | 24 | 1578 | 188 | 1538 | 64178 | 11633 | 3.57 |
| 1985 | 4477 | 14 | 2071 | 232 | 1748 | 68631 | 13103 | 3.28 |
| 1986 | 5009 | 23 | 2396 | 70 | 2710 | 82746 | 19832 | 3.61 |
| 1987 | 5398 | 23 | 2426 | 54 | 2422 | 88949 | 21418 | 3.54 |
| 1988 | 5751 | 29 | 3254 | 75 | 2353 | 92823 | 22793 | 3.14 |
| 1989 | 6292 | 37 | 4378 | 111 | 2603 | 96536 | 25076 | 3.09 |
| 1990 | 6767 | 66 | 7010 | 212 | 2385 | 96677 | 25658 | 2.97 |
| 1991 | 7636 | 169 | 29731 | 1239 | 2764 | 99972 | 27854 | 3.38 |
| 1992 | 8262 | 371 | 71502 | 2829 | 3002 | 95136 | 30026 | 3.09 |
| 1993 | 8791 | 499 | 124508 | 3945 | 3168 | 97653 | 32835 | 2.89 |
| 1994 | 9952 | 609 | 130832 | 4782 | 3395 | 96234 | 34398 | 2.69 |
| 1995 | 10671 | 932 | 183732 | 6014 | 3066 | 113461 | 39218 | 3.00 |
| 1996 | 10825 | 574 | 155826 | 5568 | 2931 | 109570 | 40256 | 3.02 |
| 1997 | 10982 | 635 | 180081 | 6292 | 2845 | 108812 | 41538 | 2.95 |
| 1998 | 11302 | 655 | 201281 | 6783 | 2915 | 107947 | 42975 | 2.89 |
| 1999 | 11415 | 696 | 237393 | 7232 | 2844 | 107064 | 44238 | 2.85 |
| 2000 | 11819 | 660 | 210175 | 7255 | 2829 | 106471 | 44846 | 2.74 |
| 2001 | 13470 | 741 | 224736 | 7840 | 2990 | 107656 | 50467 | 3.01 |
| 2002 | 13650 | 651 | 215511 | 7404 | 3160 | 110836 | 52752 | 3.15 |
| 2003 | 14857 | 575 | 219607 | 7545 | 3475 | 107949 | 56068 | 3.18 |
| 2004 | 15509 | 559 | 238519 | 8089 | 3576 | 109629 | 60238 | 3.21 |
| 2005 | 15577 | 471 | 256312 | 8051 | 3805 | 114917 | 64205 | 3.20 |
| 2006 | 14841 | 419 | 258048 | 7873 | 2131 | 107331 | 66020 | 2.88(3.22) |
| 2007 | 15215 | 458 | 279309 | 9438 | 2506 | 112604 | 71609 | 3.04 |
| 2008 | 15438 | 509 | 315153 | 10307 | 2331 | 115306 | 76400 | 3.12 |
| 2009 | 15734 | 567 | 356130 | 11220 | 2141 | 118525 | 83756 | 3.15 |
| 2010 | 15805 | 628 | 387607 | 12318 | 1951 | 119327 | 90414 | 3.02 |
| 2011 | 16395 | 677 | 409119 | 13090 | 1963 | 120459 | 100340 | 2.95 |
| 2012 | 17081 | 701 | 446268 | 14490 | 1812 | 121941 | 112157 | 2.89 |
| 2013 | 17239 | 765 | 492300 | 15394 | 1682 | 122541 | 126552 | 2.83 |
| 2014 | 17860 | 818 | 533455 | 16394 | 1552 | 124410 | 141431 | 2.79 |
| 2015 | 19142 | 890 | 576894 | 18013 | 1437 | 126344 | 165725 | 2.75 |
| 2016 | 20362 | 940 | 621351 | 19674 | 1299 | 129818 | 193942 | 2.72 |
| 2017 | 21521 | 1013 | 679889 | 21034 |  | 136084 | 228019 | 2.77 |
| 2018 | 22802 | 1091 | 766195 | 22565 |  | 147466 | 252484 | 2.88 |
| 2019 | 24206 | 1183 | 869875 | 24013 |  | 153426 | 281558 | 2.93 |
| 2020 | 23512 | 1287 | 963460 | 23452 |  | 165186 | 306422 | 3.07 |
| 2021 | 24869 | 1407 | 1057064 | 24839 |  | 184063 | 327512 | 3.29 |
| 2022 | 24445 | 1399 | 1109435 | 24419 |  | 193654 | 341628 | 3.43 |

注：1.1980年至1995年生活垃圾无害化处理量为生活垃圾与粪便的合计量。

2.自2006年起，生活垃圾填埋场的统计采用新的认定标准，生活垃圾无害化处理数据与往年不可比。

Notes: 1.Quantity of garbage disposed harmlessly from 1980 to 1995 consists of quantity of garbage and soil.

2.Since 2006, treatment of domestic garbage through sanitary landfill has adopted new certification standard,so the data of harmless treatmented garbage are not compared with the past years.

# 12-1 2022年按省分列的城市市容环境卫生

| 地区名称 Name of Regions | 道路清扫保洁面积(万平方米) Surface Area of Roads Cleaned and Maintained (10,000 $m^2$) | | 生活垃圾 | | | | | | | |
|---|---|---|---|---|---|---|---|---|---|---|
| | | 机械化 Mechanization | 清运量(万吨) Collected and Transported (10,000 ton) | 处理量(万吨) Volume of Treated (10,000 ton) | 无害化处理厂(场)数(座) Number of Harmless Treatment Plants/ Grounds (unit) | | | | 无害化处理能力(吨/日) Harmless Treatment Capacity (ton/day) | |
| | | | | | | 卫生填埋 Sanitary Landfill | 焚烧 Incineration | 其他 other | | 卫生填埋 Sanitary Landfill |
| **全　国** | **1081814** | **866860** | **24444.72** | **24438.83** | **1399** | **444** | **648** | **307** | **1109435** | **215167** |
| 北　京 | 17812 | 12464 | 740.57 | 740.57 | 37 | 7 | 11 | 19 | 31461 | 4491 |
| 天　津 | 14111 | 12514 | 309.08 | 309.08 | 19 | | 13 | 6 | 19550 | |
| 河　北 | 40731 | 37019 | 748.99 | 748.99 | 47 | 11 | 30 | 6 | 37631 | 3761 |
| 山　西 | 26583 | 21403 | 466.67 | 466.67 | 28 | 14 | 12 | 2 | 19870 | 5170 |
| 内蒙古 | 26264 | 22366 | 348.56 | 348.53 | 30 | 23 | 7 | | 14728 | 7628 |
| 辽　宁 | 48882 | 29721 | 994.39 | 990.24 | 49 | 23 | 18 | 8 | 38324 | 13172 |
| 吉　林 | 19902 | 16212 | 435.71 | 435.71 | 40 | 23 | 14 | 3 | 22210 | 9280 |
| 黑龙江 | 28126 | 22394 | 507.86 | 507.86 | 42 | 27 | 11 | 4 | 22447 | 8697 |
| 上　海 | 19385 | 18881 | 890.13 | 890.13 | 26 | 1 | 13 | 12 | 37012 | 5000 |
| 江　苏 | 79266 | 74112 | 1958.71 | 1958.71 | 74 | 12 | 44 | 18 | 78539 | 6905 |
| 浙　江 | 58712 | 49077 | 1553.53 | 1553.53 | 81 | 2 | 51 | 28 | 82166 | 1418 |
| 安　徽 | 50253 | 45943 | 745.42 | 745.42 | 53 | 11 | 26 | 16 | 36779 | 6896 |
| 福　建 | 25298 | 19760 | 874.53 | 874.53 | 37 | 4 | 24 | 9 | 31223 | 2250 |
| 江　西 | 30285 | 28175 | 527.70 | 527.70 | 30 | 2 | 18 | 10 | 23289 | 1150 |
| 山　东 | 80285 | 69787 | 1724.03 | 1724.03 | 107 | 24 | 61 | 22 | 75849 | 12239 |
| 河　南 | 56412 | 49168 | 1087.87 | 1087.74 | 48 | 16 | 30 | 2 | 46735 | 6575 |
| 湖　北 | 50307 | 39339 | 1032.62 | 1032.62 | 67 | 21 | 34 | 12 | 41223 | 7982 |
| 湖　南 | 36743 | 30501 | 860.79 | 860.79 | 48 | 23 | 16 | 9 | 38153 | 13532 |
| 广　东 | 120512 | 75442 | 3280.64 | 3280.56 | 174 | 32 | 74 | 68 | 178697 | 35666 |
| 广　西 | 30506 | 19279 | 601.43 | 601.43 | 43 | 19 | 18 | 6 | 30459 | 8159 |
| 海　南 | 9659 | 6787 | 264.80 | 264.80 | 12 | 1 | 9 | 2 | 15000 | 500 |
| 重　庆 | 25218 | 18042 | 678.77 | 678.77 | 38 | 15 | 16 | 7 | 28956 | 5384 |
| 四　川 | 57972 | 43129 | 1259.20 | 1258.94 | 48 | 13 | 27 | 8 | 45580 | 7980 |
| 贵　州 | 20632 | 19803 | 415.85 | 415.39 | 46 | 14 | 22 | 10 | 24517 | 6427 |
| 云　南 | 20973 | 17260 | 538.12 | 538.12 | 35 | 16 | 17 | 2 | 16970 | 3588 |
| 西　藏 | 4991 | 2171 | 62.17 | 62.05 | 8 | 7 | 1 | | 2330 | 1630 |
| 陕　西 | 25782 | 22621 | 654.88 | 654.87 | 41 | 24 | 10 | 7 | 32046 | 14146 |
| 甘　肃 | 14882 | 12566 | 266.34 | 266.34 | 31 | 16 | 10 | 5 | 12342 | 3742 |
| 青　海 | 3902 | 2827 | 117.68 | 117.04 | 10 | 9 | | 1 | 2152 | 2032 |
| 宁　夏 | 10325 | 8660 | 117.25 | 117.25 | 10 | 3 | 4 | 3 | 7270 | 1590 |
| 新　疆 | 22557 | 16230 | 345.10 | 345.10 | 30 | 22 | 6 | 2 | 13940 | 6690 |
| 新疆兵团 | 4547 | 3207 | 35.32 | 35.32 | 10 | 9 | 1 | | 1987 | 1487 |

# Urban Environmental Sanitation by Province(2022)

| Domestic Garbage | | | | | | 公共厕所 (座) Number of Latrines (unit) | | 市容环卫专用车辆设备总数（台）Number of Vehicles and Equipment Designated for Municipal Environmental Sanitation (unit) | 地区名称 Name of Regions |
|---|---|---|---|---|---|---|---|---|---|
| 焚烧 Incineration | 其他 Other | 无害化处理量（万吨）Volume of Harmlessly Treated (10,000 ton) | 卫生填埋 Sanitary Landfill | 焚烧 Incineration | 其他 other | | 三类以上 Grade Ⅲ and Above | | |
| **804670** | **89598** | **24419.31** | **3043.20** | **19502.08** | **1874.02** | **193654** | **167975** | **341628** | **全　国** |
| 17150 | 9820 | 740.57 | 43.10 | 491.16 | 206.31 | 6435 | 6435 | 12159 | 北　京 |
| 18200 | 1350 | 309.08 | | 287.35 | 21.73 | 4563 | 4253 | 5475 | 天　津 |
| 31850 | 2020 | 748.99 | 78.18 | 630.17 | 40.64 | 8252 | 7697 | 13600 | 河　北 |
| 14100 | 600 | 466.67 | 137.90 | 316.89 | 11.89 | 4430 | 3336 | 6931 | 山　西 |
| 7100 | | 348.53 | 187.97 | 160.56 | | 6956 | 5257 | 6856 | 内蒙古 |
| 23330 | 1822 | 990.24 | 265.11 | 672.38 | 52.74 | 5743 | 4150 | 13741 | 辽　宁 |
| 12250 | 680 | 435.71 | 86.20 | 342.97 | 6.54 | 4813 | 3681 | 9056 | 吉　林 |
| 12750 | 1000 | 507.86 | 195.26 | 301.85 | 10.75 | 5994 | 3442 | 11382 | 黑龙江 |
| 23000 | 9012 | 876.25 | 16.49 | 664.36 | 195.40 | 6253 | 3952 | 10054 | 上　海 |
| 64028 | 7606 | 1958.71 | 27.40 | 1734.85 | 196.46 | 14627 | 13766 | 25137 | 江　苏 |
| 72700 | 8048 | 1553.53 | | 1366.41 | 187.12 | 10201 | 9220 | 13526 | 浙　江 |
| 27160 | 2723 | 745.42 | 4.19 | 683.15 | 58.08 | 7092 | 6937 | 12107 | 安　徽 |
| 26178 | 2795 | 874.53 | 33.02 | 785.99 | 55.52 | 6928 | 5590 | 9182 | 福　建 |
| 20850 | 1289 | 527.70 | 20.28 | 484.97 | 22.45 | 6049 | 6048 | 12168 | 江　西 |
| 59660 | 3950 | 1724.03 | 16.95 | 1629.63 | 77.45 | 10829 | 10151 | 22803 | 山　东 |
| 39410 | 750 | 1084.36 | 177.87 | 903.24 | 3.26 | 12684 | 12247 | 19947 | 河　南 |
| 30347 | 2894 | 1032.62 | 179.30 | 791.00 | 62.32 | 7889 | 6552 | 15201 | 湖　北 |
| 21631 | 2990 | 860.79 | 208.07 | 599.54 | 53.18 | 5168 | 3874 | 7933 | 湖　南 |
| 127935 | 15096 | 3279.03 | 289.79 | 2664.07 | 325.17 | 13515 | 12927 | 31110 | 广　东 |
| 19950 | 2350 | 601.43 | 95.24 | 478.63 | 27.56 | 3039 | 1863 | 13044 | 广　西 |
| 13400 | 1100 | 264.80 | | 248.41 | 16.39 | 1475 | 1466 | 12467 | 海　南 |
| 19422 | 4150 | 678.77 | 60.42 | 527.68 | 90.67 | 4991 | 3936 | 4886 | 重　庆 |
| 36112 | 1488 | 1258.94 | 101.37 | 1112.89 | 44.68 | 9786 | 8377 | 15227 | 四　川 |
| 16750 | 1340 | 415.36 | 72.72 | 320.17 | 22.46 | 4324 | 3635 | 5974 | 贵　州 |
| 12707 | 675 | 537.41 | 97.75 | 427.12 | 12.54 | 6495 | 6311 | 6544 | 云　南 |
| 700 | | 62.05 | 38.28 | 23.77 | | 897 | 101 | 1564 | 西　藏 |
| 15950 | 1950 | 654.87 | 205.21 | 422.11 | 27.55 | 6689 | 6459 | 5877 | 陕　西 |
| 7650 | 950 | 266.34 | 69.94 | 184.23 | 12.17 | 3092 | 2688 | 6021 | 甘　肃 |
| | 120 | 117.04 | 107.99 | | 9.05 | 834 | 716 | 1048 | 青　海 |
| 5000 | 680 | 117.25 | 18.13 | 80.38 | 18.74 | 905 | 842 | 2771 | 宁　夏 |
| 6900 | 350 | 345.10 | 181.95 | 157.96 | 5.20 | 2345 | 1949 | 6930 | 新　疆 |
| 500 | | 35.32 | 27.14 | 8.19 | | 361 | 117 | 907 | 新疆兵团 |

# 12-2 2022年按城市分列的城市市容环境卫生

| 城市名称 Name of Cities | 道路清扫保洁面积(万平方米) Surface Area of Roads Cleaned and Maintained (10,000 $m^2$) | 机械化 Mechanization | 生活垃圾 清运量(万吨) Collected and Transported (10,000 ton) | 处理量(万吨) Volume of Treated (10,000 ton) | 无害化处理厂(场)数(座) Number of Harmless Treatment Plants/Grounds (unit) | 卫生填埋 Sanitary Landfill | 焚烧 Incineration | 其他 Other | 无害化处理能力(吨/日) Harmless Treatment Capacity (ton/day) | 卫生填埋 Sanitary Landfill |
|---|---|---|---|---|---|---|---|---|---|---|
| **全　国** | **1081814** | **866860** | **24444.72** | **24438.83** | **1399** | **444** | **648** | **307** | **1109435** | **215167** |
| **北　京** | **17812** | **12464** | **740.57** | **740.57** | **37** | **7** | **11** | **19** | **31461** | **4491** |
| **天　津** | **14111** | **12514** | **309.08** | **309.08** | **19** | | **13** | **6** | **19550** | |
| **河　北** | **40731** | **37019** | **748.99** | **748.99** | **47** | **11** | **30** | **6** | **37631** | **3761** |
| 石家庄 | 7655 | 6962 | 134.78 | 134.78 | 5 | | 2 | 3 | 3520 | |
| 晋　州 | 335 | 311 | 4.12 | 4.12 | 2 | 1 | 1 | | 770 | 170 |
| 新　乐 | 389 | 386 | 4.10 | 4.10 | | | | | | |
| 唐　山 | 4172 | 3884 | 80.74 | 80.74 | 5 | 2 | 2 | 1 | 5050 | 1200 |
| 滦　州 | 406 | 366 | 8.41 | 8.41 | 2 | 1 | 1 | | 700 | 200 |
| 遵　化 | 427 | 397 | 6.58 | 6.58 | 1 | | 1 | | 600 | |
| 迁　安 | 457 | 420 | 9.13 | 9.13 | 1 | | 1 | | 600 | |
| 秦皇岛 | 2462 | 2115 | 58.81 | 58.81 | 3 | | 2 | 1 | 2600 | |
| 邯　郸 | 4234 | 3696 | 72.86 | 72.86 | 3 | 2 | | 1 | 2000 | 1500 |
| 武　安 | 337 | 337 | 7.05 | 7.05 | 1 | | 1 | | 900 | |
| 邢　台 | 2546 | 2197 | 33.38 | 33.38 | | | | | | |
| 南　宫 | 301 | 301 | 4.09 | 4.09 | 1 | | 1 | | 200 | |
| 沙　河 | 390 | 351 | 4.87 | 4.87 | 1 | | 1 | | 1000 | |
| 保　定 | 3139 | 2538 | 54.59 | 54.59 | 2 | | 2 | | 3200 | |
| 涿　州 | 518 | 493 | 12.30 | 12.30 | | | | | | |
| 安　国 | 243 | 221 | 5.02 | 5.02 | 2 | 2 | | | 231 | 231 |
| 高碑店 | 434 | 415 | 6.14 | 6.14 | | | | | | |
| 张家口 | 1503 | 1492 | 43.16 | 43.16 | 1 | | 1 | | 1800 | |
| 承　德 | 1054 | 987 | 25.40 | 25.40 | 1 | | 1 | | 1000 | |
| 平　泉 | 135 | 128 | 6.12 | 6.12 | 1 | 1 | | | 100 | 100 |
| 沧　州 | 1398 | 1397 | 32.76 | 32.76 | 1 | | 1 | | 1600 | |
| 泊　头 | 316 | 315 | 7.33 | 7.33 | 1 | 1 | | | 200 | 200 |
| 任　丘 | 734 | 733 | 11.55 | 11.55 | 1 | | 1 | | 1000 | |
| 黄　骅 | 902 | 901 | 11.01 | 11.01 | 1 | | 1 | | 600 | |
| 河　间 | 282 | 281 | 6.64 | 6.64 | 1 | | 1 | | 1000 | |
| 廊　坊 | 1597 | 1485 | 31.57 | 31.57 | 1 | | 1 | | 1500 | |
| 霸　州 | 284 | 256 | 6.33 | 6.33 | 1 | | 1 | | 1200 | |
| 三　河 | 490 | 405 | 8.20 | 8.20 | 1 | | 1 | | 2000 | |
| 衡　水 | 1583 | 1460 | 27.05 | 27.05 | 2 | | 2 | | 1500 | |
| 深　州 | 366 | 361 | 5.90 | 5.90 | 2 | 1 | 1 | | 960 | 160 |
| 辛　集 | 755 | 709 | 7.47 | 7.47 | 1 | | 1 | | 600 | |
| 定　州 | 887 | 721 | 11.54 | 11.54 | 2 | | 2 | | 1200 | |

# Urban Environmental Sanitation by City(2022)

| Domestic Garbage | | | | | | 公共厕所（座）Number of Latrines (unit) | | 市容环卫专用车辆设备总数（台）Number of Vehicles and Equipment Designated for Municipal Environmental Sanitation (unit) | 城市名称 Name of Cities |
|---|---|---|---|---|---|---|---|---|---|
| 焚烧 Incineration | 其他 Other | 无害化处理量（万吨）Volume of Harmlessly Treated (10,000 ton) | 卫生填埋 Sanitary Landfill | 焚烧 Incineration | 其他 Other | | 三类以上 Grade III and Above | | |
| **804670** | **89598** | **24419.31** | **3043.20** | **19502.08** | **1874.02** | **193654** | **167975** | **341628** | **全　国** |
| **17150** | **9820** | **740.57** | **43.10** | **491.16** | **206.31** | **6435** | **6435** | **12159** | **北　京** |
| **18200** | **1350** | **309.08** | | **287.35** | **21.73** | **4563** | **4253** | **5475** | **天　津** |
| **31850** | **2020** | **748.99** | **78.18** | **630.17** | **40.64** | **8252** | **7697** | **13600** | **河　北** |
| 2700 | 820 | 134.78 | | 119.26 | 15.52 | 996 | 996 | 2071 | 石家庄 |
| 600 | | 4.12 | | 4.12 | | 56 | 56 | 111 | 晋　州 |
| | | 4.10 | | 4.10 | | 60 | 60 | 131 | 新　乐 |
| 3350 | 500 | 80.74 | 5.16 | 66.04 | 9.55 | 573 | 428 | 1237 | 唐　山 |
| 500 | | 8.41 | | 8.41 | | 134 | 134 | 108 | 滦　州 |
| 600 | | 6.58 | | 6.58 | | 107 | 107 | 93 | 遵　化 |
| 600 | | 9.13 | | 9.13 | | 127 | 127 | 47 | 迁　安 |
| 2400 | 200 | 58.81 | | 57.74 | 1.07 | 605 | 605 | 648 | 秦皇岛 |
| | 500 | 72.86 | 49.59 | 14.91 | 8.37 | 561 | 561 | 1612 | 邯　郸 |
| 900 | | 7.05 | | 7.05 | | 162 | 162 | 205 | 武　安 |
| | | 33.38 | | 33.38 | | 574 | 574 | 441 | 邢　台 |
| 200 | | 4.09 | | 4.09 | | 65 | 65 | 91 | 南　宫 |
| 1000 | | 4.87 | | 4.87 | | 73 | | 140 | 沙　河 |
| 3200 | | 54.59 | | 54.59 | | 474 | 450 | 1306 | 保　定 |
| | | 12.30 | 12.30 | | | 168 | 168 | 155 | 涿　州 |
| | | 5.02 | 5.02 | | | 45 | 45 | 45 | 安　国 |
| | | 6.14 | | | 6.14 | 94 | 94 | 99 | 高碑店 |
| 1800 | | 43.16 | | 43.16 | | 583 | 437 | 1038 | 张家口 |
| 1000 | | 25.40 | | 25.40 | | 300 | 300 | 502 | 承　德 |
| | | 6.12 | 6.12 | | | 74 | 74 | 30 | 平　泉 |
| 1600 | | 32.76 | | 32.76 | | 552 | 552 | 492 | 沧　州 |
| | | 7.33 | | 7.33 | | 111 | 111 | 111 | 泊　头 |
| 1000 | | 11.55 | | 11.55 | | 206 | 206 | 180 | 任　丘 |
| 600 | | 11.01 | | 11.01 | | 258 | 215 | 239 | 黄　骅 |
| 1000 | | 6.64 | | 6.64 | | 89 | 89 | 81 | 河　间 |
| 1500 | | 31.57 | | 31.57 | | 323 | 323 | 828 | 廊　坊 |
| 1200 | | 6.33 | | 6.33 | | 77 | 77 | 27 | 霸　州 |
| 2000 | | 8.20 | | 8.20 | | 106 | 106 | 256 | 三　河 |
| 1500 | | 27.05 | | 27.05 | | 279 | 260 | 745 | 衡　水 |
| 800 | | 5.90 | | 5.90 | | 85 | 85 | 75 | 深　州 |
| 600 | | 7.47 | | 7.47 | | 143 | 143 | 130 | 辛　集 |
| 1200 | | 11.54 | | 11.54 | | 192 | 87 | 326 | 定　州 |

# 12-2 续表 1

| 城市名称<br>Name of Cities | 道路清扫保洁面积（万平方米）<br>Surface Area of Roads Cleaned and Maintained<br>(10,000 $m^2$) | | 生活垃圾 | | | | | | | |
|---|---|---|---|---|---|---|---|---|---|---|
| | | 机械化<br>Mechanization | 清运量（万吨）<br>Collected and Transported<br>(10,000 ton) | 处理量（万吨）<br>Volume of Treated<br>(10,000 ton) | 无害化处理厂（场）数（座）<br>Number of Harmless Treatment Plants/ Grounds<br>(unit) | 卫生填埋<br>Sanitary Landfill | 焚烧<br>Incineration | 其他<br>Other | 无害化处理能力（吨/日）<br>Harmless Treatment Capacity<br>(ton/day) | 卫生填埋<br>Sanitary Landfill |
| **山　西** | **26583** | **21403** | **466.67** | **466.67** | **28** | **14** | **12** | **2** | **19870** | **5170** |
| 太　原 | 7050 | 6359 | 138.94 | 138.94 | 3 | | 2 | 1 | 5300 | |
| 古　交 | 118 | 95 | 6.16 | 6.16 | 1 | 1 | | | 250 | 250 |
| 大　同 | 4748 | 3917 | 48.33 | 48.33 | 2 | | 1 | 1 | 1600 | |
| 阳　泉 | 446 | 377 | 17.09 | 17.09 | 1 | | 1 | | 1100 | |
| 长　治 | 2767 | 2135 | 29.98 | 29.98 | 1 | | 1 | | 1000 | |
| 晋　城 | 814 | 664 | 15.51 | 15.51 | 2 | 1 | 1 | | 1300 | 500 |
| 高　平 | 322 | 306 | 5.77 | 5.77 | 2 | 1 | 1 | | 1100 | 300 |
| 朔　州 | 549 | 441 | 22.12 | 22.12 | 2 | 2 | | | 741 | 741 |
| 怀　仁 | 689 | 185 | 15.00 | 15.00 | 1 | 1 | | | 300 | 300 |
| 晋　中 | 2493 | 2041 | 32.89 | 32.89 | 2 | 1 | 1 | | 1459 | 259 |
| 介　休 | 352 | 303 | 12.57 | 12.57 | 1 | | 1 | | 500 | |
| 运　城 | 1103 | 739 | 16.56 | 16.56 | 1 | 1 | | | 800 | 800 |
| 永　济 | 385 | 308 | 6.80 | 6.80 | 1 | | 1 | | 600 | |
| 河　津 | 380 | 286 | 11.84 | 11.84 | 1 | 1 | | | 32 | 32 |
| 忻　州 | 1046 | 838 | 12.96 | 12.96 | 1 | | 1 | | 1000 | |
| 原　平 | 336 | 248 | 8.26 | 8.26 | | | | | | |
| 临　汾 | 830 | 665 | 17.30 | 17.30 | 2 | 1 | 1 | | 1400 | 600 |
| 侯　马 | 369 | 258 | 7.06 | 7.06 | 1 | 1 | | | 380 | 380 |
| 霍　州 | 237 | 170 | 6.21 | 6.21 | 1 | 1 | | | 200 | 200 |
| 吕　梁 | 455 | 410 | 15.93 | 15.93 | 1 | 1 | | | 436 | 436 |
| 孝　义 | 582 | 482 | 13.59 | 13.59 | 1 | 1 | | | 372 | 372 |
| 汾　阳 | 512 | 176 | 5.81 | 5.81 | | | | | | |
| **内蒙古** | **26264** | **22366** | **348.56** | **348.53** | **30** | **23** | **7** | | **14728** | **7628** |
| 呼和浩特 | 5190 | 4437 | 70.93 | 70.93 | 2 | | 2 | | 2750 | |
| 包　头 | 4485 | 3858 | 74.50 | 74.50 | 4 | 3 | 1 | | 2820 | 1470 |
| 乌　海 | 1956 | 1474 | 19.77 | 19.77 | 3 | 2 | 1 | | 1700 | 700 |
| 赤　峰 | 2117 | 1812 | 36.06 | 36.06 | 3 | 2 | 1 | | 1600 | 800 |
| 通　辽 | 1589 | 1382 | 21.23 | 21.23 | 1 | 1 | | | 840 | 840 |
| 霍林郭勒 | 437 | 381 | 8.60 | 8.60 | 1 | 1 | | | 180 | 180 |
| 鄂尔多斯 | 2867 | 2618 | 17.65 | 17.65 | 1 | 1 | | | 640 | 640 |
| 呼伦贝尔 | 757 | 680 | 9.79 | 9.79 | 1 | 1 | | | 268 | 268 |
| 满洲里 | 1021 | 817 | 8.38 | 8.38 | 3 | 2 | 1 | | 770 | 370 |
| 牙克石 | 436 | 290 | 8.33 | 8.33 | 1 | 1 | | | 228 | 228 |
| 扎兰屯 | 418 | 297 | 5.94 | 5.94 | 1 | 1 | | | 320 | 320 |
| 额尔古纳 | 120 | 80 | 5.47 | 5.47 | 1 | 1 | | | 150 | 150 |

continued 1

| Domestic Garbage | | | | | | 公共厕所 | | 市容环卫专用车辆设备总数（台） | |
|---|---|---|---|---|---|---|---|---|---|
| 焚烧 Incinera-tion | 其他 Other | 无害化处理量（万吨） Volume of Harm-lessly Treated (10,000 ton) | 卫生填埋 Sanitary Landfill | 焚烧 Incinera-tion | 其他 Other | （座） Number of Latrines (unit) | 三类以上 Grade Ⅲ and Above | Number of Vehicles and Equipment Designated for Municipal Environmental Sanitation (unit) | 城市名称 Name of Cities |
| **14100** | **600** | **466.67** | **137.90** | **316.89** | **11.89** | **4430** | **3336** | **6931** | **山　西** |
| 4800 | 500 | 138.94 | | 129.59 | 9.35 | 1321 | 1321 | 2037 | 太　原 |
| | | 6.16 | 6.16 | | | 27 | 19 | 65 | 古　交 |
| 1500 | 100 | 48.33 | | 45.79 | 2.54 | 642 | | 1308 | 大　同 |
| 1100 | | 17.09 | | 17.09 | | 288 | 288 | 507 | 阳　泉 |
| 1000 | | 29.98 | | 29.98 | | 142 | 142 | 509 | 长　治 |
| 800 | | 15.51 | 4.81 | 10.70 | | 247 | 247 | 255 | 晋　城 |
| 800 | | 5.77 | 3.20 | 2.57 | | 46 | 46 | 64 | 高　平 |
| | | 22.12 | 22.12 | | | 56 | 28 | 88 | 朔　州 |
| | | 15.00 | 15.00 | | | 25 | 25 | 40 | 怀　仁 |
| 1200 | | 32.89 | 9.46 | 23.43 | | 527 | 195 | 343 | 晋　中 |
| 500 | | 12.57 | | 12.57 | | 96 | 96 | 193 | 介　休 |
| | | 16.56 | 16.56 | | | 330 | 330 | 202 | 运　城 |
| 600 | | 6.80 | | 6.80 | | 31 | 31 | 46 | 永　济 |
| | | 11.84 | 11.84 | | | 16 | 12 | 145 | 河　津 |
| 1000 | | 12.96 | | 12.96 | | 181 | 134 | 188 | 忻　州 |
| | | 8.26 | | 8.26 | | 35 | 35 | 73 | 原　平 |
| 800 | | 17.30 | 5.96 | 11.35 | | 103 | 103 | 252 | 临　汾 |
| | | 7.06 | 7.06 | | | 52 | 19 | 69 | 侯　马 |
| | | 6.21 | 6.21 | | | 44 | 44 | 95 | 霍　州 |
| | | 15.93 | 15.93 | | | 109 | 109 | 193 | 吕　梁 |
| | | 13.59 | 13.59 | | | 65 | 65 | 125 | 孝　义 |
| | | 5.81 | | 5.81 | | 47 | 47 | 134 | 汾　阳 |
| **7100** | | **348.53** | **187.97** | **160.56** | | **6956** | **5257** | **6856** | **内蒙古** |
| 2750 | | 70.93 | | 70.93 | | 2472 | 2472 | 1910 | 呼和浩特 |
| 1350 | | 74.50 | 37.92 | 36.59 | | 1170 | 649 | 790 | 包　头 |
| 1000 | | 19.77 | 16.26 | 3.52 | | 349 | 252 | 397 | 乌　海 |
| 800 | | 36.06 | 2.60 | 33.46 | | 480 | 307 | 744 | 赤　峰 |
| | | 21.23 | 21.23 | | | 204 | 204 | 216 | 通　辽 |
| | | 8.60 | 8.60 | | | 32 | | 83 | 霍林郭勒 |
| | | 17.65 | 17.65 | | | 508 | 508 | 286 | 鄂尔多斯 |
| | | 9.79 | 9.79 | | | 98 | | 170 | 呼伦贝尔 |
| 400 | | 8.38 | 2.53 | 5.85 | | 399 | | 154 | 满洲里 |
| | | 8.33 | 8.33 | | | 39 | 21 | 66 | 牙克石 |
| | | 5.94 | 5.94 | | | 135 | 15 | 107 | 扎兰屯 |
| | | 5.47 | 5.47 | | | 34 | 31 | 56 | 额尔古纳 |

## 12-2 续表 2

| 城市名称 Name of Cities | 道路清扫保洁面积(万平方米) Surface Area of Roads Cleaned and Maintained (10,000 m²) | 机械化 Mechanization | 生活垃圾 清运量(万吨) Collected and Transported (10,000 ton) | 处理量(万吨) Volume of Treated (10,000 ton) | 无害化处理厂(场)数(座) Number of Harmless Treatment Plants/Grounds (unit) | 卫生填埋 Sanitary Landfill | 焚烧 Incineration | 其他 Other | 无害化处理能力(吨/日) Harmless Treatment Capacity (ton/day) | 卫生填埋 Sanitary Landfill |
|---|---|---|---|---|---|---|---|---|---|---|
| 根　河 | 93 | 62 | 3.01 | 2.98 | 1 | 1 | | | 83 | 83 |
| 巴彦淖尔 | 1424 | 1337 | 12.70 | 12.70 | 1 | 1 | | | 76 | 76 |
| 乌兰察布 | 986 | 962 | 10.22 | 10.22 | 1 | | 1 | | 800 | |
| 丰　镇 | 495 | 384 | 3.76 | 3.76 | 1 | 1 | | | 220 | 220 |
| 锡林浩特 | 737 | 578 | 12.88 | 12.88 | 1 | 1 | | | 353 | 353 |
| 二连浩特 | 280 | 238 | 1.69 | 1.69 | 1 | 1 | | | 300 | 300 |
| 乌兰浩特 | 754 | 603 | 15.72 | 15.72 | 1 | 1 | | | 430 | 430 |
| 阿尔山 | 102 | 76 | 1.90 | 1.90 | 1 | 1 | | | 200 | 200 |
| **辽　宁** | **48882** | **29721** | **994.39** | **990.24** | **49** | **23** | **18** | **8** | **38324** | **13172** |
| 沈　阳 | 14594 | 7820 | 259.13 | 259.13 | 7 | 2 | 3 | 2 | 8855 | 635 |
| 新　民 | 270 | 246 | 6.59 | 6.59 | 1 | 1 | | | 300 | 300 |
| 大　连 | 7729 | 4388 | 204.05 | 204.05 | 7 | 1 | 4 | 2 | 8580 | 3250 |
| 庄　河 | 484 | 265 | 13.75 | 13.75 | 3 | 1 | 1 | 1 | 980 | 280 |
| 瓦房店 | 903 | 677 | 17.05 | 17.05 | 2 | 2 | | | 700 | 700 |
| 鞍　山 | 3129 | 1888 | 51.04 | 51.04 | 1 | | 1 | | 1500 | |
| 海　城 | 603 | 478 | 18.48 | 18.48 | 1 | 1 | | | 703 | 703 |
| 抚　顺 | 1453 | 682 | 38.96 | 38.96 | 1 | | 1 | | 1200 | |
| 本　溪 | 947 | 601 | 22.43 | 22.43 | 1 | 1 | | | 900 | 900 |
| 丹　东 | 883 | 690 | 26.77 | 26.77 | 2 | 1 | 1 | | 1850 | 850 |
| 东　港 | 455 | 314 | 8.80 | 8.80 | 2 | 1 | 1 | | 950 | 450 |
| 凤　城 | 230 | 196 | 12.01 | 12.01 | 1 | 1 | | | 330 | 330 |
| 锦　州 | 1702 | 878 | 27.34 | 27.34 | 2 | 1 | 1 | | 1040 | 540 |
| 凌　海 | 282 | 176 | 8.76 | 8.76 | 1 | 1 | | | 240 | 240 |
| 北　镇 | 318 | 232 | 8.14 | 8.14 | 1 | | 1 | | 800 | |
| 营　口 | 2784 | 1662 | 39.34 | 39.34 | 2 | | 1 | 1 | 2100 | |
| 盖　州 | 340 | 160 | 9.41 | 9.41 | 1 | 1 | | | 1100 | 1100 |
| 大石桥 | 540 | 295 | 12.32 | 12.32 | 1 | 1 | | | 244 | 244 |
| 阜　新 | 1021 | 520 | 15.81 | 15.81 | 1 | | 1 | | 800 | |
| 辽　阳 | 1334 | 1122 | 28.51 | 28.51 | 2 | | 1 | 1 | 1300 | |
| 灯　塔 | 500 | 247 | 4.03 | 4.03 | | | | | | |
| 盘　锦 | 2301 | 1474 | 35.87 | 35.87 | | | | | | |
| 铁　岭 | 852 | 455 | 17.98 | 17.98 | 3 | 1 | 1 | 1 | 1322 | 120 |
| 调兵山 | 265 | 122 | 5.25 | 5.25 | 1 | 1 | | | 260 | 260 |
| 开　原 | 425 | 383 | 7.34 | 7.34 | 1 | 1 | | | 210 | 210 |
| 朝　阳 | 1435 | 1316 | 25.40 | 25.40 | 1 | 1 | | | 620 | 620 |
| 北　票 | 580 | 490 | 10.20 | 10.20 | 1 | 1 | | | 280 | 280 |
| 凌　源 | 620 | 340 | 13.14 | 13.14 | 1 | 1 | | | 360 | 360 |
| 葫芦岛 | 782 | 668 | 28.12 | 28.12 | 1 | 1 | | | 800 | 800 |
| 兴　城 | 350 | 280 | 14.25 | 14.25 | | | | | | |
| 沈抚改革创新示范区 | 771 | 657 | 4.15 | | | | | | | |

continued 2

| Domestic Garbage | | | | | | 公共厕所 (座) Number of Latrines (unit) | | 市容环卫专用车辆设备总数(台) Number of Vehicles and Equipment Designated for Municipal Environmental Sanitation (unit) | 城市名称 Name of Cities |
|---|---|---|---|---|---|---|---|---|---|
| 焚烧 Incineration | 其他 Other | 无害化处理量(万吨) Volume of Harmlessly Treated (10,000 ton) | 卫生填埋 Sanitary Landfill | 焚烧 Incineration | 其他 Other | | 三类以上 Grade III and Above | | |
| | | 2.98 | 2.98 | | | 24 | 11 | 22 | 根　　河 |
| | | 12.70 | 12.70 | | | 318 | 306 | 742 | 巴彦淖尔 |
| 800 | | 10.22 | | 10.22 | | 236 | 131 | 272 | 乌兰察布 |
| | | 3.76 | 3.76 | | | 140 | 36 | 62 | 丰　　镇 |
| | | 12.88 | 12.88 | | | 134 | 134 | 112 | 锡林浩特 |
| | | 1.69 | 1.69 | | | 73 | 73 | 74 | 二连浩特 |
| | | 15.72 | 15.72 | | | 100 | 100 | 557 | 乌兰浩特 |
| | | 1.90 | 1.90 | | | 11 | 7 | 36 | 阿 尔 山 |
| **23330** | **1822** | **990.24** | **265.11** | **672.38** | **52.74** | **5743** | **4150** | **13741** | **辽　　宁** |
| 7500 | 720 | 259.13 | | 240.11 | 19.02 | 1182 | 1182 | 5387 | 沈　　阳 |
| | | 6.59 | 6.59 | | | 71 | | 123 | 新　　民 |
| 5030 | 300 | 204.05 | 45.97 | 150.85 | 7.22 | 1006 | 1003 | 1664 | 大　　连 |
| 600 | 100 | 13.75 | 9.60 | 1.60 | 2.55 | 150 | | 116 | 庄　　河 |
| | | 17.05 | 17.05 | | | 88 | 48 | 182 | 瓦 房 店 |
| 1500 | | 51.04 | | 51.04 | | 176 | 164 | 376 | 鞍　　山 |
| | | 18.48 | 18.48 | | | 75 | 75 | 235 | 海　　城 |
| 1200 | | 38.96 | | 38.96 | | 123 | 108 | 410 | 抚　　顺 |
| | | 22.43 | 22.43 | | | 443 | 95 | 245 | 本　　溪 |
| 1000 | | 26.77 | | 26.77 | | 167 | 145 | 438 | 丹　　东 |
| 500 | | 8.80 | 3.99 | 4.81 | | 38 | 8 | 114 | 东　　港 |
| | | 12.01 | 12.01 | | | 70 | 14 | 104 | 凤　　城 |
| 500 | | 27.34 | 4.05 | 23.29 | | 201 | 201 | 403 | 锦　　州 |
| | | 8.76 | 8.76 | | | 89 | | 160 | 凌　　海 |
| 800 | | 8.14 | | 8.14 | | 54 | 46 | 81 | 北　　镇 |
| 1500 | 600 | 39.34 | | 16.89 | 22.45 | 182 | 171 | 844 | 营　　口 |
| | | 9.41 | 9.41 | | | 158 | 158 | 57 | 盖　　州 |
| | | 12.32 | 1.43 | 10.89 | | 69 | 23 | 107 | 大 石 桥 |
| 800 | | 15.81 | | 15.81 | | 162 | 162 | 272 | 阜　　新 |
| 1200 | 100 | 28.51 | | 27.01 | 1.50 | 345 | 34 | 214 | 辽　　阳 |
| | | 4.03 | | 4.03 | | 18 | | 107 | 灯　　塔 |
| | | 35.87 | | 35.87 | | 169 | 139 | 366 | 盘　　锦 |
| 1200 | 2 | 17.98 | 1.65 | 16.32 | 0.01 | 152 | 69 | 143 | 铁　　岭 |
| | | 5.25 | 5.25 | | | 11 | 6 | 45 | 调 兵 山 |
| | | 7.34 | 7.34 | | | 30 | 12 | 42 | 开　　原 |
| | | 25.40 | 25.40 | | | 157 | 157 | 1010 | 朝　　阳 |
| | | 10.20 | 10.20 | | | 47 | | 92 | 北　　票 |
| | | 13.14 | 13.14 | | | 37 | 32 | 58 | 凌　　源 |
| | | 28.12 | 28.12 | | | 189 | 67 | 149 | 葫 芦 岛 |
| | | 14.25 | 14.25 | | | 79 | 31 | 110 | 兴　　城 |
| | | | | | | 5 | | 87 | 沈抚改革创新示范区 |

# 12-2 续表 3

| 城市名称 Name of Cities | 道路清扫保洁面积(万平方米) Surface Area of Roads Cleaned and Maintained (10,000 $m^2$) | 机械化 Mechanization | 生活垃圾 | | | | | | | |
|---|---|---|---|---|---|---|---|---|---|---|
| | | | 清运量(万吨) Collected and Transported (10,000 ton) | 处理量(万吨) Volume of Treated (10,000 ton) | 无害化处理厂(场)数(座) Number of Harmless Treatment Plants/Grounds (unit) | 卫生填埋 Sanitary Landfill | 焚烧 Incineration | 其他 Other | 无害化处理能力(吨/日) Harmless Treatment Capacity (ton/day) | 卫生填埋 Sanitary Landfill |
| **吉　林** | **19902** | **16212** | **435.71** | **435.71** | **40** | **23** | **14** | **3** | **22210** | **9280** |
| 长　春 | 8073 | 6771 | 182.09 | 182.09 | 5 | 2 | 2 | 1 | 6700 | 2950 |
| 榆　树 | 260 | 224 | 13.78 | 13.78 | 2 | 1 | 1 | | 950 | 250 |
| 德　惠 | 354 | 177 | 14.25 | 14.25 | 1 | | 1 | | 400 | |
| 公主岭 | 618 | 282 | 8.08 | 8.08 | 2 | 1 | 1 | | 700 | 300 |
| 吉　林 | 1882 | 1756 | 41.52 | 41.52 | 2 | 1 | 1 | | 2500 | 1000 |
| 蛟　河 | 210 | 201 | 6.03 | 6.03 | 1 | 1 | | | 250 | 250 |
| 桦　甸 | 216 | 202 | 4.26 | 4.26 | 1 | | | 1 | 380 | |
| 舒　兰 | 147 | 146 | 3.89 | 3.89 | 1 | 1 | | | 270 | 270 |
| 磐　石 | 213 | 195 | 6.93 | 6.93 | 2 | 1 | 1 | | 620 | 220 |
| 四　平 | 1003 | 1003 | 15.57 | 15.57 | 1 | | 1 | | 800 | |
| 双　辽 | 360 | 182 | 4.06 | 4.06 | 1 | 1 | | | 230 | 230 |
| 辽　源 | 373 | 363 | 13.54 | 13.54 | 1 | | 1 | | 800 | |
| 通　化 | 310 | 303 | 14.32 | 14.32 | 1 | | 1 | | 800 | |
| 集　安 | 126 | 97 | 2.64 | 2.64 | 1 | 1 | | | 200 | 200 |
| 白　山 | 471 | 439 | 9.67 | 9.67 | 2 | 1 | 1 | | 750 | 150 |
| 临　江 | 165 | 116 | 2.25 | 2.25 | 1 | 1 | | | 150 | 150 |
| 松　原 | 971 | 718 | 18.40 | 18.40 | 2 | 1 | 1 | | 1400 | 400 |
| 扶　余 | 230 | 123 | 5.21 | 5.21 | 1 | 1 | | | 300 | 300 |
| 白　城 | 883 | 664 | 11.71 | 11.71 | 1 | 1 | | | 500 | 500 |
| 洮　南 | 269 | 209 | 7.27 | 7.27 | 1 | 1 | | | 260 | 260 |
| 大　安 | 255 | 187 | 5.38 | 5.38 | 1 | 1 | | | 260 | 260 |
| 延　吉 | 791 | 296 | 19.11 | 19.11 | 2 | | 1 | 1 | 900 | |
| 图　们 | 110 | 59 | 1.78 | 1.78 | 1 | 1 | | | 150 | 150 |
| 敦　化 | 340 | 333 | 4.55 | 4.55 | 2 | 1 | 1 | | 1000 | 500 |
| 珲　春 | 254 | 254 | 5.33 | 5.33 | 1 | 1 | | | 300 | 300 |
| 龙　井 | 100 | 66 | 1.66 | 1.66 | | | | | | |
| 和　龙 | 102 | 100 | 1.55 | 1.55 | 1 | 1 | | | 100 | 100 |
| 梅河口 | 547 | 492 | 8.61 | 8.61 | 1 | 1 | | | 400 | 400 |
| 长白山保护开发区管理委员会 | 269 | 254 | 2.28 | 2.28 | 1 | 1 | | | 140 | 140 |

continued 3

| Domestic Garbage | | | | | | 公共厕所 (座) Number of Latrines (unit) | | 市容环卫专用车辆设备总数(台) Number of Vehicles and Equipment Designated for Municipal Environmental Sanitation (unit) | 城市名称 Name of Cities |
|---|---|---|---|---|---|---|---|---|---|
| 焚烧 Incineration | 其他 Other | 无害化处理量(万吨) Volume of Harmlessly Treated (10,000 ton) | 卫生填埋 Sanitary Landfill | 焚烧 Incineration | 其他 Other | | 三类以上 Grade Ⅲ and Above | | |
| **12250** | **680** | **435.71** | **86.20** | **342.97** | **6.54** | **4813** | **3681** | **9056** | **吉林** |
| 3550 | 200 | 182.09 | 29.43 | 149.59 | 3.07 | 2276 | 2227 | 3999 | 长春 |
| 700 | | 13.78 | 1.11 | 12.67 | | 110 | 89 | 128 | 榆树 |
| 400 | | 14.25 | | 14.25 | | 92 | 70 | 144 | 德惠 |
| 400 | | 8.08 | | 8.08 | | 77 | 36 | 233 | 公主岭 |
| 1500 | | 41.52 | | 41.52 | | 808 | 202 | 1087 | 吉林 |
| | | 6.03 | 6.03 | | | 31 | 30 | 50 | 蛟河 |
| | 380 | 4.26 | 1.66 | | 2.60 | 17 | 17 | 55 | 桦甸 |
| | | 3.89 | 3.89 | | | 49 | 49 | 47 | 舒兰 |
| 400 | | 6.93 | | 6.93 | | 33 | | 89 | 磐石 |
| 800 | | 15.57 | | 15.57 | | 183 | 183 | 213 | 四平 |
| | | 4.06 | | 4.06 | | 61 | 61 | 62 | 双辽 |
| 800 | | 13.54 | | 13.54 | | 57 | 37 | 101 | 辽源 |
| 800 | | 14.32 | | 14.32 | | 131 | 74 | 341 | 通化 |
| | | 2.64 | 0.09 | 2.56 | | 40 | 40 | 62 | 集安 |
| 600 | | 9.67 | 0.21 | 9.46 | | 73 | 23 | 224 | 白山 |
| | | 2.25 | | 2.25 | | 7 | 3 | 165 | 临江 |
| 1000 | | 18.40 | | 18.40 | | 124 | 105 | 247 | 松原 |
| | | 5.21 | 5.21 | | | 38 | 34 | 112 | 扶余 |
| | | 11.71 | 11.71 | | | 42 | 27 | 640 | 白城 |
| | | 7.27 | 7.27 | | | 34 | 34 | 62 | 洮南 |
| | | 5.38 | 5.38 | | | 51 | 21 | 83 | 大安 |
| 800 | 100 | 19.11 | | 18.24 | 0.87 | 72 | 67 | 147 | 延吉 |
| | | 1.78 | | 1.78 | | 57 | 13 | 77 | 图们 |
| 500 | | 4.55 | 0.03 | 4.52 | | 54 | 54 | 108 | 敦化 |
| | | 5.33 | 3.28 | 2.04 | | 54 | 30 | 98 | 珲春 |
| | | 1.66 | | 1.66 | | 17 | 14 | 63 | 龙井 |
| | | 1.55 | | 1.55 | | 10 | 6 | 46 | 和龙 |
| | | 8.61 | 8.61 | | | 176 | 96 | 245 | 梅河口 |
| | | 2.28 | 2.28 | | | 39 | 39 | 128 | 长白山保护开发区管理委员会 |

## 12-2 续表 4

| 城市名称<br>Name of Cities | 道路清扫保洁面积（万平方米）Surface Area of Roads Cleaned and Maintained (10,000 $m^2$) | 机械化 Mechanization | 生活垃圾 | | | | | | | |
|---|---|---|---|---|---|---|---|---|---|---|
| | | | 清运量（万吨）Collected and Transported (10,000 ton) | 处理量（万吨）Volume of Treated (10,000 ton) | 无害化处理厂（场）数（座）Number of Harmless Treatment Plants/Grounds (unit) | 卫生填埋 Sanitary Landfill | 焚烧 Incineration | 其他 Other | 无害化处理能力（吨/日）Harmless Treatment Capacity (ton/day) | 卫生填埋 Sanitary Landfill |
| **黑 龙 江** | **28126** | **22394** | **507.86** | **507.86** | **42** | **27** | **11** | **4** | **22447** | **8697** |
| 哈 尔 滨 | 9955 | 8421 | 186.19 | 186.19 | 6 | | 4 | 2 | 7350 | |
| 尚 志 | 246 | 223 | 7.58 | 7.58 | 1 | 1 | | | 343 | 343 |
| 五 常 | 210 | 150 | 10.22 | 10.22 | | | | | | |
| 齐齐哈尔 | 2943 | 2289 | 35.27 | 35.27 | 3 | 1 | 1 | 1 | 1000 | 100 |
| 讷 河 | 116 | 103 | 5.74 | 5.74 | 1 | 1 | | | 203 | 203 |
| 鸡 西 | 801 | 596 | 21.15 | 21.15 | 2 | 1 | 1 | | 1330 | 130 |
| 虎 林 | 92 | 87 | 3.50 | 3.50 | 1 | 1 | | | 155 | 155 |
| 密 山 | 240 | 211 | 5.10 | 5.10 | 1 | 1 | | | 200 | 200 |
| 鹤 岗 | 590 | 512 | 12.90 | 12.90 | 1 | 1 | | | 950 | 950 |
| 双 鸭 山 | 482 | 385 | 16.84 | 16.84 | 1 | 1 | | | 847 | 847 |
| 大 庆 | 3600 | 2702 | 34.70 | 34.70 | 1 | 1 | | | 1150 | 1150 |
| 伊 春 | 828 | 601 | 11.17 | 11.17 | 3 | 2 | 1 | | 525 | 125 |
| 铁 力 | 196 | 152 | 4.00 | 4.00 | | | | | | |
| 佳 木 斯 | 906 | 660 | 14.18 | 14.18 | 1 | | 1 | | 1500 | |
| 同 江 | 160 | 140 | 2.69 | 2.69 | 1 | 1 | | | 137 | 137 |
| 抚 远 | 96 | 70 | 2.30 | 2.30 | 1 | 1 | | | 200 | 200 |
| 富 锦 | 248 | 158 | 6.14 | 6.14 | 1 | 1 | | | 195 | 195 |
| 七 台 河 | 689 | 544 | 15.18 | 15.18 | 1 | | 1 | | 1000 | |
| 牡 丹 江 | 1527 | 1229 | 23.40 | 23.40 | 2 | 1 | | 1 | 1100 | 1000 |
| 海 林 | 240 | 200 | 4.40 | 4.40 | 1 | 1 | | | 200 | 200 |
| 宁 安 | 153 | 95 | 4.95 | 4.95 | 1 | 1 | | | 270 | 270 |
| 穆 棱 | 139 | 97 | 3.30 | 3.30 | 1 | 1 | | | 156 | 156 |
| 绥 芬 河 | 289 | 230 | 4.57 | 4.57 | 1 | 1 | | | 220 | 220 |
| 东 宁 | 211 | 169 | 4.30 | 4.30 | 1 | 1 | | | 244 | 244 |
| 黑 河 | 471 | 376 | 6.33 | 6.33 | 1 | 1 | | | 297 | 297 |
| 北 安 | 240 | 158 | 5.70 | 5.70 | 1 | 1 | | | 234 | 234 |
| 五大连池 | 122 | 92 | 3.90 | 3.90 | 1 | 1 | | | 173 | 173 |
| 嫩 江 | 209 | 160 | 6.54 | 6.54 | 1 | 1 | | | 318 | 318 |
| 绥 化 | 922 | 710 | 21.04 | 21.04 | 1 | | 1 | | 800 | |
| 安 达 | 480 | 340 | 8.62 | 8.62 | 1 | 1 | | | 350 | 350 |
| 肇 东 | 420 | 300 | 7.52 | 7.52 | 1 | | 1 | | 500 | |
| 海 伦 | 224 | 167 | 7.09 | 7.09 | 1 | 1 | | | 400 | 400 |
| 漠 河 | 82 | 67 | 1.36 | 1.36 | 1 | 1 | | | 100 | 100 |
| **上 海** | **19385** | **18881** | **890.13** | **890.13** | **26** | **1** | **13** | **12** | **37012** | **5000** |
| **江 苏** | **79266** | **74112** | **1958.71** | **1958.71** | **74** | **12** | **44** | **18** | **78539** | **6905** |
| 南 京 | 8457 | 8410 | 334.23 | 334.23 | 6 | 1 | 3 | 2 | 7850 | 250 |
| 无 锡 | 6971 | 6478 | 204.61 | 204.61 | 6 | 1 | 4 | 1 | 8190 | 800 |
| 江 阴 | 1046 | 864 | 13.90 | 13.90 | 1 | | 1 | | 2200 | |

continued 4

| 焚烧 Incineration | 其他 Other | Domestic Garbage 无害化处理量(万吨) Volume of Harmlessly Treated (10,000 ton) | 卫生填埋 Sanitary Landfill | 焚烧 Incineration | 其他 Other | 公共厕所(座) Number of Latrines (unit) | 三类以上 Grade Ⅲ and Above | 市容环卫专用车辆设备总数(台) Number of Vehicles and Equipment Designated for Municipal Environmental Sanitation (unit) | 城市名称 Name of Cities |
|---|---|---|---|---|---|---|---|---|---|
| **12750** | **1000** | **507.86** | **195.26** | **301.85** | **10.75** | **5994** | **3442** | **11382** | **黑龙江** |
| 6550 | 800 | 186.19 | | 179.31 | 6.88 | 2654 | 2219 | 4824 | 哈尔滨 |
| | | 7.58 | 7.12 | 0.46 | | 40 | 18 | 97 | 尚志 |
| | | 10.22 | 10.22 | | | 17 | | 41 | 五常 |
| 800 | 100 | 35.27 | 1.24 | 31.50 | 2.53 | 380 | 68 | 937 | 齐齐哈尔 |
| | | 5.74 | 5.74 | | | 58 | 58 | 126 | 讷河 |
| 1200 | | 21.15 | 0.66 | 20.49 | | 418 | 173 | 467 | 鸡西 |
| | | 3.50 | 3.50 | | | 65 | 24 | 90 | 虎林 |
| | | 5.10 | 5.10 | | | 73 | 25 | 117 | 密山 |
| | | 12.90 | 12.90 | | | 112 | 68 | 387 | 鹤岗 |
| | | 16.84 | 16.84 | | | 190 | 115 | 259 | 双鸭山 |
| | | 34.70 | 34.70 | | | 224 | 224 | 791 | 大庆 |
| 400 | | 11.17 | 3.00 | 8.17 | | 218 | 44 | 295 | 伊春 |
| | | 4.00 | | 4.00 | | 52 | 22 | 117 | 铁力 |
| 1500 | | 14.18 | | 14.18 | | 332 | | 130 | 佳木斯 |
| | | 2.69 | 2.69 | | | 21 | | 90 | 同江 |
| | | 2.30 | 2.30 | | | 15 | | 56 | 抚远 |
| | | 6.14 | 6.14 | | | 79 | 32 | 45 | 富锦 |
| 1000 | | 15.18 | | 15.18 | | 46 | 36 | 715 | 七台河 |
| | 100 | 23.40 | 22.06 | | 1.34 | 171 | 55 | 328 | 牡丹江 |
| | | 4.40 | 4.40 | | | 37 | 10 | 63 | 海林 |
| | | 4.95 | 4.95 | | | 51 | 17 | 40 | 宁安 |
| | | 3.30 | 3.30 | | | 25 | 17 | 47 | 穆棱 |
| | | 4.57 | 4.57 | | | 21 | 18 | 81 | 绥芬河 |
| | | 4.30 | 4.30 | | | 32 | 30 | 70 | 东宁 |
| | | 6.33 | 6.33 | | | 50 | 38 | 267 | 黑河 |
| | | 5.70 | 5.70 | | | 135 | 49 | 149 | 北安 |
| | | 3.90 | 3.90 | | | 34 | 20 | 95 | 五大连池 |
| | | 6.54 | 6.54 | | | 22 | 15 | 127 | 嫩江 |
| 800 | | 21.04 | | 21.04 | | 91 | | 200 | 绥化 |
| | | 8.62 | 8.62 | | | 108 | 21 | 80 | 安达 |
| 500 | | 7.52 | | 7.52 | | 186 | 25 | 175 | 肇东 |
| | | 7.09 | 7.09 | | | 9 | 1 | 47 | 海伦 |
| | | 1.36 | 1.36 | | | 28 | | 29 | 漠河 |
| **23000** | **9012** | **876.25** | **16.49** | **664.36** | **195.40** | **6253** | **3952** | **10054** | **上海** |
| **64028** | **7606** | **1958.71** | **27.40** | **1734.85** | **196.46** | **14627** | **13766** | **25137** | **江苏** |
| 6000 | 1600 | 334.23 | | 275.33 | 58.91 | 1023 | 991 | 3774 | 南京 |
| 6950 | 440 | 204.61 | | 191.40 | 13.21 | 1774 | 1774 | 2107 | 无锡 |
| 2200 | | 13.90 | | 13.90 | | 278 | 278 | 562 | 江阴 |

# 12-2 续表 5

| 城市名称 Name of Cities | 道路清扫保洁面积(万平方米) Surface Area of Roads Cleaned and Maintained (10,000 $m^2$) | 机械化 Mechanization | 生活垃圾 清运量(万吨) Collected and Transported (10,000 ton) | 处理量(万吨) Volume of Treated (10,000 ton) | 无害化处理厂(场)数(座) Number of Harmless Treatment Plants/ Grounds (unit) | 卫生填埋 Sanitary Landfill | 焚烧 Incineration | 其他 Other | 无害化处理能力(吨/日) Harmless Treatment Capacity (ton/day) | 卫生填埋 Sanitary Landfill |
|---|---|---|---|---|---|---|---|---|---|---|
| 宜兴 | 1681 | 1596 | 28.50 | 28.50 | 1 | | 1 | | 1700 | |
| 徐州 | 3938 | 3614 | 129.43 | 129.43 | 3 | | 2 | 1 | 4296 | |
| 新沂 | 615 | 555 | 11.51 | 11.51 | 1 | | 1 | | 800 | |
| 邳州 | 563 | 429 | 14.51 | 14.51 | 1 | | 1 | | 1200 | |
| 常州 | 3648 | 3503 | 132.33 | 132.33 | 6 | 1 | 3 | 2 | 5850 | 1100 |
| 溧阳 | 427 | 366 | 12.09 | 12.09 | 2 | | 2 | | 1050 | |
| 苏州 | 13482 | 12516 | 314.23 | 314.23 | 6 | 1 | 2 | 3 | 13070 | 1600 |
| 常熟 | 1653 | 1408 | 43.56 | 43.56 | 3 | 1 | 2 | | 3725 | 425 |
| 张家港 | 1174 | 1105 | 15.48 | 15.48 | 3 | 1 | 1 | 1 | 1520 | 470 |
| 昆山 | 2146 | 1950 | 23.97 | 23.97 | 1 | | 1 | | 2050 | |
| 太仓 | 631 | 601 | 14.96 | 14.96 | 3 | | 1 | 2 | 1040 | |
| 南通 | 4932 | 4558 | 80.49 | 80.49 | | | | | | |
| 海安 | 724 | 688 | 11.17 | 11.17 | 1 | | 1 | | 750 | |
| 启东 | 598 | 538 | 10.45 | 10.45 | 1 | | 1 | | 1200 | |
| 如皋 | 538 | 495 | 6.33 | 6.33 | 1 | | 1 | | 2250 | |
| 连云港 | 3078 | 2874 | 68.74 | 68.74 | 5 | 2 | 2 | 1 | 3640 | 590 |
| 淮安 | 3859 | 3562 | 75.86 | 75.86 | | | | | | |
| 盐城 | 4207 | 3973 | 75.72 | 75.72 | 3 | | 3 | | 2855 | |
| 东台 | 373 | 349 | 24.90 | 24.90 | 2 | 1 | | 1 | 350 | 250 |
| 扬州 | 2277 | 2136 | 63.60 | 63.60 | 4 | 1 | 2 | 1 | 3810 | 500 |
| 仪征 | 571 | 536 | 8.98 | 8.98 | | | | | | |
| 高邮 | 702 | 693 | 13.51 | 13.51 | 2 | 1 | 1 | | 1320 | 520 |
| 镇江 | 3029 | 2900 | 47.78 | 47.78 | 2 | | 1 | 1 | 1590 | |
| 丹阳 | 466 | 419 | 14.79 | 14.79 | 1 | | 1 | | 1000 | |
| 扬中 | 213 | 192 | 11.36 | 11.36 | | | | | | |
| 句容 | 513 | 467 | 20.99 | 20.99 | 1 | | 1 | | 700 | |
| 泰州 | 2689 | 2581 | 52.95 | 52.95 | 2 | | 1 | 1 | 1220 | |
| 兴化 | 365 | 245 | 8.43 | 8.43 | 2 | | 2 | | 913 | |
| 靖江 | 230 | 196 | 20.16 | 20.16 | | | | | | |
| 泰兴 | 489 | 444 | 7.93 | 7.93 | 1 | | 1 | | 800 | |
| 宿迁 | 2980 | 2870 | 41.28 | 41.28 | 3 | 1 | 1 | 1 | 1600 | 400 |
| **浙江** | **58712** | **49077** | **1553.53** | **1553.53** | **81** | **2** | **51** | **28** | **82166** | **1418** |
| 杭州 | 12981 | 11188 | 409.04 | 409.04 | 15 | | 8 | 7 | 17950 | |
| 建德 | 263 | 144 | 4.73 | 4.73 | 1 | | 1 | | 500 | |
| 宁波 | 5678 | 5244 | 142.81 | 142.81 | 6 | | 4 | 2 | 7610 | |
| 余姚 | 1180 | 1004 | 27.10 | 27.10 | 3 | 1 | 1 | 1 | 2700 | 1000 |
| 慈溪 | 1913 | 1472 | 36.07 | 36.07 | 2 | | 1 | 1 | 2450 | |

continued 5

| Domestic Garbage | | | | | | | 公共厕所 (座) Number of Latrines (unit) | | 市容环卫专用车辆设备总数(台) Number of Vehicles and Equipment Designated for Municipal Environmental Sanitation (unit) | 城市名称 Name of Cities |
|---|---|---|---|---|---|---|---|---|---|---|
| 焚烧 Incineration | 其他 Other | 无害化处理量(万吨) Volume of Harmlessly Treated (10,000 ton) | 卫生填埋 Sanitary Landfill | 焚烧 Incineration | 其他 Other | | 三类以上 Grade Ⅲ and Above | | |
| 1700 | | 28.50 | | 28.50 | | 314 | 314 | 267 | 宜兴 |
| 3450 | 846 | 129.43 | | 106.57 | 22.86 | 964 | 964 | 986 | 徐州 |
| 800 | | 11.51 | | 11.51 | | 151 | 117 | 91 | 新沂 |
| 1200 | | 14.51 | | 14.51 | | 48 | 48 | 45 | 邳州 |
| 3350 | 1400 | 132.33 | 10.23 | 94.65 | 27.45 | 1146 | 1146 | 1136 | 常州 |
| 1050 | | 12.09 | | 12.09 | | 178 | 178 | 159 | 溧阳 |
| 9700 | 1770 | 314.23 | 16.10 | 259.97 | 38.17 | 1201 | 1116 | 4650 | 苏州 |
| 3300 | | 43.56 | | 43.56 | | 1214 | 745 | 1595 | 常熟 |
| 900 | 150 | 15.48 | 1.07 | 9.68 | 4.73 | 229 | 229 | 333 | 张家港 |
| 2050 | | 23.97 | | 23.97 | | 319 | 319 | 485 | 昆山 |
| 750 | 290 | 14.96 | | 11.22 | 3.74 | 102 | 102 | 337 | 太仓 |
| | | 80.49 | | 80.49 | | 578 | 574 | 2015 | 南通 |
| 750 | | 11.17 | | 11.17 | | 114 | 114 | 202 | 海安 |
| 1200 | | 10.45 | | 10.45 | | 72 | 66 | 229 | 启东 |
| 2250 | | 6.33 | | 6.33 | | 72 | 72 | 419 | 如皋 |
| 2800 | 250 | 68.74 | | 63.40 | 5.34 | 756 | 646 | 631 | 连云港 |
| | | 75.86 | | 75.86 | | 532 | 411 | 442 | 淮安 |
| 2855 | | 75.72 | | 75.72 | | 629 | 629 | 784 | 盐城 |
| | 100 | 24.90 | | 23.64 | 1.27 | 114 | 114 | 120 | 东台 |
| 3110 | 200 | 63.60 | | 57.84 | 5.77 | 496 | 496 | 435 | 扬州 |
| | | 8.98 | | 8.98 | | 93 | 93 | 107 | 仪征 |
| 800 | | 13.51 | | 13.51 | | 186 | 186 | 265 | 高邮 |
| 1450 | 140 | 47.78 | | 40.03 | 7.75 | 317 | 317 | 406 | 镇江 |
| 1000 | | 14.79 | | 14.79 | | 115 | 115 | 64 | 丹阳 |
| | | 11.36 | | 11.36 | | 33 | 33 | 262 | 扬中 |
| 700 | | 20.99 | | 20.99 | | 48 | 48 | 90 | 句容 |
| 1000 | 220 | 52.95 | | 50.58 | 2.37 | 553 | 553 | 905 | 泰州 |
| 913 | | 8.43 | | 8.43 | | 303 | 303 | 89 | 兴化 |
| | | 20.16 | | 20.16 | | 87 | 87 | 119 | 靖江 |
| 800 | | 7.93 | | 7.93 | | 134 | 134 | 136 | 泰兴 |
| 1000 | 200 | 41.28 | | 36.37 | 4.91 | 454 | 454 | 890 | 宿迁 |
| **72700** | **8048** | **1553.53** | | **1366.41** | **187.12** | **10201** | **9220** | **13526** | **浙江** |
| 16200 | 1750 | 409.04 | | 332.51 | 76.52 | 1916 | 1721 | 2972 | 杭州 |
| 500 | | 4.73 | | 4.73 | | 46 | 46 | 150 | 建德 |
| 6150 | 1460 | 142.81 | | 116.94 | 25.87 | 2034 | 2034 | 1740 | 宁波 |
| 1500 | 200 | 27.10 | | 24.28 | 2.82 | 713 | 625 | 159 | 余姚 |
| 2250 | 200 | 36.07 | | 33.42 | 2.65 | 225 | 199 | 340 | 慈溪 |

# 12-2 续表 6

| 城市名称<br>Name of Cities | 道路清扫保洁面积(万平方米)<br>Surface Area of Roads Cleaned and Maintained (10,000 m²) | 机械化<br>Mechanization | 生活垃圾 | | | | | | | |
|---|---|---|---|---|---|---|---|---|---|---|
| | | | 清运量(万吨)<br>Collected and Transported (10,000 ton) | 处理量(万吨)<br>Volume of Treated (10,000 ton) | 无害化处理厂(场)数(座)<br>Number of Harmless Treatment Plants/Grounds (unit) | 卫生填埋<br>Sanitary Landfill | 焚烧<br>Incineration | 其他<br>Other | 无害化处理能力(吨/日)<br>Harmless Treatment Capacity (ton/day) | 卫生填埋<br>Sanitary Landfill |
| 温　州 | 4836 | 4141 | 127.23 | 127.23 | 6 | | 5 | 1 | 4250 | |
| 瑞　安 | 446 | 377 | 65.43 | 65.43 | 3 | | 2 | 1 | 2200 | |
| 乐　清 | 416 | 362 | 17.77 | 17.77 | 2 | | 1 | 1 | 1110 | |
| 龙　港 | 748 | 561 | 16.83 | 16.83 | 1 | | 1 | | 1400 | |
| 嘉　兴 | 2583 | 2109 | 48.03 | 48.03 | 2 | | 1 | 1 | 2850 | |
| 海　宁 | 1015 | 850 | 13.62 | 13.62 | 2 | | 1 | 1 | 1850 | |
| 平　湖 | 979 | 834 | 15.04 | 15.04 | 1 | | 1 | | 1000 | |
| 桐　乡 | 801 | 776 | 14.04 | 14.04 | 2 | | 1 | 1 | 1350 | |
| 湖　州 | 2312 | 2111 | 44.83 | 44.83 | 2 | | 1 | 1 | 2950 | |
| 绍　兴 | 3867 | 3656 | 104.69 | 104.69 | 5 | | 3 | 2 | 4850 | |
| 诸　暨 | 1700 | 1560 | 28.09 | 28.09 | 4 | 1 | 2 | 1 | 1878 | 418 |
| 嵊　州 | 1300 | 1040 | 24.60 | 24.60 | 2 | | 1 | 1 | 850 | |
| 金　华 | 2974 | 2381 | 63.00 | 63.00 | 3 | | 1 | 2 | 2448 | |
| 兰　溪 | 744 | 535 | 8.73 | 8.73 | 1 | | 1 | | 800 | |
| 义　乌 | 2118 | 1661 | 69.68 | 69.68 | 1 | | 1 | | 3000 | |
| 东　阳 | 1132 | 806 | 33.55 | 33.55 | 1 | | 1 | | 1650 | |
| 永　康 | 968 | 659 | 25.17 | 25.17 | 1 | | 1 | | 800 | |
| 衢　州 | 1402 | 1094 | 25.84 | 25.84 | 1 | | 1 | | 1500 | |
| 江　山 | 433 | 281 | 6.26 | 6.26 | 2 | | 1 | 1 | 500 | |
| 舟　山 | 936 | 436 | 33.77 | 33.77 | 2 | | 1 | 1 | 1750 | |
| 台　州 | 2377 | 1746 | 76.36 | 76.36 | 2 | | 2 | | 5000 | |
| 玉　环 | 341 | 273 | 6.96 | 6.96 | 2 | | 1 | 1 | 1300 | |
| 温　岭 | 525 | 368 | 23.94 | 23.94 | 3 | | 2 | 1 | 2570 | |
| 临　海 | 540 | 436 | 14.43 | 14.43 | 1 | | 1 | | 1450 | |
| 丽　水 | 916 | 801 | 20.14 | 20.14 | 1 | | 1 | | 1150 | |
| 龙　泉 | 288 | 172 | 5.77 | 5.77 | 1 | | 1 | | 500 | |
| **安　徽** | **50253** | **45943** | **745.42** | **745.42** | **53** | **11** | **26** | **16** | **36779** | **6896** |
| 合　肥 | 8844 | 8286 | 237.14 | 237.14 | 5 | 1 | 2 | 2 | 8200 | 2400 |
| 巢　湖 | 832 | 707 | 11.09 | 11.09 | 1 | | 1 | | 500 | |
| 芜　湖 | 4708 | 4530 | 74.59 | 74.59 | 3 | | 2 | 1 | 3450 | |
| 无　为 | 469 | 442 | 7.87 | 7.87 | 1 | | 1 | | 500 | |
| 蚌　埠 | 2903 | 2705 | 37.64 | 37.64 | 2 | | 1 | 1 | 1410 | |
| 淮　南 | 2990 | 2760 | 38.09 | 38.09 | 3 | 1 | 1 | 1 | 1900 | 500 |
| 马鞍山 | 1740 | 1575 | 34.85 | 34.85 | 2 | | 1 | 1 | 1400 | |
| 淮　北 | 1644 | 1634 | 31.37 | 31.37 | 2 | | 1 | 1 | 1650 | |
| 铜　陵 | 1935 | 1815 | 23.38 | 23.38 | 2 | | 1 | 1 | 710 | |
| 安　庆 | 2586 | 2456 | 25.55 | 25.55 | 2 | | 1 | 1 | 1320 | |

continued 6

| Domestic Garbage | | | | | | 公共厕所 (座) Number of Latrines (unit) | | 市容环卫专用车辆设备总数(台) Number of Vehicles and Equipment Designated for Municipal Environmental Sanitation (unit) | 城市名称 Name of Cities |
|---|---|---|---|---|---|---|---|---|---|
| 焚烧 Incineration | 其他 Other | 无害化处理量(万吨) Volume of Harmlessly Treated (10,000 ton) | 卫生填埋 Sanitary Landfill | 焚烧 Incineration | 其他 Other | | 三类以上 Grade III and Above | | |
| 4050 | 200 | 127.23 | | 118.95 | 8.28 | 912 | 894 | 626 | 温州 |
| 2050 | 150 | 65.43 | | 62.11 | 3.32 | 60 | 60 | 85 | 瑞安 |
| 800 | 310 | 17.77 | | 16.50 | 1.28 | 522 | 522 | 498 | 乐清 |
| 1400 | | 16.83 | | 16.83 | | 183 | 57 | 74 | 龙港 |
| 1900 | 950 | 48.03 | | 33.60 | 14.42 | 280 | 277 | 822 | 嘉兴 |
| 1500 | 350 | 13.62 | | 8.25 | 5.37 | 91 | 69 | 154 | 海宁 |
| 1000 | | 15.04 | | 15.04 | | 119 | 88 | 206 | 平湖 |
| 1200 | 150 | 14.04 | | 12.43 | 1.61 | 54 | 54 | 53 | 桐乡 |
| 2250 | 700 | 44.83 | | 30.56 | 14.27 | 166 | 166 | 220 | 湖州 |
| 4250 | 600 | 104.69 | | 87.59 | 17.10 | 361 | 358 | 1102 | 绍兴 |
| 1150 | 310 | 28.09 | | 24.68 | 3.41 | 77 | 77 | 289 | 诸暨 |
| 800 | 50 | 24.60 | | 23.96 | 0.64 | 129 | 129 | 400 | 嵊州 |
| 2250 | 198 | 63.00 | | 61.89 | 1.11 | 288 | 238 | 727 | 金华 |
| 800 | | 8.73 | | 8.73 | | 68 | 68 | 165 | 兰溪 |
| 3000 | | 69.68 | | 69.68 | | 116 | 116 | 508 | 义乌 |
| 1650 | | 33.55 | | 33.55 | | 68 | 68 | 313 | 东阳 |
| 800 | | 25.17 | | 25.17 | | 83 | 83 | 249 | 永康 |
| 1500 | | 25.84 | | 25.84 | | 222 | 222 | 182 | 衢州 |
| 400 | 100 | 6.26 | | 5.37 | 0.89 | 76 | 76 | 26 | 江山 |
| 1650 | 100 | 33.77 | | 32.14 | 1.63 | 222 | 134 | 255 | 舟山 |
| 5000 | | 76.36 | | 76.36 | | 659 | 392 | 669 | 台州 |
| 1200 | 100 | 6.96 | | 6.16 | 0.80 | 54 | 54 | 38 | 玉环 |
| 2400 | 170 | 23.94 | | 18.81 | 5.13 | 181 | 138 | 275 | 温岭 |
| 1450 | | 14.43 | | 14.43 | | 92 | 92 | 118 | 临海 |
| 1150 | | 20.14 | | 20.14 | | 92 | 71 | 48 | 丽水 |
| 500 | | 5.77 | | 5.77 | | 92 | 92 | 63 | 龙泉 |
| **27160** | **2723** | **745.42** | **4.19** | **683.15** | **58.08** | **7092** | **6937** | **12107** | **安徽** |
| 5000 | 800 | 237.14 | | 213.07 | 24.07 | 375 | 375 | 1633 | 合肥 |
| 500 | | 11.09 | | 11.09 | | 78 | 78 | 710 | 巢湖 |
| 3250 | 200 | 74.59 | | 68.40 | 6.19 | 1066 | 1066 | 429 | 芜湖 |
| 500 | | 7.87 | | 7.57 | 0.29 | 51 | 51 | 47 | 无为 |
| 1210 | 200 | 37.64 | | 32.98 | 4.67 | 630 | 630 | 879 | 蚌埠 |
| 1200 | 200 | 38.09 | 4.19 | 31.98 | 1.92 | 466 | 457 | 468 | 淮南 |
| 1200 | 200 | 34.85 | | 29.48 | 5.36 | 141 | 141 | 216 | 马鞍山 |
| 1500 | 150 | 31.37 | | 29.28 | 2.08 | 158 | 158 | 1336 | 淮北 |
| 600 | 110 | 23.38 | | 19.52 | 3.86 | 368 | 368 | 393 | 铜陵 |
| 1200 | 120 | 25.55 | | 23.79 | 1.76 | 359 | 352 | 851 | 安庆 |

# 12-2 续表 7

| 城市名称<br>Name of Cities | 道路清扫保洁面积(万平方米)<br>Surface Area of Roads Cleaned and Maintained<br>(10,000 $m^2$) | 机械化<br>Mechanization | 生活垃圾<br>清运量(万吨)<br>Collected and Transported<br>(10,000 ton) | 处理量(万吨)<br>Volume of Treated<br>(10,000 ton) | 无害化处理厂(场)数(座)<br>Number of Harmless Treatment Plants/Grounds<br>(unit) | 卫生填埋<br>Sanitary Landfill | 焚烧<br>Incineration | 其他<br>Other | 无害化处理能力(吨/日)<br>Harmless Treatment Capacity<br>(ton/day) | 卫生填埋<br>Sanitary Landfill |
|---|---|---|---|---|---|---|---|---|---|---|
| 潜　山 | 289 | 278 | 7.92 | 7.92 | | | | | | |
| 桐　城 | 456 | 440 | 6.34 | 6.34 | 1 | | 1 | | 500 | |
| 黄　山 | 1175 | 1101 | 12.21 | 12.21 | 6 | 2 | 1 | 3 | 1496 | 523 |
| 滁　州 | 2971 | 1942 | 24.42 | 24.42 | 2 | 1 | 1 | | 1750 | 450 |
| 天　长 | 886 | 754 | 8.32 | 8.32 | 2 | 1 | 1 | | 1093 | 343 |
| 明　光 | 1413 | 1400 | 10.05 | 10.05 | | | | | | |
| 阜　阳 | 3623 | 3383 | 37.34 | 37.34 | 2 | 1 | 1 | | 2030 | 580 |
| 界　首 | 450 | 430 | 7.83 | 7.83 | 1 | | 1 | | 500 | |
| 宿　州 | 1927 | 1797 | 23.29 | 23.29 | 2 | 1 | 1 | | 1100 | 500 |
| 六　安 | 1829 | 1659 | 28.75 | 28.75 | 3 | 1 | 1 | 1 | 1920 | 600 |
| 亳　州 | 2693 | 2423 | 19.58 | 19.58 | 2 | | 1 | 1 | 1400 | |
| 池　州 | 849 | 748 | 11.30 | 11.30 | 3 | 1 | 1 | 1 | 1200 | 600 |
| 宣　城 | 1434 | 1240 | 15.24 | 15.24 | 4 | 1 | 2 | 1 | 1950 | 400 |
| 广　德 | 677 | 577 | 5.90 | 5.90 | 1 | | 1 | | 400 | |
| 宁　国 | 930 | 861 | 5.37 | 5.37 | 1 | | 1 | | 400 | |
| **福　建** | **25298** | **19760** | **874.53** | **874.53** | **37** | **4** | **24** | **9** | **31223** | **2250** |
| 福　州 | 5036 | 3772 | 155.28 | 155.28 | 6 | | 6 | | 5378 | |
| 福　清 | 741 | 650 | 20.71 | 20.71 | 1 | | 1 | | 900 | |
| 厦　门 | 5133 | 4398 | 223.84 | 223.84 | 9 | 1 | 5 | 3 | 7610 | 1660 |
| 莆　田 | 2238 | 2036 | 79.68 | 79.68 | 1 | | 1 | | 2850 | |
| 三　明 | 543 | 408 | 16.92 | 16.92 | | | | | | |
| 永　安 | 250 | 131 | 7.33 | 7.33 | 1 | 1 | | | 220 | 220 |
| 泉　州 | 1990 | 1600 | 48.11 | 48.11 | | | | | | |
| 石　狮 | 544 | 491 | 28.98 | 28.98 | 1 | | 1 | | 1500 | |
| 晋　江 | 1811 | 812 | 89.19 | 89.19 | 1 | | 1 | | 2300 | |
| 南　安 | 560 | 420 | 12.52 | 12.52 | 1 | | 1 | | 2800 | |
| 漳　州 | 3015 | 2772 | 77.56 | 77.56 | 3 | | 1 | 2 | 2000 | |
| 南　平 | 533 | 339 | 14.95 | 14.95 | 2 | | 2 | | 1600 | |
| 邵　武 | 197 | 97 | 4.35 | 4.35 | 1 | 1 | | | 220 | 220 |
| 武夷山 | 321 | 74 | 4.39 | 4.39 | | | | | | |
| 建　瓯 | 278 | 190 | 10.72 | 10.72 | | | | | | |
| 龙　岩 | 684 | 624 | 31.43 | 31.43 | 6 | 1 | 1 | 4 | 1745 | 150 |
| 漳　平 | 160 | 95 | 5.55 | 5.55 | 1 | | 1 | | 300 | |
| 宁　德 | 547 | 404 | 22.98 | 22.98 | 1 | | 1 | | 600 | |
| 福　安 | 372 | 223 | 9.44 | 9.44 | 1 | | 1 | | 600 | |
| 福　鼎 | 345 | 224 | 10.62 | 10.62 | 1 | | 1 | | 600 | |

## continued 7

| Domestic Garbage | | | | | | 公共厕所 (座) Number of Latrines (unit) | | 市容环卫专用车辆设备总数(台) Number of Vehicles and Equipment Designated for Municipal Environmental Sanitation (unit) | 城市名称 Name of Cities |
|---|---|---|---|---|---|---|---|---|---|
| 焚烧 Incineration | 其他 Other | 无害化处理量(万吨) Volume of Harmlessly Treated (10,000 ton) | 卫生填埋 Sanitary Landfill | 焚烧 Incineration | 其他 Other | | 三类以上 Grade Ⅲ and Above | | |
| | | 7.92 | | 7.92 | | 42 | 42 | 98 | 潜山 |
| 500 | | 6.34 | | 6.34 | | 32 | 32 | 419 | 桐城 |
| 900 | 73 | 12.21 | | 10.89 | 1.33 | 85 | 55 | 428 | 黄山 |
| 1300 | | 24.42 | | 24.42 | | 201 | 201 | 784 | 滁州 |
| 750 | | 8.32 | | 8.32 | | 136 | 114 | 92 | 天长 |
| | | 10.05 | | 10.05 | | 100 | 100 | 105 | 明光 |
| 1450 | | 37.34 | | 37.34 | | 675 | 666 | 946 | 阜阳 |
| 500 | | 7.83 | | 7.83 | | 90 | 81 | 68 | 界首 |
| 600 | | 23.29 | | 23.29 | | 573 | 564 | 434 | 宿州 |
| 1200 | 120 | 28.75 | | 27.20 | 1.55 | 408 | 389 | 389 | 六安 |
| 1200 | 200 | 19.58 | | 16.51 | 3.07 | 446 | 446 | 315 | 亳州 |
| 400 | 200 | 11.30 | | 10.50 | 0.80 | 137 | 96 | 103 | 池州 |
| 1400 | 150 | 15.24 | | 14.11 | 1.13 | 316 | 316 | 137 | 宣城 |
| 400 | | 5.90 | | 5.90 | | 53 | 53 | 519 | 广德 |
| 400 | | 5.37 | | 5.37 | | 106 | 106 | 308 | 宁国 |
| **26178** | **2795** | **874.53** | **33.02** | **785.99** | **55.52** | **6928** | **5590** | **9182** | **福建** |
| 5378 | | 155.28 | | 155.28 | | 670 | 670 | 1310 | 福州 |
| 900 | | 20.71 | | 20.71 | | 230 | 159 | 156 | 福清 |
| 4350 | 1600 | 223.84 | 23.02 | 158.39 | 42.43 | 2335 | 1145 | 2973 | 厦门 |
| 2850 | | 79.68 | | 79.68 | | 648 | 648 | 539 | 莆田 |
| | | 16.92 | | 16.92 | | 139 | 119 | 125 | 三明 |
| | | 7.33 | 3.22 | 2.64 | 1.47 | 86 | 86 | 64 | 永安 |
| | | 48.11 | | 48.11 | | 522 | 522 | 1566 | 泉州 |
| 1500 | | 28.98 | | 28.98 | | 629 | 598 | 352 | 石狮 |
| 2300 | | 89.19 | | 89.19 | | 360 | 360 | 558 | 晋江 |
| 2800 | | 12.52 | | 12.52 | | 124 | 121 | 188 | 南安 |
| 1800 | 200 | 77.56 | | 74.85 | 2.71 | 478 | 478 | 636 | 漳州 |
| 1600 | | 14.95 | | 14.95 | | 106 | 106 | 120 | 南平 |
| | | 4.35 | 4.35 | | | 74 | 51 | 32 | 邵武 |
| | | 4.39 | | 4.39 | | 57 | 57 | 58 | 武夷山 |
| | | 10.72 | | 10.72 | | 47 | 47 | 36 | 建瓯 |
| 600 | 995 | 31.43 | 2.44 | 20.08 | 8.91 | 178 | 178 | 113 | 龙岩 |
| 300 | | 5.55 | | 5.55 | | 31 | 31 | 11 | 漳平 |
| 600 | | 22.98 | | 22.98 | | 95 | 95 | 155 | 宁德 |
| 600 | | 9.44 | | 9.44 | | 47 | 47 | 100 | 福安 |
| 600 | | 10.62 | | 10.62 | | 72 | 72 | 90 | 福鼎 |

# 12-2 续表 8

| 城市名称 Name of Cities | 道路清扫保洁面积(万平方米) Surface Area of Roads Cleaned and Maintained (10,000 $m^2$) | 机械化 Mechanization | 生活垃圾 清运量(万吨) Collected and Transported (10,000 ton) | 处理量(万吨) Volume of Treated (10,000 ton) | 无害化处理厂(场)数(座) Number of Harmless Treatment Plants/Grounds (unit) | 卫生填埋 Sanitary Landfill | 焚烧 Incineration | 其他 Other | 无害化处理能力(吨/日) Harmless Treatment Capacity (ton/day) | 卫生填埋 Sanitary Landfill |
|---|---|---|---|---|---|---|---|---|---|---|
| **江　西** | **30285** | **28175** | **527.70** | **527.70** | **30** | **2** | **18** | **10** | **23289** | **1150** |
| 南　昌 | 6195 | 6055 | 135.64 | 135.64 | 4 | | 2 | 2 | 5115 | |
| 景德镇 | 2222 | 2060 | 23.16 | 23.16 | 2 | | 1 | 1 | 1009 | |
| 乐　平 | 441 | 367 | 8.05 | 8.05 | 1 | | 1 | | 300 | |
| 萍　乡 | 1193 | 1083 | 22.66 | 22.66 | 1 | | 1 | | 1300 | |
| 九　江 | 2083 | 2033 | 31.96 | 31.96 | 1 | | 1 | | 2250 | |
| 瑞　昌 | 640 | 610 | 8.56 | 8.56 | | | | | | |
| 共青城 | 487 | 469 | 4.84 | 4.84 | 1 | | | 1 | 20 | |
| 庐　山 | 220 | 209 | 4.55 | 4.55 | | | | | | |
| 新　余 | 800 | 761 | 23.01 | 23.01 | 2 | | 1 | 1 | 1020 | |
| 鹰　潭 | 1079 | 879 | 13.09 | 13.09 | 1 | | 1 | | 1000 | |
| 贵　溪 | 300 | 275 | 6.02 | 6.02 | | | | | | |
| 赣　州 | 4346 | 4087 | 68.46 | 68.46 | 3 | 1 | 1 | 1 | 2300 | 900 |
| 瑞　金 | 913 | 816 | 11.25 | 11.25 | 1 | | 1 | | 400 | |
| 龙　南 | 478 | 455 | 7.15 | 7.15 | 1 | 1 | | | 250 | 250 |
| 吉　安 | 1379 | 1312 | 18.54 | 18.54 | 2 | | 1 | 1 | 1310 | |
| 井冈山 | 153 | 139 | 0.91 | 0.91 | | | | | | |
| 宜　春 | 1202 | 1146 | 30.05 | 30.05 | 2 | | 1 | 1 | 1300 | |
| 丰　城 | 593 | 535 | 22.84 | 22.84 | 1 | | 1 | | 800 | |
| 樟　树 | 437 | 403 | 6.29 | 6.29 | 1 | | 1 | | 1000 | |
| 高　安 | 684 | 660 | 6.26 | 6.26 | 1 | | 1 | | 600 | |
| 抚　州 | 2462 | 2076 | 35.12 | 35.12 | 2 | | 1 | 1 | 1308 | |
| 上　饶 | 1807 | 1582 | 35.41 | 35.41 | 2 | | 1 | 1 | 1608 | |
| 德　兴 | 172 | 163 | 3.88 | 3.88 | 1 | | 1 | | 400 | |
| **山　东** | **80285** | **69787** | **1724.03** | **1724.03** | **107** | **24** | **61** | **22** | **75849** | **12239** |
| 济　南 | 9863 | 9790 | 268.84 | 268.84 | 10 | 4 | 4 | 2 | 10522 | 3972 |
| 青　岛 | 8120 | 7243 | 303.14 | 303.14 | 9 | 2 | 4 | 3 | 8700 | 650 |
| 胶　州 | 588 | 587 | 36.27 | 36.27 | 1 | 1 | | | 852 | 852 |
| 平　度 | 745 | 740 | 39.69 | 39.69 | 2 | 1 | 1 | | 1445 | 445 |
| 莱　西 | 527 | 362 | 22.99 | 22.99 | 2 | 1 | 1 | | 1473 | 543 |
| 淄　博 | 3712 | 2496 | 62.49 | 62.49 | 2 | | 2 | | 3600 | |
| 枣　庄 | 2243 | 1982 | 35.62 | 35.62 | 7 | 4 | 2 | 1 | 3240 | 990 |
| 滕　州 | 1226 | 993 | 15.87 | 15.87 | 1 | | 1 | | 1100 | |
| 东　营 | 3204 | 2827 | 37.77 | 37.77 | 3 | | 2 | 1 | 1700 | |
| 烟　台 | 4437 | 3884 | 113.65 | 113.65 | 6 | | 4 | 2 | 3460 | |
| 龙　口 | 618 | 541 | 10.81 | 10.81 | 2 | 1 | 1 | | 1190 | 560 |
| 莱　阳 | 446 | 415 | 9.23 | 9.23 | 1 | | 1 | | 600 | |

continued 8

| Domestic Garbage | | | | | | 公共厕所 (座) Number of Latrines (unit) | 三类以上 Grade Ⅲ and Above | 市容环卫专用车辆设备总数(台) Number of Vehicles and Equipment Designated for Municipal Environmental Sanitation (unit) | 城市名称 Name of Cities |
|---|---|---|---|---|---|---|---|---|---|
| 焚烧 Incineration | 其他 Other | 无害化处理量(万吨) Volume of Harmlessly Treated (10,000 ton) | 卫生填埋 Sanitary Landfill | 焚烧 Incineration | 其他 Other | | | | |
| **20850** | **1289** | **527.70** | **20.28** | **484.97** | **22.45** | **6049** | **6048** | **12168** | **江西** |
| 4800 | 315 | 135.64 | | 129.57 | 6.07 | 896 | 896 | 3679 | 南昌 |
| 1000 | 9 | 23.16 | | 22.92 | 0.24 | 460 | 460 | 1183 | 景德镇 |
| 300 | | 8.05 | | 8.05 | | 119 | 119 | 137 | 乐平 |
| 1300 | | 22.66 | | 22.66 | | 217 | 217 | 735 | 萍乡 |
| 2250 | | 31.96 | | 31.96 | | 667 | 667 | 473 | 九江 |
| | | 8.56 | | 8.56 | | 69 | 69 | 73 | 瑞昌 |
| | 20 | 4.84 | | 4.12 | 0.72 | 21 | 21 | 55 | 共青城 |
| | | 4.55 | | 4.55 | | 46 | 46 | 161 | 庐山 |
| 900 | 120 | 23.01 | | 21.30 | 1.71 | 160 | 160 | 132 | 新余 |
| 1000 | | 13.09 | | 13.09 | | 220 | 220 | 202 | 鹰潭 |
| | | 6.02 | | 6.02 | | 141 | 141 | 46 | 贵溪 |
| 1200 | 200 | 68.46 | 13.13 | 51.27 | 4.07 | 953 | 953 | 2361 | 赣州 |
| 400 | | 11.25 | | 11.25 | | 57 | 57 | 111 | 瑞金 |
| | | 7.15 | 7.15 | | | 101 | 101 | 85 | 龙南 |
| 1200 | 110 | 18.54 | | 16.87 | 1.67 | 269 | 269 | 157 | 吉安 |
| | | 0.91 | | | 0.91 | 25 | 25 | 27 | 井冈山 |
| 1000 | 300 | 30.05 | | 27.15 | 2.90 | 376 | 376 | 280 | 宜春 |
| 800 | | 22.84 | | 22.84 | | 62 | 62 | 84 | 丰城 |
| 1000 | | 6.29 | | 6.29 | | 156 | 156 | 109 | 樟树 |
| 600 | | 6.26 | | 6.26 | | 148 | 148 | 117 | 高安 |
| 1200 | 108 | 35.12 | | 33.38 | 1.74 | 393 | 392 | 1288 | 抚州 |
| 1500 | 108 | 35.41 | | 32.99 | 2.42 | 432 | 432 | 645 | 上饶 |
| 400 | | 3.88 | | 3.88 | | 61 | 61 | 28 | 德兴 |
| **59660** | **3950** | **1724.03** | **16.95** | **1629.63** | **77.45** | **10829** | **10151** | **22803** | **山东** |
| 6050 | 500 | 268.84 | 4.79 | 247.86 | 16.18 | 1188 | 1045 | 3734 | 济南 |
| 7100 | 950 | 303.14 | | 290.91 | 12.23 | 1827 | 1797 | 5077 | 青岛 |
| | | 36.27 | | 36.27 | | 38 | 38 | 761 | 胶州 |
| 1000 | | 39.69 | | 39.69 | | 84 | 84 | 379 | 平度 |
| 930 | | 22.99 | | 22.99 | | 67 | 67 | 554 | 莱西 |
| 3600 | | 62.49 | | 58.77 | 3.72 | 620 | 579 | 990 | 淄博 |
| 2100 | 150 | 35.62 | | 33.58 | 2.04 | 640 | 640 | 349 | 枣庄 |
| 1100 | | 15.87 | | 14.29 | 1.59 | 229 | 229 | 265 | 滕州 |
| 1600 | 100 | 37.77 | | 34.80 | 2.97 | 447 | 436 | 785 | 东营 |
| 3250 | 210 | 113.65 | | 108.11 | 5.54 | 338 | 338 | 1266 | 烟台 |
| 630 | | 10.81 | 1.61 | 9.20 | | 79 | 79 | 115 | 龙口 |
| 600 | | 9.23 | | 9.23 | | 59 | 59 | 64 | 莱阳 |

## 12-2 续表 9

| 城市名称 Name of Cities | 道路清扫保洁面积(万平方米) Surface Area of Roads Cleaned and Maintained (10,000 $m^2$) | 机械化 Mechanization | 生活垃圾 清运量(万吨) Collected and Transported (10,000 ton) | 处理量(万吨) Volume of Treated (10,000 ton) | 无害化处理厂(场)数(座) Number of Harmless Treatment Plants/Grounds (unit) | 卫生填埋 Sanitary Landfill | 焚烧 Incineration | 其他 Other | 无害化处理能力(吨/日) Harmless Treatment Capacity (ton/day) | 卫生填埋 Sanitary Landfill |
|---|---|---|---|---|---|---|---|---|---|---|
| 莱　州 | 347 | 335 | 13.05 | 13.05 | 1 | | 1 | | 1000 | |
| 招　远 | 600 | 508 | 7.45 | 7.45 | 1 | | 1 | | 500 | |
| 栖　霞 | 213 | 198 | 2.91 | 2.91 | 1 | | 1 | | 500 | |
| 海　阳 | 397 | 353 | 10.20 | 10.20 | 1 | | 1 | | 500 | |
| 潍　坊 | 5519 | 4682 | 78.42 | 78.42 | 4 | 1 | 3 | | 2400 | 400 |
| 青　州 | 1276 | 1021 | 16.10 | 16.10 | 2 | 1 | 1 | | 1300 | 500 |
| 诸　城 | 675 | 582 | 14.91 | 14.91 | 1 | | 1 | | 500 | |
| 寿　光 | 1736 | 1597 | 28.67 | 28.67 | 2 | 1 | 1 | | 1350 | 350 |
| 安　丘 | 1240 | 1097 | 14.27 | 14.27 | 1 | | 1 | | 800 | |
| 高　密 | 635 | 572 | 12.21 | 12.21 | 1 | | 1 | | 800 | |
| 昌　邑 | 633 | 524 | 6.09 | 6.09 | 2 | 1 | 1 | | 1095 | 495 |
| 济　宁 | 3439 | 3332 | 55.51 | 55.51 | 4 | | 2 | 2 | 2600 | |
| 曲　阜 | 411 | 394 | 6.84 | 6.84 | 1 | | | 1 | 100 | |
| 邹　城 | 933 | 929 | 12.83 | 12.83 | 2 | | 1 | 1 | 1000 | |
| 泰　安 | 2269 | 1928 | 44.38 | 44.38 | 2 | | 1 | 1 | 1500 | |
| 新　泰 | 728 | 674 | 26.67 | 26.67 | 2 | | 1 | 1 | 700 | |
| 肥　城 | 407 | 366 | 9.42 | 9.42 | 1 | | 1 | | 800 | |
| 威　海 | 2357 | 2044 | 56.50 | 56.50 | 6 | 2 | 3 | 1 | 3332 | 982 |
| 荣　成 | 1320 | 1176 | 18.41 | 18.41 | 2 | 1 | 1 | | 1400 | 350 |
| 乳　山 | 420 | 385 | 8.61 | 8.61 | 1 | | 1 | | 500 | |
| 日　照 | 2298 | 1694 | 35.04 | 35.04 | 3 | 1 | 1 | 1 | 1600 | 500 |
| 临　沂 | 4485 | 3537 | 100.62 | 100.62 | 4 | 1 | 2 | 1 | 3800 | 500 |
| 德　州 | 2351 | 1983 | 44.23 | 44.23 | 3 | | 2 | 1 | 1950 | |
| 乐　陵 | 570 | 319 | 10.42 | 10.42 | | | | | | |
| 禹　城 | 479 | 311 | 5.95 | 5.95 | 1 | | 1 | | 600 | |
| 聊　城 | 2633 | 2169 | 35.59 | 35.59 | 3 | | 2 | 1 | 1800 | |
| 临　清 | 430 | 415 | 9.55 | 9.55 | 1 | | 1 | | 800 | |
| 滨　州 | 2310 | 2112 | 36.71 | 36.71 | 3 | 1 | 1 | 1 | 1450 | 150 |
| 邹　平 | 656 | 558 | 13.10 | 13.10 | 1 | | 1 | | 700 | |
| 菏　泽 | 2789 | 2133 | 32.99 | 32.99 | 4 | | 3 | 1 | 2590 | |
| **河　南** | **56412** | **49168** | **1087.87** | **1087.74** | **48** | **16** | **30** | **2** | **46735** | **6575** |
| 郑　州 | 11728 | 11493 | 231.92 | 231.92 | 3 | | 3 | | 8300 | |
| 巩　义 | 720 | 680 | 12.09 | 12.09 | 1 | 1 | | | 350 | 350 |
| 荥　阳 | 520 | 498 | 18.00 | 18.00 | | | | | | |
| 新　密 | 605 | 586 | 10.22 | 10.22 | 2 | 1 | | 1 | 280 | 230 |
| 新　郑 | 505 | 458 | 9.88 | 9.88 | 1 | | 1 | | 1000 | |
| 登　封 | 538 | 342 | 11.04 | 11.04 | 2 | 1 | 1 | | 1074 | 274 |

continued 9

| Domestic Garbage | | | | | | 公共厕所 | | 市容环卫专用车辆设备总数（台）Number of Vehicles and Equipment Designated for Municipal Environmental Sanitation (unit) | 城市名称 Name of Cities |
|---|---|---|---|---|---|---|---|---|---|
| 焚烧 Incineration | 其他 Other | 无害化处理量（万吨）Volume of Harmlessly Treated (10,000 ton) | 卫生填埋 Sanitary Landfill | 焚烧 Incineration | 其他 Other | （座）Number of Latrines (unit) | 三类以上 Grade III and Above | | |
| 1000 | | 13.05 | | 13.05 | | 61 | 61 | 61 | 莱州 |
| 500 | | 7.45 | | 7.45 | | 63 | 50 | 75 | 招远 |
| 500 | | 2.91 | | 2.91 | | 22 | 22 | 35 | 栖霞 |
| 500 | | 10.20 | | 10.20 | | 36 | 31 | 61 | 海阳 |
| 2000 | | 78.42 | | 78.42 | | 613 | 601 | 1143 | 潍坊 |
| 800 | | 16.10 | | 16.10 | | 67 | 67 | 199 | 青州 |
| 500 | | 14.91 | | 14.44 | 0.47 | 108 | 108 | 147 | 诸城 |
| 1000 | | 28.67 | | 28.67 | | 103 | 103 | 391 | 寿光 |
| 800 | | 14.27 | | 14.27 | | 66 | 66 | 144 | 安丘 |
| 800 | | 12.21 | | 12.21 | | 63 | 63 | 143 | 高密 |
| 600 | | 6.09 | 2.51 | 3.58 | | 43 | 43 | 155 | 昌邑 |
| 2300 | 300 | 55.51 | | 52.40 | 3.11 | 369 | 369 | 710 | 济宁 |
| | 100 | 6.84 | | 6.44 | 0.40 | 46 | 46 | 91 | 曲阜 |
| 900 | 100 | 12.83 | | 12.15 | 0.68 | 92 | 92 | 121 | 邹城 |
| 1200 | 300 | 44.38 | | 40.78 | 3.60 | 309 | 243 | 828 | 泰安 |
| 600 | 100 | 26.67 | | 24.42 | 2.24 | 105 | 35 | 188 | 新泰 |
| 800 | | 9.42 | | 9.34 | 0.08 | 90 | 90 | 72 | 肥城 |
| 2250 | 100 | 56.50 | | 54.72 | 1.78 | 265 | 256 | 606 | 威海 |
| 1050 | | 18.41 | | 18.41 | | 132 | 132 | 270 | 荣成 |
| 500 | | 8.61 | | 8.61 | | 90 | 90 | 117 | 乳山 |
| 1000 | 100 | 35.04 | 6.78 | 26.30 | 1.95 | 308 | 223 | 488 | 日照 |
| 3000 | 300 | 100.62 | | 97.06 | 3.56 | 366 | 366 | 498 | 临沂 |
| 1800 | 150 | 44.23 | | 39.55 | 4.67 | 181 | 181 | 405 | 德州 |
| | | 10.42 | | 10.42 | | 16 | 16 | 102 | 乐陵 |
| 600 | | 5.95 | | 5.95 | | 34 | | 95 | 禹城 |
| 1600 | 200 | 35.59 | | 30.73 | 4.86 | 389 | 377 | 402 | 聊城 |
| 800 | | 9.55 | | 8.92 | 0.64 | 110 | 110 | 35 | 临清 |
| 1200 | 100 | 36.71 | 1.25 | 32.84 | 2.61 | 221 | 151 | 366 | 滨州 |
| 700 | | 13.10 | | 13.10 | | 51 | 51 | 115 | 邹平 |
| 2400 | 190 | 32.99 | | 30.46 | 2.53 | 794 | 717 | 401 | 菏泽 |
| **39410** | **750** | **1084.36** | **177.87** | **903.24** | **3.26** | **12684** | **12247** | **19947** | **河南** |
| 8300 | | 231.92 | | 231.92 | | 2710 | 2710 | 8082 | 郑州 |
| | | 12.09 | 12.09 | | | 70 | 70 | 159 | 巩义 |
| | | 18.00 | | 18.00 | | 60 | 60 | 194 | 荥阳 |
| | 50 | 10.22 | 9.43 | | 0.79 | 126 | 126 | 174 | 新密 |
| 1000 | | 9.88 | | 9.88 | | 160 | 160 | 219 | 新郑 |
| 800 | | 11.04 | 3.34 | 7.70 | | 65 | 65 | 172 | 登封 |

## 12-2 续表 10

| 城市名称<br>Name of Cities | 道路清扫保洁面积（万平方米）<br>Surface Area of Roads Cleaned and Maintained<br>(10,000 m²) | 机械化<br>Mechanization | 生活垃圾<br>清运量（万吨）<br>Collected and Transported<br>(10,000 ton) | 处理量（万吨）<br>Volume of Treated<br>(10,000 ton) | 无害化处理厂（场）数（座）<br>Number of Harmless Treatment Plants/ Grounds<br>(unit) | 卫生填埋<br>Sanitary Landfill | 焚烧<br>Incineration | 其他<br>Other | 无害化处理能力（吨/日）<br>Harmless Treatment Capacity<br>(ton/day) | 卫生填埋<br>Sanitary Landfill |
|---|---|---|---|---|---|---|---|---|---|---|
| 开　　封 | 2184 | 1800 | 41.84 | 41.84 | 1 | | 1 | | 1050 | |
| 洛　　阳 | 4906 | 4532 | 88.38 | 88.38 | 3 | 1 | 2 | | 3730 | 230 |
| 平 顶 山 | 1347 | 1320 | 27.13 | 27.13 | 1 | 1 | | | 900 | 900 |
| 舞　　钢 | 210 | 109 | 5.61 | 5.61 | 1 | 1 | | | 180 | 180 |
| 汝　　州 | 871 | 701 | 10.16 | 10.16 | 1 | | 1 | | 800 | |
| 安　　阳 | 2140 | 2009 | 30.10 | 30.10 | 2 | | 1 | 1 | 2950 | |
| 林　　州 | 499 | 475 | 7.52 | 7.52 | 1 | | 1 | | 500 | |
| 鹤　　壁 | 1499 | 1333 | 16.76 | 16.76 | 2 | 1 | 1 | | 1530 | 530 |
| 新　　乡 | 1849 | 1510 | 27.57 | 27.57 | 1 | | 1 | | 1500 | |
| 长　　垣 | 1100 | 1090 | 13.55 | 13.55 | 1 | | 1 | | 900 | |
| 卫　　辉 | 295 | 192 | 7.21 | 7.21 | 1 | | 1 | | 210 | |
| 辉　　县 | 310 | 300 | 15.08 | 15.08 | 1 | | 1 | | 700 | |
| 焦　　作 | 1671 | 973 | 35.36 | 35.36 | 1 | 1 | | | 970 | 970 |
| 沁　　阳 | 555 | 465 | 5.20 | 5.20 | 1 | 1 | | | 190 | 190 |
| 孟　　州 | 480 | 260 | 3.31 | 3.31 | | | | | | |
| 濮　　阳 | 1272 | 948 | 29.06 | 29.06 | 3 | 1 | 2 | | 1800 | 600 |
| 许　　昌 | 2076 | 1614 | 34.68 | 34.68 | 1 | | 1 | | 2250 | |
| 禹　　州 | 730 | 610 | 13.83 | 13.83 | | | | | | |
| 长　　葛 | 495 | 368 | 6.50 | 6.50 | | | | | | |
| 漯　　河 | 1436 | 992 | 38.06 | 37.98 | 1 | | 1 | | 1500 | |
| 三 门 峡 | 638 | 401 | 16.93 | 16.93 | 2 | 1 | 1 | | 1050 | 300 |
| 义　　马 | 330 | 207 | 4.34 | 4.34 | 1 | 1 | | | 210 | 210 |
| 灵　　宝 | 490 | 470 | 9.30 | 9.30 | 1 | 1 | | | 230 | 230 |
| 南　　阳 | 2547 | 2547 | 66.52 | 66.52 | 1 | | 1 | | 3000 | |
| 邓　　州 | 723 | 550 | 22.21 | 22.21 | 2 | 1 | 1 | | 1320 | 320 |
| 商　　丘 | 2173 | 1491 | 39.27 | 39.27 | 1 | | 1 | | 1200 | |
| 永　　城 | 1090 | 891 | 18.62 | 18.62 | 1 | | 1 | | 800 | |
| 信　　阳 | 895 | 720 | 40.97 | 40.97 | 2 | | 2 | | 2300 | |
| 周　　口 | 1730 | 1700 | 31.58 | 31.58 | 2 | 1 | 1 | | 761 | 261 |
| 项　　城 | 601 | 340 | 17.09 | 17.09 | 1 | 1 | | | 800 | 800 |
| 驻 马 店 | 2340 | 2003 | 39.61 | 39.61 | 1 | | 1 | | 1800 | |
| 济源示范区 | 589 | 500 | 17.26 | 17.26 | 1 | | 1 | | 600 | |
| 郑州航空港经济综合实验区 | 1725 | 1691 | 14.13 | 14.09 | | | | | | |

continued 10

| Domestic Garbage | | | | | | 公共厕所（座）Number of Latrines (unit) | | 市容环卫专用车辆设备总数（台）Number of Vehicles and Equipment Designated for Municipal Environmental Sanitation (unit) | 城市名称 Name of Cities |
|---|---|---|---|---|---|---|---|---|---|
| 焚烧 Incineration | 其他 Other | 无害化处理量（万吨）Volume of Harmlessly Treated (10,000 ton) | 卫生填埋 Sanitary Landfill | 焚烧 Incineration | 其他 Other | | 三类以上 Grade Ⅲ and Above | | |
| 1050 | | 41.84 | | 41.84 | | 982 | 982 | 599 | 开封 |
| 3500 | | 88.38 | | 88.38 | | 1181 | 1174 | 1364 | 洛阳 |
| | | 27.13 | 27.13 | | | 275 | 275 | 530 | 平顶山 |
| | | 5.61 | 5.61 | | | 78 | 46 | 58 | 舞钢 |
| 800 | | 10.16 | | 10.16 | | 91 | 85 | 177 | 汝州 |
| 2250 | 700 | 30.10 | | 27.63 | 2.47 | 473 | 433 | 416 | 安阳 |
| 500 | | 7.52 | | 7.52 | | 106 | 78 | 75 | 林州 |
| 1000 | | 16.76 | | 16.76 | | 231 | 162 | 395 | 鹤壁 |
| 1500 | | 27.57 | | 27.57 | | 539 | 539 | 716 | 新乡 |
| 900 | | 13.55 | | 13.55 | | 55 | 55 | 100 | 长垣 |
| 210 | | 7.21 | | 7.21 | | 6 | 6 | 167 | 卫辉 |
| 700 | | 15.08 | | 15.08 | | 54 | 54 | 101 | 辉县 |
| | | 35.36 | 35.36 | | | 181 | 181 | 348 | 焦作 |
| | | 5.20 | 5.20 | | | 43 | 43 | 70 | 沁阳 |
| | | 3.31 | | 3.31 | | 32 | 32 | 34 | 孟州 |
| 1200 | | 29.06 | 1.16 | 27.90 | | 165 | 165 | 300 | 濮阳 |
| 2250 | | 34.68 | | 34.68 | | 614 | 614 | 428 | 许昌 |
| | | 13.83 | | 13.83 | | 80 | 80 | 114 | 禹州 |
| | | 6.50 | | 6.50 | | 57 | 46 | 50 | 长葛 |
| 1500 | | 37.98 | | 37.98 | | 447 | 447 | 176 | 漯河 |
| 750 | | 16.93 | 5.87 | 11.06 | | 212 | 70 | 107 | 三门峡 |
| | | 4.34 | 4.34 | | | 54 | 54 | 90 | 义马 |
| | | 9.30 | 9.30 | | | 73 | 73 | 75 | 灵宝 |
| 3000 | | 66.52 | | 66.52 | | 726 | 690 | 679 | 南阳 |
| 1000 | | 22.21 | | 22.21 | | 150 | 150 | 141 | 邓州 |
| 1200 | | 39.27 | | 39.27 | | 647 | 647 | 1393 | 商丘 |
| 800 | | 18.62 | | 18.62 | | 136 | 121 | 119 | 永城 |
| 2300 | | 40.97 | | 40.97 | | 428 | 428 | 252 | 信阳 |
| 500 | | 31.58 | 8.40 | 23.18 | | 402 | 370 | 378 | 周口 |
| | | 17.09 | 11.02 | 6.06 | | 108 | 89 | 147 | 项城 |
| 1800 | | 39.61 | 39.61 | | | 427 | 427 | 563 | 驻马店 |
| 600 | | 17.26 | | 17.26 | | 234 | 234 | 417 | 济源示范区 |
| | | 10.71 | | 10.71 | | 206 | 206 | 368 | 郑州航空港经济综合实验区 |

## 12-2 续表 11

| 城市名称<br>Name of Cities | 道路清扫保洁面积(万平方米)<br>Surface Area of Roads Cleaned and Maintained<br>(10,000 $m^2$) | 机械化<br>Mechanization | 生活垃圾<br>清运量(万吨)<br>Collected and Transported<br>(10,000 ton) | 处理量(万吨)<br>Volume of Treated<br>(10,000 ton) | 无害化处理厂(场)数(座)<br>Number of Harmless Treatment Plants/Grounds<br>(unit) | 卫生填埋<br>Sanitary Landfill | 焚烧<br>Incineration | 其他<br>Other | 无害化处理能力(吨/日)<br>Harmless Treatment Capacity<br>(ton/day) | 卫生填埋<br>Sanitary Landfill |
|---|---|---|---|---|---|---|---|---|---|---|
| **湖　北** | **50307** | **39339** | **1032.62** | **1032.62** | **67** | **21** | **34** | **12** | **41223** | **7982** |
| 武　汉 | 20245 | 18200 | 441.83 | 441.83 | 11 | 2 | 7 | 2 | 13230 | 1780 |
| 黄　石 | 798 | 756 | 24.54 | 24.54 | 2 |  | 1 | 1 | 1300 |  |
| 大　冶 | 634 | 515 | 9.33 | 9.33 |  |  |  |  |  |  |
| 十　堰 | 830 | 775 | 33.06 | 33.06 | 4 | 2 | 1 | 1 | 2020 | 870 |
| 丹江口 | 196 | 158 | 4.03 | 4.03 | 1 | 1 |  |  | 350 | 350 |
| 宜　昌 | 1998 | 1801 | 44.48 | 44.48 | 4 | 3 |  | 1 | 770 | 570 |
| 宜　都 | 224 | 190 | 4.55 | 4.55 | 3 | 1 | 1 | 1 | 630 | 220 |
| 当　阳 | 397 | 337 | 7.94 | 7.94 | 2 | 1 |  | 1 | 720 | 220 |
| 枝　江 | 405 | 110 | 5.50 | 5.50 | 1 | 1 |  |  | 285 | 285 |
| 襄　阳 | 3796 | 3366 | 58.31 | 58.31 | 2 |  | 1 | 1 | 1800 |  |
| 老河口 | 398 | 318 | 8.19 | 8.19 | 2 | 1 | 1 |  | 788 | 288 |
| 枣　阳 | 882 | 88 | 15.66 | 15.66 | 1 |  | 1 |  | 500 |  |
| 宜　城 | 390 | 332 | 5.21 | 5.21 | 2 | 1 | 1 |  | 216 | 117 |
| 鄂　州 | 695 | 628 | 10.85 | 10.85 | 3 | 1 |  | 2 | 1324 | 500 |
| 荆　门 | 1849 | 1500 | 20.39 | 20.39 | 1 |  | 1 |  | 559 |  |
| 京　山 | 466 | 372 | 7.50 | 7.50 | 1 | 1 |  |  | 230 | 230 |
| 钟　祥 | 396 | 315 | 14.43 | 14.43 | 1 |  | 1 |  | 400 |  |
| 孝　感 | 1177 | 1028 | 23.77 | 23.77 | 2 |  | 1 | 1 | 1900 |  |
| 应　城 | 223 | 156 | 6.89 | 6.89 | 1 |  | 1 |  | 350 |  |
| 安　陆 | 359 | 180 | 9.03 | 9.03 | 1 |  | 1 |  | 600 |  |
| 汉　川 | 346 | 261 | 7.38 | 7.38 | 2 | 2 |  |  | 702 | 702 |
| 荆　州 | 2189 | 1255 | 36.33 | 36.33 | 2 |  | 2 |  | 1662 |  |
| 监　利 | 331 | 128 | 23.69 | 23.69 | 1 |  | 1 |  | 900 |  |
| 石　首 | 198 | 65 | 6.46 | 6.46 | 1 |  | 1 |  | 310 |  |
| 洪　湖 | 372 | 310 | 4.34 | 4.34 | 1 |  | 1 |  | 800 |  |
| 松　滋 | 340 | 285 | 5.47 | 5.47 | 1 | 1 |  |  | 350 | 350 |
| 黄　冈 | 1109 | 1010 | 20.45 | 20.45 |  |  |  |  |  |  |
| 麻　城 | 2899 | 300 | 13.95 | 13.95 | 1 |  | 1 |  | 442 |  |
| 武　穴 | 328 | 202 | 14.28 | 14.28 | 1 |  | 1 |  | 600 |  |
| 咸　宁 | 1126 | 809 | 20.85 | 20.85 | 1 |  | 1 |  | 600 |  |
| 赤　壁 | 520 | 360 | 10.89 | 10.89 | 1 |  | 1 |  | 500 |  |
| 随　州 | 1060 | 959 | 25.03 | 25.03 | 1 |  | 1 |  | 600 |  |
| 广　水 | 341 | 280 | 13.39 | 13.39 | 1 |  | 1 |  | 425 |  |
| 恩　施 | 497 | 405 | 17.15 | 17.15 | 2 | 1 | 1 |  | 1700 | 500 |
| 利　川 | 499 | 208 | 8.52 | 8.52 | 2 | 1 |  | 1 | 460 | 400 |
| 仙　桃 | 496 | 372 | 19.61 | 19.61 | 1 |  | 1 |  | 1000 |  |
| 潜　江 | 748 | 538 | 21.37 | 21.37 | 1 |  | 1 |  | 600 |  |
| 天　门 | 551 | 468 | 7.96 | 7.96 | 2 | 1 | 1 |  | 1600 | 600 |

continued 11

| Domestic Garbage | | | | | | 公共厕所 (座) Number of Latrines (unit) | | 市容环卫专用车辆设备总数(台) Number of Vehicles and Equipment Designated for Municipal Environmental Sanitation (unit) | 城市名称 Name of Cities |
|---|---|---|---|---|---|---|---|---|---|
| 焚烧 Incineration | 其他 Other | 无害化处理量(万吨) Volume of Harmlessly Treated (10,000 ton) | 卫生填埋 Sanitary Landfill | 焚烧 Incineration | 其他 Other | | 三类以上 Grade Ⅲ and Above | | |
| **30347** | **2894** | **1032.62** | **179.30** | **791.00** | **62.32** | **7889** | **6552** | **15201** | **湖　北** |
| 11050 | 400 | 441.83 | 58.45 | 357.60 | 25.78 | 1586 | 1586 | 6420 | 武　汉 |
| 1200 | 100 | 24.54 | | 22.91 | 1.63 | 296 | 117 | 329 | 黄　石 |
| | | 9.33 | | 9.33 | | 118 | 118 | 162 | 大　冶 |
| 1000 | 150 | 33.06 | 7.84 | 23.22 | 2.00 | 330 | 219 | 328 | 十　堰 |
| | | 4.03 | 4.03 | | | 80 | 80 | 23 | 丹江口 |
| | 200 | 44.48 | 35.07 | | 9.41 | 802 | 802 | 540 | 宜　昌 |
| 350 | 60 | 4.55 | 2.51 | 1.91 | 0.13 | 79 | 24 | 126 | 宜　都 |
| | 500 | 7.94 | 6.39 | | 1.55 | 92 | 92 | 89 | 当　阳 |
| | | 5.50 | 5.50 | | | 62 | 62 | 278 | 枝　江 |
| 1600 | 200 | 58.31 | | 53.32 | 4.99 | 573 | 573 | 2074 | 襄　阳 |
| 500 | | 8.19 | 3.95 | 4.25 | | 176 | 176 | 79 | 老河口 |
| 500 | | 15.66 | | 15.66 | | 55 | 55 | 81 | 枣　阳 |
| 99 | | 5.21 | 1.40 | 3.81 | | 41 | 41 | 81 | 宜　城 |
| | 824 | 10.85 | | | 10.85 | 153 | 153 | 235 | 鄂　州 |
| 559 | | 20.39 | | 20.39 | | 134 | 134 | 247 | 荆　门 |
| | | 7.50 | 7.50 | | | 76 | 76 | 113 | 京　山 |
| 400 | | 14.43 | | 14.43 | | 118 | 65 | 112 | 钟　祥 |
| 1500 | 400 | 23.77 | | 19.29 | 4.48 | 174 | 174 | 774 | 孝　感 |
| 350 | | 6.89 | | 6.89 | | 74 | 74 | 120 | 应　城 |
| 600 | | 9.03 | | 9.03 | | 60 | 60 | 48 | 安　陆 |
| | | 7.38 | 7.38 | | | 69 | 69 | 86 | 汉　川 |
| 1662 | | 36.33 | | 36.33 | | 200 | 187 | 248 | 荆　州 |
| 900 | | 23.69 | | 23.69 | | 68 | | 58 | 监　利 |
| 310 | | 6.46 | | 6.46 | | 65 | 47 | 91 | 石　首 |
| 800 | | 4.34 | | 4.34 | | 91 | 91 | 33 | 洪　湖 |
| | | 5.47 | 5.47 | | | 63 | 57 | 209 | 松　滋 |
| | | 20.45 | 11.90 | 8.56 | | 79 | 79 | 179 | 黄　冈 |
| 442 | | 13.95 | | 13.95 | | 811 | 147 | 698 | 麻　城 |
| 600 | | 14.28 | | 14.28 | | 9 | | 140 | 武　穴 |
| 600 | | 20.85 | | 20.85 | | 335 | 335 | 180 | 咸　宁 |
| 500 | | 10.89 | | 10.89 | | 92 | 92 | 115 | 赤　壁 |
| 600 | | 25.03 | | 25.03 | | 178 | 178 | 117 | 随　州 |
| 425 | | 13.39 | | 13.39 | | 202 | 75 | 110 | 广　水 |
| 1200 | | 17.15 | 12.53 | 4.61 | | 121 | 121 | 148 | 恩　施 |
| | 60 | 8.52 | 7.02 | | 1.50 | 49 | 49 | 28 | 利　川 |
| 1000 | | 19.61 | | 19.61 | | 270 | 270 | 201 | 仙　桃 |
| 600 | | 21.37 | | 21.37 | | 56 | 22 | 183 | 潜　江 |
| 1000 | | 7.96 | 2.36 | 5.60 | | 52 | 52 | 118 | 天　门 |

# 12-2 续表 12

| 城市名称 Name of Cities | 道路清扫保洁面积（万平方米）Surface Area of Roads Cleaned and Maintained (10,000 $m^2$) | 机械化 Mechanization | 生活垃圾 清运量（万吨）Collected and Transported (10,000 ton) | 处理量（万吨）Volume of Treated (10,000 ton) | 无害化处理厂（场）数（座）Number of Harmless Treatment Plants/Grounds (unit) | 卫生填埋 Sanitary Landfill | 焚烧 Incineration | 其他 Other | 无害化处理能力（吨/日）Harmless Treatment Capacity (ton/day) | 卫生填埋 Sanitary Landfill |
|---|---|---|---|---|---|---|---|---|---|---|
| **湖　南** | **36743** | **30501** | **860.79** | **860.79** | **48** | **23** | **16** | **9** | **38153** | **13532** |
| 长　沙 | 6862 | 6257 | 268.50 | 268.50 | 4 | 1 | 2 | 1 | 13000 | 4000 |
| 宁　乡 | 753 | 637 | 20.72 | 20.72 | 1 | 1 | | | 1200 | 1200 |
| 浏　阳 | 605 | 510 | 12.30 | 12.30 | 1 | 1 | | | 656 | 656 |
| 株　洲 | 3021 | 2815 | 56.51 | 56.51 | 3 | | 1 | 2 | 2300 | |
| 醴　陵 | 492 | 418 | 10.74 | 10.74 | 1 | 1 | | | 550 | 550 |
| 湘　潭 | 1773 | 1647 | 32.57 | 32.57 | | | | | | |
| 湘　乡 | 375 | 307 | 10.37 | 10.37 | 1 | | 1 | | 500 | |
| 韶　山 | 110 | 95 | 2.24 | 2.24 | | | | | | |
| 衡　阳 | 2388 | 2206 | 46.31 | 46.31 | 2 | | 1 | 1 | 1760 | |
| 耒　阳 | 532 | 403 | 18.34 | 18.34 | 2 | 1 | 1 | | 1580 | 380 |
| 常　宁 | 472 | 257 | 18.95 | 18.95 | 1 | 1 | | | 300 | 300 |
| 邵　阳 | 1058 | 1015 | 26.88 | 26.87 | 1 | 1 | | | 720 | 720 |
| 武　冈 | 347 | 278 | 11.28 | 11.28 | 1 | 1 | | | 260 | 260 |
| 邵　东 | 1205 | 988 | 14.71 | 14.71 | 2 | 1 | 1 | | 1250 | 550 |
| 岳　阳 | 3114 | 956 | 34.93 | 34.93 | 2 | | 1 | 1 | 1475 | |
| 汨　罗 | 365 | 307 | 5.53 | 5.53 | 1 | | 1 | | 500 | |
| 临　湘 | 212 | 172 | 7.04 | 7.04 | 1 | 1 | | | 360 | 360 |
| 常　德 | 2545 | 2343 | 49.29 | 49.29 | 3 | | 1 | 2 | 1355 | |
| 津　市 | 300 | 243 | 4.79 | 4.79 | | | | | | |
| 张家界 | 298 | 254 | 13.19 | 13.19 | 2 | 2 | | | 400 | 400 |
| 益　阳 | 1929 | 1766 | 33.45 | 33.45 | 1 | | 1 | | 1400 | |
| 沅　江 | 400 | 280 | 6.85 | 6.85 | 2 | 1 | 1 | | 381 | 300 |
| 郴　州 | 1531 | 1397 | 27.52 | 27.52 | 1 | | 1 | | 1250 | |
| 资　兴 | 300 | 240 | 5.14 | 5.14 | 1 | 1 | | | 200 | 200 |
| 永　州 | 2229 | 1732 | 26.35 | 26.35 | 2 | 1 | 1 | | 1660 | 860 |
| 祁　阳 | 539 | 479 | 12.87 | 12.87 | 2 | 1 | | 1 | 564 | 264 |
| 怀　化 | 914 | 860 | 24.65 | 24.65 | 2 | 1 | | 1 | 950 | 750 |
| 洪　江 | 218 | 177 | 4.62 | 4.62 | 2 | 2 | | | 270 | 270 |
| 娄　底 | 770 | 706 | 22.32 | 22.32 | 2 | 1 | 1 | | 1400 | 600 |
| 冷水江 | 356 | 153 | 7.84 | 7.84 | 1 | 1 | | | 300 | 300 |
| 涟　源 | 210 | 180 | 11.96 | 11.96 | 1 | 1 | | | 312 | 312 |
| 吉　首 | 520 | 423 | 12.03 | 12.03 | 2 | 1 | 1 | | 1300 | 300 |
| **广　东** | **120512** | **75442** | **3280.64** | **3280.56** | **174** | **32** | **74** | **68** | **178697** | **35666** |
| 广　州 | 21556 | 14629 | 604.89 | 604.89 | 25 | 5 | 12 | 8 | 45688 | 8778 |
| 韶　关 | 1830 | 1221 | 31.56 | 31.56 | 1 | | 1 | | 850 | |
| 乐　昌 | 190 | 65 | 12.77 | 12.77 | 1 | | 1 | | 500 | |

continued 12

| Domestic Garbage | | | | | | 公共厕所 (座) Number of Latrines (unit) | | 市容环卫专用车辆设备总数(台) Number of Vehicles and Equipment Designated for Municipal Environmental Sanitation (unit) | 城市名称 Name of Cities |
|---|---|---|---|---|---|---|---|---|---|
| 焚烧 Incineration | 其他 Other | 无害化处理量(万吨) Volume of Harmlessly Treated (10,000 ton) | 卫生填埋 Sanitary Landfill | 焚烧 Incineration | 其他 Other | | 三类以上 Grade Ⅲ and Above | | |
| **21631** | **2990** | **860.79** | **208.07** | **599.54** | **53.18** | **5168** | **3874** | **7933** | **湖南** |
| 7800 | 1200 | 268.50 | | 241.80 | 26.70 | 620 | | 1822 | 长沙 |
| | | 20.72 | 20.72 | | | 42 | 42 | 118 | 宁乡 |
| | | 12.30 | 12.30 | | | 108 | 108 | 220 | 浏阳 |
| 1700 | 600 | 56.51 | | 48.80 | 7.71 | 703 | 703 | 601 | 株洲 |
| | | 10.74 | 10.74 | | | 85 | 85 | 84 | 醴陵 |
| | | 32.57 | | 32.57 | | 363 | 363 | 732 | 湘潭 |
| 500 | | 10.37 | | 10.37 | | 43 | 43 | 72 | 湘乡 |
| | | 2.24 | | 2.24 | | 4 | 4 | 15 | 韶山 |
| 1500 | 260 | 46.31 | | 41.48 | 4.83 | 630 | 630 | 445 | 衡阳 |
| 1200 | | 18.34 | 0.04 | 18.30 | | 31 | 31 | 232 | 耒阳 |
| | | 18.95 | 18.95 | | | 28 | 28 | 83 | 常宁 |
| | | 26.87 | 19.80 | 7.08 | | 281 | 136 | 240 | 邵阳 |
| | | 11.28 | 11.28 | | | 60 | | 60 | 武冈 |
| 700 | | 14.71 | 14.71 | | | 110 | 53 | 133 | 邵东 |
| 1200 | 275 | 34.93 | | 29.91 | 5.02 | 155 | 128 | 354 | 岳阳 |
| 500 | | 5.53 | | 5.53 | | 23 | 23 | 77 | 汨罗 |
| | | 7.04 | 7.04 | | | 20 | 20 | 42 | 临湘 |
| 1200 | 155 | 49.29 | | 46.54 | 2.75 | 170 | 151 | 308 | 常德 |
| | | 4.79 | | 4.79 | | 46 | 46 | 73 | 津市 |
| | | 13.19 | 13.19 | | | 87 | 87 | 125 | 张家界 |
| 1400 | | 33.45 | | 33.45 | | 138 | 138 | 415 | 益阳 |
| 81 | | 6.85 | 6.36 | 0.49 | | 28 | 17 | 35 | 沅江 |
| 1250 | | 27.52 | | 27.52 | | 328 | 328 | 348 | 郴州 |
| | | 5.14 | 5.14 | | | 14 | 14 | 70 | 资兴 |
| 800 | | 26.35 | | 26.35 | | 251 | 235 | 236 | 永州 |
| | 300 | 12.87 | 8.61 | | 4.26 | 156 | 156 | 139 | 祁阳 |
| | 200 | 24.65 | 22.74 | | 1.91 | 176 | 176 | 228 | 怀化 |
| | | 4.62 | 4.62 | | | 58 | 40 | 28 | 洪江 |
| 800 | | 22.32 | | 22.32 | | 221 | | 102 | 娄底 |
| | | 7.84 | 7.84 | | | 18 | 18 | 42 | 冷水江 |
| | | 11.96 | 11.96 | | | 29 | 29 | 54 | 涟源 |
| 1000 | | 12.03 | 12.03 | | | 142 | 42 | 400 | 吉首 |
| **127935** | **15096** | **3279.03** | **289.79** | **2664.07** | **325.17** | **13515** | **12927** | **31110** | **广东** |
| 30800 | 6110 | 604.89 | | 521.62 | 83.27 | 1533 | 1533 | 6958 | 广州 |
| 850 | | 31.56 | | 31.56 | | 97 | 97 | 638 | 韶关 |
| 500 | | 12.77 | | 12.77 | | 14 | 14 | 138 | 乐昌 |

## 12-2 续表 13

| 城市名称 Name of Cities | 道路清扫保洁面积(万平方米) Surface Area of Roads Cleaned and Maintained (10,000 $m^2$) | 机械化 Mechanization | 生活垃圾 清运量(万吨) Collected and Transported (10,000 ton) | 处理量(万吨) Volume of Treated (10,000 ton) | 无害化处理厂(场)数(座) Number of Harmless Treatment Plants/Grounds (unit) | 卫生填埋 Sanitary Landfill | 焚烧 Incineration | 其他 Other | 无害化处理能力(吨/日) Harmless Treatment Capacity (ton/day) | 卫生填埋 Sanitary Landfill |
|---|---|---|---|---|---|---|---|---|---|---|
| 南　雄 | 116 | 81 | 3.94 | 3.94 | 1 | 1 | | | 200 | 200 |
| 深　圳 | 27153 | 14980 | 845.89 | 845.89 | 21 | 3 | 9 | 9 | 30414 | 5940 |
| 珠　海 | 6703 | 4291 | 113.33 | 113.33 | 3 | | 2 | 1 | 3330 | |
| 汕　头 | 5100 | 2169 | 123.69 | 123.69 | 6 | 2 | 4 | | 8620 | 1900 |
| 佛　山 | 3448 | 3154 | 126.25 | 126.25 | 11 | 2 | 5 | 4 | 15664 | 4300 |
| 江　门 | 2807 | 2550 | 77.49 | 77.49 | 2 | 1 | | 1 | 2590 | 2440 |
| 台　山 | 262 | 231 | 11.64 | 11.64 | 1 | 1 | | | 400 | 400 |
| 开　平 | 582 | 467 | 10.89 | 10.89 | 2 | | 1 | 1 | 1150 | |
| 鹤　山 | 250 | 223 | 11.06 | 11.06 | 1 | 1 | | | 400 | 400 |
| 恩　平 | 265 | 253 | 8.93 | 8.93 | 1 | 1 | | | 300 | 300 |
| 湛　江 | 2514 | 1886 | 67.03 | 67.03 | 2 | 1 | 1 | | 2500 | 1000 |
| 廉　江 | 680 | 346 | 8.58 | 8.58 | 1 | | 1 | | 780 | |
| 雷　州 | 537 | 141 | 34.27 | 34.27 | 2 | 1 | 1 | | 1250 | 250 |
| 吴　川 | 377 | 115 | 8.24 | 8.24 | 1 | | 1 | | 1000 | |
| 茂　名 | 1853 | 1560 | 37.59 | 37.59 | 3 | | 2 | 1 | 2715 | |
| 高　州 | 464 | 212 | 7.65 | 7.65 | 1 | | 1 | | 1200 | |
| 化　州 | 439 | 133 | 8.08 | 8.08 | 1 | | 1 | | 600 | |
| 信　宜 | 292 | 132 | 6.95 | 6.95 | 1 | | 1 | | 1000 | |
| 肇　庆 | 2541 | 2293 | 55.07 | 55.07 | 6 | 3 | 3 | | 7719 | 3219 |
| 四　会 | 474 | 403 | 20.34 | 20.34 | 1 | | 1 | | 1500 | |
| 惠　州 | 5490 | 4392 | 140.09 | 140.01 | 4 | 1 | 3 | | 7200 | 800 |
| 梅　州 | 821 | 661 | 24.76 | 24.76 | | | | | | |
| 兴　宁 | 386 | 264 | 8.98 | 8.98 | 1 | | 1 | | 700 | |
| 汕　尾 | 576 | 300 | 14.92 | 14.92 | 1 | | 1 | | 2100 | |
| 陆　丰 | 186 | 116 | 11.35 | 11.35 | 1 | | 1 | | 1200 | |
| 河　源 | 779 | 231 | 35.67 | 35.67 | 1 | 1 | | | 866 | 866 |
| 阳　江 | 1988 | 964 | 32.48 | 32.48 | 2 | 2 | | | 2203 | 2203 |
| 阳　春 | 278 | 70 | 9.74 | 9.74 | 2 | 1 | 1 | | 584 | 384 |
| 清　远 | 1376 | 826 | 34.53 | 34.53 | 1 | | 1 | | 2500 | |
| 英　德 | 430 | 320 | 11.41 | 11.41 | 1 | 1 | | | 251 | 251 |
| 连　州 | 218 | 122 | 4.61 | 4.61 | 1 | 1 | | | 190 | 190 |
| 东　莞 | 21672 | 12321 | 537.42 | 537.42 | 50 | | 7 | 43 | 15578 | |
| 中　山 | 1884 | 1093 | 36.74 | 36.74 | 6 | | 6 | | 7710 | |
| 潮　州 | 995 | 628 | 44.58 | 44.58 | 2 | | 2 | | 2400 | |
| 揭　阳 | 939 | 702 | 48.13 | 48.13 | 2 | 1 | 1 | | 2145 | 1145 |
| 普　宁 | 955 | 294 | 32.85 | 32.85 | 2 | | 2 | | 2000 | |
| 云　浮 | 579 | 180 | 10.44 | 10.44 | 1 | 1 | | | 300 | 300 |
| 罗　定 | 528 | 422 | 5.82 | 5.82 | 1 | 1 | | | 400 | 400 |

## continued 13

| Domestic Garbage | | | | | | 公共厕所 | | 市容环卫专用车辆设备总数(台) Number of Vehicles and Equipment Designated for Municipal Environmental Sanitation (unit) | 城市名称 Name of Cities |
|---|---|---|---|---|---|---|---|---|---|
| 焚烧 Incineration | 其他 Other | 无害化处理量(万吨) Volume of Harmlessly Treated (10,000 ton) | 卫生填埋 Sanitary Landfill | 焚烧 Incineration | 其他 Other | (座) Number of Latrines (unit) | 三类以上 Grade III and Above | | |
| | | 3.94 | 3.94 | | | 13 | 13 | 27 | 南　雄 |
| 18025 | 6449 | 845.89 | | 660.38 | 185.51 | 4506 | 4506 | 5322 | 深　圳 |
| 3000 | 330 | 113.33 | | 108.26 | 5.07 | 415 | 390 | 2021 | 珠　海 |
| 6720 | | 123.69 | 31.04 | 92.65 | | 759 | 759 | 1332 | 汕　头 |
| 10800 | 564 | 126.25 | 17.29 | 98.01 | 10.94 | 708 | 652 | 1467 | 佛　山 |
| | 150 | 77.49 | 71.55 | | 5.94 | 306 | 306 | 990 | 江　门 |
| | | 11.64 | 11.16 | | 0.48 | 60 | 60 | 65 | 台　山 |
| 1000 | 150 | 10.89 | | 10.13 | 0.76 | 28 | 28 | 85 | 开　平 |
| | | 11.06 | 10.49 | | 0.57 | 102 | 102 | 143 | 鹤　山 |
| | | 8.93 | 8.29 | 0.27 | 0.36 | 34 | 34 | 135 | 恩　平 |
| 1500 | | 67.03 | 1.79 | 65.24 | | 222 | 222 | 2580 | 湛　江 |
| 780 | | 8.58 | | 8.58 | | 14 | 12 | 70 | 廉　江 |
| 1000 | | 34.27 | | 34.27 | | 33 | 33 | 87 | 雷　州 |
| 1000 | | 8.24 | | 8.24 | | 25 | 25 | 91 | 吴　川 |
| 2700 | 15 | 37.59 | | 37.18 | 0.42 | 126 | 126 | 167 | 茂　名 |
| 1200 | | 7.65 | | 7.65 | | 44 | 44 | 63 | 高　州 |
| 600 | | 8.08 | | 8.08 | | 21 | 21 | 40 | 化　州 |
| 1000 | | 6.95 | | 6.95 | | 20 | 20 | 184 | 信　宜 |
| 4500 | | 55.07 | 0.46 | 54.61 | | 224 | 224 | 491 | 肇　庆 |
| 1500 | | 20.34 | | 20.34 | | 19 | 19 | 132 | 四　会 |
| 6400 | | 140.01 | | 140.01 | | 135 | 118 | 669 | 惠　州 |
| | | 24.76 | | 24.76 | | 276 | 276 | 166 | 梅　州 |
| 700 | | 8.98 | | 8.98 | | 29 | 29 | 32 | 兴　宁 |
| 2100 | | 14.92 | | 14.92 | | 76 | 36 | 1407 | 汕　尾 |
| 1200 | | 11.35 | | 11.35 | | 20 | 16 | 53 | 陆　丰 |
| | | 35.67 | 35.67 | | | 69 | 69 | 65 | 河　源 |
| | | 32.48 | 32.48 | | | 55 | 55 | 273 | 阳　江 |
| 200 | | 9.74 | 8.56 | 1.19 | | 20 | 20 | 59 | 阳　春 |
| 2500 | | 34.53 | | 34.53 | | 58 | 58 | 239 | 清　远 |
| | | 11.41 | 7.89 | 3.52 | | 25 | 25 | 43 | 英　德 |
| | | 4.61 | 4.61 | | | 32 | 32 | 31 | 连　州 |
| 14250 | 1328 | 537.42 | | 505.58 | 31.84 | 1998 | 1975 | 2966 | 东　莞 |
| 7710 | | 35.22 | | 35.22 | | 205 | 115 | 1071 | 中　山 |
| 2400 | | 44.58 | | 44.58 | | 713 | 609 | 261 | 潮　州 |
| 1000 | | 48.13 | 28.32 | 19.81 | | 282 | 204 | 191 | 揭　阳 |
| 2000 | | 32.85 | | 32.85 | | 29 | 28 | 57 | 普　宁 |
| | | 10.44 | 10.44 | | | 148 | | 60 | 云　浮 |
| | | 5.82 | 5.82 | | | 22 | 22 | 241 | 罗　定 |

# 12-2 续表 14

| 城市名称 Name of Cities | 道路清扫保洁面积(万平方米) Surface Area of Roads Cleaned and Maintained (10,000 $m^2$) | 生活垃圾 | | | | | | | | |
|---|---|---|---|---|---|---|---|---|---|---|
| | | 机械化 Mechanization | 清运量(万吨) Collected and Transported (10,000 ton) | 处理量(万吨) Volume of Treated (10,000 ton) | 无害化处理厂(场)数(座) Number of Harmless Treatment Plants/Grounds (unit) | 卫生填埋 Sanitary Landfill | 焚烧 Incineration | 其他 Other | 无害化处理能力(吨/日) Harmless Treatment Capacity (ton/day) | 卫生填埋 Sanitary Landfill |
| **广　西** | **30506** | **19279** | **601.43** | **601.43** | **43** | **19** | **18** | **6** | **30459** | **8159** |
| 南　宁 | 8066 | 5115 | 186.75 | 186.75 | 6 | 1 | 2 | 3 | 7085 | 1135 |
| 横　州 | 298 | 53 | 6.11 | 6.11 | 1 | 1 | | | 200 | 200 |
| 柳　州 | 5467 | 3666 | 71.65 | 71.65 | 3 | | 2 | 1 | 3070 | |
| 桂　林 | 2284 | 1359 | 49.18 | 49.18 | 3 | 1 | 1 | 1 | 2820 | 1000 |
| 荔　浦 | 230 | 165 | 3.54 | 3.54 | 1 | 1 | | | 240 | 240 |
| 梧　州 | 891 | 361 | 23.62 | 23.62 | 2 | 1 | 1 | | 1600 | 400 |
| 岑　溪 | 295 | 177 | 5.67 | 5.67 | 1 | 1 | | | 350 | 350 |
| 北　海 | 2216 | 1387 | 32.62 | 32.62 | 2 | 1 | 1 | | 2168 | 768 |
| 防城港 | 1179 | 701 | 13.24 | 13.24 | 1 | | 1 | | 1000 | |
| 东　兴 | 283 | 223 | 4.51 | 4.51 | 1 | 1 | | | 121 | 121 |
| 钦　州 | 1064 | 354 | 36.30 | 36.30 | 2 | 1 | 1 | | 1430 | 530 |
| 贵　港 | 1459 | 1161 | 20.45 | 20.45 | 3 | 1 | 1 | 1 | 1990 | 380 |
| 桂　平 | 340 | 221 | 6.21 | 6.21 | 1 | 1 | | | 200 | 200 |
| 玉　林 | 1406 | 984 | 33.93 | 33.93 | 2 | 1 | 1 | | 1850 | 650 |
| 北　流 | 731 | 480 | 7.89 | 7.89 | 1 | | 1 | | 1050 | |
| 百　色 | 951 | 449 | 23.75 | 23.75 | 3 | 2 | 1 | | 825 | 325 |
| 靖　西 | 253 | 156 | 5.70 | 5.70 | 1 | 1 | | | 160 | 160 |
| 平　果 | 408 | 328 | 6.22 | 6.22 | 1 | | 1 | | 400 | |
| 贺　州 | 561 | 467 | 12.29 | 12.29 | 2 | 1 | 1 | | 950 | 450 |
| 河　池 | 505 | 279 | 19.07 | 19.07 | 2 | 1 | 1 | | 1000 | 400 |
| 来　宾 | 956 | 765 | 20.80 | 20.80 | 2 | 1 | 1 | | 1500 | 500 |
| 合　山 | 80 | 33 | 1.97 | 1.97 | | | | | | |
| 崇　左 | 453 | 335 | 6.15 | 6.15 | 1 | 1 | | | 350 | 350 |
| 凭　祥 | 130 | 60 | 3.84 | 3.84 | 1 | | 1 | | 100 | |
| **海　南** | **9659** | **6787** | **264.80** | **264.80** | **12** | **1** | **9** | **2** | **15000** | **500** |
| 海　口 | 5226 | 3879 | 140.52 | 140.52 | 4 | | 3 | 1 | 5000 | |
| 三　亚 | 1986 | 1324 | 83.00 | 83.00 | 3 | 1 | 1 | 1 | 3650 | 500 |
| 儋　州 | 924 | 475 | 12.65 | 12.65 | 1 | | 1 | | 1500 | |
| 五指山 | 137 | 95 | 2.30 | 2.30 | | | | | | |
| 琼　海 | 241 | 225 | 8.85 | 8.85 | 1 | | 1 | | 1200 | |
| 文　昌 | 351 | 323 | 7.81 | 7.81 | 2 | | 2 | | 2850 | |
| 万　宁 | 240 | 143 | 4.64 | 4.64 | | | | | | |
| 东　方 | 554 | 323 | 5.03 | 5.03 | 1 | | 1 | | 800 | |

continued 14

| Domestic Garbage | | | | | | 公共厕所（座）Number of Latrines (unit) | | 市容环卫专用车辆设备总数（台）Number of Vehicles and Equipment Designated for Municipal Environmental Sanitation (unit) | 城市名称 Name of Cities |
|---|---|---|---|---|---|---|---|---|---|
| 焚烧 Incineration | 其他 Other | 无害化处理量（万吨）Volume of Harmlessly Treated (10,000 ton) | 卫生填埋 Sanitary Landfill | 焚烧 Incineration | 其他 Other | | 三类以上 Grade III and Above | | |
| **19950** | **2350** | **601.43** | **95.24** | **478.63** | **27.56** | **3039** | **1863** | **13044** | **广　西** |
| 4250 | 1700 | 186.75 | 6.18 | 159.64 | 20.94 | 1254 | 156 | 6962 | 南　宁 |
| | | 6.11 | 6.11 | | | 22 | 11 | 26 | 横　州 |
| 2850 | 220 | 71.65 | | 69.65 | 1.99 | 297 | 297 | 918 | 柳　州 |
| 1500 | 320 | 49.18 | | 47.37 | 1.81 | 362 | 362 | 512 | 桂　林 |
| | | 3.54 | 3.54 | | | 22 | 22 | 156 | 荔　浦 |
| 1200 | | 23.62 | | 23.62 | | 65 | 65 | 622 | 梧　州 |
| | | 5.67 | 5.06 | 0.61 | | 14 | 14 | 16 | 岑　溪 |
| 1400 | | 32.62 | 19.25 | 13.37 | | 174 | 174 | 353 | 北　海 |
| 1000 | | 13.24 | | 13.24 | | 57 | 46 | 268 | 防城港 |
| | | 4.51 | 4.51 | | | 24 | 6 | 135 | 东　兴 |
| 900 | | 36.30 | 0.15 | 36.15 | | 109 | 109 | 774 | 钦　州 |
| 1500 | 110 | 20.45 | | 17.64 | 2.81 | 131 | 126 | 338 | 贵　港 |
| | | 6.21 | 6.21 | | | 25 | 7 | 254 | 桂　平 |
| 1200 | | 33.93 | | 33.93 | | 92 | 92 | 190 | 玉　林 |
| 1050 | | 7.89 | | 7.89 | | 22 | 22 | 31 | 北　流 |
| 500 | | 23.75 | 20.40 | 3.34 | | 54 | 40 | 500 | 百　色 |
| | | 5.70 | 5.70 | | | 18 | 18 | 468 | 靖　西 |
| 400 | | 6.22 | | 6.22 | | 26 | 26 | 48 | 平　果 |
| 500 | | 12.29 | 2.64 | 9.65 | | 128 | 128 | 89 | 贺　州 |
| 600 | | 19.07 | 5.52 | 13.56 | | 54 | 53 | 98 | 河　池 |
| 1000 | | 20.80 | | 20.80 | | 32 | 32 | 80 | 来　宾 |
| | | 1.97 | | 1.97 | | 12 | 12 | 19 | 合　山 |
| | | 6.15 | 6.15 | | | 21 | 21 | 151 | 崇　左 |
| 100 | | 3.84 | 3.84 | | | 24 | 24 | 36 | 凭　祥 |
| **13400** | **1100** | **264.80** | | **248.41** | **16.39** | **1475** | **1466** | **12467** | **海　南** |
| 4200 | 800 | 140.52 | | 130.07 | 10.45 | 940 | 940 | 4120 | 海　口 |
| 2850 | 300 | 83.00 | | 77.06 | 5.94 | 221 | 221 | 4065 | 三　亚 |
| 1500 | | 12.65 | | 12.65 | | 110 | 110 | 197 | 儋　州 |
| | | 2.30 | | 2.30 | | 21 | 21 | 296 | 五指山 |
| 1200 | | 8.85 | | 8.85 | | 46 | 46 | 584 | 琼　海 |
| 2850 | | 7.81 | | 7.81 | | 43 | 43 | 717 | 文　昌 |
| | | 4.64 | | 4.64 | | 43 | 43 | 426 | 万　宁 |
| 800 | | 5.03 | | 5.03 | | 51 | 42 | 2062 | 东　方 |

## 12-2 续表 15

| 城市名称 Name of Cities | 道路清扫保洁面积(万平方米) Surface Area of Roads Cleaned and Maintained (10,000 $m^2$) | 机械化 Mechanization | 生活垃圾 清运量(万吨) Collected and Transported (10,000 ton) | 处理量(万吨) Volume of Treated (10,000 ton) | 无害化处理厂(场)数(座) Number of Harmless Treatment Plants/Grounds (unit) | 卫生填埋 Sanitary Landfill | 焚烧 Incineration | 其他 Other | 无害化处理能力(吨/日) Harmless Treatment Capacity (ton/day) | 卫生填埋 Sanitary Landfill |
|---|---|---|---|---|---|---|---|---|---|---|
| **重　庆** | **25218** | **18042** | **678.77** | **678.77** | **38** | **15** | **16** | **7** | **28956** | **5384** |
| 重　庆 | 25218 | 18042 | 678.77 | 678.77 | 38 | 15 | 16 | 7 | 28956 | 5384 |
| **四　川** | **57972** | **43129** | **1259.20** | **1258.94** | **48** | **13** | **27** | **8** | **45580** | **7980** |
| 成　都 | 23628 | 15993 | 541.50 | 541.50 | 12 | 1 | 9 | 2 | 21600 | 5000 |
| 简　阳 | 520 | 390 | 10.75 | 10.75 | 1 |  | 1 |  | 1500 |  |
| 都江堰 | 579 | 494 | 10.67 | 10.67 | 1 | 1 |  |  | 500 | 500 |
| 彭　州 | 466 | 446 | 9.46 | 9.46 |  |  |  |  |  |  |
| 邛　崃 | 384 | 296 | 15.42 | 15.42 |  |  |  |  |  |  |
| 崇　州 | 663 | 604 | 10.08 | 10.08 | 1 | 1 |  |  | 200 | 200 |
| 自　贡 | 2369 | 2020 | 30.65 | 30.65 | 1 |  | 1 |  | 2300 |  |
| 攀枝花 | 1304 | 1103 | 21.41 | 21.41 | 2 |  | 1 | 1 | 900 |  |
| 泸　州 | 2629 | 2130 | 41.52 | 41.52 | 1 |  | 1 |  | 1500 |  |
| 德　阳 | 937 | 835 | 28.75 | 28.75 | 2 |  | 1 | 1 | 1490 |  |
| 广　汉 | 820 | 697 | 19.21 | 19.21 |  |  |  |  |  |  |
| 什　邡 | 305 | 173 | 9.81 | 9.81 |  |  |  |  |  |  |
| 绵　竹 | 312 | 218 | 10.74 | 10.74 |  |  |  |  |  |  |
| 绵　阳 | 2837 | 2401 | 57.40 | 57.40 | 2 | 1 | 1 |  | 2210 | 710 |
| 江　油 | 670 | 450 | 14.60 | 14.60 |  |  |  |  |  |  |
| 广　元 | 1013 | 814 | 23.44 | 23.44 | 4 | 3 | 1 |  | 910 | 210 |
| 遂　宁 | 1469 | 1009 | 25.06 | 25.06 | 2 |  | 1 | 1 | 930 |  |
| 射　洪 | 350 | 280 | 10.69 | 10.69 | 1 |  | 1 |  | 700 |  |
| 内　江 | 1064 | 861 | 29.37 | 29.37 | 1 |  | 1 |  | 1050 |  |
| 隆　昌 | 414 | 282 | 11.38 | 11.38 | 1 |  | 1 |  | 1050 |  |
| 乐　山 | 1387 | 981 | 34.73 | 34.73 | 2 | 1 | 1 |  | 1060 | 60 |
| 峨眉山 | 296 | 223 | 12.31 | 12.31 | 1 |  |  | 1 | 400 |  |
| 南　充 | 2250 | 1915 | 52.31 | 52.31 | 2 | 1 | 1 |  | 1700 | 500 |
| 阆　中 | 650 | 460 | 10.50 | 10.50 | 1 | 1 |  |  | 350 | 350 |
| 眉　山 | 1482 | 842 | 25.64 | 25.64 | 2 |  | 1 | 1 | 1650 |  |
| 宜　宾 | 2517 | 2153 | 41.94 | 41.94 |  |  |  |  |  |  |
| 广　安 | 1640 | 1042 | 17.78 | 17.76 |  |  |  |  |  |  |
| 华　蓥 | 318 | 42 | 5.60 | 5.60 |  |  |  |  |  |  |
| 达　州 | 776 | 755 | 34.28 | 34.28 | 2 |  | 2 |  | 1120 |  |
| 万　源 | 78 | 31 | 3.27 | 3.27 |  |  |  |  |  |  |
| 雅　安 | 733 | 602 | 12.59 | 12.39 | 1 |  | 1 |  | 700 |  |
| 巴　中 | 1187 | 1010 | 19.46 | 19.46 |  |  |  |  |  |  |
| 资　阳 | 960 | 892 | 15.15 | 15.15 |  |  |  |  |  |  |
| 马尔康 | 110 |  | 2.47 | 2.44 |  |  |  |  |  |  |
| 康　定 | 79 | 66 | 3.07 | 3.07 | 1 | 1 |  |  | 65 | 65 |
| 会　理 | 87 | 61 | 5.46 | 5.45 | 1 | 1 |  |  | 150 | 150 |
| 西　昌 | 690 | 559 | 30.75 | 30.75 | 3 | 1 | 1 | 1 | 1545 | 235 |

## continued 15

| Domestic Garbage | | | | | | 公共厕所 (座) Number of Latrines (unit) | | 市容环卫专用车辆设备总数 (台) Number of Vehicles and Equipment Designated for Municipal Environmental Sanitation (unit) | 城市名称 Name of Cities |
|---|---|---|---|---|---|---|---|---|---|
| 焚烧 Incineration | 其他 Other | 无害化处理量 (万吨) Volume of Harmlessly Treated (10,000 ton) | 卫生填埋 Sanitary Landfill | 焚烧 Incineration | 其他 Other | | 三类以上 Grade Ⅲ and Above | | |
| **19422** | **4150** | **678.77** | **60.42** | **527.68** | **90.67** | **4991** | **3936** | **4886** | **重　庆** |
| 19422 | 4150 | 678.77 | 60.42 | 527.68 | 90.67 | 4991 | 3936 | 4886 | 重　庆 |
| **36112** | **1488** | **1258.94** | **101.37** | **1112.89** | **44.68** | **9786** | **8377** | **15227** | **四　川** |
| 16100 | 500 | 541.50 | 56.82 | 472.53 | 12.14 | 2676 | 2510 | 7934 | 成　都 |
| 1500 | | 10.75 | | 10.75 | | 82 | 82 | 172 | 简　阳 |
| | | 10.67 | | 10.67 | | 121 | 121 | 150 | 都江堰 |
| | | 9.46 | | 9.46 | | 164 | 157 | 70 | 彭　州 |
| | | 15.42 | | 15.42 | | 81 | 81 | 273 | 邛　崃 |
| | | 10.08 | 10.08 | | | 54 | | 111 | 崇　州 |
| 2300 | | 30.65 | | 30.65 | | 555 | 555 | 600 | 自　贡 |
| 800 | 100 | 21.41 | | 19.44 | 1.97 | 438 | 438 | 259 | 攀枝花 |
| 1500 | | 41.52 | | 41.52 | | 310 | 276 | 388 | 泸　州 |
| 1392 | 98 | 28.75 | | 25.18 | 3.57 | 135 | 36 | 561 | 德　阳 |
| | | 19.21 | | 19.21 | | 67 | 67 | 77 | 广　汉 |
| | | 9.81 | | 9.81 | | 54 | 54 | 220 | 什　邡 |
| | | 10.74 | | 10.74 | | 30 | 30 | 43 | 绵　竹 |
| 1500 | | 57.40 | | 57.40 | | 438 | 438 | 313 | 绵　阳 |
| | | 14.60 | | 14.60 | | 74 | 74 | 78 | 江　油 |
| 700 | | 23.44 | 2.26 | 21.18 | | 348 | 199 | 204 | 广　元 |
| 800 | 130 | 25.06 | | 22.57 | 2.50 | 240 | 104 | 234 | 遂　宁 |
| 700 | | 10.69 | | 10.69 | | 45 | 33 | 67 | 射　洪 |
| 1050 | | 29.37 | | 29.37 | | 320 | 320 | 273 | 内　江 |
| 1050 | | 11.38 | | 11.38 | | 40 | 36 | 82 | 隆　昌 |
| 1000 | | 34.73 | 5.84 | 28.88 | | 230 | 152 | 275 | 乐　山 |
| | 400 | 12.31 | | | 12.31 | 53 | 53 | 39 | 峨眉山 |
| 1200 | | 52.31 | 11.51 | 40.80 | | 486 | 465 | 245 | 南　充 |
| | | 10.50 | 10.50 | | | 200 | 200 | 41 | 阆　中 |
| 1500 | 150 | 25.64 | | 21.36 | 4.29 | 170 | 170 | 336 | 眉　山 |
| | | 41.94 | | 36.53 | 5.41 | 726 | 459 | 756 | 宜　宾 |
| | | 17.76 | | 17.76 | | 167 | 142 | 280 | 广　安 |
| | | 5.60 | | 5.60 | | 41 | 27 | 60 | 华　蓥 |
| 1120 | | 34.28 | | 34.28 | | 525 | 525 | 274 | 达　州 |
| | | 3.27 | | 3.27 | | 71 | | 59 | 万　源 |
| 700 | | 12.39 | | 12.39 | | 106 | 66 | 121 | 雅　安 |
| | | 19.46 | | 19.46 | | 275 | 123 | 251 | 巴　中 |
| | | 15.15 | | 15.15 | | 157 | 157 | 124 | 资　阳 |
| | | 2.44 | | 1.39 | 1.05 | 16 | 15 | 30 | 马尔康 |
| | | 3.07 | 3.07 | | | 15 | 13 | 27 | 康　定 |
| | | 5.45 | 1.29 | 4.16 | | 36 | 6 | 32 | 会　理 |
| 1200 | 110 | 30.75 | | 29.30 | 1.45 | 240 | 193 | 168 | 西　昌 |

## 12-2 续表 16

| 城市名称 Name of Cities | 道路清扫保洁面积(万平方米) Surface Area of Roads Cleaned and Maintained (10,000 $m^2$) | 机械化 Mechanization | 生活垃圾 清运量(万吨) Collected and Transported (10,000 ton) | 处理量(万吨) Volume of Treated (10,000 ton) | 无害化处理厂(场)数(座) Number of Harmless Treatment Plants/Grounds (unit) | 卫生填埋 Sanitary Landfill | 焚烧 Incineration | 其他 Other | 无害化处理能力(吨/日) Harmless Treatment Capacity (ton/day) | 卫生填埋 Sanitary Landfill |
|---|---|---|---|---|---|---|---|---|---|---|
| **贵州** | **20632** | **19803** | **415.85** | **415.39** | **46** | **14** | **22** | **10** | **24517** | **6427** |
| 贵阳 | 7539 | 7162 | 154.51 | 154.51 | 7 | 2 | 3 | 2 | 7935 | 3000 |
| 清镇 | 396 | 387 | 14.66 | 14.66 | 2 | 1 | 1 | | 600 | 300 |
| 六盘水 | 1518 | 1419 | 20.14 | 20.13 | 4 | 1 | 2 | 1 | 1950 | 500 |
| 盘州 | 630 | 590 | 9.34 | 9.34 | 2 | 1 | 1 | | 1000 | 200 |
| 遵义 | 3001 | 2973 | 55.36 | 55.36 | 5 | 2 | 2 | 1 | 3152 | 732 |
| 赤水 | 222 | 216 | 3.76 | 3.76 | 1 | 1 | | | 140 | 140 |
| 仁怀 | 648 | 641 | 12.34 | 12.34 | 3 | | 2 | 1 | 1350 | |
| 安顺 | 1550 | 1480 | 30.57 | 30.57 | 5 | 1 | 3 | 1 | 1710 | 310 |
| 毕节 | 778 | 765 | 19.26 | 19.26 | 3 | 1 | 1 | 1 | 1400 | 300 |
| 黔西 | 364 | 357 | 9.52 | 9.52 | 2 | 1 | 1 | | 370 | 120 |
| 铜仁 | 784 | 678 | 16.47 | 16.47 | 2 | | 1 | 1 | 655 | |
| 兴义 | 1342 | 1304 | 23.77 | 23.77 | 3 | 1 | 1 | 1 | 1680 | 330 |
| 兴仁 | 215 | 208 | 6.49 | 6.45 | 1 | | | 1 | 80 | |
| 凯里 | 492 | 485 | 20.87 | 20.50 | 1 | | 1 | | 800 | |
| 都匀 | 872 | 867 | 12.86 | 12.83 | 2 | 1 | 1 | | 950 | 350 |
| 福泉 | 281 | 271 | 5.92 | 5.91 | 3 | 1 | 2 | | 745 | 145 |
| **云南** | **20973** | **17260** | **538.12** | **538.12** | **35** | **16** | **17** | **2** | **16970** | **3588** |
| 昆明 | 8390 | 6808 | 239.15 | 239.15 | 7 | 1 | 5 | 1 | 6000 | 100 |
| 安宁 | 454 | 403 | 12.79 | 12.79 | | | | | | |
| 曲靖 | 1855 | 1595 | 33.62 | 33.62 | 1 | | 1 | | 800 | |
| 宣威 | 708 | 601 | 12.10 | 12.10 | 1 | | 1 | | 500 | |
| 玉溪 | 740 | 600 | 21.01 | 21.01 | 2 | 1 | 1 | | 1100 | 400 |
| 澄江 | 146 | 120 | 1.47 | 1.47 | 2 | 1 | 1 | | 450 | 150 |
| 保山 | 616 | 555 | 15.66 | 15.66 | 1 | 1 | | | 250 | 250 |
| 腾冲 | 293 | 236 | 7.20 | 7.20 | 1 | | 1 | | 300 | |
| 昭通 | 705 | 568 | 16.94 | 16.94 | 2 | 1 | 1 | | 610 | 110 |
| 水富 | 114 | 97 | 2.55 | 2.55 | 1 | 1 | | | 90 | 90 |
| 丽江 | 499 | 454 | 17.27 | 17.27 | 1 | 1 | | | 550 | 550 |
| 普洱 | 410 | 386 | 12.86 | 12.86 | 1 | 1 | | | 200 | 200 |
| 临沧 | 283 | 233 | 8.03 | 8.03 | 1 | 1 | | | 110 | 110 |
| 禄丰 | 182 | 155 | 3.94 | 3.94 | 1 | 1 | | | 111 | 111 |
| 楚雄 | 772 | 669 | 8.20 | 8.20 | 1 | | 1 | | 700 | |
| 个旧 | 120 | 95 | 4.84 | 4.84 | 2 | 1 | 1 | | 760 | 160 |

## continued 16

| Domestic Garbage | | | | | | 公共厕所（座）Number of Latrines (unit) | | 市容环卫专用车辆设备总数（台）Number of Vehicles and Equipment Designated for Municipal Environmental Sanitation (unit) | 城市名称 Name of Cities |
|---|---|---|---|---|---|---|---|---|---|
| 焚烧 Incineration | 其他 Other | 无害化处理量（万吨）Volume of Harmlessly Treated (10,000 ton) | 卫生填埋 Sanitary Landfill | 焚烧 Incineration | 其他 Other | | 三类以上 Grade Ⅲ and Above | | |
| **16750** | **1340** | **415.36** | **72.72** | **320.17** | **22.46** | **4324** | **3635** | **5974** | **贵　州** |
| 4400 | 535 | 154.51 | 60.85 | 82.82 | 10.85 | 665 | 665 | 2201 | 贵　阳 |
| 300 | | 14.66 | | 14.66 | | 209 | 209 | 229 | 清　镇 |
| 1400 | 50 | 20.13 | | 19.85 | 0.28 | 408 | 408 | 327 | 六盘水 |
| 800 | | 9.34 | | 9.34 | | 118 | 118 | 39 | 盘　州 |
| 2300 | 120 | 55.36 | | 55.36 | | 677 | 547 | 768 | 遵　义 |
| | | 3.76 | | 3.76 | | 87 | 87 | 54 | 赤　水 |
| 1200 | 150 | 12.34 | | 10.07 | 2.27 | 125 | 125 | 364 | 仁　怀 |
| 1300 | 100 | 30.57 | 1.28 | 28.39 | 0.90 | 630 | 310 | 598 | 安　顺 |
| 1000 | 100 | 19.26 | | 16.93 | 2.34 | 258 | 258 | 263 | 毕　节 |
| 250 | | 9.52 | 9.33 | 0.19 | | 109 | 77 | 120 | 黔　西 |
| 600 | 55 | 16.47 | | 16.47 | | 207 | 207 | 201 | 铜　仁 |
| 1200 | 150 | 23.77 | 1.26 | 18.00 | 4.50 | 197 | 197 | 285 | 兴　义 |
| | 80 | 6.45 | | 5.11 | 1.34 | 91 | 16 | 36 | 兴　仁 |
| 800 | | 20.48 | | 20.48 | | 235 | 235 | 176 | 凯　里 |
| 600 | | 12.83 | | 12.83 | | 192 | 79 | 203 | 都　匀 |
| 600 | | 5.91 | | 5.91 | | 116 | 97 | 110 | 福　泉 |
| **12707** | **675** | **537.41** | **97.75** | **427.12** | **12.54** | **6495** | **6311** | **6544** | **云　南** |
| 5700 | 200 | 239.15 | 9.24 | 223.48 | 6.43 | 2015 | 1998 | 2479 | 昆　明 |
| | | 12.79 | | 12.79 | | 86 | 86 | 96 | 安　宁 |
| 800 | | 33.62 | | 33.62 | | 520 | 479 | 571 | 曲　靖 |
| 500 | | 12.10 | | 12.10 | | 270 | 270 | 240 | 宣　威 |
| 700 | | 21.01 | 2.80 | 18.21 | | 208 | 208 | 180 | 玉　溪 |
| 300 | | 1.47 | 0.94 | 0.53 | | 30 | 30 | 59 | 澄　江 |
| | | 15.66 | | 15.66 | | 194 | 194 | 105 | 保　山 |
| 300 | | 7.20 | | 7.20 | | 153 | 153 | 190 | 腾　冲 |
| 500 | | 16.94 | | 16.94 | | 285 | 285 | 247 | 昭　通 |
| | | 2.55 | 2.55 | | | 55 | 55 | 100 | 水　富 |
| | | 17.27 | 17.27 | | | 153 | 153 | 145 | 丽　江 |
| | | 12.86 | 12.86 | | | 166 | 166 | 135 | 普　洱 |
| | | 8.03 | 8.03 | | | 97 | 97 | 149 | 临　沧 |
| | | 3.94 | 3.94 | | | 47 | 47 | 53 | 禄　丰 |
| 700 | | 8.20 | | 8.20 | | 317 | 317 | 181 | 楚　雄 |
| 600 | | 4.84 | 0.29 | 4.54 | | 87 | 87 | 55 | 个　旧 |

## 12-2 续表 17

| 城市名称 Name of Cities | 道路清扫保洁面积(万平方米) Surface Area of Roads Cleaned and Maintained (10,000 m²) | | 生活垃圾 | | | | | | | |
|---|---|---|---|---|---|---|---|---|---|---|
| | | 机械化 Mechanization | 清运量(万吨) Collected and Transported (10,000 ton) | 处理量(万吨) Volume of Treated (10,000 ton) | 无害化处理厂(场)数(座) Number of Harmless Treatment Plants/ Grounds (unit) | 卫生填埋 Sanitary Landfill | 焚烧 Incineration | 其他 Other | 无害化处理能力(吨/日) Harmless Treatment Capacity (ton/day) | 卫生填埋 Sanitary Landfill |
| 开远 | 396 | 335 | 6.75 | 6.75 | 1 | 1 | | | 200 | 200 |
| 蒙自 | 679 | 580 | 15.61 | 15.61 | 1 | 1 | | | 300 | 300 |
| 弥勒 | 365 | 261 | 4.98 | 4.98 | | | | | | |
| 文山 | 777 | 637 | 15.35 | 15.35 | 1 | | 1 | | 600 | |
| 景洪 | 423 | 344 | 22.17 | 22.17 | 1 | 1 | | | 607 | 607 |
| 大理 | 824 | 605 | 33.62 | 33.62 | 2 | | 1 | 1 | 1675 | |
| 瑞丽 | 409 | 290 | 5.26 | 5.26 | 1 | | 1 | | 600 | |
| 芒市 | 394 | 315 | 7.24 | 7.24 | 1 | | 1 | | 207 | |
| 泸水 | 77 | 45 | 3.42 | 3.42 | 1 | 1 | | | 130 | 130 |
| 香格里拉 | 340 | 274 | 6.12 | 6.12 | 1 | 1 | | | 120 | 120 |
| **西藏** | **4991** | **2171** | **62.17** | **62.05** | **8** | **7** | **1** | | **2330** | **1630** |
| 拉萨 | 4049 | 1926 | 35.74 | 35.69 | 4 | 3 | 1 | | 1300 | 600 |
| 日喀则 | 357 | 91 | 9.86 | 9.86 | 1 | 1 | | | 300 | 300 |
| 昌都 | 132 | 87 | 6.03 | 5.99 | 1 | 1 | | | 260 | 260 |
| 林芝 | 18 | 15 | 3.24 | 3.24 | 1 | 1 | | | 110 | 110 |
| 山南 | 335 | 24 | 4.75 | 4.75 | | | | | | |
| 那曲 | 100 | 28 | 2.56 | 2.53 | 1 | 1 | | | 360 | 360 |
| **陕西** | **25782** | **22621** | **654.88** | **654.87** | **41** | **24** | **10** | **7** | **32046** | **14146** |
| 西安 | 13625 | 12095 | 381.22 | 381.22 | 16 | 7 | 5 | 4 | 22586 | 8116 |
| 铜川 | 573 | 498 | 12.93 | 12.93 | 2 | | 1 | 1 | 600 | |
| 宝鸡 | 1971 | 1671 | 41.09 | 41.09 | 3 | 3 | | | 1592 | 1592 |
| 咸阳 | 1075 | 998 | 33.80 | 33.80 | 1 | 1 | | | 926 | 926 |
| 彬州 | 68 | 67 | 5.49 | 5.49 | 1 | | 1 | | 300 | |
| 兴平 | 272 | 205 | 8.79 | 8.78 | 1 | | 1 | | 500 | |
| 渭南 | 798 | 674 | 19.95 | 19.95 | 2 | 2 | | | 580 | 580 |
| 韩城 | 338 | 303 | 7.55 | 7.55 | 1 | 1 | | | 400 | 400 |
| 华阴 | 177 | 126 | 5.75 | 5.75 | 1 | 1 | | | 200 | 200 |
| 延安 | 875 | 757 | 27.72 | 27.72 | 3 | 2 | | 1 | 668 | 568 |
| 子长 | 184 | 140 | 4.40 | 4.40 | 1 | 1 | | | 200 | 200 |
| 汉中 | 825 | 769 | 20.83 | 20.83 | 1 | | 1 | | 600 | |
| 榆林 | 2286 | 1953 | 29.09 | 29.09 | 2 | 1 | 1 | | 1415 | 115 |
| 神木 | 1334 | 1147 | 12.80 | 12.80 | 1 | 1 | | | 300 | 300 |
| 安康 | 789 | 689 | 22.93 | 22.92 | 1 | 1 | | | 580 | 580 |
| 旬阳 | 91 | 70 | 5.18 | 5.18 | 1 | 1 | | | 150 | 150 |
| 商洛 | 190 | 171 | 8.09 | 8.09 | 2 | 1 | | 1 | 230 | 200 |
| 杨凌区 | 309 | 289 | 7.30 | 7.30 | 1 | 1 | | | 220 | 220 |

continued 17

| Domestic Garbage | | | | | | 公共厕所 (座) Number of Latrines (unit) | | 市容环卫专用车辆设备总数(台) Number of Vehicles and Equipment Designated for Municipal Environmental Sanitation (unit) | 城市名称 Name of Cities |
|---|---|---|---|---|---|---|---|---|---|
| 焚烧 Incineration | 其他 Other | 无害化处理量(万吨) Volume of Harmlessly Treated (10,000 ton) | 卫生填埋 Sanitary Landfill | 焚烧 Incineration | 其他 Other | | 三类以上 Grade III and Above | | |
| | | 6.75 | | 6.75 | | 261 | 261 | 106 | 开　远 |
| | | 15.61 | 8.14 | 7.48 | | 177 | 177 | 221 | 蒙　自 |
| | | 4.26 | | 4.26 | | 167 | 167 | 150 | 弥　勒 |
| 600 | | 15.35 | | 15.35 | | 70 | | 101 | 文　山 |
| | | 22.17 | 22.17 | | | 227 | 227 | 214 | 景　洪 |
| 1200 | 475 | 33.62 | | 27.51 | 6.11 | 461 | 405 | 197 | 大　理 |
| 600 | | 5.26 | | 5.26 | | 157 | 157 | 128 | 瑞　丽 |
| 207 | | 7.24 | | 7.24 | | 127 | 127 | 301 | 芒　市 |
| | | 3.42 | 3.42 | | | 54 | 54 | 43 | 泸　水 |
| | | 6.12 | 6.12 | | | 111 | 111 | 98 | 香格里拉 |
| **700** | | **62.05** | **38.28** | **23.77** | | **897** | **101** | **1564** | **西　藏** |
| 700 | | 35.69 | 11.92 | 23.77 | | 604 | 32 | 1324 | 拉　萨 |
| | | 9.86 | 9.86 | | | 114 | | 77 | 日喀则 |
| | | 5.99 | 5.99 | | | 67 | 67 | 54 | 昌　都 |
| | | 3.24 | 3.24 | | | 27 | | 36 | 林　芝 |
| | | 4.75 | 4.75 | | | 27 | 2 | 29 | 山　南 |
| | | 2.53 | 2.53 | | | 58 | | 44 | 那　曲 |
| **15950** | **1950** | **654.87** | **205.21** | **422.11** | **27.55** | **6689** | **6459** | **5877** | **陕　西** |
| 12750 | 1720 | 381.22 | 7.20 | 350.36 | 23.66 | 3354 | 3354 | 3193 | 西　安 |
| 500 | 100 | 12.93 | | 11.58 | 1.35 | 258 | 258 | 139 | 铜　川 |
| | | 41.09 | 41.09 | | | 688 | 667 | 281 | 宝　鸡 |
| | | 33.80 | 33.80 | | | 185 | 141 | 310 | 咸　阳 |
| 300 | | 5.49 | | 5.49 | | 38 | 38 | 46 | 彬　州 |
| 500 | | 8.78 | | 8.78 | | 39 | 39 | 72 | 兴　平 |
| | | 19.95 | 19.95 | | | 382 | 382 | 330 | 渭　南 |
| | | 7.55 | 7.55 | | | 68 | 68 | 72 | 韩　城 |
| | | 5.75 | 5.75 | | | 60 | 45 | 67 | 华　阴 |
| | 100 | 27.72 | 26.02 | | 1.70 | 300 | 297 | 373 | 延　安 |
| | | 4.40 | 4.40 | | | 53 | 53 | 55 | 子　长 |
| 600 | | 20.83 | | 20.83 | | 207 | 172 | 136 | 汉　中 |
| 1300 | | 29.09 | 4.03 | 25.07 | | 511 | 450 | 280 | 榆　林 |
| | | 12.80 | 12.80 | | | 200 | 200 | 201 | 神　木 |
| | | 22.92 | 22.92 | | | 156 | 156 | 168 | 安　康 |
| | | 5.18 | 5.18 | | | 65 | 59 | 24 | 旬　阳 |
| | 30 | 8.09 | 7.24 | | 0.85 | 70 | 70 | 83 | 商　洛 |
| | | 7.30 | 7.30 | | | 55 | 10 | 47 | 杨凌区 |

## 12-2 续表 18

| 城市名称 Name of Cities | 道路清扫保洁面积(万平方米) Surface Area of Roads Cleaned and Maintained (10,000 $m^2$) | 机械化 Mechanization | 生活垃圾 清运量(万吨) Collected and Transported (10,000 ton) | 处理量(万吨) Volume of Treated (10,000 ton) | 无害化处理厂(场)数(座) Number of Harmless Treatment Plants/Grounds (unit) | 卫生填埋 Sanitary Landfill | 焚烧 Incineration | 其他 Other | 无害化处理能力(吨/日) Harmless Treatment Capacity (ton/day) | 卫生填埋 Sanitary Landfill |
|---|---|---|---|---|---|---|---|---|---|---|
| **甘　肃** | **14882** | **12566** | **266.34** | **266.34** | **31** | **16** | **10** | **5** | **12342** | **3742** |
| 兰　州 | 5490 | 4736 | 101.76 | 101.76 | 7 | 5 | 1 | 1 | 3637 | 1137 |
| 嘉 峪 关 | 1142 | 914 | 10.27 | 10.27 | 2 | 1 |  | 1 | 410 | 360 |
| 金　昌 | 685 | 562 | 7.35 | 7.35 | 1 | 1 |  |  | 220 | 220 |
| 白　银 | 953 | 777 | 15.12 | 15.12 | 2 |  | 1 | 1 | 870 |  |
| 天　水 | 956 | 845 | 23.49 | 23.49 | 3 | 1 | 2 |  | 813 | 163 |
| 武　威 | 687 | 653 | 12.69 | 12.69 | 2 |  | 1 | 1 | 880 |  |
| 张　掖 | 806 | 693 | 12.18 | 12.18 | 1 |  | 1 |  | 600 |  |
| 平　凉 | 768 | 660 | 12.18 | 12.18 | 2 | 1 | 1 |  | 875 | 375 |
| 华　亭 | 188 | 174 | 3.67 | 3.67 | 1 | 1 |  |  | 187 | 187 |
| 酒　泉 | 692 | 532 | 15.55 | 15.55 | 2 | 1 | 1 |  | 980 | 480 |
| 玉　门 | 240 | 179 | 3.65 | 3.65 | 1 | 1 |  |  | 100 | 100 |
| 敦　煌 | 247 | 228 | 8.93 | 8.93 | 1 | 1 |  |  | 193 | 193 |
| 庆　阳 | 720 | 612 | 10.46 | 10.46 | 1 |  | 1 |  | 1200 |  |
| 定　西 | 364 | 317 | 5.84 | 5.84 | 2 | 1 |  | 1 | 230 | 180 |
| 陇　南 | 201 | 153 | 8.62 | 8.62 | 1 | 1 |  |  | 214 | 214 |
| 临　夏 | 577 | 407 | 9.72 | 9.72 | 1 |  | 1 |  | 800 |  |
| 合　作 | 166 | 124 | 4.85 | 4.85 | 1 | 1 |  |  | 133 | 133 |
| **青　海** | **3902** | **2827** | **117.68** | **117.04** | **10** | **9** |  | **1** | **2152** | **2032** |
| 西　宁 | 2140 | 1931 | 90.42 | 90.24 | 3 | 2 |  | 1 | 1136 | 1016 |
| 海　东 | 344 | 203 | 8.25 | 8.05 | 2 | 2 |  |  | 270 | 270 |
| 同　仁 | 150 | 20 | 1.42 | 1.40 | 1 | 1 |  |  | 150 | 150 |
| 玉　树 | 315 | 61 | 5.84 | 5.80 | 1 | 1 |  |  | 150 | 150 |
| 茫　崖 | 40 | 6 | 1.28 | 1.23 | 1 | 1 |  |  | 36 | 36 |
| 格 尔 木 | 492 | 337 | 8.02 | 7.87 | 1 | 1 |  |  | 260 | 260 |
| 德 令 哈 | 421 | 270 | 2.45 | 2.45 | 1 | 1 |  |  | 150 | 150 |
| **宁　夏** | **10325** | **8660** | **117.25** | **117.25** | **10** | **3** | **4** | **3** | **7270** | **1590** |
| 银　川 | 5372 | 4919 | 66.59 | 66.59 | 3 | 1 | 1 | 1 | 3400 | 1000 |
| 灵　武 | 452 | 374 | 6.46 | 6.46 |  |  |  |  |  |  |
| 宁东能源化工基地 | 153 | 143 | 2.80 | 2.80 | 1 |  | 1 |  | 2000 |  |
| 石 嘴 山 | 1470 | 1142 | 14.21 | 14.21 | 3 | 1 |  | 2 | 510 | 230 |
| 吴　忠 | 751 | 698 | 8.87 | 8.87 | 1 |  | 1 |  | 500 |  |
| 青 铜 峡 | 287 | 252 | 2.81 | 2.81 |  |  |  |  |  |  |
| 固　原 | 980 | 475 | 9.40 | 9.40 | 1 | 1 |  |  | 360 | 360 |
| 中　卫 | 860 | 657 | 6.10 | 6.10 | 1 |  | 1 |  | 500 |  |

continued 18

| Domestic Garbage | | | | | | 公共厕所 (座) Number of Latrines (unit) | | 市容环卫专用车辆设备总数(台) Number of Vehicles and Equipment Designated for Municipal Environmental Sanitation (unit) | 城市名称 Name of Cities |
|---|---|---|---|---|---|---|---|---|---|
| 焚烧 Incinera-tion | 其他 Other | 无害化处理量(万吨) Volume of Harm-lessly Treated (10,000 ton) | 卫生填埋 Sanitary Landfill | 焚烧 Incinera-tion | 其他 Other | | 三类以上 Grade Ⅲ and Above | | |
| **7650** | **950** | **266.34** | **69.94** | **184.23** | **12.17** | **3092** | **2688** | **6021** | **甘肃** |
| 2000 | 500 | 101.76 | 17.64 | 75.51 | 8.60 | 762 | 762 | 3586 | 兰州 |
| | 50 | 10.27 | 6.99 | 2.59 | 0.68 | 304 | 304 | 569 | 嘉峪关 |
| | | 7.35 | 7.35 | | | 231 | 84 | 182 | 金昌 |
| 600 | 270 | 15.12 | | 13.16 | 1.96 | 279 | 154 | 162 | 白银 |
| 650 | | 23.49 | 2.82 | 20.67 | | 291 | 291 | 183 | 天水 |
| 800 | 80 | 12.69 | | 11.90 | 0.80 | 195 | 195 | 270 | 武威 |
| 600 | | 12.18 | | 12.18 | | 195 | 97 | 122 | 张掖 |
| 500 | | 12.18 | 0.70 | 11.48 | | 156 | 156 | 119 | 平凉 |
| | | 3.67 | 2.22 | 1.45 | | 30 | 21 | 37 | 华亭 |
| 500 | | 15.55 | 1.78 | 13.77 | | 175 | 175 | 107 | 酒泉 |
| | | 3.65 | 3.65 | | | 49 | 49 | 40 | 玉门 |
| | | 8.93 | 8.93 | | | 46 | 46 | 55 | 敦煌 |
| 1200 | | 10.46 | | 10.46 | | 176 | 176 | 129 | 庆阳 |
| | 50 | 5.84 | 4.37 | 1.34 | 0.13 | 73 | 48 | 65 | 定西 |
| | | 8.62 | 8.62 | | | 32 | 32 | 72 | 陇南 |
| 800 | | 9.72 | | 9.72 | | 58 | 58 | 283 | 临夏 |
| | | 4.85 | 4.85 | | | 40 | 40 | 40 | 合作 |
| | **120** | **117.04** | **107.99** | | **9.05** | **834** | **716** | **1048** | **青海** |
| | 120 | 90.24 | 81.19 | | 9.05 | 499 | 489 | 611 | 西宁 |
| | | 8.05 | 8.05 | | | 119 | 55 | 155 | 海东 |
| | | 1.40 | 1.40 | | | 22 | | 29 | 同仁 |
| | | 5.80 | 5.80 | | | 70 | 70 | 69 | 玉树 |
| | | 1.23 | 1.23 | | | 8 | | 7 | 茫崖 |
| | | 7.87 | 7.87 | | | 76 | 76 | 119 | 格尔木 |
| | | 2.45 | 2.45 | | | 40 | 26 | 58 | 德令哈 |
| **5000** | **680** | **117.25** | **18.13** | **80.38** | **18.74** | **905** | **842** | **2771** | **宁夏** |
| 2000 | 400 | 66.59 | 4.31 | 53.80 | 8.48 | 407 | 407 | 2052 | 银川 |
| | | 6.46 | | 6.01 | 0.46 | | | 57 | 灵武 |
| 2000 | | 2.80 | | 2.80 | | 12 | 12 | 70 | 宁东能源化工基地 |
| | 280 | 14.21 | 4.42 | | 9.80 | 234 | 234 | 157 | 石嘴山 |
| 500 | | 8.87 | | 8.87 | | 115 | 115 | 161 | 吴忠 |
| | | 2.81 | | 2.81 | | 33 | 33 | 56 | 青铜峡 |
| | | 9.40 | 9.40 | | | 41 | 41 | 113 | 固原 |
| 500 | | 6.10 | | 6.10 | | 63 | | 105 | 中卫 |

# 12-2 续表 19

| 城市名称 Name of Cities | 道路清扫保洁面积(万平方米) Surface Area of Roads Cleaned and Maintained (10,000 $m^2$) | 机械化 Mechanization | 生活垃圾 | | | | | | | |
|---|---|---|---|---|---|---|---|---|---|---|
| | | | 清运量(万吨) Collected and Transported (10,000 ton) | 处理量(万吨) Volume of Treated (10,000 ton) | 无害化处理厂(场)数(座) Number of Harmless Treatment Plants/Grounds (unit) | 卫生填埋 Sanitary Landfill | 焚烧 Incineration | 其他 Other | 无害化处理能力(吨/日) Harmless Treatment Capacity (ton/day) | 卫生填埋 Sanitary Landfill |
| **新　疆** | **22557** | **16230** | **345.10** | **345.10** | **30** | **22** | **6** | **2** | **13940** | **6690** |
| 乌鲁木齐 | 6953 | 6118 | 140.50 | 140.50 | 4 | 2 | 1 | 1 | 4823 | 1323 |
| 克拉玛依 | 2106 | 1765 | 15.01 | 15.01 | 5 | 4 | | 1 | 947 | 897 |
| 吐鲁番 | 600 | 300 | 8.67 | 8.67 | 1 | 1 | | | 300 | 300 |
| 哈　密 | 1140 | 368 | 14.11 | 14.11 | 1 | 1 | | | 560 | 560 |
| 昌　吉 | 1479 | 546 | 16.28 | 16.28 | 1 | 1 | | | 600 | 600 |
| 阜　康 | 275 | 218 | 3.59 | 3.59 | 2 | 2 | | | 294 | 294 |
| 博　乐 | 386 | 327 | 5.44 | 5.44 | 1 | | 1 | | 300 | |
| 阿拉山口 | 95 | 55 | 0.90 | 0.90 | 1 | 1 | | | 100 | 100 |
| 库尔勒 | 1383 | 755 | 21.85 | 21.85 | 1 | | 1 | | 1100 | |
| 阿克苏 | 1355 | 1150 | 18.05 | 18.05 | 1 | | 1 | | 700 | |
| 库　车 | 340 | 243 | 12.05 | 12.05 | 1 | | 1 | | 600 | |
| 阿图什 | 288 | 173 | 3.16 | 3.16 | 1 | 1 | | | 140 | 140 |
| 喀　什 | 2397 | 1921 | 19.24 | 19.24 | 1 | 1 | | | 600 | 600 |
| 和　田 | 528 | 350 | 9.96 | 9.96 | 2 | 1 | 1 | | 1274 | 274 |
| 伊　宁 | 1396 | 600 | 26.94 | 26.94 | 1 | 1 | | | 600 | 600 |
| 奎　屯 | 556 | 371 | 8.28 | 8.28 | 1 | 1 | | | 200 | 200 |
| 霍尔果斯 | 204 | 160 | 0.90 | 0.90 | 1 | 1 | | | 200 | 200 |
| 塔　城 | 310 | 215 | 5.84 | 5.84 | 1 | 1 | | | 180 | 180 |
| 乌　苏 | 415 | 326 | 4.03 | 4.03 | 1 | 1 | | | 110 | 110 |
| 沙　湾 | 155 | 132 | 5.40 | 5.40 | 1 | 1 | | | 147 | 147 |
| 阿勒泰 | 196 | 137 | 4.89 | 4.89 | 1 | 1 | | | 165 | 165 |
| **新疆兵团** | **4547** | **3207** | **35.32** | **35.32** | **10** | **9** | **1** | | **1987** | **1487** |
| 石河子 | 1014 | 840 | 13.85 | 13.85 | 2 | 1 | 1 | | 1000 | 500 |
| 阿拉尔 | 377 | 346 | 4.15 | 4.15 | 1 | 1 | | | 270 | 270 |
| 图木舒克 | 821 | | 4.91 | 4.91 | 1 | 1 | | | 135 | 135 |
| 五家渠 | 254 | 216 | 2.74 | 2.74 | 1 | 1 | | | 200 | 200 |
| 北　屯 | 466 | 466 | 3.10 | 3.10 | 1 | 1 | | | 200 | 200 |
| 铁门关 | 264 | 215 | 0.95 | 0.95 | | | | | | |
| 双　河 | 180 | 150 | 1.86 | 1.86 | | | | | | |
| 可克达拉 | 405 | 404 | 0.41 | 0.41 | 1 | 1 | | | 30 | 30 |
| 昆　玉 | 134 | 117 | 1.53 | 1.53 | 1 | 1 | | | 42 | 42 |
| 胡杨河 | 100 | 81 | 0.51 | 0.51 | 1 | 1 | | | 90 | 90 |
| 新　星 | 531 | 372 | 1.29 | 1.29 | 1 | 1 | | | 20 | 20 |

continued 19

| Domestic Garbage | | | | | | 公共厕所 | | 市容环卫专用车辆设备总数（台） Number of Vehicles and Equipment Designated for Municipal Environmental Sanitation (unit) | 城市名称 Name of Cities |
|---|---|---|---|---|---|---|---|---|---|
| 焚烧 Incineration | 其他 Other | 无害化处理量（万吨） Volume of Harmlessly Treated (10,000 ton) | 卫生填埋 Sanitary Landfill | 焚烧 Incineration | 其他 Other | （座） Number of Latrines (unit) | 三类以上 Grade Ⅲ and Above | | |
| **6900** | **350** | **345.10** | **181.95** | **157.96** | **5.20** | **2345** | **1949** | **6930** | **新　疆** |
| 3200 | 300 | 140.50 | 45.87 | 90.61 | 4.03 | 699 | 649 | 4213 | 乌鲁木齐 |
| | 50 | 15.01 | 13.84 | | 1.17 | 361 | 361 | 353 | 克拉玛依 |
| | | 8.67 | 8.67 | | | 60 | 60 | 45 | 吐鲁番 |
| | | 14.11 | 14.11 | | | 118 | 117 | 199 | 哈　密 |
| | | 16.28 | 16.28 | | | 100 | 100 | 328 | 昌　吉 |
| | | 3.59 | 3.59 | | | 49 | 40 | 176 | 阜　康 |
| 300 | | 5.44 | | 5.44 | | 44 | 4 | 195 | 博　乐 |
| | | 0.90 | 0.90 | | | 13 | 6 | 38 | 阿拉山口 |
| 1100 | | 21.85 | | 21.85 | | 95 | 95 | | 库尔勒 |
| 700 | | 18.05 | | 18.05 | | 198 | 59 | 78 | 阿克苏 |
| 600 | | 12.05 | | 12.05 | | 95 | 30 | 44 | 库　车 |
| | | 3.16 | 3.16 | | | 24 | 6 | 23 | 阿图什 |
| | | 19.24 | 19.24 | | | 151 | 132 | 222 | 喀　什 |
| 1000 | | 9.96 | | 9.96 | | 16 | | 67 | 和　田 |
| | | 26.94 | 26.94 | | | 127 | 125 | 316 | 伊　宁 |
| | | 8.28 | 8.28 | | | 112 | 112 | 216 | 奎　屯 |
| | | 0.90 | 0.90 | | | 11 | 11 | 69 | 霍尔果斯 |
| | | 5.84 | 5.84 | | | 14 | 14 | 176 | 塔　城 |
| | | 4.03 | 4.03 | | | 9 | | 47 | 乌　苏 |
| | | 5.40 | 5.40 | | | 21 | | 40 | 沙　湾 |
| | | 4.89 | 4.89 | | | 28 | 28 | 85 | 阿勒泰 |
| **500** | | **35.32** | **27.14** | **8.19** | | **361** | **117** | **907** | **新疆兵团** |
| 500 | | 13.85 | 8.47 | 5.37 | | 156 | | 392 | 石河子 |
| | | 4.15 | 4.15 | | | 27 | 27 | 15 | 阿拉尔 |
| | | 4.91 | 4.91 | | | 29 | | 30 | 图木舒克 |
| | | 2.74 | 2.74 | | | 33 | 33 | 84 | 五家渠 |
| | | 3.10 | 3.10 | | | 22 | | 93 | 北　屯 |
| | | 0.95 | | 0.95 | | 10 | 10 | 20 | 铁门关 |
| | | 1.86 | | 1.86 | | 4 | | 9 | 双　河 |
| | | 0.41 | 0.41 | | | 24 | 24 | 95 | 可克达拉 |
| | | 1.53 | 1.53 | | | 12 | 12 | 22 | 昆　玉 |
| | | 0.51 | 0.51 | | | 9 | 9 | 20 | 胡杨河 |
| | | 1.29 | 1.29 | | | 35 | 2 | 127 | 新　星 |

# 绿色生态数据

# Data by Green Ecology

# 十三、城市园林绿化

# 13．Urban Landscaping

## 简要说明

本部分主要包括道路清扫保洁，生活垃圾、粪便的清运、处理等内容。

## Brief Introduction

This section mainly includes such indicators as the cleaning and maintenance of roads, the transfer and treatment of domestic garbage, night soil, etc..

# 13 全国历年城市园林绿化情况(1981−2022)
# National Urban Landscaping in Past Years(1981-2022)

计量单位：公顷 Measurement Unit: hectare

| 年份 Year | 建成区绿化覆盖面积 Built District Green Coverage Area | 建成区绿地面积 Built District Area of Parks and Green Space | 公园绿地面积 Area of Public Recreational Green Space | 公园面积 Park Area | 人均公园绿地面积(平方米) Public Recreational Green Space Per Capita ($m^2$) | 建成区绿化覆盖率(%) Green Coverage Rate of Built District (%) | 建成区绿地率(%) Green Space Rate of Built District (%) |
|---|---|---|---|---|---|---|---|
| 1981 | | 110037 | 21637 | 14739 | 1.50 | | |
| 1982 | | 121433 | 23619 | 15769 | 1.65 | | |
| 1983 | | 135304 | 27188 | 18373 | 1.71 | | |
| 1984 | | 146625 | 29037 | 20455 | 1.62 | | |
| 1985 | | 159291 | 32766 | 21896 | 1.57 | | |
| 1986 | | 153235 | 42255 | 30740 | 1.84 | 16.9 | |
| 1987 | | 161444 | 47752 | 32001 | 1.90 | 17.1 | |
| 1988 | | 180144 | 52047 | 36260 | 1.76 | 17.0 | |
| 1989 | | 196256 | 52604 | 38313 | 1.69 | 17.8 | |
| 1990 | 246829 | | 57863 | 39084 | 1.78 | 19.2 | |
| 1991 | 282280 | | 61233 | 41532 | 2.07 | 20.1 | |
| 1992 | 313284 | | 65512 | 45741 | 2.13 | 21.0 | |
| 1993 | 354127 | | 73052 | 48621 | 2.16 | 21.3 | |
| 1994 | 396595 | | 82060 | 55468 | 2.29 | 22.1 | |
| 1995 | 461319 | | 93985 | 72857 | 2.49 | 23.9 | |
| 1996 | 493915 | 385056 | 99945 | 68055 | 2.76 | 24.43 | 19.05 |
| 1997 | 530877 | 427766 | 107800 | 68933 | 2.93 | 25.53 | 20.57 |
| 1998 | 567837 | 466197 | 120326 | 73198 | 3.22 | 26.56 | 21.81 |
| 1999 | 593698 | 495696 | 131930 | 77137 | 3.51 | 27.58 | 23.03 |
| 2000 | 631767 | 531088 | 143146 | 82090 | 3.69 | 28.15 | 23.67 |
| 2001 | 681914 | 582952 | 163023 | 90621 | 4.56 | 28.38 | 24.26 |
| 2002 | 772749 | 670131 | 188826 | 100037 | 5.36 | 29.75 | 25.80 |
| 2003 | 881675 | 771730 | 219514 | 113462 | 6.49 | 31.15 | 27.26 |
| 2004 | 962517 | 842865 | 252286 | 133846 | 7.39 | 31.66 | 27.72 |
| 2005 | 1058381 | 927064 | 283263 | 157713 | 7.89 | 32.54 | 28.51 |
| 2006 | 1181762 | 1040823 | 309544 | 208056 | 8.3(9.3) | 35.11 | 30.92 |
| 2007 | 1251573 | 1110330 | 332654 | 202244 | 8.98 | 35.29 | 31.30 |
| 2008 | 1356467 | 1208448 | 359468 | 218260 | 9.71 | 37.37 | 33.29 |
| 2009 | 1494486 | 1338133 | 401584 | 235825 | 10.66 | 38.22 | 34.17 |
| 2010 | 1612458 | 1443663 | 441276 | 258177 | 11.18 | 38.62 | 34.47 |
| 2011 | 1718924 | 1545985 | 482620 | 285751 | 11.80 | 39.22 | 35.27 |
| 2012 | 1812488 | 1635240 | 517815 | 306245 | 12.26 | 39.59 | 35.72 |
| 2013 | 1907490 | 1719361 | 547356 | 329842 | 12.64 | 39.70 | 35.78 |
| 2014 | 2017348 | 1819960 | 582392 | 367926 | 13.08 | 40.22 | 36.29 |
| 2015 | 2105136 | 1907862 | 614090 | 383805 | 13.35 | 40.12 | 36.36 |
| 2016 | 2204040 | 1992584 | 653555 | 416881 | 13.70 | 40.30 | 36.43 |
| 2017 | 2314378 | 2099120 | 688441 | 444622 | 14.01 | 40.91 | 37.11 |
| 2018 | 2419918 | 2197122 | 723740 | 494228 | 14.11 | 41.11 | 37.34 |
| 2019 | 2522931 | 2285207 | 756441 | 502360 | 14.36 | 41.51 | 37.63 |
| 2020 | 2637533 | 2398085 | 797912 | 538477 | 14.78 | 42.06 | 38.24 |
| 2021 | 2732400 | 2492509 | 835659 | 647962 | 14.87 | 42.42 | 38.70 |
| 2022 | 2820978 | 2579720 | 868508 | 672753 | 15.29 | 42.96 | 39.29 |

注：1.自2006年起，“公共绿地”统计为“公园绿地”。

2.自2006年起，“人均公共绿地面积”统计为以城区人口和城区暂住人口合计为分母计算的“人均公园绿地面积”，括号内数据约为与往年同口径数据。

Notes: 1.Since 2006, Public Green Space is changed to Public Recreational Green Space.

2.Since 2006, Public recreational green space per capita has been calculated based on denominator which combines both permanent and temporary residents in urban areas, and the data in brackets are the same index but calculated by the method of past years.

# 13-1 2022年按省分列的城市园林绿化
# Urban Landscaping by Province(2022)

计量单位：公顷　　　　Measurement Unit: hectare

| 地区名称<br>Name of Regions | 绿化覆盖面积<br>Green Coverage Area | 建成区<br>Built District | 绿地面积<br>Area of Parks and Green Space | 建成区<br>Built District | 公园绿地面积<br>Area of Public Recreational Green Space | 公园个数(个)<br>Number of Parks (unit) | 门票免费<br>Free Parks | 公园面积<br>Park Area |
|---|---|---|---|---|---|---|---|---|
| **全　国** | **4021177** | **2820978** | **3586020** | **2579720** | **868508** | **24841** | **24276** | **672753** |
| 北　京 | 99008 | 99008 | 93558 | 93558 | 36900 | 612 | 577 | 36397 |
| 天　津 | 51496 | 48573 | 47713 | 44880 | 11580 | 170 | 166 | 3438 |
| 河　北 | 121254 | 99242 | 100563 | 90698 | 30776 | 1032 | 1009 | 22491 |
| 山　西 | 65043 | 57004 | 58288 | 51979 | 17559 | 441 | 430 | 14574 |
| 内蒙古 | 77105 | 53383 | 71573 | 49587 | 18220 | 479 | 467 | 15238 |
| 辽　宁 | 223966 | 115071 | 150462 | 108736 | 31357 | 746 | 724 | 22580 |
| 吉　林 | 106916 | 67433 | 99451 | 61494 | 17329 | 482 | 480 | 13029 |
| 黑龙江 | 81491 | 68452 | 74527 | 62504 | 19333 | 479 | 467 | 13125 |
| 上　海 | 178186 | 47317 | 172647 | 45783 | 22976 | 473 | 463 | 4227 |
| 江　苏 | 353661 | 216648 | 319725 | 199839 | 59388 | 1424 | 1334 | 35678 |
| 浙　江 | 215651 | 144373 | 189757 | 131062 | 44861 | 1902 | 1860 | 26013 |
| 安　徽 | 148248 | 113324 | 132363 | 102878 | 33198 | 834 | 830 | 22931 |
| 福　建 | 98677 | 82731 | 91088 | 76374 | 23077 | 725 | 713 | 15523 |
| 江　西 | 88242 | 83444 | 80560 | 77454 | 20701 | 902 | 895 | 16930 |
| 山　东 | 318591 | 249959 | 280650 | 226947 | 75582 | 1496 | 1453 | 51148 |
| 河　南 | 154043 | 141908 | 135170 | 125057 | 44627 | 681 | 658 | 22114 |
| 湖　北 | 133241 | 123019 | 117985 | 112987 | 37428 | 737 | 719 | 22383 |
| 湖　南 | 99626 | 89084 | 99439 | 81497 | 25315 | 756 | 745 | 19448 |
| 广　东 | 587124 | 292976 | 539604 | 264659 | 118509 | 4969 | 4933 | 165322 |
| 广　西 | 93391 | 76383 | 81236 | 66694 | 15570 | 474 | 459 | 16921 |
| 海　南 | 21291 | 17771 | 19683 | 16531 | 4075 | 167 | 160 | 3337 |
| 重　庆 | 85446 | 73114 | 76584 | 67814 | 28516 | 594 | 584 | 16671 |
| 四　川 | 162542 | 148548 | 143459 | 131724 | 44715 | 946 | 922 | 28692 |
| 贵　州 | 118582 | 50345 | 100487 | 47988 | 14958 | 451 | 444 | 15587 |
| 云　南 | 69943 | 55562 | 63270 | 50900 | 15027 | 1372 | 1297 | 12701 |
| 西　藏 | 7250 | 6966 | 6858 | 6590 | 1557 | 167 | 167 | 1281 |
| 陕　西 | 88721 | 66204 | 80269 | 59681 | 18900 | 451 | 450 | 12271 |
| 甘　肃 | 36994 | 35041 | 32834 | 32028 | 11183 | 225 | 221 | 7057 |
| 青　海 | 9761 | 9135 | 9160 | 8558 | 2830 | 71 | 70 | 1854 |
| 宁　夏 | 27901 | 20473 | 26418 | 19619 | 6762 | 149 | 148 | 3865 |
| 新　疆 | 85273 | 58798 | 78620 | 54280 | 12783 | 223 | 220 | 7488 |
| 新疆兵团 | 12513 | 9690 | 12019 | 9342 | 2913 | 211 | 211 | 2443 |

注：本表中北京市的各项绿化数据均为该市调查面积内数据。
Note: All the greening-related data for Beijing Municipality in the Table are those for the areas surveyed in the city.

# 13-2 2022年按城市分列的城市园林绿化
# Urban Landscaping by City(2022)

计量单位：公顷 Measurement Unit: hectare

| 城市名称 Name of Cities | 绿化覆盖面积 Green Coverage Area | 建成区 Built District | 绿地面积 Area of Parks and Green Space | 建成区 Built District | 公园绿地面积 Area of Public Recreational Green Space | 公园个数（个）Number of Parks (unit) | 门票免费 Free Parks | 公园面积 Park Area |
|---|---|---|---|---|---|---|---|---|
| **全　国** | **4021177** | **2820978** | **3586020** | **2579720** | **868508** | **24841** | **24276** | **672753** |
| **北　京** | **99008** | **99008** | **93558** | **93558** | **36900** | **612** | **577** | **36397** |
| **天　津** | **51496** | **48573** | **47713** | **44880** | **11580** | **170** | **166** | **3438** |
| **河　北** | **121254** | **99242** | **100563** | **90698** | **30776** | **1032** | **1009** | **22491** |
| 石家庄 | 17346 | 13825 | 15851 | 12634 | 5178 | 113 | 111 | 4364 |
| 晋　州 | 918 | 650 | 582 | 582 | 186 | 11 | 11 | 93 |
| 新　乐 | 831 | 647 | 688 | 583 | 188 | 14 | 14 | 164 |
| 唐　山 | 11282 | 10943 | 10087 | 10087 | 3433 | 76 | 72 | 2399 |
| 滦　州 | 1654 | 1376 | 1230 | 1230 | 349 | 7 | 7 | 349 |
| 遵　化 | 1326 | 1134 | 1060 | 1039 | 393 | 56 | 56 | 393 |
| 迁　安 | 2457 | 2000 | 1832 | 1832 | 570 | 29 | 29 | 601 |
| 秦皇岛 | 6104 | 6104 | 5626 | 5626 | 2395 | 30 | 30 | 1130 |
| 邯　郸 | 11600 | 9255 | 8900 | 8252 | 3580 | 107 | 106 | 3119 |
| 武　安 | 1872 | 1872 | 1694 | 1694 | 386 | 7 | 7 | 293 |
| 邢　台 | 6713 | 5858 | 6178 | 5434 | 1284 | 106 | 106 | 1188 |
| 南　宫 | 701 | 673 | 608 | 608 | 190 | 37 | 37 | 256 |
| 沙　河 | 1005 | 807 | 879 | 720 | 168 | 5 | 5 | 68 |
| 保　定 | 9834 | 9284 | 8755 | 8623 | 2606 | 75 | 73 | 1466 |
| 涿　州 | 2033 | 1620 | 1482 | 1482 | 421 | 8 | 8 | 135 |
| 安　国 | 744 | 652 | 637 | 592 | 183 | 4 | 4 | 58 |
| 高碑店 | 968 | 916 | 925 | 874 | 187 | 4 | 4 | 80 |
| 张家口 | 4601 | 4329 | 4111 | 3921 | 1476 | 102 | 101 | 1069 |
| 承　德 | 6254 | 3500 | 3890 | 3152 | 1167 | 43 | 31 | 1130 |
| 平　泉 | 864 | 864 | 797 | 797 | 242 | 9 | 9 | 242 |
| 沧　州 | 4026 | 4025 | 3601 | 3600 | 1026 | 22 | 22 | 307 |
| 泊　头 | 834 | 834 | 754 | 754 | 232 | 5 | 5 | 146 |
| 任　丘 | 2692 | 2260 | 2350 | 2022 | 530 | 18 | 18 | 170 |
| 黄　骅 | 3933 | 1667 | 3197 | 1574 | 570 | 26 | 26 | 678 |
| 河　间 | 993 | 893 | 810 | 810 | 247 | 13 | 13 | 271 |
| 廊　坊 | 6520 | 3813 | 3639 | 3546 | 1000 | 17 | 17 | 699 |
| 霸　州 | 1061 | 744 | 667 | 667 | 203 | 2 | 2 | 203 |
| 三　河 | 915 | 806 | 752 | 745 | 324 | 9 | 9 | 164 |
| 衡　水 | 5818 | 3413 | 4610 | 3170 | 1025 | 30 | 29 | 878 |
| 深　州 | 1401 | 930 | 1072 | 852 | 246 | 7 | 7 | 79 |
| 辛　集 | 1945 | 1565 | 1521 | 1417 | 297 | 13 | 13 | 136 |
| 定　州 | 2009 | 1985 | 1779 | 1779 | 496 | 27 | 27 | 161 |
| **山　西** | **65043** | **57004** | **58288** | **51979** | **17559** | **441** | **430** | **14574** |
| 太　原 | 16229 | 16229 | 14378 | 14378 | 5204 | 88 | 83 | 5099 |
| 古　交 | 810 | 733 | 667 | 667 | 194 | 2 | 2 | 84 |
| 大　同 | 6555 | 6550 | 6039 | 6034 | 2111 | 19 | 19 | 1458 |

## 13-2 续表 1 continued 1

计量单位：公顷　　Measurement Unit: hectare

| 城市名称 Name of Cities | 绿化覆盖面积 Green Coverage Area | 建成区 Built District | 绿地面积 Area of Parks and Green Space | 建成区 Built District | 公园绿地面积 Area of Public Recreational Green Space | 公园个数(个) Number of Parks (unit) | 门票免费 Free Parks | 公园面积 Park Area |
|---|---|---|---|---|---|---|---|---|
| 阳　泉 | 2667 | 2667 | 2474 | 2474 | 739 | 45 | 45 | 411 |
| 长　治 | 5028 | 3964 | 4519 | 3616 | 1369 | 27 | 27 | 1255 |
| 晋　城 | 3347 | 2366 | 3183 | 2202 | 1032 | 22 | 22 | 886 |
| 高　平 | 739 | 739 | 725 | 725 | 196 | 6 | 6 | 174 |
| 朔　州 | 3637 | 2186 | 3104 | 1985 | 713 | 92 | 92 | 640 |
| 怀　仁 | 1228 | 1178 | 1140 | 1095 | 355 | 7 | 7 | 528 |
| 晋　中 | 8580 | 4617 | 7265 | 4289 | 1114 | 16 | 16 | 751 |
| 介　休 | 913 | 913 | 805 | 805 | 262 | 6 | 6 | 262 |
| 运　城 | 3073 | 2995 | 2744 | 2731 | 801 | 12 | 12 | 491 |
| 永　济 | 1127 | 1115 | 1073 | 1033 | 252 | 7 | 6 | 252 |
| 河　津 | 1225 | 1082 | 1145 | 1052 | 330 | 3 | 3 | 11 |
| 忻　州 | 1658 | 1658 | 1505 | 1504 | 508 | 8 | 8 | 439 |
| 原　平 | 765 | 718 | 743 | 698 | 204 | 10 | 10 | 184 |
| 临　汾 | 2390 | 2370 | 2206 | 2184 | 889 | 13 | 8 | 346 |
| 侯　马 | 941 | 913 | 869 | 842 | 182 | 9 | 9 | 72 |
| 霍　州 | 566 | 566 | 514 | 514 | 150 | 2 | 2 | 142 |
| 吕　梁 | 1491 | 1437 | 1361 | 1339 | 468 | 18 | 18 | 442 |
| 孝　义 | 1287 | 1235 | 1141 | 1123 | 355 | 4 | 4 | 514 |
| 汾　阳 | 786 | 774 | 689 | 688 | 132 | 25 | 25 | 132 |
| **内 蒙 古** | **77105** | **53383** | **71573** | **49587** | **18220** | **479** | **467** | **15238** |
| 呼和浩特 | 17730 | 11865 | 17048 | 11089 | 4233 | 56 | 55 | 3380 |
| 包　头 | 11798 | 9462 | 9720 | 8490 | 2981 | 43 | 41 | 2490 |
| 乌　海 | 3046 | 2470 | 2973 | 2367 | 1196 | 25 | 25 | 747 |
| 赤　峰 | 4785 | 4785 | 4551 | 4551 | 1947 | 137 | 137 | 1947 |
| 通　辽 | 2723 | 2696 | 2561 | 2449 | 985 | 8 | 8 | 901 |
| 霍林郭勒 | 980 | 621 | 942 | 584 | 208 | 11 | 11 | 208 |
| 鄂尔多斯 | 12660 | 5101 | 11565 | 4683 | 1978 | 60 | 58 | 1589 |
| 呼伦贝尔 | 1203 | 1203 | 1136 | 1136 | 515 | 4 | 3 | 423 |
| 满 洲 里 | 1104 | 1104 | 1029 | 1029 | 401 | 7 | 7 | 258 |
| 牙 克 石 | 1070 | 1059 | 1067 | 1001 | 252 | 3 | 3 | 25 |
| 扎 兰 屯 | 2480 | 785 | 2427 | 730 | 199 | 1 | 1 | 68 |
| 额尔古纳 | 387 | 377 | 365 | 352 | 49 | 8 | 4 | 31 |
| 根　河 | 650 | 317 | 577 | 290 | 65 | 5 | 4 | 79 |
| 巴彦淖尔 | 2056 | 1892 | 1690 | 1687 | 467 | 17 | 17 | 406 |
| 乌兰察布 | 7556 | 3073 | 7367 | 2883 | 1011 | 29 | 29 | 1011 |
| 丰　镇 | 918 | 918 | 846 | 846 | 235 | 7 | 7 | 235 |
| 锡林浩特 | 1919 | 1915 | 1803 | 1799 | 515 | 8 | 8 | 462 |
| 二连浩特 | 1046 | 1046 | 1011 | 1011 | 179 | 6 | 6 | 179 |
| 乌兰浩特 | 1864 | 1864 | 1818 | 1816 | 650 | 32 | 32 | 667 |
| 阿 尔 山 | 1131 | 832 | 1077 | 793 | 151 | 12 | 11 | 132 |
| **辽　宁** | **223966** | **115071** | **150462** | **108736** | **31357** | **746** | **724** | **22580** |
| 沈　阳 | 26549 | 24044 | 25226 | 22968 | 8553 | 151 | 148 | 5526 |
| 新　民 | 217 | 217 | 214 | 214 | 67 | 3 | 3 | 67 |

## 13-2 续表 2 continued 2

计量单位：公顷 Measurement Unit: hectare

| 城市名称 Name of Cities | 绿化覆盖面积 Green Coverage Area | 建成区 Built District | 绿地面积 Area of Parks and Green Space | 建成区 Built District | 公园绿地面积 Area of Public Recreational Green Space | 公园个数（个） Number of Parks (unit) | 门票免费 Free Parks | 公园面积 Park Area |
|---|---|---|---|---|---|---|---|---|
| 大 连 | 38916 | 20374 | 38677 | 19790 | 5437 | 170 | 162 | 4526 |
| 庄 河 | 1820 | 1786 | 1645 | 1616 | 495 | 11 | 11 | 304 |
| 瓦 房 店 | 2146 | 2059 | 1960 | 1838 | 530 | 13 | 13 | 507 |
| 鞍 山 | 7375 | 7375 | 7120 | 7120 | 1975 | 14 | 14 | 933 |
| 海 城 | 1605 | 1323 | 1444 | 1317 | 370 | 10 | 10 | 370 |
| 抚 顺 | 6387 | 5417 | 4804 | 4804 | 1322 | 14 | 14 | 830 |
| 本 溪 | 87178 | 5443 | 23246 | 5241 | 1016 | 20 | 19 | 661 |
| 丹 东 | 3489 | 3033 | 3150 | 2935 | 838 | 11 | 11 | 685 |
| 东 港 | 923 | 923 | 876 | 839 | 221 | 13 | 13 | 216 |
| 凤 城 | 1149 | 894 | 769 | 769 | 270 | 4 | 1 | 145 |
| 锦 州 | 3993 | 3050 | 3989 | 3049 | 1417 | 36 | 36 | 436 |
| 凌 海 | 833 | 833 | 753 | 753 | 183 | 4 | 4 | 120 |
| 北 镇 | 744 | 520 | 500 | 474 | 118 | 5 | 5 | 118 |
| 营 口 | 7505 | 7419 | 7015 | 6924 | 1184 | 30 | 28 | 1433 |
| 盖 州 | 862 | 862 | 797 | 797 | 203 | 2 | 2 | 175 |
| 大 石 桥 | 1294 | 1294 | 1176 | 1176 | 241 | 25 | 25 | 239 |
| 阜 新 | 3523 | 3400 | 3391 | 3063 | 925 | 15 | 15 | 618 |
| 辽 阳 | 4592 | 4592 | 4357 | 4357 | 949 | 13 | 13 | 284 |
| 灯 塔 | 790 | 568 | 725 | 518 | 170 | 5 | 5 | 170 |
| 盘 锦 | 4697 | 4697 | 4284 | 4284 | 1226 | 31 | 31 | 710 |
| 铁 岭 | 3590 | 2785 | 2810 | 2610 | 635 | 44 | 39 | 894 |
| 调 兵 山 | 1064 | 805 | 841 | 752 | 171 | 6 | 6 | 115 |
| 开 原 | 1455 | 1057 | 910 | 910 | 261 | 35 | 35 | 450 |
| 朝 阳 | 3103 | 2134 | 2016 | 2016 | 758 | 12 | 12 | 728 |
| 北 票 | 1204 | 1204 | 1066 | 1066 | 191 | 14 | 14 | 155 |
| 凌 源 | 851 | 851 | 856 | 814 | 190 | 5 | 5 | 170 |
| 葫 芦 岛 | 3929 | 3929 | 3804 | 3804 | 923 | 13 | 13 | 592 |
| 兴 城 | 1583 | 1583 | 1493 | 1413 | 276 | 10 | 10 | 164 |
| 沈抚改革创新示范区 | 600 | 600 | 548 | 506 | 241 | 7 | 7 | 241 |
| **吉 林** | **106916** | **67433** | **99451** | **61494** | **17329** | **482** | **480** | **13029** |
| 长 春 | 47895 | 24095 | 48149 | 22441 | 6822 | 186 | 185 | 5252 |
| 榆 树 | 1303 | 673 | 969 | 604 | 136 | 3 | 3 | 49 |
| 德 惠 | 1202 | 1162 | 1036 | 996 | 229 | 7 | 7 | 133 |
| 公 主 岭 | 853 | 768 | 725 | 684 | 81 | 2 | 2 | 35 |
| 吉 林 | 8497 | 8497 | 7515 | 7515 | 1785 | 13 | 12 | 1267 |
| 蛟 河 | 632 | 632 | 579 | 579 | 108 | 9 | 9 | 108 |
| 桦 甸 | 1390 | 854 | 767 | 762 | 342 | 3 | 3 | 42 |
| 舒 兰 | 680 | 416 | 587 | 362 | 188 | 2 | 2 | 180 |
| 磐 石 | 1028 | 1028 | 908 | 908 | 182 | 12 | 12 | 132 |
| 四 平 | 2878 | 2853 | 2670 | 2653 | 649 | 10 | 10 | 462 |
| 双 辽 | 1004 | 1004 | 930 | 930 | 190 | 3 | 3 | 169 |
| 辽 源 | 2249 | 2205 | 2045 | 2044 | 592 | 34 | 34 | 581 |
| 通 化 | 2926 | 2926 | 2618 | 2618 | 825 | 20 | 20 | 786 |

# 13-2 续表 3 continued 3

计量单位：公顷 Measurement Unit: hectare

| 城市名称 Name of Cities | 绿化覆盖面积 Green Coverage Area | 建成区 Built District | 绿地面积 Area of Parks and Green Space | 建成区 Built District | 公园绿地面积 Area of Public Recreational Green Space | 公园个数（个） Number of Parks (unit) | 门票免费 Free Parks | 公园面积 Park Area |
|---|---|---|---|---|---|---|---|---|
| 集　安 | 508 | 400 | 348 | 348 | 137 | 12 | 12 | 137 |
| 白　山 | 12503 | 1601 | 11496 | 1450 | 479 | 11 | 11 | 296 |
| 临　江 | 875 | 406 | 361 | 354 | 234 | 5 | 5 | 155 |
| 松　原 | 2949 | 2477 | 2547 | 2173 | 610 | 23 | 23 | 648 |
| 扶　余 | 678 | 678 | 628 | 628 | 161 | 1 | 1 | 21 |
| 白　城 | 2099 | 2019 | 2030 | 1961 | 369 | 41 | 41 | 306 |
| 洮　南 | 1220 | 1149 | 1073 | 1015 | 170 | 6 | 6 | 117 |
| 大　安 | 833 | 805 | 765 | 741 | 287 | 3 | 3 | 340 |
| 延　吉 | 2709 | 2588 | 2518 | 2401 | 744 | 5 | 5 | 207 |
| 图　们 | 405 | 405 | 367 | 367 | 98 | 6 | 6 | 98 |
| 敦　化 | 1673 | 1499 | 1422 | 1374 | 358 | 13 | 13 | 358 |
| 珲　春 | 1720 | 1237 | 1242 | 1149 | 318 | 3 | 3 | 246 |
| 龙　井 | 631 | 599 | 556 | 544 | 117 | 7 | 7 | 8 |
| 和　龙 | 893 | 522 | 486 | 477 | 101 | 6 | 6 | 62 |
| 梅河口 | 2084 | 1816 | 1769 | 1618 | 636 | 11 | 11 | 453 |
| 长白山保护开发区管理委员会 | 2600 | 2121 | 2348 | 1800 | 383 | 25 | 25 | 383 |
| **黑龙江** | **81491** | **68452** | **74527** | **62504** | **19333** | **479** | **467** | **13125** |
| 哈尔滨 | 17357 | 16588 | 15750 | 14955 | 5173 | 105 | 103 | 2913 |
| 尚　志 | 759 | 368 | 304 | 304 | 191 | 5 | 5 | 191 |
| 五　常 | 1080 | 506 | 669 | 425 | 200 | 5 | 5 | 186 |
| 齐齐哈尔 | 5807 | 5672 | 5411 | 5276 | 1739 | 26 | 25 | 1291 |
| 讷　河 | 514 | 514 | 443 | 443 | 164 | 2 | 2 | 163 |
| 鸡　西 | 1968 | 1968 | 1877 | 1877 | 1054 | 22 | 22 | 942 |
| 虎　林 | 432 | 431 | 323 | 323 | 85 | 13 | 13 | 78 |
| 密　山 | 817 | 489 | 549 | 428 | 111 | 6 | 6 | 109 |
| 鹤　岗 | 3694 | 2434 | 3496 | 2226 | 776 | 22 | 22 | 771 |
| 双鸭山 | 3367 | 2683 | 3206 | 2311 | 819 | 28 | 28 | 306 |
| 大　庆 | 14985 | 11277 | 14025 | 10567 | 2205 | 14 | 14 | 974 |
| 伊　春 | 4199 | 4199 | 3993 | 3993 | 1714 | 31 | 31 | 1238 |
| 铁　力 | 759 | 739 | 668 | 668 | 199 | 8 | 8 | 80 |
| 佳木斯 | 4099 | 4099 | 3845 | 3845 | 862 | 20 | 19 | 828 |
| 同　江 | 1638 | 464 | 1592 | 432 | 113 | 5 | 5 | 65 |
| 抚　远 | 222 | 199 | 183 | 183 | 149 | 8 | 7 | 146 |
| 富　锦 | 546 | 507 | 459 | 459 | 117 | 2 | 2 | 5 |
| 七台河 | 2695 | 2387 | 2604 | 2135 | 605 | 18 | 18 | 461 |
| 牡丹江 | 5646 | 2434 | 5451 | 2255 | 783 | 19 | 18 | 626 |
| 海　林 | 863 | 809 | 821 | 732 | 178 | 14 | 14 | 158 |
| 宁　安 | 425 | 419 | 373 | 369 | 112 | 3 | 3 | 63 |
| 穆　棱 | 403 | 403 | 361 | 360 | 138 | 13 | 13 | 115 |
| 绥芬河 | 1243 | 1243 | 1130 | 1130 | 136 | 15 | 15 | 69 |
| 东　宁 | 647 | 647 | 634 | 634 | 118 | 13 | 13 | 39 |
| 黑　河 | 897 | 897 | 828 | 819 | 220 | 4 | 4 | 206 |

# 13-2 续表 4 continued 4

计量单位：公顷 Measurement Unit: hectare

| 城市名称 Name of Cities | 绿化覆盖面积 Green Coverage Area | 建成区 Built District | 绿地面积 Area of Parks and Green Space | 建成区 Built District | 公园绿地面积 Area of Public Recreational Green Space | 公园个数（个）Number of Parks (unit) | 门票免费 Free Parks | 公园面积 Park Area |
|---|---|---|---|---|---|---|---|---|
| 北安 | 809 | 809 | 789 | 789 | 159 | 5 | 5 | 101 |
| 五大连池 | 197 | 197 | 181 | 181 | 61 | 1 | | 58 |
| 嫩江 | 744 | 744 | 663 | 663 | 208 | 7 | 7 | 203 |
| 绥化 | 1633 | 1513 | 1376 | 1353 | 360 | 28 | 28 | 239 |
| 安达 | 595 | 525 | 451 | 437 | 94 | 4 | 4 | 23 |
| 肇东 | 1310 | 1201 | 1066 | 978 | 413 | 7 | 7 | 413 |
| 海伦 | 475 | 475 | 412 | 400 | 23 | 1 | 1 | 21 |
| 漠河 | 665 | 611 | 596 | 555 | 57 | 5 | | 44 |
| **上海** | **178186** | **47317** | **172647** | **45783** | **22976** | **473** | **463** | **4227** |
| **江苏** | **353661** | **216648** | **319725** | **199839** | **59388** | **1424** | **1334** | **35678** |
| 南京 | 103423 | 39823 | 94583 | 36159 | 11326 | 178 | 151 | 8102 |
| 无锡 | 21402 | 15815 | 20589 | 14720 | 4458 | 74 | 73 | 4304 |
| 江阴 | 5500 | 5485 | 5155 | 5079 | 629 | 22 | 22 | 619 |
| 宜兴 | 5302 | 4213 | 4919 | 3922 | 859 | 43 | 43 | 1160 |
| 徐州 | 19774 | 13064 | 17844 | 12284 | 3726 | 57 | 57 | 2196 |
| 新沂 | 2606 | 1724 | 2237 | 1604 | 464 | 12 | 12 | 94 |
| 邳州 | 2409 | 2206 | 2211 | 2002 | 672 | 7 | 7 | 422 |
| 常州 | 14321 | 12479 | 13058 | 11378 | 3349 | 44 | 42 | 1498 |
| 溧阳 | 1899 | 1482 | 1759 | 1368 | 421 | 10 | 10 | 199 |
| 苏州 | 29338 | 21083 | 25901 | 18936 | 7416 | 173 | 136 | 2771 |
| 常熟 | 4874 | 4513 | 4572 | 4209 | 887 | 16 | 7 | 552 |
| 张家港 | 2875 | 2827 | 2549 | 2510 | 601 | 9 | 9 | 370 |
| 昆山 | 9492 | 3238 | 8718 | 3008 | 1188 | 141 | 140 | 1188 |
| 太仓 | 3223 | 2201 | 2991 | 2077 | 472 | 13 | 13 | 292 |
| 南通 | 15322 | 13273 | 13676 | 12461 | 4108 | 52 | 49 | 822 |
| 海安 | 2301 | 1452 | 2077 | 1360 | 450 | 8 | 8 | 147 |
| 启东 | 1706 | 1572 | 1569 | 1469 | 431 | 13 | 13 | 281 |
| 如皋 | 3011 | 1819 | 2571 | 1727 | 543 | 7 | 7 | 210 |
| 连云港 | 22458 | 9590 | 21528 | 8692 | 1672 | 74 | 74 | 1130 |
| 淮安 | 12608 | 9496 | 9969 | 8789 | 2688 | 20 | 19 | 1176 |
| 盐城 | 10333 | 7700 | 8480 | 7187 | 2299 | 64 | 64 | 1385 |
| 东台 | 2385 | 1666 | 2207 | 1579 | 527 | 7 | 7 | 223 |
| 扬州 | 10703 | 8936 | 9617 | 8371 | 2542 | 116 | 116 | 1922 |
| 仪征 | 1871 | 1794 | 1676 | 1675 | 259 | 7 | 7 | 122 |
| 高邮 | 1774 | 1245 | 1193 | 1134 | 297 | 3 | 3 | 28 |
| 镇江 | 10060 | 6411 | 9697 | 6030 | 1617 | 28 | 24 | 627 |
| 丹阳 | 2103 | 1719 | 1975 | 1625 | 428 | 5 | 5 | 51 |
| 扬中 | 1376 | 676 | 1203 | 620 | 204 | 6 | 5 | 107 |
| 句容 | 1753 | 1323 | 1344 | 1281 | 226 | 4 | 4 | 116 |
| 泰州 | 8679 | 7117 | 7366 | 6591 | 1807 | 133 | 129 | 1620 |
| 兴化 | 2124 | 1815 | 1961 | 1669 | 334 | 20 | 20 | 152 |
| 靖江 | 1759 | 1509 | 1596 | 1382 | 400 | 7 | 7 | 232 |
| 泰兴 | 1981 | 1856 | 1853 | 1755 | 447 | 12 | 12 | 147 |
| 宿迁 | 12912 | 5524 | 11085 | 5189 | 1643 | 39 | 39 | 1415 |

# 13-2 续表 5 continued 5

计量单位：公顷 Measurement Unit: hectare

| 城市名称 Name of Cities | 绿化覆盖面积 Green Coverage Area | 建成区 Built District | 绿地面积 Area of Parks and Green Space | 建成区 Built District | 公园绿地面积 Area of Public Recreational Green Space | 公园个数（个）Number of Parks (unit) | 门票免费 Free Parks | 公园面积 Park Area |
|---|---|---|---|---|---|---|---|---|
| **浙　江** | **215651** | **144373** | **189757** | **131062** | **44861** | **1902** | **1860** | **26013** |
| 杭　州 | 59029 | 33975 | 53251 | 31193 | 12723 | 395 | 384 | 3906 |
| 建　德 | 558 | 507 | 507 | 461 | 267 | 17 | 17 | 230 |
| 宁　波 | 22328 | 17259 | 18151 | 15912 | 5457 | 205 | 197 | 2546 |
| 余　姚 | 15242 | 2418 | 14967 | 2171 | 601 | 51 | 51 | 225 |
| 慈　溪 | 2814 | 2279 | 2384 | 2036 | 766 | 44 | 44 | 171 |
| 温　州 | 11807 | 11269 | 10460 | 9938 | 3420 | 92 | 87 | 2113 |
| 瑞　安 | 2012 | 967 | 1827 | 918 | 859 | 74 | 74 | 683 |
| 乐　清 | 1903 | 1046 | 1840 | 971 | 811 | 27 | 27 | 339 |
| 龙　港 | 1135 | 801 | 1034 | 799 | 331 | 14 | 14 | 144 |
| 嘉　兴 | 7521 | 6657 | 7012 | 6148 | 1540 | 118 | 118 | 1140 |
| 海　宁 | 3320 | 2474 | 3122 | 2244 | 536 | 17 | 17 | 257 |
| 平　湖 | 2198 | 1980 | 2038 | 1792 | 553 | 37 | 37 | 201 |
| 桐　乡 | 2831 | 2566 | 2486 | 2289 | 564 | 6 | 6 | 220 |
| 湖　州 | 6280 | 5916 | 5592 | 5515 | 1814 | 54 | 54 | 1077 |
| 绍　兴 | 14313 | 11911 | 10464 | 10206 | 2702 | 172 | 164 | 3776 |
| 诸　暨 | 6045 | 2969 | 4016 | 2731 | 1095 | 29 | 29 | 936 |
| 嵊　州 | 2026 | 1713 | 1889 | 1602 | 577 | 19 | 19 | 529 |
| 金　华 | 5310 | 4896 | 4974 | 4547 | 1400 | 63 | 63 | 1084 |
| 兰　溪 | 2068 | 1591 | 1845 | 1464 | 428 | 19 | 19 | 174 |
| 义　乌 | 4996 | 4737 | 4588 | 4352 | 1380 | 47 | 45 | 665 |
| 东　阳 | 2116 | 2116 | 1873 | 1873 | 649 | 33 | 33 | 478 |
| 永　康 | 1862 | 1810 | 1615 | 1569 | 369 | 17 | 17 | 450 |
| 衢　州 | 3645 | 3592 | 3268 | 3203 | 690 | 93 | 92 | 597 |
| 江　山 | 928 | 859 | 810 | 785 | 242 | 4 | 4 | 35 |
| 舟　山 | 16696 | 3156 | 14509 | 2770 | 1078 | 40 | 38 | 845 |
| 台　州 | 7407 | 7019 | 6738 | 6356 | 1986 | 100 | 96 | 1520 |
| 玉　环 | 1385 | 1215 | 1285 | 1095 | 330 | 27 | 27 | 327 |
| 温　岭 | 2210 | 1874 | 2086 | 1678 | 503 | 36 | 36 | 420 |
| 临　海 | 2127 | 2115 | 2023 | 2013 | 516 | 17 | 16 | 396 |
| 丽　水 | 2161 | 2028 | 1927 | 1842 | 535 | 22 | 22 | 407 |
| 龙　泉 | 1379 | 659 | 1178 | 591 | 141 | 13 | 13 | 123 |
| **安　徽** | **148248** | **113324** | **132363** | **102878** | **33198** | **834** | **830** | **22931** |
| 合　肥 | 26220 | 23283 | 22497 | 20416 | 9705 | 295 | 292 | 4150 |
| 巢　湖 | 2290 | 2220 | 2232 | 2132 | 530 | 28 | 28 | 281 |
| 芜　湖 | 13062 | 12151 | 12127 | 10864 | 3121 | 48 | 48 | 2083 |
| 无　为 | 1481 | 1149 | 1114 | 1079 | 292 | 10 | 10 | 283 |
| 蚌　埠 | 6961 | 6885 | 6332 | 6256 | 1617 | 13 | 13 | 1541 |
| 淮　南 | 7719 | 5985 | 6261 | 5639 | 2267 | 19 | 19 | 912 |
| 马鞍山 | 6899 | 4665 | 6512 | 4461 | 1169 | 24 | 24 | 683 |
| 淮　北 | 5120 | 4010 | 4713 | 3883 | 1370 | 17 | 17 | 1088 |
| 铜　陵 | 8020 | 3999 | 7142 | 3721 | 1007 | 19 | 19 | 1297 |

## 13-2 续表 6 continued 6

计量单位：公顷 Measurement Unit: hectare

| 城市名称 Name of Cities | 绿化覆盖面积 Green Coverage Area | 建成区 Built District | 绿地面积 Area of Parks and Green Space | 建成区 Built District | 公园绿地面积 Area of Public Recreational Green Space | 公园个数（个）Number of Parks (unit) | 门票免费 Free Parks | 公园面积 Park Area |
|---|---|---|---|---|---|---|---|---|
| 安庆 | 7256 | 7024 | 6974 | 6588 | 1228 | 15 | 15 | 1124 |
| 潜山 | 1060 | 921 | 899 | 794 | 223 | 9 | 9 | 265 |
| 桐城 | 1268 | 1234 | 1154 | 1151 | 266 | 10 | 10 | 286 |
| 黄山 | 14646 | 3432 | 13514 | 2833 | 625 | 32 | 32 | 411 |
| 滁州 | 6071 | 5724 | 5466 | 5164 | 1839 | 22 | 22 | 1391 |
| 天长 | 1105 | 1098 | 1082 | 1073 | 381 | 18 | 18 | 349 |
| 明光 | 1388 | 1343 | 1243 | 1204 | 344 | 28 | 28 | 343 |
| 阜阳 | 8395 | 7110 | 7596 | 6496 | 1986 | 32 | 31 | 1365 |
| 界首 | 1856 | 1152 | 1464 | 1110 | 337 | 8 | 8 | 445 |
| 宿州 | 6306 | 4051 | 5823 | 3776 | 1162 | 39 | 39 | 899 |
| 六安 | 4608 | 3759 | 3657 | 3357 | 1104 | 25 | 25 | 936 |
| 亳州 | 4831 | 3342 | 4341 | 3098 | 658 | 36 | 36 | 901 |
| 池州 | 2687 | 2350 | 2174 | 1993 | 626 | 11 | 11 | 596 |
| 宣城 | 5379 | 3401 | 4826 | 3028 | 714 | 20 | 20 | 690 |
| 广德 | 1972 | 1457 | 1766 | 1342 | 274 | 28 | 28 | 256 |
| 宁国 | 1648 | 1577 | 1457 | 1421 | 356 | 28 | 28 | 356 |
| **福建** | **98677** | **82731** | **91088** | **76374** | **23077** | **725** | **713** | **15523** |
| 福州 | 17672 | 17672 | 16434 | 16434 | 5930 | 98 | 96 | 3702 |
| 福清 | 9229 | 2597 | 8859 | 2429 | 677 | 45 | 45 | 537 |
| 厦门 | 27596 | 20501 | 25713 | 18637 | 6093 | 198 | 193 | 4031 |
| 莆田 | 5657 | 5298 | 4894 | 4757 | 1320 | 55 | 53 | 591 |
| 三明 | 3042 | 3042 | 2899 | 2899 | 669 | 24 | 24 | 527 |
| 永安 | 1171 | 1153 | 1082 | 1065 | 264 | 8 | 8 | 155 |
| 泉州 | 10063 | 10063 | 9340 | 9340 | 2071 | 41 | 41 | 847 |
| 石狮 | 1674 | 1674 | 1649 | 1649 | 599 | 9 | 9 | 663 |
| 晋江 | 1696 | 1696 | 1541 | 1541 | 502 | 13 | 13 | 502 |
| 南安 | 1574 | 1574 | 1462 | 1462 | 436 | 14 | 14 | 436 |
| 漳州 | 4416 | 4092 | 3986 | 3843 | 1269 | 52 | 51 | 1124 |
| 南平 | 2253 | 2170 | 2050 | 1989 | 535 | 10 | 8 | 319 |
| 邵武 | 1762 | 1444 | 1392 | 1362 | 246 | 13 | 13 | 193 |
| 武夷山 | 699 | 653 | 637 | 599 | 153 | 34 | 34 | 153 |
| 建瓯 | 671 | 664 | 656 | 655 | 217 | 15 | 15 | 173 |
| 龙岩 | 4188 | 3560 | 3937 | 3225 | 860 | 48 | 48 | 501 |
| 漳平 | 821 | 695 | 668 | 624 | 171 | 9 | 9 | 169 |
| 宁德 | 2034 | 2029 | 1933 | 1923 | 578 | 14 | 14 | 546 |
| 福安 | 1240 | 1238 | 1115 | 1109 | 265 | 16 | 16 | 183 |
| 福鼎 | 1219 | 916 | 841 | 832 | 222 | 9 | 9 | 172 |
| **江西** | **88242** | **83444** | **80560** | **77454** | **20701** | **902** | **895** | **16930** |
| 南昌 | 16738 | 16256 | 15604 | 15145 | 4381 | 135 | 134 | 2731 |
| 景德镇 | 5982 | 5242 | 5315 | 5209 | 790 | 22 | 21 | 738 |
| 乐平 | 1042 | 1032 | 1040 | 988 | 318 | 21 | 21 | 214 |
| 萍乡 | 2625 | 2625 | 2419 | 2419 | 764 | 49 | 48 | 894 |
| 九江 | 8356 | 8248 | 7689 | 7582 | 1369 | 74 | 74 | 906 |

# 13-2 续表 7 continued 7

计量单位: 公顷 Measurement Unit: hectare

| 城市名称 Name of Cities | 绿化覆盖面积 Green Coverage Area | 建成区 Built District | 绿地面积 Area of Parks and Green Space | 建成区 Built District | 公园绿地面积 Area of Public Recreational Green Space | 公园个数(个) Number of Parks (unit) | 门票免费 Free Parks | 公园面积 Park Area |
|---|---|---|---|---|---|---|---|---|
| 瑞昌 | 1078 | 1062 | 1001 | 993 | 334 | 10 | 10 | 186 |
| 共青城 | 921 | 918 | 851 | 848 | 191 | 4 | 4 | 195 |
| 庐山 | 643 | 575 | 522 | 497 | 120 | 25 | 25 | 138 |
| 新余 | 4697 | 4247 | 4018 | 3987 | 985 | 42 | 42 | 1009 |
| 鹰潭 | 2740 | 2740 | 2403 | 2403 | 606 | 38 | 38 | 610 |
| 贵溪 | 1967 | 1679 | 1696 | 1555 | 286 | 18 | 18 | 281 |
| 赣州 | 12434 | 11072 | 11897 | 10537 | 2913 | 97 | 95 | 2679 |
| 瑞金 | 1645 | 1541 | 1446 | 1390 | 398 | 30 | 30 | 422 |
| 龙南 | 1104 | 1050 | 1025 | 978 | 349 | 15 | 15 | 349 |
| 吉安 | 3832 | 3287 | 3124 | 2970 | 1013 | 12 | 12 | 677 |
| 井冈山 | 385 | 368 | 343 | 284 | 123 | 3 | 3 | 131 |
| 宜春 | 4416 | 4416 | 4126 | 4126 | 1209 | 74 | 72 | 1209 |
| 丰城 | 2446 | 2446 | 2196 | 2196 | 510 | 23 | 23 | 319 |
| 樟树 | 1535 | 1514 | 1381 | 1372 | 275 | 27 | 27 | 263 |
| 高安 | 1755 | 1379 | 1553 | 1220 | 305 | 37 | 37 | 305 |
| 抚州 | 5777 | 5774 | 5305 | 5296 | 1584 | 47 | 47 | 1348 |
| 上饶 | 5423 | 5314 | 4981 | 4866 | 1750 | 83 | 83 | 1197 |
| 德兴 | 702 | 661 | 624 | 594 | 129 | 16 | 16 | 129 |
| **山东** | **318591** | **249959** | **280650** | **226947** | **75582** | **1496** | **1453** | **51148** |
| 济南 | 34050 | 33774 | 30463 | 30188 | 8579 | 181 | 175 | 4026 |
| 青岛 | 48749 | 34800 | 44542 | 31355 | 10724 | 259 | 249 | 8152 |
| 胶州 | 4159 | 4120 | 3841 | 3802 | 820 | 21 | 21 | 638 |
| 平度 | 3382 | 3167 | 2878 | 2664 | 670 | 29 | 29 | 582 |
| 莱西 | 2020 | 1890 | 1734 | 1661 | 506 | 9 | 9 | 366 |
| 淄博 | 22775 | 13502 | 20368 | 12113 | 3968 | 48 | 45 | 1680 |
| 枣庄 | 9691 | 6760 | 7477 | 6288 | 1703 | 45 | 45 | 985 |
| 滕州 | 3052 | 2782 | 2783 | 2483 | 769 | 33 | 33 | 430 |
| 东营 | 12187 | 7393 | 10524 | 6745 | 2636 | 57 | 57 | 2572 |
| 烟台 | 18321 | 17570 | 16460 | 15949 | 4727 | 61 | 57 | 2234 |
| 龙口 | 2535 | 2141 | 2150 | 1920 | 558 | 9 | 9 | 203 |
| 莱阳 | 2548 | 1799 | 1675 | 1666 | 522 | 3 | 3 | 113 |
| 莱州 | 2277 | 2249 | 2090 | 2088 | 632 | 38 | 38 | 278 |
| 招远 | 1200 | 1200 | 1170 | 1170 | 429 | 12 | 12 | 392 |
| 栖霞 | 703 | 628 | 603 | 573 | 218 | 4 | 4 | 41 |
| 海阳 | 1583 | 1470 | 1466 | 1429 | 401 | 6 | 6 | 383 |
| 潍坊 | 13319 | 8502 | 12333 | 8012 | 3748 | 66 | 62 | 2847 |
| 青州 | 3213 | 2392 | 2270 | 2189 | 623 | 18 | 18 | 572 |
| 诸城 | 3895 | 2531 | 3392 | 2221 | 1194 | 14 | 14 | 621 |
| 寿光 | 4272 | 2040 | 3775 | 1932 | 992 | 20 | 20 | 815 |
| 安丘 | 3723 | 2663 | 3470 | 2577 | 1128 | 21 | 21 | 959 |
| 高密 | 2421 | 2375 | 2161 | 2116 | 527 | 5 | 5 | 184 |
| 昌邑 | 2003 | 1453 | 1552 | 1323 | 449 | 4 | 4 | 365 |
| 济宁 | 12912 | 10862 | 10473 | 9759 | 3265 | 50 | 50 | 2055 |
| 曲阜 | 1504 | 1166 | 1327 | 1082 | 381 | 25 | 25 | 381 |

## 13-2 续表 8 continued 8

计量单位：公顷 Measurement Unit: hectare

| 城市名称 Name of Cities | 绿化覆盖面积 Green Coverage Area | 建成区 Built District | 绿地面积 Area of Parks and Green Space | 建成区 Built District | 公园绿地面积 Area of Public Recreational Green Space | 公园个数(个) Number of Parks (unit) | 门票免费 Free Parks | 公园面积 Park Area |
|---|---|---|---|---|---|---|---|---|
| 邹城 | 2205 | 2031 | 1945 | 1791 | 531 | 16 | 16 | 524 |
| 泰安 | 7875 | 7505 | 7519 | 6628 | 2631 | 41 | 33 | 1880 |
| 新泰 | 3257 | 3140 | 3050 | 2926 | 1038 | 21 | 21 | 977 |
| 肥城 | 2530 | 2271 | 2212 | 2026 | 568 | 6 | 6 | 460 |
| 威海 | 10668 | 9106 | 9622 | 8628 | 2765 | 56 | 56 | 1256 |
| 荣成 | 3142 | 2716 | 2869 | 2540 | 1152 | 23 | 22 | 1067 |
| 乳山 | 2054 | 1680 | 1773 | 1561 | 440 | 13 | 13 | 247 |
| 日照 | 5950 | 5532 | 5351 | 5105 | 1791 | 53 | 53 | 1096 |
| 临沂 | 16535 | 11630 | 14264 | 10360 | 4714 | 47 | 46 | 4656 |
| 德州 | 8767 | 7587 | 7821 | 6744 | 2398 | 45 | 44 | 1706 |
| 乐陵 | 1555 | 1350 | 1191 | 1171 | 347 | 17 | 17 | 365 |
| 禹城 | 2082 | 1540 | 1769 | 1262 | 278 | 11 | 11 | 218 |
| 聊城 | 12419 | 7112 | 11074 | 6723 | 1994 | 31 | 30 | 1167 |
| 临清 | 2290 | 1165 | 1916 | 1027 | 452 | 8 | 5 | 193 |
| 滨州 | 7666 | 7009 | 6850 | 6269 | 2180 | 53 | 52 | 2292 |
| 邹平 | 3284 | 2341 | 2253 | 2157 | 578 | 3 | 3 | 294 |
| 菏泽 | 9815 | 7011 | 8189 | 6724 | 1558 | 14 | 14 | 873 |
| **河南** | **154043** | **141908** | **135170** | **125057** | **44627** | **681** | **658** | **22114** |
| 郑州 | 31646 | 28684 | 27644 | 25395 | 11207 | 251 | 248 | 5882 |
| 巩义 | 1684 | 1589 | 1483 | 1448 | 636 | 3 | 3 | 127 |
| 荥阳 | 1308 | 1302 | 1167 | 1123 | 284 | 4 | 4 | 153 |
| 新密 | 1365 | 1364 | 1215 | 1207 | 302 | 5 | 5 | 135 |
| 新郑 | 1415 | 1414 | 1229 | 1226 | 444 | 18 | 18 | 312 |
| 登封 | 1766 | 1543 | 1528 | 1419 | 339 | 14 | 14 | 155 |
| 开封 | 7749 | 6533 | 6385 | 5644 | 1624 | 16 | 8 | 390 |
| 洛阳 | 13379 | 13241 | 12293 | 11564 | 4576 | 27 | 27 | 1903 |
| 平顶山 | 3413 | 3261 | 2941 | 2776 | 1146 | 17 | 17 | 523 |
| 舞钢 | 748 | 706 | 662 | 628 | 159 | 2 | 2 | 76 |
| 汝州 | 1799 | 1784 | 1539 | 1536 | 615 | 12 | 12 | 546 |
| 安阳 | 4038 | 3931 | 3517 | 3453 | 1087 | 12 | 12 | 280 |
| 林州 | 1411 | 1335 | 1246 | 1204 | 272 | 2 | 2 | 99 |
| 鹤壁 | 3372 | 3184 | 2986 | 2828 | 1127 | 14 | 14 | 736 |
| 新乡 | 5400 | 5398 | 4998 | 4996 | 1029 | 17 | 17 | 157 |
| 长垣 | 1879 | 1802 | 1640 | 1627 | 405 | 11 | 11 | 258 |
| 卫辉 | 840 | 830 | 710 | 700 | 155 | 2 | 2 | 44 |
| 辉县 | 1137 | 861 | 770 | 760 | 217 | 10 | 10 | 120 |
| 焦作 | 5405 | 5396 | 4799 | 4799 | 1406 | 19 | 19 | 1232 |
| 沁阳 | 787 | 771 | 671 | 651 | 116 | 5 | 5 | 119 |
| 孟州 | 767 | 761 | 684 | 681 | 167 | 4 | 4 | 135 |
| 濮阳 | 3007 | 2895 | 2790 | 2572 | 1012 | 13 | 13 | 731 |
| 许昌 | 5441 | 5241 | 4815 | 4618 | 1111 | 9 | 9 | 311 |
| 禹州 | 2355 | 2083 | 1835 | 1720 | 558 | 4 | 4 | 278 |
| 长葛 | 1282 | 1166 | 1056 | 1043 | 304 | 3 | 3 | 154 |
| 漯河 | 3512 | 2977 | 2956 | 2638 | 1181 | 16 | 15 | 213 |

## 13-2 续表 9 continued 9

计量单位：公顷 Measurement Unit: hectare

| 城市名称 Name of Cities | 绿化覆盖面积 Green Coverage Area | 建成区 Built District | 绿地面积 Area of Parks and Green Space | 建成区 Built District | 公园绿地面积 Area of Public Recreational Green Space | 公园个数（个） Number of Parks (unit) | 门票免费 Free Parks | 公园面积 Park Area |
|---|---|---|---|---|---|---|---|---|
| 三门峡 | 2817 | 2753 | 2525 | 2469 | 744 | 11 | 11 | 670 |
| 义马 | 885 | 854 | 771 | 752 | 266 | 4 | 4 | 213 |
| 灵宝 | 957 | 941 | 848 | 840 | 242 | 4 | 4 | 99 |
| 南阳 | 10001 | 7626 | 9313 | 6937 | 2898 | 22 | 15 | 1634 |
| 邓州 | 1996 | 1760 | 1824 | 1643 | 545 | 8 | 8 | 283 |
| 商丘 | 3636 | 3584 | 3227 | 3209 | 1577 | 43 | 43 | 699 |
| 永城 | 2381 | 2167 | 1971 | 1880 | 732 | 11 | 10 | 621 |
| 信阳 | 6224 | 4938 | 5222 | 4033 | 1002 | 7 | 7 | 285 |
| 周口 | 5321 | 4519 | 4492 | 3700 | 1104 | 28 | 28 | 1294 |
| 项城 | 1560 | 1481 | 1360 | 1333 | 372 | 3 | 3 | 96 |
| 驻马店 | 4898 | 4870 | 4322 | 4298 | 1126 | 14 | 14 | 601 |
| 济源示范区 | 2619 | 2519 | 2282 | 2252 | 557 | 10 | 9 | 194 |
| 郑州航空港经济综合实验区 | 3847 | 3847 | 3454 | 3454 | 1982 | 6 | 6 | 358 |
| **湖北** | **133241** | **123019** | **117985** | **112987** | **37428** | **737** | **719** | **22383** |
| 武汉 | 39901 | 39901 | 37088 | 37088 | 16392 | 188 | 179 | 6728 |
| 黄石 | 3851 | 3541 | 3358 | 3262 | 981 | 20 | 17 | 742 |
| 大冶 | 1462 | 1462 | 1295 | 1295 | 428 | 3 | 3 | 103 |
| 十堰 | 5071 | 5070 | 4876 | 4876 | 1189 | 23 | 23 | 651 |
| 丹江口 | 2156 | 1299 | 1837 | 1198 | 278 | 8 | 6 | 231 |
| 宜昌 | 9195 | 9195 | 8333 | 8333 | 1719 | 42 | 41 | 1521 |
| 宜都 | 1554 | 1299 | 1165 | 1130 | 256 | 6 | 6 | 145 |
| 当阳 | 1344 | 1203 | 1203 | 1078 | 303 | 7 | 7 | 240 |
| 枝江 | 1875 | 1455 | 1510 | 1299 | 298 | 8 | 8 | 173 |
| 襄阳 | 9147 | 9147 | 8170 | 8170 | 2381 | 22 | 22 | 2067 |
| 老河口 | 1409 | 1409 | 1292 | 1292 | 294 | 6 | 6 | 212 |
| 枣阳 | 2724 | 2153 | 2358 | 2054 | 402 | 2 | 2 | 62 |
| 宜城 | 1281 | 1194 | 1197 | 1118 | 242 | 3 | 3 | 100 |
| 鄂州 | 1793 | 1728 | 1593 | 1532 | 670 | 76 | 76 | 670 |
| 荆门 | 3073 | 3073 | 2852 | 2852 | 822 | 9 | 9 | 360 |
| 京山 | 1559 | 1508 | 1375 | 1344 | 355 | 37 | 37 | 355 |
| 钟祥 | 1503 | 1067 | 1012 | 961 | 324 | 5 | 5 | 255 |
| 孝感 | 2516 | 2516 | 2453 | 2453 | 832 | 10 | 10 | 640 |
| 应城 | 1179 | 834 | 1031 | 732 | 245 | 10 | 10 | 237 |
| 安陆 | 1216 | 917 | 982 | 823 | 280 | 14 | 14 | 280 |
| 汉川 | 1258 | 1153 | 1137 | 1128 | 232 | 4 | 4 | 313 |
| 荆州 | 4430 | 4430 | 4102 | 4102 | 1596 | 56 | 56 | 1571 |
| 监利 | 1227 | 1146 | 1136 | 1100 | 284 | 5 | 5 | 78 |
| 石首 | 970 | 970 | 925 | 923 | 253 | 5 | 5 | 123 |
| 洪湖 | 1047 | 905 | 908 | 795 | 262 | 8 | 8 | 268 |
| 松滋 | 1181 | 887 | 864 | 864 | 199 | 4 | 4 | 209 |
| 黄冈 | 1510 | 1510 | 1341 | 1341 | 487 | 3 | 2 | 543 |
| 麻城 | 1695 | 1562 | 1437 | 1391 | 336 | 8 | 8 | 294 |

## 13-2 续表 10 continued 10

计量单位：公顷 Measurement Unit: hectare

| 城市名称<br>Name of Cities | 绿化覆盖面积<br>Green Coverage Area | 建成区<br>Built District | 绿地面积<br>Area of Parks and Green Space | 建成区<br>Built District | 公园绿地面积<br>Area of Public Recreational Green Space | 公园个数（个）<br>Number of Parks (unit) | 门票免费<br>Free Parks | 公园面积<br>Park Area |
|---|---|---|---|---|---|---|---|---|
| 武　穴 | 1198 | 1165 | 1215 | 1208 | 575 | 24 | 24 | 371 |
| 咸　宁 | 4891 | 3486 | 4651 | 3033 | 651 | 13 | 13 | 553 |
| 赤　壁 | 1608 | 1411 | 1403 | 1236 | 366 | 14 | 14 | 366 |
| 随　州 | 3621 | 3621 | 3301 | 3301 | 603 | 9 | 9 | 244 |
| 广　水 | 1425 | 1334 | 1284 | 1167 | 418 | 4 | 4 | 288 |
| 恩　施 | 2680 | 1818 | 2292 | 1626 | 588 | 6 | 4 | 198 |
| 利　川 | 1159 | 857 | 758 | 758 | 315 | 30 | 30 | 242 |
| 仙　桃 | 3901 | 2762 | 2705 | 2575 | 485 | 6 | 6 | 182 |
| 潜　江 | 2117 | 2117 | 1893 | 1893 | 478 | 5 | 5 | 232 |
| 天　门 | 3515 | 1915 | 1655 | 1655 | 610 | 34 | 34 | 538 |
| **湖　南** | **99626** | **89084** | **99439** | **81497** | **25315** | **756** | **745** | **19448** |
| 长　沙 | 20531 | 20531 | 18648 | 18648 | 6845 | 90 | 87 | 5369 |
| 宁　乡 | 3037 | 3037 | 2925 | 2925 | 626 | 16 | 16 | 558 |
| 浏　阳 | 1323 | 1323 | 1192 | 1192 | 350 | 7 | 7 | 241 |
| 株　洲 | 6865 | 6865 | 6521 | 6521 | 1837 | 24 | 22 | 1182 |
| 醴　陵 | 1309 | 1295 | 1221 | 1133 | 341 | 13 | 13 | 254 |
| 湘　潭 | 6317 | 3803 | 5946 | 3528 | 1381 | 14 | 14 | 702 |
| 湘　乡 | 983 | 871 | 9014 | 776 | 311 | 2 | 2 | 291 |
| 韶　山 | 462 | 230 | 358 | 210 | 67 | 12 | 12 | 90 |
| 衡　阳 | 9620 | 6316 | 9501 | 5858 | 1966 | 28 | 28 | 863 |
| 耒　阳 | 1330 | 1330 | 1232 | 1232 | 367 | 39 | 39 | 367 |
| 常　宁 | 1182 | 1182 | 996 | 996 | 255 | 7 | 7 | 255 |
| 邵　阳 | 3978 | 3375 | 3244 | 2871 | 1013 | 11 | 11 | 773 |
| 武　冈 | 1230 | 969 | 1055 | 885 | 480 | 6 | 4 | 352 |
| 邵　东 | 1698 | 1447 | 1499 | 1329 | 387 | 3 | 3 | 122 |
| 岳　阳 | 6882 | 5478 | 5914 | 5079 | 1334 | 56 | 55 | 1279 |
| 汨　罗 | 860 | 860 | 780 | 780 | 182 | 4 | 4 | 223 |
| 临　湘 | 1348 | 646 | 1198 | 587 | 237 | 26 | 26 | 243 |
| 常　德 | 5159 | 5153 | 4620 | 4617 | 1230 | 16 | 16 | 843 |
| 津　市 | 684 | 659 | 624 | 594 | 117 | 9 | 9 | 154 |
| 张家界 | 1775 | 1519 | 1603 | 1353 | 319 | 19 | 19 | 251 |
| 益　阳 | 3918 | 3918 | 3752 | 3752 | 836 | 79 | 79 | 836 |
| 沅　江 | 968 | 865 | 997 | 878 | 253 | 45 | 45 | 258 |
| 郴　州 | 3788 | 3788 | 3408 | 3408 | 1034 | 61 | 59 | 1034 |
| 资　兴 | 974 | 974 | 935 | 935 | 185 | 32 | 32 | 175 |
| 永　州 | 3068 | 3068 | 2909 | 2909 | 770 | 25 | 24 | 585 |
| 祁　阳 | 1755 | 1454 | 1684 | 1277 | 466 | 14 | 14 | 260 |
| 怀　化 | 2663 | 2663 | 2374 | 2374 | 661 | 54 | 54 | 645 |
| 洪　江 | 683 | 515 | 618 | 479 | 169 | 6 | 6 | 131 |
| 娄　底 | 2232 | 2232 | 1961 | 1961 | 524 | 16 | 16 | 466 |
| 冷水江 | 608 | 565 | 526 | 488 | 237 | 6 | 6 | 237 |
| 涟　源 | 587 | 587 | 519 | 519 | 155 | 6 | 6 | 155 |
| 吉　首 | 1810 | 1568 | 1666 | 1400 | 381 | 10 | 10 | 252 |

## 13-2 续表 11 continued 11

计量单位：公顷 Measurement Unit: hectare

| 城市名称 Name of Cities | 绿化覆盖面积 Green Coverage Area | 建成区 Built District | 绿地面积 Area of Parks and Green Space | 建成区 Built District | 公园绿地面积 Area of Public Recreational Green Space | 公园个数（个） Number of Parks (unit) | 门票免费 Free Parks | 公园面积 Park Area |
|---|---|---|---|---|---|---|---|---|
| **广　东** | **587124** | **292976** | **539604** | **264659** | **118509** | **4969** | **4933** | **165322** |
| 广　州 | 158649 | 61023 | 149169 | 53016 | 32413 | 530 | 518 | 76678 |
| 韶　关 | 5428 | 5428 | 5427 | 5427 | 1109 | 44 | 44 | 1109 |
| 乐　昌 | 505 | 505 | 463 | 463 | 144 | 11 | 11 | 144 |
| 南　雄 | 503 | 503 | 466 | 466 | 142 | 9 | 9 | 142 |
| 深　圳 | 101386 | 41458 | 98270 | 36613 | 22219 | 1260 | 1259 | 38210 |
| 珠　海 | 34848 | 7186 | 31490 | 6741 | 4506 | 515 | 515 | 4506 |
| 汕　头 | 12653 | 12653 | 11312 | 11312 | 4035 | 107 | 105 | 1628 |
| 佛　山 | 8650 | 7604 | 7635 | 7202 | 3923 | 321 | 315 | 2813 |
| 江　门 | 13785 | 8701 | 13256 | 8175 | 2681 | 376 | 375 | 2657 |
| 台　山 | 1921 | 1506 | 1864 | 1278 | 399 | 37 | 37 | 399 |
| 开　平 | 2001 | 1882 | 1806 | 1762 | 447 | 20 | 18 | 348 |
| 鹤　山 | 1498 | 1498 | 1427 | 1427 | 340 | 11 | 11 | 338 |
| 恩　平 | 2596 | 1923 | 2003 | 1737 | 418 | 37 | 37 | 440 |
| 湛　江 | 5374 | 4989 | 4990 | 4632 | 1866 | 228 | 226 | 1866 |
| 廉　江 | 1716 | 1716 | 1593 | 1593 | 510 | 17 | 17 | 510 |
| 雷　州 | 1084 | 1084 | 1017 | 1017 | 568 | 9 | 8 | 568 |
| 吴　川 | 917 | 917 | 815 | 813 | 262 | 8 | 8 | 208 |
| 茂　名 | 5969 | 5969 | 5562 | 5562 | 1675 | 102 | 101 | 1609 |
| 高　州 | 2016 | 1800 | 1862 | 1675 | 675 | 12 | 12 | 585 |
| 化　州 | 1622 | 1622 | 1478 | 1478 | 700 | 12 | 11 | 700 |
| 信　宜 | 2987 | 1350 | 2855 | 1200 | 493 | 19 | 19 | 468 |
| 肇　庆 | 15105 | 6431 | 14635 | 6068 | 1829 | 32 | 32 | 571 |
| 四　会 | 1198 | 1198 | 1145 | 1145 | 373 | 7 | 7 | 121 |
| 惠　州 | 13307 | 13307 | 12341 | 12341 | 4452 | 123 | 123 | 4115 |
| 梅　州 | 4073 | 2981 | 2945 | 2717 | 949 | 39 | 38 | 828 |
| 兴　宁 | 813 | 810 | 792 | 789 | 35 | 10 | 10 | 60 |
| 汕　尾 | 1800 | 1800 | 1673 | 1673 | 505 | 30 | 30 | 505 |
| 陆　丰 | 1007 | 1007 | 874 | 874 | 230 | 6 | 6 | 230 |
| 河　源 | 1877 | 1877 | 1764 | 1764 | 481 | 88 | 88 | 481 |
| 阳　江 | 20605 | 4999 | 16206 | 4493 | 1446 | 45 | 45 | 1512 |
| 阳　春 | 1327 | 1327 | 1206 | 1206 | 361 | 19 | 19 | 374 |
| 清　远 | 6169 | 3768 | 5849 | 3448 | 904 | 45 | 44 | 904 |
| 英　德 | 27273 | 1235 | 27161 | 1123 | 242 | 9 | 9 | 242 |
| 连　州 | 6953 | 683 | 6915 | 644 | 215 | 29 | 29 | 215 |
| 东　莞 | 95966 | 58292 | 80191 | 52583 | 21172 | 406 | 403 | 13958 |
| 中　山 | 4610 | 4610 | 4186 | 4186 | 1272 | 64 | 62 | 1084 |
| 潮　州 | 4990 | 4990 | 4542 | 4542 | 1206 | 119 | 119 | 1169 |
| 揭　阳 | 7338 | 6989 | 6965 | 6684 | 1426 | 128 | 128 | 1133 |
| 普　宁 | 3166 | 2635 | 2556 | 2340 | 753 | 30 | 30 | 753 |
| 云　浮 | 1828 | 1463 | 1753 | 1434 | 644 | 31 | 31 | 651 |
| 罗　定 | 1610 | 1256 | 1144 | 1015 | 490 | 24 | 24 | 490 |

## 13-2 续表 12 continued 12

计量单位：公顷 Measurement Unit: hectare

| 城市名称 Name of Cities | 绿化覆盖面积 Green Coverage Area | 建成区 Built District | 绿地面积 Area of Parks and Green Space | 建成区 Built District | 公园绿地面积 Area of Public Recreational Green Space | 公园个数（个） Number of Parks (unit) | 门票免费 Free Parks | 公园面积 Park Area |
|---|---|---|---|---|---|---|---|---|
| **广 西** | **93391** | **76383** | **81236** | **66694** | **15570** | **474** | **459** | **16921** |
| 南 宁 | 19042 | 19042 | 16378 | 16378 | 1957 | 69 | 63 | 5531 |
| 横 州 | 840 | 829 | 766 | 756 | 215 | 6 | 6 | 37 |
| 柳 州 | 12386 | 11510 | 10674 | 9707 | 2521 | 79 | 78 | 2521 |
| 桂 林 | 5961 | 5680 | 5220 | 4953 | 1465 | 35 | 34 | 1129 |
| 荔 浦 | 607 | 541 | 532 | 489 | 224 | 6 | 6 | 216 |
| 梧 州 | 4520 | 3224 | 4222 | 3002 | 935 | 23 | 22 | 964 |
| 岑 溪 | 1188 | 925 | 1071 | 813 | 233 | 4 | 4 | 224 |
| 北 海 | 5982 | 3619 | 5559 | 3196 | 846 | 27 | 26 | 622 |
| 防 城 港 | 2398 | 2398 | 2068 | 2068 | 743 | 15 | 15 | 678 |
| 东 兴 | 526 | 496 | 464 | 439 | 177 | 3 | 3 | 50 |
| 钦 州 | 13210 | 3714 | 11429 | 3175 | 522 | 20 | 20 | 484 |
| 贵 港 | 3654 | 3636 | 3236 | 3220 | 608 | 6 | 6 | 318 |
| 桂 平 | 1522 | 1522 | 1307 | 1307 | 490 | 5 | 4 | 330 |
| 玉 林 | 3678 | 3365 | 3443 | 3013 | 1173 | 30 | 30 | 1050 |
| 北 流 | 1758 | 1236 | 1117 | 1117 | 336 | 20 | 20 | 235 |
| 百 色 | 3832 | 2837 | 2763 | 2441 | 510 | 11 | 11 | 262 |
| 靖 西 | 832 | 832 | 741 | 741 | 252 | 4 | 4 | 252 |
| 平 果 | 1725 | 1725 | 1614 | 1614 | 239 | 14 | 14 | 239 |
| 贺 州 | 2495 | 2495 | 2389 | 2389 | 581 | 23 | 22 | 629 |
| 河 池 | 2075 | 2010 | 1810 | 1745 | 417 | 18 | 17 | 417 |
| 来 宾 | 2306 | 2236 | 1938 | 1868 | 424 | 6 | 6 | 73 |
| 合 山 | 327 | 313 | 277 | 275 | 79 | 4 | 4 | 58 |
| 崇 左 | 1734 | 1670 | 1550 | 1505 | 434 | 40 | 39 | 460 |
| 凭 祥 | 794 | 527 | 667 | 484 | 188 | 6 | 5 | 142 |
| **海 南** | **21291** | **17771** | **19683** | **16531** | **4075** | **167** | **160** | **3337** |
| 海 口 | 9300 | 9300 | 8703 | 8703 | 2523 | 33 | 27 | 1772 |
| 三 亚 | 2502 | 2502 | 2321 | 2321 | 907 | 47 | 47 | 907 |
| 儋 州 | 4751 | 1493 | 4542 | 1454 | 268 | 38 | 38 | 268 |
| 五 指 山 | 643 | 643 | 542 | 542 | 29 | 10 | 10 | 41 |
| 琼 海 | 960 | 960 | 870 | 851 | 87 | 14 | 13 | 87 |
| 文 昌 | 1226 | 1085 | 1071 | 1030 | 137 | 16 | 16 | 137 |
| 万 宁 | 755 | 755 | 678 | 678 | 75 | 5 | 5 | 75 |
| 东 方 | 1154 | 1034 | 957 | 954 | 50 | 4 | 4 | 50 |
| **重 庆** | **85446** | **73114** | **76584** | **67814** | **28516** | **594** | **584** | **16671** |
| 重 庆 | 85446 | 73114 | 76584 | 67814 | 28516 | 594 | 584 | 16671 |
| **四 川** | **162542** | **148548** | **143459** | **131724** | **44715** | **946** | **922** | **28692** |
| 成 都 | 46812 | 46812 | 40259 | 40259 | 14287 | 177 | 170 | 5741 |
| 简 阳 | 2733 | 1858 | 2269 | 1495 | 537 | 14 | 14 | 733 |
| 都 江 堰 | 1832 | 1832 | 1640 | 1640 | 429 | 4 | 1 | 126 |
| 彭 州 | 1304 | 1304 | 1097 | 1097 | 422 | 8 | 8 | 115 |
| 邛 崃 | 1285 | 1092 | 1179 | 1002 | 639 | 12 | 12 | 630 |
| 崇 州 | 1063 | 1063 | 986 | 986 | 241 | 7 | 7 | 226 |
| 自 贡 | 5989 | 5861 | 5243 | 5135 | 1892 | 24 | 22 | 658 |

## 13-2 续表 13 continued 13

计量单位: 公顷　　Measurement Unit: hectare

| 城市名称 Name of Cities | 绿化覆盖面积 Green Coverage Area | 建成区 Built District | 绿地面积 Area of Parks and Green Space | 建成区 Built District | 公园绿地面积 Area of Public Recreational Green Space | 公园个数(个) Number of Parks (unit) | 门票免费 Free Parks | 公园面积 Park Area |
|---|---|---|---|---|---|---|---|---|
| 攀枝花 | 3601 | 3601 | 3373 | 3373 | 1013 | 24 | 24 | 808 |
| 泸州 | 8147 | 7515 | 7716 | 6851 | 2407 | 47 | 46 | 1736 |
| 德阳 | 4178 | 4178 | 3555 | 3555 | 1018 | 31 | 31 | 566 |
| 广汉 | 2052 | 2050 | 1671 | 1666 | 397 | 9 | 8 | 116 |
| 什邡 | 748 | 748 | 680 | 680 | 258 | 5 | 5 | 66 |
| 绵竹 | 720 | 710 | 706 | 706 | 227 | 5 | 5 | 36 |
| 绵阳 | 7875 | 7875 | 7230 | 7230 | 2090 | 23 | 21 | 1449 |
| 江油 | 1586 | 1575 | 1395 | 1343 | 498 | 6 | 6 | 191 |
| 广元 | 4239 | 2949 | 4063 | 2763 | 937 | 31 | 31 | 849 |
| 遂宁 | 6605 | 3862 | 6161 | 3426 | 966 | 36 | 36 | 788 |
| 射洪 | 1344 | 1344 | 1205 | 1205 | 375 | 10 | 10 | 330 |
| 内江 | 4119 | 4050 | 3729 | 3729 | 1226 | 32 | 32 | 755 |
| 隆昌 | 1162 | 1145 | 1091 | 1013 | 337 | 6 | 6 | 75 |
| 乐山 | 8239 | 3447 | 7541 | 3197 | 1385 | 42 | 41 | 1025 |
| 峨眉山 | 1083 | 1083 | 1009 | 1009 | 360 | 14 | 14 | 210 |
| 南充 | 9100 | 8200 | 7241 | 7100 | 2275 | 28 | 24 | 2145 |
| 阆中 | 1965 | 1745 | 1760 | 1518 | 495 | 9 | 7 | 355 |
| 眉山 | 4503 | 3746 | 3977 | 3288 | 1129 | 26 | 25 | 607 |
| 宜宾 | 7972 | 7856 | 7123 | 7045 | 2833 | 77 | 77 | 1674 |
| 广安 | 3001 | 2958 | 2630 | 2630 | 793 | 42 | 42 | 1132 |
| 华蓥 | 641 | 626 | 604 | 591 | 170 | 7 | 7 | 207 |
| 达州 | 6400 | 6301 | 6204 | 6126 | 1735 | 73 | 73 | 1686 |
| 万源 | 712 | 712 | 652 | 652 | 189 | 3 | 3 | 604 |
| 雅安 | 2742 | 1847 | 1774 | 1719 | 421 | 30 | 30 | 428 |
| 巴中 | 2831 | 2831 | 2714 | 2714 | 1077 | 22 | 22 | 1077 |
| 资阳 | 2234 | 2234 | 2017 | 2017 | 604 | 13 | 13 | 431 |
| 马尔康 | 385 | 197 | 191 | 191 | 43 | 2 | 2 | 44 |
| 康定 | 230 | 230 | 191 | 191 | 92 | 4 | 4 | 18 |
| 会理 | 553 | 553 | 464 | 464 | 123 | 3 | 3 | 47 |
| 西昌 | 2558 | 2558 | 2120 | 2120 | 795 | 40 | 40 | 1006 |
| **贵州** | **118582** | **50345** | **100487** | **47988** | **14958** | **451** | **444** | **15587** |
| 贵阳 | 60268 | 15977 | 59359 | 15230 | 5339 | 127 | 125 | 5339 |
| 清镇 | 1563 | 1563 | 1456 | 1456 | 297 | 16 | 15 | 297 |
| 六盘水 | 7660 | 3410 | 6917 | 3205 | 702 | 26 | 25 | 2333 |
| 盘州 | 1287 | 1145 | 1267 | 1090 | 311 | 8 | 8 | 351 |
| 遵义 | 6578 | 6578 | 6504 | 6504 | 1961 | 52 | 51 | 2122 |
| 赤水 | 700 | 684 | 706 | 631 | 159 | 11 | 11 | 142 |
| 仁怀 | 1224 | 1224 | 1168 | 1168 | 269 | 9 | 9 | 269 |
| 安顺 | 6250 | 3291 | 5845 | 3063 | 1221 | 31 | 31 | 642 |
| 毕节 | 2682 | 2682 | 2592 | 2592 | 893 | 21 | 21 | 747 |
| 黔西 | 1074 | 980 | 975 | 883 | 381 | 8 | 8 | 370 |
| 铜仁 | 2372 | 2372 | 2261 | 2249 | 763 | 24 | 24 | 763 |
| 兴义 | 3860 | 2761 | 3642 | 2665 | 740 | 24 | 24 | 740 |
| 兴仁 | 1285 | 916 | 1084 | 844 | 257 | 8 | 8 | 156 |
| 凯里 | 18193 | 3217 | 3344 | 3104 | 637 | 38 | 38 | 608 |
| 都匀 | 2675 | 2636 | 2553 | 2489 | 775 | 12 | 11 | 452 |
| 福泉 | 910 | 910 | 815 | 815 | 254 | 36 | 35 | 254 |

# 13-2 续表 14 continued 14

计量单位：公顷 Measurement Unit: hectare

| 城市名称 Name of Cities | 绿化覆盖面积 Green Coverage Area | 建成区 Built District | 绿地面积 Area of Parks and Green Space | 建成区 Built District | 公园绿地面积 Area of Public Recreational Green Space | 公园个数（个） Number of Parks (unit) | 门票免费 Free Parks | 公园面积 Park Area |
|---|---|---|---|---|---|---|---|---|
| **云　南** | **69943** | **55562** | **63270** | **50900** | **15027** | **1372** | **1297** | **12701** |
| 昆　明 | 21062 | 20976 | 19560 | 19478 | 5822 | 627 | 621 | 4542 |
| 安　宁 | 9428 | 1655 | 8560 | 1500 | 1037 | 83 | 83 | 446 |
| 曲　靖 | 4796 | 4582 | 4332 | 4172 | 1099 | 30 | 30 | 995 |
| 宣　威 | 1801 | 1683 | 1600 | 1491 | 364 | 8 | 6 | 219 |
| 玉　溪 | 2109 | 1575 | 2026 | 1509 | 537 | 32 | 31 | 537 |
| 澄　江 | 181 | 181 | 170 | 170 | 36 | 5 | 5 | 36 |
| 保　山 | 1874 | 1615 | 1727 | 1423 | 448 | 30 | 30 | 351 |
| 腾　冲 | 1520 | 1465 | 1320 | 1247 | 273 | 66 | 65 | 273 |
| 昭　通 | 2030 | 1966 | 1735 | 1710 | 449 | 10 | 10 | 384 |
| 水　富 | 563 | 563 | 532 | 532 | 78 | 12 | 12 | 75 |
| 丽　江 | 1050 | 1040 | 984 | 977 | 421 | 43 | 42 | 432 |
| 普　洱 | 1304 | 1144 | 1186 | 1064 | 401 | 16 | 16 | 246 |
| 临　沧 | 889 | 889 | 763 | 763 | 189 | 30 | 30 | 189 |
| 禄　丰 | 436 | 385 | 355 | 352 | 108 | 7 | 7 | 48 |
| 楚　雄 | 2477 | 2179 | 2165 | 2005 | 557 | 9 | 9 | 465 |
| 个　旧 | 1018 | 563 | 730 | 526 | 220 | 6 | 5 | 180 |
| 开　远 | 1460 | 1200 | 1260 | 1079 | 323 | 20 | 20 | 362 |
| 蒙　自 | 1889 | 1619 | 1654 | 1408 | 480 | 114 | 114 | 453 |
| 弥　勒 | 1524 | 1510 | 1379 | 1342 | 310 | 12 | 8 | 430 |
| 文　山 | 1745 | 1745 | 1628 | 1628 | 315 | 35 | 35 | 340 |
| 景　洪 | 3335 | 1704 | 2981 | 1524 | 326 | 25 | 5 | 375 |
| 大　理 | 2772 | 2303 | 2422 | 2182 | 504 | 89 | 85 | 511 |
| 瑞　丽 | 1328 | 1136 | 1186 | 1075 | 217 | 24 | 24 | 160 |
| 芒　市 | 982 | 948 | 943 | 899 | 234 | 12 | 12 | 226 |
| 泸　水 | 363 | 312 | 324 | 274 | 159 | 2 | 2 | 136 |
| 香格里拉 | 2005 | 625 | 1748 | 570 | 122 | 25 | 25 | 291 |
| **西　藏** | **7250** | **6966** | **6858** | **6590** | **1557** | **167** | **167** | **1281** |
| 拉　萨 | 4414 | 4211 | 4184 | 3963 | 847 | 135 | 135 | 777 |
| 日喀则 | 880 | 850 | 863 | 833 | 189 | 10 | 10 | 180 |
| 昌　都 | 348 | 348 | 334 | 334 | 104 | 3 | 3 | 80 |
| 林　芝 | 639 | 626 | 564 | 556 | 163 | 4 | 4 | 170 |
| 山　南 | 508 | 470 | 472 | 462 | 86 | 13 | 13 | 62 |
| 那　曲 | 461 | 461 | 442 | 442 | 167 | 2 | 2 | 11 |
| **陕　西** | **88721** | **66204** | **80269** | **59681** | **18900** | **451** | **450** | **12271** |
| 西　安 | 46796 | 35485 | 44199 | 31865 | 9255 | 173 | 173 | 6048 |
| 铜　川 | 2257 | 1966 | 1963 | 1773 | 521 | 16 | 16 | 150 |
| 宝　鸡 | 6232 | 5121 | 5480 | 4787 | 1581 | 37 | 37 | 1164 |
| 咸　阳 | 5738 | 3098 | 5365 | 2727 | 1783 | 6 | 6 | 731 |

# 13-2 续表 15 continued 15

计量单位：公顷　　Measurement Unit: hectare

| 城市名称 Name of Cities | 绿化覆盖面积 Green Coverage Area | 建成区 Built District | 绿地面积 Area of Parks and Green Space | 建成区 Built District | 公园绿地面积 Area of Public Recreational Green Space | 公园个数(个) Number of Parks (unit) | 门票免费 Free Parks | 公园面积 Park Area |
|---|---|---|---|---|---|---|---|---|
| 彬　州 | 448 | 380 | 368 | 356 | 110 | 11 | 11 | 139 |
| 兴　平 | 998 | 871 | 796 | 796 | 265 | 3 | 3 | 155 |
| 渭　南 | 3324 | 2830 | 2616 | 2487 | 849 | 14 | 14 | 782 |
| 韩　城 | 950 | 727 | 706 | 636 | 158 | 7 | 7 | 36 |
| 华　阴 | 815 | 698 | 619 | 618 | 166 | 8 | 8 | 55 |
| 延　安 | 3063 | 2931 | 2732 | 2702 | 637 | 63 | 63 | 604 |
| 子　长 | 513 | 493 | 434 | 434 | 156 | 2 | 2 | 147 |
| 汉　中 | 3461 | 2770 | 2850 | 2448 | 887 | 17 | 16 | 349 |
| 榆　林 | 5385 | 3042 | 4688 | 2791 | 1085 | 21 | 21 | 901 |
| 神　木 | 1528 | 1271 | 1368 | 1154 | 298 | 7 | 7 | 168 |
| 安　康 | 2400 | 1892 | 1797 | 1711 | 430 | 37 | 37 | 398 |
| 旬　阳 | 2270 | 489 | 2007 | 452 | 121 | 3 | 3 | 92 |
| 商　洛 | 1402 | 1166 | 1311 | 1087 | 374 | 20 | 20 | 327 |
| 杨 凌 区 | 1141 | 974 | 972 | 858 | 226 | 6 | 6 | 25 |
| **甘　肃** | **36994** | **35041** | **32834** | **32028** | **11183** | **225** | **221** | **7057** |
| 兰　州 | 11855 | 11795 | 10885 | 10885 | 4309 | 33 | 33 | 2053 |
| 嘉 峪 关 | 2864 | 2863 | 2814 | 2814 | 863 | 9 | 9 | 531 |
| 金　昌 | 2127 | 2127 | 1912 | 1912 | 590 | 30 | 30 | 681 |
| 白　银 | 2734 | 2734 | 2500 | 2500 | 450 | 21 | 21 | 419 |
| 天　水 | 2447 | 2434 | 2185 | 2173 | 845 | 25 | 21 | 484 |
| 武　威 | 1781 | 1350 | 1248 | 1248 | 444 | 7 | 7 | 373 |
| 张　掖 | 2545 | 1816 | 2092 | 1661 | 688 | 8 | 8 | 518 |
| 平　凉 | 1796 | 1795 | 1580 | 1580 | 500 | 14 | 14 | 370 |
| 华　亭 | 700 | 597 | 638 | 525 | 141 | 6 | 6 | 71 |
| 酒　泉 | 2578 | 2578 | 2175 | 2175 | 575 | 25 | 25 | 572 |
| 玉　门 | 663 | 491 | 550 | 457 | 162 | 4 | 4 | 140 |
| 敦　煌 | 608 | 608 | 599 | 599 | 201 | 11 | 11 | 83 |
| 庆　阳 | 1060 | 1060 | 1006 | 1006 | 295 | 7 | 7 | 252 |
| 定　西 | 933 | 911 | 808 | 800 | 410 | 7 | 7 | 177 |
| 陇　南 | 789 | 527 | 585 | 509 | 201 | 10 | 10 | 105 |
| 临　夏 | 873 | 818 | 786 | 739 | 413 | 6 | 6 | 134 |
| 合　作 | 641 | 537 | 471 | 444 | 97 | 2 | 2 | 96 |
| **青　海** | **9761** | **9135** | **9160** | **8558** | **2830** | **71** | **70** | **1854** |
| 西　宁 | 4721 | 4377 | 4672 | 4349 | 1890 | 40 | 39 | 1211 |
| 海　东 | 1729 | 1729 | 1524 | 1524 | 319 | 16 | 16 | 204 |
| 同　仁 | 260 | 257 | 215 | 215 | 30 | 1 | 1 | 0 |
| 玉　树 | 662 | 662 | 598 | 598 | 221 | 4 | 4 | 201 |
| 茫　崖 | 218 | 218 | 201 | 201 | 2 | 2 | 2 | 2 |
| 格 尔 木 | 1087 | 948 | 968 | 828 | 286 | 6 | 6 | 204 |
| 德 令 哈 | 1085 | 944 | 984 | 843 | 82 | 2 | 2 | 32 |

# 13-2 续表 16 continued 16

计量单位：公顷 Measurement Unit: hectare

| 城市名称 Name of Cities | 绿化覆盖面积 Green Coverage Area | 建成区 Built District | 绿地面积 Area of Parks and Green Space | 建成区 Built District | 公园绿地面积 Area of Public Recreational Green Space | 公园个数（个） Number of Parks (unit) | 门票免费 Free Parks | 公园面积 Park Area |
|---|---|---|---|---|---|---|---|---|
| **宁　夏** | **27901** | **20473** | **26418** | **19619** | **6762** | **149** | **148** | **3865** |
| 银　川 | 11558 | 8193 | 10949 | 8115 | 2831 | 21 | 20 | 1252 |
| 灵　武 | 904 | 859 | 879 | 844 | 258 | 15 | 15 | 258 |
| 宁东能源化工基地 | 668 | 283 | 536 | 242 | 61 | 7 | 7 | 67 |
| 石嘴山 | 6996 | 4630 | 6692 | 4188 | 1298 | 22 | 22 | 661 |
| 吴　忠 | 2390 | 2390 | 2379 | 2379 | 726 | 45 | 45 | 654 |
| 青铜峡 | 869 | 869 | 871 | 871 | 332 | 5 | 5 | 166 |
| 固　原 | 2058 | 1892 | 1903 | 1745 | 858 | 11 | 11 | 211 |
| 中　卫 | 2458 | 1357 | 2209 | 1236 | 398 | 23 | 23 | 596 |
| **新　疆** | **85273** | **58798** | **78620** | **54280** | **12783** | **223** | **220** | **7488** |
| 乌鲁木齐 | 36697 | 21657 | 33807 | 19951 | 5056 | 32 | 31 | 1324 |
| 克拉玛依 | 6807 | 3489 | 6142 | 3193 | 664 | 22 | 22 | 411 |
| 吐鲁番 | 1059 | 1059 | 1003 | 1003 | 177 | 18 | 18 | 236 |
| 哈　密 | 2280 | 2155 | 2141 | 2012 | 466 | 9 | 9 | 137 |
| 昌　吉 | 2915 | 2915 | 2648 | 2648 | 525 | 14 | 14 | 387 |
| 阜　康 | 1081 | 1081 | 938 | 938 | 250 | 4 | 4 | 109 |
| 博　乐 | 1384 | 1319 | 1233 | 1201 | 345 | 7 | 7 | 269 |
| 阿拉山口 | 800 | 470 | 674 | 418 | 44 | 4 | 4 | 44 |
| 库尔勒 | 8470 | 4322 | 8392 | 4041 | 975 | 11 | 11 | 1130 |
| 阿克苏 | 6816 | 6816 | 6459 | 6459 | 1341 | 14 | 14 | 1212 |
| 库　车 | 1415 | 1415 | 1318 | 1318 | 263 | 4 | 4 | 172 |
| 阿图什 | 450 | 393 | 431 | 345 | 133 | 4 | 4 | 103 |
| 喀　什 | 3868 | 3868 | 3560 | 3560 | 937 | 8 | 8 | 791 |
| 和　田 | 1816 | 1442 | 1574 | 1276 | 267 | 6 | 6 | 139 |
| 伊　宁 | 1794 | 1794 | 1741 | 1741 | 488 | 12 | 12 | 337 |
| 奎　屯 | 1689 | 1284 | 1336 | 1083 | 216 | 8 | 8 | 186 |
| 霍尔果斯 | 439 | 275 | 411 | 311 | 51 | 3 | 3 | 43 |
| 塔　城 | 891 | 639 | 848 | 593 | 145 | 9 | 9 | 135 |
| 乌　苏 | 1314 | 975 | 890 | 885 | 128 | 7 | 7 | 127 |
| 沙　湾 | 897 | 639 | 761 | 578 | 114 | 1 | | 45 |
| 阿勒泰 | 2390 | 791 | 2315 | 727 | 199 | 26 | 25 | 153 |
| **新疆兵团** | **12513** | **9690** | **12019** | **9342** | **2913** | **211** | **211** | **2443** |
| 石河子 | 3914 | 2511 | 3698 | 2442 | 724 | 100 | 100 | 724 |
| 阿拉尔 | 1382 | 1382 | 1353 | 1353 | 245 | 17 | 17 | 245 |
| 图木舒克 | 1880 | 890 | 1835 | 848 | 606 | 13 | 13 | 186 |
| 五家渠 | 1165 | 1129 | 1074 | 1039 | 155 | 4 | 4 | 93 |
| 北　屯 | 992 | 963 | 902 | 875 | 137 | 17 | 17 | 137 |
| 铁门关 | 514 | 514 | 498 | 498 | 159 | 8 | 8 | 159 |
| 双　河 | 649 | 649 | 614 | 614 | 209 | 18 | 18 | 209 |
| 可克达拉 | 1276 | 1064 | 1276 | 1064 | 447 | 29 | 29 | 447 |
| 昆　玉 | 391 | 391 | 391 | 391 | 70 | 2 | 2 | 86 |
| 胡杨河 | 324 | 173 | 362 | 204 | 145 | 3 | 3 | 157 |
| 新　星 | 26 | 26 | 15 | 15 | 15 | | | |

# 主要指标解释

# Explanatory Notes on Main Indicators

# 主要指标解释

**人口密度**

指城区内的人口疏密程度。计算公式：

$$人口密度=\frac{城区人口+城区暂住人口}{城区面积}$$

**人均日生活用水量**

指每一用水人口平均每天的生活用水量。计算公式：

$$人均日生活用水量=\frac{居民家庭用水量+公共服务用水量+免费供水量中的生活用水量}{用水人口}\div 报告期日历天数\times 1000升$$

**供水普及率**

指报告期末城区内用水人口与总人口的比率。计算公式：

$$供水普及率=\frac{城区用水人口（含暂住人口）}{城区人口+城区暂住人口}\times 100\%$$

$$公共供水普及率=\frac{城区公共用水人口（含暂住人口）}{城区人口+城区暂住人口}\times 100\%$$

**燃气普及率**

指报告期末城区内使用燃气的人口与总人口的比率。计算公式：

$$燃气普及率=\frac{城区用气人口（含暂住人口）}{城区人口+城区暂住人口}\times 100\%$$

**人均城市道路面积**

指报告期末城区内平均每人拥有的道路面积。计算公式：

$$人均道路面积=\frac{城区道路面积}{城区人口+城区暂住人口}$$

**建成区路网密度**

指报告期末建成区内道路分布的稀疏程度。计算公式：

$$建成区路网密度=\frac{建成区道路长度}{建成区面积}$$

**建成区排水管道密度**

指报告期末建成区排水管道分布的疏密程度。计算公式：

$$建成区排水管道密度=\frac{建成区排水管道长度}{建成区面积}$$

**污水处理率**

指报告期内污水处理总量与污水排放总量的比率。计算公式：

$$污水处理率=\frac{污水处理总量}{污水排放总量}\times 100\%$$

**污水处理厂集中处理率**

指报告期内通过污水处理厂处理的污水量与污水排放总量的比率。计算公式：

$$污水处理厂集中处理率=\frac{污水处理厂处理的污水量}{污水排放总量}\times100\%$$

**人均公园绿地面积**

指报告期末城区内平均每人拥有的公园绿地面积。计算公式：

$$人均公园绿地面积=\frac{城区公园绿地面积}{城区人口+城区暂住人口}$$

**建成区绿化覆盖率**

指报告期末建成区内绿化覆盖面积与区域面积的比率。计算公式：

$$建成区绿化覆盖率=\frac{建成区绿化覆盖面积}{建成区面积}\times100\%$$

**建成区绿地率**

指报告期末建成区内绿地面积与建成区面积的比率。计算公式：

$$建成区绿地率=\frac{建成区绿地面积}{建成区面积}\times100\%$$

**生活垃圾处理率**

指报告期内生活垃圾处理量与生活垃圾产生量的比率。计算公式：

$$生活垃圾处理率=\frac{生活垃圾处理量}{生活垃圾产生量}\times100\%$$

**生活垃圾无害化处理率**

指报告期内生活垃圾无害化处理量与生活垃圾产生量的比率。计算公式：

$$生活垃圾无害化处理率=\frac{生活垃圾无害化处理量}{生活垃圾产生量}\times100\%$$

在统计时，由于生活垃圾产生量不易取得，可用清运量代替。"垃圾清运量"在审核时要与总人口（包括暂住人口）对应，一般城市人均日产生垃圾为1kg左右。

**市区（县）面积**

指城市（县）行政区域内的全部土地面积(包括水域面积)。地级以上城市行政区不包括市辖县(市)。按国务院批准的行政区划面积为准填报。

**城区（县城）面积**

指城市的城区和县城的面积。

设市城市城区包括：市本级(1)街道办事处所辖地域；(2)城市公共设施、居住设施和市政公用设施等连接到的其他镇（乡）地域；（3）常住人口在3000人以上独立的工矿区、开发区、科研单位、大专院校等特殊区域。

县城包括：(1)县政府驻地的镇（城关镇）或街道办事处地域；(2)县城公共设施、居住设施和市政设施等连接到的其他镇（乡）地域；（3）县域内常住人口在3000人以上独立的工矿区、开发区、科研单位、大专院校等特殊区域。

连接是指两个区域间可观察到的已建成或在建的公共设施、居住设施、市政设施和其他设施相连，中间没有被水域、农业用地、园地、林地、牧草地等非建设用地隔断。

对于组团式和散点式的城市，城区由多个分散的区域组成，或有个别区域远离主城区，应将这些分散的区域相加作为城区。

在统计时，以镇（乡）一级为最小统计划分单位，原则上不要打破镇（乡）的行政区划。

**城区（县城）人口**

指划定的城区（县城）范围的户籍人口数。按公安部门的统计为准填报。

**暂住人口**

指离开常住户口地的市区或乡、镇，到本市居住半年以上的人员。按市区、县和城区、县城分别统计，一般按公安部门的暂住人口统计为准填报。

**建成区面积**

指城区（县城）内实际已成片开发建设、市政公用设施和公共设施基本具备的区域。对核心城市，它包括集中连片的部分以及分散的若干个已经成片建设起来，市政公用设施和公共设施基本具备的地区；对一城多镇来说，它包括由几个连片开发建设起来的，市政公用设施和公共设施基本具备的地区组成。因此建成区范围，一般是指建成区外轮廓线所能包括的地区，也就是这个城市实际建设用地所达到的范围。

**城市建设用地面积**

指城市内的居住用地、公共管理与公共服务用地、商业服务业设施用地、工业用地、物流仓储用地、道路与交通设施用地、公用设施用地、绿地与广场用地。分别统计规划建设用地和现状建设用地。

规划建设用地面积指截至报告期末对应有关城市、县人民政府所在地镇的最新版依法批准的城市总体规划确定的城市（镇）用地面积。

现状建设用地面积指报告期末对应有关城市、县人民政府所在地镇的城市建设用地实际情况的面积。

**城市维护建设资金**

指用于城市维护和建设的资金，资金来源包括城市维护建设税、公用事业附加、中央和地方财政拨款、国内贷款、债券收入、利用外资、土地出让转让收入、资产置换收入、市政公用企事业单位自筹资金、国家和省规定收取的用于城市维护建设的行政事业性收费、集资收入以及其他收入。资金支出包括固定资产投资支出、维护支出和其他支出。

本年鉴中仅统计了用于城市维护和建设的财政性资金。

**城市维护建设税**

指依据《中华人民共和国城市维护建设税暂行条例》开征的一种地方性税种。现行的征收办法是以纳税人实际缴纳的增值税、消费税、营业税税额为计税依据，与增值税、消费税、营业税同时缴纳。根据纳税人所在地不同执行不同的纳税率：市区的税率为百分之七；县城、镇的税率为百分之五；不在市区、县城或镇的税率为百分之一。

**城市公用事业附加**

指在部分公用事业产品（服务）价外征收的用于城市维护建设的附加收入。包括工业用电、工业用水附加，公共汽车、电车、民用自来水、民用照明用电、电话、煤气、轮渡等附加。

**固定资产投资**

指建造和购置市政公用设施的经济活动，即市政公用设施固定资产再生产活动。市政公用设施固定资产再生产过程包括固定资产更新（局部更新和全部更新）、改建、扩建、新建等活动。新的企业财务会计制度规定，固定资产局部更新的大修理作为日常生产活动的一部分，发生的大修理费用直接在成本费用中列支。按照现行投资管理体制及有关部门的规定，凡属于养护、维护性质的工程，不纳入固定资产投资统计。对新建和对现有市政公用设施改造工程，应纳入固定资产统计。

**本年新增固定资产**

指在报告期已经完成建造和购置过程，并交付生产或使用单位的固定资产价值。包括已经建成投入生产或交付使用的工程投资和达到固定资产标准的设备、工具、器具的投资及有关应摊入的费用。属于增加固定资产价值的其他建设费用，应随同交付使用的工程一并计入新增固定资产。

**新增生产能力(或效益)**

指通过固定资产投资活动而增加的设计能力。计算新增生产能力(或效益)是以能独立发挥生产能力(或效益)的工程为对象。当工程建成，经有关部门验收鉴定合格，正式移交投入生产，即应计算新增生产能力(或效益)。

**综合生产能力**

指按供水设施取水、净化、送水、出厂输水干管等环节设计能力计算的综合生产能力。包括在原设计能力的基础上，经挖、革、改增加的生产能力。计算时，以四个环节中最薄弱的环节为主确定能力。对于经过更新改造，按更新改造后新的设计能力填报。

**供水管道长度**

指从送水泵至各类用户引入管之间所有市政管道的长度。不包括新安装尚未使用、水厂内以及用户建筑物内的管道。在同一条街道埋设两条或两条以上管道时，应按每条管道的长度计算。

**供水总量**

指报告期供水企业（单位）供出的全部水量。包括有效供水量和漏损水量。

有效供水量指水厂将水供出厂外后，各类用户实际使用到的水量。包括售水量和免费供水量。

**漏损水量**

指在供水工程中由于管道及附属设施破损而造成的漏失水量，以及计量损失量和其他损失水量。计量损失量包括居民用户总分表差损失水量、非居用户表具误差损失水量；其他损失水量是指未注册用户用水和用户拒查等管理因素导致的损失水量。

**新水取用量**

指取自任何水源被第一次利用的水量，包括自来水、地下水、地表水。新水量就一个城市来说，包括城市供水企业新水量和社会各单位的新水量。

其中：**工业新水取用量**指为使工业生产正常进行，保证生产过程对水的需要，而实际从各种水源引取的、为任何目的所用的新鲜水量，包括间接冷却水新水量、工艺水新水量、锅炉新水量及其他新水量。

**用水重复利用量**

指各用水单位在生产和生活中，循环利用的水量和直接或经过处理后回收再利用的水量之和。

其中：**工业用水重复利用量**指工业企业内部生活及生产用水中，循环利用的水量和直接或经过处理后回收再利用的水量之和。

**节约用水量**

指报告期新节水量，通过采用各项节水措施(如改进生产工艺、技术、生产设备、用水方式、换装节水器具、加强管理等)后，用水量和用水效益产生效果，而节约的水量。

**人工煤气生产能力**

指报告期末燃气生产厂制气、净化、输送等环节的综合生产能力，不包括备用设备能力。一般按设计能力计算，如果实际生产能力大于设计能力时，应按实际测定的生产能力计算。测定时应以制气、净化、输送三个环节中最薄弱的环节为主。

**供气管道长度**

指报告期末从气源厂压缩机的出口或门站出口至各类用户引入管之间的全部已经通气投入使用的管道长度。不包括煤气生产厂、输配站、液化气储存站、灌瓶站、储配站、气化站、混气站、供应站等厂（站）内，以及用户建筑物内的管道。

**供气总量**

指报告期燃气企业（单位）向用户供应的燃气数量。包括销售量和损失量。

**汽车加气站**

指专门为燃气机动车（船舶）提供压缩天然气、液化石油气等燃料加气服务的站点。应按不同气种分别统计。

**供热能力**

指供热企业（单位）向城市热用户输送热能的设计能力。

**供热总量**

指在报告期供热企业（单位）向城市热用户输送全部蒸汽和热水的总热量。

**供热管道长度**

指从各类热源到热用户建筑物接入口之间的全部蒸汽和热水的管道长度。不包括各类热源厂内部的管道长度。

其中：**一级管网**指由热源至热力站间的供热管道，**二级管网**指热力站至用户之间的供热管道。

**城市道路**

指城市供车辆、行人通行的，具备一定技术条件的道路、桥梁、隧道及其附属设施。城市道路由车行道和人行道等组成。在统计时只统计路面宽度在3.5米（含3.5米）以上的各种铺装道路，包括开放型工业区和住宅区道路在内。

**道路长度**

指道路长度和与道路相通的桥梁、隧道的长度，按车行道中心线计算。

**道路面积**

指道路面积和与道路相通的广场、桥梁、隧道的铺装面积（统计时，将车行道面积、人行道面积分别统计）。

人行道面积按道路两侧面积相加计算，包括步行街和广场，不含人车混行的道路。

**桥梁**

指为跨越天然或人工障碍物而修建的构筑物。包括跨河桥、立交桥、人行天桥以及人行地下通道等。

**道路照明灯盏数**

指在城市道路设置的各种照明用灯。一根电杆上有几盏即计算几盏。统计时，仅统计功能照明灯，不统计景观照明灯。

**防洪堤长度**

指实际修筑的防洪堤长度。统计时应按河道两岸的防洪堤相加计算长度，但如河岸一侧有数道防洪堤时，只计算最长一道的长度。

**污水排放总量**

指生活污水、工业废水的排放总量，包括从排水管道和排水沟（渠）排出的污水量。

（1）可按每条管道、沟（渠）排放口的实际观测的日平均流量与报告期日历日数的乘积计算。

（2）有排水测量设备的，可按实际测量值计算。

（3）如无观测值，也可按当地供水总量乘以污水排放系数确定。

**城市分类污水排放系数**

| 城市污水分类 | 污水排放系数 |
|---|---|
| 城市污水 | 0.7～0.8 |
| 城市综合生活污水 | 0.8～0.9 |
| 城市工业废水 | 0.7～0.9 |

**排水管道长度**

指所有市政排水总管、干管、支管、检查井及连接井进出口等长度之和。计算时应按单管计算，即在同一条街道上如有两条或两条以上并排的排水管道时，应按每条排水管道的长度相加计算。

其中：**污水管道**指专门排放污水的排水管道。

**雨水管道**指专门排放雨水的排水管道。

**雨污合流管道**指雨水、污水同时进入同一管道进行排水的排水管道。

**污水处理量**

指污水处理厂（或污水处理装置）实际处理的污水量。包括物理处理量、生物处理量和化学处理量。

其中**处理本城区（县城）外**，指污水处理厂作为区域设施，不仅处理本城区（县城）的污水，还处理本市（县）以外其他市、县或本市（县）其他乡村等的污水。这部分污水处理量单独统计，并在计算本市（县）的污水处理率时扣除。

**干污泥年产生量**

指全年污水处理厂在污水处理过程中干污泥的最终产生量。干污泥是指以干固体质量计的污泥量，含水率为0。如果产生的湿污泥的含水率为n%，那么干污泥产生量=湿污泥产生量×（1-n%）。

**干污泥处置量**

指报告期内将污泥达标处理处置的干污泥量。统计时按土地利用、建材利用、焚烧、填埋和其他分别填写。其中：

**污泥土地利用**指处理达标后的污泥产物用于园林绿化、土地改良、林地、农用等场合的处置方式。

**污泥建筑材料利用**指将污泥处理达标后的产物作为制砖、水泥熟料等建筑材料部分原料的处置方式。

**污泥焚烧**指利用焚烧炉将污泥完全矿化为少量灰烬的处理处置方式，包括单独焚烧，以及与生活垃圾、热电厂等工业窑炉的协同焚烧。

**污泥填埋**指采取工程措施将处理达标后的污泥产物进行堆、填、埋，置于受控制场地内的处置方式。

**绿化覆盖面积**

指城市中乔木、灌木、草坪等所有植被的垂直投影面积。包括城市各类绿地绿化种植垂直投影面积、屋顶绿化植物的垂直投影面积以及零星树木的垂直投影面积，乔木树冠下的灌木和草本植物以及灌木树冠下的草本植物垂直投影面积均不能重复计算。

**绿地面积**

指报告期末用作园林和绿化的各种绿地面积。包括公园绿地、防护绿地、广场用地、附属绿地和位于建成区范围内的区域绿地面积。

其中：**公园绿地**指向公众开放，以游憩为主要功能，兼具生态、景观、文教和应急避险等功能，有一定游憩和服务设施的绿地。

**防护绿地**指用地独立，具有卫生、隔离、安全、生态防护功能，游人不宜进入的绿地。主要包括卫生隔离防护绿地、道路及铁路防护绿地、高压走廊防护绿地、公共设施防护绿地等。

**广场用地**指以游憩、纪念、集会和避险等功能为主的城市公共活动场地。

**附属绿地**指附属于各类城市建设用地（除“绿地与广场用地”）的绿化用地。包括居住用地、公共管理与公共服务设施用地、商业服务业设施用地、工业用地、物流仓储用地、道路和交通设施用地、公共设施用地等用地中的绿地。

**区域绿地**指位于城市建设用地之外，具有城乡生态环境及自然资源和文化资源保护、游憩健身、安全防护隔离、物种保护、园林苗木生产等功能的绿地。

**公园**

指常年开放的供公众游览、观赏、休憩、开展科学、文化及休闲等活动，有较完善的设施和良好的绿化环境、景观优美的公园绿地。包括综合性公园、儿童公园、文物古迹公园、纪念性公园、风景名胜公园、动物园、植物园、带状公园等。不包括居住小区及小区以下的游园。统计时只统计市级和区级的综合公园、专类公园和带状公园。

其中：**门票免费公园**指对公众免费开放，不售门票的公园。

**道路清扫保洁面积**

指报告期末对城市道路和公共场所（主要包括城市行车道、人行道、车行隧道、人行过街地下通道、道路附属绿地、地铁站、高架路、人行过街天桥、立交桥、广场、停车场及其他设施等）进行清扫保洁的面积。一天清扫保洁多次的，按清扫保洁面积最大的一次计算。

其中：**机械化道路清扫保洁面积**指报告期末使用扫路车（机）、冲洗车等大小型机械清扫保洁的道路面积。多种机械在一条道路上重复使用时，只按一种机械清扫保洁的面积计算，不能重复统计。

**生活垃圾、建筑垃圾清运量**

指报告期收集和运送到各生活垃圾、建筑垃圾厂和生活垃圾、建筑垃圾最终消纳点的生活垃圾、建筑垃圾的数量。统计时仅计算从生活垃圾、建筑垃圾源头和从生活垃圾转运站直接送到处理场和最终消纳点的清运量，对于二次中转的清运量不要重复计算。

餐厨垃圾属于生活垃圾的一部分，无论单独清运还是混合清运，都应统计在生活垃圾清运量中。

其中：**餐厨垃圾清运处置量**指单独清运，并且进行单独处置的餐厨垃圾总量，不含混在生活垃圾中清运的部分。

**公共厕所**

指供城市居民和流动人口使用，在道路两旁或公共场所等处设置的厕所。分为独立式、附属式和活动式三种类型。统计时只统计独立式和活动式，不统计附属式公厕。

独立式公共厕所按建筑类别应分为三类，活动式公共厕所按其结构特点和服务对象应分为组装厕所、单体厕所、汽车厕所、拖动厕所和无障碍厕所五种类别。

**市容环卫专用车辆设备**

指用于环境卫生作业、监察的专用车辆和设备，包括用于道路清扫、冲洗、洒水、除雪、垃圾粪便清运、市容监察以及与其配套使用的车辆和设备。如：垃圾车、扫路机（车）、洗路车、洒水车、真空吸粪车、除雪机、装载机、推土机、压实机、垃圾破碎机、垃圾筛选机、盐粉撒布机、吸泥渣车和专用船舶等。对于长期租赁的车辆及设备也统计在内。

统计时，单独统计道路清扫保洁专用车辆和生活垃圾运输专用车辆数。

# Explanatory Notes on Main Indicators

**Population Density**

It refers to the quality density of population in a given zone. The calculation equation is:

$$\text{Population Density}=\frac{\text{Population in Urban Areas}+\text{Urban Temporary Population}}{\text{Urban Area}}$$

**Daily Domestic Water Use Per Capita**

It refers to average amount of daily water consumed by each person. The calculation equation is Daily Domestic Water Use Per Capita= (Water Consumption by Households + Water Use for Public Service+Domestic water consumption in the free water supply) ÷Population with Access to Water Supply ÷Calendar Days in Reported Period× 1000 liters

**Water Coverage Rate**

It refers to proportion of urban population supplied with water to urban population. The calculation equation is:

$$\text{Water Coverage Rate}=\frac{\text{Urban Population with Access to Water Supply (Including Temporary Population)}}{\text{Urban Permanent Population}+\text{Urban Temporary Population}}\times 100\%$$

$$\text{Public Water Coverage Rate}=\frac{\text{Urban Population with Access to Public Water Supply (Including Temporary Population)}}{\text{Urban Permanent Population}+\text{Urban Temporary Population}}\times 100\%$$

**Gas Coverage Rate**

It refers to the proportion of urban population supplied with gas to urban population. The calculation equation is:

$$\text{Gas Coverage Rate}=\frac{\text{Urban Population with Access to Gas (Including Temporary Population)}}{\text{Urban Permanent Population}+\text{Urban Temporary Population}}\times 100\%$$

**Surface Area of Urban Roads Per Capita**

It refers to the average surface area of urban roads owned by each urban resident at the end of reported period. The calculation equation is:

$$\text{Surface Area of Roads Per Capita}=\frac{\text{Surface Area of Roads in Given Urban Areas}}{\text{Urban Permanent Population}+\text{Urban Temporary Population}}$$

**Density of Road Network in Built Districts**

It refers to the extent which roads cover built districts at the end of reported period. The calculation equation is:

$$\text{Density of Road Network in Built Districts}=\frac{\text{Length of Roads in Built Districts}}{\text{Floor Area of Built Districts}}$$

**Density of Drainage Pipelines in Built Districts**

It refers to the extent which drainage pipelines cover built districts at the end of reported period. The calculation equation is:

$$\text{Density of Drainage Pipelines in Built Districts}=\frac{\text{Length of Drainage Pipelines in Built Districts}}{\text{Floor Area of Built Districts}}$$

**Wastewater Treatment Rate**

It refers to the proportion of the quantity of wastewater treated to the total quantity of wastewater discharged at the end of reported period. The calculation equation is:

$$\text{Wastewater Treatment Rate}=\frac{\text{Quantity of Wastewater Treated}}{\text{Quantity of Wastewater Discharged}}\times 100\%$$

**Centralized Treatment Rate of Wastewater Treatment Plants**

It refers to the proportion of the quantity of wastewater treated in wastewater treatment plants to the total quantity of wastewater discharged at the end of reported period. The calculation equation is:

$$\text{Centralized Treatment Rate of Wastewater Treatment Plants}=\frac{\text{Quantity of wastewater treated in wastewater treatment facility}}{\text{Quantity of wastewater discharged}}\times 100\%$$

**Public Recreational Green Space Per Capita**

It refers to the average public recreational green space owned by each urban dweller in given areas. The calculation equation is:

$$\text{Public Recreational Green Space Per Capita}=\frac{\text{Public green space in given urban areas}}{\text{Urban Permanent Population + Urban Temporary Population}}$$

**Green Coverage Rate of Built Districts**

It refers to the ratio of green coverage area of built districts to surface area of built districts at the end of reported period. The calculation equation is:

$$\text{Green Coverage Rate of Built Districts}=\frac{\text{Green Coverage Area of Built Districts}}{\text{Area of Built Districts}}\times 100\%$$

**Green Space Rate of Built Districts**

It refers to the ratio of area of parks and green land of built districts to the area of built up districts at the end of reported period. The calculation equation is:

$$\text{Green Space Rate of Built Districts}=\frac{\text{Area of parks and green land of built districts}}{\text{Area of Built Districts}}\times 100\%$$

**Domestic Garbage Treatment Rate**

It refers to the ratio of quantity of domestic garbage treated to quantity of domestic garbage produced at the end of reported period. The calculation equation is:

$$\text{Domestic Garbage Treatment Rate}=\frac{\text{Quantity of Domestic Garbage Treated}}{\text{Quantity of Domestic Garbage Produced}}\times 100\%$$

**Domestic Garbage Harmless Treatment Rate**

It refers to the ratio of quantity of domestic garbage treated harmlessly to quantity of domestic garbage produced at the end of reported period. The calculation equation is:

$$\text{Domestic Garbage Harmless Treatment Rate}=\frac{\text{Quantity of Domestic Garbage Treated Harmlessly}}{\text{Quantity of Domestic Garbage Produced}}\times 100\%$$

**Urban (county) District Area**

It refers to the total land area (including water area) under jurisdiction of cities(counties).

**Urban (county) Area**

It refers to the area of a city's urban and county area.

Urban area of a city includes: (1) City-level areas administered by neighborhood office; (2) other towns (villages) connected to city public facilities, residential facilities and municipal utilities; (3) Independent Industrial and Mining District, Development Zones, special areas like research institutes , universities and colleges with permanent residents of 3000 above.

County area of a city includes: (1)Town or areas administered by neighborhood office; (2) other towns (villages) connected to county public facilities, residential facilities and municipal utilities; (3) Independent Industrial and Mining District, Development Zones, special areas like research institutes , universities and colleges with permanent residents of 3000 above in county.

Towns (villages) connected to city public facilities, residential facilities and municipal utilities means that towns and urban centers are connected with public facilities, residential facilities and municipal utilities that are constructed or under construction, and not cut off by non-construction land like water area, agricultural land, parks, woodland or pasture.

As to conurbation or cities organized in scattered form, urban area should include the separated or decentralized area.

**Urban (county) Permanent Population**

It refers to permanent residents in urban (county) areas, which are in compliance with the number of permanent residents registered in public security authorities.

**Temporary Population**

Temporary population includes people who leave permanent address, and live for over half a year in a place. Counted by urban area, county, urban area and county seat,which are in compliance with the number of temporary residents registered in public security authorities.

**Area of Built District**

It refers to large scale developed quarters within city (county) jurisdiction with basic public facilities and utilities. For a nucleus city, the built-up district consists of large-scale developed quarters with basic public facilities and utilities, which are either centralized or decentralized. For a city with several towns, the built- up district consists of several developed quarters attached in succession with basic public facilities and utilities. Range of built-up district is the area encircled by the limits of the built-up district, i.e. the range within which the actual developed land of this city exists.

**Area of Urban Land for development Purpose**

It refers to area of land including land for Residential Development, Administration and Public Services, Commercial and Business Facilities, Industrial, Manufacturing, Logistics and Warehouse, Road, Street and Transportation, Municipal Utilities, Green Space and Square.Separately counted by the planned construction land and the current construction land.

The area of land used for planned construction refers to the area of land used for cities (towns) as determined by the latest version of the overall urban plans approved according to law for the towns where the relevant cities and county people's governments are located at the end of the reporting period.

The area of current land for construction purposes refers to the area corresponding to the actual situation of urban land for construction purposes in the towns where the relevant cities and county people's governments are located at the end of the reporting period.

**Urban Maintenance and Construction Fund**

It refers to fund used for urban construction and maintenance, including urban maintenance and construction tax, extra-charges for public utilities, financial allocation from the central government and local governments, domestic loan, securities revenue, foreign investment, revenue from land transfer and assets replacement, self-raised fund by municipal utilities, charges by administrative and institutional units for urban maintenance and construction, pooled revenue and other revenues.

**Urban Maintenance and Construction Tax**

It is one of local taxes imposed according to *Temporary Regulations of People's Republic of China on Urban Maintenance and Construction Tax*. It is levied based on actual value-added tax, consumption tax and business tax paid by a taxpayer. It is also paid with value-added tax, consumption tax and business tax at the same time. Different rates apply to different places. The rate comes to 7% in urban areas, 5% in counties and towns and 1% beyond these places.

**Extra Charge from Urban Utilities**

It is additional revenue obtained from additional fees imposed on provision of products and service of such urban utilities as power generation, water supply for the industry, operation of public bus and trolley bus, taped water supply, electricity for lightening, telephone operation, gas and ferry etc. for the purpose of urban construction and maintenance.

**Investment in Fixed Assets**

It is the economic activities featuring construction and purchase of fixed assets, i.e. it is an essential means for social reproduction of fixed assets. The process of reproducing fixed assets includes fixed assets renovation (part and full renovation), reconstruction, extension and new construction etc. According to the new industrial financial accounting system, cost of major repairs for part renovation of fixed assets is covered by direct cost. According to the current investment management and administrative regulations, any repair and maintenance works are not included in statistics as investment in fixed assets. Innovation projects on current municipal service facilities should be included in statistics.

**Newly Added Fixed Assets**

They refer to the newly increased value of fixed assets, including investment in projects completed and put into operation in the reported period, and investment in equipment, tools, vessels considered as fixed assets as well as relevant expenses should be included in. Other construction expenses that increase the value of fixed assets should be included in the newly added fixed assets along with the project delivered for use.

**Newly Added Production Capacity (or Benefits)**

It refers to newly added design capacity through investment in fixed assets. Newly added production capacity or benefits is calculated based on projects which can independently produce or bring benefits once projects are put into operation.

**Integrated Production Capacity**

It refers to a comprehensive capacity based on the designed capacity of components of the process, including water collection, purification, delivery and transmission through mains. In calculation, the capacity of weakest component is the principal determining capacity. For the updated and reformed, filling in the new design capability after the updated and reformed.

**Length of Water Pipelines**

It refers to the total length of all pipes from the pumping station to individual water meters. If two or more pipes line in parallel in a same street, the length of water pipelines is the length sum of each line.

**Total Quantity of Water Supplied**

It refers to the total quantity of water delivered by water suppliers during the reported period, including accounted water and unaccounted water.

Accounted water refers to the actual quantity of water delivered to and used by end users, including water sold and free.

**Unaccounted Water**

It refers to sum of water leakage due to malfunction of water meters, measurement of water loss and other loss of water. The measurement of loss includes the total water loss for residential users and the water loss with table error for non-residential users; Other loss of water refers to the loss of water caused by management factors such as unregistered users' water and users' refusal to check.

**Quantity of Fresh Water Used**

It refers to the quantity of water obtained from any water source for the first time, including tap water, groundwater, surface water. As for a city, it includes the quantity of fresh water used by urban water suppliers and customers in different industries and sectors.

Among which, **the amount of new industrial water taken** refers to the amount of fresh water that is actually drawn from various water sources and used for any purpose in order to ensure the normal progress of industrial production and the need for water in the production process, including the amount of indirect cooling water and process water, new boiler water volume and other new water volume.

**Quantity of Recycled Water**

It refers to the sum of water recycled, reclaimed and reused by customers.

Among which, **the amount of recycled industrial water** refers to the sum of the amount of recycled water used in the domestic and production water of industrial enterprises and the amount of water recovered and reused directly or after treatment.

**Quantity of Water Saved**

It refers to the water saved in the reported period through efficient water saving measures, e.g. improvement of production methods, technologies, equipment, water use behavior or replacement of defective and inefficient devices, or strengthening of management etc.

**Integrated Gas Production Capacity**

It refers to the combined capacity of components of the process such as gas production, purification and delivery with an exception of the capacity of backup facilities at the end of reported period. It is usually calculated based on the design capacity. Where the actual capacity surpluses the design capacity, integrated capacity should be calculated based on the actual capacity, mainly depending on the capacity of the weakest component.

**Length of Gas Supply Pipelines**

It refers to the length of pipes operated in the distance from a compressor's outlet or a gas station exit to pipes connected to individual households at the end of reported period, excluding pipes through coal gas production plant, delivery station, LPG storage station, bottled station, storage and distribution station, air mixture station, supply station and user's building.

**Quantity of Gas Supplied**

It refers to amount of gas supplied to end users by gas suppliers at the end of reported period. It includes sales amount and loss amount.

**Gas Stations for Gas-Fueled Motor Vehicles**

They are designated stations that provide fuels such as compressed natural gas, LPG to gas-fueled motor vehicles. Statistics should be based on different gas types.

**Heating Capacity**

It refers to the designed capacity of heat delivery by heat suppliers to urban customers.

**Total Quantity of Heat Supplied**

It refers to the total quantity of heat obtained from steam and hot water, which is delivered to urban users by heat suppliers during the reported period.

**Length of Heating Pipelines**

It refers to the total length of pipes for delivery of steam and hot water from heat sources to entries of buildings, excluding lines within heat sources.

Among which, **the primary pipe network** refers to the heating pipeline from the heat source to the heating station, **the secondary pipe network** refers to the heating pipeline from the heating station to the user.

**Urban roads**

They refer to roads, bridges, tunnels and auxiliary facilities that are provided to vehicles and passengers for transportation. Urban roads consist of drive lanes and sidewalks. Only paved roads with width of 3.5m or above are counted, including roads in open industrial parks and residential communities are included in statistics.

**Length of Roads**

It refers to the length of roads and bridges and tunnels connected to roads. It is calculated based on the length of centerlines of traffic lanes.

**Surface Area of Roads**

It refers to surface area of roads and squares, bridges and tunnels connected to roads (surface area of roadway and sidewalks are calculated separately). Surface area of sidewalks is the area sum of each side of sidewalks including pedestrian streets and squares, excluding car-and-pedestrian mixed roads.

**Bridges**

They refer to constructed works that span natural or man-made barriers. They include bridges spanning over rivers, flyovers, overpasses and underpasses.

**Number of Road Lamps**

It refers to the sum of road lamps only for illumination, excluding road lamps for landscape lightening.

**Length of Flood Control Dikes**

It refers to actual length of constructed dikes, which sums up the length of dike on each bank of river. Where each bank has more than one dike, only the longest dike is calculated.

**Quantity of Wastewater Discharged**

It refers to the total quantity of domestic sewage and industrial wastewater discharged, including effluents of sewers, ditches, and canals.

(1) It is calculated by multiplying the daily average of measured discharges from sewers, ditches and canals with calendar days during the reported period.

(2) If there is a device to read actual quantity of discharge, it is calculated based on reading.

(3) If without such ad device, it is calculated by multiplying total quantity of water supply with wastewater drainage coefficient.

| Category of urban wastewater | Wastewater drainage coefficient |
|---|---|
| Urban wastewater | 0.7-0.8 |
| Urban domestic wastewater | 0.8-0.9 |
| Urban industrial wastewater | 0.7-0.9 |

**Length of Drainage Pipelines**

The total length of drainage pipelines is the length of mains, trunks, branches plus distance between inlet and outlet in manholes and junction wells. The calculation should be based on a single pipe, that is, if there are two or more drainage pipes side by side on the same street, the calculation should be based on the length of each drainage pipe.

Among which, **Sewage Pipe** refers to a drainage pipe dedicated to discharge sewage.

**Rainwater Pipe** refers to drainage pipes dedicated to draining rainwater.

**Rain and Sewage Confluence Pipeline** refers to the drainage pipeline where rainwater and sewage enter the same pipeline for drainage at the same time.

**Quantity of Wastewater Treated**

It refers to the actual quantity of wastewater treated by wastewater treatment plants and other treatment facilities in a physical, or chemical or biological way.

Among which, **the treatment outside the city (county)** refers to the sewage treatment plant as a regional facility that not only treats the sewage of the city (county), but also treats the sewage of other cities, counties, or other villages outside the city (county). This part of the sewage treatment volume is separately counted and deducted when calculating the sewage treatment rate of the city (county).

**Dry Sludge Production**

It refers to the final quantity of dry sludge produced in the process of wastewater treatment plants. Dry sludge refers to the amount of sludge calculated by the mass of dry solids, with a moisture content of 0. If the moisture content of the produced wet sludge is n%, then the amount of dry sludge produced = the amount of wet sludge produced × (1-n%).

**Dry Sludge Disposal Volume**

It refers to the amount of dry sludge to be treated and disposed according to the standard during the reporting period. Fill in the statistics according to land use, building materials use, incineration, landfill and others.

Among which, **Sludge Land Utilization** refers to the disposal of sludge products after the treatment of the standard for landscaping, land improvement, woodland, agriculture and other occasions.

**The Utilization of Sludge Building Materials** refers to the disposal of the products after sludge treatment reaches the standard as part of the raw materials of building materials such as bricks and cement clinker.

**Sludge Incineration** refers to the treatment and disposal methods that use incinerators to completely mineralize sludge into a small amount of ashes, including individual incineration, and co-incineration with industrial kilns such as domestic waste and thermal power plants.

**Land Filling of Sludge** refers to a disposal method in which engineering measures are taken to pile, fill, and bury the sludge products that have reached the treatment standards, and place them in a controlled site.

**Green Coverage Area**

It refers to the vertical shadow area of vegetation such as trees (arbors), shrubs and grasslands. It is the vertical shadow area sum of green space, roof greening and scattered trees coverage. The vertical shadow area of bushes and herbs under the shadow of trees and herbs under the shadow of shrubs should not be counted repetitively.

**Area of Green Space**

It refers to the area of all spaces for parks and greening at the end of reported period, which includes area of public recreational green space, shelter belt, land for squares, attached green spaces, and the area of regional green space in built district.

Among which, **Public Recreational Green Space** refers to green space with recreation and service facilities. It also serves some comprehensive functions such as improving ecology and landscape and preventing and mitigating disasters.

**Shelter Belt** refers to the green space that is independent of land and has the functions of hygiene, isolation, safety, and ecological protection, and is not suitable for tourists to enter. It mainly includes protective green space for health isolation, protective green space for roads and railways, protective green space for high-pressure corridors and protective green space for public facilities.

**Land for Squares** refer to the urban public activity space with the functions of recreation, memorial, gathering and avoiding danger.

**Attached Green Spaces** refer to green land attached to various types of urban construction land (except "green land and square land"). Including residential land, land for public management and public service facilities, land for commercial service facilities, industrial land, land for logistics and storage, land for roads and transportation facilities, land for public facilities and other green spaces.

**Regional Green Space** refers to the green land located outside the urban construction land, which has the functions of urban and rural ecological environment, natural resources and cultural resources protection, recreation and fitness, safety protection and isolation, species protection, garden seedling production and so on.

**Parks**

They refer to places open to the public for the purposes of tourism, appreciation, relaxation, and undertaking scientific, cultural and recreational activities. They are fully equipped and beautifully landscaped green spaces. There are different kinds of parks, including general park, Children Park, park featuring historic sites and culture relic, memorial park, scenic park, zoo, botanic garden, and belt park. Recreational space within communities is not included in statistics, while only general parks, theme parks and belt parks at city or district level are included in statistics.

Among which, **Free-ticket Parks** refer to parks that are free to the public and do not sell tickets.

**Area of Roads Cleaned and Maintained**

It refers to the area of urban roads and public places cleaned and maintained at the end of reported period, including drive lanes, sidewalks, drive tunnels, underpasses, green space attached to roads, metro stations, elevated roads, flyovers, overpasses, squares, parking areas and other facilities. Where a place is cleaned and maintained several times a day, only the time with maximum area cleaned is considered.

Among which, **Mechanized Road Cleaning and Cleaning Area** refers to the road area that was cleaned and cleaned with large and small machinery such as road sweepers (machines) and washing vehicles at the end of the reporting period. When multiple machines are repeatedly used on a road, only the area cleaned and cleaned by one machine is calculated, and the statistics cannot be repeated.

**Quantity of Domestic Garbage and Construction Waste Transferred**

It refers to the total quantity of domestic garbage and construction waste collected and transferred to treatment grounds. Only quantity collected and transferred from domestic garbage and construction waste sources or from domestic garbage transfer stations to treatment grounds is calculated with exception of quantity of domestic garbage and construction waste transferred second time.

Food waste is a part of domestic waste. Whether it is removed separately or mixed, it should be counted in the volume of domestic waste.

Among which, **the amount of food waste removal and disposal** refers to the total amount of food waste that is separately removed and disposed of separately, excluding the part that is mixed in the domestic waste.

**Latrines**

They are used by urban residents and flowing population, including latrines placed at both sides of a road and public place. They usually consist of detached latrine movable latrine and attached latrine. Only detached latrines rather than latrines attached to public buildings are included in the statistics.

Detached latrine is classified into three types. Moveable latrine is classified into fabricated latrine, separated latrine, motor latrine, trail latrine and barrier-free latrine.

**Specific Vehicles and Equipment for Urban Environment Sanitation**

They refer to vehicles and equipment specifically for environment sanitation operation and supervision, including vehicles and equipment used to clean, flush and water the roads, remove snow, clean and transfer garbage and soil, environment sanitation monitoring, as well as other vehicles and equipment supplemented, such as garbage truck, road clearing truck, road washing truck, sprinkling car, vacuum soil absorbing car, snow remover, loading machine, bulldozer, compactor, garbage crusher, garbage screening machine, salt powder sprinkling machine, sludge absorbing car and special shipping. Vehicles and equipment for long-term lease are also included in the statistics.

The number of special vehicles for road cleaning and cleaning and the special vehicles for domestic garbage transportation are separately counted.

